IMPORTANT SPACETIMES (geometrized units)

Flat Spacetime

Cartesian Coordinates

$$ds^2 = -dt^2 + dx^2 + dy^2 + dz^2 \equiv \eta_{\alpha\beta} dx^\alpha dx^\beta$$

Spatial Spherical Polar Coordinates

$$ds^2 = -dt^2 + dr^2 + r^2 d\theta^2 + r^2 \sin^2\theta d\phi^2$$

Static, Weak Field Metric

$$ds^2 = -(1 + 2\Phi(x^i))\, dt^2 + (1 - 2\Phi(x^i))(dx^2 + dy^2 + dz^2), \quad (\Phi(x^i) \ll 1).$$

Schwarzschild Geometry

Schwarzschild Coordinates

$$ds^2 = -\left(1 - \frac{2M}{r}\right) dt^2 + \left(1 - \frac{2M}{r}\right)^{-1} dr^2 + r^2(d\theta^2 + \sin^2\theta d\phi^2)$$

Eddington–Finkelstein Coordinates

$$ds^2 = -\left(1 - \frac{2M}{r}\right) dv^2 + 2dvdr + r^2(d\theta^2 + \sin^2\theta d\phi^2)$$

Kruskal–Szekeres Coordinates

$$ds^2 = \frac{32M^3}{r} e^{-r/2M} \left(-dV^2 + dU^2\right) + r^2(d\theta^2 + \sin^2\theta d\phi^2)$$

Kerr Geometry

$$ds^2 = -\left(1 - \frac{2Mr}{\rho^2}\right) dt^2 - \frac{4Mar\,\sin^2\theta}{\rho^2}\, d\phi dt + \frac{\rho^2}{\Delta}\, dr^2 + \rho^2 d\theta^2 + \left(r^2 + a^2 + \frac{2Mra^2\sin^2\theta}{\rho^2}\right)\sin^2\theta\, d\phi^2,$$

where

$$a \equiv J/M, \quad \rho^2 \equiv r^2 + a^2\cos^2\theta, \quad \Delta \equiv r^2 - 2Mr + a^2$$

Linearized Plane Gravitational Wave

$$ds^2 = -dt^2 + dx^2 + dy^2 + dz^2 + h_{\alpha\beta}dx^\alpha dx^\beta$$

where (rows and columns in t, x, y, z order)

$$h_{\alpha\beta}(t,z) = \begin{pmatrix} 0 & 0 & 0 & 0 \\ 0 & f_+(t-z) & f_\times(t-z) & 0 \\ 0 & f_\times(t-z) & -f_+(t-z) & 0 \\ 0 & 0 & 0 & 0 \end{pmatrix}$$

for a wave propagating in the z-direction.

Friedman–Robertson–Walker Cosmological Models

$$ds^2 = -dt^2 + a^2(t)\left[d\chi^2 + \left\{\begin{matrix} \sin^2\chi \\ \chi^2 \\ \sinh^2\chi \end{matrix}\right\}(d\theta^2 + \sin^2\theta d\phi^2)\right], \quad \left\{\begin{matrix} \text{closed} \\ \text{flat} \\ \text{open} \end{matrix}\right\}.$$

$$ds^2 = -dt^2 + a^2(t)\left[\frac{dr^2}{1-kr^2} + r^2(d\theta^2 + \sin^2\theta d\phi^2)\right], \quad \begin{pmatrix} k=+1, \text{ closed} \\ k=0, \text{ flat} \\ k=-1, \text{ open} \end{pmatrix}.$$

THE GEODESIC EQUATION

- Lagrangian for the Geodesic Equation of a test particle

$$L\left(\frac{dx^\alpha}{d\sigma}, x^\alpha\right) = \left(-g_{\alpha\beta}(x)\frac{dx^\alpha}{d\sigma}\frac{dx^\beta}{d\sigma}\right)^{1/2}$$

where σ is an arbitrary parameter along the world line $x^\alpha = x^\alpha(\sigma)$ of the geodesic.

- Geodesic equation for a test particle (coordinate basis)

$$\frac{d^2x^\alpha}{d\tau^2} = -\Gamma^\alpha_{\beta\gamma}\frac{dx^\beta}{d\tau}\frac{dx^\gamma}{d\tau} \quad \text{or} \quad \frac{du^\alpha}{d\tau} = -\Gamma^\alpha_{\beta\gamma}u^\beta u^\gamma$$

where τ is the proper time along the geodesic and $u^\alpha = dx^\alpha/d\tau$ are the coordinate basis components of the four-velocity so that $\mathbf{u}\cdot\mathbf{u} = -1$. The Christoffel symbols $\Gamma^\alpha_{\beta\gamma}$ follow from Lagrange's equations or from the general formula (8.19). The geodesic equation for light rays takes the same form with τ replaced by an affine parameter and $\mathbf{u}\cdot\mathbf{u} = 0$.

- Conserved Quantities

$$\boldsymbol{\xi}\cdot\mathbf{u} = \text{constant}$$

where $\boldsymbol{\xi}$ is a Killing vector, e.g., $\xi^\alpha = (0, 1, 0, 0)$ in a coordinate basis where the metric $g_{\alpha\beta}(x)$ is independent of x^1.

중 력

아인슈타인 일반 상대성 입문서

원저자; James B. Hartle

역 자; 민 건

Authorized translation from the English language edition, entitled GRAVITY: AN INTRODUCTION TO EINSTEIN'S GENERAL RELATIVITY, 1st Edition, ISBN : 0805386629 by HARTLE, JAMES B., published by Pearson Education, Inc, publishing as Addison-Wesley, Copyright © 2003 Pearson Education, Inc.

KOREAN language edition published by CHUMBUM PUBLISHING CO., Copyright © 2011
KOREAN translation rights arranged with PEARSON EDUCATION, INC., publishing as Addison Wesley through AGENCY ONE, SEOUL KOREA

머리말

중력의 아인슈타인 상대성 이론 – 일반상대성 – 은 발표한지가 거의 일백년이 다 되간다. 그 이론의 핵심에는 현대 과학의 가장 아름답고 혁명적인 개념들 중에 하나가 있다 – 중력이란 4차원 휜 시공간의 기하라는 것이다. 양자 이론과 함께, 일반 상대성은 20세기 물리학의 가장 심오한 두 개의 발전들 중에 하나이다.

일반상대성은 태양계에서 정확히 검증받았었다. 그것은 아주 먼 거리의 스케일에서 우주에 대한 우리의 이해에 기초가 된다, 그리고 중력 붕괴(gravitational collapse), 블랙홀들, X선 발생원들, 중성자별들, 활동적인 은하핵들, 중력파들, 그리고 대폭발(big bang)같은 최첨단 천문학적 현상들에 대한 설명에 중심이 된다. 일반상대성은 동시대의 소립자 물리학에서 많은 아이디어의 지적인 원천이 되었고 그리고 끈 이론과 같은 모든 힘을 통합하려는 이론들을 이해하는 데 반드시 필요한 과목이 되었다.

매우 근본적이며, 매우 잘 체계화 되었고, 물리학의 여러 분야에 매우 중심적이며, 일반 대중들에게 매우 흥미를 끄는 이런 과목의 소개가 자연적으로 모든 학부과정 물리학 전공학생들의 교육의 일부분이 되었다. 그러나 학부과정 수준에서 일반 상대성을 가르치는 것은 근본적인 문제를 맞닥트린다. 이 과목을 가르치는 논리적인 순서는(대부분의 과목들에서와 같이) 필요한 수학적 도구들을 모아야 하고, 근본적인 정의를 내리는 식들에 동기부여가 되고, 그 식들을 풀고, 그리고 그 해들을 물리적으로 흥미로운 상황에 적용하는 것이다. 미분 기하학의 도구들을 발전시키고, 아인슈타인 공식을 소개하고, 그리고 그것을 푸는 것은 우아하고 만족스러운 이야기이다. 그러나 그것은 또한 긴 이야기가 될 수 있다, 사실상 너무 길어서 이 둘 다를 카버하고 학부 과정 동안에 전형적으로 사용가능한 시간에 동시대의 많은 적용사례들을 소개하는 것은 불가능하다.

"중력"이란 제목의 이 책은 조금 다른 순서로 일반상대성을 소개한다. 이 책이 기반으로 하고 있는 원칙은 부록 D에 길게 논의 되어있다, 그러나 본질적으로 그 전략은 다음과 같다: 먼저 아인슈타인 공식의 가장 간단한 물리적으로 관련 있는 해들이, 미분 없이, 시공간들로서 제시된다. 이 시공간들의 관측된 결과들은 시공간들 내에서 실험 입자들과 광선들의 운동에 대한 연구를 통해서 탐색되어진다. 이것은 학생들을 가능한 빠르게 물리적 현상들에 다가가도록 해준다. 그것은 고전 역학에 가장 직접적으로 연결되어 있는 주제 부분이다, 여기에는 새로운 수학적 아이디어들의 최소한을 요구한다. 그 다음에 아인슈타인 공식은 뒤에 소개되고, 풀어서 이들 기하들이 어떻게 유래되는지를 보여줄 것이다.

3학년이나 4학년 수준의 물리학과 학생들을 위한 과정은 이 원칙들에 기초를 두었고 그리고 이 책의 처음 두 파트(part)는 지난 25년간 산타 바바라의 캘리포니아 대학에서 학부교육과정의 한 부분이었다. 지금도 여전히 실행되고 있다.

감사의 말

만일 중력 물리학과에 있는 나의 동료들이 여기에서 새로운 어떤 것을 발견한다면, 그것은 실망스러운 일이 될 것이다. 그것은 그들이 이 책이 많이 의존한 Landau와 Lifshitz(1962), Misner, Thorne 과 Wheeler(1970), Wald(1984), 그리고 Weinberg (1972) 등의 고전적 책을 공부하지 않았다는 것을 의미하는 것일 것이다. 나는 이들 책들에 신세를 진 것을 개인적으로 감사를 표하지는 않았었다. 여기서 전체적으로 감사를 표하려고 한다.

특히 Roger Blanford, Ted Jacobson, Channon Price, Kip Thorne, 그리고 Bob Wald에 사의를 표한다. 그들은 이 책의 초판 전체를 읽어보고 많은 교정과 더불어 이 책 전체 구조까지도 크게 도움을 주는 충고도 해주었다. 이 책은 수년간 이 책의 초기 버전으로 가르쳐 왔던 나의 동료들의 코멘트와 비평으로부터 도움을 많이 받았다. Vernon Barger, Omer Blaes, Doug Eardley, Jerome Gauntlett, Gary Horowitz, Clifford Johnson, Shawn Kolitz, Rob Myer, Thomas Moore, Stan Peale, Channon Price, 그리고 Kristin Schleich 분들에게 이런 면으로 해서 나의 감사를 표합니다. 많은 동료들이 각각의 장(chapter)에서 건설적으로 코멘트 해주었다. Lars Bildsten, Omer Blaes, Peter D'Eath Doug Eardley, Wendy Freedman, Danial Holz, Gary Horowitz, Scott Hughes, Robert Kirshner, Lee Lindblom, Richard Price, Peter Saulson, Bernard Schutz, David Spergel, Joseph Tayler, Michael Turner, Bill Unruh, 그리고 Clifford Will 분들에게 그들의 도움에 특히 감사를 표합니다. Eric Adelberger, Neil Ashby, Matt Coless, Francis Everitt, Andrea Ghez, John Hall, Jim Moran, Michael Perryman, Wolfgang Scheich, Tuck Stebbins, Max Tegmark, Dave Tytler, 그리고 Jim Williams 분들에게는 상자들과 그림들에 도움을 준 것에 사의를 표합니다. Dave Arnett, Peter Bender, Dieter Brill, J. Richard Gott, Jeanne Dickey, Andrew Fabian, Jeremy Gray, Gary Gibbons, Wick Haxton, Gordon Kane, Angela Olinto, 그리고 Roger Penrose 분들과 특별한 점들에서 유익한 정보 교환은 유용하였습니다. 이 긴 나열 속에 내가 어떤 분을 빠트렸을 수도 있습니다. 그 분들에게는 사과하며 다음 출판에는 넣도록 희망합니다.

많은 그림들을 제공해준 도움에는 그림 차용 부분에서 감사를 표합니다. 언급하기도 힘들만큼 많은 학생들이 실수들, 오타들, 그리고 명쾌함이 결여된 논의 등에 대하여 지적해 주었다. 그리고 Joe Alibrandi, Maria Cranor, Ian Eisenman, Bill Paxton, 그리고 Taro Sato 분들에게는 그들의 특별한 기여와 견해에 감사드리고 싶습니다.

이 책이 기초로 둔 강의 노트를 타이프해준 Ester Singer와 Reta Benhadt 에게도 감사드리고, 그리고 많은 단계에서 원고를 전자 타이핑해주고, 거의 모든 그림들에 전자 초안을 잡아준 Thea Howard에 특별한 감사를 표한다.

이 책의 웹사이트에서 곡률을 계산하기위해 *Mathematica* 프로그램을 쓴 Leonard Parker, 24장에 있는 별들의 모델들(stellar models)을 계산해준 Lee Lindblom, 그리고 모든 마지막 단계들에서 원고를 읽고난 후 매번 실수를 바로 잡아주고 가치 있는 제의를 해준 Matt Hansen 분들에게 특별히 언급하며, 감사드린다.

Adam Black 사장님이 이끄는 Addison-Wesley사의 스탭 분들, Leslie Galen이 대표인 Integre Technical Publishing사의 스탭 분들, George Morris와 함께한 과학 삽화가분들에게 그들의 협조, 융통성, 조언, 그리고 인내에 대하여 감사하지 않고서는 나의 감사를 마무리 할 수가 없다.

그리고 이 책을 나의 아내 Mary Jo에게 바친다. 왜냐하면 여러 많은 경우에서 그녀의 무조건적인 지지, 원고 마감에 직면해서의 사심 없는 융통성, 그리고 이 책의 집필이 끝날 때쯤 매우 낙천적인 평가에 대한 한없는 관대함에 대하여 감사하기 때문이다.

James Hartle
6월, 2002

역자 서문

아인슈타인이 1915년에 일반 상대성을 발표한지가 어느덧 100년 가까이 되어가고 있다. 그 동안 이 이론을 바탕으로 자연계에서 많은 물리적, 천문학적 현상을 이해하는 데 도움을 받았고, 또한 많은 물리 이론의 기초가 되었다. 그런데 이 이론을 이해하고 응용하려면 여러 수학적, 물리적 지식을 습득한 후에 접근할 수 있어 제한된 시간 내의 학부 과정에서는 학생들이 일반 상대성의 진수를 맞보기 전에 흥미를 잃어버릴 수 있어 원저자는 통상적인 일반 상대성을 논한 책들과 조금 순서가 다르게 이 책을 집필하였다. 즉, 아인슈타인 중력 방정식의 유도과정과 슈바르츠쉴드 방정식이나 Kerr 방정식의 유도과정을 먼저 제시하지 않고 그 결과와 그에 대한 실험적 증명들을 먼저 제시하고 난 다음 수학적인 것은 뒤에 제시하였다.

영어로 된 원본을 읽어 볼 수도 있겠으나 읽고 난 후에도 그 개념이 확실하게 빠르게 떠오르지도 않고, 또 쉬 잊어버리는 것은 아마도 영어가 우리 모국어가 아니기 때문 일 것이라.

역자도 이 같은 고충을 겪은 바, 일반 상대성과 중력이론에 대한 한글로 번역된 책의 필요성을 느껴 이렇게 감히 일반 상대성의 입문서인 James. B. Hartle의 “Gravity”를 번역하게 되었다. 독자들이 이 책을 읽은 후 일반 상대성 이론이 말하고자 하는 것과 그리고 관측과 실험을 통한 여러 증명된 사실을 이해하고 앞으로 더 심도 깊은 일반 상대성 이론을 추구하고자 하는 욕망을 가지려 한다면 역자로서는 소정의 목적을 달성한 것이다.

그리고 이 책이 나오기 까지 여러 방면에서 힘써 주신 청범 출판사 연규산 사장님 이하 스텝들에게 감사드리고, 또한 번역의 여러 단계에서 교정과 조언 그리고 타이핑까지 해주며, 응원을 아끼지 않은 아내 박시연에게 감사하고, 번역 과정 중에 여러 참고 논문을 찾아 참고하게 해준 현재 카이스트 대학원 물리학과에 재학 중인 아들 민두영에게도 감사하며, 끝으로 이 모든 것을 이루게 해 주신 하나님께 감사드린다.

2010. 10월

역자 민 건

역자 e-mail 주소 : doctormin0116@hotmail.com

그림 차용

다수의 그림들을 가지고 있는 상자들안에 있는 그림들에 대한 차용은 그것들이 책에 나타난 순서대로 나열해 놓았다.

그림 1.1	1999년 Hartle외 일행들이 쓴 책에 Clifford Will에 의하여 준비된 그림에서 채택
그림 1.3	Paul Scowen과 Jeff Hester(Arizona주립대학) 그리고 Palomar산 관측소
그림 1.4	시뮬레이션과 이미지, Rob Hynes의 호의
그림 1.5	NASA 제트 추진 연구소의 호의
그림 1.6	Boomerang 공동연구소의 호의
상자 2.1	McDonald 관측소의 Randall Rickleffs의 호의
상자 2.1	James Williams와 제트 추진 연구소, 그리고 Califonia, Pasadena에 있는 캘리포니아 기술 대학의 호의
상자 2.1	James Williams와 제트 추진 연구소, 그리고 Califonia, Pasadena에 있는 캘리포니아 기술 대학의 호의
상자 2.2	Boomerang 공동연구소의 호의
상자 4.1	Brillet과 Hall의 공동 저서 1979에서 John Hall의 호의
상자 4.2	G.W. Gibbons으로부터 이 다이어그램들을 배운 저자. 이 예는 Marey 1885 저서에서 가져왔음
상자 4.3	우주 망원경 과학 연구소의 John Biretta의 호의. 1996년의 Britta, Moore, 그리고 Cohen의 공동 저서에서 따온 데이터.
그림 6.2	워싱턴 대학의 Eric Adelberger의 호의
그림 6.3	NASA
상자 6.2	Robert Nelson의 호의
상자 7.2	W.W. Norton 주식회사의 허락과 함께 1994년 Thorne의 저서로부터 재생산된, Matthew Zimet에 의하여 Kip Thorne의 그림
그림 10.1	1979년 Vessort와 Levine의 공동저서로부터 채택
그림 10.3	1923년 Campbeii과 Trumoler의 공동저서로부터
그림 10.5	국립 전파 천문 관측소, E. Fomalont의 호의
그림 10.6	국립 전파 천문 관측소, E. Fomalont의 호의
그림 10.7	1977년 Shapiro외 공동저서로부터 Irwin Shapiro의 호의
그림 11.4	W. Colley, J.A. Tyson, 그리고 E. Turner 1996 의 공동저서로부터 Bell Laboratories, Lucent Technologies, 그리고 NASA의 Tony Tyson의 호의
그림 11.6	Kim Griest와 MACHO 공동연구팀의 호의

그림 11.8 1995년 Y. Tanaka외 일행들의 저서의 데이터로부터 Chris Reynolds의 호의
그림 11.9 NSF의 기관인 NAIC–Arecibo 관측소와 David Parker의 호의
그림 11.10 Princeton 대학의 J.H. Taylor의 호의
그림 13.1 시뮬레이션과 이미지, Rob Hynes의 호의
그림 13.2 1996년 Orosz외 일행들의 저서로부터 Jerome Orosz의 호의
그림 13.3 1995년 Miyoshi외 일행들의 저서와 1999년 Herrnstein외 일행들의 저서들에 있는 데이터에 기초를 둔 J.M. Moran과 L.J. Greenhill의 호의
그림 13.4 2002년 Ghez외 일행들의 저서로부터 UCLA의 Andrea Ghez의 호의
그림 13.5 NRAO의 Chris Carilli와 Rick Perley의 호의
상자 14.1 GP–B 프로젝트에 종사하고 있는 Francis Everitt
상자 15.1 1986년 Thorne외 일행의 공동저서에서 채택함
그림 16.5 Caltech/LIGO의 호의
그림 17.1 천문물리학을 위한 하버드–스미소니언 센터와 AURA에 근무하는 Peter Challis의 호의
그림 17.2 우주 망원경 과학 연구소와 NASA의 호의
그림 17.3 1996년 Fixsen외 일행들의 저서와 1999년의 Mather외 일행들의 저서에 있는 데이터로부터 NASA Goddard 우주 비행 센터와 COBE 과학 연구 팀의 호의
그림 17.4 1980년의 Cram, Roberts, 그리고 Whitehurst의 공동저서에서 나온 데이터에 기초로 한 1988년의 M. Roberts의 저서로부터 M. Roberts의 호의
그림 17.5 천문물리학을 위한 하버드–스미소니언 센터의 Barbara Carter의 호의
그림 17.8 유럽우주국의 Hipparcos 측정천문 위성 프로젝트에 종사하는 Michael Perryman의 호의
그림 17.9 2003년 Persson외 일행의 저서의 데이터로부터 카네기 관측소의 Wendy Fredman의 호의
그림 17.10 천문물리학을 위한하버드–스미소니언 센터, 우주 망원경 과학 연구소, 그리고 NASA의 Peter Challis의 호의
그림 17.11 2001년 Freedman외 일행의 저서에 있는 데이터로부터 카네기 관측소의 Wendy Fredman의 호의
그림 17.12 1996년의 Bennett외 일행의 저서에 있는 데이터로부터 NASA Goddard 우주 비행 센터와 COBE 과학 연구 팀의 호의
그림 17.13 Steve Maddox, Will Sutherland, George Efstathiou, 그리고 John Loveday의 호의
그림 17.14 John Peacock과 2dF 은하 적색편이 조사 팀의 호의

상자 19.1 SanDiego의 California 대학에 근무하는 David Tytler와 Nao Suzuki의 호의

그림 19.2 Adam Riesse와 High-Z 초신성 조사 팀의 호의

그림 19.4 2001년 Wang, Tegmark 그리고 Zaldarriga의 공동저서에서 묘사된 분석으로부터 M. Tegmark의 호의

그림 23.3 1989년의 J. H. Taylor와 J.M. Weisberg의 공동저서와 아직 출판하지 않은 최근의 데이터로부터 J. H. Taylor의 호의

그림 24.4 Callifornia 기술 연구소의 Lee Lindblom의 계산과 그래프의 호의

그림 24.5 Callifornia 기술 연구소의 Lee Lindblom의 계산과 그래프의 호의

그림 24.6 1965년의 B. Harrison, K. Thorn, M. Wakano, 그리고 J.A. Weeller의 공동저서와 1985년의 P. Glendenning의 저서에 있는 데이터로부터 Callifornia 기술 연구소의 Lee Lindblom에 의하여 준비됨

그림 24.7 Callifornia 기술 연구소의 Lee Lindblom의 계산과 그래프의 호의

주석

이 책의 집필에서 길잡이 역할을 한 교육적 원칙은 부록 D에 설명되어 있다. 그러나 다음의 주석은 이 책을 쭉 훑어보는데 즉각 유용할 것이다.

- **상자**: 상자 안에는 이 책 내용에 있는 기본 재료위에서 예시해 보여주거나 혹은 확장하여 보여줄 재료들을 포함하고 있다. 어떤 때는 이것은 관련된 현상이나 혹은 아이디어의 정성적 설명이거나 때로는 관련된 실험의 설명이다. 가끔은 이것들은 이 책 내용을 이해하는 데 가정된 기초 역학과 특수 상대성 이론을 넘어서는 물리학의 지식을 요구하는 것일 수도 있다. *책 내용을 이해하기 위해서 상자의 내용을 다 이해할 필요는 없다.*
- **문제**: 문제들에서 표시들은 다음을 의미한다.
  A= 대부분의 문제들 보다 더 대수적 계산이 필요함.
  B= 상자 내에 있는 논의에 참고가 됨
  C= 대부분의 문제들 보다 좀 더 도전적임
  E= 계산보다는 크기 등급의 평가를 요구함
  N= 약간의 컴퓨터 작업이 필요함
  P= 이 책에 있는 사전 지식들 밖에 있는 물리학의 다른 분야를 요구함. 예로서 전자기학
  S= (저자의 관점에서는) 간단한 것
  표시가 없는 문제들은 단지 평범한 문제들로서, 참고 될 만한 것, 난이도가 평균적인 것들이다.
- **Mathematica 프로그램들**: 여러 *Mathematica* 프로그램들이 일반적인 계량들(metrics), 궤도들(orbits), 그리고 우주 모델들 등을 위한 곡률의 양들을 계산하는데 제공된다. 이 프로그램들은 아래의 웹사이트에서 다운 받을 수 있다.
- **웹사이트**: 이 책에 관한 현재의 정보를 포함하고 있는 웹사이트는 아래의 주소를 타이핑할 때 바로 알 수 있다.

  http://www.aw.com

  이곳에는 정오표(正誤表), *Mathematica* 프로그램들을 위한 노우트 파일들, 보충적 논의(웹 보충물), 약간의 칼라 그림들, 그리고 이 책을 쓴 시대에 유용했던 다른 웹사이트와의 연결 등등을 포함하고 있다.
- **약간의 심볼들:**
  ≡ 정의를 내리는
  ≈ 거의 비슷한
  ~ 크기의 차수로 나타내어
  → 점근적으로 접근하면
  ⊙ 태양을 뜻함
  ⊕ 지구를 뜻함

차 례

PART I ■ 뉴턴 역학과 특수 상대성에서의 시간과 공간
Space and Time in Newtonian Physics and Special Relativity / 1

PART Ⅲ ■ 아이슈타인 방정식 The Einstein Equation / 457

PART I

뉴턴 역학과 특수 상대성에서의 시간과 공간

Space and Time in Newtonian Physics and Special Relativity

중력 물리학의 주된 현상들이 간략이 언급되어 있으며 시간과 공간의 기하가 물리적 의미를 가지게 되는 아이디어가 도입되어 있다. 뉴턴 역학과 특수 상대성에서 주요한 부분들을 재고찰하였다. 그리고 시공간 기하를 묘사하는 도구들이 개발되었다.

CHAPTER

01 중력학
Gravitational Physics

중력은 4가지 근본 상호작용(힘)들 중에 하나이다. 중력의 고전 이론이 - 아인슈타인 상대성 이론 - 이 책의 주제이다. 일반 상대성 이론은 블랙홀, 펄스, 퀘이사, 별들의 운명, 빅뱅 그리고 우주 그 자체 같은 천문학적 현상의 최첨단 분야를 이해하는데 중심이 되는 이론이다. 또한, 일반 상대성 이론은 뉴턴 법칙에 의한 행성의 궤도 운동공식과 약간 차이가 있는 것과 관련이 있으며, 일상에서 이용되고 있는 GPS(Global Positioning System) 활용에 필요한 요소이다. 4가지 기본적인 힘들 중의 하나로서 중력은 모든 힘(상호작용)을 통일하는 통일장 이론을 탐구하는데 중심적인 역할을 한다. 즉, 이 궁극적 이론에 대한 많은 아이디어가 일반 상대성 이론에 그 근간을 두고 있다.

이와 같이 중력학은 두 첨단 과학 분야를 형성한다. 그것의 중요한 응용은 현대 물리학에서 초거시적 거리의 스케일에 해당하는 분야와 미시적 거리 스케일에 해당하는 두 분야이다. 초거시적 거리의 스케일 분야는 천문학, 우주학과 관련이 있고, 미시적 거리의 스케일 분야는 양자 역학, 소립자 물리학과 관련이 있다. 이 두 가지는 현재의 전 우주가 아주 작은 무리로 들어가 있던 빅뱅시절에는 하나였다. 입문서인 이 책에서는 중력의 비양자적인 **고전적** 상대론만 다룬다. 이의 응용은 대개 초거시적 거리의 스케일에 해당하는 분야이다. 그러나 여기서 개발된 아이디어와 방법들은 미시적 거리 스케일 분야에서 다른 형태로 다시 쓰이게 될 것이다.

일반 상대성 이론의 기원은 1905년 아인슈타인의 특수 상대성이라는 혁명적 개념에 거슬러 올라간다. 뉴턴의 수 세기간 지속되어온 낡은 중력 법칙은 특수 상대성 이론과 부합되지 않게 되었다. 뉴턴의 법칙에 의하면 질량 m_1과 m_2인 두 물체가 서로 당기는 힘의 크기는

$$F_{\text{grav}} = \frac{Gm_1m_2}{r_{12}^2}, \tag{1.1}$$

여기서 r_{12}는 두 물체 사이의 거리이고, G는 중력 상수로 $6.67\times10^{-8}\text{dyn}\cdot\text{cm}^2/\text{g}^2$이다. 뉴턴의 중력은 순간적으로 작동하는 것으로 되어 있다. 어떠한 질량에서 나오는 힘은 바로 그 동시간에 제2의 물체가 놓여있는 위치에 달려있다는 것이다. 그러나 순간적 상호작용은 특수성 상대성 이론에 위배된다. 왜냐하면 그 이론에서는

광속보다 빨리 달릴 수 있는 신호는 없기 때문이다. 그러므로 뉴턴의 중력 법칙은 좀 더 근본적인 이론의 근사치에 해당할 수밖에 없다.

1915년 중력에 대한 아인슈타인 상대성 이론은 새로운 힘의 법칙이나 혹은 상대적 중력장에 대한 새로운 이론이 아니라 공간과 시간에 대한 우리의 관점에 혁명적인 영향을 미친 심오한 개념이다. 중력장에서 모든 물체가 동일한 가속도로 떨어진다는 실험적 사실이 자연적으로 공간과 시간의 4차원적인 통일 즉, 시공간의 휨과 연관이 있을 것이라고 아인슈타인은 내다보았다. 질량은 그에 인접해 있는 시공간을 휘게 한다. 그리고 모든 물체가 떨어지는 궤도는 휘어진 시공간에서 직선 궤도이다. 뉴턴의 이론에 의하면 태양은 지구에 중력이라는 힘이 미치고, 그 힘에 따라 지구가 태양 주위를 돈다고 여긴다. 그러나 일반 상대성 이론에서는 태양의 질량이 주위의 시공간을 휘게 하고 그에 따라 지구가 휘어진 시공간을 따라서 직선으로 움직인다는 것이다.

이 장의 나머지 부분은 상대성 이론이 중요한, 우주에서 일어나는 몇 가지 현상에 대하여 간략히 소개 하겠다. 중력이 중요한 곳에서 설명을 도와줄 수 있는 중력 상호작용의 몇 가지 특성을 뉴턴의 중력 법칙 (1.1)에서 찾아 볼 수 있다.

- 중력은 뉴턴 이론에 의하면 모든 물체 사이에 발생하는 범 우주적 상호작용(힘)이며 $E=mc^2$에 의하여 모든 형태의 에너지 사이에서 발생하는 상대론적 중력이다.
- 중력은 차단되지 않는다. 양수적(positive)인 중력을 상쇄시킬 음수적(negative)인 중력 전하라는 것은 없다. 그러므로 중력 상호작용은 차단할 수 있는 방법이 없다. 중력은 언제나 끌어당기기만 한다.
- 중력은 아주 먼 거리까지 작동하는 상호작용이다. 뉴턴의 힘의 법칙은 $1/r^2$의 상호작용이다. 강한 상호작용과 약한 상호작용 등에서 작동하는 거리의 크기와 중력 상호작용이 작동하는 거리의 크기가 다르다.
- 중력은 접근 가능한 에너지 범위 내에서 각 입자 사이에 상호작용하는 4가지 근본적 힘들 중에 가장 약한 힘이다. 거리 r만큼 떨어져 있는 두 양성자 사이의 중력에 의한 인력과 전자기적 반발력 사이의 비는

$$\frac{F_{\text{grav}}}{F_{\text{elec}}} = \frac{Gm_p^2/r^2}{e^2/(4\pi\epsilon_0 r^2)} = \frac{Gm_p^2}{(e^2/4\pi\epsilon_0)} \sim 10^{-36}, \tag{1.2}$$

여기서 m_p는 양성자 질량, e는 그것의 전하량이다.

이 4가지 사실이 물리적 현상에 있어서 중력의 역할을 많이 설명해 주고 있다. 예로써 중력이 가장 약한 힘임에도 불구하고 천문학과 우주학적인 초거시적 스케일

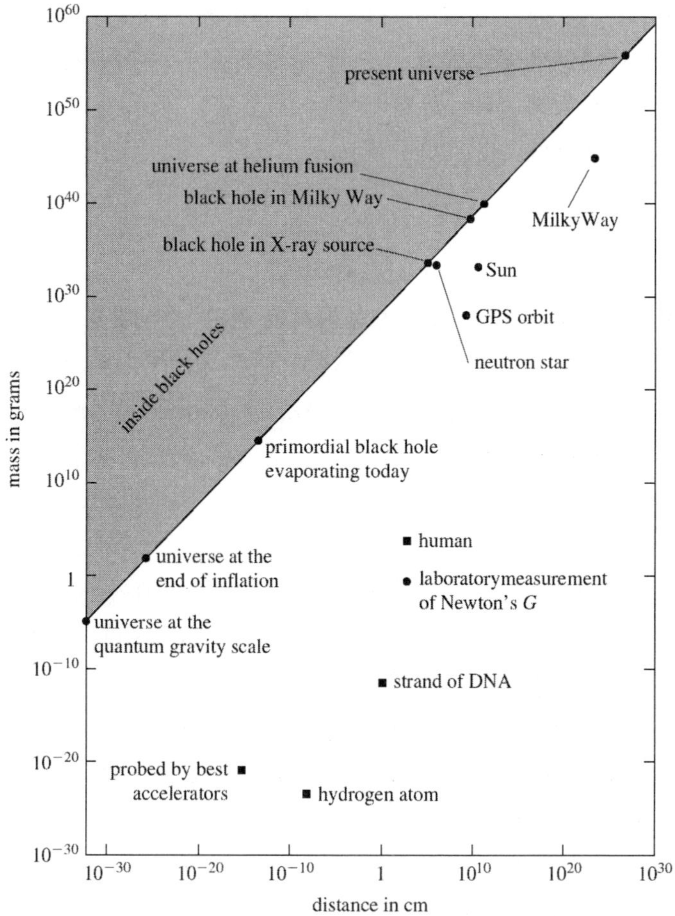

그림 1.1 중력물리학은 마이크로세계에서부터 우주적 범위 – 현재의 물리학에서 고려할 수 있는 가장 먼 거리의 범위 – 까지 달하는 거리와 시간의 스케일로 현상들을 다루고 있다.
특징적 질량과 특징적 거리로 나타낸 이 도표를 보면 이 전 영역에 걸쳐서 중력이 중요한 역할을 하는 현상들이 있다. 그 대표적인 것들은 원으로 표시되어 있고, 중력이 그리 중요한 역할을 하지 않는 것은 사각형으로 표시하였다. 대각선 $2GM=c^2R$ 위의 현상들은 관측할 수 없다, 왜냐하면 그 영역은 블랙홀 안에서 일어나는 현상이기 때문이다. 대각선에 접근해 있는 현상들은 상대적 중력이 중요한 역할을 하는 것들이다. 가장 큰 스케일은 천문학의 최첨단 영역이고, 가장 작은 영역은 소립자 물리학의 최첨단이다. 가장 작은 거리($\sim 10^{-33}$ cm)는 고전 중력학과 양자 중력학이 경계가 지워지게 해주는 플랑크 길이이다. 우주의 역사 속에서 여러 가지 순간에 우주에서 언급되는 스케일들은 만일 우주가 언제나 그 매순간에 가졌던 팽창비율을 가지고 있다면 빅뱅이후 빛이 여태까지 달려온 부피의 크기와 그 부피 내에 포함된 질량을 정의하고 있다.

의 거리에서 우주의 형성에 중력이 지대하게 영향을 주는 것을 설명해준다. 이 스케일의 거리는 강한 상호작용과 약한 상호작용이 미치는 거리에 비하면 엄청나게 멀다. 전자기적 상호작용은 제법 긴 거리까지 영향을 미친다. 그러나 우주는 전기적으로 중성이며 전자기력은 중력보다 훨씬 강력하여 먼 거리의 전하가 재빨리 중성화되도록 한다. 중력은 초거시적 스케일에서 우주의 구조를 결정하며 지배한다.

이 책은 중력이 중요한 역할을 하는 모든 현상에 대하여 기술하기보다 상대론적 중력이 중요한 역할을 하는 현상에 대하여 더 관심을 가지고 기술할 것이다. 예로서 뉴턴의 중력은 태양의 관성계의 구조를 이해하는데 적당하다. 그리고 상대론적 중력이 물체의 질량 M과 거리 R 사이에 중요한 역할을 하며, 광속도 c와 더불어 차원 없는 비율을 만든다. 즉

$$\frac{GM}{Rc^2}, \tag{1.3}$$

이것은 중요한 비율이다. **그림 1.1**은 우주에서의 여러 범주의 현상과 M과 R의 값에 의한 특징적 위치를 나타낸 것이다. 그림에서 대략 45°각도로 쭉 뻗어있는 직선은 $2GM = c^2R$에 해당하는 직선이며 이에 가까이 붙는 어떤 현상일수록 상대적 중력 이론이 중요한 의미를 가지게 된다. 이제 몇 가지에 대해서 상세하게 기술해 보자.

태양계에서의 정밀한 중력

식 (1.3)에 의하면 지구는 그렇게 상대적인 중력을 고려할 필요가 없다. $GM_{\oplus}/c^2R_{\oplus} \sim 10^{-9}$(지구의 천문학적 심볼은 $\oplus$이다)으로 매우 작기 때문이다. 그러나 GPS 계산시 (**그림 1.2**) 일반 상대론 효과를 고려치 아니하면 대략 30분씩 오차가 난다(6장 참고).

태양($\odot$)에 대하여서는 $GM_{\odot}/c^2R_{\odot} \sim 10^{-6}$이다. 그러므로 일반 상대론적 효과는 작다. 그러나 이 효과는 정밀한 관측으로 그 효과를 탐지해 낼 수 있다. 예로써, 수성의 태양에 대한 근일점이 매 궤도를 한번 돌때마다 조금씩 이동하는 양을 측정하는 것은 일반 상대성 이론을 검증해보는 테스트가 될 것이다. 일반 상대성 이론은 빛의 경로가 태양 가까이 지나갈 때 휠 것이라는 것과 그때의 빛이 지나가는데

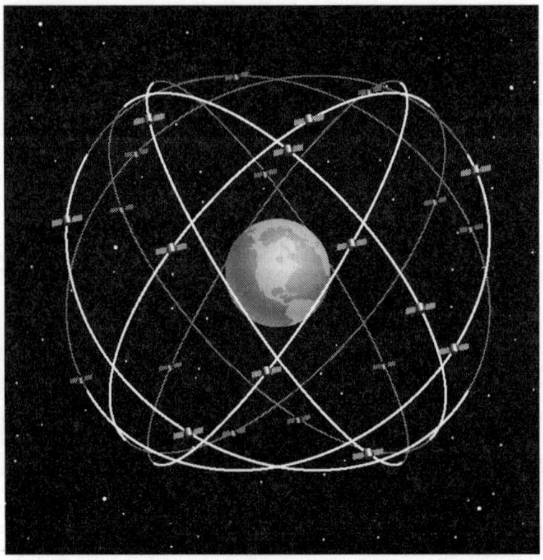

그림 1.2 일반 상대성 이론의 작은 효과가 중요시 되는 GPS(Global Positioning System)를 위한 위성들의 배치도

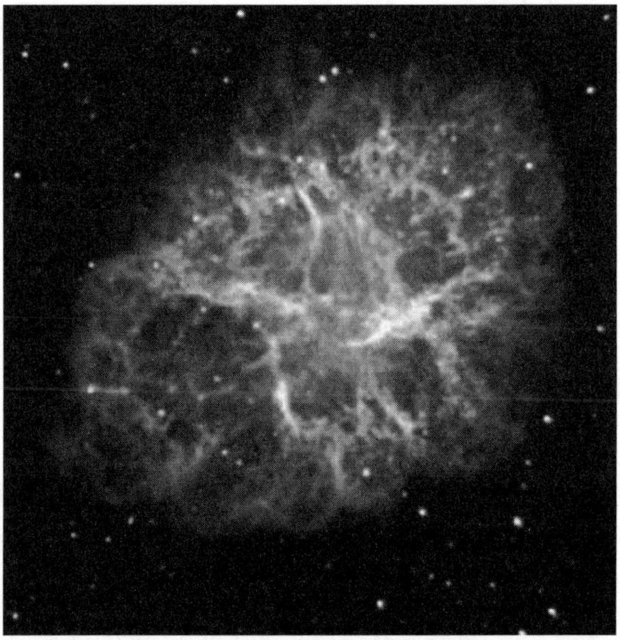

그림 1.3 게 성운(the Clab Nebula). 초신성 폭발의 잔재로 그 때 나온 빛이 AD 1054년에 지구에 도착했다. 이 성운은 그 중심부에 회전하는 상대론적 중성자별에 의하여 에너지를 공급받고 있다.

걸리는 시간이 뉴턴 이론에서 예측하는 시간보다 길어 질것이라고 예언하고 있다. 이 두 가지의 미세한 효과는 오늘날 정밀한 천문학적 관찰로 탐지 가능하다.

상대론적 별들

대부분의 별들은 그의 중심부에서 핵융합 반응에 의한 달구어진 가스의 분출하려는 힘에 의해 중력의 인력에 대항하여 지탱되고 있다. 별이 핵 융합연료를 다 써버린다면 중력에 의한 별의 붕괴는 자명하다. 어떤 붕괴하는 별들의 핵들은 비 열핵 반응에 의한 척력의 소스에 의하여 지탱되어, 더 이상 붕괴되지 않고 지탱하게 되는데 이때의 별들이 백색왜성이나 중성자별이 된다. 질량이 태양 무게쯤 되고 반경이 10km 정도 되는 중성자별은 상대론적 고려대상이 된다. $GM/c^2R \sim 0.1$ 정도로 이의 특징은 24장에서 논하기로 한다. 거기에는 중성자별이 되기 위한 최대 질량과 태양 질량의 서너 배되는 백색왜성에 대하여 설명되어 있다. 더 질량이 많이 나가면 별의 중심부는 붕괴되어 블랙홀이 된다.

블랙홀

일반 상대성 이론은 빛도 못 탈출할 정도로 별 표면의 중력이 크면서 별의 전 질량이 아주 작은 사이즈로 줄어든 상태에 있는 별 즉 블랙홀의 존재를 예견하고 있다(12장, 15장 참고). 뉴턴 역학에 의하면 반경 R에서 어떤 물체 m이 초기에 탈출

속도 V_{escape}보다 더 큰 속력 V로 탈출하면 질량 M이 만드는 중력으로부터 벗어날 수 있다고 한다. 질량 M으로부터 탈출할 때 탈출속도는 즉 운동에너지가 중력 퍼텐셜 에너지와 균형을 이룰 때이다.

$$\frac{1}{2}mV_{\text{escape}}^2 = \frac{GmM}{R}. \tag{1.4}$$

탈출속도가 아래의 조건일 때 빛의 속도를 초과한다.

$$\frac{2GM}{c^2R} > 1. \tag{1.5}$$

뉴턴적 분석이 상대론적인 상황에는 적용될 수 없음에도 불구하고, (1.5)식은 반경 R이 적절히 해석된 블랙홀, 구형 질량체에 대해 올바른 상대론적 판단기준이란 것이 판명되었다.

블랙홀을 정의하는, 빛도 못 빠져 나오는 그 반경의 면을 **사건의 지평면**(event horizon)이라 한다. 질량, 정보, 그리고 그 어떤 것도 모두 이 블랙홀 반경 내에서는 빨려 들어가면 **고전적** 일반 상대론에서는 그 어떤 것도 빠져 나올 수 없다. (역자주: 양자 중력론에서는 호킹 복사에 의해 블랙홀에서 열복사파가 나온다.)블랙홀은 혼잡스런 중력 붕괴에 의하여 생성되지만 몇 가지 면에서 특징 있는 아주 단순한 물체이다.

S. Chandrasekhar는 다음과 같이 말했다. "블랙홀은 우주에서 있을 수 있는 가장 완벽한 거시적 물체이다; 즉, 블랙홀이 만들어지는데 유일한 요소는 공간과

그림 1.4 X-ray를 방출하고 있는 이중성 GIRO J1655-40 의 시뮬레이션 이미지. 오른 편에 있는 거대한 별이 보이지 않는 블랙홀 주위를 돌고 있고 블랙홀을 향하여 질량들이 떨어져 나가 원판을 형성하고 있다. 이 원판은 너무 뜨거워 X-ray을 방출한다.

시간의 개념뿐이다. 일반 상대성 이론은 블랙홀의 묘사하는데 있어서 단 한가지의 유일한 일련의 해법을 제공해주므로 그것들은 또한 매우 단순한 물체들이다” (Chandrasekhar 1983).

태양 질량의 서너 배되는 블랙홀은 그와 동반하여 돌고 있는 별에 의해 탐지되었다. 태양질량에 거의 10억 배되는 슈퍼 질량급의 블랙홀들이 은하성단들 중심에서 탐지되었었다. 우리 은하계 중심에도 태양질량의 거의 3백만 배나 되는 블랙홀이 있다. 실제로 이 글을 쓸 당시에 모든 은하성단 중심에는 블랙홀이 있다는 증거가 점점 쌓여가고 있었다.

블랙홀은 그 자체가 검음에도 불구하고 그 주위를 둘러싼 극심하게 휜 시공간은 현대 천문학에 가장 드라마틱한 현상이 일어나는 지역이다. 블랙홀을 향하여 떨어지는 물체는 나선궤도를 만들며 떨어진다. 그리하여 뜨거운 디스크 원반을 만드는데 여기에서 강한 X-선이 나온다(**그림 1.4**). 회전하면서 자력화 되어있는 블랙홀에 빨려 들어가고 있는 물질은 퀘이사의 발전소 역할을 한다. 블랙홀은 빅뱅이후 거대한 폭발을 동반한 감마선 대방출의 배경이 될지도 모른다. (블랙홀의 탐지와 그 천문학적 중요성은 13장의 주제이다.)

중력파

일반 상대성 이론은 시공간의 곡률의 파문이 빈 공간을 따라 빛 속도로 퍼져 나감을 예견하고 있다. 이 파문을 중력파라 한다(16장 참고). 비구형이거나 비직선 운동하는 어떤 물체는 중력파를 만들어낸다. 그러나 중력파는 두 개의 밀도가 아주 높은 별이 합치던가, 거대 질량의 블랙홀이 합쳐지던가 혹은 빅뱅 같은 그런 사건 때에도 만들어진다. 물체는 우주의 여러 장소에서 운동 중에 있다. 그리고 중력은 차단되지 않는다. 그러므로 우주는 중력파의 발생으로부터 특별히 약하게 노출되어 있는 것은 아니다. 실제로 서로 합병되는 은하성단의 중심에 있는 블랙홀의 합병은 우주에서 거대한 에너지 발생의 사건이며 대부분의 에너지가 중력파 형태로 발산된다. 물질이 약하게 합병할 때는 중력파를 검출하기가 어렵다. 그러나 그와 같은 물질의 약한 합병에서 중력파를 검출 하고자 하는 것은 흥미를 자아내는 것이다.

중력파가 한번 발생하면 거의 소멸되거나 흡수되지 않는다. 그러므로 중력파는 우리들에게 초기 빅뱅의 상태와 블랙홀 형성의 중심부를 그를 통하여 어느 정도 알 수 있게 해주는 우주의 새로운 창문 역할을 한다.

지구에서 결코 탐지되지 않는 중력파는 그것을 방출한 물체의 궤도에 그것이 어떻게 영향을 주었는지를 보고 감지할 수 있다. 중력파는 그것이 지나갈 때 생기는 시공간의 곡률의 잔 물결에 의해 나타날 수 있는 물체의 상대적 움직임을 정교하게 측정함으로써 탐지할 수 있다. 지구에서 볼 때 중력파가 밝게 나타나는, 이중성에서

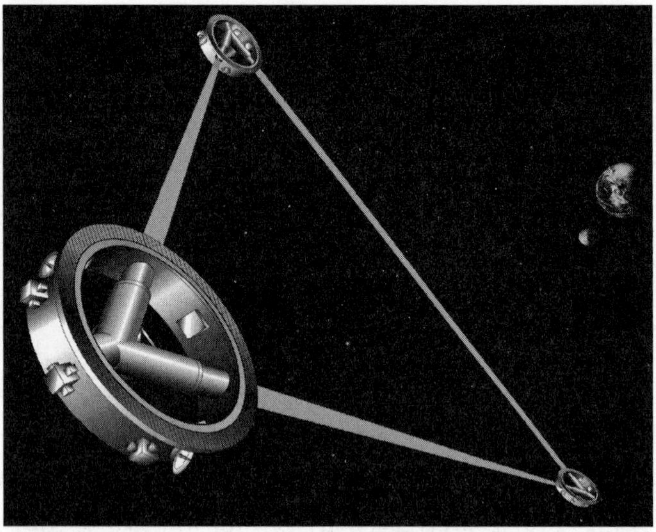

그림 1.5 우주공간에 있는 LISA 중력파 간섭계의 상상도. 레이저 빔이 5,000,000km로 서로 떨어져 있는 세 개의 탐지기를 연결해 주고 있다. 중력파는 이 들 탐지기 사이의 거리에서 그것들이 만들어내는 작은 변화를 관찰함으로써 탐지될 수 있다.

나오는 중력파도 두 별 사이의 거리의 단지 $1/10^{20}$의 비율의 변화만 줄뿐이다. **그림 1.5**에 보여 주는 것과 같이 저자가 이 글을 쓸 시대에 고안된 우주공간에 5,000,000km 크기의 중력파 검출기에 상기의 $1/10^{20}$의 변화는 원자 크기보다 더 작은 변화를 준다. 실험적 도전이 커지는 만큼 지구 표면에 건설하거나 우주공간에 설치할려고 하는 중력 검출기로 인해 21세기 초에는 중력파를 탐지하려는 천문학이 실제적으로 가능케 될 것이다.

우주

앞에서 언급한 것과 같이 중력은 공간과 시간의 초거시적 스케일로 우주의 구조와 진화를 지배하고 있다. 이것들은 우주적 스케일이다(17~19장).

은하성단의 운동을 관찰해 보면 우리 우주는 팽창하고 있는 중이다. 초거시적 스케일 범위에 보면 우주의 분포가 오늘날 아주 균등하다. 어느 장소, 어느 방향으로도 균등하다. 빅뱅에서 탄생된 우주 배경복사에 대한 관찰을 통하여 우주는 초기보다도 더 균등한 분포를 하고 있는 것 같다. 일반 상대성 이론은 공간의 기하학이 그와 같은 균등한 우주에서 어떻게 휘어지는가를 예견해 주고 있다, 그것은 또한 시간에 따른 우주의 진화를 보여주고 있다. 즉, 우리에게 우주의 기원과 역사 또한 그 미래의 운명까지도 예견해 주고 있다.

일반 상대성 이론과 현재의 관측을 통하여 우주는 빅뱅 - 무한 밀도, 무한 압력, 무한 시공간 곡률의 특이적 상태 - 으로부터 시작되었음을 암시하고 있다. 이와 같이

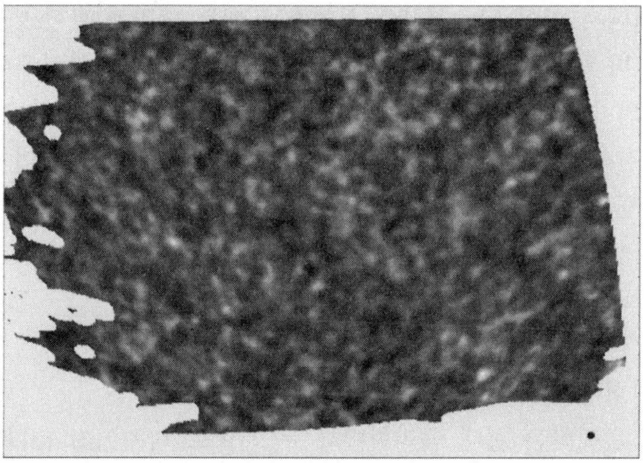

그림 1.6 빅뱅이후 수천 수백 년 후의 우주의 그림. Boomerang 실험으로부터 얻어진 이 지도는 나중에 은하로 발전하는 우주의 비균질성에 해당하는 초단파 배경 복사에서의 온도 요동을 보여주고 있다. 가장 밝은 부분과 가장 어두운 부분 사이의 온도차는 milliKelvin 차수 정도의 차이이다.

이들 측정의 극한 상황임에도 불구하고, 빅뱅이 공간적으로는 아주 균일(regular)했다는 것이다. 실제로 아주 엄격한 균등함에서 아주 약간의 변화는 아주 미세한 양자적 요동으로 해서 그것은 중력의 인력 하에 응집되고 결국에는 현재 우리가 보고 있는 별이나 은하가 되었다는 것이다. 초거시적 스케일 우주의 많은 특징은 빅뱅 초기 중력 물리학과 입자 물리학의 상호작용으로 만들어진 것이다. 오늘날 초거시적 물질 분포의 씨를 심어놓은 것 이외에 빅뱅 초기는 물질이 반물질보다 많게 하고, 물질이 전자기 복사, 뉴트리노, 중력 복사보다 많게 하고, 그리고 원시우주에서 화학 요소들이 풍부하게끔 결정했다.

양자 중력

고전적 중력이론만 다루는 이 책에서는 오직 한군데 13장에서만 이 양자 중력을 다룰 것이다. 양자적 시공간에 대한 분야는 중력물리학의 어떠한 중요한 현상에 대한 탐구만큼이나 주의를 받을 만큼 가치가 있다. 플랑크 상수 $\hbar$는 모든 양자 현상을 특성화한다. 양자 중력 현상은 길이, 시간, 에너지, 그리고 밀도의 차원을 $\hbar$, G와 c의 결합만으로 특징 지워준다.

$$\begin{aligned}
\ell_{\mathrm{Pl}} &\equiv (G\hbar/c^3)^{1/2} = 1.62\times10^{-33}\ \mathrm{cm},\\
t_{\mathrm{Pl}} &\equiv (G\hbar/c^5)^{1/2} = 5.39\times10^{-44}\ \mathrm{s},\\
E_{\mathrm{Pl}} &\equiv (\hbar c^5/G)^{1/2} = 1.22\times10^{19}\ \mathrm{GeV},\\
\rho_{\mathrm{Pl}} &\equiv c^5/\hbar G^2 = 5.16\times10^{93}\ \mathrm{g/cm^3}.
\end{aligned} \tag{1.6}$$

이것들은 각각 플랑크 길이, 플랑크 시간, 플랑크 에너지, 플랑크 밀도라 불린다.

이 범위의 영역에서 일어나는 현상을 설명하는 데는 중력에 관한 아인슈타인의 고전 중력이론은 더 이상 사용할 수 없다. 왜냐하면 상기 범위 영역에서는 고전적 시공간기하학에 의미심장한 양사석 요동이 예상되기 때문이다. 이와 같은 이유로 아인슈타인의 고전적 중력 이론을 상기 범위에는 양자 중력학으로 대체되어야 한다.

(1.6)에 나타난 숫자를 얼핏 보아도 양자 시공간의 주체는 평상시의 경험과 가능한 실험들과는 상당히 거리가 멀다는 것을 한눈에 알 수 있다. 우리가 알기로는 상기와 같은 플랑크 스케일 내에서 현실적으로 우주에서 일어날 수 있는 상태는 2가지로 하나는 17~19장에서 다룰 초기 빅뱅상태요, 또 하나는 13장에서 다룰 블랙홀의 양자적 증발현상이다.

그러나 양자 중력학은 현대 물리학에서 두 분야로 나누어져 있다. 첫째는 현재 중력을 포함한 4가지 근본 상호작용을 통일 하려는 이론으로 그것의 단순성이 E_{pl}에 상당하는 고에너지에서 나타난다. 둘째는 우주 초기의 양자적 초기 상태에 대한 탐구이다. 빅뱅 같은 우주 초기에는 초거시적 세계와 초미시적 세계는 하나였다. 초거시적세계는 초미시적세계로 압축되면서 초 에너지 상태가 된다. 양자 중력학은 이 책에서는 다루지 않을 것이다. 그러나 여기서 배운 고전적 중력이론들은 현대 물리학 첨단 분야를 이해하는데 초석이 될 것이다.

CHAPTER

02 물리학으로서 기하

Geometry as Physics

이 책은 공간과 시간 그리고 중력에 관한 것이다. 왜냐하면 1장에서 간략히 언급한 것과 같이 일반 상대성 이론의 중심사상은 중력이 시공간의 휨 - 공간과 시간의 4차원적 결합 - 으로 발생한다는 것이다. 이 장에서는 중력이 기하라는 아이디어를 좀 더 확장하고 그리고 나서 공간과 시간의 기하가 어떻게 물리학의 이론과 실험의 주체가 되는지를 기술하고자 한다.

2.1 중력은 기하이다. Gravity is Geometry

여기에 중요한 실험적 사실이 있다. 즉, 균등한 중력장내에서는 모든 물체는 동일한 가속도로 떨어진다는 것이다. 그 물체의 구성물에 대해선 상관없이 말이다. 만일 갈릴레오가 진공상태에서 피사의 사탑에서 대포알과 깃털을 같이 떨어뜨렸다면 그 둘은 똑같이 980cm/s^2 가속도로 떨어졌을 것이다(공기 저항은 무시). 이 가속도의 동등성은 물리학에서 아주 정확하게 측정된 실험적 사실이다. 예로써 이 책을 기술할 당시에 지구와 달이 1.5×10^{-13}의 정확도로서 **같은** 가속도로 태양을 향하여 떨어지는 것으로 알려져 있다. (상자 2.1을 보라. 더 상세한 것은 6장 참고) 이 실험적 사실들이 일반 상대성 이론의 기초가 된다.

그림 2.1은 지구의 표면에서 위로 똑바로 볼을 던져 올렸을 때 시간의 함수로써 높이 h와 시간 t사이의 관계를 보여주고 있다. 볼은 어떤 초기 속도로 출발하여

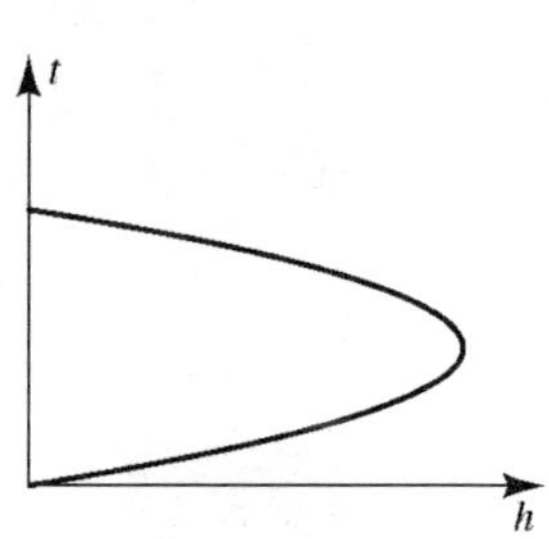

그림 2.1 지구표면에서 위로 초기속도를 가지고 위로 던져진 볼은 중력가속도($g=980cm/s^2$)에 의해 감속되고, 최대 위치에 도달한 후 지구표면으로 다시 되돌아온다. 그림은 특정한 초기속도에 대한 시간과 높이의 특징적 포물선을 보여주고 있는데 상대성 이론에서는 표준적으로 시간축이 수직으로 되어있는 좌표이다. 동일한 초기 속도로 위로 던져진 어떤 다른 물체도 동일한 시공간 궤도곡선을 그릴 것이다. 아인슈타인 일반 상대성에서는 물체들은 지구라는 질량체가 만들어낸 휘어진 시공간을 직선 경로를 따라 가는 것이라고 설명하고 있다.

상자 2.1 중력장내에서 가속도들의 동등성에 대한 달의 거리 레이저 측정 실험

현재까지 중력장내에서 모든 물체는 같은 가속도로 떨어진다는 사실에 대한 가장 정확한 검사는 지상의 실험실에서 나온 것이 아니라 태양주위로 떨어지고 있는 지구와 달의 가속도를 비교하는 실험에서 나왔다. 이것은 1.5×10^{-13}오차 범위 내에서 일치한다. (윌리암과 그 팀 1996, 엔더슨과 윌리암 2001)

이 실험은 달에 반사경을 두어 지구에서 레이저를 발사하여 되돌아오는 시간을 재어서 결정되는 초과시간으로 지구와 상대적 달의 위치를 정확히 알아내는 것이었다. 이 실험을 달의 거리 레이저 측정(lunar laser ranging) 실험이라 한다. 현재 달까지의 거리는 지구와 달 사이의 평균 거리가 오차 범위 수 cm 내에서 384.401km -10^{10}분의 1의 정확도로 - 임이 결정되어 있다.

이 측정의 열쇠가 되는 방법은 각진 입방체의 반사경인데 그 직각의 입방체는 3면의 반사면이 한 모서리에서 만나도록 설계되어 있다. 이 기하학적 특징은 아주 유용한 것으로 빛이 언제, 어느 방향으로 들어오던지 그 방향 그대로 반사시키는 특징이 있다(**문제 1**을 보라).

반사경이 놓인 위치

1969와 1971에 아폴로 달 탐사선 11호,14호와 15호는 달의 여러 곳에 백 개에서 삼백 개까지 이르는 반사경을 남겨 놓았다. 그리고 1973년에 추가적으로 러시아-프랑스 공동 팀이 Lunakhod Ⅱ라는 무인 우주선에 의해 반사경을 남겨 두었다. 1969년 이후 이 장치들을 이용하여 달 궤도를 결정하는 체계적인 프로그램이 텍사스의 로키산맥에 있는 McDonald 관측소와 프랑스의 Grasse에 있는 de Cote d'Azur 관측소에서 행하여졌다.

McDonald 관측소에서 달로 발사되고 있는 레이저 펄스

달에 놓아둔 반사경

현재 사용되는 레이저는 단위초당 약 10회씩 200 피코초(10^{-12}초)로 지속되는 펄스를 보내는데 거기에는 약 10^{18}광자가 포함되어 있다. 대기 중에서 확산과 반사 그리고 다른 영향들이 레이저가 달에 도달할 경우 약 7㎞ 이상의 반경의 빔으로 퍼진다. 그래서 오직 10^{-9}광자만 반사경에 충돌하게 되는 것이다. 레이저 빛이 되돌아 올 때는 그 반사된 빛의 반경이 20km 이상이 되어 1m 짜리 망원경으로 단지 10^{-9}의 광자만 탐지된다. 결국 매 수초에 한 개의 반사된 광자만 탐지 되는 것이다. 이 귀향하는 광자는 이글을 쓸 당시(역자주: 이 책은 2002년에 출판되었다.)까지 1970년 이후부터 쭉 30년 이상 탐지되어 왔다.

점차 감속되어 최대 높이 h에 다다른 후 다시 아래쪽으로 가속되어 지표면에 도달한다. 동일한 장소에 동일한 초기 속도를 던져 올린 어떠한 물체도 정확히 동일한 곡선을 따라 간다. 이 같은 공간과 시간에서 유일한 궤도의 특성은 중력의 특별한 특징이다. 자기장 안에서 물체의 운동은 그 물체가 가지고 있는 전하가 어떤 종류인가에 달려 있다. 즉, 양극이냐 음극이냐에 따라 다르다. 어느 한 극을 가진 물체가 어느 한 방향으로 자기장에서 휘었다면 그 반대 극을 가진 물체는 반대 방향으로 휘고 극이 없는 물체는 전혀 휘지 않는다. 오직 중력 내에서 동일한 초기 조건을 가지고 출발한 모든 물체만이 공간과 시간 내에서 동일한 궤도를 따른다. 시공간의 유일한 궤도를 따라 물체가 움직인다는 것은 시공간이라 불리는 공간과 시간의 4차원 결합 형태인 기하로서 설명될 수 있다는 것이 아인슈타인의 아이디어이다. 특히 다음과 같이 그는 제의를 했다.

지구와 같은 질량을 가진 물체는 그 주위에 시공간을 휘게 하고, 외부의 힘을 전혀 받지 않는 모든 물체는 이 시공간을 직선을 따라 움직인다는 것이다. 외부 힘을 받지 않는 물체는 뉴턴 역학에서는 3차원 유클리드 공간을 직선을 따라 운동한다는 것이다. 이것은 뉴턴 제1법칙이다. 아인슈타인의 아이디어는 지구가 태양주위의 궤도를 도는 것이 중력의 힘이 작용해서가 아니라 태양에 의해서 만들어진 시공간의 비유클리트 기하학적 시공간의 휨에 의해 직선궤도를 따라 돈다는 것이다.

2.2 기하학적 실험들 Experiment in Geometry

다음과 같은 이야기가 있다. 1820년 말에 위대한 수학자인 G. F. Gauss는 공간의 유클리드 기하학의 한 정리인 삼각형의 내각의 합은 180° 임을 증명하기 위하여 한 실험을 행하였다. 그는 Hohenhagen, Brocken, Inselsberg의 산 정상을 3개의 꼭지점으로 하여 빛은 직선으로 달린다는 가정 하에 그 빛이 서로 만드는 각도를 측정했다고 한다. 그리고 그 세 각을 합한 결과 정확히 180°였다고 한다(**그림 2.2** 참조).

가우스가 정말로 이 실험을 행하였는지에 대한 역사적 증거는 없다. 그러나 만일 그가 그 실험을 하였다면 중요한 한 가지 점을 강조하고자 한다. 그 세 각의 합이 논리적으로만 180°인지 보장되지 못했었다는 것이다. 유클리드기하학과 다른 많은

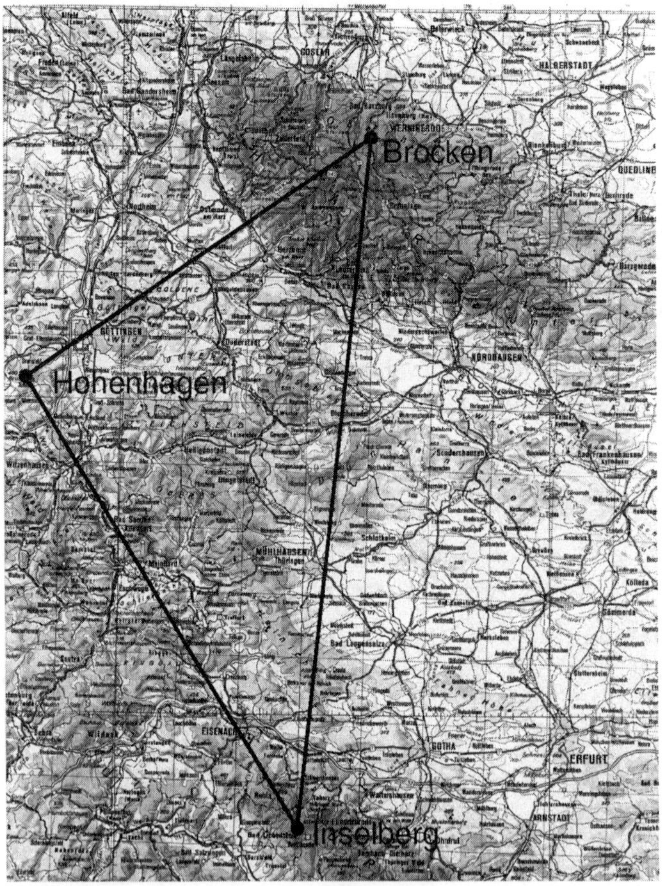

그림 2.2 Hohenhagen, Brocken, Inselsberg의 산 정상을 보여주는 독일의 현재 지도. 이 산 정상은 삼각형의 3개의 꼭지점을 형성하고 있다. Gauss는 Euclidean 기하에서 예견되듯이 내각의 합이 180°인지 어떤지 조사해 보았을 것이다.

물리학적 공간의 기하학이 있을 수 있다. 비유클리드 기하학은 삼각형 내각의 합이 180°가 아닌 다른 결과를 보여준다. 공간의 기하학은 경험적 실험에 의문을 제기한다. 그것은 물리학에서의 문제이다. 즉, 측정 가설 그리고 검정이 주제가 된다. 이 책의 마지막 부분에서 Gauss가 아주 엄밀한 정밀로도 그의 실험을 행하였다면 그는 지구의 질량 $M_\oplus$에 기인한 시공간의 휨에 의해 삼각형의 내각의 합이 조금 다르다는 것을 발견하였을 것이다 는 것을 여러분은 알게 될 것이다. 즉

$$\left|\begin{pmatrix}\text{라디안으로 표시된}\\ \text{삼각형 내각의 합}\end{pmatrix}\right| - \pi \sim \frac{(\text{삼각형의 면적})}{R_\oplus^2}\left(\frac{GM_\oplus}{R_\oplus c^2}\right) \tag{2.1}$$

(여기서 $R_\oplus$는 지구의 반경이다) 태양과 다른 행성의 영향도 고려해야 한다. 여기서 1장에서 언급하였듯이 약한 상대론적 효과인 GM/Rc^2의 비가 나타난 것에 유의해서 보라. 각 산들의 거리가 69km, 85km, 107km 떨어져 있으므로 이 수치를 사용

하여 계산해보면 10^{-15}radian(!)정도로 차이가 난다. 이와 같은 극미한 차이는 심지어 현재의 기술로도 탐지할 수 없을 것이다. 그러나 태양이 만들어내는 유클리드 기하로부터의 시공간의 약간의 굴곡과 초거시적 세계인 우주공간에서 나타나는 기하의 굴곡의 측정 등은 현재의 실험으로 탐지할 수 있다(**상자 2.2**를 보라).

상자 2.2 우주의 공간 기하 결정

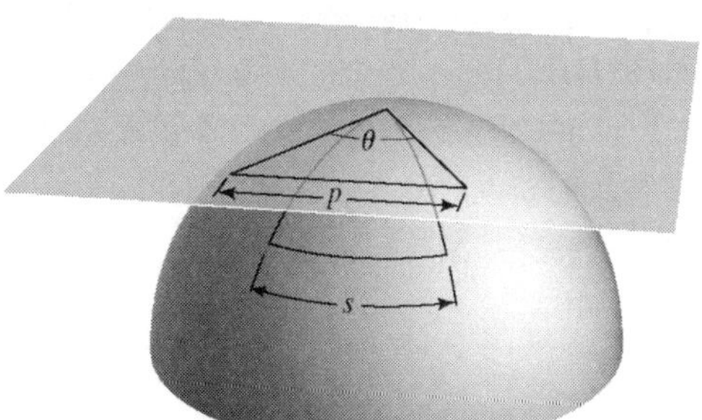

현대의 측정법들은 – Gauss가 행한 실험과 그 성격상 별반 다르지 않는 – 보이는 우주의 아주 먼 거리의 스케일로 공간의 곡률을 결정하고자 한다. 일반 상대성과 그에 더하여 우주에 있는 은하들과 복사선들의 분포에 대한 관측들은 제 18장에서 상세히 알게 되겠지만 어느 한 시점에서 3차원 공간의 거대 스케일의 기하는 단지 몇 개의 가능한 경우가 있다는 것을 제시해 주고 있다. 평면의 평평 기하, 구 표면의 양으로 휜 기하, 튀긴 감자 칩처럼 표면이 국소적으로 음으로 휜 기하 등은 3차원 공간에서 평평하거나, 양으로 휘거나, 음으로 휜 2차원 평면과 유사하게 생각할 수 있다. 그러면 우리 우주의 공간의 기하는 어떻게 측정할 수 있을까?

한 방법을 좀 이해하기 위하여, 공간의 기하가 시간에 대해 고정되어 있다고 가정하자. (실재 우주의 기하는 이와 대조적으로 팽창하고 있다.) 좀 더 나아가 알려진 크기 p의 물체들이 알려진 거리 d 만큼 떨어져 있다고 하자. 만일 기하가 평면처럼 평평하다면, 이 물체들이 이루는 호의 각 θ는 p/d 가 될 것이다. 그러나 위에 예시된 그림처럼, 만일 기하가 구의 표면처럼 양으로 휘어져 있다면 동일한 호의 각도에 대하여 이 물체들은 좀 더 작은 크기 s를 가지게 될 것이다.

다시 말해서 알려진 크기와 알려진 거리를 가진 물체가 이루는 호의 각은 평평 기하 때 보다 구 표면과 같이 양으로 휜 표면에서는 더 큰 각을 만들 것이다(**문제 6** 참고). 유사하게, 음으로 휜 공간에서는 호의 각이 더 작아질 것이다(상세하게 알아보려면 **문제 18.12**를 보라). 이 논의는 19장에서 논의될 우주의 팽창을 포괄하기 위해서는 옳아야 하겠지만 그 정성적 결과는 동일하다: 알려진 크기와 거리에 있는 물체들의 각의 크기를 측정해봄으로 해서 이들에 관여하고 있는 공간이 평평한지, 양으로 휘었는지, 음으로 휘었는지를 결정할 수 있는 한 방법이 될 것이다.

우주 초단파 배경 복사(cosmic microwave back-ground radiation, CMB)는 우주를 시작하게 한 뜨거운 빅뱅으로부터 나온 빛이다. 그 복사선은 우주가 팽창할 때부터 시작되었고 그리고 충분히 식어져서 물질들이 나타나기 시작하면서 우주에 가득찬 뿌연 복사선으로부터 우주가 투명하게 되었다. 이 복사선은 우리에게 도달하기까지 거의 140억년에 걸쳐서 자유롭게 전파되어왔다. 만일 우주가 시간에 따라 변화하

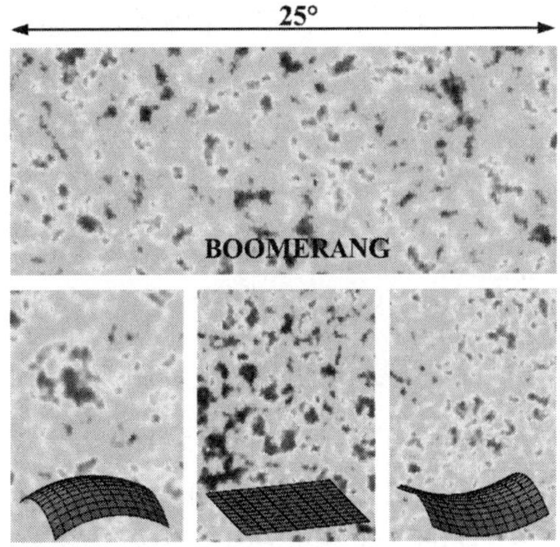

지 않았다면, 그것은 거의 140억 광년을 달려온 것이다. 복사선의 온도는 2.73°K까지 식었고 거의 모든 방향에서 동일하지만 완전히 똑같은 것은 아니다. 오직 수 백만분의 서너 ° 정도의 미세한 온도 요동만이 있는 것이 관측되었다. 이들 요동들의 기원에 대한 이론은 알려진 길이 스케일에 의해 특징지어지는 크기의 스펙트럼을 예견하고 있다. 그러므로 요동들은 알려진 거리로 떨어져 있는, 알려진 크기들의 스펙트럼을 가진 특징들이다. 이와 같이 이것의 각도 크기를 관측해보는 것은 우주의 공간의 기하를 측정하는 것이 된다.
앞의 그림은 Boomerang 실험(de-Bernardis 와 그 일행. 2000)에 의하여 관측된 하늘에서 25° 각도 크기의 지역에서 온도의 요동에 대한 지도를 보여주고 있다. 바로 위에 있는 3개의 그림은 원래 크기의 이론적 스펙트럼에 기반을 두어 그 지도가 어떻게 보일지에 대한 시뮬레이션이 기하가 양으로 휘었는지(왼쪽), 평평한지(중앙), 혹은 음으로 휘었는지(오른쪽)를 보여주고 있다. 각 크기의 스펙트럼에 대한 정량적 비교에서는 기하가 평평한 것에 매우 가깝다는 것을 보여주고 있다. (가까운 미래에 좀 더 정확한 결과가 나오겠지만, 그 아이디어는 동일할 것이다) 공간의 기하는 측정할 수 있는, 물리학적 의문이다.

2.3 다른 기하학들 Different Geometries

다른 기하학들에 대한 아이디어는 2차원 평면에서 쉽게 보여줄 수 있다. 여러분들은 평면의 유클리드 기하학에서 배웠던 것처럼 점, 직선, 거리, 각도, 평행선, 원, 현 등등에 대한 정의를 배웠다. 익숙한 정의 중에 하나가 삼각형 내각의 합이다.

$$\sum_{\text{꼭지점}} (\text{내각}) = \pi. \tag{2.2}$$

또 다른 하나는 반지름 r과 원주의 비이다.

$$\frac{(\text{원주의 길이})}{(\text{반지름})} = \frac{C}{r} = 2\pi. \tag{2.3}$$

그러나 구 표면 위에서의 기하학은 평면의 기하학과 다른 기하학이 나온다. 구 표면 기하학에서 직선이란 두 점의 가장 짧은 거리라고 정의되어 질 수 있다. 즉 대원의 일부가 된다. 삼각형은 이 대원 일부가 서로 만나서 만들어진다(**그림 2.3**). 원은 구 표면에서 어느 한 중심이라고 하는 점에서 일정한 거리에 있는 점들의 자취로 만들어진다. 면적이 A인 구 표면의 삼각형은

$$\sum_{\text{꼭지점}} (\text{내각}) = \pi + \frac{A}{a^2} \tag{2.4}$$

여기서 a는 구의 반경이다.

공식 2.4는 구 표면의 삼각형의 내각의 합은 언제나 π보다 크다는 것을 보여주고 있다. 한 예가 **그림 2.3**에 보여져 있다.

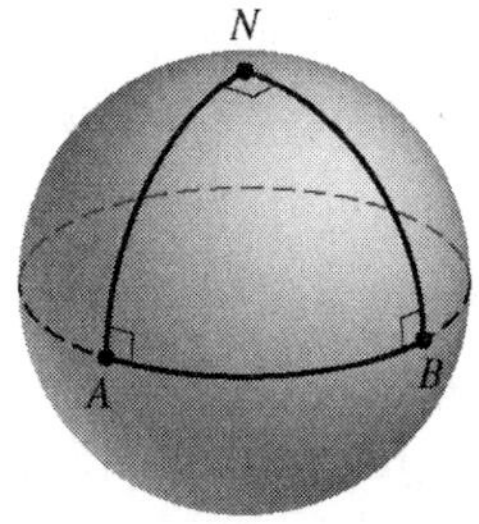

그림 2.3 내각의 합이 270°인 구 표면의 삼각형. 삼각형은 북극에서 적도까지 서로 90° 떨어져 있는 경도 두 선과 그들 사이에 있는 적도 선으로 이루어진다. 이들 모두는 대원의 한 일부분이다 그러므로 구의 기하에서 직선에 해당한다.

구 표면위의 삼각형이 만드는 면적이 점점 작아지도록 축소해 나가서 구의 곡률반경 a보다 더 작아지도록 하면 평면과 구면의 차이가 거의 없어짐에 주목하라. 즉, $A/a^2 \ll 1$이 되는 아주 작은 영역의 삼각형에서는 식 (2.4)는 평면의 식인 (2.2)에 거의 일치한다.

그림 2.4에서 보듯이 구면에서의 원을 그렸을 때 원의 반경과 원의 둘레의 길이의 비는

$$\frac{(\text{원주})}{(\text{반경})} = \frac{C}{r} = 2\pi\frac{\sin(r/a)}{(r/a)}. \tag{2.5}$$

이다. 만일 $r \ll a$이라면 공식 (2.5)의 오른편은 평면에서의 식인 (2.3)으로 거의 일치한다.

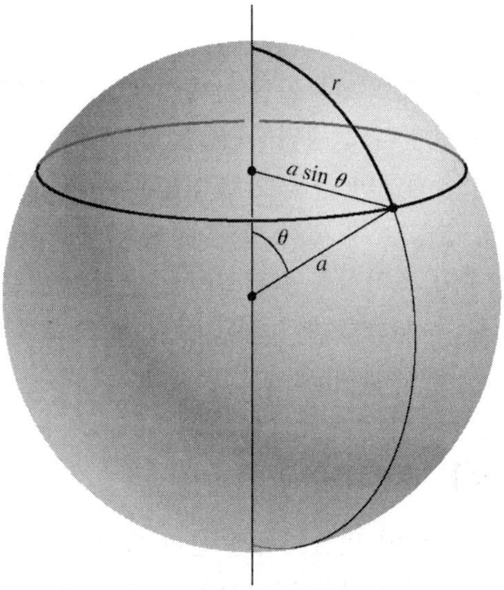

그림 2.4 구 표면기하에서 원의 반경과 원주사이의 관계. 원은 중심점에서부터 동일한 거리로 떨어져 있는 표면위의 점들의 자취이다. 이 그림에서 북극은 θ로 표시되는 일정한 위도선이 되는 원의 중심과 일치하도록 선택되었다. 반경 r은 어떤 일정한 경도선을 따라 측량되는 북극에서 이 위도까지의 거리이다.

지구의 기하학적인 면을 결정하기 위해 지구 표면을 떠날 필요는 없다. 지구표면에서 일하고 있는 가우스 같은 탐구자들은 삼각형의 내각의 합이라던가 원의 원주와 반경의 비를 구함으로써 지구의 면이 휜 정도를 알 수 있다.

식 (2.4)와 (2.5) 같은 식을 적용함으로써 원칙적으로 표면의 기하학이 구형인지 그리고 그 곡률 반경을 결정할 수 있다. 이와 유사하게 원칙적으로 3차원의 면을 잘 탐구하면 여분의 차원이 필요 없이 공간의 기하학을 결정 할 수 있을 것이다. 휜 3차원의 기하학을 시각화 하는 것은 휜 2차원 기하학을 표현하는 것만큼 쉽지 않다. 휜 2차원 기하학은 3차원 유클리드 공간안에 있다. 그러나 어떤 단순한 3차원의 기하학은 가정한 4차원 유클리드 공간 안에 휜 곡면으로 간주 될 수 있다. 예로써 앞에서 언급한 것과 같이 3차원에서 구의 표면은 2차원적으로 휘어있고, 이와 유사하게 4차원에서의 구의 표면은 3차원적으로 휘어있다. 이 4차원에서의 구의 표면을 삼원구(a three sphere)라 한다.

만일 공간이 삼원구 표면에 국한되어 있다면 어떤 한 방향으로 직선으로 똑바로 여행한다면 결국에는 출발지점으로 되돌아 올 것이다. 그러나 공간 기하학에 관한 좀 더 상세한 정보들을 국소적으로 결정할 수 있다. 예로써 그와 같은 공간 기하학에서 구 내부의 부피는 다음과 같다.

$$V = 4\pi a^3 \left\{ \frac{1}{2}\sin^{-1}\left(\frac{r}{a}\right) - \frac{r}{2a}\left[1-\left(\frac{r}{a}\right)^2\right]^{1/2} \right\} \tag{2.6a}$$

$$\approx \frac{4\pi r^3}{3}\left[1+\begin{pmatrix}\text{차수 } (r/a)^2 \text{ 의} \\ \text{교정치}\end{pmatrix}\right], \quad \text{작은 } \frac{r}{a}\text{에 대하여}, \tag{2.6b}$$

여기서 a는 삼원구의 곡률반경이다.

그 구의 반경이 삼원구 반경 a보다 훨씬 작다면 식 (2.6b)에 보여 주는 것과 같이 부피와 반경과의 관계는 유클리드 평면 공간에 접근한다. 3차원 공간이 삼원구의 기하학을 가지고 있다면 삼원구의 곡률 반경 a는 두개의 구들의 부피와 반경을 주의 깊게 측정해봄으로써 결정할 수 있다. 18장에서 알게 되겠지만 아인슈타인의 이론은 이 삼원구의 기하학이 초거시적 스케일에서 균일한 우주의 공간 기하학에 대하여 하나의 가능성이 될 수 있음을 예견하고 있다. **상자 2.2**는 이들 스케일에서 공간을 조사하고자 하는 노력에 대해 묘사하고 있다.

2.4 기하의 특성화 Specifying Geometry

평면 기하학과 구면 기하학에 덧붙여서 무한히 많은 또 다른 2차원 기하학이 있을 수 있다. 예로써 달걀 표면과 같은 기하학이나 그 표면위에 작은 언덕이 몇 있는 그런 기하학도 있을 수 있다. 3차원에서도 이와 유사하게 무한한 수의 기하학이 있을 수 있다. 이 많은 기하학을 어떻게 묘사하고 수학적으로 비교할 것인가?

기하학을 묘사하는 한 방법은 그것을 그보다 한 차원 높은 공간의 표면으로 그것을 잡아넣어 주는 것이다. 이 때 한 차원 높은 공간은 유클리드 공간이 되는 것이다. 우리는 벌써 이와 같은 방법을 사용하였는데 즉 3차원 유클리드 기하학에 내재된 표면들 – 평면, 구표면, 달걀표면 – 로서 2차원 기하학을 묘사하였다. 그러나 3차원, 4차원 기하학을 4차원이나 5차원의 표면으로 상상해 낼 수 있는 것은 거의 불가능하다. 더구나 여분의 차원은 물리학적으로 쓸데없는 것이다. 필요한 것은 측정되어질 수 있는 그런 물리적 차원을 사용한 그런 기하학의 **내재적**(intrinsic) 묘사이다.

또 다른 아이디어는 어떤 한 기하학을 몇 개의 공리(axioms)로 특성화하여 체계를 세우는 것이다. 그리하여 그것으로부터 정리(theorems)하고 불리우는 어떤 기하학적 결과를 추출해 내는 것이다. 예로써 평면 기하학은 유클리드의 5가지 공리가 있다. 두 점은 유일한 한 직선을 만든다. 평행선은 결코 만나지 않는다. 등등 다른 기하학도 이와 같이 다른 공리를 바탕으로 유클리드와 다른 기하학적 체계를 만들 수 있다. 예로써 구면 기하학은 유클리드 기하학의 5가지 공리 중 평행선 공리를 다음과 같이 "평행선은 언제나 만난다."라고 대체하고 만든 기하학이다. 그러나 이 방법도 또한 한계가 있다. 감자의 표면 같은 것은 어떤 기하학적 공리로 묘사 할 수 있겠는가? 그러므로 좀 더 상세하고, 국소적으로 표현할 수 있는 것이 필요하게 되는 것이다.

기하학을 일반적으로 표현할 수 있는 열쇠가 되는 방법은 다름이 아니라 미분과 적분을 이용하여 모든 기하학을 가까이 있는 두 점 사이의 거리를 특성화시키는 방법으로 한정하여 나타내는 것이다. 가까이 있는 두 점 사이의 거리는 곡선을 따라간 거리를 적분함으로서 구할 수 있다. 직선이란 이들 적분한 거리들 중 가장 짧은 거리의 곡선을 의미한다. 각도라는 것은 반경이 아주 작을 때에 한해서 반경과 호의 길이의 비로 나타낼 수 있다. 면적과 부피등도 면적 요소와 부피요소를 적분함으로써 구할 수 있다. 이 면적 요소와 부피요소도 가까운 거리의 두 점 사이의 거리에 의해 특성화 된다. 가까운 두 점 사이의 거리를 특성화 하고 미분 · 적분을 이용함으로 해서 모든 일반적인 기하학을 특성화 시킬 수 있다. 이 분야의 수학을 **미분 기하학**(differential geometry)이라 한다. 다음 절에 이 주제에 대하여 몇 가지를 탐색해 보자.

2.5 좌표와 선 요소 Coordinates and Line Element

평면에서의 유클리드 기하학

가까운 두 점 사이의 거리를 특성화 하는데 미리 필요한 것은 각 점들을 표시하는 것을 체계화하는 것이다. 좌표라는 시스템은 각 점에 하나씩의 표시(label)를 할당하는 것이다. 그리고 그런 좌표시스템은 많이 있을 수 있다. 예로써 2차원에서는 직각좌표 (x, y)와 극좌표(r, ϕ)가 있다(**그림 2.5**).

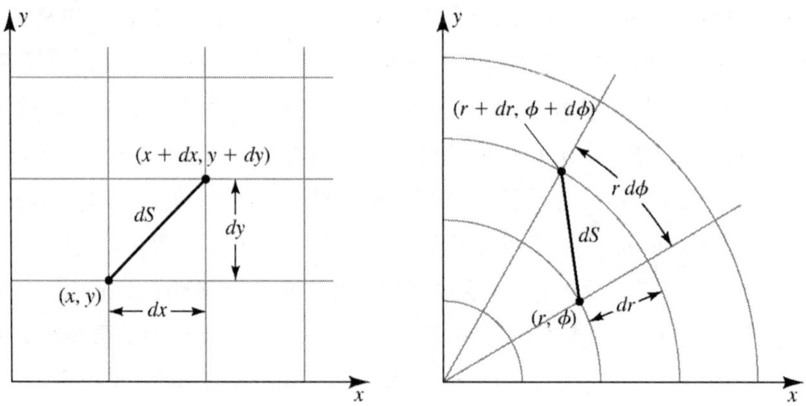

그림 2.5 카테시안(Cartesian) 좌표와 극좌표. 카테시안 좌표와 극좌표는 둘 다 평면상에 있는 점들을 표시하는 시스템적 한 방법들이다. 그리고 가까운 두 점 사이의 거리는 어느 두 좌표로도 나타낼 수 있다.

가까운 점들은 좌표 상에서 아주 가까운 수치로 표현 할 수 있다. 예로써 (x, y)와 $(x+dx, x+dy)$의 두 점은 dx와 dy가 무한히 작을 때 아주 가까이 있다. 유사하게 (r, ϕ)와 $(r+dr, \phi+d\phi)$의 두 점도 아주 가까이 있다.

직각좌표 (x, y) 에서 두 점 (x, y)와 $(x+dx, x+dy)$ 사이의 거리 dS는 (**그림 2.5**를 보라).

$$dS = \left[(dx)^2 + (dy)^2\right]^{1/2}. \tag{2.7}$$

극좌표에서는 점 (r, ϕ)와 점 $(r+dr, \phi+d\phi)$사이의 거리는

$$dS = \left[(dr)^2 + (r\,d\phi)^2\right]^{1/2}. \tag{2.8}$$

식 (2.8)의 표현은 dr와 $d\phi$가 아주 작으면 성립하는 관계식이다. 그러나 긴 거리도 이들 극한의 표현을 적분함으로써 구할 수 있다. 예로써 반경 R인 원의 원주와 지름의 비를 구해보자. 직각좌표에서 어떤 점을 중심으로 잡으면 원의 공식은

$$x^2 + y^2 = R^2. \tag{2.9}$$

원주 C는 원의 주위로 빙돌아 dS를 적분하는 것이다. 식 (2.7)을 사용하여

$$C = \oint dS = \oint \left[(dx)^2 + (dy)^2\right]^{1/2} \tag{2.10a}$$

$$= 2\int_{-R}^{+R} dx \left[1 + \left(\frac{dy}{dx}\right)^2\right]^{1/2}_{x^2+y^2=R^2} \tag{2.10b}$$

$$= 2\int_{-R}^{+R} dx \sqrt{\frac{R^2}{R^2 - x^2}}. \tag{2.10c}$$

여기서 $x=R\xi$로 치환하면

$$C = 2R\int_{-1}^{1}\frac{d\xi}{\sqrt{1-\xi^2}} = 2\pi R. \tag{2.11}$$

이것은 올바른 답이다. 적분의 항목이 $\int_{-1}^{1}\frac{d\xi}{\sqrt{1-\xi^2}}=\pi$ 로 된 것이다. 여기서 $\pi=$ 3.141592...이다.

반경과 원주의 비를 구하는데 극좌표를 사용하면 더 쉽게 구할 수 있다. 여기서는 원의 공식에서 $r=R$이다. 식 (2.8)을 이용하여

$$C = \oint dS = \int_0^{2\pi} R\,d\phi = 2\pi R. \tag{2.12}$$

이와 같이 식 (2.12)를 보면 극좌표의 사용이 훨씬 쉽게 문제를 풀 수 있다는 것은 어떤 주어진 문제를 푸는데 어떤 좌표계를 선택하느냐에 따라 쉽게 문제를 풀 수 있다는 것이다.

이와 같은 방법으로 진행함으로써 유클리드 평면 기하학의 모든 정리들을 유도할 수 있다.

예로써 교차하는 두 선의 각도는 두 선이 교차하는 점을 중심으로 하여 원을 그렸을 때 그 일부의 원호와(△C) 그 반경 R사이의 비로써 정의한다.

$$\theta \equiv \frac{\Delta C}{R} \qquad \text{(radians)}. \tag{2.13}$$

이 정의로부터 삼각형 내각의 합은 π임을 증명할 수 있었다.

실제로 식 (2.7)이나 (2.8)로부터 유클리트 평면 기하학의 공리들을 증명할 수 있을 것이다. 모든 기하는 거리 사이의 관계를 기술하는 것이다; 모든 거리는 가까이 있는 두 점 사이의 거리의 적분으로 환원된다; 모든 유클리트 평면 기하학은 식 (2.7)이나(2.8)에 포함된다.

요약하면, 어떤 기하학이던 식 (2.7)이나 (2.8)과 같은 어떤 좌표에서 두 점 사이의 좌표적 간격을 의미하는 가까운 두 점 사이의 거리인 **선 요소**에 의해 특성화된다. 관습적으로 선 요소는 dS^2에 대하여 제곱 관계로 기술한다. 선 요소

$$dS^2 = dx^2 + dy^2 \tag{2.14}$$

기하에 대한 선 요소의 형태는 한 좌표계에서 다른 좌표계로 다양하게 표현할 수 있다(식 (2.7)과 (2.8)의 예). 그러나 그 기하(거리)는 변하지 않는다.

구의 비유클리드 기하

비유클리드 기하의 한 예로 반경 a인 2차원 구 표면을 들 수 있다. 구위의 각 점의 위치를 표시하기 위하여 3차원 극좌표의$(\theta + d\theta, \phi + d\phi)$사이의 거리는 **그림 2.6**에서 보듯이 약간 작업을 해보면

구 표면의 선 요소

$$dS^2 = a^2(d\theta^2 + \sin^2\theta\, d\phi^2). \tag{2.15}$$

이것은 구 표면에서의 선 요소이다. 구 표면위의 원에서 그 반경과 원주의 비를 식(2.15)의 선 요소를 사용하여 구해보자. 구 표면에서의 원은 표면의 어느 한 점을 중심으로 잡고 반경 r로 하는 구 표면을 따라 일정한 거리에 있는 점들의 자취를 의미한다. 구위의 어떤 한 점이 특별히 구위의 다른 어떤 점과 기하학적으로 구별될 필요가 없으므로 우리는 극좌표를 사용하여 극좌표의 축이 원의 중심에 있도록 하면 편리하다. 그리고 나면 원은 상수 θ의 곡선이 된다. 다음 공식으로 정의되는 원을 고려해보자.

$$\theta = \Theta \tag{2.16}$$

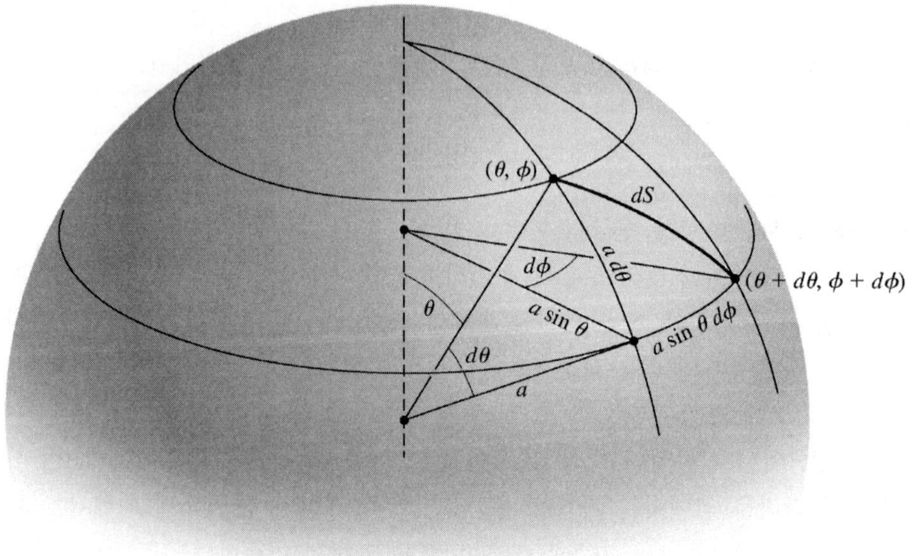

그림 2.6 구 표면에서 선 요소의 유도. 유도는 2차원 구는 3차원 유클리드 공간에서 표면이라는 사실을 이용한다. 위치가 (θ, ϕ)와 $(\theta+d\theta, \phi+d\phi)$로 미소하게 떨어져 있는 두 점이 제시되어있다. 그림은 일정한 위도 θ 선상을 따라 ϕ와 $\phi+d\phi$ 사이의 거리는 $a\sin\theta\, d\phi$임을 보여주고 있다. 그리고 일정한 경도 선상을 따라 θ와 $\theta+d\theta$ 사이의 거리는 $a d\theta$임을 보여주고 있다. θ와 ϕ의 좌표 선은 직각으로 만나기 때문에 이 두 변위 각각의 제곱의 합은 $d\theta$와 $d\phi$가 미소하다면 두 점 사이의 거리 dS의 제곱이 된다. 이것은 식 (2.15)가 된다.

Θ는 상수. 그러면 원주는 이 곡선을 빙 돌 때의 전체 거리가 된다. 이 곡선을 따라 있는 가까운 두 점은 $d\theta=0$이고, $d\phi$만큼 떨어져 있게 된다. 이와 같이 하면 식 (2.15)로부터 $dS=a\sin\Theta\, d\phi$ 되고 그 원주 둘레 길이는

$$C = \oint dS = \int_0^{2\pi} a \sin\Theta\, d\phi = 2\pi a \sin\Theta. \tag{2.17}$$

이제 구면 위의 반경을 구해보자.

반경은 곡선을 따라 있는 원의 중심으로부터 그 곡선(원) 둘레까지의 곡선길이이므로 이때 $d\phi=0$이고 θ따라 원의 반경이 변한다. 그러면 식 (2.15)에 의해 $dS=a\,d\theta$이고 그 반경은

$$r = \int_{\text{중심}}^{\text{원}} dS = \int_0^{\Theta} a\, d\theta = a\Theta. \tag{2.18}$$

식 (2.17)과 (2.18)에서 Θ를 제거해보면

$$C = 2\pi a \sin\left(\frac{r}{a}\right). \tag{2.19}$$

되는데 이것은 구 표면과 같은 비유클리드 기하학에서의 원의 반경과 원주와의 관계를 말해주고 있다. 식 (2.19)에서 a는 구면 기하학을 결정짓는 고정된 숫자이다. 그것은 기하의 구조가 얼마나 휘었는지에 대한 척도를 결정한다. 원의 반경이 구의 반경보다 훨씬 작을 때 즉 $r \ll a$이면 식 (2.19)에서

$$C \approx 2\pi r, \tag{2.20}$$

가 된다. 식 (2.20)은 유클리드 기하학에서 많이 보아온 식이다. 지구 표면의 기하학은 구면 기하학과 거의 유사하게 같은 것으로 볼 수 있다. 지구의 표면의 지도를 만드는데 사용된 여러 가지 다른 투영도 지도들은 **상자 2.3**에 기술되어 있는 것 같이 구 표면의 기하학을 표현하기 위하여 여러 다른 좌표계를 사용한다.

상자 2.3 지도 투영도(Map Projection)

지구표면의 평면지도를 만들기 위하여 사용된 여러 가지 투영도는 여러 다른 좌표 시스템에서 표현된 친숙한 기하의 예들이다. 그 기하는 탁월한 근사에 해당하는 구의 2차원 평면기하이다. 통상적인 극좌표에서는 선 요소는 (2.15)에 주어져 있고 여기서 a는 지구반경에 해당한다. 지구의 표면에서는 각 ϕ는 경도(longitude)이다. (도(degree)보다 라디안(radian)으로 측정) 위도(latitude)는 $\pi/2-\theta$이다. 위도와 경도로 표시된 선 요소는

$$dS^2 = a^2(d\lambda^2 + \cos^2\lambda\, d\phi^2). \tag{a}$$

지도를 만들기 위해 구 표면에 새로운 좌표 x와

y를 도입하여 그 관계를 재정립하면

$$x = x(\lambda, \phi), \qquad y = y(\lambda, \phi), \tag{b}$$

그리고 대륙의 윤곽선과 도시들의 위치 등을 나타내기 위하여 평면에서 직각 좌표로서 이것들을 사용한다. 다른 투영도는 함수 $x = x(\lambda, \phi)$와 $y = (\lambda, \phi)$ 대하여 다른 선택을 한 것에 해당된다. 이들 함수들을 수학적 의미로 구로부터 평면으로 지도를 제공해주는 것으로 생각할 수 있다.

많은 다른 함수가 있는 만큼이나 많은 투영도가 있다. 가장 간단한 예로

$$x = (L\phi)/2\pi, \qquad y = (L\lambda)/\pi, \tag{c}$$

여기서 L은 지도의 폭이다. 이것은 단지 ϕ와 λ를 직각 축 위의 x와 y로서 나타낸 것이다. 여기에 동반된 그림에서 보여주듯이 그 결과는 등직각(equirectangalar) 투영도라 부른다. 그러나 구기하의 몇몇 특징들을 평면위에 보존되는 더 유용한 투영도들이 있다. 구의 기하와 평면의 기하는 다르기 때문에 구의 모든 특징을 다 보존할 수는 없다.

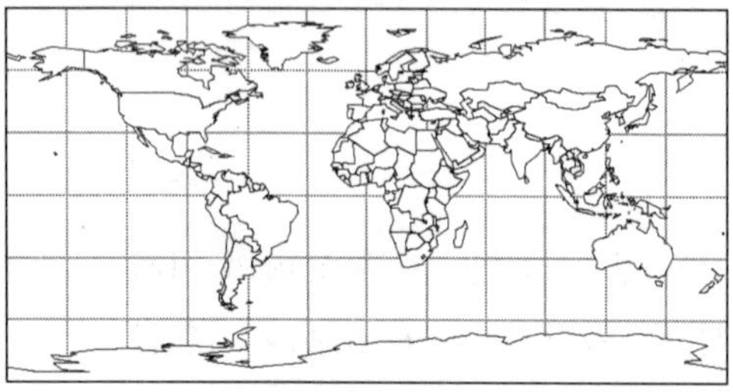

등직각형 투영도

널리 쓰이는 유용한 투영도는 경도를 선형적으로 x로 일대일 대응시키는 것으로

$$x = \frac{L\phi}{2\pi}, \qquad y = y(\lambda). \tag{d}$$

이런 종류의 투영도에 대해서는 실제거리는 선요소에 의해 다음과 같이 주어진다.

$$dS^2 = a^2\left[\left(\frac{2\pi}{L}\cos[\lambda(y)]\right)^2 dx^2 + \left(\frac{d\lambda}{dy}\right)^2 dy^2\right]. \tag{e}$$

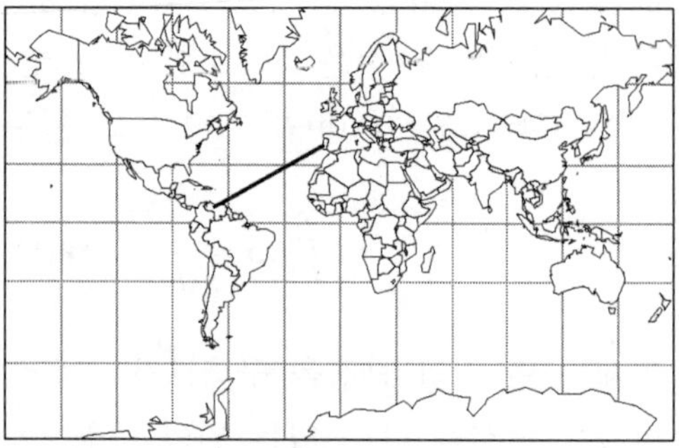

Mercator 투영도

이 종류의 투영도의 간단한 예는 위에서 예시된 그림과 같이 1569년에 G. Kramer에 의해 발명된 Mercator 투영도이다. Kramer의 아이디어는 지도위의 각도들을 구 표면 위에 있는 나침관계들(compass bearings)과 동일하여야 한다는 것이다. 즉 구에서 평면으로 전환된 지도는 한 지점으로부터 서로 다른 방향들 사이의 각도가 보존되어야 한다는 것이다.

Caracas와 Lisbon 사이를 황해하는 선원은 지도상에서 이 두 지점을 연결하는 직선을 그릴 것이다. 그 선과 y축 사이의 각도는 나침반이 북극과 이루는 각도와 동일하며 이 각도로 항해하는 동안 일정하게 각도를 유지하면 배를 Caracas에서 Lisbon으로 데려다 줄 것이다. 함수 $y(\lambda)$ 혹은 $\lambda(y)$를 어떻게 선택하면 이와 같은 지도를 만들까?

각도란 (2.13)에서 보듯이 거리의 비(ratio)이다. 구면위의 두 방향 사이의 각도는 만일 구면위의 평면위의 선 요소, $dS^2_{flat} = dx^2 + dy^2$ 에 비례한다면 평면위에 그에 해당하는 두 방향사이의 각도와 동일할 것이다. 이와 같이 Kramer의 아이디어를 충족시키기 위해서 그전 함수 $\lambda(y)$를 찾으면 식 (e)는 어떤 함수 $\Omega(x,y)$에 대하여 다음과 같이 쓸 수 있어야 한다.

$$dS^2 = \Omega^2(x, y)(dx^2 + dy^2) \tag{f}$$

그리하면 명백히

$$\frac{d\lambda}{dy} = \frac{2\pi}{L}\cos\lambda. \tag{g}$$

가 되어야 한다. $\lambda=0$일 때 $y=0$에 일치하도록 하면

$$y(\lambda)=\frac{L}{2\pi}\int_0^{\lambda}\frac{d\lambda'}{\cos\lambda'}=\frac{L}{2\pi}\log\left[\tan\left(\frac{\pi}{4}+\frac{\lambda}{2}\right)\right]. \tag{h}$$

그러면 식 (h)와 (d)가 Mercator 투영도를 정의해준다. 적도 $\lambda=0$는 선 $y=0$에 해당된다. 극 $\lambda=\pm\pi/2$는 각각 $y=\pm\infty$에 해당된다. (f)에서 정의되었던 구의 계량(metric)과 평면에서의 평평 계량 사이의 비례요소 $\Omega(x,y)$는 다음과 같이 된다.

$$\Omega(y)=\frac{2\pi a}{L}\cos\lambda(y)=\frac{4\pi a}{L}\frac{e^{2\pi y/L}}{1+e^{4\pi y/L}}. \tag{i}$$

Mercator 투영도의 대부분의 친숙한 특징들은 이 요소로부터 따라 나온다. 예로써 동일한 위도에서 서로 떨어져 다른 경도에 위치해 있는 두 점의 거리 차 Δx를 고려해보자.
이 두 점 사이의 물리적 거리 ΔS는

$$\Delta S=\Omega(y)\Delta x \tag{j}$$

이고 위도에 의존한다. $y\to\infty$ 인 북극으로 감에 따라 이 거리는 반드시 그리해야 하듯이 0으로 쪼그라들어야 한다. 고 위도에서 x의 실제거리는 요소 $\Omega(y)$ 때문에 좌표거리보다 더 작다. 면적에 대해서도 똑같이 적용된다. 지도상에서 Δx와 Δy 좌표로 된 작은 사각형 면적은 다음 면적을 가진다.

$$\Delta A=[\Omega(y)\Delta x][\Omega(y)\Delta y]=\Omega^2(y)\Delta x\Delta y. \tag{k}$$

이와 같이 Mercator 투영도에서 그린란드의 땅을 남미의 땅과 비교해볼 때 거의 비슷하게 보이지만 그것의 실제면적은 매우 작다.

좀 더 일반적인 표면들의 기하학

평면과 구의 선 요소는 유클리드 공간에서의 표면의 기하학에 어떻게 작동하는지 앞 절에서 잘 보았었다. 그러나 일반 상대성 이론에서는 선 요소를 많이 다루게 되며 그 선 요소가 제시하는 기하학적 특성을 잘 이해해야 한다. 예로서 다음과 같은 선 요소를 고려해보자.

$$dS^2=a^2(d\theta^2+f^2(\theta)\,d\phi^2) \tag{2.21}$$

여기서 $f(\theta)$는 함수로써 다양한 선택이 가능하다. $f(\theta)=\sin\theta$라 두게 되면 이것은 구 표면의 기하학에 대한 선 요소(2.15)가 된다. 그러나 3차원 유클리드 공간에서 식 (2.21)의 선 요소에 $f(\theta)$를 어떤 함수로 대체하면 어떤 기하학적 표면이 나타날까? 그것의 어떤 기하학적 구조를 가질 것 인지 어느 정도 알 수 있는 단서가 몇 가지 있다.

1. 선 요소는 모든 ϕ에 대하여 동일하기 때문에 그것은 축에 대하여 비대칭인 표면에 해당한다.
2. θ가 상수인 원의 원주길이 $C(\theta)$는 (2.21)로부터 다음과 같이 되고

$$C(\theta)=\int_0^{2\pi}af(\theta)\,d\phi=2\pi af(\theta). \tag{2.22}$$

3. 그 표면위의 극에서 극까지의 거리는

$$d_{\text{극에서 극까지}} = a\int_0^{\pi} d\theta = \pi a. \tag{2.23}$$

이와 같이 이 들 여러 계량적 특징을 알아냄으로써 그 표면의 그림을 어느 정도 그려 볼 수 있다. 예로서 2.1을 보라.

예제 2.1 땅콩 기하학

다음과 같이 표면이 특성화 되어 있는 표면을 고려해보자.

$$f(\theta) = \sin\theta(1 - \tfrac{3}{4}\sin^2\theta). \tag{2.24}$$

이 표면은 $\theta=\pi/2$인 적도면에 대하여 대칭이다. $\theta = 0$으로부터 시작하여 식 (2.22)의 의해 위도선의 원주가 점점 증가하다 다시 $f(\theta)$와 함께 적도면까지 감소한다. 그리고 나서 다시 증가하다 최대치에 도달 후 다시 감소한다. 임의의 θ에서 땅콩의 원주는 구면 위의 그 θ에서 해당하는 원주보다 더 작다. 예로써 적도부위에서는

$$C\left(\frac{\pi}{2}\right) = 2\pi a\left(1 - \frac{3}{4}\right) = \frac{\pi a}{2}. \tag{2.25}$$

최대 원주는 $\theta = \sin^{-1}(\frac{2}{3}) = 0.73$ 라디안일 때 $\frac{8\pi}{9}a$가 된다. 극과 극 사이의 거리는 식 (2.23)에서 πa가 된다. 이 표면 기하학은 그림 2.7과 같이 땅콩모양이다.

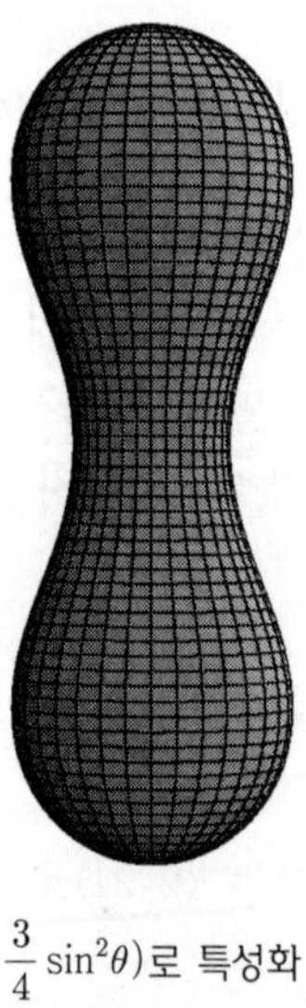

그림 2.7 선 요소 (2.21)에서 $f(\theta) = \sin\theta(1 - \frac{3}{4}\sin^2\theta)$로 특성화 된 기하를 가진 평평 3차원 공간에 있는 표면. 수평의 괘선들은 θ가 일정한 곡선이다. 이것들의 원주는 식 (2.22)에 의해 θ에 따라 변한다. 수직의 선들은 대칭축 둘레로 일정한 간격으로 떨어져 있는 ϕ가 일정한 선들이다. 이 예는 매우 대칭인 땅콩의 표면처럼 보인다.

2.6 좌표와 불변 Coordinates and Invariance

앞에서 평면에 있는 원에서 원주와 반경과의 비를 계산하는데 있어서 카테시안 좌표에서 하든, 극좌표에서 하든 그 계산 값을 동일하게 얻었었다. 그 계산 값이 동일해야 한다는 것은 자명하다. 원주의 둘레 길이나 중심에서 원주까지의 반경의 길이는 한 평면에 각 점들에 위치를 부여하기 위해 채택된 어떤 좌표계를 사용하던지 변하지 않는, 사용된 좌표계와 무관한 의미 있는 양이다. 우리에게 어떤 원판(disk)이 주어졌을 때 그 가장자리의 점들이 중심으로부터 동일한 거리에 떨어져 있는지 어떤지를 자를 사용하여 재어봄으로서 그 원판(disk)의 가장 자리가 원인지 어떤지를 판명할 수 있다. 그리고 나서 그 자를 이용하여 원주의 길이를 잴 수 있고, 그 다음은 원주와 그 반경의 비를 계산할 수 있다. 위와 같이 하는 방법은 그 어떤 좌표계를 사용하지 않고 원주와 반경의 비를 알 수 있는 방법이다.

좌표계란 단지 기하학에서 점들의 위치를 부여해주는 편리하고 체계적인 한 방법일 뿐이다. 좌표계 그 자체는 의미가 없다. 우리는 각점에 조, 엘리스, 프레드, … 등등 이름을 부여할 수도 있고 지도상에서와 같이 각 점을 뉴욕, 서울, … 등등 이름을 부여할 수도 있다. 그러나 그와 같이 장황한 이름으로 각 점의 위치에 이름을 부여하는 것은 기하학적 문제를 계산하는 방법에 적용하기에 별로 체계적이며 편리한 방법이 아니다.

좌표계란 점의 위치를 체계적으로 부여한 한 시스템이며 그런 좌표계는 서로 대등한 관계이다. 식 (2.11)과 식 (2.12) 비교해보면 극좌표 사용이 직각 좌표 사용보다 원주 계산시 편리함과 같이 혹은 **상자 2.3**에서 보듯이 어떤 지도 좌표계가 다른 지도 좌표계보다 어떤 목적에 있어서 더 편리하듯이 어떤 좌표계가 계산이나 그 밖의 어떤 의미에서 다른 좌표계보다 편리할 수는 있다. 그러나 그 어떤 좌표계를 쓰던 그 해답은 동등하다.

평면에서 카테시안 좌표계나 극 좌표계는 일반적으로 동등하다. 평면에서 두 좌표계는 점의 위치 나타내는 방법이 다르기 때문에 그들 사이에 어떤 연결 고리(관계식)가 있어야 한다. 어느 한 점은 좌표계에 따라 (x,y) 혹은 (r,ϕ)로 나타낼 수 있다. 점의 위치를 정하는 방법이 다른 두 좌표에 사이의 그 연결 고리(관계식)를 **좌표변환**이라 한다. 카테시안 좌표와 극좌표의 이들 사이의 좌표 변환 식은

$$x = r\cos\phi, \qquad y = r\sin\phi. \tag{2.26}$$

이다. 식(2.26)의 좌표 변환 식의 도움으로 각각 평면에 대한 기하학의 표현인 식(2.7)과 식(2.8)의 동등성이 역학적으로 보여진다. 식 (2.7)부터 시작하여 식 (2.26)으로부터 dx와 dy를 계산해보면

$$dx = (dr)\cos\phi - r\sin\phi(d\phi), \tag{2.27}$$

$$dy = (dr)\sin\phi + r\cos\phi(d\phi). \tag{2.28}$$

이것을 식 (2.7)에 대입하면 극좌표에서의 dS^2인 선 요소(2.8)를 구할 수 있다. 여기서 중요한 점은 가까운 점 사이의 거리 dS^2는 불변량이라는 것이다. 이것은 선 요소를 계산하기 위해 사용된 좌표계와는 무관하다는 것이다. 계산하기 위해 사용되어지는 좌표계는 아주 무작위적으로 많을 수 있다. 그러나 그 해답은 물리적으로 불변량이어야 한다. 다음 여러 장들에서 여러분들은 많은 예를 보게 될 것이다.

문 제

1. [B] (a) 평면에서, 직각 모서리 반사기로 어떤 각도로 입사한 광선은 그것이 들어온 동일한 방향으로 되돌아 나감을 보여라.
   (b) 3차원에서 입방체 모서리 반사기에서도 위와 동일한 현상이 일어남을 보여라.

2. [S] 태양의 중심은 지구의 중심이 지상에서의 각도 측정으로부터 떨어져있는 거리보다 훨씬 더 멀다. 그러나 태양은 또한 지구보다 훨씬 더 무겁다. (2.1)을 사용하여, Gauss가 한 것과 같이 어느 것이 각도 측정에 가장 크게 영향을 주는지 평가하라.

3. [C] (a) 구 표면의 삼각형에서 두 각이 직각일 때 구 표면의 삼각형의 내각의 합과 그것의 면적사이의 관계인 (2.4)를 증명하라.
   (b) 위의 관계를 일반적으로 증명하라.

4. 구의 표면위에서 아래의 항들을 만족하는 삼각형의 예를 그려라.
   (a) 내각의 합이 단지 π보다 조금 더 큰 것
   (b) 내각의 합이 2π와 동일한 것
   (c) 삼각형 내각의 합이 (2.4)에 의하면 최대치가 될 수 있는 것은 얼마인가? 내각의 합이 이 값을 가지는 삼각형을 보여줄 수 있는가?

5. 반경 a의 구 표면에서의 2차원 평면에서 반경 r(중심에서부토 원주까지의 거리)인 원의 면적을 계산하라. 이것이 $r \ll a$일 때 πr^2으로 환원됨을 보여라.

6. [B] 반경 a인 구와 그 표면에서 북극에서부터 거리 d인 위도의 선 중에 일부분의 길이 s를 고려하자. 이 단편의 길이만큼 떨어져 있는 경도 사이의 각도는 얼마인가? 이 각도는 이 단편의 길이를 평평 평면에서 동일한 길이로 쭉 펼 때에 만드는 각도보다 더 큰가 혹은 더 작은가?

7. 평면상에 있는 점들을 표시하는 친숙한 직각 좌표 (x, y)에서 새로운 좌표 세트 (μ, ν)로의 다음의 좌표 변환을 고려하자.

$$x = \mu\nu, \qquad y = \frac{1}{2}\left(\mu^2 - \nu^2\right).$$

(a) xy평면에서 상수 μ와 상수 ν의 곡선을 스케치하라.

(b) 선 요소 $dS^2 = dx^2 + dy^2$을 좌표 (μ, ν)로 변환해보라.

(c) 상수 μ와 상수 ν의 곡선이 직각으로 교차하는가?

(d) 원점을 중심으로 한 반경 r인 원의 방정식을 μ와 ν의 항으로 구하라.

(e) (μ, ν)좌표를 사용하여 원의 지름 대비 원주의 비를 계산해보라. 여러분들은 올바른 답을 얻었나요?

8. [A] 계란의 표면은 좋은 근사치로 축 대칭 기하이다. 2차원 축대칭 기하 (2.21)에 대한 선 요소에서, 결과로 나온 표면이 계란의 표면과 닮도록 하는 그런 $f(\theta)$를 선택하자. 극에서 극까지의 거리를 따라 축 주위로 회전한 가장 큰 원들의 비를 계산해보라.

9. 지구의 표면은 완전한 구가 아니다. 지구의 극 반경 6357km는 평균 적도 반경 6378km 보다 약간 작다. 지구의 표면이 어떤 작은 ϵ에 대하여 다음의 $f(\theta)$를 가진

$$f(\theta) = \sin\theta(1 + \epsilon \sin^2\theta)$$

(2.21)의 선 요소로 축 대칭 표면으로 모델화 되었다고 가정하자.
a와 ϵ의 어떤 값이 이 알려져 있는 극 반경과 적도 반경을 가장 잘 나타내어 줄 수 있는가?

10. [B] **동일한 면적의 투영도. Equal- Area Projections**
동일한 면적의 지도 투영도는 지도상의 면적과 지구 표면위의 면적 사이에 일정한 비율이 있는 투영도이다. $x = L\phi/2\pi$로 주어져 있을 때, 무슨 함수 $y(\lambda)$가 동일한 지도의 면적을 만드는가? (힌트: 무한소 면적$dxdy$이 그것이 어디에 위치해 있던지 간에 구 표면위의 그에 해당되는 무한소 면적에 대하여 같은 비례 상수를 가지고 있다면, 더 큰 면적은 또한 비례할 것이다.)

11. [B] **원뿔 투영도 Conical Projections**
원뿔 투영도 지도는 지도의 평면에 있는 극 좌표 (r, ψ)속으로 지구상의 점들을 넣는 것이다. (구상의 좌표 ϕ와 혼돈을 피하기 위하여 ψ를 사용한다.) 이와 같이, 일반적으로, $r = r(\lambda, \phi)$ $\psi = \psi(\lambda, \phi)$ 이다. 원뿔 투영도 중에 특별히 간단한 경우는 북극을 극 좌표의 원점으로 취하여 $r = r(\lambda)$ $\psi = \phi$를 가진다.

(a) 이 간단한 경우에 대해서, 구 위의 선 요소를 r과 ψ항으로 표현하라.
(b) 지도상의 각각의 면적과 구상의 그에 해당하는 면적 사이에는 일정한 비가 있는 이 동등-면적(equal- area) 투영도를 만들어 내는 $r(\lambda)$를 찾아라.
(힌트: 문제 10에 있는 힌트를 보라.)

12. [B, N] **여러분의 개인 지도 Your Personal Map**
상자 2.3에 있는 지도는 Mathematica 프로그램인 WorldPlot을 가지고 만들어졌다. 여러분이 사는 곳을 중심으로 둔, 세상의 나머지 부분의 중요성에 대한 여러분의 시점을 나타내는 반경 좌표(radial coordinate)를 사용한 여러분 자신의 투영도를 만들어라.

CHAPTER

03 뉴턴 물리학에서의 공간·시간과 중력

제2장에서 기하학에 대한 아이디어와 그것이 어떻게 묘사되는지 소개되었다. 이 장에서는 뉴턴 역학에서의 공간의 기하학과 시간의 정의에 대하여 논의하겠다. 이 논의는 또한 역학적인 면을 재고찰 해보고 뒤에 더 논의하겠지만 특수 상대성 이론도 일부 다룰 것이다.

3.1 관성계 Inertial Frames

뉴턴 역학은 공간의 기하학과 시간에 대한 특별한 생각에 가정을 두고 있다. 자유입자 - 작용하는 힘이 없는 입자 - 의 운동을 특성화하는 데에는 뉴턴 제1법칙보다 더 명확한 것은 그 어디에도 없다. 뉴턴 제1법칙에 의하면 자유입자는 일정한 속도로 직선 운동을 한다. 그러나 어떤 기하학이 "직선"을 정의하는가? 어떤 시간에 대한 정의가 "일정한 속도"를 정의하는데 사용되는가? 뉴턴 제1법칙에서의 직선이란 3차원 유클리드 공간에서 두 점 간의 가장 짧은 거리를 의미한다. 이것은 공간의 기하학에서 카테시안 좌표에서 선 요소에 의해 특성화 된다.

뉴턴 제1법칙

$$dS^2 = dx^2 + dy^2 + dz^2 \tag{3.1}$$

dS는 무한히 가까운 두 점 사이의 좌표상 간격인 dx, dy, dz에 의해 떨어져 있다. 이 기하학은 평평한 평면의 3차원 기하학으로 자연적으로 연결된다. 그러므로 이것을 평평 공간이라 한다. 평평한, 유클리드 기하학이 뉴턴 역학에서의 공간으로 가정되었다.

뉴턴 역학의 평평 공간에서 운동이 어떻게 묘사되는지 이해하기 위해, 이리 저리로 움직이는 자유입자를 포함하고 있는 세계를 상상해보자. 한 연구실의 관찰자가 연구실을 통하여 움직이는 입자의 운동을 묘사하고 이해하는 방법을 찾고 있다고 하자(**그림 3.1**을 보라). 운동을 묘사하기 위해 관찰자는 벽과 바닥이 교차하는 한 구석의 점을 직각좌표의 원점으로 잡는다. 이 좌표계로 입자가 움직이는 공간의 한 점의 위치를 표시하는데 사용할 수 있다. 이 좌표계를 기준계(reference frame) 혹은 간단히 계(frame)라 한다.[1)]

---

1) 이 책에서는 좌표계(a system of coordinates)에 대한 동의어로서 계(frame)라는 의미를 사용하고 있다. 이 의미의 사용을 매우 정밀하게 정의할 필요는 없지만, 계(frame)는 전형적으로(여기에서와 같이) 관측자의 실험실과 관련이 있고, 일반적으로 시간과 공간의 한정된 지역에만 카버(cover)하거나 사용되어진다. 뉴턴 역학과 특수 상대성에서의 관성계(inertial frames)는 시간과 공간의 전 영역을 카버하는 예외적인 것이다.

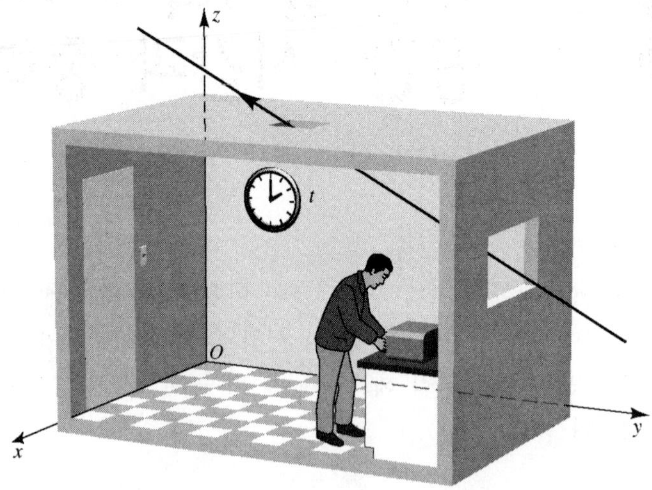

그림 3.1 한 연구실이 기준계를 정의한다. 이상적인 연구실에 있는 한 관측자는 구석에서 만나는 벽들과 바닥의 교차점의 한구석을 3개의 Cartesian 좌표축(x, y, z)의 원점으로 선택할 수 있다. 이 3개의 좌표축들은 시계로 측정되는 시간과 함께 연구실을 관통하여 운동하고 있는 물체의 운동을 묘사하고 뉴턴의 운동의 법칙을 기술하는 한 기준계를 정의한다.

균일하게 움직이거나 가속을 받거나, 회전하거나 혹은 이를 3가지 조합운동을 하는 다양한 연구실이 있을 수 있다(**그림 3.2**를 보라). 이들 모든 기준계(reference frame)가 역학의 법칙을 묘사하는데 동등하게 사용될 수는 없다. 특별히 유용한 기준계는 다음과 같이 설정할 수 있다. 즉, 자유입자를 카테시안 좌표의 원점에 갖다두고 어느 한 순간에 그 원점에서 3개의 축 (x, y, z)는 서로 수직하며 각 좌표축들이 자이로스코프의 수직축과 일치하도록 한다(**그림 3.3**을 보라). 그리고 나서 그 이후에는 이들 자이로스코프의 축 방향으로 (x, y, z)를 정의한다. 이와 동등하게 그리고 좀 더 기하학적으로 말해서, 위에 설정한 원점이 직선의 경로를 따라 움직일 때 초기의 축들도 그와 평행하게 움직인다고 하자. 이와 같은 좌표계를 **관성 좌표계**라 한다.[2)]

관성 좌표계

뉴턴의 법칙들은 관성계에서 표준적이고 단순한 형태를 띤다. 관성계내의 관찰자는 모든 자유입자의 위치가 일정한 비율로 변하는 것을 고려하여 매개변수 t를 발견할 수 있다. 이것은 다름 아닌 시간이다. 명백하게 어느 한 입자의 운동은 그 좌표계를 시간의 함수로써 $(x(t), y(t), z(t))$묘사될 수 있으며, 그때의 가속도는 다음과 같다.

$$\frac{d^2x}{dt^2}=0, \qquad \frac{d^2y}{dt^2}=0, \qquad \frac{d^2z}{dt^2}=0. \tag{3.2}$$

2) 관성계로 사용되는 동의어로 무리(legion)라는 것이 있다. 이것은 전형적으로 관성 카테시안 좌표 기준계의 어떤 축소판이다.

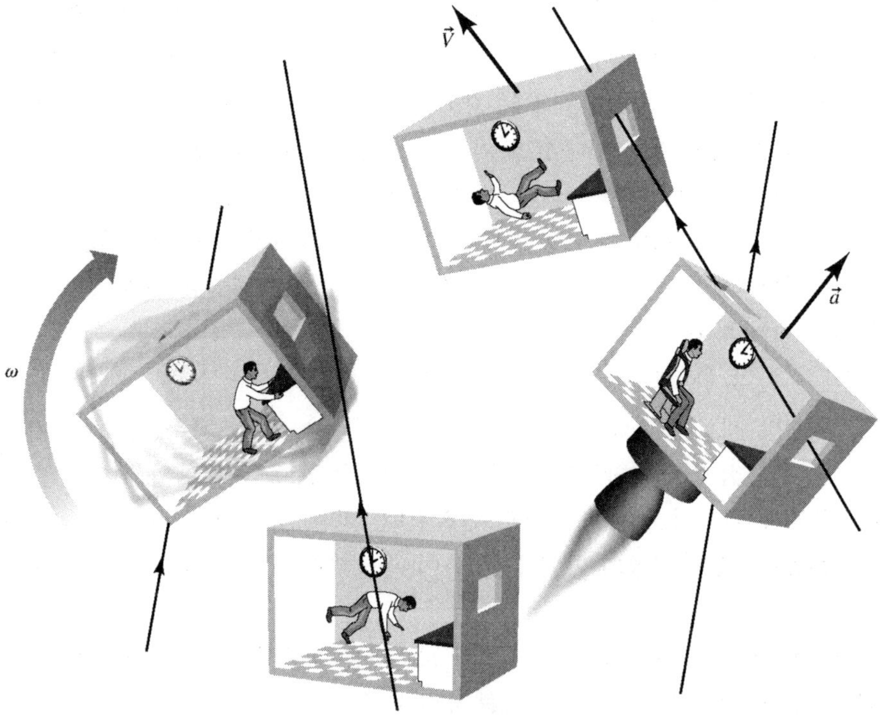

그림 3.2 모든 기준계가 다 관성계는 아니다. 위의 그림은 자유입자의 세계선을 관통하여 운동하고 있는 4개의 이상적인 연구실을 보여주고 있다. 각각의 연구실은 그림 3.1에서 보여주듯이 각각의 기준계를 정의하고 있다. 맨 아래쪽에 있는 연구실을 관성계라 하자. 이것에 대하여 일정한 속도로 움직이는 연구실(맨 위에 것)도 또 다른 관성계이다. 그러나 이것에 대하여 회전하는 연구실(왼쪽 것)과 가속도를 내는 연구실(오른쪽 것)는 관성계에 해당하지 않는다.

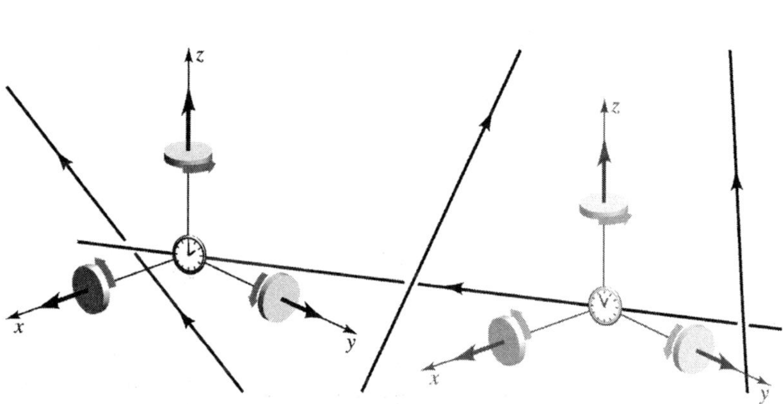

그림 3.3 관성계의 건설. 한 입자의 위치가 계의 원점으로 선택되었다. 3개의 축들은 그 입자가 운동함에 따라서 수직한 자이로스코프에 의해 정의되어 있다. 이 결과로 나온 3개의 Cartesian 좌표축(x, y, z)들의 계(frame)는 다른 입자들의 운동을 묘사하기 위한 관성계이다, 여기서는 두 다른 시간대의 것을 보여주고 있다.

식 (3.2)는 뉴턴 제1법칙 표현이다. 실제로 뉴턴 제1법칙이 식 (3.2)형태로 유지하기위해서 카테시안 기준계를 관성계로 정의할 수 있다. 역학법칙을 사용할 때 관성계에 있는 관찰자는 시간 t를 측정할 수 있는 시계를 만들 수 있다. 예로써 한 자유입자의 위치가 시간 t 측정에 사용될 수 있다. 왜냐하면 그 입사의 위치변화가 시간 t에 따라 일정하게 변하기 때문이다. 모든 카테시안 좌표계가 관성계는 아니다. 예로써 지구 표면 위에 있는 연구실의 기준계는 정확히 관성계가 아니다. 즉, 자유입자의 운동공식은 식 (3.2)이 아니라 지구의 회전에 의한 원심력과 코리올리힘도 포함되어야 한다. Foucault 진자의 느린 세차 운동은 지구위에 고정된 계가 관성계가 아님을 확실히 보여주는 증거다. 즉 그 진자는 서서히 회전하고 있다. (또 다른 측정에 대한 **상자 3.1**을 보라.)

관성계는 단지 한 개가 아니라 많이 있을 수 있다 3축이 수직하게 처음 좌표에 대하여 회전한 새로운 좌표계 (x', y', z')를 정의할 수 있다. 다른 자유입자가 어느 한 좌표계의 원점에 위치하도록 하고, 이 좌표계는 처음 좌표계와 떨어져 있었고, 처음 좌표계에 대하여 일정한 속도로 움직인다. 회전, 변위(displacement), 그리고 일정한 운동들 (혹은 이들의 합의 운동)들이 관성계가 서로 다를 수 있는 유일한 방법이다.

Cartesian 좌표계 (x, y, z)와 (x', y', z')는 다른 좌표계로서, 3차원 평면 공간에서 점의 위치를 부여하는데 각기 다른 방법이다.

그러므로 이 서로 다른 좌표계 사이에 어떤 연결 고리가 있어야 한다. 이것을 **좌표변환**(coordinate transformation)이라 한다. 변위, 회전, 일정한 운동에 각기 해당하는 좌표변환의 예는 다음과 같다.

1. 변위(displacement): x축을 따라 거리 d만큼 이동 (**그림 3.4**)

$$x' = x - d,$$
$$y' = y, \tag{3.3}$$
$$z' = z.$$

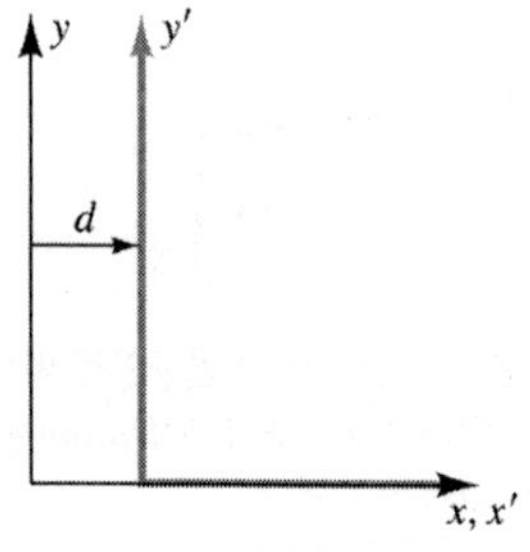

그림 3.4 x을 따라 변위 d와 연관된 Catesian 좌표

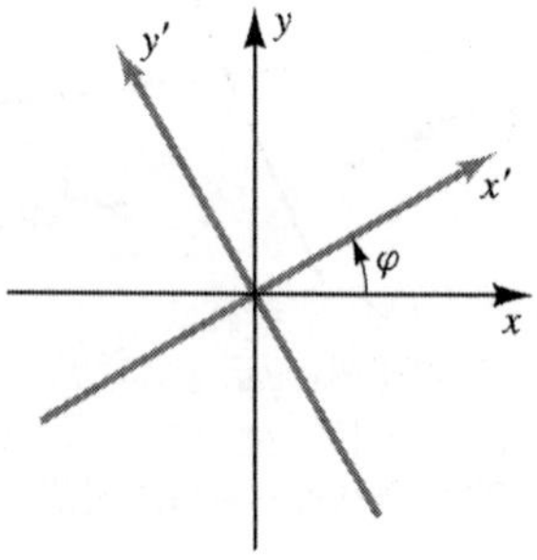

그림 3.5 z축을 중심으로 각도 φ만큼 회전한 Catesian 좌표

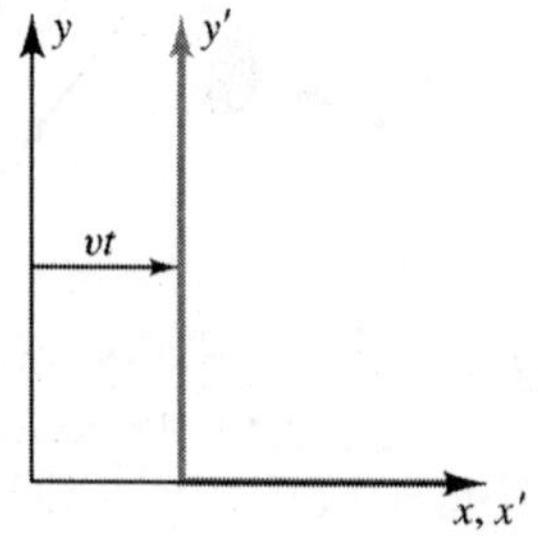

그림 3.6 x축을 따라 일정한 속도 v로 이동하는 Catesian 좌표

상자 3.1 원형 간섭 자이로(ring interferometric Gyro)로 지구회전을 측정

지구 표면위의 한 연구소는 지구가 돌고 있기 때문에 관성계로 볼 수 없다. 지구의 회전 비는 태양의 일출과 일몰과 같은 천체의 현상과 관련짓지 않고서 지구 표면 위의 폐쇄된 연구실에서 행해진 실험에 의해서 측정할 수 있다. 자이로스코프나 Faucalt 진자의 운동을 추적 관찰해 보는 것도 그런 측정을 할 수 있는 한 방법이다. 그러나 더 정확한 측정을 위하여는 원형 간섭 자이로를 이용하는 것이다. 이 장치의 아이디어는 gyro계 내부에 있는데 아래 그림에 계략적으로 그려져 있다. 아래 그림에서 보듯이 링 위의 임의의 한 점에서 출발한 동일한 위상의 2개의 파가 링을 서로 반대 방향으로 한 바퀴 돌아 처음 출발한 점으로 되돌아오게끔 한 장치이다.
만일 점이 돌지 않는다면 그 파는 동일한 거리를 돌아 어느 한 시점에 그 출발한 지점을 같은 위상으로 만날 것이고, 보강간섭 할 것이다. 우리는 관성계를 이용하여 그 계 내에서 점의 중심은 가만히 있게 하고, 링이 그 관성계 내에서 각속도 Ω로 회전하게 한다면 무엇이 일어날 것인지 분석해보자. 한 점에서 출발한 각 파가 링 주위로 돌아 움직이는 동안, 파 감지기도 파를 방출한 그때 보다 $\Omega\times$(지나간 시간) 만큼 회전할 것이다.

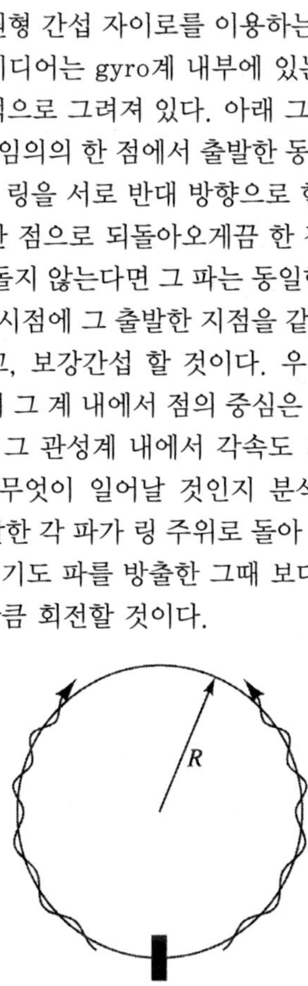

감지기의 회전 방향과 **역방향의 파**는 정방향의 파보다 시간간격 $\Delta t_{counter}$ 더 짧게 감지기에 감지될 것이다. 이때 파가 움직인 거리는 $v\Delta t_{counter}$로 이에 v는 파의 속도이다. 또한 이 거리는 $(2\pi-\Omega\Delta t_{counter})R$이므로(이 때 R는 링의 반지름이다.) 이 두 식을 같다고 두어 $\Delta t_{counter}$를 결정하면 $\Delta t_{counter}=2\pi R/(v+(\Omega R))$이고, 이때 그 이동거리는 $2\pi R/(1+(\Omega R/v))$가 된다. 탐지기와 회전하는 방향으로 출발한 **정방향 파**의 이동거리도 이와 유사하게 표현 되는데 다만 분모의 부호만 바뀔 뿐이다. 그러면 정방향 파와 역방향 파의 이동거리의 차는

$$(4\pi R^2\Omega/v)[1-(\Omega R/v)^2]^{-1}.$$

이다. 이 거리가 파의 파장의 정수배가 될 때 두 파는 보강 간섭하여 파의 파장이 반정수배가 될 때는 소멸간섭을 할 것이다. 이것을 **Sagnac 효과**라 한다. 지구의 회전을 전자기파를 사용하여 이러한 방법으로 탐지해 내었다. 그러나 이론을 쓸 당시에 더 정확한 결과를 원자 간섭계 내에 원자와 관련이 있는 양자적 드 브로이파를 사용하여 얻고 있다. (참고, Gautavson, Boryer, and Kasevich(1997)) 질량 m을 갖고 있는 입자의 드 브로이드 물질파의 파장은 $\lambda=h/mv$인데 이 실험에서 사용 된 원자의 속도에 따라 가시광선의 파장보다 더 짧다. 보강간섭과 소멸 간섭의 차이가 반 파장으로 하면 원칙적으로 물질파의 간섭계는 매우 정확히 측정치를 구해 낼 수 있다. 정확한 회전의 측정치는 중요한데 왜냐하면 14장에서 상대성 이론은 물질의 회전이 인접해 있는 관성계의 회전에 영향을 줄 수 있음을 배우게 될 것이다.

2. 회전(rotation): z축을 회전축으로 하여 φ만큼 회전(**그림 3.5**)

$$\begin{aligned} x' &= (\cos\varphi)x+(\sin\varphi)y, \\ y' &= -(\sin\varphi)x+(\cos\varphi)y, \\ z' &= z. \end{aligned} \tag{3.4}$$

3. 일정한 운동(uniform motion): x축을 따라 v 속도로 이동 (**그림 3.6**)

$$x' = x - vt,$$
$$y' = y, \tag{3.5}$$
$$z' = z.$$

식 (3.3),(3.4) 과 (3.5)의 좌표 변환 식은 점의 위치를 부여하는 좌표계들이 어떻게 다른 관성좌표계들과 연결되는 지를 보여준다. 그러나 시간사이의 관계는 어떠한가?

앞에서 논의 하였듯이 관성계 내에 있는 관찰자가 시간 t를 발명하여 자유입자의 단순 운동 법칙을 어떻게 이끌어 내는지 보았다. 그러나 다른 관성좌표계에서도 유사하게 건설된 시간 t'도 동일하게 작동할 것인가? 특히 한 관성계에서 동시에 일어난 사건이 다른 관성계에서도 동시에 일어날 것인가? 이 질문에 대한 뉴턴 역학에서의 답변은 명백하게 yes이다. 모든 관성계에 있는 관찰자에 있어서 '시간은 단 하나이다' 라는 것이 뉴턴 역학의 중심되는 가정이다. 이것이 관성계에서 운동의 법칙을 기술할 때 사용되는 "절대시간" "우주시간"이라는 것이다. 서로에 대하여 일정한 속도 v로 움직이는 두 관성계 사이에 식 (3.5)의 변환식과 $t' = t$를 첨가하여 다음과 같이 완성된다.

갈릴레이 변환

$$\boxed{\begin{aligned} x' &= x - vt, \\ y' &= y, \\ z' &= z, \\ t' &= t. \end{aligned}} \tag{3.6}$$

이것을 **갈릴레이 변환**이라 한다. 이 절대시간에 대한 뉴턴의 생각은 특수 상대성 이론에서는 포기되어야 한다. 거기에서는 시간의 정의가 관성계에 따라 달라진다.

3.2 상대성 원칙 The Principle of Relativity

뉴턴의 제1법칙이 역학의 모든 것은 아니다. 뉴턴의 제2법칙은 물체의 일정한 속도에서의 변화 - 가속도 - 와 관련이 있다. 그러나 모든 뉴턴 역학은 뉴턴 제2법칙을 포함하여 다음의 상대성 원칙은 준수한다.

상대성 원리
서로 다른 관성계에서 행하여진 동일한 실험들은 동일한 결과를 만든다.

상자 3.2 마하의 원리; 관성계란 무엇인가

뉴턴 역학은 관성계들이 서로 간에 연관짓는 방법을 특성화한다, 그러나 그것은 관성계들이 우주의 물리적 특징과 연관짓는 방법을 특성화하지 못하고 있다. 그러나 관성계의 간단한 물리적 특징화가 있다. 다음의 사고 실험을 고려해 봄으로서 이것에 접근해보자.

당신이 구름이 가득 낀 하늘아래 지구의 북극에 위치하고 있다고 하자. Foucault진자가 수직으로 매달려 있다. 진자의 평면은 지구의 표면에 대하여 천천히 세차운동을 한다. 이것은 진자의 평면이 정지해 있는 관성계가 지구의 표면에 대해서 서서히 회전하고 있음을 보여준다. 이제 하늘의 구름이 걷히면, 당신은 이 관성계가 저 멀리 떨어져 있는 별에 대해서 정지해 있는지 혹은 일정하게 움직이고 있는 지 알아보고자 할 것이다. 경험적으로 역학의 관성계는 우주에서 멀리 떨어져 있는 물체에 대해서 정지하고 있거나 혹은 일정하게 운동하고 있는 것이다. **국소 관성계와 멀리 떨어져 있는 물체 사이의 이 같은 연결이 필요한 것이라는 것**은 Bishop Berkeley(1685–1753)와 물리학자 Ernst Mach (1838–1916)의 아이디어다. 그러므로 이러한 연결을 때때로 **Mach의 원리**라 부른다. 그러나 일반 상대성 이론에서는, 이 연결이 필요 없다. 오히려, 만일 진자의 평면이 정지해 있는 계가 멀리 떨어져 있는 별들에 대하여 회전했었다면 우주가 회전하였다고 말할 수도 있을 것이다. 균일한 또 다른 종류의 멀리 떨어진 물질 – 우주 배경 복사 (CMB) – 은 전 우주의 회전에 엄격한 상한치를 설정하고 있다. 그러나 14장에서 보게 되듯이, 물질의 회전 운동은 일반 상대성에서 관성계에 영향을 준다.

당신이 닫힌 연구소에 있다고 가정하자. 뉴턴의 제1법칙을 검토해보는 실험이 그 연구실의 좌표계가 관성계인지 어떤지 결정할 수 있을 것 같다. 그러나 상대성 원칙은 연구실내에서 행하여진 무수히 많은 가능한 실험 중에 연구실이 관성계라고 판명해줄 그 어떤 실험도 있을 수 없음을 말해주고 있다. 즉, 달리 말해서 절대 변위, 절대 회전, 절대 속도라는 개념은 있을 수 없다는 것이다. 이 상황을 가속계와 비교해보라. 이상적으로 매끈한 도로 위를 일정한 속도로 달리는, 창의 커튼이 처진 차 내부에서는 차가 정지해 있는지 일정한 속도로 움직이는지는 구별할 수 없다. 그러나 차가 가속될 때에는 알 수 있다. 이 상대성 원리가 다음 장에서 나오는 아인슈타인 특수 상대성의 발견에 중요한 역할을 한다.

"물리학 법칙들을 배울 때 여러분들은 아주 많은 복잡하고도 상세한 법칙들과, 중력의 법칙, 전자기 법칙 등등이 있다는 것을 알게 된다. 그러나 이 많은 복잡하고도 상세한 법칙을 넘어 모든 법칙이 반드시 준수해야 하는 가장 일반적인 법칙이 있다."라고 리차드 파인만(1965)은 상대성 원칙을 평하였다. 여러분들은 매우 수학적으로 정교한 많은 법칙들과 항상 붙어 다니는 그런 원칙을 기대하지 말라. (상대성 원리의 설명 중에서 "동일한"이라는 것은 정확한 의미는 무엇인가?) 그러나 '구체적인 법칙들이 공유하는 일반적인 특징이 있다' 는 사실은 명확하다. 예로써 상대성 원리는 "역학적 법칙이 모든 관성계에서는 똑같은 형태를 가진다." 는 것을 말해주고 있다. "형태"라는 것에 정확한 의미를 부여하는 것은 어렵다는 것이 증명된다. 그러나 이 아이디어는 단지 뉴턴의 제1법칙에 의해 설명되어 질 수 있다. 식 (3.2)가 한 관성계에서 지켜진다고 가정하자. 회전, 이동, 일정한 운동은 식 (3.3), (3.4)와 (3.5)를 두 번 미분해보자. d, θ, v는 시간에 대해 일정하기 때문에 세 가지 경우 각각에서

$$\frac{d^2x'}{dt'^2} = 0, \qquad \frac{d^2y'}{dt'^2} = 0, \qquad \frac{d^2z'}{dt'^2} = 0, \tag{3.7}$$

얻는다. 이것은 식 (3.2)와 같은 형태이다. 자유입자에 대한 운동 방정식의 형태는 관성계 내에서 동일함을 알 수 있다. 특히, 이것은 갈릴레이 변환에서 불변이다. 이동, 회전에 의해 다른 관성계에서 물리법칙의 형태와 관련이 있는 상대성 원리는 오직 단지 유클리드 공간의 기하학적 대칭이기 때문이다. 만일 공간 기하학이 감자 표면 같이 휘어져 있다면 물리학 법칙들은 이동과 회전에 대하여 불변이 아니다. 다음의 선 요소가

$$dS^2 = dx^2 + dy^2 + dz^2 \tag{3.8}$$

이동과 회전에 대하여 어떻게 변화하는지 추정해봄으로써 유클리드 기하학의 대칭성을 역학적으로 증명할 수 있다. 이들 변환 식은 식 (3.3)과 식 (3.4)에 주어져 있다. 예로써 식 (3.4)의 회전에 대하여 고려해보자. 그것을 다시 쓰면

$$\begin{aligned} x &= (\cos\varphi)x' - (\sin\varphi)y', \\ y &= (\sin\varphi)x' + (\cos\varphi)y', \\ z &= z'. \end{aligned} \tag{3.9}$$

이것을 (3.8)에 삽입하면

$$\begin{aligned} dS^2 &= (\cos\varphi dx' - \sin\varphi dy')^2 + (\sin\varphi dx' + \cos\varphi dy')^2 + dz^2 \\ &= (\cos^2\varphi + \sin^2\varphi^2)x'^{\,2} + (\sin^2\varphi^2 + \cos^2\varphi^2)y'^{\,2} + dz'^{\,2} \\ &= x'^{\,2} + y'^{\,2} + dz'^{\,2} \end{aligned} \tag{3.10}$$

이와 같이 선 요소의 형태는 회전에 대하여 불변이다. 그러므로 유클리드 기하학이다. 이동에 대하여서도 똑같이 된다.

3.3 뉴턴의 중력 Newtonian Gravity

뉴턴의 중력의 법칙은 질량 M인 A점 질량과 질량 m인 B점 질량 사이의 거리 r만큼 떨어져 있을 때 중력 $\vec{F}$의 힘이 서로 미친다는 것이다. 그 힘은 인력이며, 그 방향은 두 물체를 잇는 선방향이며 r^2에 역비례한다는 것이다.

$$\vec{F}_{\text{grav}} = -\frac{GmM}{r^2}\vec{e}_r. \tag{3.11}$$

뉴턴의 중력의 법칙

$\vec{e}_r$는 점 A에서 점 B로 향하는 단위 벡터이고, G는 중력 상수로 6.67×10^{-8} $\text{dyn}\cdot\text{cm}^2/\text{g}^2$이다. B점에서의 중력은

$$\vec{F}_{\text{grav}} = -m\vec{\nabla}\Phi(\vec{x}_B), \tag{3.12}$$

여기서 m은 B 물체의 질량이고 $\vec{x}_B$는 B의 위치이다. 그리고 $\Phi(\vec{x})$는 A에 의하여 만들어진 중력 퍼텐셜이다.

$$\Phi(\vec{x}) = -\frac{GM}{r} \equiv -\frac{GM}{|\vec{x}-\vec{x}_A|}. \tag{3.13}$$

뉴턴의 중력 퍼텐셜

만일 B가 여러 다양한 위치에 놓인 많은 점질량 M_A A=1,2,....., 에 의해 인력을 받는다면 식 (3.12)에 같이 힘을 불어 넣어주는 중력 퍼텐셜은 각 중력 퍼텐셜을 합한 것과 같다.

$$\Phi(\vec{x}) = -\sum_A \frac{GM_A}{|\vec{x}-\vec{x}_A|}. \tag{3.14}$$

질량 밀도 $\mu(\vec{x})$가 연속해서 분포되어 있으면 식 (3.14)의 합은 부피요소 d^3x에 대하여 $\mu(\vec{x})d^3x$를 적분한 것과 같다.

$$\Phi(\vec{x}) = -\int d^3x'\frac{G\mu(\vec{x}')}{|\vec{x}-\vec{x}'|}. \tag{3.15}$$

전자기학에 대해서 이미 잘 알고 있는 독자는 중력 퍼텐셜인 식 (3.15)이 정전자 퍼텐셜의 식과 유사하며, 또한 중력의 법칙 (3.12)와 정전자 힘의 법칙에 유사함을 알 것이다. 그 유사성을 **표 3.1**에 적어보았다. 이 유사성의 근본적이 이유는 둘 다가 두 물체 사이에 미치는 힘이 두 물체 사이의 거리의 제곱(r^2)에 역비례하기 때문이다. 중력에서의 질량 M은 전하량에 해당된다. 그러나 차이점은 중력에서의 힘은 언제나 + 로서 인력만 있지만 정전자 힘은 +와 −가 있어 인력과 척력이 있다.

표 3.1 뉴턴 중력과 정전기의 비교

	뉴턴 중력	정전기
두 소스사이의 힘	$\vec{F}_{\rm grav} = -\frac{GmM}{r^2}\vec{e}_r$	$\vec{F}_{\rm elec} = +\frac{qQ}{4\pi\epsilon_0 r^2}\vec{e}_r$
퍼텐셜에서 유도된 힘	$\vec{F}_{\rm grav} = -m\vec{\nabla}\Phi(\vec{x}_B)$	$\vec{F}_{\rm elec} = -q\vec{\nabla}\Phi_{\rm elec}(\vec{x}_B)$
구형소스 외부의 퍼텐셜	$\Phi = -\frac{GM}{r}$	$\Phi_{\rm elec} = \frac{Q}{4\pi\epsilon_0 r}$
퍼텐셜에 대한 장방정식	$\nabla^2\Phi = 4\pi G\mu$	$\nabla^2\Phi_{\rm elec} = -\rho_{\rm elec}/\epsilon_0$

여기서 $\vec{x}_A$와 $\vec{x}_B$는 중력의 경우에는 질량 M과 m의 그리고 정전기의 경우에는 전하 Q와 q의 위치이다. 그들 사이의 거리는 $r=|\vec{x}_A-\vec{x}_B|$과 $\vec{e}_r=(\vec{x}_A-\vec{x}_B)/r$이다. $\vec{F}_{grav}$는 M과 m에 의하여 나타나는 중력의 힘이고 $\vec{F}_{elec}$는 Q와 q에 의하여 나타나는 힘이다. Φ_{elec}는 정전기 퍼텐셜이고 ρ_{elec}는 전하 밀도이다.

중력과 정전기력의 유사점을 더 찾아보자. 뉴턴의 중력장 $\vec{g}$를 도입하자.

뉴턴의 중력장

$$\vec{g}(\vec{x}) \equiv -\vec{\nabla}\Phi(\vec{x}), \tag{3.16}$$

이것은 정전기장과 유사한 중력장의 표현이다. 식 (3.15)의 중력 퍼텐셜의 미분 형태는

$$\vec{\nabla}\cdot\vec{g}(\vec{x}) = -4\pi G\mu(\vec{x}), \tag{3.17}$$

뉴턴의 중력 방정식

혹은

$$\boxed{\nabla^2\Phi(\vec{x}) = 4\pi G\mu(\vec{x}),} \tag{3.18}$$

여기서 ∇^2은 Laplacian으로 $\partial^2/\partial x^2 + \partial^2/\partial y^2 + \partial^2/\partial z^2$이다. 정전기학에서의 Poissin 방정식과 유사한 뉴턴의 중력 방정식이다.

예제 3.1 뉴턴의 이론

구형으로 대칭적인 질량 분포를 가진 물체의 바깥 부위의 중력장은 단지 물체의 전 질량에 의존한다. 이것을 뉴턴의 이론이라 불린다. 이것을 증명하기 위해 식 (3.17)의 양변을 부피 V(r)에 대해 적분해보자. 이 때 구 대칭 중심에서 반경 r내에 모든 질량이 다 포함된다.

$$\int_{\mathcal{V}(r)} d^3x\vec{\nabla}\cdot\vec{g} = -4\pi G\int_{\mathcal{V}(r)} d^3x\mu(r) = -4\pi GM, \tag{3.19}$$

여기서 M은 전체 질량이다. 식 (3.19)의 좌변에 가우스 정리라 불리는 발산정리를 이용하여 반경 r의 구 표면 전체에 걸쳐 표면 적분하면

$$\int_r d\vec{A}\cdot\vec{g} = -4\pi GM. \tag{3.20}$$

구형으로 대칭이므로 $\vec{g}$ 는 오직 거리 $\vec{r}$ 에만 의존하며 방사상 방향이다. 그러므로 왼편의 표면 적분은 $4\pi r^2|\vec{g}(r)|$이다. 여기서 $|\vec{g}|$는 $\vec{g}$의 크기이다. 이와 같이 하면 방사상 방향으로 단위 벡터를 $\vec{e}_r$라 두면

$$\vec{g}(r) = -\frac{GM}{r^2}\vec{e}_r, \tag{3.21}$$

이고, 질량 M에 의존한다. 이와 유사하게 구형으로 대칭인 질량 분포를 가진 물체의 바깥부위에서의 중력 퍼텐셜은 질량 M에 달려 있고, 무한히 나갈수록 서서히 감소한다.

$$\Phi(r) = -\frac{GM}{r}. \tag{3.22}$$

질량 M이 중심에 집중되어 있던지, 얇은 껍질에 집중되어 있던지 고르게 본포 되어 있던지 상관이 없다. 또한 그 물체가 단지 방사상으로만 움직이는 한, 내부의 물질이 움직이던 움직이지 않던 아무런 상관이 없다. 구형으로 대칭적으로 분포한 질량의 외부의 장과 퍼텐셜은 식 (3.21)과 (3.22)로 주어지고 언제나 시간에 대해 일정하다. 왜냐하면 전체질량은 보존되기 때문이다. 일반 상대성 이론에서 구 대칭 질량 분포한 외부의 휜 공간도 또한 전체 질량에 의존한다.

예제 3.2 케플러의 법칙

어느 한 중력의 중심에 대하여 돌고 있는 위성의 궤도에 대하여 케플러 법칙은 그 궤도의 주기는 그 궤도의 크기와 관련이 있음을 말해주고 있다. 구형으로 대칭인 질량 M인 중심에 대하여 주기 P와 반경 R인 원 궤도 운동에 대하여 고려해보자. 구심 가속도 V^2/R과 중력 가속도는 같다는 것으로부터

$$\frac{V^2}{R} = \left(\frac{2\pi R}{P}\right)^2 \frac{1}{R} = \frac{GM}{R^2}. \tag{3.23}$$

그러므로

$$P^2 = \frac{4\pi^2}{GM}R^3. \tag{3.24}$$

즉, 주기의 제곱이 장반경의 세제곱에 비례한다는 것이다.

제6장에서 뉴턴의 중력과 가속도가 휘어진 시공간에서 자유입자가 움직일 때 기하학적으로 어떻게 재구성되는지 보게 될 것이다.

3.4 중력 질량과 관성 질량 Gravitational mass and Inertial Mass

식 (3.12)의 중력의 힘을 뉴턴의 운동법칙 $\vec{F} = m\vec{a}$에 대입하면

$$m\vec{a} = -m\vec{\nabla}\Phi \tag{3.25}$$

$$\vec{a} = -\vec{\nabla}\Phi. \tag{3.26}$$

그러므로 이것은 물체의 질량이나 구성에 관계없이 중력장내에서 모든 물체는 동일한 가속도로 떨어진다는 것이다. 2.1절에서 간단히 설명하였지만 이 범우주적 법칙이 일반 상대성 이론에 있어서 중력을 기하학적으로 이해하는데 중심이 되는 법칙이다.

범우주적 자유 낙하가속도의 법칙에 대한 깊은 통찰은 식 (3.25)에 있는 질량 m의 두 가지 역학을 구별해 보면 알 수 있다. (3.25)공식의 좌변에 있는 질량은 그 물체의 관성의 특징을 의미한다. 그래서 이때의 질량을 **관성 질량** m_I 이라 한다. 이것은 뉴턴의 운동법칙에서 나타나는 질량이다.

관성 질량

$$\vec{F} = m_I\vec{a}, \tag{3.27}$$

공식의 왼편에 있는 힘의 기원이 (중력, 전자력, 탄성력 등등) 무엇이던 간에 성립한다.

식 (3.25)의 오른편에 있는 질량은 두 물체 사이의 중력의 힘의 강도를 측정한다. 그러므로 이때의 질량을 **중력 질량** m_G 이라고 한다. 이것은 식 (3.11)의 역제곱 법칙에 나타나는 질량이다.

중력 질량

$$\vec{F}_{\text{grav}} = -\frac{Gm_G M_G}{r^2}\vec{e}_r, \tag{3.28}$$

전하의 경우와 유사하다. 중력 질량은 식 (3.12)의 중력 힘의 법칙에도 들어간다.

$$\vec{F}_{\text{grav}} = -m_G\vec{\nabla}\Phi(\vec{x}_B), \tag{3.29}$$

그리고 중력 질량 밀도는 식 (3.18)의 중력 퍼텐셜의 원천이다.

$$\nabla^2\Phi(\vec{x}) = 4\pi G\mu_G(\vec{x}). \tag{3.30}$$

친숙한 등식으로 중력 질량은 주어진 중력장 $\vec{g}$ 내에 있는 물체에 다음과 같은 무게를 준다.

$$\vec{F}_{\text{grav}} = m_G\vec{g}. \tag{3.31}$$

표 3.1에 있는 모든 질량과 질량 밀도는 중력과 관련이 있다.

실험에 의하면 모든 물체는 중력장내에서 동일한 가속도로 떨어짐을 보여준다. 그러므로 관성 질량과 중력 질량은 모든 물체에 동일하게 비례상수를 가지고 서로 비례해야 한다. 중력 질량은 한 물체에서 관성 질량과 동일하다고 정의되어 질 수 있다. 프랑스의 Sevres에 보관된 표준 kg단위로 무게를 나타낸다. 가속도의 동등성은 모든 물체에 동등하다는 것을 함축한다. 즉

$$\boxed{m_I = m_G} \tag{3.32}$$

중력 질량과 관성 질량의 동등성

상자 2.1에서 보여준 것 같이 이것은 물리학에서 가장 정교하게 실험된 것이다. (6장에서 더 상세하게 알 수 있다.)

모든 힘에 대한 일반적인 동역학 법칙에 나오는 관성에 관여하는 m_I와 특별한 힘인 중력에 관여하는 m_G사이에 서로 동등하다는 것은 대단한 충격이다. 뉴턴 이론에서는 설명할 수 없는 엄연한 실험적 사실이었다. 그러나 이 실험적 사실이 중력의 기하학적 이론이 나오게 했고, 상대성 이론의 근본 바탕이 되었다. 동일한 관성계 내에 있는 물체가 물체를 구성하고 있는 모든 구성 성분이 제각기 독립적으로 동일한 곡선을 따라 떨어진다면 그 곡선은 시공간 기하학의 특징이지 물체 사이에 실제적으로 힘이 작동한 것이 아니라는 사실이다.

3.5 뉴턴 역학에서 변분원리
Variational Principle for Newtonian Mechanics

뉴턴 역학 법칙은 극치 작용(extremal action)의 원리[3]라 불리는 변분원리로 재구성 할 때 설명될 수 있다. 이 원리의 확장이 휜 시공간에서의 입자의 운동공식을 형식화하는데 하나의 길이 된다. 퍼텐셜 $V(x)$내에서 1차원 운동을 하는, 질량 m인 단순한 경우부터 시작해보자. 이 운동 식은 Lagrangian으로 요약된다.

$$L(\dot{x}, x) = \frac{1}{2}m\dot{x}^2 - V(x), \tag{3.33}$$

여기서 ·은 시간에 대한 미분이다. 뉴턴의 법칙인 $m\ddot{x} = -dV/dx$는 Lagrange 공식으로는 다음과 같이 된다.

$$-\frac{d}{dt}\left(\frac{\partial L}{\partial \dot{x}}\right) + \frac{\partial L}{\partial x} = 0. \tag{3.34}$$

3) 변분원리는 때로는 극치 원리(extremum principles) 혹은 작용 원리(action principles)라고 불리기도 한다.

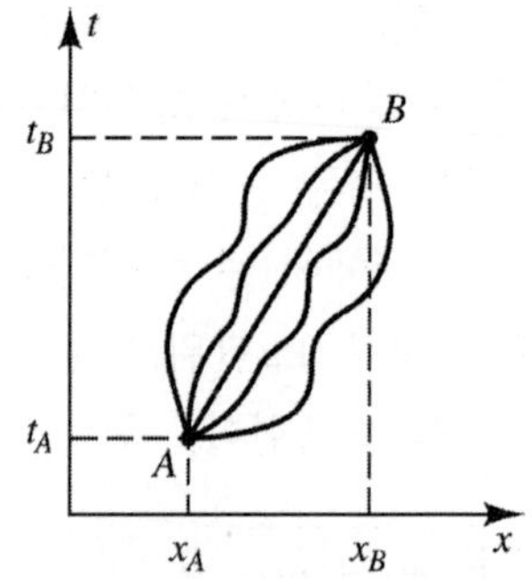

그림 3.7 시간 t_A일 때 위치 x_A와 시간 t_B일 때 위치 x_B를 연결하고 있는 여러 많은 다른 경로들이 묘사되어있다. 그러나 한 입자는 뉴턴의 운동의 법칙에 복종하는 경로를 따라 움직인다. 그 경로는 작용을 극치화 한다.

그림 3.7에서 시간 t_A때 점 x_A에서 시간 t_B일 때 점 x_B로 가는 가능한 모든 경로를 고려하자. 각 경로는 작용이라 불리는 실수를 만든다.

$$S[x(t)] = \int_{t_A}^{t_B} dt L(\dot{x}(t), x(t)). \tag{3.35}$$

이 작용은 범함수(functional)의 형태이다 – 함수(이 경우 $x(t)$인 함수)에서 실수로의 사상(map)이다.

x_A서 x_B로 가는 모든 경로 중에서 작용을 가장 극치화하는 것이 식 (3.34)를 만족시킨다. 이것이 뉴턴 역학의 변분원리이다.

뉴턴 역학의 변분원리
어느 한 시간에 한 공간의 지점에서 시간이 지나 다른 한 점으로 입자가 이동할 때 그 사이에 작용이 가장 극치화하는 방법으로 이동한다.

달리 말하면 뉴턴 운동 법칙을 따르는 입자는 극치작용의 경로를 따른다는 것이다.

이제 극치화하는 것이 무엇을 의미하며 그 원리에 대해 설명하고자 한다. 변수가 하나인 함수 $f(x)$의 극점은 그 1차도함수가 0으로 가는 점 – 극대점, 극소점, 변곡점 – 이다. 어떤 극치에서 x의 미소변화 δx는 함수 값에 있어서 δf의 1차 변화를 만들지 않는다. δf의 1차 변화에 대하여

$$\delta f = \frac{df}{dx}\delta x, \tag{3.36}$$

극한에서 $\frac{df}{dx} = 0$이다.

$a = 1, \ldots, n$ 에 대하여 편미분 $\partial f / \partial x^a$가 0으로 사라지는 모든 곳에서 n개의 변수 $x^1, \ldots, x^n$의 함수 $f(x^1, \ldots, x^n)$의 극치가 생긴다. 그런 극치는 함수의 1차 변분이 사라지는 장소로써 특징지워질 수 있다.

$$\delta f = \sum_{a=1}^{n} \frac{\partial f}{\partial x^a} \delta x^a = 0, \tag{3.37}$$

여기서 δx^a, $a = 1, \ldots, n$는 무작위 변수이다. 여러 많은 차원에서 극치가 그 함수의 최대치이거나 최소치 일 필요는 없다. 그러나 그것은 어느 방향으로는 최대치이고 다른 방향에서는 최소치 일 수가 있다.

작용함수 $S[x(t)]$의 극치는 점 (x_A, t_A)에서 점 (x_B, t_B)를 연결하는 경로 중에 임의의 변분 $\delta x(t)$에 대한 $\delta S[x(t)]$의 1차 미분이 0임으로 정의한다. $\delta S[x(t)]$를 계산하기 위해서 식 (3.35)의 작용에 대한 $x(t)$대신에 $x(t) + \delta x(t)$로 교체해보자. 그리고 적분하면

$$\delta S[x(t)] = \int_{t_A}^{t_B} dt \left[\frac{\partial L}{\partial \dot{x}(t)} \delta \dot{x}(t) + \frac{\partial L}{\partial x(t)} \delta x(t) \right] \tag{3.38a}$$

$$= \frac{\partial L}{\partial \dot{x}(t)} \delta x(t) \Big|_{t_A}^{t_B} + \int_{t_A}^{t_B} dt \left[-\frac{d}{dt} \left(\frac{\partial L}{\partial \dot{x}(t)} \right) + \frac{\partial L}{\partial x(t)} \right] \delta x(t). \tag{3.38b}$$

t_A때의 x_A에서 t_B일 때 x_B로 연결하는 경로의 변분이 x_A, x_B에서는 $\delta x(t_A) = \delta x(t_B) = 0$이어야 한다. 그러므로 (3.38b)에서 첫 번째 항은 소멸한다. 남아있는 항은 $\delta S[x(t)]$가 0으로 소멸함으로 임의의 $\delta x(t)$에 대해 0으로 또한 소멸되어야 한다. 이것은 둘째항의 적분 항에서 대괄호 속에 있는 항이 0으로 가야 한다. 그리하면

$$-\frac{d}{dt} \left(\frac{\partial L}{\partial \dot{x}} \right) + \frac{\partial L}{\partial x} = 0. \tag{3.39}$$

작용은 Lagrange 공식을 만족시키는 경로에 의하여 극치화된다. 이 결과는 꼭 1차원에만 성립하는 것은 아니다.

만일 Lagrangian이 n개의 좌표의 $x^a(t)$와 시간미분의 함수라면, 그것의 극치는 n개의 공식을 만족한다.

$$-\frac{d}{dt} \left(\frac{\partial L}{\partial \dot{x}^a} \right) + \frac{\partial L}{\partial x^a} = 0, \qquad a = 1, \ldots, n. \tag{3.40}$$

Lagrange 공식

예제 3.3 특별한 변분 A Particular Variation

어떤 작용이 운동 방정식을 따라가는 경로에서 좀 떨어진 변분에 대한 극치라면 그것은 어떤 특이한 변분에 대하여도 극치이어야 한다. t_A때 x_A에서 t_B때 점 x_B까지 움직이는 자유입자($V(x)=0$)를 생각해보자. 뉴턴 법칙에 따라 이 자유입자가 이 두 점 사이를 일정한 속도로 이동할 때 그 속도는 $(x_B-x_A)/T$이다. 여기서 $T\equiv t_B-t_A$ 로써 흘러간 시간이다. 이것은 그림 3.8에 보듯이 직선의 선분이다. T 시간의 반이 흘렀을 때 입자는 $(x_B+x_A)/2$의 위치에 있다.

이제 다른 경로로 점 x_A에서 일정한 속도로 출발하여 $T/2$ 시간이 흘러 어떤 다른 점 X에 도달한 후 그 다음 다른 일정한 속도로 이동하여 점 x_B에 도달한 또 다른 경로와 비교해보자(**그림 3.8**을 보라). 이 경로들의 작용 $S(x)$는 x의 함수이다. 이것은 처음 반은 $(X-x_A)/(T/2)$의 일정한 속도로, 두 번째 경로는 $(x_B-X)/(T/2)$속도 이동하였으므로 식 (3.35)를 이용하여 작용 $S(x)$을 구하는 것은 쉽다. 임의의 시간 t 동안에 일정한 속도 V로 움직이는 입자가 어떤 경로로 가던 그 작용은 $V^2t/2$이다. 두 경로의 합을 구하면

$$S(X)=m\left[(x_B-X)^2+(X-x_A)^2\right]/T. \tag{3.41}$$

극치작용의 경로는 $dS/dX=0$인 곳에 나타난다. 그러므로

$$X=(x_B+x_A)/2, \tag{3.42}$$

에서 뉴턴 법칙을 따르는 경로인 유일한 해가 존재한다.

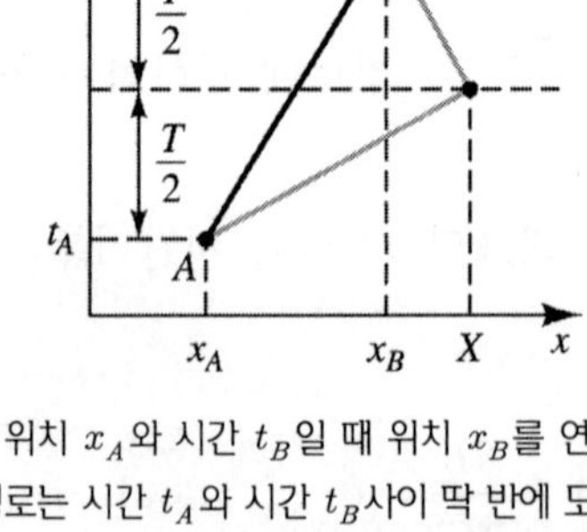

그림 3.8 이 그림은 시간 t_A일 때 위치 x_A와 시간 t_B일 때 위치 x_B를 연결하고 있는 특별한 일련의 경로들을 보여주고 있다. 약간 흐린 선으로 된 경로는 시간 t_A와 시간 t_B사이 딱 반에 도달한 위치를 변수로 한 2개의 직선 부분으로 구성되어 있다. 작용을 가장 극치화하는 경로는 두 점을 연결하고 있는 굵은 직선이다. 그것은 뉴턴 법칙을 따르는 경로이다.

문 제

1. 자유입자가 관성계 (x, y, z)내의 xy평면에서 $x=d$, $y=vt$(여기서 d와 v는 시간에 대해 상수이다.) 궤적을 따라 움직이고 있다. 공통의 z-축 $(z'=z)$주위로 각속도 ω를 가지고 관성계에 대하여 회전하는 직각 계 (x', y', z')를 고려하자. 회전하는 계에서 $x'(t)$, $y'(t)$, $z'(t)$에 의하여 따르는 운동 방정식은 무엇인가? $x'y'$평면에서 입자의 궤적을 스케치하고 그리고 그것이 이 운동 방정식을 만족한다는 것을 명확히 보여라.

2. 뉴턴의 운동의 법칙은 뉴턴 역학의 관성계에 대해서 일정하게 가속되는 계로의 변환하에서는 불변하지 않다는 것을 보여라. 가속되는 계에서의 운동 방정식은 무엇인가?

3. [B, S] 상자 3.2에 묘사되어 있는 Foucalt 진자는 시간당 몇 도 정도로 돌아가게 되는가?

4. 반경 R과 전체 질량 M을 가지는 균일한 질량 밀도의 구의 내부와 그리고 외부의 중력 퍼텐셜을 구하라.

5. 다음의 함수를 고려하자.

$$S[x(t)] = \int_0^T \left[\left(\frac{dx(t)}{dt} \right)^2 + x^2(t) \right] dt.$$

다음 조건을 만족하는 곡선 $x(t)$를 구하라.

$$x(0) = 0, \qquad x(T) = 1,$$

이 조건들은 $S[x(t)]$를 극치를 갖도록 한다. $S[x(t)]$의 극값은 무엇인가? 그것은 최대인가 최소인가?

6. [B, E, C] 달의 중력 자체 에너지를 달의 정지 질량 에너지 분율로서 평가하라. 이 비가 중력 질량과 관성 질량의 동등성에 대한 달의 거리 레이저 측정시험 (Lunar laser ranging test)의 정확도보다 더 큰가 혹은 작은가?

CHAPTER

04 특수 상대성 원리
Principles of Special Relativity

1905년의 아인슈타인의 특수 상대성 이론은 앞장에서 고찰해보았던 것과 같이 공간과 시간에 대한 뉴턴의 개념에 좀 더 심오한 고찰을 요구하게 했다. 특수 상대성 이론에서는 유클리드 공간과, 공간과 분리된 절대시간에 대한 뉴턴의 개념이 4차원적으로 시공간으로 공간과 시간이 합쳐진다. 이 장에서는 시공간 비유클리드 기하학부터 시작하여 특수 상대성 이론의 기본원리에 대하여 고찰해보았다.

4.1 속도의 합과 Michelson-Morley 실험

전자기장에 대해 모든 것을 설명할 수 있는 맥스웰의 방정식이 뉴턴 역학의 모든 관성계에서 동일한 형태를 가질 수 없다는 것이 알려졌다. 맥스웰 방정식은 빛이 그 공식의 기본 요소로 들어가는 광속도 c로 운동한다는 것을 의미하고 있다[1]. 그러나 서로에 대하여 각기 움직이는 다른 두 관성계 내에서 (3.6)에 의한 갈릴레이 변환을 하면 빛의 속도가 달라진다는 것이다.

(V^x, V^y, V^z)가 한 관성계에서 측정된 입자의 속도[2] 벡터성분들이고, 처음의 관성계에 대하여 x축을 따라 v속도로 움직이고 있는 다른 관성계에서 측정한 그 입자의 속도 벡터성분을 $(V^{x'}, V^{y'}, V^{z'})$라 하자. 그러면 식 (3.6)으로부터

$$V^{x'} = \frac{dx'}{dt'} = \frac{dx'}{dt} = \frac{dx}{dt} - v = V^x - v, \tag{4.1}$$

y와 z에 대하여 똑같이 하면

뉴턴의 속도의 가법정리

$$\begin{aligned} V^{x'} &= V^x - v, \\ V^{y'} &= V^y, \\ V^{z'} &= V^z. \end{aligned} \tag{4.2}$$

이것을 뉴턴의 속도의 가법정리라 한다.

---

1) 여러분들은 ϵ_0와 μ_0라 부르는 양들이 맥스웰 방정식에서 기본변수들이라고 생각하는 데 익숙해 있을 것이다. 여기서 $\mu_0 \equiv 4\pi \times 10^{-7}$로 순수한 숫자이다, 그리고 $\epsilon_0 = 1/(c^2\mu_0)$이다.

2) 대부분의 경우에, $\vec{V}$와 같이 대문자는 한 관성계에서 측정된 입자의 속도를 나타내는데 사용되어지고, $\vec{v}$와 같이 소문자는 다른 관성계에 대한 한 관성계의 속도를 나타내는 데 사용된다. 그러나 때때로 이런 관습과 타협하는 것이 필요하다.

식 (4.2)의 변환 식은 맥스웰의 방정식이 오직 한 관성계에서만 맞다는 것이 된다. 왜냐하면 맥스웰 방정식은 어느 관성계에서도 빛의 속도가 c 라고 예견하고 있기 때문이다. 19세기에는 이 관성계가 빛이 전달될 수 있도록 매개하는 전 우주에 분포되어 있는 물리적 매개체 - 에테르 - 로 구성된 정지계라고 생각했었다. 이 에테르의 정지계에 대하여 움직이는 한 관성계에서 빛의 속도를 재면 식 (4.2)의 변환식에 의해 빛의 속도가 변할 것이다.

1887년 Albert Michelson과 Edward Morley는 식 (4.2)의 뉴턴의 속도의 가법정리를 테스트 해보기 위해 실험한 결과를 발표하였다. 그들의 실험의 현대적 버전을 **상자 4.1**에 상세히 기술하였다. 그들은 지구 궤도운동의 어느 한 방향에서 지상의 연구실에서 빛의 속도를 재고 이와 수직으로 또 다른 지구궤도상에서 빛의 속도를 재었다(**그림 4.1**). 태양 주위를 돌고 있는 지구의 운동은 지구궤도의 모든 점에서 에테르에 대하여 상대적으로 움직이고 있는 것이다. 만일 지구 궤도상의 어느 한 점에서 정지된 에테르 대하여 지구의 공전 속도를 재었다면 6개월 뒤에는 방향이 반대 방향이므로 정지된 에테르에 대하여 지구의 공전속도가 2배가 될 것이다. 마이켈슨-몰리 실험

상자 4.1 현대적 마이켈슨-몰리 실험

1976년 Brillet와 Hall은 빛의 전파에 관한 공간의 등방성(isotropy)의 새로운 한계치를 설정했다. He-Ne 레이저($\lambda = 3.39\mu m$)가 Fabry-Perot 간섭계 - 서로 떨어져 고정되어 있는 2개의 거울에 의하여 결합되어있는 광학적 공동(cavity)이다 - 속으로 빛을 공급한다. 이 레이저의 진동수는 이 공동 속에서 정지파를 계속 유지하기 위하여 계속하여 조정되었다. 만일 빛의 속도에 어떤 자그마한 변이가 있으면 $f = c/\lambda$이기 때문에 레이저의 진동수 f에 어떤 변화를 야기할 것이었다. 레이저와 이 Fabry-Perot 간섭계는 공간에서 다른 방향에 따른 변화를 비교해보기 위해 회전하는 무거운 화강암 판위에 올려져 있었다. He-Ne 레이저에서 나온 광선은 둘로 나뉘도록 결정되었다. 그 중에 하나는 회전하는 축을 따라 올라가서 정지해 있는 기준 레이저(reference laser)와 함께 그 결과를 비교해 볼 수 있도록 했다.

이 두 개의 직교하는 방향으로 빛의 속도가 차이가 난다면 진동수에서 $\cos(2\phi)$에 의존하는 결과가 나타나게 되어 있을 것이다. 여기서 ϕ는 대리석판의 회전 각도이다. Brillet와 Hell은 진동수에 변이가

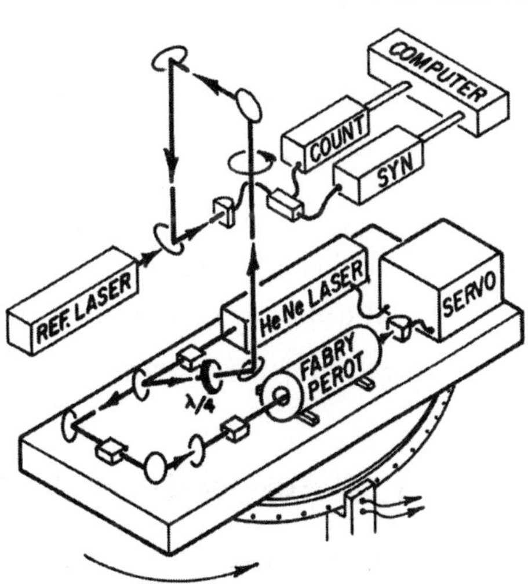

전혀 없는 것과 같은 다음의

$$\Delta f/f = (1.5 \pm 2.5) \times 10^{-15}$$

결과를 얻었다. 뉴턴의 속도 가법정리는 $(V_{\oplus}/c)^2 \approx 10^{-8}$의 차수로 진동수 변화가 예견되었다. 여기서 $V_{\oplus}$는 궤도 운동하는 지구의 속도이다. Brellet와 Hall의 실험은 고전적 예견보다 천만 배보다 더 작은 스케일로 제로라는 결과를 제시하고 있다.

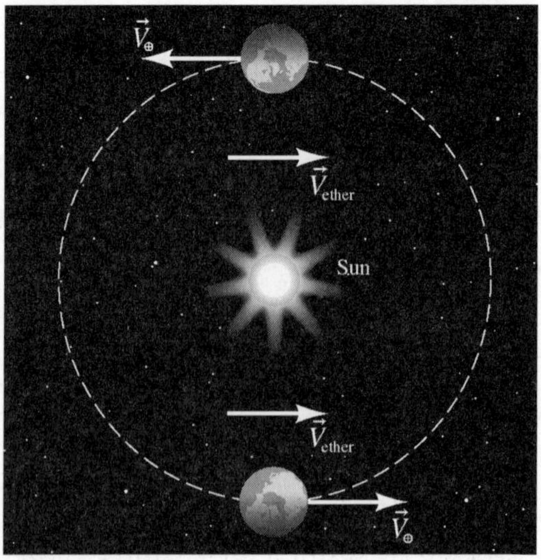

그림 4.1 Michelson-Morly실험. 일정한 에테르가 태양에 대하여 속도 $\vec{V}_{ether}$로 움직인다고 하자, 혹은 동등하게 태양이 에테르에 대하여 속도 $-\vec{V}_{ether}$로 움직인다고 하자. $\vec{V}_\oplus$가 공전궤도상의 한 점에서 태양에 대한 지구의 속도라 하자. 그 점에서 에테르에 대한 지구의 속도는 $\vec{V}_\oplus - \vec{V}_{ether}$이다. 6개월 후에 지구의 속도는 거의 $-\vec{V}_\oplus$이다(지구 궤도의 타원성을 무시). 그리고 에테르에 대한 지구의 속도는 $-\vec{V}_\oplus - \vec{V}_{ether}$이다. 그러면 에테르의 속도가 무엇이던지 간에 $\vec{V}_\oplus$ 속도의 차가 난다.

간단히 하기 위해 태양이 에테르에 대하여 정지해 있다고 하자. 지구의 공전속도를 $V_\oplus$ 하면 뉴턴의 속도 가법 정리에 의해 지구의 운동에 대해 수직인 빛의 속도는 그대로 c일 것이다. 그러나 지구의 운동과 평행하게 달리는 빛의 속도는 $c \pm V_\oplus$가 될 것이다. 그러나 Michelson과 Morley는 그 차이점을 발견을 못하였다. 그러면 뉴턴의 가법정리가 맞지 않았다는 것인가? 맥스웰 방정식과 뉴턴의 방정식 중 어느 것이 바뀌어져야 한다는 것이다. 뉴턴의 역학 방정식이 바뀌어야 한다는 것이 판명되었다.

4.2 아인슈타인의 해결과 그 결과

1905년 아인슈타인은 뉴턴 역학을 바꾸었는데 그것을 **상대성의 특수이론** 혹은 짧게 **특수 상대성**이라 한다. 이것을 공식화하기위해 아인슈타인은 3.2절에서 기술한 상대성 원리를 맥스웰방정식으로 설명되는 전자기의 현상의 기본원리로 받아들였다. 특히, 빛의 속도는 어느 관성계에서도 동일한 값 c를 가진다고 가정하였다 - 현재의 관점에서 볼 때 Michelson-Morley 실험에 의하여 확실히 동기부여가 된 가정[3]. 그러나 그는 상대성 원리를 받아들이는데 있어 뉴턴 역학에서 잘 충족되는 갈릴레이 변환을 채택하지 않았다. 왜냐하면 이것은 뉴턴의 속도의 가법정리를 의미하기 때문

3) 통상적으로, 역사의 진실은 더 복잡하다. (Miller 1981, Paris 1982)

이다. 오히려 그는 모든 관성계에서 빛의 속도가 c가 나오도록 하는 연결 변환식을 발견했다.

빛의 속도가 모든 관성계에서 동일하다는 가정은 절대시간에 대한 뉴턴의 생각을 재검토하게 했고, 결국에는 포기 하였다. 동시성이란 개념을 고찰해봄으로 이것을 명확히 알 수 있다. 두 사건이 동일한 시간에 발생한다면 두 사건은 동시적이다. 뉴턴 이론에 의하면 한 관성계에서 동시에 일어난 사건은 다른 관성계에서도 동시적이어야 한다. 왜냐하면 시간은 모든 관성계 내에서 똑같이 흘러가는 절대시간이기 때문이다. 그러면 **그림 4.2**와 **4.3**에 보여주는 사고 실험을 보자.

세 사람의 A, B, O가 길이 L인 우주선에 타고 있다. O는 A와 B의 딱 중간지점이다. A와 B는 각각 O를 향하여 빛의 속도 c로 빛을 방출했다. 그러면 O는 동시에

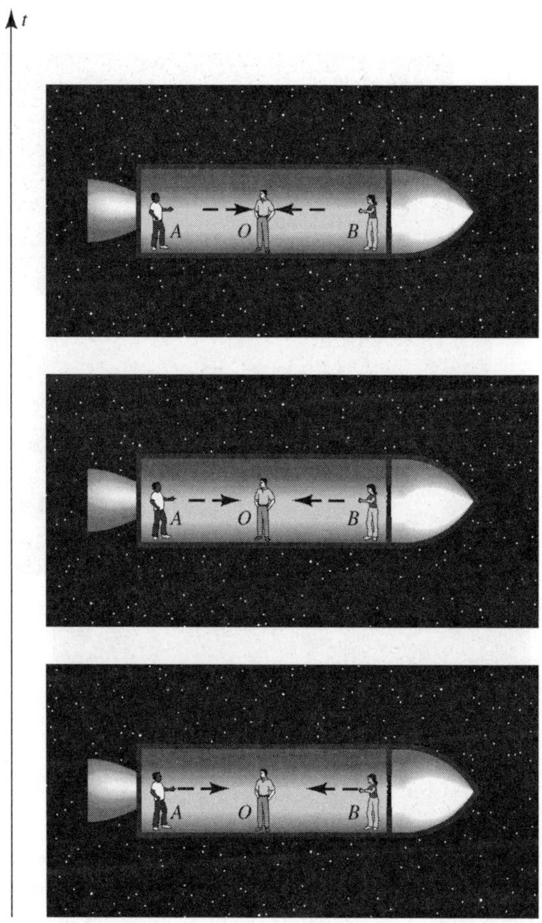

그림 4.2 3사람의 관측자, A, B, 그리고 O가 관성계에서 정지 상태에 있는 로켓을 타고 있다. 관측자 A, B는 O로부터 동일한 거리로 떨어져있다. A와 B는 O에서 동시에 받을 수 있는 빛 신호를 방출한다. 그림 밑에서부터 위로 차례로 보면, 그림은 로켓과 3개의 지점이 일정한 거리로 떨어져 있어 O지점에서 신호가 동시에 도달하는 것을 보여주고 있다.

그 신호를 받을 것이다. 어느 신호가 먼저 방출되었는가? 빛의 속도가 모든 관성계에서 동일하다면 그 답은 그 관성계에 달려있다.

그림 4.2는 우주선이 정지해 있을 때의 관성계를 보여준다. 이 우주선의 정지계에 있는 관측자는 다음과 같이 말할 것이다. "우주선이 정지해 있고 A, B 두 관측자는 O로부터 동일한 거리에 떨어져 있다. 그러므로 A에서 O까지, B에서 O까지 빛이 달려가는 거리는 동일하다. 그러므로 O점에서 각 신호는 동시에 도달할 것이고, 두 빛은 동시에 방출되었다."

그러나 **그림 4.3**과 같이 우주선이 움직이는 관성계에서 본다면 그 결과는 다르게 얻어진다. 이 움직이는 우주선 안에 정지해 있는 관측자는 다음과 같이 말할 것이다.

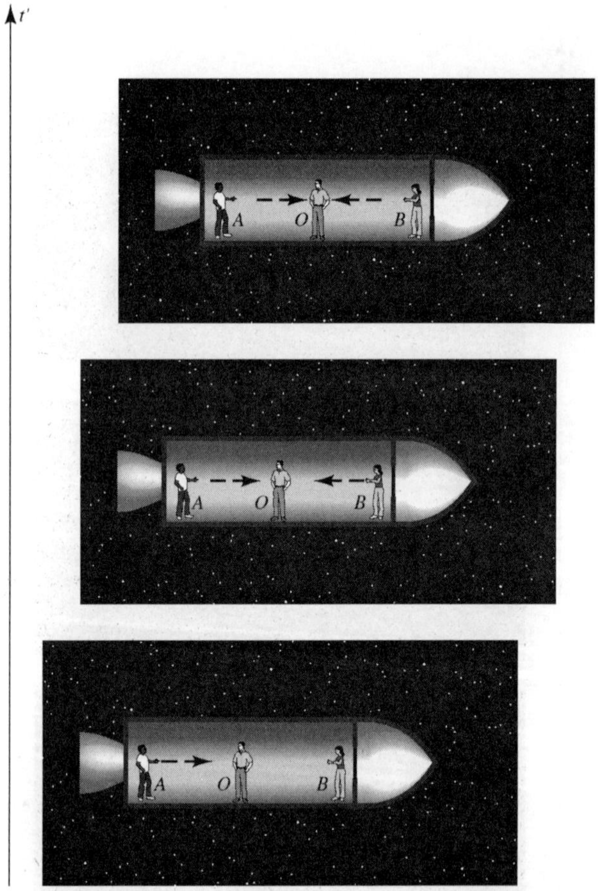

그림 4.3 그림 4.2에서와 같이 로켓이 속도 V로 오른쪽으로 움직이고 있는 관성계에 있는 동일한 로켓과 관측자들. 그림 밑에서부터 위로 차례로 보면, 그림은 시간적으로 대등한 공간에 위치해 있는 3개의 장면을 보여주고 있다. 맨 위의 그림은 A와 B에서 출발한 신호는 O지점에서 동시에 신호를 받는다. 밑의 2개의 장면은 A와 B로부터 방출된 신호를 보여주고 있다. 신호가 O지점에서 동시에 도착하기 위해서는 A로부터의 신호가 B로부터의 신호보다 좀 더 일찍 출발해야 한다, 왜냐하면 A로부터의 신호가 여행하는 거리가 더 길어지기 때문이다. 두 신호는 동시에 발사되지 않았다.

“두 신호는 동시에 도착했다. 빛의 속도는 똑같이 c이고, 우주선이 전방으로 움직이므로 빛은 A에서 O까지의 거리가 B에서 O까지의 거리보다 좀 더 멀리 이동해야 하므로 A에서 빛을 B보다 좀 더 먼저 방출했다.” 이 두 관측자가 말한 것은 둘 다 옳다는 것이다.

이와 같이 한 관성계에서 동시인 사건이 이 관성계에 대하여 일정한 속도로 움직이는 다른 관성계에서는 빛의 속도 c가 변하지 않으므로 해서 두 사건이 동시 사건이 되지 않는다는 것이다(**문제 7**과 비교하라). 뉴턴의 시간에 대한 개념은 포기되어져야 한다. 이제 어떻게 변해야 하는지 다음 절에서 보자.

4.3 시공간 Spacetime

“자유입자는 외부에서 힘을 받지 않으면 그 전 상태 그대로 직선을 따라 일정한 속력으로 움직인다.”라는 것이 뉴턴 제1법칙이다. 이것은 특수 상대성 이론에서도 변하지 않는 법칙이다. 그러므로 3.1절과 그림 3.3에서와 같은 관성계의 건설도 변하지 않는다. 즉, 그 관성계는 자유입자에 원점을 두고 직선궤도를 움직인다. 어느 한 순간에 그 원점을 Cartesian 좌표 (x,y,z)로 잡자. 잠시 후에 원점이 움직였다면 (x,y,z)를 정의하기 위해 이들 각각의 축들도 각각의 방향으로 평행하게 움직이게 해라. 그 결과는 똑같이 관성계[4]이다.

각 관성계는 자유입자 운동이 식 (3.2)에 따르는 시간의 정의가 있다. 그러나 앞장에 논의한 동시성에 대한 논의에서 보았듯이 다른 관성계에서도 동일한 시간을 채택하는 뉴턴 물리학의 가정을 꼭 따라야 할 필요는 없다. 그러므로 한 관성계가 4개축을 가진 Cartesian 좌표 (t,x,y,z)가진다면 일정한 속도로 움직이는 다른 Cartesian 좌표는 (t',x',y',z')라고 해야 한다. 그러므로 올바른 물리학적 기하학은 공간과 절대시간이 분리되어져 있는 것이 아니라 오히려 시공간[5]이라 불리는 공간과 시간이 4차원적으로 합쳐져 있다는 것이다.

시공간을 3차원 공간과 1차원의 시간으로 분리하는 것은 서로 다른 관성계에서는 다르다. 갈릴레이 변환 (3.6)과 같이 서로에 대하여 시간과 공간이 서로 혼합되어 나타날 것이다. 이것을 4.5절에서 보게 될 것이다. 이제 특수 상대성 이론에서 가정되는 기하학은 4차원 시공간 기하학이어야 한다는 것 알게 되었다.

시공간 도표 Spacetime Diagrams

4차원 시공간을 묘사하기 위해 우리는 하나의 도구를 도입하자. 이것은 너무 단

4) 특수 상대성에서 관성계는 간혹 로렌츠계라 부른다.

5) 상대론 학자들은 시간-공간이란 단어 대신에 그것들은 하나의 통일된 개념이라는 것을 나타내기 위해 시공간이라고 한 단어를 사용한다.

순해보이지만 너무나도 강력하여 필수불가결한 것이다. 이것은 시공간도표에 대한 개념이다. 이 시공간 도표는 관성계로써 두 좌표축을 가진다. 종이 위는 2차원이므로 2개나 3개축 밖에 그릴 수 없다. 시공간 도표는 $x-y$축으로 3차원 공간에서 2차원을 나타내듯이 동일한 방법으로 시공간을 나타낸다. 그 예가 **그림 4.4**에 주어져 있다. 시간 축에 t 라고 나타내는 것보다 ct 라고 나타내는 것이 편리하다. 왜냐하면 시간과 공간은 같은 차원이기 때문이다. 시공간에서 점 P는 사건(event)라 불린다. 왜냐하면 특별한 공간, 특별한 시간 즉 시공간의 어느 한 점에서 발생하기 때문이다. 예로써 초신성의 폭발이 A.D 1054년 게성운 위치에서 일어난 사건이 있었다.

그림 4.4와 같이 사건 P는 좌표 (t_p, x_p, y_p, z_p)로 주어지는 시공간에 위치해 있다. 자유입자는 세계선이라고 불리는 시공간 도표에 곡선으로 나타난다. 그 세계선은 각기 다른 시간에 즉 $x(t)$ 입자의 위치를 나타내는 곡선이다. **그림 4.5**에는 표본이 되는 2개의 세계선을 그려놓았다. 그 세계선의 기울기는 c/V^x이다. 왜냐하면 $d(ct)/dx = c\,dt/dx = c/V^x$ 이기 때문이다. 0의 속도는 무한대 기울기에 해당된다. 빛의 속도 c로 달리면 시공간이 합쳐져서 기울기가 즉 45°가 된다. 그러므로 빛은 시공간 도표에서 45° 기울기로 움직인다. **상자 4.2**는 세계선을 보여주는 초창기 시공간 도표이다.

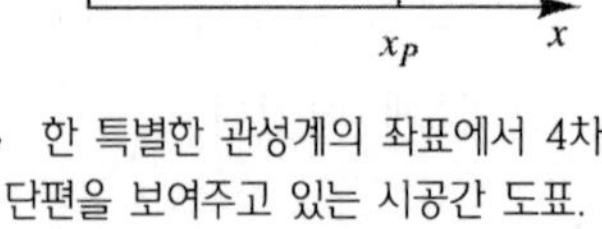

그림 4.4 한 특별한 관성계의 좌표에서 4차원 시공간의 2차원 단편을 보여주고 있는 시공간 도표. 한 사건은 공간에서 특별한 장소(x_p)와 특별한 시간(t_p)에 위치한 시공간에서 한 점 P이다.

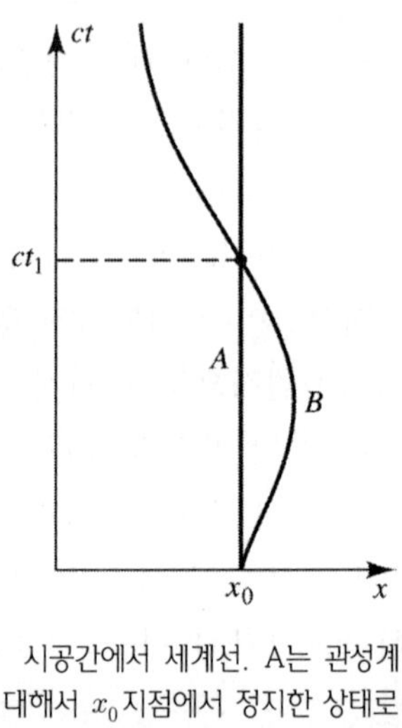

그림 4.5 시공간에서 세계선. A는 관성계(ct, x)에서 전 시간에 대해서 x_0지점에서 정지한 상태로 있는 한 입자의 세계선이다. 세계선 B는 시간 $t=0$ 때에 x_0에서 가속하면서 떠난 후, 역방향으로 감속하다 $t=t_1$시간에서 x_0와 마주친 후 x의 음의 방향으로 멀리 사라져가고 있다.

상자 4.2 시공간에 있는 철도상의 기차

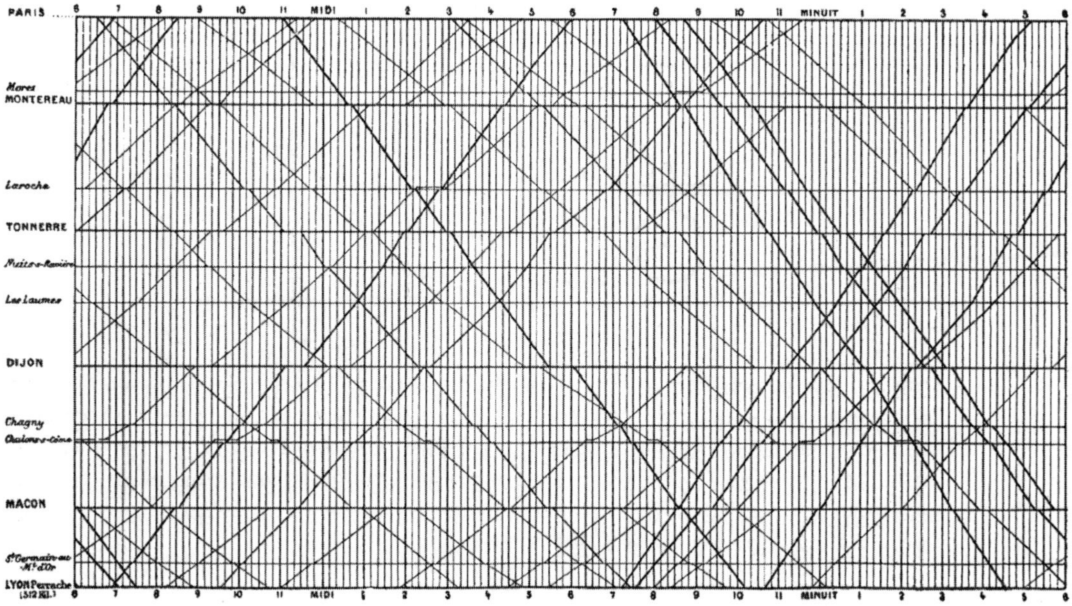

시공간 도표는 Marey(1885)로부터 만들어진 Paris – Lyon 간의 기차 시간표가 보여주듯이 특수 상대성 이론이 출현하기 이전에 사용되고 있었다. 불행이도 이 기차시간표의 설계자는 상대성 이론에서의 규약(역자 주; 시간 축을 수직선축으로 잡는다)을 예견하지 못하고 시간을 수평축위에 나타내었다. (정지해 있는) 역의 세계선은 수평선이다. 비스듬한 선들은 역들 사이를 다양한 속도로 이동하고 역에 머물고 하는 것을 나타내고 있다. 기차가 빠를수록 더 급한 경사를 가진다. 그러나 시간 축은 시(hour)단위로 측정되어 있어 45°선이 빛의 속도를 나타내는 것은 아니다. 이 시간표를 90°로 회전시켜 보면 특수 상대성 이론의 규약대로 보는 것이다.

평평 시공간의 기하 The Geometry of Flat Spacetime

특수 상대성 이론의 중심 되는 가정은 시공간 기하이다. 제2장에서 배웠듯이 기하는 가까운 두 점 사이의 거리인 선 요소에 의해 특징 지워진다. 이 선 요소를 먼저 확증 짓는 것부터 특수 상대성 이론의 논의로 시작하는 것에 적합할 것 같다. 그러나 이것을 하기 전에 선 요소를 형태화 해주고, 빛의 속도가 모든 관성계에서 c라는 아인슈타인 가정을 연결 시켜주는 간단한 사고 실험을 먼저 고려해보자.

그림 4.6에서 사고실험을 보여준다. 두 개의 평행한 거울이 거리 L 만큼 떨어져 있다. 이 두 거울은 사건을 좌표 (t,x,y,z)로 묘사할 수 있는 그런 관성계에 정지해 있다. 거울에 수직한 방향을 y라 하고 거울에 평행한 방향을 x라 두자. 빛은 두 거울 사이를 왔다 갔다 한다. 한 점에서 빛이 출발하는 사건 A와 다시 그림으로 돌아오는 사건 C사이의 시간 간격을 Δt라 하고 시계가 측정한다고 하자. 이 두 사건은 거울이 정지해 있는 관성계 내에서 다음의 좌표간격으로 떨어져 있다.

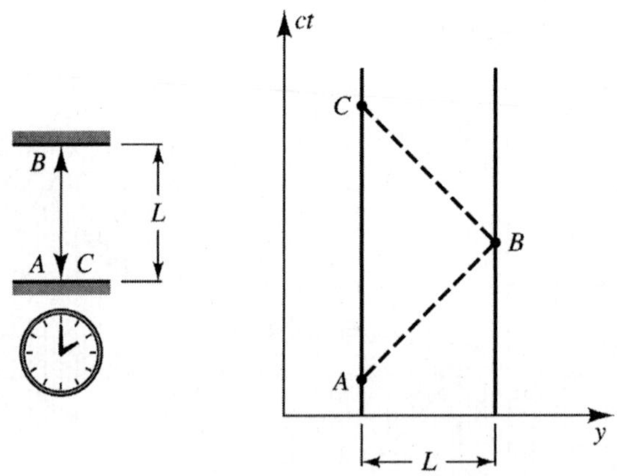

그림 4.6 왼쪽 편 그림은 좌표 (t, x, y, z)로 나타내는 관성계에서 정지한 상태로 거리 L 만큼 떨어져 평행하게 놓여있다. 빛 펄스는 거울 사이를 왔다 갔다 하며 시계는 A 지점에 있는 아래쪽 거울에서 출발하여 C 지점으로 되돌아오는 사이의 시간간격 $\Delta t = 2L/c$ 을 측정한다. 펄스의 세계선은 오른편에 있는 시공간 도표에 나타나 있다. 이 도표에서는 y축이 빛이 여행하는 수직방향이다. 출발 A와 도착 B의 사건들은 시간 간격 Δt에 의해 분리 되어있지만 그러나 동일한 공간적 위치$\Delta x = \Delta y = \Delta z = 0$ 에 있다. 매번 $2L/c$의 간격으로 아래쪽 거울로 펄스가 일정하게 되돌아오는 것은 시계의 모형으로 간주될 수 있다.

$$\Delta t = 2L/c, \qquad \Delta x = \Delta y = \Delta z = 0 \tag{4.3}$$

이제 거울과 평행하게 음의 x방향으로, 관성계 (t,x,y,z)에 대하여 속도 V로 움직이는 다른 한 관성계에서 똑같은 사고실험을 분석해보자. 이 계에 있는 사건은 x축에 평행한 x'축을 가진 (t', x', y', z') 좌표계에 의하여 위치가 표시된다. 이 계에서 볼 때 거울은 **그림 4.7**에서 보여주듯이 양의 x' 방향으로 V로 움직이는 것이 된다. 이 관성계에서 빛이 출발하여 되돌아 올 때 그 사이의 시간간격 $\Delta t'$는 얼마인가? 이 질문을 분석해보면 다음과 같다; 광선이 점 A에서 출발하여 점 C로 되돌아 올 때까지 x'방향으로 이동한 거리는 $\Delta x' = V\Delta t'$이다. y'방향으로 이동한 거리는 L이다. 그러므로 광선이 출발하여 되돌아 올 때까지 총 이동한 거리는 $2[L^2 + (\Delta x'/2)^2]^{1/2}$이다. 아인슈타인의 가정에 의하면 관성계 내에서 빛의 속도는 c이고 이동한 시간간격 $\Delta t'$는 빛이 이동한 거리에 c로 나누는 것이다. 그러면 이 관성계에서 A에서 C까지의 시간간격

$$\Delta t' = \frac{2}{c}\sqrt{L^2 + \left(\frac{\Delta x'}{2}\right)^2}, \qquad \Delta x' = V\Delta t', \qquad \Delta y' = 0, \qquad \Delta z' = 0. \tag{4.4}$$

식 (4.3)과 식 (4.4)에서

$$-(c\Delta t')^2 + (\Delta x')^2 = -4[L^2 + (\Delta x'/2)^2] + (\Delta x')^2 = -4L^2 = -(c\Delta t)^2. \tag{4.5}$$

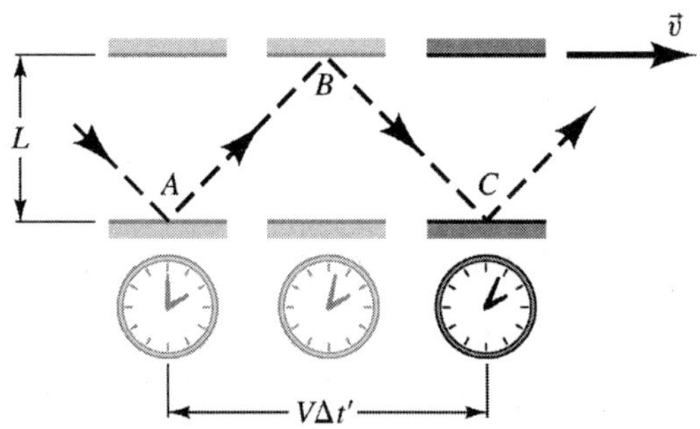

그림 4.7 그림 4.6에 제시되어 있는 사고 실험은 여기서는 (t', x', y', z') 좌표로 나타낸 관성계에서 보여져 있다. 이 계에서는 거울이 거울의 길이방향인 x'-방향으로 속도 V로 움직이고 있다. 아래쪽 거울에서 빛의 출발과 도착 사이의 시간간격 $\Delta t'$ 동안 빛 펄스가 여행한 경로가 보여져 있다. 출발과 도착의 사건은 $\Delta x' = V\Delta t'$, $\Delta y' = \Delta z' = 0$ 에 의해 공간적으로 분리되어있다. 그 경로의 길이는 $2[L^2 + (\Delta x'/2)^2]^{1/2}$이고, $\Delta t'$는 이 길이를 c로 나누면 된다.

이 수학적 동일성은 불변량 - 양쪽 두 관성계에서 동일한 양 - 을 확인시켜주는 열쇠(key)이고, 또한 시공간 기하학을 묘사하는데 쓰이는 선 요소를 알아내는데 열쇠 역할을 한다. $\Delta x = 0$이고, 두 계에서 $\Delta y' = 0$와 $\Delta z' = 0$이므로 식 (4.5)의 양쪽에 이것들을 다시 집어 넣으면 이들의 결합인

$$\boxed{(\Delta s)^2 \equiv -(c\Delta t)^2 + (\Delta x)^2 + (\Delta y)^2 + (\Delta z)^2} \tag{4.6}$$

는 두 관성계에서 동일하다. 즉

$$(\Delta s)^2 \equiv -(c\Delta t)^2 + (\Delta x)^2 + (\Delta y)^2 + (\Delta z)^2, \tag{4.7a}$$

$$= -(c\Delta t')^2 + (\Delta x')^2 + (\Delta y')^2 + (\Delta z')^2. \tag{4.7b}$$

단순한 사고 실험에서 유도되었지만 두 관성계에 나타난 두 사건의 사이의 시간과 공간을 포함하는 어떤 다른 사고 실험에 대하여 이와 같은 관계식이 일반적으로 성립함이 판명되었다. 양 $(\Delta s)^2$은 관성계가 변하여도 **불변**(invariant)이다.

시공기하에서 정의된 두 점 사이의 거리는 점의 위치를 부여해주는 어떤 좌표계에 대해서도 동일하다. 상대성 원리는 두 점 사이의 선 요소가 모든 관성좌표계에서 동일해야 함을 요구하고 있다. 그러므로 식 (4.7)에 보여주는 불변량은 시공간에서 점들 사이의 거리를 제곱거리로써 $(\Delta s)^2$ 나타내도록 동기 부여를 한다. 좀 더 정교하게 선 요소[6]를 4차원 시공간의 기하학의 정의로써 그리고 특수 상대성 이론

6) 시공간에서 제곱거리를 정의하는 선 요소의 부호에 대한 2가지의 가능한 관례가 있다. 하나는 이 책에 있는 (4.8)식이고 또 다른 하나는 다른 책들에서 사용된 것으로 이 표현에 음의 부호를 부친 것이다. 또한, 대부분의 경우에 시공간 거리를 ds^2과 $d\tau^2$ 같이 소문자로 나타내고 공간의 거리는 dS^2와 $d\Sigma^2$로 나타낸다.

의 시작점으로써 다음 식으로 나타낸다.

평평 시공간의 선요소

$$ds^2 = -(c\,dt)^2 + dx^2 + dy^2 + dz^2 \tag{4.8}$$

(이것은 식 4.6의 무한소 버전이다.) 이 선 요소를 모든 관성계에서 동일하게 하기 위해 4.5절에서 관성계들을 연결해주는 로렌츠변환을 유도할 것이다[7]. 식 (4.8)에 의해 특성화된 기하는 비유클리드적이다. (왜냐하면 음의 부호 때문이다.) 그러나 21장에서 더 상세히 다룰 의미로써는 평평한 시공간이다. 그러므로 이것을 평평한 시공간이라 한다. 그것은 또한 민코프스키 공간이라고도 한다. 왜냐하면 아인슈타인이 특수 상대성 이론을 발표한 후 민코프스키가 바로 이것을 제의하였기 때문이다.

예제 4.1 시공간의 지도로서의 시공간 도표

어느 누구도 Mercator 세계 지도와 지구 표면의 실제 거리와의 관계에 대하여 혼란스럽게 생각하는 사람은 없다. Mercator 지도는 종이위에 지구본을 투영한 투영도이다. 그래서 다른 기하학을 가지고 있다(**상자 2.3** 참고). 이와 유사하게 시공간 도표는 종이 위의 2차원 평면에서 그 기하학은 $(\Delta s)^2 = (\Delta x)^2 + (\Delta y)^2$ 으로 요약되는 것과 같이 4차원 시공간을 2차원적으로 투영한 것은 다음과 같이 요약할 수 있다(식 4.6 참고).

$$(\Delta s)^2 = -(c\Delta t)^2 + \Delta x^2 \tag{4.9}$$

시공간에서의 실제 거리와 시공간 도표로 묘사해 놓은 종이위의 거리와 혼동하지 말자!

그림 4.8에 있는 시공간 도표에서 그림에 있는 두 점 사이의 거리에 관한 다음과 같은 질문에 대답해봄으로써 여러분들의 이것에 대한 이해를 테스트해보라. 식 (4.9)의 오른편에 있는 절대치의 제곱근을 길이로 택하라. 그리고 답을 체크하라.

(a) 삼각형 ABC에서 어느 선분이 가장 긴가? 어느 선분이 가장 짧은가? 그리드의 한 단위 길이는 무엇인가?

(b) A와 C 사이의 가장 짧은 경로는 어느 것인가 – A와 C 사이의 직선인가 ABC로 가는 경로인가?

삼각형 $A'B'C'$에서도 똑같이 (c)와 (d)로 하여 답해보라.

---

7) 역사적으로, 변환은 4.2절 언급한 아인슈타인 가정으로부터 유도되었다. 시공간의 개념은 H. Minkowski에 의해 그 이후에 바로 도입되었다. 이 역사적 순서가 오늘날 많은 기초적인 책들에서 여전히 그 순서대로 기록되어지고 있다.

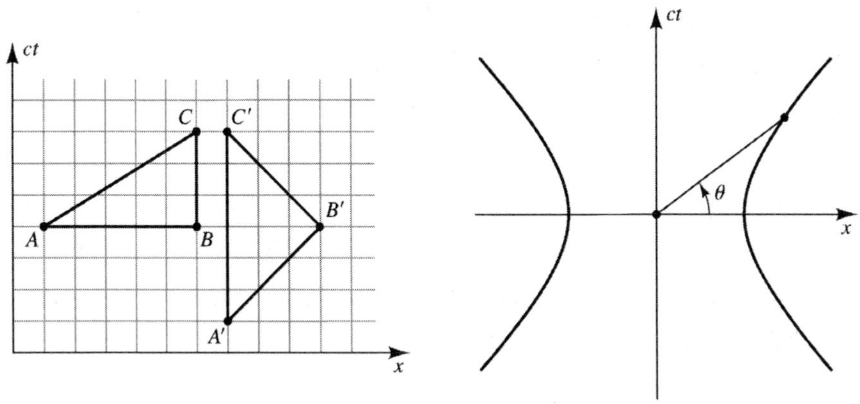

그림 4.8 한 작은 시공간 기하. 왼쪽 그림은 이 책에 언급된 특징을 가진 두 개의 삼각형에 대한 시공간 도표를 보여주고 있다. 오른쪽 그림은 시공간의 한 원과 유사한 것 - 원점으로부터 일정한 시공간거리의 자취인 쌍곡선 - 이다. 쌍곡선 각도 θ는 원점으로부터 거리에 대한 이 쌍곡선 상을 따라 있는 거리의 비이다. 보여주고 있는 쌍곡선 각도 θ는 원점으로부터 쌍곡선의 시공간 거리에 대한 x축으로부터 쌍곡선 상을 따라 있는 시공간 거리와의 비이다.

평면 기하학과 시공간 기하학 사이에도 유사한 점이 있다. 한 예가 **그림 4.8**에서 보여준다. 평면 기하학에서 원의 식은 원점으로부터 거리 R 떨어져 있는 점의 자취는 $x^2+y^2=R^2$이다. 이와 유사하게 시공간 기하학에서 원의 자취는 시공간 도표에서 $x^2-(ct)^2=R^2$으로 쌍곡선으로 나타난다. 그림에서 보듯이 거리 R과 쌍곡선을 따라간 호의 길이의 비를 **쌍곡선 각**(hyperbolic angle)이라고 하고 그 관계는

$$ct = R\sinh\theta, \qquad x = R\cosh\theta. \tag{4.10}$$

이다. 이것은 앞에 논의한 것과 같이 유사점을 이해하는데 도움이 된다. 그러나 이것을 더 심도 있게 논의하는 것이 상대성에서 더 유용한 것인지 어떤지는 인증되지 않았다.

답 (a) 각 변의 길이는 $|AB|=5$, $|BC|=3$, $|AC|=(-3^2+5^2)^{1/2}=4$이다. 그러므로 가장 긴 변은 AB 이고 가장 짧은 변은 BC 이다.
(b) 점 A와 C점 사이 똑바로 가는 경로가 가장 짧은 경로이다.
(c) 각 변의 길이는 $|A'B'|=|B'C'|=(-3^2+3^2)^{1/2}=0$ $|A'C'|=6$이다. 그러므로 가장 긴 변은 $A'C'$ 이고 가장 짧은 변은 나머지 두 변이다.
(d) 가장 짧은 경로는 $A'B'C'$ 경로이다. 이 경로는 0의 길이를 가진다. 사실, A'에서 C'로 똑바로 가는 경로가 4.4절에서 알게 되겠지만 이 경로 가까이 있는 그 어떤 경로보다도 가장 긴 경로이다.

빛 원뿔 light Cones

$(c\Delta t)^2$앞에 마이너스 부호는 식 (4.8)의 선 요소의 특이한 특징이다. 시공간의 기하학은 4차원 유클리드 기하학이 아니다. 특히 두 점 사이의 거리는 **제곱**이 양수, 음수 혹은 0이 될 수 있다. $(\Delta s)^2$이 양수일 때 그 점들은 “공간성으로 분리되어있다

(spacelike separated)"라고 한다. 예로써 $\Delta t = 0$이고, $\Delta x \neq 0$일 때이다. $(\Delta s)^2$가 음수일 때를 "시간성으로 분리되어있다(timelike separated)" 라고 하고 예로써 두 점이 동일한 장소 $\Delta x = \Delta y = \Delta z = 0$에 있고, 그리고 다른 시간 $\Delta t \neq 0$을 가질 때이다. $(\Delta s)^2 = 0$일 때 두 점은 "눌성으로 분리되어있다(null separated)"라고 한다. 예로써, $\Delta y = \Delta z = 0$ 이지만 $\Delta x = c\Delta t$ 인 두 점들 사이는 제로거리이다. 눌성으로 분리되어 있는 두 점은 속도 c로 움직이는 빛과 연결 되어 있다. 그러므로 광선성 분리(lightlike separated)를 눌성 분리(null separated)와 동의어로 쓰인다. 요약하면, 3종류의 분리가 있다.

$$(\Delta s)^2 > 0 \quad \text{공간성 분리(spacelike separated)} \tag{4.11a}$$

$$(\Delta s)^2 = 0 \quad \text{눌성 분리(null separated)} \tag{4.11b}$$

$$(\Delta s)^2 < 0 \quad \text{시간성 분리(timelike separated)} \tag{4.11c}$$

빛 원뿔

시공간의 점 P에서의 눌성 분리(null separated)된 점들의 자취가 **빛 원뿔**(light cone)[8)]이 된다. P의 빛 원뿔은 4차원 시공간에서 3차원 표면이다. 그것의 일부 (P의 미래원추곡면)는 점 P로부터 바깥쪽을 향하여 나가는 빛에 의해 만들어진다. 이 차원들 중에 두 개는 빛이 나아갈 수 있는 방향에 해당된다; 즉 제3의 것은 빛의 진행 방향으로 나간다. 또 다른 일부(P의 과거원추곡면)는 P점으로 모이는 빛들에 의해 만들어진다. 점 P의 임의의 시간에 P지점에서 방출된 빛의 구면파에 의해 표면상에 미래 빛 원뿔이 시공간을 휩쓸고 지나간다. 과거 빛 원뿔은 P점으로 모이는 구면파가 휩쓸고 지나간 표면이다.

말할 필요도 없이, 이 정의에서 어느 것도 관성계와 관련 있는 것은 없다. 단지 시공간 기하에서 거리만 사용되었다. 그러나 빛 원뿔에 대한 직관은 특별한 관성계의 시공간 도표로 사용되어 질 수 있다. 두 예가 **그림 4.9**에 보여준다.

시공간에 각각의 점 P는 하나의 빛 원뿔을 가진다. 빛 원뿔은 시공간 기하의 중요한 특성이다. 점 P로부터 시간성 영역(timelike separated)의 점들은 원추곡면 안에 위치한다(**그림 4.9**에서 A점). 점 P로 부터 공간성 영역(spacelike separated)으로 분리된 점은 원추곡면 바깥쪽에 위치한다(**그림 4.9**에서 점 B).

빛의 경로는 빛의 속도에 해당하는 일정한 경사를 가진 눌성 세계선(null world line)을 따라 간다. 빛의 세계선을 따라가는 모든 점 P에서 직선은 그 점의 원뿔곡면에 접선(tangent)이다(**그림 4.10**을 보라). 빛을 따라 가는 두 점의 거리는 제로이다!

---

8) 어떤 저자들은 빛만이 속도 c로 달리는 것이 아니라 중력자나 어떤 뉴트리노 등등도 속도 c로 달릴 수 있다는 것을 강조하기 위하여 눌 원뿔(null cone)이라는 이름을 쓰기를 더 선호한다. 그러나 빛 원뿔이라는 이름은 오랜 전통을 가지고 이어 우리는 이 이름을 계속 쓰기로 한다.

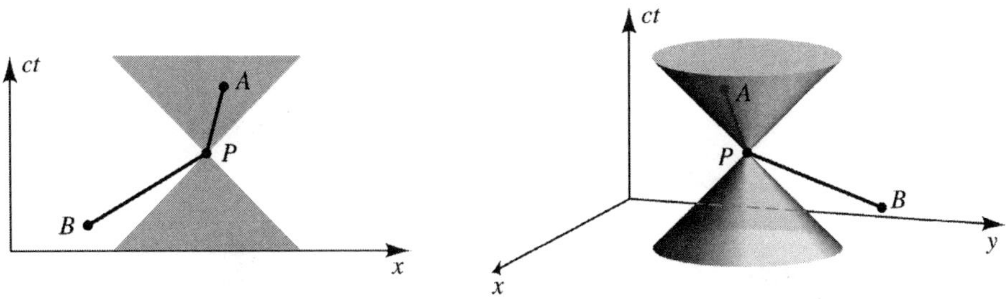

그림 4.9 왼편에 4차원 평평 공간의 2차원(ct, x)단면을 보여주는 시공간 도표이다. 점 P로부터 45°선들은 눌(null)성 점들의 자취이다. 그것들은 이 단면을 가진 P의 빛 원추에서 교차한다. 음영이 드리워진 삼각형내의 모든 점들이 그러하듯이 점 A는 P로부터 시간성 영역에 있다. 위의 음영이 진 삼각형은 미래원뿔의 내부이고, 아래의 음영이 진 삼각형은 과거원뿔의 내부에 있다. 음영이 없는 부분은 원뿔 바깥부분이다. 음영이 없는 부위의 모든 점들이 그러하듯이 점 B는 P로부터 공간성 영역에 있다. 오른편에 있는 그림은 P점에서 공간 차원이 1개 더 있는 경우이다. 빛 원뿔은 P점에서 방출된 빛 펄스에 의해 자취를 남긴 점들의 궤적이거나 그 점으로 모여드는 빛의 펄스에 의해 자취를 남긴 점들의 궤적이다. 펄스의 맨 바깥쪽 표면은 3차원 공간에서 구를 확장시키거나 수축시키거나 한다. 여기에서 한 차원을 낮추면, 그것은 원뿔의 원형 단면적로 나타난다.

영이 아닌 정지 질량을 가진 물체는 원뿔곡면의 내부 **시간성**(timelike) **세계선**을 따라 움직인다. 그것들의 속력은 항상 그 점에서 빛의 속도보다 느리다. 시간성 세계선

공간성(spacelike) **세계선**에도 실체성을 갖는다는 것은 이때까지 논의한 특수 상대성 원리에도 부합될 지도 모른다. 이 가상적인 실체를 **타기온**(tachyon)이라 한다. 이것은 빛 속도보다 더 빨리 달린다(**문제 15** 참고). 타키온의 존재는 물리학의 다른 원칙을 인과관계나 양의 에너지에 관한 것에 충돌이 생긴다(**문제 5.23** 참고). 현재로서는 그 어느 것도 관측되지 않았다. 지금부터는 우리는 이것을 무시하고 특수 상대성 이론에서 가정한 것 같이 모든 물체는 빛 속도나 빛 속도보다 작게 달린다고 하자.

그러므로 빛 원뿔은 시공간에서 점들 사이에 인과관계를 정의한다. 점 P에서의 사건은 미래 빛 원뿔 내부나 원뿔면 상에 있는 점들에게는 신호를 보내거나 영향을 끼칠 수 있지만 빛 원뿔 밖으로 나갈 수는 없다. 정보는 과거 빛 원뿔면의 내부 면으로부터 P점을 향하여 들어올 수 있지만 과거 빛 원뿔면 밖에서는 들어올 수 없다. 동시성에 대한 상대성이 한 사건이 다른 사건보다 후에 나타난다 라고 일반적으로 의미하지는 않는다. 한 관성계 내에서 공간성영역(spacelike separated)에서는 한 사건이 다른 사건보다 늦게 일어나기도 하고 그 반대일 수도 있다(인과관계가 성립하지 않는다는 것이다; 역자주). 그러나 시간성 영역(timelike separated)에서 일어난 사건은 전·후 관계를 말할 수 있다(인과관계가 성립한다는 것이다; 역자주). 그것은 P점에서 미래에 일어나는 사건은 미래 원뿔 곡면 내에 있기 때문이다. 그리고 빛 원뿔의 안과 밖은 시공간 기하의 특징이다 – 모든 관성계에서는 동일하다.

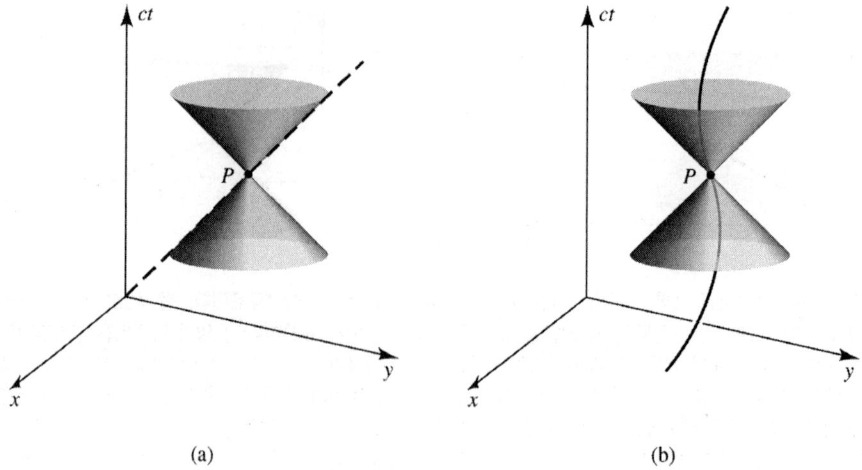

그림 4.10 (*a*) 빛의 경로는 그것이 만드는 궤적을 따라 있는 모든 점들은 빛 원뿔와 접해야한다. (*b*) 입자의 시간성 경로는 그것이 만드는 궤적을 따라 있는 모든 점들이 빛 원뿔 내에 있어야 한다. 이것들이 관성계에서 빛은 광속도 c로 움직이고, 입자는 c보다 작은 속도로 움직인다고 말해주는 불변의 방법들이다.

시간성 영역에서의 거리와 공간성 영역에서의 거리에 대한 기하학적 차이점은 그것을 측정하려고 사용된 고안물에 반영된다. **시계**(clock)는 시간성 영역의 거리를 재는 고안물이고 **자**(ruler)는 공간성 영역의 거리를 재는 고안물이다. 시간성 영역의 세계선 내에 있는 가까이 있는 두 점은 시간성으로 분리되어 있고, 이때 $ds^2 < 0$이다. 입자의 세계선을 따라 거리를 측정하기 위하여 다음과 같은 것을 도입하면 편리하다.

$$d\tau^2 \equiv -ds^2/c^2. \tag{4.12}$$

$d\tau$는 시간 단위를 가진 실수이다. 시간 영역내의 곡선을 따라 움직이는 시계는 그것을 따라 거리 τ를 잰다. 이 거리에 대한 다른 이름은 **고유시간**(proper time) – 세계선을 따라 동반하여 움직이는 시계에서 측정한 시간이다 – 이라 한다.

4.4 시간의 확장과 쌍둥이 역설 Time Dilation and Twin Paradox

시간의 확장

특수 상대성의 시공간 기하학에 대한 단지 몇 가지 사실만으로도 아주 유명한 몇 가지 결과를 도출 할 수 있다. 첫 번째가 시간의 확장 현상이다. 시간성 영역내의 세계선 위의 두 점 A와 B 사이의 고유시간 τ_{AB}는 선 요소 공식 (4.8)과 (4.12)로부터 계산되어 질 수 있다.

상자 4.3 빛보다 빠른 운동 Superluminal motion?

천문학자들은 전파 은하들에서 외관상으로 빛의 속도를 초과하는 속도를 가지고 움직이는 구름들을 관측한다. 전파 소스인 3C345는 한 예를 제공해준다. 그림은 Biretta, Moore, 그리고 Cohen (1996)에 의하면 이 소스의 핵으로부터 나오는 수십 광년의 거리에 이르는 구름들의 각도 위치들의 연속된 지도를 보여주고 있다. C2라 표시되어있는 구름은 거의 0.5mas/yr.의 각도 비율로 밖으로 움직이고 있는 중이다.

(1mas ≡ 1miliarcsecond는 London에 있는 한 머리카락을 Paris에서 보았을 때 이루는 각도이다.) 이 각속도와 거리로부터 (각속도)×(거리)를 사용하여 얻어진 선속도들은 빛 속도보다 10배가 더 높다.

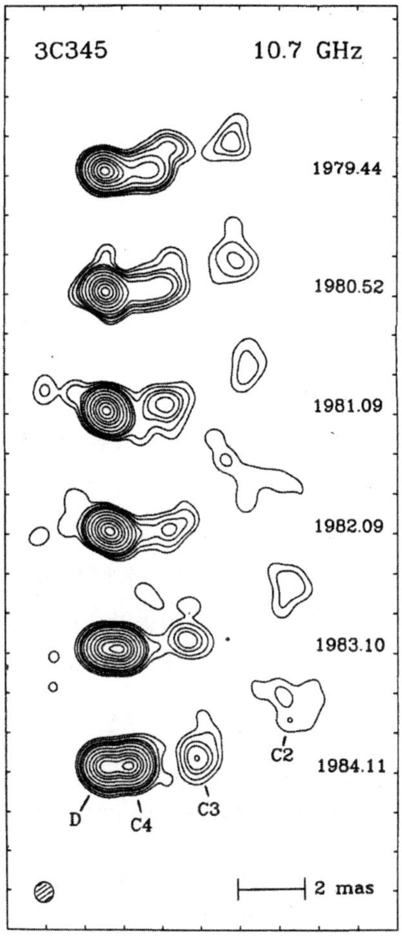

그러나 이런 소박한 계산은 올바르지 않다. 사실, 구름들은 c 이하의 속도를 가지고 우리를 향해서 똑바로 직선으로 움직이고 있다. 구름이 빠르게 접근해 옴에 따라 빛이 우리에게로 여행해 와야 하는 거리는 점점 더 짧아진다, 그리고 만일 구름이 횡방향(transverse direction)으로 움직인다면 빛이 원래 도착할 시간보다 더 일찍 도착한다. 이것이 외관상 superluminal 속도를 설명해준다. 이 효과는 다음 두 번째 도표의 도움으로 정량적으로 이해될 수 있다. 구름이 $t=0$에서 3C345의 핵으로부터 출발하여 시각방향의 선과 각도 θ를 이루는 방향으로 속도 V로 밖으로 움직인다고 하자. t_{obs}는 관측자가 시간 t에서의 구름으로부터 방출된 빛을 받는 시간이라 하자. 여행한 거리는 두 가지 방법으로 계산되어질 수 있고, 그 둘은 같아야 한다.

$$c(t_{\rm obs}-t)=\sqrt{(L-Vt\cos\theta)^2+(Vt\sin\theta)^2}$$
$$\approx L-Vt\cos\theta,\qquad Vt\ll L.$$

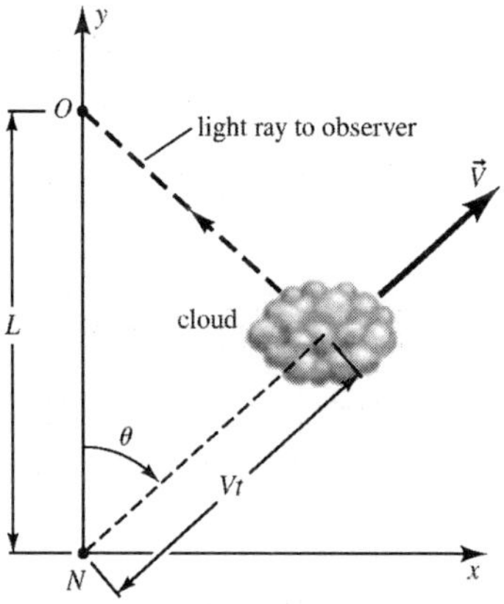

이것을 풀면 t와 t_{obs}의 관계를 알 수 있다.

$$t_{\rm obs}=t[1-(V/c)\cos\theta]+(L/c)$$

관측자에 의해 관측되는 횡방향 속도 V_T는:

$$V_T=\frac{dx}{dt_{\rm obs}}=\frac{dx}{dt}\frac{dt}{dt_{\rm obs}}=\frac{V\sin\theta}{1-(V/c)\cos\theta}$$

θ가 작고 V가 c에 근접할 때, 이것은 c보다 훨씬 더 커진다. 그러나 여전히 특수 상대성과는 부합된다.

$$\tau_{AB} = \int_A^B d\tau = \int_A^B \left[dt^2 - (dx^2 + dy^2 + dx^2)/c^2\right]^{1/2}, \tag{4.13a}$$

$$= \int_{t_A}^{t_B} dt \left\{1 - \frac{1}{c^2}\left[\left(\frac{dx}{dt}\right)^2 + \left(\frac{dy}{dt}\right)^2 + \left(\frac{dz}{dt}\right)^2\right]\right\}^{1/2}. \tag{4.13b}$$

좀 더 간략히 하면

시간의 확장

$$\boxed{\tau_{AB} = \int_{t_A}^{t_B} dt' \left[1 - \vec{V}^2(t')/c^2\right]^{1/2}.} \tag{4.14}$$

고유시간 τ_{AB}는 $\sqrt{1-\vec{V}^2/c^2}$이 1보다 작기 때문에 시간 간격 $t_B - t_A$ 보다 짧다. 이것은 "움직이는 시간이 천천히 간다" 라고 할 수 있는 시간 확장 현상이다. 속도 $\vec{V}$가 아주 짧은 시간간격 Δt 동안 거의 일정하다고 볼 수 있으므로 짧은 시간간격 Δt에 대하여는 식 (4.14)와 다른 형태로 아래의 식을 사용하는 것이 종종 편리하다

$$d\tau = dt\sqrt{1 - \vec{V}^2/c^2}. \tag{4.15}$$

그림 4.11에 dt와 $d\tau$ 관계를 보여주고 있다. (4.14)와 (4.15)는 심지어 가속을 받는 시계 즉 속도가 시간에 따라 변할 때에도 적용된다.[9] 가속을 받는 시계에 대한 유명한 실험이 **상자 4.4**에 있다.

예제 4.2 시계 모델

앞에서 논의한 시간확장은 어떤 특별한 시계의 작동에 대하여는 언급이 없었다. 시간 확장은 시공간 기하의 결과이며, 시계에 대하여 인지해야 할 것은 시계란 시간성 영역의 곡선을 따라 거리를 재는 고안물이라는 것이다. 그럼에도 불구하고 시간의 확장이 시계의 작동으로 어떻게 나타나는지 알아보는 것은 유익하다. **그림 4.6**과 **그림 4.7**에 보여준 모델은 간단한 예를 제공해주고 있다. 시계의 메커니즘은 갔다왔다하는 빛 펄스라고 볼 수 있다. 빛이 아래의 거울로 되돌아오는 것은 시계의 세계선을 따라 있는 연속된 간격(interval)을 정의하는 사건들이다(**그림 4.11** 참고).

9) 때때로 특수상대성은 균일한 속도로 운동하는 것만 다룰 수 있다는 오해를 만나게 된다. 그 사실로부터 앞으로 더 나아갈 수 있는 게 아무 것도 없을 것이다. 이 잘못된 생각은 아마도 관성계는 균일한 운동이 아니라 가속 운동에 의하여 달라질 수 있다는 사실로부터 유래한 것 같다. 그러나 이것은 가속운동을 설명하는 데에 주로 관심이 있는 뉴턴 역학에서는 사실이다. 고에너지 가속기 안에서 입자의 초고속 운동은 상자 4.4에 예시되어 있듯이 특수 상대성 원리에 의해서 설명될 수 있는 가속 운동의 예가 매일 펼쳐지고 있다.

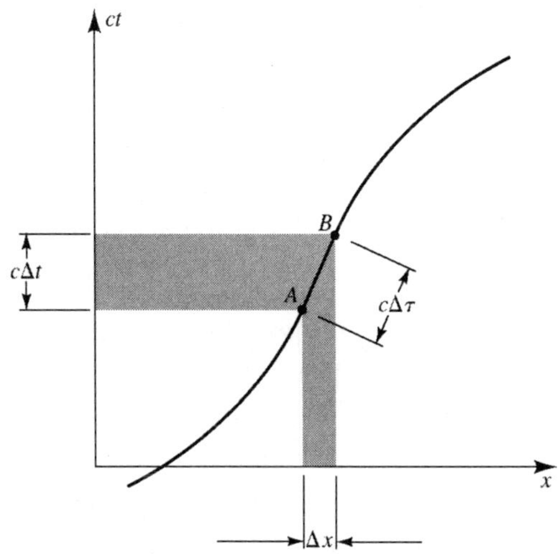

그림 4.11 고유시간과 좌표시간. 이 그림에 있는 곡선은 x방향으로 움직이는 입자의 세계선이다. 입자와 같이 이동하는 시계는 그 세계선을 따라 고유시간을 측정한다. 이 고유시간은 시간단위로 세계선을 따라 있는 시공간거리이다. 작은 좌표 간격 Δt와 Δx로 떨어져있는 시공간에서의 두 점 A와 B 사이의 고유시간 차 $\Delta\tau$는 평평 시공간의 선요소, (4.8)과 (4.12)로 주어져 있다. 간격 Δt는 $\Delta\tau$보다 더 길다; 이것이 시간 확장이다. 평면 유클리드 기하에서 보면 Δt가 $\Delta\tau$보다 더 짧아 보인다. 그러나 평평 시공간 단면(ct, x)의 기하는 유클리드적이지 않다.

이들 사건들 사이의 고유시간 간격 $\Delta\tau$는 시계가 정지해 있는 계에서 그들 사이의 시간 간격이다. 즉 $\Delta\tau \equiv \Delta t = 2L/c$이다[(4.3) 참고)]. 시계가 속도 V로 움직이는 계에서의 시간간격 $\Delta t'$는 식 (4.4)에 있는 앞의 두 식에서 $\Delta x'$를 제거하면 찾아낼 수 있다.

$$\Delta\tau = \Delta t'(1 - V^2/c^2)^{1/2}. \tag{4.16}$$

이것은 속도 V로 움직이는 시계에 대하여 식 (4.15)와 또 다른 형태이다. 이 시계 모델은 시간 확장을 명확히 보여준다.

쌍둥이 역설

식 (4.14)는 공간의 두 점 사이를 움직인 시계에 의해 기록된 시간은 그 시계가 심지어 출발한 점으로 되돌아올지라도 그 경과한 경로에 의존함을 보여준다. 이것이 유명한 쌍둥이 역설의 기원(source)이다.

그림 4.12에 보여주는 것 같이 쌍둥이 Bob와 Alice는 한 관성계 t_1시간에 공간의 한 점에서 정지된 상태에서 출발하겠다. Alice는 출발점에서 멀리 움직여 나가서 나중에 시간 t_2에 동일한 시점에 되돌아 왔다. Bob는 출발지점에 그대로 머물러 있었다.

상자 4.4 CERN 가속기에서 뮤온의 수명

다른 입자로 붕괴되는 소립자는 일종의 시계로 이용될 수 있다. 붕괴 확률은 전형적으로 지수함수 붕괴 법칙에 따른다. 어느 한 특정한 한 입자의 붕괴 시간은 확실치 않다. 그러나 많은 수의 입자가 모이면 시간 t후에 붕괴 비율은 $\exp(-t/\tau_p)$가 될 것이다. 여기서 수명 τ_p는 입자에 따라 다른 고유의 특징이다. 소립자는 입자 가속기에서 빛의 속도에 가깝게 속도를 올릴 수 있다. 특수 상대성 이론은 빨리 달리는 입자의 수명은 정지해 있을 때의 수명보다 $\gamma \equiv \sqrt{1-\vec{V}^2/c^2}$ 만큼 (식 4.14 참고) 길어진다. 만일 $\tau_p(\gamma)$가 γ값에 해당하는 속도로 움직이는 한 입자의 수명이라면

$$\tau_P(\gamma) = \gamma \tau_P(1),$$

여기서 $\tau_p(1)$은 정지해 있는 입자의 수명이다. 입자 가속기에서 입자의 붕괴를 관찰해 본 결과 시간의 확장을 관찰 할 수 있었다. 1970년대 후반 CERN 가속기에서 특수 뮤온 저장 고리를 이용하여 좀 더 특별히 정확한 시험이 행하여졌다(Bailey 등 1977). 뮤온($\mu^{\pm}$)은 양전하나 음전하를 가진 소립자이다. 이것은 약 2.2μs의 수명으로 뉴트리노와 어떤 전하를 띠고 있냐에 따라 전자와 양전자로 붕괴된다. 뮤온이 $v/c=0.9994$에 해당하는 $\gamma=29.3$의 수치로 14m의 원형궤도로 저장 고리에서 회전되었다. 회전된 양 뮤온과 음 뮤온의 수명은 고리주위를 둘러싸고 있는 계측기에 의해 전자와 양전자로 붕괴되는 산물을 탐지함으로써 측정되었다. 전자와 양전자의 수는 시간의 함수로써 모니터 되었고, 수명 $\tau_\mu^{\pm}$와 붕괴에 영향을 주는 또 다른 변수들 그 중에서 가장 중요한 뮤온의 자기모멘트를 변수로 한 붕괴 법칙에 맞추었다.

그 결과는 $\tau_\mu^{+} = 64.419 \pm .058\,\mu s$ 이고, $\tau_\mu^{-} = 64.368 \pm .029\,\mu s$ 였다. 시간의 확장 $\tau_\mu^{\pm}(\gamma)/\gamma$으로 유추될 수 있는 정지 상태의 수명과 독립적으로 따로 예상된 원래 정지 상태의 뮤온 수명 $\tau_\mu^{\pm}(1)$과 서로 비교해보았다. μ^+에 대한 최상의 결과는 다음과 같았다.

$$[\tau_\mu^{+}(1) - \tau_\mu^{+}(\gamma)/\gamma]/\tau_\mu^{+}(1) = (2 \pm 9) \times 10^{-4}.$$

이것은 특수 상대성 이론이 예견하는 것과 아주 잘 일치함을 의미한다. 심지어 뉴턴의 공식 V^2/R에 기초로 하여 계산하였을 때 원심력은 아주 크다($\sim 10^8 \mathrm{cm/s^2}$)는 것을 보여주는 데, 이것은 시간 확장의 가속도 비의존성이 있다는 좋은 증거를 제시해 주고 있다.

Bob의 시계로는 흘러간 시간은 $t_2 - t_1$이다. Alice의 시계는 흘러간 시간은 이것보다 언제나 작다. 왜냐하면 (4.14)에서와 같이 $(1-\vec{V}^2/c^2)^{1/2}$은 항상 1보다 적기 때문이다. 움직이는 쌍둥이 Alice는 정지해 있는 Bob보다 나이가 적게 먹는다.

미국의 전승(Heritage) 사전은 **역설**(paradox)를 정의하기를 "모순된 것 같은 진술인데도 그럼에도 불구하고 진실인 진술"이라 정의내리고 있다. 우리는 Alice 입장에서 이 사건을 논의하면 역설을 얻게 된다. Alice입장에서 보면 Bob가 일정한 속도로 반대방향으로 멀리 여행을 했다가 되돌아 온 것으로 볼 수 있다. 이것은 Bob입장에서는 Alice가 일정한 속도로 멀리 여행 갔다 되돌아온 것과 똑같은 상황이라고 볼 수 있다. 그러나 결과는 대칭적이지 않다; 즉 Alice가 Bob보다 더 젊다[10]. 그들의 상황이 대칭적이지 않기 때문이다. 왜냐하면 Alice와 Bob는 시공간의 **다른** 세계선을 따라 **다른** 거리를 여행했기 때문이다. 그럼 각자의 시간은 각각 다르게 그들이 각자의 거리를 재고 있는 것이다.

10) 지구에서의 약간 휜 시공간에서 쌍둥이 역설에 대한 직접적인 실험 테스트에 대한 것으로는 상자 6.2를 보라.

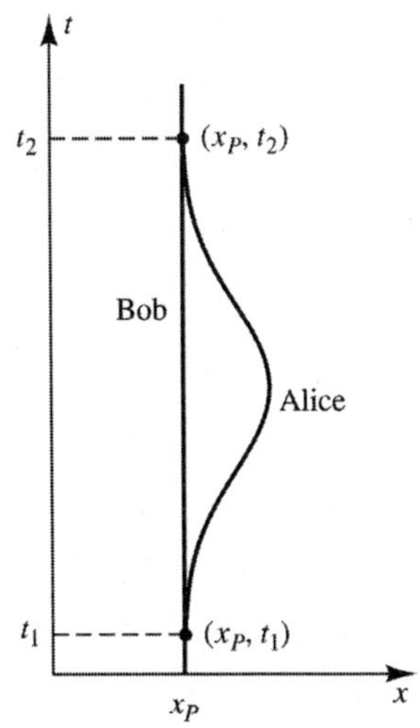

그림 4.12 시공간 관점에서 본 쌍둥이의 역설. Alice와 Bob는 동일한 두 지점 사이를 두 개의 다른 세계선을 따라 간다. 이 두 곡선의 길이는 다르다. 결과적으로 각자가 휴대하고 있는 시계에 의해서 기록되는 고유시간은 서로 다르다.

예제 4.3

Alice가 순간적으로 가속되어 일정한 속도 $\frac{4}{5}c$로 Bob로부터 직선으로 멀어져 가고 있다. Alice에서 보면 Bob가 반대 방향으로 멀어진 것처럼 보일 것이다. 그 후에 Alice는 똑같은 속도로 해서 Bob에게로 되돌아온다. 즉, 순간적으로 감속하여 정지한다. Bob가 50년 나이가 먹었다면 Alice는 몇 년의 나이를 먹었나?

각자의 나이는 (4.14)에 계산에 의하여 출발점에서 도착점까지의 각자의 세계선을 따라 고유시간이 흘러간 것이다. 순간 가속의 기여(영향)에 대해 이해하기 위해 먼저 가속이 길이 2ϵ의 작은 시간 간격 동안에 걸쳐서 일정하게 가속되었다고 하자. 그리고 나서 $\epsilon \rightarrow 0$으로 감에 따라 극한을 취한다. 그러면 중간시간 t_{mid} 전의 시간 ϵ와 중간시간 후의 시간 ϵ 사이에서는 $V = \frac{4}{5}c(t_{mid} - t)/\epsilon$이다. 식 (4.14)의 적분에서 이 시간간격의 기여도는 ϵ에 비례할 것이고 ϵ 가 0에 접근할수록 그 영향을 무시할 정도가 된다. Alice의 감속에 있어서도 마찬가지일 것이다. 이와 같이 움직이는 시계는 $[1-(4/5)^2]^{1/2} = 3/5$만 비율로 달려 정지한 시계 50년보다 늦게 간다. 그러면 Alice는 30년의 나이를 먹게 될 것이다.

직선과 가장 긴 거리

쌍둥이 역설의 예는 평평 시공간의 비유클리드 기하학의 중요한 특징을 보여주고 있다. (4.14)에 보여주고 있는 것 같이 Alice가 점 A에서 점 B로 따라가는 모든 시간 영역 내에서 세계선은 Bob가 따라가는 직선 경로보다 짧다. (**그림 4.12**에서 보면

Alice가 따라간 경로가 Bob가 따라간 경로보다 길어 보인다. 그러나 실질적으로는 더 짧은 경로시간이다. 이것은 그 기하학이 비유클리드적이기 때문이다. **예제 4.1**을 재고찰 해보라.) 직선 경로가 평평 4차원 시공간에서 시간성 영역(timelike separated)의 두 점 사이의 가장 긴 거리이다[11]. 이것을 알아 보기위해 시간성 영역의 두 점을 선택하자. 그것들 사이의 직선 경로는 일정한 속도 $\vec{V}$로 움직이는 세계선이다. 두 사건이 동일한 장소에서 일어나는 다른 관성계로 변환할 시 이 속도를 이용해라. 이 관성계는 위에서 언급한 Bob에 해당하는 계이다. 직선 경로가 아닌 경로를 움직이는 Alice와 같은 관측자는 Bob가 측정하는 사건들 사이의 시공간 거리보다 더 짧게 측정한다. 시공간 거리는 그것을 측정하는데 사용된 관성계에 의존하지 않는다. 즉 무관하다. 3차원 공간에서 직선은 어느 두 점 사이의 거리 중 가장 짧은 거리다. 그러나 평평한 시공간에서 직선은 시간성 영역내의 두 점 사이에서 가장 긴 거리이다.

4.5 로렌츠 부스트 Lorentz Boosts

관성계 사이의 연결

3.1절의 뉴턴의 역학과 4.3절의 특수 상대성 이론 둘 사이의 관성계에 대한 논의는 두 관성계가 회전(rotation), 변위(displacement), 균일 운동(uniform motion)(그리고 이들의 혼합운동)에 의하여 서로 달라질 수 있다는 것을 보여준다. 회전과 변위는 뉴턴 역학에서와 같이 동일한 방법으로 작동한다. 그러나 갈릴레이 변환(3.6)을 특수 상대성 이론으로 일반화 시키는 균일한 운동 시의 변환에 대하여 알아보자. 식 (4.8)의 선 요소는 뉴턴의 제1법칙 식 (3.2)와 같이 단순한 형태도 되는 관성계에 정의되는 직각 좌표 (t,x,y,z)에 의해 특수 상대성 시공간의 기하로 나타내어진다. 특수 상대성 이론은 다른 관성계인 직각 좌표 (t',x',y',z')에 의해서도 선 요소는 변하지 않아야 함을 말해주고 있다. 그러므로 다른 관성계 좌표들 사이를 연결해주는 변환 법칙은 그들 사이에 식 (4.8)의 형태가 보존되어야 한다. 사실은 이것을 요구하고 있다. 이 변환을 **로렌츠 변환**이라 한다.

유클리드 공간에서의 선 요소는 3.2절에서 보았듯이

$$dS^2 = dx^2 + dy^2 + dz^2, \tag{4.17}$$

직각 좌표(x,y,z)의 회전이나 변이(translation)에 대하여 변하지 않는다. 공간의 변이나 회전은 특수 상대성 시공간에서의 선 요소를 보존시킨다. 왜냐하면 그것은

11) 휜 시공간에서 직선 경로가 언제나 가장 긴 고유시간의 경로는 아니다, 그러나 그것은 극치(extremal) 고유시간의 경로이다. 이것은 6장 마지막 부분에 논의되어있다.

$-(cdt)^2 + + dS^2$로 쓰여질 수 있기 때문이다. 그러나 어떤 새로운 변환이 4차원 평평 시공간의 비유클리드적인 선 요소를 보존할 것인가? 새로운 변환 중 가장 중요한 예는 시간과 공간 사이의 회전과 유사한 것이 있다. 이것을 **로렌츠 부스트**(Lorents boost)라 하고 다른 계에 대하여 일정하게 운동하는 계에 해당한다.

정의에 의한 것 같이 (ct,x)평면의 회전을 고려해보자. 이것은 (t,x,y,z)와 (t',x',y',z') 사이에 y와 z는 변하지 않고 ct와 x를 혼합한 것이다. 식 (4.8)을 변화시키지 않는 특성을 가진 변환은 식 (3.9)의 회전과 유사하다. 그러나 시공간의 비유클리드적 특징 때문에 삼각함수에서 쌍곡선 함수로 대치된다.

$$ct' = (\cosh\theta)(ct) - (\sinh\theta)x, \tag{4.18a}$$

$$x' = (-\sinh\theta)(ct) + (\cosh\theta)x, \tag{4.18b}$$

$$y' = y, \tag{4.18c}$$

$$z' = z, \tag{4.18d}$$

여기서 변수 θ는 $-\infty$에서 ∞까지 변한다(사실 θ는 예제 4.1에서 간단히 언급한 것과 같이 쌍곡선 각도이다). 바로 변환 식 (4.18)이 선 요소 (4.8)을 보존한다는 것을 증명할 수 있다.

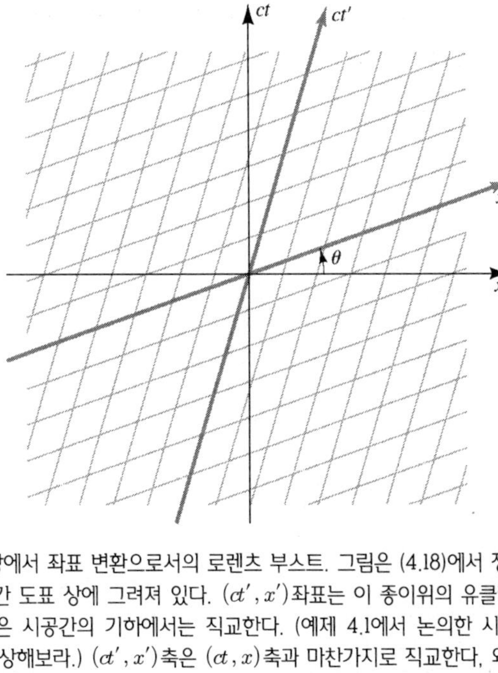

그림 4.13 시공간 도표 상에서 좌표 변환으로서의 로렌츠 부스트. 그림은 (4.18)에서 정의되어있는 (ct', x')좌표 그리드(grid)가 (ct, x) 시공간 도표 상에 그려져 있다. (ct', x')좌표는 이 종이위의 유클리드 기하에서는 서로 직교하지 않는다. 그러나 그것들은 시공간의 기하에서는 직교한다. (예제 4.1에서 논의한 시공간 도표(diagram)와 지도(map) 사이의 유사성을 회상해보라.) (ct', x')축은 (ct, x)축과 마찬가지로 직교한다, 왜냐하면 한 관성계와 다른 관성계와의 물리적 구별을 할 수 없기 때문이다. 직교성은 예제 5.2에 명확히 증명되어있다. 쌍곡선 각도는 두 계 사이의 속도 차의 측정치이다.

$$\begin{aligned}(ds)^2 &= -(c\,dt')^2 + (dx')^2 + (dy')^2 + (dz')^2, \\ &= -[\cosh\theta(c\,dt) - \sinh\theta(dx)]^2 \\ &\quad + [-\sinh\theta(c\,dt) + \cosh\theta(dx)]^2 + (dy)^2 + (dz)^2, \\ &= -(c\,dt)^2 + (dx)^2 + (dy)^2 + (dz)^2.\end{aligned} \tag{4.19}$$

좌표 (t', x', y', z')는 이와 같이 새로운 관성계 좌표가 된다.

그림 4.13에서 새 좌표계(ct', x')는 회색 선으로 구 좌표계는 실선으로 그려져 있다. 외형적으로 회전과 유사한 것 같으나 중요한 차이점이 있다. (ct', x')좌표계에서 원점$(x'=0)$에 정지해 있는 입자는 세계선으로써 ct'축을 가진다. (ct, x)좌표계에서 보면 그 입자는 x축을 따라 일정한 속력으로 달리고 있는 것이므로 (4.18b)에 $x'=0$라 두면 속도 v를 찾을 수 있다. 그 결과는

$$v = c\tanh\theta. \tag{4.20}$$

(ct', x')좌표계에 있는 어떤 x'값을 가진 정지한 입자는 (ct, x)좌표계에 대하여 일정한 속력으로 x방향으로 움직인다. 그러므로 (t, x, y, z)에서 (t', x', y', z')로의 변환은 한 관성계로부터 속도 v로 x축을 따라 일정하게 움직이는 한 관성계로의 변환

로렌츠 부스트

이다. 이런 변환을 **로렌츠 부스트**[12]라 부른다.

식 (4.18)의 로렌츠 부스트라는 확실성은 v를 사용하여 θ를 제거하기 위해 식 (4.20)을 사용하면 명확히 할 수 있다. $\cosh^2\theta - \sinh^2\theta = 1$을 이용하여 약간 대수학적으로 풀면 다음과 같이 된다.

$$t' = \gamma(t - vx/c^2), \tag{4.21a}$$

$$x' = \gamma(x - vt), \tag{4.21b}$$

$$y' = y, \tag{4.21c}$$

$$z' = z, \tag{4.21d}$$

여기서

$$\gamma = (1 - v^2/c^2)^{-1/2}. \tag{4.22}$$

위의 역변환은 v를 $-v$로 바꾸면 된다.

12) 특히 기초적 수준에서는, 로렌츠 부스트는 간혹 로렌츠 변환이라 불리운다. 후자의 항이 여기에서 사용되었듯이, 로렌츠 변환은 로렌츠 부스트와 동반하여 회전과 변위를 함께하는 변환에서 시공간 선요소가 보존되는 좌표변환을 말한다. 로렌츠 부스트는 로렌츠 변환의 특수한 경우이다.

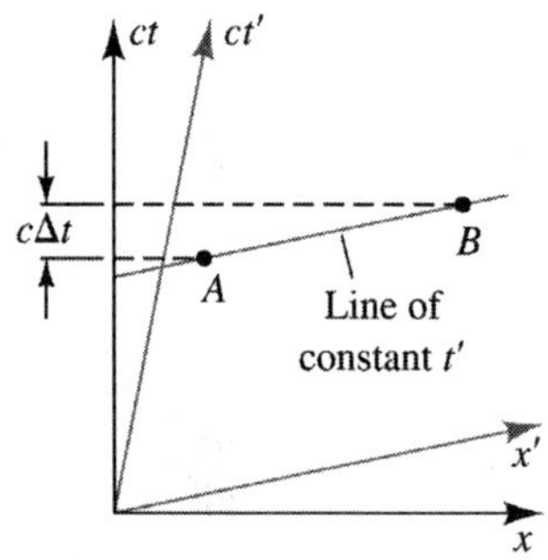

그림 4.14 사건 A와 B는 (ct', x')계에서 동시이다. 왜냐하면 그것들은 t'의 동일한 값에서 발생했기 때문이다. 그러나 그것들은 (ct, x)계에서는 동시가 아니다. 즉 A가 B보다 전에 일어났다.

$$t = \gamma(t' + vx'/c^2), \tag{4.23a}$$
$$x = \gamma(x' + vt'), \tag{4.23b}$$
$$y = y', \tag{4.23c}$$
$$z = z'. \tag{4.23d}$$

$v \ll c$일 때 식 (4.21)은 갈릴레이 변환 (3.6)이 된다.

동시성의 상대성

그림 4.13에 보여준 2개의 관성계의 시공간도표로부터 상대성 효과의 많은 것을 알 수 있다. 예로써 (ct', x')계 관찰자에게 동시인 두 사건을 고려해보자.

그림 4.14에서와 같이 그것들은 일정한 t'위 선상에 있다. 그러나 x'의 음의 방향으로 속도 v로 움직이는 다른 관성계에서 보았을 때 두 사건은 동시가 아니라 Δt 만큼 차이가 날 것이다. 이것은 4.2절에서 논의한 동시성의 상대성이다. 시간차 $\Delta t = t_B - t_A$의 정량적 수치는 (4.23a)에서와 같이 두 계를 연결하는 로렌츠 부스트에서 계산할 수 있다. 만일 $\Delta x' = x'_B - x'_A$가 (ct', x')계에서 동시인 사건 $(\Delta t' = 0)$으로서 서로 떨어진 거리에 있다면

$$\Delta t = \gamma(v/c^2)\Delta x'. \tag{4.24}$$

4.2절에서 논의한 것과 같이 사건 B는 사건 A 후에 일어난다. 그 수치는 식 (4.24)와 같다.

예제 4.4 Toy 모델 위성 위치 시스템

두 개의 공간차원 즉 수평축(x)와 수직축(y)에 한정하여 간단하게 고려해보자. 당신이 $y = 0$라는 위치의 지상에서 길을 잃어버렸다 하자. 머리 위 h 높이에 별자리 위성들이 그들의 각각 정지계에 대해서 일정한 거리 L_*만큼 서로 떨어져 속도 V로

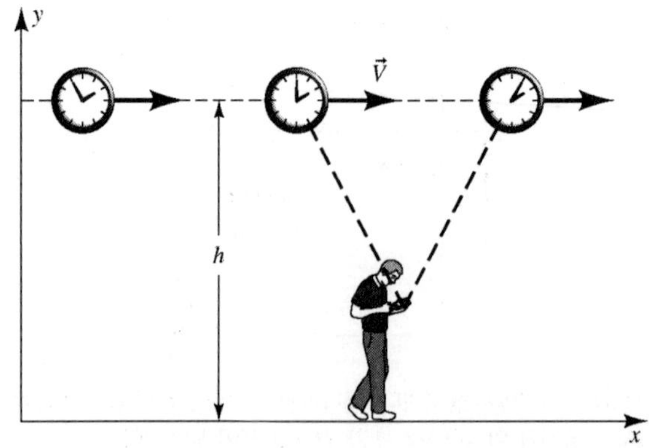

그림 4.15 장난감 모델 위성 위치 시스템. 위성들은 각자 예보 시간이 되면 그것들의 정지계에서의 시간과 x 상에서의 그것들의 위치를 예보하면서 우리 머리 위를 날아다니고 있다. 두 개의 다른 위성으로부터 동시에 받은 정보로부터, 지상에 있는 위치가 시간의 확장, 로렌츠 수축, 그리고 동시성의 상대성 등을 고려하여 결정되어진다.

움직이고 있다(**그림 4.15**를 보라). 각 위성은 각자의 시계를 가지고 있고, 그들이 정지해 있을 때 시간을 똑같게 맞추어 놓았다. 일정한 간격으로 위성은 그들의 시계로 시간을 알려주고 또한 x상의 그들의 위치도 알려주고 있다.

만일 여러분이 양쪽 편에 위치한 두 시계로부터 동시에 신호를 받는다면 그 신호는 동시에 받은 것이다. 이것은 여러분이 그 양쪽 시계의 정중에 있는 것을 의미하는가? 아니다.

그와 같은 경우가 일어나려면 신호가 당신의 정지계에서 동시에 신호가 방출된 경우에만 해당된다. 동시성의 상대성 때문에 오른편에 있는 시계에서 방출된 신호는 시간 $\Delta t = \gamma(V/c^2)L_*$(식 4.24 참고)만큼 왼쪽에 있는 시계보다 늦게 출발한 것이다. 그러므로 여러분은 다른 한 시계보다 어느 한 시계에 더 가까이 있는 것이다. 이 정보로부터 여러분은 그 수치를 계산해 낼 수 있다. 일반적으로 여러분은 시간의 확장, 로렌츠 수축과 동시성의 상대성을 고려하여 동시에 수신한 신호가 방출된 시간의 차이로 x 선상의 여러분의 위치를 파악할 수 있다(**문제 14**).

이 예는 제6장에서 언급될 Global Positioning System(GPS)에 사용되는 원리이다. 그러나 이 예는 많은 경우의 수 중에서 특히 중요한 중력의 효과를 무시한 단순한 것이다. 동시성의 상대성이 GPS에 중요한가? 좀 더 정밀한 분석이 요구되어지지만 아이디어를 얻기 위해 이 모델에 GPS숫자를 개입시켜 보자. 24개의 GPS 위성이 있고 그 궤도 시간은 12hr이다. 이것은 위성이 한 관성계에서 V$\sim$4km/s속력으로 움직이고 있다는 것을 의미하며 지구 중심으로부터 $R_s \approx 2.7\times10^4$km 고도로 지구에 대하여 정지궤도에 있다는 것을 의미한다. 그러므로 위성 사이의 거리는 대략 $2\pi R_s/24 \sim 7\times10^3$km이고 $\Delta t \sim 3\times10^{-7}s$이다.

이것은 시간상으로는 작은 오차이지만 10m의 정확도로 위치 측정을 위해서는 GPS 시스템은 빛이 $3\times10^{-8}s$ 걸리는 이 거리를 지나가는데 걸리는 시간보다 더 정확한 타이밍을 가져야 한다. 그래서 동시성의 상대성이 GPS시스템에서 중요하다.

로렌츠 수축

정지계에서 측정한 길이가 L_*인 자를 고려해보자. 이 자의 길이가 속도 V로 움직이는 관성계에서는 얼마나 될까? 그림 4.16에서 시공간 도표는 왜 L이 L_*과 다른가를 그래픽으로 보여주고 있다. 자의 길이란 양 끝의 두 동시사건의 거리이다. 그러나 동시성이란 개념은 두 다른 관성계에서는 다르다. 그러므로 측정된 자의 길이가 또한 다르다(이 측정의 명확한 예로 **문제 17**을 보라).

자가 움직이는 계에서 길이 L은 $t'=0$인 그림 4.16에서는 • 로 표시한 두 점 사이에 놓여진 막대의 양 끝 사이의 시공간 거리이다. 이 거리는 또한 정지계에서는 식 (4.6)로부터 계산할 수 있다.

$$L^2 = L_*^2 - (c\Delta t)^2. \tag{4.25}$$

식 (4.21a)로부터 $t'=0$인 선은 $t=(V/c^2)x$인 선이 된다. 그러므로 $\Delta t=(V/c^2)\Delta x=(V/c^2)L_*$이다. 그러면

$$\boxed{L = L_*\sqrt{1-V^2/c^2}.} \tag{4.26}$$

로렌츠 수축

이것을 로렌츠 수축이라 한다.

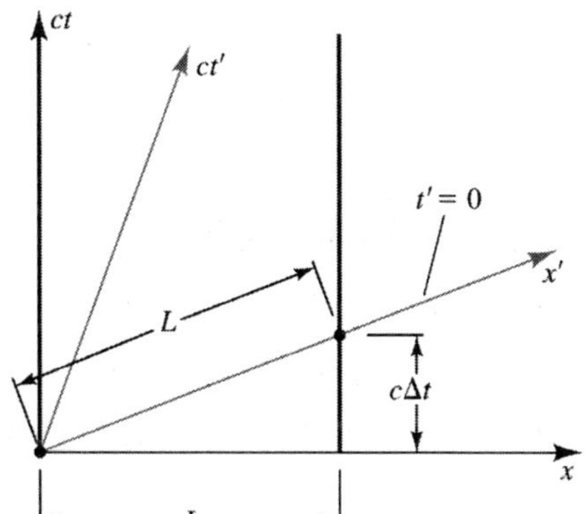

그림 4.16 길이의 로렌츠 수축. 그림은 자의 양 끝단의 세계선이 그 자신의 정지계에서 좌표(ct, x)로 측정되어 x축을 따라 향해있다. 그 세계선 사이의 거리 L_*는 정지상태의 막대 길이이다. 또한 정지계에 대해서 속도 V로 움직이는 관성계의 축(ct', x')들이 동일한 도표 상에 그려져 있다. 이 계에서 보면 막대가 x'축을 따라 $-V$의 속도로 움직인다. 이 계에서 막대 길이 L은 어느 한 순간의 시간 t'에서 양 끝단 사이의 거리이다. 시간 $t'=0$ 에서 양 끝의 사건들은 이 그림에서 • 로 표시되어있다. L의 길이가 L_*보다 길어 보이지만 그것은 시공간의 비유클리드 기하 때문에 실제적으로는 더 짧다.

속도의 합산

서로 다른 두 관성계를 연결해주는 고리가 되는 로렌츠 부스트를 공부 했을 때 뉴턴 식 (4.2)를 대치할 수 있는 속도 합산에 대한 상대론적 법칙을 이제 알 수 있게 되었다.

입자의 운동이 한 좌표에서는 $x(t), y(t), z(t)$로 묘사되고, 이 좌표계에 대하여 x축 방향으로 속도 v로 움직이는 제2의 좌표계로는 $x'(t')$, $y'(t')$, $z'(t')$로 묘사되는 입자가 있다. 식 (4.21)로부터 한 좌표계에서 $\vec{V} = d\vec{x}/dt$와 다른 좌표계에서는 $\vec{V}' = dx'/dt'$인 이 들 사이의 관계를 계산해보면

$$V^{x'} = \frac{dx'}{dt'} = \frac{\gamma(dx - v\,dt)}{\gamma(dt - v/c^2\,dx)}. \tag{4.27}$$

위 아래를 dt로 나누면

$$V^{x'} = \frac{V^x - v}{1 - vV^x/c^2}. \tag{4.28a}$$

유사하게

$$V^{y'} = \frac{V^y}{1 - vV^x/c^2}\sqrt{1 - v^2/c^2}, \tag{4.28b}$$

$$V^{z'} = \frac{V^z}{1 - vV^x/c^2}\sqrt{1 - v^2/c^2}. \tag{4.28c}$$

이것이 뉴턴 식 (4.2)를 일반화시킨 속도 합산의 상대론적 법칙이다. $v/c \ll 1$일 때 위 식들이 뉴턴 속도 합산 공식으로 환원된다.

예제 4.5 빛의 속도는 모든 관성계에서 동일하다.

한 입자가 한 관성계에서 x축을 따라 속도 c로 움직인다. 이 관성계에 대하여 속도 v로 x축을 따라 움직이는 다른 관성계에서는 이 입자의 속도는 얼마나 보일까? 이 질문에 대한 답은 식 (4.28a)에 $V^x = c$를 대입해보면 바로 알 수 있다.

$$V^{x'} = \frac{c - v}{1 - v/c} = c. \tag{4.29}$$

4.6 단위 Units

주의 깊은 독자는 t 대신에 ct를 사용함으로써 우리의 공식들에 달성되고 있는 대칭성에 대하여 인지하였을 것이다. 그 이유는 선 요소 식 (4.8)에 볼 수 있다. 거기에는 상수 c가 공간 단위와 시간 단위 사이의 전환요소(conversion factor)로 나타난다. - 즉 1초에 3×10^{10}cm로 말이다. 시공간 견해로 보면 c 값은 역사적 산물이다. 공간 기하를 다루는데 있어서 전통적으로 y방향은 inch로 x, z방향 cm로 재었다. 그래서 공간에서의 두 점 사이의 거리는 다음과 같이 주어졌다. (**그림 4.17** 참고)

$$dS^2 = C^2dy^2 + dx^2 + dz^2. \tag{4.30}$$

여기서 $C=2.54$cm/in이다. 시간과 공간은 하나인 시공 연속체에서 단지 다른 방향만 나타내기 때문에 그것들을 동일한 단위로 재는 것이 바람직하다. 즉 cm이거나 second(초)로 말이다. 그 때에 상수 c가 이들 두 단위 사이에 전환요소로 작용한다. 오늘날 빛의 속도는 측량하지 않고, 정확히 전환요소[13])로 정의하여

$$c = 299792458.0000\ldots \text{ m/s}. \tag{4.31}$$

로 한다. 시간을 길이의 단위로 측정하는 것은 역학의 전통적 단위인 질량-길이-시간($\mathcal{MLT}$)의 시스템에서 질량-길이($\mathcal{ML}$)시스템으로 변화하는 것을 의미한다. 부록 A는 이 교과서에서 사용된 둘 사이의 전환관계와 다른 단위 시스템에 대하여 논의되어있다.

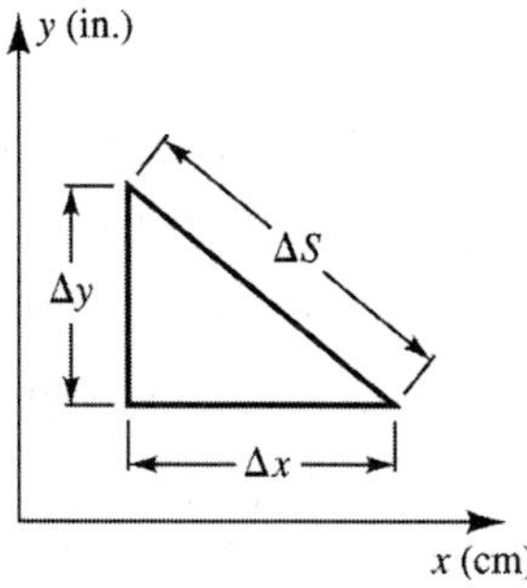

그림 4.17 y축 방향의 거리가 inch로 측정되고 x축 방향의 거리는 cm로 측정된다면, 이 들 축에 일치한 두 변을 가진 직각 삼각형에 피타고라스 정리는 $\Delta S^2 = C^2\Delta y^2 + \Delta x^2$ 될 것이다. 여기서 $C=2.54$이다.

13) 이 글을 쓸 당시에는 초(second)는 세슘(cecium) 원자의 가장 낮은 두 에너지 사이에서 전이 복사(transition radiation)의 9,192,631,770cycles인 것으로 정의되어 있고 그리고 미터(m)는 (4.31)에 의해 초(second)의 항으로 정의되어있다.

공간과 시간을 길이 단위로 측정하는 것은 우리 모든 공식에서 나타나는 $c=1$로 두는 것이다. 예로써 시간이 cm로 측정되는 단위에서는

$$ds^2 = -dt^2 + dx^2 + dy^2 + dz^2, \tag{4.32}$$

$d\tau^2 = -ds^2$ 그리고 속도는 차원이 없어진다. 식 (4.21)의 로렌츠 부스트는

$$t' = \gamma(t - vx), \tag{4.33a}$$

$$x' = \gamma(x - vt), \tag{4.33b}$$

$$y' = y, \tag{4.33c}$$

$$z' = z, \tag{4.33d}$$

여기서 $\gamma \equiv (1-v^2)^{-1/2}$이다.

이 이유로 단위 $\mathcal{ML}$ 시스템은 비공식적으로 $c=1$단위계라 불리기도 한다. $c=1$의 단위는 이 책의 나머지 부분에서 대부분 사용될 것이다. 많은 실제적인 목적으로 주어진 관성계에서 공간과 시간을 다른 단위로 유지하는데 편리하다. 예로써 강의 시간이 50분이 걸릴 것이다 라고 하는 것이 강의 시간이 899억 미터 걸릴 것이다 라고 말하는 것보다 더 쉽다.

단위 c는 어떤 측정된 양이 시간단위로 혹은 공간단위로 되돌아와야 할 경우 반드시 다시 나타나야 한다. 이것에 관하여는 부록 A를 보라. 그리고 다음 예에서 그것이 어떻게 사용되는지 보라.

예제 4.6 c를 되돌리기

시간이 cm로 측정된 단위계로 나타나 있는 표현들은 전환요소 c를 올바른 위치에 삽입함으로 시간이 s(초)로 나타낸 단위계로 되돌아온다. 예로써 식 (4.33a)를 보라. $\mathcal{MLT}$단위계에서는 속도는 $\mathcal{L}/\mathcal{T}$ 차원을 가진다. 그러므로 식 (4.33a)에서 차원 없는 v는 v/c로 대치되어야 한다. γ의 정의 속에 들어있는 v도 포함하여 식 (4.33a)의 왼편은 시간단위로 되어 있으므로 오른편도 전체가 시간단위가 되어야 함으로 x는 x/c로 대치되어야 한다. 그 결과는 식 (4.21a)이다.

문 제

1. [B, S] 오늘 TGV(train à grande vitesse) 기차가 8:00에 Paris를 출발하여 10:04에 Lyon에 도착한다(24-시간 시계를 사용함). 기차는 중간 역에 서지 않는다고 가정하고, 57쪽에 있는 철도 시공간 도표에서 기차의 세계선을 그려라.

만일 Paris와 Lyon 사이의 거리가 472km라면 그 기차는 평균적으로 얼마의 속도로 달렸는가?

2. 고유 길이 L을 가진 로켓선이 속도 $\frac{4}{5}c$로 수직으로 지구를 출발한다. 빛 신호가 로켓의 시계와 지구 기지의 시계 둘 다에 의해 $t=0$에서 로켓 후미에 도달하는 빛 신호 뒤따라 바로 수직으로 보내지고 있다. 신호가 로켓 앞부분에 (a) 로켓 시간에 의하여 (b) 지구 시간에 의하여 언제 도달하는가?

3. 20m 장대가 그것의 길이 방향으로 매우 빠르게 움직여서 그것이 실험실의 계에서는 단지 10m 길이로 보인다. 한 사람이 10m 길이의 창고의 앞문을 통과하여 그 장대를 휴대하고 달리고 있다. 장대의 머리 부분이 닫혀 있는 뒷문에 도착하는 바로 그 순간에 앞문을 닫을 수 있어 그 장대는 바로 그 순간에 10m에 창고 안에 가둘 수 있다. 그리고 나서 뒷문이 열면 그 사람은 그 문을 통과하여 계속 달릴 수 있다. 그러나 달리는 사람의 입장에서 보면, 장대는 20m이고 창고가 단지 5m로 보인다! 이와 같이 그 장대는 결코 그 창고 안에 가둘 수가 없다. 이 명백한 모순을 정량적으로 그리고 시공간 도표로 설명하라.

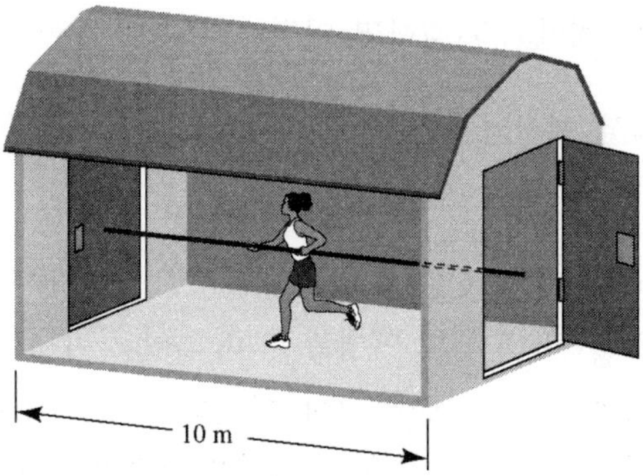

4. 한 위성이 지구 표면으로부터 200km 떨어진 적도 상공의 원형궤도에서 회전하는 동일한 방향으로 지구를 궤도운동하고 있다. 그 위성에 있는 시계는 지구상에 있는 시계와 비교해 볼 때 하루당 몇 초 정도로 천천히 가는가? (단지 특수상대성 효과만 계산하라.)

5. [B, E] 전파원 3C345는 우주의 팽창에 참여해 있는 중이다, 그리고 그것의 거리는 그것의 후퇴 속도로부터 나온 적색편이와 그리고 우리 우주에 대한 가정으로부터 결정할 수 있다. (여러분들이 우주학에 조금 공부하였다면 제19장 문제1을 검토해보라.) 그러나 거리에 대한 개략적 아이디어가 거리 d가 관측된 후퇴 속도 V와 관련이 있다는 다음의 Hubble의 법칙으로 얻어질 수 있다.

$$V = H_0 d,$$

여기서 $H_0 \approx 72(km/s)/Mpc$는 허블 상수이다. (megaparsec(Mpc)같은 천문학적 단위들에 대한 것은 페이지 하단의 지문들을 찾아보라.) 3C345의 속도는 $0.6c$이다. 상자 4.3에 있는 데이터와 함께 이 사실들을 사용하여 구름C2가 시선방향에 대하여 횡(transverse)으로 움직인다고 가정하고(사실과 반대) 구름 C2의 속도를 개략적으로 평가하라.

6. 예제 4.2는 운동하고 있는 시계에서의 시간 지연은 운동 방향을 따라 놓여있는 2개의 거울로 구성된 모형 시계의 작동으로 이해할 수 있었다. 운동 방향과 수직으로 놓인 유사한 시계를 사용하여 동일한 결과가 유도될 수 있음을 보여라.

7. [S, P] (4.4)에서 우리는 속도 V로 움직이고 있는 2개의 거울 사이를 여행하는 빛 펄스에 대한 여행 시간 $\Delta t'$을 유도하였다. 이 시간은 거울이 정지해 있는 계에서의 여행 시간 Δt, (4.3), 과 다르다. 절대 시간을 가지고 있는 뉴턴 역학에서는, 이들 시간들이 반드시 일치하여야 한다. 뉴턴 물리학의 원리를 사용하여 (4.4)에 있는 $\Delta t'$로 이르는 분석을 실행하라 그리고 거울의 정지계가 에테르(ether)의 정지계라고 가정하면 이것이 맞다는 것을 보여라.

8. [S] 그림 4.8에서 예시되어 있는 삼각형 ABC에서 변 AC와 AB사이의 쌍곡선 각도를 계산하라.

9. Joe와 Ed 쌍둥이를 고려하자. Joe는 직선으로 출발하여 그의 시계로 측정하였을 때 7년 동안 $\frac{24}{25}c$의 속도로 여행을 하고 그리고 나서 되돌아선 후 그 속도의 반으로 귀환하였다. Ed는 집에 남아 있었다. Ed의 시점(point of view)에서 Joe와 Ed의 운동을 보여주는 시공간 도형을 그려라. Joe가 돌아왔을 때, Joe와 Ed의 나이 차이는 얼마일까?

10. 쌍둥이의 모순에서 되돌아온 쌍둥이가 직면하게 될지도 모르는 문제에 관심이 있는 S. Lem이 쓴 소설 '*별들로부터의 귀환*' 에는 다음과 같은 문장이 있다.
"그녀의 눈동자는 빛났고 매력적이었다:.... 그때에 나는 목이 말랐다. 원정.... 나는 Fomalhaut으로 가는 원정대에서 조종사였다. 그곳은 23광년 떨어져 있었다. 우리는 거기로 날아가서 시간으로 120년이 경과한 후 되돌아왔다. 4일 전에 우리는 되돌아왔다.... Prometheus -나의 우주선- 는 Luma에 머물고 있었다. 나는 오늘 거기에서 돌아왔다. 이것이 전부이다."
모든 가속도들은 순간적이고 Prometheus의 속도는 여행 동안에 일정하였다고 가정하면, 그것은 얼마의 속도로 지구와 Fomalhaut사이를 여행했는가?

11. [C] Alice와 Bob은 관성계에서 정지해 있는 반경 R인 원형의 링 주위로 서로 반대 방향으로 움직이고 있다. 둘 다는 그 계에서 측정하였을 때 일정한 속도 V로 움직이고 있다. 각자 시계를 휴대하고 있는데, 그 시계는 그들이 링에서 동일한 위치에 있을 때에 시간을 0으로 똑같이 맞추어 놓았다. Bob은 다음에 그들이 만날 때에 Alice의 시계는 그녀가 그에 대해서 움직이고 있기 때문에 발생하는 시간 확장으로 인해서 그의 시계보다 늦게 갈 것이라고 예견한다. Alice는 Bob의 시계가 똑같은 이유로 해서 더 늦게 갈 것이라고 예견한다. 그들 둘 다가 옳을 수는 없다. 그들의 논의에 무엇이 잘못되었는가? 시계들은 실제로 어떻게 시간을 나타내게 되는가?

12. (a) 평평 3차원 공간 ($dS^2 = dx^2 + dy^2 + dz^2$)에서 두 점 사이의 직선 경로가 그들 사이에 가장 짧은 거리임을 명확히 보여라.
(b) 평평 시공간에서 2개의 분리된 공간성 점들 사이의 직선이 그들 사이의 가장 짧은 거리인가?

13. 관성계에서 두 사건이 3m 떨어진 거리에서 동시에 발생했다. 실험실의 계에 대해서 움직이는 어떤 한 계에서 한 사건이 다른 사건에 비해 10^{-8} 초 늦게 발생했다. 두 사건들은 움직이는 계에서 공간적 거리가 얼마만큼 떨어져 있는가? 이 문제를 두 가지 방법으로 풀어라. 첫 번째 것은 두 개를 연결해주는 로렌즈 부스트를 구함으로 풀고 두 번째 방법은 두 사건 사이에 시공간 거리가 불변을 사용함으로서 풀어라.

14. [C] 이번 문제는 예제 4.4에서 논의한 장난감 모델 위성 위치 시스템에 관한 것이다. 위성들의 위치, x_A'와 x_B', 뿐만 아니라 중계하는 시간, $t_A' = t_B'$인 t_A'와 t_B', 도 보고하는 위성 A와 위성 B인 두 이웃한 위성으로부터 여러분들이 중계를 동시에 받는다고 가정하자. 그 시간들과 위치들은 위성들의 시계들이 모두 동시화 되어 있는 위성의 정지계에 있다. x상에 있는 당신의 위치를 결정하는 조건을 유도하라. 그것을 평가하여 V/c(여기서 V는 위성의 속도)의 1차수까지 위성 사이의 중간 지점으로부터 여러분의 유도를 찾아라.

15. 속도의 합 (4.28)은 다음의 것들을 함축하고 있음을 보여라.
(a) 한 관성계에서 $|\vec{V}| < c$이면, 그때는 어떤 다른 관성계에서 $|(\vec{V})| < c$이다.
(b) 한 관성계에서 $|\vec{V}| = c$이면, 그때는 어떤 다른 관성계에서 $|(\vec{V})| = c$이다.
(c) 한 관성계에서 $|\vec{V}| > c$이면, 그때는 어떤 다른 관성계에서 $|(\vec{V})| > c$이다.

16. 상대적 운동에 수직인 길이는 변하지 않는다.

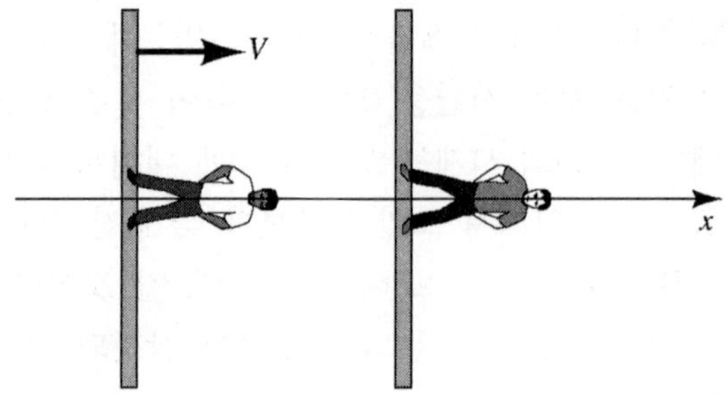

2개의 미터 막대를 상상하자. 그림에 보여주듯이, 하나는 정지해 있고 그리고 다른 하나는 첫 번째 것에 수직이고 그 자신의 길이에 수직인 축을 따라 움직이고 있다. 각각의 미터 막대의 중심에 올라타고 있는 관측자가 있다.

(a) x축에 대해 대칭은 두 관측자가 미터 막대의 두 끝부분들이 장차 동시에 서로 교차하는 것을 보게 되고 그러므로 한 미터 막대가 다른 미터 막대보다 길다면 거기에 동의할 것임을 함축하고 있다는 것에 대해 논하라.

(b) 그 길이들은 상대성 원리를 위반하지 않고는 다를 수 없다는 것에 대해 논하라.

17. 또다른 로렌츠 수축의 유도

예제 4.2는 모델 시계의 작동이 시간 확장과 어떻게 일치하는가를 보여주고 있다. 이번 문제의 목적은 로렌츠 수축이 길이를 재는 데에 이상적인 방법들과 어떻게 일치하는가를 보여주는 데에 있다.

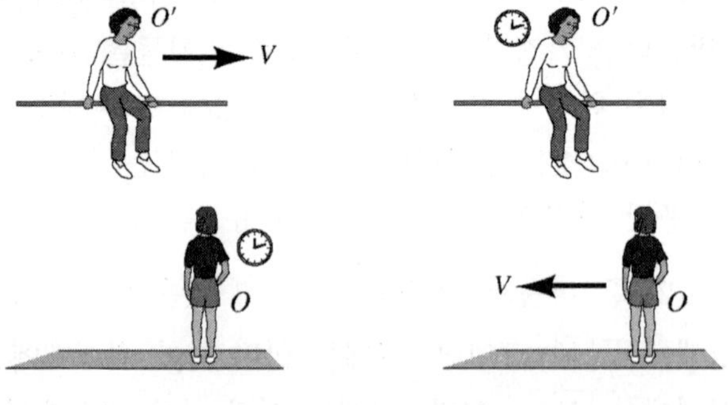

속도 V로 움직이는 막대의 길이는 고정된 점을 지나치면서 속도 V로 움직이는 데 걸리는 시간으로부터 결정되어질 수 있다(왼편 그림). 정지해 있는 막대의 길이는 고정된 물체가 속도 V로 한쪽 끝에서 한쪽 끝까지 움직이는 데 걸리는 시간을 잼으로서 또한 결정할 수 있다(오른쪽 그림). 두 시간들 사이의 시간 확

장을 설명함으로서, 이런 방법으로 결정된 움직이는 막대의 길이는 정지 상태의 길이로부터 로렌츠 수축되었음을 보여라.

18. [S] 시간성으로 분리된 두 사건에 대해서, $\Delta t \neq 0$, $\Delta \vec{x} = 0$인 어떤 관성계가 있음을 보여라. 공간성으로 분리된 두 사건에 대해서, $\Delta t = 0$ $\Delta \vec{x} \neq 0$인 어떤 관성계가 있음을 보여라.

19. [C] 필름의 평면에 평행하게 빛의 속도에 근접하는 속도로 균일하게 움직이는 물체를 사진으로 찍는다면, 그것은 사진 상에서 보면 수축되었다기 보다는 회전한 것처럼 보인다. 그 이유를 설명하라. (물체는 카메라의 렌즈로부터의 작은 각에 대(subtend)한다고 가정하라.)

CHAPTER

05 특수 상대성의 역학

Special Relativistic Mechanics

뉴턴 역학 법칙은 전장에서 소개한 특수 상대성 이론과 일치하기 위해서는 변해야 한다는 것을 알았다. 이 장에서는 4차원 시공간 견지에서 특수 상대성 역학을 논하겠다. 뉴턴 역학은 어느 한 관성계에서 빛의 속도보다 현저히 작게 달릴 때 특수 상대성 역학의 근사치로 맞아 떨어진다. 이제 4원 벡터라는 개념부터 시작하자.

5.1 4원 벡터 Four Vectors

4원 벡터란 3차원 유클리드 공간에서 3차원 벡터가 (이 장에서는 3원 벡터라 부른다) 방향성을 가진 선 요소로 정의 되었듯이 그와 같은 방법으로 4차원 평평 시공간에서 방향성을 가진 선 요소를 정의하자. 3원 벡터 $\vec{a}$ 와 구별하기 위해 4원 벡터는 글자를 굵게 써서 **a**로 표시한다. 이 장에서는 4원 벡터다, 3원 벡터다, 라는 의미를 엄격히 구별해서 쓰겠지만 다음 장부터는 단지 벡터라고만 언급할 것인데, 이때는 그 문맥상 의미로 두 개를 구분하면 된다.

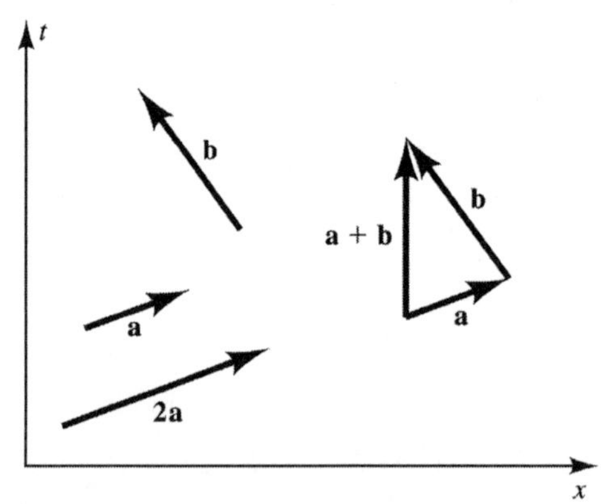

그림 5.1 4원 벡터의 합과 벡터에 숫자 곱. 2개의 4원 벡터 **a**와 **b**를 더하기 위해 오른편에 보여주듯이 그것들이 삼각형을 만들 때 까지 그것들을 평행 이동시켜라. 합 **a**+**b**는 첫 벡터의 꼬리에서 두 번째 벡터의 머리로 향하는 선으로 나타낸다. 4원 벡터에 숫자 α배 곱하는 것은 동일한 방향으로 벡터의 길이를 α배 길게 그린 벡터가 된다[1)].

1) 영의 길이를 가진 눌(null) 4원 벡터들에 대하여는, 먼저 그것들을 영의 길이를 가지고 있지 않는 두 개의 4원 벡터들의 합으로 기술하고, 그것들에 α를 곱하고, 그리고 나서 그 결과들을 더해라.

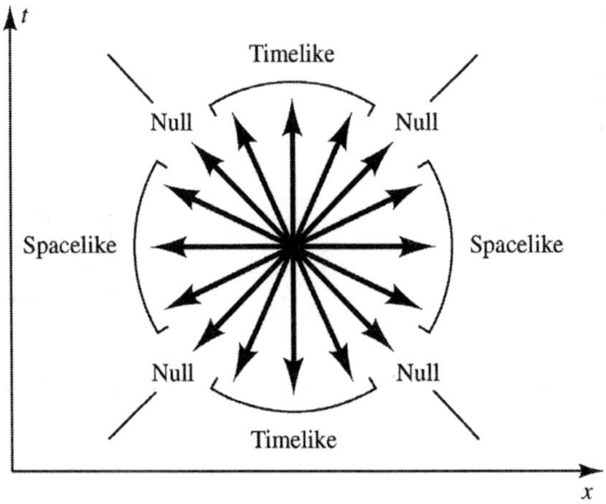

그림 5.2 시간성, 공간성, 그리고 눌(null) 4원 벡터들. 3 종류의 4원 벡터는 시공간에서 각각 시간성, 공간성, 눌성 방향을 따라 향해있다; 그림 4.9 참고. 눌 4원 벡터는 시 공간의 비유클리드 기하에서 영의 길이를 가짐에 주목하라.

4원 벡터는 일반적인 벡터 법칙에 따라 더하고 감할 수 있으며, 숫자를 거기에 곱할 수도 있다(**그림 5.1**을 보라). 4원 벡터의 길이는 그 꼬리와 머리 사이의 시공간 거리의 절대치이다.

4원 벡터의 꼬리와 머리가 공간성 영역에 속하면 **공간성**이다 라고 하고 시간성영역에 속해 있으면 **시간성**이라 하고 눌(null)성 영역에 속해 있으면 **눌성**이라 한다. 눌성 4원 벡터는 제로의 길이를 가진다. **그림 5.2**에 여러 다른 종류의 벡터 예를 보여준다.

4원 벡터의 정의와 벡터의 덧셈, 숫자를 곱하기, 길이를 계산하는 것 등은 한 관성계에 대하여 적용되는지 아직 언급되지 않았다. 그것들은 불변이다 – 즉 모든 관성계에서는 똑같다는 것이다. 역학법칙이 4원 벡터로 공식화 될 때에는 반드시 그것들을 모든 관성계에서 동일하여야 할 것이고. 그 공식들이 예견하는 것 곧, 상대성 원리와 부합되어야 할 것이다. 여기에 4원 벡터의 유용성과 중요성이 있다.

기저 4원 벡터와 그 성분

어느 특정한 한 관성계에서 **그림 5.3**에서 보여주는 것과 같이 4원 기저 벡터는 t, x, y, z축을 따라서 있는 단위 길이 벡터로 도입하자. 이 4원 기저 벡터들 $\mathbf{e}_t$, $\mathbf{e}_x$, $\mathbf{e}_y$, $\mathbf{e}_z$라 하거나 $\mathbf{e}_0$, $\mathbf{e}_1$, $\mathbf{e}_2$, $\mathbf{e}_3$로 표현하자. 이 때 0은 t를, 1은 x를, 2는 y를, 3은 z를 의미한다.

이 4개의 벡터들을 4원 벡터의 기저라 부른다. 왜냐하면 **그림 5.4**에 보여주듯이 어떤 4원 벡터도 이것의 선형 결합으로 나타낼 수 있기 때문이다.

$$\mathbf{a} = a^t\mathbf{e}_t + a^x\mathbf{e}_x + a^y\mathbf{e}_y + a^z\mathbf{e}_z. \tag{5.1}$$

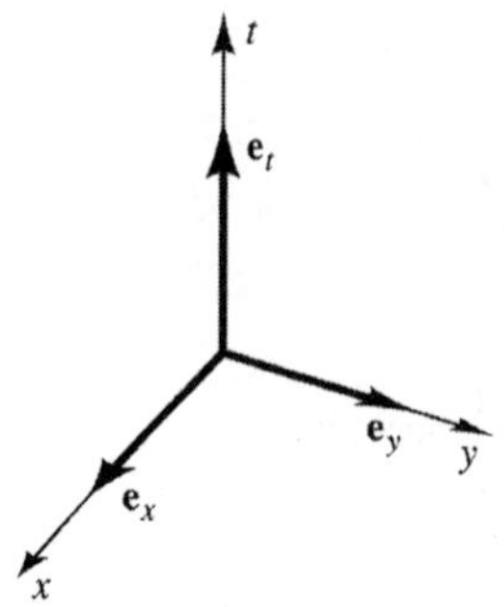

그림 5.3 좌표축 따라 있는 4개의 기저 벡터

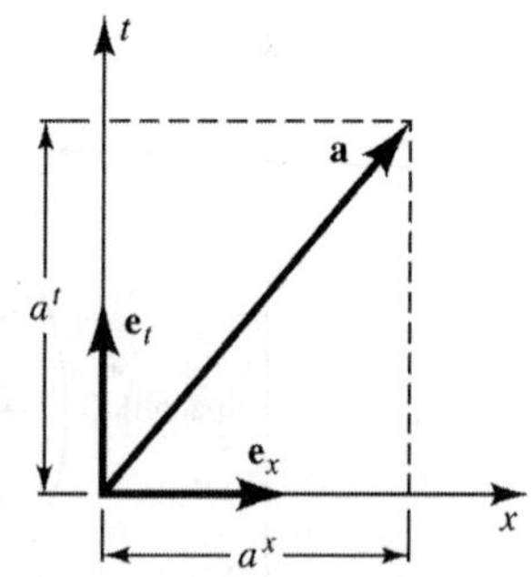

그림 5.4 4원벡터 **a**는 좌표축을 따라 성분 (a^t, a^x, a^y, a^z)로 특성화 된다.

숫자들(a^t, a^x, a^y, a^z) – 혹은 동등하게 (a^0, a^1, a^2, a^3) – 이것들은 4원 벡터**성분**(components)이라 한다.[2)] 성분은 언제나 문자의 오른쪽 위 귀둥이에 성분 표시를 한다.[3)]

식 (5.1)과 같은 다른 편리한 표기법은

$$\mathbf{a} = a^0\mathbf{e}_0 + a^1\mathbf{e}_1 + a^2\mathbf{e}_2 + a^3\mathbf{e}_3, \tag{5.2}$$

혹은, 동등하게 다음과 같이 표현한다.

$$\mathbf{a} = \sum_{\alpha=0}^{3} a^\alpha \mathbf{e}_\alpha. \tag{5.3}$$

만일 합의 규약으로 위와 아래의 첨자가 같은 것이 나타나면 전부 합산하는 것으로 약속하면 식 (5.3)은 더 간명하게 쓸 수 있다. 그리스 문자의 첨자는 0에서 3까지 합으로 로마 문자의 첨자는 1에서 3까지의 합으로 약속한다. 이와 같이 하면

$$\mathbf{a} = a^\alpha \mathbf{e}_\alpha, \tag{5.4}$$

이것은 식 (5.3)과 동일하다. 3원 벡터도 이와 유사하게

$$\vec{a} = a^i \vec{e}_i, \tag{5.5}$$

---

2) 조금 수학적 배경이 약한 독자들도 4원벡터의 다른 종류의 성분들을 구별하는 것이 가능하다는 것을 알지도 모른다. 그러나 이 구별은 20장까지는 별 필요가 없다. 그때까지는 여기에 정의되어 있는 것같이 성분들을 언급할 것이다.

3) 지금까지 여러분들은 볼드체(boldface)를 수기로 쉽게 나타내기 힘들기 때문에 4원 벡터를 어떻게 표기해야 할 지 의문이었을 것이다. 전자 타이핑하기 전에 인쇄자에게 볼드체를 사용할 것을 지시하는 방법으로 글자 밑에 꾸불꾸불한 줄을 치면 된다. 예로서 (5.1)을 다음과 같이 표현한다.

$$\underset{\sim}{a} = a^t \underset{\sim}{e}_t + a^x \underset{\sim}{e}_x + a^y \underset{\sim}{e}_y + a^z \underset{\sim}{e}_z$$

여기서 $\vec{e_i}$의 i는 1,2,3이고 그러므로 ($\mathbf{e}_1$,$\mathbf{e}_2$,$\mathbf{e}_3$)와 같다. 그러므로 반복되는 첨자가 나타나면 합산을 의미하므로 식 (5.4)는 다음과 같이 쓸 수도 있다.

$$\mathbf{a} = a^{\beta}\mathbf{e}_{\beta} = a^{\gamma}\mathbf{e}_{\gamma} =, \dots . \tag{5.6}$$

그러므로 반복되는 첨자를 **모조 첨자**(dummy indices) 혹은 **합산 첨자**(summation indices)라 불린다. 7.3절에서 합산 규약에 대하여 좀 더 논의할 것이다.

4원 벡터의 성분과 기저를 결정하는 것은 4원 벡터를 결정하는 것과 동등하다. 성분을 나열하는데 많은 유용한 방법들이 있다, 즉

$$a^{\alpha} = (a^t, a^x, a^y, a^z), \qquad a^{\alpha} = (a^t, a^i), \qquad a^{\alpha} = (a^t, \vec{a}). \tag{5.7}$$

예제 5.1 **4원 벡터의 변위(displacement)**

4원 벡터의 간단한 예는 **그림 5.5**에 예시한 것 같이 두 사건 A와 B사이에 4원 벡터 변위 Δx이다. 만일 ($t_{A,}$ $x_{A,}$ $y_{A,}$ z_A)가 어느 특정한 좌표계의 사건 A의 위치 좌표이고, ($t_{B,}$ $x_{B,}$ $y_{B,}$ z_B)는 사건 B의 위치 좌표라 하면 그들 사이의 변위 4원 벡터 Δx는 ($t_B - t_A$, $x_B - x_A$, $y_B - y_A$, $z_B - z_A$)가 된다.

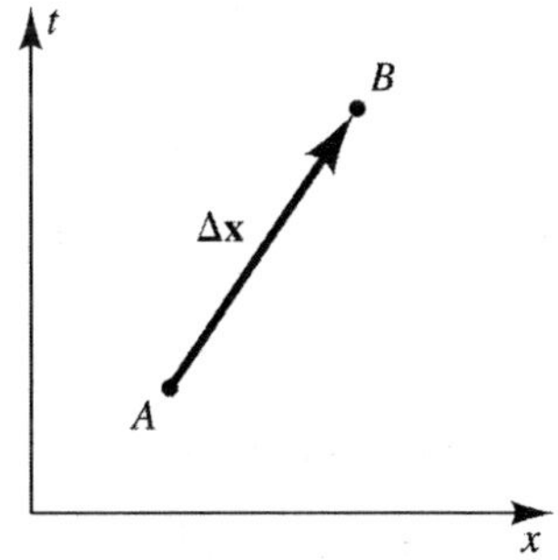

그림 5.5 시공간에서 두 점 A와 B 사이의 4원 변위 벡터 Δx

이것을 더 간결하게 표현하면

$$\Delta x^{\alpha} = x_B^{\alpha} - x_A^{\alpha}. \tag{5.8}$$

이 표현법이 4개의 구성성분을 나열한 것보다 간결한 형태이다. 이 때 α=0,1,2,3을 의미한다. 이 첨자 α를 **자유 첨자**(free index)라 한다. "자유(free)"의 의미는 0~3까지 어떤 값을 취할 수 있고, 각 값은 다른 공식을 생산해 낸다.

4원 벡터의 성분은 관성계가 다르면 달라진다. 왜냐하면 4원 기저 벡터가 달라지기 때문이다. 한 4원 벡터 – 방향성 있는 선 요소 – 의 성분들은 변위 4원 벡터의 성분들처럼 관성계 사이에서 변환된다. 예로서 식 (4.21)과 같이 x축을 따라 속도 v로 일정하게 움직이는 관성계와 정지계 사이에서 4원 벡터 $\mathbf{a}$의 성분의 변환은

벡터의 로렌츠 부스트

$$a^{t'} = \gamma(a^t - va^x), \tag{5.9a}$$

$$a^{x'} = \gamma(a^x - va^t), \tag{5.9b}$$

$$a^{y'} = a^y, \tag{5.9c}$$

$$a^{z'} = a^z. \tag{5.9d}$$

(만일 여러분들이 식 (4.21)에 있는 c가 안보인다고 이상한 생각이 들면 앞장의 마지막 부분에서 지금부터는 $c=1$인 단위를 쓸 것이라고 한 것을 기억하라.)

내적 Scarlar product

3원 벡터와 마찬가지로 내적은 4원 벡터 계산에서도 중요한 개념이다. 두 4원 벡터 $\mathbf{a}$와 $\mathbf{b}$의 내적은 $\mathbf{a}\cdot\mathbf{b}$로 정의한다. 이것은 내적의 수학적 법칙들을 만족한다.

$$\mathbf{a}\cdot\mathbf{b} = \mathbf{b}\cdot\mathbf{a}, \tag{5.10a}$$

$$\mathbf{a}\cdot(\mathbf{b}+\mathbf{c}) = \mathbf{a}\cdot\mathbf{b}+\mathbf{a}\cdot\mathbf{c}, \tag{5.10b}$$

$$(\alpha\mathbf{a})\cdot\mathbf{b} = \alpha(\mathbf{a}\cdot\mathbf{b}), \tag{5.10c}$$

여기서 $\mathbf{a}$, $\mathbf{b}$, $\mathbf{c}$는 4원 벡터이고 α는 숫자이다.

만일 4원 기저 벡터가 알려져 있다면 4원 벡터 내적의 계산은 간결하다. 왜냐하면 $\mathbf{a}=a^\alpha\mathbf{e}_\alpha$이고, $\mathbf{b}=b^\beta\mathbf{e}_\beta$이라면

$$\begin{aligned}\mathbf{a}\cdot\mathbf{b} &= (a^\alpha\mathbf{e}_\alpha)\cdot(b^\beta\mathbf{e}_\beta),\\ &= (\mathbf{e}_\alpha\cdot\mathbf{e}_\beta)a^\alpha b^\beta.\end{aligned} \tag{5.11}$$

(위 표현에 두 개의 합산이 있다. 하나는 α에 대하여 또 다른 하나는 β에 대한 합산이다.) 여기서 한 관성계 (t, x, y, z)의 직교 좌표축을 따라 있는 4원 기저 벡터의 내적 $\mathbf{e}_\alpha\cdot\mathbf{e}_\beta$에 특별한 정의를 부여하면

평평 시공간의 계량(metric)

$$\eta_{\alpha\beta} \equiv \mathbf{e}_\alpha\cdot\mathbf{e}_\beta, \tag{5.12}$$

그러면 $\mathbf{a}\cdot\mathbf{b}$는 다음과 같이 쓸 수 있다.

벡터 내적

$$\boxed{\mathbf{a}\cdot\mathbf{b} = \eta_{\alpha\beta}a^\alpha b^\beta,} \tag{5.13}$$

α와 β에 대하여 이중 합을 함축하고 있다. $\eta_{\alpha\beta}$가 결정되면 모든 벡터의 내적은 결정된다. 변위 4원 벡터의 자신과의 내적은 그것이 연결하고 있는 두 점 사이의 거리의 제곱이 된다는 요구 조건에 의해 $\eta_{\alpha\beta}$가 결정된다.

$$(\Delta s)^2 = \Delta \mathbf{x} \cdot \Delta \mathbf{x}. \tag{5.14}$$

이와 같이 내적에 의하여 정의된 4원 벡터의 길이는 벡터의 꼬리에서 머리까지의 거리로서 정의된 길이와 일치한다. 이것을 식 (4.6)의 $(\Delta s)^2$와 비교해보고 그리고 식 (5.12)와 식 (5.10a)의 결과로 부터 $\eta_{\alpha\beta} = \eta_{\beta\alpha}$임을 주목하면

$$\eta_{\alpha\beta} = \begin{matrix} & \begin{matrix} 0 & 1 & 2 & 3 \end{matrix} \\ \begin{matrix} 0 \\ 1 \\ 2 \\ 3 \end{matrix} & \begin{pmatrix} -1 & 0 & 0 & 0 \\ 0 & 1 & 0 & 0 \\ 0 & 0 & 1 & 0 \\ 0 & 0 & 0 & 1 \end{pmatrix} \end{matrix}. \tag{5.15}$$

여기서 $\eta_{\alpha\beta}$는 대각선 대칭행렬로 나타나진다. 식 (5.14)를 다시 고찰해보면 평평 시공간의 식 (4.8)의 선 요소를 $\eta_{\alpha\beta}$행렬을 이용하여 좀 더 간결하게 합산규약으로 나타낼 수 있다.

$$ds^2 = \eta_{\alpha\beta} dx^\alpha dx^\beta. \tag{5.16}$$

평평 시공간의 선 요소

이 역할로 인해서 $\eta_{\alpha\beta}$를 평평 시공간의 **계량텐서**(metric)라 부른다.

식 (5.13)에 식 (5.15)를 삽입하면 한 관성계에서 각각의 성분으로 두 4원 벡터 $\mathbf{a}$와 $\mathbf{b}$의 내적을 여러 가지 형태로 나타낼 수 있다.

$$\mathbf{a} \cdot \mathbf{b} = -a^t b^t + a^x b^x + a^y b^y + a^z b^z, \tag{5.17a}$$

$$\mathbf{a} \cdot \mathbf{b} = -a^0 b^0 + a^1 b^1 + a^2 b^2 + a^3 b^3, \tag{5.17b}$$

$$\mathbf{a} \cdot \mathbf{b} = -a^t b^t + \vec{a} \cdot \vec{b}. \tag{5.17c}$$

어느 특정 계에 기준을 만들지 않은 내적 정의의 결과로서 내적은 모든 관성계에서 동일하다. 예로써 다른 관성계에서 $\mathbf{a}$의 성분은 $(a^{t'}, b^{x'}, c^{y'}, d^{z'})$이고, $\mathbf{b}$의 성분은 $(b^{t'}, b^{x'}, b^{y'}, b^{z'})$라 하면 $\mathbf{a} \cdot \mathbf{b}$는 다음과 같이 주어진다.

$$\mathbf{a} \cdot \mathbf{b} = -a^{t'} b^{t'} + a^{x'} b^{x'} + a^{y'} b^{y'} + a^{z'} b^{z'}. \tag{5.18}$$

이것은 정의로부터 당연히 귀결되는 것이지만, 식 (5.9)로부터 증명할 수도 있다.

예제 5.2 로렌츠 부스트는 좌표축의 직교성을 보존한다

그림 4.13에 있는 (t', x')축이 (지금은 $c=1$이다) 지면위의 기하학적 표현으로 직각이지 않는 것처럼 보이지만 그러나 실질적으로 시공간에서는 직각이다. (t, x)계에서 이것을 명확히 알아보기 위해 t'축을 따라 있는 단위 4원 변위 벡터 $\mathbf{a}$, x'축을 따라 있는 단위 4원 변위 벡터를 $\mathbf{b}$라 하자.

이들 4원 벡터의 (t', x', y', z') 좌표상의 성분은 $a^{\alpha'} = (1,0,0,0)$이고, $b^{\alpha'} = (0,1,0,0)$이다. 식 (5.17)로부터 (t', x', y', z') 좌표계에서 $\mathbf{a} \cdot \mathbf{b} = 0$이기 때문에 이들 두 벡터는 직교하여야 한다. 이것은 그것들이 어떤 좌표계에서도 직교함을 의미한다. 그러나 이것을 (t, x, y, z) 좌표계에서 명확히 계산해 보이겠다. 식 (5.9)로부터 (t, x, y, z)의 성분은

$$a^{\alpha} = (\gamma, v\gamma, 0, 0), \qquad b^{\alpha} = (v\gamma, \gamma, 0, 0). \tag{5.19}$$

식 (5.17)로부터

$$\mathbf{a} \cdot \mathbf{b} = -\gamma(v\gamma) + (v\gamma)\gamma + 0 + 0 = 0. \tag{5.20}$$

5.2 특수 상대성 운동학 Special Relativistic Kinematics

4원 벡터의 개념을 도입했을 때와 같이 입자의 운동을 시공간적 의미로 묘사하기 위해 그것들의 사용법에 주의를 기울여보자. 이것이 특수 상대성 운동학의 주제이다.

한 입자가 시공간을 통하여 시간성 세계선을 따라 움직이고 있다. 이 곡선은 어느 한 특정 좌표계에서 t의 함수로써 3개의 공간 좌표 x^i를 부여함으로 결정할 수 있다. 그러나 세계선을 묘사하는데 좀 더 4차원적 방법은 입자 x^{α}의 모든 4개의 좌표를 세계선을 따라 같이 변하는 변수 σ의 함수 나타내는 것이다(**그림 5.6**을 보라). 각각의 σ값에 대하여, 4원 함수 $x^{\alpha}(\sigma)$는 세계선 위의 한 점을 결정한다. 여러 변수 기호가 가능하다. 그러나 가장 자연스러운 변수는 고유시간 τ로써 이것은 임의의 출발점에서 양으로도 음으로도 측정되는 세계선을 따라 시공간의 거리를 의미한다. 이와 같이, 세계선은 다음 공식으로 묘사된다.

$$x^{\alpha} = x^{\alpha}(\tau). \tag{5.21}$$

4.3절에서 논의한 것과 같이 시계는 시간성 세계선을 따라 거리를 측정하는 고안물이다. 거리 τ는 세계선을 따라 움직이는 시계에 의해서 측정되는 것으로 그래서 그것은 물체와 함께 움직이는 **고유시간**이라 한다.

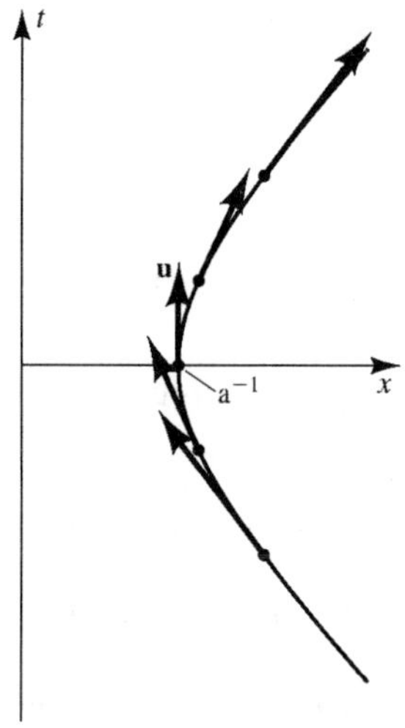

그림 5.6 단순한 가속된 세계선. 이 시공간 다이어그램은 (5.24)에 의한 변수로 고유시간 τ의 항으로 특성화된 세계선을 보여주고 있다. 점들은 -1에서 1까지 1/2씩 단계적으로 $a\tau$ 의 값을 표시하고 있다. 4원 속도벡터 **u**들이 이 점들에서 반의 크기로 나타나 있다. $a\tau$ 의 다음 단계의 값은 1.5 와 -1.5로서 그래프 밖으로 나가버려 나타나있지 않다. 점들은 시공간의 기하에서 곡선을 따라 등거리 간격으로 놓여있고 4원 벡터들은 모두 동일한 길이이다. 이 페이지의 종이 기하학에서 $|\tau|$가 증가함에 따라 점들이 떨어져 있는 간격이 점차 벌어지고, 벡터들의 길이도 점차 길어지는 이유를 여러분들은 설명할 수 있는가?

예제 5.3 단순 가속 세계선

세계선을 따라 움직이는 입자는 다음과 같이 묘사된다.

$$t(\sigma) = a^{-1}\sinh\sigma, \qquad x(\sigma) = a^{-1}\cosh\sigma \tag{5.22}$$

여기서 a는 길이의 역 차원을 가진 상수이다. 변수 σ는 $-\infty$에서 ∞까지 범위이다. 각 σ값에 따라 식 (5.22)는 (t, x)시공간의 한 점을 결정한다. σ 가 변함에 따라서 세계선을 휩쓸고 지나간다. **그림 5.6**은 시공간 도표에서 세계선을 보여주고 있다. 그것은 쌍곡선 $x^2 - t^2 = a^{-2}$이다. 그러므로 세계선은 $x(t)= \left(t^2 + a^{-2}\right)^{1/2}$로 변경하여 표현할 수도 있다. 그러나 식 (5.22)와 같이 한 변수로 나타내는 것은 x와 t 동등하게 취급하는 것이다. **그림 5.6**의 세계선은 직선이 아니기 때문에 그것은 가속을 받는 것이다. 세계선을 따라 가는 고유시간 τ는 다음과 같이 σ와 연결된다. (식 (4.12), 식 (4.8) 참고)

$$d\tau^2 = dt^2 - dx^2 = (a^{-1}\cosh\sigma\, d\sigma)^2 - (a^{-1}\sinh\sigma\, d\sigma)^2 = (a^{-1}d\sigma)^2. \tag{5.23}$$

σ가 0일 때 τ 또한 0이므로, $\tau = a^{-1}\sigma$. 그리고 세계선을 식 (5.21)과 같이 고유시간을 변수로 하여 표현하면

$$t(\tau) = a^{-1}\sinh(a\tau), \qquad x(\tau) = a^{-1}\cosh(a\tau). \tag{5.24}$$

4원 속도는 성분이 u^{α}인 4원 벡터의 **u**로써 세계선을 따라 있는 위치에 고유시간 τ로 미분한 것이다.

4원 속도

$$\boxed{u^{\alpha} = \frac{dx^{\alpha}}{d\tau}.} \tag{5.25}$$

4원 속도는 각 점에서 세계선에 접선이 된다. 왜냐하면 변위는 $\Delta x^{\alpha} = u^{\alpha}\Delta\tau$로 주어지기 때문이다(**그림 5.7**을 보라).

4원 속도의 4원 성분은 t와 고유시간 τ의 관계는 식 (4.15)를 사용하여 어느 특성 관성계에 있는 3원 속도 $\vec{V}=d\vec{x}/dt$의 항으로 다음과 같이 표현될 수 있다.

$$u^{t} = \frac{dt}{d\tau} = \frac{1}{\sqrt{1-\vec{V}^{2}}}, \tag{5.26}$$

그리고

$$u^{x} = \frac{dx}{d\tau} = \frac{dx}{dt}\frac{dt}{d\tau} = \frac{V^{x}}{\sqrt{1-\vec{V}^{2}}}. \tag{5.27}$$

요약하면, (4.22)의 $\gamma \equiv (1-\vec{V}^{2})^{-1/2}$ 정의를 사용하여 식 (5.26)과 식 (5.27)을 합치면

3원 속도항으로 나타낸 4원 속도

$$\boxed{u^{\alpha} = (\gamma, \gamma\vec{V}).} \tag{5.28}$$

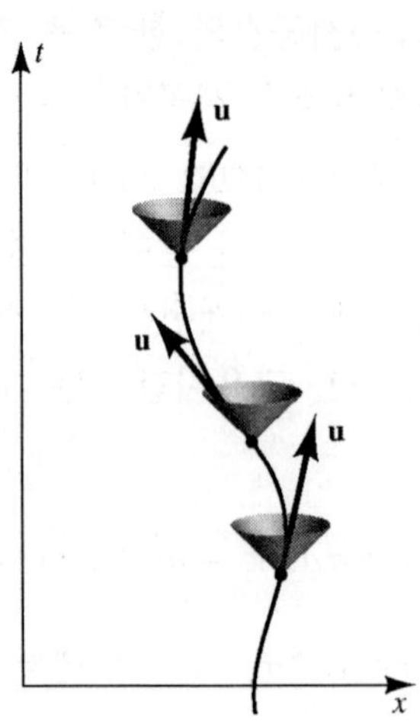

그림 5.7 한 입자의 세계선을 따라 있는 어떤 점에서 4원 속도 $\mathbf{u}(\tau)$는 그 점에서 단위 시간성 접선 4원 벡터이다. 그것은 그 점에서 빛 원뿔 내에 존재한다. 이것은 2차원에서 표현한 것이다. 그러나 이것은 다만 2차원 정보만 있을지라도 3차원 빛 원뿔을 그리는 것이 연상을 가능하게하고 그리고 통례적이다.

이 결과의 즉각적 결론은 **u**의 자기 자신과의 내적이 (식 5.17 참고)

$$\boxed{\mathbf{u}\cdot\mathbf{u}=-1,} \tag{5.29}$$

4원 속도의 규격화 (momasization)

이라는 것이다. 4원 속도는 언제나 단위 시간성 4원 벡터이다. 식 (5.13)을 사용하면 다음과 같이 된다.

$$\mathbf{u}\cdot\mathbf{u}=\eta_{\alpha\beta}\frac{dx^{\alpha}}{d\tau}\frac{dx^{\beta}}{d\tau}=-1, \tag{5.30}$$

식 (5.16)의 선 요소로부터 위 식의 마지막 등호는 $ds^2=-d\tau^2$의 관계로 연결된다.

예제 5.4 단순 세계선의 4원속도

예제 5.3에서 언급한 세계선상의 4원 속도 u는 다음과 같은 성분을 가진다 [참고 (5.25)].

$$u^t\equiv dt/d\tau=\cosh(a\tau),\qquad u^x\equiv dx/d\tau=\sinh(a\tau). \tag{5.31}$$

이것은 올바르게 규격화된다. 즉

$$\mathbf{u}\cdot\mathbf{u}=-(u^t)^2+(u^x)^2=-\cosh^2(a\tau)+\sinh^2(a\tau)=-1. \tag{5.32}$$

약간의 예가 **그림 5.6**에 제시되어 있다.
입자의 삼원 속도는

$$V^x=\frac{dx}{dt}=\frac{dx/d\tau}{dt/d\tau}=\tanh(a\tau). \tag{5.33}$$

이것은 광속도를 초과할 수 없다. ($|V^x|=1$) 그러나 $\tau=\pm\infty$에서는 광속에 접근 가능하다.

5.3 특수 상대성 동역학 Special Relativistic Dynamics

운동 방정식

뉴턴의 운동 제1법칙은 특수 상대성 역학뿐 아니라 비상대론적 운동에도 성립하는 법칙이다. 외부에서 힘을 주지 않으면 물체는 정지해 있거나 일정한 속력으로 움직인다. 이것은 다음과 같이 요약된다.

$$\frac{d\mathbf{u}}{d\tau}=0, \tag{5.34}$$

뉴턴 제1법칙

(5.28)에서 보면 이 식은 어떤 관성계에서 $\vec{V}$가 일정함을 의미하고 있다.

상대론적 역학의 목표는 뉴턴의 제2법칙에 해당하는 $\vec{F}=m\vec{a}$와 유사한 식을 도입하는 것이다. 이 법칙을 유도해 낼 수 있는 법칙은 없다. 그러나 그럴듯하게 다음 특징들을 만족해야 한다.

(1) 상대성 원칙을 만족해야 한다. 즉, 모든 관성계에서 동일한 형태이다.
(2) 힘이 영일 때 (5.34)로 되돌아가야 한다.
(3) 입자의 속도가 광속보다 아주 작을 때 그 방정식은 $\vec{F}=m\vec{a}$로 되돌아가야 한다.

이때의 (1)(2)(3)을 만족하는 식은

뉴턴 제2법칙

$$m\frac{d\mathbf{u}}{d\tau}=\mathbf{f} \tag{5.35}$$

상수 m은 입자의 관성 특징으로 **정지 질량**이다. $\mathbf{f}$는 **4원 힘**이라 불린다.

요구 (1)조건은 이 식이 4원 벡터 식이므로 성립되고,
요구 (2)조건은 당연히 증명되며,
요구 (3)조건은 적당한 힘 $\mathbf{f}$를 선택하면 만족한다.

이것이 특수 상대성 역학에서 올바른 운동 법칙이며, 뉴턴 제2법칙을 특수 상대론적으로 일반화 시킨 것이다. 여기서 4원 가속도 벡터 $\mathbf{a}$를 도입하면

4원 가속도

$$\mathbf{a}\equiv\frac{d\mathbf{u}}{d\tau}, \tag{5.36}$$

그러면 (5.35)의 운동 방정식은

$$\boxed{\mathbf{f}=m\mathbf{a}.} \tag{5.37}$$

로 쓸 수 있게 된다. 식 (5.35)는 4개의 식을 함축하지만 각 식들은 모두 독립적이지 않다. 식 (5.29)의 4원 속도 규격화는 다음을 의미한다.

$$m\frac{d(\mathbf{u}\cdot\mathbf{u})}{d\tau}=0, \tag{5.38}$$

그리고 이것은 (5.35)로부터 $\mathbf{u}\cdot\mathbf{a}=0$ 혹은,

$$\mathbf{f}\cdot\mathbf{u}=0. \tag{5.39}$$

를 함축적으로 내포하고 있다. 이 관계는 오직 3개의 독립적인 운동 공식이 있음을 말해주고 있다 – 뉴턴 역학에서와 같이 동일한 개수다. 이 연결은 좀 더 상세히 논의될 것이다. 그리고 뉴턴의 제3법칙도 논의될 것이다.

예제 5.5 **4원 힘 Required Four-Force**

예제 5.3과 5.1에서 예시된 세계선의 4원 가속도 $\mathbf{a}$는 다음과 같은 성분을 가진다.

$$a^t \equiv du^t/d\tau = a\sinh(a\tau), \qquad a^x \equiv du^x/d\tau = a\cosh(a\tau). \tag{5.40}$$

이 가속도의 크기는 $(\mathbf{a}\cdot\mathbf{a})^{1/2}=a$가 된다. 그래서 상수 a는 적절히 이름이 부여되어 있는 것이다. 세계선을 따라 입자를 가속시키는데 요구되는 4원 힘은 $\mathbf{f}=m\mathbf{a}$로서 여기서 m은 입자 정지 질량이다.

에너지-운동량

운동 식 (5.35)는 자연적으로 에너지와 운동량의 상대론적 아이디어로 인도한다. 만일 **4원 운동량**이 다음과 같이 정의된다면

$$\mathbf{p} = m\mathbf{u}, \tag{5.41}$$ 4원 운동량

그러면 (5.35)의 운동 식은

$$\frac{d\mathbf{p}}{d\tau} = \mathbf{f}. \tag{5.42}$$

중요한 4원 운동량의 특징이 정의 (5.41)와 4원 속도의 규격화 (5.29)로부터 나온다.

$$\boxed{\mathbf{p}^2 \equiv \mathbf{p}\cdot\mathbf{p} = -m^2.} \tag{5.43}$$

(5.28)에서 보면 4원 운동량의 구성 성분은 관성계에서 3원 속도와 관련되어 있다.

$$p^t = \frac{m}{\sqrt{1-\vec{V}^2}}, \qquad \vec{p} = \frac{m\vec{V}}{\sqrt{1-\vec{V}^2}}. \tag{5.44}$$

$V \ll 1$ 속도로 작을 때는

$$p^t = m + \frac{1}{2}m\vec{V}^2 + \cdots, \qquad \vec{p} = m\vec{V} + \cdots. \tag{5.45}$$

이와 같이 작은 속도에서는 $\vec{p}$는 통상의 운동량이 되고 p^t는 운동에너지와 정지 질량의 합이다. 이런 이유로 해서 $\mathbf{p}$를 **에너지-운동량 4원 벡터**라 불린다. 관성계의 이것의 성분은

$$p^\alpha = (E, \vec{p}) = (m\gamma, m\gamma\vec{V}), \tag{5.46}$$

여기서 $E \equiv p^t$는 에너지이고 $\vec{p}$는 3원 운동량이다. (5.43)은 3원 운동량 항으로 에너지를 나타내는 식으로 풀 수 있게 해준다.

$$E = (m^2 + \vec{p}^2)^{1/2}, \tag{5.47}$$

이것은 정지 에너지가 상대론적 입자의 에너지의 한 부분임을 보여준다. 실제로 정지해 있는 입자에 대해서는 식 (5.47)은 통상적인 단위로 나타내면 $E = mc^2$으로 환원된다. 이것은 상대성 이론에서 가장 유명한 방정식임에 틀림없다.

특수 상대성 운동학의 중요한 응용은 입자의 상호작용에서 나타난다. 입자의 붕괴시 에너지 보존 법칙과 전체 3원 운동량 보존 법칙 둘 다가 포함되는 전체 4원 운동량이 보존된다는 것이다. 천문학에서 중요한 한 예가 **상자 5.1**에 제시되어있다.

어느 특정한 한 관성계에서 상대론적 운동 방정식 (5.35)와 뉴턴 법칙과의 연결고리는 3원 힘 $\vec{F}$를 다음과 같이 정의함으로 명확히 할 수 있다.

$$\frac{d\vec{p}}{dt} \equiv \vec{F}. \tag{5.48}$$

이것은 뉴턴의 법칙과 동일한 형태이며 그러나 (5.44)에 있는 3원 운동량에 대한 상대론적 표현과도 연관이 된다. 그러므로 특수 상대성 역학에서 문제를 푸는 방법과 뉴턴의 운동 방정식을 푸는 방법은 동일하다. 단지 차이점이라면 속도에 대한 것이 서로 다른 관계로 있다는 것이다. 뉴턴 역학에서 했던 것과 같이 뉴턴 제3법칙이 힘 F에 적용된다. 왜냐하면 식 (5.48)에 의해 입자의 3원 운동량은 모든 관성계에서 보존된다는 것을 함축하고 있기 때문이다. 결과적으로 $\vec{f} = d\vec{p}/d\tau = (d\vec{p}/dt)(dt/d\tau) = \gamma\vec{F}$ 이 된다. (5.39)와 (5.28)을 이용하여 4원 힘을 3원 힘의 항으로 다시 쓸 수 있다.

3원 힘의 항으로 나타낸 4원 힘

$$\mathbf{f} = (\gamma\vec{F}\cdot\vec{V}, \gamma\vec{F}), \tag{5.49}$$

여기서 $\vec{V}$는 입자의 3원 속도이다. 운동 방정식 (5.42)에서 시간 성분은

$$\frac{dE}{dt} = \vec{F}\cdot\vec{V}, \tag{5.50}$$

이것은 뉴턴 역학에서 친숙한 공식이다. (5.42)의 운동 방정식의 이 시간 성분은 다른 3개 성분의 결과물이다. 이와 같이 3원 힘의 항에 의하여 운동 방정식은 통상적인 뉴턴 역학에서와 같은 형태를 가진다. 그러나 에너지와 운동량에 대한 상대론적 표현과도 연관이 있다. 속도가 작을 때는 (5.25)는 뉴턴 제2법칙 (5.48)에 대한 특

수 상대론적 버전이 이 친밀한 비상대론적 형태로 되돌아감을 보여주고 있다. 즉 뉴턴 역학이란 특수 상대성 역학에서 아주 작은 속도로 운동할 때의 근사치에 해당한다.

예제 5.6 **자기장속에 있는 상대론적인 전하를 띤 입자**

전하 q, 정지 질량 m 인 입자가 전체 에너지 E 를 가진 균일한 자기장 $\vec{B}$ 안에서 움직인다고 하자. 이것의 원 궤도의 반경은 얼마인가? 이 입자에 작용하는 전자기 4원 힘의 성분은 무엇인가?

우리가 벌써 언급한 것과 같이 전자기는 특수 상대성에서 변하지 않으므로 자기장 내에 있는 전하입자에 미치는 3원 힘은

$$\vec{F} = q(\vec{V} \times \vec{B}), \tag{5.51}$$

여기서 $\vec{V}$는 전하의 속도이다. 입자는 친숙한 식 (5.48)의 운동공식에 따라 일정한 속도로 반경 R인 원형궤도를 돈다. 그러므로

$$\frac{d\vec{p}}{dt} = \frac{d}{dt}\left(\frac{m\vec{V}}{\sqrt{1-V^2}}\right) = \frac{m}{\sqrt{1-V^2}}\frac{d\vec{V}}{dt}. \tag{5.52}$$

구심 가속도인 $d\vec{V}/dt$는 V^2/R이므로 이것을 위 식에 대입하고 (5.51)과 연결시키면

$$\frac{m\gamma V^2}{R} = qVB. \tag{5.53}$$

그러므로

$$R = \frac{mV\gamma}{qB} = \frac{|\vec{p}|}{qB} = \frac{\sqrt{E^2 - m^2}}{qB}, \tag{5.54}$$

이것은 반경이 전체 에너지와 관련이 있음을 보여 주고 있다. 4원 힘의 성분들 중 시간방향 성분은 $f^t = \gamma\vec{F} \cdot \vec{V} = 0$ (힘의 시간 성분에는 자기장이 영향을 주지 않는다.) 이고 반경방향의 성분은

$$f^r = \gamma F^r = qVB\gamma = \frac{qB}{m}\sqrt{E^2 - m^2}. \tag{5.55}$$

5.4 자유입자 운동에 대한 변분원리
Variational Principle for Free Particle Motion

뉴턴 역학은 3.5절에 본바와 같이 극치작용(extremal action) 원리로 요약될 수 있었다. 특수 상대성 역학에서의 자유입자의 운동은 이와 유사하게 변분(variation) 원리 - 극치 고유시간(extremal proper time) 원리 - 로 요약할 수 있다. 이 원리는 4.4절에 있는 쌍둥이의 역설에 대한 논의에서 증명되었다. 시공간에서 움직이는 어느 자유의 입자가 따라가는 직선은 두 사건 사이에서 **가장 긴**(longest) 고유시간의 경로라는 것이다(역자주; 시공간좌표 평면은 비유클리트적이므로 그렇다. 4.4절 참고). 이 절에서 변분원리가 자유입자의 운동 방정식 (5.34)을 함축하고 있다는 것을 보여주겠다. 이것은 제8장에서 다시 논의할 것이므로 중요하다. 휜 시공간에서 자유입자에 대하여 극치 고유시간 원리를 적용해서 자유입자 운동 방정식을 유도할 것이다. 극치 고유시간의 변분원리는 다음과 같다.

자유입자의 운동에 있어서 변분원리
시간성 영역내의 떨어져 있는 두 점 사이를 움직이는 자유입자의 세계선은 그들 사이의 고유시간을 극치화(extremize)한다.

시공간에서 두 시간성 영역, 점 A와 B의 그들 사이의 모든 시간성 세계선을 고려해보자(**그림 5.8**).

각자 경로는 각자 고유시간 값을 가질 것이다.

$$\tau_{AB} = \int_A^B d\tau = \int_A^B \left[dt^2 - dx^2 - dy^2 - dz^2\right]^{1/2}. \tag{5.56}$$

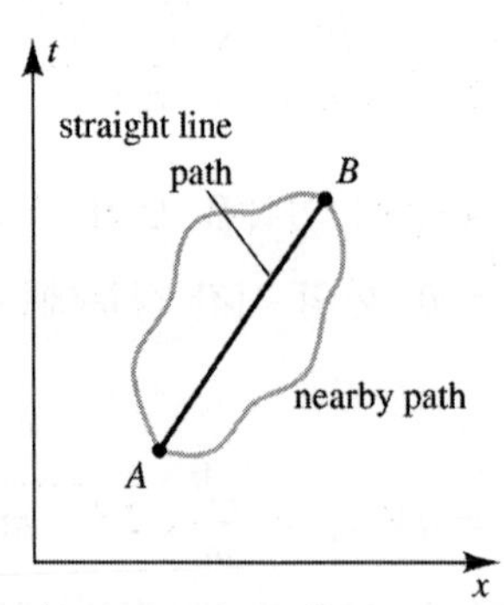

그림 5.8 두 점 사이의 직선은 두 점을 연결하는 가까이 있는 곡선들과 비교해 볼 때 두 점 사이의 거리의 극치(extremum)이다.

여기서 우리가 고려하고자 하는 모든 곡선에 대하여 A점에서는 $\sigma=0$, B점에서는 $\sigma=1$인 변수 σ를 도입하여 세계선을 묘사해보자. (이것은 변수 τ 대한 경우는 아니다.) 그러면 세계선은 σ의 함수로서 좌표를 부여함으로써 결정된다. 즉 $x^\alpha=x^\alpha(\sigma)$이다.

그러면 식 (5.56)은 다음과 같이 쓸 수 있다.

$$\tau_{AB}=\int_0^1 d\sigma\left[\left(\frac{dt}{d\sigma}\right)^2-\left(\frac{dx}{d\sigma}\right)^2-\left(\frac{dy}{d\sigma}\right)^2-\left(\frac{dz}{d\sigma}\right)^2\right]^{1/2}. \tag{5.57}$$

τ_{AB}를 극치화(extremize)하는 세계선을 구해보자. 즉, 이것은 작은 변분 $\delta x^\alpha(\sigma)$이 지나간 고유시간을 따라서 0으로 사라지는 변분을 만들어 낸다는 뜻이다. 이것은 3.5절에서 본 바와 같이 뉴턴 역학에서 푼 친근한 문제이다. 식 (5.57)에서 적분을 Lagrangian으로, x^α를 동적 변수로 그리고 σ를 시간으로 생각해 보자. 그러면 식 (5.57)은 뉴턴 역학의 (3.35)의 작용(action)과 같은 형태이다. Lagrange 방정식이 여기와 저기 양쪽에 최소화하는 것에 필요한 조건이 된다.

$$-\frac{d}{d\sigma}\left(\frac{\partial L}{\partial(dx^\alpha/d\sigma)}\right)+\frac{\partial L}{\partial x^\alpha}=0, \tag{5.58}$$

여기서

$$L=\left[\left(\frac{dt}{d\sigma}\right)^2-\left(\frac{dx}{d\sigma}\right)^2-\left(\frac{dy}{d\sigma}\right)^2-\left(\frac{dz}{d\sigma}\right)^2\right]^{1/2}=\left[-\eta_{\alpha\beta}\frac{dx^\alpha}{d\sigma}\frac{dx^\beta}{d\sigma}\right]^{1/2}. \tag{5.59}$$

뭐가 일어났는지 보라. Lagrange 공식 (5.58)을 $x^1\equiv x$라 두고 다시 써보면

$$\frac{d}{d\sigma}\left[\frac{1}{L}\frac{dx^1}{d\sigma}\right]=0. \tag{5.60}$$

이 된다. 그러나 여기서 $L=\left[-\eta_{\alpha\beta}(dx^\alpha/d\sigma)(dx^\beta/d\sigma)\right]^{1/2}$은 단지 $d\tau/d\sigma$가 되고, 이 식의 양변에 $d\sigma/d\tau$를 곱하면 식 (5.60)은

$$\frac{d^2x^1}{d\tau^2}=0. \tag{5.61}$$

이 된다. 이것은 모든 좌표축에서 동일함으로 모든 4개의 Lagrange 식을 포함하여 나타내는 식은 다음과 같다.

$$\frac{d^2x^\alpha}{d\tau^2}=0. \tag{5.62}$$

이것은 자유입자에 대한 올바른 운동 방정식 (5.34)이다. 이것의 해는 두 점 A와 B를 연결하는 똑바른 세계선이다. 평평 시공간에서 자유입자의 세계선은 극치(extremal) 고유시간이 그리는 경로이다.

5.5 광선 Light Rays

제로 정지 질량 입자들

여태까지의 논의는 광속도보다 훨씬 작은 속도로 움직이는 정지 질량이 0이 아닌 물체에 관한 것이었다. 이제는 눌성(null) 세계선을 따라가는 $V=1$인 광속으로 움직이는 입자에 대해 고려해보자. 예로는 빛과 중력의 양자 – 광자와 중력자 – 가 있고 그리고 뉴트리노[4]도 가능할 수 있다. 우리는 비양자적 면으로는 광선이라 부르는 광자에 대해서만 논의하지만 우리가 취급하는 것은 광속으로 움직이는 어떤 다른 입자에도 해당된다.

확실히 고유시간은 빛이 달리는 세계선에서는 더 이상 변수로써 사용되어 질 수 없다. 그 선상에서는 두 지점의 고유시간 간격은 0이기 때문이다. 그러나 시용할 수 있는 많은 다른 변수들이 있다. 예로써 경로

$$x=t, \tag{5.63}$$

이것은 $V=1$을 가지며, 변수로 나타내면

$$x^{\alpha}=u^{\alpha}\lambda, \tag{5.64}$$

여기서 λ는 매개변수이고 $u^{\alpha}=(1, 1, 0, 0)$이다. 4원 벡터 $\mathbf{u}$는 접선 4원 벡터 $u^{\alpha}=dx^{\alpha}/d\lambda$ 로서 매개변수 λ는 식 (5.25)에서 사용된 τ와 같은 역할이다. 그러나 여기서 $\mathbf{u}$는 눌(null) 벡터가 된다. 그러므로 (5.29)와 대조적으로

$$\mathbf{u}\cdot\mathbf{u}=0. \tag{5.65}$$

가 된다. 매개 변수를 다르게 선택하면 다른 접선 4원 벡터를 줄 것이다. 그러나 그 모두는 0의 길이를 가진다. 이 매개 변수의 선택으로

$$\frac{d\mathbf{u}}{d\lambda}=0, \tag{5.66}$$

그러면 빛의 운동 방정식은 입자의 경우 (5.34)처럼 같아진다. 위 식이 사실이 아닌 많은 매개변수의 선택이 있을 수 있다. 예로써 (5.64)에서 λ를 σ^3로 바꿀 수도 있었다. σ가 $-\infty$에서 $+\infty$로 변함에 따라 동일한 직선 $x=t$가 묘사되었을 것이다. (5.65)까지도 성립하게 되었을 것이다. 그러나 (5.66)은 성립하지 않게 된다.

4) 현재 적어도 뉴트리노들 중에 어떤 것은 아주 작은 질량을 가지고 있다는 증거가 있다.

식 (5.66)의 빛에 대한 운동 방정식에 대한 매개변수는 **아핀**(affine) **매개변수**라 불리는 입자를 위한 매개 변수와 동일해야 한다. 이런 매개 변수만 있는 것은 아니다. 예로써 λ가 아핀 매개변수라면 그러면 λ에 일정한 상수 배 한 것도 또한 아핀 매개변수 이다. (5.66)의 단순한 형태 때문에 아핀 매개변수가 빛에 사용되어지는 가장 편리한 매개변수이다. 아핀 매개변수

에너지, 운동량, 진동수, 그리고 파속 벡터

광자와 뉴트리노는 에너지와 3원 운동량을 운반한다. 어떤 관성계에서 광자의 에너지 E는 아인슈타인의 또 다른 유명한 관계식에 의하면 진동수 ω와 연결되어 있다.

$$E = \hbar\omega. \tag{5.67}$$

3원 운동량에 대하여 식 (5.44)로부터 3원 속도 $\vec{V}=\vec{p}/E$로 주어진다. $|\vec{V}|=1$이므로 이것은 광자에 있어서 $|\vec{p}|=E$ 임을 의미한다. 그러면 3원 운동량은 다음과 같이 쓸 수 있다.

$$\vec{p} = \hbar\vec{k}, \tag{5.68}$$

여기서 $\vec{k}$는 파의 진행방향으로 향하고, 그 크기 $|\vec{k}| = \omega$이고, 그리고 **3원 파속 벡터**(wave three vector)이라 불린다. 어떤 관성계에서 광자의 4원 운동량 $\mathbf{p}$의 성분은 그러므로 다음과 같이 쓸 수 있다.

$$\boxed{p^\alpha = (E, \vec{p}) = (\hbar\omega, \hbar\vec{k}) = \hbar k^\alpha.} \tag{5.69}$$

광자의 4원 운동량

4원 벡터를 $\mathbf{k}$를 **4원 파속 벡터**라 부른다. 결국

$$\boxed{\mathbf{p}\cdot\mathbf{p} = \mathbf{k}\cdot\mathbf{k} = 0.} \tag{5.70}$$

가 성립한다. 식 (5.43)과 비교해 보면 광자는 0의 정지 질량을 가짐을 알 수 있다. 광속으로 움직이는 입자는 모두 정지 질량이 0이다. $\mathbf{p}$와 $\mathbf{k}$는 광자의 세계선에 접한다. 접선 벡터 $\mathbf{u}$는 아핀 매개변수 λ를 규격화함으로써 $\mathbf{p}$와 $\mathbf{k}$에 일치하도록 선택될 수 있다. (5.66)의 운동 방정식은 $\mathbf{p}$와 $\mathbf{k}$를 사용하여

$$\frac{d\mathbf{p}}{d\lambda} = 0, \text{ 혹은 } \frac{d\mathbf{k}}{d\lambda} = 0, \tag{5.71}$$

여기서 λ는 아핀 매개변수이다.

도플러 편이와 상대론적 빛살(Beaming)

상대론적 도플러 편이는 이 아이디어의 간단한 응용의 예이다. 모든 방향으로 진

동수 ω의 광자를 방출하고 있는 광원(source)이 있다고 하자. 다른 계에서는 광원이 x'축 따라 속도 V로 움직인다고 하자. 그러면 그 광원이 움직이는 방향에 대하여 각도 α'를 이루고 있는 관측자에게는 방출되는 광자의 진동수는 어떻게 관찰될까? 이 질문에 대한 해답은 로렌츠 부스트를 이용하여 정지계에서의 4원 파속 벡터 $\mathbf{k}$의 성분과 광원이 움직이는 것으로 관측되는 계의 $\mathbf{k}$의 성분을 서로 연결시켜 봄으로써 알 수 있다.

$k^{\alpha}=(\omega, \vec{k})$를 광원이 있는 계에서 방출되는 광자의 4원 파속 벡터 $\mathbf{k}$의 성분이라고 두고, $k^{\alpha'}=(\omega', \vec{k}')$는 관찰자의 계에서의 성분이라고 하자. 식 (5.9)로부터

$$\omega=\gamma(\omega'-Vk^{x'}). \tag{5.72}$$

그런데 $k'^{x}=\omega'\cos\alpha'$가 성립한다. 여기서 α'는 광원이 움직이는 방향 즉 x'축 방향과 관찰자가 관측하는 광자의 방출 방향과의 그 사이 각이다. 이와 같으면

도플러 편이

$$\boxed{\omega'=\omega\frac{\sqrt{1-V^2}}{1-V\cos\alpha'},} \tag{5.73}$$

이것이 상대론적 도플러 편이 공식이다. 만일 V가 아주 작다면 이것은

$$\omega'\approx\omega\left(1+V\cos\alpha'\right). \tag{5.74}$$

가 된다. $\alpha'=0$ 일 때 즉, 광원이 움직이는 방향과 같은 방향으로 방출되는 광자의 진동수는 $\Delta\omega'=+V\omega$ 만큼 청색편이 한다. $\alpha'=\pi$일 때 즉 광원이 움직이는 방향과 반대 방향으로 방출되는 광자는 $\Delta\omega'=-V\omega$ 만큼 적색편이 한다.

$\alpha'=\pi/2$인 광원의 움직이는 방향과 직각으로 방출되는 광자의 경우에도 적색편이가 일어난다. 이때는 식 (5.73)에서 단지 시간의 확장의 영향 때문으로 V^2이 주된 영향을 미치는 요소가 된다. 이때의 편이를 횡적(transverse) 도플러 편이라 한다.

그림 5.9 예시된 상대론적 빛살 형태의 현상은 광자의 공간 운동량의 변환에 따른 것이다. 광원의 계에서 x축과 α의 각도로 방출되는 광자 경우를 가정하자. 이때 $\cos\alpha=k^{x}/\omega$이다. 관찰자의 계에서는 그것이 x'축과 이루는 각도는 $\cos\alpha'=k'^{x}/\omega'$ 정의된다. (ω, k^{x})와 (ω', k'^{x})를 연결해주는 두 계 사이의 로렌츠 변환 (5.9)는 이들 두 각도 사이에 다음과 같은 관계가 있음을 보여준다.

상대론적 빛살

$$\cos\alpha'=\frac{\cos\alpha+V}{1+V\cos\alpha}. \tag{5.75}$$

이와 같이 광원의 계에서 광원이 나아가는 방향으로의 반구($|\alpha|<\pi/2$)에서는, 방출된 광자의 반이 관측자에게는 그 각도가 좁혀진 작은 원뿔 형태로 $|\alpha'|<\alpha'_{1/2}$,

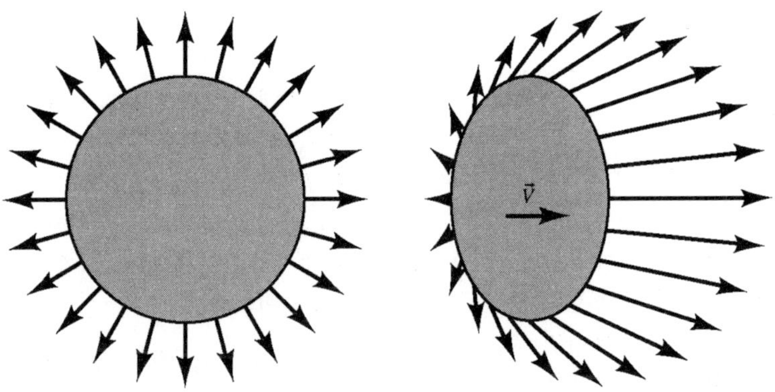

그림 5.9 상대론적 빛살. 왼쪽의 그림은 그것의 정지계에서 모든 방향으로 동등하게 빛이 방사되는 물체를 보여주고있다. 표면에서 수직으로 방출되는 24개 광자의 파 벡터가 보여져있다. 오른쪽 그림은 동일한 물체가 오른편으로 속도 $V=.75$로 움직이는 동일한 24개의 광자를 가진 로렌츠 수축된 물체를 보여주고 있다. 광자들은 속도 가 광속에 접근함에 따라 운동 방향으로 증가하고, 파 벡터들은 도플러 효과 때문에 운동방향으로 더 커진 성분들을 가진다. 그러므로 복사의 강도는 운동방향으로 증가하면서 집중된다.

여기서 $\cos\alpha'_{1/2}=V$, 광자가 방출되는 것처럼 보인다. V가 1에 접근함에 따라 관찰자에게 보이는, 광원에서 방출되는 광자의 원뿔의 각도는 점점 작아질 것이다. 이와 같이 광자의 빛살은 광원이 움직이는 방향에 따라 달라진다. 도플러 편이는 순방향의 광자의 에너지가 역방향의 광자의 에너지보다 크다는 것을 보여준다. 이 것은 운동방향으로 빛살의 강도(intensity)가 더 집중되는 것을 의미한다(**문제 17** 참고). 균일하게 빛을 내는 물체가 당신을 향하여 올 때가 당신으로부터 멀어질 때 보다 더 밝아보이게 될 것이다. 이것이 **상대론적 빛살 현상**이다.

상자 5.1 Cosmic Background Cutoff on Cosmic Ray Energies

지구에 대하여 빛 속도 이하로 달리는, 우주에서 가장 빠른 입자들은 고 에너지 우주선들이다. 우주선이란 우주성간의 통하여 날아다니는 소립자나 원자핵에 대하여 통칭하여 부르는 것이다. 양성자는 아주 풍부한 예가 된다. 그것들이 대기권에 들어왔을 때 그것들이 만들어내는 입자 소나기를 통해서 탐지되는데 관찰되는 에너지가 3×10^{20}eV에 다다르기도 한다. 대기권내에서 양성자의 붕괴는 지구에 있는 가장 고출력의 가속기보다도 100,000배 더 강력하다. 이 양성자에 대해 $\gamma\sim10^{11}$ 정도가 되고, 이것의 속도는 빛 속도에 거의 가깝게 단지 10^{22}분의 서너수 정도로 거의 약간 작게 달린다.

우주선의 그 가속도 메커니즘은 완전히 이해 못하고 있다. 그것의 원천에 대한 단서가 우주 마이크로파 배경복사(CMB)와 양성자와의 상호작용을 이해함으로써 발견될 수 있다. CMB는 빅뱅이후 우주 전체에 고루 퍼져있는 배경 복사로 그것은 현재 온도는 2.73K로 차갑다. 17장에서 CMB에 대해 더 공부하겠지만 우주선에 대한 그것의 영향을 고찰하는데 몇 가지 사실은 알아둘 필요가 있다. CMB계라고 불리우는 계(frame)에서는 흑체 스펙트럼과 함께 이 복사는 등방적(isotropy)이다. 성단은 이 계에 대해서 광속도와 비교해볼 때 아주 작은 속도로 움직이고 있다. 2.73K온도에서 CMB의 광자 에너지는 2×10^{-4} eV이고, 단위 cm^3당 평균 400개의 CMB 광자가 있다. 고에너지 우주선인 양성자가 CMB 광자와 부딪히면 무엇이 일어날까? 만일 양성자가 충분히 빠르게 움직인다면 그 붕괴는 광자의 파이온 생성반응을 시작할 것이다.

$$\gamma + p \to n + \pi^+ \text{ 혹은 } \gamma + p \to p + \pi^0,$$

이 파이온은 양성자 에너지를 떨어뜨린다. (여기서 γ는 광자를 나타낸다. 로렌츠 변환의 γ가 아니다.) 우주선을 만들어 내는 광원이 충분히 멀리 떨어져 있어 그것들이 우리에게로 여행하여 오는 동안 거의 확실하게 CMB광자와 충돌한다면 우주선의 양성자가 위의 에너지보다는 더 크지는 않을 것이라는 것을 예상할 수 있다. 이 상한선을 GZK cutoff라 부른다. 이 효과에 대해 주의의 환기시킨 최초의 저자들 Greisen – Zatsepin – Kuzimim의 머리 글자를 따서 부르고 있다.

GZK cutoff 에너지를 조사해 보는 것은 특수 상대성 이론을 탐구하는데 좋은 연습이 될 것이다. 정의를 내리기 위해 먼저 인용된 과정들의 첫 번째를 고려해보자. 전체 4원 운동량은 보존된다.

$$\mathbf{p}_\gamma + \mathbf{p}_p = \mathbf{p}_n + \mathbf{p}_\pi. \qquad \text{(a)}$$

붕괴되는 입자들의 운동량이 동등하지만 부호 반대인 질량의 중심계(center of mass(CM))에서 문지방 에너지는 아주 쉽게 발견된다. 문지방 에너지는 정지 상태에 있는 중성자와 파이온으로 이끌 수 있도록 초기 에너지가 충분할 때 발생한다. CM계의 문지방(threshold)에서 전체 에너지는 $E_n^{CM} + E_\pi^{CM} = m_n + m_\pi$이고, 전체 3원 운동량은 정의에 의해 0이므로 $\vec{p}_n^{\,CM} + \vec{p}_\pi^{\,CM} = 0$이다. 광자의 에너지가 전형적인 에너지가 $E_\gamma^{CMB} \approx 6 \times 10^{-4}$ eV인 CMB계에서 이것은 얼마의 E_γ^{CMB} 에너지에 해당할까? 이 문지방 양성자 에너지가 GZK cutoff에 해당된다.

이 질문에 대하여 4원 벡터의 길이는 모든 계에서 동일하다는 사실을 이용하면 효과적으로 답할 수 있다. CM계에서 threshold에 있는 $(\mathbf{p}_n + \mathbf{p}_\pi)^2$에 대한 값은 $-(m_n + m_\pi)^2$의 값을 준다. 4원 운동량의 보존 법칙 (a)는 이것이 $(\mathbf{p}_\gamma + \mathbf{p}_p)^2$과 같음을 의미한다.

$\mathbf{p}_p^2 = -m_p^2$와 $\mathbf{p}_\gamma^2 = 0$(광자는 0의 정지 질량 가짐)을 사용하여 위의 제곱을 계산해보면

$$2\mathbf{p}_\gamma \cdot \mathbf{p}_p - m_p^2 = -(m_n + m_\pi)^2. \qquad \text{(b)}$$

이 관계는 계에 의존하지 않고 CMB계의 4원 운동량의 성분에 의해 계산해 볼 수 있다.

에너지가 $E_p^{CMB} \gg m_p$인 양성자가 x축을 따라 움직이고 그 반대 방향으로 움직이고 있는 에너지 E_γ^{CMB}인 광자가 충돌한다고 가정하자. CMB계 (t, x)의 구성성분은

$$\begin{aligned} (p_\gamma^{CMB})^\alpha &\approx (E_\gamma^{CMB}, -E_\gamma^{CMB}), \\ (p_p^{CMB})^\alpha &\approx (E_p^{CMB}, E_p^{CMB}) \end{aligned} \qquad \text{(c)}$$

여기서 3원 운동량은 식 (5.47)과 $E_p^{CMB} \gg m_p$를 사용하여 에너지 항으로 표현되었다. (b)에 있는 내적은 이들 성분들의 항으로 계산되어 질 수 있고 그 결과의 관계는 E_p^{CMB}를 위하여 풀 수 있게 해준다. $m_n \approx m_p$(현재의 목적으로는 적당함)을 이용하면 그 결과는 더 단순해진다.

$$E_p^{CMB} \approx \frac{m_p m_\pi}{2E_\gamma^{CMB}} \left(1 + \frac{m_\pi}{2m_p}\right) \approx 3 \times 10^{20} \text{ eV}. \qquad \text{(d)}$$

이것이 GZK cutoff 에너지이다. 이 양자는 광속도보다 단지 조금 작은 5×10^{-24}의 비율의 속도 V로 여행을 하고 있다. 이것은 로렌츠 감마 요소 $\gamma \sim 10^{11}$에 해당된다!

CMB광자와 충돌하기 전에 10^{20}eV의 에너지를 가진 양성자의 평균 자유 이동거리는 $\lambda_{CMB} = 1/(\sigma N_\gamma)$이 된다. 여기서 σ는 광자생산과정의 단면적으로 약 $2 \times 10^{-28}\text{cm}^2$이고 N_γ는 CMB광자의 숫적 밀도로써 약 400cm^{-3}이다. 이것을 계산해 보면 $\lambda_{CMB} \approx 10^{25}$ cm ≈ 천만 광년이다. 이것은 단지 국소 성단 군집 정도의 크기이다.

양성자 에너지가 감소하는 데에 작은 수의 평균 자유 경로를 취한다. 그러나 그 정도의 에너지를 가진 양성자는 그렇게 멀리까지 갈 수 없다. 매우 고에너지를 가진 우주선은 드물다. 그러나 3×10^{20}eV를 가진 것도 탐지되었다. 그러나 GZK cutoff로부터 예상되었던 수에서 급격한 감소는 보이지 않았다. 고에너지 입자에 대한 하나의 설명은 본토 가까이에서 그것들이 생산되었다는 것이다.

5.6 관측자와 관측 Observers and Observations

특수 상대성 역학에서 예견되어지는 것들은 관성계에서 전형적으로 아주 쉽게 계산되거나 이해되어질 수 있다. 한 관성계에서 정지해 있는 관측자들의 관측들은 그 관성계에서 축으로 간주 될 수 있다. 예로써 한 관성계에서 정지 상태에 있는 한 관측자가 측정한 입자의 에너지는 그 계의 시간축을 따라서 있는 입자의 4원 운동량의 성분이다. 그러나 모든 관측자가 한 관성계에 정지해 있는 것은 아니다 - 예로써 지구표면 가속을 받고 있는 관측자의 관측에서 예견되는 것들은 어떻게 계산 될 수 있을까?

이 질문은 특히 일반 상대성 이론에서 중요하다. 모든 시공간으로 확장된 일반 상대성의 휜 시공간에 있어서는 일반적으로 관성계란 없다. 앞으로 배우게 되겠지만 어느 한 점에 바로 인접한 것 그리고 자유 낙하하는 관측자의 세계선에 인접한 곳 같은 국소(local) 관성계는 있다. 그러나 전체(global) 관성계는 없다. 그러므로 전체 관성계와 관련이 없는 관측자의 예견을 이끌어내는 체계적인 방법이 중요하다. 이 절에서는 특수 상대성 이론 내에서 어떻게 그것을 하는지 기술하겠다.

시공간을 통한 관측자의 경로는 시간성 세계선이다. 그 세계선을 따라 어느 한 실험실에서 실험을 하고 있는 한 관측자가 있다고 하자. 적어도 천문학적 문제로 볼 때 이 실험실은 그것이 허블천체망원경 일지라도 물리적 현상이 일어나는 거리에 비해서는 엄청나게 작다. 그러므로 우리는 이상적으로 그 실험실을 임의적으로 작다고 간주한다. 그 실험실 안에서 한 관측자가 자와 시계를 가지고 여러 측정들을 하고 있다(**그림 3.1** 참고).

예로써, 한 관측자가 그 실험실을 통과하여 지나가는 입자의 경로는 실험실의 한 벽과 어떤 각도를 이루고 지나갈 것이다 - 이것은 방향을 나타내어 준다. 그리고 실험실을 가로 질러서 통과하는 시간을 측정한다. 그러면 그 입자의 속도를 알게 해준다.

수학적으로 **그림 5.10**에 보여주는 것 같이 국소 실험실에 대한 아이디어는 이상화되어 있을지 모른다. 관측자는 직교하는 4원 단위 벡터 $\mathbf{e}_{\hat{0}}$, $\mathbf{e}_{\hat{1}}$, $\mathbf{e}_{\hat{2}}$, $\mathbf{e}_{\hat{3}}$들 휴대하고 있는데 이것은 시간 방향과 3개의 공간 방향을 정의한다. 그것으로 관측자는 모든 측정을 측량한다. 첨자 위해 ∧ 표시는 우리가 정규직교 기저 벡터를 다룬다는 것을 강조할 때 사용된다. - 즉 모든 각자의 4원 벡터들은 단위길이와 그리고 그 각각은 서로 직각임을 의미한다. 시간성 4원 단위 벡터 $\mathbf{e}_{\hat{0}}$는 관측자의 세계선에 접선이다. 왜냐하면 실험실에 정지해 있는 시계가 시공간에서 움직이는 방향이기 때문이다. 관측자의 4원 속도 벡터 $\mathbf{u}_{obs}$는 단위 접선 벡터이므로 (식 5.29 참고),

$$\mathbf{e}_{\hat{0}} = \mathbf{u}_{\text{obs}}. \tag{5.76}$$

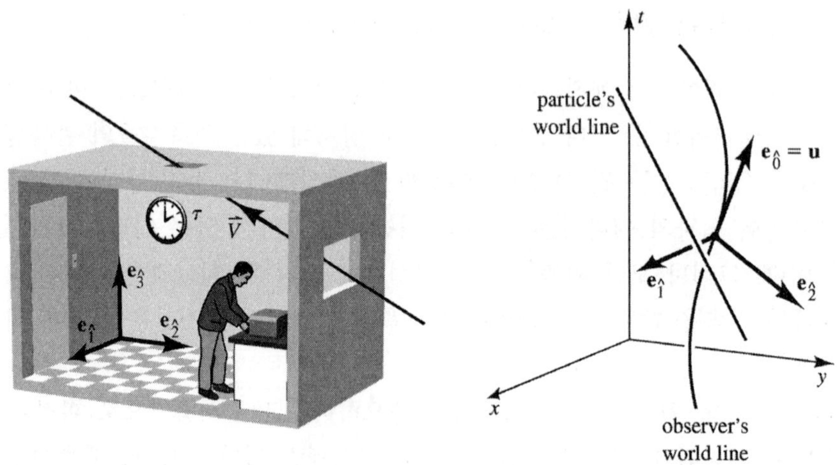

그림 5.10 시공간을 통해서 움직이고 있는 한 관측자는 오른 편의 그림에서 보듯이 세계선을 따라 시공간을 움직이고 있는 국소 연구실(왼편 그림)에 거주하는 것으로 생각되어질 수 있다. 연구실 내부에 있는 3개의 직교하는 공간 방향은 3개의 공간성 단위 4원 벡터 $e_{\hat{1}}, e_{\hat{2}}, e_{\hat{3}}$ 를 정의한다. 연구실에 정지해 있는 관측자의 시계는 관측자의 4원 속도와 일치하는 시간 방향 $e_{\hat{0}}$를 정의한다. 관측자에 의해 행하여진 관측들은 4원 기저 벡터들 $e_{\hat{\alpha}}$, $\hat{\alpha}=0,1,2,3$로 표현된다.

가 된다. 그리고 3개 공간 벡터 $\mathbf{e}_{\hat{i}}$는 $\mathbf{e}_{\hat{0}}$에 직각방향으로 임의로 마음대로 잡아도 된다. 만일 단지 실험실이 한 관성계 내에 정지해 있기만 하다면 $\mathbf{e}_{\hat{\alpha}}$는 그 관성계의 좌표축과 일치한 방향을 가리킬 것이다.

예제 5.7 단순하게 가속되고 있는 관측자를 위한 정규직교 기저(Orthonormal Basis)

예제 5.3과 5.4에 예시된 것 같이 가속되는 세계선을 따라 움직이는 관측자를 고려해보자. 관성계에 있는 이 관측자를 위한 한 세트의 4원 정규직교 기저 벡터의 성분들은 무엇일까? 이들 4원 벡터들은 관측자의 고유시간과 함께 변화할 것이다. 4원 벡터 $\mathbf{e}_{\hat{0}}(\tau)$는 관측자의 4원 벡터 $\mathbf{u}_{obs}(\tau)$가 된다. 그러면 그 성분은 (식 5.31 참고)

$$(\mathbf{e}_{\hat{0}}(\tau))^{\alpha} = u^{\alpha}_{\text{obs}}(\tau) = (\cosh(a\tau), \sinh(a\tau), 0, 0). \tag{5.77}$$

가 된다. 그리고 다른 3개의 4원 벡터 $\mathbf{e}_{\hat{i}}(\tau)$에 대한 조건은 $\mathbf{e}_{\hat{0}}(\tau)$에 직각이어야 하고, 또 서로 직각이어야 하며, 단위길이를 가진다는 조건을 만족해야 된다. 그래서 관측자는 정규직교 좌표계의 공간 축을 임의대로 잡을 많은 자유도를 가진다. 그러나 이 조건을 만족시킬 가장 쉬운 방법은 $\mathbf{e}_{\hat{2}}(\tau)$와 $\mathbf{e}_{\hat{3}}(\tau)$를 각각 y축과 z축으로 4원 단위 벡터로 잡는 것이다.

그리하면 남아있는 4원 벡터 $\mathbf{e}_{\hat{1}}(\tau)$는 f와 g의 어떤 함수로 $(f(\tau),\ g(\tau),\ 0.0)$ 형태를 가질 것이다. $\mathbf{e}_{\hat{0}}(\tau)$와 직교함으로 해서

$$\mathbf{e}_{\hat{0}}(\tau)\cdot\mathbf{e}_{\hat{1}}(\tau) = -\cosh(a\tau)f(\tau)+\sinh(a\tau)g(\tau) = 0. \tag{5.78}$$

이 될 것이고 단위 길이이기 때문에

$$\mathbf{e}_{\hat{1}}(\tau)\cdot\mathbf{e}_{\hat{1}}(\tau) = -f^2(\tau)+g^2(\tau) = 1. \tag{5.79}$$

가 될 것이다. 위 두 식으로 f와 g를 결정할 수 있다. 그리하면 식 (5.77)과 함께 $\mathbf{e}_{\hat{i}}(\tau)$의 4원 벡터는 관측자에 대하여 4원 정규직교 기저 벡터를 이루며 다음과 같다.

$$(\mathbf{e}_{\hat{1}}(\tau))^{\alpha} = (\sinh(a\tau), \cosh(a\tau), 0, 0), \tag{5.80a}$$

$$(\mathbf{e}_{\hat{2}}(\tau))^{\alpha} = (0, 0, 1, 0), \tag{5.80b}$$

$$(\mathbf{e}_{\hat{3}}(\tau))^{\alpha} = (0, 0, 0, 1). \tag{5.80c}$$

앞에서 논의한 것과 같이 관측자는 관측한 것을 실험내의 공간 축과 그 안에 있는 시계로 측량한다. 이것은 그 실험실과 관련이 있는 4원 기저 벡터 $\{\mathbf{e}_{\hat{\alpha}}\}$로 4원 벡터의 성분을 측정한다는 의미이다. (이 기호 { }의 정의는 한 세트를 의미한다.) 예로써 가속되고 있는 관측자에 의해 측정된 입자의 에너지는 4원 기저 벡터 $\mathbf{e}_{\hat{0}}$를 따라서 있는 입자의 4원 운동량 $\mathbf{p}$의 성분이다. 방향 1을 따라 측정된 3원 운동량은 $\mathbf{e}_{\hat{1}}$를 따라서 있는 $\mathbf{p}$의 성분이다, 등등.

이들 성분들은 다음과 같이 분해된다(식 (5.4) 참고).

$$\mathbf{p} = p^{\hat{\alpha}}\mathbf{e}_{\hat{\alpha}}. \tag{5.81}$$

이것들은 관측자의 정규직교 4원 기저 벡터를 가지고 내적(스칼라곱)으로 계산되어질 수 있다. 잠시 첨자의 균형을 맞추는 규칙을 보류하면 다음과 같이 쓸 수 있다.[5)]

$$p^{\hat{0}} = -\mathbf{p}\cdot\mathbf{e}_{\hat{0}}, \qquad p^{\hat{1}} = \mathbf{p}\cdot\mathbf{e}_{\hat{1}}, \qquad p^{\hat{2}} = \mathbf{p}\cdot\mathbf{e}_{\hat{2}}, \qquad p^{\hat{3}} = \mathbf{p}\cdot\mathbf{e}_{\hat{3}}. \tag{5.82}$$

이 관계를 증명하기 위해 (5.81)의 양변에 4원 단위 기저 벡터를 스칼라곱 하고, 4원 기저 벡터가 직교함을 고려하라. 특히 4원 속도 벡터 $\mathbf{u}_{obs}$를 가진 관측자에 의해서 관측되는 입자의 에너지 E는 (5.82)의 식들 중에서 첫 번째의 것으로

$$E = -\mathbf{p}\cdot\mathbf{u}_{\text{obs}}. \tag{5.83}$$

이다. 이것이 어떻게 활용되는지 다음의 예에 제시되어 있다.

---

5) 좀 더 현학적으로 그 관계들은 $\eta_{\hat{\alpha}\hat{\beta}}\,p^{\hat{\beta}} = \mathbf{e}_{\hat{\alpha}}\cdot\mathbf{p}$와 같이 첨자들이 균형이 잡혀있는 것처럼 쓰여질 수 있다.

예제 5.8 속도 V로 움직이는 관측자에서 측량된 정지한 입자의 에너지

어떤 한 관성계에 한 입자가 정지해 있다고 하자(**그림 5.11**). 어떤 한 관측자가 이 관성계에 대하여 속도 V로 움직이고 있다면 입자의 세계선은 관측자의 세계선과 마주칠 것이다.

관측자의 관점에서 보면 입자가 관측자의 실험실을 통과하여 움직이는 것처럼 보일 것이다. 그러면 관측자에 의해 측정되는 입자의 에너지는 얼마일까? 우리는 벌써 그 답을 알고 있다. 실험실에 대하여 속도 V로 입자는 움직일 것이고 그래서 측정되는 에너지는

$$E = m\gamma, \tag{5.84}$$

가 될 것이다. 여기서 m은 입자의 정지 질량이다.

이것이 관측자의 정규직교 기저 벡터를 가지고 스칼라곱이 어떻게 되는지 알아보자. 입자가 정지해 있는 관성계에서는 입자의 4원 운동량 벡터의 성분은 다음과 같다.

$$\mathbf{p} = (m, 0, 0, 0). \tag{5.85}$$

동일한 계에서 관측자의 4원 속도는 ((5.28) 참고)

$$\mathbf{e}_{\hat{0}} = \mathbf{u}_{\text{obs}} = (\gamma, V\gamma, 0, 0). \tag{5.86}$$

식 (5.82)에 의하면 관측자에 의해 측정되는 에너지는

$$E = -\mathbf{p}\cdot\mathbf{e}_{\hat{0}} = -\mathbf{p}\cdot\mathbf{u}_{\text{obs}} = m\gamma, \tag{5.87}$$

이것은 (5.84)것과 같다. 즉 관측자에 의해 측정되는 에너지는 관측자의 시간 방향 $\mathbf{e}_{\hat{0}}$을 따라서 있는 움직이는 입자의 4원 에너지-운동량 벡터의 성분이다.

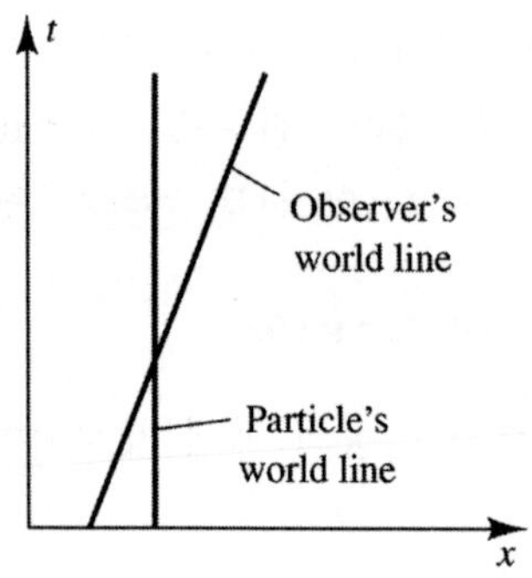

그림 5.11 정지해 있는 입자를 스쳐지나가면서 움직이고 있는 한 관측자는 입자의 에너지를 관측자의 4원 벡터를 따라 있는 4원 운동량의 성분으로 측정한다.

위의 단순한 예에서 계산 (5.87)은 좀 복잡한 것 같다. 그러나 집고 넘어갈 점은 표현 (5.87)은 어떤 기준계에서도 불변 식이며 계산되어질 수 있다는 것이다. 이것의 장점을 알기 위해서 다음 예를 보자.

예제 5.9 가속되는 관측자에서 측정된 진동수

예제 5.3과 5.4의 세계선을 따라가는 관측자가 한 관성계의 원점에서 정지해 있는 별로부터 방출된 빛을 관측하고 있다고 하자. 그리고 방출된 빛은 안정적으로 균일하게 방출되고 있다고 하자. 문제를 단순히 하기 위해 그 빛은 하나의 광학적 진동수 ω_*를 가지고 별의 정지계로부터 방출되고 있다고 하자. 진동수 $\omega(\tau)$는 관측자의 세계선을 따라 고유시간의 함수로써 어떻게 측정되어 질까?
별이 정지해 있는 그 관성계에서는 관측자에 도달하는 광자의 4원 파속 벡터 $\mathbf{k}$는 그 성분으로 $k^\alpha = (\omega_*, \omega_*, 0, 0)$를 가진다. 관측되는 진동수 $\omega(\tau)$는 이들 성분을 바로 그 순간의 고유시간 τ에 있는 관측자의 정지계로 전환함으로써 얻을 수 있다. 이것은 그리 어려운 문제는 아니다. (**문제 18**) 그러나 광자의 에너지는 $E = \hbar\omega$임과 식 (5.87)을 이용하면 더 쉽다. 그러면

$$\omega(\tau) = -\mathbf{k} \cdot \mathbf{u}_{\text{obs}}, \tag{5.88}$$

여기서 $\mathbf{u}_{obs}$는 (5.31)의 4원 속도이다. 그리하면 명확하게

$$\omega(\tau) = k^t u^t - k^x u^x = \omega_*[\cosh(a\tau) - \sinh(a\tau)] = \omega_* \exp(-a\tau). \tag{5.89}$$

이 된다. 초기 고유시간에 관측자가 광원을 향하여 빠르게 움직이면 빛이 청색편이 하지만 나중 고유시간에 관측자가 광원으로부터 멀어져 가면 적색편이 한다.
별들의 장을 관찰하고 있는 (5.31)의 세계선을 따라 가고 있는 우주선의 함교에 있는 관찰자는 차수 $1/a$로 오직 제한된 고유시간 동안 그것들을 보게 될 것이다. 그 이유를 설명할 수 있는가?

문 제

1. [S] 성분들이 다음과 같이 주어져 있는 2개의 4원-벡터 $\mathbf{a}$와 $\mathbf{b}$를 고려해보자.

$$a^\alpha = (-2, 0, 0, 1),$$
$$b^\alpha = (5, 0, 3, 4).$$

(a) $\mathbf{a}$는 시간성인가, 공간성인가, 눌(null)성인가? $\mathbf{b}$는 시간성인가, 공간성인

가, 눌(null)성인가?

(b) $\mathbf{a}-5\mathbf{b}$를 계산하라.

(c) $\mathbf{a}\cdot\mathbf{b}$를 계산하라.

2. 두 개의 3원-벡터 사이의 스칼라 곱은 다음과 같이 쓸 수 있다.

$$\vec{a}\cdot\vec{b} = ab\cos\theta_{ab}$$

여기서 a와 b는 $\vec{a}$와 $\vec{b}$의 각각의 길이이고, θ_{ab}는 그들 사이의 각도이다. 두 개의 시간성 4원-벡터 와 에 대해서도 유사한 식이 성립함을 보여라.

$$\mathbf{a}\cdot\mathbf{b} = -ab\cosh\theta_{ab},$$

여기서 $a=(-\mathbf{a}\cdot\mathbf{a})^{1/2}$, $b=(-\mathbf{b}\cdot\mathbf{b})^{1/2}$ 이고, θ_{ab}는 그의 세계선이 $\mathbf{a}$를 따라 가리키는 관측자가 정지해 있는 계와 그의 세계선이 $\mathbf{b}$를 따라 가리키는 관측자가 정지해 있는 계 사이의 로렌츠 부스트를 묘사하는 (4.18)에 정의되어 있는 변수이다.

3. [S] 한 자유입자가 속도 $dx/dt=V$로 관성계의 x축을 따라 움직이면서 $t=0$에서 원점을 통과하여 지나간다. 변수로서 고유시간 τ를 사용한 V의 항으로 입자의 세계선을 변수적으로 표현하라.

4. 4원-가속도 $\mathbf{a}\equiv d\mathbf{u}/d\tau$의 성분들을 3원-속도 $\vec{V}$와 3원-가속도 $\vec{a}=d\vec{V}/dt$의 항을 가지고 작업하여서 (5.28)과 유사한 식을 얻어라. 이 표현과 (5.28)을 사용하여, $\mathbf{a}\cdot\mathbf{u}=0$임을 명확히 증명하라.

5. 그림 5.6을 복사하여 그 위에 반 크기로 가속도 4원-벡터 $\mathbf{a}$를 그려라. 이 벡터들은 $\mathbf{u}$에 직교하는가?

6. x축을 따라 움직이고 있는 한 입자를 고려하자. 시간의 함수로서의 그것의 속도는 다음과 같다.

$$\frac{dx}{dt} = \frac{gt}{\sqrt{1+g^2t^2}},$$

여기서 g는 상수이다.

(a) 입자의 속도는 빛의 속도를 초과할 수 있는가?

(b) 입자의 4원-속도의 성분들을 구하라.

(c) x와 t를 그 궤적 따라 있는 고유시간의 함수로서 표현하라.

(d) 입자에 작용하는 4원-힘과 3원-힘의 성분들을 구하라.

7. [C] 한 입자가 x축을 따라 운동하고 있다. 그것은 그것의 순간 정지계에서 측정한 가속도는 언제나 g, 상수 , 로 균등하게 가속되고 있다. 입자가 제로의 속도를 가진 $t=0$일 때 x_0를 통과한다는 가정 하에 x와 t를 고유시간 τ의 함수로서 구하라. 시공간 도표에서 입자의 세계선을 그려라.

8. [S] π^0 메손이 x축과 45° 방향으로 속도 $V=c/\sqrt{2}$ (3원-속도의 크기)로 움직이고 있다.
   (a) 입자의 4원-속도 성분들을 찾아라.
   (b) 에너지 운동량 4원-벡터의 성분들을 찾아라.

9. [S] 지금은 폐쇄된 스탠포드 선형 가속기에서, 전자들과 양전자들이 길이로는 2마일 정도되지만 지름으로는 수 cm밖에 안되는 빔 파이프에서 거의 40GeV의 에너지로 가속되었다. 그런 거리까지 그렇게 좁게 한정된 경로를 따라서 전자들을 조정한다는 것은 기를 꺽는 작업처럼 들린다. 그러나 그것이 이 에너지를 가질 때 그 가속기는 전자의 정지계에서 볼 때 얼마나 긴가?

10. CERN에 있는 LEP 입자 가속기에서, 전자들과 양전자들은 각각 100GeV의 에너지에 이르도록 거의 반경 10km의 원형 링 주위로 반대 방향으로 여행을 한다.
    (a) 이들 입자들은 빛의 속도에 얼마나 근접하여 운동하는가?
    (b) 전자들과 양전자들은 2시간 정도 보관될 수 있다. 전자나 양전자는 이 시간 동안에 얼마나 링을 돌게 되는가?

11. (4.18)에 있는 로렌츠 부스트를 묘사하기위해 사용된 변수 θ의 항으로 평행 속도들의 합의 법칙을 표현하라. 여러분들은 그 결과에 기하학적 해석을 부여할 수 있는가?

12. 2마일 길이의 스탠포드 선형 가속기가 전자를 가속기의 정지계에서 측정하였을 때 40GeV의 에너지를 가지도록 가속시켰다. 가속 메커니즘을 가속기를 따라 쭉 있는 일정한 전장(electric field) $\vec{E}$로서 이상화 시키고 그리고 운동 방정식이 다음과 같다고 가정하라.

$$\frac{d\vec{p}}{dt}=e\vec{E},$$

여기서 $\vec{p}$는 상대성 운동량 $\mathbf{p}$의 공간성 부분이다.
    (a) 전자가 정지 상태에서 출발하였다고 가정하고, 가속기를 따라서 그것의 위치를 정지 질량 m과 $F\equiv e|\vec{E}|$의 항으로 시간의 함수로서 구하라.
    (b) $|\vec{E}|$의 어떤 값이 입자를 그것의 최종 에너지로 가속시키는데 필요한가?

13. [B, S] 광자가 생산하는(photoproducing) 파이온에 대한 한 반응은 다음과 같다.

$$\gamma + p \to n + \pi^+.$$

양성자가 정지해 있는 계에서 이런 방식으로 광자가 파이온을 생산해 내는 최소 에너지 (문턱 에너지)를 찾아라. 이 에너지는 동시대의 가속기들이 도달할 수 있는 범위 내에 있는가?

14. [B] 가장 높은 에너지의 우주선의 에너지와 당신 자신에 의해 가장 힘차게 던진 돌의 에너지와 비교해보라.

15. [C] 소스와 탐지기가 회전하는 디스크의 가장자리와 어떤 각도 ϕ 만큼 떨어져서 위치해 있다. 소스는 그것의 순간적인 정지계에서 진동수 ω_*로 복사선을 방출하고 있다. 그 복사선은 얼마의 진동수로 탐지되겠는가?

16. **광행차 Aberration**

지구 궤도 평면상에 놓여 있는 방향으로 자정에 바로 머리위(천정)에 우연히 위치하는 어떤 별을 고려하자. 망원경으로 그 별을 관측하기 위하여, 망원경의 축은 천정 방향에 대해서 지구가 궤도상에서 움직이는 방향으로 작은 각도로 기울어야 한다. 그 이유를 설명하고 그 각도를 계산하라. 상황을 단순화 하기 위해서 지구 궤도는 거의 원형에 가깝다고 가정해도 좋다 그리고 필요하다면 회전축은 궤도 평면에 수직이라고 가정해도 좋다.

17. [C] **상대론적인 빛살(Beaming)**

한 물체가 그것의 정지계에서 모든 방향으로 일정한 비로 진동수 ω_*의 광자를 방출하고 있다. 아주 멀리 떨어진(그 물체의 크기에 비교해서) 이 계에 정지해 있는 탐지기가 방향에 독립인 단위 입체각당 비$(dN/dt\,d\Omega)_*$[photons/(s · sr)]로서 광자를 수신하고 있다. 관측자가 정지해 있는 관성계 (t', x', y', z')에서 그 물체는 x'축을 따라 속도 V로 움직이고 있다.

(a) 정지계에서 광자의 전파 방향과 관측자의 계에서 전파의 방향을 관계를 맺어주는 (5.75)를 유도하라.

(b) 관측자의 계에서 아주 멀리 떨어진 곳에서 광자를 수신하는 단위 입체각당 비 $dN/dt'\,d\Omega'$를 x'축으로부터의 각도 α'의 함수로서 구하라.

(c) 머리 떨어진 곳에서 단위 입체각당 휘도 $dL'/d\Omega'$[erg/(s · sr)]를 관측자의 계에서 각도 α'의 함수로서 구하라.

(d) 소스의 속도가 빛 속도에 접근해 감에 따라 관측자의 계에서 수(number)와 에너지의 빛살(Beaming)을 논의하라.

18. 광자의 파 벡터의 성분들을 고유시간 τ에서 관측자의 순간 정지계로 전환함에 의하여 예제 5.9에 있는 관측자에 의해 보여지는 진동수를 고유시간의 함수로서 풀어보라.

19. [S] 관성계의 x축을 따라 일정한 속도 V로 한 관측자가 움직이고 있다. 관측자 관측들을 의뢰할 수 있는 정규직교 기저 4원 벡터들 $\{\mathbf{e}_{\hat{\alpha}}\}$의 계에서 그 구성성분들을 구하라.

20. 4원-운동량 $\mathbf{p}$를 가진 입자와 4원-속도 $\mathbf{u}$를 가진 관측자를 고려하자. 입자가 관측자의 실험실을 통과한다면 측정된 3원-운동량의 크기는 다음과 같음을 보여라.

$$|\vec{p}| = \left[(\mathbf{p}\cdot\mathbf{u})^2 + (\mathbf{p}\cdot\mathbf{p})\right]^{1/2}.$$

21. [P, A] 모든 관성계에서 전하를 띤 입자에 미치는 힘 통상적인 로렌츠 힘 법칙에 의하여 다음과 같다.

$$\vec{F} \equiv \frac{d\vec{p}}{dt} = q(\vec{E} + \vec{V}\times\vec{B}),$$

여기서 q는 입자의 전하이고, $\vec{V}$는 그것의 3원-속도이고, 그리고 $\vec{E}$와 $\vec{B}$는 로렌츠 계에서 측정된 전기장과 자기장이다. 처음의 계에 대해서 x축을 따라 속도 v로 움직이는 다른 관성계를 고려하자.

(a) 입자의 4원-속도 $\mathbf{u}$의 구성성분들과 항으로 4원-힘 $\mathbf{f}$의 구성성분들을 구하라.

(b) $\mathbf{f}$와 $\mathbf{u}$의 구성성분들에 변환 법칙을 사용하여 원래의 관성계에서 다음의 특별한 장을 위하여 새로운 관성계에서 전기장과 자기장을 부여하는 변환 법칙을 찾아라.

(i) x축 방향으로 전기장
(ii) x축 방향으로 자기장
(iii) y축 방향으로 전기장
(iv) y축 방향으로 자기장

22. [C] **상대론적 로켓**

로켓은 자기의 정지 질량의 일부를 분사하여 소모시킴으로서 가속된다. 소모의 속도는 로켓 정지 질량에서 일정한 값 u이다. 에너지와 운동량 보존 법칙을 사용하여 로켓이 정지 상태에서 속도 V로 가속되었을 때 초기 정지 질량과 마지막 질량과의 비를 구하라. 힌트: 정지 질량은 보존되지 않는다－에너지와 운동량은 보존된다. 원한다면 뉴턴 역학으로 동일한 문제를 취급함으로 시작해도 좋다.

23. [C] **타키온 Tachyons**

(a) 빛의 속도보다 언제나 더 빨리 달리는 어떤 입자는 그것의 속도가 한 계에서 빛보다 빠르다면 모든 계에서 빛보다 빠를 것이라는 의미에서 로렌츠 불변과 일치할 것이라는 것에 대하여 논하라.

(b) 타키온 궤적에 접선 벡터는 공간성이고 $u^\alpha = dx^\alpha/ds$라고 쓸 수 있음을 보여라. 여기서 s는 그 궤적 따라 있는 공간성 간격이다. $\mathbf{u} \cdot \mathbf{u} = 1$임을 보여라.

(c) 타키온의 4원－속도 $\mathbf{u}$의 성분들을 3원－속도 $\vec{V} = d\vec{x}/dt$의 항으로 나타내어라.

(d) 4원－운동량을 $\mathbf{p} = m\mathbf{u}$로 정의하고 타키온의 에너지와 운동량 사이에의 관계를 구하라.

(e) 어떤 타키온의 에너지가 음수 되게 하는 관성계가 있음을 보여라.

(f) 만일 타키온이 정상 입자들과 서로 작용한다면, 정상적인 입자는 전체 에너지와 3원－운동량이 보존되도록 하면서 타키온을 방출할 수 있음을 보여라.

코멘트: (f)의 결과는 타키온들을 포함하는 세계는 불안정할 것임을 제시하고 있다, 그리고 자연에는 타키온에 대한 증거가 없다.

PART II

일반 상대성 이론의 휜 시공간

The Curved Spacetimes of General Relativity

중력이란 '휜 시공간의 기하이다.' 라는 아이디어가 도입된다. 휜 시공간을 묘사할 수 있는 도구들과 이 휜 기하를 탐지하는 실험 입자들과 광선들이 개발된다. 구형의 별들의 바깥지역의 기하들, 구형의 블랙홀들, 중력파들 그리고 우주에 대하여 탐사할 것이다. 일반 상대성에 대한 기본적 테스트가 언급되어져 있다.

CHAPTER 06

기하로서 중력

Gravity as Geometry

특수 상대성 이론의 성공으로 거의 300년 동안 태양계에서 성공적으로 적용되어 왔던 중력에 대한 뉴턴 역학이 더 이상 올바르지 않다는 것이 자명하게 되었다. 뉴턴의 중력의 상호작용은 순간적이다. 어느 한 시간 t에 질량 m_1이 질량 m_2에 미치는 중력의 힘 $\vec{F}_{12}$의 크기는 다음과 같다. (식 (3.11) 참고)

$$F_{12} = \frac{Gm_1m_2}{|\vec{r}_1(t) - \vec{r}_2(t)|^2}, \tag{6.1}$$

여기서 $\vec{r_1}(t)$와 $\vec{r}_2(t)$는 바로 동일한 한 순간의 시간에 각 물체가 위치해 있는 위치 벡터이다. 그러나 특수 상대성 이론에서는 동시성의 개념이 다른 관성계에서는 서로 다르다는 것이다. 뉴턴 법칙 (6.1)은 오직 한 계(frame)에서만 옳을 수 있다, 그러면 그것은 모든 다른 계에서 그 계 하나만 뽑아내는 것과 같다. 이와 같이 중력의 뉴턴 법칙은 상대성원리와 불일치하고 있다.

우리는 상대성 원리와 일치하는 새로운 중력이론으로 아인슈타인을 이끌었던 그 경로를 추적해 볼 것이다. 그 결과는 일반 상대성 이론이다. 이 이론은 뉴턴 중력 이론과 질적으로 다르다. 일반 상대성에서는 중력적 현상이 힘이나 장으로부터 나오는 것이 아니라 4차원 시공간의 곡률로부터 나온다는 것이다. 이 사고에 대한 시작점은 중력 질량과 관성 질량이 동등하다는 것부터 시작한다.

6.1 중력 질량과 관성 질량의 동등성 검사
Testing the Equality of Gravitational and Inertial Mass

제2장에서는 간단히 언급한 것과 같이 중력 질량과 관성 질량의 동등성은 매우 정확한 정도로 검사를 받았다. 일반 상대성 이론에서 이 동등성이 중심적으로 중요한 역할을 하기 때문에 비록 간략히 기술하지만 이 검사에 대해 좀 더 기술하는 것은 가치 있는 것이다.

중력 질량과 관성 질량의 동등성을 검사해보는 실험들은 중력장에서 자유 낙하하는 다른 구성성분들로 이루어진 물체의 가속도를 비교해보는 것으로부터 찾아 볼 수 있다. 태양의 중력장에서 떨어지고 있는 지구와 달의 가속도가 상자 2.1에 기술된 레이저를 쏘아 행한 실험에 비교되어 있다. 그 가속도는 1.5×10^{-13} 오차 범위 내의 정확도로 일치한다. - 현재까지 가장 정밀한 실험임. 지구상에서 비틀림 진자로 행하여진 실험들도 비슷한 정확도를 얻고 있다. 이 같은 실험을 최초로 현대적 버전으로 수행한 R. Von Eotvos(1848-1918)의 이름을 따서 Eotvos 실험이라 불린다. 여기서 이들의 기본 특징을 기술해 보려고 한다.

그림 6.1에 보듯이 지구 표면위에 있는 한 실험실에서 긴 막대기 끝에 줄로 달려 있는 2개의 다른 질량이 있다고 하자. 이것은 비틀림 진자의 대략적 그림이다. 실험실이 지구와 함께 돌기 때문에 축 늘어져 있는 줄은 그 지점의 중력의 국소적 힘의 방향과 정확히 일치하지 않을 것이다. 즉, 그림 6.1의 오른편에 예시되어 있는 것처럼 지구의 회전 운동으로 발생되는 원심력과 중력에 의한 힘과 균형을 이루어 그 줄은 약간의 각도를 이루면서 늘어져 있게 된다(**문제 1**). 두 물체는 막대 기둥에 수직으로 또한 줄에 수직인 방향으로 자유롭게 움직일 수 있다. 중력이 이 "비트는 방향"에 작동하는 유일한 힘이다. 그 방향 따라 두 물체가 자유로이 떨어지고 있다. 두 물체의 가속도 차이가 진자를 비틀게 할 것이다. 이와 같이 하여 중력 질량과 관성 질량의 동등성의 차이를 찾아낼 수 있을 것이다.

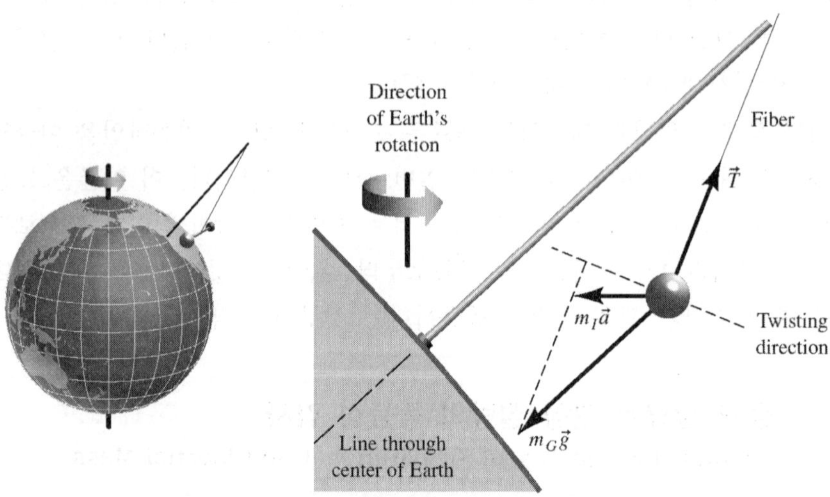

그림 6.1 왼편 그림은 등가원리를 실험하기 위하여 이상화 시킨 비틀림 진자이다. 구성성분이 서로 다른 두 물체가 막대 양 끝에 부착되어있고 이 막대 중심에 끈이 매어져 단단한 지지대에 매달려 있다. 이 두 물체는 균형이 잡혀있고 자유롭게 비틀릴 수는 있다. 이 비틀림 진자에 있는 한 물체에 작용하는 힘들이 오른편 그림에 보여져 있다. 이 개략적 그림은 비틀림 진자의 끝 부위와 함께 지구표면의 일부분과 한 물체에 작용하고 있는 힘들을 보여주고 있다. 그림의 수직 방향은 왼편에 있는 지구의 회전축 방향이다. 이 물체들은 지구와 함께 회전함으로 원심 가속도 $\vec{a}$를 가진다. 결과적으로 매달린 줄은 그림과 같이 지구 중심을 지나는 선과 작은 각도를 이룰 것이다. 중력의 힘 $m_G\vec{g}$과 매달린 줄이 당기는 힘 $\vec{T}$도 보여져있다. 점선은 균형 잡힌 막대와 매달린 줄과 수직으로 "비틀림 방향"으로 이 방향 따라 물체는 자유 낙하한다. 만일 진자가 지구의 계안에서 비틀리지 않으려면, 중력의 힘 $m_G\vec{g}$ 의 이 방향 성분이 $m_I\vec{a}$의 성분과 같아야 한다. 이것은 m_I/m_G비가 양쪽 두 물체에서 동일할 때만 발생할 수 있다. 그러므로 이 비의 약간의 차이는 균형의 비틀림으로 탐지될 수 있다.

이 같은 실험이 정량적으로 어떻게 작동하는지 이해하기 위해 두 물체를 A, B라 하고, 두 물체의 중력 질량을 $m_{A,G}$와 $m_{B,G}$라 하고, 그 관성 질량을 각각 $m_{A,I}$, $m_{B,I}$라 두자. 질량에 중력의 힘 $m_G\vec{g}$[(3.31) 참고]을 주는 중력장 $\vec{g}$는 진자의 차원에서 보면 일정하다. 지구 태양과 은하수 같은 물질원들은 쉽게 이것을 만족시킬 것이다. 그러나 실험에 근접해 있는 더 작은 물질원은 중대한 문제이다. 비틀리는 방향으로서의 $\vec{g}$의 성분은 g^t라 두고, 이 방향으로의 가속도 성분을 a_A^t와 a_B^t라 두자. 그러면

$$m_{A,I}a_A^t = m_{A,G}g^t, \tag{6.2a}$$

$$m_{B,I}a_B^t = m_{B,G}g^t. \tag{6.2b}$$

만일 중력 질량 대 관성 질량의 비가 동일하다면 지구의 회전에 의한 동일한 원심가속도를 가진 양 물체는 정지해 있을 것이다. 다른 구성성분으로 어우러진 물체들 사이에 중력 질량과 관성 질량의 비에 어떤 차이가 있다면 그것들의 가속도에 어떤 차이가 나타날 것이므로 진자는 비틀리게 된다. (6.2)로부터 가속도의 차이와 그것들의 평균과 비는 다음과 같다.

$$\frac{a_A^t - a_B^t}{\frac{1}{2}(a_A^t + a_B^t)} = \frac{\left(\dfrac{m_{A,G}}{m_{A,I}} - \dfrac{m_{B,G}}{m_{B,I}}\right)}{\dfrac{1}{2}\left(\dfrac{m_{A,G}}{m_{A,I}} + \dfrac{m_{B,G}}{m_{B,I}}\right)} \equiv \eta. \tag{6.3}$$

진자의 비틀림의 상한은 η의 상한이 될 것이고 중력 질량과 관성 질량의 동등성으로부터 그 편차의 상한이 될 것이다.

이때까지의 논의는 Roll, Krotkov, Dicke(1964), Braginsky와 Pamov(1971), 그리고 Su의 팀(1994) 등에 의하여 수행된 현대적 실험들을 다소 이상화시킨 그림이다. 후기의 실험에서 사용된 진자가 **그림 6.2**에 제시되어 있다.

몇 가지 특징을 언급하겠다. 먼저, 두 개의 질량체가 아니라 4개의 질량체를 사용하였다. 이것은 중력 질량과 관성 질량이 동등함에도 불구하고 진자에 비틀림을 만들어낼지도 모르는 진자들 사이의 중력 퍼텐셜의 기울기(gradient)의 효과 – 중력가속도 $\vec{g}$의 차 – 를 최소화하기 위한 것이다. 이 총명한 설계는 이러한 퍼텐셜 기울기나 자기적, 열적, 그리고 다른 교란(noise)으로부터 진자를 방어하는 데 필요한 것이다. 그러나 좀 더 실험의 정확도를 달성하는 데 주된 것은 진자를 알고 있는 주기로 천천히 회전시키는 것이었다. 이 진자의 틀에서는 중력 질량과 관성 질량의 차이에서 발생할 비틀림의 크기와 부호가 이 일정한 주기로써 조화적으로 반복적으로 나타날 것이다. 이 주기를 가진 진자의 각 위치의 Fourier 성분에 초점을 맞추어, 중력 질량과 관성 질량의 등가성의 어떤 편차를 측정한 신호는 높은 정확도로

그림 6.2 지구,태양, 그리고 우리 은하계에 의하여 당겨지는 실험 물체들에 대한 가속도의 동등성을 테스트하기 위한 Su와 그 일행(1994)이 행한 실험에 사용된 비틀림 진자(Torsion Pendulum). 진자는 중력의 힘에서 국소 변이로부터의 교란 효과를 최소화하기 위하여 작게 만들었다(그것의 지름은 모두 약 3 in.이다). 진자는 텅스텐 실로 매달려 있는데 너무 가늘어 이 사진에는 안 보인다. 원형의 판은 진자의 비틀림을 탐지하기 위한 민감한 광학 시스템의 한 부분인 4개의 직각 거울과 함께 실린더 형태의 4개의 실험 물체(두 개는 구리로, 다른 두 개는 베릴리움으로 되어있다)를 가지고 있다. 진자는 진공속에 매달려있고 기구 전체가 한 시간에 한 회전 주기로 연속적으로 돌아가고 있다. 중력 질량과 관성 질량의 동등성에 위반 되면 진자의 비틀림으로 나타날 것이고 그것은 회전 진동수에 변화로 나타난다.

교란으로부터 분리할 수 있다. 예로써 (6.3)에 정의된 η양을 측정하기 위해 베릴리움(beryllium)과 구리(copper)를 사용한 Su의 팀(1994)들의 실험의 결과는

$$\eta = (-0.2 \pm 2.8) \times 10^{-12}. \tag{6.4}$$

이었다. 중력 질량과 관성 질량의 등가성은 모든 물리학 분야에서 가장 정확히 측정된 원리 중에 하나이다.

6.2 등가원리 The Equivalence Principle

"거기 바로 그때 내 생에서 가장 행복한 생각이 다음과 같은 형태로 떠올랐다. 중력장은 단지 상대적인 존재다..... *지붕에서 자유낙하 하는 관측자 대해서 – 적어도 그의 바로 주변에서는 – 중력장이 존재하지 않기 때문이다.* 실제로, 만일 관측자가

그때에 어떤 물체들을 떨어뜨리면 그 물체의 화학적, 물리적 특성에 관계없이, 정지 상태로 있거나 일정한 등속운동을 할 것이라는 것이다(물론 공기저항은 무시하고). 그 관측자는 그의 상태를 정지해있다 라고 해석할 권리가 있다."[1] 이와 같이 아인슈타인은 후에 그를 일반 상대성 이론의 발견으로 이끈 **등가원리**의 기원을 이렇게 회상했다.

오늘날 등가원리는 경험적(heuristic) 아이디어로 간주되고 있으며 그것의 중심내용은 일반 상대성에서 자동적으로, 그리고 정교하게 적합한 곳에서 합일(incorporated)하고 있다. 그러나 이 아이디어는 일반 상대성을 발견할 동기를 부여한 유용한 출발점에 해당된다. 이런 목적으로 이것이 여기에 언급되어있다. 논의는 중력장의 아이디어가 의미를 가지는 뉴턴중력의 내용이 전적으로 다 있다. 일반 상대성에서 등가원리는 7.4에서 논의한다.

지붕에서 떨어지는 아인슈타인 관측자의 현대적 버전은 스페이스 셔틀 내에서 지구주위로 자유 낙하하는 승무원이 될 것이다(**그림 6.3** 참고). 승무원은 체중이 없는 것 같고 컵들, 양념들, 포탄들, 깃털들 등등 셔틀 내부에서 자유로이 움직이는 이들 물체들은 정지해 있거나 그것들 각자에 대해서 균일한 운동을 한다(공기저항은 무시; 아인슈타인 사고실험처럼). 짧은 시간동안에 이들 물체의 운동 관측으로부터 그 물체들이 지구 중력장 내에서 자유 낙하하고 있는 건지 혹은 어떤 중력원으로부터 아주 멀리 떨어진 빈 공간에 있는 지를 승무원은 알 수 없다. 결과적으로 중력장이 스페이스 셔틀의 자유 낙하계에서 사라졌다는 것이다.

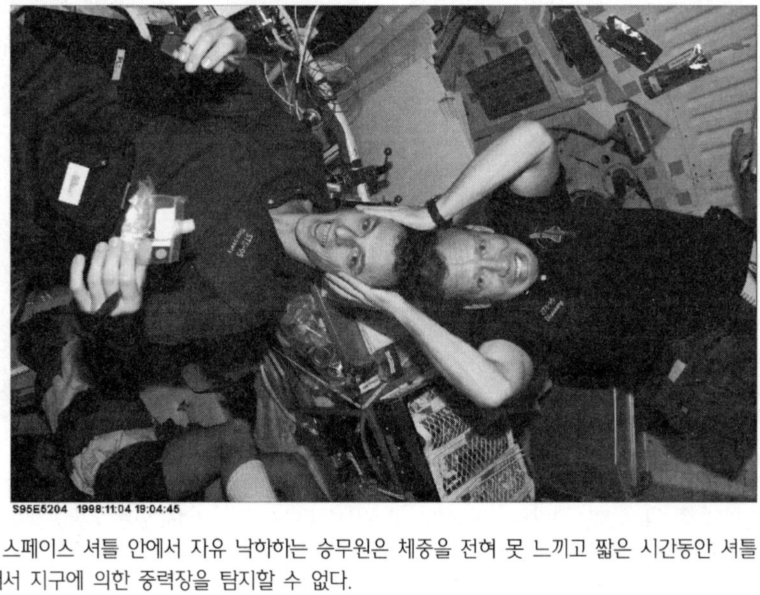

그림 6.3 스페이스 셔틀 안에서 자유 낙하하는 승무원은 체중을 전혀 못 느끼고 짧은 시간동안 셔틀 내에서 행한 실험에 의해서 지구에 의한 중력장을 탐지할 수 없다.

1) Pais(1982)의 p178에 인용되어있다.

중력 질량과 관성 질량의 등가성은 이런 결과에 이르는 데 필수적인 것이다. 만일 포탄과 깃털이 **다른 가속도**를 가지고 지구를 향하여 다른 속도로 떨어진다면 그것들은 셔틀 내부에서 서로에 대해 정지해 있거나 일정한 운동을 하는 상태로 머물지 못할 것이다. 가속도의 조그만 차이의 발견은 중력에 의한 끌림의 존재를 알아내는 데 충분할 것이다.

중력 질량과 관성 질량의 등가성은 중력장은 자유 낙하에 의하여 제거될 수도 있고 또한 가속도에 의하여 생성될 수도 있다는 것을 함축하고 있다. **그림 6.4**에 보여주듯이 달의 표면 위나 다른 중력원의 표면 위에 정지해 있는 작고, 닫혀있는 실험실내의 실험자를 고려하자. 실험자는 여러 가지 물체를 가지고 실험을 수행할 수 있다. 예로써 포탄과 깃털이 떨어진다면 그것들은 중력 질량과 관성 질량의 등가성으로부터 동일한 가속도 – 중력 g의 국소가속도 – 로 실험실 바닥에 떨어질 것이다. 또 **그림 6.4**에서 보듯이 정지해 있지 않고 가속도 g를 가지고 위로 가속 받는, 그리고 어떤 중력원으로부터도 멀리 떨어져 있는 빈 우주공간에 동일한 실험실을

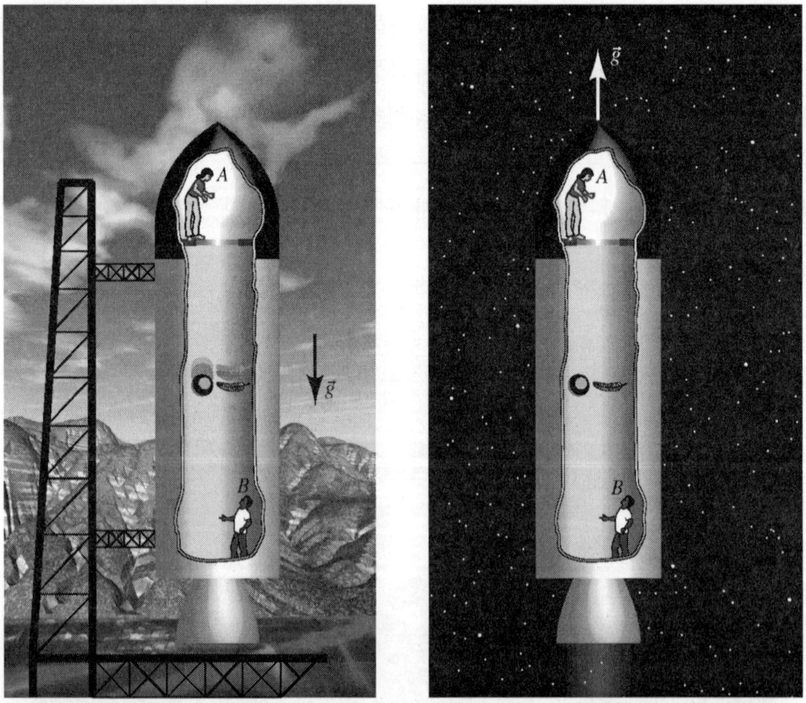

그림 6.4 균일한 가속도와 균일한 중력장의 등가성. 왼편 그림은 지상에 정지 상태에 있는 연구실이다. 내부에 있는 한 관측자가 대포알과 깃털을 가만히 손에서 놓는다. 만일 중력 질량과 관성 질량이 동등하다면 둘 다 가속도 g를 가지고 바닥에 떨어질 것이다. 오른편 그림은 어떤 중력의 소스로부터 아주 멀리 떨어져 있는 우주 공간에 있는 폐쇄된 연구실이다. 연구실은 위쪽으로 가속도 g로 가속을 받고 있다. 내부에 있는 한 관측자가 대포알과 깃털을 동시에 가만히 손에서 놓는다. 둘 다가 가속도 g로서 바닥에 떨어질 것이다. 폐쇄된 연구실 내부에 있는 관측자는 그들이 중력장내에 있는지 아니면 가속을 받고 있는지를 구별할 수 없을 것이다.

고려하자. 거기에서 포탄과 깃털 떨어뜨린 관측자는 그것들이 동일한 가속도로 실험실 바닥에 떨어지는 것을 관측할 것이다 – 중력장내에서 정지해 있는 실험실에서 행한 것과 같은 결과이다. 이것과 혹은 입자를 가지고 행한 어떤 다른 역학적 실험으로도 이 실험자는 실험실이 균일한 중력장내에서 가속 받지 않고 정지해 있는 지 혹은 빈 공간에서 가속 받고 있는지를 전혀 구별하지 못할 것이다. 이 실험들에 관한한 두 연구실은 동등한 것이다. 이같이 균일한 가속계와 균일한 중력장 사이를 구별 할 수 있는 국소적 실험이 존재하지 않는다는 것은 대포알이나 깃털 같은 물체의 운동에 관한 실험에 한하여 중력 질량과 관성 질량이 동등하다는 것으로부터 즉각적으로 도출되는 것이다. 그러나 광자나 뉴트리노를 갖고 행한 실험은 어떨까? 전기장이나 양자색역학은 어떻게 될까? 두 연구실은 이들 효과에 의해서 구별되어 질 수 있을까? 아인슈타인의 등가 원리는 **균일한 가속계와 균일한 중력장을 서로 구별할 수 있는 실험은 없다**는 생각이다. 이 두 연구실은 완전히 "동등"하다.

등가성 원리의 파워는 바로 모든 물리학에 그것을 다 적용할 수 있다는 것이다. 예로써, 우리가 등가원리를 받아들인다면 중력장내에서 물체가 떨어지는 것과 같은 가속도로 빛도 떨어질 것이라는 것을 또한 받아들여야 한다. 빛에 대한 중력의 효과를 계산해 내는 방법은 아직까지는 명확하지 않다. 여기에는 운동에 대한 뉴턴의 공식 – $F=m_I a$ – 은 없다. 여기서는 등가원리가 빛이 중력장에서 떨어진다는 결론을 도출할 수 있도록 이끌어 주고 있다.

빈 우주공간에서 빛은 관성계 내에서 직진하여 운동할 것이다. 빛이 그것이 진행하는 방향과 수직으로 가속 받아 운동하는 연구실에서 관측되어진다고 하자(**그림 6.5** 참고). 그 연구실계에는 빛이 연구실을 가로질러서 진행하도록 되어있는데 연구실이 위쪽으로 가속될 것이므로 빛이 들어온 위치보다 나오는 위치가 더 아래에 있을 것이다. 이와 같이 연구실 계에서는 빛은 연구실이 가속됨으로써 해서 아래쪽으로 가속을 받게 될 것이다. 등가원리로부터 균일한 중력장내에서도 똑같은 양상이 발생하리라는 것을 추측할 수 있다. 즉 빛은 중력의 국소 가속으로 아래쪽으로 가속 받는다. 중력장에서 직진하지 않고 휜다는 것이다.

6.3 중력장내에서의 시계 Clocks in Gravitational Field

그림 6.6에 보여주는 사고 실험을 고려해보자. 물체가 가속도 g로 떨어지는 균일한 중력장내에서 관찰자 Allice는 관찰자 Bob보다 높이 h 만큼 높은 위치해 있다. 이것은 지구상에서 어느 한 탑의 꼭대기와 바닥에 있는 두 관찰자와 같은 상황이다 (예로써 **상자 6.1**을 보라). 혹은 뒤따라오는 논의의 목적을 위하여 **그림 6.6**에서와 같이 지구상 위에 있는 높이 h인 우주선에 Allice는 우주선의 머리 부위에 Bob은

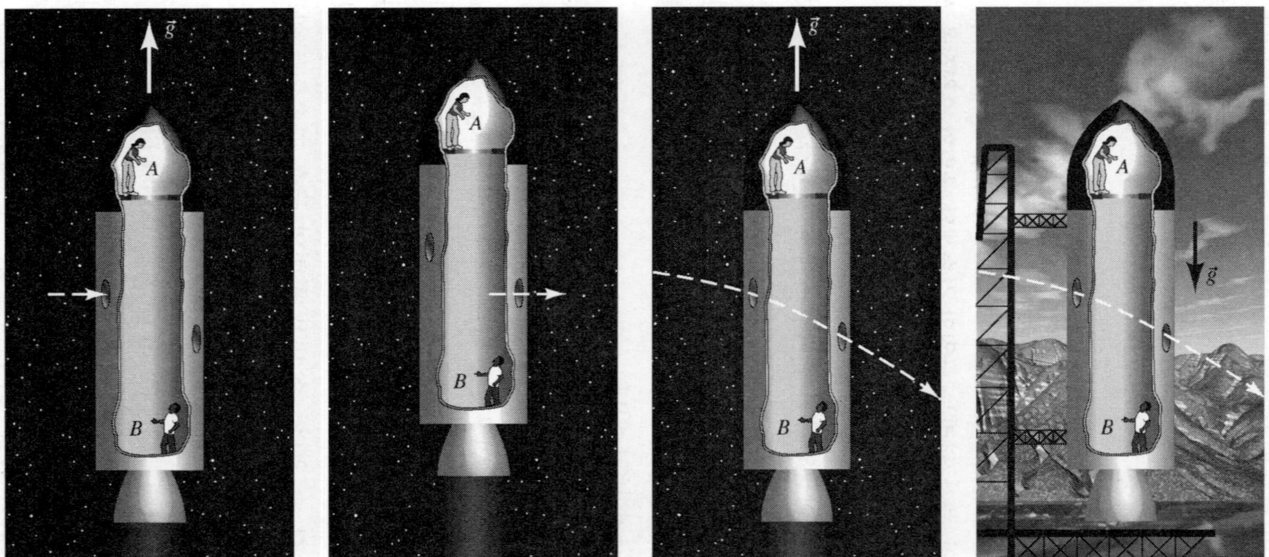

inertial frame when light ray enters | inertial frame when light ray exits | rocket frame | gravitational field

그림 6.5 빛이 빈 우주공간에서 위로 가속 받는 연구실을 관통한다고 하자. 처음 두 개의 그림은 관성계에서 본 것이다. 빛의 경로는 직선이다. 그러나 연구실은 빛이 가로질러 지나갈 동안 위로 움직인다. 그러므로 빛이 나가는 출구는 들어온 지점보다 아래에 위치할 것이다. 이와 같이 가속 받는 연구실내에 있는 관측자에 대해서 빛은 가속도를 가지고 떨어질 것이다. 등가성 원리는 균일한 중력장내에서 정지해 있는 실험실내에서도 동일한 관측이 이루어질 것임을 함축하고 있다. 중력장내에서 빛은 다른 물체들과 같이 동일한 가속도로 떨어져야 한다. 중력은 빛을 끌어당긴다.

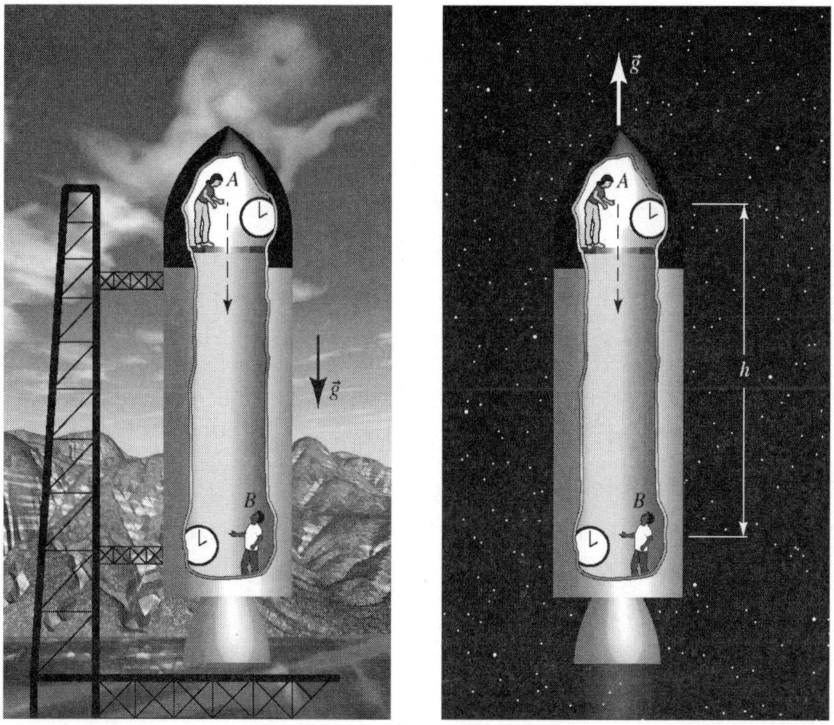

그림 6.6 왼편은 균일한 중력장내에 정지해 있는 로켓이다. 로켓의 머리 부분에 있는 Alice는 그녀의 높이에 있는 시계로 일정한 시간 간격으로 신호를 내보내고 있다. 로켓 꼬리에 있는 Bob은 그의 높이에 있는 같은 종류의 시계로 수신되는 신호사이의 시간간격을 재고 있다. 오른편 그림과 같이 등가원리는 중력에 의한 모든 소스로부터 아주 멀리 떨어진 로켓이 위쪽으로 수직으로 가속되어 진다면 신호의 송출과 수신사이의 관계는 동일할 것임을 함축하고 있다. 가속계에서는 신호가 방출되어진 신호간격보다 더 짧게 수신되어질 것이다, 왜냐하면 로켓의 꼬리부분이 가속되어 신호를 더 빨리 붙잡을 것이기 때문이다. 등가원리는 중력장에서도 신호가 송출되었을 때보다 더 빠른 비율로 받게 될 것이다.

우주선 꼬리 부위에 있다고 하자. Allice는 그녀와 같은 높이에 있는 시계[2)]로 측정되는 일정한 간격 $\Delta\tau_A$으로 빛 신호를 송출하고 있다. Bob은 그의 높이에 있는 동일하게 만들어진 시계로 측정했을 때 그 일정한 간격 $\Delta\tau_B$는 얼마나 될까?

등가원리는 Bob이 Allice가 송출한 빛 신호 간격보다 좀 더 빠르게 빛 신호를 받을 것이라는 것을 함축하고 있다. 이제 이것을 알아보기 위해 Allice와 Bob은 그 어떤 중력원으로부터도 떨어져 있고, 빈 우주 공간에 가속도 g로 날아가고 있는 우주선 안에 Allice와 Bob이 있다고 하자. 가속되기 때문에 Bob은 신호를 점점 더 빠르게 신호를 받는다. 이와 같이 신호가 방출되었을 때 보다 더 빠른 비율로 신호를 받게 된다. 등가 원리는 이와 동일한 현상이 균일한 중력장 내에 정지하고 있는 우주선에서도 관찰될 것이라는 것을 함축하고 있다.

---

2) 예로서, 시간의 단위가 세슘 원자에서 가장 낮은 두 에너지 상태사이를 전이할 때의 사이클 수로 정의한 원자 시계. 부록 A를 보라.

이와 같은 효과의 정량적 결과를 얻기 위하여 관성계 내에 있는 가속되는 우주선을 분석해 보자. 즉, 관심을 가져야 하는 그 시간에 걸쳐서 $(V/c)^2$은 무시하고 $(gh/c^2)^2$도 무시된다. 그러나 V/c와 gh/c^2은 중요할지도 모른다. (이 분석을 위해 이 장의 나머지 부분도 $c \neq 1$ 단위가 사용될 것이다.) 이 두 조건이 중요한 것은 아니다. 그러나 중점되는 결과에 도달하기까지 분석을 단순화 시켜준다.[3] $(V/c)^2$를 무시할 수 있을 때는 뉴턴 역학이 사용되어질 수 있고, 로렌츠 수축이나 시간의 확장은 무시되어 질 수 있다. 또한 우리는 시간간격에 대해서만 비교해 볼 것이기 때문에 동시성에 대한 이슈도 무시 될 수 있다. $(gh/c^2)^2$을 무시 할 수 있다는 가정은 빛이 우주선 머리에서 꼬리까지 여행하는데 걸리는 시간에 상대적인 속도로 가속되지 않는다는 것을 의미한다.[4] 이들 가정 하에서는 뉴턴 역학이 분석에 적합하다. 그리고 시간의 비의 차이에 대한 결과는 주된 차수 gh/c^2으로 교정될 것이다.

우주선이 z축을 따라 g의 가속도로 가속되고 있다고 가정하자. 우주선의 꼬리에 있는 Bob의 위치는 다음과 같이 시간의 함수로 주어진다. 만일 z축의 원점을 $t=0$일 때 Bob의 위치에 일치시킨다면

$$z_B(t) = \tfrac{1}{2}gt^2 \tag{6.5}$$

우주선의 머리에 있는 엘리스의 위치는 다음과 같다.

$$z_A(t) = h + \tfrac{1}{2}gt^2. \tag{6.6}$$

Allice가 쏘고 Bob이 받도록 하는 두 연속되는 빛 펄스의 방출을 고려해보자. $t=0$ 시간에 첫 펄스가 방출되고, t_1 시간에 그 펄스를 받고, $\Delta\tau_A$ 시간에 두 번째 펄스를 방출하고 $t_1+\Delta\tau_B$ 시간에 두 번째 펄스를 받는다고 하자. 이 일련의 과정이 **그림 6.7**에 예시되어 있다.

첫 번째 펄스가 여행하는 거리는

$$z_A(0) - z_B(t_1) = ct_1. \tag{6.7}$$

두 번째 펄스가 여행하는 거리는 더 짧다. 그러면

$$z_A(\Delta\tau_A) - z_B(t_1 + \Delta\tau_B) = c(t_1 + \Delta\tau_B - \Delta\tau_A). \tag{6.8}$$

---

3) 특수 상대성에 대한 완전한 분석을 원한다면, 이 장의 마지막 부분에 있는 문제 6과 문제 7을 통하여 할 수 있다.

4) 가속되는 로켓에 대하여 특수 상대성에서 필요한 머리와 꼬리 사이에 차수 $g(gh/c^2)$의 가속도에서 작은 차이를 무시할 수 있도록 허용해준다. 문제 6과 문제 7을 보라.

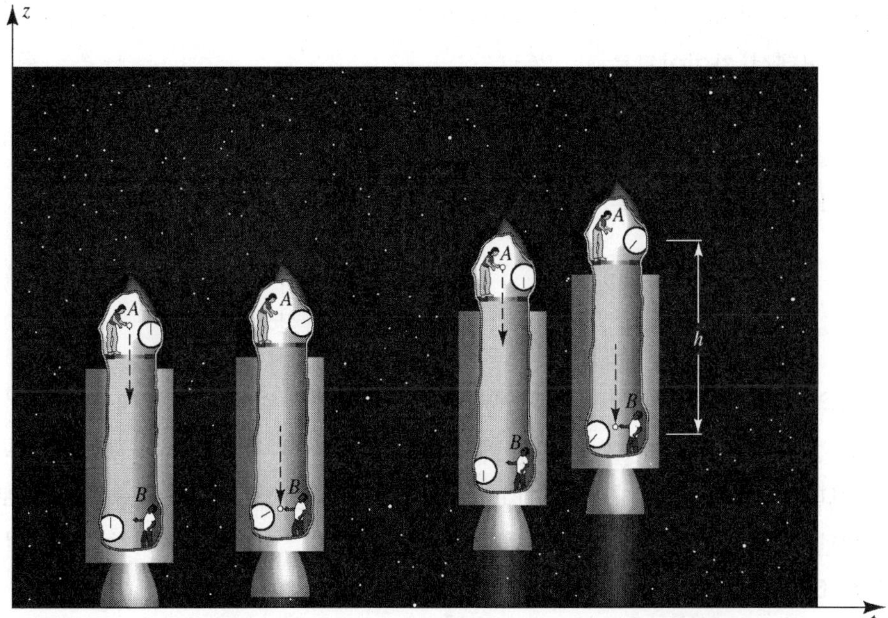

그림 6.7 엘리스와 밥은 빈 우주공간에서 위로 가속되는 로켓 안에 있다. 머리 부분에 있는 엘리스는 거기에 놓여있는 시계로 일정한 간격으로 신호를 송출하고 있다. 가속은 꼬리에 있는 밥이 책에서 논의한 것과 같이 수신하는 시간 간격이 더 짧아지는 것을 측정하게 됨을 의미하다. 그림은 책에서 논의한 송출비와 수신비 사이의 양적 연결에 대한 계산을 위하여 두 연속된 신호의 송출과 수신할 때의 로켓 위치를 보여주고 있다.

(6.5)와 (6.6)을 삽입하고 $\Delta\tau_A$가 아주 작다고 가정하면 그러면 $\Delta\tau_A$와 $\Delta\tau_B$의 오직 일차식만 필요하다. 그리하면

$$h - \tfrac{1}{2}g{t_1}^2 = ct_1, \tag{6.9a}$$

$$h - \tfrac{1}{2}g{t_1}^2 - gt_1\Delta\tau_B = c(t_1 + \Delta\tau_B - \Delta\tau_A). \tag{6.9b}$$

식 (6.9b)에서 식 (6.9a)를 빼고, 다시 (6.9a)를 사용하여 t_1을 제거해보라. 계산을 시작하기 전에 우리가 발표한 규칙은 $(gh/c^2)^2$은 무시될 수 있고, 또 t_1의 1차식만 필요하다고 했다. 그러므로 $t_1 = \dfrac{h}{c}$이라고 둘 수 있다. 그러면 계산 결과는

$$\Delta\tau_B = \Delta\tau_A\left(1 - \frac{gh}{c^2}\right). \tag{6.10}$$

펄스를 받는 간격은 펄스를 송출하는 간격보다 $(1 - gh/c^2)$의 요소에 의하여 더 작아진다. 등가원리는 이와 똑같은 효과가 균일한 중력장에서도 나타나야 한다는 것을 말해주고 있다(**그림 6.6**).

송출비와 수신비는 단지 각각 $1/\Delta\tau_A$와 $1/\Delta\tau_B$이고, 그리고 gh는 A와 B 사이의 중력 퍼텐셜 차이이므로,

$$\Phi_A - \Phi_B = gh, \tag{6.11}$$

식 (6.10)을 $1/c^2$의 항은 무시하고 비로써 표현하면

중력장에서 신호의 송출과 수신의 비

$$\boxed{\begin{pmatrix} B\text{에서 수신하는} \\ \text{신호 비} \end{pmatrix} = \left(1 + \frac{\Phi_A - \Phi_B}{c^2}\right)\begin{pmatrix} A\text{에서 송출하는} \\ \text{신호 비} \end{pmatrix}} \tag{6.12}$$

이 식으로 Φ_A와 Φ_B의 크기가 무엇이던지 그 관계를 알 수 있게 해준다. 수신받는 쪽이 송출하는 쪽보다 더 높은 중력 퍼텐셜을 가지면 신호는 그것들이 송출되었던 것 보다 더 천천히 받게 될 것이고, 그 반대로 수신 받는 쪽이 송출하는 쪽보다 중력 퍼텐셜이 낮으면 그 신호를 더 빨리 받을 것이다. 이 예견을 확증해주는 실험이 **상자 6.1**에 있다.

상자 6.1 중력에 의한 적색편이 검증

Pound와 Rebka(1960)와 Pound와 Snide(1964)에 의한 중력 적색편이에 대한 예견의 첫 번째의 정확한 검증으로 균일한 중력장 내에서 엘리스와 밥이 송출하고 수신하는 신호를 비교해 본 이 책의 사고실험이 사실화 되었다. 하버드 대학의 제퍼슨 물리 연구실에서 22.5m탑이 검증용으로 사용되었다. 신호를 위하여는 불안정한 Fe^{57}이 붕괴될 때 방출되는 14.4Kev의 감마선을 채택했다.

$E=\hbar\omega$에 의해 에너지 E와 관련된 감마선의 진동수 ω는 식 (6.12)에서 A지점에서 송출비로 생각 할 수 있다. 감마선이 탑의 바닥으로 떨어지는데 거기에는 유사한 Fe^{57}샘플이 수신기로 쓰인다. 만일 감마선의 진동수가 송출기의 진동수와 변함이 없다면 그것이 송출될 때 Fe^{57}의 반응의 역반응으로 검출될 것이다. 그러나 식 (6.11)은 그 진동수가 h=22.5m에 대하여 $gh/c^2 \sim 10^{-15}$의 비 만큼 더 커질 것 – 청색편이 – 을 예견하고 있어 흡수가 용이하지 않을 것이다. 탑 꼭대기에 있는 신호 발생원을 수직으로 이동시켜 속도를 변화시킴으로 해서 중력에 의란 청색편이를 보상할 수 있는 토플러 적색편이를 실험자는 만들어 낼 수 있다. 최대 흡수를 줄 수 있는 중력 청색편이를 측정 해 봄으로써 바로 알아 낼 수 있다.

이것이 실험에서 머릿속에 그려지는 버전이다. 그러나 실제 상황은 더 도전적인 게 많다. 핵붕괴가 언제나 정확이 14.4Kev감마선을 생산해 내지는 않는다. 이 에너지는 선폭 (line width)이라 불리는 여러 에너지 분포의 평균치에 해당한다. 더욱이 핵이 감마선을 방출할 때 그것은 전형적으로 샘플에서 어떤 속력을 가지고 움직이고 있고, 붕괴 시 남아 있는 핵은 통제 할 수 없는 방향으로 되튄다. 이 두 가지의 효과로 인해서 방출되는 감마선을 퍼지게 하여 통상적인 환경에서 그 미세한 중력에 의한 편이를 더 작게 만들어 버린다. 그러나 가장 최근에 발명된 Mossbauer 효과라는 것을 이용하여 핵을 크리스탈 격자 속에 가두어 둘 수 있어 되튀는 속도를 아주 많이 줄였지만 그러나 여전히 예견되는 중력에 의한 진동수 편이보다 1000배 더 크게 선폭이 나오고 있다. 신호 발생원의 속도로 부과된 변이에 의한 진동수에서 흡수되는 양을 걸려냄(filtering)으로 해서 실험자는 중력에 의한 편이를 분리해 낼 수 있고, 약 1%의 정확도를 가지고 식 (6.12)가 예견하는 것을 확증 할 수 있을 것이다. 좀 더 정확한 실험이 10장에 기술되어 있다.

예제 6.1 건물의 꼭대기에 있는 이론 물리학자의 수명

이들 효과들은 평범한 연구실 환경에서는 극히 작다. 저자의 학교에서는 이론 물리학자들이 물리학과 건물의 맨 꼭대기 층을 점유하고 있다. 이론 물리학자들의 심장이 일종의 시계 역할을 한다. 1층 즉, 지상에 있는 시계로 측정했을 때 주어진 시간 간격동안에 꼭대기 층에 있는 심장이 지상에 있는 심장보다 $1+gh/c^2$의 요소만큼 더 빨리 뛴다. 만일 $h \approx 30\,\mathrm{m}$라면 이것은 단지

$$1+\frac{(9.8\ \mathrm{m/s^2})(30\ \mathrm{m})}{(3\times 10^8\ \mathrm{m/s})^2}, \tag{6.13}$$

에 불과하다. 이것은 오직 10^{14}분의 일 정도로 차이만 난다. 빌딩 맨 위층에 있는 이론 물리학자는 100년에 수 마이크로초 정도 더 늙는다는 것이다. - 얼굴을 보아서는 도저히 구별할 수 없는 변화이다.

식 (6.12)가 균일한 중력장에서 유도된 결과이지만 균일하지 않는 중력장에서도 마찬가지일 것이라고 가정하는 것은 자연스러운 것 같다. 이 확장은 $\Phi_A=\Phi(\vec{x}_A)$과 $\Phi_B=\Phi(\vec{x}_B)$때도 식 (6.12)가 성립함을 의미한다. 등가원리에서와 같이 이 확장에 대한 검증은 결국 실험으로 남아있다. 이 확장은 예제 6.2에서 유도된 중력의 적색편이를 이끌어 낸다. 그리고 다음 장에서 GPS시스템의 실제적 적용 사례를 볼 것이다.

예제 6.2 중력 적색편이

명확한 진동수를 가진 광파의 마루는 그 파의 진동수의 비율로 방출되는 일련의 신호라고 생각될 수 있다. 그러므로 송출비와 수신비의 차이에 관한 관계식인 (6.12)는 빛에도 응용할 수 있다. 예로써 별 표면에서 진동수 ω_*로 방출된 빛은 그 별로부터 멀리 떨어져 있는 관찰자에게는 ω_*보다 작은 진동수 ω_∞로 도달할 것이다. 이것이 중력 적색편이이다. 별의 질량이 M이고 반경이 R인 별의 표면에서의 중력 퍼텐셜은 $\Phi=-GM/R$이다. 그리고 아주 멀리 떨어진 곳의 중력 퍼텐셜은 0이므로 식 (6.12)로부터

$$\omega_\infty=\left(1-\frac{GM}{Rc^2}\right)\omega_*. \tag{6.14}$$

이 표현은 GM/Rc^2의 작은 값일 때에 대해서 정확하다; 즉 더 일반적인 관계는 9.2절에서 유도된다. 중력 적색편이는 백색왜성에서 탐색되었는데 그 백색왜성의 $M\sim M_\odot$과 $R\sim 10^3\,\mathrm{Km}$일 때 그 진동수의 변화는 단지$\sim 10^{-3}$ 차이이다.

중력장이 균일하지 않을 때에는 등가원리는 그 실험실이 아주 충분히 작거나 중력장 비균일성이 탐지가 되지 않을 정도로 그렇게 충분히 짧은 시간에 실험이 행해질 때만 성립한다.[5)]

> **등가원리**
>
> 자유 낙하하는 충분히 작은 실험실에서 충분히 짧은 시간에 행한 실험은 우주 빈 공간에 있는 어떤 한 관성계에서 행한 똑같은 실험과 결과들을 구별할 수 없다.

이 형태로 등가원리는 7.4절에서 또 보게 되겠지만 일반 상대성의 의미를 가지고 있다. 예제 6.3은 실험실이 얼마나 작아야 하는지 그리고 실험을 행하는 시간이 얼마나 짧아야 하는지 대한 추상적인 논의에 대해 명확히 보여주고 있다. 6.2절에서 언급한 것과 같은 형태의 등가원리가 중력의 일괄된 이론과 양립될 필요는 없다. 그러나 그것은 많은 현상과 양립되고 알려진 평평 시공간에서의 법칙이 휜 시공간으로 어떻게 일반화 되는지 추측하는데 유용한 지침서가 된다.

예제 6.3 우주선내에서 지구 중력장의 탐색

심지어 자유 낙하하는 우주선 내부에서도 충분히 아주 긴 시간동안 행한 실험으로 지구의 중력장을 탐지할 수 있는 충분한 공간이 있다. 우주 비행사가 우주선의 순간적인 정지계에서 정지한 상태에서 두 개의 탁구공을 들고 있다 놓았다고 하자. 그리고 나서 두 공의 상호 떨어져 있는 거리를 연속해서 관찰한다고 하자. 만일 우주선이 끌어당기는 중력원으로부터 아주 멀리 떨어져 있는 빈 우주공간에 있다면 두 공의 사이 거리는 변하지 않을 것이다.
(즉, 공기 저항, 정전기적 힘, 상호간의 중력의 힘을 무시하는 이상적인 환경이라 가정하라.) 그러나 지구의 중력장 내에서 지구에 좀 더 가까이 있는 공은 지구에서 좀 더 멀리 떨어져 있는 공보다 더 지구 중심 쪽으로 몰리려는 아주 작은 가속도를 갖게 될 것이다. 그러므로 그들 사이의 거리는 변할 것이고, 이 변화를 측정함으로써 우주 비행사는 지구의 중력장을 탐지할 수 있을 것이다.
떨어져 있는 그 사이 거리의 의미 있는 변화를 위한 시간을 측정하기 위하여 지구의 중심은 정지해 있다고 가정하는 관성계에서 공의 운동을 분석해보자. (지구가 태양주위로 도는 공전은 일단 무시하자.) 그들의 상대적인 운동을 논의해보면, 우주선 자체의 운동은 관련이 없다. - 공은 자유낙하하고 있으며 우리들은 단지 그

---

5) 등가원리가 여러분들에게 수학적으로 부정확하게 여겨지나요? 그것들의 수학적 형식에 앞서 있는 물리학 법칙들에 관한 진술을 하고 있는 이와 같은 원리와 상대성 원리들은 일반적으로 그러하다. 그것들은 아무런 내용을 가지고 있지 않다는 것을 의미하는 것은 아니다. 3.2절에 있는 상대성 원리에 대한 논평을 보라.

공들 사이의 거리에만 관심이 있다. 간단히 하기 위하여 초기에 두 공은 지구 중심에 대하여 원호 상을 따라 거리 s만큼 떨어져 있다고 하자(**그림 6.8**을 보라). 지구에 대하여 좀 더 가까이 있는 공은 반경 R의 지구 주위로 원 운동 하도록 하는 속도 $\vec{V}$로 놓아진 것이다. 동일한 속도 $\vec{V}$로 놓아진 조금 더 지구로부터 멀리 떨어진 공은 약간 타원궤도를 돌 것이다(**문제 5**). 좀 더 가까이 있는 공이 지구 중심 쪽으로 받는 가속도는 $V^2/R = GM_\oplus/R^2 \equiv g$이다. 좀 더 멀리 떨어진 공이 받는 가속도는 $GM_\oplus/(R+s)^2$이다. 그 차이는 – 상대적인 가속도 $a_{상대}$ – $s \ll R$이므로 초기에는 $2g(s/R)$이다. 시간 δt가 흐르면 두 공 사이의 거리는 $\delta s \sim (1/2)(a_{상대}\delta t^2)$양만큼 차이가 날 것이다. 이것을 궤도의 주기 $P = 2\pi R/V$로 표현해보면

$$(\delta s/s) \sim (2\pi\,\delta t/P)^2. \tag{6.15}$$

여기서 $V^2/R = g$라고 했다. 이와 같이 궤도를 한번 도는 시간 스케일 정도에서 아주 재빠르게 우주 비행사는 그 공들 사이의 거리에서 의미있는 변화를 발견하게 되어, 그들이 어떤 중력원에 근접해 있음을 탐지하게 될 것이다. 그러나 공의 위치가 측정되어질 수 있는 어떤 고정된 정확도 δs에 대해서, 실험실이 작으면 작을수록(s 때문에) 그리고 실험을 행하는 시간이 짧으면 짧을수록 그 효과를 탐지하는 것은 점점 더 어려워진다. 제21장에서 국소적 시공간 휨을 측정하는 방법을 찾는 이 실험의 아이디어를 다시 사용할 것이다.

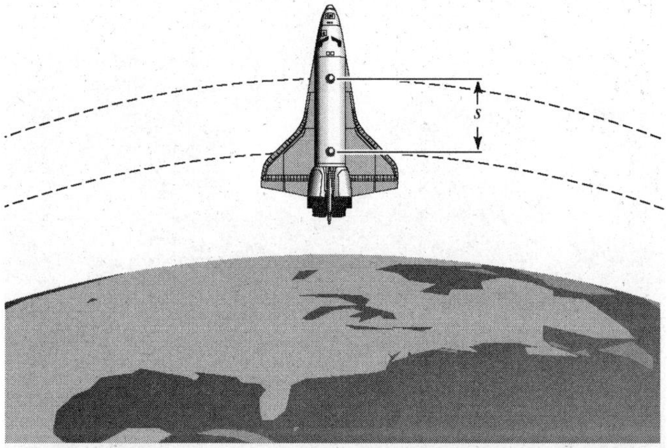

그림 6.8 스페이스 셔틀안에 있는 승무원이 지구 중심으로부터 반경방향으로 거리 s만큼 떨어져 두 개의 탁구공을 놓아두었다고 하자. 공들은 지구의 중심이 거의 정지해 있다는 가정하의 관성계에서 측정한 것 같이 동일한 속도로 놓여졌다. 이상적인 상황에서 공들은 지구 주위로 자유 낙하할 것이다. 그러나 그것들은 다른 궤도를 그릴 것이고 그리고 그것들이 떨어져 있는 상대적 거리의 변화를 측정함으로서 우주승무원은 궤도의 한 부분에서 중력장의 존재를 탐지할 수 있을 것이다.

6.4 The Global Positioning System

서로 다른 중력 퍼텐셜을 가지고 있는 송출소와 수신소의 신호 비(signal rates)의 그 차이는 (6.13)에 보인 것과 같이 실험실 환경 내에서는 너무나도 미미하다. 그러나 매일 사용되고 있는 GPS시스템의 운용에 있어서는 이 미미한 차이점도 고려해야 할 정도로 매우 중요하다. 만일 4.4절에서 논의한 시간확장의 상대적 효과와 이 장에 보여준 시간에 대한 중력의 효과를 둘 다를 적절히 고려하지 않는다면 GPS시스템은 단지 한 시간만 흘러가도 틀어져 버릴 것이다. GPS는 24개의 위성 집단으로 구성되어 있는데, 그 각 위성은 12시간의 지구궤도 회전 시간을 가지고 전체적으로 6개의 궤도 평면으로 나뉜다. 각 궤도 평면에는 4개의 위성이 위치한다 (**그림 6.9**를 보라). 각 위성은 수 주에 $1/10^{13}$의 오차의 정확도를 가진 위성의 고유 시간을 재는 정확한 원자 시계를 휴대하고 있다. 지상으로부터 하루에 수차례씩 시간 교정을 함으로 오랜 기간 동안 정확한 시간을 유지할 수 있다. 이 시스템의 작동에 관한 상세한 것은 매우 복잡하다[6]. 그러나 실제 상황을 이상화시킴으로 해서 그 기본 아이디어는 쉽게 설명할 수 있다[7]. 위성에서 지상으로 보내어진 신호를

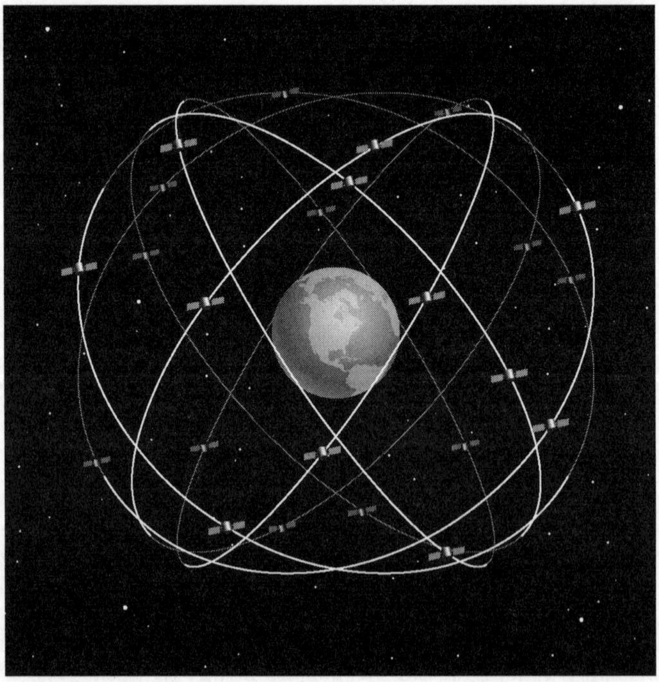

그림 6.9 GPS 위성 배치도. 24개 위성의 GPS배치는 6개의 동등한 공간 궤도 평면으로 배열되어있다.

---

6) 예로서, Parkinson과 Spiker(1996)에 거의 800쪽에 달할 정도로 상세히 설명되어 있다.

7) 예제 4.4에 GPS와 관련된 1차원적인 또 다른 장난감 모델이 있지만 오직 특수 상대성 효과만이 논의되어 있다.

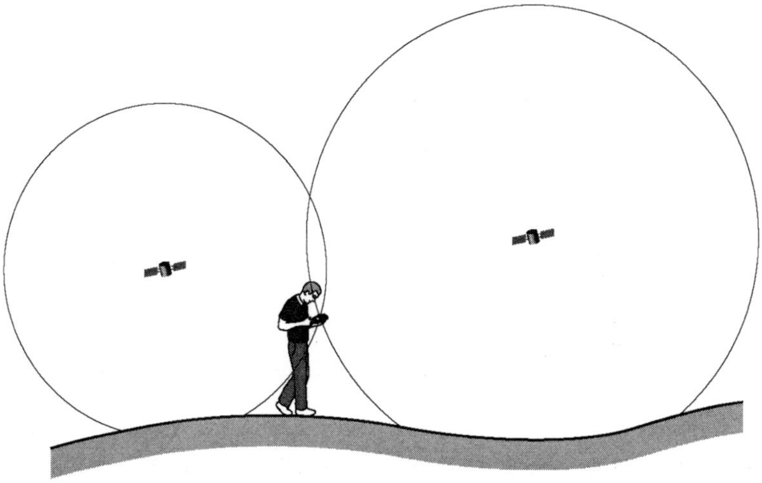

그림 6.10 GPS 위성은 송출시간 t_e과 위성의 위치를 코드와 시킨 신호를 송출한다. 시간 간격 $\Delta t = t_r - t_e$ 후의 시간에 신호를 받은 관측자는 그나 혹은 그녀가 위성의 중심으로부터 반경의 구면 어디엔가 위치해 있다는 것을 안다. 두 위성으로부터 나온 신호는 두 구가 교차하는 지점으로 위치를 더 좁혀준다.

받는데 걸리는 시간 동안에 지구의 중심에 거의 정지해 있는 관성계를 상상하자. 주기적으로 각 위성들은 이 관성 좌표계로 시간과 공간의 위치가 코드와 되어있는 마이크로파의 신호를 내보내고 있다. 일련의 시간간격 후에 신호를 받는 관찰자는 그의 거리를 그 시간간격에 광속도 c를 곱함으로써 계산 할 수 있다(**그림 6.10**을 보라). 3개의 위성에서 보낸 신호를 사용함으로 해서 공간상에 있는 관찰자 위치는 3개의 구면파가 마주치는 점으로 좁게 한정지을 수 있다. 4개의 위성을 사용하면 관찰자가 정확한 시계를 휴대할 필요가 없이 관찰자의 위치와 시간까지 정확히 고정시킬 수 있어 **그림 6.11**에 보여주는 것 같이 시공간에 완벽한 위치를 제공한다. 더 많은 위성에서 보낸 신호를 이용하면 그 불확실성은 더 많이 감소할 것이다.

위성에 있는 고유시간은 다음 두 가지 이유로 해서 관성계의 시간에 맞추기 위해 수정되어야 한다: 즉, 특수 상대성에 의한 시간 확장과 이 장에서 논의한 지구 중력장에 의한 시간에 대한 효과 이 두 가지이다. 이것을 이해하기 위하여 GPS위성은 그 위성의 시계로 재어 일정한 비로 신호를 송출한다고 가정하자. 또한 관성계 안에서 정지해 있는 멀리 떨어져 있는 관찰자에 의해 이것들이 모니터 되고 있다고 가정하자.

중력의 효과를 내는 어떤 중력으로부터 멀리 떨어져 있으며, 정지해 있는 이 관찰자의 시간은 관성계의 시간을 재는 것이다. 그 신호들은 송출되었을 때보다 더 늦은 비로 수신될 것이다. 이것의 한 이유는 움직이는 위성에 있는 시계의 시간의 확장이다. 그리고 또 다른 이유는 위성이 멀리 떨어져 있는 관찰자 보다 지구 중력 퍼텐셜이 더 낮기 때문에 식 (6.12)에 위해 송신비와 수신비는 차이가 난다. 그러므로 관성계에서의 시간을 얻으려면 이 두 가지 영향에 의한 교정이 위성 시간 비에 반영되어야 한다.

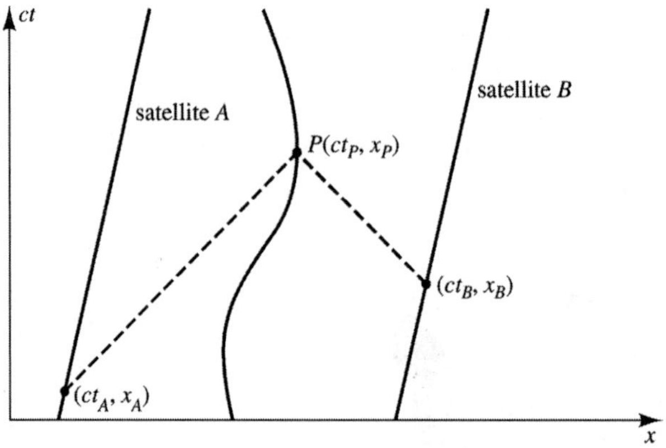

그림 6.11 한 공간차원에서는 단지 두 개의 위성이 송출한 신호로서도 그것들이 동시에 받아진 시공간에서의 한 점의 위치를 찾아내는 데 충분하다. 그림은 한 관성계 내에 있는 두 위성의 세계선을 보여주고 있다. 각 위성들은 송출시 그것들의 좌표 $(ct\,,\,x)$를 코드화한 신호를 내보내고 있다. 이 신호들은 그림에서 보여주듯이 45°선을 따라 빛의 속도로 나아가고 있다. $(ct_A\,,\,x_A)$와 $(ct_B,\,x_B)$로부터 나온 신호들이 점 P에서 동시에 수신되었다면 그때의 P의 좌표는 다음과 같이 주어진다.

$$ct_P = \frac{1}{2}\left[c(t_A + t_B) + (x_B - x_A)\right],$$

$$x_P = \frac{1}{2}\left[c(t_B - t_A) + (x_B + x_A)\right]$$

4차원 시공간에서, 시공간의 점은 4개의 위성으로부터 나온 신호로 위치를 찾아낼 수 있다.

이 교정의 크기를 계산하기 위해 단순하게 GPS위성이 지구 중심으로부터 반경 R_s로 12시간을 한 주기로 하여 적도 궤도를 돌고 있다고 하자. 특수 상대성과 중력에 의한 영향의 크기를 축정하기 위해 뉴턴 역학을 사용해도 충분한 정확도를 가진다. 이와 같이 하면 관성계에서 위성의 속도 V_s는 다음 식으로 결정할 수 있다.

$$\frac{V_s^2}{R_s} = \frac{GM_\oplus}{R_s^2}. \tag{6.16}$$

여기서 위성의 속도 및 반경은

$$R_s \approx 2.7 \times 10^4 \text{ km} \approx 4.2 R_\oplus, \tag{6.17a}$$

$$V_s \approx 3.9 \text{ km/s}, \qquad V_s/c \approx 1.3 \times 10^{-5}, \tag{6.17b}$$

여기서 $R_\oplus = 6.4 \times 10^3$km로 지구 반경이다.

이 기본 수치들을 가지고 위성에 있는 시계로 잰 신호 송출비와 관성계의 시간과 일치시키기 위해 필요한 위로의 보정치를 계산할 수 있다. 그 비는 1+부분 보정치(fractional correction) 형태로 그 신호 비에 곱해져야 한다. 식 (4.15)로부터 시간 확장을 보상하기 위한 필요한 보정은 $1/c^2$를 주차수로 하여

$$\begin{pmatrix}\text{시간 확장으로 인한} \\ \text{부분 보정치}\end{pmatrix} \approx \frac{1}{2}\left(\frac{V_s}{c}\right)^2 \approx .84 \times 10^{-10} \qquad (6.18)$$

식 (6.12)로부터 중력 퍼텐셜에 의한 영향을 보상하기 위한 필요한 보정은

$$\begin{pmatrix}\text{중력 퍼텐셜에 의한} \\ \text{부분 보정치}\end{pmatrix} \approx \frac{GM_{\oplus}}{R_s c^2} \approx 1.6 \times 10^{-10} \qquad (6.19)$$

이것을 비교해보면 중력에 의한 보정이 시간확장에 의한 보정보다 더 큼을 알 수 있다.

이 보정의 크기는 일상생활의 기준으로 볼 때는 아주 작은 숫자이지만 GPS운용에 있어서는 나노초(10^{-9})는 중요한 의미를 가진다. 위성에서 출발한 신호는 10^{-9}초 동안 30cm 여행한다. GPS의 군사적 응용을 위해서는 직경 2m 이내의 정확도가 요구되므로 시간과 시간 차이가 약 6ns 정확도로 알아야 한다. 이 정도의 정확도로 시간을 지키는 것은 현재의 원자 시계로는 문제가 되지 않는다. 그러나 시간 확장과 중력 적색편이 효과는 이 정도의 정확도가 요구되는 곳, 즉 GPS시스템에서는 중요하다. 만일 이것들을 고려하지 않는다면 요구되어지는 수 나노초를 초과하는 에러가 누적되는데 1분도 채 안 걸릴 것이다. GPS는 특수 상대성과 일반 상대성이 실제적으로 바로 적용되는 곳이다.

실제에 있어서는 GPS는 무한원점에 떨어져 있는 시계로 정의되는 관성계를 채택하지 않고, 오히려 지구 표면위의 시계로 정의되는 지구와 함께 도는 계를 사용한다. 위성 시계의 신호 비는 위의 계의 시간과 일치시키기 위해 아래로 교정되어야 한다(**문제 14**). 그리고 이보다 더 많은 보정이 필요한데 이것들은 상대적 토플러 효과, 동시성의 상대성 (예제 4.4를 보라.), 지구의 회전, 지구 중력 퍼텐셜의 비의 구면성, 지구 전리층에서의 반사로 인한 시간 지연, 위성에 있는 시계의 결함 등이 있다.

6.5 시공간이 휘어있다. Spacetime Is Curved

서로 다른 중력 퍼텐셜에서 송출되고 수신되는 신호의 비율(rate)에서 차이가 나는 것을 어떻게 설명할 수 있을까?

하나의 설명은 시계가 작동하는 그 비율에 중력이 영향을 미친다는 것이다. 좀 더 부연 설명하면 어떤 중력장이 존재하지 않는다면 평평 시공간의 관성계에 정지해 있는 시계는 둘 다 그 계의 시간의 흐름을 기록한다. 중력장이 존재하면 시공간은 평평한 채로 남아 있고, 그러나 시계가 빈공간의 시계와 다르게, $(1+\Phi/c^2)$의 비율만큼 영향을 받아 작동한다는 것이다. 여기서 Φ는 시계가 놓여있는 곳의 중력

퍼텐셜이다. 시계는 Φ가 양수인 곳에서는 더 빨리 가고, 음수인 곳에서는 더 천천히 간다. 모든 시계는 정확히 똑같은 방법으로 영향을 받는다. 중력장이 있는 곳에서 높은 곳에 위치한 시계가 낮은 곳에 위치한 시계보다 더 빨리 간다. 이것은 (6.12)에서 송출비와 수신비의 차이점을 설명해주고 있다. 전 절에서 논의한 GPS 시스템의 운동에도 함축적으로 이와 같은 견해를 가지고 있었다.

이와 같은 설명은 지구의 표면은 평평한데 단지 휘어 보일 뿐이라고 믿는 사람이 제시한 설명과 별로 다를 바가 없다. 즉, 표면은 실제적으로 평평한데 북쪽으로 점점 더 올라감에 따라 거리를 재는 자가 점점 더 길어진다는 것이다. 비행기 조종사에 오래전부터 알려져 있던 사실, 즉 파리에서 몬트리올까지의 거리가 라고스와 보고타까지의 거리보다 더 짧아 보인다는 것이다. 이것을 다음과 같이 설명한다. 실제로는 두 거리가 동일하다. 그러나 북쪽에 있는 자가 더 길기 때문에 그 거리가 짧아 보인다는 것이다(**그림 6.12**를 보라). 자의 길이를 변화시키는 특별한 "장"을 포함하는 이 완전한 이론이 작동하고 있다. 일관성을 위하여 이 "장"은 똑같은 방법으로 **모든** 길이에 영향을 주어야 한다는 것을 바로 알 수 있다. 그래서 좀 더 북쪽에 있는 거리가 **언제나** 더 짧아진다는 것이다.

그 장은 자를 길게 할 뿐만 아니라 비행기, 비행기 조종사, 승객 등 모든 것을 동쪽과 서쪽 방향으로 길게 만든다는 것이다. 더욱이 이 이론은 기본이 되는 원자 상수들까지 변화시켜야 한다. 즉, 마주치는 공기분자도 더 적어지고, 라고스에서 보고타로 여행하는 것보다 파리에서 몬트리올로 여행할 때 사용된 연료도 더 적다는 것이다.

중력장 내에 있는 시계로 측정된 시간간격에 대한 평평 시공간 설명이나 지구상의 자로 측정된 거리에 대한 평평 지구나 공통된 점을 가지고 있다. 즉, 그들 둘 다

그림 6.12 평평 지구 이론. 평평 지구 이론자는 몬트리올과 파리간 거리가 보고타와 라고스간 거리와 거의 동일하다고 말한다. 그 거리는 단지 모든 물질과 연동하며 고 위도로 올라감에 따라 거리 측정에 사용되는 모든 자들과 어떤 것이던지 길게 만드는 특별한 장(field) 때문에 더 짧아 보인다는 것이다.

모든 측정 기구들이 똑같은 방법으로 영향을 받기 때문에 직접적으로 측정하기에는 불가능한 그런 기하학을 근본적으로 가정하고 있다는 것이다. 지구상의 거리는 **자**로 올바르게 측정되고, 그 표면은 휘어 있다고 인정하는 것이 더 간단하고, 더 경제적이며 그리고 결국에는 더 강력하다는 것이다. 똑같은 방법으로 **시계**가 시공간의 시간성 거리를 올바르게 측정하고 있고, 그것의 기하가 휘어있다고 하는 것이 더 간단하고, 더 경제적이며, 더 강력하다는 것이다. 이것이 일반 상대성으로 가는 경로이다.

6.6 시공간 의미로 본 뉴턴 중력
Newtonian Gravity in Spacetime Terms

중력에 대한 기하학 이론이 무엇과 같은 것인지에 대한 성찰을 얻기 위해 우리는 먼저 단순한 모델을 고려하자. 이 모델에서는 특수 상대성의 평평 시공간 기하학이 우리가 논의해 왔던 시계의 행동을 기하학적으로 설명해 줄 약간의 휨(curvature)을 도입하도록 변형된다. 더욱이 이 변형된 기하학에서 극치 고유시간의 세계선들이 중력 퍼텐셜 안에서의 비 상대적 속도의 운동에 대한 뉴턴 역학을 예견하는 것을 보여 줄 것이다.

이 모델이 되는 시공간의 기하학은 중력 퍼텐셜 $\Phi(x^i)$이 뉴턴의 장방정식 (3.18)을 만족하는 위치의 함수이고, 무한대에서 사라지는 것으로 간주되는 그런 선 요소 (c≠1 단위)에 의해 특성화 되어 있다.

$$ds^2 = -\left(1+\frac{2\Phi(x^i)}{c^2}\right)(cdt)^2 + \left(1-\frac{2\Phi(x^i)}{c^2}\right)(dx^2+dy^2+dz^2), \qquad (6.20)$$

정적이며 약한 장의 계량

예로써 지구 밖에서는 $\Phi(r) = -GM_\oplus/r$[식 (3.13) 참고]이다. 이 선 요소는 사실상 시간에 대하여 독립인 약한 중력원에 의해 만들어지는 작은 휨에 대하여 일반 상대성 이론이 예견한 수식이다. 이것이 정적이며 약한 장으로 불리는 이유가 된다. 예로써 태양에 의해 만들어진 휜 시공간 기하학이 좋은 근사치가 된다.

송출비와 수신비

신호가 송출되고 수신될 때의 그 시간간격의 비가 다르다는 것은 (6.20)으로부터 다음과 같이 설명된다. 즉. 어느 한 지역 x_A가 송출지역이고, x_B가 수신지역이라 하고 x축을 따라 퍼지는 신호를 생각하자. **그림 6.13** (ct, x)의 시공간 도표에서 송출자와 수신자의 세계선과 시간 좌표축으로 Δt 만큼의 시간간격으로 A지점에서 송출되어 퍼져 나가는 두 개의 빛 신호를 보여준다.

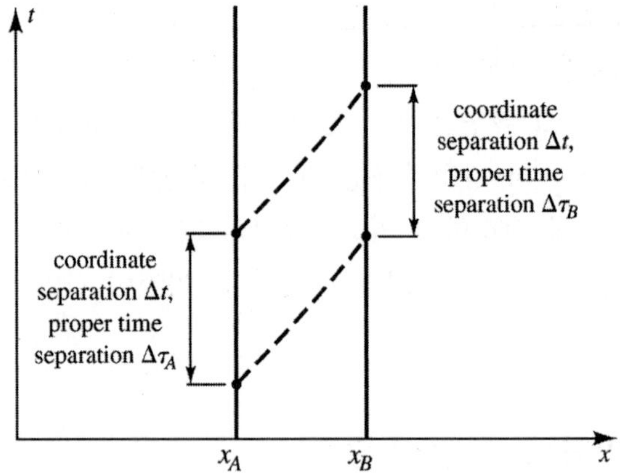

그림 6.13 식 (6.20)과 같은 휜 시공간 모델에서 빛 신호의 송출과 수신. 이 시공간 도표(여기서 $c=1$)는 두 정지하고 있는 관측자 A와 B의 세계선을 보여주고 있다. 좌표시간 간격 Δt와 식 (6.21)으로 연결되는 고유시간 간격 $\Delta\tau_A$로 점 A에서 신호가 송출되고 있다. 선 요소 (6.20)는 t에 독립적이므로, 신호를 수신하는 곳에서도 좌표 간격은 Δt이다. 그러나 이들 사건사이의 고유시간 간격 $\Delta\tau_B$은 $\Delta\tau_A$와 다르다. 그래서 수신하는 비와 송출하는 비가 다르게 된다.

빛 신호의 세계선은 평평 시공간에서처럼 45° 직선은 아닐 것이다. 그러나 이 기하에서는 시간에 대해 독립적이므로(역자주; 중력장이 일정하기 때문) 그 두 개의 신호의 세계선은 동일한 형태를 가져야 할 것이다. 두 번째 빛 신호의 세계선은 시간 Δt만큼 위로 떨어져 있지만 첫 빛 신호와 동일하게 퍼져 나갈 것이다.
그러므로 B에서도 신호가 A지점에서 송출되었던 것과 동일한 Δt 간격으로 신호를 받게 될 것이다. 그러나 좌표상 분리인 Δt는 두 지점에서 서로 다른 두 고유시간 간격에 해당된다. 지점 x_A에서 송출된 두 신호 사이의 좌표상 분리는 Δt와 $\Delta x = \Delta y = \Delta z = 0$이다. 이 송출된 신호 사이의 고유시간 분리 $\Delta\tau_A$는 식 (6.20)과 $d\tau^2 = -ds^2/c^2$으로부터

$$\Delta\tau_A = \left(1 + \frac{\Phi_A}{c^2}\right)\Delta t, \tag{6.21}$$

여기서 $\Phi_A \equiv \Phi(x_A,0,0)$이고 차수 $1/c^2$로 정확하다. ($(1+x)^{1/2} \approx 1 + (1/2)x$ (x가 작을 때)의 관계를 사용하였다.) 이와 유사하게 수신 쪽에서도

$$\Delta\tau_B = \left(1 + \frac{\Phi_B}{c^2}\right)\Delta t. \tag{6.22}$$

위 두 관계에서 Δt를 소거시키면

$$\Delta\tau_B = \left(1 + \frac{\Phi_B - \Phi_A}{c^2}\right)\Delta\tau_A. \tag{6.23}$$

이것은 식 (6.11)으로부터 계산된 식 (6.10)과 정확히 같다. 그리고 (6.12)의 관계가 따라 온다. 이와 같이 신호의 그 수신과 송출의 비의 차이는 시공간의 기하로 설명됨을 보라!!

시공간 의미로 본 뉴턴의 운동

중력장에서의 입자의 운동에 대한 뉴턴의 운동의 법칙은 (6.20)으로 특성화된 기하를 사용함으로써 기하학적 의미로 표현될 수 있다. (5.4)절은 평평 시공간에서 자유입자는 두 점 사이를 극치(extremal) 고유시간 경로로 따라감을 보여주었다. (6.20)으로 요약되는 시공간 기하에 중력 퍼텐셜 Φ 내에서 운동하는 입자의 운동도 동일한 원칙을 따른다. 논의는 5.4절과 동일하다. 그러나 평평 시공간 대신에 (6.20)의 선 요소를 가지고 논의 할 것이다. 시공간에서 점 A와 점 B사이의 고유시간은 그들 사이의 세계선에 달려있다. 그리고 다음과 같이 주어진다.

$$\begin{aligned} \tau_{AB} &= \int_A^B d\tau = \int_A^B \left(-\frac{ds^2}{c^2}\right)^{1/2} \\ &= \int_A^B \left[\left(1+\frac{2\Phi}{c^2}\right)dt^2 - \frac{1}{c^2}\left(1-\frac{2\Phi}{c^2}\right)(dx^2+dy^2+dz^2)\right]^{1/2} \end{aligned} \tag{6.24}$$

세계선을 따라 A에서 B로 적분했다. 세계선을 따라 변수 t를 사용하여서, 경과하여 지나간 고유시간을 다시 쓰면

$$\tau_{AB} = \int_A^B dt \left\{\left(1+\frac{2\Phi}{c^2}\right) - \frac{1}{c^2}\left(1-\frac{2\Phi}{c^2}\right)\left[\left(\frac{dx}{dt}\right)^2 + \left(\frac{dy}{dt}\right)^2 + \left(\frac{dz}{dt}\right)^2\right]\right\}^{1/2}. \tag{6.25}$$

여기서 [ ]괄호 안에 있는 양은 비상대적 속도 $\vec{V}^2$이 된다. 그리고 우리가 고려하는 것 모두는 $1/c^2$에 대한 1차수[8]까지만 정확했었다, 그래서 그런 차수까지만 (6.25)를 고려하면

$$\tau_{AB} \approx \int_A^B dt\left[1 - \frac{1}{c^2}\left(\frac{1}{2}\vec{V}^2 - \Phi\right)\right]. \tag{6.26}$$

여러분들은 이것을 6.4절에 논의한 GPS시스템과 연관하여 본 시간확장과 중력 퍼텐셜의 결합으로 인식할지 모른다. 그러나 여기에서는 $1/c^2$을 1차수로 하여 시공간 기하로부터 통일된 형태로 나타나 있다. 이 공식에 대한 흥미로운 검증이 142쪽에 있는 **상자 6.2**에 기술되어 있다.

---

8) $1/c^2$의 1차수란 엄밀히 말하면 차원이 없는 상당히 작은 양들인 (V/c^2)과 Φ/c^2으로 전개한 식에서 1차수를 의미한다. 이것은 단위 $c=1$곳에서도 같은 의미를 가진다. 우리는 앞으로 다른 곳에서도 이러한 전개식에서 형식에 얽매이지 않는 방법을 사용할 것이다.

A와 B 사이의 고유시간을 극치화하는 세계선은 다음 결합을 극치화 할 것이다.

$$\int_A^B dt\left(\frac{1}{2}\vec{V}^2-\Phi\right) \tag{6.27}$$

왜냐하면 (6.26)에서 처음의 항은 운행하는 세계선에 독립적이기 때문이다. 극치화 조건은 Lagrange 공식이다. 여기서 Lagrangian은 다음과 같다. [(3.33), (3.35) 참고]

$$L\left(\frac{d\vec{x}}{dt},\vec{x}\right)=\frac{1}{2}\left(\frac{d\vec{x}}{dt}\right)^2-\Phi(\vec{x},t). \tag{6.28}$$

만일 여기에 질량을 곱하면 (6.28)은 중력 퍼텐셜 Φ내에서 운동하고 있는 비상대적 입자에 대한 Lagrangian이다. 위의 Lagrange 방정식은 다음을 함축하고 있다.

$$\frac{d^2\vec{x}}{dt^2}=-\nabla\Phi, \tag{6.29}$$

양변에 질량 m을 곱하면 $\vec{F}=m\vec{a}$가 된다.

이것은 **뉴턴 중력 이론이 휜 시공간 (6.20)의 기하학적 용어로 완전히 표현된 것이다** (**표 6.1**을 보라). 즉, 질량의 존재는 중력 퍼텐셜 Φ를 만들어 내고, 이것이 $m\vec{a}=-m\nabla\Phi$로 입자 운동을 결정한다라고 말하기 보다 오히려 질량의 존재가 (6.20)에 묘사된 것처럼 시공간의 휨을 만들고 입자는 기하학적으로 극치 고유시간의 경로를 따라 운동한다고 말할 수 있을 것이다. 힘의 개념들과 시계에 대한 영향이 기하학적 아이디어로 대체되었다. 어떤 의미로는 (말하자면) 중력 질량과 관성 질량의 등가성이 설명되었다고 할 수 있다. 왜냐하면 물체는 다른 물체가 만들어 낸 시공간의 휨에 영향을 받아 운동한다는 이 개념에 질량이 들어가 있지 않기 때문이다. 운동 방정식은 자유입자의 운동 방정식과 동일한 것이다. 그러나 휜 시공간을 통해서 말이다.

표 6.1 중력에 대한 뉴턴식과 기하학적 식의 비교

	뉴턴	기하적 뉴턴	일반 상대성 이론
질량의 역할	다른 질량에 힘을 끼치는 장 Φ를 만듬 $\vec{F}=-m\vec{\nabla}\Phi$	시공간 휘게 함 $ds^2=-\left(1+\frac{2\Phi}{c^2}\right)(cdt)^2+\left(1-\frac{2\Phi}{c^2}\right)(dx^2+dy^2+dz^2)$	시공간 휘게 함
입자의 운동	$\vec{F}=m\vec{a}$	고유시간을 극치화하는 경로 (first order $1/c^2$)	고유시간을 극치로 하는 경로
장 방정식	$\nabla^2\Phi=+4\pi G\mu$	$\nabla^2\Phi=+4\pi G\mu$	아인슈타인 방정식

4.4절에 논의한 것과 같이 평평 시공간에서 두 점 사이의 직선거리가 **가장 긴** 고유시간에 해당된다. 만일 두 점을 연결하는 극치 고유시간 경로가 단 하나라면 휜 시공간에도 위의 논의도 그대로 적용된다. 그러나 만일 하나가 아니라 여러 개하면 그 경로는 가장 긴 혹은. 가장 짧은 고유시간이 아닐지 모른다. 그것은 단지 극치화(extremal)[9)]한 것이다.

식 (6.20)의 선요소 중 **공간** 부분에 해당하는 요소 $(1-2\Phi/c^2)$가 (6.23)의 시계의 시간 간격사이의 상대적 관계나 혹은, (6.29)의 뉴턴 운동 방정식을 이끌어 내는데 $1/c^2$의 주차수(leading order)에 아무런 역할을 못했음을 눈치 채었을 것이다. 거기에는 1을 포함하여 $1/c^2$의 주차수(leading order)로 1단위로 하는 어떤 요소가 작동했었다. 그러므로 저속도에서의 뉴턴 중력의 예견을 만들어 낼 수 있는 많은 휜 시공간이 있을 수 있다. (6.20)의 특별히 정적이고 약한 장의 계량(metric)은 일반 상대성 이론에서 예견된 것이다. 그것은 빛의 궤도에 대하여 또 다른 예견을 줄 수 있다. 10장에서 그것을 보게 될 것이다.

표 6.1에서 중력의 기하학적 이론으로써 두 번째 열에 나열되어 있는 요소들은 무엇을 말하고 있는가? 우리가 보았듯이 비상대적 운동에 해당하는 첫 번째 열을 보면 그것은 뉴턴의 운동 방정식을 올바르게 만들고 있다. 그 답은 이 이론이 특수 상대성과 일치하지 않는다는 것이다. 이 장을 시작할 때 강조 하였던 것과 같이 (6.1)로 표현되던지 혹은 (3.14)로 표현되는 뉴턴의 중력 법칙은 특수 상대성 이론과 일치하지 않는다. 왜냐하면 그것은 물체끼리 순간적으로 상호작용한다고 하는 것을 특수화하고 있기 때문이다.

(6.20)에서 공간과 시간 사이의 비균등성은 이것을 다른 방법으로 보여주는 것이다. 심지어 기하학적 형태로도 뉴턴의 중력은 특수 상대성과 일치하지 않는다. 중력에 대한 완전히 상대적이며 기하학적 이론은 균형적 기반위에서 공간과 시간을 다루는 것이다. 이것이 아인슈타인의 1915년 일반 상대성 이론의 경우이다. 아인슈타인의 이론은 (6.20)의 형태에 한정 되지 않는 일반 기하학과 이 기하학이 뉴턴 중력 법칙(3.18)을 일반화시키는 것을 만족시키는 장 방정식을 다룬다. 이 장방정식을 **아인슈타인 방정식** 혹은, 때때로 **아인슈타인의 방정식**이라 부른다. 21장이 될 때까지는 우리는 아인슈타인 공식을 만나지 못할 것이다. 그러나 그 사이에 그것의 많은 결과물을 탐구할 것이다. 우리는 먼저 휜 공간을 수학적으로 묘사하는 것에 대하여 논의할 것이다. 다음 두 장에서 이것을 할 것이다.

---

9) 이 의문에 대해 좀 더 고찰해보길 원한다면 문제 12와 문제 14를 풀어보라.

상자 6.2 **쌍둥이 역설의 검증**

시간성 경로의 길이는 그것을 따라 움직이는 시계의 고유시간에 의해 측정된다. 그리고 시공간 두 점 사이의 다른 경로들을 따라가는 시계들은 다른 경과된 고유시간을 보여준다. 이것이 4.4절에서 논의한 쌍둥이 역설의 기하학적인 해결책이다. 그것은 (6.20)의 정적이며 약한 장 계량(metric)에서만 진실이다. 왜냐하면 그것이 특수 상대성의 시공간 내에 있었기 때문이다. 1971년에 J.C.Hetele와 R.E.Keating은 시간확장과 시계의 상대적 비(rates)를 검증하는 복합적 실험을 하였다. - 결국은 계량 (6.20)을 검토하는 것이다. (Hatele와 Keating 1972)

상업용 비행기에 세슘 빔의 원자시계를 실어 지구를 돈 후, 지상에 정지 상태에 있는 같은 시계와 비교해 보는 것이다. 이 실험은 두 번 실행되었는데 한번은 동쪽으로 날아가고 다른 한번은 서쪽으로 날아갔다. 지구 중력 퍼텐셜에 대하여 날아가는 시계는 높은 곳에 위치해 있다. - 이 효과만 있다면 - 이 시계는 지상의 시계와 비교해 볼 때 더 빨리 갈 것이다. 그러나 또한 날아가는 시계는 지상의

시계와 상대적으로 움직이기 때문에 시간확장이라는 것에 의해 천천히 갈 것이다. 이와 같이 이들 두 효과의 충돌이 있을 것이다. 이것은 이 실험을 분석하기에 충분할 정도로 $1/c^2$의 정확도로 식 (6.26)에 깔끔하게 요약되어 있다. 이 공식에서 t는 날아가는 시계나 지상해 정지해 있는 시계로 잰 시계가 아니라 어느 한 관성계에 정지해 있는 시계로 잰 시간이다.

날아가는 시계와 지구상의 시계를 서로 비교하기 위해서는 먼저 그것들을 관성계의 시계와 비교해서 그 다음 비교해보아야 한다는 것이다.

날아가는 시계를 운반하는 비행기의 지상과의 상대 속도를 $V_g(t)$라 하고 그것의 고도를 $h(t)$라 하고 지구의 표면 속도를 $V_\oplus = 2\pi R_\oplus/24h$이라 하자. 문제를 단순화하기 위해 비행기는 적도 상공을 따라 비행한다고 가정하면 날아가는 시계와 정지해 있는 시계 사이의 경과된 고유시간의 예견된 차이는 (문제 15)

$$\Delta\tau = \frac{1}{c^2}\int dt \left\{gh(t) - \frac{1}{2}V_g(t)[V_g(t) + 2V_\oplus]\right\},$$

여기서 t는 좋은 근사치로 지구 중심에 대하여 정지해 있는 관성계의 시간이다. 두 번째 항의 크기는 부호에 중요한 차이점이 있다. 동쪽 비행 시는 V_g는 양수이고, 서쪽 비행 시는 V_g는 음수이다. $h(t)$와 $V_g(t)$의 주의 깊은 항해 일지를 기록하여, 그 실험자들은 이 수식을 검토하고 그들 시계에 기록된 기록지를 비교해 보았다. 동쪽으로 간 비행에서는 예견치는 -40 ± 23ns(날아가는 시계보다 지상의 시계가 더 많이 시간이 경과함을 의미함)인데 관측치는 -59 ± 10ns. 서쪽으로 간 비행에서는 예견치 275 ± 21ns인데 관측치는 273 ± 7ns이다. 이것들은 각각 전체 비행시간이 41시간과 49시간이었다. - 시간상 정확도는 1013분의 수초이다.

이들의 관측은 시간 확장과 등가원리의 예견에 아주 일치되는 실험이다.

문 제

1. 그림 6.1에 묘사되어 있는 비틀림 저울을 매달고 있는 섬유는 국소 중력장 $\vec{g}$의 방향과 몇 도의 각도를 이루고 있는가? (6.2)에서 g^t의 값은 얼마인가? 이 실험이 위도 47°에서 실행된다고 가정하라. (이것은 시애틀의 위도이다, 이곳에서 책에 묘사된 Su팀의 실험이 실행되었다.)

2. Eotvos 실험의 현대적 버전에서 비틀림 저울의 어떤 뒤틀림이 막대에 부착된 거울에 빛을 반사시킴과 그리고 앞에서와 같이 각도 θ의 시간 의존을 측정함에 의하여 측정되었다고 가정하자. 10^{12}에 1정도로 등가 원리를 테스트하기 위하여 얼마의 각도 정확성이 필요한가? 막대는 4cm의 길이이고, 질량체들은 각각 약 10g이고, 줄의 비틀림 상수는 (선형운동에서 스프링 상수와 유사한) 2×10^{-8}N·m/rad이고, 뒤틀린 방향으로 중력 가속도는 문제1에서 결정된 것이라고 가정하라.

3. [S] 지구의 표면에서 중력 가속도를 가정하여, 그림 6.5에 있는 엘리베이터는 그것의 이동 과정동안에 빛이 1mm 정도 떨어지게 하려면 얼마나 넓어야 하는가? 이것은 지구 표면에서 실현할 수 있는 사고 실험인가?

4. 130쪽에 진술된 사각형 칸 안에 있는 등가원리로부터 출발하여, 즉 다시 말해서, 단지 자유 낙하계와 관성계만 사용하여 빛이 지구의 중력장내에서 떨어져야 함을 논하라.

5. 자유 낙하하는 탁구공에 관한 예제 6.3에서, 안쪽에 있는 공이 지구 주위의 원형궤도를 단지 돌기위해 필요한 접선 속도만 가지고 놓아진다고 가정하자. 그러므로 동일한 속력으로 놓아진 바깥 공은 타원 궤도를 돌 것이다. 이 궤도의 이심률은 s의 함수로 나타내어 얼마가 되는가? 두 궤도를 스케치하라. 그 그림은 한 주기 후에 입자가 떨어져 있는 것에 의미 있는 변화가 있다는 이 예의 결과를 지지하는가? 힌트: 뉴턴 역학 책에서 타원 궤도의 상세를 찾아보라.

6. (a) 통상적인 (t, x, y, z) 직각 좌표에서 가속도 차원을 가진 상수 g에 대해서 아래와 관계하여 새로운 좌표 (t', x', y', z')로 특수 상대성의 선 요소를 전환시켜라.

$$t = \left(\frac{c}{g} + \frac{x'}{c}\right)\sinh\left(\frac{gt'}{c}\right)$$

$$x = c\left(\frac{c}{g} + \frac{x'}{c}\right)\cosh\left(\frac{gt'}{c}\right) - \frac{c^2}{g}$$

$$y = y', \qquad z = z'.$$

(b) $gt'/c \ll 1$에 대해서, 이것은 뉴턴 역학에서 균일하게 가속되는 계로의 변환에 해당함을 보여라.

(c) $x' = h$에서 이 계에 정지해 있는 시계가 요소 $(1 + gh/c^2)$에 의하여 $x' = 0$에서 정지해 있는 시계와 비교해 볼 때 더 빨리 간다는 것을 보여라. 이것은 등가 원리의 아이디어와 어떻게 관련이 있는가?

7. (a) 한 가속되는 실험실은 $x' = 0$에서 바닥을 그리고 $x' = h$에서 꼭대기를 가지고 있다. 그리고 그 둘 다 y'방향 , z'방향으로 어떤 범위를 가지고 있다. 문제 6의 (a)에서 유도한 선 요소를 사용하여 실험실의 높이가 시간이 흘러도 일정하게 남아있음을, 즉 다시 말해서, 실험실은 견고하게 움직임을 보여라.

(b) 불변인 가속도 $a \equiv (\mathbf{a} \cdot \mathbf{a})^{1/2}$, 여기서 $a^\alpha = d^2x^\alpha/d\tau^2$를 계산하라. 그리고 그것은 실험실의 꼭대기와 바닥이 다름을 보여라.

8. [S] 상대론적인 것을 비상대론적인 개념들과 혼합하는 것은 합당하지가 않다. 그러나 진동수 ω_*가진 광자는 중력 질량 $\hbar\omega_*/c^2$와 운동에너지 $K = \hbar\omega$를 가진 입자와 같다. 뉴턴 아이디어를 사용하여, 반경 R과 질량 M인 구형의 별 표면에서 방출되어 무한원점으로 방출되는 양자에서 운동에너지의 손실을 계산하라. 이것으로부터 무한 원점에 있는 광자의 진동수를 계산하라. 이것을 $1/c^2$을 1차수로 하여 (6.14)에 있는 중력 적색편이와 어떻게 비교되는가?

9. GPS위성이 탑재된 시계로 측정했을 때 일정한 비율로 신호를 송출하고 있다. 지구 표면에 있는 동일한 종류의 시계에 의해 이 신호들을 받는 비율에서 아주 작은 차이를 구하라. 특수 상대성 효과와 중력의 효과 둘 다를 주 차수 $1/c^2$까지 고려해 넣어라. 간단히 하기 위해, 위성은 원형궤도를 돌고, 지상의 기저를 둔 시계는 적도상에 있고, 신호의 전파 방향과 위성의 속도 방향 사이의 이루는 각도는 수신자의 순간 정지 계에서 90°이다 라고 가정하라.

10. [C, P] 지구는 거의 50억년 정도의 나이이다. 지구 중심에 있는 바위는 지구 표면에 있는 바위보다 얼마나 더 젊을까? 40억년의 붕괴 시간을 가진 방사능 원소가 시작시점에서 동일한 양으로 존재하였다면, 지구 표면보다 중심에 얼마나 많은 그 원소가 존재하게 되는가? 지구의 밀도는 일정하다고 가정하라.

11. [E] 노화는 구형의 질량체의 표면보다 중심에서는 더 늦은 비율로 진행된다. 만일 여러분이 중심에서 1년 동안 살아서, 표면에 살고 있는 자보다 1년 뒤 1일이 더 젊게 보이려면 반경 10km 내에 얼마나 많은 양의 질량이 모여 있어야 하는가를 평가하라.

12. [S] 2차원 평평 평면에서는, 극단 거리(extremal distance)의 직선 경로가 두 점 사이에서 가장 짧은 거리이다. 2차원 둥근 구 위에서는 극단 경로는 대원

(great circle)들의 단편이 된다. 구 위에 있는 어떤 두 점 사이에서 인접해 있는 경로들과 비교해 볼때 그 두 점들 사이에 가장 짧은 거리를 제공해주는 극단 경로가 있고, 그리고 또한 인접해 있는 경로들과 비교해 볼 때 그 두 점들 사이에 가장 긴 거리를 제공해주는 것도 있다. 후자가 그 두 점들 사이의 가장 긴 거리의 곡선들인가?

13. 세 명의 관측자가 지구 표면 위에서 서로 가까이 서있다. 각자는 정확한 전자 시계를 갖고 있다. 시간 $t=0$에서 모든 시계들은 동조화 되어 있다. $t=0$에서 첫 번째 관측자가 그의 시계를 똑바로 위로 던져서 두 번째 관측자의 시계로 재었을 때 시간 T에 되돌아온다. 그 두 번째 관측자는 전 시간의 간격동안에 그녀의 손에 그녀의 시계를 쥐고 있다. 세번째 관측자는 던져진 시계가 도달한 최대 높이에서 되돌아오기 까지 그의 시계를 휴대하고서 일정한 속도로 걸어서 움직인 다음에 시간 T에 되돌아 왔다. 최대 도달하는 높이가 지구의 반경에 비해서 아주 작다고 가정하였을 때 각자의 시계로 측정한 흘러간 시간을 계산하라. 중력의 효과를 포함시키고 비상대적 궤적을 사용할 때 차수 $1/c^2$만 계산하라. 어느 시계가 가장 긴 시간을 기록할까?

14. [C] 반경 R인 지구 주위로 원형궤도를 돌고 있는 입자를 고려하자. 지구 밖의 시공간 기하는 $\Phi=-GM_{\oplus}/r$을 가진 정적이고 약한 장 계량 (6.20)으로 주어져 있다고 하자. P는 시간 t로 측정된 궤도의 주기로 두자. 동일한 공간 지점에 위치를 하지만 주기 P에 의하여 시간 t상으로 분리된 두 사건 A와 B를 고려하자. 입자의 세계선은 두 사건 A와 B 사이의 극한(extremal) 고유시간의 곡선이다. A와 B 사이의 다음의 곡선들을 따라 1차수 $1/c^2$로 고유시간을 계산하여 세계선이 가장 짧은, 가장 긴, 혹은 단지 극한 고유시간의 곡선인지 어떤지에 대한 질문을 분석하라.

(a) 입자 자체의 궤도

(b) A와 B 사이의 공간에 고정되어 있는 관측자의 세계선

(c) A로부터 반경방향으로 밖으로 운동한 후 다시 시간 P가 흐른 후 역방향으로 B로 되돌아 온 양자의 세계선

(d) A와 B를 연결해주는 극한 고유시간의 또 다른 곡선을 찾을 수 있는가?

15. [B] **쌍둥이 역설의 검정**

(a) 상자 6.2에서 주어진 비행하는 시계와 지구 표면에 있는 시계사이에 고유시간으로 흘러간 시간의 차이에 대한 식을 유도하라.

(b) 상업용 비행기의 전형적인 고도와 속도를 이용하여서, 지구 둘레를 동쪽으로의 비행과 또 다른 서쪽으로의 비행에 의한 차이 $\Delta\tau$의 값을 평가하라.

CHAPTER

07 휜 시공간의 묘사 The Description of Curved Spacetime

이 장과 다음 장은 4차원 휜 시공간 기하를 묘사하는데 필요한 기본적 수학에 대해서 기술하겠다. 이것의 대부분은 평평 시공간에 대해 제5장에서 소개한 개념을 일반화 시킨 것이다.

7.1 좌표 Coordinates

제2장에서 논의하고 4장과 5장에서 평평 시공간으로 예시한 것 같이 시공간 기하는 가까운 두 점 사이의 시공간 거리를 나타내는 선 요소로 요약된다. 좌표는 시공간의 점들에 위치를 부여하는 하나의 체계적 방법이다. 좌표가 그것이 관장하는 지역에 있는 각 점들의 위치를 부여하는 일련의 표시만 갖고 있다면 어떤 좌표를 선택하는가는 임의적이다. 어떤 특별한 문제를 해결하는데 어떤 좌표계가 다른 좌표계보다 유용할 수 있다. 예로써 역학에서 중심력에 관한 문제를 푸는 데는 직교좌표계보다는 극좌표를 쓰는 게 종종 더 쉽다. 그러나 운동 법칙은 어느 좌표계로도 표현 될 수 있고, 그 내용은 동일한 것이다.

좌표계 선택의 임의성은 그것을 꽉 붙잡으려고 하는 학생들에게는 어려운 점이다. 왜냐하면 거의 모든 물리학의 기초부분에서는 물리법칙을 좀 더 단순하게 보이도록 선호되는 일부 좌표계가 있다. 예로써, 특수 상대성 역학의 일반적 법칙들을 단순한 형태로 만드는 일련의 관성계 집단이 있다. 로렌츠 변환이라 표현되는 평평 시공간의 특별한 대칭성은 왜 관성계가 매우 유용한지 그 이유가 된다. 그러나 일반 상대성에서는 거기에는 시공간이 휘어 있고, 일반적으로 특별한 대칭성도 없으므로 일반 법칙들을 단순화 시킬만한 일련의 좌표집단이 없을 것이다. 특별한 좌표 시스템이 특별한 문제를 단순화 시킬지 모르지만 오직 한 세트의 좌표계가 모든 문제를 단순화 시키지 못한다. 그러므로 임의의 좌표에서 일반 법칙을 형식화하는데 있어서 경험이 필요하다. 이것이 이 장의 주제이다.

선 요소는 기하를 특성화 한다. 그러나 많은 다른 좌표 시스템이 사용될 수 있으므로 **많은 다른 선 요소로 동일한 시공간 기하를 묘사할 수 있다**. 예로써 특수 상대성의 평평 시공간 기하는 직교 좌표계에서 다음과 같이 요약된다(식 (4.8) 참고).

$$ds^2 = -dt^2 + dx^2 + dy^2 + dz^2 \tag{7.1}$$

$c=1$이 이 장과 다음에 걸쳐 사용될 것이다. 계량(metric)의 공간 부분은 구면 극좌표로 변환할 수 있다. 즉

$$x = r\sin\theta\cos\phi, \quad y = r\sin\theta\sin\phi, \quad z = r\cos\theta, \tag{7.2}$$

미분을 행하면, 예로써

$$dz = dr\cos\theta - r\sin\theta\, d\theta, \tag{7.3}$$

이 결과를 (7.1)에 대입하면 변환된 선 요소는

$$ds^2 = -dt^2 + dr^2 + r^2 d\theta^2 + r^2\sin^2\theta\, d\phi^2. \tag{7.4}$$

이 ds^2에 대한 표현은 (7.1)과 달라 보인다. 그러나 그것은 다른 방법으로 각 점의 위치를 나타내었을 뿐이지 동일한 평평 시공간 기하학을 나타낸다. 평평 시공간을 위한 또 다른 흥미로운 다른 좌표계가 **상자 7.1**에 예시되어 있다.

좌표는 임의적이므로 좌표에 사용된 변수의 이름에 너무 선입견 두고 읽지 않도록 주의해야 한다. 예로써

$$ds^2 = -dx^2 + dy^2 + y^2 dz^2 + y^2\sin^2 z\, dt^2. \tag{7.5}$$

이 선 요소도 (7.4)와 동일한 좌표계로 평평 시공간을 묘사 하고 있다. 단지 좌표의 변수 이름만 바뀌었을 뿐이다. 여기서는 t가 각도를, x축방향이 시간성이라는 것뿐 달라진 것은 없다.

좋은 좌표계란 시공간의 각점에 대하여 위치 설정 시 하나의 표식 (label)으로 나타내는 것이 가장 좋다. 그러나 대부분의 좌표계는 어느 점이든지 하나의 표식으로 나타내기로는 불가능하다. 예로써 극좌표(r, θ, ϕ)에 있어서 축$(\theta=0)$ 위의 점들은 한 개 이상의 세트의 좌표 값으로 표시되어진다. - 축 상의 동일함 점에 해당하는 각각의 r에 대하여 많은 다른 ϕ가 있다. 이것은 **좌표 특이성**(coordinate singularity)에 대한 온화한 예이다. 특이성에 대하여 좀 더 심각한 예로는 2차원 평면의 선 요소를 극좌표 나타낼 때 나타난다.

$$dS^2 = dr^2 + r^2 d\phi^2, \tag{7.6}$$

여기서 변환으로 $r=a^2/r'$를 사용하면 (a는 상수) 그 결과는

$$dS^2 = \frac{a^4}{r'^4}(dr'^2 + r'^2 d\phi^2). \tag{7.7}$$

이 선 요소는 $r'=0$에 발산한다. $r'=0$에서는 물리적으로 흥미로운 것이 아무것도 일어나지 않는다. 그러나 기하학은 여전히 평평 평면을 나타낸다. 좌표변환 $r'=a^2/r$

상자 7.1 평평 공간에 대한 펜로즈 도형 (Penrose Diagram)

평평 공간을 위한 유용한 좌표 시스템 중 다른 한 예는 펜로즈 도표를 건설하는데 사용된 좌표이다. 구면 극좌표계 (7.4)로 평평 시공간을 나타내는 선요소를 가지고 시작해보자. t와 r을 새로운 두 좌표 u와 v로 대체하여 다음과 같이 정의한다.

$$u \equiv t - r, \qquad v \equiv t + r \tag{a}$$

그러면 선요소는

$$ds^2 = -du\,dv + \frac{1}{4}(u-v)^2(d\theta^2 + \sin^2\theta\, d\phi^2). \tag{b}$$

(u,v)의 축은 (t,r)공간 도표에서 (t,r)축에 각각 45°로 회전되어 있다. 빛 광선은 상수 u와 상수 v를 따라 여행한다. 이것은 (a)에서 이 좌표계의 정의로부터 혹은 식 (b)는 θ, ϕ가 일정하면 어떤 u나 v에 대해서도 $ds^2 = 0$임을 보여주기 때문이다.

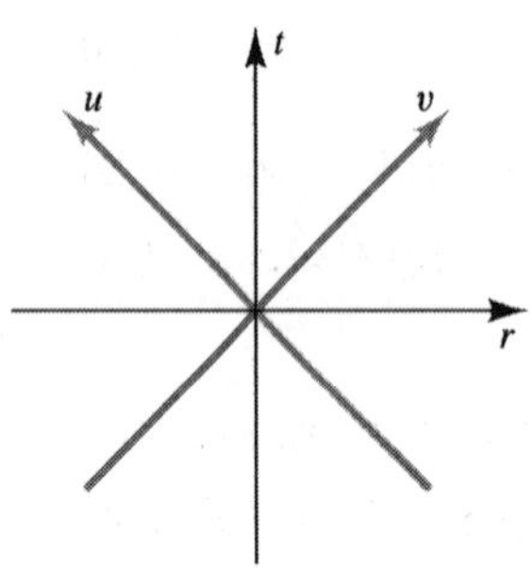

u와 v를 새 좌표 u'와 v'로 또 다른 변환을 해보자. 그러면 새 좌표 t'와 r'와 다음 관계가 있다.

$$u' \equiv \tan^{-1} u \equiv t' - r', \quad v' \equiv \tan^{-1} v \equiv t' + r'. \tag{c}$$

평평 시공간에서의 t와 r좌표는 무한 범위 $-\infty < t < +\infty$, $0 < r < +\infty$를 갖고 있다. 그러나 $\tan^{-1}x$는 $-\pi/2$에서 $+\pi/2$ 범위를 가진다. 그래서 (u', v')나 (t', r')도 또한 범위가 유한하다. 사실상 평평 시공간에 대한 (t, r)평면이 아래의 (t', r') 도표에서 회색 칠된 부위와 같이 유한한 범위 $r' > 0$, $v' < \pi/2$, $u' > -\pi/2$를 나타낸다.

이것이 평평 시공간의 펜로즈 도형이다.

이와 같은 무한(infinite) 좌표 치에서 유한(finite) 좌표 치로의 변환 사상(maping)에 의하여 다른

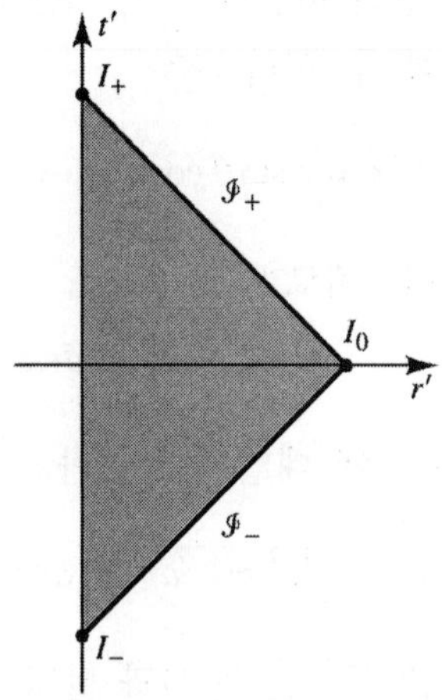

종류의 무한을 구별하는 것이 가능하다. 방사상으로 퍼져 나가는 빛은 – $t = r$ +상수 – 일정한 u'의 선이 된다. 이것은 경계점 $v = \pi/2$ 끝난다. 이것을 미래 눌성 무한원점(future null infinity)라 부르고 기호로 $\mathscr{I}_+$로(스크리(scri) 플러스라 읽는다.) 나타낸다. 안쪽으로 모여들어오는 빛은 경계점 $u' = -\pi/2$에서 출발하여 상수 v선을 따라간다, 이 선을 과거 눌성 무한원점(past null infinity)이라 하며 $\mathscr{I}_-$로 나타낸다. 국소 빛 원뿔면내에 놓인 입자의 궤적은 과거 시간성 무한원점(past timelike infinity) I_-라 불리우는 $(t' = -\infty,\ r' = 0)$점에 시작하여 미래 시간성 무한원점(future timelike infinty) I_+라 불리우는 $(t' = +\infty,\ r' = 0)$점까지이다(문제 4 참고). 유사하게 무한 공간성 곡선은 점 I_0에서 끝난다. 이것은 공간성 무한원점(spacelike infinity)라 한다.

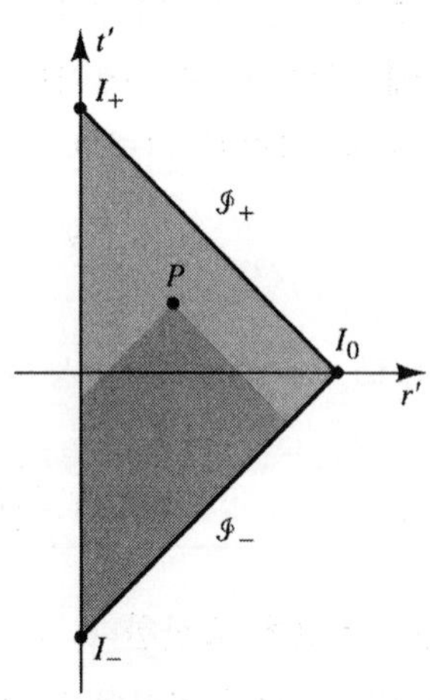

다른 여러 좌표계 중에서 펜로즈 도형은 이것으로부터 주어진 한 점에 위치한 관측자는 시공간의 어떤 사건으로부터도 정보를 받을 수 있는 것으로 나타내는데 그래픽적으로 묘사하기에 유용하다. 예로써 위의 마지막 도표에서 보듯이 점 P에 있는 관측자는 진하게 음영이 쳐져 있는 지역에서 발생한 모든 사건의 정보를 받지만 그 바깥의 영역에서는 받지 못한다. 이 종류의 분석은 블랙홀을 논의하는데 유용하다.
블랙홀에서는 펜로즈 도표가 상당히 복잡하다.

이 $r'=0$일 때 무한개를 점들이 위치를 설정하게 되어 그 점에 단 하나의 유일한 표식을 제공하지 못하기 때문에 특이성(singularity)이 발생한다. 사실 (7.7)은 $r'=0$ 점과 $r'\neq 0$인 점 사이의 무한한 거리를 올바르게 나타내고 있다(**문제 1** 참고).

대부분의 좌표계에서 특이성은 다른 중첩되는 좌표 조각들이 시공간 전체를 포괄(cover)하도록 사용되어져서 모든 점들이 비특이적 좌표 세트(nonsingular set of coordinates)로 표시되어지도록 하여야 함을 의미한다. 나중에 이에 대한 중요한 예를 보게 될 것이다.

7.2 계량 Metric

일반 상대성 기하를 묘사하기 위해 각 점들을 표시하기 위해 x^α라는 4개 좌표 시스템을 사용하고, 좌표간격 dx^α에 의해 분리되어 있는 가까운 점들 간의 거리를 나타내는 선 요소, ds^2를 특성화해야 한다. 그 선 요소는 다음과 같은 형태를 가진다.

$$\boxed{ds^2 = g_{\alpha\beta}(x)dx^\alpha dx^\beta,} \tag{7.8}$$ 계량의 정의

여기서 $g_{\alpha\beta}(x)$는 **계량**(metric)이라 불리는 대칭적이며 위치에 의존하는[1] 행렬(matrix)이다. 예로써 (7.4)의 극좌표에서 평평 시공간을 위한 계량은 다음과 같다.

$$g_{\alpha\beta}(x) = \begin{matrix} & 0 & 1 & 2 & 3 \\ 0 & -1 & 0 & 0 & 0 \\ 1 & 0 & 1 & 0 & 0 \\ 2 & 0 & 0 & r^2 & 0 \\ 3 & 0 & 0 & 0 & r^2\sin^2\theta \end{matrix}. \tag{7.9}$$

이 같은 대각 계량은 $g_{\alpha\beta}(x)=\mathrm{diag}(-1,1,r^2,r^2\sin^2\theta)$로 씀으로써 좀 더 작고 깔끔하게 표현할 수 있다.

4×4대칭 행렬이므로 $g_{\alpha\beta}$는 10개 독립된 성분을 가진다. $g_{\alpha\beta}$의 형태는 동일기하에서도 다른 좌표계를 쓰면 다르게 표현될 것이다. 4원 좌표계를 변환하는데 관련

1) 좌표의 함수들을 다룰 때, 우리는 통상적으로 혼란이 없는 곳에서는 $f(x^0,x^1,x^2,x^3)$에 대하여 약자로 $f(x^\alpha)$, 혹은 $f(x)$을 사용한다.

된 4개 임의의 함수가 있으므로 계량과 관련하여 실질적으로 오직 10−4=6개의 독립된 함수만 있다.

7.3 합의 규약 The Summation Convention

이 시점에서 우리는 표기 시 첨자 위치에 주의 해왔었다는 것을 여러분은 눈치 챘을 것이다. 이것에 관한 우리의 약속은 상대성 이론에서 일반적으로 채택된 여러 관계 중에 한 부분이다. 우리들은 그렇게 써왔기 때문에 여러분들이 좀 더 어려운 책으로 넘어 갈 때에도 별 어려움을 가지지 않을 것이다. 여기서 우리는 약속을 코드화하는데 도와주고, 그것들을 일치하도록 유지하는 몇 가지 규약을 나열하겠다.

1. 첨자의 위치는 존중되어져야 한다. 좌표와 벡터 성분을 위한 위 첨자는 7.8절에 논의되고, 계량(metric)을 위해서는 아래 첨자가 사용된다. (연쇄규약(chain rule)의 표현 $dx^\alpha = (\partial x^\alpha / \partial x'^\beta) dx'^\beta$있어서 **분모**에 있는 위 첨자 β는 아래 첨자로서 역할을 한다.)
2. 반복되는 첨자는 언제나 위 첨자와 아래 첨자로 쌍으로 나타나야 한다. 그리고 이것은 합을 의미한다. 이 이유로 해서 이것들을 **합 첨자**라 한다. 합을 나타내는 데 있어서 다른 어떤 첨자를 써도 상관이 없다. 이 이유로 해서 합 첨자를 또한 **명의 첨자**(dummy indices)라 한다. 이와 같이 해서 $g_{\alpha\beta}a^\alpha b^\beta$는 $g_{\gamma\delta}a^\gamma b^\delta$와 동일하다. 3개 이상의 첨자 − $g_{\alpha\alpha}a^\alpha b^\alpha$와 같은 − 가 나타나거나 위 첨자와 아래 첨자가 쌍으로 나타나지 − $g_{\alpha\beta}g_{\beta r}$와 같은 − 않으면서 반복되는 첨자가 있는 경우가 결코 일어나서는 안 된다. 만일 그것들이 그렇게 나타난다면 그것은 잘못된 표현이다.
3. 합을 나타내지 않는 첨자를 **자유 첨자**(free indices)라 한다. 이것들은 공식의 양쪽 면에 대칭적이어야 한다. 자유 첨자가 동시에 등식의 양편에서 바뀐다면 자유 첨자의 값도 변할 수 있다. 아래 등식은

$$g_{\alpha\beta} = g_{\beta\alpha} \tag{7.10}$$

계량(metric)이 대칭임을 의미한다. 등식의 양편에 한 개씩의 아래 첨자 α와 β가 있기 때문에 첨자는 균형이 맞다. 이와 같은 등식은 일군의 등식을 간단히 요약해 놓은 것으로 생각할 수 있다. 즉 α와 β 자유 첨자에는 4개의 가능한 숫자가 있으므로 한 개의 첨자에 4개의 숫자 각각이 대응된다. 등식 (7.10)은 다음 16개 등식을 요약한 것이다.

$$\begin{array}{llll} g_{00} = g_{00}, & g_{01} = g_{10}, & g_{02} = g_{20} & \cdots \\ g_{10} = g_{01}, & g_{11} = g_{11}, & g_{12} = g_{21} & \cdots. \\ \cdots & \cdots & \cdots & \cdots \end{array} \tag{7.11}$$

이 이유로 해서 자유 첨자를 동시에 등식 양편에서 변하시키기만 한다면 다른 자유 첨자로 바뀌어도 상관이 없다. 예로써 (7.10)에서 β를 γ로 바꾸면 $g_{\alpha\gamma}=g_{\gamma\alpha}$가 되는데 이것은 똑같이 (7.11)을 나타내는 것이다. 그러나 $g_{\alpha\beta}=g_{\alpha\gamma}$ 같은 표현은 첨자가 양편에 균형이 맞지 않으므로 의미 없는 것이다.

예제 7.1 약간의 테스트

다음 아래에 표현된 일련의 목록에서 합의 규약에 일치하는 것과 그렇지 못한 것을 골라라. 그리고 각 경우에 그 이유를 설명하라. 각 심볼이 무엇을 의미하는지 지금은 너무 신경서지 마라. (곧 그들을 만나게 될 테니까); 단지 그것들이 합의 규약에 따르는지 혹은 따르지 않는지만 신경써서 결정해라. 답은 아래에 있다.

(a) $g_{\alpha\beta}dx^{\alpha}dx^{\beta}=g_{\alpha\beta}dx^{\alpha}dx^{\gamma}$

(b) $g_{\alpha\beta}a^{\alpha}b^{\beta}=g_{\beta\gamma}a^{\beta}b^{\gamma}$

(c) $g_{\alpha\beta}a^{\alpha}b^{\beta}=g_{\alpha\beta}a^{\alpha}c^{\beta}$

(d) $\Gamma^{\alpha}_{\alpha\gamma}a^{\gamma}=g_{\alpha\beta}a^{\alpha}b^{\beta}$

(e) $\Gamma^{\alpha}_{\beta\gamma}a^{\alpha}c^{\beta}c^{\gamma}=b^{\alpha}$

(f) $\partial x^{\alpha}/\partial x^{\beta}=\delta^{\alpha}_{\beta}$

(g) $\partial g_{\alpha\beta}/\partial x^{\gamma}=0$

(h) $g_{\alpha\beta}\dfrac{\partial x^{\alpha}}{\partial x'^{\gamma}}\dfrac{\partial x^{\beta}}{\partial x'^{\delta}}=g_{\gamma\delta}\dfrac{\partial x^{\gamma}}{\partial x'^{\alpha}}\dfrac{\partial x^{\delta}}{\partial x'^{\beta}}$

(i) $g'_{\alpha\beta}a'^{\alpha}b'^{\beta}=g_{\alpha\beta}a^{\alpha}b^{\beta}$

(j) $a^{\alpha}(g_{\beta\gamma}b^{\beta}b^{\gamma})=b^{\gamma}$

(k) $\Gamma^{\alpha}_{\alpha\beta}=\Gamma^{\beta}_{\beta\beta}$

(l) $g_{\alpha\beta}=\eta_{\beta\alpha}$

답 아래에서 OK는 합의 규약과 일치한다는 뜻이고, OK가 없는 것은 일치하지 않는다는 뜻이다.

(a) 자유첨자가 균형이 안 맞음.

(b) OK, 모든 첨자가 합 첨자이고 동일한 첨자들이 양쪽에 나타나있다.

(c) OK, 만일 $b^{\alpha}=c^{\alpha}$이면 등식은 성립한다.

(d) OK, 모든 합 첨자들이 양편에 나타나있다.

(e) 반복되는 첨자들이 위와 아래로 쌍으로 나타나있지 않다.

(f) OK이면서 성립, 분모에 있는 위 첨자는 아래 첨자의 역할을 한다.

(g) OK, 이것은 모든 계량계수(metric coefficient)의 1차 미분이 사라짐을 표현하고 있는 등식이다.

(h) α와 β가 한쪽에서는 자유첨자 인데 다른 쪽에서는 반복해서 나타나있다.

(i) OK.

(j) 자유첨자가 균형이 이루어져있지 않다.

(k) 반복되는 첨자들이 위와 아래로 쌍으로 나타나있지 않다.

(l) OK.

7.4 국소 관성계 Local Inertial Frames

등가원리는 '휜 시공간의 국소적 특징은 특수 상대성의 평평 시공간의 특징과 구별할 수 없다'는 것을 제시하고 있다. 위의 물리적 아이디어를 수식으로 표현해본다면 임의의 좌표계의 계량이 $g_{\alpha\beta}(x)$가 주어져 있다고 하자. 그러면 시공간의 임의의 각점에 새로운 좌표 x'^{α}를 도입하면

$$g'_{\alpha\beta}(x'_P) = \eta_{\alpha\beta}, \tag{7.12}$$

여기서 x'^{α}_{p}는 점 P의 위치를 나타내는 좌표이고, $\eta_{\alpha\beta} = diag(-1,1,1,1)$는 평평 시공간의 민코프스키 계량이다. 이 요구는 일반 상대성의 가정 중의 하나이다.

그것은 모든 점의 위치는 3개의 공간 차원과 1개의 시간 차원이 있다는 것을 의미한다. 새 좌표를 찾아내는 것은 어렵지 않다. 그 좌표에서는 $g'_{\alpha\beta}(x'_p)$는 한 점 P에서 대각적이다. 왜냐하면 $g'_{\alpha\beta}(x'_p)$는 대칭 4×4 행렬이므로 언제나 대각적이다. 대각적이기만 하다면 그 좌표는 일정한 요소들에 의해 하나하나씩 재설정(rescaled)되어 $g'_{\alpha\beta}(x'_p)$의 대각치가 ±1을 가지게 할 수 있다(여러분들이 만일 이것이 의심스러우면 **문제 8**을 풀어보라). 그러나 어느 좌표 변환으로도 점 P에서 마지막으로 도출된 계량에서 숫자 +1와 숫자 −1은 바꿀 수 있다. (시도해 보라.) 이것은 (7.12)와 같이 모든 점 P에 3개의 +1와 1개의 −1이 있다고 하는 가정이 전제되어 있다. 그것은 3개의 공간 차원과 1개의 시간 차원이 있다는 바로 그 물리적 가정이다.

평평 시공간의 계량과 일치시키기 위해 좌표변환을 사용하는데 있어서 얼마나 더 나아갈 수 있을까? 확실히 휜 시공간의 전 지역에 걸쳐 $g_{\alpha\beta} = \eta_{\alpha\beta}$가 되는 그런 좌표를 찾는다는 것은 불가능하다. 만일 그렇게 할 수 있다면 그 시공간은 평평하다. 그러나 한 점 P에서 (7.12)와 함께 계량의 1차 미분이 소멸하는 좌표 x'^{α} 찾아낼 수 있다.

국소 관성계

$$\boxed{g'_{\alpha\beta}(x'_P) = \eta_{\alpha\beta}, \qquad \left.\frac{\partial g'_{\alpha\beta}}{\partial x'^{\gamma}}\right|_{x=x_P} = 0.} \tag{7.13}$$

점 P에서 이 두 조건을 만족하는 좌표계를 점 P에서 국소 관성계라 불린다. 그것은 평평 공간의 관성계와 같다. − 그러나 단지 한 점 P의 무한소 인접지역만 국한한다. 이것이 국소관성계라 불리우는 이유이다. 등식 (7.13)은 다른 점에서도 만족되어 질 수 있다. 그러나 그때는 다른 좌표 세트로 이루어 질 것이다. 8.4절까지는 시공간의 각점에서 국소 관성계를 찾는 것이 가능하다는 것을 보여주는 것을 연기 하고자 한다. 그러나 **문제 9**를 풀어봄으로써 좀 더 그 논의를 이해할 것이다.

예제 7.2 북극점에서 구의 계량

원주가 $2\pi a$인 구의 기하에서 선 요소는 다음과 같다. [식 (2.15) 참고]

$$dS^2 = a^2(d\theta^2 + \sin^2\theta\, d\phi^2) \tag{7.14}$$

이것은 친숙한 극 각도 좌표 (θ, ϕ)이다.

북극점 $\theta = 0$에서는 계량이 평면 계량 $dS^2 = dx^2 + dy^2$과 같지 않아 보인다. 그러나 우리는 이를 만족하고 나아가 계량의 1차 미분이 (7.13)처럼 사라지는 그런 좌표를 찾을 수 있다.

$$x = a\theta\cos\phi, \qquad y = a\theta\sin\phi. \tag{7.15}$$

를 생각해보자. 이 변환을 역으로 하면

$$\theta = \sqrt{x^2+y^2}\Big/a, \qquad \phi = \tan^{-1}(y/x) \tag{7.16}$$

이것을 (7.14)에 대입함으로 해서 구면 기하의 선 요소의 새로운 형태를 얻을 수 있다. $\theta=0$인 북극점은 $x=y=0$에 위치해 있다. 이것의 이웃 점, 즉 x와 y의 아주 작은 변화가 있는 곳에서의 계량계수(metric coefficients)는 x와 y의 급수(powers)로 확장되어 다음과 같다. $(x^1 \equiv x\,,\quad x^2 \equiv y)$:

$$g_{AB}(x,y) = \begin{pmatrix} 1-2y^2/(3a^2) & 2xy/(3a^2) \\ 2xy/(3a^2) & 1-2x^2/(3a^2) \end{pmatrix} + \begin{pmatrix} x\text{와 } y\text{의 3차나} \\ \text{그 이상의 차수 항목} \end{pmatrix} \tag{7.17}$$

북극점 $x=y=0$에서는 $g_{AB}=diag(1,1)$이고, $\partial g_{AB}/\partial x^C=0$가 성립한다. 여기서 첨자 A, B의 범위는 1과 2의 범위이다. 우리는 이런 좌표를 어떻게 찾았는가? 그것들은 8.4절에 논의되는 Riemann 정상 좌표의 예들이다.

일반 휜 시공간의 한 점에서 계량의 모든 2차 미분이 사라지게 하는 좌표를 찾는 것은 불가능하다(**문제 9**를 보라). 제21장에서 보게 되겠지만 적절히 잘 조직화 한다면 이들 2차 미분은 한 점에서 시공간 곡률을 측정하는 것이다.

앞에서 언급한 것과 같이 국소 관성계는 휜 시공간의 기하가 국소적으로는 평평 시공간의 기하와 구별될 수 없다는 등가 원리의 아이디어에 대한 정확한 표현이다. 기하의 범위를 넘어서 그 등가 원리는 다음과 같은 것을 제시한다. 즉, 물리학의 어떤 다른 법칙들도 (예로써 입자의 운동의 법칙) 그것이 평평 공간에서 일어나는 것과 똑같은 형태로 국소관성계에서도 일어난다는 것이다. 6.2절에서 논의 하였던 것과 같이 그것이 휜 공간에서 언제나 일치하는 이론이기를 요구하지는 않는다. 그러나 그것은 알려진 평평 시공간이 휜 시공간에서 어떻게 일반화 되어 작동하는지 추측하는데 있어서 유용한 출발점이 된다. 이후부터 여러 예를 보게 될 것이다.

7.5 빛 원뿔과 세계선 Light Cones and World Lines

x^α로 나타내어지는 한 점 P와 그 이웃 점들과의 시공간 거리는 (7.8)의 좌표나 국소 관성계 좌표로 계산되어 질 수 있다. 그러므로 일반 상대성이 4.3절과 그림 4.9에서 예시된 것 같이 특수 상대성의 국소 빛 원뿔 구조를 그대로 전수 받는다. 무한소 좌표 간격 dx^α만큼 점 P로부터 떨어져 있는 점들은 시간성분리, 공간성 분

리, 혹은 눌(null)성 분리 중에 하나 일 것이며, (7.8)에 정의 되어있는 떨어져 있는 거리의 제곱은 다음을 만족할 것이다.

$$ds^2 < 0 \quad \text{시간성 분리} \tag{7.18a}$$

$$ds^2 = 0 \quad \text{눌 성 분리} \tag{7.18b}$$

$$ds^2 > 0 \quad \text{공간성 분리} \tag{7.18c}$$

빛은 $ds^2 = 0$인 시공간의 눌성 경로를 따라 달린다. 점 P에서 나와 발산하거나 점 P로 모이는 한 집단의 눌성 방향은 4.3절에서 논의한 것 같이 점 P에서 국소적 미래와 과거 전 영역 걸쳐 있다.

입자들은 특수 상대성에서처럼 그들과 함께 하는 거리 τ의 4원 함수 $x^\alpha(\tau)$로 특성화되는 시간성 세계선 위를 움직인다(5.2절을 참고). 휜 시공간에서 시간성 세계선을 따라 점 A와 전 B의 거리는 식 (4.13)을 휜 시공간으로 일반화 하면

$$\tau_{AB} = \int_A^B \left[-g_{\alpha\beta}(x) dx^\alpha dx^\beta \right]^{1/2}, \tag{7.19}$$

여기서 적분 경로는 세계선을 따라 한다. 이 곡선 경로를 따라 움직이는 시계는 시공간의 거리 τ를 측정하게 된다. 그러므로 이것은 **고유시간**(proper time)이라 불리운다. $ds^2 < 0$ 혹은 $d\tau^2 = -ds^2 > 0$[식 (4.12) 참고]인 시간성 세계선은 **그림 4.10**에서 보여주는 것과 같이 궤적을 따라가는 모든 점들이 국소 빛 원뿔안에 놓여 있다. 이것이 그 점에서 빛 속도 이하로 달리는 입자에 대한 좌표불변이라는 것에 대한 논의이다.

예제 7.3 2차원에서의 세계선과 빛 원뿔

2차원 계량을 고려해보자.

$$ds^2 = -X^2 dT^2 + dX^2, \tag{7.20}$$

그리고 세계선은

$$X(T) = A\cosh(T), \tag{7.21}$$

여기서 A는 길이차원을 가진 상수이다. 빛 원뿔은 $ds^2 = 0$인 기울기 $dT/dX = \pm 1/X$가 되는 곡선이다. 세계선 (7.21)에 따르는 빛 원뿔면을 **그림 7.1**에 몇 개 그려 놓았다. 만일 경사의 크기 $|dT/dX|$가 $1/X$보다 크거나 혹은 $|dX/dT|$가 X보다 작으면 입자의 세계선은 시간성이다. 그러면 그 입자는 국소적으로 광속보다 작게 달린다. 세계선 (7.21)은 $\sinh T < \cosh T$이므로 시간성이다. 세계선을 따라가는 고유시간은

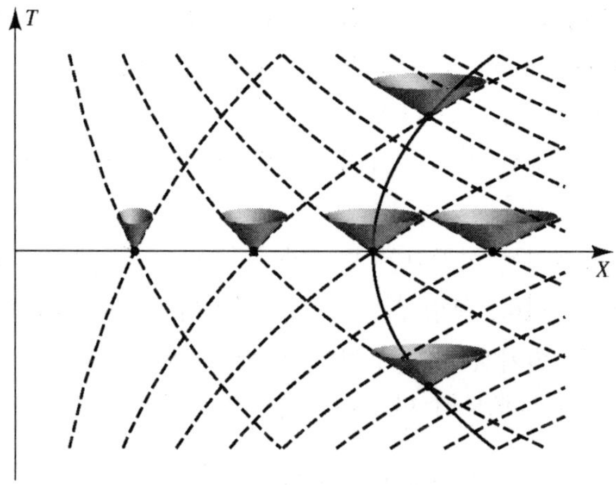

그림 7.1 $X=0.5, 1, 1.5, 2, \ldots,$ 에서 $T=0$ 축과 교차하는 들어오고 나가는 광선을 보여주고 있는 $A=1$ 일 때의 계량 (7.20)의 2차원 시공간의 시공간 도표와 시간성 세계선 (7.21). 몇 개의 미래 빛 원뿔이 예시되어있다. 그것을 따라 각 점에서는 시간성 세계선에 접선은 빛 원추내부에 있게 된다.

$$d\tau^2 \equiv -ds^2 = A^2(\cosh^2 T dT^2 - \sinh^2 T dT^2) = A^2 dT^2. \tag{7.22}$$

$t=0$일 때 $\tau=0$으로 선택하면, $\tau = AT$이다. 그러면 (7.21)의 세계선은 다음과 같이 표현된다.

$$T = A\tau, \qquad X(\tau) = A\cosh(\tau/A). \tag{7.23}$$

(계량 (7.20)은 다른 좌표 시스템에서 실제로 평평 공간을 나타낸다. 여러분들은 그것을 $ds^2 = -dt^2 + dx^2$의 형태로 바꾸는 좌표변환을 찾을 수 있겠는가?)

간단히 말해서, 일반 상대성의 국소 빛 원뿔은 평평 시공간의 빛 원뿔과 동일하다는 것이다. 그러나 빛 원뿔의 범 우주적 배열은 (시공간의 인과 구조라 불린다.) 흥미로운 특징이 있다. 12장과 15장에서 논의되는 블랙홀의 시공간이 아마 가장 중요한 예이다. 그러나 다음의 시공간의 비현실적예가 그 점을 보여준다.

예제 7.4 시공간을 뒤틀리게 하는 구동장치 (Warp-Drive Spacetime)

Alcubierre(1994)에 의하면 이 예는 좌표 (t, x, y, z)와 원점을 지나 $t-x$ 평면 위에 놓여있는 $x = x_s(t)$, $y=0$, $z=0$인 한 곡선을 사용한다. 이것의 계량을 특성화하는 선 요소는

$$ds^2 = -dt^2 + [dx - V_s(t) f(r_s) dt]^2 + dy^2 + dz^2, \tag{7.24}$$

여기서 $V_s(t) \equiv dx_s(t)/dt$는 그 곡선 경로와 관련된 속도이고 $r_s \equiv [(x - x_s(t))^2 + y^2$

$+z^2$]이다. 함수 $f(r_s)$는 $f(0)=1$을 만족하고, 원점에서 멀어짐에 따라 임의의 R에 대해 $r_s > R$로 감에 따라 부드럽게 소멸되는 양의 함수이다. 시공간을 $t=$일정하도록 얇은 단편으로 자른다면 (7.24)는 $dS^2 = dx^2 + dy^2 + dz^2$가 된다. 각 공간의 얇은 조각의 기하는 평평할 것이고, r_s는 곡선경로 $x_s(t)$부터 단지 통상적인 유클리드 거리가 될 것이다.

$f(r_s)$가 사라지는 곳에서는 시공간은 평평하다. 그러나 $f(r_s)$가 사라지지 않는 곳에서는 시공간이 휘어져 있다. **그림 7.2**는 $t-x$평면의 시공간 도표이다. 음영이 쳐져 있는 부위가 시공간이 휘어져 있는 구역이다. $t-x$평면 한 점에서 빛 원뿔은 $ds^2=0$을 성립시키면서 그 점으로부터 나오는 곡선 경로이다. 즉

$$ds^2 = -dt^2 + [dx - V_s(t)f(r_s)dt]^2 = 0, \tag{7.25}$$

혹은 동등하게

$$\frac{dx}{dt} = \pm 1 + V_s(t)f(r_s). \tag{7.26}$$

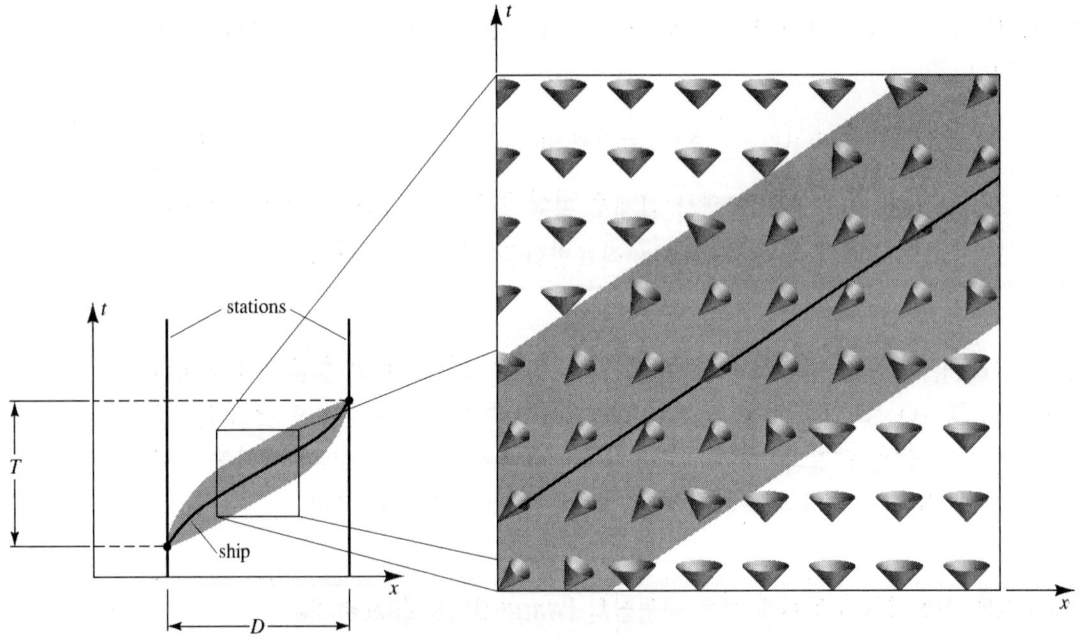

그림 7.2 뒤틀리게 한 시공간(warp-drive spacetime)에서의 빛 원뿔. 위 왼편의 그림에서 세계선을 따라 있는 두 개의 우주 정거장 사이를 여행하는 우주선은 이것들이 평평 공간의 시공간 도표라면 간혹 빛 속도 이상의 속도로 움직이는 것처럼 보일지도 모른다(오른편의 확대사진에서 보여주는 것 같이). 그러나 뒤틀리게 한 계량 (7.24)에 의해 묘사되어 있듯이, 우주선 주위로 휜 시공간 거품(bubble)이 있다. 이것의 위치는 위 그림에서 회색으로 음영이 칠해져있다. 그 안에서는 확대 사진에서 보듯이 미래의 빛 원뿔이 식 (7.26)에 묘사되어 있듯이 기울어져 있다. 모든 점에서, 우주선의 세계선은 빛 원뿔 내에 놓여있다. 그러므로 우주선은 언제나 국소적으로는 빛 속도보다 작은 속도로 움직인다. 그러나 이 휜 시공간 거품을 전혀 알지 못하는 외부의 평평 공간에 있는 한 관측자가 볼 때는 우주선이 우주 정거장 사이의 평평 시공간의 공간적 거리 D 보다 작은 시간 T으로 여행하는 것처럼 보인다. (예시된 특별한 빛 원뿔은 $r_s<R$ 에 대해서 $f(r_s)=1-(r_s/R)^4$ 으로 가정하고 이 범위 밖에서는 0으로 가정한다.)

여기서 ±는 $t-x$ 평면에서 광선이 한 점에서 방출되는 두 방향에 해당된다. **그림 7.2**는 그 결과에 대한 빛 원뿔을 보여주고 있다. 시공간이 평평한 곳에서는 빛 원뿔이 통상적으로 45°이다. 그러나 시공간이 휜 지역 안에서는 빛 원뿔이 기울어진다. 이 빛 원뿔의 배열의 흥미로운 점을 알아보기 위하여 **그림 7.2** 보여주는 것 같이 2개의 우주 정거장을 고려해보자. 예시된 것 같이 경과된 좌표시간 $T< D$에 두 우주 정거장을 연결하는 곡선 $x_s(t)$를 따라 움직이는 우주선이 있다고 상상하자. 우주선이 광속도보다 더 빨리 움직인 것처럼 보인다. 실제로 그런 곡선 경로는 예에서 보여준 것 같이 어느 곳에서 $V_s(t)> 1$를 반드시 가져야 한다. 관찰자 사이에 시공간이 평평하다면 그 점들에서 우주선은 빛보다 더 빠른 속도로 움직였다는 것이 된다. 그러나 그들 사이의 시공간은 평평하지 않다. 빛 원뿔이 기울어져 있기 때문에 그 곡선 경로는 그것을 따라 있는 모든 점들은 국소 빛 원뿔 안에 있게 된다(문제 11). 우주선은 언제나 국소적으로 빛 속도 이하로 달리는 것이다. 심지어 $V_s = dx_s/dt$같은 좌표속도나 혹은 D/T같은 좌표비가 간혹 1보다 클지라도 말이다. 매우 진보된 문명이 이 계량(metric)으로 특징지어지는 것과 같은 우주선 주위를 시공간이 휘게 되는 지역으로 창조할 수 있는 우주선을 만들 수 있을까?

그것은 시공간이 거의 평평하다면 은하계를 통과하는데 최소한 100,000년이 걸리는 거리를 훨씬 적은 시간으로 여행 할 수 있게 해 줄 수 있는 “시공간을 뒤틀리게 하는” 공상과학 소설의 하나의 소재 거리가 될 수 있을 것이다. 그래서 슬프게도 Alcubierre의 추진력에 의한 뒤틀린 시공간과 같은 시공간이 잘 알려진 고전 물리학에서는 배제 되었다는 것이다.

22장 문제 14에서 보게 되겠지만 그것들은 **음**의 국소 에너지 밀도를 가진 물질과 장을 요구한다. 예로써 전자기장에 대해서 우리가 알고 있는 모든 고전적 장은 **양**의 에너지 밀도를 가진다. 양자 역학은 음의 에너지 밀도를 허용한다. 그러나 그것들이 이런 방법으로 이용될지 어떨지를 이해하는 것은 아직까지 물리학에서 요원하다.

7.6 대각 계량(metrics)에 대한 길이, 면적, 부피와 4원 부피

주어진 계량에서 곡선의 길이, 면적, 3원 부피 그리고 4원 부피를 계산해 내는 방법을 아는 것은 유용하다. 우리는 벌써 곡선의 길이는 ds를 적분함으로써 계산하는 법을 알고 있다. 나머지 부분에서는 우리는 단지 대각 계량인 특수한 경우만 고려 할 것이다. 즉

$$ds^2 = g_{00}(dx^0)^2 + g_{11}(dx^1)^2 + g_{22}(dx^2)^2 + g_{33}(dx^3)^2, \qquad (7.27)$$

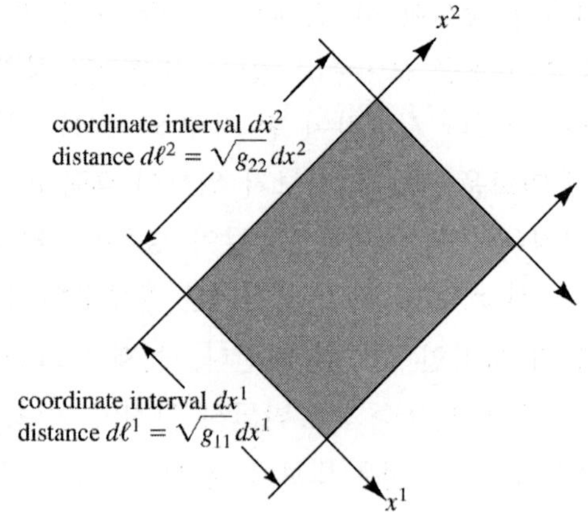

그림 7.3 선요소는 좌표간격 dx^1과 dx^2에 의하여 정의된다. 이들 간격의 길이 dl^1과 dl^2는 계량에 의하여 dx^1과 dx^2와 연관되어진다. 만일 좌표 선들이 직교하면 그 면적은 $dl^1\,dl^2$이다.

왜냐하면 거의 모든 예들이 이런 형태가 될 것이기 때문이다. 대각 계량에서는 좌표들이 모두 직교하므로, 그래서 면적과 부피에 대한 개념은 쉽게 건설될 수 있다. 예로써, **그림 7.3**에 보여주듯이 $x^0=$일정 $x^3=$일정으로 정의되는 x^1-x^2 표면의 면적 요소를 생각해보자. 면적은 좌표길이 dx^1와 dx^2으로 정의된다고 가정하자.

양변의 고유 길이는 각각 $d\ell^1 = \sqrt{g_{11}}\,dx^1$과 $d\ell^2 = \sqrt{g_{22}}\,dx^2$이다. 좌표는 직교하기 때문에 면요소는

$$dA = d\ell^1 d\ell^2 = \sqrt{g_{11}g_{22}}\,dx^1dx^2. \tag{7.28}$$

3원 부피[2]는

$$d\mathcal{V} = \sqrt{g_{11}g_{22}g_{33}}\,dx^1dx^2dx^3; \tag{7.29}$$

유사하게 4원 부피는

$$dv = \sqrt{-g_{00}g_{11}g_{22}g_{33}}\,dx^0dx^1dx^2dx^3. \tag{7.30}$$

위의 마지막 표현에서 평평 공간에 적용될 때 그것은 실수이므로 − 부호를 가져야 한다.

만일 우리가 g를 행렬로 간주되는 $g_{\alpha\beta}$의 행렬식이라 정의하면 4원 부피요소는 $dv = \sqrt{-g}\;d^4x$가 된다. 사실상 이것은 계량(metric)이 대각적이 아닐 때라도 성립하는 일반적인 표현이다. 다음 예에서 이 표현들을 어떻게 사용하는지 보여주겠다.

2) 속도 V와 구별하기 위하여 삼원 부피에 $\mathcal{V}$를 사용한다.

예제 7.5 **구에서 면적요소와 부피요소**

단순한 예로써 극좌표로 평평 시공간을 고려해보자.

$$ds^2 = -dt^2 + dr^2 + r^2(d\theta^2 + \sin^2\theta d\phi^2). \tag{7.31}$$

(7.28)과 (7.29)를 사용하여 구 표면의 면적요소에 대한 친숙한 표현을 얻을 수 있다.

$$dA = r^2 \sin\theta \, d\theta \, d\phi, \tag{7.32}$$

3원 부피는

$$d\mathcal{V} = r^2 \sin\theta \, dr \, d\theta \, d\phi. \tag{7.33}$$

예제 7.6 **일정한 밀도의 구형의 별이나 등질적인 닫힌 우주에서의 휜 공간에서 거리, 면적, 부피**

이 상황의 경우에 해당하는 공간계량(metric)은 다음과 같음이 판명되었다.

$$dS^2 = \frac{dr^2}{1-(r/a)^2} + r^2\left(d\theta^2 + \sin^2\theta \, d\phi^2\right), \tag{7.34}$$

여기서 a는 물질의 밀도와 관련있는 상수이다. (이것은 가상의 4차원 평평 공간에 있는 구의 3차원적 표면 기하를 표현하는 한 방법이라는 것을 18.6절에서 보게 될 것이다.) 적도를 한 바퀴 도는 원주길이, 면적, 부피, 그리고 이 공간에서 $r=0$일 때를 중심으로 두고 좌표상 반경이 R인 구에서 중심으로부터 표면까지의 거리 등등을 계산해보자. 구의 적도는 $r=R$, $\theta=\pi/2$인 곡선이다. 그것의 원주길이는

$$C = \oint dS = \int_0^{2\pi} r d\phi = 2\pi R. \tag{7.35}$$

$\theta=$일정, $\phi=$일정일 때 중심에서 표면까지의 거리 S는

$$S = \int dS = \int_0^R \frac{dr}{\sqrt{1-(r/a)^2}} = a\sin^{-1}\left(\frac{R}{a}\right). \tag{7.36}$$

2원 표면의 면적은 $r=R$일 때이므로

$$A = \int dA = \int_0^{\pi} d\theta \int_0^{2\pi} d\phi R^2 \sin\theta = 4\pi R^2. \tag{7.37}$$

$r=R$ 내부의 부피는

$$\begin{aligned}\mathcal{V} = \int d\mathcal{V} &= \int_0^R dr \int_0^\pi d\theta \int_0^{2\pi} d\phi \frac{r^2 \sin\theta}{\sqrt{1-(r/a)^2}} \\ &= 4\pi a^3 \left\{ \frac{1}{2}\sin^{-1}\left(\frac{R}{a}\right) - \frac{R}{2a}\left[1-\left(\frac{R}{a}\right)^2\right]^{1/2} \right\}.\end{aligned} \tag{7.38}$$

물론 공간이 휘어져 있으므로 이 표현들은 평평 공간에 있는 구와는 다르다. 그러나 $R/a \ll 1$로 될 때는 친숙한 결과가 얻어짐을 알 수 있다. $R \sim 10\text{km}$, $a \sim 15\text{km}$ 그리고 $R/a = 0.7$인 중성자별에서 평평 시공간으로부터의 변이는 의미가 있다.

7.7 내재적 도형과 웜홀 Embedding Diagrams and Wormholes

제2장에서 구 (**그림 2.6**)에서와 같이 휜 2차원 기하와 땅콩 같은 (**그림 2.7**) 형태의 기하를 예시하기 위해 3차원 평평 공간에 내재된 휜 2차원 표면의 그림을 사용했다. 이 그림들은 **내재적 도형**(embedding diagram)에 대한 일반적인 개념을 보여주는 예이다. 모든 휜 2차원 기하가 3차원 평평 공간 안에서 휜 표면으로 다 재현될 수는 없다. 그러나 많은 경우에 있어서 그 내재적 도형은 그것들의 기하학적 특징을 가시화하는데 유용한 수단이 된다[3].

적어도 4원 기하학을 평평 공간에서의 표면으로 재현하려면 5차원이 필요하게 될 것이다. 그 결과는 쉽게 시각적으로 나타낼 수 없기 때문에 그 결과는 별로 도움이 안된다. 그러나 때때로 3차원 평평 공간에 4차원 기하학의 2차원 단편을 내재시키는 것은 가능하다. 그리고 그 특징으로부터 유용한 것을 얻을 수 있다. 예제 7.7은 이것이 어떻게 작동하는 지를 그 어떤 설명보다도 잘 보여주고 있다.

예제 7.7 웜홀 시공간의 내재된 단편

다음 계량을 고려해 보자.

$$ds^2 = -dt^2 + dr^2 + (b^2 + r^2)(d\theta^2 + \sin^2\theta \, d\phi^2). \tag{7.39}$$

여기서 b는 길이의 차원을 가진다. 이 계량은 물리적으로는 실제 시공간을 나타내는 것은 아니다. 그러나 이 계량이 내재적 도형(embedding diagram)을 소개하는데 쉬운 방법이다. 이 계량 (7.39)은 극좌표 ((7.4) 참고)로 표현된 평평 시공간의 계량과 유사 할 뿐만 아니라 여러 가지 특징을 공유하고 있다. 그것은 시간 t에 독립적이며 또한 구형형태로써 대칭적이다. 왜냐하면 r과 t가 일정한 표면은 구형의 기하

3) 평평 3차원 공간에서 휘어 있는 모든 표면 전부다가 휜 2차원 기하를 가지고 있지는 않다. 예로서, 원통형 표면은 평평한 기하를 가지고 있다.

형태를 가지기 때문이다. 그리고 r이 무지하게 커지면 시공간은 거의 평평하게 된다. 왜냐하면 이 계량 (metric)이 식 (7.4)에 근접하기 때문이다, 그러나 $b=0$것을 제외하면 이 기하학은 평평하지 않고, 곧 보게 되겠지만 아주 흥미롭게 휘게 된다. $t=$일정하면 (7.39)의 기하의 단편은 다음과 같이 3차원 공간 기하 계량(metric)이 된다.

$$dS^2 = dr^2 + (b^2 + r^2)(d\theta^2 + \sin^2\theta d\phi^2). \tag{7.40}$$

t가 일정한 모든 기하 단편은 계량이 시간에 독립적이므로 같은 형태의 기하를 가진다. 공간 계량이 구형적으로 대칭이므로 그것의 그림은 일정한 각도에서는 2차원 단편을 봄으로써 그려 볼 수 있을 것이다. 예로써 $\theta=\pi/2$인 적도면의 단편의 기하는 다음과 같다.

$$d\Sigma^2 = dr^2 + (b^2 + r^2)d\phi^2. \tag{7.41}$$

구형적으로 대칭이란 것은 각이 일정한 어떤 단편도 동일한 기하학적 형태를 가진다는 것이다. 이 기하는 3차원 평평 공간에 내재된 2차원 표면으로 가시화 될 수 있다. 2차원인 $r-\phi$ 단편인 (7.41)의 계량 (metric)은 시공간의 구형 대칭(7.39)으로부터 유래되었으므로 원형적으로 대칭이다. ϕ를 $\phi+$상수 로 바꿔어도 (7.41)은 변하지 않고 그대로 있는다. 이것은 3차원 평평 공간 안에 축 대칭(axisymmetric)표면으로서 그 단편을 내재시키는 것은 가능하다. 이 가능성을 조사하기 위하여 z축에 기반을 둔 원통좌표 (ρ,ψ,z)를 사용하여 평평 공간에서 점의 위치를 찾는 것이 편리하다. 좌표 ρ는 축으로부터 떨어진 거리이고, ψ는 축을 돌아 이루는 극 각도이며, z는 축 상의 거리이다. 이 좌표에서 평평 공간의 계량은

$$dS^2 = d\rho^2 + \rho^2 d\psi^2 + dz^2. \tag{7.42}$$

평평 공간내의 표면은 그 안에 있는 $z=0$ 평면, $z(r,\phi)$,보다 높은 높이를 부여함으로써 특성화 될 수 있다. 우리는 (7.41)과 같은 동일한 기하를 가지고 있는 표면을 특성화하는 $z(r,\phi)$함수를 찾고자 한다. 그러나 그것을 찾기 위해서는 평평 공간 안에 있는 표면위에 한 점을 표시(label)하는 좌표 (ρ,ψ)와 식 (7.41)에서 점들을 표시하는 (r,ϕ) 사이에 연결을 또한 특성화 해야 한다. 간단히 말해서 표면 (7.41)의 내재(embedding)를 특성화하기 위하여 우리는 3개의 함수를 주어야 한다.

$$z = z(r,\phi), \qquad \rho = \rho(r,\phi), \qquad \psi = \psi(r,\phi). \tag{7.43}$$

우리가 $\psi=\phi$로 들 수 있고, z와 ρ가 각도와 독립일 때는 (7.43)에 있는 함수를 찾아내는 것은 축 대칭(aixsymmetric) 표면의 경우에 상당히 단순할 수 있다.

$$z = z(r), \qquad \rho = \rho(r), \qquad \psi = \phi, \qquad (\text{축대칭}) \tag{7.44}$$

(7.44)를 (7.42)에 대입하고 미분을 좀 더 하면 다음과 같이 내재된 표면위의 선 요소를 찾아낸다.

$$d\Sigma^2 = \left[\left(\frac{dz}{dr}\right)^2 + \left(\frac{d\rho}{dr}\right)^2\right]dr^2 + \rho^2 d\phi^2. \tag{7.45}$$

그리고 만일

$$\rho^2 = r^2 + b^2 \tag{7.46a}$$

이면 이것은 단편 (7.41)위의 계량과 일치할 것이다. 그리고 그때에

$$\left(\frac{dz}{dr}\right)^2 + \left(\frac{d\rho}{dr}\right)^2 = 1. \tag{7.46b}$$

ρ에 대하여 (7.46a)를 사용하면 식 (7.46b)는 $z(r)$에 대한 미분 방정식으로 적분하면 $z(r) = b\sin^{-1}(r/b)$되고, 적분상수는 r이 0으로 갈 때 z도 0으로 감으로 결정할 수 있다. ρ를 위하여 r를 제거하면 $\rho-z$ 평면에서 곡선의 방정식

$$\rho(z) = b\cosh(z/b). \tag{7.47}$$

를 찾는다. **그림 7.4**는 $\rho-z$ 평면에서 곡선 (7.47)의 그래프를 보여주고 있다. 완전한 축대칭인 표면은 이것을 z축을 중심으로 회전시키면 만들어진다(**그림 7.5**를 보자). 평평 공간과 유사하게 가정되기를 유혹받는 $0 < r < \infty$의 범위는 사실상 $z > 0$인 표면의 반쪽만 카버(cover)한다. $r = 0$의 값은 한 점을 표시하는 것이 아니라 오히려 $\rho = b$ 혹은 $z = 0$인 원을 나타낸다. $z < 0$인 아래쪽 반의 표면은 $-\infty < r < 0$의 범위를 카버(cover)한다. 3차원 평평 공간 안에 있는 이 표면은 웜홀 기하학에서 시간이 일정할 때의 적도부위의 단편 기하학과 동일하다. ρ가 큰 곳(혹은

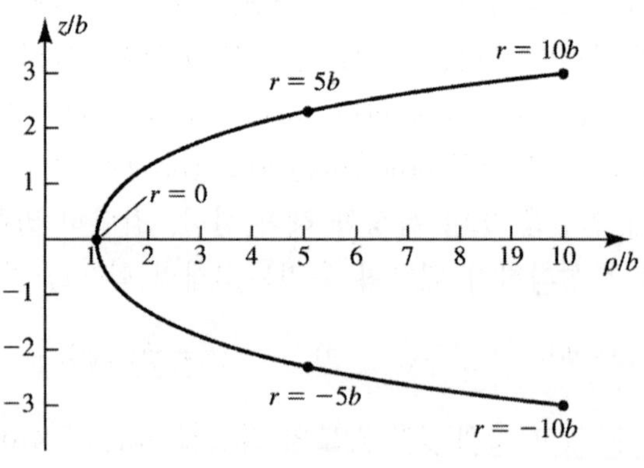

그림 7.4 곡선 $\rho = b\cosh(z/b)$는 z축 주위로 회전시켰을 때 그림 7.5에서 보여주듯이 식 (7.41)같이 동일한 내재적 기하를 가진 2차원 표면을 만들며 이와 같이 3차원 평평 공간에서 웜홀의 기하 (7.39)의 (r, ϕ)단편의 embedding 이다.

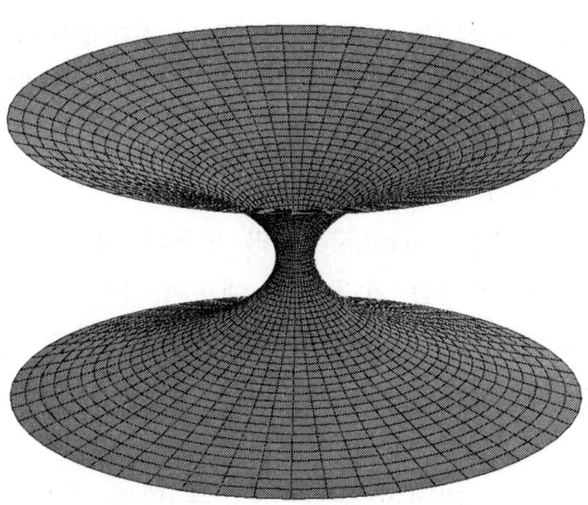

그림 7.5 평평 3차원 공간에서 2차원 표면으로서 나타낸 웜홀 기하 (7.39)의 (r, ϕ)단편의 embedding. 이 표면은 둘레길이가 $2\pi b$인 '병목'으로 연결된 두 개의 점근적으로 평평해지는 지역들을 가지고 있다. 그래서 이것을 벌레구멍(wormhole)기하 라고 부른다.

상자 7.2 시공간에서 웜홀(wormhole)

(7.39)의 단순 기하에서 웜홀이 그림 7.5에 예시되어 있다. 이것은 두 개의 다른 점근적으로 평평한 시공간 지역을 – 공상과학 소설의 언어로는 두 개의 우주 – 연결하고 있다. 우리 자신의 점근적으로 평평한 시공간 지역에 있는 두 장소를 연결해주는 웜홀은 매우 흥미를 자아낸다. 여기에 이것을 정성적으로 보여주겠다.

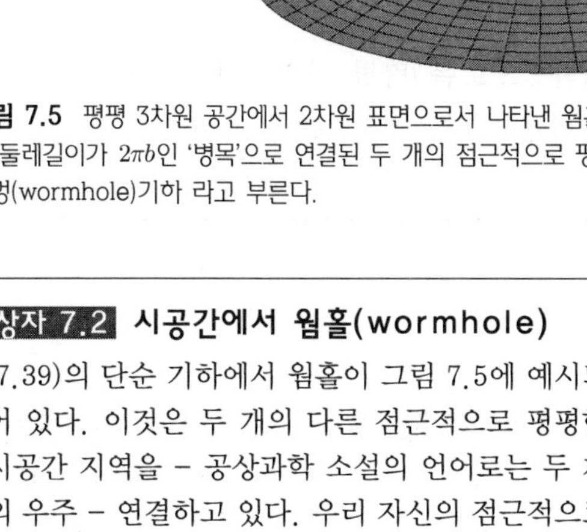

이 그림은 점근적 지역의 거의 관성계에서 시간적으로 어느 한 순간에 시공간의 2차원적 단편에 대한 내재적 다이어 그램(diagram)을 보여주고 있다. 웜홀의 "주둥이"(mouth)는 공간에서는 대략 구형의 지역으로 나타날지 모른다. 탁월한 상대성이론 학자인 Kip Thone이 그의 책(Thorne 1994)의 그림에서 보여준 것 같이 웜홀의 한 주둥이로 기어 들어가면 반대편 주둥이로 나올 수 있을지도 모른다. 웜홀 병목을 통과하는 거리는 밖의 지역에 있는 두 주둥이 사이의 거리보다 훨씬 더 짧아 두 지역사이 여행을 빠르게 할 수 있을 것이다.

실제적으로 웜홀을 들어가기 전에 시간보다 더 전에 나올 수 있도록 웜홀을 배치 할 수도 있다는 것을 상상해 볼 수 있다. 그러면 그 전의 시간이 충분하다면 어떤 이가 바깥지역에서 거꾸로 걸어 들어가 웜홀에 들어가기 전의 자기 자신과 만날 수도 있다는 것이다. 이것이 시간을 거꾸로 여행하는 기계를 상상하게 하는 하나의 방법이다(미래 시간을 여행하는 것에 관한 것은 상자 9.1를 보라).

그런 시공간 타임머신으로부터 발생되는 우연한 역설을 분석해 볼 필요는 없다. 그 진상은 다음과 같다. 고전적 아인슈타인 방정식은 웜홀은 음의 에너지 밀도를 가진 물질이 요구되어야 한다는 것을 함축하고 있다. 그리고 모든 알려진 고전적 장의 에너지 밀도는 양이라는 것이다. 시공간 기하학에 양자성 요동론을 들고 오는 것을 빼고는 웜홀에 대한 미래의 적용범위는 거의 전적으로 공상 소설일 뿐이다.

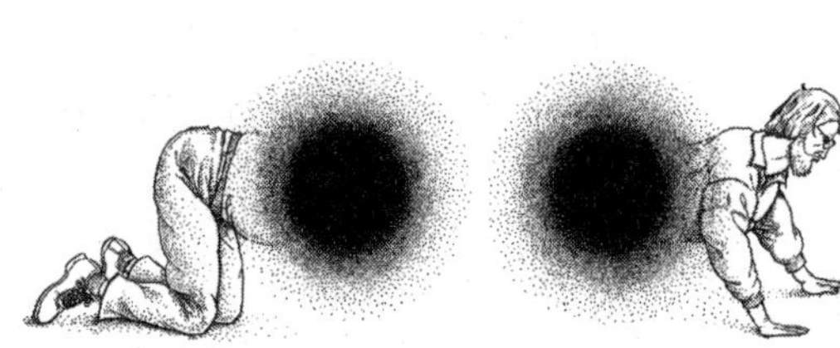

동등하게 r이 큰 곳)에서는 식 (7.41)로부터 표면의 기하형태가 평평하게 되는 것을 우리는 안다. 그러나 그것은 평평 공간에서와 같이 단지 한 개의 평평한 구역이 있는 게 아니라 점근적(asymptotically)으로 두 개가 있다! 그것들은 최소 원주 $2\pi b$의 휘어있는 병목에 의하여 연결되어 있다.

이런 종류의 기하형태를 웜홀(wormhole)이라 부른다. 과학 공상 소설의 언어로 빌리면 웜홀은 두 개의 다른 우주를 연결한다. 예로써 다른 점근적 구역에서 두 개의 다른 로케트가 각자 웜홀에서 궤도 비행한다고 상상해 볼 수 있다. 다음 장에서 그들 사이의 여행을 정량적으로 좀 더 깊이 다룰 것이다. 다른 종류의 웜홀은 상자 7.2에 묘사되어 있다.

(7.41)로 특성화되는 표면은 완만한 뒤틀림으로는 평평 평면에서 만들어 질 수 없다. 그 기하형태는 평평 평면의 계량과 다른 계량을 가질 뿐만 아니라 또한 다른 위상 기하학을 가지고 있다.

7.8 휜 시공간에서의 벡터

5.1절에서 소개한 방향성 있는 선 요소로써 벡터를 정의한 것은 휜 시공간에서는 변경 되어야 한다[4]. 감자 표면위의 방향 선 요소를 정의 하는 것을 생각해 보라. 휜 시공간에서 벡터를 정의하는 열쇠는 벡터양들은 - 모멘트, 속도, 전류밀도 등등 - 모두 국소적(local)이라는 것을 알아차리라는 것이다. 조그마한 시공간 영역 내에 있는 실험실안의 관측자에 의해 그것들은 측정되어 질 수 있다. 그러므로 휜 시공간에서 벡터를 정의하는 방법은 크기와 방향의 정의를 분리하고, 국소적 실험실에서 일하고 있는 물리학자와 똑같이 작은 벡터들을 이용하여 국소적으로 방향을 정의하는 것이다. 더 큰 벡터들은 이 작은 벡터들에게 수를 곱하거나 통상적인 평평 시공간에서의 규칙에 따라서 더하거나 뺌으로써 대수학적으로 만들어 낼 수 있다. 수학자들은 이 과정을 (여기서는 대충 예쁘게 묘사되어 있지만[5]) 접선 공간에서 벡터를 정의하는 것이라 부른다. **그림 7.6**은 이 개념을 그림으로 표현하고 있다.

이와 같이 벡터들은 한 점에서 정의되어지고, 거기서 그것들은 모든 통상적인 평평 시공간에서의 벡터 대수학 규칙을 따른다. 시공간의 각점에 부드러운 방법 $\mathbf{a}=\mathbf{a}(x)$으로 벡터를 할당한 것을 **벡터장**이라 부른다. 그러나 각기 다른 점에서 정의된 벡터들은 다른 접선 공간 안에 있다. 그리고 그것들은 다른 평평 시공간에 있기

4) 여기서 의미하는 것은 4원 벡터의 정의가 변경되어야 한다는 것이다. 그러나 시공간에서 4원 벡터와 3차원 공간에서 3원 벡터 둘 다에 벡터라는 단어를 일반적으로 사용하기로 한다고 경고한 제5장을 회상해보라 그리고 그것들을 구별하는 것은 문맥상으로 구별해야 한다. 이 경우에는 시공간은 사은품(giveway)이다.

5) 즉각적인 수학적 정교성이 필요하다면, 제20장을 읽어보세요.

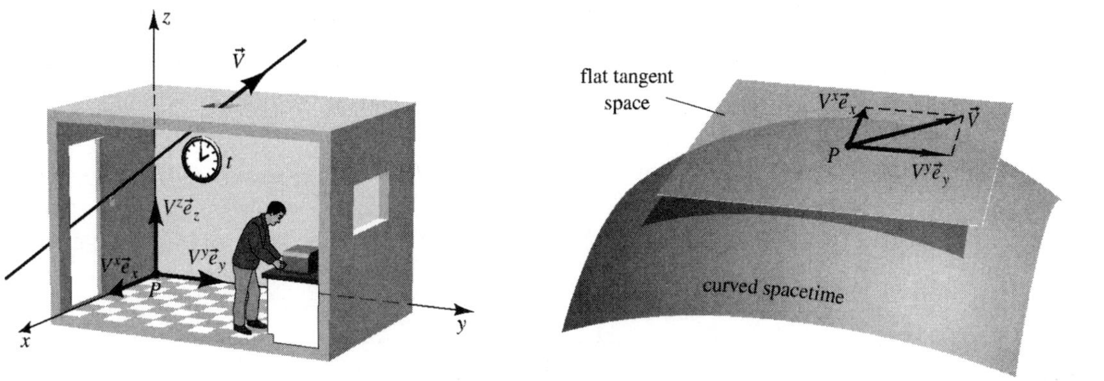

그림 7.6 물리학에서 크기와 방향을 가진 양들은 국소적으로 정의되어지는 것이고 시공간의 한 점에 위치한 작은 실험실에 있는 한 관측자에 의해 측정되어질 수 있다. 이 왼편의 그림에서 보듯이 속도 $\vec{V}$인 한 예가 점 P에 있는 것으로 이상화되어 있는 실험실내에 있는 한 관측자에 의해 속도 $\vec{V}$인 한 예가 제시되어있고 오른편 그림에는 그에 해당하는 접선 공간 내에서 방향성을 가진 선 요소로서 나타나 있다. 그 접선 공간 내에서 벡터들은 $\vec{V}=V^x\vec{e_x}+V^y\vec{e_y}$ 의 예와 같이 평평 공간에서 하였던 것처럼 스칼라에 의해 합해지고, 감해지고, 곱해지고 할 수 있다.

때문에 다른 점들에 있는 벡터를 더하는 방법은 없다. 위치 벡터는 국소적 개념이 아니므로 포기해야 할 또 다른 개념이다. 이와 유사하게 변위 벡터도 포기 되어야 한다. 단지 무한소로 떨어진 두 점 사이의 변위, 이것은 국소적 양이므로 예외이다.

이제 휜 시공간에 적용되는 것 같이 약간의 벡터들을 재 고찰 해보고, 그리고 좀 더 첨가해 보기로 하자. 모든 점 x^α에서 4원 기저 벡터 $\mathbf{e}_\alpha(x)$를 둘 수 있다. 이것으로 다른 어떤 벡터도 선형 결합으로 표현된다.

$$\mathbf{a}(x)=a^\alpha(x)\mathbf{e}_\alpha(x). \tag{7.48}$$

숫자 $a^\alpha(x)$는 기저 벡터 $\mathbf{e}_\alpha$로 하는 벡터 $\mathbf{a}$의 **성분**이라 불린다. 스칼라 곱(내적)의 개념이 평평 공간에서와 같이 도입될 수 있다. 동일한 지점에서 두 벡터 $\mathbf{a}$와 $\mathbf{b}$ 사이에 스칼라 곱은 기저 벡터의 스칼라 곱이 알려져 있다면 성분으로 계산되어 질 수 있다.

$$\begin{aligned}\mathbf{a}\cdot\mathbf{b}&=(a^\alpha\mathbf{e}_\alpha)\cdot(b^\beta\mathbf{e}_\beta)\\&=(\mathbf{e}_\alpha\cdot\mathbf{e}_\beta)a^\alpha b^\beta.\end{aligned} \tag{7.49}$$

우리는 스칼라 곱이 우리가 좋아하는 어떤 것으로 나타낼 수 있도록 기저 벡터를 선택할 수 있다. 그러나 두 종류의 기저(bases)가 특히 중요하다.

정규직교 기저 Orthonormal Bases

정규직교 기저는 4개의 단위길이를 가진 벡터 $\mathbf{e}_{\hat{\alpha}}$, $\alpha=0,1,2,3$가 상호 직교(othogonal)하고 있다. 5.6절과 같이 첨자위의 모자 ∧(hat)는 다른 종류의 벡터들과 구별하기 위해 정규직교 기저 벡터와 성분에 사용한다. 시공간에서는 3개의 직교 단위 벡터는 공간 성분이고, 나머지 하나는 시간 성분이다. 그러므로 직교 기저 벡터에게 요구되는 것은 편리하게도 다음과 같이 요약된다.

정규직교 기저

$$\mathbf{e}_{\hat{\alpha}}(x) \cdot \mathbf{e}_{\hat{\beta}}(x) = \eta_{\hat{\alpha}\hat{\beta}}, \tag{7.50}$$

여기서 $\eta_{\hat{\alpha}\hat{\beta}} = diag\,(-1,1,1,1)$. 그러면 정규직교 기저 벡터 성분을 이용하여 벡터들의 스칼라 곱은 (7.49)로부터

정규직교 기저의 스칼라곱

$$\boxed{\mathbf{a} \cdot \mathbf{b} = \eta_{\hat{\alpha}\hat{\beta}} a^{\hat{\alpha}} b^{\hat{\beta}}.} \tag{7.51}$$

그림 7.7은 평평 평면에서 극좌표를 따라 방향을 가진 정규직교 기저 벡터를 보여주고 있다. 5.6절에 기술한 것 같이 관찰자의 실험실은 정규직교 기저 벡터를 정의하는 것으로 생각될 수 있다. 시간성 벡터 $\mathbf{e}_{\hat{0}}$는 관찰자의 4원 속도 $\mathbf{u}_{obs}$이고, $\mathbf{e}_{\hat{i}}$는 관찰자의 연구실의 축을 정의하는 3개의 단위 벡터이다. 이런 종류의 기저 벡터는 중요하다. 왜냐하면 관찰자의 기저 벡터의 성분이 측정할 수 있는 물리적 양으로 정의되기 때문이다. 이와 같이 $\mathbf{e}_{\hat{\alpha}}$가 특별한 관찰자에게 적합한 정규직교 기저 벡터가 된다면 $\mathbf{p}$는 관찰되는 입자의 모멘트가 된다.

$$\mathbf{p} = p^{\hat{\alpha}} \mathbf{e}_{\hat{\alpha}}, \tag{7.52}$$

이 때, $E = p^{\hat{t}}$는 관찰되는 에너지이고, $p^{\hat{i}}$는 3원 모멘트의 성분이다. (5.82)에서와 같이 이들 성분들은 $\mathbf{p}$와 기저 벡터를 스칼라 곱을 하면 계산될 수 있다.

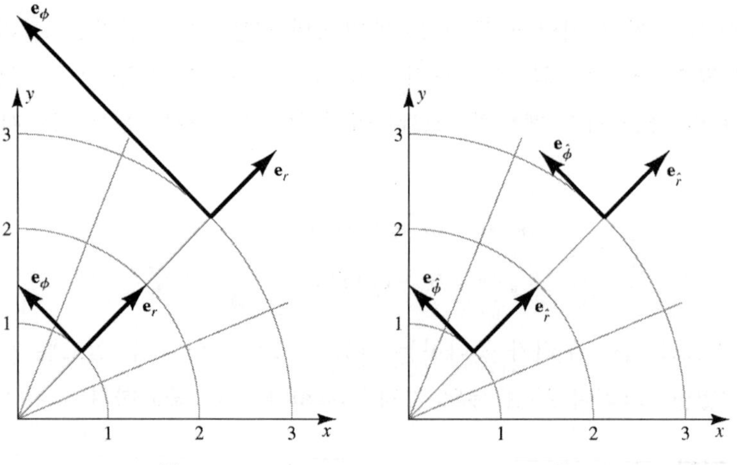

그림 7.7 평면에서 극좌표에 대한 좌표 기저 벡터와 직교 기저 벡터. 왼편에 좌표 기저 벡터가 좌표선의 방향을 따라 향해있고 그 길이는 $|\mathbf{e}_r| = 1$, $|\mathbf{e}_\phi| = r$이다. 오른편에는 직교 기저 벡터가 좌표선의 방향을 따라 향해있고 그 길이는 단위 길이이다.

예로써 관찰되는 에너지는 [식 (5.83) 참고]

$$\boxed{E = -\mathbf{p} \cdot \mathbf{u}_{\text{obs}}.} \tag{7.53}$$

관측자에 의해 측정되는 에너지

좌표 기저 Coordinate Bases

4원 속도 $\mathbf{u}$는 벡터에 대한 친숙한 예이다. 세계선 $x^{\alpha}(\tau)$가 주어져 있다면 4원 속도의 성분은 다음과 같이 표현된다. [식 (5.25) 참고]

$$u^{\alpha} = \frac{dx^{\alpha}}{d\tau}. \tag{7.54}$$

그러나 이들 성분에는 어떤 기저로 표현되는가? 식 (7.8)과 $d\tau^2 = -ds^2$에서

$$g_{\alpha\beta}u^{\alpha}u^{\beta} = g_{\alpha\beta}\frac{dx^{\alpha}}{d\tau}\frac{dx^{\beta}}{d\tau} = -1. \tag{7.55}$$

가 된다. 왼쪽 편에 있는 것은 $\mathbf{u} \cdot \mathbf{u}$를 정의한다. 그러나 식 (7.50)이 지켜지는 정규직교 기저 벡터로 표현한 것이 아니다. 오히려 (7.54)는 다른 종류의 기저 벡터로 4원 속도 성분을 나타내었다. 그러므로

$$\mathbf{e}_{\alpha}(x) \cdot \mathbf{e}_{\beta}(x) = g_{\alpha\beta}(x). \tag{7.56}$$

좌표 기저

이것은 좌표 기저(coordinate basis)에 대한 정의이다. 그러면 일반적으로

$$\boxed{\mathbf{a} \cdot \mathbf{b} = g_{\alpha\beta}a^{\alpha}b^{\beta}.} \tag{7.57}$$

좌표 기저의 스칼라곱

예제 7.8 평면에서 극좌표

2차원 평평 평면에서 극좌표를 고려해보자. **그림 7.7**에 보여주듯이 각기 좌표선의 방향을 가리키는 두 벡터 $\mathbf{e}_r$과 $\mathbf{e}_{\phi}$의 좌표 기저 벡터로 구성되어 있다. 계량(metric)은

$$dS^2 = dr^2 + r^2\,d\phi^2. \tag{7.58}$$

(7.56)으로부터 이들 벡터는 직교한다. 왜냐하면 이 계량의 대각선상에서 벗어난 성분은 0이기 때문이다. 벡터의 길이는 대각성분의 제곱근으로 주어진다.
$\mathbf{e}_r$은 $|\mathbf{e}_r| = \sqrt{g_{rr}} = 1$이므로 단위 벡터이고, $\mathbf{e}_{\phi}$의 길이는 $\sqrt{g_{\phi\phi}} = r$이다.

앞의 예에서 본 바와 같이 좌표 기저 벡터는 일반적으로 단위 벡터는 아니다. 또한 일반적으로 기저 벡터들이 상호적으로 반드시 직교하지는 않는다. 그럼에도 불구하고, 다음 장에서 보게 되겠지만 좌표 기저 벡터는 계산하는데 유용하고 우리는 그

것들을 빈번히 사용할 것이다. 사실상 우리들은 특수 상대성 이론 전체에 걸쳐 좌표 기저 벡터들을 사용해 왔었다. 식 (5.12)와 식 (7.56)은 동일한 형태이다. 평평 공간의 관성계에서만 계량 $g_{\alpha\beta}$와 $\eta_{\alpha\beta}$가 같아진다. 그래서 관성계에서의 좌표 기저 벡터는 정규직교 기저 벡터가 된다. 또한 국소관성계의 좌표 기저 벡터도 동일하다고 볼 수 있는 것이 사실이다. [식 (7.12) 참고]

그러나 일반적으로 휜 공간에서는 위에 논의 한 것이 적용되지 않는다. 그러므로 이 두 개념을 확실히 구별 해 두는 것이 중요하다. 정규직교 기저 벡터 위에는 모자 (∧)를 씌우고, 직교하지 않는 기저 벡터에는 모자 (∧)를 씌우지 않는 것이 이 두 개념을 확실히 구별해주는데 도움이 된다. 만일 좌표 기저가 직교하는 게 확실하다면 어느 개념의 것을 사용하나 상관이 없을 것이다.

좌표 기저 벡터와 정규직교 기저 벡터의 쓰임

휜 시공간은 그 안에서 운동하는 실험 입자나 광선을 연구함으로써 이론적으로나 실험적으로나 탐색할 수 있다. 다음 장에서 볼 것과 같이 실험 입자의 운동은 4원 속도처럼 벡터들의 **좌표 기저 성분**으로 나타낸 운동 방정식으로부터 직접적으로 계산해 낼 수 있다. 그러나 일반적으로 좌표 기저의 성분들이 관측을 위한 어떤 예견도 해 주지는 못한다[6]. 관찰자는 그들과 관련 있는 직교 기저 벡터 안에서 벡터들의 성분을 측정하게 된다.

그러므로 양쪽 종류의 성분을 다 다루는 것이 필요하다. 실제로 우리가 좌표 기저 벡터를 **계산**해내고 그 다음 정규직교 기저 벡터로 그 결과를 **해석**한다고 말하는 것이 간략히 말해 적절하다. **상자 7.3**이 이것에 대한 특이한 예가 될 것이다.

이 다른 두 가지 기저 사이를 왔다 갔다 하는 방법을 알아보기 위해 한 좌표 기저를 $\{\mathbf{e}_\alpha\}$라 하고, 한 정규직교 기저를 $\{\mathbf{e}_{\hat{\alpha}}\}$라 하자. (여기서 { }는 한 세트라는 뜻이다.) 정의에 있어서 유사함에도 불구하고, 이 둘은 다른 길이, 다른 방향 등등에서 다른 일련의 벡터들이다. 어느 한 벡터 $\mathbf{a}$는 양쪽 기저로 나타낼 수 있다.

$$\mathbf{a} = a^\alpha \mathbf{e}_\alpha = a^{\hat{\beta}} \mathbf{e}_{\hat{\beta}}, \tag{7.59}$$

이와 같이 좌표성분으로 a^α와 정규직교 좌표성분으로 $a^{\hat{\beta}}$로 정의된다.

이들 성분 등은 상호 연결될 수 있는데 즉, 정규직교 기저 벡터를 좌표성분 $(\mathbf{e}_{\hat{\beta}})^\alpha$으로 좌표 기저 벡터를 정규직교 성분 $(\mathbf{e}_\alpha)^{\hat{\beta}}$으로 나타낼 수 있다[7]. 그러면

$$a^\alpha = a^{\hat{\beta}} (\mathbf{e}_{\hat{\beta}})^\alpha, \qquad a^{\hat{\beta}} = a^\alpha (\mathbf{e}_\alpha)^{\hat{\beta}}. \tag{7.60}$$

6) 실제로, 7.1절에서 논의하였듯이 한 좌표계가 특이점이 될 때, 좌표 성분은 물리적 특이점이 없지만 좌표 성분이 발산할 수 있다.

7) 여러분들이 강의 받고 있다면, 이것을 빠르게 말하는 것을 연습하라.

상자 7.3 여분의 차원들?

시공간의 친숙한 4차원보다 더 높은 차원을 가질 것이라는 생각은 기본 힘들을 통일하려는 통일장 이론을 탐구하는데서 나온 오래된 역사를 가지고 있다. 그러나 왜 우리는 여분의 차원을 인식하지 못할까? 그에 대한 하나의 답은 그것들이 극 미소 단위의 크기로 말려 있다는 것이다("compactified"). 간단한 예로 5차원이 매우 작은 반경으로 원으로 말려 있다는 5차원 시공간이 있다. 이런 시공간을 묘사하는 선요소의 예는

$$\begin{aligned} ds^2 &= g_{AB}dx^A dx^B \\ &= -dt^2 + dx^2 + dy^2 + dz^2 + R^2 d\psi^2, \end{aligned} \quad \text{(a)}$$

여기서 $0 \le \psi < 2\pi$이고 A, B, ... 는 0에서 4까지이다. R은 반경좌표가 아니라 원의 크기를 결정하는 상수이다. 왜 이 5차원이 탐색되기가 어려운지 알아보기 위해 시공간 (a)에서 전파되고 있는 어떤 질량이 0인 평면파 $\Phi(x^A)$를 상상해보자. (전자기장의 한 성분처럼) 만일 파의 진동수가 충분히 작다면 그 파의 전파는 여분의 차원에 의해서 거의 영향을 받지 않음을 알게 될 것이다. 그런 파를 위한 장이 다음과 같은 형태를 가진다는 것을 받아드리면

$$\Phi_{\mathbf{k}}(x^A) \propto \cos(\mathbf{k}\cdot\mathbf{x}) \equiv \cos(g_{AB}k^A x^B) \quad \text{(b)}$$

여기서 $x^A = (t, \vec{x}, \psi)$이고, 5차원 파속 벡터 $\mathbf{k}$의 성분 $k^A = (w, \vec{k}, k^4)$이다. 이것들은 $\mathbf{k}$의 좌표 기저 성분이다. 왜냐하면 (b)에서 그것들은 (7.57)의 형태의 스칼라 곱의 표현 속에 들어가기 때문이다. 여기서 w는 파의 진동수, $\vec{k}$는 3차원 파벡터, k^4는 5차원에서의 파벡터 성분이다[식 (5.69) 참고]. 0의 정지 질량 필드에서 [식 (5.70)회상해보라.]

$$\mathbf{k}\cdot\mathbf{k} \equiv g_{AB}k^A k^B = 0. \quad \text{(c)}$$

만일 5차원이 원으로 말려 있다면 필드 (b)는 2π 주기로 ψ는 되돌아 올 것이다.

이것은 단지 k^4의 불연속 값으로 나타내게 되고, $\psi = 2\pi$일 때 $\mathbf{k}\cdot\mathbf{x}$의 값은 $\psi=0$일 때의 값에 2π를 곱한 것만큼 차이가 날 것이다. 즉

$$\begin{aligned} g_{44}k^4(2\pi) &= R^2 k^4(2\pi) \\ &= 2\pi n, \quad n = 0, 1, 2, \ldots . \end{aligned} \quad \text{(d)}$$

이 주기성의 결과로 k^4는 다음 값으로 제한된다.

$$k^4 = n/R^2, \quad n = 0, 1, 2, \ldots . \quad \text{(e)}$$

그 때에 조건 (e)는 다음과 같이 파의 진동수로 풀 수 있다.

$$\omega^2 = \vec{k}^2 + (n/R)^2. \quad \text{(f)}$$

$n=0$일 때 $\omega = |\vec{k}|$의 관계가 된다. 파가 4차원 시공간에 전파되는 것처럼 말이다. 이 관계로부터 변이는 좀 더 높은 값의 n에서 발생한다. 그러나 이것들은 아래의 에너지를 가진 장(field)의 양자화를 요구한다.

$$E = \hbar\omega \ge \hbar/R. \quad \text{(g)}$$

만일 R이 1장에서 논의한 양자 중력 특징인 프랑크 길이 $\ell_{pl} = (G\hbar/c^3)^{1/2}$만큼의 차수를 갖는다면 (이때는 $c \neq 1$ 사용한다.)

$$E \ge (\hbar c/\ell_{Pl}) \sim 10^{19}\ \text{GeV}. \quad \text{(h)}$$

이것은 현재에 가동되는 가속기가 최고로 낼 수 있는 에너지보다 상당히 높은 에너지에 해당된다. 그래서 여분의 차원이 그렇게 작게 말려 들어가 있다면 우리는 아직까지 그것들을 알아차리지 못했을 것이다.

식 (e)는 5차원에서 원 주위로 돌아가는 정수개의 파장이 있어야 한다는 조건이라는 것이 판명되었다. 그러나 그것이 바로 $\mathbf{k}$의 좌표 기저 성분으로부터 바로 그 증거가 되는 것은 아니다; k^4는 심지어 올바른 차원을 갖고 있지 못하다. 왜냐하면 파장의 역관계에 있기 때문이다. 그래서 정규직교 기저 내에서 $\mathbf{k}$의 성분이 관련이 있다. 기저 5차원을 따라 방향을 가리키는 단위길이의 기저 벡터는 좌표 기저 성분들을 가진다. [식 (7.61) 참고]

$$(e_{\hat{4}})^A = (0, 0, 0, 0, 1/R), \quad \text{(i)}$$

그래서 이에 해당하는 $\mathbf{k}$의 정규직교 기저 벡터의 성분은 (7.60)으로부터

$$k^{\hat{4}} = n/R. \quad \text{(j)}$$

$2\pi/k^{\hat{4}}$로서 5차원의 파장을 정의하면 (j)는 원주길이 $2\pi R$에 정수개의 파장이 있다는 것을 의미한다.

여기서 사용된 기호는 두 종류의 첨자가 역할을 명확히 하는데 그 의도가 있다. – 하나는 표식이 된 성분과 또 다른 하나는 표식이 된 벡터들이다. 예로써 $(\mathbf{e}_{\hat{2}})^1$은 벡터 $\mathbf{e}_{\hat{2}}$의 1 좌표성분을 의미하고, 반면에 $(\mathbf{e}_3)^{\hat{2}}$는 벡터 $\mathbf{e}_3$의 정규직교 2좌표의 성분을 의미한다. 다음 예에 그 연결 고리를 예시하고 있다.

예제 7.9 직교 좌표방향으로의 정규직교 기저 벡터들

(7.27)의 형태를 가지는 어떤 좌표 시스템에서 그 계량이 대각적으로 발생한다고 가정하자. 4개의 좌표 방향을 따라 가리키는 일련의 4개 벡터들은 상호적으로 직교(Orthogonal)할 것이다. 그러면 (7.50)과 같이 정규직교 기저를 정의하는 6개의 관계는 벌써 만족된다. 이들 벡터를 단위 벡터로 만드는 것은 다른 나머지도 만족시킨다. 그러므로 정규직교 기저의 한 예로

$$(\mathbf{e}_{\hat{0}})^\alpha = [(-g_{00})^{-1/2}, 0, 0, 0], \tag{7.61a}$$

$$(\mathbf{e}_{\hat{1}})^\alpha = [0, (g_{11})^{-1/2}, 0, 0], \ldots, \text{등등} \tag{7.61b}$$

식 (7.57)을 사용하여 식 (7.50)이 만족됨을 체크(check)하기는 쉽다.

예제 7.10 2차원 극좌표에서의 다른 기저 벡터

그림 7.7에 예시된 것 같이 2차원 극좌표 예에서 정규직교 기저 벡터 $\mathbf{e}_{\hat{r}}$과 $\mathbf{e}_{\hat{\phi}}$는 그 각각에 해당하는 좌표 기저 벡터 $\mathbf{e}_r$과 $\mathbf{e}_\phi$와 같은 방향이며, 모든 곳에서 단위길이를 가진다. 좌표 기저에서 좌표 기저 벡터의 성분들은 정의에 의해

$$(\mathbf{e}_r)^A = (1, 0), \qquad (\mathbf{e}_\phi)^A = (0, 1) \tag{7.62}$$

유사하게

$$(\mathbf{e}_{\hat{r}})^{\hat{A}} = (1, 0), \qquad (\mathbf{e}_{\hat{\phi}})^{\hat{A}} = (0, 1), \tag{7.63}$$

첨자 A와 $\hat{A}$는 1과 2의 범위이다. 그러나 정규직교 기저 벡터들의 좌표 성분은 무엇인가? 그리고 그 역은 무엇인가?

$$(\mathbf{e}_{\hat{r}})^A = (1, 0), \qquad (\mathbf{e}_{\hat{\phi}})^A = (0, 1/r). \tag{7.64}$$

식 (7.50)의 정규직교 기저에 대한 정의된 관계된 계량 (7.58)을 사용해봄으로 쉽게 검토된다. 유사하게 좌표 기저 벡터의 단위 벡터에 대한 정규직교 기저 벡터 성분은

$$(\mathbf{e}_r)^{\hat{A}} = (1, 0), \qquad (\mathbf{e}_\phi)^{\hat{A}} = (0, r). \tag{7.65}$$

(7.56)의 좌표 기저에 대한 정의된 관계는 연결관계 (7.60)에서와 같이, (7.51)를 사용함으로써 쉽게 검토된다.

7.9 4차원 시공간에서 3차원 표면

3차원 공간에서 2차원 표면이 있듯이 4차원 시공간 안에 3차원 표면이 있다. 이것을 3원 표면(three-surfaces)이라 부른다. 고표면(hypersurface)은 또 다른 빈번히 사용되는 단어이다. 3원 표면은 서로 다른 3개의 변수로 된 함수로써 나타낸 하나의 좌표로 특성화 된다.

$$x^0 = h(x^1, x^2, x^3). \tag{7.66}$$

함수 h는 (x^1, x^2, x^3)로 표면상의 점 x^0의 위치를 부여한다. 좀 더 대칭적으로 3원 표면을 $f(x^\alpha)$의 함수로 특성화 될 수 있다.

$$f\left(x^\alpha\right) = 0. \tag{7.67}$$

표면이 (7.66)으로 특성화되었기 때문에 오른편과 왼편의 차이는 $f(x^\alpha)$함수일 것이다. 3원 표면위의 각 점에서 표면에 놓여있는 시공간의 방향이 있다. 즉 그것은 시공간에 정해져있는 방향이다. 접선 벡터 $\mathbf{t}$는 이들 방향을 가리키고, 3개의 선형 독립이다. 또 그 점에서 모든 접선 벡터에 직교하는 $\mathbf{n}$ 벡터가 있다. 그러므로

접선 벡터와 법선 벡터

$$\mathbf{n} \cdot \mathbf{t} = 0 \tag{7.68}$$

이것은 모든 접선 벡터에 대하여 성립한다. 벡터 $\mathbf{n}$은 표면에 대하여 직교한다(**그림 7.8**을 보라). 3원 표면은 그 자신이 3차원 기하를 가진다. 표면에 내재된 기하를 정의하는 선 요소는 시공간 기하를 정의하는 선 요소로부터 좌표 성분 하나를 배제한 (7.66)과 같은 정의된 관계를 사용함으로써 발견된다. 이 표면 기하의 어떤 중요한 점을 바로 다음에 논의하겠다.

공간성 표면 Spacelike Surfaces

공간성 표면은 한 간단한 예로 잘 소개된다.

예제 7.11 평평 시공간에서 일정시간에서의 3원 표면

로렌츠 계에서 직각좌표 (t,x,y,z)로 평평 시공간을 고려해보자. 선 요소는 식 (4.8)로 이제 친숙하다. ($c=1$로 본다.) t가 어떤 상수일 때 **그림 7.8**에 보듯이 평평 시공간에서 3원 표면을 특성화시킨다.

$$t = \text{상수} \tag{7.69}$$

표면에 있는 한 점은 (x,y,z)로 위치 설정된다. (7.69)를 (4.8)에 대입함으로써 얻어지는 계량(metric)은

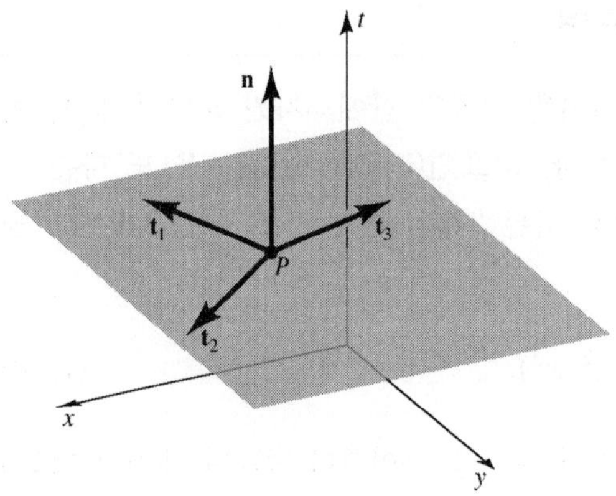

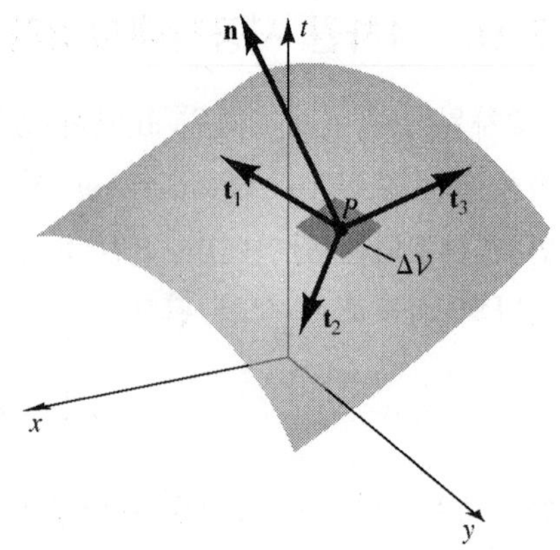

그림 7.8 공간성 표면들. 왼편에 평평 시공간에 있는 공간성 표면 $t=t_*$ 이 있다. 오른편에는 $t=h(x,y,z)$로 특성화되는 좀 더 일반적인 예가 있다. $\mathbf{t}_1$, $\mathbf{t}_2$, $\mathbf{t}_3$와 같은 공간성 접선 벡터는 표면 내에 놓이고 시간성 법선 벡터 $\mathbf{n}$은 모든 접선 벡터에 직교한다. 시공간에서 3원 부피 $\Delta\mathcal{V}$의 요소의 방향은 그것의 정규 4원 벡터에 의하여 특성화 된다.

$$dS^2 = dx^2 + dy^2 + dz^2, \tag{7.70}$$

평평 3차원 공간 기하를 정의한다. 제로 시간 성분을 가진 어떠한 벡터도 표면에 접선(tangent) 벡터 $\mathbf{t}$가 된다.

$$t^\alpha = \left(0, \vec{t}\right). \tag{7.71}$$

(7.68)을 만족시키는 법선 벡터 $\mathbf{n}$은

$$n^\alpha = (1, 0, 0, 0). \tag{7.72}$$

이것은 $\mathbf{n}\cdot\mathbf{n}=-1$이므로 단위 법선 벡터이다.

예제 7.11은 공간성 표면의 간단한 예이다 - 각 접선 벡터는 공간성이다. 또한 예에서 보여주듯이 공간성 표면은 시간성 법선을 가진다.

$$\mathbf{n}\cdot\mathbf{n} < 0 \ (\text{공간성 표면}) \tag{7.73}$$

3차원 공간에서 면적요소 ΔA의 방향이 법선 벡터 $\vec{n}$에 의해 특성화 되듯이 시공간에서 부피요소 $\Delta\mathcal{V}$의 방향은 시공간의 법선 벡터 $\mathbf{n}$에 의해 특성화 된다. 공간성 표면은 시공간에서 “공간”이라는 일반적 개념을 제공해준다. 각 점이 오직 하나의 수치로 결정되는 일련의 공간성 표면을 발견함으로 해서 시공간은 공간과 시간으로 나누어 질 수 있다. **그림 7.9**에 $t=$일정일 때 일련의 공간성 표면이 간단한 예로서 예시되어 있다. 또 다른 하나는 다른 관성계로 시간 $t'=\gamma(t-vx)$의 일정한 수치를 갖는 다른 일련의 표면이다. (t,x) 시공간 도표에서 $t=$일정한 표면은 수평이다.

그리고 t' = 일정인 표면은 경사 v를 가진다. 그런 일련의 공간성 표면이 있는 것 같이 시공간을 시간과 공간으로 나누는데 많은 방법들이 있다. 예제 7.12를 보라.

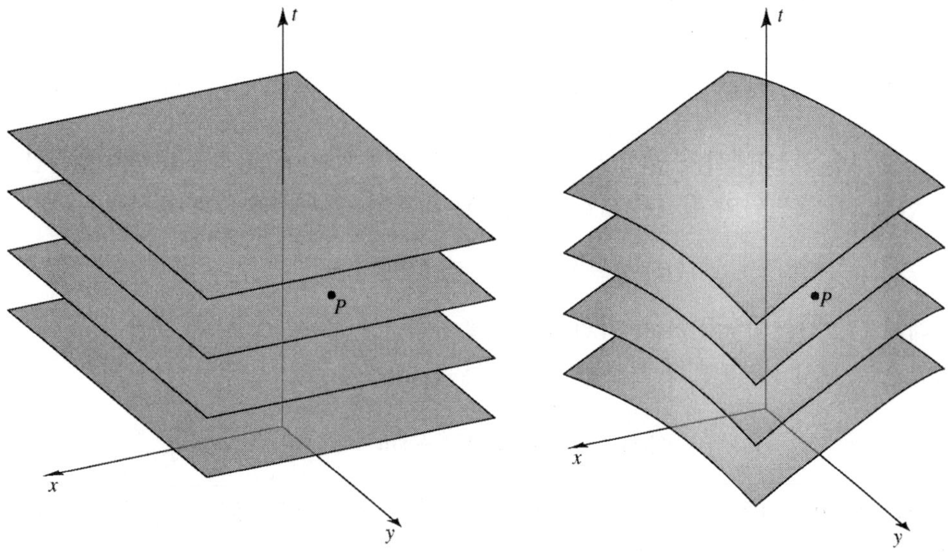

그림 7.9 공간과 시간. 일련의 공간성 표면들은 시공간을 공간과 시간으로 나눈다. 왼편은 $t = t_*$ =일정인 일련의 표면들이다 - 각각의 t_* 값에 한 표면이 할당된다. 시공간에 있는 각각의 점 P는 각각의 표면 위에 놓인다. t_* 의 값은 그것의 시간이라 말할 수 있고, 표면에 있는 위치는 공간상의 위치를 나타낸다. 그러나 오른편에 보여주는 것 같이 일련의 많은 다른 공간성 표면이 있다, 그리고 그에 해당하는 시공간을 공간 과 시간으로 나누는 많은 여러 방법이 있다.

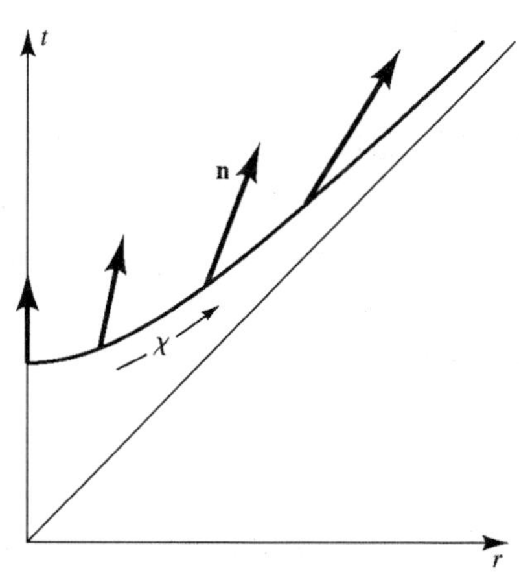

그림 7.10 로렌츠 쌍곡선. 이 $t-r$ 시공간 도표는 (7.74)에 의해 정의된 표면의 단면을 보여주고 있다. 곡선을 따라 있는 점들은 (7.75)에 정의 되어 있는 것과 같이 좌표 χ에 의해 표시되어 진다. 곡선 상의 각 점은 표면 내에 있는 두 개의 다른 방향들 - θ와 ϕ 방향 - 을 포함하는 2원 구에 해당한다. 일련의 동일한 길이의 시간성 법선 벡터들은 동등한 크기의 χ의 공간성 값에서 보여주고 있다. 이것들은 평면의 기하에서는 표면에 수직이지 않고 또한 동일한 길이가 아닌 것처럼 보인다. 그러나 시공간 기하에서는 표면에 수직이고, 동일한 길이이다! χ가 커짐에 따라 표면은 $t=r$인 빛 원뿔에 점근적으로 접근하고, 법선 벡터는 점근적으로 그 표면 내에 위치하게 된다.

예제 7.12 로렌츠 쌍곡면

4차원 평평 시공간에서 공간성 3원 표면의 또 다른 예를 보기 위해 (7.4)와 같이 통상적인 극좌표(t,r,θ,ϕ)에서 선 요소를 가지고 시작해보자. 그리고 다음과 같이 상수 a가 정의되는 표면을 고려해보자.

$$-t^2 + r^2 = -a^2. \tag{7.74}$$

단면은 **그림 7.10**에서와 같이 $t-r$ 시공간에서 쌍곡선이다. 이것을 **로렌츠 쌍곡면**이라 한다. 이 표면위의 점들은 θ, ϕ와 t와 r과 관련된 반경 좌표 χ로 표시될 수 있다.

$$t = a\cosh\chi, \qquad r = a\sinh\chi \tag{7.75}$$

그래서 (7.74)는 $0 < \chi < \infty$ 범위에서 만족한다. (7.75)를 (7.4)의 공간 부분에 대입함으로 해서 이 표면의 기하를 묘사하는 선 요소는

$$dS^2 = a^2[d\chi^2 + \sinh^2\chi(d\theta^2 + \sin^2\theta\, d\phi^2)], \tag{7.76}$$

이것은 표면이 실제로 공간성임을 보여주고 있다. 자그마한 변화 $\triangle\chi$에 의한 표면의 변위는 접선 벡터 방향이다[8]. [(7.75) 참고]

$$t^\alpha = (a\sinh\chi,\ a\cosh\chi, 0, 0). \tag{7.77}$$

그 표면에서 이 방향과 θ-방향, ϕ-방향에 직교하는 단위 법선 벡터는

$$n^\alpha = (a\cosh\chi,\ a\sinh\chi,\ 0,\ 0). \tag{7.78}$$

공간성 표면에서 단위 법선 벡터에 요구되어지는 것 같이 $\mathbf{n}\cdot\mathbf{n}=-1$임을 유의있게 보라.

이 예는 그렇게 추상적이지는 않다. 우리가 제18장에서 보게 되겠지만 (7.76)의 기하는 여러 우주 모델 중 하나의 공간 기하학일 가능성이 있다. a가 변화함으로 얻어지는 일련의 공간성 쌍곡면들은 원점에서 앞으로 나아가는 빛 원뿔내에 있는 시공간을 시간과 공간으로 나누어지는 또 다른 길(way)이다(**문제 26**).

눌성 표면 Null Surfaces

빛에 의해 만들어지는 표면은 눌 표면이라 부르는 한 부류의 또 다른 중요한 3원 표면이다. 눌 표면에 있는 각 점에서는 빛의 방향 따라서 있는 한 개의 접선 방향 ℓ이 있고 그것은 눌(null)이다.

$$\boldsymbol{\ell}\cdot\boldsymbol{\ell} = 0, \tag{7.79}$$

8) 접선 벡터 t^α와 좌표 t를 혼동하지 마라.

그리고 또 2개의 직교하는 독립적인 공간성 방향이 있다. 이 눌 방향 ℓ은 공간성 방향과 직교하므로 눌표면에 대하여 법선 방향이다. 그리고 (7.79)에 의해 또한 자기 자신에 대해서도 서로 법선 방향이다. 눌 표면에 법선은 그 표면 안에 놓여 있는 눌 벡터이다.

예제 7.13 눌성 표면으로서의 빛 원뿔

평평 시공간에서 **그림 7.11**에 보여주듯이 원점에서 미래의 빛 원뿔은 눌표면의 한 예이다. 시간과 공간 극좌표 (t,r,θ,ϕ)를 사용하여 그 표면에 대한 방정식은

$$t = r. \tag{7.80}$$

이다. 표면에 있는 한 점은 (r,θ,ϕ)로 라벨(위치 딱지)이 붙는다. 그 때에 시공간에서의 그것의 위치는 (7.80)으로 주어진다. 이 3원 표면은 원점에서 방사상으로 밖으로 퍼져 나가는 속도 1인 빛에 의해 생기는 구형의 형태로 만들어진다. 어떤 빛의 방향 따라 있는 벡터 ℓ의 성분 $(\ell^t,\ell^r,\ell^\theta,\ell^\phi)$는

$$\ell^\alpha = (1,1,0,0), \tag{7.81}$$

이다. 이것은 표면에 법선 벡터이다. 두 개 다른 선형 독립 공간성 접선 벡터는 $(0,\ 0,\ r^{-1},\ 0)$과 $(0,\ 0,\ 0,\ (r\sin\theta)^{-1})$이다. 여기서는 단위 길이로 선택했다.

평평 공간에서의 미래 빛 원뿔처럼 우리가 만날 많은 눌성 표면들은 다음과 같은 의미에서 한 방향(일반 통행) 표면들이다. 즉, 한 입자의 세계선은 그림 7.11에 보여주듯이 눌(null) 표면을 통하여 지나갈 수 있다. 그러나 그것은 똑같은 눌성 표면을 다시 지나갈 수 없다.

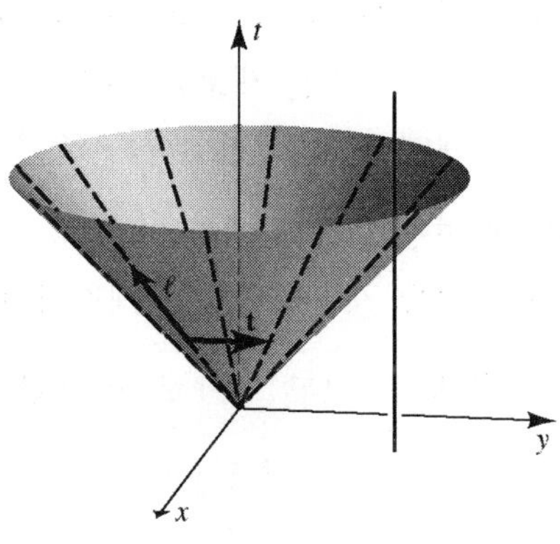

그림 7.11 관성계 원점의 미래 빛 원뿔. 이 눌성 표면은 어느 한 사건으로부터 밖으로 향하여 움직이는 반경방향 광선들에(그 표면 내에 있는 직선들) 의해 만들어진다. 표면에 수직인 ℓ 은 이 표면 내에 위치하게 되고 이 표면을 만드는 광선이 나아가는 방향으로 놓이게 된다. 접선 벡터 $\mathbf{t}$ 도 제시되어 있다. 이것과 같은 눌성 표면들은 "일방통행"의 특징을 가지고 있다: 시간성 세계선이 이 표면과 한번 교차한 후에는 두 번 다시 만날 수 없다.

밖으로 퍼져 나가는 빛의 구면파가 지나가는 동안 여러분이 가만히 정지해 있었다고 생각하자. 빛 구면파가 지나가는 어느 한 순간에 여러분의 세계선과 눌성 표면은 마주칠 것이다. 그러나 여러분은 뒤돌아서서 빛의 어느 부분도 따라 잡을 수 없다. 모든 부분이 빛의 속도로 멀어져 가기 때문이다. 12장과 15장에서 보게 되겠지만 블랙홀에 의해 정의되는 표면은 일방통행 특징을 가지고 있는 눌성 표면이다. 즉, 여러분이 거기에 떨어지기만 하지, 결코 되돌아 나올 수 없다.

문 제

1. (a) 평면 (7.7)에 대한 특이 선 요소에서, $r'=0$와 r'의 어떤 유한한 값을 가진 어떤 한 점 사이의 거리가 무한함을 보여라.
   (b) 선 $\phi=0$을 따라 $r'=5$와 $r'=\infty$ 사이의 거리를 구하라.

2. 다음의 선 요소는 평평 시공간에 해당한다.

$$ds^2 = -dt^2 + 2dx\,dt + dy^2 + dz^2.$$

   이것을 통상적인 평평 공간 형태 (7.1)에 있는 선 요소로 바꾸는 좌표 변환을 구하라.

3. [C, P] **Sagnac 효과**
   Sagnac 효과는 상자 3.1에서 관성계에 대해서 살펴보았다. 두 개의 빛 파장이 회전하는 고리 주위로 서로 반대 방향으로 전파된다. 시간 t에서 진동수 ω를 가진 파가 고리상의 거리 S에서의 위상은 $\Psi \equiv -\omega(t-S)+$상수이다. (빛 파장의 속도 v는 1이다.) 2π의 배수로 위상에서 차이가 날 때 파들은 보강 간섭을 한다.
   또한 간섭계와 함께 도는 계에서 Sagnac 효과를 풀이해 보는 것도 가능하다. 그런 계에서 평평 시공간의 선 요소는 새로운 좌표 $\phi=\phi' + \Omega t$를 정의함에 의하여 찾아질 수 있다. 이 계에서 보강 간섭하는 조건을 유도하라.

4. [B] 좌표 (t', r')로 나타낸 평평 공간에 대한 Penrose 도형에서 다음의 (a) 상수 r인 곡선 (b) 상수 t인 곡선을 개략적으로 스케치하라.

5. 다음의 선 요소를 가진 좌표 (v, x)로 나타낸 2-차원 시공간을 고려하자.

$$ds^2 = -x\,dv^2 + 2\,dv\,dx.$$

   (a) 한 점 (v, x)에서 빛 원뿔을 계산하라.
   (b) 빛 원뿔들이 x와 함께 어떻게 변하는 지를 보여주는 (v, x) 시공간 도형을 그려라.

(c) 입자가 양의 x에서 음의 x로 건너갈 수 있지만 음의 x에서 양의 x로는 건너갈 수 없음을 보여라.

(코멘트: 이 모델의 시공간의 빛 원뿔 구조는 여러 가지 면에서 12장에서 논의되어질 블랙홀 시공간의 빛 원뿔 구조와 유사하다, 특히 $x=0$같은 표면을 가지는 것에 있어서.)

6. [B] 평평 시공간에 대한 선 요소를 Penrose 도형을 건설하기 위해 사용되었고 상자 7.1에서 (a)와 (c)에 정의되어있는 좌표 (t', r', θ, ϕ)의 항으로 표현하라.

7. [S] **계량에 대한 변환 법칙**

일반적인 좌표 변환은 4개의 함수들 $x'^{\alpha} = x'^{\alpha}(x^{\beta})$에 의하여 특성화 된다.

(a) 사슬 규칙(chain rule)이 다음과 같이 표현될 수 있음을 보여라.

$$dx^{\alpha} = \frac{\partial x^{\alpha}}{\partial x'^{\gamma}} dx'^{\gamma}.$$

(b) 선 요소 (7.8)에 이것을 대치하여 변환된 계량 $g'_{\gamma\delta}$이 다음과 같이 됨을 보여라.

$$g'_{\gamma\delta} = g_{\alpha\beta} \frac{\partial x^{\alpha}}{\partial x'^{\gamma}} \frac{\partial x^{\beta}}{\partial x'^{\delta}}.$$

여러분의 답이 합의 규약과 일치함을 확신시켜라.

8. (a) 어떤 실수 대칭 행렬은 직교 행렬에 의하여 대각화될 수 있다는 수학적 사실을 사용하여 어떤 계량은 다음 형태의 선형 변환에 의하여 한 점 P에서 대각화 될 수 있음을 보여라.

$$x'^{\alpha} = M^{\alpha}_{\beta} x^{\beta}.$$

특히, 그 정리(theorem)의 직교 행렬과 $g_{\alpha\beta}(x_P)$사이의 연결고리와 그리고 M^{α}_{β}와 직각 대각 행렬사이의 연결고리를 명확히 하라.

(b) 궤적 $x_s(t)$상의 어느 한 점에서 warp-drive 계량 (7.25)을 대각화시킬 선형 변환을 찾아라.

9. [C] 7.4절의 논의는 한 점 P에서 계량의 값이 평평 공간의 형태 $\eta_{\alpha\beta}$를 취하는 좌표가 있다는 것을 보여주고 있다. 그러나 계량의 1차 미분들이 그것들이 평평 공간에서 그리하였듯이 사라지는 좌표들이 있는가? 2차 미분들에 대해서는 어떠한가? 아래의 계산은, 비록 결론을 내릴 수 없지만, 얼마나 멀리까지 나아갈 수 있는지 보여주고 있다.

한 좌표 시스템과 다른 좌표 시스템 사이로 계량을 변환하는 규칙은 문제7에서 풀어보았다. 이것은 x_p에서 텩(Taylor) 급수로 전개되어질 수 있다:

$$x^\alpha(x'^\beta) = x^\alpha(x'^\beta_P) + \left(\frac{\partial x^\alpha}{\partial x'^\beta}\right)_{x_P}(x'^\beta - x'^\beta_P)$$
$$+\frac{1}{2}\left(\frac{\partial^2 x^\alpha}{\partial x'^\beta \partial x'^\gamma}\right)_{x_P}(x'^\beta - x'^\beta_P)(x'^\gamma - x'^\gamma_P)$$
$$+\frac{1}{6}\left(\frac{\partial^3 x^\alpha}{\partial x'^\beta \partial x'^\gamma \partial x'^\delta}\right)_{x_P}(x'^\beta - x'^\beta_P)(x'^\gamma - x'^\gamma_P)(x'^\delta - x'^\delta_P) + \cdots .$$

점 x_p^α에서는 $\eta_{\alpha\beta}$와 같게 되는 계량 $g_{\alpha\beta}'$의 변환된 값을 조정한 16개의 $\left(\partial x^\alpha/\partial x'^\beta\right)_{x_p}$가 있다. 단지 10개의 $g_{\alpha\beta}'$가 있기 때문에, 우리는 이것을 행할 수 있고 그리고 6개는 여전히 여분으로 가진다! 이 6개의 자유도는 정확히 3개의 회전과 3개의 Lorentz 부스트에 해당하는데, 그것들은 $\eta_{\alpha\beta}$를 변하지 않게 남겨둔다. 이런 이유의 연장선상에서, (7.12)에 더 붙여 계량의 1차 미분을 사라지게 하는 좌표 변환에 있어서, 충분한 자유도가 있다는 것을 보여주기 위하여 아래의 표에서 나머지 빈 공간을 채워 넣어라.

	조건	개수
$g'_{\alpha\beta} = \eta_{\alpha\beta}$	10	16
$\partial g'_{\alpha\beta}/\partial x'^\gamma = 0$	?	?
$\partial^2 g'_{\alpha\beta}/\partial x'^\gamma \partial x'^\delta = 0$	?	?

적절히 조직화 되었을 때, 더 이상 변환될 수 없는 2차 미분은, 22장에서 보게 되듯이, 시공간 곡률의 측정치이다. 그것들 중에 얼마나 많이 있는가?

10. 한 관측자가 계량 (7.20)을 가지고 있는 2-차원 기하에서 $T>1$에 대해서 $X=2T$의 곡선을 따라 움직이고 있다.
(a) 이 관측자의 4원-속도의 성분들은 무엇인가? 그 곡선은 시간성인가?
(b) 이 관측자에 대한 정규직교 기저의 성분들 $\mathbf{e}_0$, $\mathbf{e}_1$을 구하라.

11. [S] 예7.4에서 warp-drive 시공간에 대하여, 곡선을 따라 있는 모든 점에서, 그 우주선의 4원-속도는 미래로 향하는 빛 원뿔 내에 놓여있음을 보여라.

12. 예제 7.4에서 warp-drive 시공간에 있어서, 좌표 시간 T를 취하는 우주 정거장 사이를 여행했을 때 우주선 시간으로 얼마나 흘러갔겠는가?

13. [S] 두 개의 벡터 장 $\mathbf{a}(x)$와 $\mathbf{b}(x)$ 그리고 계량 $g_{\alpha\beta}$를 가지고 있는 시공간에서의 세계선 $x^{\alpha}(\tau)$을 고려하자. $d(\mathbf{a}\cdot\mathbf{b})/d\tau$에 대한 표현을 $\mathbf{a}$와 $\mathbf{b}$의 좌표 기저 성분들의 편미분들과, $g_{\alpha\beta}$의 편미분들, 그리고 4원-속도 $\mathbf{u}$의 성분들의 항으로 유도하라.

14. 어떤 시공간 기하에서 계량은 다음과 같다.

$$ds^2 = -(1 - Ar^2)^2\, dt^2 + (1 - Ar^2)^2 dr^2 + r^2(d\theta^2 + \sin^2\theta\, d\phi^2).$$

(a) 중심 $r=0$에서부터 좌표 반경 $r=R$까지 반경방향의 선 따라 고유 거리를 구하라.
(b) 좌표 반경 $r=R$인 구의 표면적을 구하라.
(c) 좌표 반경 $r=R$인 구의 3원-부피를 구하라.
(d) 좌표 반경 R인 구와 시간 T로 떨어져 있는 두 개의 $t=$일정인 평면들에 의하여 경계가 지워진 4-차원 튜브(tube)의 4원-부피를 구하라.

15. [S] 그림 2.7에 예시된 땅콩의 표면적을 구하라.

16. [B] 여러분들이 상자 2.3에 묘사된 Mercator 투영도의 세계지도를 가지고 있다고 하자. 그 지도는 폭 1m이다. 지도상의 점들을 찾기 위해서 상자 안에서 묘사한 Cartesian 좌표 (x,y)를 사용한다. 그린랜드는 대략 $x=-5\,\text{cm}$에서부터 $x=-19\,\text{cm}$까지 그리고 $y=21\,\text{cm}$에서부터 $y=38\,\text{cm}$까지에 이르는 사각형이다. 미국은 대략 $x=-21\,\text{cm}$에서 부터 $x=-34\,\text{cm}$까지 그리고 $y=8\,\text{cm}$에서부터 $y=12\,\text{cm}$까지에 이르는 사각형이다.
그러므로 지도상에서는 그린랜드가 미국의 면적보다 3배나 더 크다. 상자에 있는 식 (f)와 (i)에 의하여 이 좌표에서 특성화된 선 요소를 사용하여 이 사각형들의 면적들의 실제 비(ratio)를 구하라.
주의: 이 사각형들은 그린랜드와 미국의 실제 면적을 매우 정확히 나타내고 있지 않다.

17. [S] 웜홀 목의 각각의 양편에 좌표 반경 R인 두 개의 구들에 의하여 경계 지워진 웜홀의 기하 (7.39)의 $t=$일정한 조각(slice)의 3-차원 부피를 구하라.

18. 다음의 선 요소를 가진 3-차원 공간 고려하자.

$$dS^2 = \frac{dr^2}{(1 - 2M/r)} + r^2(d\theta^2 + \sin^2\theta\, d\phi^2).$$

(a) 구 $r=2M$과 구 $r=3M$ 사이의 반경방향 거리를 구하라.
(b) (a)에 있는 두 구사이의 공간 부피를 구하라.

19. 4차원 평평 유클리드 기하에서 반경 R인 구의 표면은 다음과 같이 주어진다.

$$X^2 + Y^2 + Z^2 + W^2 = R^2.$$

(a) 그 구상의 점들은 좌표 (χ, θ, ϕ)에 의하여 위치를 찾을 수 있다. 여기서 X, Y, Z, W는 다음과 같다.

$$X = R\sin\chi\sin\theta\cos\phi, \qquad Z = R\sin\chi\cos\theta,$$
$$Y = R\sin\chi\sin\theta\sin\phi, \qquad W = R\cos\chi.$$

(b) 이 좌표들에서 구의 표면의 기하를 묘사하는 계량을 구하라.

20. 이 책의 표지 그림 다음 선 요소를 가진 2-차원 기하를 고려하자.

$$d\Sigma^2 = \frac{dr^2}{(1-2M/r)} + r^2 d\phi^2.$$

이 단편조각처럼 동일한 내재적 기하를 가지고 있는 3-차원 평평 공간에서 2-차원 표면을 구하라. 그 표면의 그림을 스케치해보라. (코멘트: 이것은 12장에서 언급되어 있는 Schwarzschild 블랙홀의 단편조각이다. 그것은 또한 이 책의 앞표지에 있는 그림이다.)

21. x^1, x^2축이 서로 45°의 각도를 이루는 비스듬한(skew) 좌표 시스템을 가진 2-차원 평평 공간을 고려하자.

(a) 동반된 좌표 그리드(grid)를 만들고 그리고 그 위에 x^1, x^2와 연관된 좌표 기저의 기저 벡터들 $\mathbf{e}_1$, $\mathbf{e}_2$를 그려라.

(b) 기저 벡터들의 스칼라 곱으로부터 계량 g_{AB}(A,B는 1,2의 범위이다.)의 성분들을 계산하라.

(c) 좌표 그리드에서, x축과 각도 30°를 이루는 길이 2인 벡터 $\mathbf{V}$를 구하라. 이 벡터를 위한 성분들 V^A를 계산하라. V^A를 찾기 위한 기하를 건설할 수 있겠는가?

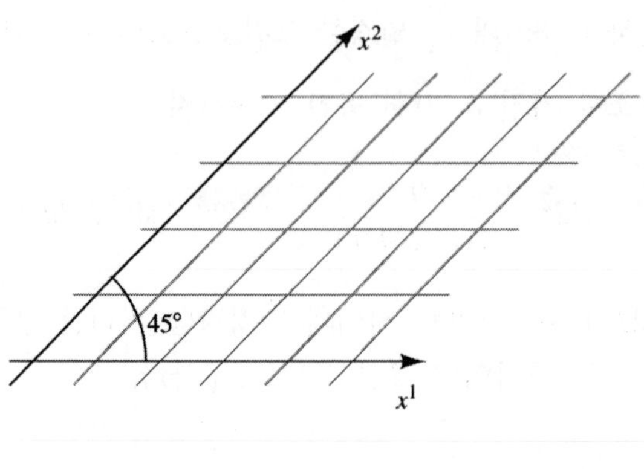

22. [S] (a) 좌표 선상을 따라 향해있는 웜홀 계량 (7.39)을 위한 정규직교 기저의 좌표 기저 성분들을 찾아라.

(b) 이 정규직교 기저에서 좌표 기저 벡터들의 성분들을 찾아라.

23. 어떤 두 개의 정규기저들은 Lorentz 변환에 의하여 관련되어 있음을 보여라. 더 정확하게는, 한 기저에서의 벡터들은 Lorentz 변환을 정의하는 계수의 행렬을 가진 다른 기저에서의 벡터들의 선형 결합임을 보여라.

24. 관성계 (t, x, y, z)에서 첫 번째 계에 대하여 속도 v를 가지고 x축 방향을 따라 움직이고 있는 다른 계의 일정한 시간 t'의 공간성 초표면(hypersurface)을 고려하자.

(a) t'의 일정한 값에 의하여 분리된 일련의 표면들의 (t, x)시공간 도형에서 개략적 그래프를 만들어라.

(b) 이 공간성 표면들에 수직인 단위 벡터의 (t, x, y, z)좌표 성분들을 찾아라.

25. [C] **공간의 두 지역을 연결해주는 웜홀의 장난감 모델**

한 평면을 취하여 중심으로부터 거리 d로 떨어져 있는 동일한 반경 R의 두 원판을 도려내자. 아래 그림에서와 같이 한 원판의 가장자리에 있는 점들과 그 맞은 편 원판의 가장자리에 있는 점들과는 맞대어 일치한다, 그래서 1로 표시된 모든 점들은 맞대응되고, 2로 표시된 모든 점들도 마찬가지이다. 그것의 직선 경로가 왼편의 원판위의 한 점과 교차하는 자유입자나 혹은 광선은, 그림에서 보여주듯이, 그것이 들어갔던 각도와 동일하게 정상적으로 동일한 각도를 이루면서 오른편 원판위의 맞대응된 점에서 나온다.

(a) 그림에서 보여 주듯이 직선 입자 궤적들이 행동하는 맞대응에 기초로 한 논의를 하라.

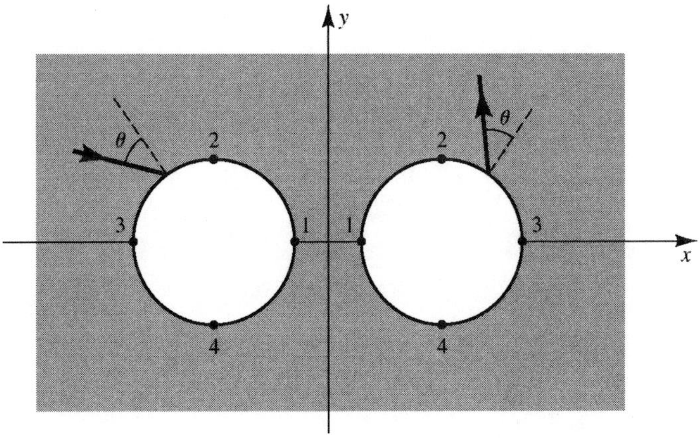

(b) 두 점들이 위치 $x=+L$과 $x=-L$, $L>R+d/2$에서 x축 상에 놓여 있다. 입자가 한 점에서 다른 점을 향하여 x축을 따라 움직이기 시작한다. 그것이 다른 점에 도착하였을 때 그것이 여행한 거리는 얼마인가?

(c) 이 기하에서 자유입자를 위한 닫힌 궤도를 찾아라. 그 궤도는 작은 섭동에 대해서 안정한가?

(d) 두 개의 구가 3-차원 평평 공간에서 도려내어지고 그리고 동일한 방법으로 맞대응되었다고 가정하자. x축을 따라 좀 떨어진 한 관측자는 웜홀 입을 향해서 되돌아 보았을 때 어떤 종류의 장면을 보게 되겠는가?

26. 시간과 공간의 다른 분리

원점의 미래로 향한 빛 원뿔 내에 있는 각 점 $(-t^2+r^2=0)$은 어떤 a값에 대해서 형태 (7.74)의 어떤 Lorentz 쌍곡선 상에 놓여있다. 내에 있는 점들은 (7.75)에서와 같이 시간 좌표로서 a를 그리고 공간 좌표로서 (χ, θ, ϕ)를 사용하여 표시될 수 있다. 이 새로운 좌표들에서 평평 시공간의 선 요소를 구하라. (t, r) 시공간 도형에서 일련의 공간성 표면들을 스케치하라.

CHAPTER

08 측지선 Geodesics

실험적으로나 이론적으로나 일반 상대성의 휜 시공간은 실험입자나 광선이 그 속에서 이동하는 양상을 연구함으로써 탐구되어진다. "실험"용 물체가 매우 작은 질량이라면 그 자신이 만들어 내는 시공간의 휨은 그렇게 중요하지 않다. 오히려 그것은 아주 거대한 질량을 가진 어떤 물체가 만들어 낸 시공간 휨에 반응하여 움직인다. 지구 주위를 돌고 있는 인공위성은 지구가 만들어 낸 약간의 시공간의 휨에 의해 결정된 경로를 따라 움직인다. 그러나 위성의 질량은 지구의 질량에 비해 너무 작으므로 인공위성이 만들어 내는 시공간 휨은 무시할 수 있다. 그래서 인공위성을 실험체로 볼 수 있다.

일반적 휜 시공간에서 실험입자나 광선의 운동을 지배하는 방정식은 이 장에서 유도되고 분석될 것이다. 단지, 시공간의 휨에 의한 영향외의 다른 영향(예로써 전기적 힘 등)으로부터 자유로운 실험입자만 고려하기로 하자. 그런 입자를 일반 상대성에서는 "자유로운" 혹은 "자유 낙하하는" 이라고 부른다. 일반 상대성에서 사용되는 "자유로운"이라는 의미와 뉴턴 역학에서는 자유입자란 어떤 힘 - 중력을 포함하여 - 으로부터도 영향을 받지 않는 것이다. 일반 상대성에서는 중력이란 힘이 아니다. 다만 시공간의 기하학 특징일 뿐이라는 것이다. 그러니까 일반 상대성에서 "자유로운"이란 의미는 시공간의 휨 외에 어떤 영향으로부터 자유롭다 라는 의미이다. 두 경우 모두 자유입자는 단지 시공간 기하에 반응하여 우리는 시간성 세계선을 따라 운동하는 정지 질량이 영이 아닌 실험 입자의 운동 방정식에서 시작하여 8.3절에서 광선의 운동 방정식으로 나아 갈 것이다.

8.1 측지선 방정식 The Geodesic Equation

휜 시공간에서 자유 실험 입자의 운동에 대한 일반 원칙은 5.4에서 논의한 평평 시공간에서의 운동과 동일하다.

> **자유 "실험" 입자의 운동에 있어서의 변분원리**
>
> 시간성 영역내의 두 점 사이를 움직이는 자유 "실험"입자의 세계선은 그 두 점을 이동하는 자유입자의 고유시간을 극치로 하는(extremize) 선이다.

5.4절의 자유입자 운동에 대한 평평 공간에서의 변분원리(variational principle)와 단지 두 가지 점에서 다르다.

(1) "실험(test)"이라는 단어가 첨가되어 있다. 이것은 운동하는 물체가 그 자신이 시공간 휨에 영향을 주는 것이 미미할 때 그 물체에 적용한다.
(2) 고유시간은 평평 계량 $\eta_{\alpha\beta}$에 의해 결정되기 보다는 (7.19)에서와 같이 $g_{\alpha\beta}(x)$의 일반 계량에 의해 결정된다는 것이다.

앞장들에서는 이 변분 원리가 이미 알려진 운동 방정식에 대한 하나의 편리한 요약과 같았다. 일반 상대성에서 우리는 변분원리로부터 운동 방정식을 이끌어 낼 것이다.

극치(extremal) 고유시간 세계선을 "**측지선**"이라 부른다. 그리고 그것들을 결정하는 운동 방정식을 **측지선 방정식**이라 부른다. 앞장들에서 극치 고유시간 원리는 특별한 시공간 기하에서 실험 입자에 대한 측지선 공식을 유도하기 위해 사용되었다. 5.4절에 보여주었듯이 극치 고유시간 원리는 특수 상대성 평평 시공간에 있는 관성계에서 실험 입자의 좌표에 대해서 다음 운동 방정식을 함축하고 있다.

$$\frac{d^2x^\alpha}{d\tau^2} = 0, \tag{8.1}$$

6.6절에서 보여주었듯이 비상대성 입자를 위한 뉴턴의 운동 방정식은 (6.20)의 기하에서 $1/c^2$을 주 차수 (leading order)로 한 극치 고유시간 원리를 따른다. 이 장에서는 계량 $g_{\alpha\beta}(x)$와 선 요소 (7.8)로 묘사되는 일반 시공간 기하에서 운동하는 실험입자에 대해서 공부해보자. 이들 경우들 사이에 유사점을 **표 8.1**에 열거해 놨다. 우리가 일반성에 목적을 두고 있지만 간단한 예 - 극치 거리의 곡선으로서 보여지는 평평한 2차원 평면의 측지선 - 부터 시작하는 것이 적절할 것 같다. 이것들은 시공간에서 시간성 측지선이라기보다는 오히려 공간에서 공간성 측지선이다. 그러나 그 둘은 유사하다. 물론 평평한 평면에서 두 점 사이의 극치 거리의 곡선은 바로 직선이다. 그러나 평면에서 측지선을 지배하는 방정식을 먼저 알아내고, 그 후 그것들을 푸는 것으로부터 나타나는 결과가 얼마나 친숙한 것들인지 알아보는 것도 좋을 것이다. 예제 8.1에서 그 방정식을 알아내고 다음 절에서 그것들을 풀어 볼 것이다. 그 방정식들은 직교 카테시안 좌표계에서는 가장 간단하다. 그러나 가장 간단한 문제들이 언제나 가장 좋은 예는 아니다(**문제 1** 참고). 우리는 **그림 2.5**에서 보여준대로 극좌표를 사용하여 평면에서의 측지선에 대해 연구해 볼 것이다.

표 8.1 극치 고유시간 $\delta\int d\tau=0$과 운동 방정식

	변분원리	운동 방정식
평평 시공간 에서의 입자	$\delta\int(-\eta_{\alpha\beta}dx^{\alpha}dx^{\beta})^{1/2}=0$	$\frac{d^2x^{\alpha}}{d\tau^2}=0$
뉴턴 기하	$\delta\int\left[(1+2\Phi/c^2)(cdt)^2-(1-2\Phi/c^2)(dx^2+dy^2+dz^2)\right]^{1/2}=0$ (주 차수는 $1/c^2$)	$\frac{d^2x^i}{dt^2}=-\frac{\partial\Phi}{\partial x^i}$ (주 차수 $1/c^2$)
일반 계량	$\delta\int(-g_{\alpha\beta}\,dx^{\alpha}dx^{\beta})^{1/2}=0$	$\frac{d^2x^{\alpha}}{d\tau^2}=-\Gamma^{\alpha}_{\beta\gamma}\frac{dx^{\beta}}{d\tau}\frac{dx^{\gamma}}{d\tau}$

예제 8.1 극좌표에서 평면의 측지선 방정식

극좌표 r과 ϕ에 대한 평면의 계량은 [식 (2.8) 참고]

$$dS^2=dr^2+r^2d\phi^2. \tag{8.2}$$

두 점 A와 B사이의 곡선은 A점 $\sigma=0$에서부터 B점 $\sigma=1$까지 변하는 σ를 변수로 하는 함수로써 r과 ϕ를 설정함으로써 변수적으로 표현될 수 있다. 이런 특징들을 가진 변수들을 선택하는 데는 많은 경우가 있다 ; 즉 어떤 것을 사용해도 상관이 없다. 어느 변수에 대하여 곡선은 $r(\sigma)$와 $\phi(\sigma)$의 두 함수로 표현될 수 있다. A와 B 사이의 거리는

$$\begin{aligned}S_{AB}&=\int_A^B dS=\int_A^B(dr^2+r^2d\phi^2)^{1/2}\\&=\int_0^1 d\sigma\left[\left(\frac{dr}{d\sigma}\right)^2+r^2\left(\frac{d\phi}{d\sigma}\right)^2\right]^{1/2}.\end{aligned} \tag{8.3}$$

이 거리를 최소화 하는데 필요한 조건은 다름 아닌 라그랑지안의 라그랑지 공식이다.

$$L\left(\frac{dr}{d\sigma},\frac{d\phi}{d\sigma},r\right)=\left[\left(\frac{dr}{d\sigma}\right)^2+r^2\left(\frac{d\phi}{d\sigma}\right)^2\right]^{1/2}. \tag{8.4}$$

라그랑지 공식에 의해

$$\frac{d}{d\sigma}\left(\frac{1}{L}\frac{dr}{d\sigma}\right)=\frac{r}{L}\left(\frac{d\phi}{d\sigma}\right)^2,\qquad \frac{d}{d\sigma}\left(\frac{1}{L}r^2\frac{d\phi}{d\sigma}\right)=0. \tag{8.5}$$

그러나 (8.3)에서 보여주는 것과 같이 L의 값은 $dS/d\sigma$이다. 그러므로 식 (8.5)에 $d\sigma/dS$를 곱하면 곡선을 따라 있는 변수인 거리 S로 측지선 방정식을 나타내면 간

단한 형태로 된다.

$$\frac{d^2r}{dS^2} = r\left(\frac{d\phi}{dS}\right)^2, \tag{8.6a}$$

$$\frac{d}{dS}\left(r^2\frac{d\phi}{dS}\right) = 0. \tag{8.6b}$$

다음 절에서 이 방정식을 풀 것이다.

시공간에서 시간성 측지선의 방정식을 찾아내는 과정은 예제 8.1과 같이 곧바로 일반화시키면 된다. 시공간에서 두 점 A와 B사이의 시간성 세계선을 따라 있는 고유시간은 (7.19)로부터 다음과 같다.

$$\tau_{AB} = \int_A^B d\tau = \int_A^B \left[-g_{\alpha\beta}(x)\, dx^\alpha\, dx^\beta\right]^{1/2}. \tag{8.7}$$

점 A $\sigma = 0$부터 점 B $\sigma = 1$까지 변하는 변수 σ의 함수로서 4원 좌표 x^α를 두면 세계선은 그 변수로 나타낼 수 있다. 그러면 A와 B사이의 고유시간은

$$\tau_{AB} = \int_0^1 d\sigma\left(-g_{\alpha\beta}(x)\frac{dx^\alpha}{d\sigma}\frac{dx^\beta}{d\sigma}\right)^{1/2}. \tag{8.8}$$

점 A와 B사이의 고유시간을 최소화하는 세계선은 라그랑지 방정식을 만족하는 그런 것이므로

$$-\frac{d}{d\sigma}\left(\frac{\partial L}{\partial(dx^\alpha/d\sigma)}\right) + \frac{\partial L}{\partial x^\alpha} = 0, \tag{8.9}$$

이에 해당하는 라그랑지안은

$$L\left(\frac{dx^\alpha}{d\sigma}, x^\alpha\right) = \left(-g_{\alpha\beta}(x)\frac{dx^\alpha}{d\sigma}\frac{dx^\beta}{d\sigma}\right)^{1/2}. \tag{8.10}$$

이것은 계량 $g_{\alpha\beta}$를 가지고, 시공간의 측지선에 대한 등식을 나타낸 것이다. 예제 7.7에 논의한 웜홀 계량을 가지고 이들이 어떻게 완성되어 가는지 보여주겠다.

예제 8.2 웜홀 기하학에서의 측지선

웜홀 기하(7.39)의 선요소는

$$ds^2 = -dt^2 + dr^2 + (b^2 + r^2)(d\theta^2 + \sin^2\theta\, d\phi^2) \tag{8.11}$$

(8.10)의 측지선에 대한 라그랑지안은

$$L\left(\frac{dx^\alpha}{d\sigma}, x^\alpha\right) = \left\{\left(\frac{dt}{d\sigma}\right)^2 - \left(\frac{dr}{d\sigma}\right)^2 - (b^2+r^2)\left[\left(\frac{d\theta}{d\sigma}\right)^2 + \sin^2\theta\left(\frac{d\phi}{d\sigma}\right)^2\right]\right\}^{1/2}. \quad (8.12)$$

여기에 라그랑지 방정식을 사용하여 풀면 (8.12)에 있는 제곱근을 미분하게 되면 $1/L$이라는 요소가 나온다. 그런데 (8.8)로부터 L은 $d\tau/d\sigma$이다. L의 역은 σ에 대한 미분을 τ에 대한 미분으로 바꾸는 데 사용되어 질 수 있다. 그 결과는 다음 4개의 식이다.

$$\frac{d^2t}{d\tau^2} = 0, \quad (8.13a)$$

$$\frac{d^2r}{d\tau^2} = r\left[\left(\frac{d\theta}{d\tau}\right)^2 + \sin^2\theta\left(\frac{d\phi}{d\tau}\right)^2\right], \quad (8.13b)$$

$$\frac{d}{d\tau}\left[(b^2+r^2)\frac{d\theta}{d\tau}\right] = (b^2+r^2)\sin\theta\cos\theta\left(\frac{d\phi}{d\tau}\right)^2, \quad (8.13c)$$

$$\frac{d}{d\tau}\left[(b^2+r^2)\sin^2\theta\frac{d\phi}{d\tau}\right] = 0. \quad (8.13d)$$

다음 절에서 웜홀 기하에서의 측지선의 특징을 이해하는데 이 등식들을 적용할 것이다.

앞의 예들과 약간의 사고를 해보면 임의의 휜 시공간에서의 측지선 방정식의 일반 형태는 다음과 같을 것이라는 것이 자명하다.

$$\boxed{\frac{d^2x^\alpha}{d\tau^2} = -\Gamma^\alpha_{\beta\gamma}\frac{dx^\beta}{d\tau}\frac{dx^\gamma}{d\tau}.} \quad (8.14)$$

시간성 측지선의 측지 방정식

이것은 4개의 등식으로 되어 있다. – 첨자 α가 0,1,2,3의 각 값에 대한 등식이 하나씩 있다. 계수 $\Gamma^\alpha_{\beta r}$는 **크리스토펠 기호**(Christoffel symbols)라 불린다. 이것은 계량과 계량의 1차 미분으로 이루어져 있다. (8.14)의 4개의 등식 모두를 합하여 **측지선 방정식**[1]이라 불린다. 측지선 방정식은 휜시공간에서 실험입자에 대한 근본적인 운동 방정식이다. 동등하게 4원 속도 $u^\alpha = dx^\alpha/d\tau$를 좌표 기본 성분으로 하여 다시 쓸 수 있다.

---

1) 여기서 독자들은 (8.14)는 4개의 다른 식들로 구성되어 있어 측지선 방정식들이라 하지 않고 측지선 방정식이라 하는 지 의아해 할 지 모른다. 그 이유는 $\vec{F}=m\vec{a}$을 뉴턴의 운동 방정식들이라 부르지 않고 뉴턴의 운동방정식이라 통상 부르는 것과 동일한 이유이다. 벡터 관계에서 볼 때, $\vec{F}=m\vec{a}$는 비록 그것이 3개의 다른 식들로 구성되어 있을지라도 하나의 식이다. 이와 유사하게, (8.15)도 4개의 식들로 구성된 4원 속도 벡터 $\mathbf{u}$에 대한 하나의 식으로 간주할 수 있다. 이것을 명확히 해주는 정의가 20장에 소개되어 있다. 10개의 다른 식들로 구성된 아인슈타인 방정식에도 동일하게 적용된다.

시간성 측지선의 측지 방정식

$$\boxed{\frac{du^\alpha}{d\tau} = -\Gamma^\alpha_{\beta\gamma} u^\beta u^\gamma.} \tag{8.15}$$

크리스토펠 기호는 아래 첨자에 대하여 대칭이다.
측지선 방정식은 휜 시공간에서 실험 입자에 대한 근본적인 운동 방정식이다. 이것은 또한

$$\Gamma^\alpha_{\beta\gamma} = \Gamma^\alpha_{\gamma\beta} \tag{8.16}$$

왜냐하면 (8.14)에서 β와 γ 첨자에 걸쳐 대칭적 합산에 비대칭적 부분은 전혀 기여를 못하기 때문이다. 이 책에서 사용된 간단한 예에서 앞에서 보여준 예에서와 같이 선 요소로부터 측지선 방정식을 이끌어 냄으로 해서 크리스토펠 기호가 뜻하는 것을 찾아내는 것은 아주 쉽다. 책 웹사이트에 있는 Mathematica program의 사용하면 더 쉽다. 우리가 공부할 몇몇 중요한 계량에 대한 계산 결과는 부록 B를 보면 알 수 있다.

예제 8.3 측지선 방정식으로부터 크리스토펠 기호의 값을 찾아내는 것

일반형 측지선 방정식 (8.14)와 특수형인 (8.6)을 서로 비교해보면 극 좌표 (8.2)에서 평면의 계량을 위한 크리스토펠 기호 중 0으로 사라지지 않는 것은

$$\Gamma^r_{\phi\phi} = -r, \qquad \Gamma^\phi_{r\phi} = \Gamma^\phi_{\phi r} = 1/r. \tag{8.17}$$

이와 유사하게 (8.13)으로부터 웜홀의 계량 (8.11)을 위한 크리스토펠 기호 중 0으로 사라지지 않는 것은

$$\begin{aligned}
\Gamma^r_{\theta\theta} &= -r, & \Gamma^r_{\phi\phi} &= -r\sin^2\theta,\\
\Gamma^\theta_{r\theta} = \Gamma^\theta_{\theta r} &= \frac{r}{b^2+r^2}, & \Gamma^\theta_{\phi\phi} &= -\sin\theta\cos\theta,\\
\Gamma^\phi_{r\phi} = \Gamma^\phi_{\phi r} &= \frac{r}{b^2+r^2}, & \Gamma^\phi_{\phi\theta} = \Gamma^\phi_{\theta\phi} &= \cot\theta.
\end{aligned} \tag{8.18}$$

이 둘의 답들은 좌표이름을 특별히 다른 표시로 대체하여 다르게 표기할 수도 있다. 예로써 (8.18)에서 $\Gamma^\phi_{r\phi} = \Gamma^3_{13}$로 표기할 수 있다. 여기서 (8.11)에 보듯이 $x^1 = r$이고, $x^3 = \phi$이다. 이 경우 반복되는 ϕ는 합산을 하라는 의미는 아니다! 이것은 합산의 규약에 위반이다. 그러나 그것 또한 표준적이며 편리한 표기법이다.

라그랑지안의 일반적 형태인 (8.10)에 대한 라그랑지 방정식을 통한 작업으로 인하여, 우리가 크리스토펠 기호의 일반형식이 거의 필요로 하지 않을 것이지만 그것이 계량과 계량의 미분으로 일반적으로 표현될 수 있다는 것을 알았다. 우리가 그 계산을 책 웹사이트(book website)의 보충(부록)으로 넘기는 것으로 충분하지만 그 답은

$$g_{\alpha\delta}\Gamma^{\delta}_{\beta\gamma}=\frac{1}{2}\left(\frac{\partial g_{\alpha\beta}}{\partial x^{\gamma}}+\frac{\partial g_{\alpha\gamma}}{\partial x^{\beta}}-\frac{\partial g_{\beta\gamma}}{\partial x^{\alpha}}\right). \quad (8.19)$$

크리스토펠 기호

만일 계량이 사용된 좌표계에서 대각선상으로만 발생한다면 그 때는 (8.19)로부터 Γ의 계산은 간단해진다. 왜냐하면 **예제 8.4**에 보여주는 것과 같이 왼편에 나타나는 많은 항 중에 오직 하나의 항만 나타나기 때문이다. 그리고 만일 계량이 대각적이지 않으면, 그때는 Γ에 대한 선형방정식 (8.19)를 풀기 위해 $g_{\alpha\beta}$의 역행렬을 곱해야 한다.

예제 8.4 일반 공식으로부터 크리스토펠 값을 찾기

(8.19)의 일반적 형태의 공식이 어떻게 작용하는지 알아보기 위해 극좌표상의 2차원 평평 평면에서의 계량 (8.2)로부터 $\Gamma^{r}_{\phi\phi}$를 계산해보자. $x^1=r$과 $x^2=\phi$의 범위에 걸쳐가는 첨자 A, B를 사용하면 계량 g_{AB} = diag(1, r^2)이 된다. (8.19)에 $\alpha=r$, $\beta=\gamma=\phi$를 대입하면 이 계량은 대각적이므로 오직 하나만 합에 기여하므로 (역자주 : $g_{r\phi}=g_{\phi r}=0$)

$$g_{rr}\Gamma^{r}_{\phi\phi}=\frac{1}{2}\left(\frac{\partial g_{r\phi}}{\partial\phi}+\frac{\partial g_{r\phi}}{\partial\phi}-\frac{\partial g_{\phi\phi}}{\partial r}\right)=-r. \quad (8.20)$$

$g_{rr}=1$이기 때문에 (8.17)과 같이 $\Gamma^{r}_{\phi\phi}=-r$이 된다.

8.2 측지선 방정식을 푼다 - 대칭성과 보존 법칙들

(8.14)의 측지선 방정식은 고유시간의 함수로서 시공간에 있는 실험입자의 위치를 추적하는데 있어서 4원 좌표로 나타내면 4개의 2차 편미분이 들어가 있는 등식이다. 시공간에서 초기 위치와 초기 4원 속도가 주어지면 일정한 고유시간 경과 후에의 위치와 4원 속도를 알아내기 위해 이 등식을 적분하는데 표준적인 기법을 사용한다. 예제 8.5에 보여주듯이 매우 간단한 경우에 이것은 가끔 분석적으로 행하여 질 수 있다.

예제 8.5 웜홀을 통한 시간여행

예제 7.7과 **그림 7.5**에 묘사된 웜홀의 기하를 고려해보자. 한 여행자가 좌표 반경 $r=R$ 에서 출발하여 웜홀의 목을 통하여 자유롭게 반경방향(방사상)으로 떨어지고 있다고 하자. 초기 반경방향 4원 속도가 $u^r \equiv U$로 주어졌다면, 여행자가 웜홀 목을 통과하여 반대편 $r=-R$에 해당하는 점에 도달할 때까지 여행자가 휴대하고 있는 시간으로 얼마나 걸릴까? 자유 낙하하는 여행자는 (8.11)의 선요소로 특징 지워지는 기하에서 반경방향의 측지선을 따라 움직일 것이다. 초기에 반경방향으로 4원 속도는

$$u^\alpha = [(1+U^2)^{1/2}, U, 0, 0], \tag{8.21}$$

여기서 $(t, r, \theta, \Phi,)$ 순서대로 (8.11)의 좌표를 잡았고, 그리고 규격화 조건 $\mathbf{u}\cdot\mathbf{u}=-1$ [(7.55) 참고]를 만족하도록 u^t를 결정하였다. 구 대칭이라는 것은 한번 방사상으로 운동을 하면 그 여행자는 계속해서 방사상으로 운동하는 것을 유지하려고 한다는 것을 함축하고 있다. 이와 같이 되면 4원 속도의 성분 중에 $u^\theta(\tau)$와 $u^\phi(\tau)$는 회전 속도가 없으므로 세계선을 따라 0으로 소멸한다. 4원 속도의 반경방향 성분은 (8.13)에 있는 $d^2r/d\tau^2$의 공식에 의해 변한다. θ와 ϕ가 상수일 때는 이것은

$$\frac{du^r}{d\tau} = 0. \tag{8.22}$$

이다. 이와 같이 $u^r(r)$은 세계선을 따라 일정하고 초기 속도 U와 동일하다. $u^r = dr/d\tau = U$를 적분하면

$$r(\tau) = U\tau, \tag{8.23}$$

여행자가 $r=0$(목에서)일 때 고유시간을 0으로 선택하면 $r=-R$에서 $r=+R$까지 가는데 경과되는 고유시간은

$$\Delta\tau = 2R/U. \tag{8.24}$$

예제 8.5는 다루기 쉬운 것이어서 예외적이다. 더 일반적인 경우에서는 에너지와 각운동량 보존 법칙 같은 보존 법칙이 뉴턴 역학에서와 같이 문제를 푸는데 좀 더 다루기 쉽도록 해준다. 보존 법칙들은 풀고자 하는 등식의 차수와 수를 줄여 운동 방정식의 1차 적분[2](first integral) 형태를 만들어 준다. 언제나 유용한 1차 적분은 4원 속도의 규격화로부터 나온다.

2) 뉴턴 역학의 일반적인 의미론에서, 1차 적분이란 좌표들과 그것들의 1차 시간에 대한 미분들로 된 함수로서 그것은 2계 미분 식인 운동 방정식에 의하여는 상수이다. 에너지와 각운동량의 보존 법칙들이 예가 된다. 1차 적분을 또한 운동 상수라 부른다.

좌표 기저에서 이것은 다음과 같다. [식 (7.55) 참고]

$$\mathbf{u}\cdot\mathbf{u} = g_{\alpha\beta}\frac{dx^\alpha}{d\tau}\frac{dx^\beta}{d\tau} = -1, \tag{8.25}$$

완전히 일반적인 계량에 대해서 이것이 유일한 1차 적분이다. 더 많은 보존 법칙이 대칭성으로부터 나온다.

뉴턴 역학에서 보존 법칙들은 대칭성과 연관되어 있다. 예로써 에너지 보존을 위해서는 힘이 보존되어야 하고 – 퍼텐셜로부터 미분한다 – 또한 그 퍼텐셜이 시간에 독립적이어야 한다. 입자의 운동 방향에 따라 선운동량이 보존되기 위해서는 퍼텐셜이 그 방향 따라서 일정해야 한다. 각운동량이 보존되기 위해서는 퍼텐셜이 구대칭이어야 한다. 간단히 말해서, 시간상의 변위가 대칭적일 때 에너지가 보존되고, 공간상의 변위가 대칭적일 때 선운동량이 보존되고, 회전에 대하여 대칭적일 때 각운동량이 보존된다.

실험입자의 운동에서 보존되는 양들이 어떤 특별한 대칭성을 가지고 있지 않는 일반적 시공간에서는 보존된다고 기대할 수 없다. 일반 시공간은 시간 의존적, 공간 의존적, 각도 의존적이다. 그러나 시공간이 대칭성을 가질 때는 그때는 관련되는 보존 법칙이 있다. 예로써 시공간이 시간에 독립적이면 실험입자에 에너지 보존 법칙이 성립한다.

그런데 시공간 기하가 대칭성을 갖고 있는지 어떻게 알 수 있을까? 만일 계량이 여러 좌표에서 하나에만, 예로써 x^1독립적이라면 하나의 간단한 경우가 된다. 그때는 다음 변환이

$$x^1 \to x^1 + \text{상수} \tag{8.26}$$

계량을 변화시키지 않는다. 성분을 갖고 있는 벡터 $\boldsymbol{\xi}$가

$$\xi^\alpha = (0, 1, 0, 0) \tag{8.27}$$

계량이 변하지 않는 방향으로 놓여 있다고 하자. (8.27)과 같은 성분을 갖고 있는 벡터를 독일의 수학자 Wilhelm Killing(1847~1923)을 기념하기 위해 (그것이 특별히 어려운 개념 때문은 아니다.) (8.26)의 대칭성과 관련 있는 **Killing 벡터**라 불린다. 아래의 예제 8.6에서 보여주듯이 킬링 벡터가 어떤 좌표계에서도 대칭성을 특징 지워주는 일반적 방법이다.

예제 8.6 평평 공간에서 킬링 벡터

3차원 평평 시공간의 계량이 통상적인 카테시안 좌표에서 다음과 같을 때

$$dS^2 = dx^2 + dy^2 + dz^2, \tag{8.28}$$

평평 공간에서는 3개의 병진 운동 대칭성에 해당하는 명백한 3개의 킬링 벡터 (1,0,0), (0,1,0), (0,0,1)가 있다. 그러나 극좌표를 사용하였을 때는

$$dS^2 = dr^2 + r^2 d\theta^2 + r^2 \sin^2\theta\, d\phi^2, \tag{8.29}$$

다른 킬링 벡터가 나타난다. 왜냐하면 계량이 z축에 대하여 회전 대칭이므로 ϕ에 대하여 독립적이다. 이 킬링 벡터는 극좌표에서는 (0,0,1)의 성분을 가지고, 카테시안 좌표에서는 $(-y, x, 0)$의 성분을 가진다. 다른 2개의 축에 대한 회전 대칭에 해당하는 평평 공간에서 다른 2개의 Killing 벡터가 있다. 여러분은 카테시안 좌표에서 그것들의 성분들을 추측할 수 있는가?

대칭성은 측지선을 따라 보존되는 양을 함축적으로 의미하고 있다. 이것을 알아보기 위해 극치 고유시간 원리와 라그랑지 방정식 (8.9)로부터 측지선의 방정식이 나왔음을 상기하라. 만일 계량 – 그러므로 L – 이 좌표 x^1에 대하여 독립이면 $\partial L/\partial x^1 = 0$이 된다. 식 (8.9)에서 $\alpha = 1$이면 그러면

$$\frac{d}{d\sigma}\left[\frac{\partial L}{\partial\left(dx^1/d\sigma\right)}\right] = 0, \tag{8.30}$$

가 된다. 이것이 함축하고 있는 의미는 다음 식이

$$\frac{\partial L}{\partial(dx^1/d\sigma)} = -g_{1\beta}\frac{1}{L}\frac{dx^\beta}{d\sigma} = -g_{1\beta}\frac{dx^\beta}{d\tau} = -g_{\alpha\beta}\xi^\alpha u^\beta = -\boldsymbol{\xi}\cdot\mathbf{u} \tag{8.31}$$

측지선을 따라 보존된다는 것이다. 그러므로 임의 좌표계에서 측지선 따라 보존되는 양은

측지선을 따라 보존되는 양

$$\boxed{\boldsymbol{\xi}\cdot\mathbf{u} = \text{상수 } (\boldsymbol{\xi}\text{는 킬링 벡터})} \tag{8.32}$$

$\mathbf{p}$가 입자의 운동량 일 때는 $\boldsymbol{\xi}\cdot\mathbf{p}$도 동등하게 보존된다고 말할 수 있을 것이다. 간단한 예가 이들 보존 법칙들을 어떻게 사용하는지 보여줄 것이다.

예제 8.7 극좌표를 사용하는 평면에서의 측지선

운동 경로의 적분은 극좌표 (8.2)를 사용하는 평면에 있는 모든 측지선에 대해 식 (8.6)을 푸는데 좀 간단히 해준다. 이 2차원 예에서 첨자 A, B는 1, 2의 값을 갖고, 두 좌표 $x^1 = r$, $x^2 = \phi$로 라벨을 붙이기로 한다. 접선 벡터 $\mathbf{u}$의 성분은 $u^A = dx^A/dS$이다.

$\vec{u} \cdot \vec{u} = 1$에 해당되는 1차 적분은 선 요소 (8.2)를 dS^2으로 양변을 나누면 얻어진다.

$$\left(\frac{dr}{dS}\right)^2 + r^2\left(\frac{d\phi}{dS}\right)^2 = 1. \tag{8.33}$$

또 다른 1차 적분은 계량 (8.2)가 ϕ에 독립적이라는데 기인한다. 그와 연관된 킬링 벡터, $\vec{\xi}$는 좌표 기저로 $\xi^r = 0$과 $\xi^\phi = 1$을 가진다. 그러므로 보존되는 양은

$$\ell \equiv \vec{\xi} \cdot \vec{u} = g_{AB}\xi^A u^B = r^2 \frac{d\phi}{dS}, \tag{8.34}$$

이것은 또한 측지선 방정식 (8.6b)로부터 직접 구할 수 있다. 이결과를 (8.33)에 대입하면

$$\frac{dr}{dS} = \left(1 - \frac{\ell^2}{r^2}\right)^{1/2}. \tag{8.35}$$

이 식은 r을 S의 함수로써 나타내기만 하면 쉽게 적분할 수 있다. 그러나 우리가 정말로 원하는 측지선 형태는 r이 ϕ의 함수로 나타나거나 혹은 ϕ가 r의 함수로 나타나는 것이다.
(8.34)를 (8.35)로 나누면

$$\frac{d\phi}{dr} = \frac{d\phi/dS}{dr/dS} = \frac{\ell}{r^2}\left(1 - \frac{\ell^2}{r^2}\right)^{-1/2}. \tag{8.36}$$

이것을 적분하면

$$\phi = \phi_* + \cos^{-1}\left(\frac{\ell}{r}\right), \tag{8.37}$$

여기서 ϕ_*는 적분 상수이다. 이와 같이 하여 측지선이 형태는 다음과 같이 주어진다.

$$r\cos(\phi - \phi_*) = \ell. \tag{8.38}$$

(8.38)에서 코사인의 차의 법칙과 $x = r\cos\phi$, $y = r\sin\phi$를 사용하여

$$x\cos\phi_* + y\sin\phi_* = \ell, \tag{8.39}$$

이것은 직선에 대한 일반적 등식이다. 이와 같이 친숙한 직선을 평평 평면에서의 최소거리의 곡선으로 복원 시켰다. – 직선은 어려운 길이다!

8.3 눌 측지선 Null Geodesics

전절에서 휜 시공간을 통하여 움직이는 자유입자에 의해 만들어지는 경로에 대하여 탐구 했었다. 이것들은 시간성 측지선이다. 광선은 또한 시공간 기하를 탐구하는데 있어서 중요하다. 광선은 $ds^2=0$인 눌(null) 세계선을 따라 움직인다. $x^\alpha(\lambda)$가 어떤 변수 λ에 의해 매개 되는 시공간을 통과하는 광선의 경로라고 하면 $u^\alpha = dx^\alpha/d\lambda$는 접선 벡터이고 그리고 그때는

$$\mathbf{u}\cdot\mathbf{u} = g_{\alpha\beta}(x)\frac{dx^\alpha}{d\lambda}\frac{dx^\beta}{d\lambda} = 0. \tag{8.40}$$

가 된다. 그러나 이 등식은 궤적을 완전히 결정하기에는 충분하지 못하다. - 모르는 4개 중 1개만 알 수 있는 것에 불과하다. 결국에는 이것은 휜 시공간에서 일반화된 전자기 법칙으로부터 유지되어야 할 것이다. 그러나 우리는 등가원리를 이용하여 그 형태에 대하여 논의해보고자 한다. 광선의 평평 시공간에서의 운동공식 (5.66)은

$$\frac{d^2x^\alpha}{d\lambda^2} = 0, \tag{8.41}$$

이다. 여기서 λ는 아핀변수이다. 휜 시공간에서의 이 법칙의 일반화된 형태는 다음 몇 가지를 만족해야 할 것이다.

(1) 국소 관성계에서는 (8.41) 형태로 되돌아가야 한다.

(2) 모든 좌표계에서도 동일한 형태를 가져야 한다.

후자의 요구 조건은 좌표가 임의적이므로 반드시 만족되어야 한다. 우리는 이미 위 2가지 조건을 만족시키는 법칙을 알고 있다 - 측지선 방정식 (8.14)이다. 조건 (1)과 조건 (2)를 만족하는 식 (8.41)의 일반화된 형태는

$$\frac{d^2x^\alpha}{d\lambda^2} = -\Gamma^\alpha_{\beta\gamma}\frac{dx^\beta}{d\lambda}\frac{dx^\gamma}{d\lambda}. \tag{8.42}$$

이다. (8.42)를 만족하는 null 곡선은 **null 측지선**이라 부른다. 광선은 null 측지선을 따라 움직인다. 아핀 변수 λ는 시공간의 거리가 아니다 - 광선이 따라 가는 거리는 제로이다!

오히려 그것은 (8.42)가 측지선 공식 형태로 갖도록 하기 위해 선택된 변수이다.

8.4 국소 관성계와 자유 낙하하는 계

Riemann 정규 좌표들

7.4절에 국소 관성계에 대한 개념을 소개했다. - 즉 시공간 임의의 점 P를 중심으로 어느 한 좌표로 나타내었을 때 그 점에서 $g_{\alpha\beta} = \eta_{\alpha\beta}$이고, 계량의 1차 미분은 소멸한다. [식 (7.13) 참고] 이 좌표계에서는 Christoffel 기호가 점 P에서 사라진다. 그리고 (8.14)의 측지선 공식은 평평 공간에서의 자유입자에 대한 운동공식을 취한다[(5.62) 참고].

$$\left.\frac{d^2x^\alpha}{d\tau^2}\right|_P = 0. \tag{8.43}$$

그러므로 그 계의 크기를 점점 더 작게 만들면 만들수록 자유입자는 어느 한 순간에 직선운동을 하는 것과 마찬가지 일 것이다. 이와 같이 이 좌표계들은 뉴턴 역학에서의 관성계와 비슷할 것이다. 그러나 단지 어느 한 점 주위의 국소적 영역에 한한다.

이 장에서 얻어진 측지선에 대한 이해는 우리들로 하여금 제7장에서 저당 잡혔던 저당물을 되찾게 해주어 국소 관성계로 정의되는 어느 한 좌표계를 명확히 건설하도록 해준다.

시공간에서 임의의 점 P를 좌표계의 원점으로 취하자. 그리고 그 점에서 4개의 정규직교 벡터의 기저를 $\{\boldsymbol{e}_\alpha\}$라 하자. (그냥 좌표 기저 벡터와 정규직교 좌표 기저 벡터를 구별하는 모자 ($\wedge$)는 생략했다. 왜냐하면 건설되는 좌표들의 좌표 기저가 이 정규직교 좌표 기저와 일치할 것이 판명될 것이므로) 이것들은 예로써 (5.6절 참고) 점 P에 있는 실험실에 있는 관찰자의 정규직교 기저 벡터가 될 수도 있다. 단위 벡터 $\mathbf{n}$으로 정의되는 점 P에서 임의의 방향으로 벡터를 잡고 그 방향으로가 측지선 방향이 되도록 잡자. 거리 s후 (만일 측지선이 공간성이라면) 도달하는 점은 좌표로 표시되어질 수 있다.

$$x^\alpha \equiv sn^\alpha, \tag{8.44}$$

여기서 n^α는 기저 $\{\boldsymbol{e}_\alpha\}$로 나타낸 $\mathbf{n}$벡터의 성분이다(**그림 8.1**을 보라).
이 과정을 모든 다른 방향 $\mathbf{n}$에 대하여 반복하라. (만일 그 방향이 시간성이면 s대신에 고유시간 τ를 사용하고, 만일 그 방향이 null이면 연속성으로 채워라.) 그 결과는 시공간 휨이 측지선들이 서로 교차하지 않도록 점 P에서 충분히 가까이 있는 임의의 점들을 유일하게 표시할 수 있는 좌표 시스템이 된다. Riemann 정규직교 좌표가 이 좌표 시스템에 붙여진 이름이다. 이제 이것들이 국소 관성 좌표계를 구성함을 보여 주겠다.

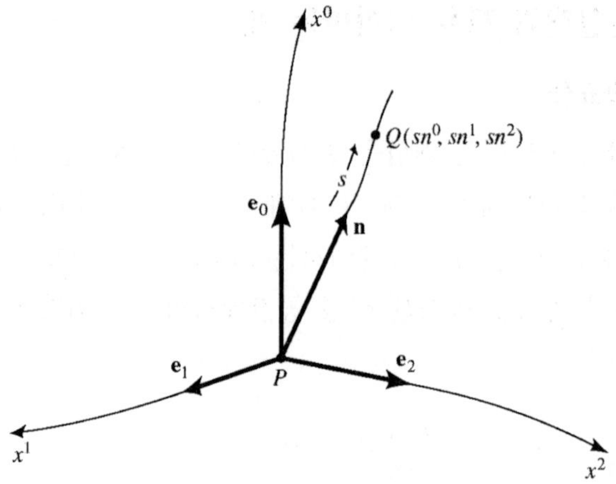

그림 8.1 리만 정규좌표는 국소관성계를 정의한다. 점 P에서 4개의 직교정규 벡터들 $\{\mathbf{e}_\alpha\}$의 선택은 그 점에서 국소관성계의 건설을 시작하는 것이다. $\mathbf{n}$방향으로 출발한 측지선을 따라서 거리 s만큼 떨어진 점 Q는 좌표 $x^\alpha = sn^\alpha$로 할당된다. 국소관성계의 4개의 축 좌표는 4개의 직교방향으로 그대로 측지선을 따라 간다. 결국에는 시공간의 휨은 측지선끼리 만나게 하고 거기서 좌표계가 특이점을 가지게 한다.

정규직교 벡터 $\{\mathbf{e}_\alpha\}$는 점 P에서 국소 관성계의 좌표 기저 벡터이다. 그러므로 [식 (7.56) 참조]

$$g_{\alpha\beta}(x_P) = \eta_{\alpha\beta}. \tag{8.45}$$

이것은 국소 관성계 위해서 요구되는 첫 번째 조건 (7.13)이다. 계량의 미분이 점 P에서 소멸하는 두 번째 조건은 다음과 같이 된다고 볼 수 있다. 점 P를 통하는 모든 측지선은 어떤 고정된 방향 n으로 라벨이 되고, 그것이 시간성이면 측지선 공식 (8.14)에 따르고, 만일 그것이 공간성이라면 τ 대신 s로 대체하기만 하면 된다.

점 P에서 (8.44)를 가지고 (8.14)를 재해석 하면

$$\Gamma^\alpha_{\beta\gamma}\Big|_P n^\beta n^\gamma = 0. \tag{8.46}$$

가 된다. 그런데 위 식은 모든 단위 벡터 $\mathbf{n}$에 대하여 성립해야 하므로

$$\Gamma^\alpha_{\beta\gamma}\Big|_P = 0. \tag{8.47}$$

이 되어야 함을 의미한다. 모든 계량의 모든 1차 미분이 0으로 사라질 때야만 모든 Christoffel 기호가 0으로 소멸할 수 있다. [식 (8.19) 참조] 그러므로 리만 정규좌표는 국소 관성계를 정의하는 것이다.

예제 8.8 구의 북극점에서의 리만 정규 좌표

원주 길이가 $2\pi a$인 구의 기하에서 선요소는 친숙한 각(angular) 좌표 (θ,ϕ)로 다음

형태를 취한다. [식 (2.15) 참조]

$$dS^2 = a^2(d\theta^2 + \sin^2\theta\, d\phi^2) \tag{8.48}$$

북극에서 리만 정규 좌표를 건설하는 과정은 다음과 같이 보충될 수 있다. 단위 벡터 $\vec{e}_1$는 방향 $\phi = 0$로 방향을 잡고 단위 벡터 $\vec{e}_2$는 방향 $\phi = \pi/2$로 각각 방향을 잡으면 편리한 정규직교 기저를 구성하게 된다. 그러면 임의의 ϕ방향으로 가리키는 단위 벡터 $\vec{n}$의 성분은 위의 기저 벡터에 의하면 $n^A = (\cos\phi,\ \sin\phi)$가 된다. 점 (θ, ϕ)를 생각해보자. 그 점을 북극점과 연결하는 측지선은 그 경로가 ϕ에 해당되는 대원중에 일부분이다. 그때에 점 (θ,ϕ)와 북극점까지의 측지선 거리는 $s = a\theta$이다. 그러므로 점 (θ,ϕ)의 리만 정규 좌표는

$$x^A = (sn^1, sn^2) = (a\theta\cos\phi,\ a\theta\sin\phi). \tag{8.49}$$

가 된다. 예제 7.2는 이 좌표에서 계량 g_{AB}=diag(1,1)이 되고, 그 1차 미분은 거기서 소멸함을 보여준다.

자유 낙하하는 계 Freely Falling Frames

리만 정규 좌표만이 국소 관성계를 정의하는 유일한 방법은 아니다. 실제로 등가원리는 크리스토펠 기호를 단지 어느 한 점에서 0으로 소멸시킬 수 있게 해준다. 이것은 충분히 작고, 자유 낙하하는 실험실 계에서 어떤 임의의 시간동안 측지선 등식이 식 (8.43)으로 축소되어야 함을 제시하고 있다. 예제 6.3에서 묘사되어 있는 궤도운동을 하고 있는 우주선의 실험실은 거의 자유 낙하하는 실험실의 한 예이다. **상자 8.1**에 예시된 drag-free 위성은 또 다른 하나의 예가 된다.

자유 낙하하는 실험실에 대하여 수학적으로 이상화시키는 것은 크리스토펠 기호가 측지선 상의 한 점에서만 사라지는 것이 아니라 측지선 전체에 걸쳐서 사라지도록 좌표 시스템을 짜는 것이다. 우리는 그런 좌표계를 **자유 낙하계**[3])라 부를 것이다. 자유 낙하계는 측지선 전체를 따라 하나의 국소 관성계가 된다. 자유 낙하계의 건설은 뉴턴 역학의 관성계의 건설과(3.1절) 특수 상대성 (4.3절)과 동등한 것이다(**그림 3.3**을 회상해 보라).

3) 좀 더 일반적인 이름은 페르미 정규좌표들 혹은 자유 낙하하는 관측자의 고유기준계이다. 자유 낙하계라는 간단한 이름으로 중요한 아이디어를 붙잡을 수 있기 때문에 우리는 일반적인 이름을 사용치 않고 있다.
그러나 어떤 국소관성계도 "자유 낙하하는" 것으로 말해질 수 있다는 것에 주목하라. 왜냐하면 국소관성계가 정의되어지는[(8.43) 참고] 임의의 시공간 한 점 P에서 그것의 가속도가 사라지기 때문이나. 그러므로 어떤 책에서는 시공간에 있는 어떤 한 점에서 정의된 국소관성계를 자유 낙하계라 부른다. 여기서는 측지선을 따라 있는 계를 의미한다.

상자 8.1 끌림에 자유로운 위성 Drag-free Satellites

자유 낙하계를 현실화 하는 것은 원리적으로는 쉽다. 한 위성을 우주공간에 띄우고, 그것을 회전하지 않는 상태로 놓아두라. 그러면 자 보자! 위성의 내부는 자유 낙하하는 계가 된다. 그러나 우주공간은 그렇게 비어있는 것은 아니다. 잔류하고 있는 대기의 방해, 방사능의 압력, 그리고 또 다른 힘들이 중력 물리학에서 정교한 실험을 할 때에 조그만 한 위성(~1000kg)의 경우에는 의미 있는 변이를 일으킬 수 있다. 상자 14.1에서 보여주듯이 자이로스코프 운동에 대한 일반 상대성의 예견을 검증하는 Gravity Probe-B실험에서는 비 중력에 의한 가속도의 효과가 약 10^{-13}m/s^{2}보다 작아야 함을 요구하고 있다. 다가올 십년동안에(역자주: 저자는 이 책을 2002년에 썼다.) 우주 공간에 계획되어 있는 중력 질량과 관성 질량의 동등성을 실험하는데 있어서 저항(방해)가속도가 10^{-14}m/s^2 이하가 되어야 하고 우주 공간에서의 중력파를 검출하기 위한 검출기에는 이보다 더 작아야 한다. 가까이 있는 지구 궤도 상에서는 잔류하는 대기에 의한 저항(방해)이 10^{-6}m/s^{2}에 이른다. 방해로부터 자유로운 위성은 자유 낙하하는 계를 현실화하는 실제적 방법이다. 이 개념이 아래에 그려져 있다.

실험용 platform이 위에 기술한 각종 방해되는 힘들로부터 보호해주는 위성의 내부에 자유롭게 떠 있다. 그러므로 장벽으로 보호받고 있는 실험용 Platform은 시공간에서 측지선을 따라 간다. 정교한 센스기가 보호하고 있는 위성의 계에 대하여 상대적인 위치를 정확히 알아내준다. 위성은 그 자신을 조종하기 위해 분사기를 사용하며 그리하여 그것을 실험상에서 항시 중앙에 위치하도록 한다. 그 결과 분사기는 방해하는 여러 힘들로부터 발생하는 저항 가속도를 차단해 주는 역할을 한다.

확실하게 센서기는 여기에 언급한 정말 미세하기 짝이 없는 정확도를 가지고 위성의 가속도를 감지해 내어야 한다. 그리고 위성 그 자체가 platform의 운동에 중대한 방해가 되면 안된다. 여기서 이 기술적 도전에 어떤 정교한 해결책을 회고해 보고자 기술한 것이 아니라, 외부로부터 전혀 방해를 받지 않는 위성은 실제적으로 자유 낙하하는 계를 제공해 준다는 것을 보여주기 위함이다.

측지선을 따라 움직이는 자유 실험입자를 고려하자. 측지선을 따라 있는 고유시간 τ는 공간 좌표의 원점으로서의 입자의 위치와 함께 시간좌표가 될 것이다. 고유시간의 어느 한 순간의 시점에 자이스코프를 3개의 직교 방향으로 방향을 잡게 하자. 그리고 얼마 후에 리만 정규 좌표를 건설하기 위해 사용되었던 것과 비슷한 절차를 밟아 공간 좌표 x^i를 건설하기 위해 이들 자이로스코프들에 형성된 방향을 이용하자. 그 결과는 좌표$(\tau,\ x^i)$가 원점이 $x^i=0$인 측지선을 따라 크리스토펠 기호가 0으로 사라지는 자유 낙하계를 구성하게 된다. 우리는 여기서 이것을 보여주지 못할 것이다. 왜냐하면 우리는 아직 자이로스코프가 휜 시공간에 어떻게 움직이는지에 대해 지식이 부족하기 때문이다. 이것은 14장에 논의될 것이다. 그리고 20장에서 자유 낙하계로 다시 돌아가 논의할 것이다.

자유 낙하계는 휜 시공간에서 뉴턴의 관성계와 특수 상대성으로 들어가게 해준다. 그러나 **예제 6.2**에 보여주듯이 자유 낙하하는 우주선 안에 있는 우주인은 충분히 긴 공간적 거리에 걸쳐 충분히 긴 시간동안 행한 실험으로 시공간의 휨에 의한 효과를 감지 할 수 있다. 자유 낙하계에 해당하여 크리스토펠 기호가 좌표 상에 표시된 모든 점에서가 아니라 단지 정의된 측지선 상을 따라서만 소멸된다.

문 제

1. [S] Cartesian 좌표를 사용하여 2-차원 평평 평면을 위한 측지선 공식을 쓰고 풀어라. 그리고 그 해들은 직선들임을 보여라.

2. 통상적인 구 좌표에서 2-차원 구에서의 계량은 [식 (2.15) 참고] 다음과 같다.

$$dS^2 = a^2\left(d\theta^2 + \sin^2\theta\, d\phi^2\right),$$

여기서 a는 상수이다.

(a) 수작업으로 Christoffel 기호들을 계산하라.

(b) 대원이 측지선 공식의 해임을 보여라. (힌트: 좌표를 방향 잡도록 하는 자유도를 사용하여서 대원의 공식을 간단히 하라.)

3. 3-차원 시공간이 다음의 선요소를 가지고 있다.

$$ds^2 = -\left(1 - \frac{2M}{r}\right)dt^2 + \left(1 - \frac{2M}{r}\right)^{-1} dr^2 + r^2 d\phi^2.$$

(a) 이 좌표들에 있는 이 시공간에서 측지선에 대한 변분 원리를 위한 명확한 라그랑지안(Lagrangian)을 찾아라.

(b) (a)의 결과를 이용하여 라그랑지안으로부터 그것들을 계산하여 측지선 공식의 성분들을 구하라.

(c) (b)에서의 결과로부터 이 계량에 대해서 영이 아닌 Christoffel 기호들을 열거하라.

4. [A] **회전하는 계**

관성계의 z축 주위로 각속도 Ω로 회전하고 있는 계 (t, x, y, z)에서 평평 시공간의 선 요소는 다음과 같다.

$$ds^2 = -[1 - \Omega^2(x^2 + y^2)]\,dt^2 + 2\Omega(y\,dx - x\,dy)\,dt + dx^2 + dy^2 + dz^2.$$

(a) 극 좌표로 전환하고 선 요소 (7.4)를 $\phi \to \phi - \Omega t$로 교체한 후 이것을 증명하라.

(b) 회전하는 계에서 x, y, z에 대한 측지 공식을 찾아라.

(c) 비상대적 한계에서는 이것들이 원심력과 Coriolis 힘이 나타나는 회전하는 계안에 있는 자유입자에 대한 통상적인 뉴턴 역학으로 환원됨을 보여라.

5. 웜홀의 계량 (7.39)에 대한 Christoffel 기호 $\Gamma^{\phi}_{r\phi}$ 와 $\Gamma^{\theta}_{\phi\phi}$ 를 극치 고유시간의 변분 원리로부터 시작하지 말고 일반적인 식 (8.19)로부터 직접 유도해보라.

6. 4원-속도 $\mathbf{u}\cdot\mathbf{u}$의 정규화는 측지선을 따라 상수임을 측지 방정식 (8.15)로부터 직접 계산하여 보여라.

7. [S] 비상대적 뉴턴 역학에서 중심 퍼텐셜 $V(r)$내에서 움직이는 질량 m인 입자를 고려하자. 극 좌표에서 이 시스템을 위한 라그랑지안을 써보라. 8.2절의 방법을 사용하여, z축 주위로의 회전에 대하여 불변은 각운동량의 z성분의 보존을 의미함을 보여라.

8. z축 주위로의 평평 공간의 회전 대칭에 해당하는 킬링 벡터는 Cartesian 좌표들에서 성분들 $(-y, x, 0)$를 가진다는 예8.6에 있는 주장을 증명하라. 동일한 좌표들에서 y축, z축 주위로의 평평 공간의 회전 대칭에 해당하는 킬링 벡터를 찾아라.

9. 다음 선 요소를 가진 2-차원 시공간을 고려하자.

$$ds^2 = -X^2dT^2 + dX^2.$$

이 시공간에서 모든 시간성 측지선의 형태 $X(T)$를 찾아라.

10. 관성계의 4개의 직각 좌표 중 어느 하나는 평평 시공간에서 광선에 대해서 아핀 변수임을 보여라.

11. 극 좌표를 사용하여 선 요소가 $ds^2 = -dt^2 + dr^2 + r^2d\phi^2$ 인 3-차원 평평 시공간에서 null 측지선에 대해서 풀어라. 광선은 직선으로 움직이는가?

12. **쌍곡선 평면**

다음의 계량으로 정의되는 쌍곡선 평면은

$$dS^2 = y^{-2}(dx^2 + dy^2), \quad y \geq 0$$

2차원 표면의 고전적 예이다.

(a) x축 상의 점들은 위쪽 반의 평면에 있는 임의의 점 (x, y)으로부터 무한히 멀리 떨어져 있음을 보여라.

(b) 측지선 방정식을 써보아라.

(c) 아래 그림에 보여주듯이, 측지선들은 x축 상에 중심을 둔 반원이거나 수직 선임을 보여라.

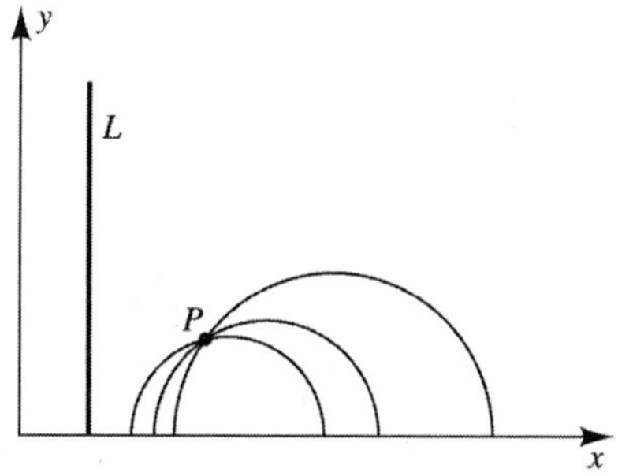

(d) 측지선 방정식을 풀어서 이 곡선들을 따라 길이 S의 함수로서 x와 y를 구하라.

주목: 이 예는 기하학의 역사에 있어서 중요했었다. 유클리드 기하에서 유클리드의 제5의 가정은 직선 L과 한 P점에 대하여 P를 통과하고 L과 교차하지 않는 직선(측지선)은 하나 밖에 없음을 진술하고 있다. (이 직선은 L에 평행한 직선이다.) 구는 P(모든 대원이 교차하는)를 통과하는 그런 직선이 없다는 것에 대한 예이다. 쌍곡선 평면은 일정한 음의 곡률의 예이다(제21장 참고). 여기에서는 P를 통과하고 L과 교차하지 않는 직선은 무한히 많이 있다(동반한 그림에 있는 예를 보라).

13. [S] 관성계의 원점을 점 P로 그리고 축을 따라 가리키는 4개의 단위 벡터들을 이용하여 8.4절에서 논의한 절차에 의하여 평평 공간에 대한 Riemann 정규 좌표를 건설하라. 그 결과의 좌표들은 관성계 좌표들과 일치하는가?

14. [C] **Fermat의 최소 시간 원리**

위치의 함수로 되어있는 굴절률 $n(x^i)$을 가진 매개물을 고려하자. 이 매개물 안에서의 빛의 속도는 위치와 함께 변하며 $c/n(x^i)$이다. Fermat의 원리는 광선은 공간에서(시공간이 아니다) 두 점 사이를 최소 경과 시간을 가지는 경로를 따라 간다고 진술하고 있다.

(a) 최소 시간 경로는 다음의 선 요소를 가진 3-차원 공간에서의 측지선임을 보여라.

$$dS^2_{\text{fermat}} = n^2(x^i)\,dS^2,$$

여기서 dS^2은 평평 3-차원 공간에 대한 통상적인 선 요소이다. 즉

$$dS^2 = dx^2 + dy^2 + dz^2.$$

(b) (x, y, z) 직각 좌표에서 최소 경로들을 위한 측지선 방정식을 써보라.

15. [C] **Lunenberg 렌즈**

다음과 같이 거리에 따라 변하는 굴절률을 가진 반경 R인 구를 Lunenberg 렌즈라 부른다.

$$n(r) = \left[2 - \left(\frac{r}{R}\right)^2\right]^{1/2}$$

문제 14의 결과를 사용하여 한 방향으로부터 입사한 어떤 평행한 광선 다발은 구 표면에 있는 한 점에 초점이 맞추어지는 특징을 가지고 있음을 보여라.

CHAPTER

09 구형 별의 바깥부분의 기하
The Geometry Outside a Spherical Star

일반 상대성의 가장 단순한 휜 시공간은 가장 대칭적인 휜 시공간이다. 이것들 중에 가장 유용한 것은 구형적으로 대칭적인 휜 시공간을 만드는 원천, 예로써 구형의 별의 바깥부분에 있는 휜 공간의 기하이다. 이것을 Karl Schwarzschild(1873~1916)을 기념하여 슈바르츠쉴드 기하라 한다. 그는 1916에 아인슈타인 공식을 풀어 이것을 발견했다. 이 기하는 거의 완벽하게 근사적으로 태양 바깥 부위의 휜 시공간의 기하를 나타내므로 아인슈타인의 이론에서 나오는 예견을 실험적 검증을 통하여 접근하는데 용이하게 해준다. 21장에서 슈바르츠쉴드 기하는 진공 아인슈타인 등식 - 물질이 배제된 휜 시공간에 대한 아인슈타인 등식 - 의 해임을 보여주겠다. 이 장에서는 슈바르츠쉴드 해를 푼 것으로 하고, 그 해가 주어지고 슈바르츠쉴드 기하를 탐구해 볼 것이다. 우리는 여기서 일반 상대성의 유명한 몇몇 결과들을 - 중력 적색편이, 행성의 근일점의 이동, 중력장에서의 빛의 휨, 빛의 시간지연 - 보여주는 구형의 별에 의하여 만들어진 휜 시공간에서의 실험 입자의 궤도와 빛의 궤도를 예견하는데 집중할 것이다. 다음 장에서는 이들 예견들을 검토하고, 아인슈타인 이론을 검증해보는 실험들과 관측에 대하여 논할 것이다.

9.1 슈바르츠쉴드 기하 Schwarzschild Geometry

특별하게 적절히 잘 세팅된 좌표에서 슈바르츠쉴드 기하를 요약하는 선 요소는 다음과 같이 주어진다. (c≠1 단위)

$$ds^2 = -\left(1 - \frac{2GM}{c^2 r}\right)(c\,dt)^2 + \left(1 - \frac{2GM}{c^2 r}\right)^{-1} dr^2 + r^2\left(d\theta^2 + \sin^2\theta\, d\phi^2\right). \quad (9.1)$$

슈바르츠쉴드 계량

여기에 쓰인 좌표를 **슈바르츠쉴드 좌표**라 부르고, 이에 해당하는 계량 $g_{\alpha\beta}(x)$을 **슈바르츠쉴드 계량**이라고 한다. 이것은 다음의 중요한 특징을 갖고 있다.

- **시간에 독립적이다.** 계량은 시간 t에 독립적이다. 성분을 가지고 있는 좌표시간 t에서의 변위에 대하여 대칭성과 연관이 있는 킬링(Killing) 벡터가 있다 [(8.27) 참고].

$$\xi^{\alpha} = (1, 0, 0, 0) \quad (9.2)$$

(9.1)과 관련하여 좌표 기저는 (t,r,θ,ϕ) 순서이다.

- **구형적으로 대칭적이다**. (9.1)의 4차원 기하에서 t가 상수이고 r이 상수일 때의 2차원 표면의 기하는 다음 선요소로 요약된다.

$$d\Sigma^2 = r^2(d\theta^2 + \sin^2\theta\, d\phi^2). \tag{9.3}$$

이것은 평평 3차원 공간 [(2.15) 참고]에서 반경 r인 구의 기하를 의미한다. 이와 같이 슈바르츠쉴드 기하는 각 θ와 ϕ의 변화에 대하여 구 대칭성을 가진다. (9.1)나 (9.3)에서 보듯이 이것은 ϕ방향으로 대칭성을 가진다. 왜냐하면 계량은 ϕ에 대하여 독립이다 - 즉 z축을 중심으로 회전에 대하여 불변이다. 이 대칭성과 관련 있는 킬링 벡터는 [(8.27) 참고]

$$\eta^\alpha = (0,0,0,1). \tag{9.4}$$

이다. 또 다른 회전 대칭과 관련된 킬링 벡터가 있다. 그러나 우리는 그것을 필요로 하지 않는다. 슈바르츠쉴드 좌표 r은 구형 대칭으로부터 간단한 기하학적 해석을 가진다. 이것은 어떤 "중심"으로 부터의 거리가 아니다. 오히려 이것은 다음 표준 공식에 의한 고정된 r과 t에 대하여 2차원 구의 면적 A와 관련이 있다.

$$r = (A/4\pi)^{1/2}. \tag{9.5}$$

이것은 (9.3),(7.28)과 (7.37)에 의해 나온 것이다.

- **질량** M 만일 GM/c^2r이 작다면 (9.1)의 선요소에서 dr^2의 계수는 다음과 같이 변경할 수 있다.

$$ds^2 \approx -\left(1-\frac{2GM}{c^2r}\right)(c\,dt)^2 + \left(1+\frac{2GM}{c^2r}\right)dr^2 + r^2\left(d\theta^2+\sin^2\theta\,d\phi^2\right). \tag{9.6}$$

이것은 뉴턴 중력 퍼텐셜 ϕ이 다음과 같이 주어질 때

$$\Phi = -\frac{GM}{r}. \tag{9.7}$$

이것은 약하고, 정적인 장의 계량 (6.20)과 정확히 일치한다. 이것으로 (9.1)의 슈바르츠쉴드 계량에 있는 상수 M은 시공간 휨의 원천인 **전체 질량**을 의미한다는 것이 확인되었다. 뉴턴 물리학에서 태양의 질량은 실험 물체 (예로써 지구)의 궤도의 주기와 크기를 측정하여 케플러 법칙 [(3.24) 참고]을 사용하여 결정할 수 있다.

일반 상대성에서 정적인 시공간 휨의 원천인 질량은 이런 종류의 실험으로 정의된다. 전자기장의 에너지, 핵 상호작용 에너지 등등, 그리고 나중에 명확히 알

게 되겠지만 좀 거칠은 표현으로 시공간 그 자체의 에너지 등을 포함하여 어떤 형태의 에너지도 시공간 곡률의 원천이 된다. 그러므로 이 모든 것을 포함하는 전체 질량을 정의하기 위하여 매우 큰 궤도의 한계선을 가져와야 한다. 그 궤도가 크면 클수록 (9.6)과 같은 뉴턴적 근사식과 6.6절에서 보여준 논의에 의하여 그것의 특징을 더욱더 정확히 결정할 수 있다. 그러므로 정지하고 있는 물체의 전체 질량은 매우 대단히 큰 궤도를 취하여 커플러 법칙으로 찾아낼 수 있고, 또한 그것은 뉴턴의 퍼텐셜 (9.7)의하여 결정되므로 슈바르츠쉴드 계량 (9.1)에 있는 상수 M은 전체 질량을 의미한다. 이와 같이 구형으로 대칭인 질량 원천의 바깥 부분의 기하는 단순한 숫자 – 전체 질량 M – 로 결정된다. 즉, 질량 원천 내부에 질량이 어떻게 분포가 되어 있던지 상관이 없다. 이것이 예제 3.1에 논의한 뉴턴 중력 퍼텐셜에 대한 뉴턴 이론의 상대론적 버전이다.

- **슈바르츠쉴드 반경** 만일 계량 (9.1)에서 $r=0$와 $r=2GM/c^2$인 곳에서는 매우 흥미있는 일이 벌어진다. 후자의 경우를 **슈바르츠쉴드 반경**이라 하고, 슈바르츠쉴드 기하에서는 곡률에 대하여 길이의 스케일을 가진다. 그러나 정지하고 있는 대부분의 별의 표면은 슈바르츠쉴드 반경보다 항상 바깥 부분에 위치하고 있다는 것이 판명되었다. 예로써 태양의 슈바르츠쉴드 반경은 $2GM_\odot/c^2=2.95\text{km}$으로 태양 표면의 반경 $6.96\times10^5\text{km}$에 비하면 엄청나게 작다. 그 표면에서 슈바르츠쉴드 기하는 별의 내부의 또 다른 기하와 마주치게 되는 것이다. 정적인 별의 바깥 부위에 한정하여 고려한다면 반경 $r=2GM/c^2$과 $r=0$에 대하여 전혀 걱정할 필요가 없다. 그러나 우리가 별의 중력 붕괴에 의하여 $r=0$로 가는 경우와 블랙홀의 형성 등을 고려할 때는 제12장에서 논하겠지만 이 반경을 만나게 될 것이다.

식 (9.1)은 질량 · 길이 · 시간($\mathcal{MLT}$)단위로 슈바르츠쉴드 기하를 나타내고 있다. $c=1$로 두어 공간과 시간을 같은 길이 차원으로 두어 특수 상대성에서도 편리했던 $\mathcal{ML}$단위로 나타내면 표현이 조금 더 간단해 진다. 또한 일반 상대성에서도 편리한 단위체계는 $G=1$로 두는 것인데 이때 질량을 길이로 바꾸는 과정은

$$M(\text{in cm}) = \frac{G}{c^2}M(\text{in g}) = .742\times10^{-28}\left(\frac{\text{cm}}{\text{g}}\right)M(\text{in g}). \tag{9.8}$$

예로써 이 단위계로 태양의 질량은 $M_\odot=1.47\text{km}$이고, 지구의 질량 $M_\oplus=0.44\text{cm}$가 된다. 이 $\mathcal{L}$의 단위를 **기하 단위**(geometrized units) 혹은, $c=G=1$ 단위라 부른다. 기하 단위로 표현된 것을 $\mathcal{MLT}$단위로 다시 되돌아가려면 단지 G와 c의 올바른 요소를 삽입하는 것이 필요하다. 예로써 M은 GM/c^2으로 τ는 $c\tau$로, $dx^i/d\tau$는 $(1/c)(dx^i/d\tau)$로 바꾸면 된다. 부록 A에 이 전환 규칙을 나열해 놓은 목록과 단위 기하 단위

에 대한 간단한 논의를 해 놓았다[1]. 슈바르츠쉴드 선 요소를 기하 단위로 나타내면 다음과 같다.

슈바르츠쉴드 계량 (기하 단위)

$$ds^2 = -\left(1-\frac{2M}{r}\right)dt^2 + \left(1-\frac{2M}{r}\right)^{-1} dr^2 + r^2\left(d\theta^2 + \sin^2\theta\, d\phi^2\right). \tag{9.9}$$

그러면 계량 $g_{\alpha\beta}$는

$$g_{\alpha\beta} = \begin{array}{c} \\ t \\ r \\ \theta \\ \phi \end{array} \begin{array}{c} \begin{array}{cccc} t & r & \theta & \phi \end{array} \\ \begin{pmatrix} -(1-2M/r) & 0 & 0 & 0 \\ 0 & (1-2M/r)^{-1} & 0 & 0 \\ 0 & 0 & r^2 & 0 \\ 0 & 0 & 0 & r^2\sin^2\theta \end{pmatrix} \end{array}. \tag{9.10}$$

이론적으로나 실험적으로 슈바르츠쉴드 기하는 실험입자와 빛의 궤도를 통하여 연구되어 질 수 있다. 태양계 내에서 행성의 궤도와 빛의 궤적에 대하여 일반 상대성이 예견하는 작은 효과에 대한 관찰이 이 이론을 검증하는데 중요한 위치를 차지한다. 다음 절에서의 논의는 중력 적색편이부터 시작하여 여러 실험적 검증의 결과에 대하여 중점을 두어 논의할 것이다.

9.2 중력의 적색편이 The Gravitational Redshift

고정된 슈바르츠쉴드 좌표 반경 R에 정지해 있는 관찰자가 빛 신호를 송출했다고 가정하자. 송출할 때 이 정지해 있는 관찰자가 측정했을 때 그 신호의 진동수는 ω_*라 하자. 이 빛 신호는 무한히 밖으로 전파될 것이다. 그러나 반드시 방사상 경로를 따라 퍼질 필요는 없다. 이 신호의 진동수를 정지하고 있는 멀리 떨어져 있는 다른 관찰자가 측정한다고 하자(**그림 9.1**을 보라). 무한히 떨어져 있는 관찰자가 받는 진동수는 ω_∞는 ω_*보다 작다. 이것은 예제 6.2에서 $1/c^2$의 1차 차수로 하여 등가 원리로부터 유도된 중력 적색편이를 보면 알 수 있다. 다음 논의에서 슈바르츠쉴드 기하에서 이것을 명확히 유도 하겠다. 진동수의 변화는 방출된 광자의 에너지의 변화와 연관되어 진다. 왜냐하면 모든 관측자에 대하여 $E=\hbar\omega$이기 때문이다. 뉴턴 물리학에서 시간에 독립인 퍼텐셜 내에서 운동하는 입자의 운동에너지의 변화는 시간 변위 불변으로 파생되는 에너지 보존 법칙으로부터 쉽게 계산할 수 있다.

1) 이 논의는 뉴턴 상수의 값이 c의 값과 같이 정의될 수 있음을 의미하는가? 현재로는 그렇지 않다 왜냐하면 중력단위는 중력적 특징이 측정에 의하여 결정되어 있는 관성 질량 - 표준 kg - 의 항으로 정의되어 있기 때문이다. 부록 A를 참고하라.

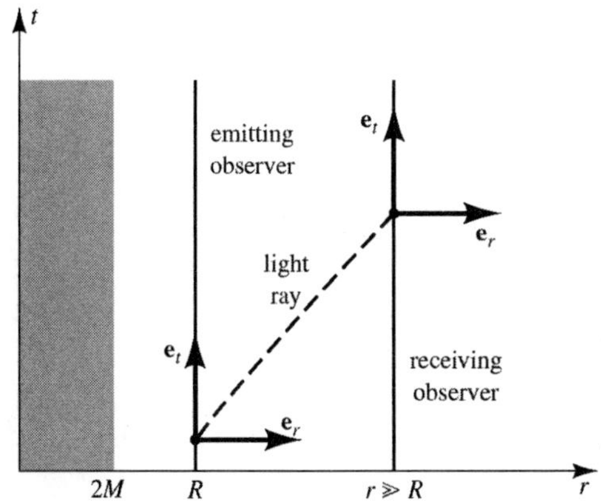

그림 9.1 구형적으로 대칭인 질량체의 외부에 위치하여 정지해 있는 두 관측자의 세계선을 보여주는 시공간 그림. 한 관측자는 반경 R에 정박해 있고 다른 한 관측자는 무한 원점,즉 $r \gg R$,에 위치해 있다. R에 정지해 있는 관측자의 실험실에서 진동수 ω_*를 가진 한 광자가 방출되었다고 하자. 그러면 이 광자는 점선으로 된 세계선을 따라 퍼져가다가 무한 원점에 있는 관측자에게 ω_∞의 진동수로 탐지될 것이다. 각각의 실험실과 관련된 2개의 정규직교 벡터가 개략적으로 그려져 있다. 진동수 ω_∞는 ω_*보다 작을 것이다. 왜냐하면 광자가 중심 질량체의 중력 우물로부터 빠져나오는데 에너지를 잃기 때문이다.

이것은 시간 독립인 슈바르츠쉴드 기하 내에서 움직이는 광자의 진동수의 변화를 계산할 수 있는 효과적인 방법은 시간변위 불변으로부터 나오는 보존 양을 사용하는 것이라는 것을 제시해주고 있다. 이 보존되는 양은 $\boldsymbol{\xi} \cdot \mathbf{P}$[(8.32) 참고)]이다. 여기서 $\mathbf{P}$는 광자의 4원 모멘트이고, $\boldsymbol{\xi}$는 시간 변위 대칭성과 연관된 킬링 벡터 (9.2)이다. 이것을 어떻게 하는지 보자. 4원 속도 $\mathbf{u}_{\text{obs}}$를 가진 관찰자가 측정한 광자의 에너지는 (7.53)에 기술되어 있듯이

$$E = -\mathbf{p} \cdot \mathbf{u}_{\text{obs}}, \tag{9.11}$$

이다. 그리고 광자의 에너지는 $E = \hbar\omega$와 같이 진동수와 관련이 있으므로

$$\hbar\omega = -\mathbf{p} \cdot \mathbf{u}_{\text{obs}}, \tag{9.12}$$

이 식으로부터 4원 속도 $\mathbf{u}_{\text{obs}}$를 가진 관찰자에서 측정되는 진동수를 알 수 있다. 정지한 관찰자에 있어서는 4원 속도 중에 공간성분 $u^i{}_{\text{obs}}$는 0이다. 그리고 반경 r에 위치한 움직이지 않는 관찰자의 시간성분 $u^t_{\text{obs}}(r)$은 정규화 조건 [(8.25) 참고]에 의하여 결정된다.

$$\mathbf{u}_{\text{obs}}(r) \cdot \mathbf{u}_{\text{obs}}(r) = g_{\alpha\beta} u^\alpha_{\text{obs}}(r) u^\beta_{\text{obs}}(r) = -1. \tag{9.13}$$

$u^i_{obs}(r) = 0$이기 때문에 이것은 다음과 같은 함축된 의미를 갖고 있다.

$$g_{tt}(r)[u^t_{\text{obs}}(r)]^2 = -1, \tag{9.14}$$

계량 (9.10)를 사용하면

$$u^t_{\text{obs}}(r) = \left(1 - \frac{2M}{r}\right)^{-1/2}. \tag{9.15}$$

가 된다. 이와 같이 하면 4원 속도는

$$u^\alpha_{\text{obs}}(r) = [(1-2M/r)^{-1/2}, 0, 0, 0] = (1-2M/r)^{-1/2}\xi^\alpha, \tag{9.16}$$

가 된다. 여기서 $\boldsymbol{\xi}$는 슈바르츠쉴드 계량에서 시간 독립과 연관이 있는 킬링 벡터 (9.2)이다. 그러므로 반경 r에 있는 정지하고 있는 관찰자에 대하여

$$\mathbf{u}_{\text{obs}}(r) = (1-2M/r)^{-1/2}\boldsymbol{\xi}. \tag{9.17}$$

가 된다. 여기서 (9.12)에 (9.17)를 사용하면 반경 R에 있는 정지해있는 관찰자에 의하여 측정되는 광자의 진동수는

$$\hbar\omega_* = \left(1 - \frac{2M}{R}\right)^{-1/2} (-\boldsymbol{\xi}\cdot\mathbf{p})_R, \tag{9.18}$$

여기서 R의 아래 첨자는 그 양이 슈바르츠쉴드 좌표에서 반경 $r=R$인 위치에서 측정되는 양이라는 뜻이다. 이와 유사하게 무한히 떨어져 있는 관찰자에 대해서는

$$\hbar\omega_\infty = (-\boldsymbol{\xi}\cdot\mathbf{p})_\infty. \tag{9.19}$$

이다. 그러나 (8.32)로부터 양 $\boldsymbol{\xi}\cdot\mathbf{P}$는 광자의 측지선 따라 보존되는 양이므로 이것은 거리 R 위치에서나 무한히 떨어져 있는 곳이나 똑같다. 그러므로 진동수과 관련하여서는

중력의 적색편이

$$\omega_\infty = \omega_*\left(1 - \frac{2M}{R}\right)^{1/2}. \tag{9.20}$$

이 된다. 즉 무한히 떨어져 있는 곳에서의 진동수는 거리 R만큼 떨어져 있는 곳에서의 진동수보다 $(1-2M/R)^{1/2}$ 요소만큼 작아진다. 즉 광자는 중력 적색편이를 겪게 된다. 식 (9.20)을 태양의 경우처럼 $2M/R$이 매우 작을 때 테일러 전개를 하면 첫 두 항이 등가원리에서 유도된 근사적 결과 (6.14)를 다시 만들어 냄을 알 수 있다.

상자 9.1 타임 머신

공상 과학 소설에서 타임머신은 여행자를 시간의 미래로 혹은 과거로 이동시켜 준다. 일반 상대성 이론 – 시간과 공간에 대한 이론 – 은 타임머신이 가능한 지 그리고 실제적인지 분석하는 데에 원리를 제공해준다.

상대성은 다른 관측자보다 더 빠른 미래에 있는 사건으로 관측자를 이동시켜주는 여러 예의 타임머신을 제공해준다. 4.4절에 논의한 쌍둥이 역설도 가장 간단한 예가 된다. 평평 시공간에 있는 한 관성계에서 볼 때, 한 쌍둥이가 정지해 있는 쌍둥이로부터 가속으로 멀어져가 거의 빛 속도로 도달할 정도로 멀어져 간 후 다시 되돌아 왔다고 하자. 그러면 가속을 받은 쌍둥이는 가장 긴 고유시간의 곡선의 기하를 따라 간 정지해 있던 쌍둥이 보다 더 젊어져서 돌아올 것이다. 매우 높게 충분히 가속되었다면, 돌아온 쌍둥이는 정지해 있던 어떤 관측자보다도 훨씬 더 미래의 사건에 참여하게 된다. 이것이 시간에 앞서 간 이동이 된다. 그러므로 어떤 시공간이던 미래로 가는 타임머신에서는 많이 있게 된다. – 2개의 다른 길이를 가진 시간성 곡선에 의해 연결되어 질 수 있는 두 점.

휘어진 시공간은 다른 종류의 미래 타임머신을 제공해준다. 질량이 M이고 반경이 R인 구형의 껍질을 만들어 그 안에 산다고 하자. 외부의 기하는 슈바르츠쉴드 기하이다. 그 내부의 시공간은 평평하다. (구형적으로 대칭인 구 껍질 내부에는 질량이 없으므로 뉴턴 중력에서 볼 때 힘이 없다. 이것은 상대성에서도 지켜지는 것이다.) 구 껍질 내부에 있는 당신의 시계는 중력 적색편이 요소 $(1-2M/R)^{1/2}$ 만큼 무한 원점에 있는 시계보다 천천히 갈 것이다 [(9.20) 참고]. 예로서 당신의 휴대용 컴퓨터로 일백년이 걸리는 계산을 하루가 끝나자 마자 그 계산 결과를 알고자 한다고 하자. 혹은 하루가 지나마자 다음 일백년이 지난 텔레비젼 프로를 보기를 원한다고 하자. 그렇게 하려면 당신은 얼마나 크고 무거운 구형 껍질을 만들어야 할까? 아마도 당신은 $(1-2M/R)^{1/2}=1/(100\times365)\approx3\times10^{-5}$이 되는 M과 R이 필요할 것이다. 즉 구 껍질의 반경 R은 그것의 질량 M의 두 배보다 조금 더 커야 할 것이다.

사람이 거주하는데 필요한 거실의 크기가 $R\sim10\text{m}$ 정도가 필요하다면, 요구되는 질량은 $M\approx5\text{m}\approx(1/300)M_{\odot}$가 되던가 목성 질량의 4배 정도가 되어야 할 것이다. 이 결과로 나오는 압력을 지탱해줄 물질은 없다, 그래서 충분히 작은 압력에도 견딜 수 있게 구 껍질을 상당할 정도로 두껍게 그리고 중량이 나가게 만들어야 한다(**문제 4**).

12장에서는 미래 타임머신을 만들기 위해 구껍질이 실제로는 필요가 없음을 알게 될 것이다. 블랙홀 외부의 $R=2M$ 위치에 정박해 있으면 위와 동등한 효과를 준다. 그러나 그것은 블랙홀의 중력에 맞서서 균형을 이루기 위해 추진력을 만들어 내야 하는 에너지 비용이 요구되어진다. 비용이 들지 않는 선택은 블랙홀로 자유낙하 하는 것이다. 그러나 그 사람은 결코 되돌아 올 수 없다. 그리고 심지어 알려진 우주에서 가장 큰 블랙홀에서 미래를 보는 최대 시간은 특이점으로 파괴되기 전 약 3시간 밖에 없다.

시간의 과거로 여행하는 것에 관한 것은 어떠한가? 관찰자의 세계선은 시간상으로 뒤로 되돌릴 수 없다 왜냐하면 그렇게 하려면 어떤 한 점에서 빛 속도 이상으로 달려야 하기 때문이다. 한 사람의 역사에서 더 이른 점으로 시간상 과거로 여행할 수 있는 유일한 방법은 시공간이 닫혀진 시간성 곡선을 가진다면 가능하다. 시공간을 이러한 특징을 가지도록 요리하면 가능할 것이다. 평평 시공간을 특별한 로렌츠 계로 가져가서 $t=0$ 표면을 따라 있는 점들을 $t=T$ 표면 위의 점들과 동일하게 하라. 그러면 시공간은 시간 방향으로 원통모양으로 휘말릴 것이다, 그러면 상수 $\vec{x}$의 닫힌 시간성 곡선이 그것을 빙돌아 둘러칠 것이다. 우리 우주가 그런 별난 위상 기하적 구조를 가지고 있다는 증거는 없다. 그리고 만일 에너지가 양수라면, 일반 상대성 이론은 우리가 살고 있다고 믿고 있는 그러한 단순한 위상 구조 내에서는 닫혀진 시간성 구조의 진화를 금지시키고 있다는 것이다. 이와 같이 미래 속으로 나아가는 것은 원리적으로 가능하지만 적어도 중력의 고전이론으로도 과거로 재방문할 수 없을 것이다.

9.3 입자의 궤도 - 근일점의 세차운동
Particle Orbit - Precession of Perihelion

이제 슈바르츠쉴드 기하에서 시간성 측지선을 따라가는 실험 입자의 궤도에 대하여 검사해 보자. 이들 실험 입자는 우리 태양의 주위를 돌고 있는 행성이거나 또한 중성자별이나 블랙홀 주위를 돌고 있는 유입 원판 등이 될 수 있을 것이다.

보존되는 양들

슈바르츠쉴드 기하에서의 측지선에 대한 연구는 그 계량이 시간에 독립이고, 구형으로 대칭이므로 에너지와 각운동량 보존 법칙으로 상당히 도움 받을 수 있다. 특히 계량은 t와 ϕ에 대해 독립이므로 양 $\boldsymbol{\xi}\cdot\mathbf{u}$와 $\boldsymbol{\eta}\cdot\mathbf{u}$는 보존된다 [(8.32) 참고]. 여기서 $\mathbf{u}$는 입자의 4원 속도이고, $\boldsymbol{\xi}$와 $\boldsymbol{\eta}$는 (9.2)와 (9.4)에 주어져 있다.
이 양들은 매우 유용하므로 그것들에게 특별한 이름을 부여하는 것이 편리하다. 우리는 그것들은 e[2]과 ℓ이라고 부를 것이다. 그것들의 명확한 형태는

단위 정지질량에 대하여 보존되는 에너지

$$e = -\boldsymbol{\xi}\cdot\mathbf{u} = \left(1-\frac{2M}{r}\right)\frac{dt}{d\tau}, \tag{9.21}$$

단위 정지질량에 대하여 보존되는 각운동량

$$\ell = \boldsymbol{\eta}\cdot\mathbf{u} = r^2\sin^2\theta\frac{d\phi}{d\tau}. \tag{9.22}$$

r이 매우 클 때 상수 e는 평평 공간에서 $E=mu^t=m(dt/d\tau)$ [(5.41)참조] 이므로 단위 질량에 대한 에너지가 된다. 단위 정지 질량당 에너지라고 우리가 그것을 모든 곳에서 부를 것이다. 또 보존되는 양 ℓ을 작은 속도에 해당하기 때문에 단위 정지 질량당 각운동량이라 부를 것이다. 이와 같이 입자의 궤도에는 보존되는 것으로 에너지와 각운동량이 있다.

2) e를 궤도의 이심률과 혼동하지마라. 우리는 이심률을 ϵ로 정의할 것이다.

유효 퍼텐셜과 반경공식

각운동량 보존은 뉴턴 이론에서와 같이 그 궤도가 평면에 놓여있다는 것을 함축적으로 의미한다. 이것을 알아보기 위해 어떤 특정 순간에 여러분의 주의를 고정시키고 입자의 4원 속도의 공간 성분을 $\vec{u}$라고 하자. 그러면 그 순간에는 좌표의 방향이 결정되고, 이때 $d\phi/d\tau=0$이고, 입자는 $\phi=0$의 위치에 있다. 즉 $\vec{u}$는 $\phi=0$인 자오선 평면에 놓이게 된다. (9.22)에 의하면 이것은 $\ell=0$임을 의미한다. 그래서 $d\phi/d\tau$는 측지선을 따라 모든 곳에서 0이다. 이것을 다시 한번 더 재구성하여 입자의 궤도가 적도 평면에 있도록 좌표를 재설정하면 더 간단해진다. 이와 같이 하면 이 논의의 나머지 부분에서는 $\theta=\pi/2$와 $u^\theta=0$으로 생각하면 된다. 4원 속도의 정규화(규격화)는 (9.21)의 에너지에 대한 적분과 (9.22)의 각운동량에 대한 적분과 함께 또 다른 적분 즉, 측지선 공식에 대한 적분을 제공해준다.

명확히 이 세 번째 적분은 다음과 같다.

$$\mathbf{u}\cdot\mathbf{u}=g_{\alpha\beta}u^\alpha u^\beta=-1. \tag{9.23}$$

이들 3개 적분은 운동 상수 e와 ℓ 의 항으로서 4원 속도의 3개의 영이 아닌 성분을 표현하기 위해 사용할 수 있다. 슈바르츠실드 계량 (9.10)을 이용하여 (9.23)을 다시 쓰면, 이 때 $u^\theta=0$과 $\theta=\pi/2$를 고려해서 쓰면

$$-\left(1-\frac{2M}{r}\right)(u^t)^2+\left(1-\frac{2M}{r}\right)^{-1}(u^r)^2+r^2(u^\phi)^2=-1. \tag{9.24}$$

$u^t=dt/d\tau,\ u^r=dr/d\tau,\ u^\phi=d\phi/d\tau$로 쓰고, (9.21)과 (9.22)를 사용하여 $dt/d\tau$와 $d\phi/d\tau$를 제거하고 다시 쓰면

$$-\left(1-\frac{2M}{r}\right)^{-1}e^2+\left(1-\frac{2M}{r}\right)^{-1}\left(\frac{dr}{d\tau}\right)^2+\frac{\ell^2}{r^2}=-1. \tag{9.25}$$

가 된다. 이것을 조금 더 정리하면

$$\frac{e^2-1}{2}=\frac{1}{2}\left(\frac{dr}{d\tau}\right)^2+\frac{1}{2}\left[\left(1-\frac{2M}{r}\right)\left(1+\frac{\ell^2}{r^2}\right)-1\right]. \tag{9.26}$$

뉴턴 역학의 에너지 적분에 해당하는 것을 보여주기 위해 이런 형태로 다시 나타낸 것이다. 이 상수를 정의하여

$$\mathcal{E}\equiv(e^2-1)/2 \tag{9.27}$$

(9.26)의 우편의 둘째 항을 **유효 퍼텐셜**(effective potential)이라 부른다. 그러면

입자의 반경방향 운동에 대한 유효 퍼텐셜

$$V_{\text{eff}}(r) \equiv \frac{1}{2}\left[\left(1-\frac{2M}{r}\right)\left(1+\frac{\ell^2}{r^2}\right)-1\right] = -\frac{M}{r}+\frac{\ell^2}{2r^2}-\frac{M\ell^2}{r^3} \tag{9.28}$$

이렇게 두면 (9.26)은

$$\mathcal{E} = \frac{1}{2}\left(\frac{dr}{d\tau}\right)^2 + V_{\text{eff}}(r). \tag{9.29}$$

이와 같이 뉴턴 역학의 유효 퍼텐셜을 사용하여 궤도를 다루는 기술이 슈바르츠쉴드 기하에서의 궤도를 다루는데 그대로 적용된다. 실제적으로 (9.28)의 유효 퍼텐셜의 형태는 뉴턴의 중심력 퍼텐셜(central potential)인 $-M/r$에 대하여 단지 $-M\ell^2/r^3$이 덧 붙여 있는 것만큼 차이가 난다. 그러므로 우리가 간단히 탐구하려고 하는 것 같이, 이 항이 궤도에 중요한 결과를 가져다 줄 것이다.

(9.29)에 비상대적 한계를 고려해 봄으로 해서 좀 더 지대한 통찰력을 얻게 될지 모른다. 이렇게 하기 위해 먼저 t와 τ를 ct와 $c\tau$로 바꾸고, M을 GM/c^2으로 바꾸어서 c와 G요소가 다시 되돌아오게 하자. 그리고 보존되는 양 ℓ은 ℓ/c로 바꾸어라. 왜냐하면 ℓ은 $r^2(d\phi/d\tau)$을 의미하기 때문이다. 그러면 유효 퍼텐셜 $V_{eff}(r)$은

$$V_{\text{eff}}(r) = \frac{1}{c^2}\left(-\frac{GM}{r}+\frac{\ell^2}{2r^2}-\frac{GM\ell^2}{c^2r^3}\right). \tag{9.30}$$

차원 없는 상수 e는 단위 정지 질량당 전체 에너지이다. 통상적인 뉴턴 에너지에 해당하는 것을 기대하여 $E_{\text{뉴턴}}$을 다음과 같이 정의하자.

$$e \equiv \frac{mc^2 + E_{\text{뉴턴}}}{mc^2}. \tag{9.31}$$

그러면 (9.30)과 (9.31), (9.29)를 사용하여 $E_{\text{뉴턴}}$을 구하면 다음과 같이 된다.

$$E_{\text{뉴턴}} = \frac{m}{2}\left(\frac{dr}{d\tau}\right)^2 + \frac{L^2}{2mr^2} - \frac{GMm}{r} - \frac{GML^2}{c^2mr^3}, \tag{9.32}$$

여기서 $L = m\ell$이다. 이것은 $1/r^3$에 비례하는 퍼텐셜의 상대론적인 보정항만 추가되어 있는 것만 제외하고는 뉴튼 중력 이론에서의 에너지 적분과 동일한 형태이다. 만일 이 상대론적 보정항을 빼고, τ미분을 t미분으로 대체하면 뉴턴 한계로 복원될 것이다.

이제 상대론적인 궤도 분석으로 되돌아가서 유효 퍼텐셜 $V_{\text{eff}}(r)$의 특징을 고려해 보자. 좀 더 간단한 특징을 (9.28)의 정의로부터 즉각 알 수 있다.

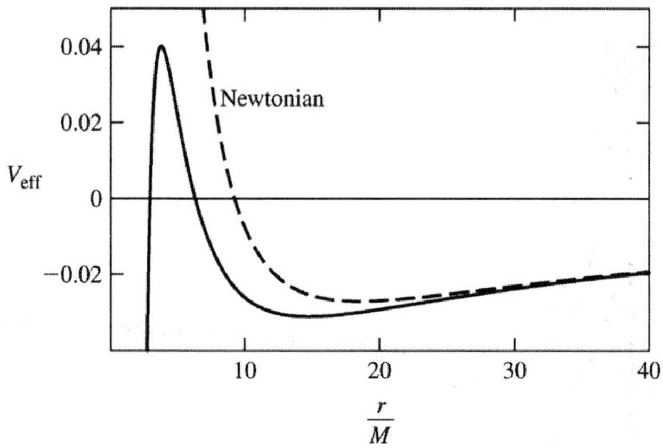

그림 9.2 $\ell/M = 4.3$일 때 반경방향의 운동에 대한 상대론적 유효 퍼텐셜과 뉴턴적 유효 퍼텐셜의 비교. 상대론적 유효 퍼텐셜 $V_{eff}(r)$은 (9.28)에 정의되어 있고 그리고 뉴턴적 유효 퍼텐셜은 (9.28)에서 앞의 두 항까지만 해당된다. 이 두 개의 유효 퍼텐셜은 r이 매우 커져가면 거의 일치하지만 r이 점점 작아지면 서로 아주 달라지며 (9.28)에서 $1/r^3$항이 중요해진다. 특히 뉴턴 이론에서의 무한대의 중심 장벽이 유한한 높이의 장벽으로 바뀐다는 것이다. 태양 주위의 궤도를 돌고 있는 지구의 경우에는 $\ell/M \sim 10^9$이다. 그래서 지구궤도상에서는 상대론적 유효 퍼텐셜과 뉴턴적 유효 퍼텐셜의 차이가 아주 작다 그러나 10장에서 보게 되겠지만 정밀한 측정으로 그 차이를 탐지 할 수 있다.

$$V_{\rm eff}(r) \underset{r\to\infty}{\to} -\frac{M}{r}, \qquad V_{\rm eff}(2M) = -\frac{1}{2}. \tag{9.33}$$

r의 수치가 아주 커짐에 따라 **그림 9.2**에 보여주듯이 퍼텐셜은 $1/r$ 퍼텐셜 안에서의 운동에 대한 것을 나타내는 뉴턴의 유효 퍼텐셜에 근접한다. 그러나 r이 감소함에 따라 일반 상대성으로부터 나온 $1/r^3$에 의한 교정이 점차 중요해진다.

유효 퍼텐셜의 극치점은 $dV_{\rm eff}/dr = 0$를 둠으로써 알아낼 수 있다. 그것을 풀면 극소점과 극대점이 나오고, 이것을 $r_{\rm min}$과 $r_{\rm max}$라면

$$r_{\substack{\rm min\\ \rm max}} = \frac{\ell^2}{2M}\left[1 \pm \sqrt{1 - 12\left(\frac{M}{\ell}\right)^2}\,\right] \tag{9.34}$$

그림 9.3은 ℓ의 여러 값에 대한 V_{eff}의 궤적이다. 만일 $\ell/M < \sqrt{12} = 3.46$에서는 실제적으로 극치점이 나타나지 않게 되고, 유효 퍼텐셜은 모든 r값에 대하여 음수가 된다. 만일 $\ell/M > \sqrt{12}$이면 유효 퍼텐셜은 한 개의 극대점과 한 개의 극소점을 갖는다. $\ell/M > 4$이면 극대점에서의 최대치가 $V_{\rm eff} = 0$보다는 크다. $\ell/M < 4$이면 최대치 $V_{\rm eff}$가 0 아래에 놓이게 된다. $V_{\rm eff}$에는 원심적 장벽이 있다. 그러나 그것은 뉴턴 이론에서는 무한대의 높이를 가지는 것과 대조적으로 유한한 높이의 최대치를 가진다(**그림 9.2**를 보라). 궤도의 정성적 행동은 뉴턴의 중심문제에서와 같이 $\mathcal{E} \equiv (e^2-1)/2$와 (9.29)에 있는 유효 퍼텐셜 사이의 관계에 달려 있다. 전환점이

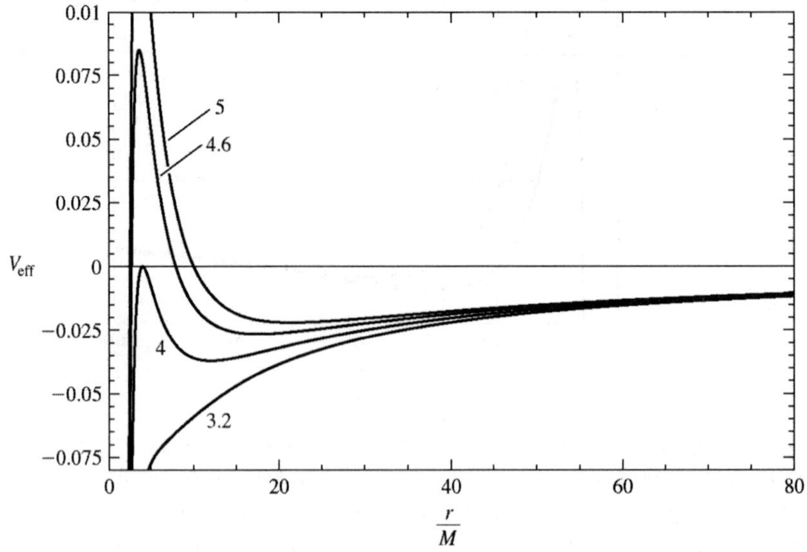

그림 9.3 반경방향으로 운동할 때, 여러 다른 값의 ℓ에 대하여 유효 퍼텐셜 $V_{eff}(r)$의 모양. ℓ/M값들이 각 곡선들에 표시되어있다.

$\mathcal{E}= V_{\text{eff}}(r_{tp})$가 되는 반경 r_{tp}에서 나타난다, 왜냐하면 이 점에서 반경방향의 속도가 0으로 소멸하기 때문이다. 만일 $\ell/M< \sqrt{12}$ 이면 $\mathcal{E}$값이 양으로 전환되는 점이 없다. 이때 안쪽으로 향하는 입자는 원점을 향하여 모든 방향으로 떨어진다. 이것이 뉴턴 이론과 대조적인 것으로 뉴턴 이론에서는 $\ell \neq 0$인 한에서는 입자를 반동시킬 양의 원심적 장벽이 반드시 있다(**그림 9.2**를 보라).

원형궤도(circular orbit)는 유효 퍼텐셜이 극대치와 극소치를 갖는 반경 (9.34)에서 가능하다. 반경이 극대치인 궤도는 불안정하다. 왜냐하면 $\mathcal{E}$의 조금만 증가해도 입자는 무한 원점으로 탈출하든지 $r=0$로 붕괴할 것이다. 반면에 반경이 극소치인 궤도는 안정하다.

$\mathcal{E}<0$일 때 두 전환점을 왔다 갔다 하는 **속박궤도(bound orbit)**가 있다. (좋은 근사적인 예로써 태양이 만들어 낸 시공간 기하 안에서 행성들은 속박궤도를 움직인다.)

$\mathcal{E}>0$이지만 유효 퍼텐셜의 최대치보다는 작을 때는 그 궤도가 **분산궤도(scattering orbit)**를 만드는데 이것은 무한 원점에서 점점 다가와 궤도가 중심으로 끌려 왔다가 다시 되돌아 나가는 궤도이다.

$\mathcal{E}$가 최대치보다 더 커지면 중심으로 끌려 들어가 버리는 **돌입궤도(plunge orbit)**를 만든다. 다음 절에서 앞으로 응용에 가장 중요한 궤도들의 상세한 특징들을 계산해 볼 것이다.

반경방향의 돌입궤도 Radial Plunge orbits

궤도 중에 가장 간단한 예는 $\ell = 0$이며 무한 원점에서 입자가 반경방향(방사성)으로 자유 낙하하는 궤도이다. 입자는 무한 원점에서 여러 가지의 양의 값 $\mathcal{E}$에 해당하는 운동에너지를 가지고 출발한다. 그러나 정지한 상태에서 출발한 것이 특히 더 간단한 예이다. 그리하면 무한 원점에서는 $dt/d\tau = 1$이고 (9.21)로부터 $e = 1$이거나 동등하게 (9.27)로부터 $\mathcal{E} = 0$이다. (9.26)에서 $e = 1$과 $\ell = 0$을 대입하면

$$0 = \frac{1}{2}\left(\frac{dr}{d\tau}\right)^2 - \frac{M}{r}, \tag{9.35}$$

이것은 4원 속도 $dr/d\tau$의 반경방향 성분을 제공해 준다. (9.21)에 주어진 시간성분 $dt/d\tau$와 함께 4원 속도는

$$u^\alpha = ((1 - 2M/r)^{-1}, -(2M/r)^{1/2}, 0, 0). \tag{9.36}$$

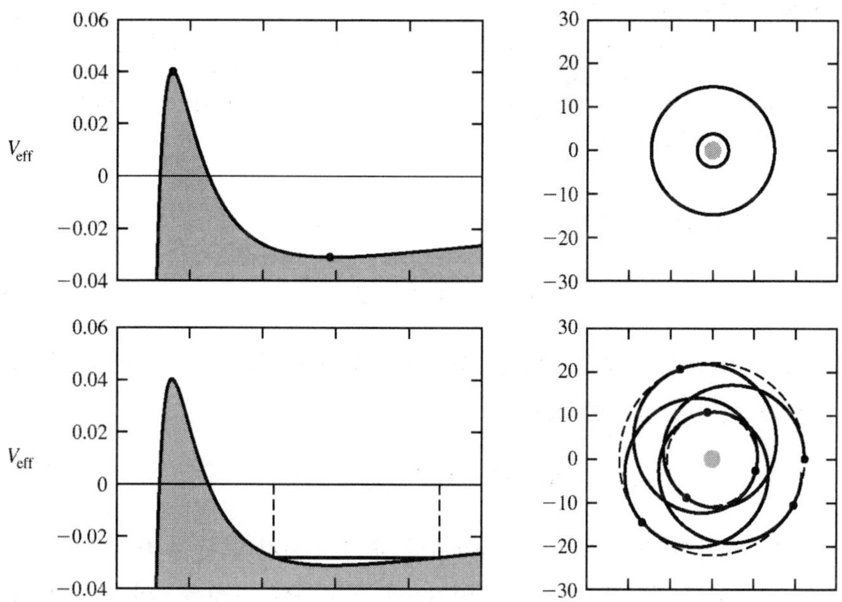

그림 9.4 슈바르츠쉴드 기하에서 4종류의 궤도. 이 페이지와 다음 페이지에 있는 짝을 이루고 있는 그림은 $\ell/M = 4.3$으로 제시된 값에 대하여 각기 다른 $\mathcal{E}$값에 해당되는 4개의 궤도를 보여주고 있다. 퍼텐셜과 그것과 $\mathcal{E}$와의 관계를 왼편에 보여주고 있다. 이 도표의 수평축은 r/M이고 수직축은 $V_{eff}(r)$을 나타낸다. 수평선은 $\mathcal{E}$의 값을 나타낸다. 수직 점선은 전환점을 나타내고 있다. 굵은 점은 원형궤도의 가능한 위치를 나타내고 있다. 각각에 해당하는 궤도의 모양이 슈바르츠쉴드 r과 ϕ가 평면에서 극좌표로서 나타내고 있는 오른편에 있는 그림에 보여주고 있다. 오른편의 그림의 중심부에 회색으로 음영이 쳐져있는 곳은 $r < 2M$의 지역에 해당된다. 맨 위에 있는 그림은 2개의 원형궤도를 보여주고 있다 - 바깥에 있는 것은 안정하며 안쪽에 있는 것은 불안정하다. 그 다음 그림은 점선으로 그려진 두 원형궤도상의 두 전환점 사이를 물체가 움직이는 속박궤도(bound orbit)를 보여주고 있다. 가장 가까이 접근한 위치(근일점)과 가장 멀리 떨어진 위치(원일점)은 굵은 점으로 표시하였다. 근일점의 세차운동이 이 상대론적인 궤도에서 크게 그려져 있다.

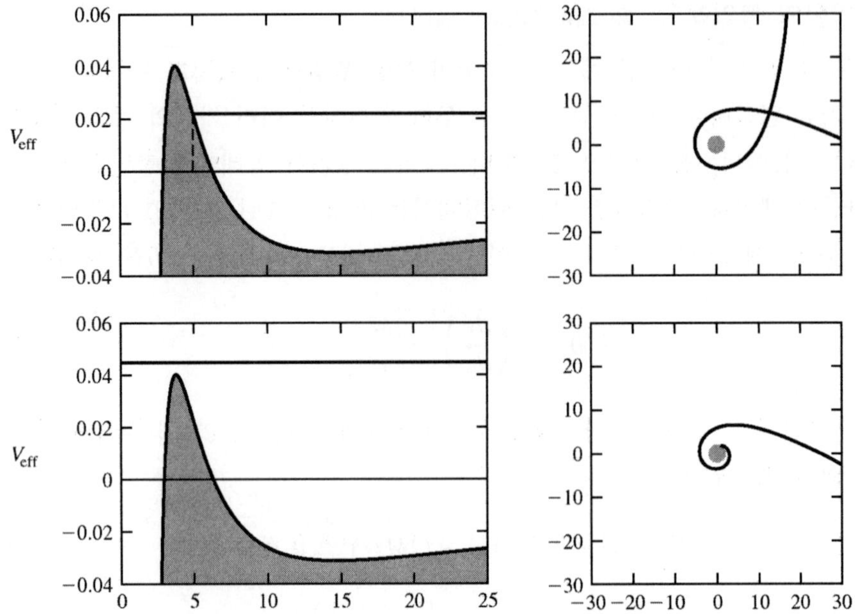

그림 9.4(계속) 1번째 그림은 <u>분산궤도</u>(scattering orbit)를 보여주고 있다. 물체가 무한 원점으로부터 들어와서 끄는 힘의 중심 주위를 돌아나가 다시 무한 원점으로 사라진다. 이것은 뉴턴의 포물선과 의미심장하게 다른 고도로 상대론적인 궤도이다. 2번째 그림은 <u>돌입궤도</u>(plunge orbit)를 보여주고 있다. 물체가 무한 원점으로부터 들어와서 중심 질량원 주위를 좀 돌다가 그 중심 속으로 빨려 들어간다. 뉴턴 역학에서 $1/r$의 중심 퍼텐셜내에서 운동하는 물체에 대하여 이 궤도는 불가능한 것이다.

(9.35)를 다음 형태로 쓰면

$$r^{1/2}dr = -(2M)^{1/2}d\tau, \tag{9.37}$$

양변을 r을 τ의 함수로 보고 적분할 수 있다. 음의 제곱근은 안으로 향하는 측지선에 부합되는 것이다. 그 결과는

$$r(\tau) = (3/2)^{2/3}(2M)^{1/3}(\tau_* - \tau)^{2/3}, \tag{9.38}$$

여기서 τ_*는 임의의 적분 상수로써 $r=0$일 때 고유시간이다. 슈바르츠쉴드 시간은 먼저 r의 함수로서 t를 계산한 다음 (9.38)을 이용하여 그것을 τ의 함수로 얻어 냄으로 해서 편리하게 발견될 수 있다.

(9.21)에서 $e=1$라 두고, 미분 $dt/d\tau$를 구하고, (9.35)로부터 $d\tau/dr$를 구하여 계산하면

$$\frac{dt}{dr} = -\left(\frac{2M}{r}\right)^{-1/2}\left(1-\frac{2M}{r}\right)^{-1}, \tag{9.39}$$

이것을 적분하면

$$t = t_* + 2M\left[-\frac{2}{3}\left(\frac{r}{2M}\right)^{3/2} - 2\left(\frac{r}{2M}\right)^{1/2} + \log\left|\frac{(r/2M)^{1/2}+1}{(r/2M)^{1/2}-1}\right|\right], \tag{9.40}$$

여기서 t_*는 적분 상수이다. 이와 같이 무한 원점에서 정지된 상태에서 출발한 자유낙하하는 한 무리의 관측자가 있다고 하자. 그들은 그들이 특정한 반경을 가로질러 지나가는 시간이나 혹은 특정한 시간에 반경이 주어짐으로 해서 표시(label)되어질 수 있다. 어떤 방법으로든지 이것은 t_*를 결정해준다. 그리고 나서 (9.38)을 (9.40)에 대입하면 $t=t(\tau)$관계를 알아 낼 수 있다. 반경 돌입궤도(*radial plunge orbit*)의 여러 중요한 특징들을 (9.38)부터 (9.40)까지에서 알아 볼 수 있다.

(9.40)으로부터 $r\to\infty$일 때 $t\to-\infty$로 입자가 무한원점으로부터 안으로 떨어진다. (9.38)에서 궤도상에서 r에 어떤 고정된 값을 부여하면, 즉 $r=2M$에 도달하기 위해서는 단지 유한한 고유시간이 걸림을 보여준다. 그러나 (9.40)에서는 $r=2M$이 될 때 무한한 좌표시간 t가 소요됨을 보여주고 있다. 이것은 슈바르츠쉴드 좌표가 $r=2M$ 가까이에서 결점이 나타난다는 것을 보여주는 하나의 예이다. 점들이 단지 유한한 거리로 떨어져 있을 뿐인데 점들이 무한한 좌표 값으로 표시된다는 것이다. 제12장에서 이것에 관하여 좀 더 자세히 보게 될 것이다.

예제 9.1 탈출 속도

슈바르츠쉴드 좌표에서 반경 R에서 정지하여 있던 한 관찰자가 그 자신의 계로 측정하였을 때 속도 V로 반경방향으로 밖으로 어떤 발사물을 쏘았다 하자. 그 발사물이 0의 속도를 가지고 무한원점에 도달하려면 속도 V는 얼마나 커야 하는가? 이것이 탈출속도 V_{escape}이다.

바깥으로 향하는 발사물은 그것에 작용하는 힘이 없으므로 반경방향 측지선을 따라갈 것이다. 무한 원점에서 정지해 있는 발사물은 $e=1$을 가진다. e는 보존되기 때문에 관찰자는 최소한 $e=1$을 갖게 발사물을 쏘아 올려야 한다.

이것은 식 (9.35)와 동일하며 다만 u^r과 그 부호만 바뀐 4원 속도 $\mathbf{u}$가 요구 된다. 관찰자에 의하여 측정되는 에너지 E는 식 (5.87)에서 $-\mathbf{p}\cdot\mathbf{u}_{\text{obs}}$인데 여기서 $\mathbf{u}_{\text{obs}}$는 반경 R에 정지해 있는 관찰자의 4원 속도이고 m이 발사물의 정지 질량이라면 $\mathbf{p}=m\mathbf{u}$는 발사물의 4원 모멘트이다. 반경 R에 정지해 있는 관찰자의 4원 속도는 (9.16)에 주어져 있다. 그러므로 탈출하는데 필요한 에너지는

$$\begin{aligned} E &= -\mathbf{p}\cdot\mathbf{u}_{\text{obs}} = -m\mathbf{u}\cdot\mathbf{u}_{\text{obs}} = -mg_{\alpha\beta}u^\alpha u^\beta_{\text{obs}} \\ &= -mg_{tt}u^t u^t_{\text{obs}} = m\left(1-\frac{2M}{R}\right)^{-1/2}. \end{aligned} \tag{9.41}$$

여기서 4번째 등호의 항을 알아보면 정지해 있는 관찰자의 4원 속도는 오직 t의 성분만을 가지고 또한 슈바르츠쉴드 계량은 대각적이기 때문이다. 5번째 등호의 항은 계량 g_{tt}의 값은 (9.10)에서 구하고 4원 속도들은 (9.36)과 (9.16)에서 구하면 된다. 관찰자의 계에서 입자의 에너지 E는 $E=m/\sqrt{1-V^2}$ 으로부터 V와 관련이 있다. [(5.46) 참고] 이와 같으면 탈출 속도는 다음과 같다.

$$V_{\text{escape}} = \left(\frac{2M}{R}\right)^{1/2}. \tag{9.42}$$

이것은 뉴턴 이론으로 푼 것과 똑같다. R이 $2M$에 접근함에 따라 필요한 탈출 속도는 광속에 접근한다.

안정적인 원 궤도들 Stable Circular Orbits

안정적인 원 궤도는 (9.34)의 유효 퍼텐셜이 최소가 될 때 즉 $r=r_{\text{min}}$일 때 발생한다. 이들 반경은 ℓ/M이 감소함에 따라 감소한다. 그러나 안정적인 원형궤도가 임의적으로 작은 반경에서 가능하지 않을 수 있다. (9.34)로부터 슈바르츠쉴드 기하에서 가장 안쪽의 안정적인 원형궤도(상대론적 천문학에서는 ISCO(inner stable circular orbit) 라고 부른다)는 $\ell/M=\sqrt{12}$ 일 때 나타나고 그 반경은

가장 안쪽의 안정적인 원형궤도

$$\boxed{r_{\text{ISCO}} = 6M.} \tag{9.43}$$

이 된다. 11장에서 보게 되겠지만 이 사실은 X-선 원천의 구조에 중요하다. 원 운동 궤도에서 입자의 각속도 Ω는 궤도에서 각의 위치가 시간에 따라 변하는 비율이다. 슈바르츠쉴드 좌표 시간 t에 대하여 변하는 비율이 Ω라는 것은 무한 원점에 정지해 있는 시계로 측정했을 때의 비율을 의미한다. 무한 원점에서는 그 시계의 t와 그 고유시간 τ는 일치한다. 어떤 적도 궤도에 대하여서도 그 비율은 다음과 같다.

$$\Omega \equiv \frac{d\phi}{dt} = \frac{d\phi/d\tau}{dt/d\tau} = \frac{1}{r^2}\left(1-\frac{2M}{r}\right)\left(\frac{\ell}{e}\right). \tag{9.44}$$

마지막 등호는 (9.21)과 (9.22)로부터 나온 것이다. 반경 r인 원 궤도는 다음 두 가지 요구조건에 의해 결정된 ℓ과 e를 가진다.
첫째, 퍼텐셜은 (9.34)에서 r과 ℓ사이의 관계로 인도되는 궤도의 반경에서 최소이다.
둘째, 그 최소한의 퍼텐셜에서 $\mathcal{E}$의 값이 유효 퍼텐셜의 값과 같아진다는 것이다. 그러면 (9.29)와 (9.26)으로부터 $e^2=(1-2M/r)(1+\ell^2/r^2)$이 된다. 이 두 가지의 요구조건이 원형궤도의 ℓ/e의 비를 풀 수 있게 해준다.

$$\frac{\ell}{e} = (Mr)^{1/2}\left(1-\frac{2M}{r}\right)^{-1} \quad \text{(원형궤도)} \tag{9.45}$$

이것을 (9.44)에 대입하면

$$\boxed{\Omega^2 = \frac{M}{r^3} \quad \text{(원형궤도)}} \tag{9.46}$$

안정한 원형궤도의 각속도

이것은 비상대론적 케플러법칙과 같은 형태이다. 슈바르츠쉴드 좌표시간에서 그 주기는 $2\pi/\Omega$ 이다. 그러므로 (9.46)으로부터 주기의 제곱은 궤도 반경의 세제곱에 비례한다. 그러나 상대론적 이론과 비상대론적 이론의 이 단순한 일치는 각속도를 측정하기 위해 슈바르츠쉴드 좌표 시간을 선택하고 궤도의 위치를 측정하기 위해 슈바르츠쉴드 좌표 반경을 선택한 우연의 결과일 따름이다. 예로써 고유시간에 대한 각도 위치의 변화의 비는 좀 더 복잡한 형태의 식을 따게 된다(**문제 9**). 그러면 원형궤도에서 입자의 4원 속도의 성분은

$$u^{\alpha} = u^t(1, 0, 0, \Omega) \quad \text{(원형궤도)} \tag{9.47}$$

가 된다. 여기서 각속도 Ω 는 (9.46)으로부터 주어진다. 성분 u^t은 정지해 있는 관찰자에 대하여 (9.15)와 유사한 방법으로 정규화 조건 $\mathbf{u}\cdot\mathbf{u}=-1$에 의해 결정된다. 그러나 이제는 각속도에 의한 기여가 존재한다. 그러므로 유사한 계산을 통하여

$$u^t = \left(1-\frac{2M}{r}-r^2\Omega^2\right)^{-1/2} = \left(1-\frac{3M}{r}\right)^{-1/2} \quad \text{(원형궤도)} \tag{9.48}$$

속박궤도의 형태 The Shape of Bound Orbits

궤도의 형태를 알아낸다는 것은 r을 ϕ함수로 나타내거나 동등하게 ϕ를 r의 함수로 나타내는 것을 의미한다. 이것을 하기 위해 (9.29)를 $dr/d\tau$에 대해 풀고 (9.22)를 $\theta=\pi/2$일 때 $d\phi/d\tau$ 대해서 푼 다음 나중 것을 처음 것으로 나누면

$$\frac{d\phi}{dr} = \pm\frac{\ell}{r^2}\frac{1}{[2(\mathcal{E}-V_{\text{eff}}(r)]^{1/2}} = \pm\frac{\ell}{r^2}\left[e^2-\left(1-\frac{2M}{r}\right)\left(1+\frac{\ell^2}{r^2}\right)\right]^{-1/2}. \tag{9.49}$$

부호는 ϕ내에서 입자가 r이 증가하는 방향으로 움직일 때 방향에 해당한다. 함수 $\phi(r)$은 오른쪽 편을 적분함으로써 간단히 알아낼 수 있다. 그 결과는 타원 함수 형태로 표현된다. 그런데 이것에 익숙하지 못한 독자에게는 쉽게 정통할 수 있는 방법은 아니다. 한 가지 특별히 중요한 특징은 그 궤도가 닫히느냐 아니냐 하는 문제

이다. 우리가 하나의 닫힌 궤도라고 일컬을 때는 안쪽 전환점 (근일점) [혹은 동등하게 바깥쪽 전환점(원일점)]을 궤도가 연속되게 지나감을 의미한다. 만일 이 경로를 지나간 각의 크기 $\Delta\phi$가 2π이면 그 궤도는 닫혀있다고 한다. 만일 그것이 2π가 아니라면 그때는 안쪽 전환점이 **세차운동**(precess)하고 있다고 말한다. 각 궤도마다 세차의 양은 **그림 9.6**에서 보여주듯이

$$\delta\phi_{\text{세차}} = \Delta\phi - 2\pi. \tag{9.50}$$

이다. r_1상에서 연속되는 안쪽 전환점 사이를 휩쓴 각도 $\Delta\phi$는 전환점 r_1과 r_2사이를 휩쓸고 지나간 각도의 딱 두 배이다. 이와 같으면

$$\Delta\phi = 2\ell \int_{r_1}^{r_2} \frac{dr}{r^2} \left[e^2 - \left(1 - \frac{2M}{r}\right)\left(1 + \frac{\ell^2}{r^2}\right) \right]^{-1/2}. \tag{9.51}$$

전환점 r_1과 r_2는 $dr/d\tau$가 궤도상에서 0으로 사라지는 장소이다. 그러면 (9.26)으로부터 이것은 (9.51)의 분모가 0으로 가는 곳이다. 이와 같이 $\Delta\phi$를 찾기 위해서는 분모가 0으로 사라지는 곳인 반경 사이에서 (9.51)를 적분을 행하여만 한다.

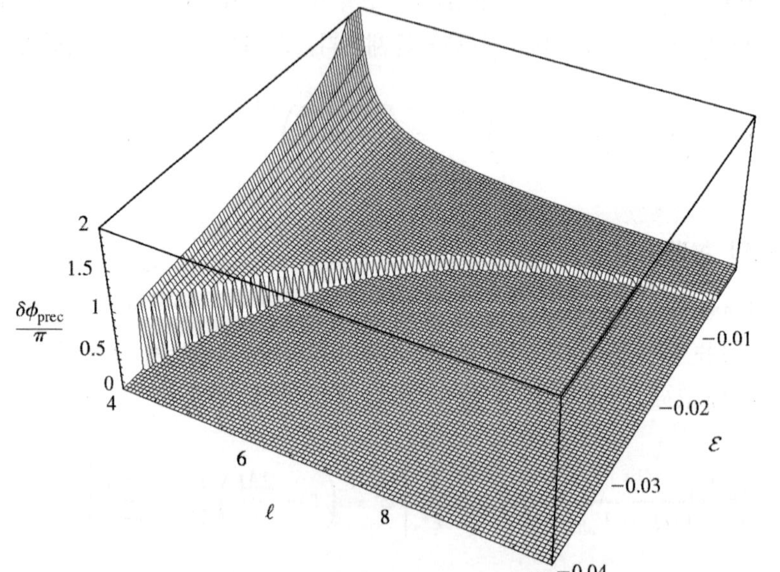

그림 9.5 슈바르츠쉴드 기하의 속박궤도에서 $\mathcal{E}=(e^2-1)/2$와 ℓ로 특징 지워지는 근일점의 세차운동 $\delta\phi_{\text{세차}}$. 이 그림은 식 (9.50)과 적분인 식 (9.51)에 의해 정의되어 있는 $\delta\phi_{\text{세차}}$의 도형이다. $\delta\phi_{\text{세차}}$가 0으로 그려진 앞마당에 있는 평평한 지역에서는 속박궤도가 없다. 그 경계선은 원형궤도에서의 ℓ와 e의 곡선이 된다. ℓ이 큰 값을 가지면 상대론적인 효과가 작은, 별로부터 멀리 떨어진 궤도에 해당된다. [예로서, ℓ과 원형궤도의 반경사이의 연결고리는 식 (9.45)를 보라] 그것은 식 (9.57)이 좋은 근사치가 되고 태양계에서 행성에 대하여 중요한 케이스가 된다.

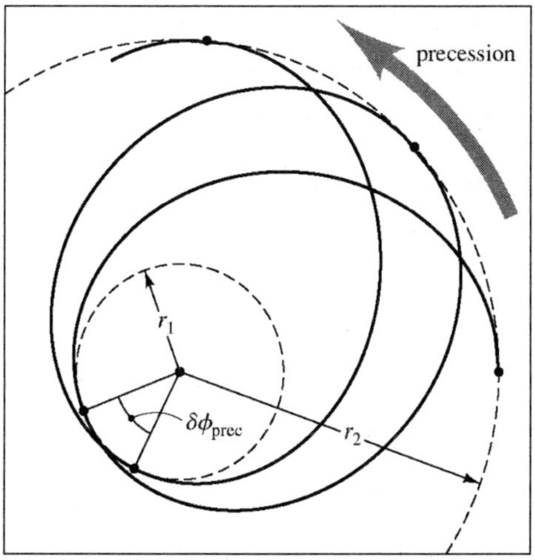

그림 9.6 구형의 별 외부의 속박궤도의 모양. 이것은 속박궤도의 궤도 평면의 그림으로 반경방향의 운동이 그림 9.4의 두 번째 그림에서 제시된 종류이다. 혹성이 최소 반경 r_1에서부터 나와 밖으로 최대 반경 r_2까지 움직인 후 다시 최소 반경으로 되돌아간다. 그러나 뉴턴 중력이론에 의한 케플러 타원궤도와 다르게, 이 궤도는 닫혀있지 않다. 오히려, 가장 가까이 접근하는 위치(근일점)는 태양 주위를 돌고 있는 혹성에 대해서 근일점의 세차운동이라 부르는 각도만큼 매번의 회전마다 조금씩 전진한다. 이 그림은 3시 위치에서 출발한 실험 물체의 조금 중첩된 두 궤도를 보여주고 있다. 안쪽 전환점 반경 상에 있는 가장 근접한 두 점이 굵은 점으로 표시되어 있다. 이 두 점 사이의 각도를 궤도상 근일점의 세차운동이라 한다.

그림 9.5은 수치 평가(numerical evaluation)법의 도표이다. 태양계에 응용하기 위해서는 $\Delta\phi$가 뉴턴 이론에 의한 항 이후로 $1/c^2$의 차수까지만 평가하는 것이 필요하다. 이것을 달성하기 위해 식 (9.30)로 이끌기 위한 논의에서 기술한 것처럼 먼저 (9.51)에 G와 c^2요소를 다시 되돌려 놓아야 한다. 그러면 다음과 같이 된다.

$$\Delta\phi = 2\ell \int_{r_1}^{r_2} \frac{dr}{r^2} \left[c^2\left(e^2-1\right) + \frac{2GM}{r} - \frac{\ell^2}{r^2} + \frac{2GM\ell^2}{c^2r^3} \right]^{-1/2}. \tag{9.52}$$

대괄호 안에 있는 첫 번째의 상수항이 보이는 같이 c^2의 차수가 아니라 기본단위 차수라는 것에 주의하라. 왜냐하면 (9.31)로부터 $1/c^2$까지만 전개하면 다음과 같이 되기 때문이다.

$$e^2 = 1 + \frac{2E_{\text{뉴턴}}}{mc^2} + \cdots \tag{9.53}$$

(9.30)에서 보았듯이 대괄호 안에 있는 첫째부터 차례로 세 개의 항은 뉴턴 에너지, 중력 퍼텐셜, 원심력 퍼텐셜을 나타내고 있다. 마지막 항은 첫 3항에 대하여 $1/c^2$ 차수로 되어있고 상대론적 교정 항을 나타내고 있다.

이것은 뉴턴 퍼텐셜이 만드는 궤도에 아주 작은 $1/r^3$항으로 부과된 양이 궤도에 영향을 줄뿐이다. 근사적으로 뉴턴 이론에 접근하려면 (9.52)에 있는 마지막 항을 무시하면 된다. 그러면 $\Delta\phi$가 정확히 2π가 됨을 알아내는 것은 그렇게 어렵지 않다. 그러므로 그때는 궤도가 닫혀있다. 식 (9.52)에서 대괄호 속에 있는 마지막 항을 무시하고 새로운 변수 $u=1/r$을 도입하여 다시 쓰면

$$\Delta\phi = 2\int_{u_2}^{u_1} \frac{du}{[(u_1-u)(u-u_2)]^{1/2}}, \tag{9.54}$$

여기서 $u_1 = 1/r_1$, $u_2 = 1/r_2$는 (9.52)의 분모에서 2승의 표현이 사라지는 근원점(roots)이 된다. 이 적분은 쉽게 찾아지고 그 결과는 u_1과 u_2의 모든 값에 대하여 $\Delta\phi = 2\pi$이다. 뉴턴적 결과를 얻기 위해 첫 차수 상대적인 보정(first-order relativistic correction)을 알아내기 위해 적분 (9.52)을 전개하는 데는 약간의 트릭이 필요하다. 여러분들은 **문제 15**에서 그 과정 중의 한 방법을 읽게 될 것이다. 그 문제를 다루어봄으로 해서 한 궤도를 돈 후 근일점의 이동이 다음과 같음을 발견하게 될 것이다.

$$\delta\phi_{\text{세차}} = 6\pi\left(\frac{GM}{c\ell}\right)^2, \ (\text{first order in } 1/c^2) \tag{9.55}$$

이것의 정확도를 알아보기 위해 뉴턴 궤도를 사용하여 통상적인 매개변수, 즉 이심률(ϵ) 과 장반축(a)의 항으로 ℓ을 재평가하여보자. 중간정도 수준의 역학 책을 보면 뉴턴 역학에서는 다음과 같다.

$$\ell^2 = \left(r^2\frac{d\phi}{d\tau}\right)^2 \approx \left(r^2\frac{d\phi}{dt}\right)^2 = GMa\left(1-\epsilon^2\right). \tag{9.56}$$

그러면

근일점의 세차

$$\boxed{\delta\phi_{\text{세차}} = \frac{6\pi G}{c^2}\frac{M}{a\left(1-\epsilon^2\right)}} \quad \left(\begin{array}{l}\text{궤도당}\\ \text{작은 } GM/c^2a \text{ 에 대하여}\end{array}\right) \tag{9.57}$$

이것이 케플러 타원 궤도에서 안쪽 전환점의 상대론적인 세차 운동이다. 태양에 적용할 때는 이 안쪽 전환점을 근일점이라 부르고, 이것을 행성 근일점의 세차운동[3]이라 한다. 가장 큰 세차 운동 효과가 나타나는 것은 가장 작은 a일 때이다. - 즉 태양에서 가장 가까운 행성일 때이다. 수성에 대하여 세차운동에 대한 예견된 비율은 일백년에 각도로 43초이다. 이것은 아주 작은 수치이지만 정교한 측정으로 탐지된 것이다. 이것을 다음 장에서 알아보자.

---

3) 만일 그것이 이중성 계에 있다면, 안쪽 전환점을 근성점(periastron)이라 부른다.

9.4 광선의 궤도 - 빛의 휨과 시간 지연

슈바르츠쉴드 기하에서 광선궤도의 계산은 입자의 궤도의 계산과 비슷하다. 그러나 중요한 차이점이 있다. 5.5절과 8.3절에 논의한 것과 같이 광선의 세계선은 좌표 x^α를 일군의 아핀 변수 λ중에 어느 것의 함수로 부여함으로서 묘사되어질 수 있었다.

눌(null)벡터 $u^\alpha \equiv dx^\alpha/d\lambda$는 세계선의 접선이다. 슈바르츠쉴드 계량이 t와 ϕ에 독립적이므로 다음의 양들은 광선궤도를 따라 보존되는 양이다.

$$e \equiv -\boldsymbol{\xi}\cdot\mathbf{u} = \left(1-\frac{2M}{r}\right)\frac{dt}{d\lambda}, \tag{9.58}$$

$$\ell \equiv \boldsymbol{\eta}\cdot\mathbf{u} = r^2\sin^2\theta\frac{d\phi}{d\lambda}, \tag{9.59}$$

이것들은 입자의 경우인 (9.21)과 (9.22)와 유사한 것이다. $\mathbf{u}$가 측지선 따라 움직이는 광자의 운동량 $\mathbf{p}$와 일치하도록 λ의 규격화가 선택되어 진다면 그때 e와 ℓ은 무한 원점에서의 광자의 에너지와 각운동량이 된다. 제3의 적분은 접선 벡터가 눌(null)이 되어야 하는 요구 조건에서 구한다. [(8.40) 참고)]:

$$\mathbf{u}\cdot\mathbf{u} = g_{\alpha\beta}\frac{dx^\alpha}{d\lambda}\frac{dx^\beta}{d\lambda} = 0. \tag{9.60}$$

이 등식의 오른편이 (9.23)에서 −1인 것이 0이라는 것이 입자의 경우와 광선의 경우 사이의 유일한 차이점이다. 광선의 반경방향의 운동에 대한 에너지 적분에 대한 미분은 (9.23)에서 (9.29)까지의 과정을 그대로 따라간다. $\theta=\pi/2$의 적도 평면에서의 광선궤도에 대하여 (9.60)을 써보면

$$-\left(1-\frac{2M}{r}\right)\left(\frac{dt}{d\lambda}\right)^2+\left(1-\frac{2M}{r}\right)^{-1}\left(\frac{dr}{d\lambda}\right)^2+r^2\left(\frac{d\phi}{d\lambda}\right)^2=0. \tag{9.61}$$

(9.58)과 (9.59)를 사용하여 $dt/d\lambda$와 $d\phi/d\lambda$를 제거하면

$$-\left(1-\frac{2M}{r}\right)^{-1}e^2+\left(1-\frac{2M}{r}\right)^{-1}\left(\frac{dr}{d\lambda}\right)^2+\frac{\ell^2}{r^2}=0. \tag{9.62}$$

양변에 $(1-2M/r)/\ell^2$을 곱하면 다음과 같은 형태가 된다.

$$\boxed{\frac{1}{b^2}=\frac{1}{\ell^2}\left(\frac{dr}{d\lambda}\right)^2+W_{\text{eff}}(r).} \tag{9.63}$$

여기서

$$b^2 \equiv \ell^2/e^2, \tag{9.64}$$

그리고

광자궤도의 유효 퍼텐셜

$$\boxed{W_{\text{eff}}(r) \equiv \frac{1}{r^2}\left(1 - \frac{2M}{r}\right).} \tag{9.65}$$

(9.63)의 등식은 유효 퍼텐셜의 역할을 하는 $W_{\text{eff}}(r)$와 에너지 역할을 하는 b^{-2}와 함께 반경운동에 대한 에너지 적분 형태를 가진다. 이 관계는 (9.29)가 입자의 궤도를 분석하기 위해 사용되었던 것과 동일한 방법으로 광선궤도를 분석하는데 사용될 수 있다. e와 ℓ의 각각의 값에 따라 각각 다른 궤도를 결정해 내는 입자의 경우와 다르게 광선궤도의 물리적 특징은 ℓ/e의 비 에만 달려 있다. 그것은 어떤 아핀 변수 λ를 규격화하는데 있어서 자유도 때문이다. 만일 λ에 상수 K를 곱하면 이것은 좋은 아핀 변수가 된다. 왜냐하면 (9.60)과 측지선 공식 (8.42)이 그렇게 하여도 여전히 만족되기 때문이다. 이런 방법으로 아핀 매개변수를 변화시키더라도 물리적 예견은 변하지 않는다. 그래서 e와 ℓ를 각각 K로 나눈다. 그러므로 단지 ℓ/e의 비만이 물리적 의미를 가지고 광선 궤도의 특징을 결정한다. 광선궤도의 물리적 특징을 계산한 것은 자동적으로 단지 ℓ/e의 비에 의존하는 결과를 산출해낸다. 만일 그 계산한 것이 그렇지 않으면 그 계산에는 실수가 있는 것이다! ℓ의 부호는 광선이 인력 중심에 대하여 돌아가는 방향을 가리킨다. 그러므로 $b \equiv |\ell/e|$에 의해 궤도의 형태가 의존하므로 이것을 정의한 것이다. b가 무엇인지 알아보기 위하여 무한 원점에 도달한 궤도에 대하여 고려해보자. 무한 원점에서는 공간이 평평하므로 통상적인 방법으로 슈바르츠쉴드 극 좌표와 관련이 있는 카테시안 좌표가 도입된다. 적도평면에서는

$$x = r\cos\phi, \qquad y = r\sin\phi. \tag{9.66}$$

그림 9.7에 보여주듯이 질량원으로부터 d거리로 떨어져 x축과 평행하게 운동하는 광선을 고려해보자. 공간의 휨의 원인인 질량원과 매우 멀리 떨어진 광선이 직선으로 달리고 있다.

$r \gg 2M$일 때 b값은

$$b \equiv \left|\frac{\ell}{e}\right| \approx \frac{r^2 d\phi/d\lambda}{dt/d\lambda} = r^2\frac{d\phi}{dt}. \tag{9.67}$$

여기서 매우 큰 r에 대해서는 $\phi \approx d/r$이고, $dr/dt \approx -1$이므로

$$\frac{d\phi}{dt} = \frac{d\phi}{dr}\frac{dr}{dt} = \frac{d}{r^2}. \tag{9.68}$$

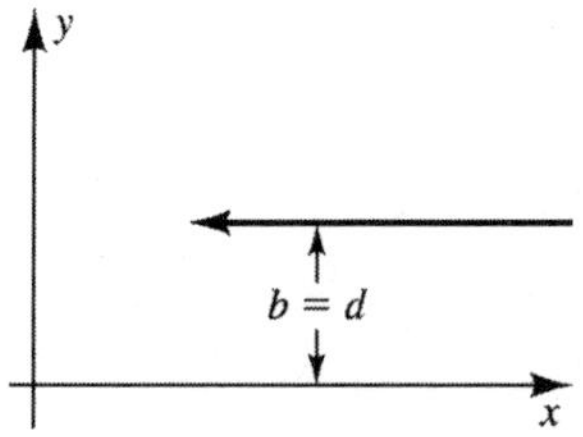

그림 9.7 중력의 발생원으로부터 멀리 떨어져 있는, 안으로 향하는 빛 궤도의 일부가 (9.66)에 정의된 카테시안 좌표를 사용한 도형에 나타나 있다. 빛은 구형 대칭을 통과하는 x축으로부터 거리 d만큼 떨어져 속도 1을 가지고 직선으로 안쪽으로 움직이고 있다. 이 거리를 충격변수(impact parameter)라 하고 책 내용에 나타나있듯이 $b \equiv |\ell/e|$이다.

그러므로

$$b = d. \tag{9.69}$$

가 된다.

이와 같이 상수 b는 무한 원점에 도달하는 광선의 **충격 변수**(*impact parameter*)라 한다.

이것은 +로 정의된다. 기하 단위로 b는 (9.67)에서 길이의 단위를 가진다. 우리는 그것을 충격 변수에 적합하도록 어떤 단위 시스템에서도 길이의 차원을 가지도록 정의한다. 그러면 $c \neq 1$인 단위계에서는 $b \equiv |\ell/(ce)|$이다.

그림 9.8의 왼편의 그림의 회색 부분은 $W_{\text{eff}}(r)$의 형태를 보여준다. 그것은 매우 큰 r에서는 0으로 소멸한다. 그리고 $r = 3M$일 때 한 개의 극대점을 가진다. 이때 그 최대 점의 높이는

$$W_{\text{eff}}(3M) = \frac{1}{27M^2}. \quad (W_{\text{eff}}\text{의 최대치}) \tag{9.70}$$

만일 $b^2 = 27M^2$이면 반경 $r = 3M$에서의 빛의 원 궤도가 이 최대치에서 가능하다. 그러나 이 궤도는 좀 불안정하다. 왜냐하면 b가 조금만 변하더라도 그 궤도는 그 최대치에서 바로 벗어나기 때문이다. 광선의 원 궤도는 태양 주위로는 가능하지 않다. 왜냐하면 태양의 반경이 $3M_{\odot} \approx 4.5\,\text{km}$ 보다 더 크기 되기 때문이다. 그러나 제12장에서 보겠지만 블랙홀에서는 원의 광선궤도가 가능하다. 빛의 궤도의 정성적 특징은 **그림 9.8**에서 보여주듯이 $1/b^2$이 W_{eff}의 최대치 보다 큰지 혹은 작은지에 달려있다. 먼저 무한 원점에서 출발한 궤도부터 생각해보자. 만일 $1/b^2 < 1/(27M^2)$이면 그 궤도는 **그림 9.8**의 두 번째 예처럼 한 개의 전환점을 가지고 다시 무한 원점으로 탈출해 갈 것이다. 멀리 별에서 날아온 빛이 태양 주위에서 휘는 것은 이 분산궤도를 중의 하나가 될 것이다.

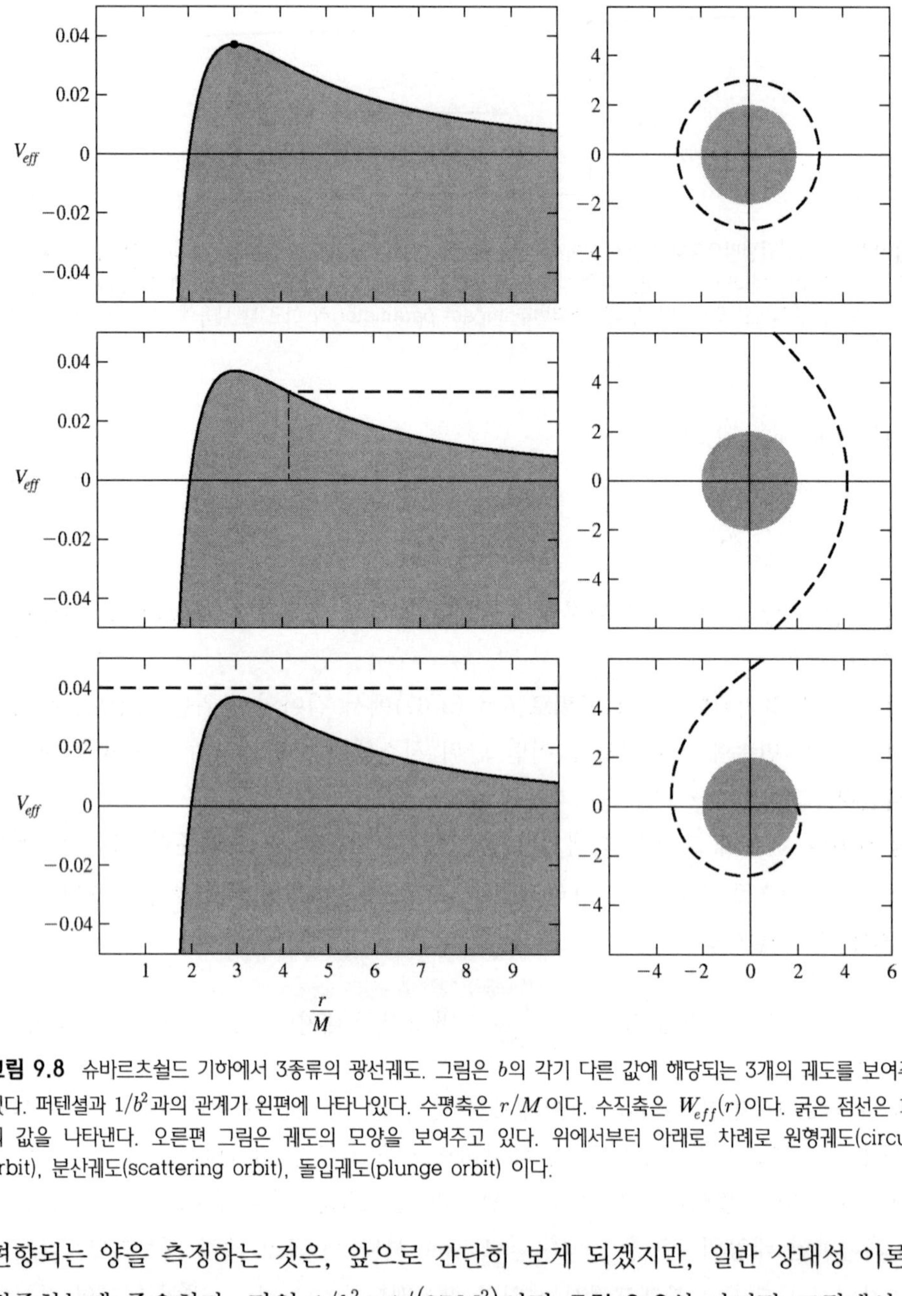

그림 9.8 슈바르츠쉴드 기하에서 3종류의 광선궤도. 그림은 b의 각기 다른 값에 해당되는 3개의 궤도를 보여주고 있다. 퍼텐셜과 $1/b^2$과의 관계가 왼편에 나타나있다. 수평축은 r/M이다. 수직축은 $W_{eff}(r)$이다. 굵은 점선은 $1/b^2$의 값을 나타낸다. 오른편 그림은 궤도의 모양을 보여주고 있다. 위에서부터 아래로 차례로 원형궤도(circular orbit), 분산궤도(scattering orbit), 돌입궤도(plunge orbit) 이다.

편향되는 양을 측정하는 것은, 앞으로 간단히 보게 되겠지만, 일반 상대성 이론을 검증하는데 중요하다. 만일 $1/b^2 > 1/(27M^2)$이면 **그림 9.8**의 마지막 그림에서 보듯이 광선이 질량원으로 빨려 들어가 결국에는 붙잡힌다.

그림 9.9에서 보여주듯이 $r = 2M$과 $r = 3M$사이의 작은 반경에서 출발한 궤도도 위와 같이 유사하게 고려를 해야 할 것이다. 이때 $1/b^2 > 1/(27M^2)$이면 그 빛은 밖으로 탈출할 것이다. 그리고 $1/b^2 < 1/(27M^2)$이면 전환점이 있게 되고, 빛은 인력의 중심으로 빨려 떨어질 것이다. $b^2 = \ell^2/e^2$이므로 이들 기준은 만일 빛이 충분히

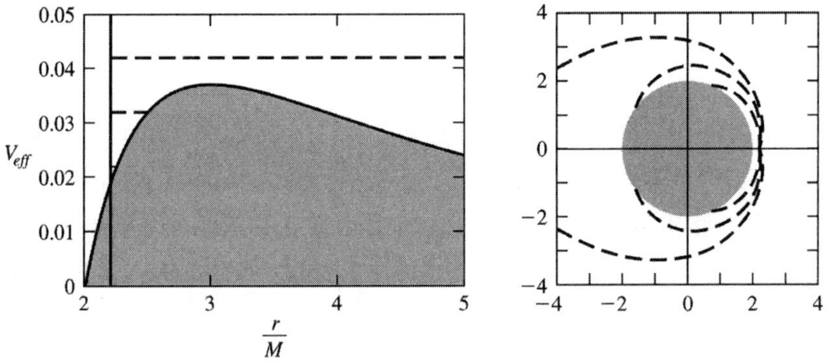

그림 9.9 $r=2M$과 $r=3M$ 사이에서 방출되는 광선. 반경 $r=R=2.2M$에 정지해 있는 관측자가 여러 다른 값의 b^2에 해당되는, 밖으로 여러 다른 방향으로 광선을 송출하고 있다. 이 그림은 $(M/b)^2$ = .022, .032, .042 – 구별되는 도형을 만들기 위해 선택된 값들 – 의 3가지 경우에 발생하는 것을 보여주고 있다. 왼편의 그림은 $r=2.2M$을 나타내는 수직선과 여러 가지 b^{-2}의 값을 나타내는 수평선과 함께 유효 퍼텐셜 $W_{eff}(r)$의 상세를 보여주고 있다. 오른편 그림은 (9.66)에 정의된 카테시안 좌표 (x, y)로 나타낸 적도평면을 보여주고 있다. 여기에는 x축 위로 그리고 아래로 송출된 이들 값들을 가진 여러 쌍의 광선 궤도를 나타나 있다. $b\equiv|\ell/e|=0$ 이거나 혹은 무한대의 b^{-2}의 값을 가진 반경방향으로 나가는 광선은 탈출할 것이다(위 그림에 나타나 있지 않음). 장벽의 최대치 $1/(27M^2)=.037/M^2$ 보다 높은 b^{-2}의 값을 가지며, 반경방향과 충분히 작은 각도를 이루며 밖으로 향하는 광선은 보다 쉽이 $(M/b)^2$ = .042 값을 가진 광선처럼 밖으로 탈출할 것이다. 장벽 높이보다 작은 b^{-2}의 값을 가진 광선은 탈출하지 못한다. 그것들은 조금 밖으로 향하지만 $(M/b)^2$ = .022, .032 값을 가진 광선들처럼 반경 $r=2M$을 향하여 떨어진다. 이와 같이 그 이하 각도에서는 빛이 탈출할 수 있지만 그 이상에서는 탈출할 수 없는, 반경방향과 이루는 임계각도 ψ_{crit}가 있다. 그 값이 (9.74)에 주어져 있다. $R\rightarrow 2M$으로 접근함에 따라, 광선이 탈출할 수 있는 열린 각은 0으로 간다, 즉 어떠한 빛도 탈출할 수 없다.

작은 각운동량으로 출발한다면 즉 반경방향으로만 나아간다면 그때는 빛이 탈출할 수 있을 것이다. 그렇지 않으면 빛은 인력의 중심으로 빨려 떨어질 것이다. 그 상황이 **그림 9.9**에 예시되어 있고, 예제 9.2에 정량적으로 논의되어 있다.

예제 9.2 얼마나 많은 빛이 무한원점으로 탈출할 수 있는가?

반경 $R<3M$에 정지해 있는 관찰자가 적도 평면 $\theta=\pi/2$에서 반경방향과 각 ψ을 이루면서 여러 방향으로 빛을 방출한다고 하자. $\psi=0$로 방출된 빛은 $b=0$과 되고 탈출할 것이다. **그림 9.9**에 보여주듯이 빛이 인력 중심으로 떨어지는 것을 넘어서는 그 기준이 되는 임계각도 ψ_{crit}는 얼마나 될까? 그 해답은 b와 ψ사이의 관계에 달려 있다. 그것들은 관찰자의 실험실과 연관되어 있는 정규직교 기저에서 초기 광속도를 분석해봄으로써 알아낼 수 있다. 벡터 $\mathbf{e}_{\hat{0}}$라는 것은 관찰자의 시간성 4원 벡터이고 t방향을 가리킨다. 관찰자의 위치에서 직교 좌표축 따라 공간성 3개의 기저 벡터를 잡는 것은 아주 간단하다.

이것은 $\mathbf{e}_{\hat{r}}$, $\mathbf{e}_{\hat{\theta}}$ 와 $\mathbf{e}_{\hat{\phi}}$로 정의된다. 이 정규직교 기저에서 빛이 나아가는 방향과 반경방향 사이의 각은 다음과 같이 주어진다.

$$\tan\psi = \frac{u^{\hat{\phi}}}{u^{\hat{r}}} = \frac{\mathbf{u}\cdot\mathbf{e}_{\hat{\phi}}}{\mathbf{u}\cdot\mathbf{e}_{\hat{r}}}, \tag{9.71}$$

여기서 정규직교 기저성분들과 (5.82)에 있는 기저 벡터와의 내적과의 관계가 사용되었다. (9.71)에 있는 스칼라 곱을 계산하기 위하여 기저 벡터 $\mathbf{e}_{\hat{r}}$와 $\mathbf{e}_{\hat{\phi}}$의 좌표 기저성분은 적도 평면에서 (9.22)와 (9.29)에 주어진 $\mathbf{u}$의 좌표 기저성분 방향을 따라서 있는 성분이 필요하다. 이 기저 벡터의 구성성분은 예제 7.9를 보면 알 수 있다. 그러므로

$$(\mathbf{e}_{\hat{r}})^{\alpha} = [0, (1-2M/R)^{1/2}, 0, 0], \tag{9.72a}$$

$$(\mathbf{e}_{\hat{\phi}})^{\alpha} = [0, 0, 0, 1/R], \tag{9.72b}$$

여기서 성분의 순서는 (t, r, θ, ϕ)이다. (7.57), (9.10), (9.60), (9.63)과 (9.72)를 이용하여 (9.71)에 있는 스칼라 곱을 계산하면 다음과 같다.

$$\mathbf{u}\cdot\mathbf{e}_{\hat{\phi}} = g_{\phi\phi}(\mathbf{e}_{\hat{\phi}})^{\phi}u^{\phi} = \frac{\ell}{R}, \tag{9.73a}$$

$$\mathbf{u}\cdot\mathbf{e}_{\hat{r}} = g_{rr}(\mathbf{e}_{\hat{r}})^{r}u^{r} = \left(1-\frac{2M}{R}\right)^{-1/2}\ell\left[\frac{1}{b^2}-\frac{1}{R^2}\left(1-\frac{2M}{R}\right)\right]^{1/2}. \tag{9.73b}$$

(9.71)에 의하면 이것들의 비가 $\tan\psi$가 된다. $b^2 = 27M^2$일 때 빛이 임계각 이하에서는 무한원점으로 탈출할 수 있는 기준이 되는 임계 열린 각 ψ_{crit}은

$$\tan\psi_{crit} = \frac{1}{R}\left(1-\frac{2M}{R}\right)^{1/2}\left[\frac{1}{27M^2}-\frac{1}{R^2}\left(1-\frac{2M}{R}\right)\right]^{-1/2}. \tag{9.74}$$

여기서 $2M < R < 3M$ 임을 명심하라.

$R = 3M$에서 제곱근으로 된 대괄호속의 양은 유효 퍼텐셜의 최대치가 $1/(27M^2)$이기 때문에 0으로 소멸한다. 이때 $\psi_{crit} = \pi/2$가 있기는 있다. 그것은 그 반경에서 원형궤도가 존재한다는 것으로부터 예상되어지는 것이다. 원형궤도를 만드는 광선은 인력 중심으로 끌려 떨어질지 혹은 무한원점으로 탈출할지 그 경계선에 서 있는 것이다. R이 $3M$ 이하로 점차 작아짐에 따라 그 임계 각도로 점차 작아져 마침내 $R = 2M$일 때 사라진다. 바로 그 점에서는 정확히 반경방향으로 나아가는 광선을 제외하고는 탈출할 수 없다. 외부의 관점에서 이것을 본다면 반경 R에 정지해 있는 관찰자가 갖고 있는 휴대광원은 모든 방향으로 방출되지만 R이 $2M$에 접근함에 따라 그 빛이 차츰차츰 희미해진다. 이것이 제12장에 논의될 블랙홀에서 예상되는 것이다.

빛의 굴절 the Deflection of Light

큰 충격변수를 가지고 무한 원점에서 진행해 온 광선을 논의한 것에 의하면, 질량을 가진 모든 물체는 빛이 나아가는 궤도를 어느 정도 휘게 할 것이라는 것이 명확하다. 이 효과는 중요하다. 왜냐하면 태양에 의해 빛이 굴절되는 현상은 일반 상대성 이론에서 가장 중요한 실험의 요소가 될 것이다. 그리고 또한 다음 장에서 논의하겠지만 은하성단에 의한 빛의 휨이 중력렌즈에 배경을 두고 있다. 흥미로운 각은 **그림 9.10**에 정의된 것과 같은 굴절 각 $\delta\phi_{\mathrm{def}}$이다. 이 각이 빛이 나아가는 궤도 형태의 특징이다. 광선의 궤도 형태는 입자가 나아가는 궤도 형태를 구할 때와 마찬가지 방법으로 구할 수 있다. (9.59)에서 $d\phi/d\lambda$를 구하고 (9.63)에서 $dr/d\lambda$를 구한 다음 첫 번째 것에 나중 것을 나누어 주고, (9.64)와 (9.65)를 사용하여 간단히 하면

$$\frac{d\phi}{dr} = \pm\frac{1}{r^2}\left[\frac{1}{b^2} - W_{\mathrm{eff}}(r)\right]^{-1/2}. \tag{9.75}$$

부호는 궤도의 방향을 나타낸다. 이것의 적분은 궤도의 형태를 말해준다. 특히 광선이 무한 원점으로부터 진행하여 들어와서 굴절 후 다시 무한 원점으로 나갈 때에 광선이 꺾이는 전체 각도 $\Delta\phi$는 전환점 $r = r_1$에서부터 무한 원점으로 나가는 각의 딱 2배이다.

$$\Delta\phi = 2\int_{r_1}^{\infty}\frac{dr}{r^2}\left[\frac{1}{b^2} - \frac{1}{r^2}\left(1-\frac{2M}{r}\right)\right]^{-1/2}. \tag{9.76}$$

전환점 r_1은 $1/b^2 = W_{\mathrm{eff}}(r_1)$인 곳이다. 즉 위의 식에서 대괄호 속에 있는 항이 0이 되는 반경이다. 다음과 같이 정의되는 새로운 변수 ω를 도입하여

$$r = (b/w), \tag{9.77}$$

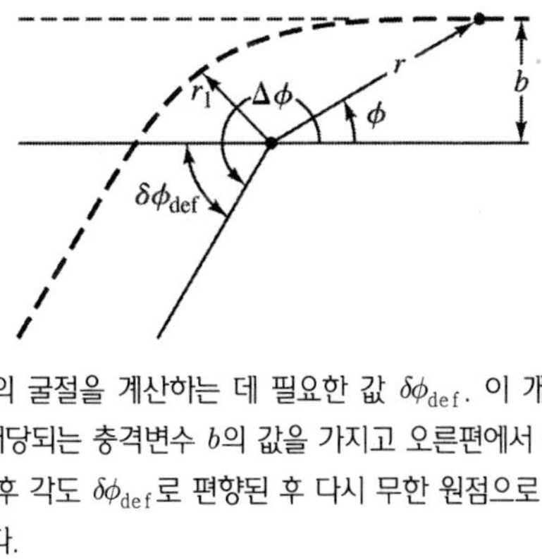

그림 9.10 구형의 별에 의해 빛의 굴절을 계산하는 데 필요한 값 $\delta\phi_{\mathrm{def}}$. 이 개략적 그림에서, 광선이 그림 9.8의 두 번째 그림과 같이 분산궤도에 해당되는 충격변수 b의 값을 가지고 오른편에서 들어오고 있다. 광선은 $r = r_1$인 전환점까지 인력의 중심으로 접근한 후 각도 $\delta\phi_{\mathrm{def}}$로 편향된 후 다시 무한 원점으로 빠져나간다. 굴절된 각은 궤도 $\Delta\phi$에서 π만큼 작은 전체 각도가 된다.

그러면 $\Delta\phi$는 다음과 같이 된다.

$$\Delta\phi = 2\int_0^{w_1} dw\left[1 - w^2\left(1 - \frac{2M}{b}w\right)\right]^{-1/2} \tag{9.78}$$

여기서 ω_1는 대괄호 속이 0이 될 때의 ω의 값이다. 이와 같이 광선이 한번 지나갈 때 휩쓸고 지나간 각도 $\Delta\phi$는 단지 비율 M/b에 달려 있다. 이 비가 커짐에 따라 각도가 어떻게 변하는지에 대한 것이 **그림 9.11**에 보여주고 있다.
태양에 의한 빛의 휨에 대하여 고찰해보면 b의 가장 작은 값은 거의 태양의 반경 $R_\odot = 6.96\times10^5\text{km}$일 때이다. 반면에 태양의 질량은 $M_\odot = 1.47\text{km}$이다. 이 경우 $2M/b$의 값은 거의 $\sim 10^{-6}$에 해당된다. 적분 (9.78)은 $2M/b$가 매우 작은 값을 가질 때와 같은 그런 경우에 적합한 편향 각도를 분석하는데 적절한 표현을 찾기 위해 $2M/b$의 멱급수로 전개할 수 있다. 위의 적분의 전개는 (9.52)의 전개에서 필요했던 테크닉과 유사한 트릭이 요구된다. 그러나 그 대수학이 너저분하지 않기 때문에 그것이 어떻게 전개되는지 약간의 관계를 기술하겠다. (9.78)을 다른 형태로 약간 변형하면 다음과 같이 된다.

$$\Delta\phi = 2\int_0^{w_1} dw\left(1 - \frac{2M}{b}w\right)^{-1/2}\left[\left(1 - \frac{2M}{b}w\right)^{-1} - w^2\right]^{-1/2}. \tag{9.79}$$

다음 단계는 두 개의 $1-(2M/b)\omega$의 역으로 되어 있는 항들을 테일러 전개한 후 오직 선형항만 선택하면 (역자주:2차 이상 항은 무시한다는 것이다.) 그 결과는

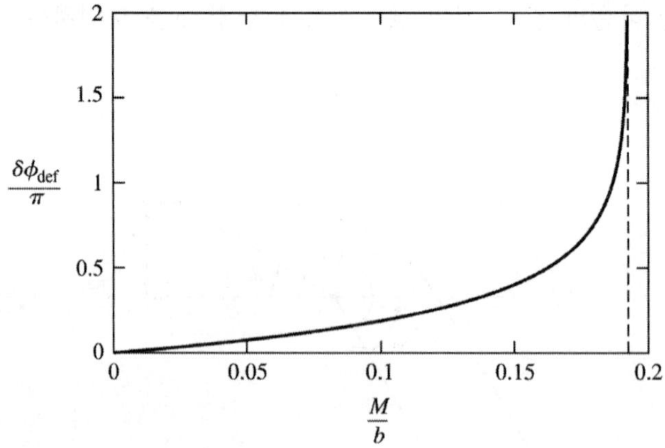

그림 9.11 충격 변수의 함수로 나타낸 빛의 굴절. 이 그림은 (9.82)에 정의된 각도 $\delta\phi_{\text{def}}$와 M/b의 함수로서 (9.78)의 적분을 가지고 나타낸 개략적 도표이다. 태양에 의한 빛의 굴절과 관련이 있는 $M/b < 2\times10^{-6}$에 대하여는, 선형 근사치 (9.83)가 적절한 계산 치이다. 굴절각은 b가 작아짐에 따라 증가하고, $\sqrt{27}\,M$ 값에서는 무한대로 꺾여 들어오는 광자가 원형궤도로 입사가 된다.

$$\Delta\phi = 2\int_0^{w_1} dw \frac{1+(M/b)w}{\left[1+(2M/b)w - w^2\right]^{1/2}}, \tag{9.80}$$

이 된다. 이제 이 적분은 대수학의 적분 프로그램을 사용하여 풀 수 있는 형태가 되었다. 그 결과는 M/b가 작은 경우에

$$\Delta\phi \approx \pi + \frac{4M}{b} \tag{9.81}$$

그림 9.10으로부터 굴절 각도 $\delta\phi_{\text{def}}$는 $\Delta\phi$와 관련하여

$$\delta\phi_{\text{def}} = \Delta\phi - \pi. \tag{9.82}$$

그러면

$$\delta\phi_{\text{def}} = \frac{4M}{b} \quad (M/b\text{가 작은 경우에}). \tag{9.83}$$

이것은 M/b가 작은 경우에 빛의 상대론적 굴절각이다. 여기에 G와 c요소를 복원시키면 (b는 길이의 단위를 가짐을 명심하라.)

$$\boxed{\delta\phi_{\text{def}} = \frac{4GM}{c^2 b}} \quad (GM/c^2b\text{가 작은 경우에}) \tag{9.84}$$ 빛의 굴절각

태양의 가장 자리로 살짝 스쳐지나가는 빛에 대하여 그 굴절각은 1.7″이다. 다음 장에서 이것을 어떻게 측정하는지 알게 될 것이다.

빛의 시간 지연

광선의 전파에서 발견되는 또 다른 흥미로운 상대론적 효과는 태양 가까이 지나가는 빛 신호의 전파되는 시간에 확연한 지연이 있다는 것이다. 이것은 레이더 도달거리 기술로 이 지연을 측정할 수 있다는 것과 그러므로 일반 상대성을 검증해 볼 수 있는 또 다른 재료가 된다는 것이다. 그리고 빛의 시간 지연은 다른 관측을 할 때 적절한 보정이 필요하다는 것이다. 이 효과를 Irwin Shapiro를 기념하여 사피로 시간 지연이라 부른다. 그는 그것을 예견하고 일반 상대성을 검증해보기 위해 맨 처음으로 그것을 측정해 보았다. 무엇이 관련되어 있는지 알아보기 위해 다음과 같은 실험을 상상해보자.

지구에서 보낸 레이더 신호가 태양 가까이 근접하여 스쳐 지나간 후 다른 혹성이나 우주선에 부딪혀 반사되어 온다고 하자. 첫 펄스를 송출했을 때와 반사된 펄스를 받았을 때의 시간 간격을 측정한다. 상대성 이론은 이 수치에 어떤 것을 예견할까? 우리는 벌써 이 질문에 대답해 줄 수 있는 기구를 갖고 있다. 이 상황에 대한

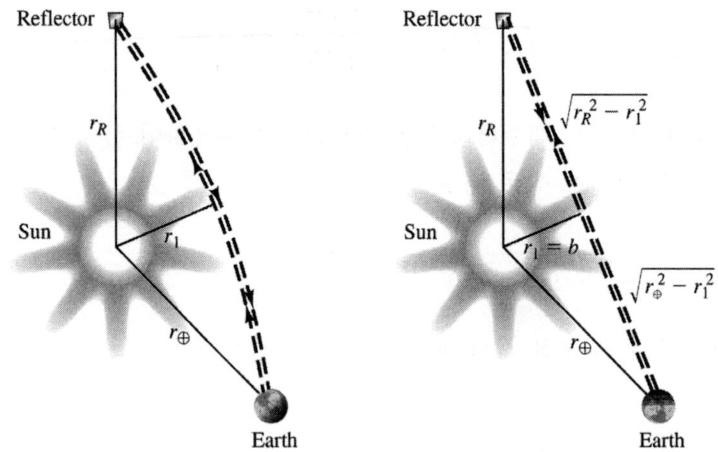

그림 9.12 왼편 그림은 레이더-왕복거리 시간 지연 실험의 개략적 그림이다. 레이더 파가 지구에서 출발하여 태양 가까이 근접하여 지나친 후 멀리 있는 반사체까지 보내진다. 모든 전자기파가 그렇듯이 이것도 편향된다. 오른편 그림에서 보듯이 평평 시공간에서 직선을 따라 전파되는 신호에 의하여 예상되는 왕복시간보다 좀 더 초과된 시간지연이 있다. 태양에 인접하여 있는 시공간의 휨에 의해 야기된 시간 지연은 일반 상대성 이론의 중요한 테스트가 된다.

기하가 **그림 9.12**에 예시되어 있다. 레이더 신호의 경로는 태양의 영향으로 편향될 것이므로 휠 것이다. 이 효과를 **그림 9.12**에 좀 과장되어 그렸다. $r_\oplus$와 r_R은 각각 태양을 중심으로 한 슈바르츠쉴드 좌표에서 지구와 반사체의 궤도 반지름이다. 이것들은 태양에 대하여 상대적인 혹성의 방향을 고정시킬 수 없으므로 그 궤도를 특성화하는 데는 충분하지 않다. 오직 하나의 다른 거리가 이것을 할 수 있도록 해주는데 필요하다. 우리는 그것을 가장 가까운 거리인 슈바르츠쉴드 반경 r_1으로 선택하자.

지구는 그 펄스가 왕복 여행하는 시간 (약 41분 걸림)동안에 정지해 있는 것으로 생각할 수 있다. 펄스의 송출과 수신 사이의 전체 시간 간격은 지구상의 또 다른 효과에 의한 것을 보정한 두 사건 사이의 슈바르츠쉴드 좌표 시간 간격 $(\Delta t)_{\text{total}}$이다. $(\Delta t)_{\text{total}}$을 계산하기 위해 그 펄스의 경로로 따라 시간 t를 r의 함수로 나타내는 것이 필요하다.

이것은 $t-r$평면에서 궤도의 모양을 찾는 것과 같은 것이고 광선의 편향 문제에서 ϕ를 r의 함수 나타내는 것과 매우 유사한 방법을 사용한다. (9.58)을 $dt/d\lambda$에 대해 풀고 (9.63)에서 $dr/d\lambda$에 대하여 푼 다음 처음 것에 나중 것으로 나누면

$$\frac{dt}{dr} = \pm\frac{1}{b}\left(1 - \frac{2M}{r}\right)^{-1}\left[\frac{1}{b^2} - W_{\text{eff}}(r)\right]^{-1/2}, \tag{9.85}$$

여기서 +부호는 반경이 증가할 때 적합하고, −부호는 반경이 감소할 때 적용된다. 펄스의 전 궤도에 걸쳐 볼 때 반경은 $r_\oplus$에서부터 r_1이 가장 최소가 되는 전환점에

서 가장 가까이 감소한 후, 다시 r_R로 증가해 간다. 펄스가 되돌아오는 과정은 이 과정의 역순으로 절차를 밟는다. 그러면 전체 걸린 시간은

$$(\Delta t)_{\text{total}} = 2t\,(r_{\oplus}, r_1) + 2t\,(r_R, r_1)\,, \tag{9.86}$$

여기서 $t(r, r_1)$이란 전환점 r_1에서 임의의 반경 r까지 가는데 걸리는 시간으로 다음과 같다.

$$t(r, r_1) = \int_{r_1}^{r} dr \frac{1}{b}\left(1 - \frac{2M}{r}\right)^{-1}\left[\frac{1}{b^2} - W_{\text{eff}}(r)\right]^{-1/2}. \tag{9.87}$$

매개변수 b와 r_1은 다음과 같은 관계가 있다.

$$\frac{1}{b^2} = W_{\text{eff}}\,(r_1)\,. \tag{9.88}$$

태양계 실험에서 우리가 필요로 하는 것은 (9.87)에 있는 적분은 M에 대하여 1차수로 나타내는 것이 필요하다. (9.79)의 빛의 편향의 경우와 유사하게 적분은 전개함으로써 적분을 근사치로 수행할 수 있다. 식 (9.88)을 M의 1차수로 근사치를 구하면

$$b = r_1 + M + \cdots\,, \tag{9.89}$$

여기서 무시된 항은 차수 $M(M/r_1)$이다. 이 결과는 해답으로부터 b를 제거하기 위해 사용될 것이다. 그 결과는

$$t(r, r_1) = \sqrt{r^2 - r_1^2} + 2M\log\left[\frac{r + \sqrt{r^2 - r_1^2}}{r_1}\right] + M\left(\frac{r - r_1}{r + r_1}\right)^{1/2}. \tag{9.90}$$

위의 식에서 첫 번째 항은 **그림 9.12**에서 오른편 그림에 보여주듯이 전파 시간에 대한 뉴턴적 표현이다. 그리고 그 다음 항 들은 상대론적 보정 항들로 뉴턴의 값보다 전파 시간이 좀 더 증가하게 된다. 전체 시간 지연은 (9.86)에 (9.90)을 대입함으로써 얻어진다.

시간 지연을 뉴턴의 기여하는 시간 항과 상대론적 보정 항으로 이같이 나뉨은 (9.90)에서 슈바르츠쉴드 반경좌표를 사용하였음을 알고 있어야 한다. 반경좌표에서 M 비례하는 양으로 작은 변화를 주면 이 나뉨은 변할 것이다. 측정되는 전체 걸린 시간은 단지 물리적양이다. 그런데 실험의 결과들은 슈바르츠쉴드 좌표와 (9.90)을 사용하여 전체 걸린 시간과 뉴턴 이론에서 예상되는 것과 비교하여 초과된 지연시간의 항으로 종종 인용된다.

$$(\Delta t)_{\text{excess}} \equiv (\Delta t)_{\text{total}} - 2\sqrt{r_{\oplus}^2 - r_1^2} - 2\sqrt{r_R^2 - r_1^2}. \tag{9.91}$$

가장 큰 효과는 r_1이 태양반경에 거의 근접할 때 나타난다.

$r_1/r_R \ll 1$이고 $r_1/r_{\oplus} \ll 1$일 때는 (9.91)이 단순해져 다음과 같은 좋은 근사치에 이른다.

빛의 시간지연

$$\boxed{(\Delta t)_{\text{excess}} \approx \frac{4GM}{c^3}\left[\log\left(\frac{4r_R r_{\oplus}}{r_1^2}\right)+1\right],} \tag{9.92}$$

여기에 G와 c요소를 다시 복원시켰다. 다음 장에 이 식과 실험치를 비교해 놓았다. 빛이 먼 거리를 여행할 때 특별한 관찰자가 측정한 시간간격에 대한 이와 같은 결과는 빛의 속도가 일반 상대성 이론에서 c가 달라진다는 것을 의미하는 것은 아니다. 만일 여러분들이 미국을 횡단하는데 10일 걸렸다면 그것이 당신의 속도는 여행한 거리에 10일을 나누는 것이라는 것을 의미하지는 않는다. 속도는 뉴턴 역학, 특수 상대성, 일반 상대성에서 어떤 궤도를 그리는 각점의 특성들인 것이다. 7.5절에서 논의한 것같이 시공간에서 국소 빛 원뿔 구조는 빛의 4원 속도가 0(null)이라는 조건: 즉 세계선을 따라 각점마다 $\mathbf{u}\cdot\mathbf{u}=0$과 조건에 요약되어 있듯이 빛은 언제나 c의 속도를 가진다.

문 제

1. [S] 질량 M인 구형의 중성자별 바깥에서 살고 있는 진보된 문명이 안쪽의 면적이 $144\pi M^2$이고 바깥쪽 면적이 $400\pi M^2$인 이 별과 중심이 일치하는 질량이 없는 쉘(shell)을 건설한다. 이 쉘의 물리적 두께는 얼마인가?

2. 양전자는 중성자별 주위를 둘러싸고 있는 밀도 높은 플라즈마(plasma)로부터 생산된다, 이것은 동반성으로부터 유입되는 물질이다, 그리고 전자와 양전자는 γ광선을 만들면서 소멸한다. 중성자별은 $2.5M_{\odot}$의 질량과 10km의 반경을 가지고 있다고 가정하였을 때, 멀리 떨어져 있는 관측자는 이 과정에 의하여 별로부터 방출된 광선을 어느 정도의 에너지로 탐지하게 되는가? 전자와 양전자들이 소멸될 때 그것들의 질량 중심은 별에 대해서 정지해 있다고 가정하라.

3. 한 관측자가 질량 M의 구형의 별에 의하여 만들어진 Schwarzschild 기하 안에 고정된 반경 R에 정지해 있다. 별로부터 반경방향으로 나가는 양성자가 관측자의 실험실을 통과한다. 그것의 에너지 E와 운동량 $|\vec{P}|$은 측정되어 있다.
   (a) E와 $|\vec{P}|$ 사이의 연결 고리는 무엇인가?

(b) Schwarzschild 좌표 기저에서 양성자의 4원-운동량의 성분들은 E와 $|\vec{P}|$의 항으로 어떻게 되는가?

4. [B, E] 상자 9.1에 논의된 쉘이 그 쉘 속으로 떨어지는 관측자가 경험하는 g의 힘이 20g 이하, 여기서 g=9.8m/s^2, 가 되도록 설계되었다고 가정하자. 만일 관측자가 쉘 속으로 발부터 먼저 떨어진다면, 이 g-힘들은 관측자의 머리와 발 사이의 단위 질량당 힘의 차이이다. 뉴턴 이론을 사용하여 그 쉘이 이 설계 기준에 합당하려면 얼마의 무게로 얼마의 크기가 되어야 하는가?

5. 유효 퍼텐셜 V_{eff}의 최대치와 정확히 같은 $\mathcal{E}$의 값을 가지고 무한 원점으로부터 들어온 입자의 궤도의 정성적 행동양상을 스케치하라. 만일 $\mathcal{E}$의 값이 최대치보다 조금 더 크거나 혹은 조금 더 작으면 그 그림은 어떻게 변하는가?

6. [S] 한 관측자가 무한원점에서 0의 운동에너지를 가지고 출발하여 그것의 외부 기하가 Schwarzschild 기하인 질량 M인 블랙홀을 향하여 반경방향으로 안으로 떨어지고 있다.
반경 $6M$과 $2M$사이를 통과하는 데에 관측자의 시계로 측정했을 때 얼마나 많은 시간이 걸리겠는가?

7. 두 입자들이 Schwarzschild 기하에서 무한 원점으로부터 반경방향으로 안으로 떨어지고 있다. 하나는 $e=1$를 가지고 또 다른 하나는 $e=2$를 가진다. $r=6M$에 정지해 있는 관측자는 그것들이 지나갈 때 각각의 속도를 측정한다. 두 번째 입자는 그 점에서 얼마나 더 빨리 움직이는가?

8. 우주선이 질량 M인 블랙홀 주위를 원형궤도를 동력 없이 돌고 있다. (외부의 기하는 Schwarzschild 기하이다.) 그 궤도의 Schwarzschild 반경은 $7M$이다.
(a) 무한 원점에 있는 관측자에 의해 측정되었을 때 궤도의 주기는 얼마인가?
(b) 우주선 안에 있는 시계로 측정되었을 때 궤도의 주기는 얼마인가?

9. 고유시간에 대하여 원형궤도에 있는 입자의 각도 위치의 변화율과 궤도의 Schwarzschild 변경사이의 관계를 구하라. 그리고 (9.46)과 비교해보라.

10. 궤도상의 한 점에 머물고 있는 정지한 관측자에 의하여 측정될 Schwarzschild 기하에서 반경 R의 원형궤도에 있는 입자의 선형속도를 구하라. ISCO에서는 그 값이 얼마가 되는가?

11. 불안정한 원형궤도의 작은 섭동은 시간이 흐름에 따라 지수 함수적으로 증가할 것이다. Schwarzschild 반경 중에 불안정한 최대반경에서부터 변위 δr은 초기부터 다음과 같이 증가한다.

$$\delta r \propto e^{\tau/\tau_*},$$

여기서 τ는 입자의 궤적을 따라가는 고유시간이고 τ_*는 상수이다. τ_*를 계산하라. 궤도 반경이 $6M$에 접근함에 따라 그것의 행동양상을 설명하라.

12. 한 혜성이 무한원점에서 출발하여 질량 M인 상대론적 별 주위를 돈 후 다시 무한 원점으로 탈출했다. 무한 원점에서 충격 변수(impact parameter)는 b이다. 가장 가까이 접근했을 때의 Schwarzschild 반경은 R이다. 가장 가까이 접근했을 때 바로 그 지점에 정지하여 있는 관측자에 의해 측정된 혜성의 속도는 얼마인가?

13. [N, C] Schwarzschild 기하에서 입자의 궤도들은 일반적으로 한 번의 턴(turn) 후 닫히지 않는다. 한 번 이상의 주어진 턴 수 후에 어떤 궤도가 닫히게 하는 한 세트의 값들 $\mathcal{E}(\ell)$이 있어야 하는 이유를 설명하라. 이 책의 웹사이트에 있는 Mathematica 프로그램을 사용하던지 아니면 다른 것을 사용하여 일종의 클로바 잎 형태를 만드는 $\ell = 4.6$일 때 4번의 턴 후 궤도를 닫히게 하는 ϵ의 값을 구하라.

14. 뉴턴 역학에서 Kepler 법칙 중 하나는 물체가 $1/r$ 퍼텐셜에서 타원 궤도를 돌 때 일정한 동일한 시간 동안에 동일한 면적을 휩쓸고 지나간다고 말해주고 있다. Schwarzschild 기하에서 반경 $R\rangle 2M$의 바깥에 머물고 있는 궤도에 의하여 휩쓸고 지나간 반경 $R\rangle 2M$의 바깥에 있는 면적을 고려하자. 고유시간을 사용하던지 Schwarzschild 시간을 사용하던지 Kepler 면적 법칙 올바르게 유지되는가?

15. [A] **행성의 근일점의 세차운동**

하나의 속박궤도에서 휩쓸고 지나간 각도 $\Delta\phi$에 대한 $1/c^2$의 상대적 보정에 대하여 1차수로 구하기 위하여, 작은 양 $2GM\ell^2/c^2r^3$에 있어서 (9.52)에서 피적분 함수를 전개하여 단지 처음 두 항만 유지하려는 유혹을 받을 지도 모른다. 이것은 실수이다, 왜냐하면 이 적분의 결과는 $\int^{r_2} dr/(r_2 - r)^{3/2}$ 같은 전환점 가까이에서 발산한다. 이에 반하여 원래 적분은 유한하다. 그것이 전개되어질 수 있도록 피적분 함수를 다시 쓸 수 있는 여러 방법들이 있다. 하나의 트릭은 분모에서 $(1 - 2GM/c^2r)$를 인수분해하면 그것은 다음과 같이 쓸 수 있다.

$$\Delta\phi = 2\ell \int_{r_1}^{r_2} \frac{dr}{r^2}\left(1 - \frac{2GM}{c^2r}\right)^{-1/2}\left[c^2e^2\left(1 - \frac{2GM}{c^2r}\right)^{-1} - \left(c^2 + \frac{\ell^2}{r^2}\right)\right]^{-1/2}.$$

그런데 대괄호안에 있는 인수는 여전히 차수 $1/c^2$에서 $1/r$에 제곱의 양에 제곱근이다.

표현 (9.55)를 유도하기 위하여 이 표현을 다음과 같이 따라해 보라.

(a) 위의 공식에 있는 $(1-2GM/c^2r)$의 인수를 $1/c^2$의 멱으로 전개하라, 그리고 뉴턴 항에 $1/c^2$의 보정을 유지하고 (9.53)을 사용하라.

(b) 적분 변수 $u=1/r$을 도입하여 위 적분이 다음의 형태로 둘 수 있음을 보여라?

$$\Delta\phi = \left[1+2\left(\frac{GM}{c\ell}\right)^2\right] 2\int_{u_2}^{u_1} \frac{du}{\left[(u_1-u)(u-u_2)\right]^{1/2}} + \frac{2GM}{c^2}\int_{u_2}^{u_1} \frac{udu}{\left[(u_1-u)(u-u_2)\right]^{1/2}} + \left(\begin{array}{c}1/c^2 \text{ 에서 높은} \\ \text{차수의 항}\end{array}\right).$$

(c) 첫 번째 적분은(2 도 포함하여) (9.54)에 나와 있는 데 그 값은 2π와 동일하다. 두 번째 적분은 $(\pi/2)(u_1+u_2)$를 주고 그리고 이것은 $1/c^2$에서 가장 낮은 차수로 $\pi GM/\ell^2$과 동일하다.

(d) 이 결과들을 결합시켜 (9.55)를 유도하라.

16. 반경 a의 원형 단면적을 가진 광자의 빔이 멀리에서부터 질량 M인 블랙홀을 향하여 조준되어 있다. 빔의 중심은 블랙홀의 중심을 향하여 맞춰져 있다. 빔 안에 있는 모든 광자들이 블랙홀에 의하여 붙잡히는 그런 때의 빔의 최대 반경 $a=a_{\max}$은 얼마인가? 붙잡는 단면적은 $\pi a_{\max}^2$이다.

17. 광자는 모든 중력의 인력의 소스로부터 멀리 떨어져 있을 때 빛 속도로 움직이는 "비 상대론적" 입자라고 가정하여 뉴턴 중력 이론에서 빛의 굴절을 계산하라. 당신의 답을 일반 상대성적 결과와 비교해보라.

18. 중력의 다른 이론에서(Einstein의 일반 상대성 이론이 아닌) 구형의 별 외부의 계량은 다음과 같이 주어져 있다.

$$ds^2 = \left(1-\frac{2M}{r}\right)\left[-dt^2+dr^2+r^2(d\theta^2+\sin^2\theta\, d\phi^2)\right].$$

광자들은 이 기하에서 눌 측지선을 따라간다고 가정하고 그리고 (9.78)로 이끄는 각 단계를 따라가면서 이 이론에서 구형의 별에 의한 빛의 굴절률을 구하라. 여러분이 그 답을 얻었을 때 이 문제를 해결하는 데 좀 더 간단한 방법을 발견할 수 있는지 알아보라.

19. [N] 입자 측지선을 위한 웹사이트에 있는 프로그램과 유사한 Schwarzschild 기하에서의 눌 측지선에 대한 Mathematica 프로그램을 쓰라. 이 프로그램을 사용하여 원형궤도를 위한 임계 충격 변수보다 조금 위에 혹은 조금 아래애 있는 충격 변수를 가진 궤도들을 예시해보라.

20. (a) Schwarzschild 기하에서 가장 작은 가능할 수 있는 불안정 원형궤도에 있는, 그 반경에 정지해 있는 관측자에 의하여 측정했을 때 입자의 속도는 얼마나 되는가?

(b) Schwarzschild 기하에서 이 궤도와 광자의 불안정한 원형궤도와의 연결 관계는 무엇인가?

21. [E] 중성자의 별이 밝아서 그 표면위의 물체를 망원경으로 볼 수 있다고 가정하자. 빛의 중력에 의한 휨은 우리 쪽으로 향해 있는 반구를 볼 수 있을 뿐만 아니라 반대편 반구도 볼 수 있다는 것을 의미한다. 그 이유를 설명하고 그리고 그 표면을 볼 수 있는 최극단 변과 시선의 연장선으로부터 잰 각도를 평가해라. 휨이 없다면 이것은 $\pi/2$일 것이다. 그러나 휨 때문에 이 각도보다는 작을 것이다. 전형적인 중성자별들은 질량으로 $\sim M_\odot$와 반경으로 $\sim 10\,\text{km}$을 가지고 있다.

22. [N, C] **레이저로 블랙홀을 찾기**

질량 $\sim 10^{15}\,\text{g}$의 원시 블랙홀이 초기 우주에서 만들어 졌고 지금은 우주공간에 널리 퍼져 있다고 가정하자. 한 관측자가 블랙홀표면위로 레이저를 발사하면 광선의 일부는 반사되어 관측자에게로 흩어질 것이다. 그런 원시 블랙홀에 대한 탐색은 원리적으로 우주 공간 속으로 레이저를 비추고 그리고 반사되어 흩어진 광선을 찾음으로서 실행될 수 있다.

(a) 약간의 빛이 흩어지는 이유를 설명하라.

(b) 레이저 빔에서 광자의 플락스(flux) [(number)/$\text{m}^2\cdot\text{s}$]는 f_*, 블랙홀의 질량은 M, 그리고 그것이 거리 R만큼 떨어져 있다고 가정하자. 빔이 출발한 지점에 있는 반경 d의 광선을 수신하는 면적으로 되돌아오는 단위 초당 광자의 수에 대한 식을 유도하라. 빔의 넓이는 블랙홀의 크기보다 훨씬 더 크다고 가정하라. (힌트: 이 문제에 대한 정확한 답을 얻기 위하여는 얼마간의 적분이 필요하다.)

(c) 상자 2.1에 묘사되어 있는 레이저로 그런 블랙홀을 찾을 수 있을 희망이 있는가?

CHAPTER

10 일반 상대성 이론의 태양계에서의 검증
Solar System Tests of General Relativity

슈바르츠쉴드 기하에서 실험입자와 빛의 궤도에 대한 앞 장에서의 분석은 태양계 내에서 검증되어질 수 있는 일반 상대성의 4가지 효과에 대하여 논하였다.

① 중력장에서의 적색편이
② 태양에 의한 빛의 굴절
③ 행성궤도에서 근일점의 세차운동
④ 빛의 시간지연

이 4가지만이 태양계 내에서 수행해 볼 수 있는 실험만이 아니다. 위 4가지는 그것들 중에서 좀 더 중요한 것들을 나열해 놓은 것이다. 이 장에서는 이들 효과를 측정한 몇 가지 실험들에 대해 기술하고 전형적인 1%의 비율의 정확도로 태양계 내에서 일반 상대성이 예견하는 것들을 확증할 것이다. 이 장에서의 논의가 어떤 의미에서 이전이나 현재 이글을 쓸 당시에 일반 상대성에 대한 실험을 재회고해보자는 것만이 아니다. 오히려 현재 가장 정확하고 그래서 더 이상의 정확도가 필요치 않는 대표적인 실험들에 대하여 논의 하고자 한다.

실험들은 단지 개략적으로 묘사되어 있지만 그러나 충분히 상세하게 논의되어있고 주된 에러의 근원도 언급되어 있다. 이들 매우 정교한 실험에 들어간 노력과 천재성에 감사를 표하며 여러분들은 제시되어 있는 참고 리스트에 있는 원문을 읽어보기 바란다.

10.1 중력장에서의 적색편이

등가원리에 일치하는 어떤 중력이론도 우리가 6장에 보았듯이 중력장의 적색편이를 예견할 것이다. $1/c^2$을 주차수로해서 중력장의 적색편이의 값은 단지 등가원리에만 의존하여 충분히 구할 수 있다. 즉, 중력이론의 상세한 부분에 의존하지 않고도 구할 수 있다는 것이다.

그러므로 중력 적색편이에 대한 검증은 일반 상대성의 상세한 점을 검증한다기보다는 등가원리에 대한 검증에 더 비중이 있는 것이다.

중력의 적색편이를 찾아볼 수 있는 명확한 장소는 별과 같은 거대 질량체에 의한 중력 퍼텐셜 안에 깊이 가라앉아 있는 원자에서 방출되는 스펙트럼의 선을 관찰

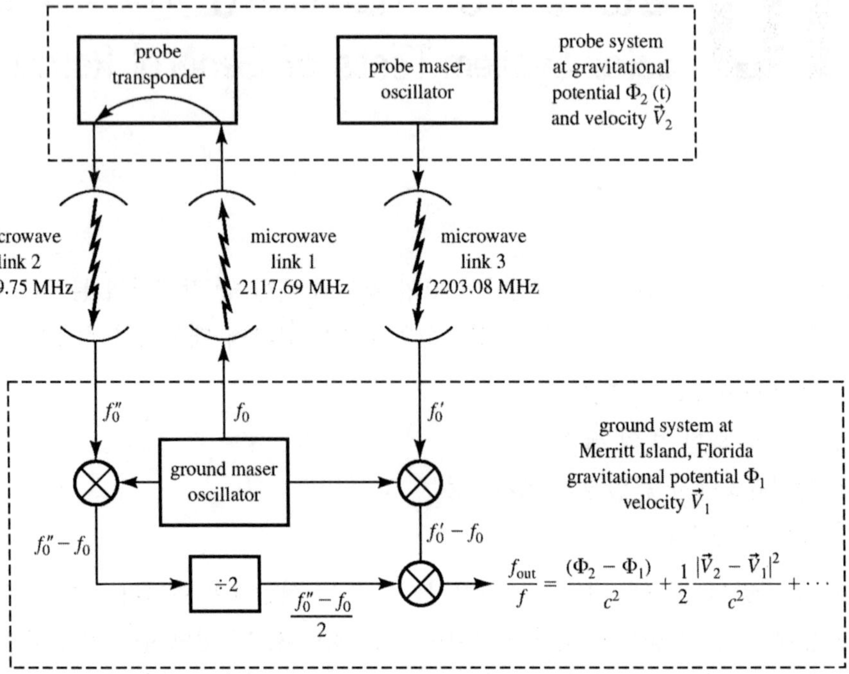

그림 10.1 중력 적색편이를 측정하기위한 Vesset과 Levine(1979)의 로켓 실험의 개략적 도형. 위에 점선으로 된 상자 내에는 로켓이 휴대하고 있는 패키지를 나타내고 있다; 아래에 점선으로 된 상자 내에는 지상에서 설치되어 있는 패키지를 보여주고 있다. 로켓시간으로 f_0'의 진동수로 신호가 로켓에서 송출되었다. 또한 진동수 f_0로 지상에서 로켓으로 위로 송출된 신호와 이것이 로켓 내에서 그대로 전이된 뒤 로켓에서 지상으로 송출되는 진동수 f_0'' 신호도 보여주고 있다. 이 두 신호의 차의 반은 로켓의 속도에서 기인하는 1차 도플러 편이에 비례한다. 이것을 로켓의 시계 신호로 보낸 진동수에서 빼면, 주된 항은 중력 적색편이와 $(f_0 - f_0'')/2$로부터 알 수 있는 2차 도플러 편이이다.

하는 것일 것이다. 그와 같은 효과가 태양, 백색왜성, 어떤 활동적인 은하성단의 핵 등에서 관찰되어왔다.

그러나 이글을 쓸 당시에는 중력의 적색편이에 대한 아주 정확한 실험이 거대 질량체의 깊은 중력 퍼텐셜 안에서 행하여지지 않았고 지구 표면 가까이에서 실험을 통하여 행하여 졌다. 그 적색편이는 너무 작았으나 그 실험을 통제하는 능력은 아주 탁월했다.

R.Vessot(1976) 실험과 M.Levine(1979)의 실험에서 정확한 수소 메이저 원자 시계를 실은 로켓이 지구 표면으로부터 상공 10^4km의 궤도에 진수되었다. 실험하는 동안 내내 로켓의 위치는 지상에서 모니터 되었고, 궤도상의 시계로 고정된 진동수 f_0'의 신호가 송출되고 있다. 이와 같이 그 비율이 효과적으로 모니터(monitor)되고 있다. **그림 10.1**에 이 신호가 어떻게 분석되는지 개략적인 그림을 그려놓았다. (우리는 이 그림에 해당하는 이 논의에서는 진동수를 f로 나타내어 사용할 것이다.) 이 실험을 분석하는 데에 필요로 하는 차수 $1/c^2$의 정확도로서, 관측되는 진동수

f_0'는 **특수 상대성의 도플러 편이 효과**[1](5.73)와 **일반 상대성의 중력장 적색편이 효과**(6.12) 이 둘을 합친 결과로 인해서 로켓에서 신호가 송출되는 시계상의 진동수와 차이가 일어난다. 도플러 편이 식 (5.73)은 로켓의 속도의 멱급수로 전개될 수 있다. 그러면 단지 앞의 두 항만 - 1차 토플러 편이와 2차 도플러 편이라 부른다 - 이 이 실험에 관여한다.

진동수 f_*으로 송출된 신호의 1차 도플러 편이의 크기의 차수는

$$\frac{\Delta f_{\text{Doppler}}}{f_*} \approx \frac{V}{c} \sim \left(\frac{gh}{c^2}\right)^{1/2} \sim 10^{-5}, \tag{10.1}$$

여기서 V는 로켓의 속도이고 10^4km의 고도 h에 도달하는 데 필요한 속도를 채용하였다. (우리는 이 장에서는 실험에 대한 논의에서는 $c \neq 1$로 다시 돌아왔다.) 2차 도플러 편이는 이것의 제곱차수로 나타난다. 중력 적색편이는 [(6.12) 참조]

$$\frac{\Delta f_{\text{grav}}}{f_*} \approx \frac{gh}{c^2} \sim 10^{-10}. \tag{10.2}$$

이제 실험의 주된 문제점이 명확해졌다. 이 중력 적색편이 효과가 1차 도플러 효과와 비교해 볼 때 다섯 차수(five order) 정도로 작다는 것이다. 이 교묘한 실험적 해결책(**그림 10.1**)은 알려진 진동수 f_0의 신호를 로켓에 있는 자동무선전이기(transponder)로 보내고 그 자동무선전이기가 그것이 받았던 진동수대로 그대로 다시 신호를 재송출 하도록 한다. 이 올라가고, 내려오는 신호에 1차 도플러 편이가 더해질 것이다 - 이 양쪽의 경우 모두에서 신호를 보내는 발생원이 신호를 받는 수신원으로부터 멀리 떨어져 움직이고 있다는 것이다. 그러나 중력 적색편이와 2차 도플러효과는 신호가 올라갈 때와 내려올 때 크기는 같고 부호가 반대로 되므로 아무런 영향을 미치지 않는다. 이와 같이 하여 자동무선전이기가 보낸 신호는 지구표면에서 f_0''의 진동수로 받게 되는데 이 진동수는 f_0의 진동수에 1차 도플러효과에 의하여 2배가 더해지고 중력 적색편이나 2차 도플러효과는 더해지지 않는다. 이와 같이 그것은 로켓의 속도에서 직접 구할 수 있다. 이 두 개의 경로를 따라 온 데이터가 도착하면 $(f_0''-f_0)/2$를 $f_0'-f_0$에서 뺀 데이터가 자동으로 주어진다. 이 뺄셈은 주된 차수 $1/c$차수의 도플러 편이는 삭제시켜주고, $1/c^2$의 중력 적색편이와 2차 도플러 효과는 남겨둔다. 후자는 로켓의 속력으로부터 알게 되고, $f_0''-f_0$와 로켓궤도의 다른 모니터링으로부터 결정된다. 그 결과는 중력장 적색편이에 대한 정확한 검증이 된다. 예상치와 측정치의 차이는

1) 여러분들은 시간 확장의 효과도 또한 포함되어야 되지 않는가 라고 의문을 가질지 모른다. 그러나 (5.73)은 모든 특수 상대성 효과를 포함하고 있다. 시간 확장은 분자에 들어가 있는 필연적 요소이다.

$$\left|\frac{(\Delta f_{\text{grav}}/f_*)_{\text{obs}} - (\Delta f_{\text{grav}}/f_*)_{\text{pred}}}{(\Delta f_{\text{grav}}/f_*)_{\text{pred}}}\right| \leq 2 \times 10^{-4}. \tag{10.3}$$

이였다.

10.2 PPN 변수들

아인슈타인 일반 상대성이 현재 태양계 내에서의 여러 실험 검증들과 상당히 잘 일치하는 이론임에도 불구하고, 그것이 수년간에 걸쳐 제시되어 왔었던 여러 상대론적 중력이론들 중에서 유일한 것만은 아니다. 이들 실험적 검증들을 논의함에 있어서, 여러 이론이 예견하는 것들을 체계적인 방법으로 매개변수화 할 수 있는 구조(framework)을 가지는 것은 유용하다. 그래서 변수화된-후-뉴턴적 구조(Parametrized-Post-Newtonian(PPN) framework)가 이것을 행하는 데 표준적 방법이 되었다. PPN 구조 배경에 있는 아이디어를 이해하기 위하여 중력에 대한 다른 이론을 상상해보자. 일반 상대성 이론과 마찬가지로 그 이론도 질량이 시공간을 휘게 하고 광선이나 실험입자들이 그 시공간에 있는 측지선을 따라 운동한다고 하자. 태양바깥부위의 기하는 매우 근사적으로 구형으로 대칭일 것이다. 그러나 아인슈타인 이론에서 예견되는 슈바르츠쉴드 기하 (9.1)와는 상세한 부분에서는 다를지도 모른다. 실험적 검증과 관련된 차이는 몇 개의 PPN 변수로 요약될 수 있다. 21.4절에서 상세하게 보여주듯이 좌표를 적절히 선택하면 아주 일반적이고 정적이며, 구형적으로 대칭인 계량은 다음과 같은 형태를 띠게 된다.

$$ds^2 = -A(r)\,(c\,dt)^2 + B(r)\,dr^2 + r^2(d\theta^2 + \sin^2\theta\,d\phi^2). \tag{10.4}$$

여러분들은 $d\theta^2 + \sin^2\theta\,d\phi^2$앞에 왜 임의의 함수 $C(r)$을 두지 않는가하고 의아하게 생각할 지도 모른다. 만일 그런 것이 하나 있다면 새로운 반경 $r' = [C(r)]^{1/2}$을 정의할 수 있을 것이고 그런 경우 (10.4)의 형태를 모든 곳에서 r을 r'로 대치되는 새로운 형태의 계량을 구할 수 있을 것이다. 그리고 나서 다시 단지 r'에 r의 이름으로 바꾸면 우리는 다시 (10.4)와 같은 형태를 다시 갖게 된다. 슈바르츠쉴드 기하 (9.1)은 A와 B에 특정한 함수로 되어있는 이와 같은 형태를 갖추고 있다. 이제 계량 (10.4)를 c의 멱승으로 전개하는 것을 상상해보자, 그러면 거기에는 뉴턴의 한계와 후-뉴턴 보정치를 얻을 수 있다. 질량 M이 별 바깥부분의 구형기하를 결정하는 유일한 변수라고 가정하면 이것은 GM/c^2r의 승으로 전개되어야 한다. (이것은 G, M, c와 r의 결합으로 차원이 없다.)

중력에 대한 어떤 상대적인 이론도 비상대적 한계에서는 뉴턴 이론이 예측하는 잘 검증된 결과들과 맞아 떨어져야 한다. 6.6절의 논의에서처럼 이 한계에서 궤도의 예견치는 $g_{tt}(r)$에 있는 평평 공간의 기하에서 1차 상대론적 보정에 의해 결정된다. 그러므로 뉴턴 이론과 일치하려면 다음과 같은 것이 요구된다.

$$A(r) = 1 - \frac{2GM}{c^2 r} + \cdots, \qquad B(r) = 1 + \cdots. \tag{10.5}$$

일반 상대성에서 예견되는 정적이며 약한 장의 계량 (6.20)과 일치하려고 하면 $B(r)$의 항을 좀 더 수정할 필요가 있다. 그러나 6.6절에서 언급한 것과 같이 이 항은 작은 속도일 때의 뉴턴의 예견치에 영향을 주어서는 안된다. 첫 번째 후-뉴턴 보정을 얻기 위하여 A와 B 둘 다에 다음의 항을 추가시키면

$$A(r) = 1 - \frac{2GM}{c^2 r} + 2(\beta - \gamma)\left(\frac{GM}{c^2 r}\right)^2 + \cdots, \tag{10.6a}$$

$$B(r) = 1 + 2\gamma\left(\frac{GM}{c^2 r}\right) + \cdots. \tag{10.6b}$$

후-뉴턴항의 앞에 있는 계수들은 표준사용에 의하여 PPN 변수들 β와 γ와 관련이 있는 것들이다. 이 변수들은 중력에 대한 여러 다른 이론에서 서로 다른 수치를 가질 수 있다. 일반 상대성 이론에 있어서 슈바르츠쉴드 계량 (9.1)은

$$\text{일반 상대성:}\ \gamma = 1, \qquad \beta = 1. \tag{10.7}$$

이다. 태양에 의한 빛의 굴절, 행성 근일점의 세차운동, 빛의 시간지연 등 모두는 (10.6a)와 (10.6b)를 (10.4)에 삽입함으로써 얻어지는 PPN 계량을 위해 사용되어질 수 있다(**문제 4** 참고). $1/c^2$의 주차수로 해서 그 결과는 다음과 같다.

- 충격변수 b로 질량 M 옆을 지나가는 빛의 굴절각 $\delta\phi_{\text{def}}$는 [(9.84) 참조]

$$\delta\phi_{\text{def}} = \left(\frac{1+\gamma}{2}\right)\left(\frac{4GM}{c^2 b}\right). \tag{10.8}$$

- 한 궤도당 혹성의 근일점의 세차운동 $\delta\phi_{\text{세차}}$은

$$\delta\phi_{\text{세차}} = \frac{1}{3}(2 + 2\gamma - \beta)\,\frac{6\pi GM}{c^2 a(1-\epsilon^2)}, \tag{10.9}$$

  여기서 M은 궤도를 만들어내는 별의 질량, a는 타원의 장반축의 거리 ϵ는 이심율이다.

- 빛의 초과 시간지연 Δt_{excess}은 중력장을 만들어내는 물체에 가장 근접한 거리 r_1보다 훨씬 큰 거리에 위치한 레이더를 송출하는 지구까지의 거리 $r_\oplus$와 이 전파를 되받아 반사시키는 반사기까지의 거리 r_R이라할 때 빛의 초과지연은 [(9.92) 참고]

$$\Delta t_{\text{excess}} = \left(\frac{1+\gamma}{2}\right)\frac{4GM}{c^3}\left[\log\left(\frac{4r_{\oplus}r_R}{r_1^2}\right)+1\right]. \tag{10.10}$$

위의 3가지의 실험으로 β와 γ의 값을 구할 수 있고 일반 상대성에서의 값 (10.7)과 비교해 볼 수 있다.

10.3 PPN의 변수 γ의 측정 Measurement of the PPN Parameter γ

태양에 의한 빛의 굴절과 빛의 시간지연은 PPN 변수 γ를 직접 구할 수 있는 2개의 실험이다.

태양에 의한 빛의 굴절 Deflection of Light by Sun

빛은 **그림 10.2**에 보여주는 것 같이 식 (10.8)의 양 만큼 태양이 만든 휜 시공간을 따라 휘어 진행할 것이다. 태양의 가장자리를 지나가는 빛의 일반 상대성 이론에서 예견하는 굴절각은 다음과 같다.

$$[\delta\phi_{\text{def}}]_{\text{predicted}} = 1.75''. \tag{10.11}$$

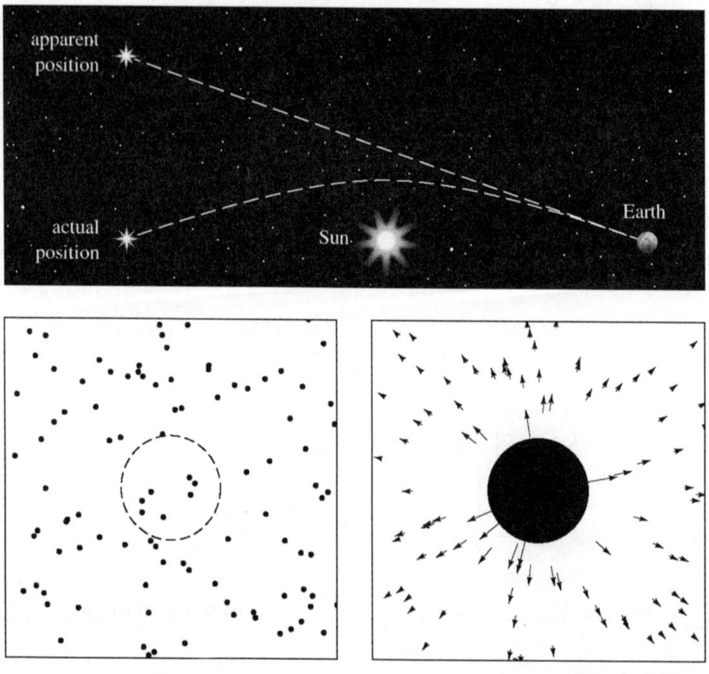

그림 10.2 위의 그림은 태양에 의하여 만들어진 휜 시공간에 의하여 편이되는 별의 상이 그 별이 실제로 있는 모습보다 태양으로부터 어떻게 더 큰 각도로 떨어지는 가를 보여주고 있다. 아래쪽 그림은 태양이 보는 시야로 들어왔을 때 별들의 장이 밖으로 편이 됨을 보여주고 있다. 실제적인 데이터 보려면 그림 10.3을 보라. 편이는 태양으로부터 각도 거리가 증가함에 따라 더 작아진다. 그 효과가 이 그림에서 크게 과장되어 그려져 있다. 지구에서 봤을 때 태양의 지름 각도는 959″이지만 태양가장자리에서 빛의 편이 각은 1.75″밖에 안된다.

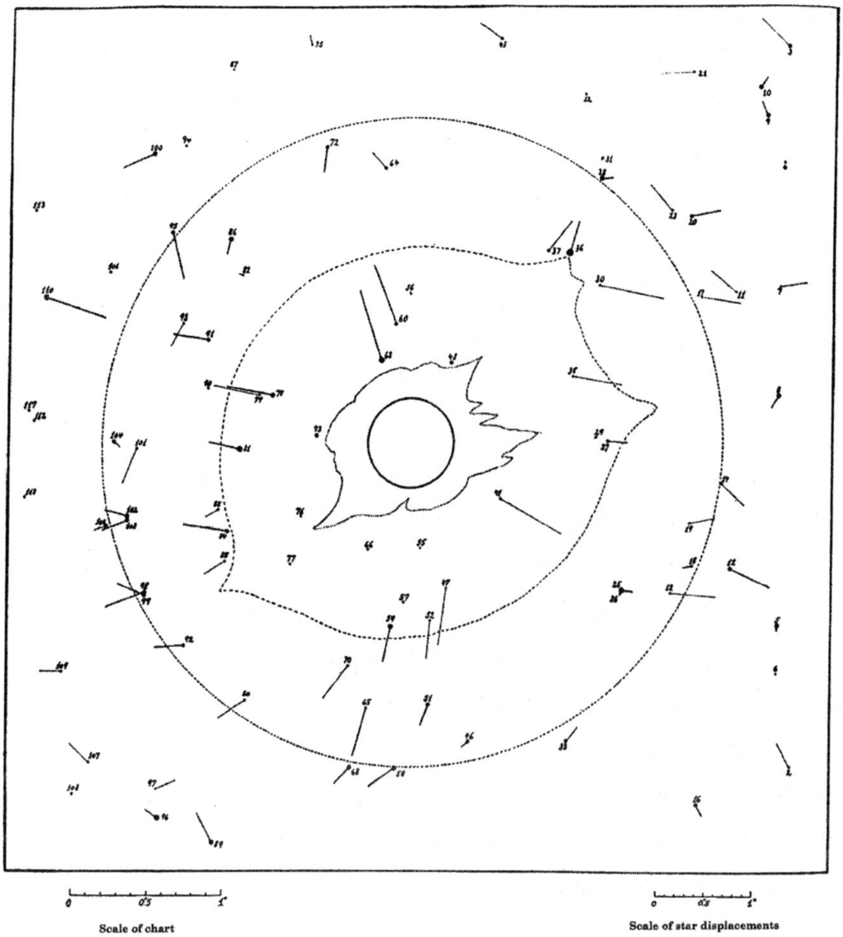

그림 10.3 1922년에 있은 개기일식 때에 Campbell과 Trumpler에 의해 관측된 별들의 편이. 태양의 원형판은 코로나를 나타내는 점선에 둘러싸여 중앙에 위치해 있다. 다양한 방향의 별들의 편이는 측정을 하는 데 있어서 어려운 측정이다.

1919년에 행하여진 이 빛의 굴절각에 대한 측정이 일반 상대성 이론에 대한 최초의 실험이었다. (10.8)에 주어진 굴절각은 태양가장자리에 가장 근접한 별빛일수록 가장 클 것이다.

그러나 태양의 가장자리에 근접한 별빛은 단지 개기일식 동안만 볼 수 있을 것이다. 개기일식 때 일식이 일어날 그 주위의 하늘의 별빛을 찍어놓고 몇 개월 후 다시 태양이 그 지역을 지나갈 때 그 지역을 다시 사진을 찍어 비교해보는 것이다. **그림 10.2**와 같이 태양이 보인다고 했을 때 굴절각이란 별의 각도 위치가 태양의 원반 중심에서 좀 더 멀리 떨어져 보이게 되는 것이다. 그러므로 예견되는 별빛의 편이 이동거리는 별빛이 태양으로부터 멀리 떨어지면 질수록 각도 거리도 점차 감소하게 된다.

정상적인 상태에서는 지구대기의 요동에 의한 굴절작용에 기인한 별 위치의 요동은 예견되는 굴절각보다 상당히 크다. 그러므로 이 요동을 배제할 수 있도록 측정은 많은 수들의 별들을 사진 찍어 평균을 내어야 할 것이다. 유용한 개기일식의 측정은 그 측정 당시 관측소의 기계적, 열적으로 어려운 상황들이 중요한 시스템적인 결함을 만들어 낼 수 있는 그런 장소로부터 멀리 떨어진 곳이어야 한다. 1922년 개기일식의 관측에 대한 데이터를 **그림 10.3**에 보여준다. 어쩌면 여러분들은 변위의 방향이 마구잡이로 분산되어 있어 관찰하는 데 어려움을 좀 느낄지 모르겠다. 이 어려움에도 불구하고 잘 관측하면 5%의 정확도로 $\gamma=1$과 일치하는 결과를 보여준다.

오늘날에는 별 대신에 어떤 전파원과 전파망원경을 사용하여 훨씬 더 나은 측정이 이루어지고 있다. 그렇지만 그 아이디어는 변함이 없다. 태양은 라이오파 영역에서는 그렇게 밝지 않다, 그래서 관측은 태양에 근접한 전파원으로부터 언제라도 가능하다. 더구나 전파 간섭계는 광학기구보다 훨씬 나은 각도 해상력을 제공해준다. **그림 10.4** 보여주듯이 긴 기지선 간섭계(long baseline interferometry(LBI))를 사용하여 1974년과 1795년에 서부 버지니아, 그린 뱅크에 있는 국립전파천문관측소(National Radio Astronomy Observatory(NRAO))에서 Edward Fomalont와 Richard Sramek에 의하여 탁월한 측정이 행하여졌다.

그림 10.4에 보여주듯이 기저선상에서 거리 B만큼 떨어져 있으며 파장 λ를 사용하는 두 전파망원경이 전파원, 예로써 멀리 떨어져있는 퀘이사를 향하여 똑같이 서있다. 두 신호는 케이블에 의해 공통의 한 점으로 이동하여 같이 합해지고 어떤 편리한 시간간격에 걸쳐서 평균 내어진다. 두 신호사이에는 $B\sin\theta$만큼의 거리차가 있기 때문에 그 거리차가 전파의 반파장의 짝수 배이면 보강간섭을 할 것이고 반파장의 홀수 배이면 상쇄간섭을 할 것이다.

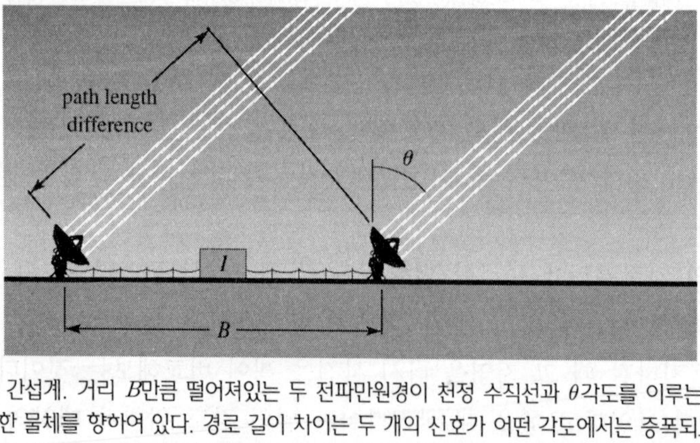

그림 10.4 전파 간섭계. 거리 B만큼 떨어져있는 두 전파만원경이 천정 수직선과 θ각도를 이루는 위치에 놓여있는 멀리 떨어진 동일한 물체를 향하여 있다. 경로 길이 차이는 두 개의 신호가 어떤 각도에서는 증폭되고, 어떤 각도에서는 상쇄된다는 것을 의미한다. 그것은 어떤 물체의 각도 위치를 아주 정확히 설정할 수 있도록 해준다. 긴 기저선 간섭계(long baseline interferometry (LBI)) ($B\sim 20km$)에서는, 그 신호들을 실시간으로 결합할 수 있을 만큼 충분히 가깝다. 매우 긴 기저선 간섭계(very long baseline interferometry (VLBI)) ($B\sim 1000km$)에서는, 각자의 위치에서 분리되어 기록된 후 나중에 결합시킨다.

두 신호의 합은 아래의 요소를 곱해야 할 것이다. (동일한 밀도를 가정하면)

$$1 + \cos\left(\frac{2\pi B \sin\theta}{\lambda}\right). \tag{10.12}$$

지구가 회전함에 따라 θ는 변할 것이고 그 신호의 합도 변할 것이다 - 어떤 때는 보강간섭을, 어떤 때는 상쇄간섭을, 이들 간섭의 패턴과 지구 자전 속도를 알면 $\sin\theta$를 측정할 수 있다. 정확도는 궁극적으로 그 시스템의 phase 안정성에 달려있다. 이 시스템의 phase 안정성은 전형적으로(10.12)에서 phase에 대해 0.01 ~ 0.1까지이다.

NRAO 실험에서 4개의 전파망원경이 사용되었다. 그 중 3개를 **그림 10.5**에서 볼 수 있다. 효과적인 기지선의 거리는 $B = 35\,\text{km}$ 이다. 그래서 수 GHz의 진동수에서 예상되는 각도 정확도는 0.01″보다 작거나 엇비슷할 것이다 - 태양에 의한 빛의 굴절을 예견하는 일반 상대성 이론에서의 예견치 1.75″을 측정할 수 있을 만큼 충분한 정확도이다. 관측은 다음과 같이 진행되었다(**그림 10.6**). 3개의 전파원 0111+0.2, 0119+11, 0116+0.8이 사용되었다. 그것들은 10°각 이하로 떨어져있고 동일선상에 있으며 각도크기로는 작으며 그리고 꽤 강하다. 매년 4월 11일 태양은 전파원 0116+08를 가린다. 그것의 각도위치는 다른 두 전파원을 참고로 사용하여 시간의 함수로 측정되었다(**그림 10.6**을 보라).

그림 10.5 γ를 측정하기위하여 NRAO 실험에서 사용된 4개의 전파 망원경 중에 3개. 이 지름 85m짜리 3개의 접시는 수 킬로미터씩 떨어져 있고 각자가 간섭계를 형성하고 있다. 멀리 떨어져 있는 4번째 망원경의 참여는 효과좋은 35km의 기저선을 제공해준다.

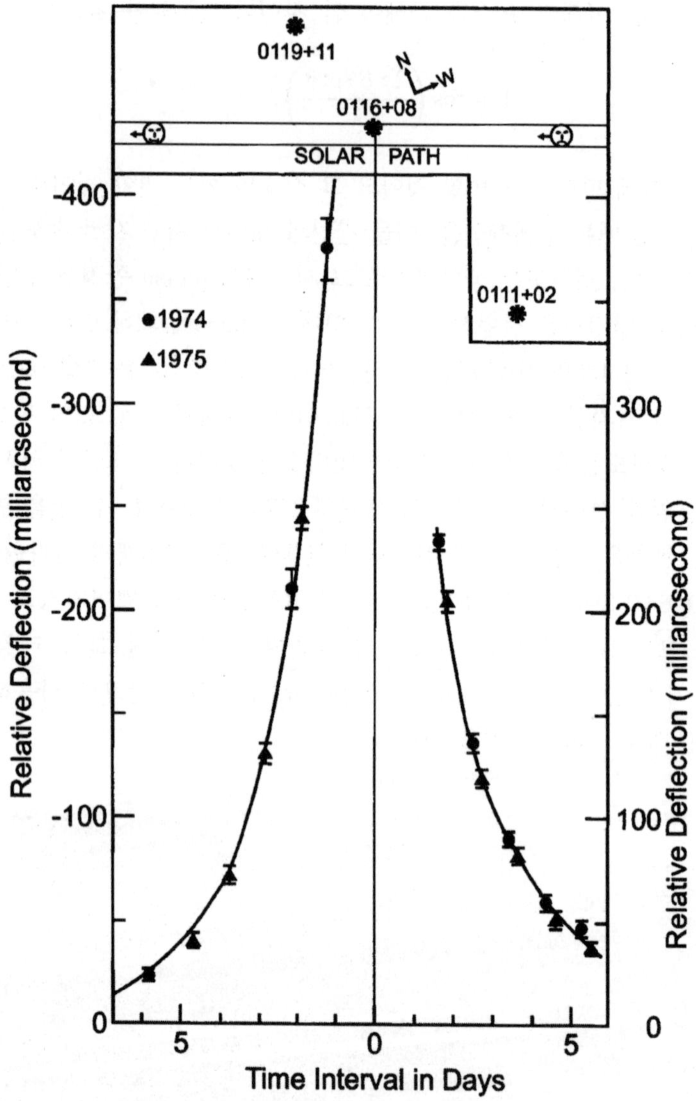

그림 10.6 태양이 점차 전파원들을 가리게 되는 시간 경과의 함수로서 나타낸 전파원 0116+08 로부터 나온 빛의 편이. 이 그림의 위쪽 부분에는 하늘을 가로질러 가는 태양의 경로와 실험과 관련있는 3개의 전파원의 상대적 위치를 보여주고 있다. 그림의 아래쪽 부분은 다른 두 전파원과 상대적으로 측정된 전파원 0116+08의 각도 위치의 편이에 대한 실험 데이터를 보여주고 있다. 굵은 곡선은 일반 상대성 이론의 예견치이다.

이 실험의 주된 에러(error)의 원천은 신호가 태양의 코로나를 통과할 때 발생한다. 코로나는 태양표면상부의 이온화된 입자의 가스로 다른 중간매개물처럼 굴절률 $n(r)$을 가지며 빛을 휘게 한다. 이 굴절률은 SI 단위로

$$n(r) = 1 - \frac{e^2 N(r)}{2\epsilon_0 m \omega^2}, \tag{10.13}$$

이다. 여기서 $N(r)$은 입자의 밀도, m은 질량, e전하량, ω는 진동수이다. 코로나에 의한 휨은 일반 상대성에 의한 휨을 정확히 얻기 위해서는 분리되어져야 한다. 태양코로나의 적당한 모델을 채택하여 이 2가지 효과는 여러 다른 진동수에서 측정함으로 해서 분리할 수 있다. 굴절률에 의한 휨은 그 진동수에 의존한다. 그러나 반면에 일반 상대성에 의한 휨은 진동수와 관련이 없다. 이와 같이 여러 다른 진동수로 측정해봄으로 해서 γ와 $N(r)$에 대한 약간의 정보를 얻을 수 있다. NRAO 실험에서는 8.1GHz와 2.7GHz의 두 진동수를 사용했었다.

1974년과 1975년의 실험 결과의 평균치는 다음과 같았다.

$$\gamma = 1.007 \pm 0.009, \tag{10.14}$$

이것은 아주 인상적으로 아인슈타인 이론과 일치함을 보여준다.

VLBI[Lebach와 그 일행(1995)]은 γ를 좀 더 정확하게 결정해주었다. VLBI의 원리는 LBI와 같지만 두 안테나가 서로 연결되어 있지 않다. 신호들은 분리되어 기록된 후 나중에 더해진다. 이것은 지구 지름에 상당하는 거리의 기지선사이의 거리를 만들 수 있게 함으로써 결과적으로 각도의 정확성을 좀 더 좋게 해준다.

빛의 시간지연 Time Delay of Light

빛의 시간지연에 대한 고전적 측정은 1976에서 화성탐색임무를 띤 바이킹호에 의해 여분으로 실행되었다(Shapiro 외 1977). 바이킹호는 모두 4개의 운송선으로 이루어져 - 2개의 착륙선과 2개 궤도선 - 있는데 거기에 레이더 자동무선전이기를 실었다. 각각의 착륙선에는 S밴드(~10cm 파장)를 전달하는 레이더 자동무선전이기를 싣고 각각의 궤도선에는 S와 X band(~3cm 파장)를 전달하는 레이더 자동무선전이기를 실었다. 전파와 같이 레이더파에서도 태양코로나에 의한 산란효과가 있기 때문에 이중 진동수 출력(dual frequency capability)이 중요하다. 궤도선의 레이더자동무선전이기와 반대로 화성 착륙선에 있는 것의 장점은 궤도선의 것에 매우 심각한 영향을 주는 태양풍에 의한 충격같은 비중력적 힘에 의한 영향을 무시할 수 있어 화성의 궤도를 중력의 힘에 의해서만 예견할 수 있다는 것이다. 이와 같이 데이터를 적합하게 평가할 수 있도록 매우 정확한 이론적 모델을 건설할 수 있다.

이 실험의 목적은 레이더 신호가 지구에서 화성으로 왕복 여행할 때 초과되는 시간지연을 측정하는 데 있다는 것을 환기하라. 이것은 식 (10.10)에 주어져 있다. 이 슈바르츠쉴드 시간지연은 시간지연을 일으키는 여러 다양한 원인, 즉 태양코로나의 영향과 지구에 의해 만들어진 시공간 휨 등등으로부터 보정이 되어야 한다. 그러나 이 논의의 목적을 위해 우리는 단지 식 (10.10)에 초점을 맞추며 논할 것이다.

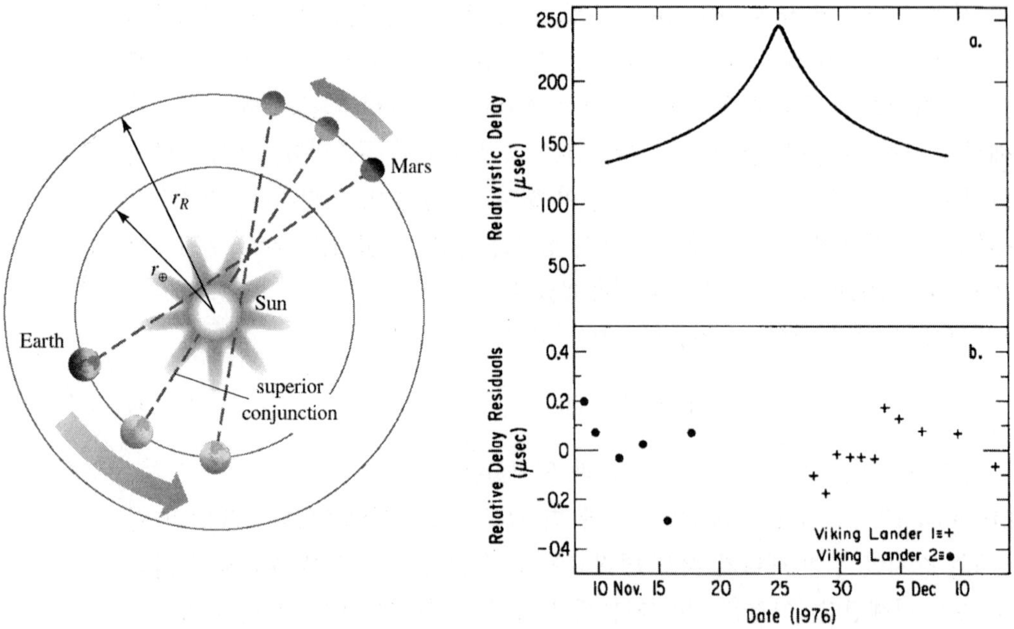

그림 10.7 바이킹호의 화성 탐사 임무(Shapiro와 그 일행, 1977)에서 실행된 빛의 시간 지연의 측정. 책에 언급되어 있듯이, 지구로부터 보내진 레이더 신호가 화성에 착륙한 바이킹착륙선으로부터 수신되어 되돌아온다, 그리고 송출되어 걸린 시간과 되돌아와 수신되는 시간 차가 시간의 함수로서 모니터 되고 있다. 왼쪽에 있는 그림은 실험하는 동안의 두 행성들의 위치모양을 개략적으로 그린 도형이다. 1976년 12월 26일 superior conjunction 때에 신호가 태양 가까이 근접하여 지나갔다, 그리고 시간 지연에 대한 일반 상대성 효과가 정확히 측정되어질 수 있었다(문제 10). 신호는 superior conjunction 때에 태양에 의해 차단되지 않았다 왜냐하면 그때에 지구의 궤도와 화성의 궤도가 정확히 동일 평면상에 있지 않았기 때문이다. 오른편에 있는 그림은 측정된 초과된 지연 vs. 시간을 보여주고 있다. 그것들은 일반 상대성의 예견 치와 정확히 일치한다.

그림 10.7의 왼편에 실험을 하는 동안에 지구, 태양, 화성이 일렬로 선 위치를 개략적으로 그려놓았다. 지구는 화성보다 더 높은 각속도로 그 궤도로 움직이므로 태양으로부터 가장 근접한 거리 r_1은 처음에는 작았다가 점차 더 커질 것이다. 시간의 함수로써 예견되는 시간지연은 **그림 10.7**의 오른쪽 위의 도면에서 볼 수 있다.

가장 큰 시간지연은 r_1이 가능한 가장 작을 때 – 즉 태양의 반경 $R_\odot$일 때 최대가 될 것이다. 그러면 최대 시각지연은 대략 $(\Delta t)_{\max} \approx (4GM/c^3)[\log(4r_R r_\oplus/R_\odot^2)+1]$ $\approx 247\mu s$일 것이다. 이것이 레이더가 갔다 왔다 전체 왕복 여행하는 동안의 시간, 대략 $2(r_R+r_\oplus)/c \approx 2.51\times10^3 s \approx 41\text{min}!$ 동안에 시간지연이 일어나는 양이다. 그러므로 그 시간지연 효과를 알아내기 위해서는 10^7분의 일의 정확도가 필요하다. 그리고 그것을 1% 정확도로 측정하기 위해서는 10^9분의 일의 정확도가 필요하다. 이 1%의 정확도로 측정치를 얻기 위해서는 모든 궤도가 약 1km 이내의 정확도로 알아내야 한다는 것을 – 이것은 혹성의 표면에 있는 전형적인 산높이에 해당한다 – 의미함을 알면 독자들은 매우 놀랄 것이다. 다행히도 원자시계가 10^{12}분의 1일 이상의 정확도로 시간을 잴 것이고 왕복시간은 10ns 단위로 잴 수 있다.

주된 에러 원인은 시간지연을 측정하는 데 있는 것이 아니라 태양코로나에 의한 보정과 관련된 혹성들의 궤도 운동 등의 보정 등을 포함하는 이론적 모델에 의한 데이터 해석에 있다. 코로나 그 자체에만 대한 보정은 $100\mu s$에 달한다.

이 모든 것을 종합한 결과는 γ가

$$\gamma = 1.000 \pm 0.002. \tag{10.15}$$

이다. 이것은 수 십분 일 퍼센트의 정확도로서 검증된 것으로 현재까지 가장 정확한 아인슈타인 이론에 대한 정량적 검증들 중에 하나이다.

10.4 PPN 변수 β의 측정 - 수성의 근일점의 세차운동

수성은 태양에 가장 가까운 행성이다. 그래서 그것의 궤도는 근일점의 가장 큰 세차운동을 가지고 있다. 그러나 수성의 근일점 세차운동에 대한 일반 상대성의 예견 치와 관측 치를 서로 비교해 보는 것이 그리 쉽지는 않다. 식 (9.57)부터 일반 상대성 이론에 의한 예견되는 세차운동의 예견치는 다음과 같다.

$$\delta\phi_{세차} = 42.98'' \,/\, 1백년 \tag{10.16}$$

지구에 기점을 둔 실험에서 관측된 세차운동은 다음과 같다.

$$\delta\phi_{세차} = 5599.74'' \pm 0.41'' \,/\, 1백년 \tag{10.17}$$

이 관측치로부터 삭감해야 할 여러 알려진 뉴턴 이론에 의한 효과가 있다. 그러나 (10.17)과 (10.16)의 크기로 봐서는 일반 상대성에 의한 잠재된 세차운동을 알아내기 위해서는 이 뉴턴적 영향들을 아주 잘 알아내야만 하는 것을 암시하고 있다. 행성의 궤도를 결정하는 것은 상대성 이론을 검증하는 데 필요한 정확도 수준으로 올려야하는 복잡한 관측의 문제이다.

레이더 의한 거리 측정은 1966년 이후 시간의 함수로써 내(inner) 행성의 정확한 위치를 알아내게 하였다. 18세기 수준으로 되돌아가게 하는, 정확도가 좀 떨어지는 광학적 관찰도 또한 도움을 줄 수 있다. 근접해서 날아가는 위성도 또한 데이터원이 될 수 있다. 행성운동의 뉴턴 이론에서 질량, 장반축 거리, 이심률 등의 변수뿐만 아니라 후-뉴턴이론(post-Newtonian)의 상대론적 변수와 태양 질량 4중극 모멘트 등을 포함하는 이 모든 데이터가 적용될 수 있다.

가장 크게 차감해야할 뉴턴적 양은 춘, 추분점의 세차운동이다. (10.17)의 관측된 세차운동은 지구에 기반을 둔 실험실의 계에 연관이 있다. 그래서 지구의 회전축이 관성계에 대해서 약 26,000년에 한번 씩 회진하는 세차운동을 하는 데 이것은

$\delta\phi_{세차}$에 대해 5025.64" ± 50"/1백년[2] 정도로 기여하고 있다.

다른 혹성에 의한 중력의 인력은 수성이 정확히 $1/r$ 뉴턴 중력 퍼텐셜에 따라 움직이지 않게 함을 의미한다. 그래서 수성의 궤도는 이들 뉴턴적 섭동들(Newtonian perturbation)로 인하여 세차 운동하게 될 것이다. 이 섭동에 의한 전체 세차운동은 뉴턴 역학과 행성들의 궤도의 관찰들을 통하여 추론할 수 있다.

뉴턴 역학으로 설명되지 않는 수성의 근일점의 세차운동의 가장 정확한 수치는 42.98″± .50″/ 1백년 이었다. – 이것은 바로 일반 상대성 이론의 예견치가 아닌가. 앞에서 논의한 아주 잘 관측되어 결정된 PPN의 변수 γ와 결합하여 PPN 변수 β를 결정하면

$$\beta = 1.000 \pm 0.003. \tag{10.18}$$

이와 같이 더 이상의 추가적인 보정만 없다면 관측된 수치는 일반 상대성의 예견치와 아주 잘 일치한다. 추가 보정 시 가장 주가 될 후보자는 태양의 질량 4중극 모멘트(mass quadrupole moment)가 될 것이다. 앞장에서 근일점의 세차운동을 계산할 때 시공간 휨의 원천물질은 정확히 구형이라고 가정하였었다. 그러나 태양은 정확히 구형이 아니다. 그것은 회전하고 있다. 그래서 그 결과로 나타나는 원심가속도로 해서 태양이 회전축에 따라 약간 짓눌려있는 형상이다. 그럼에도 불구하고 매우 근사적으로 여전히 축대칭이라고 볼 수 있다. 질량의 축대칭분포 밖으로는 뉴턴의 중력 퍼텐셜 $\Phi(r,\theta)$은 r의 역승으로 전개될 수 있다. 물질분포가 대칭축을 뒤집어도 대칭적이라는 가정 하에서는 그 첫 두 항은 – 질량 단극(momopole) 항과 질량 4극(quadrupole) 항이라 부른다 – 다음과 같다.

$$\Phi(r,\theta) = -\frac{GM}{r} + J_2\frac{GM}{r}\left(\frac{R}{r}\right)^2\left(\frac{3\cos^2\theta - 1}{2}\right) + \cdots . \tag{10.19}$$

여기서 θ는 회전축으로부터 측정된 극 각(polar angle)이다. R은 물체의 평균반경이다.

J_2는 차원 없는 질량 4중극 모멘트이다. 전자기학 과정을 수료한 독자는 (10.19)가 라플라스 공식 (3.18)의 축대칭 해를 표준적 다극 전개한 것이라는 것과 각도에서의 다항식은 르장드르 다항식 $P_2(\cos\theta)$라는 것을 눈치 챘을 것이다. 만일 여러분이 이 식에 익숙하지 않다면 단지 (10.19)를 라플라스 공식에 삽입해 보아라. 그러면 그 해가 증명될 것이다. (10.19)로부터 태양의 4중극 모멘트는 적도평면($\theta = \pi/2$)

2) 이 숫자와 (10.17)의 정확한 정의는 이 정도 레벨의 정확도로는 설명되지 않는다. 왜냐하면 이 논의를 위하여 연관된 사실들은 단지 그것들이 정확히 결정되어 있고 그리고 (10.16)의 수치보다 좀 더 크다는 것이다.

에서 뉴턴 중력 퍼텐셜이 다음과 같음을 의미한다.

$$\Phi(r) = -\frac{GM}{r} - \frac{J_2 GMR^2}{2r^3}. \tag{10.20}$$

이 여분의 $1/r^3$의 퍼텐셜은 단지 뉴턴 역학적으로 근일점의 세차운동을 야기시킨다. 실제로 그것은 유효 퍼텐셜 (9.30)에 추가적으로 기여한다. 근데 그것은 상대론적 항 $GM\ell^2/(c^2r^3)$과 거의 같은 형태이다. 이와 같이 행성의 궤도를 잘 관측해보면 PPN 변수 $(2+2\gamma-\beta)/3$ [(10.9) 참조]와 J_2를 결정할 수 있다는 것이다.

태양은 회전할 때 뒤틀리므로 4중극 모멘트를 갖고 있다. 그리고 J_2의 값은 거기에 있는 내부의 각속도의 모델로부터 결정될 수 있다. 태양의 적도평면에서의 표면 회전 진동 모드(mode)에서의 정확한 진동수를 관찰하거나 – 이 영역의 연구 분야를 *helioseismology*라 부른다 – 이 진동수에서 회전효과를 이해함으로써 결정 될 수 있다. Brown 외 그 일행이 1989년에 알아낸 그 결과는 $J_{2\odot} \sim 10^{-7}$이다. 이 수치는 태양이 일정하게 회전하고, 근일점의 세차운동에 중대한 영향을 미칠 정도로 크지 않다고 보며, 허용된 정확도로 (10.18)의 β값으로 적용했을 때 개략적으로 기대되는 수치이다.

문 제

1. [E] 태양 표면으로부터 빛의 중력 적색편이를 평가하라. 태양 표면에 있는 대류의 한 구획 안에 있는 물질의 속도가 1km/s 로 주어져 있다면 이 효과를 측정할 가능성에 대해 논하라. 관측을 하는데 있어서 태양 표면의 한 부분이 다른 부분보다 더 좋은 곳이 있는가?

2. Vessot과 Levine의 실험은 변수 β와 γ에 관한 어떤 것을 말해주기에 충분하게 민감한가? 3차 도플러 효과가 그 실험을 분석하는데 있어서 중요한가?

3. 일반 상대성에 의하여 예견되는 태양에 의한 빛의 최대 굴절률을 호의 초 단위로 계산해 보라.

4. 빛의 굴절률에 대한 (10.8)을 변수화된 후–뉴턴 변수들의 함수로서 유도하라.

5. 일반 상대성에 의하여 예견되는 수성, 금성, 그리고 지구의 근일점의 세차를 호의 초 단위로 계산해보라.

	장반경 축 10^6(km)	이심률	질량/$M_\oplus$	주기(년)
수성	57.91	0.2056	0.054	0.241
금성	108.21	0.0068	0.815	0.615
지구	149.60	0.0167	1.000	1.000

$M_\oplus = 5.977 \times 10^{24}$kg

6. (10.20)에 주어져 있는 형태의 뉴턴 4중극 퍼텐셜에 의하여 야기된 수성의 근일점의 세차를 계산하라. 그리고 $J_{2\odot}$의 관측된 값을 가지고 그것이 너무 작아 PPN 변수 β의 결정된 값을 교정할 수 없음을 보여라.

7. **태양의 편원(扁圓)성과 근일점의 세차**
태양 표면의 형태를 측정하는 것은 태양의 4중극 모멘트를 결정하는 또 다른 방법이다. 시각적인 측정은 다음의 정의에 의하여 태양의 편원(扁圓)성을 결정할 수 있다.

$$\Delta = \frac{(\text{적도 반경}) - (\text{극 반경})}{\text{평균 반경}}$$

태양의 표면이 동일한 중력 퍼텐셜의 표면이라면, 이 편원성은 태양 질량 4중극 모멘트를 결정하는데 사용되어질 수 있다. 초기의 측정은 Δ에 대해 5×10^{-5} 정도의 크기의 값을 주었다. (레이저 측정으로는 Δ에 대하여 훨씬 더 낮은 값을 주었다.)

(a) 표면에서 회전에 기인하는 구심가속도가 태양의 찌그러짐에 무시할 수 있을 정도로 기여하고 있다면(사실과는 반대), 태양의 표면이 동일한 중력 퍼텐셜의 표면이라는 이유를 설명하라.

(b) (10.20)을 사용하고 그리고 Φ는 태양의 표면에서 일정하다는 가정 하에 편향성으로부터 J_2의 값을 계산하라.

(c) $\Delta \sim 10^{-5}$부터의 결과인 수성의 근일점의 세차의 크기를 계산하라.

8. [P, E] (10.12)로부터 시작하여, 빛의 휨을 탐지하기위한 NRAO실험에서 예상되는 각도의 정확성을 개략적으로 평가하라. 이상적인 환경 하에서, 대기 위 공간에서 얼마 크기의 광학적 현미경이 동일한 정확도를 달성하기 위해서 필요로 하는가?

9. [E] 퀘이사의 빛의 굴절에 대한 관측에 사용되는 전파 신호가 태양의 코로나 의하여 휘어지는 양을 구하라. 코로나는 합리적으로 자유 전자 가스로 모델화 되고 그것의 굴절률은

$$n(r) = 1 + \frac{2\pi e^2 N(r)}{m\omega^2},$$

여기서 전자 밀도는 태양 반경 2배의 바깥에는 $10^8 \mathrm{cm}^{-3}$의 값을 취해도 좋다. NRAO 실험에서 사용한 진동수는 8.1GHz와 2.7GHz이다.

10. 일반 상대성이 Viking호의 실험에서 측정된 초과된 시간 지연을 올바르게 예언한다고 가정하면, 여러분들은 태양에 가장 근접한 이 실험에 관계하는 레이더 펄스에 대한 그림 10.7에 있는 데이터로부터 무엇을 추론할 수 있는가? 답을 태양 중심으로부터 그 반경에 따라 표현하라.

CHAPTER

11 활동 중인 상대론적 중력
Relativistic Gravity in Action

제9장에서 다루었던 슈바르츠쉴드 기하안에서 실험입자와 광선이 그리는 궤도는 제10장에서 논의한 태양계 내에서 일반 상대성에 대한 정교한 검증들 중에 유일한 중요한 검증은 아니다. 그것들은 또한 수많은 천문학적 응용에 중요하다. 이 장에서는 이들 응용 중 3가지를 소개하겠다.

① 중력렌즈

② 유입되는 원반으로부터 나오는 상대론적 진동수 이동

③ 한 쌍의 펄스성에서 별의 무게를 재는 것

아인슈타인의 이론에 대한 검증이 전 장에서의 주된 주제였다. 이장의 주된 주제는 그것의 응용이다.

11.1 중력렌즈 현상 Gravitational Lensing

우리가 제9장에서 보았듯이 질량의 중력적 당김이 빛을 편이 시킨다. 이와 같은 휨으로 해서 **그림 11.1**에서 보여주듯이 빛이 그 발생원에서 그 빛을 보게 되는 관찰자까지 빛이 여행하는 경로는 아주 다양하게 많다. 그러므로 그 경로 중간에 어떤 질량체가 있다면 그 간섭으로 인해 멀리 떨어져 있는 빛의 발생원의 이미지가 여러 개 보일 수 있다는 것이다. 이와 같은 방법으로 질량이 볼록렌즈처럼 초점을 만드는 현상을 **중력렌즈**[1]라 부른다. 중력렌즈 현상은 천문학에서 중요한 도구가 된다. 중력렌즈는 발생원, 렌즈, 관찰자가 서로가 우주적 거리로 아주 멀리 떨어져 있을 때 영상이 맺히는 빛의 발생원, 렌즈처럼 작용하는 물체와 그리고 이에 관계하고 있는 우주의 거시적 스케일의 기하에 대한 정보들을 제공해준다.

실제적인 중력렌즈는 어떤 특별한 대칭성이 없이 멀리 떨어져 있는 은하성단의 군집덩어리가 될 수 있다. 빛은 그들 사이로 통과하여 지나가거나 혹은 그 주위를 둘러서 지나가기도 한다. 그러나 이 책에서는 단지 크기가 크지 않는 구형의 질량체에 의한 단순한 렌즈효과의 경우만 고려해 볼 것이다. 이 우주적 거리척도에서의

1) 여러분들이 친숙해 있는 광학 렌즈의 어떤 이상화(idealization)에서와 같이 소스상의 한 점으로부터 나온 모든 빛들이 상(image)에 있는 한 점으로 모이게 하는 그런 의미로 상들이 초점이 맞추어져 있지 않다. 그러한 이유 때문에 모든 관측자들이 상을 보기 위하여 렌즈로부터 특별한 거리만큼 떨어져 있을 필요는 없다. 렌즈(Lens)는 좀 더 일반적 의미로 사용되었다.

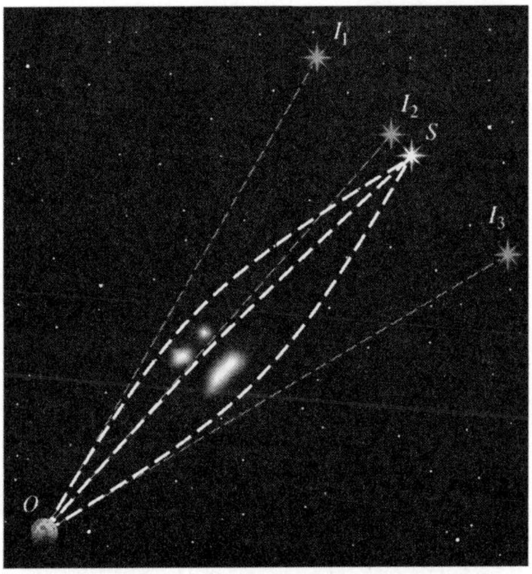

그림 11.1 중력렌즈의 배경이 된 아이디어. 중간에 관여하는 질량이 멀리 떨어져 있는 발생원 S으로부터 나온 빛을 휘게 하여 빛을 여러 경로를 따라가게 만들어 관측자 O까지 도달하게 된다. 그러면 관측자는 발생원의 여러 이미지 보게 된다. 위 그림은 한 개의 발생원의 이미지들이 어떻게 I_1, I_2, 와 I_3의 각도 위치를 만들어 내는 지를 보여주고 있다. 그림에 있는 거의 모든 것이 명확하게 하기위해 과장되어있다. 실제적으로는 렌즈의 크기는 관련된 거리와 비교해 볼 때 아주 작고, 휘는 각도는 분정도이고, 이미지는 한 평면 내에서 정렬되어 있지는 않다.

렌즈현상은 시공간 휨에 대하여 또한 고려하여야 할 것이다. 즉 바꾸어 말하면 중력렌즈는 시공간 휨에 대한 정보를 제공해준다. 근사적으로 평평 시공간 내에 있는 구형의 질량에 의한 렌즈효과의 단순한 예는 중력렌즈에 대한 기초 물리학을 예시해줄 것이다.

렌즈기하와 이미지 위치 Lens Geometry and Image Position

충격변수 b가 $b \gg M$일 때 질량 M 옆을 지나가는 광선의 굴절각 α는 (9.83)에 주어져 있다. 즉

$$\alpha = \frac{4GM}{c^2 b} \equiv \frac{2R_S}{b}. \tag{11.1}$$

여기서 굴절각 $\delta\phi_{\text{def}}$를 짧게 α로 나타내었고, R_S는 슈바르츠쉴드 반지름으로 $2GM/c^2$이다.

그림 11.2에 구형중력렌즈의 기하가 예시되어있다. 이 그림의 스케일을 인지하는 것이 중요하다. 만일 렌즈가 우주적 거리상 하나의 은하성단이라면 매우 멀리 떨어져있는 빛의 발생원으로부터 날아온 빛은 휠 것이고, 그 때에 전형적으로[2] 각각의

---

2) parsec(pc)은 은하와 은하 밖의 천문학에서 사용되는 표준단위이다. $1\text{pc}=3.086\times10^{13}\text{km}$ 혹은 3.262 광년이다. 킬로pc(kpc), 메가pc(Mpc), 기가pc(Gpc)이 사용되는 데 매우 대략적으로 말해서 은하 내부의 이웃하는 별사이에는 pc단위가 사용되고, 은하의 크기는 kpc가 사용되고, 이웃하는 은하사이의 거리 Mpc가 사용되며 보이는 우주적 크기를 논할 때에는 Gpc가 사용된다(그림 17.7의 이 단위의 기원을 보라).

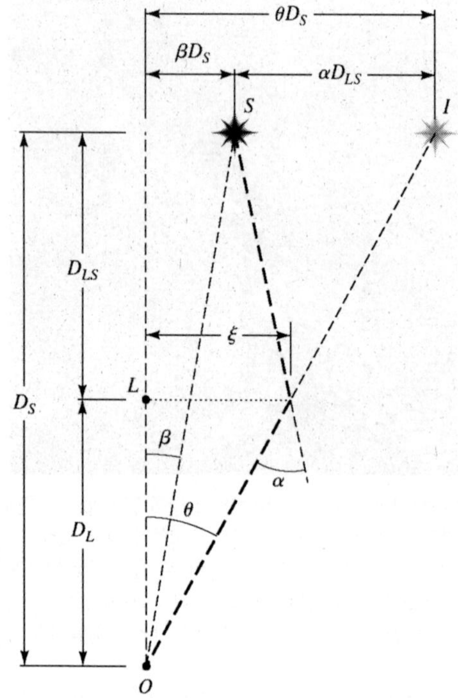

그림 11.2 얇은 렌즈 근사에서 중력렌즈의 기하. O는 관측자. L은 관측자로부터 D_L 거리 만큼 떨어져 있는 렌즈 질량체의 위치. S는 관측자로부터 D_S만큼 떨어져 있고, 렌즈로부터 D_{LS}만큼 떨어져 있다. 그림은 발생원-렌즈-관측자로 연결되는 평면을 보여주고 있다. 굵은 점선은 빛이 발생원에서 관측에게로 오는 경로를 나타내고 있다. 빛은 거리 ξ와 거의 다르지 않는 충격 변수를 가지고 렌즈 옆을 지나쳐서 굴절각 $\alpha = 4GM/(c^2\xi)$만큼 굴절된다. 여기서 M은 렌즈 질량체의 무게이다. 얇은 렌즈 근사에서, 렌즈는 점으로 취급되고 모든 굴절은 렌즈의 위치에서 횡단면에서 일어난다고 가정한다. 발생원의 상, I,은 관측자-렌즈 축으로부터 그것의 실제방향각 β가 아니라 각 θ로 보인다. 이 그림에서 횡으로의 거리가 모두 크게 과장되어있다. 만일 그것들을 실제 스케일로 그린다면 그림에서 선들을 구별하는 것이 불가능 할 것이다. 그림 상단에 있는 횡적 거리들 사이의 관계가 렌즈 공식을 구성한다.

크기는 대략

$$M \sim 10^{11} M_\odot, \qquad R_S \sim 10^{11}\ \text{km}, \tag{11.2a}$$

$$D_S \sim D_L \sim D_{LS} \sim 1\ \text{Gpc} \sim 3 \times 10^{22}\ \text{km}. \tag{11.2b}$$

이다. 빛의 휨이 일어나는 특징적 반경은 슈바르츠쉴드 반경 R_S이다. 이것은 빛이 전파해오는 거리 D_S, D_L, D_{LS}보다 매우 작다. 이것이 전형적인 실제적인 중력렌즈의 상황이다.

그러므로 매우 근사적으로 광선이 렌즈와 아주 멀리 떨어져 있을 때는 평평 시공간에서 거의 직선으로 날아온다고 볼 수 있고, 굴절의 모든 것은 렌즈 가까이에서 발생한다고 볼 수 있다. 이것은 그림 11.2에 있는 것 같이 **얇은 중력렌즈 근사**에 해당한다. 특히, 얇은 중력렌즈 근사에서는 발생원과 렌즈는 거의 점에 해당된다. 굴절각은 b의 모든 값에 대해서 식 (11.1)으로 주어진다고 가정한다. 모든 굴절각은 렌즈가 놓인 위치에서 시선 방향에 수직인 평면에서 일어난다고 가정한다. 물론, 굴절각은 b가 R_S와 비슷해지면 이들 근사는 붕괴된다. 그렇지만 그것들은 많은 실제적인 중력렌즈 상황을 단순하고 우아하게 설명해준다. 실제적 상황에서는 그림 11.2에서 나타나있는 모든 각도들은 매우 작다. 그래서 시각선상과 가로지르는 거리는 근사적으로 (각도)×(거리)가 된다. 그림 11.2의 윗부분에 가로로 횡단하는 거리들의 관계는

$$\boxed{\theta D_S = \beta D_S + \alpha D_{LS}} \tag{11.3}$$

렌즈의 공식

이것을 **렌즈의 공식**(lens equation)이라 한다. 매우 작은 각도에서는 근사적으로 $b \approx \xi$이고 $\xi \approx \theta D_L$이므로 (11.1)를 사용하여 렌즈의 공식을 다시 쓰면

$$\theta = \beta + \frac{\theta_E^2}{\theta}, \tag{11.4}$$

가 되는데, 여기서

$$\boxed{\theta_E \equiv \left[2R_S\left(\frac{D_{LS}}{D_S D_L}\right)\right]^{1/2}} \tag{11.5}$$

아인슈타인 각도

이다. 이것을 **아인슈타인 각도**라 부른다. (11.4)의 해는 하늘에서 상(image) 위치의 각을 결정한다. 아인슈타인 각도의 의미심장함을 이해하기 위해서 발생원, 렌즈, 관찰자가 정확히 일직선상에 있는 경우를 생각해보자. 이 축으로 대칭이라는 것은 그 발생원의 이미지가 **아인슈타인 반지(링)**이라 부르는 원형의 링으로 퍼져 나타남을 함축하고 있다. 아인슈타인 링은 식 (11.4)에서 $\beta = 0$일 때 $\theta = \theta_E$가 됨을 알 수 있다.

아인슈타인 각도는 중력렌즈현상을 위해 특징적 각도 스케일로 나타내고 있다. 은하계 내에서, 멀리 떨어져 있는 별과 우리들 사이에 태양질량크기의 물체에 의한 중력렌즈효과를 생각해보자. 이 경우에는 대략 $M \sim M_\odot$, $R_S \sim 1\text{km}$, $D_S \sim D_L \sim D_{LS} \sim 10kpc \sim 10^{17}\text{km}$라 하면 아인슈타인 각은 $\theta_E \sim 10^{-3}{}''$가 된다. 이 수치는 현대의 망원경으로 달성할 수 있는 정확도 보다 훨씬 아래에 있다. 그러나 간단히 보게 되겠지만 성간 물체들에 의한 중력렌즈효과는 렌즈와 발생원 사이의 상대적 운동으로 인하여 야기되는 시간에 따라 변하는 그 이미지의 밝기로 해서 알아낼 수 있다. 이것은 매우 작은 각도가 관계하기 때문에 이 상황을 **미시중력렌즈**(microlensing) 효과라 종종 부른다. (11.2)의 변수처럼 거대한 은하성단이나 우주적 거리를 갖고 있는 물체에서는 아인슈타인 각도가 $\theta_E \sim 1''$정도가 된다. 이것은 광학 망원경으로 해상되는 수치이다. 이 상황은 **거시중력렌즈**(macrolesing) 효과라 부른다.

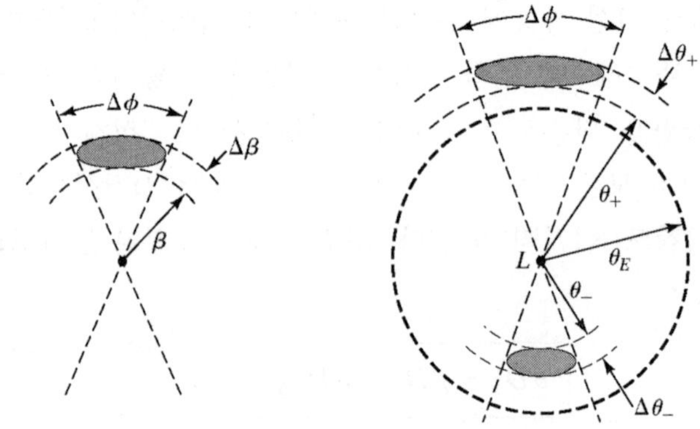

그림 11.3 구형의 "점" 중력렌즈에 의하여 만들어진 멀리 떨어져 있는 은하의 상들. 하늘에서 두 개의 각도 위치의 도형이 그려져 있다. 그리고 각각의 그림의 중앙에는 L의 위치에 구형의 렌즈효과가 있음을 보여주고 있다. 왼쪽편 그림은 렌즈가 빛을 굴절 시키지 않는다면 나타나야 할 은하의 위치를 보여주고 있다. 은하는 관측자-렌즈 축과 각도 β를 이루며 위치해 있고 각도 차원 $\Delta\phi$와 $\Delta\beta$를 가진다. 오른편 그림은 렌즈의 활동을 보여주고 있다. 두 개의 상이 관측자-렌즈 축과 각도 $\theta_\pm$를 만들어낸다. 이들 중 하나는 아인슈타인 각 θ_E의 안쪽에 위치하고, 다른 하나는 바깥에 위치한다. 상의 방위각의 넓이 $\Delta\phi$는 렌즈에 의해 보존된다. 극 각과 넓이가 변함에 따라 상의 모양이 원호를 따라 뒤틀리는 결과를 초래한다. 렌즈가 유한하지만 작은 크기일 때는 제3의 상이 렌즈 뒤에 있다.

식 (11.4)의 해는 일반적으로 빛발생원-렌즈-관측자가 이루는 평면에 두 개의 상의 위치를 나타내준다.

이미지 배치

$$\theta_\pm = \frac{1}{2}\left[\beta \pm \left(\beta^2 + 4\theta_E^2\right)^{1/2}\right]. \tag{11.6}$$

구형의 질량체에 의해 만들어지는 이 이미지의 배치는 **그림 11.3**에 예시되어 있다. 이 두 이미지는 렌즈에 대하여 서로 반대편에 맞보고 있다 - 하나는 아인슈타인 각 밖에 또 다른 하나는 아인슈타인 각 안에 위치해 있다. 실제적이며 투명하며 넓게 퍼져있는 소스(source)에 의한 렌즈화는 언제나 **홀수**(odd)의 이미지를 만들어 냄이 판명되었다. 작고 유한한 크기의 구형렌즈에 한해서는 (11.6)에 주어지는 위치에 있는 두 개의 상외에 제3의 상이 렌즈 뒤에 위치해 있다는 것이다.

(11.6)의 렌즈의 위치는 빛의 진동수에 독립적이다. 광학렌즈와 달리, 중력렌즈는 **무색**(achromatic)하다. 실제적 렌즈들은 여기에 논의한 간단한 구형의 질량체에 의한 것보다 더 복잡하다. 그러나 그 원리는 동일하다. **그림 11.4**는 여러 상들을 원호 내에서 왜곡되어 보이게 해주는 아주 복잡한 렌즈효과 시스템의 하나의 아름다운 상을 보여주고 있다. 렌즈의 위치와 상의 위치사이의 각도 $\theta_\pm$를 측정함으로 해서 (11.6)을 사용하여 아인슈타인 각도를 결정할 수 있다. 렌즈와 광원까지의 거리를 측정할 수만 있다면 그때는 (11.5)와 (11.1)로부터 렌즈의 질량을 결정할 수 있다. 그러므로 중력렌즈 효과는 질량체가 보이던지 않던지 간에 우주에서 그 질량을 탐지해 낼 수 있도록 해준다.

그림 11.4 중력렌즈로서 작용하는 은하성단0024+1654의 허블 망원경에 잡힌 상. 앞쪽에 놓여있는 한 무리의 은하성단들(중앙에 밝게 퍼져있는 상들)이 더 멀리 떨어져있는 은하에 대해서 중력렌즈 역할을 하고 있다. 렌즈의 기하(점이 아니라)는 멀리 떨어져 있는 은하의 복수의 상들이 아이슈타인 링의 반경에 근접하여 나타나도록 하는 그런 것이다. 상들은 원호를 따라 왜곡되어있다.

상의 형태와 밝기 Image Shape and Brightness

바로 앞전까지만 해도 우리는 광원과 그 상들을 점과 같은 것이라고 암묵적으로 가정하였다. 그러나 유한한 각도 크기를 가진 상들의 형태와 밝기의 변화가 중력렌즈의 가장 중요한 특징 중에 하나이다. **그림 11.3**의 왼편그림은 만일 L위치에 있는 렌즈가 질량을 가지고 있지 않고 빛을 굴절시키지 않는다면 나타날지도 모르는 유한한 크기의 은하의 상을 보여준다. **그림 11.2**에 보여준 개념에서와 같이 그 상은 렌즈로부터 β각도만큼 떨어져 위치해 있고(즉 광원위치에) 각도 차원 $\Delta\beta$와 $\Delta\phi$(작다고 가정)를 가지고 있다. 오른쪽 그림은 렌즈의 행동을 보여주고 있다. 두 개의 상이 (11.6)에 주어진 대로 $\theta_{\pm}$의 위치에 나타난다. 관찰자와 렌즈의 축에 대칭이라는 것은 ϕ의 광선의 값은 렌즈의 굴절에 의하여 변하지 않는다는 것을 함축적으로 의미하고 있다. 상의 방위각의 넓이$\Delta\phi$는 이와 같이 보존된다.

극각의 넓이 $\Delta\theta$는 변하는데 그 양은 (11.6)을 미분함으로써 다음과 같이 얻을 수 있다.

$$\Delta\theta_{\pm} = \frac{1}{2}\left[1 \pm \frac{\beta}{\left(\beta^2 + 4\theta_E^2\right)^{1/2}}\right]\Delta\beta. \tag{11.7}$$

이와 같이 은하의 상은 늘어나거나 왜곡된다.

상의 형태가 중력렌즈효과에 의해 변할 뿐만 아니라 또한 그 밝기도 변한다는 것을 알아야 한다. 밝기에서의 변화는 앞으로 간략하게 논의하겠지만 작은 질량체를 찾아낼 때는 이것이 중력렌즈의 효과를 사용하게 되는 열쇠 역할을 한다.

렌즈에 의한 상의 밝기를 이해하기 위하여 간단한 예부터 시작해보자. 거의 흑체 - 모든 방향으로 균등하게 열이 방사되고 있는 조그마한 표면조각 - 같이 열을 방사하는 고온으로 가열된 평판이 있다고 가정하자. 평판의 직상부로 일정한 거리에 떨어져 있는 감지기는 - 그래서 그것은 정면으로 향하여 있다 - 방사선의 어떤 에너지 흐름(flux)[에너지/시간]을 기록할 것이다. 그러나 동일한 기종의 감지기를 평판의 수직선상에서 약간 기울여져 앞의 수직으로 놓여있는 감자기와 같은 거리의 위치에서 에너지 흐름을 측정하게 되면 수직선상에서 측정한 것보다 작게 나올 것이다. **그림 11.5**를 보라. 그것은 왜냐하면 정면으로 향하여 있을 때보다 경사져 향하여 있을 때가 그 평판이 더 작은 입체각으로 마주보기 때문이다.
예로써 평판 가장자리를 바라보는 감지기는 평판의 두께를 무시한다면 전혀 방사선을 감지하지 못할 것이다. 작은 조각의 표면으로부터 받는 에너지 흐름 Δf와 입체각 $\Delta\Omega$ 사이의 비례 요소는 평판의 **표면 밝기**(surface brightness)라 불리운다. 즉,

$$\Delta f = (\text{surface brightness}) \times \Delta\Omega. \tag{11.8}$$

이것이 렌즈효과에서 무엇을 의미하는지 알아보기 위해, 별에 의한 렌즈효과의 확실한 경우를 살펴보자. 중력렌즈효과는 굴절된 별의 표면 밝기는 변화를 주지 않는다. 그러나 중력렌즈효과가 별을 향하는 입체각은 변화시킬 수 있다. 왜냐하면

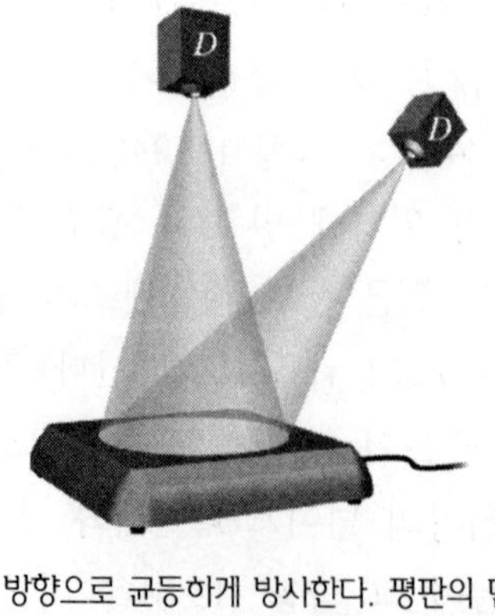

그림 11.5 뜨거운 평판의 표면은 모든 방향으로 균등하게 방사한다. 평판의 면과 마주대하고 있는 감지기 는 경사지게 대하고 있는 감지기보다 다른 에너지 흐름(flux)을 측정하게 된다, 왜냐하면 평판이 감지기의 다른 위치에 따라 다른 입체각으로 마주대하기 때문이다.

그것은 별과 탐지자의 광선의 궤도의 특성에 따라 다르게 나타나기 때문이다. 그러므로 중력렌즈효과는 식 (11.8)과 같이 중력렌즈가 없었을 때의 상의 밝기에 변화를 줄 수 있다. 이와 같은 현상을 보는 또 다른 관점은 별의 표면의 작은 부분으로부터 방사된 빛에 무엇이 일어나는 지 생각해 보는 것이다. 광선은 등방적으로 모든 방향으로 밖으로 균등하게 퍼져나갈 것이다. 어떤 광선은 멀리 떨어진 한 관측자에 의해 잡히지만 대부분의 것은 잃어버리고 기록이 되지 않을 것이다. 그래서 빛의 굴절은 어떤 빛이 먼 거리의 관측자에 잡힐 지 그리고 얼마나 많은 수의 광선이 잡힐 지를 변화시킬 수 있다. 렌즈가 없을 때보다 더 많은 빛이 잡히면 감지기는 더 많은 빛을 받아 렌즈가 없을 때보다 상이 더 밝게 보일 것이고 광선을 적게 받아들이면 빛은 더 희미하게 보일 것이다. 앞으로 알게 되겠지만 지정된 관측자에 보이는 모든 상들의 전체 밝기는 렌즈가 없을 때의 밝기보다 더 크다. 이와 같은 상황에서 렌즈에 의해 휘어진 빛은 먼 거리에 있는 감지기에 렌즈가 없을 때보다 더 많은 빛이 감지된다.

위의 논의들로부터 위치 $\theta_\pm$에서의 상의 밝기 $I_\pm$와 렌즈가 없을 때의 밝기 I_*의 비는 렌즈가 존재할 때 상이 향하고 있는 입체각 $\Delta\Omega_\pm$와 렌즈가 없을 때 상이 향하고 있는 입체각 $\Delta\Omega_*$의 비가 될 것이다. 입체각의 요소들을 극좌표로 친숙한 표현을 사용하여 나타내보면

$$\frac{I_\pm}{I_*} = \frac{\Delta\Omega_\pm}{\Delta\Omega_*} = \left|\frac{\theta_\pm \Delta\theta_\pm \Delta\phi}{\beta\Delta\beta\Delta\phi}\right|. \tag{11.9}$$

$\Delta\phi$는 보존되기 때문에 그 배율은 (11.6)과 (11.7)로부터

$$\frac{I_\pm}{I_*} = \left|\left(\frac{\theta_\pm}{\beta}\right)\left(\frac{d\theta_\pm}{d\beta}\right)\right| = \frac{1}{4}\left(\frac{\beta}{\left(\beta^2+4\theta_E^2\right)^{1/2}} + \frac{\left(\beta^2+4\theta_E^2\right)^{1/2}}{\beta} \pm 2\right) \tag{11.10}$$

$x+1/x \geq 2$가 어떤 x에 대해서도 성립하므로 위의 식에서 괄호 안에 것은 언제나 양이 된다. 그러므로 아인슈타인의 링 바깥에 위치한 상은 더 밝고 안쪽에 있는 상은 더 희미하게 보일 것이다. 상을 해상할 수 없는 별에 의한 미시중력렌즈효과 경우에는 전체 밝기 배율에 흥미가 있게 되는데 그것은

$$\boxed{\frac{I_{\rm tot}}{I_*} \equiv \frac{I_+ + I_-}{I_*} = \frac{1}{2}\left(\frac{\beta}{\left(\beta^2+4\theta_E^2\right)^{1/2}} + \frac{\left(\beta^2+4\theta_E^2\right)^{1/2}}{\beta}\right).} \tag{11.11}$$

전체 상의 밝기

이것은 β의 함수로써 언제나 1보다 크다. 그러므로 중력렌즈는 언제나 전체밝기를 더 강화시켜준다. 만일 광원이 관찰자-렌즈축에 근접해 있으면 β가 작기 때문에

이 빛의 강화가 더 확실해 질 수 있다. 간략히 보게 되겠지만 이 빛의 강화현상은 개개의 상들이 잘 해상되지 않는 때에도 중력렌즈의 존재성이 탐지되어 질 수 있고, 사용되어 질 수 있게 해주는 이유가 된다.

빛의 요동시간 Timing of Fluctuations

광원의 밝기의 요동은 빛이 지구에 도착했을 때 나중에 상 밝기의 요동이 일어나게 한다. 그러나 두 상의 도달 시간은 두 가지 이유로 해서 달라진다. 첫째, 두 빛의 상이 지나오는 경로의 길이가 각도 θ_+와 θ_-가 다르기 때문에 다르다는 것이다. 둘째, 9.4절에서 논의한대로 상대론적 시간지연이 같은 이유로 해서 다를 것이다. 우리는 이 시간지연을 상세하게 계산해내려고 하지는 않을 것이다. 그러나 단지 빛의 지나온 경로 길이의 차이만 간단히 평가해 봄으로 해서 도착시간에 차이가 나는데 중요한 의미를 지님을 보여주는 것으로 충분할 것이다. 문제를 간단히 하기위해 $D_L = D_{LS} = D_S/2$이고 $\beta \ll \theta_E \ll 1$라고 가정하자. 평면기하와 그림 11.2를 이용하여 두 경로 길이의 차이는 β의 1차수까지 해서 거의

$$\Delta D \approx 2\beta\theta_E D_S, \qquad \beta \ll \theta_E \ll 1. \tag{11.12}$$

이다(**문제 4**). 두 경로 사이에 대칭임을 나타내는 $\beta = 0$인 때에는 이 관계가 없어진다. 또 이 결과를 보면 이 경우에 단지 길이에 비례할 뿐 아니라 렌즈효과를 나타내는 질량이 영으로 감에 따라 θ_E도 영이 된다. 천문학적 거리에 떨어져 있는 광원으로서의 은하에 의한 렌즈역할에 대해서는 [(11.26) 참조] $\Delta D \approx 4(\beta/\theta_E)R_S$이고 도착시간의 차이 $\Delta D/c$는 일주일마다 측정해 볼 수 있다. 이 효과는 관측될 수 있고 여기서는 논의하지 않겠지만 우주 팽창속도 같은 우주 상수를 결정하는 데 중요하다.

미시중력효과 Microlensing

제17장에서 배우게 되겠지만 별과 은하들 사이에 보이는 물질은 우주의 전체 질량에 작은 부분만 차지하고 있다는 증거가 상당히 있다. 심지어 우리 은하계에도 우리가 볼 수 있는 별과 우주먼지보다도 더 질량이 나가는 광륜(halo)에 의해 둘러싸여져 있음에 틀림없다. 이 탐지되지 않는 물질은 무엇으로 만들어져 있다는 것인가? 목성 같은 혹성들, 백색왜성들, 블랙홀들이 하나의 후보군의 예가 될 수도 있다. 이것들을 무겁고 치밀한 광륜물질들(massive compact halo objects(MACHOs))라 부른다. 그와 같은 물질의 질량은 태양 질량의 수백분의 서너배에서부터 태양 질량의 서너배까지의 범위에 걸쳐있다. 그것들은 어둡다. 그래서 그것들의 중력의 상호작용 외에 다른 방법으로 그것을 탐지해내기란 쉽지 않다. 중력의 미시적 렌즈효과가 그것들을 탐지해 내는 데 하나의 도구가 될 수 있다.

우리 은하계가 MACHOs라는 광륜을 가지고 있다면 그 각각의 물체는 은하계 내에 있는 전 질량의 모음에 의한 중력 퍼텐셜 내에서 움직이게 된다. 이 광륜(halo) 바깥에 가까운 은하계에 있는 한 별을 관측한다고 하자. 우리의 은하계의 한 작은 위성쯤에 해당되는 큰 마젤란성운[(Large Magellanic Cloud(LMC)]안에 있는 별들이 중요한 예가 된다. 광륜 내에 있는 MACHO의 궤적이 LMC내에 있는 어떤 한 별 쪽으로 시선 방향으로 좀 더 근접해간다면 MACHO는 중력렌즈역할을 하게 될 것이다. 이 MACHO의 움직임에 따라 그 별의 상들의 결합된 밝기는 증가하기도 하고 감소하기도 하고 할 것이다. 그 변화의 정도가 식 (11.11)에 주어져 있다. 여기서 θ_E는 (11.5)에서와 같이 MACHO의 질량과 관계가 있고, β는 MACHO의 운동에 의해 시간에 따라 변한다. 이와 같이 앞에서 언급한 것과 같이 빛의 각도 굴절이 광학 망원경의 해상력의 훨씬 이하 일지라도 멀리 있는 별의 밝기의 변화로부터 MACHO를 탐지해낼 수 있다. 이 밝기가 변하는 특징적 시간 스케일은 MACHO가 아인슈타인 각도 θ_E와 같은 각도 거리로 움직이는 데 걸리는 시간 t_{var}으로 측정된다. 은하 반경 거리 $D_L \sim 10\,\mathrm{kpc}$ 정도로 떨어져 있는 태양만한 질량에 대하여는 대략 $\theta_E \sim 10^{-3}{}''$로 측정되고, 그 은하 내에 있는 별들의 일반적인 속도가 $V \sim 200\,\mathrm{km/s}$로 측정됨으로 해서, 이 변동의 시간 t_{var}은

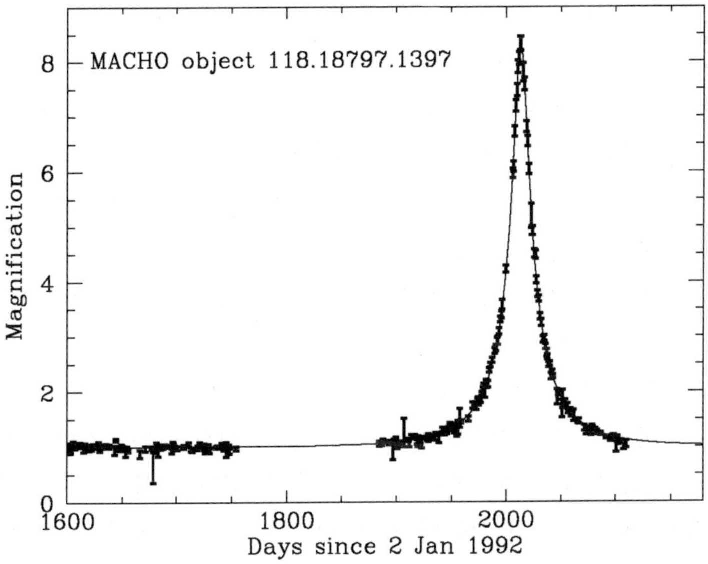

그림 11.6 MACHO의 협력으로 발생한 미시렌즈효과(microrensing)의한 광선의 증폭 곡선. 그림은 중간에 매개된 물질에 의한 중력렌즈효과로 은하의 불룩한 부분에 있는 어느 한 별의 광선 증폭곡선을 보여주고 있다. 수직축은 I_{tot}/I_*를 나타낸다. 식 (11.11)로부터 나오는, 중력렌즈효과를 내는 물체가 하늘을 가로질러 움직일 때 그 물체의 각속도를 특성화하는 변수들과 광원 소스에 중력렌즈물체의 가장 근접한 각도의 접근을 특성화하는 변수들에 거의 일치하여 데이터의 점들이 놓여있다.

$$t_{\text{var}} = \frac{\theta_E D_L}{V} \sim \frac{(10^{-3}{}'')(10\text{ kpc})}{200\text{ km/s}} \sim .2\text{ yr.} \tag{11.13}$$

역으로 변동시간 t_{var}과 광원과 렌즈의 속도와 거리를 안다면 (11.13)에서 아인슈타인 각도를 구할 수 있다(**문제 7**). 이러한 경위로 미시중력렌즈효과가 은하 내에서 검은 물질을 신중히 무게를 두어 심사숙고 하게 한다.

MACHO가 어느 특정한 별을 향하여 보는 시선방향과 교차하여(crossing) 만날 기회는 아주 작다. 그러나 많은 수의 별들을 관측하면 그들 몇 개는 MACHO와 교차하여 만날 기회가 높아질 것이다. 그러한 여러 관측활동이 지금 진행 중이다. 정교한 망원경, 전자 영상화, 빠른 속도의 소프트웨어에 의해 천문학자들은 단지 수백일 동안에 수백수천의 별들에 대하여 연구할 수 있다.

그림 11.6은 MACHO로부터 미시중력렌즈효과의 한 사건에 있어서 빛 곡선을 보여준다. (Alcock 외 1997) 이런 방법으로 중력은 – 모든 물질과 연계되어있는 – 미시중력렌즈효과를 통하여 우주 내에 있는 암흑 물질을 탐지해내는데 하나의 도구로 사용할 수 있다.

11.2 치밀한 물체들 주위의 유입 원판들
Accretion Disks Around Compact Objects

천문물리학에서 유입 원판들 Accretion Disks in Astrophysics

태양주위의 휜 시공간은 우리가 그 시공간 속으로 움직이고 있으므로 실험적 조사에 용이하게 접근할 수 있다. 그러나 태양은 그렇게 치밀한 물체가 아니다. 그래서 그 결과로 태양 바깥의 시공간의 곡률은 그렇게 크지가 않다. 태양의 시공간 기하로 상대적 효과를 주는 M/R의 비는 단지 10^{-6}의 차수이다. 우주에서 가장 치밀한 물체는 별의 진화의 마지막 두 단계인 중성자별과 블랙홀이다. 이것은 각각 제20장과 제12장에 기술되어 있다. 블랙홀에 대해서는 $M/R \sim .5$이고 전형적인 중성자별에서는 $M/R \sim .2$이다. 우리는 따라오는 다음 장들에서 이 치밀한 물체들을 좀 더 탐구해볼 것이다. 그러나 그것들에는 공통으로 한 가지 것을 가지고 있다. 즉 그것들이 회전만 하지 않는다면 그것들의 외부기하는 슈바르츠쉴트 기하를 따른다는 것이다. 물질과 빛의 운동은 관측하는 데 이용될 수 있고 앞의 두 장에 걸쳐 논의한 테크닉과 결과들을 이용하여 이들의 기하학적 구조를 탐구해 볼 수 있다. 서로 가까이 있는 질량체, 예로써 동반성 경우는 **유입**(accretion)이라 불리우는 과정을 통하여 그런 치밀한 물체에 자연적으로 빨리 떨어진다.

예로써 태양과 같은 정상적인 동반성을 가지고 공동 궤도를 돌고 있는 블랙홀이나 중성자별을 고려해 보자. 그 양쪽은 궤도 에너지를 점차 잃고 – 중력파를 발산하면서 - 그 서로 도는 궤도의 크기가 점차 줄어들 것이다. 궤도가 충분히 작아지면 동반성 바깥 껍질 부분이 그 자신이 바깥 껍질 부분을 중심으로 당기는 인력보다 그 치밀한 물체가 당기는 힘이 더 큰 경우가 생길 것이다. 바로 이 경우에는 좀 더 정상적인 동반성이 물질을 벗어 날려 버리며 치밀한 물체 속으로 떨어지게(accrete) 된다. 그것의 초기 궤도 각운동량 보존은 빨려 들어가는 물질이 그 치밀한 물체에 똑바로 떨어지기보다는 그 주위로 오히려 **유입원판**(accretion disk)이라 불리우는 원판을 이루게 한다. 이 원판 내에 있는 여러 입자들 사이에 상호작용으로 해서 여러 가지 에너지가 흩어지게 하는 메커니즘으로 그것들은 천천히 에너지와 각운동량을 잃고 점차적으로 치밀한 물체 속으로 나선을 그리면서 떨어진다. 그 원판들은 가장 안쪽의 안정 원형궤도[(9.45) 참조]에 도달할 때까지 거의 원을 이루면서 천천히 나선을 그리며 안쪽으로 떨어진다. 그리고 그 이후로는 급속히 치밀 물체로 떨어진다. 그것들이 잃어버리는 에너지는 복사선으로 원판에 남게 된다 - 태양만한 치밀 물체에 떨어질 때 특징적인 X-선을 발산한다(**상자 11.1**을 보라). 이것이 태양질량크기의 치밀 물체 주위에 있는 부착원판이 왜 은하 X-선 발생원이 되는지 그럴듯한 설명이 된다.

유입원판은 또한 $10^6 - 10^9 M_\odot$의 슈퍼질량의 블랙홀 주위를 돌고 있기도 하다. 이 블랙홀들은 우리 은하계를 포함하여 거의 모든 거대 은하계의 중심에 존재한다(13.2절 참조). 그런 슈퍼질량을 가진 블랙홀 주위를 돌고 있는 원판은 상자 11.1에서 계산되어진대로 태양 크기의 질량을 가진 치밀 물체주위를 도는 원판보다 더 차갑다는 것이다. 그러나 이것이 그 밝기도 줄어들어 무시할 수 있다는 것을 의미하지는 않는다. 13.2절과 상자 15.1에서 보게 되겠지만 은하 중심에 있는 블랙홀 주위의 유입원판이 퀘이사 같은 매우 활동적인 은하핵을 설명하는 데 중심적 역할을 한다는 것이다. 이것들은 우주에서 방사선의 가장 지속적인 에너지 원천이 된다.

상자 11.1 유입 원판의 동력 Accretion Power

치밀 물체 주위의 유입원판(accretion disk)의 밝기와 온도를 쉽게 알아내기 위해서는 단지 약간의 물리학적 사고가 필요하다. 정적인 상태에서는 유입원판(accretion disk)의 밝기(방출된 에너지의 전체비율)와 온도는 질량이 유입되는 비율 $\dot{M}$에 의하여 결정된다. 정적인 상태에서 g/s로 나타내지는 $\dot{M}$인 중력 퍼텐셜 에너지의 변화는 방사되는 에너지로 전환되어진다. $\dot{M}$가 크면 클수록 밝기와 에너지는 점점 더 커진다. 구형이며 정적인 방법으로 치밀 물체에 유입되어 질 수 있는 질량의 비에는 상한이 있다. 그 비가 증가함에 따라 떨어지는 물체에서 바깥으로 빠져나가려는 광자의 증가되는 힘이 결국에는 치밀물체가 당기는 중력을 초과하게 될 것이다. 결과적으로 Eddington 한계라고 불리우는 밝기에 그 상한선이 있다. 관측되는 X-선 발생원의 전형적 밝기는 그 유입원판이 구형적으로 대칭이 아닐지라도 수 퍼센트에서 거의 상한치까지의 전 범위에 걸쳐 있다. Eddington한계를 계산해내기 위해 M을 치밀물체의 질량으로 L을 방사선의 휘도(luminosity)로 정의하자. 단순한 뉴턴적 분석이 여기서 우리가 찾고 있는 일종의 개략적 계산에는 적당하다. 중심에서 거리 r의 표면까지 질러가는 에너지 흐름(Flux)은 $L/(4\pi r^2)$이다. 운동량의 흐름(flux)은 $L/(4\pi r^2 c)$이다. 왜냐하면 광자에 대하여 (운동량)=(에너지)/c이기 때문이다. 떨어지고 있는 물체에서 떨어져 나오는 밖으로 분사되는 복사선으로 해서 밖으로 향하는 효과 있는 압력이 발생한다. 밖으로 향한 운동량이 얼마나 많이 떨어지는 물체에 전이되는지 계산해보기 위해 전자로부터 저에너지 빛의 분산에 대한 Thomson cross section σ_T를 사용하면

$$\sigma_T = \frac{8\pi}{3}\left(\frac{e^2}{4\pi\epsilon_0 m_e c^2}\right)^2 = 0.665 \times 10^{-24}\ \text{cm}^2. \quad \text{(a)}$$

여기서 e는 전자의 전하이고 m_e는 전자의 질량이다. (광자로부터 나오는 빛의 분산도 또한 밖으로 향하는 힘에 효과적으로 기여한다. 그러나 그 단면적은 거의 백만배 정도로 작다.) 그러므로 단위시간동안 반경 r에 위치한 한 전자에 전이되는 운동량는 $\sigma_T L/(4\pi r^2 c)$이다. 단위시간당 운동량은 힘이다. 만일 우리가 이것을 중력 힘과 똑같게 한다며 떨어지는 물체 내에 각 전자들에 대해 한 개의 핵자 m_p가 있다는 것에 주의하면 순수 이온화된 수소에 대한 Eddington 한계는

$$\frac{G m_p M}{r^2} = \frac{\sigma_T L_{\text{Edd}}}{4\pi r^2 c}. \quad \text{(b)}$$

그러므로 한계 Eddington 휘도는

$$L_{\text{Edd}} = \frac{4\pi G c m_p M}{\sigma_T} = 1.3 \times 10^{38} (M/M_\odot)\ \text{(erg/s)}. \quad \text{(c)}$$

(비교를 위해 태양의 휘도는 $L_\odot = 3.8 \times 10^{33}$ erg/s 이다)

전형적인 x-선 발생원의 휘도는 L_{Edd}에 몇 퍼센트에 해당된다. 이와 같은 깊은 중력 퍼텐셜 우물 속으로 끌려들어감에 의해 에너지가 복사선으로 전환되는 것은 별에 있어서 복사선의 원천이 열핵융합반응에 의한 연소와는 경쟁적인 관계에 있다. 치밀물체로부터 거리 R만큼 떨어져 있는 부착원판으로부터 나오는 복사선의 특징적 에너지는 그 복사선 스펙트럼이 전형적으로 열적(thermal)은 아니지만 크기 R과 온도 T를 가진 흑체의 휘도와 그 휘도가 같다고 봄으로써 개략적으로 계산할 수 있다. 만일 휘도 L이 L_{Edd}의 일부 비 ε 라면,

$$4\pi R^2 \sigma T^4 = \varepsilon L_{\text{Edd}}. \quad \text{(d)}$$

(여기서 σ는 흑체로부터 나오는 복사선을 특징지워주는 스테판-블츠만 상수이지 단면적이 아니다) (c)를 이용하여 이것은 다음과 같다.

$$T \sim 5 \times 10^7 \left(\frac{GM}{c^2 R}\right)^{1/2} \left(\varepsilon \frac{M_\odot}{M}\right)^{1/4} \text{K}$$
$$\sim 5 \left(\frac{GM}{c^2 R}\right)^{1/2} \left(\varepsilon \frac{M_\odot}{M}\right)^{1/4} \text{keV}. \quad \text{(e)}$$

중성자별에서는 $GM/c^2R \sim .1$이다.

구형의 블랙홀 주위의 부착원판의 가장 안쪽의 안정적 원 궤도는 $GM/c^2R \sim 1/6$을 가진다 [(9.43) 참고]. 어떤 경우이던 $M \sim M_\odot$, $\varepsilon \sim .5$일 경우에는 $T \sim$ 수keV이다. 이것이 태양크기의 질량을 가진 블랙홀이나 중성자별 주위의 유입원판이 왜 X-선 발생원이 되는지 설명해 주는 것이다. 그러나 거의 모든 거대질량을 가진 은하 중심에서 발견되는 $10^6 \sim 10^9 M_\odot$ 크기의 블랙홀에 붙잡혀 있는 유입원판은 상대적으로 더 차갑다.

X-선 발생원의 스펙트럼으로부터 치밀 물체들의 증거

치밀 물체의 기하에 대한 정보는 주위의 유입원판 내에 있는 입자의 운동과 그것에서 방출되는 광선을 관찰해 봄으로써 얻을 수 있다. X-선 스펙트럼망원경이 이 운동의 결과를 관찰하는 데 하나의 도구가 될 수 있다. 예로써 앞에서 논의한 은하 중심에 있는 초거대질량을 가진 블랙홀 주위를 감싸고 있는 유입원판을 고려해 보자.

이 원판의 온도는 어떤 무거운 핵들 - 가령 철, 속박된 전자들 - 만큼이나 차갑다 (**문제 8** 참조).

원판에서의 X-선 플레어(화염)에 의해 흥분되어 심지어 부분적으로 이온화된 철 원자도 X-선 스펙트럼에 특별한 선을 남기는 6.4kev의 광자를 방출함으로 해서 하 방천이(fluoresce)할 수 있다. 그러나 이 광자가 무한히 여행하여 관찰자에 도달하는 그때쯤이면 이것들은 다른 에너지를 가질지 모른다. 개략적으로 그것들은 빛을 방출한 광원의 반지름에 의존하는 양만큼 중력적으로 적색편이가 될 것이다. 더구나 그 빛이 방출될 때 그것이 관찰자에 다가오던지, 멀어지던지 간에 그 당시 속도에 의존하는 양만큼 Doppler 적색편이도 겪게 된다. 그래서 그 원판의 여러 부분에서 나오는 이 모든 효과를 고려하여 합한 결과는 매우 넓은, 철의 스펙트럼선을 보여주는 데 여기에는 유입원판 주위의 기하에 대한 정보를 담고 있다. 9장에서 개발된 기술은 원판의 어느 부분도 적색편이의 계산을 가능하게 해준다. 초점을 간단하게 하고, 정략적 모델에 맞추기 위해 중앙의 블랙홀은 회전하지 않는다고 가정하자. 또한 그 유입원판은 얇은 판 모양으로 되어있다고 가정하자. 원판이 적도평면 $\theta=\pi/2$에 있도록 슈바르츠실드 좌표 방향을 잡자.

그림 11.7은 원판의 가장자리를 멀리 떨어진 관측자에서 보았을 때의 기하를 보여주고 있다. (나중에는 원판이 정면으로 향하는 경우도 되돌아 올 것이다.) ω_*를 방출되는 광자의 자연적 진동수를 6.4keV라 하고, ω_∞를 멀리 떨어진 관측자에 의해 관측되는 진동수라 하자. 이것들은 광자가 방출될 때의 반경 r과 각 위치 ϕ에 의존한다. 광자가 4원-운동량 $\mathbf{p}(r,\phi)$로 방출되고 있는 물체의 4원-속도를 $\mathbf{u}_{src}$라 하고 무한원점에서 광자의 4원-운동량을 $\mathbf{p}(\infty)$로 받고 있는 정지하고 있는 관측자의 4원-속도를 $\mathbf{u}_{rec}$라 하자. 일반적으로 9.2절[(9.12) 참조]의 논의에서 다음을 얻는다.

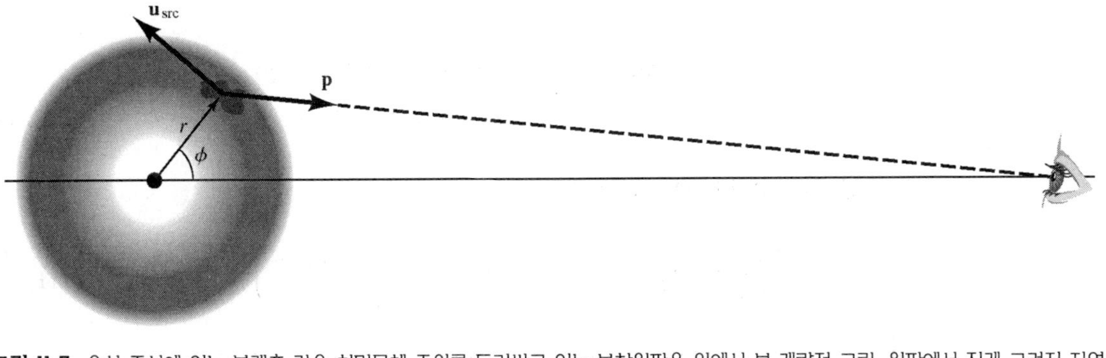

그림 11.7 은하 중심에 있는 블랙홀 같은 치밀물체 주위를 둘러싸고 있는 부착원판을 위에서 본 개략적 그림. 원판에서 짙게 그려진 지역에 있는 흥분된 전자들은 그것들이 반경 r에 해당되는 각속도로 치밀물체 주위를 돌고 있을 때 그것들의 정지계에서 진동수 ω_*의 스펙트럼선을 방출하고 있다. 그림은 그 송출 소스와 먼 거리에 있는 관측자와 연결되어 있는 한 광자를 보여주고 있다. 관측자가 받는 진동수는 소스의 운동과 치밀물체에 의하여 생성된 시공간의 곡률에 의하여 발생된 상대적인 효과에 의하여 변화가 있을 것이다. 원판 내에 있는 다른 많은 지역에 있는 광자들 모두를 적분한 효과는 치밀물체의 기하에 대한 정보를 운반하고 있는 넓은 형태의 스펙트럼선이 될 것이다.

$$\frac{\omega_\infty}{\omega_*} = \frac{\mathbf{u}_{\text{rec}} \cdot \mathbf{p}(\infty)}{\mathbf{u}_{\text{src}}(r, \phi) \cdot \mathbf{p}(r, \phi)}. \tag{11.14}$$

무한원점에서 정지하고 있는 관측자의 4원-속도는

$$\mathbf{u}^\alpha_{\text{rec}} = (1, 0, 0, 0) = \xi^\alpha, \tag{11.15}$$

여기서 ξ^α는 시간 t의 변위 하에서 슈바르츠쉴드 계량에서 불변량인 킬링 벡터 (9.2)이다. 빛을 방출하는 물질은 중심에서 대략 원형궤도를 이룬다. 그것의 각속도는 (9.46)에서와 같이 $\Omega(r) = d\phi/dt = (M/r^3)^{1/2}$이다. 여기서 r은 궤도의 슈바르츠쉴드 반경이다. 그러므로 위치(r, ϕ)에서 빛을 방출하는 물질의 4원-속도는

$$u^\alpha_{\text{src}}(r, \phi) = [u^t_{\text{src}}(r), 0, 0, u^\phi_{\text{src}}(r)] = u^t_{\text{src}}(r)[\xi^\alpha + \Omega(r)\eta^\alpha], \tag{11.16}$$

여기서 η는 ϕ의 변이(translation)하에서 슈바르츠쉴드 계량의 불변과 관련 있는 킬링 벡터이다[(9.4) 참조]. 시간의 구성성분 $u^t_{\text{src}}(r)$은 규격하 조건 $\mathbf{u} \cdot \mathbf{u} = -1$ [(9.48) 참조]에 의해 다른 구성성분에 의해 결정된다:

$$u^t_{\text{src}}(r) = \left[1 - \frac{2M}{r} - r^2\Omega^2(r)\right]^{-1/2} = \left(1 - \frac{3M}{r}\right)^{-1/2}. \tag{11.17}$$

진동수 변화 (11.14)는 광자의 궤도를 위해 정의되는 (9.58)과(9.59)에서와 같이 보존되는 양 $e \equiv -\mathbf{p} \cdot \boldsymbol{\xi}$과 $\ell \equiv \mathbf{p} \cdot \boldsymbol{\eta}$와 그것들의 비 $b \equiv |\ell/e|$에 의해 계산되어질 수 있다. 보존되는 양 e, ℓ 과 b는 소스의 위치 (r, ϕ)에 의존한다. 그러나 우리는 그것을 명확히 제시하지는 않을 것이다. (9.4절에서 광자의 4원-속도가 $\mathbf{p}$가 되어 규격화될 수 있음을 상기하라) e와 ℓ항으로 (11.14)에 있는 스칼라 곱을 나타내면

$$\mathbf{u}_{\text{rec}} \cdot \mathbf{p}(\infty) = \boldsymbol{\xi} \cdot \mathbf{p}(\infty) = -e, \tag{11.18a}$$

$$\begin{aligned} \mathbf{u}_{\text{src}}(r, \phi) \cdot \mathbf{p}(r, \phi) &= u^t_{\text{src}}(r)[\boldsymbol{\xi} + \Omega(r)\boldsymbol{\eta}] \cdot \mathbf{p}(r, \phi) \\ &= u^t_{\text{src}}(r)[-e + \Omega(r)\ell]. \end{aligned} \tag{11.18b}$$

그러면 진동수 변화에 대한 결과는

$$\frac{\omega_\infty}{\omega_*} = \{u^t_{\text{src}}(r)[1 \pm \Omega(r)b]\}^{-1} \qquad \begin{pmatrix} \text{toward} - \\ \text{away} + \end{pmatrix}, \tag{11.19}$$

빛을 방출하는 물질이 관찰자로부터 멀어지는 방향으로 움직이는 원판위에 있으면 +부호로, 관찰자로부터 다가오는 방향으로 움직일 때는 −부호로 한다.

이제는 ϕ의 여러 값에 대해서 반경 r 위치에 있는, 빛을 방출하는 물체에 대한

b값을 알아내면 된다. 좀 간단히 하기위해 ϕ의 모든 값에 대하여 시행하기보다 특별히 2가지 경우에만 실시해 보자.

(1) 광자가 관측자에 대하여 직각으로 움직이는 물체로부터 방출되는 경우(transverse) 이때는 $\phi=0$ 이거나 $\phi=\pi$이다.

(2) 광자가 관측자에 대하여 멀어지는 경우 즉, $\phi=\pi/2$ 경우와 관측자에 대하여 다가오는 경우 즉, $\phi=-\pi/2$경우이다.

$\phi=0$이거나 $\phi=\pi$에서 관측자에 대하여 직각으로 움직이는 물체에서 방출되는 광자는 원판의 중심과 관통하는 방향으로 관측자에게 전파된다. 그러므로 이때는 $\ell=0$이고 $b=0$이므로, (11.19)와 (11.17)로부터 진동수의 변화는

$$\frac{\omega_\infty}{\omega_*}=\left(1-\frac{3M}{r}\right)^{1/2} \quad \text{(transverse motion)} \tag{11.20}$$

이 경우는 광자를 방출하는 물체가 원판 안에서 반경 위치가 무슨 값을 갖던 간에 광자는 적색편이를 하게 된다.

두 번째의 경우는 관측자에 대하여 다가오던지, 멀어지던지 하는 물체로부터 방출되는 광자의 경우는 b의 계산이 요구된다. (9.58)과 (9.59)에 있는 e와 ℓ의 정의로부터

$$b\equiv\left|\frac{\ell}{e}\right|=\frac{r^2|p^\phi(r,\phi)|}{(1-2M/r)p^t(r,\phi)}. \tag{11.21}$$

빛을 방출하는 물체가 매우 멀리 떨어져있는 관측자에 대하여 다가오던지 혹은 멀어지는 $\phi=\pm\pi/2$ 지점에서는 관측자를 향해서 오는 광자의 4원-운동량 슈바르츠쉴드 반경성분 $p^r(r,\pm\pi/2)$은 0으로 소멸한다. (우리는 궤도가 원이라고 가정하였기 때문에 4원-속도 $\mathbf{u}_{src}$의 반경성분은 언제나 0이다. 그러나 연결되어 있는 광자의 반경성분은 방출물질의 궤도상에서 단지 두 군데에서만 0이 된다.) 그러면 광자의 4원-운동량이 0이라는 조건인 (5.70)은 b를 알아내는데 충분하다.

$$\mathbf{p}\cdot\mathbf{p}=-\left(1-\frac{2M}{r}\right)[p^t(r,\pm\pi/2)]^2+r^2[p^\phi(r,\pm\pi/2)]^2=0. \tag{11.22}$$

(11.21)과 (11.22)로부터 b를 구하면

$$b=r\left(1-\frac{2M}{r}\right)^{-1/2} \quad \left(\begin{array}{c}\text{directly}\\ \text{toward or away}\end{array}\right) \tag{11.23}$$

$|\phi|=\pi/2$일 때 (11.19)로부터 진동수 변화는

$$\frac{\omega_\infty}{\omega_*} = \left(1 - \frac{3M}{r}\right)^{1/2}\left[1 \pm \left(\frac{r}{M} - 2\right)^{-1/2}\right]^{-1} \qquad \begin{pmatrix}\text{toward} -\\ \text{away} +\end{pmatrix}. \tag{11.24}$$

M/r이 작은 값에 대해서는 이 진동수 변화는 근사적으로

$$\begin{aligned}\frac{\omega_\infty}{\omega_*} &= 1 \pm \left(\frac{M}{r}\right)^{1/2} - \frac{M}{2r} + \cdots \\ &= 1 \pm V + \frac{1}{2}V^2 - \frac{M}{r} + \cdots\end{aligned} \qquad \begin{pmatrix}\text{toward} +\\ \text{away} -\end{pmatrix} \tag{11.25}$$

여기서 $(M/r)^{1/2} = \Omega r \equiv V$[3] (11.25)의 마지막에 있는 V를 포함하고 있는 항들은 도플러효과[(5.73) 참조]의 가장 낮은 차수에 해당되고 그 뒤 남아있는 항은 중력 적색편이 주-차수[(9.20) 참고]에 해당된다. 관측되는 스펙트럼선은 원판의 각기 다른 반경에서 나온 여러 광자들로 구성될 것이다. 가장 작은 반경은 가장 안쪽의 안정된 원형궤도 즉 슈바르츠쉴드 계량에서는 $r = 6M$일 때이다 [(9.43) 참고]. 그러므로 원판이 멀어지는 경우 가장 작은 진동수는 $\omega_\infty/\omega_* = \sqrt{2}/3 = .47$이고, 원판이 다가오는 경우로써 가장 작은 진동수는 $\omega_\infty/\omega_* = 1/\sqrt{2} = .71$이 될 것이다. 만일 중심의 물체가 회전한다면 가장 작은 진동수는 이 값보다 더 작아질 수 있다. 일반적으로 6.4keV의 스펙트럼선은 중심물체의 크기 및 회전, 시선과 원판이 이루는 기울기 등등에 의존하는 가장 작은 진동수(최대 적색편이)의 영향으로 해서 넓어질 것이다. 더구나 우리가 여기서는 상세히 분석하지 않겠지만 스펙트럼선의 형태가 5.5절에서 논의한 상대론적 beaming과 또 다른 광원으로부터 영향을 받을 수도 있다. 상대론적 beaming은 적색보다는 푸른색 쪽으로 그 강도를 증가시킬 것이다.

그림 11.8은 1995년 Tamaka 등이 Seyfert I 은하 MCG-6-30-15에서 관찰된 철의 스펙트럼과 슈바르츠쉴드 기하와 원판이 30°로 기울어져 있다는 가정 하에서 그 스펙트럼 선에 대한 fit를 보여준다. 그 선은 앞에서 논의한 값에 비교되는 최대값으로 적색편이 되고 있고, 그 강도는 적색에서부터 청색쪽으로 증가하고 있다. 이 글을 쓸 시점에는 그 데이터가 중심물체가 돌고 있는지 아닌지 혹은 원판과 시선과의 기울기가 얼마인지 결정할 수 있을 만큼 충분히 상세하지 않았다. 그러나 최대 적색편이에 도달했다는 사실은 그 물체가 블랙홀임을 제시하고 있다; 즉 치밀한 별인 경우는 슈바르츠쉴드 기하의 가장 안쪽 안정된 원형궤도보다 더 큰 반경을 가질 것이다. X-선 관측의 발전은 그런 물체의 가장 안쪽의 구역을 좀 더 이해할 수 있도록 해줄 것이다.

3) 여기서 V는 퍼텐셜에너지가 아니라 속도이다.

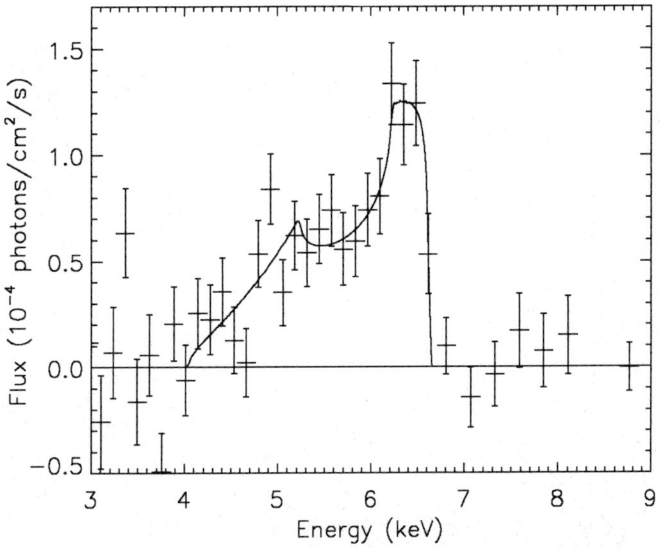

그림 11.8 1994년 7월에 ASCA X-선 위성에 의하여 Seyfert I 은하 MCG-6-30-15에서 관측된 넓게 퍼진 철 스펙트럼선(Tanaka와 그 일행 1995). 연속된 X-선 방출은 차감하여 선을 나타내었다. 그 선은 넓게 퍼져 있는 - 대부분 더 낮은(적색편이된) 에너지로 - 6.4keV선에 해당한다. 실선은 시선 방향과 30° 기울어져 있는 회전하지 않는 (슈바르츠쉴드) 블랙홀 주위에 있는 원판으로 모델화로 가정하였을 때 데이터에 들어맞는 선이다. 이 물체의 또 다른 특징들은 그것이 아주 빠르게 회전하고 있을지 모른다는 것을 제시해주고 그리고 더 상세한 데이터는 중심의 기하에 대해 좀 더 정확한 탐침으로 이끌게 할 것이다.

11.3 이중성의 펄스들 Binary Pulsars

앞에서 언급한 것과 같이 중성자별의 외부기하가 일반 상대성 이론의 효과를 알아낼 수 있는 최상의 장소들 중에 하나이다. 1974년 Russell Hulse와 Josegh Taylor에 의한 PSR B1913 +16 이중성 펄스의 발견은 바로 그 일을 우리가 매우 정밀하게 할 수 있게 해주었다. Puerto Rico에 있는 Arecibo 전파 망원경(**그림 11.9**)으로 쭉 관찰해온 데이터는 일반 상대성 이론에서 매우 중요했었다. Hulse와 Taylor는 PSR B1913+16의 발견으로 1993년 노벨상을 받았다.

PSR B1913+16은 대략 7.75-h 주기를 가진, 서로에 대하여 공전하는 한 쌍의 중성자별이다. 중성자별은 태양과 같이 열에 의한 분출력이 아니라 파울리 배타원리와 중성자사이의 핵 상호작용으로부터 나오는 분출력에 의해 중력에 의한 별의 붕괴를 지탱하고 있다. 이 힘들은 오직 핵 정도의 밀도가 될 때 효과적으로 나타나기 때문에 이것이 중성자별이 왜 그렇게 치밀한지에 대한 이유가 된다. 전형적인 중성자별은 태양 질량보다 조금 무겁고 반경은 10km 정도이다. 이 별들의 이 같은 특징들은 그것들의 치밀한 크기에 대한 것 외에는 그 궤도를 분석하는 데 별로 중요하지 않다. 이것은 그것들을 점 질량으로 이상화시켜 제9장에서와 같이 계산을 일반화시킴으로 해서 그 궤도를 분석할 수 있게 해준다. 이 글을 쓰는 당시에도 많은

그림 11.9 Hulse와 Taylor가 펄스 이중성 PSR B1913+16으로부터 온 신호들을 측정한 Arecibo 전파 망원경

이중성의 중성자별이 알려져 있었다. 그러나 최초로 발견된 PSR B1913+16이 가장 오랫동안 연구되었고 또 여러 가지 면에서 일반 상대성 이론에 매우 유용하다. 자 그러면 이것을 예로써 고려해보자.

PSR B1913+16의 궤도에 대한 상대적인 효과는 크다. 근성점(periastron)의 – 행성의 근일점(perihelion)과 유사하게 이중성에서 가장 가까이 접근하는 궤도상의 위치 – 세차운동은(**그림 11.10**을 보라.)

$$\delta\phi_{세차} = 4.22659° \pm .00004°/\text{yr}. \tag{11.26}$$

이것은 수성근일점의 이동 (10.16)보다 거의 4만 배나 크다. 앞장에서 논의한 상대론적 중력에 의하여 나타나는 다른 효과들도 비슷한 크기로 증폭이 된다. 즉 중력 적색편이와 빛의 시간지연도 이 계에서 관찰될 수 있다. 어떻게 가능할까?

중성자별들 중 하나는 펄스성이다 – 자성을 띤 별이고 그리고 빠르게 회전하고 있어 주위에 플라즈마를 생성하고 이것은 지구에서 주기적 펄스로 탐지될 수 있도록 하는 전파원로서 역할을 하는 플라즈마를 주위에 둘러싸게 만든다. (그래서 그 이름을 **펄스성**(pulsar)이라 한다.)[4] 중성자별처럼 무겁고 치밀한 물체의 회전주기는 외부로부터의 교란에 대하여 매우 안정적이다. 그러므로 펄스성은 매우 정확한 시계와 같다. 수년 동안에 걸쳐서 날아온 펄스의 도착시간들을 측정해본 결과 회전주기는 그리니치 표준시(GMT)로 1984년 7월 7일 오전 6시에

4) 상자 24.2에 펄스성에 대해 좀 더 상세하게 논의되어있다.

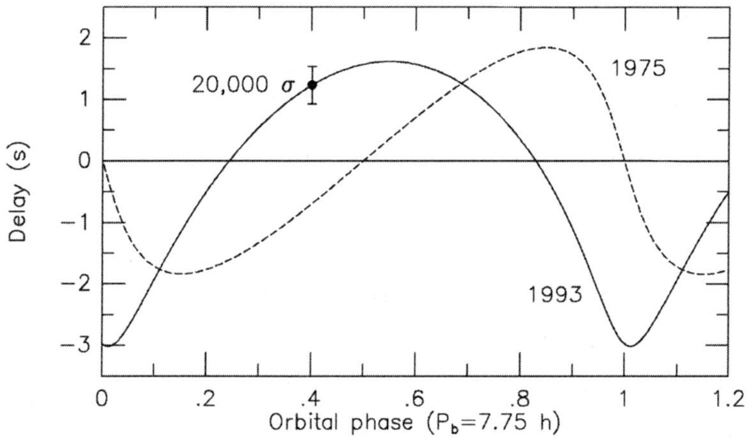

그림 11.10 궤도 위상의 함수로서 나타냈을 때 펄스 이중성 PSR B1913+16으로부터 온 펄스의 도착시간의 지연. 수평축은 궤도 주기 분율로 측정했을 때 시간을 나타낸다. 수직축은 동반 중성자별 주위로 도는 궤도에 있는 펄스성의 운동에 의하여 야기되는 평균 도착 시간으로부터 상대적인 선착과 지연을 초 단위로 표시한 것이다. 지연에 대한 패턴이 다른 두 연도에서 측정되었다. 지구에 대한 펄스성의 궤도가 다른 방향으로 있었기 때문에 패턴의 모양에 차이가 있다. 그러나 또한 펄스성 궤도의 근성점의 누적된 일반 상대론적 세차운동에 기인하여 궤도 위상의 패턴에서 전체적인 이동이 보인다. 이 측정들의 탁월한 정확도를 표현해 주는 에러 막대의 크기에 주목하라.

$$P_{\rm rot} = 0.059029997929613 \pm .000000000000007 \text{ s} \tag{11.27}$$

이었다. 이 주기는 정확히 상수가 아니라 서서히 증가한다. 그 이유는 주로 회전하는 자성을 띤 별에 의한 전자기파의 방출에 기인하는 것이다. 그 증가하는 비율, $\dot{P}_{\rm rot}$는 바로 그 날에 8.62713×10^{-18}이었다.

상대론적 중력이 이중 펄스성계의 특징을 측정하는 데 어떻게 이용되는지 알아보기 위해서 그것들이 뉴턴 중력이론[5]에서는 어떻게 분석되는지 이해하는 것이 먼저 유용하다. 정상적인 연성의 타원 궤도는 주기[6] P_b, 이심률 ϵ, 장반축 a(별 사이의 거리 중 가장 긴 거리의 반) 그리고 별의 질량과 연성의 상호궤도가 시간과 공간에 어떻게 되는지 말해주는 여러 변수들로 특징지워진다. 전형적인 이중성계에서 관찰되어지는 것은 두 별 중에 한 별의 스펙트럼선이 시간에 따라 도플러 이동이 나타난다는 것이다. 이 이동은 시선방향으로 향한 별의 속도 성분을 시간의 함수로 잴 수 있게 해준다. 이것은 반경방향 속도곡선(radial velocity curve)이라고 불리우며 두 별들의 상호 궤도에 대하여 많은 정보를 내포하고 있다. 이 분석의 상세한 것은 여기에서 논의하지 않지만 주기 P_b와 이심률 ϵ는 반경방향 속도곡선으로부터 유추할 수 있다.[7] 그리고 단지 $a_1 \sin i$라는 결합형태만 결정될 수 있다. 여기서 a_1는 질

5) 여기에서 사용된 어떤 용어들이 친숙하지 않다면 여러분들이 가지고 있는 뉴턴 역학을 재고찰해 봐도 좋다.

6) 두 별들의 상호 궤도의 궤도 주기 P_b와 펄스성인 한 별의 회전 주기 P_{rot}와 혼동하지 마라.

7) 여러분이 지금 이것에 관하여 더 알기를 원한다면, 예제 13.1을 보라.

량 중심에서 관측된 별의 궤도의 장반축이며 i는 시선방향과 궤도평면과의 기울기이다. 그래서 $i=\pi/2$는 궤도의 직각면으로 향하는 것(an edge-on orbit)으로 정의된다. (장반축 a는 각 별의 합 a_1+a_2이다.) 이것은 뉴턴 역학에서는 각별들의 질량이나 혹은 전체 질량을 결정하는 데 충분한 정보가 되지 못하고 단지 질량과 질량의 함수라 불리우는 i와의 결합형태만 알 수 있다. 그 점에서 일반상대론이 더 나은 편이다.

이중성 펄스성계에서 관측되는 것은 앞에서 언급한 것같이 매우 정확하게 전파가 도착하는 시간이다. 펄스의 도착시간은 P_b, ϵ와 $a_1\sin i$(여기서 a_1는 펄스성궤도의 장반축이다)들을 결정하는 데 뉴턴 역학적 분석에서 사용되는 모든 도플러 편이 정보를 내포하고 있다.

PSR B1913+16의 경우에는 $P_b=27906.980895\pm0.000002\,s$, $\epsilon=0.617132\pm0.000003$과 $a_1\sin i=2.34176\pm0.00001$ light-seconds이다. 그러나 도착시간은 더 많은 정보를 포함하고 있다. 특히 그것들은 이중성계의 운동과 전파신호전달속도에 영향을 주는 여러 $1/c^2$의 상대론적 효과에 대한 정보를 내포하고 있다. 이들 $1/c^2$ 효과는 뉴턴적 근사치보다도 더 질량에 대한 많은 정보를 추출하는 데 사용할 수 있다.

예로써 벌써 언급한 것과 같이, 근성점의 이동이 큰 수치(11.26)로 관측되었다. 궤도당 세차각 $\delta\phi_{세차}$에 대한 일반 상대론적 예견 (9.57)이 제9장에서 단지 테스트 질량체 한 개에 대한 것으로 유도되었지만 그 결과는 M을 펄스성과 그 동반성 전체 질량 $M_{\rm tot}$로 대치함으로써 이중성계에도 적용될 수 있음이 판명되었다. 식 (9.57)이 보여주는 것 같이 뉴턴적 근사치로 결정된 이심률 ϵ이 주어지면 근성점 이동율은 $M_{\rm tot}/a$를 결정시킨다.

그리고 케플러 법칙[8])

$$P_b^2=\frac{4\pi^2}{GM_{\rm tot}}a^3, \tag{11.28}$$

은 $M_{\rm tot}$과 a에 대한 또 다른 관계식을 준다. 그리하여 이 둘을 결정할 수 있게 해준다. $M_{\rm tot}$에 대한 결과는 $M_{\rm tot}=2.82827\pm0.00004M_\odot$이다($a$에 대해서는 **문제 10**을 보라).

근성점의 세차운동은 펄스 도착시간으로부터 알아낼 수 있는 $1/c^2$의 상대론적 효과만이 유일한 것은 아니다. 차수 $1/c^2$의 도플러 효과[(5.73) 참조] 뿐만 아니라 빛

8) 한 별의 질량이 다른 별의 질량보다 엄청크고 그 궤도가 원 일때는 식 (3.24)를 참고하거나 기초 역학 책을 보라.

이 궤도를 가로질러 전파될 때 신호들의 Shapiro 시간지연현상[(9.92) 참조]도 또한 측정할 수 있다. 더 깊이 상세하게 들어가지 말고 이것들은 펄스성과 그 동반성의 각각의 질량을 결정할 수 있는데 $-M_{\text{pulsar}}=1.442\pm0.003M_{\odot}$ 이고 $M_{\text{comp}}=1.386\pm0.003M_{\odot}$ 이다. 이와 같이 뉴턴 중력법칙으로는 결정할 수 없는 이중성계의 특징이 상대론적 교정을 통하여 측정되어 질 수 있다. 더구나 궤도주기의 변화 비를 결정하는 것은 23.7절에서 논의하겠지만 중력파의 효과의 최초의 탐지와 일반 상대론에서 예견하는 검증을 이룩하는 것이다. 한 쌍의 펄스성은 일반 상대성 이론을 검증케 해주는 실험실이며 궤도의 상대론적 교정은 천문학의 하나의 도구가 되었다.

문 제

1. 멀리 떨어진 물체들을 상을 맺기 위하여 태양을 중력렌즈로서 사용하기 위해서는 관측소가 어느 정도의 반경으로 태양을 돌아야 하는가?

2. **홀수의 중력렌즈 상들**

   실제적인 중력렌즈들은 점 소스들이 아니다, 11.1절에 논의에서 가정한 것 같이 오히려 어떤 질량들의 분포로 보아야한다. 질량들의 분포로 형성된 렌즈는 홀수의 상들을 만든다. 단순한 모델을 위하여, 중력렌즈는 시선 방향과 수직으로 방향으로 향하는 반경 r_*의 투명한 디스크와 일정한 표면 질량 밀도 σ를 가지고 있다고 가정하자. 얇은 렌즈를 근사로 사용하여 (11.6)에 주어져 있는 두 개의 상에 더하여, 디스크에 대(對)한 각도 내에서 3의 상이 있음을 보여라 그리고 그것의 각도 위치 θ를 구하라. 단지 굴절 반경 내부의 질량만이 빛의 휨에 영향을 준다고 가정하라.

3. 어떤 별에 대한 시선이 중력렌즈에 대한 시선으로부터 멀리 떨어져있을 때, 렌싱(lensing)들은 무시되어져야 한다. $\beta\gg\theta_{E,}\ \theta_{+}\approx\beta,\ \theta_{-}\approx0,\ I_{+}/I_{*}\approx1$ 그리고 $I_{-}\approx0$일 때 그렇게 됨을 보여라. 이 결과들이 중력 렌싱이 무시되어질 수 있다는 것을 의미하는 이유를 설명하라.

4. (11.12)에서 경로 길이 차이를 구하라.

5. [E] 식 (11.12)는 중력렌즈에서 2개의 상을 만드는 빛이 여행한 경로-길이 차이를 평가하고 있다. 이 효과로 인하여 두 상들로부터 빛의 도착 시간의 차이는 $\Delta D/c$이다. 9.4절에서 논의한 Shapiro 시간 지연이 경쟁적인 효과인지 어떤지 평가하라.

6. 전형적인 마이크로 렌싱 사건에서는, 움직이는 중력렌즈들이 멀리 떨어진 소스를 향한 시선에 근접해서 지나간다. (11.11)에 정의 되어 있는 확대배율 I_{tot}/I_*은 시간이 흐름에 따라 증가 하다가 그리고 나서 감소한다. 예견되는 비율 $\beta_{\mathrm{closest}}/\theta_E$를 아인슈타인 각도 θ_E와 p가 교차하는 시간의 단위 t_{var}로 측정된 시간의 항으로 표현하라. 비율 I_{tot}/I_*을 $p=0.1$, $p=0.3$, 그리고 $p=0.7$ 등에 대하여 이 단위들에서 시간의 함수로서 도표를 그려라. 그 곡선이 그림 11.6에 있는 것과 비슷하게 보이는가?

7. (a) 그림 11.6에 있는 렌싱 사건에 대하여, 그 렌즈가 대상이 되는 별을 향한 시선과 교차하는 곳에 가장 근접하였을 때 비율 β/θ_E은 얼마가 되는가? (문제 6이 도움이 될 것이다.)
   (b) t_{var} – 렌즈의 각도 위치가 양 θ_E에 가까이 움직이는 데 걸리는 시간 – 의 값은 얼마인가? (여러분은 개략적 평가를 해도 좋고 혹은 문제6의 결과와 함께 데이터를 적용해도 좋다.)
   (c) 렌즈가 시선에 횡단하여 $V=200\mathrm{km/s}$의 속도로 움직이고 있고 지구와 그 은하의 중심 사이의 거리의 반에 위치해 있다고 가정하면, 그 렌즈의 질량을 평가하라. (태양과 그 은하 중심까지의 거리는 거의 8.5kpc이다.)

8. [E, P] 철(Fe) 원자에서 최외각 전자를 끄집어내는데 필요한 에너지를 eV로 평가하라. 어떤 온도 이상에서(keV와 K에서) 철 원자는 완전히 이온화 하는가? 2 keV의 온도에서, 얼마나 많은 철 원자의 전자들이 남아있을 것이라고 기대하는가?

9. [B, E] 휘도 $L=3\times10^{36}\mathrm{erg/s}$ 를 가진 X–선 발생원은 질량 $6M_\odot$를 가진 블랙홀 주위의 유입원반(accretion)에 의하여 동력을 공급받는다. 모든 복사선이 가장 안쪽에 있는 안정된 원형궤도에서 방출되고 있다고 가정하면, 질량이 블랙홀에 의하여 유입되는 비율 $\dot{M}$을 $M_\odot/yr$로 평가하라.

10. (a) 이 책에 주어져 있는 PSR B1913+16에 대한 데이터로부터, 궤도의 장반축 a와 그것이 시선 방향과 기울어진 각도 i를 결정하라.
    (b) 이것은 당신에게 동반 성(star)에 대해서 무엇을 말해주고 있는가? 그것은 태양과 같이 정상적인 별인가?

CHAPTER

12 중력붕괴와 블랙홀 Gravitational Collapse and Black Holes

별의 일생은 중력의 수축력과 핵을 융합시키며 에너지를 방출하는 반응 - 쉽게 말해서 열핵융합반응이라 불리는 과정 - 에 의해 가열되어 팽창하는 가스의 분출 힘과의 상호작용에 관한 이야기이다. 주위보다 운동에너지에서는 더 낮고, 일시적으로 더 차고 더 밀집한, 대부분이 수소와 헬륨으로 구성된 성간가스 구름의 중력적 붕괴로 별은 일생을 시작한다. 압력에 의한 열이 열핵융합반응을 일으킬 정도 충분히 중심온도가 올라가면 수소는 헬륨으로 바뀌면서 에너지를 방출한다. 그러고 나서 별은 안정적 상태에 들어가는 데 이때는 복사선으로 잃어버리는 에너지와 수소의 열핵융합연소로 생성되는 에너지가 균형을 이루고 있다. 이것이 현재의 태양의 상태이다.

그러나 결국에는 별 중심에 수소의 양이 고갈되면 복사선으로 잃어버리는 에너지를 제공해주는 열핵융합연료가 더 이상 충분하지 않게 된다. 그러면 중력에 의한 수축이 일어나게 된다. 그러면 이제는 헬륨이 타서 다른 원소로 바뀌는 반응이 일어날 때까지 압축열은 온도를 올린다. 별은 더 밝게 빛나고 그 표면 온도는 바뀐다. 결국 헬륨의 양도 고갈될 것이고 별의 중심은 또 다시 수축할 것이다. 그리고 새로운 열핵융합연소가 다시 시작될 것이다. 그러면 이 진화는 어디에서 끝날 것인가? 그것이 끝없이 계속되지는 않을 것이다. 왜냐하면 ^{56}Fe의 철 원소는 별에서 구성되어 있는 어떤 원소의 핵의 단위 핵자 당 결합에너지가 가장 높기 때문이다(**그림 12.1을** 보라).

원소주기율표에서 철과 그 주위의 원소들의 핵들은 뒤에 더 높은 결합 핵을 가진 핵을 남기며 에너지를 방출하면서 연소 할 수가 없다. 그것들은 벌써 가장 강한 결합력을 가진 핵이기 때문이다. 그러므로 이 주로 철로 된 핵들은 열핵융합반응연소의 재인 셈이다.

별이 열핵융합반응의 연료를 다 써버리면 그때는 무슨 일이 일어날 것인가? 두 가지의 가능성이 있다. 중력의 압축력에 대항하여 비 열적인 바깥으로 향하는 압력이 별을 지탱하여 있는 평형상태이거나 혹은 별이 결코 평형상태에 도달하지 못하고 중력붕괴가 계속 진행되는 상태이다. 24장에서 더 상세히 논의하겠지만 가능한 비 열적인 압력원이 여러 개 있다. 거기에는 파울리의 베타원리에 의한 것으로 두 전자는 동일한 양자상태를 가질 수 없다는 것이다. 이것은 **전자 페르미 압력**이라 불리운다.

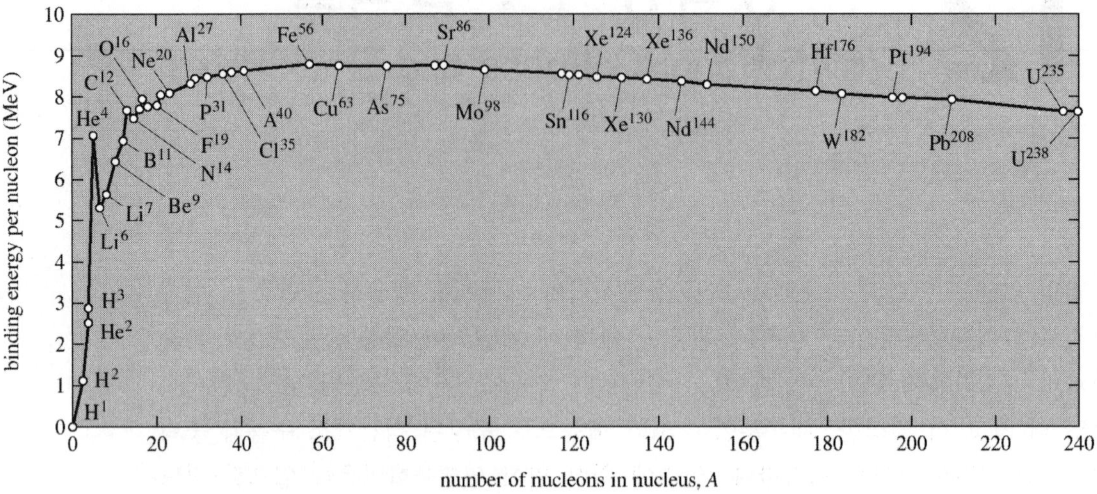

그림 12.1 원자핵들은 양성자들과 중성자들(핵자들)의 결합체이다. 핵의 결합에너지는 그것의 전체 에너지와 그것을 분해하였을 때 구성원 핵자들의 각각의 에너지를 합한 것과의 차이다. 이 그림은 핵 안에 있는 전체 핵자의 함수로서 핵자 당 결합에너지를 보여주고 있다.

중성자와 양성자에게도 유사한 페르미 압력이 있다. 또 반발력을 일으키는 핵력으로부터 생기는 비 열적 압력이 있다. 전자의 페르미 압력으로 중력붕괴의 힘으로부터 지탱해 있는 별을 **백색왜성**이라 부른다. **중성자별**은 중성자의 페르미 압력의 반발 핵력에 의해 지탱되어 있는 상태의 별이다.

별의 진화에서 평형상태에 있는 이 두 별은 보통의 별보다 더 작고 더 밀도가 높다. 백색왜성은 질량으로 볼 때는 태양($M_{\odot} \sim 1.5\text{km}$)과 비슷하지만 그 반경은 수천 킬로미터 밖에 안된다. 중성자별은 그 동일한 질량에서는 10km의 반경을 가진다. 그래서 중성자별은 $M/R \sim 1/10$이므로 중성자별 바깥의 시공간은 심하게 왜곡되어 진다. 우리는 24장에 이를 때까지는 이 두 별에 대해 상세하게 더 이상 논의하지 않을 것이다. 왜냐하면 그 논의에서는 일반 상대성 이론의 범위를 넘어서는 물리학을 요구하는 매우 고밀도의 물체에 대해 논의 할 것이기 때문이다.

오히려 이 장에서는 별진화의 제2의 종말상태 – 중력붕괴가 계속 진행되어 블랙홀에 다다른 상태 – 에 집중할 것이다. 이 가능성은 자연계에 존재하여야 한다. 왜냐하면 페르미 압력 혹은 핵 압력에 의해 중력붕괴로부터 지탱할 수 있는 비회전 물체의 최대 양이 있기 때문이다(**상자 12.1**을 보자). 이 질량은 $2M_{\odot}$ 근처이다. (이 핵 밀도보다 넘어서는 물질의 특성에 대한 우리의 지식은 아직 확실치 않기 때문에 정확한 값은 모른다.) 이 상한치보다 더 큰 질량을 가진 별은 많이 있다. 그것들 몇몇은 중력붕괴상태를 더 진행해야 하는 것 같다. 우리는 이제 이 상태의 특성을 탐색해 보기로 하자.

상자 12.1 백색왜성의 최대 질량

백색왜성은 파울리 베타원리 - 두 전자는 동일한 상태에 있을 수 없다 - 로부터 발생하는 전자들의 반발압력으로 중력에 대항하여 지탱하고 있다. 이 압력을 **페르미 압력**이라 부른다; 이에 해당하는 압축에너지를 **페르미 에너지**라 한다. 페르미 압력으로 중력에 대항하여 지탱할 수 있는 개략적 최대 질량은 중력 에너지와 A양의 전자와 A양의 양성자로 구성된(그래서 전기적으로는 중심이다) 반경 R의 구형의 형태의 페르미 에너지 사이의 경쟁관계를 연구해 봄으로써 구할 수 있다. 이 계산은 제24장에 상세하게 계산되어져 있고 특히 그림 24.5를 보라. 좀 더 무거운 양성자는 대부분 질량을 담당하고 좀 더 가벼운 전자는 대부분 압력을 담당한다. 전자는 서로 배타적이므로 각 전자들은 특정한 파장크기 λ의 부피를 차지하고 그래서 A양의 전체 전자가 구형의 반경 R내에 있다고 생각할 수 있다. 즉 $\lambda \sim R/A^{1/3}$이다. 드브로이 관계 $p=2\pi\hbar/\lambda$로부터 전자의 특징적 운동량(페르미 운동량이라 부름) p_F는

$$p_F \sim \hbar/\lambda \sim A^{1/3}\hbar/R. \qquad \text{(a)}$$

이다. 구가 압축되면 R은 축소되고 p_F는 증가한다면 전자의 페르미 에너지는 증가하고 점차 압력으로 작동하게 될 것이다. 간단히 하기 위해 전자가 상대론적 양상을 나타내는 그 각자의 전자의 에너지가 $E=[(p_Fc)^2+(m_ec^2)^2]^{1/2} \approx p_Fc$인 상태까지 압력이 올라간다고 가정하자. 이 가정은 매우 큰 질량을 가진 백색왜성인 경우에 정당하다는 것이 판명된다. (**문제 2** 참고) 개략적으로 이 전체 페르미 에너지는

$$E_F \sim A(p_Fc) \sim A^{4/3}\hbar c/R. \qquad \text{(b)}$$

양성자는 중력 에너지 E_G 대부분을 담당한다. 개략적으로

$$E_G \sim -G(m_pA)^2/R. \qquad \text{(c)}$$

여기서 m_p는 양성자 질량이고 m_pA는 전체 질량이 있다. 중력 퍼텐셜 에너지는 음수이다. 페르미 에너지와 중력 에너지는 $1/R$로 변화하고 있다. 만일 A가 충분히 크다면 전체 에너지는 음수가 될 것이고 그것은 그 형체가 붕괴될 만큼 에너지 면에서 합당해질 것이다. 중력붕괴가 일어나는데 적합한 A의 양은

$$A_{\text{crit}} \sim (\hbar c/Gm_p^2)^{3/2} \sim 10^{57}. \qquad \text{(d)}$$

임계(critical) 질량은 크기로 비교하였을 때

$$M_{\text{crit}} \sim m_pA_{\text{crit}} \sim M_\odot \qquad \text{(e)}$$

이다. 최대 질량에 대한 정확한 해는 제24장에서 논의되겠지만 찬드라세카 질량이라 불리우며 약 $1.4M_\odot$에 해당된다.

12.1 슈바르츠쉴드 블랙홀 The Schwarzschild Black Hole

에딩턴-핀켈스타인 좌표들 Eddington-Finkelstein Coordinates

중력붕괴에 대한 물리학의 중요한 면을 얻기 위하여 붕괴되는 물체와 그 바깥의 시공간은 구형적으로 대칭이라는 이상적인 경우를 고려하자. 구형적으로 대칭인 물체의 바깥부분에서의 뉴턴 중력 퍼텐셜은 그 물체가 시간에 따라 변하던 변하지 않는 $-GM/r$임을 뉴턴이론은 보여준다. 그러므로 바깥부분의 퍼텐셜은 질량은 보존되기 때문에 시간에 독립적이다. 일반 상대성에서 유사한 이론은 질량분포가 시간에 의존적일지라도 구형적으로 대칭인 중력붕괴의 바깥부분의 기하는 제9장에서 벌써 연구된 것과 같이 시간 독립인 슈바르츠쉴드 기하가 된다는 것을 보여주고 있다.[1)] 붕괴가 진행됨에 따라 슈바르츠쉴드 기하 (9.1)가 점점 더 뚜렷하게 나타난다. 이제 우리는 슈바르츠쉴드 계량에서 $r=2M$과 $r=0$인 두 특이점과 $r=2M$에서의

g_{tt}와g_{rr}의 부호의 변화에 마주치게 된다. 이 절에서는 붕괴되는 물질을 포함하지 않고 $r = 0$까지 내려갈 때 나타나는 슈바르츠쉴드 기하의 특징에 대해 논의할 것이다. 우리는 다음 절에서 구형적 붕괴를 상세하게 다시 논할 것이다.

$r = 2M$에서의 슈바르츠쉴드 계량에서 특이점은 시공간기하에서의 특이점이 아니라 슈바르츠쉴드 좌표에서의 특이점 이라는 것이다. 그것은 7.1절에 논의한 것과 같은 의미의 좌표 특이점이라는 것이다. 이것을 보여주기 위해서는 계량 $r = 2M$에서 특이점을 거치지 않는 다른 좌표계를 보여주는 것이 필요하다. 거기에는 많은 좌표가 있다. 그러나 에딩턴-핀켈스타인 좌표가 특히 더 단순한 예이다. 이 좌표를 사용함으로 해서 우리는 슈바르츠쉴드 기하가 블랙홀의 기하가 되는지 이해할 수 있을 것이다. 에딩턴-핀켈스타인 좌표를 도입하기 위해 계량이 (9.9)에 요약되어 있는 슈바르츠쉴드 좌표 (t, r, θ, ϕ)를 가지고 시작해보자. 슈바르츠쉴드 시간성분 좌표 t를 다음과 같이 정의되는 새로운 좌표 v로 대치하자.

$$t = v - r - 2M \log\left|\frac{r}{2M} - 1\right|. \tag{12.1}$$

$r < 2M$ 혹은 $r > 2M$인 어느 쪽이던지 시작해서 (9.9)의 선 요소에서 t를 v로 대치하여도 동일한 결과를 준다(**문제 3**).

Eddington-Finkelstein의 좌표로 나타낸 슈바르츠쉴드 기하

$$ds^2 = -\left(1 - \frac{2M}{r}\right)dv^2 + 2dv\,dr + r^2(d\theta^2 + \sin^2\theta\, d\phi^2). \tag{12.2}$$

이것은 새로운 기하가 아니다! 이것은 (9.9)의 슈바르츠쉴드 계량과 같이 동일한 시간독립이며 구형의 대칭인 기하이다. 그러나 점의 위치를 나타내는데 다른 표현으로 나타난다는 것뿐이지 똑같다.

$r < 2M$이던 $r > 2M$ 던지 간에 (12.2)가 슈바르츠쉴드 계량에서 시작하여 얻어졌다는 사실은 이들 두 범위가 슈바르츠쉴드 계량에서는 특이점에 의해서 분리되지만 여기에서는 부드럽게 연결되어 진다는 사실이다. 더구나 (12.2)에서 $r = 2M$일 때 어떤 특이점도 나타나지 않는다는 것은 **슈바르츠쉴드 좌표에 있는 특이점은 단지 좌표상의 특이점**이라는 것을 보여주는 것이다.

선 요소 (12.2)는 슈바르츠쉴드 반경의 바깥부위, 그 반경부위, 그리고 안쪽부위 모두를 묘사하는 데 적합하다. 이 비특이적 특성은 반경 $r = 2M$을 거쳐 떨어지는 관측자는 국소시공간에 대한 어떤 특별한 것도 보지 못할 것이라는 것을 보여주고 있다. 그러므로 에딩턴-핀켈스타인 좌표는 계속 진행되는 중력붕괴를 연구하는 데 유용하다. r이 매우 클 때는 (12.2)계량이 평면계량 – 통상적인 평면계량 (7.4)에

1) 여러분들은 제21장을 읽고 난 후 문제 18을 풀어봄으로서 스스로 그것을 보여줄 수 있다.

서 t가 $v-r$로 대치됨 – 에 접근한다. 왜냐하면 (12.1)에 있는 log의 항이 r에 비교해 볼 때 무시할 정도가 되기 때문이다. 그러므로 선 요소 (12.2)는 큰 거리와 작은 거리 사이의 교량역할을 한다.

이 계량은 $g_{vr}=g_{rv}=1$을 가지는 비대각적이다. 그러나 이 수치는 큰 거리와 작은 거리 r의 물리학 사이에 비특이적 연결을 제공하는 잇점에 비하여는 지불하는 비용이 작은 편이다. $r=2M$의 상황과 $r=0$의 상황을 비교하여 보자. $r=0$에서는 슈바르츠쉴드와 에딩턴-핀켈스타인 좌표계 둘 다에서 계량이 특이하다. 21.3절에서 정량적으로 알게 되겠지만 $r=0$인 곳은 무한 시공간곡률과 무한 중력이 작용하는 곳 – 실제적인 물리적 특이점 – 이다. $r=0$인 곳으로 떨어지는 관측자들은 국소시공간에 관한 특별한 무언가를 확실히 보게 될 것이다. 그러나 그들은 파괴될 것이다.

슈바르츠쉴드 기하의 빛 원뿔

슈바르츠쉴드 기하가 블랙홀에서 어떻게 되는지 이해할 수 있는 열쇠는 반경방향으로 나아가는 광선의 행동을 알아보는 것이다. 이때 이 광선은 $d\theta=d\phi=0$(반경방향)과 $ds^2=0$인 세계선을 따라 움직인다. 즉 이때는 (12.2)으로부터 다음과 같이 된다.

$$-\left(1-\frac{2M}{r}\right)dv^2+2dv\,dr=0. \tag{12.3}$$

이로써 나타나는 즉각적인 결과는 어떤 반경방향으로 나아가는 광선은 다음의 관계식에 따르는 곡선을 따라 움직인다.

$$\boxed{v=\text{일정 (안으로 향하는 반경방향의 광선)}} \tag{12.4}$$

(12.1)로부터 이것은 v가 일정하면 t가 증가함에 따라 r은 감소해야하기 때문에 이 광선은 **안으로 향하는** 광선이다. (12.3)외에 다른 가능한 해는

$$-\left(1-\frac{2M}{r}\right)dv+2dr=0. \tag{12.5}$$

이것은 dv/dr에 대하여 풀 수 있으며. 적분하면 그 결과는 이 반경방향 광선은 다음식과 같은 곡선을 따라 움직인다.

$$\boxed{v-2\left(r+2M\log\left|\frac{r}{2M}-1\right|\right)=\text{상수}\qquad\left(\begin{array}{l}\text{radial light rays}\\ \text{outgoing } r>2M\\ \text{ingoing } r<2M\end{array}\right).} \tag{12.6}$$

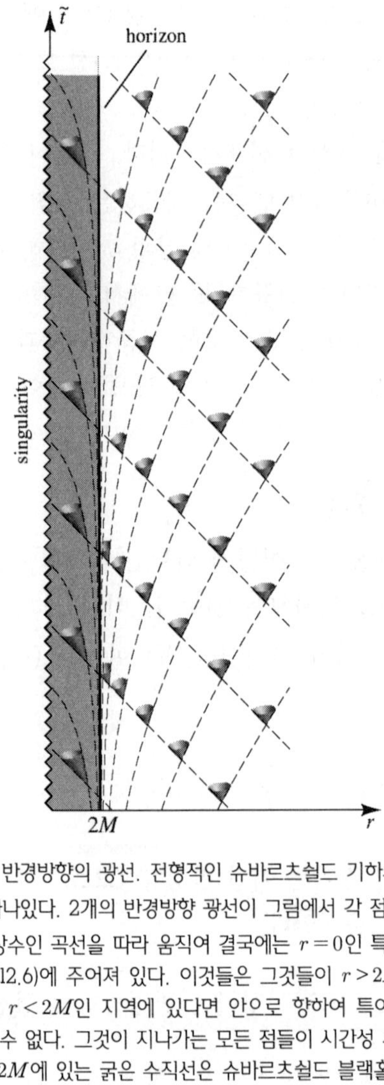

그림 12.2 슈바르츠쉴드 기하의 반경방향의 광선. 전형적인 슈바르츠쉴드 기하의 반경방향의 광선이 에딩턴-핀켈스타인 좌표 ($\tilde{t} \equiv v-r,\ r$)에 나타나있다. 2개의 반경방향 광선이 그림에서 각 점들을 따라 달려가고 있다. $v=$상수인 곡선 혹은 동등하게 $\tilde{t}=-r+$상수인 곡선을 따라 움직여 결국에는 $r=0$인 특이점에 도달하는 안으로 향하는 광선들이 있다. 또 다른 한 광선은 (12.6)에 주어져 있다. 이것들은 그것들이 $r>2M$인 지역에 있다면 밖으로 향하여 무한원점으로 나아가고, 그것들이 $r<2M$인 지역에 있다면 안으로 향하여 특이점으로 붕괴한다. 이와 같이 빛은 $r<2M$인 지역에 있다면 탈출할 수 없다. 그것이 지나가는 모든 점들이 시간성 세계선이 빛 원뿔에 있어야 하는 입자들도 또한 탈출할 수 없다. $r=2M$에 있는 굵은 수직선은 슈바르츠쉴드 블랙홀의 지평선으로, 광선이 무한원점으로 탈출할 수 있는 지역(음영이 없는 지역)과 그렇게 할 수 없는 지역(음영이 있는 지역)으로 나누고 있다. 공간 차원적으로 한 차원 더 늘어난 상태의 그림을 보려면 그림 12.4를 보라.

이들 광선 중에 하나가 블랙홀로부터 멀리 떨어져 있다면($r \gg 2M$) 그것은 밖으로 향하는 것이다. 왜냐하면 (12.6)이 (12.1)에서 보여주는 것같이 $t=r+$상수 가 되기 때문이다. 그러나 $r<2M$ 일 때 이 광선은 v가 증가함에 따라 r이 감소하기 때문에 안으로 향하게 된다. (12.3)은 null 곡선인 $v=$상수인 (12.4)과 (12.6)에 이어서 하나 더 특별한 해가 있다. 즉 $r=2M$의 곡선도 (12.3)을 만족하는 데 이때는 광선이 안으로도 밖으로도 향하지 않고 그 대신에 정지해있는 광선을 묘사한다. **그림 12.2**는 에딩턴-핀켈스타인 좌표에서 점선으로 표시된 슈바르츠쉴드 기하의 반경방향 광선의 세계선을 보여주는 시공간 그림이다. 상수 v의 null 선들은 $\tilde{t} \equiv v-r$

을 수직좌표로써 사용함으로 해서 그것이 통상 평평 공간에서 그런 것처럼 45° 각도를 이루는 점선으로 표시된다.

$r=2M$에서 광선은 굵은 실선으로 표시되어있다. 몇몇 교차점에 미래의 빛 원뿔이 그려져 있다. 빛 원뿔은 반경이 $r=0$로 접근함에 따라 점점 더 $r=0$쪽으로 기울어진다. 반경방향 광선은 슈바르츠쉴드 반경 $r=2M$ 안쪽과 바깥쪽은 질적으로 다르게 행동한다. $r>2M$인 모든 점에서는 한 반경방향 광선은 ($v=$상수인 광선) r의 점점 더 작은 값을 향하여 안으로 움직이고, 다른 반경방향 광선은 r의 점점 더 큰 값을 향하여 밖으로 움직인다. 이와 대조적으로 $r<2M$곳에서는 양쪽 반경 광선 둘 다가 r의 점점 더 작은 값 쪽으로 안쪽으로 움직여 결국에는 $r=0$인 특이점으로 떨어진다. 두 지역을 분리하는 $r=2M$의 경계선에서는 한쪽 반경의 광선은 안으로 움직이는 데 반하여 다른 쪽 반경의 광선은 슈바르츠쉴드 반경에 정박한 것처럼 정지해 있다. 이와 같이 $r=2M$의 표면은 시공간 두 지역으로 나눈다;

$r=2M$의 바깥부분은 빛이 무한대로 탈출하고 $r=2M$의 안쪽부위는 중력이 너무 강하여 심지어 빛조차도 탈출할 수 없다. 이것이 블랙홀 기하의 결정적 특징이다. $r=2M$의 표면을 블랙홀의 사건지평선이라 부른다(혹은 종종 더 간단히 지평선이라고도 한다).

상자 12.2 블랙홀에 관한 신비

블랙홀은 모든 물질을 저항할 수 없게 안으로 빨아들인다. 이것이 과학소설에서 일반적인 오해를 일으킨다. 사실상 질량 M인 구형의 블랙홀이 질량 M인 구형의 다른 물체보다 외부의 물체를 더 강하게 당기는 것은 아니다. 그것들의 외부 시공간은 동일한 슈바르츠쉴드 기하를 가진다. 미래에 언젠가 태양이 구형의 블랙홀로 바뀐다면 우리가 중대하게 변하겠지만 지구의 궤도는 거의 변하지 않을 것이다. (여기서 "거의"란 표현을 쓴 것은 태양이 완전한 구형이 아니기 때문이다.)

그러나 블랙홀 가까이에서 탈출하는 것이 동일한 질량의 뉴턴적 인력의 중심으로부터 탈출하는 것보다 좀 더 어렵다는 의견도 있다. 질량 M인 구형의 블랙홀 바깥부분에 임의의 일정한 슈바르츠쉴드 좌표반경 R에 로켓이 머물도록 추진력을 사용하고 있다고 상상하자. 질량 m인 로켓에 얼마나 추진력을 주어야 할까? 이 궤도를 유지하기 위하여 요구되어지는 4원-힘 f는 휘어진 시공간에 뉴턴 제2법칙 $F=ma$를 일반화시킨 것으로부터 알아낼 수 있다:

$$f^{\alpha}=m\left(\frac{d^2x^{\alpha}}{d\tau^2}+\Gamma^{\alpha}_{\beta\gamma}\frac{dx^{\beta}}{d\tau}\frac{dx^{\gamma}}{d\tau}\right). \qquad \text{(a)}$$

이것은 공간이 평평할 때는 특수 상대성에서의 (5.35)의 운동법칙으로 환원되고, 힘이 존재하지 않는 때에는 (8.14)의 측지선운동법칙으로 환원된다. 반경 R에서 정지궤도에 대하여 $dx^{\alpha}/d\tau\equiv u^{\alpha}=[(1-2M/R)^{-1/2},0,0,0]$이다(9.16 참조). (a)를 계산하기위해 이것을 이용하여 f의 좌표반경성분은 $f^{r}=mM/R^2$이다. 그러나 요구되어지는 추진력을 계산하는 데 중요한 것은 로켓에 타고 있는 관찰자 정규직교 좌표 기저에서 반경성분 $f^{\hat{r}}$를 구하는 것이다. 이것은 다음과 같다(**문제 17** 참고).

$$f^{\hat{r}}=m\left(1-\frac{2M}{R}\right)^{-1/2}\frac{M}{R^2}. \qquad \text{(b)}$$

즉 요구되어지는 추진력은 뉴턴의 경우인 M/R^2보다도 더 크다. 그리고 반경 R이 $2M$에 접근함에 따라 요구되어지는 추진력은 무한이 커진다.

지평면의 기하와 특이점

지평면 $r = 2M$은 7.9절에서 일반적으로 논의한 일종의 시공간에서의 3차원 null 표면이다. 이것의 법선 벡터는 r의 방향을 가리키고 null 벡터이다(**문제 12**). 평평 공간에서 미래 null 원뿔과 같이 그 지평면은 일방향의 특징이 있다. – 한번 지평면과 교차하면 다시 되돌아 나오는 것은 불가능하다. 그러나 평평 공간의 빛 원뿔과 달리 지평면은 팽창되지는 않고 정지해 있다. 지평면은 특이점으로 떨어지지도 않고 또는 무한원점으로도 탈출하지도 못하는 반경방향 빛에 의해 만들어진다.

$v =$상수일 때 지평면 단편은 계량 $d\Sigma^2 = (2M)^2(d\theta^2 + \sin^2\theta\, d\phi^2)$가진 2원 표면이다. [(12.2)에 단지 $r = 2M$과 $v =$상수라고 두면 된다.] 이것은 면적 $A = 16\pi M^2$ 가진 구형태의 기하로써 지평면이라 불리운다. 이 면은 시간에 독립인 슈바르츠쉴드 기하에서 v에 따라 변하지 않는다. 그러나 물질이 구형적으로 대칭인 방향으로 블랙홀에 떨어진다면 그것은 변할 수도 있다. 그리고 질량이 증가하면 그 지평면도 증가한다. (이 상황은 12.2절에서 더 고찰될 것이다.)

평평 시공간 [(7.4) 참조]에서 극좌표가 점 위치를 나타내기 위해 사용될 때 $r = 0$는 국소 빛 원뿔 내부에 언제나 있는 시간성 세계선이다 – 즉 모든 시간에 대해 공간내의 어느 한 장소이다. 그것은 슈바르츠쉴드 기하에서의 경우가 아니다. $r = 2M$보다 안쪽에서 일정한 r에 대한 표면은 공간성이다. (12.2)에서 $r =$일정(상수)라 두어보라 그러면 g_{vv}는 $r < 2M$에서 양수가 되기 때문에 모든 방향이 공간성인 표면의 선 요소를 얻게 될 것이다. 특히 특이점 $r = 0$은 공간성표면이다. $r = 2M$이내의 $r =$일정(상수)인 공간성 표면은 시공간을 공간과 시간으로 분리하고 그 안에서 r은 7.9절에서 설명한 그런 종류의 시간이 된다. 슈바르츠쉴드 기하에서 $r = 0$의 특이점은 공간상에 어느 한 지점이 아니다;
그것은 시간상의 어느 한 순간이다(다른 견해에 대해서는 298쪽의 **상자 12.4**를 보라).

12.2 블랙홀로의 붕괴 Collapse to a Black Hole

앞 절에서는 슈바르츠쉴드 기하에서 블랙홀을 주로 다루었지만 여기서는 구형적으로 대칭인 별의 붕괴로 되돌아가자. 붕괴되고 있는 별의 표면에서 반경방향으로 움직이는 입자는 어떤 다른 입자와 같이 빛 원뿔 내부에 있는 입자가 지나가는 시공간의 각 점을 지나는 시간성 세계선을 따른다(**그림 4.10**). 무한원점에서 정지 상태에서 출발한 압력이 없는 물질의 붕괴되는 구의 표면 세계선은 예제 12.1과 **그림 12.3**과 **그림 12.4**에 예시된 간단한 예를 제공해준다.

붕괴되는 별의 외부는 구형적으로 대칭 붕괴되는 기하는 슈바르츠쉴드 기하로서 별이 교차하여 지나는 슈바르츠쉴드 반경 $r = 2M$의 지평면과 그 후 만나게 될 $r = 0$인

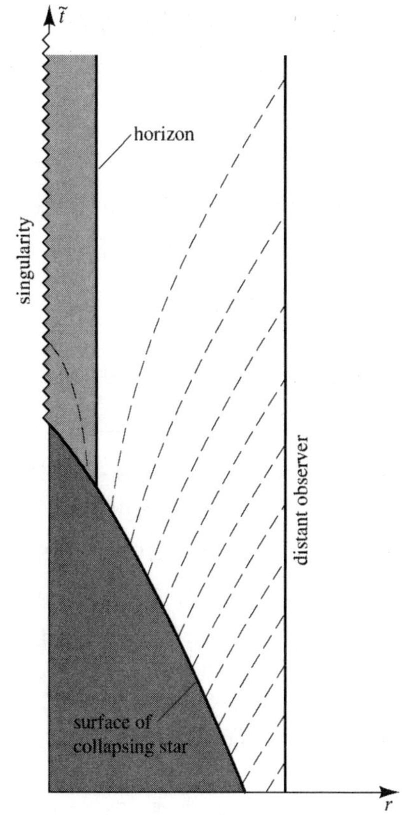

그림 12.3 붕괴되고 있는 구형의 별의 기하에서의 두 관측자의 이야기. 한 관측자는 별 외부의 고정된 슈바르츠쉴드 반경 r_R의 위치에 머물고 있다. 또 다른 관측자는 점점 더 작아지고 있는 별 표면에 위치하여 따라가고 있으면서, 별 표면과 같이 떨어지고 있는 시계로 일정한 고유시간 간격으로 빛 신호를 내보내고 있다. 이 빛 신호 들은 그림에 점선으로 나타낸 것처럼 멀리 떨어져 있는 관측자에게 전파되어 간다. 오직 반경이 $r=2M$에 교차하기 전에 송출된 빛 신호만이 멀리 떨어져 있는 관측자에게 도착할 수 있다. 그러므로 멀리 떨어져 있는 관측자는 별의 표면이 $r=2M$에 교차하는 것을 결코 볼 수 없다. 펄스는 멀리 떨어져 있는 관측자의 시계로 측정하였을 때 점점 더 길어지는 시간 간격으로 도착하게 된다. 떨어지고 있는 별로부터 방출된 빛은 점점 더 희미해지고 점차적으로 적색편이가 된다. 그리고 블랙홀이 형성된다. 붕괴되고 있는 별의 표면 외부에 있는 이 에딩턴-핀켈스타인 다이아그램 중에 단지 그 부분(좀 덜 진한 음영부위)이 의미가 있다. 표면에서 그 기하가 슈바르츠쉴드 기하가 아닌 별 내부에 있는 기하와 일치한다.

특이점을 포함하고 있다. 별 표면 내부 (**그림 12.3**에서 진하게 색칠되어 있음)에서는 그 기하학적 성질이 다르다, 즉 물질의 세부적인 특징에 의존하지만 표면에서서는 슈바르츠쉴드 기하에 부합되는 기하이다[2]. 현 단계의 논의에서는 그것에 관하여 더 이상 아는 것이 필요하지 않는다.

---

2) 여러분들이 전자기학을 배웠다면 이와 유사한 상황에 친숙할 것이다. 구형적인 전하 분포된 구의 내부에서의 전기 퍼텐셜은 전하가 어떻게 분포되어 있느냐에 달려있다. 그러나 구의 바깥 부분의 퍼텐셜은 전체 전하에 의하여 결정되는 $1/r$ 퍼텐셜이다.

예제 12.1 먼지(dust)로 된 붕괴되는 구 표면의 세계선

여기서 "먼지"(dust)는 상대론적 용어로 압력이 없는 물질을 의미한다. 압력이 없기 때문에 붕괴되는 먼지로 된 구 표면을 형성하는 최외각 입자들은 자유 낙하하며 슈바르츠쉴드 기하에서 반경방향 측지선을 따른다. $t=-\infty$, $r=\infty$의 정지 상태에서 출발한 구에 대한 반경방향 측지선이 9장[(9.38), (9.40) 참조]에 계산되어 있다. 이 측지선을 따라 r과 고유시간 τ의 관계는 다음과 같이 (9.38)에 주어졌었다.

$$r(\tau)=(3/2)^{2/3}(2M)^{1/3}(\tau_*-\tau)^{2/3}, \tag{12.7a}$$

여기서 τ_*는 별의 표면이 따라가야 하는 반경방향 측지선을 결정하는 적분상수이다. 표면이 반경 $r=2M$을 가로지를 때의 슈바르츠쉴드 시간좌표 t는 (9.40)에 의하면 무한대이다. 그러나 그 무한대는 슈바르츠쉴드 좌표 그 자체에 의한 특이성의 결과일 따름이다. 어떤 반경에서 떨어지기 시작하여 지평면에 도달하게 되는 낙하하는 관측자에 의해 측정된 고유시간은 (12.7a)에서 보여주는 것 같이 유한하다. 더구나 특이점이 없는 좌표의 값 v와 $\tilde{t}$도 또한 유한하다. 왜냐하면 (9.40)과 (12.1)로부터 ($r=0$일 때 $\tilde{t}=0$임을 선택) v는 r의 함수로 다음과 같이 주어진다.

$$\frac{v(r)}{2M}=\frac{r}{2M}-\frac{2}{3}\left(\frac{r}{2M}\right)^{2/3}-2\left(\frac{r}{2M}\right)^{1/2}+2\log\left[1+\left(\frac{r}{2M}\right)^{1/2}\right]. \tag{12.7b}$$

천체의 구표면이 지평면을 가로지를 바로 그때, 즉 더 앞선 고유시간 $4M/3$이 되는 때에 천체의 구는 특이점 $r=0$에 맞닥뜨리게 된다. 그것은 태양질량의 먼지에 대해서 10^{-5}s 차수에 해당한다. 이들 측지선들 중에 하나는 **그림 12.3**과 **그림 12.4**에 예시된 표면이다.

두 관측자 – 안쪽이야기

구형적 붕괴의 관측결과를 이해하기 위하여는 **그림 12.3**에 보여주듯이 세계선이 굵은 선인 두 관측자를 고려해보자. 한 관측자는 별 표면위에 있어 $r=0$이 될 때까지 타고 간다. 다른 관측자는 $r=r_R$의 거리에 멀리 떨어져 고정하고 있다. 별 표면 바깥부분인 하얀 부분에서의 기하는 계량(12.2)에 묘사된 것 같이 슈바르츠쉴드 기하이다. 진하게 음영이 쳐진 지역은 기하가 별 내부의 기하로 대치된다. 떨어지고 있는 별 표면의 관측자는 시계를 휴대하고 있고 이 시계로 일정한 간격으로 멀리 떨어져 있는 관측자에게 빛 신호를 보내어 교신하고 있다고 하자. 이 빛신호의 세계선은 그림 12.3에서 점선으로 나타나있다. 별의 표면이 반경 $r=2M$을 통과한 후 방출된 펄스(신호)는 r의 점점 더 큰 값 쪽으로 나아가지 못하고 오히려 **그림 12.2**에 보여주는 것 같이 r의 점점 더 작은 값으로 나아가게 되고 결국에는 특이점 $r=0$로 떨어져 감겨 버린다.

지평면 $r=2M$을 통과할 바로 그때에 중력에 의한 인력이 너무 강하여 빛조차도 탈출 못하고 오히려 특이점 아래로 빨려 들어가 버린다. 어떤 입자의 경로도 $r<2M$으로부터 탈출할 수 없다; 그들의 경로는 빛 원뿔내에 있어야 한다(**문제 10** 참고). 그러므로 슈바르츠쉴드 반경 $r=2M$ 내부로 한번 들어가기만 하면 떨어지는 관측자가 멀리 떨어져있는 관측자에게 교신할 수 있는 방법이 없다. 역으로 멀리 떨어져 있는 관측자가 $r=2M$ 내부에 있는 그 어떤 곳으로부터 정보를 받을 수 없다. 슈바르츠쉴드 반경 $r=2M$을 통과하자마자 특이점으로의 중력붕괴는 별의 어쩔 수 없는 운명이다. 고밀도에서의 어떤 새로운 반발압력 원천(source)도 별이 붕괴하여 영의 크기와 무한 밀도가 되는 것을 막을 수 없다.

붕괴가 구형적으로 일어나는 한에서는 **그림 12.2**에서 보여주듯이 그 지평면은 어떤 시간성 반경방향 세계선을 따라 이동해야 하며 그리고 이 모든 것은 $r=0$의 특이점으로 다다르게 된다. 만일 별이 지평면 내에서 구형적이지 않을지라도 특이점으로의 붕괴는 필연적이라는 것으로 판명되어 있다(**상자 12.3**을 보라).

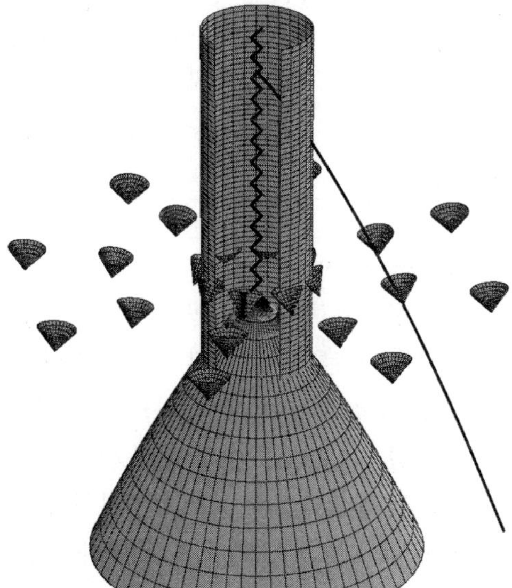

그림 12.4 블랙홀의 형성. 블랙홀을 형성하는 구형적으로 대칭인 중력 붕괴의 어떤 필수적인 특징들이 이 3차원 시공간 다이어그램에 보여져 있다. 에딩턴-핀켈스타인 좌표 ($\tilde{t}\equiv v-r, r, \phi$)가 다이어그램에서 점들을 표시하기 위하여 원통형 좌표로서 사용되어져 있다. - $\tilde{t}$는 수직축으로, r은 대칭축으로부터 반경을 그리고 ϕ는 축 주위로 방위각이다. 아래쪽 표면은 반경이 점점 더 작아져 결국에는 특이점 $r=0$으로 붕괴되는 별 표면에 의해 휩쓸고 지나간 세계면(world sheet)이다[(12.7) 참고]. 수직으로 나있는 원통은 슈바르츠쉴드 반경 $r=2M$의 지평면이다. 지평면은 멀리 떨어진 어떠한 관측자로부터도 특이점을 감춘다. 그러나 그것을 보여주고자 일부분을 잘라내어 보여주고 있다. 무한 원점에서 정지 상태에서 자유낙하 하여 지평면을 관통한 후 특이점으로 떨어지는 한 관측자의 세계선이 그려져 있다. $\tilde{t}=$일정할 때 각기 다른 반경에 위치한 미래 빛 원뿔의 방향이 나타나있다. 그림 12.2에서 반경방향의 빛으로 보여준 것 같이, 미래 빛 원뿔이 중앙으로 점점 더 접근함에 따라 점점 더 기울어져 있다.

상자 12.3 붙잡힌 표면과 특이성들
Trapped surfaces and Singularities

그 표면이 슈바르츠쉴드 반경 밖에 있고 또 그 주위로 더 큰 반경을 가진 동그란 구 T에 의해 둘러싸인 구형의 별을 고려해보자. 구 T가 한 줄기의 광선을 방출한다고 상상하자. 한 구형의 펄스가 좀 더 큰 슈바르츠쉴드 반경으로 밖으로 여행을 하면, 그 면적은 더 증가할 것이다. 다른 구형의 펄스가 더 작은 슈바르츠쉴드 반경으로 안으로 여행하면, 그 면적은 더 작아질 것이다.

이제 붕괴되고 있는 구형의 별을 둘러싸고 있는 유사한 구 T'를 상상하자, 거기에는 둘 다 별의 슈바르츠쉴드 기하의 지평면 안에 있다. 그림 12.2가 명확히 보여주듯이, 안으로 향하는 펄스이던, 밖으로 향하는 펄스이던지 둘 다가 더 작은 슈바르츠쉴드 반경으로 움직인다. 둘 다의 면적은 감소한다. 구 T'는 닫힌 붙잡힌 표면(closed trapped surface) – 각자의 작은 표면요소로부터 방출된 빛 펄스의 면적이 가능한 양쪽 방향으로 감소하는 그러한 닫힌 2원-표면이다 – 의 예이다. 구 T'에 있는 물질은 두 펄스사이에서 붙잡혀(trapped) 있다. 왜냐하면 그것은 빛보다 더 빨리 달릴 수 없기 때문이다. 두 펄스는 제로 면적의 지역으로 향하기 때문에 그 사이에 붙잡힌 물질은 제로 면적지역의 구 – 특이점 – 안으로 말려들어가야 한다. 이것이 일반 상대성의 특이점 이론들(singularity theorems)중에 좀 투박한 이론이다. 앞서의 논의는 구형적 대칭을 가정하였다, 그러나 특이점 이론들은 좀 더 일반적인 환경에서도 적용된다. 매우 투박하게 다루어, 만일 닫히고 붙잡힌 표면이 시공간에서 형성된다면, 그 이후에는 만일 물질의 에너지가, 중력이 여전히 인력으로 있을 만큼 충분하게 양수라면 특이점은 필연적이다. 특이점(singularity)과 충분히 양수(positive enough) 라는 것과 뿐만 아니라 그 이론에 대한 수학적으로 주의 깊은 진술[a]에 정밀한 의미가 부여되어져야 한다.

특이점 이론은 특이성들이 일반 상대성에서 많은 물리적 상황에서 필연적이라는 것을 보여주고 있다. 예로서 그것들이 우주의 태초에 빅뱅 특이점에 대한 우리의 확신에 대한 이유가 된다.

[a] 그것들은 Hawking과 Ellis(1973)의 책에서 찾아볼 수 있다.

별과 함께 떨어지고 있는 관측자에서도 $r = 2M$의 반경을 한번 통과하기만하면 특이점으로 떨어져 파괴되는 것으로부터 탈출할 그 어떤 방법도 없다. 로켓을 이용하여 관측자는 별 표면으로부터 떠날 수는 있겠지만 그러나 로켓이 여행할 수 있는 모든 시간성 세계선은 유한한 고유시간이 지나면 $r = 0$인 특이점에 다다르게 된다는 것이다(**문제 14** 참고). (**그림 12.2**에서 반경방향 세계선을 보면 명확하다; 반경방향이 아닌 세계선에 대하여는 **문제 10**을 보라.) 기하학적으로 필연적인 특이점은 블랙홀 외부의 어떤 관측자에게도 감추어져 숨겨져 있다. 이 중력붕괴의 특별한 특징에 대한 3차원 시공간 그림에 대한 **그림 12.4**를 보라.

두 관측자 – 바깥쪽 이야기

별이 찌그러지는 것을 따라가는 관측자의 시야에서 보는 일련의 붕괴 과정은 한편으로 드라마틱하지만 우리는 중력붕괴로부터 멀리 떨어져 있는 관측자이기 때문에 천문학에 있어서 더 중요한 것은 멀리 떨어져 있는 관측자에 의해 관측되는 일련의 사건들이다. 멀리 떨어져 있는 관측자는 반경 $r = 2M$을 지나 안쪽을 결코 보지 못한다. 멀리 떨어져 있는 관측자에게 도달하는 마지막 빛 신호는 별이 이 반경을 막 통과하기 바로 직전에 방출된 것이다. 더구나 떨어지는 관측자에 의해서 일정한 간격으로 송출되는 펄스는 멀리 떨어져있는 관측자의 시계로 점점 더 길어져가는 간격으로 도착하게 된다. $r=r_R$의 값이 매우 큰 값에 대하여 그 시계는 좋은 근사치로 $\tilde{t}$의 시간간격을 측정하게 된다[(12.1) 참조]. (혹은 유사하게 좋은 근사치로 슈바르츠쉴드 시간 t의 시간간격도 된다.)

그림 12.3은 받는 신호의 간격이 $\tilde{t}$의 값이 점점 늦어짐에 따라 점점 더 길어지고 있음을 명확히 보여준다. 이와 같이 별에서 나온 빛은 점차적으로 적색편이가 되어져 별의 표면이 반경 $r=2M$에 도달할 때면 방출된 빛에 대하여 적색편이가 무한대로 가게 된다. (예제 12.2는 이것에 대해 정량적 논의이다.)

예제 12.2 붕괴되고 있는 별로부터 나오는 빛의 적색편이

에딩톤-핀켈스타인 좌표는 식 (12.7)을 따르는 붕괴되고 있는 별 표면으로부터의 빛의 적색편이가 멀리 떨어져 있는 관측자의 시간으로 얼마나 빨리 무한대로 가는지 정량적으로 분석하는 데 사용되어 질 수 있다. **그림 12.3**에 예시된 상황을 상기해보라. 붕괴되고 있는 별 표면에 있는 관측자는 고유시간 $\Delta\tau$의 일정한 작은 간격으로 혹은 동등하게 일정한 진동수 $\omega_* = 2\pi/\Delta\tau$로 반경방향으로 빛을 내어보낸다. 별 표면이 (v_E, r_E)로 표시되어지는 구를 통과를 막 할 때, 방출된 광선이 관측자의 시간으로 시간간격 Δt_R(혹은 동등하게 진동수 $\omega_R(t_R) = 2\pi/\Delta t_R$) 로 고유시간 t_R 때에 먼 거리 $r=r_R$에 정지해 있는 관찰자에 의해 수신되고 있다고 하자. $\omega_R(t_R)$은 t_R과 함께 어떻게 변하는가?

송출과 수신의 사건을 연결해 주는 밖으로 향하는 광선은 곡선 (12.6)들 중에 하나이다. 떨어지고 있는 관찰자의 빛 방출지점(v_E, r_E)에서 평가되어진 (12.6)의 왼편 부분은 빛 수신지점(v_R, r_R)에서 평가되어질 때와 같이 동일해야 한다. r_E의 값이 $2M$에 접근함에 따라 (12.6)에 있는 log의 항이 다른 모든 항을 지배하게 된다. 그러나 매우 큰 값의 r_R에 대한 r_R과 비교해 볼 때 그것은 무시되어 질 수 있다. 또한 매우 큰 r_R에 대하여 정지해 있는 관측자의 세계선을 따라가는 고유시간은 슈바르츠쉴드 좌표시간과 근사적으로 동일하다.

이와 같이 (12.1)로부터 $v \approx t_R - r_R$이다. 빛 방출과 수신사이에서 (12.6)의 왼편에서 단지 지배적인 항만 취하면

$$-4M\log\left(\frac{r_E}{2M}-1\right) \approx t_R - r_R \tag{12.8}$$

혹은 동등하게

$$\frac{r_E}{2M} - 1 \approx e^{-(t_R - r_R)/4M}. \tag{12.9}$$

이 관계식은 t_R이 커짐에 따라, 반경 r_E로 부터 빛을 수신받고 있는, 멀리 떨어져 있는 관측자에게 반경 r_E가 특징적 시간 4M과 함께 지수함수적으로 어떻게 2M에 접근하는가를 보여준다.

적색편이를 계산하기 위하여 신호가 정지해 있는 관측자에 의해 받게 될 때 사용되는 시간간격 Δt_R에 대해 생각해보자. 빛이 방출되는 지점 r에서 간격(intervals)은 $\Delta r_E = u^r \Delta\tau$가 될 것이다. 여기서 u^r은 붕괴되는 별 표면의 4원 속도의 (음의) 반경방향 성분이다. (12.9)로부터 $\Delta\tau$와 그에 해당하는 Δr_E는 다음 식에 의하여 수신자의 시간간격 Δt_R과 연결되어진다.

$$-\frac{|u^r|\Delta\tau}{2M} = \frac{\Delta r_E}{2M} \approx -\frac{\Delta t_R}{4M} e^{-(t_R - r_R)/4M}. \tag{12.10}$$

수신받는 쪽에서의 진동수는 $2\pi/\Delta t_R$이다. 비특이적 에딩톤-판켈스타인 좌표에서 별의 표면이 $r=2M$을 막 통과할 때에 $|u^r|$은 유한한 값을 가지므로 [여러분들은 (12.7a)로부터 계산해 볼 수 있다] (12.10) 으로 부터 t_R의 함수로써 수신자 측의 진동수는 아래의 식으로 구할 수 있다.

$$\omega_R(t_R) \propto \omega_* e^{-t_R/4M}. \tag{12.11}$$

(12.9)와 (12.11)의 식은 반경($r=2M$)과 무한한 적색편이 둘 다가 멀리 정지해 있는 관측자가 볼 때 특징적 $4M$의 시간 스케일로 지수함수적으로 어떻게 접근하게 되는지 보여주고 있다. 이와 유사하게 광도도 차수 $4M$의 시간스케일로 지수함수적으로 0까지 감소한다. 시간단위로 $4M$은

$$4M = 2.0 \times 10^{-5} \left(\frac{M}{M_\odot}\right) \text{ s}. \tag{12.12}$$

이다. 별 크기의 물체들에 대해서 이 시간 스케일은 통상적인 천문학적 기준으로 볼 때 아주 작다. 일반적 구형의 중력붕괴에서 블랙홀로 되는 데에는 매우 빠르게 일어난다.

빛이 적색편이가 되기 때문에 광자 당 에너지는 작아진다. ($E=\hbar\omega$) 이와 같이 방사상으로 뻗어나간 광자들의 진동수는 점점 더 작게 그리고 에너지는 점점 더 낮게 되어 도착되어진다. 예제 9.2 보여주었듯이 정확히 방사상방향(반경방향)이 아니고 약간 비딱하게 나오는 광자는 무한대까지는 결코 못 간다. 이 모든 것의 효과로부터 멀리 떨어진 관측자는 붕괴되는 별들의 광도가 0으로 되어 감을 보게 된다. 예제 12.2가 정량적으로 보여주듯이 어둠으로의 이 같은 접근에 대한 시간변화는

실제상황에서는 매우 짧은 시간에 이루어진다 - 자유 붕괴하는 태양 질량크기의 별에 대하여서는 10^{-5} 차수이다.

요약하면 멀리 떨어진 관측자는 구형의 중력붕괴가 천천히 일어나고, 점점 어두워지며, 시간 독립성 슈바르츠쉴드 기하와 구별하지 못하게 되는 것을 매우 짧게 보게 된다. 붕괴가 구형인 한에서는 별 역사의 모든 기록과 붕괴과정의 상세내용은 외부 기하로부터 지워진다. 별의 진화의 두 번째 말기 - 진행되는 중력붕괴 - 는 슈바르츠쉴드 반경 밖에서 볼 때 구형적 대칭의 경우에는 이와 같이 현저히 단순하다. 기하는 시간 독립적이며 단순한 하나의 수 M에 의해 특징 지워진다. 12.4절에 간단히 설명되어있고 제15장에서 좀 더 상세하게 설명되어 있는 것 같이 실제적인 비구형적인 중력 붕괴의 결과도 블랙홀이 되며 유사하게 단순한 것으로 믿어지고 있다.

구형의 붕괴되고 있는 별이 어두운 슈바르츠쉴드 기하로 빠르게 접근함은 블랙홀을 그것들로부터 방출되는 방사선으로부터 찾아내기란 쉽지 않다는 것을 의미한다[3]. 그러나 제13장에서 논의되겠지만 블랙홀은 태양이 빛나지 않더라도 지구의 궤도비행으로 태양의 존재를 인식하듯이 그와 똑같은 방법으로 블랙홀 주위를 돌고 있는 물체의 특징을 관찰해 봄으로써 알아낼 수가 있다. 실제로 원리상으로는 블랙홀은 어두운 별과 구별해 낼 수 있는데 그것들이 복사선을 흡수하는 방식과 섭동이 일어나면 그것들이 중력 복사선을 내놓은 방식으로부터 구별해 낼 수 있다.

지평면 면적은 증가한다 The Area of the Horizon Increases

그림 12.3은 블랙홀을 형성하는 질량 M인 구형으로 붕괴하는 별의 외부 슈바르츠쉴드 기하에서 광선의 행동을 보여주는 시공간 도표이다. 지평면은 반경방향으로 나아가는 빛이 무한대로 탈출하지도 못하고 특이점으로도 떨어지지도 못하고 $r=2M$에 머물러 있는 null 3원-표면이다. **그림 12.3**에서 지평면은 별 표면에서 끝난다. 왜냐하면 단지 그 내부의 기하는 묘사되어질 수 없기 때문이다. 그러나 지평면은 내부에서도 또한 계속 진행 중인 것이다.

별의 중심에서 반경방향으로 광선 신호를 내어보내는 관측자를 상상해보자. 그 빛이 반경 $r=2M$의 표면에 다다를 때 그 빛은 그 반경에 머무르게 된다. 그것들은 별의 외부와 내부로 나누는 지평면을 만든다. **그림 12.5a**는 정성적으로 보여주고 있다. (정량적인 예로는 **문제 18**을 풀어보라.) 별 내부에서는 지평면이 별 표면에 다다를 때까지는 그 반경과 면적이 증가하다가 그 이후로는 만일 그 어떤 것도 블랙홀 속으로 떨어지지 않는다면 그 지평면은 정적인 상태로 그대로 머물 것이다.

---

3) 고전 물리학에서는 적어도 맞는 말이다. 그러나 양자 물리학에 대해서는 13.3절에 논의된 Hawking 효과를 보라. (역자 해설; Hawking 효과(1975년)는 블랙홀이 사건 지평면 가까이에서 열복사를 한다는 이론이다.)

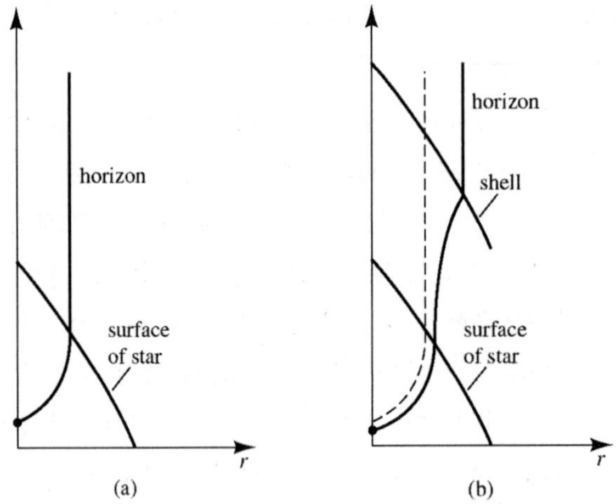

그림 12.5 (a) 붕괴되고 있는 별 내부에 있는 지평면. 이 그림은 지평면이 주심에서 출발한 반경방향의 광선에 의해 어떻게 만들어 지는지 그리고 별이 슈바르츠쉴드 반경을 마주칠 때의 표면에 어떻게 그것을 만드는 지를 보여주는 개략적 시공간 다이어그램이다. 지평면은 별 내부에서 면적에서 점차 증가한다. (b) 이 그림은 병이 붕괴된 후 물질유탄이 안으로 떨어진다면 무선 일이 발생하는 지를 보여주는 개략적 시공간 다이어그램이다. 지평면은 반경방향 광선에 의해 만들어지는 데, 그 빛은 중심에서 출발하여 별을 질량에 더한 물질유탄의 질량의 합에 해당되는 슈바르츠쉴드 반경에 맞닥뜨리는 그때에 물질유탄에 도달한다. (점선은 물질유탄이 없을 때의 지평선의 위치를 나타낸다. 이와같이 지평면은 별과 물질유탄사이에 있는 면적으로 증가한다. (수직축은 이 그림에서 표시하지 않았다 왜냐하면 별 내부에서는 한 세트의 좌표를 특성화 할 수 없었기 때문이다. 별 외부에서는 우리는 그것을 $\tilde{t}$로 택할 수 있다.

그림 12.5b는 질량 M_{shell}의 물질의 유탄(shell)이 블랙홀 속으로 떨어져 그 일부분을 형성하게 되면 무슨 일이 일어나는지를 보여준다. 물질유탄이 떨어진 후 지평면의 반경은 $r=2(M+M_{shell})$이 될 것이다. 이 이전에 **그림 12.5b**에 정성적으로 보여주는 것 같이 중심에서 떠난 빛이 반경 $r>2M$인 곳에 있는 붕괴되는 별 표면을 지나서 더 나아가 빛이 반경 $r=2(M+M_{shell})$을 막 지날 때 그 물질 외곽에 도착하게 된다. 그 물질의 외곽내부, 하지만 붕괴되는 별 외부인 곳에 지평면은 $r=2M$ 위치가 아니라 더 큰 반경으로 확장되며 그 면적도 더 증가하게 된다. 이 예는 좀 더 일반적인 환경에서도 성립되는 구형의 블랙홀 시공간에서 사건지평선의 두 가지 중요한 특징을 보여준다. 어느 한 순간의 지평면의 위치는 그 순간의 미래에 대한 시공간의 기하에 달려있다. 그리고 들어오는 물질의 에너지가 충분할 정도로 양수이면 그 지평면의 면적은 증가한다(**문제 19**).

12.3 크루스칼-스제케리스 좌표 Kruskal-Szekeres Coordinates

"이해"했다는 것은 동일한 것을 여러 가지 다른 관점으로 묘사될 수 있는 것이다. 슈바르츠쉴드 기하가 명확한 예이다. 슈바르츠쉴드 좌표(t, r, θ, ϕ)는 붕괴되는 별의 중심으로부터 멀리 떨어져서 발생하는 현상들 즉 평평 시공간으로 접근하는 실험입자나 광선의 궤도 같은 것을 이해하는 데 가장 직접적인 방법이 된다. 그러나

$r=2M$에서의 특이적 성질 때문에 슈바르츠쉴드 좌표는 블랙홀의 사건 지평면의 특성과 $r=0$에서의 특이점의 특성을 이해하는 데는 유용하지 못하다. 오히려 에딩톤-핀켈스타인 좌표 같은 특이점이 없는 좌표계가 이들 지역을 명확히 볼 수 있게 해준다. 이 절에서 크루스칼-스제케리스 좌표는 슈바르츠쉴드 블랙홀에 가까이에서 또 다른 물리학적 관점을 제공해준다. 만일 여러분들이 이해가 벌써 충분하다고 느낀다면 이 절을 넘어가도 되겠다.

슈바르츠쉴드 좌표와의 관계

크루스칼-스제케리스 좌표는 (V, U, θ, ϕ)로 정의된다. θ와 ϕ는 슈바르츠쉴드 극각도와 동일하다. 그러나 슈바르츠쉴드 좌표의 t와 r은 다음의 좌표변환에 의하여 V와 U로 대치된다.

$$\left.\begin{aligned} U &= \left(\frac{r}{2M}-1\right)^{1/2} e^{r/4M}\cosh\left(\frac{t}{4M}\right) \\ V &= \left(\frac{r}{2M}-1\right)^{1/2} e^{r/4M}\sinh\left(\frac{t}{4M}\right) \end{aligned}\right\} r>2M, \tag{12.13a}$$

$$\left.\begin{aligned} U &= \left(1-\frac{r}{2M}\right)^{1/2} e^{r/4M}\sinh\left(\frac{t}{4M}\right) \\ V &= \left(1-\frac{r}{2M}\right)^{1/2} e^{r/4M}\cosh\left(\frac{t}{4M}\right) \end{aligned}\right\} r<2M. \tag{12.13b}$$

$r>2M$과 $r<2M$의 양쪽지역에서 슈바르츠쉴드 계량 (9.1)에 대하여 이들 변환을 수행한 결과는 (**문제 20**)

$$ds^2 = \frac{32M^3}{r}e^{-r/2M}\left(-dV^2+dU^2\right)+r^2\left(d\theta^2+\sin^2\theta\, d\phi^2\right). \tag{12.14}$$

여기서 r은 V와 U의 함수, $r=r(V,U)$이며 다음과 같은 관계가 있다.

$$\left(\frac{r}{2M}-1\right)e^{r/2M} = U^2-V^2 \tag{12.15}$$

이것은 (12.13a)와 (12.13b)에서 유도된다.

(12.14)의 크루스칼-스제케리스 계량은 $r=2M$에서 특이점을 갖지 않는다. 즉 슈바르츠쉴드 좌표안에 있는 특이점은 단지 좌표상의 특이점이라는 것을 다시 한번 더 보여준다.

이 좌표변환과 슈바르츠쉴드 기하 그 자체의 특성사이에 대한 상당한 고찰이 U, V 격자위에서

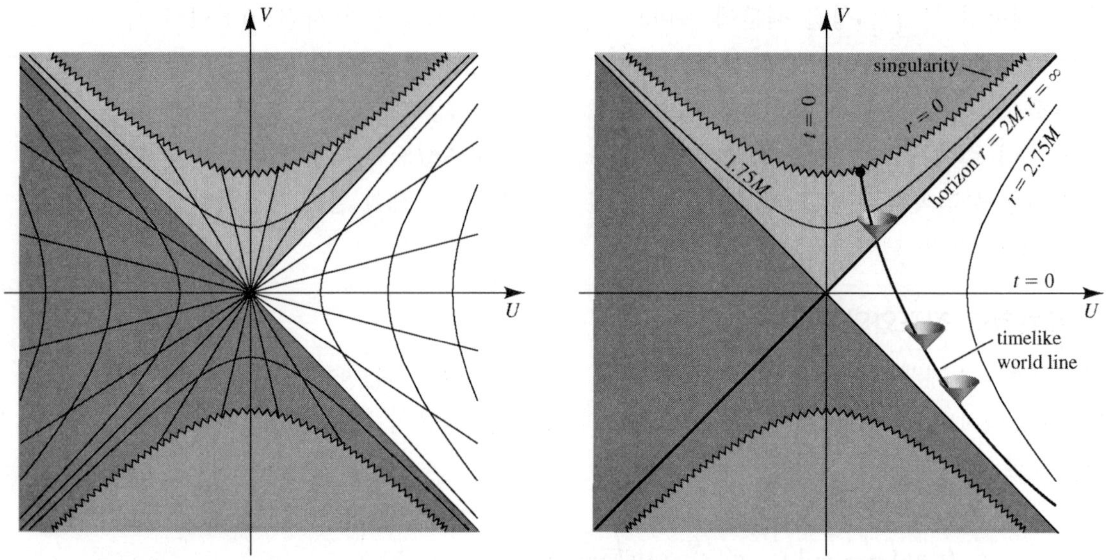

그림 12.6 Kruskal 다이어그램. 두 그림은 2개의 크루스칼-스케제리스 좌표 (U, V)에 의하여 정의된 슈바르츠쉴드 기하의 2차원 단편을 보여주고 있다. 왼편에는 일정한 슈바르츠쉴드 좌표 r과 t의 선들이 그어져 있다. r의 값이 0, $0.75M$, $2M$, $2.25M$, $2.75M$ 그리고 $3.25M$일 때의 쌍곡선이 그려져 있고, 또 t의 값이 0, $\pm M$, $\pm 2.75M$, $\pm 3M$, 그리고 $\pm\infty$ 인 직선이 그려져 있다. 이 다이어그램에서 연하게 음영이 칠해져 있는 부위는 그림 12.2에서 유사하게 음영이 칠해져 있는 부위에 해당된다. 블랙홀 바깥부분의 음영이 칠해져 있지 않는 부분은 $2M<r<\infty$ 와 $-\infty<t<+\infty$ 혹은 $-\infty<v<+\infty$ 의 영역을 카버(cover)한다. 영역 $V>-U$ 은 에딩턴-핀켈스타인 좌표 $0<r<\infty$, $-\infty<v<+\infty$ 를 카버한다. 진하게 음영이 칠해져 있는 부분 $V<-U$은 상자 12.4에서 논의한 크루스칼 확장이라는 부분에 해당된다. $r=0$의 특이점 위, 아래로 중간정도의 음영으로 칠해져 부분은 전혀 시공간의 영역이 아니다. 오른편 그림에 특이점은 $r=0$에, 사건 지평면은 $r=2M$으로 나타나 있다. 그리고 자유 낙하하는 시간성 세계선이 몇 개의 미래 빛 원뿔과 함께 그려져 있다. 반경방향으로 나아가는 광선은 크루스칼 다이어그램에서 45°로 나아간다.

r와 t의 일정한 좌표선들로부터 얻어질 수 있다. 이것을 크루스칼 도형이라고 부르며 **그림 12.6**에 하나가 예시되어 있다. (12.15)로부터 일정한 r의 선들은 일정한 $U^2 - V^2$의 곡선들이며 그러므로 UV 평면에서 쌍곡선이다. $r=2M$의 값은 직선 $V=\pm U$에 해당된다. $r=0$는 다음의 쌍곡선에 해당된다.

$$V = +\sqrt{U^2+1}. \tag{12.16}$$

[양의 제곱근만을 얻게 되는 것을 알아보려면 (12.13b)를 풀어보라.] 유사한 방법으로 일정한 t도 또한 크루스칼 도형에 그려져 있다(12.13)으로부터

$$\tanh\left(\frac{t}{4M}\right) = \frac{V}{U}, \qquad r > 2M, \tag{12.17a}$$

$$\tanh\left(\frac{t}{4M}\right) = \frac{U}{V}, \qquad r < 2M. \tag{12.17b}$$

이와 같이 일정한 t의 선들은 일정한 U/V의 선이 된다. 즉 원점으로부터 시작하여 직선이 된다. $t=+\infty$값 일 때는 $U=V$에 해당되고 반면에 $t=-\infty$일 때는

$U=-V$에 해당된다.

$t=0$의 값은 $r>2M$일 때는 $V=0$에 해당되고, $r<2M$일 때는 $U=0$에 해당된다. 그림 12.6의 크루스칼 도형에서 색칠 안된 사등분면은 슈바르츠쉴드 좌표에서 $-\infty<t<+\infty$, $-U<V<U$에 해당된다. 에딩톤-핀켈스타인 좌표 $-\infty<v<+\infty$, $0<r<\infty$에 해당하는 영역은 $V>-U$ 전 영역에 해당된다. 위의 영역 내에서 붕괴되는 별의 세계선이 움직인다. 그리고 전에 설명했던 것 같이 별 표면 바깥부분만이 구형적 붕괴에 관련되어 있다. $V<-U$인 영역의 의미에 대해서는 298쪽 **상자 12.4**를 보라. (V, U, θ, ϕ)의 전 영역에 대하여 g_{VV}계량성분은 음수이며 반면에 g_{UU}, $g_{\theta\theta}$, $g_{\phi\phi}$는 언제나 양수이다. 이와 같이 V방향은 언제나 시간성이고 U방향은 언제나 공간성이다. 이것을 슈바르츠쉴드 좌표와 비교해보자;

t가 증가하는 $r>2M$인 곳에서는 시간성 방향이고, $r<2M$에서는 공간성 방향이다. r의 증가는 $r>2M$인 곳에서는 공간성 방향이고, $r<2M$에서는 시간성 방향이다.

빛 원뿔, 지평면, 그리고 구형적 붕괴

반경방향의 광선을 크루스칼 좌표에서 분석하기는 쉽다. 반경방향 광선은 $d\theta=d\phi=0$(반경방향)과 $ds^2=0$(null)인 곡선을 따라 움직인다. (12.14)로부터 이 곡선은 다음과 같은 곡선이다.

$$V=\pm U+\text{상수} \tag{12.18}$$

이와 같이 반경방향 광선은 크루스칼도형에서 45°선을 따라 움직인다. 그리고 각 점에서 빛 원뿔은 수직선에서 45°각도를 이룬다. 입자의 세계선은 시간성이라 그것들이 지나가는 각점들은 빛 원뿔 내부에 있어야 한다. 그러므로 반경방향 입자의 세계선은 1보다 더 큰 경사를 가지고 45° 선내부에 놓여있어야 한다. 실지로 입자가 반경방향으로 움직이던지 아니던지 간에 입자의 세계선에 관한 것은 $|dV/dU|>1$이다(**문제 21**). 예제 12.3에 논의된 붕괴되는 별 표면의 세계선은 **그림 12.7**에 있는 동일한 크루스칼 도형의 좀 덜 복잡한 버전으로 나타내었다. 이 도형에서 색칠이 안 되어 있는 지역과 약하게 색칠되어 있는 지역은 붕괴되는 별 외부의 시공간을 나타낸다.

우리가 에딩톤-핀켈스타인 좌표에서 발견한 슈바르츠쉴드 블랙홀 기하의 중요한 특징들은 **그림 12.6**에 있는 크루스칼 도형에서 또 다른 견지에서 알아볼 수 있다. $r=0$에서의 특이성은 명백히 공간성 표면임을 보여준다. $r=2M$인 지평면은 $V=U$인 45°선이다. 이것은 $r=2M$에서 정지한 상태로 있는 반경방향의 광선에 의하여 만들어진 null 표면임을 보여준다.

$r=2M$ 내부(**그림 12.6**에서 $V=U$의 상부)에서는 모든 시간성과 null 세계선이 $r=0$의 특이점으로 이르게 된다. 즉 별 표면이 슈바르츠쉴드 반경을 막 통과하기만 하면 어쩔 수 없이 운명적으로 특이점을 형성하게 되어 있음을 나타내준다. 어떤 광선도 혹은 어떤 시간성 세계선도 지평면 내부로부터 탈출할 수가 없다. 그리고 거기서 발생한 사건은 외부에 있는 어떤 관측자로부터도 감추어져 있다.

12.2절에서 논의되고 **그림 12.3**에 예시된 서로 정보를 교환하는 두 관찰자의 세계선이 **그림 12.7**의 크루스칼 도형에 예시되어있다. 멀리 떨어져 있는 관측자는 고정된 거리 r의 커다란 쌍곡선상을 따라 달려가고 있다. 떨어지고 있는 관측자에 의해 일정한 고유시간 간격으로 송출되는 빛 신호는 그림에서 보여주는 것 같이 45°의 점선으로 나타나있다. 그 빛 신호들은 멀리 있는 관측자에게는 시간이 점점 뒤로 감에 따라 점점 더 낮은 진동수로 받게 됨을 명확히 보여준다. 그리하여 붕괴되어지고 있는 별로부터 나온 빛은 적색편이가 점차 증가하고, 밝기도 점차 약해져 간다. 마지막으로 수신하게 되는 광선은 별과 떨어지는 관측자가 슈바르츠쉴드반경에 막 들어서자마자 송출된 광선이다.

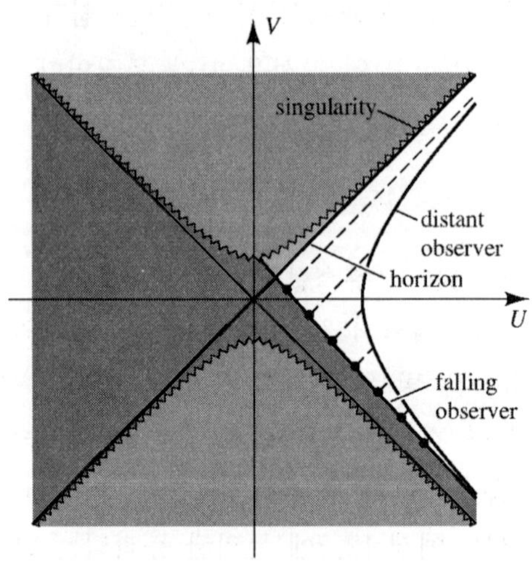

그림 12.7 두 관측자의 세계선이 그림 12.3에 있는 이야기를 크루스칼 다이어그램에서 재구성한 것을 나타내고 있다. 동일한 음영의 색칠은 두 다이어그램에서 같은 부분에 해당한다. 한 관측자는 압력이 없는 먼지로 이루어진 붕괴되는 구 표면 위를 타고서 식 (12.7a)와 식 (12.7b)에 의해 주어진 세계선을 따라 $t=-\infty$의 먼 거리의 r에서 $r=0$의 특이점까지 내려가고 있다. 구 표면 밖의 음영이 칠해져 있지 않는 부위와 연하게 칠해져있는 부분만이 구형적 붕괴에 관한 이야기와 관련이 있다. $r=0$에서 형성되는 특이점도 나타나 있고, 이 다이어그램에서는 $U=V$인 null곡선인 지평면 $r=2M$도 그려져 있다. 지평면 안쪽의 영역은 연하게 음영이 칠해져 있다. 먼 거리 r에서 정지한 상태로 있는 한 관측자의 세계선도 또한 나타나 있다. 그것은 $r>2M$ 영역에서 쌍곡선으로 나타나있다. 낙하하고 있는 관측자에 의하여 고유시간으로 일정한 간격으로 방출되는 빛의 세계선도 그려져 있다. 이것은 멀리 떨어져 있는 관측자에 의하여 구의 붕괴가 진행되어감에 따라 고유시간의 간격은 점점 더 길게 수신되어진다. 먼 거리의 관측자에게 마지막으로 도착한 빛 신호는 지평면 바로 아래 45°선을 따라간다. 지평면과 마주치자마자 모든 시간성 세계선은 $r=0$의 특이점으로 떨어진다; 별은 제로 반경으로 붕괴하고, 떨어진 관측자는 파괴된다.

여러 면에서 슈바르츠쉴드 블랙홀의 인과율 특징들은 에딩톤–핀켈스타인 좌표보다 크루스칼–스제케리스 좌표에 좀 더 직접으로 나타나 있다. 더구나 크루스칼–스제케리스 좌표는 블랙홀 기하의 또 다른 좌표들의 기초가 되고 있다(**상자 12.4**와 **상자 12.5**를 보라). 그러나 크루스칼–스제케리스 좌표는 블랙홀로부터 매우 멀리 떨어져 있는 실험입자나 광선의 궤도를 분석하는 데로 그렇게 유용하지 못하다. 에딩톤–핀켈스타인 좌표가 블랙홀로부터 가까운 부분과 멀리 있는 부분에서도 잘 작동하는 특징을 가지고 있다. 블랙홀과 같은 특이한 현상을 이해하기 위하여는 상대적으로는 여러 다른 좌표계가 의미하는 여러 다른 견해를 가지고 접근해보는 것이 도움을 준다.

상자 12.4 슈바르츠쉴드 기하의 크루스칼 기하로의 확장

단지 붕괴되는 별 표면의 세계선 외부에 있는 크루스칼 도형의 지역(그림 12.7에서 음영이 처져 있지 않는 구역)이 구형적 붕괴와 관련이 있다. 그러나 순수하게 이론적으로 슈바르츠쉴드 기하를 어떤 질량원도 가지지 않는 아인슈타인 방정식의 정적이며 구형적으로 대칭인 해로 간주하는 것은 가능하다. 이러한 방법으로 볼 때 $r=0$에서 특이점에 의하여 경계가 이루어져 있는 크루스칼 좌표(U, V)의 전지역을 시공간으로써 간주하지 못할 이유는 없다. 이것을 슈바르츠쉴드 기하의 **크루스칼 확장(extension)**이라고 부른다.

왜냐하면 슈바르츠쉴드 좌표의 범위는 $2M<r<\infty$와 $-\infty<t<+\infty$로써 $U>0$, $-U<V<U$인 단지 4분면 일부분이고, 에딩톤–핀켈스타인 좌표의 범위는 위의 것보다는 좀 더 확장되어 $V=-U$ 상부로써 반을 차지만 한다. 그러나 크루스칼–스제케리스 좌표는 전 지역을 차지한다.

크루스칼 확장에서는 $r=0$이고 기하가 특이적인 2개의 공간성 표면이 있다 – 쌍곡선 $V=\pm\left(U^2+1\right)^{1/2}$이다. 그것은 두 개의 점근적으로 평평한 지역이 있다 – 하나는 $U\to+\infty$ 또 다른 하나는 $U\to-\infty$ 인 곳이다. 이 사실들만으로도 크루스칼 확장이 어느 한 질점(a point mass)만을 둘러싸고 있는 시공간만 표현하는 것이 아니라는 것을 보여준다. 실제로 $V=0$ 같은 공간성표면위에는 특이점 같은 것이 전혀 없다, 다만 빈 휘어있는 공간만이 있을 뿐이다!

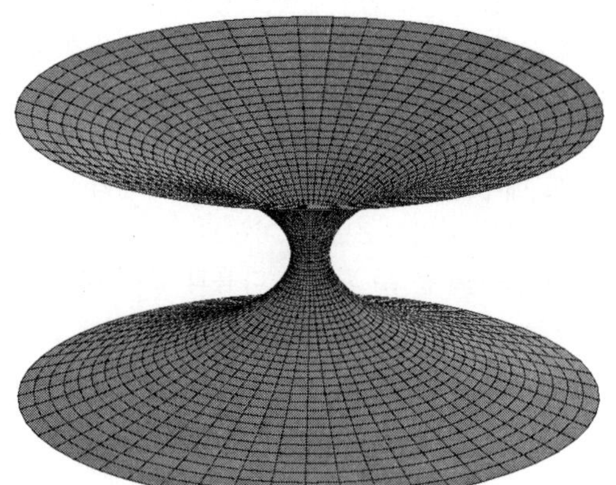

$U=+\infty$에서 $U=-\infty$까지 이 표면위에서 반경방향으로 움직인다면 함수 $r(U,0)$는 최소치 2M까지 감소하다가 그 다음은 제2의 점근적 평평지역에서 다시 무한대로 증가해간다. 7.7절에 있는 방법으로 만들어진 위에 있는 $V=0$, $\theta=\pi/2$인 삽입된 그림은 크루스칼 확장이 두 개의 점근적으로 평평한 시공간 지역을 연결해주는 웜홀이 된다(**문제 24**). 그러나 그것은 예제 7.7에 있는 장난감 기하 같은 정적인 웜홀이 아니다. 오히려 V가 더 큰 값이나 더 작은 값으로 움직임에 따라 웜홀 병목의 최소반경은 감소하며 결국에는 $r=0$의 특이점으로 꽉 조여들어간다. 이런 이유로 만일 우리 우주가 이들 웜홀의 하나를 포함하고 있다면 그것이 한 특이점에서 다른 특이점으로 진화하는 동안 그것을 통과하는 대 충분한 빠르기로 움직인다는 것은 불가능할 것이다. 여러분은 크루스칼 도형에서 이것을 즉각 알아낼 수 있나요? (**문제 25**)

상자 12.5 슈바르츠쉴드 기하에 대한 펜로즈 도형

새로운 좌표(U', V')를 주의 깊게 선택함으로써 무한원점을 무한한 값을 갖도록 하는 것보다 유한한 좌표 값을 갖도록 설정해주는 그런 새로운 좌표에서 광선이 45° 각도의 선 따라 계속 나아가도록 크루스칼도형에서 각점들을 재설정하는 것은 가능하다.

(U', V')평면의 유한한 지역 내에로 슈바르츠쉴드 기하의 크루스칼 확장(상자 12.4) 전영역을 투사한 결과의 그림은 슈바르츠쉴드 기하에 대한 **펜로즈 도형**이라 불리우고 범우주적 시공간 구조를 묘사하는 데 유용한 도구가 된다. 평평한 시공간에 대한 펜로즈 도형의 구축은 상자 7.1에 설명되어있다. 그리고 슈바르츠쉴드 기하에 대한 펜로즈 도형의 구축도 매우 유사하다. 크루스칼-스제케리스 좌표 (12.14)에서 슈바르츠쉴드 기하로 시작해서 좌표 U와 V를 새로운 두 좌표로 다음과 같이 정의되는 u와 v로 대치하면[a]

$$U = (v - u)/2, \qquad V = (v + u)/2. \tag{a}$$

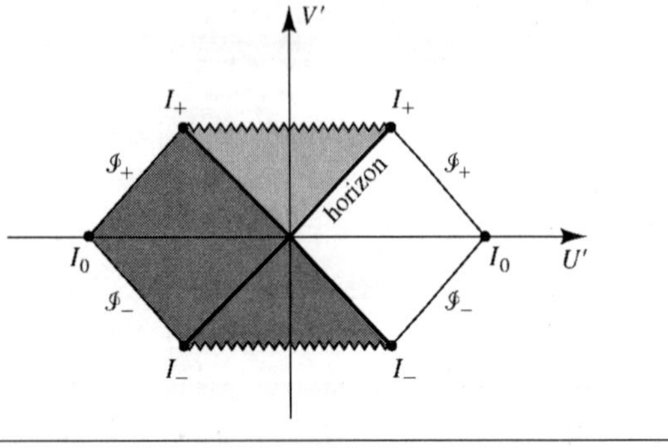

uv축은 단지 45°로 회전한 UV축과 같다. 그래서 광선은 일정한 u와 v의 곡선 위를 따라 움직인다. 또 다음과 같이 정의되는 다른 좌표 (u',v')와 (U', V')를 도입하자.

$$u' \equiv \tan^{-1}(u) \equiv V' - U',$$
$$v' \equiv \tan^{-1}(v) \equiv V' + U'. \tag{b}$$

광선은 일정한 u'와 v'의 곡선위로 움직인다. 즉 $U'V'$ 평면에 45°각도의 선 따라 나아간다. u와 v의 유한한 범위는 u'와 v'에 대한 유한한 범위 $(-\pi/2, \pi/2)$에 각각 대응된다. 약간 계산해보면 $r=0$, $V>0$의 쌍곡선은 $V'=\pi/4$와 $-\pi/4 \le U' \le \pi/4$에 대응되고 그와 대조적으로 $V<0$의 쌍곡선은 $V'=-\pi/4$인 $-\pi/4 \le U' \le \pi/4$에 해당된다. 지평면이 $V=U$는 $U'V'$평면에 똑같이 45°선이다. 이 결과로 나타낸 펜로즈 도형이 아래에 그려져 있다.

평평 공간에서와 같이 다른 종류의 무한대를 알아내는 것이 가능하다; 즉 미래와 과거의 null 무한대 $\mathscr{I}_\pm$는 무한대에 있는 광선이 시작되고 끝나는 곳이고, 미래와 과거의 시간성 무한대 $I_\pm$는 시간성 세계선이 시작되고 끝나는 곳이고, 공간성 무한대 I_0는 무한대에 있는 모든 공간성 표면이 교차하는 곳이다. 이것은 두 곳이 있으며 각 점근적 지역에 하나씩 있다. 이 도형에 의하면 지평면이란 빛에 의해서 미래 null 무한대에 연결될 수 있는 시공간 지역의 경계선이라는 것을 우리는 알 수 있다.

[a]이 v를 Eddington-Finkelstein v좌표와 혼동하지 마라.

12.4 비 구형적 중력 붕괴 Nonspherical Gravitational Collapse

실제적인 중력붕괴 상황은 정확히 구형적이 아니다. 붕괴되기전 별은 회전에 의해 찌그러질지도 모른다. 거대 별들이 그들의 일생을 마치는 초신성 폭발에서 실제 상황은 확실히 구형적이지 않다. 그러므로 실제 상황에서의 중력 붕괴시 얼마나 비구형적일지 그런 의문이 자연히 생긴다. 이 절에서는 증명 없이 단순한 구형 모델의 얼마나 많은 특징들이 비구형적 중력 붕괴에서 지켜질 것으로 예상되는지에 대해 기술되어질 것이다.

- **특이점의 형성**(Formation of a Singularity)

  앞에서 보아왔듯이 구형적으로 붕괴하는 별이 한번 슈바르츠쉴드 반경 $r = 2M$을 마주치기만 하면 특이점으로 향한 중력붕괴는 피할 수 없다. 그 반경 내의 기하는 지평면 내부에 있는 어떤 지역으로부터도 탈출을 허용하지 않으며 붕괴를 멈출 수 없게 한다. 구형적 중력 붕괴에서 특이점의 형성은 **상자 12.3**에서 간략히 언급된 일반 상대성의 특이점이론들 중 하나의 특별한 경우이다. 개략적으로 말해서 이들 이론들은 상당히 진행된 중력 붕괴는 시공간기하에서 특이점을 결과적으로 초래함을 보여주고 있다. 이와 같이 구형붕괴에서 형성된 특이점은 공간 대칭의 인위적 부산물이 아니라 좀 더 일반적인 붕괴현상의 특징이다.

- **사건지평면형성**(Formation of an Event Horizon)

  구형붕괴에서 형성되는 특이점은 지평면 내부에 있고 그 외부에 위치해 있는 어떤 관측자에게도 감추어져 있다. 그것이 감추어져 있다는 사실이 중요하다. 왜냐하면 특이점이란 어떤 이론의 예견력이 붕괴되는 곳이기 때문이다. 그러나 이 붕괴에 대한 정보는 외부에 위치한 관측자에게 결코 알려지지 않는다. 15.1절에 좀 더 상세하게 논의될 **우주검열가설**(cosmic censorship conjecture)은 어떤 총체적이고 실제적인 붕괴에서 형성된 특이점은 블랙홀의 지평면 내부에 감추어져 있다는 주장을 뒷받침한다. 이것이 아인슈타인 방정식의 결과인지는 아직까지는 증명되지 않았다; 실제로 매우 정교한 추측이 결핍되어있다. 그러나 이 아이디어에 대한 어떤 총체적 예외도 최근까지 발견되지 않았다. 만일 우주검열가설이 사실이라면 실제 물체의 세부적인 특징들에 의존하게 되는 어떤 실제적이며 복합적인 비구형적 중력붕괴의 바깥쪽 기하는 슈바르츠쉴드 기하의 지평면과 유사한 지평면을 가진 블랙홀 기하가 될 것이다. 슈바르츠쉴드 블랙홀은 일반 상대성에서 허용된 가장 일반적인 블랙홀은 아니다. 그러나 15장에서 언급되어있는 일반적인 경우는 그렇게 복잡하지는 않다. 일반적인 블랙홀은 오직 두 변수 - 그것의 질량과 각운동량 - 에만 의존한다.

  그러므로 만일 우주검열가설이 사실이라면 실제적 비구형의 중력 붕괴의 결과는 구형적 붕괴의 이상적 결과만큼이나 현저히 단순할 것이다.

- **면적증가**(Area Increase)

  292쪽에 언급한 것과 같이 물질이 구형적 대칭적 방법으로 블랙홀 안으로 떨어질 때 블랙홀의 면적이 증가한다. 그러나 물질이 비구형적 대칭 형태로 안으로 떨어지더라도 여전히 지평면의 면적은 증가한다. 이것이 블랙홀에 대한 면적증가이론의 결과이다.

  블랙홀의 면적에 대한 이 같은 행동은 열역학에서 엔터로피 증가를 상기시키게 해준다. 13.3절에서 우리는 양자역학적으로 블랙홀의 엔터로피가 면적에 비례함을 보게 될 것이다.

예제 12.3 블랙홀 속으로 떨어지는 파편덩어리

물질 한 덩어리가 반경방향으로 한 방향으로부터 블랙홀 안으로 떨어지고 있다. 이것은 구형적으로 대칭인 상태가 아니다. 그 결과 블랙홀은 진동할 것이고 중력파를 방출할 것이다. 그러나 결국에는 그 진동도 가라앉고 또 다른 슈바르츠쉴드 블랙홀이 될 것이다.

왜냐하면 각운동량은 변하지 않기 때문이다. 만일 중력파에 의해 수용되어 빠져나가는 에너지가 안으로 떨어졌던 물체의 에너지보다 더 크다면 블랙홀은 처음의 것보다 더 작은 질량의 슈바르츠쉴드 블랙홀로 남게 될 것인가? 그 대답은 "아니요"이다. 왜냐하면 블랙홀의 면적은 감소할 수 없고 슈바르츠쉴드 블랙홀들의 면적은 $A = 4\pi(2M)^2$에 의하여 질량과 관련이 있기 때문이다.

문 제

1. [P] 태양의 휘도를 제공하는 매 초당 한 개의 헬륨(He) 핵을 만들기 위하여 얼마나 많은 양성자들이 결합해야하는가? 태양이 그것의 모든 양성자를 다 소비하기 전에 이러한 비율로는 얼마나 오랫동안 지속될 수 있는가?

2. [E, B] 전자들이 반드시 상대적이어야 한다는 가정 없이 상자 12.1에 있는 백색왜성의 최대 질량에 대하여 등급 평가의 순서를 따라라.
   (a) 상자의 (d)에 정의된 A_{crit}보다 더 크거나 더 작거나 한 A의 값 둘 다에 대해서 전체 에너지의 행동양상 $E_{TOT}(A, R) = E_F(A, R) + E_G(A, R)$을 R의 함수로서 스케치하라.
   (b) $E_{TOT}(A, R)$이 R에서 최소치를 가지는 반경 $R_*(A)$를 구하라. 이것은 중력과 페르미 압력의 힘이 균형을 이룬 평형상태의 별의 반경이다. R_*와 이 책에 인용된 백색왜성의 반지름과 어떻게 비교되는가?
   (c) 그 이상에서는 평형상태가 불가능한 값 A_{crit}이 있음을 보여라. 그것의 값을 구하고 이 책에서 평가된 A_{crit}와 비교하라.
   (d) 전자는 평형상태에서 상대론적인가?

3. [S] 선 요소 (12.2)를 얻기 위하여 (12.1)에 정의된 Schwarzschild 좌표에서 에딩턴-핀켈스타인 좌표로의 변화를 실행해보라.

4. 다음의 선 요소에 의하여 특성화된 시공간을 고려하자.

$$ds^2 = -\left(1 - \frac{M}{r}\right)^2 dt^2 + \left(1 - \frac{M}{r}\right)^{-2} dr^2 + r^2(d\theta^2 + \sin^2\theta\, d\phi^2).$$

$r=M$일 때를 제외하고, 좌표 t는 언제나 시간성이고 좌표 r은 공간성이다.

(a) $g_{rr}=0$ 으로 셋팅되며 $r=M$에서 그 기하가 특이성을 갖지 않는 것을 보여주는, (12.1)과 유사한 새로운 좌표 (v, r, θ, ϕ)로의 변환을 구하라.

(b) 안으로 향하는 광선과 밖으로 향하는 광선들의 세계선들과 빛 원뿔들을 보여주는, 그림 12.2와 유사한 $(\tilde{t}, r)$ 다이어그램을 스케치하라.

(c) 이것은 블랙홀의 기하인가?

5. 한 관측자가 질량 M인 구형 블랙홀을 향하여 반경방향으로 떨어지고 있다. 그 관측자는 $10M$의 Schwarzschild 좌표 반경에 정지해 있는 관측자에 대하여 상대적으로 정지 상태에서 출발한다. 특이점에 부딪치기 직전에 그 관측자의 자신의 시계로 얼마나 많은 시간이 흘러갔는가?

6. 한 관측자가 무한 원점에서 초기 속도를 가지고 출발하여 블랙홀에 근접할 궤도로 자유낙하한 후 그리고 나서 다시 무한원점으로 빠져나옴으로 해서 질량 M인 슈바르츠쉴드 블랙홀 밖의 기하를 탐색하기로 결정했다. 이 관측자가 이런 종류의 궤도 중에 블랙홀에 가까이 갈 수 있는 궤도는 어떤 것인가? 그 관측자는 $r=3M$에 교차한 후 다시 그것에 교차할 때까지 그 기하를 연구할 수 있을 긴 시간을 가질 수 있도록 어떻게 예정을 세울 수 있는가?

7. [E] 미터 막대기가 한 점에 위치한 하나의 태양 질량에 의하여 만들어지는 뉴턴 중력 인력의 중심 속으로 반경방향으로 따라 떨어지고 있다. 뉴턴 역학을 사용하여 미터 막대기가 부서지거나 혹은 완전히 짜부라지는 거리를 평가하라.

8. 구형의 블랙홀 속으로 떨어지고 있는 관측자는 밖에서 일어나고 있는 사건들에 관한 정보를 받을 수 있는가? 내부의 관측자가 결국에는 볼 수 없는 블랙홀 밖의 시공간의 어떤 지역이 있는가? 그림 12.2에 있는 그런 다이어그램을 사용하여 이 질문들을 분석하라.

9. [S] Darth Vader는 어떤 Jedi 기사가 되려고 추구하고 있다. Jedi 기사들은 힘의 원천을 찾고자 거대한 블랙홀 속으로 뛰어들고 있다. Darth Vader는, 내부에서 한 번, 그의 광선 총으로 방출한 어떤 빛이 점점 더 작은 Schwarzschild 반경으로 움직인다는 것을 알고 있다. 그가 특이점에서 파괴되기 전에 그의 총에서 발사된 광선이 되돌아와서 그에게 치명상을 입힐 지도 모른다고 걱정해야 하는가?

10. 그림 12.2에 있는 Eddington-Finkelstein 다이어그램에서 반경방향으로 나아가지 않는 광선의 $\tilde{t}$ 대비. r의 곡선들의 기울기가 반경방향으로 향하는 광선에 의해 정의된 빛 원뿔 내에 있어야 함을 보여라.

11. 음의 질량은 자연계에서 발생하지 않는다. 그러나 단지 연습 삼아, M의 음의 값을 가진 Schwarzschild 기하에서 반경방향의 광선의 행동양상을 분석해보자. 이 광선들을 보여주는 Eddington-Finkelstein 다이어그램을 스케치하라. 음의 질량은 블랙홀의 Schwarzschild 기하가 되는가?

12. [S] Schwarzschild 블랙홀의 지평면 3원-표면에 수직인 벡터는 눌(null) 벡터임을 검토하라.

13. [C] (a) 한 관측자가 그녀의 발을 내려다보면서 Schwarzschild 블랙홀 속으로 발부터 떨어지고 있다. 그녀가 그녀의 발을 볼 수 없는 순간이 있을 수 있는가? 예로서, 그녀의 머리가 지평면에 막 통과할 때 그녀의 발을 볼 수 있는가? 만일 그렇다면, 얼마의 반경에서 그것들을 보게 되는가? 그녀의 머리가 그 반경에 도달할 때까지 그녀가 온전하게 남아있다고 가정하면 $r=0$에서 그녀의 발이 특이점에 부딪치는 것을 그녀는 보게 되겠는가? 이 질문들을 Eddington-Finkelstein 다이어그램이나 혹은 Kruskal 다이어그램을 가지고 분석해보라.

(b) 블랙홀의 내부는 검고 어두울까요? 외부에 있는 관측자는 블랙홀로 붕괴되고 있는 한 별이 점점 어두워지는 것을 보게 된다. 그러나 붕괴되는 별이 그것의 표면에 있는 관측자에 의해 측정되었을 때 일정한 비율로 복사를 계속한다고 가정하면 블랙홀의 내부는 깜깜할까요?

14. [C] 블랙홀의 사건 지평면을 통과하자마자, 관측자가 특이점에서 파괴되기 전에 소비할 수 있는 가장 긴 고유시간은 얼마인가?

15. [C] 블랙홀 주위의 환경을 조사하는 것이 임무인 한 우주선이 질량 M인 구형의 블랙홀 외부의 Schwarzschild 좌표 반경 R에서 정박해 있다. 무한 원점으로 되돌아 탈출하기 위해서는, 승무원들은 그 우주선의 정지 질량의 일부분을 뒤로 분사시켜 우주선의 나머지 부분을 탈출 속도로 추진하여야 한다. 무한 원점으로 탈출할 수 있는 정지 질량의 최대 나머지 부분(fraction)은 얼마인가? R이 $2M$에 접근하였을 때에는 이 나머지 부분에 무엇이 발생하겠는가?

16. 9.2절에서 우리는 정지해 있는 관측자로부터 중력 적색편이에 대한 식 (9.20)을 유도하였다. 우리는 Schwarzschild 기하의 시간 변이 대칭으로부터 발생하는 보존 법칙 (8.32)로부터 시작하였다. 유사한 테크닉을 사용하여 복사선이 멀리 떨어져 잇는 관측자에 의해서 수신되는 시간 t_R의 함수로서 자유 낙하 붕괴중인 별로부터 반경방향으로 방출되는 빛의 적색편이를 유도하라. 그 결과를 (12.11)과 비교하라. 식 (9.20)은 또한 반경방향이 아닌 복사선에도 적용되었다. 당신은 붕괴되고 있는 별의 표면으로부터 나오는 복사선에 대해서도 그것

을 기대하는가? (주의; (9.20)에서는 R이 복사선을 방출하는 정지한 관측자의 반경이었던 반면에 (12.11)을 이끈 이 예에서는 R이 복사선을 수신하는 관측자의 위치였다는 것을 주목하라.)

17. [B] 상자 12.2에 있는 로켓 분출력 (b)를 유도하라.

18. [C] **붕괴되고 있는 쉘(shell) 내부에 있는 지평면**
질량 M과 매우 작은 뚜께의 물질로 된 구형의 쉘의 붕괴를 고려하자. 그 쉘은 시공간에서 구형의 3원-표면을 묘사하고 있다. 이 표면의 바깥에 있는 기하는 이 질량을 가진 Schwarzschild 기하이다. 내부는 다음과 같은 가정들을 만든다: (1) 쉘의 세계선은 어떤 유한한 고유시간에 0으로 가는 함수 $r(\tau)$로서 알려져 있다; (2) 쉘 내부의 기하는 평평하다; (3) 붕괴되고 있는 쉘의 3원-표면의 기하는 바깥에서와 같이 안에서도 동일하다.
   (a) 두 개의 시공간 다이어그램을 그려라: 하나는 그림 12.2에 있는 것과 같은 것이고 다른 하나는 적절한 한 세트의 좌표에서 쉘 내부에 있는 시공간에 해당하는 것이다. 쉘의 세계선을 둘 다 합쳐 그려라, 그리고 안과 밖에 있는 얼마나 많은 점들이 해당하는 지를 지적하라. 쉘 내부뿐만 아니라 외부에서도 지평선의 위치를 찾아라.
   (b) 쉘 내부에 있는 지평면의 면적은 그것을 만들어 내는 광선을 따라 움직이면서 어떻게 변화하는가?

19. 그림 12.5b는 질량 M_{shell}의 쉘(shell)이 나중에 블랙홀에 떨어진다면 구형의 블랙홀의 지평면의 면적을 보여주고 있다. 그 논의는 $M_{shell} > 0$을 가진 통상적인 물질로 구성되어져 있다고 가정하였다. 만일 그것이 음의 물질이라면 무슨 일이 일어나겠는가? 지평면의 면적은 언제나 증가하겠는가? 그림 12.5b와 같은 다이어그램을 가지고 음의 질량을 가진 쉘의 경우에 대해서 지평면의 정성적인 행동양상 뿐만 아니라 광선의 것도 나타내 보라. 또한 만일 쉘이 교차하지 않았다면 지평면을 만들어냈을 중심으로부터 방출된 광선의 행동양상을 보여라.

20. [S, A] Schwarzschild 좌표에서 (12.13)에 정의되어 있는 Kruskal 좌표로의 변환을 명확히 실행해보라. $r > 2M$과 $r < 2M$ 둘 다에 대하여 Kruskal 좌표에서 계량을 구하라.

21. Kruskal 다이어그램에서 $|dV/dU|$는 시간성 입자가 반경방향으로 움직이지 않을지라도 그것의 세계선에 대한 단위보다 더 커야한다.

22. 두 로켓들에 두 관측자가 질량 M인 Schwarzschild 블랙홀위에 정박해 있다. 그들은 다음과 같은 고정된 반경 R과 고정된 각도 위치에 정박해 있다. (사실상, $R \approx 2.16M$)

$$\left(\frac{R}{2M}-1\right)^{1/2} e^{R/4M}=\frac{1}{2}$$

첫 번째 관측자는 $t=0$에서 이 위치에서 떠나 특이점이 선 $U=0$에 교차하는 점에서 특이점에서 파괴될 때까지 Kruskal 다이어그램에 있는 직선을 따라 블랙홀 속으로 여행한다. 다른 관측자는 R에 계속해서 정박하고 있다.

(a) Kruskal 다이어그램 상에서 두 관측자의 세계선들을 스케치하라.

(b) 블랙홀 속으로 들어가고 있는 관측자는 시간성 세계선을 따라가고 있는가?

(c) 첫 번째 관측자가 출발한 후 다른 관측자가 특이점에서 파괴되기 전에 첫 번째 관측자에게 도달할 빛 신호를 보낼 수 있는 마지막 Schwarzschild 시간은 무엇인가?

23. (12.11)은 멀리 떨어져 정지해 있는 관측자에 의하여 빛이 수신되는 시간 t_R의 함수로서 나타낸 붕괴되고 있는 별로부터 나온 적색편이에 대한 것이다. 그것은 Schwarzsc hild 기하에 대한 어떤 비특이적 좌표 시스템에서 작업할 수 있었었다. Kruskal 좌표를 사용하여 동일한 결과를 유도하라.

24. [B, N] 상자 12.4에 있는 $V=0$에 대한 것과 유사한 $V=0.9$와 $V=0.999$에 대한 Sch warzschild 기하의 Kruskal 확장의 단면들을 위한 삽입 다이어그램들을 건설하라. 당신은 축대칭인 2차원 평면의 단면을 제시하는 것이 더 쉬우면 그렇게 해도 좋다. 이 삽입 다이어그램들은 Kruskal 확장의 웜홀이 시간이 흐름에 따라 일정하지 않다는 진술을 어떻게 지지하는가? $V>1$일 때는 무엇이 일어나는가?

25. [B, S] 우리 은하 중심에 있는 블랙홀은 붕괴되는 별에 의하여 만들어졌었다는 것 대신에 최대 Kruskal 확장에 의하여 실제로 묘사되어졌었다. Kruskal 다이어그램을 사용하여, Kruskal 확장의 한 점근적 지역에서 다른 지역으로의 전이는 가능하지 않는 이유를 설명하라(상자 12.4에 있는 질문). 그러나 그들이 거기에서 여행을 할 수 없음에도 불구하고 확장의 다른 편에 있는 별들로부터 나온 빛을 관측자가 볼 수 있을까? 만일 그렇다면, 그것들은 어떻게 보일까?

26. [B] Schwarzschild 기하의 Kruskal 확장에 대한 Penrose 다이어그램의 경계들이 상자 12.5에 주어져 있는 것과 같음을 보여라.

27. 만일 블랙홀의 면적이 언제나 증가해야 한다면, 블랙홀은 결코 전체 질량이 보존되면서 두 개의 블랙홀로 양분될 수 없음을 보여라?

CHAPTER

13 천문학에서의 블랙홀
Astrophysical Black Holes

블랙홀은 중단되지 않는 중력붕괴의 결과물이다. 블랙홀로의 중력붕괴는 우주에서 광범위한 범위의 질량으로부터 발생된다. 왜냐하면 중력은 인력이면서 범우주적 힘이기 때문이다(제1장). 이 장에서는 세 가지 다른 질량을 가진 즉 세 가지 다른 기원의 블랙홀이 어떻게 확인되고 혹은 될 수 있는지 논의될 것이며 또한 블랙홀들이 천문학에서 어떤 가장 에너지적인 현상들 중에서도 가장 중심이 되는 것을 개략적으로 스케치해 보이겠다.

- **X-선을 방출하는 이중성에서의 블랙홀** 초신성의 폭발에서 거대한 별들의 붕괴는 태양질량의 10배되는 범위까지의 질량을 가진 블랙홀을 남긴다. 이것들이 이중성계의 한 일원일 때는 그 동반성의 궤도에 대한 영향으로 혹은 블랙홀 주위로 형성될 지도 모르는 유입 원판으로부터 나오는 방사선으로부터(11.2절 참조) 탐지될 수 있다.
- **은하계 중심에 있는 블랙홀** 은하계 중심에 있는 깊은 중력 퍼텐셜 우물은 중력 붕괴의 자연적인 장소이다. 은하계들은 그것들의 중심의 붕괴를 겪게 되거나, 다른 은하계와의 합병으로 인한 붕괴를 이겨내거나 혹은 아마도 블랙홀 주위에 형성될 수도 있다. 은하계 중심에 위치한 거대질량의 블랙홀은 태양질량의 수백만 배에서 수억 배의 범위에 걸쳐있다.
- **원시 블랙홀의 폭발** 우주배경복사에 대한 증거는 초기 우주에서 물질분포가 오늘날의 은하성단을 형성하는 데 씨앗이 되었던 밀도에서 아주 작은 섭동을 제외하고는 아주 균일하였다(상자 2.2나 제17장을 참조하라). 초기의 약간의 섭동들이 자라서 중력의 인력작용으로 붕괴되고 그리하여 조그마한 블랙홀들을 만들어 내었다. 차수 $10^{14}g(\sim 10^{-19}M_{\odot})$의 질량을 가진 조그마한 원시 블랙홀들은 13.3절에 언급되어있는 양자역학적 호킹과정에 의해서 오늘날 폭발하고 있을지도 모른다.

일반 상대성에 의한 블랙홀에 대한 상세한 예견에 대한 확증을 내릴 목적이 여전히 미래의 몫으로 남아 있지만, 블랙홀들은 X-선 이중성과 은하계 중심에서 탐색되었다. 그러나 블랙홀이 단지 일반 상대성 이론을 검토해 볼 수 있기 때문에 흥미로운 것만은 아니다. 그것들은 또한 최전방 천문학적 현상을 설명하는 데 기여하고 있다. X-선의 원천으로서의 그것들의 역할은 11.2절에 언급되었다;

이 장에서는 간략하게 퀘이사 같은 활동적인 은하핵에서의 그들의 역할에 대하여 논의하겠다. 현재까지 폭발하는 원시 블랙홀은 탐색된 바가 없다. 그러나 그것들이 있다고 하면 그것들은 중력과 양자이론을 통일하는데 서광을 비추게 될 것이다. 한 장(chapter)의 짧은 분량으로 도전적인 관측결과에 대해서 혹은 블랙홀의 천문학적 위치에서 나타나는 중요한 다양한 물리학에 대해 다 논의하기는 불가능하다. 오히려 이 장에서는 어떤 기본적 사실들은 소개하고 일반 상대성에서의 블랙홀을 실제 관측과 연결해주는 몇몇 중요한 메커니즘에 대하여 개략적으로 논의하는 데 목적을 두고 있다.

13.1 X-선을 방출하는 이중성에서의 블랙홀 Black Holes in X-Ray Binaries

거의 모든 별의 2/3 가 한 별이 다른 별에 궤도 운동하는 이중성의 한 구성원이다. 이 들 이중성들 중에서 거대별은 핵 연료를 다 써버리고 초신성폭발을 일으키면서 중력붕괴에 들어간다. 이 폭발의 잔해물은 별 진화의 마지막 단계인 밀도 높은 물체 - 중성자별, 블랙홀, 혹은 정상별 - 로 되어 이중성계를 이루게 된다. 만일 그 도는 궤도가 충분히 작으면 같이 있는 정상별은 밀도 놓은 물체에게로 떨어지는 물질들을 내보내게 될지 모른다. 이 물질은 중성자별이나 블랙홀의 깊은 중력 퍼텐셜 속으로 나선을 그리며 떨어질 것이다. 그리하여 11.2절에서 언급된 것 같이 그리고 **그림 13.1**에 예시되어 있는 것 같이 그것 주위로 증대되는 원판을 형성하게 될 것이다.

그림 13.1 X-선 이중성 A0620-00의 컴퓨터 시뮬레이션 이미지. 이중성계의 한 별이 블랙홀을 형성하기 위하여 내파되었다. 남아있는 별은 이 밀도 높은 물체에 질량을 날려볼 낼 만큼 충분히 근접해 있다. 각운동량 보존은 유입 원판 속으로 들어가 밀도 높은 물체에 질량을 흘러 보내도록 한다. 그 원판은 궤도 에너지의 분산에 의하여 그것이 X-선을 방출하는 온도까지 가열된다.

여러 가지 분산(dissipation) 메커니즘은 그 원판 내에서 궤도 운동하는 물질에게 에너지를 잃게 하여 밀도 높은 물체의 중력 퍼텐셜 우물 속으로 서서히 나선을 그리면서 깊이깊이 떨어져 간다. 방출된 에너지는 그 원판의 내부 지역을 가열시켜 X-선이 막대하게 생산되도록 하기에 충분한 온도가 올라가게 된다. 이와 같이 부착 증대되는 물질의 중력 퍼텐셜 에너지는 X-선의 광도(밝기)로 전환된다(**상자 11.1**을 보라). 그 결과는 X-선 이중성이 된다.

X-선 이중성은 지구 주위를 궤도 운동하는 X-선 망원경에 의하여 탐지될 수 있다. 그리고 그것은 하늘에서 가장 빛나는 X-선의 원천이 된다. 그리고 X-선을 발산하는 별의 동반성은 광학망원경을 통하여 X-선 관측의 여러 범위 내에서 X-선의 발원지 위치에서 특이한 시간 변이나 스펙트럼을 가진 별로 확인되어진다.

광학적 발원지로 나온 스펙트럼선들의 주기적 도플러 변이는 부착원판에서 방출되는 X-선을 가진 밀도가 아주 높은 물체와 함께 공동의 궤도를 가진 별임을 밝혀 줄지 모른다. 이와 같이 하여 X-선 이중성은 확인된다. 치밀 물체의 질량이 블랙홀로써 판명되는 데에 주요한 요소가 된다. 제12장에서 언급하였듯이, 중성자별이 되는 최대 질량은 대략 태양 질량의 서너 배이다(24.6절에서 더 상세히 언급될 것이다). 만일 X-선 원천지의 질량이 이 최대 질량보다 크면 그 물체는 블랙홀이 될 것이다.

이 질량에 관한 정보는 동반성의 스펙트럼선의 도플러 천이로 구할 수 있다. 이것은 반경방향 속도(radial velocity)[5.73 참조]라고 불리는 것으로, 별이 우리들로부터 다가오는 혹은 멀어지는 별의 속도 성분을 잼으로 알 수 있다. 시간에 대한 반경방향 속도를 도표로 나타낸 곡선을 **반경방향 속도곡선**(radial velocity curve)이라 불린다.

그림 13.2가 그 예이다. 반경방향 속도곡선은 이중성의 상호 궤도에 대하여 많은 정보를 내포하고 있다. 그러나 이중성의 각 별들의 질량을 결정하는 데는 충분치 않다. 결정할 수 있는 것은(예제 13.1을 보라.) 다음과 같이 정의되는 **질량함수** $f(M_1, M_2, i)$이다.

$$f(M_1, M_2, i) \equiv \frac{(M_2 \sin i)^3}{(M_1 + M_2)^2}. \tag{13.1}$$

여기서 M_2는 관측되는 별의 질량이고, M_1는 치밀 물체의 질량이고 i는 시선방향과 궤도평면과의 기울기가 각으로 $i = \pi/2$일 때는 궤도평면이 직각으로 전부 다 보일 때이다(edge-on orbit). 관측되는 직각궤도평면상의 별의 질량 M_2는 만일 그 별이 정상적인 별이라면 스펙트럼곡선으로부터 측정할 수 있다. 그리고 질량 함수는 알려져 있지 않는 $\sin i$값에 대하여 치밀 물체의 질량 값의 범위를 구할 수 있게 해준다.

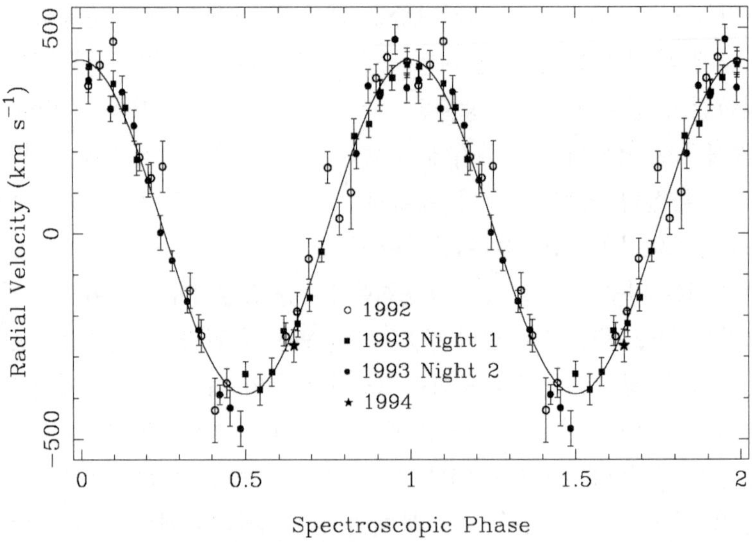

그림 13.2 X-선 이중성인 Muscae 신성에서 블랙홀 주위를 돌고있는 정상적인 별의 반경방향 속도의 곡선. 이 곡선의 대칭성으로부터 상호 궤도는 원형에 가깝다는 것을 제시하고 있다. 궤도의 주기는 0.423 days이다. 이것과 같은 반경방향 속도곡선은 이중성계의 질량 함수를 결정한다. 이 경우 그 값은 거의 $3M_{\odot}$에 가깝다.

백색왜성과 중성자별의 상환치 질량보다 더 큰 질량을 가진 치밀 물체가 있는 수많은 X-선 이중성계가 존재한다. 이것들은 아마도 블랙홀일 것이다.

예제 13.1 원형궤도를 가진 이중성 별에 대한 질량함수

M_1과 M_2질량을 가진 두 별이 그들의 질량의 공동중심을 주위로 원 궤도를 그리고 있다고 하자. 그 궤도면은 앞에서 정의한 것과 같이 시선방향과 각도 i를 이루고 있다고 하자. 질량 M_1을 가진 별의 스펙트럼선의 도플러 천이의 시간변이를 관측함으로써 그 별의 반경방향 속도를 추론 할 수 있을 뿐 아니라 그 궤도의 주기도 추론할 수 있다(**그림 13.2** 참조).

뉴턴 중력학으로부터 이 관측들에 의해 별들의 질량에 대하여 무엇을 알 수 있을까? 질량 중심으로부터 별들이 떨어져 있는 거리를 r_1과 r_2라 하면 그들은 $r = r_1 + r_2$만큼 서로 떨어져 있다. $M_1 r_1 = M_2 r_2$이므로

$$r_1 = [M_2/(M_1 + M_2)]r, \qquad r_2 = [M_1/(M_1 + M_2)]r. \tag{13.2}$$

주기 P인 원형궤도에 대해서

$$\frac{M_1 V_1^2}{r_1} = \frac{M_1}{r_1}\left(\frac{2\pi r_1}{P}\right)^2 = \frac{G M_1 M_2}{r^2} \tag{13.3}$$

여기서 V_1는 질량 M_1인 별의 궤도 속도이다. (13.2)를 사용하여

$$(2\pi/P)^2 r^3 = G(M_1 + M_2). \tag{13.4}$$

이것은 케플러 3법칙이다. 질량 M_1인 별의 최대반경방향의 속도는

$$(V_1^r)_{\max} = V_1 \sin i = \left(\frac{2\pi G}{P}\right)^{1/3} \frac{M_2 \sin i}{(M_1 + M_2)^{2/3}}. \tag{13.5}$$

이것을 재구성하면

$$f(M_1, M_2, i) = (V_1^r)^3_{\max}\left(\frac{P}{2\pi G}\right), \tag{13.6}$$

가 되는데 이것은 질량함수가 관측된 반경방향 속도와 원형궤도의 주기로부터 어떻게 결정되는가를 보여준다. 원형궤도가 아닌 경우에는 반경방향 속도곡선을 좀 더 상세하게 분석해보면 그것을 결정할 수 있다.

13.2 은하 중심들에 있는 블랙홀들 Black Holes in Galaxy Centers

관 측

은하들의 중심들은 질량의 집중들을 찾아낼 수 있는 자연적인 장소들로서 이곳에서는 가스와 별들이 운동에너지를 소실하면서 안으로 떨어지는데 은하중력 퍼텐셜 우물 밑바닥을 향하여 떨어져 결국에는 블랙홀을 형성한다. 우리 은하계를 포함하여 주의 깊게 연구한 결과 많은 은하 중심에는 블랙홀들이 있다는 확실한 관측 증거자료가 있다. 이 **슈퍼질량의 블랙홀**들의 질량은 개략적으로 $10^6 M_\odot$에서 $10^9 M_\odot$의 범위에 있다. 충분히 질량이 거대한 거의 모든 은하 중심에는 블랙홀이 있을지 모른다는 증거가 점점 쌓여가고 있다.

은하 중심에 있는 블랙홀은 직접적으로는 관측할 수 없다. 무엇보다도 먼저 그것은 검다는 것이다. 그리고 두 번째는 그것의 크기가 은하의 차원에서 볼 때 너무나도 작다는 것이다. 전형적인 나선은하는 지름이 수 킬로 parsec인 나선 배불뚝(bulge)을 가지고 있다.[1] $10^9 M_\odot$의 블랙홀의 경우 그 슈바르츠쉴드 반경은 10^9 km (혹은 10^{-4}pc) 로 개략 우리 태양계 크기고 나선은하 배불뚝 차원에서 볼 때는 천만 배나 작은 크기이다. 블랙홀은 그것이 주위 물질에 미치는 영향을 관찰해 봄으로써 간접적으로 알아낼 수 있다.

---

1) parsec은 은하나 은하바깥의 천문학에서 가장 많이 사용되는 거리의 단위이다. 1parsec=3.086× 10^{13}km 혹은 3.262광년

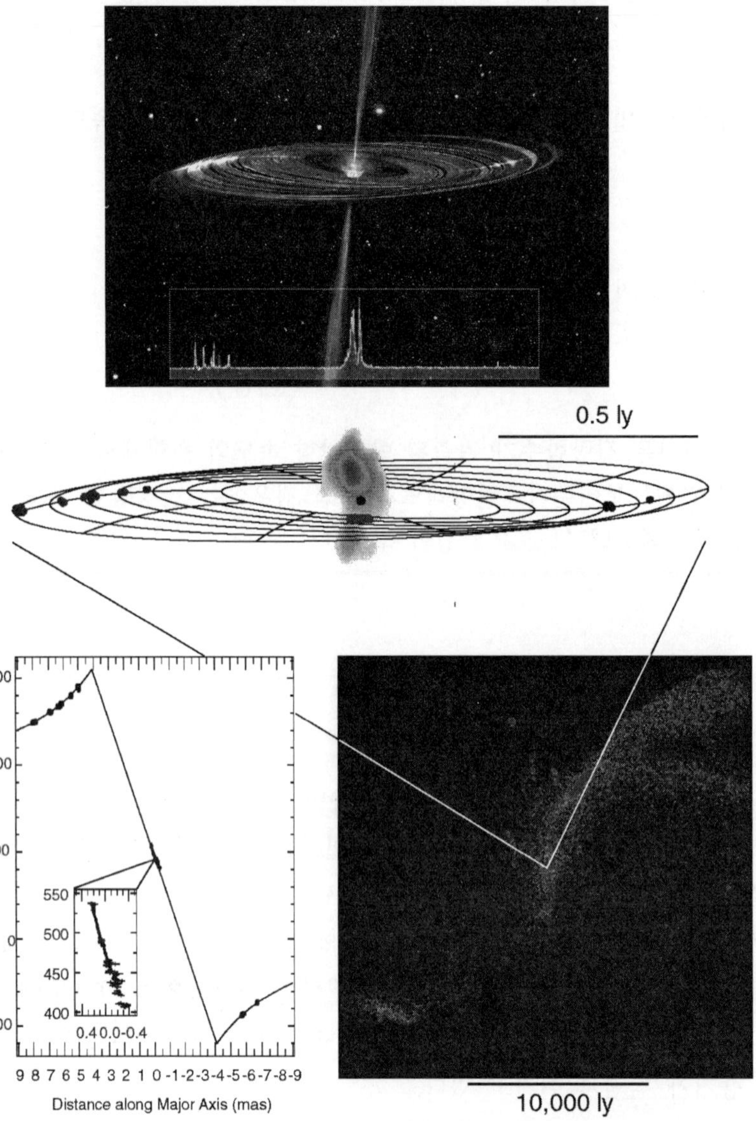

그림 13.3 은하 NGC4258에서 초거대 질량 블랙홀의 존재에 대한 증거. 맨위의 그림은 이 은하의 중앙에서 수증기의 미세 농도로부터 메이저(maser) 방출에 의하여 탐지해 낼 수 있는 분자 유입 원판의 미술가가 그린 스케치이다. 아래에 있는 것은 이 메이저 방출의 스펙트럼인데 이것은 서로 다른 속도를 가지고 있어, 그래서 다른 도플러 편이를 보여주는 수증기 구름에 해당하는 불연속적 특징을 보여준다. 중앙의 그림은 원판의 정중앙의 전파 이미지를 보여주고 있다. 작은 덩어리들은 원판의 보이지 않는 부분을 나타내는 격자선들 위에 포개어 놓은 전파 간섭계로 얻어진 메이저를 방출하고 있는 수증기 구름의 이미지들이다. 아래쪽 왼편에 있는 도표는 이미지의 주축을 따라서 위치의 함수로서 그 구름들의 반경방향 속도를 보여주고 있다. 그 속도들은 케플러의 법칙으로 추정하여 중앙물체의 질량이 $3.5\times10^7 M_\odot$에 해당한다. 케플러 법칙에 의한 행동에 대한 편차는 너무 작아서 (0.3% 이하) 중앙의 물체는 반경 0.13pc의 원판 안쪽 가장자리 내에 완전히 들어가 있어야한다. 그렇게 작은 부피 속에 아주 고밀도로 압축된 거대 질량을 가지고 물체는 블랙홀이 알려진 물체 중에 유일하다. 아래쪽 오른편에 있는 그림은 제트 기류에 대한 전파 이미지인데, 그것은 분자 유입 원판의 회전축을 따라 분출된다. (위의 미술가가 그린 그림에서는 제트기류가 상하로 분출하는 원뿔 선으로 그려져 있다.)

은하 중심에 있는 슈퍼질량블랙홀의 존재는 지속적인 관찰들을 짜깁기하듯 짜 맞춘 결과로 알아낼 수 있다. 여기서는 이들 상세한 분석들 중 하나라도 전달하기가 쉽지 않다.

그러나 그 기본 아이디어는 가까이에 있는 보이는 물체에 미치는 중력적 영향에 의해 질량의 집중(블랙홀)을 탐지해내는 것이다. 구형적으로 대칭인 질량분포주위로 반경 r의 원형궤도로 도는 속도 $V(r)$은 뉴턴 방정식에 의하면 r 안쪽의 질량 $M(r)$과 관계가 있다.

$$\frac{V^2(r)}{r} = \frac{GM(r)}{r^2}. \tag{13.7}$$

여러 값의 r에 대하여 $V(r)$을 측정해 봄으로 해서 $M(r)$을 결정할 수 있다. 그 결과가 은하 중심에서 작은 구역 내에 거대질량이 있음을 보여준다면 그것은 그 핵(중심)부분에 블랙홀이 있는 증거가 될 것이다. 심지어 그 분포가 구형적으로 대칭적이지 않을 때라도 (13.7)의 공식은 질량을 추정하는 데 사용되어 질수 있다. 그리고 뉴턴 역학은 더 일반적인 경우에라도 속도와 질량을 연결하는 데 사용될 수 있다.

명확한 예가 은하[2] NGC4258에서 제공되었다(**그림 13.3**). 전파간섭계(10.3절 참조)를 통하여 천문학자들은 이 은하의 중심지역에 관한 상세한 정보를 얻을 수 있다. 수증기는 중심주위를 돌고 있는 물질 원판에서 희박한 요소이다. 그 원판내에서 수증기의 응결("구름조각들")은 1.35cm의 파장의 물 메이저(maser) 방출을 일어나게 한다. 이 메이저들은 전파간섭계로 추적될 수 있는 테스트 입자로서 역할을 하는 밝게 빛나는 점원들(point sources)이 된다. 이와 같이 하여 은하 중심의 시공간 기하를 탐지할 수 있다. **그림 13.3**에 보여주는 것 같이 그것들의 속도는 중심 질량이 $3.5\times10^7 M_\odot$ 에 대하여 뉴턴 역학(13.7 참조)에 의해 예견되는 "케플러 법칙"과 맞아 떨어진다. 이와 같이 NGC4258의 중심에는 블랙홀이 있다는 좋은 증거가 된다.

우리 은하계의 중심에도 $3\times10^6 M_\odot$ 질량이상의 블랙홀이 있다는 좋은 증거가 있다. 지구 대기권의 교란을 어느 정도 보정해주는 적응(adaptive) 광학 망원경을 사용하여 적외선에서 관찰하여 우리 은하 중심 가까이에 있는 별들의 운동이 아주 높은 정확도로 장시간에 걸쳐 관측되어 질 수 있다. **그림 13.4**는 수년에 걸쳐서 하늘에서 관측된 별들의 운동을 보여준다. 우리 은하 중심에 있는 블랙홀의 존재는 이 별들의 운동과 뉴턴 역학으로부터 추론될 수 있다.

---

2) 아주 밝은 은하들은 역사적으로 중요한 목록표에서 그것의 번호로 알려져 있다. NGC는 1864년에 발간된 General Catalog의 수정판인 1895년에서 1908년 사이에 발간된 New General Catalog를 언급하는 것이다. 가장 오래된 것 중에 하나는 1781부터 출간된 Messier 목록표였다. 이것의 번호는 여전히 사용되고 있다. 예로서, M31은 안드로메다 은하를 나타낸다. 유사하게, 3C는 전파원들의 Third Cambridge Catalog를 의미한다. 많은 종류의 분류표가 존재한다.

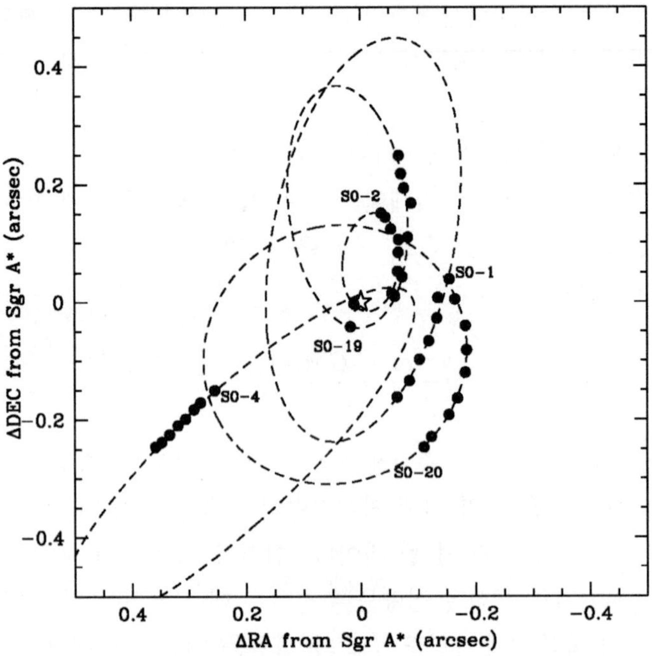

그림 13.4 Ghez와 그 일행들(2002)이 밝혀낸 우리 은하 중심에 있는 블랙홀에 대한 증거. ☆로 표시한 위치에 있는 우리은하 중심에 있는 전파원 Sgr A* 가까이에 있는 별들에 대한 각도 위치 대 시간을 보여주고 있다. 점들은 7년에 걸쳐서 적절한 광학 기술과 함께 얻어진 자외선 위치 관측의 매년 평균치이다. (희미한 별이 더 밝은 별 가까이 있을 때는 오직 한 위치만 보여져 있다.) 시경(right ascension(RA))과 적위(declination(DEC))의 지구를 기저로 한 극좌표가 사용되었다. 데이터에 적절한 하늘을 배경으로 케플러 타원궤도의 투영도가 그려져 있고, 궤도의 이름 옆에 가장 초기의 위치가 점 찍혀있다. (인력의 중심은 만일 별들이 또한 반경방향으로 움직인다면 반드시 투영된 타원궤도의 초점일 필요는 없다.) 관측된 운동들은 전파원 위치에 $3\times10^6 M_\odot$ 의 블랙홀이 있음을 예견하고 있다.

그런데 단지 소수의 은하 안에서만 개개의 별들의 회전운동을 앞의 두 예처럼 구할 수 있다는 것이다. 그러나 개개의 물체의 운동을 탐지해 낼 수 없을지라도 별들의 평균운동은 많은 별들로부터 나온 합쳐진 스펙트럼선들의 일련의 도플러퍼짐(broadening)으로 측정할 수 있다. 중심에 질량의 집중이 있으면 그것이 가까이에 있는 물체들에 도플러 퍼짐현상(broadening)을 증가시킨다. 이런 종류의 증거들로 해서 모든 거대한 은하단 중심에 블랙홀이 존재한다는 것을 제시해주고 있다.

블랙홀과 활동성 은하핵들 Active Galactic Nucleus

은하를 정상적으로 관측할 때 그 은하 중심핵으로부터 은하내의 모든 별들을 합친 것 보다 더 밝은 강렬한 빛(radiation)이 때때로 방출된다. 이 빛은 별이 내는 빛이 아니다. 이것은 별들의 거의 흑체 복사특징을 가지는 대단히 넓은 스펙트럼의 파장에 걸쳐 있는 강력한 방출이다. 이것들은 **활동성 은하핵**(Active Galactic Nucleus(AGN))을 가진 은하들이다. AGN들은 퀘이사를 포함한 일군의 물체들로서 이들 중에는 우주에서 가장 에너지가 넘치는 지속적인 방사선의 원천들이 된다. 밝은 AGN들은 주인

격인 은하단이 너무 희미하여 보기도 힘든 거리에 떨어져있어도 탐지될 수 있다. 그리고 대부분 확인된 AGN들은 이 부류에 속한다. AGN은 매우 다양한 흥미로운 특징들이 있다. 여기에 그 특징들 중 단지 몇 개만 나열해보겠다[3].

- **매우 밝은 휘도** 관측된 AGN의 휘도는 $\sim 10^{42}$erg/s에서 $\sim 10^{48}$erg/s 범위에 걸쳐 있다. 이것을 비교해보면 전형적인 은하들의 휘도는 $\sim 10^{44}$erg/s이므로 가장 밝은 AGN은 전형적인 은하 내에 있는 모든 별을 합친 것보다도 10,000배나 더 밝다.
- **작은 크기** 방출하는 지역의 크기는 그 광원이 변하는 시간에 빛이 여행하는 거리로(광년)측정한다. 그 크기는 빛으로 몇 달 걸리는 정도 밖에 되지 않는 것이 허다하다. 반면에 대조적으로 우리 은하의 보이는 원판의 크기 만해도 약 60,000광년이다.
- **넓고 열이 없는 스펙트럼** AGN들은 전자기 스펙트럼인 라디오파를 거의 균등하게 방출하고 있다. 이것은 별의 흑체 스펙트럼이나 어떤 가능한 별들의 조합으로도 만들 수 없는 그런 것이다.
- **전파 제트기류** AGN은 **그림 13.5**에 보여주는 것 같이 어떤 은하보다도 더 큰 크기이상으로 뻗어나가는 전파 제트 기류의 중심부에 있다.

무엇이 AGN에서 방출되는 막대한 에너지를 내는 작은 원천과 매우 광활하게 뻗쳐 나아가는 전파 제트기류의 원천이 될 수 있을까? 현재 천문물리학자들 사이에서 가장 잘 팔리는 답은 태양질량의 수백만에서 수십억배의 질량을 가진 AGN의 핵에 위치한 회전하는 슈퍼질량의 블랙홀이라고 생각된다. 회전하는 블랙홀에 대한 것은 15장에 좀 더 상세하게 논할 것이다 ; 슈바르츠쉴드 기하는 회전이 없는 제한된 경우에만 적용되는 것이다.

회전하는 블랙홀이 ANG에 에너지를 불어넣는 방법에는 두 가지가 있다. 하나는 부착되어 있는 물질의 중력적 결합이다. 이 메커니즘은 11.2절에서 고려되었던 X-선의 원천과 유사하다. 그러나 이것은 더 거대한 질량과 더 큰 스케일의 범위에서 작동하는 것이다. **상자 13.1**에서 논의한 것과 같이 치밀 물체에 미치는 중력의 결합력이 정지질량을 방사선 에너지로 전환시키는 데 있어서 열핵융합반응보다 원칙적으로는 더 효과적이다. 그러므로 이것은 이들 에너지원을 위하여 자연적인 발전 원천(source)이 된다.

그러나 **상자 15.1**에 논의된 블랙홀의 **회전에너지**의 전자기적 추출은 또 다른 중요한 메커니즘이다. 아마도 이 둘 다가 방사선 원천의 전체 밝기(휘도)에 기여하는 것 같다. 그러나 회전에너지의 추출은 제트기류에 자연적 메커니즘을 제공하여 그것을 블랙홀의 회전축으로 방향을 향하게 한다.

---

3) 좀 더 상세한 것을 알기 원한다면, 예로서 Krolik(1999)를 보라.

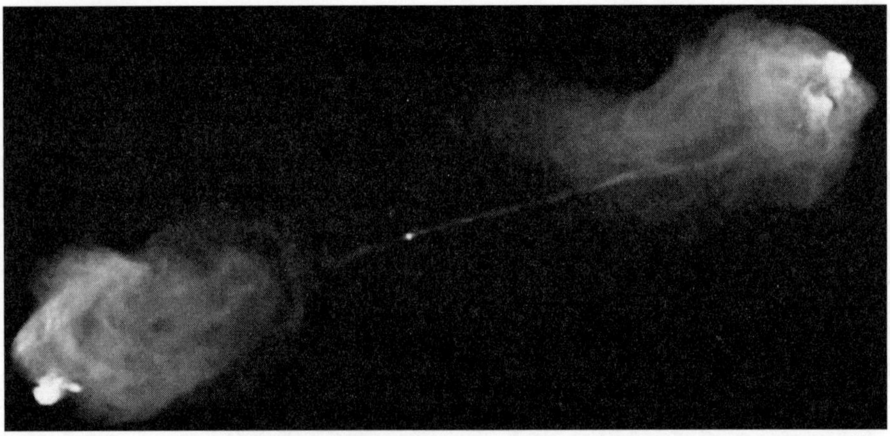

그림 13.5 전파원 Cygnus A. 그림은 전파원 Cygnus A (3C 405)의 22cm의 파장에서의 나타난 모습이다. - 우주에서 가장 활동적이며 지속적인 일련의 원천들 중에 하나이며 하늘에서 가장 밝은 전파원 중에 하나이다. 2개의 전파 엽(lobe)은 그 들 사이에 있는 자그마한 점에 위치한 심(core)에 위치한 물체에서 방출되는 에너지 넘치는 입자들의 제트 기류에 의하여 생산된 것이다. 이 엽들은 제트 기류들이 얇은 은하간 가스에 의해 속도가 느려질 때 그 결과로서 나타난다. 그 엽들 사이의 거리는 약 450,000 광년이다. 이 거리는 전형적인 은하 크기보다 훨씬 더 크다. 이 파워풀한 물체의 배경에 있는 엔진은 아마도 우리의 태양계만큼의 지름을 가진 회전하는 블랙홀일 것이다. 그리고 그것은 전파 망원경에서는 보이지 않지만 두 엽들 사이에 있는 은하 안에 위치해 있을 것이다.

상자 13.1 열핵융합과 중력적 결합

왜 우주에서 그렇게 많은 에너지 넘치는 현상의 심장부에 블랙홀과 치밀한 상대적인 별들이 있는가? 그 해답은 중력적 결합이 열핵융합 - 별과 수소폭탄에 에너지를 발전하는 과정이다 - 보다 더 큰 정지에너지를 내어 놓는데 효과적이라는 것이다. 태양의 핵에서는 수소가 타서 일련의 열핵반응을 거쳐 헬륨을 만든다. 그러나 그 근본은 전이(transition)이다.

$$4^1\text{H} \rightarrow {}^4\text{He} + (26.731 \text{ MeV of released energy}) \qquad \text{(a)}$$

이것은 화학적 결합과 비교해 볼 때는 큰 에너지이지만 방출된 에너지는 정지에너지의 극히 작은 일부분에 지나지 않는다.

$$\frac{(\text{방출된 에너지})}{(\text{정지 에너지})} = \frac{27 \text{ MeV}}{4 \times 938 \text{ MeV}} \sim 1\% \qquad \text{(b)}$$

이것이 전형적인 열핵과정이다. (그림 12.1 참조)
열핵 연소반응과 중력결합과 비교해보자. 블랙홀을 형성함에 있어서 유입원판(accretion disk) 입자들은 매우 멀리 떨어져서 거의 자유로운 상태로 있다가 저에너지를 가진 중앙의 결합궤도로 전이하게 된다. 슈바르츠쉴드 블랙홀의 기하에서 단위정지질량에 대한 에너지 e는 일반적으로 식 (9.21)에 의하면

$$e = (1 - 2M/r)u^t. \qquad \text{(c)}$$

원형궤도에서는 u^t는 $(1-3M/r)^{-1/2}$이다. [(9.48) 참조]
그러므로 자유입자의 정지질량 에너지와 반경 r의 원형궤도에 붙잡혀있는 입자를 떼어내는 데 필요한 에너지의 차이의 비는

$$\frac{(\text{방출된 에너지})}{(\text{정지 에너지})} = 1 - (1 - 2M/r)(1 - 3M/r)^{-1/2}. \qquad \text{(d)}$$

가장 안쪽에 안정된 원형궤도는 $r = 6M$이므로 이것은 6%에 해당된다.
그러므로 슈바르츠쉴드 블랙홀에서 중력적 결합이 내는 에너지가 열핵융합에서 내는 에너지보다 6배 정도 더 효율적이다. 회전하는 블랙홀에 대해서는 원칙적으로 정지에너지의 42%까지 에너지 방출이 가능하다. 이것이 자연계에서 가장 에너지 넘치는 현상들의 심장부에 블랙홀과 상대론적인 별들이 존재하는 이유이다.

13.3 블랙홀의 양자 증발 - 호킹 복사
Quantum Evaporation of Black Holes - Hawking Radiation

고전 일반 상대성 이론에서는 블랙홀 내부로부터 어느 것도 탈출할 수 없었다. 그러나 양자역학을 고려해 볼 때 1974년 스티븐 호킹이 발견하였던 같이 블랙홀은 그것의 질량에 대하여 역으로 온도를 가지는 흑체처럼 빛을 낸다. 이 온도는 태양 질량크기와 이 장에서 앞에서 언급한 슈퍼질량 블랙홀에 비해서는 너무 낮고 무시할 만하다. 그러나 초기 우주에서 형성되었을지도 모르는 매우 작은 질량을 가진 원시 블랙홀에서는 중요하다. 특히 이것은 폭발적인 증발로 이끌게 된다. 이 절에서는 구형의 블랙홀에 한정하여 호킹의 효과에 대하여 간략히 소개하겠다. 이 논의는 필요한 만큼 제한된다. 왜냐하면 전체적으로 완전히 다루는 것은 그리 어려운 것은 아니지만 양자장론이라는 도구가 필요해진다.

입자와 반입자는 빛의 형태로 에너지를 방출하면서 서로 만나면 소멸한다. 역으로 충분한 에너지 하에서 - 예로써 입자가속기 - 입자와 반입자의 쌍이 창조되어 질 수 있다. 심지어 빈 공간의 제로 에너지의 진공도 양자적 요동을 할 수 있어 거기에서 입자와 반입자가 아주 짧은 시간에 분리하여 창조되었다가 후에 곧 소멸한다. 보존 법칙이 평평 시공간에서 그런 양자적 요동이 의미 있는 시간동안 지속할 수 없는 이유를 제공해준다(**문제 6**). 입자와 반입자의 에너지는 둘 다 양수이어야 한다. 그러나 진공은 제로에너지이다. 평평 시공간에서 진공으로부터 입자와 반입자의 쌍이 생성되어 영원히 존재하는 것은 에너지 보존 법칙에 위배될 것이다.

그러나 블랙홀의 사건지평선 부근에서 입자와 반입자의 쌍이 창조되는 진공요동을 고려해보자. 지평선의 일부를 포함하는 아주 작은 시공간은 특별할 것이 없다. 실제로, 만일 그 구역이 아주 아주 작다면 그곳의 기하는 평평 시공간 구역의 기하와 별로 다를 것이 없다(7.4절 참조). 그런 구역에서 때때로 양자적 요동이 일어나서 **그림 13.6**에 보여주듯이 지평선 바깥쪽에는 입자가 안쪽에는 반입자가 생성될 수 있다. (입자가 안쪽에 반입자가 바깥쪽 생성될 수 있는 데 앞으로의 논의는 동일하다.) 평평 공간에서 전체 에너지와 유사한 슈바르츠쉴드 기하에서 보존되는 양은 9.1절에 정의된 킬링 백터 $\boldsymbol{\xi}$와 생성된 입자의 전체 4원-운동량와의 내적의 값이다. $\mathbf{p}$가 입자의 4원-운동량이고 $\bar{\mathbf{p}}$는 반대입자의 4원-운동량이라고 하면 진공에서 어떤 요동에 대하여도 보존 법칙은 다음을 요구한다.

$$\boldsymbol{\xi}\cdot\mathbf{p}+\boldsymbol{\xi}\cdot\bar{\mathbf{p}}=0 \tag{13.8}$$

슈바르츠쉴드 좌표에서 $\boldsymbol{\xi}$의 구성성분은 $(1,0,0,0)$이므로 (식 9.2 참조)

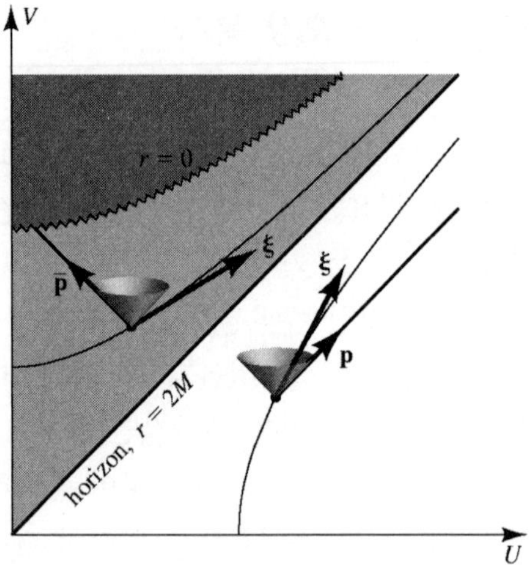

그림 13.6 호킹 효과. 이 크루스칼 다이어그램은 블랙홀 지평면에 인접하여 있는 진공 요동에 의하여 창조되는 정지 질량 제로의 입자-반입자를 보여주고 있다. 입자와 반입자는 우연히 각각 4원-운동량 $\mathbf{p}$와 $\bar{\mathbf{p}}$를 가지고 지평면을 사이에 두고 서로 반대편에서 창조되었다고 하자. 두 위치에서의 킬링 벡터 $\boldsymbol{\xi}$가 그려져 있다. 성분들 $\boldsymbol{\xi}\cdot\mathbf{p}$와 $\boldsymbol{\xi}\cdot\bar{\mathbf{p}}$는 크기는 같고 부호는 반대이어야 한다. 왜냐하면 보존되는 양 $(\mathbf{p}+\bar{\mathbf{p}})\cdot\boldsymbol{\xi}$는 진공의 값 제로를 가져야 하기 때문이다. 상수 r의 쌍곡선[(12.15) 참고]의 접선방향으로 나있는 $\boldsymbol{\xi}$의 방향이 그들이 창조되는 장소에 두 입자의 위치에서 그려져 있다. 지평면 밖에서는 $\boldsymbol{\xi}$가 시간성이며 $-\boldsymbol{\xi}\cdot\mathbf{p}>0$ 이고 지평면 안에서는 $\boldsymbol{\xi}$가 공간성이며 보존 법칙을 만족하기 위하여 $-\boldsymbol{\xi}\cdot\bar{\mathbf{p}}$가 음수일 수 있다. 바깥의 입자는 무한원점으로 탈출해 나가서 이것은 호킹 복사(radiation)로 보여진다. 블랙홀의 질량은 내부의 입자에 대한 $-\boldsymbol{\xi}\cdot\bar{\mathbf{p}}$의 에너지 값에 해당하는 탈출하는 입자에 의한 잃어버리는 에너지에 의하여 감소할 것이다.

$$\boldsymbol{\xi}\cdot\boldsymbol{\xi} = -(1-2M/r). \tag{13.9}$$

이와 같이 지평선 바깥지역(r〉2M)은 시간성이며 안쪽 지역(r〈2M)은 공간성이다. 이런 차이점이 호킹 복사선의 기원이 된다. 지평선 바깥에서는 $-\boldsymbol{\xi}\cdot\mathbf{p}$가 양수이어야 한다. 왜냐하면 관측자의 4원-속도가 시간성 방향 $\boldsymbol{\xi}$와 나란한 관측자에 의해 측정되어지는 에너지와는 그것은 비례하기 때문이다[(7.53) 참고]. 반대입자도 지평선 바깥에 있다면 $-\boldsymbol{\xi}\cdot\bar{\mathbf{p}}$에도 유사한 요구가 있어야 하며 그러면 (13.8)의 보존 조건이 만족되지 않을 것이다. 그러나 지평선 내부에 있는 반대입자는 그곳에서는 $\boldsymbol{\xi}$가 공간성이므로 그러한 요구가 없다. 그곳에서는 어떠한 관측자에 대해서도 $-\boldsymbol{\xi}\cdot\bar{\mathbf{p}}$는 에너지가 아니다.

사실상 $\boldsymbol{\xi}$ 방향으로 향해있는 공간성 기저 벡터와 연관이 있는 관측자에 대해서는 그것은 공간성 운동량의 성분이다. 공간성 운동량의 성분이 양수이어야 할 필요는 없다. 이와 같이 입자들이 지평면을 사이에 두고 서로 반대 면에서 생성된다면 입자와 반입자의 쌍이 생성되는 과정은 슈바르츠쉴드 기하에 적합한 보존 법칙에 의해 허용되어진다. 생성된 쌍입자의 특징적 분리는 매우 작게 일어나기 때문에 이 과정은 지평면 가까이에서 가장 잘 일어난다.

그림 13.6에 예시된 예에서와 같이, 입자는 밖으로 전파되어 무한히 멀어져 뻗어 나가서 블랙홀로부터 나오는 복사선으로 보여 지게 될 것이다. 이와 같이 수없이 많이 생성되는 입자의 쌍을 **호킹의 복사**(Hawking radiation)이라 한다. 전체에너지 보존 법칙은 무한 원점에서 블랙홀의 질량을 재었을 때 그것은 지평면 내부의 반입자에 대하여 $-\boldsymbol{\xi}\cdot\bar{\mathbf{p}}$의 값만큼의 양으로 그 질량이 줄어듬을 의미한다. 만일 입자가 안에서 생성되고 반입자가 밖으로 생성되더라도 그 과정은 동일하게 일어난다. 구형의 블랙홀은 동일한 숫자의 입자와 반입자를 복사할 것이다.

호킹 과정(Hawking process)은 중력붕괴에 의하여 만들어지는 지평면을 따라 어느 곳에서도 일어날 수 있다. 그러나 블랙홀 기하는 시간에 대하여 독립적이므로 그 복사선의 흐름(flux)은 중력 붕괴 후 지속적일 것이다. 그것은 상세한 분석을 통하여 증명된다.

약간의 차원분석을 통하여 고유시간이 t인 무한원점에 있는 정지해있는 관측자에 의해 측정될 호킹의 복사에 의해 블랙홀이 잃게 되는 질량의 지속적 감소율을 (dM/dt) 추정해 볼 수 있다. 우리는 그 감소율이 프랑크상수 $\hbar$에 비례할 것으로 예상한다. 왜냐하면 이것은 양자역학적 과정이기 때문이다. 기하 단위에서 $\hbar$는 플랑크 길이의 제곱이므로[(1.6) 참조]

$$\hbar(\text{in cm}^2) = G\hbar(\text{in erg}\cdot\text{s})/c^3 \equiv \ell_{Pl}^2 = 2.62\times10^{-66}\ \text{cm}^2, \tag{13.10}$$

이것이 모든 양자 중력현상을 지배하는 것이다. 블랙홀에서 복사되는 입자와 반입자가 제로의 정지질량을 가진다면 그때는 $\hbar$에 의하여 제공되는 것과 다른 유일한 길이의 척도는 블랙홀의 질량 M이다. $\hbar$에 비례하면서 dM/dt 같이 차원이 없도록 하는, M과 $\hbar$를 결합하여 유일하게 만들어지는 형태는 $\hbar/M^2$이다. 이와 같이 하면 블랙홀이 호킹 복사로 질량이 감소하는 비율은 다음과 같은 형태로 주어질 것으로 예상된다. $(G=c=1)$

$$\frac{dM}{dt} = -\nu\frac{\hbar}{M^2} \tag{13.11}$$

여기서 ν는 결정되지 않은 차원 없는 상수이다. 주의 깊은 양자장론의 계산은 단지 이런 형태의 비를 제공해준다.

장론의 계산은 (13.11)의 전체적인 비율 이상의 더 많은 정보를 제공해준다. 그것은 에너지에 의해서 방출되는 입자의 분포에 대해 정보를 준다. 특이 이 모든 세부적인 특징들은 하나의 단순한 사실로 요약될 수 있다. 즉, 블랙홀은 그것이 흑체(black body)이지만 다음과 같은 온도를 가지고 복사한다.

$$k_B T = \frac{\hbar}{8\pi M}, \tag{13.12}$$

여기서 k_B는 볼츠만 상수이다. 이 표현은 기하 단위($G = c = 1$)로 표현되어 있으며 $k_B T$ - 에너지 - 는 길이의 차원을 가진다. 여기서 G와 c를 다시 복원해 넣으면

$$\boxed{k_B T = \frac{c^3 \hbar}{8\pi G M}.} \tag{13.13}$$

사실상 이 관계식은 순수하게 차원을 분석한 것을 기초로 해서 추정된 복사비(the rate of emission) (13.11)을 함축하고 있다. 흑체는 σT^4의 흐름(flux)으로 복사하고 있다. 여기서 σ는 스테판-볼츠만 상수고 $\sigma \equiv \pi^2 k_B^4/(60\hbar^3 c^2)$이다. 블랙홀의 지평면의 면적 $16\pi M^2$의 표면에서 방사되는 에너지의 비는 (13.11)의 형태로 가지며 이때 상수 ν는 $\nu = 1/(15,360\pi)$이다. 이 논의는 복사선이 퍼져나갈 때의 그 지역의 기하학적 형태의 효과를 무시했다. 만일 그것을 고려하려고 하면 ν의 값을 약간 수정해 주면 되고 (13.11)의 형태는 변하지 않고 그대로 사용된다. 태양의 질량을 사용하여 표현해보면 블랙홀의 온도는

$$T = 6.2 \times 10^{-8} \left(\frac{M_\odot}{M}\right) \text{K}. \tag{13.14}$$

이다. 중력붕괴에 의하여 블랙홀이 된 태양정도의 질량을 가진 블랙홀이 내는 온도는 무시할 수 있을 정도로 작다. 사실 태양질량크기의 블랙홀이나 슈퍼질량을 가진 블랙홀이나 호킹의 복사에 의해 에너지를 잃는 것보다도 우주배경 복사 2.73K에서 에너지를 얻는 것이 더 크다. - 이 두 과정은 완전히 무시되지만 말이다. 그러나 원시블랙홀의 경우에는 상황이 다르다.

블랙홀이 복사될 때 그것은 질량이 손실되며 점점 더 뜨거워지고 그러면 점점 더 복사가 빨라지고 더 뜨거워지고, 더 빨리 복사하게 된다. $M(t)$의 형태는 (13.11)로부터 쉽게 계산된다. 시간 t_*에 완전히 증발한 블랙홀에 대해서는

$$M(t) = [3\nu\hbar(t_* - t)]^{1/3}. \tag{13.15}$$

이다. 그러므로 복사 비율은 블랙홀이 완전히 증발해버리는 시간 t_*바로 직전에 가장 크게 된다(**그림 13.7** 참고).

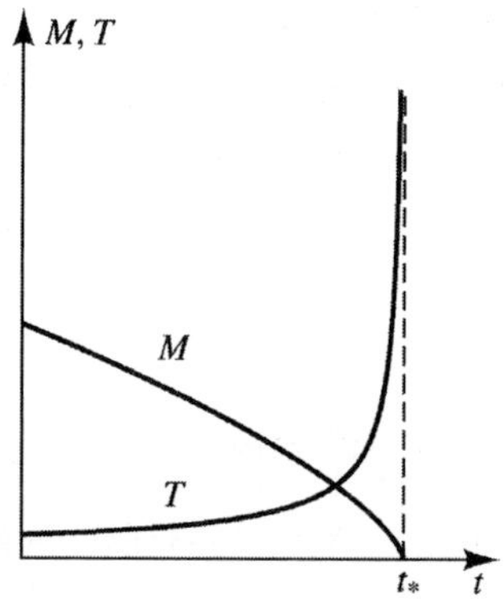

그림 13.7 블랙홀의 증발. 블랙홀은 유한한 시간에 호킹 복사로부터 증발한다. 질량이 감소함에 따라 온도는 올라간다. 블랙홀은 그것이 작아짐에 따라 급격히 빠른 비율로 복사하여 결과적으로 폭발의 마지막 단계에 이른다.

예제 13.2 블랙홀의 수명

식 (13.15)는 호킹 복사에 의하여 완전히 증발해버리게 되는 질량 M인 구형의 블랙홀의 수명 τ_{Hawk}에 대하여 추정할[4] 수 있도록 해준다.

$$\tau_{\mathrm{Hawk}} \approx \frac{1}{3\nu}\frac{M^3}{\hbar} = 8.3 \times 10^{-26}\left(\frac{M}{1\,\mathrm{g}}\right)^3 \mathrm{s}. \qquad (13.16)$$

태양 질량을 가진 블랙홀의 수명은 우주의 수명 140억년보다도 엄청나게 더 길다. 초기 우주에서 형성된 약 10^{14}g의 질량을 가진 블랙홀은 오늘날에 폭발하고 있을지도 모른다. 이 보다 더 작은 질량을 가진 블랙홀은 벌써 증발하였을 것이고, 이 보다 더 큰 질량을 가진 블랙홀은 좀 더 있다가 증발해버릴 것이다.

그러나 예제 13.2에서 보여주듯이, 약 10^{14}g – 지구상에 있는 어느 한 산의 질량 크기 – 보다 작은 질량을 가진 블랙홀의 경우에는 우주의 나이 전체에 걸쳐서 그들의 질량의 대부분을 복사하게 되어 지금은 굉장히 뜨거울 것이다. 초기 우주에서 밀도요동의 붕괴로부터 생성된 원시 블랙홀의 몇몇은 이 범주내의 질량을 가질 수 있다. 만일 이들 블랙홀 중에 하나에서 그 폭발을 찾아낸다면 이것은 양자블랙홀 물리학에 중요한 확증이 될 것이고 또한 원시 블랙홀이 형성되었던 초기 우주에 대한 정보를 얻게 될 것이다.

어떤 질량을 블랙홀 속으로 떨어뜨린다고 하자 그러면 블랙홀의 특징이 변한다. 그것의 질량도 증가하고, 면적도 증가하고 그리고 온도는 내려간다. 특히, 블랙홀

4) (13.11)은 블랙홀의 기하에서 Hawking 복사의 전파에 끼치는 영향을 무시하고 있고, 그리고 블랙홀의 마지막 순간에서의 진화는 매우 고에너지의 아직 알려져 있지 않는 물리학을 내포하고 있기 때문에 그것은 다만 추정이다.

의 특징 중에 조그만 변화들은 열역학 1, 2법칙의 지배를 받는다는 것이 판명되었다. 구형의 블랙홀의 제한된 영역 내에서 우리들은 벌써 블랙홀에 대해서 열역학 제1법칙의 형태를 추론할 수 있는 충분한 정보를 가지고 있다. 아무런 일도 하지 않는 블랙홀에서 있어서의 작은 변화는 다음 식을 준수한다.

$$dM = T\,dS_H, \tag{13.17}$$

여기서 S_H는 블랙홀의 엔트로피이다. 회전하는 블랙홀에서와 같이 더 일반적인 경우에는 외부 토크가 블랙홀에 행한 일을 나타내는 항을 (13.17)에 부가하면 된다. (**문제 15.15**)

블랙홀의 엔트로피는 (13.17)과 온도에 관한 관계(13.12)로부터 추론할 수 있다. 질량이 제로인 블랙홀의 엔트로피가 0임을 추정하면 우리 다음 식과 같은 것을 찾아낼 수 있다.

블랙홀의 엔트로피

$$\boxed{S_H = \frac{k_B}{4\hbar}A} \tag{13.18}$$

여기서 A는 블랙홀의 표면적이고 **베켄슈타인-호킹 공식**이라 부른다. 즉 엔트로피는 블랙홀의 면적이다. 12.2절에서 논의한 것과 구형의 블랙홀의 면적은 그것의 질량을 변화시키는 어떠한 과정에서도 증가시킨다. 열역학 제1법칙으로부터 엔트로피 (13.18)와 함께 면적의 증가는 또한 열역학 제2법칙 - 엔트로피 증가 - 과 부합된다. 양자 역학적으로 블랙홀의 질량은 호킹의 과정에 의하여 감소할 수 있다. 그러나 그것은 엔트로피가 주어진 질량에 대해서 최대가 되는 상태에서 무작위적인 열복사를 생성해내는 비용을 치르고 나서야 감소한다. 블랙홀 전체 엔트로피와 더불어 방출되는 복사가 증가되는데 이는 열역학 제2법칙과 부합된다. 이것이 열역학 제2법칙이 블랙홀을 고려할 때 어떻게 일반화 되어야 하는가에 대한 아이디어다.

문 제

1. 그림 13.2는 블랙홀 X-선 이중성 Nova Muscae의 반경방향의 속도를 보여주고 있다. 곡선의 대칭 형태는 상호 궤도가 원형에 가깝다는 것을 가리키는 것이다. 이 시스템을 위한 질량 함수의 값을 구하라. 궤도의 주기는 0.423일이다.

2. The Roche Lobe
   (a) 거리 d만큼 떨어져 고정된 위치에 있는 두 개의 점 질량들 M_1과 M_2를 고려하자. 그 질량들을 연결해주는 평면에서 일정한 전체 뉴턴 중력 퍼텐셜의 등고선을 그려라. 실험 입자에 미치는 뉴턴 중력 힘이 사라지는, 별들 사이의 위치를 구하라.

(b) 질량 M_1을 가진 별이 중력 퍼텐셜에 무시할 수 있을 정도로 기여하는 질량을 가진 액체 포장 같은 것에 둘러싸여 있다고 하자. 포장의 경계면은 동일한 퍼텐셜에 놓여있어야 하는 이유를 설명하라. 포장으로부터 물질이 제2의 질량 쪽으로 막 흘러들어 갈려고 할 때 경계면의 형태를 스케치하라. 그것이 Roche Lobe 이다. 그림 13.1과 비교해보라.

코멘트: 이 문제는 질량들이 공간에 고정되어 있다고 상상했었다. 연성계의 모델에서는 그것들은 서로에 대하여 회전한다. 좀 더 어려운 문제로는 이 회전을 적절히 고려해 넣은 Roche Lobe의 형태를 가지고 작업하라.

3. 그림 13.5에 있는 전파원 Cygnus A의 이미지에 있어서 한 제트(jet)가 다른 것에 비하여 훨씬 밝다. 그 소스의 회전하는 블랙홀 모델들은 두 개의 제트가 회전축을 따라 서로 반대 방향으로 나타남을 제시해주고 있다. 특수 상대성의 무슨 유명한 효과가 밝기에서의 차이를 설명하는 데에 기여할 수 있을까? 그 강도는 100의 요소에 의하여 차이가 있고 그리고 회전축은 시선 방향과 45°의 각도를 이룬다고 가정하면, 제트에서 보이는 복사선의 소스들의 속도에 관하여 여러분은 무엇을 말할 수 있는가?

4. [E] 그림 13.4는 거의 9kpc(kpc=kiloparsec) 떨어져 있는 우리 은하의 중심에 $3\times10^6 M_\odot$의 블랙홀 주위로 돌고 있는 별들의 궤도를 보여주고 있다. 별들이 시선 방향에 수직인 평면에 있는 원형 뉴턴 궤도에 있다고 가정하고서 예견되는 선형 궤도 속도의 개략적인 평가를 중심으로부터 각도 이탈의 함수로서 만들어 보라. 수 년에 걸쳐서 보여 졌던 각도 위치로부터 평가되어질 수 있는 속도들과 여러분들의 결과들은 어떻게 비교가 되는가?

5. 우주가 복사선으로부터 투명해지게 되는 시기 - 빅뱅 후 약 400,000년 - 에 Hawking 과정에 의하여 폭발하였을 우주 초기에 형성된 블랙홀의 질량은 얼마인가?

6. [E] 진공 요동에서 창조되는 전자-양전자 쌍이 얼마나 오랫동안 지속될 수 있는 지 평가하라. 그 요동은 에너지-시간 불확정성 원리 $\Delta E \Delta t > \hbar$에 부합되는 시간 Δt동안에 에너지 보존 법칙을 위반 할 수 있다고 가정하라.

7. [E] 원시 블랙홀의 일생의 마지막 1초 때에 폭발하는 원시 블랙홀로부터 나와 지구에서 받는 에너지가 동일한 기간 동안에 가까이에 있는 별로부터 받는 에너지와 견줄만하게 되는 거리를 평가하라. (확정적으로 하기위해, 그 별은 태양의 휘도를 가지며 10pc 정도 떨어져 있다고 가정하라.)

CHAPTER

14 작은 회전
A Little Rotation

전 장(chapter)들에서 물리학에서 많은 부분의 기초가 되는 슈바르츠쉴드 기하는 정확히 구형적으로 대칭인 경우이다. 그것은 회전하지 않는 별 외부의 기하와 거의 근접하여 일치하고 회전하지 않는 블랙홀의 외부의 기하와는 정확히 일치한다. 그러나 자연에서 정확히 회전하지 않는 물체는 없다. 예로써, 태양은 약 127일의 주기로 적도면을 따라 회전한다. 구심가속도의 결과 때문에 태양은 정확히 구형이 아니라 회전축을 따라 약간 짓눌려있다. 그러나 그것은 원형에 그렇게 많이 벗어나지는 않았다; 적도 반경은 회전축 방향의 반경 보다 100.000분의 1 정도보다도 더 길다. 이 조그만 차이가 슈바르츠쉴드 기하가 태양외부의 휘어진 시공간에 적용하는 데 훌륭한 근사치가 되는 이유가 된다.

회전하는 물체에 의하여 생기는 휜 시공간은 다음 장에서 회전하는 블랙홀에 대한 논의에서 볼 수 있듯이 슈바르츠쉴드 기하보다 훨씬 더 복잡하다. 그러나 접근할 수 있는 하나의 제한된 경우가 있다. 이것은 **천천히** 회전하는 경우로써 이때는 물체가 아주 천천히 회전하여 구형대칭인 슈바르츠쉴드 계량에서 그 편차(deviation)가 각속도나 혹은 각운동량에 **1차수**이어서 그 의미가 있다. 구심가속도는 각운동량에서 **2차수**이기 때문에 물체의 형태는 **1차수**에 있어서는 회전적으로 변형되지 않는다. 그것은 구형적으로 남아있다. 그러면 그때 외부의 시공간 기하에서 왜 변화가 있는가?

그 답은 일반 상대성 이론에서 예언하듯이 시공간의 휨은 질량-에너지 분포뿐만 아니라 그것의 운동에 의해서도 만들어 진다는 것이다. 시공간의 휨이 작고 그 질량원의 속도도 또한 작을 때는 이것에 의한 효과가 질량분포 그 자체에 의한 효과인 GM/Rc^2보다 더 작은 V/c의 차수를 가진다. 이것은 장이 전하에 의해서 만들어지고 또한 그 흐름 즉 전류에 의해서도 만들어지는 전자기 메커니즘과 다를 게 없다. 이러한 유사점을 추구하여, 이 $(V/c)(GM/Rc^2)$의 효과를 때때로 **중력자기적 효과**(gravitomagnetic)라 부른다.

이 장에서는 우리는 중력자기적 효과의 한 단순한 경우 – 천천히 회전하는 물체에 의한 관성계의 끌어당김 현상 – 를 탐색할 것이다. 이장에서는 그 끌어당김이 작다; 회전하는 블랙홀을 논의하는 다음 장에서는 그것이 제법 큰 경우이다.

14.1 관성계의 회전 끌림 Rotational Dragging of Inertial Frames

상자 3.2는 특수 상대성의 관성계는 우주에서 멀리 떨어져 있는 물체가 정지해 있는 계에 대해서 회전하지 않는다는 사실에 대해서 설명하고 있다. 이 모든 멀리 떨어져 있는 물체가 회전하기 시작한다면, 국소관성계들은 - 상자에서 묘사하였듯이 Foucault 진자의 평면이 세차운동을 하지 않는 계 - 그것과 함께 따라서 회전하는 것으로 예상되어진다. 만일 우주에서 물질의 작은 일부분만 회전하도록 셋팅되었다면 그때는 그 관성계는 약간 그쪽으로 끌어당겨질지도 모른다. 일반 상대성 이론은 관성계의 그런 회전 끌림을 예견하고 있다.

심지어 지구의 회전도 그것에 인접해 있는 관성계를 약간 끌어당긴다. 차원적으로, 지구의 표면상에서, 무한원점에 대하여 관성계의 유도된 각속도 ω는 지구의 각속도 $\Omega_{\oplus}$와 다음과 같이 관련이 있는 것으로 추측된다.

$$\omega \sim \left(\frac{GM_{\oplus}}{R_{\oplus}c^2}\right)\Omega_{\oplus}, \tag{14.1}$$

여기서 $M_{\oplus}$와 $R_{\oplus}$는 각각 지구의 질량과 반경이다. 이 장의 후반부에서 이 추정치를 확증할 것이다. 여기서는 결과만 나타내면

$$\omega \sim .3''/\text{yr}. \tag{14.2}$$

이다. 그러므로 관성계는 개략적으로 달 위의 한 축구경기장 크기의 각도만큼 매년 조금씩 회전하고 있다.[1] 이 글을 쓸 당시에, 일반 상대성에 의해 예견되는 이 작은 효과를 알아내기 위하여 위성실험이 행하여지고 있다. (**상자 14.1** 참고)

자이로스코프가 이 관성계의 끌림 현상을 관측하기 위하여 사용되는 자연적 실험 물체가 된다. 왜냐하면 자이로의 스핀은 관성계에서 고정된 방향으로 가리키기 때문이다. 그러므로 휜 시공간 내에 있는 자이스코프에 대한 논의는 관성계의 끌림을 논의를 시작할 때 적절한 시점이 된다.

14.2 휜 시공간에서 자이로스코프 Gyroscopes in Curved Spacetime

스핀을 갖고 있는 조그만 실험 물체를 **실험 자이로**(gyro), **실험 스핀**(spin)이라고 부른다. 스핀의 행동양상을 연구하는 것은 시공간의 기하를 탐색하는 또 다른 한 방법이다. 이 절에서는 자유 낙하하는 실험 자이로의 스핀에 대한 운동 방정식을 묘사하고자 한다.[2] 실험 자이로는 그것의 4원-속도 $\mathbf{u}(\tau)$가 측지선 방정식 (8.15)을

---

1) 그것은 어떤 종류의 축구공이던 상관이 없다.

2) 이 장(chapter)에서는 단순화하기 위해 측지선 위를 움직이는 자유낙하하는 자이로(gyro)의 운동 방정식에 관심이 있다. 가속되는 자이로에 대한 스핀의 행동양상은 훨씬 복잡하다.

준수하면서 시간성 측지선을 따라 운동할 것이다.

$$\frac{du^\alpha}{d\tau} + \Gamma^\alpha_{\beta\gamma} u^\beta u^\gamma = 0. \tag{14.3}$$

이 4원-속도와 더불어, 그 자이로는 공간성 **스핀 4원-벡터 $\mathbf{s}(\tau)$**도 가진다. 자이로가 정지해 있는 국소 관성계에서는 그 스핀의 공간성 벡터는 $s^\alpha = (0, \vec{s})$ 일 것을 예상한다. 그리고 그 계에서 자이로의 4원-속도 $\mathbf{u}$의 성분은 $u^\alpha = (1, \vec{0})$이기 때문에

$$\mathbf{s} \cdot \mathbf{u} = 0. \tag{14.4}$$

가 될 것이다. 좀 더 일반적으로 (14.4)의 조건은 어느 계에서도 성립한다.

자이로의 전체 스핀 $s_* = (\mathbf{s} \cdot \mathbf{s})^{1/2}$은 τ에 독립적이라 운동에 대하여 일정하다 (**문제 1** 참고). 그것의 단위는 각운동량 단위이다. 고전역학에서와 같이 일정한 크기의 각운동량의 각운동을 **세차운동**(precession)이라 부른다. 평평 시공간에서 스핀에 대한 운동 방정식은 단순히 관성계 내에서 그것의 일정함을 표현한다.

$$\frac{ds^\alpha}{d\tau} = 0 \ \text{(평평 시공간 혹은 국소관성계)}. \tag{14.5}$$

다음의 3가지의 고려가 (14.5)를 휜 시공간에서 일반화된 형태를 추측하는 데 도움을 줄 것이다. 그 형태는 실험 자이로가 측지선을 따라 운동할 때 그 스핀이 어떻게 변하는지 결정해준다.

(1) 등가원리는 그 식이 국소관성계에서는 (14.5)식으로 환원되어야 한다는 것을 제시한다.
(2) 그 식은 큰 스핀이 작은 스핀과 같이 동일하게 세차운동을 하기 위해서는 스핀의 성분이 선형적이어야 한다.
(3) 그 식은 모든 좌표계에서 동일한 형태를 취해야 한다.

이 세 가지 기준을 만족하는 운동 식은 다음과 같다.

자이로스코프 방정식

$$\boxed{\frac{ds^\alpha}{d\tau} + \Gamma^\alpha_{\beta\gamma} s^\beta u^\gamma = 0.} \tag{14.6}$$

조건 1은 국소관성계에서 Γ가 사라지기 때문에 만족된다.

조건 2도 명확히 만족되어진다.

조건 3을 검증해 보기 위해서는 (14.6)을 다른 좌표계로 변환해보아서 그것의 형태가 동일하게 유지되는지 어떤지 알아보는 것이다. 이것은 **문제 7.7**에서 해본 계량 변환 식을 다른 관계들 사이에서 사용해 봄으로 알 수 있는데 쉽지만 좀 지루한

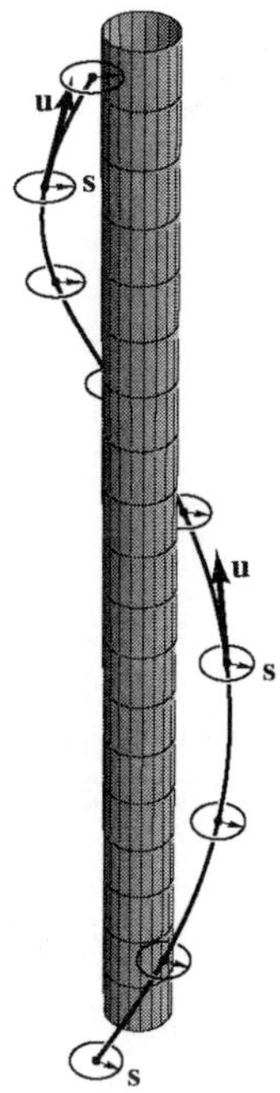

그림 14.1 빛 속도와 비교해서 작은 궤도 속도로 구형적으로 대칭이며, 회전하지 않는 물체 주위의 궤도비행하고 있는 자이로스코프. 이 시공간 도형에서는 시간이 수직으로 향하고 공간이 수평으로 향한다. 시간의 스케일은 도형이 이 지면에 알맞게 들어가도록 하기위하여 공간 스케일보다 1/5정도로 작게 만들어져 있다. 원통은 물체 표면의 세계면으로 그 주위로 자이로의 세계선이 나선형으로 그려져 있다. 둘의 관계가 축소된 시간의 스케일에서는 명확하지 않지만 스핀 **s**는 자이로의 4원-속도 **u**에 수직이다. 자이로가 떨어지고 있는 국소 관성계에서는 스핀은 고정되어 있지만 물체가 만들어 낸 시공간 곡률 때문에 무한원점에 대해서 세차운동을 한다. 이것을 측지 세차(geodesic precession)라 부른다.

계산이다. 좀 에너지 넘치거나 의심이 많은 학생은 이것을 당장 검토해 봐도 좋고, 좀 인내심이 있는 학생은 우아한 증명이 주어진 20장까지 기다려 봐도 좋다.

우리는 (14.6)을 **자이로스코프 방정식**이라 부를 것이다. 이것은 실험 자이로의 스핀의 성분이 그것이 측지선을 따라 움직일 때 어떻게 변하는가를 상세히 설명해준다(**그림 14.1** 참고). 이 예견들 중에서 $\mathbf{s}\cdot\mathbf{s}$와 $\mathbf{s}\cdot\mathbf{u}$는 측지선을 따라 일정하다는 것을 검증해보는 것은 어렵지 않다(**문제 1**).

14.3 측지 세차운동 Geodesic Precession

먼저 회전하지 않는 구형의 질량 M인 물체 주위로 궤도운동을 하는 자이로스코프의 행동을 고려해보자. 단순화하기 위해서 적도면에서 원운동 하는 것을 고려하자. 자이로에 타고 있는 관측자는 적도면에서 그 스핀이 세차운동 하는 것을 보게 될 것이다. 자이로가 정지해 있는 관측 계에서는 스핀은 오직 공간성 성분만 가지고 (식 14.4 참고), 그것의 크기는 일정하다. 적도평면에서 반전시 대칭은 그것이

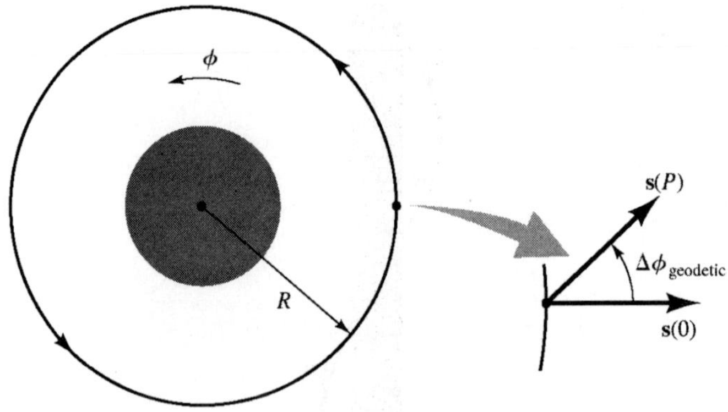

그림 14.2 측지 세차. 이것은 비회전 구형 물체의 적도 평면의 개략적 그림이다. 자이로스코프가 슈바르츠쉴드 반경 R의 원 궤도를 돌고 있다. $t=0$인 한 궤도의 출발점에서, 그것의 스핀은 반경방향으로 향하여 있다. 한 궤도를 완전히 한 바퀴 돌았을 때 그것의 스핀은 궤도 운동 방향으로 각도 $\Delta\phi_{측지}$만큼 돌아간다.

적도 평면 안에서 시작되었다면 그것은 적도 평면 내에 있게 됨을 보여준다. 이와 같이 한정하면, 평면 내에서 세차운동이 자이로가 할 수 있는 모든 것이다.

궤도의 출발점에서 관측자가 적도평면 방향으로(즉 멀리 떨어져 있는 별 방향) 자이로를 향하게 세운다고 가정하다 일반 상대성 이론은 궤도를 한 바퀴 천천히 돌고나면 자이로축은 출발점에서의 자이로축의 방향과 측지각 $\Delta\phi_{측지}$만큼 차이 날 것임을 예견하고 있다. 이 방향의 변화를 **측지 세차운동**(geodetic precession)이라 부르고 **그림 14.2**에 개략적으로 그려져 있다. $\Delta\phi_{측지}$의 값은 쉽게 유도된다. 돌고 있는 관측자의 직교좌표계에서가 아니라 (14.6)에 주어진 자이로의 운동 방정식이 주어지는 좌표계에서 구할 수 있다. 슈바르츠쉴드 좌표계에서 선 요소는 친숙한 (9.9)식이다.

$$ds^2 = -\left(1-\frac{2M}{r}\right)dt^2+\left(1-\frac{2M}{r}\right)^{-1}dr^2+r^2(d\theta^2+\sin^2\theta\, d\phi^2). \tag{14.7}$$

원형궤도가 슈바르츠쉴드 반경 R을 가지고 적도평면 $\theta=\pi/2$에 놓여있다고 하자. 그러면 4원-속도 $\mathbf{u}$의 유일한 공간 성분은 ϕ방향뿐으로 다음과 같이 주어진다.

$$u^\phi \equiv \frac{d\phi}{d\tau} = \frac{d\phi}{dt}\frac{dt}{d\tau} = \Omega u^t, \tag{14.8}$$

여기서 $\Omega \equiv d\phi/dt$는 궤도 각속도 있다. 이것은 식 (9.46)에 의하면 질량 M과 R에 관련이 있다.

$$\Omega^2 = \frac{M}{R^3}. \tag{14.9}$$

4원-속도의 남아 있는 성분 u^t는 조건 $\mathbf{u}\cdot\mathbf{u}=-1$에서 결정된다. 여기서 계산해 볼 필요 없이 그것은 (9.48)에 주어져 있다. 이와 같이 **u**의 성분은

$$\mathbf{u}=u^t(1,0,0,\Omega), \tag{14.10}$$

이며, u^t는 (9.48)에 Ω는 (14.9)에 주어져 있다.

슈바르츠쉴드 계량(14.7)과 함께 자이로스코프 방정식 (14.6)과 4원-속도(14.10)은 궤도운동 동안에 자이로의 스핀방향의 진행과정을 예견해준다. 스핀이 크기 s_* 가지고 적도평면에서 r방향으로 초기에 향하여 있다고 하자. 우리는 이제 이 초기 조건으로 주어진 시간의 함수로써 4개의 성분 $(s^t, s^r, s^\theta, s^\phi)$을 찾기 위해 식 (14.6)을 풀어야 한다. 두 성분은 즉각적으로 처리 될 수 있다. 초기에 $s^\theta=0$이고 여전히 0으로 남는다. 왜냐하면 문제의 (북극)-(남극) 대칭성 때문이다(**문제 2**). 성분 s^t는 식 (14.4)에 의해 남아있는 공간성분과 연관되어 있다. 이것을 써보면

$$\mathbf{s}\cdot\mathbf{u}=-\left(1-\frac{2M}{R}\right)s^tu^t+R^2s^\phi u^\phi=0. \tag{14.11}$$

(14.8)을 이용하여 s^t를 풀어보면

$$s^t=R^2\Omega\left(1-\frac{2M}{R}\right)^{-1}s^\phi. \tag{14.12}$$

이제는 남아있는 s^r과 s^ϕ을 풀기만 하면 된다. (14.6)의 자이로 방정식을 s^r과 s^ϕ 위해 두 선형 방정식으로 구성할 수 있다. (14.6)의 성분인 r과 ϕ로 나타내어야 할 슈바르츠쉴드 계량에서의 크리스토펠 기호는 쉽게 알아낼 수 있으나 부록 B에서 또한 수록해 놓았다.

s^t를 제거하기 위해 (14.10)와 (14.12)를 이용하면서 자이로 방정식 (14.6)의 r과 ϕ의 성분은 s^r과 s^ϕ에 대하여 아래의 2개의 등식을 유도한다.

$$\frac{ds^r}{dt}-(R-3M)\Omega s^\phi=0, \tag{14.13a}$$

$$\frac{ds^\phi}{dt}+\frac{\Omega}{R}s^r=0. \tag{14.13b}$$

여기서 τ에 대한 미분은 $u^td\tau=(dt/d\tau)d\tau=dt$를 이용하여 t에 대한 미분으로 바꾸었다.

(14.13a)를 사용하여 (14.13b)에서 s^r을 제거하면

$$\frac{d^2s^\phi}{dt^2}+\left(1-\frac{3M}{R}\right)\Omega^2s^\phi=0. \tag{14.14}$$

이것은 아래의 진동수를 가진 단순한 조화 진동자의 친숙한 공식이다.

$$\Omega' = \left(1 - \frac{3M}{R}\right)^{1/2} \Omega. \tag{14.15}$$

스핀이 r방향으로 향하여 있고 $t=0(s^{\phi}(0)=0)$에서 출발했을 때 $s^r(t)$와 $s^{\phi}(t)$의 해는

$$s^r(t) = s_* \left(1 - \frac{2M}{R}\right)^{1/2} \cos(\Omega' t), \tag{14.16a}$$

$$s^{\phi}(t) = -s_* \left(1 - \frac{2M}{R}\right)^{1/2} \left(\frac{\Omega}{\Omega' R}\right) \sin(\Omega' t), \tag{14.16b}$$

여기서 해의 규격화는 $(\mathbf{s} \cdot \mathbf{s})^{1/2} = s_*$가 되도록 선택되었다(**문제 3**).

스핀이 성분 $t=0$에서 성분$(0, (1-2M/r)^{1/2}, 0, 0)$을 가진 r−방향인 단위 벡터 $\mathbf{e}_{\hat{r}}$방향으로 가리키고 시작되었다 하자. 그러면 시간 $P=2\pi/\Omega$가 흘러 궤도를 완전히 한 바퀴 돈 후에 이 벡터는 얼마만큼의 각도가 변했는지 알아보자. 이 각의 코사인은 $\mathbf{e}_{\hat{r}}$과 시간 $t=P$일 때의 스핀방향의 단위 벡터 간의 내적으로 주어진다. 즉,

$$\left[\left(\frac{\mathbf{s}(t)}{s_*}\right) \cdot \mathbf{e}_{\hat{r}}\right]_{t=P} = \cos\left(2\pi \frac{\Omega'}{\Omega}\right) = \cos\left[2\pi\left(1 - \frac{3M}{R}\right)^{1/2}\right]. \tag{14.17}$$

그러므로 스핀은 한 바퀴 돈 후 운동방향으로 다음과 같은 각도만큼 편차가 생긴다.

측지 세차운동

$$\boxed{\Delta\phi_{\text{geodetic}} = 2\pi\left[1 - \left(1 - \frac{3M}{R}\right)^{1/2}\right] \qquad \text{(per orbit).}} \tag{14.18}$$

스핀과 함께 자이로에 타고 있는 관측자에 의해 그 변한 각도를 얻기 위해서는 슈바르츠쉴드 좌표 기저에서 관측자의 계 내에서 반경방향의 구성성분을 얻기 위해서 로렌츠 부스트(boost)를 실행해야한다. 그러나 반경방향은 운동방향과 직각이므로 관측자의 반경방향으로 벡터의 구성성분은 $\mathbf{e}_{\hat{r}}$의 것과 일치한다[(5.9) 참조]. 그러므로 식 (14.18)은 또한 자이로와 같이 움직이는 관측자에 의해 측정되는 측지 세차운동에 대한 식을 제공해준다.

태양계와 같이 M/R의 값이 아주 작은 경우에는 측지 세차는 거의(G와 c를 복원시키면)

$$\Delta\phi_{\text{측지}} \approx \frac{3\pi GM}{c^2 R}, \qquad \frac{GM}{Rc^2} \ll 1. \tag{14.19}$$

가 된다.

상자 14.1 중력 탐사선 B

가까운 미래에 NASA는 측지 세차와 회전하는 지구에 의한 관성계의 끌림을 측정하기 위한 실험을 수행할 중력탐사 B (GP-B)위성을 진수시킬려고 한다. 위성은 4개의 정교한 자이로스프를 운반하게 되는데, 그 중에 하나가 아래 그림에서 볼 수 있다. 자이로스코프는 지름 1.5인치인 합친 구형의 수정으로 되어있다. 각 자이로스코프는 반쪽의 두 개의 집안에 그릇 받침모양의 전극봉에 의해 정전기적으로 떠 있게 되어있다. 자이로는 집안으로 들어가는 가스에 의해 들어 올려져 돌게 된다. 150Hz에 도달한 후에는 가스가 밖으로 펌프 되어 빠져나오고 구는 자유롭게 돌게 된다.

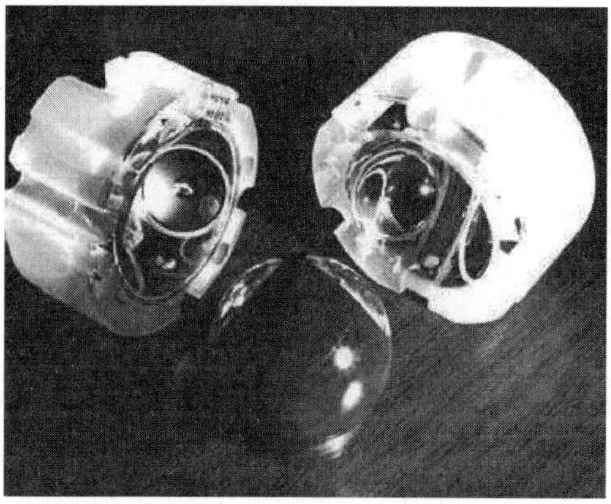

자이로스코프가 가능한 한 이상적인 자유낙하 상태에서 작동하기를 확실시하기 위해 그들 중 하나는 "증거"가 되는 질량으로 사용된다. 피드백(feedback)회로에 의해 통제되는 작은 분사로켓들은 자유 낙하하는 자이로 상에서 그 상자가 중앙에 늘 있도록 해준다. 그리하여 다른 3개를 위하여 끌림으로부터 자유롭고(drag-free), 자유 낙하하는 환경을 확실하게 준다. (상자 8.1 참고)

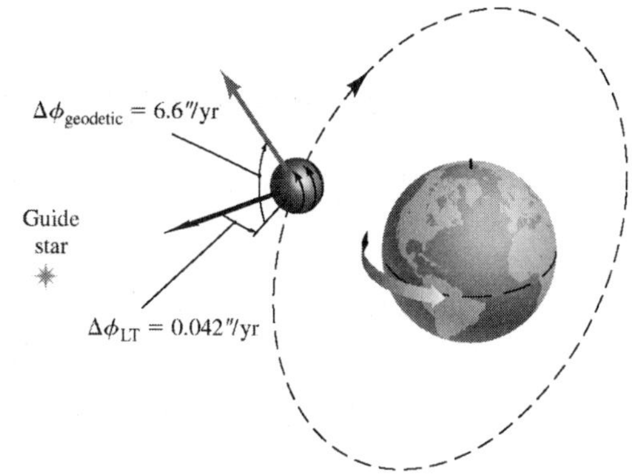

전체 조립품은 액체 헬륨온도로 냉각되어 초전도 양자 간섭계(SQUID)로 자이로의 방향을 판독되도록 해준다. 위에 보여주듯이 위성이 640Km 극 궤도를 돌 것이다. 망원경이 위성을 안내(guide) 별에 고정해서 바라보도록 해준다. 위 그림은 초기에 안내별을 향하도록 한 자이로의 스핀 방향이 측지 세차와 렌즈-치어링(Lense-Thirring) 세차 (둘다 대단히 과장되어 있음)에 기인하여 변위됨을 보여준다. 예견되는 측지 세차는 6.6″/1년으로써 0.1% 이상의 정확도로 측정되어져야 한다. 그래야 그 결과를 가지고 PPN 변수 γ[(14.21) 참조]를 정확히 결정할 수 있다. 관성계의 예견되는 끌림인 0.42″/1년은 1%의 정확도로 측정되어져야 한다 - 이것은 **중력자기적 효과**의 결정적 예시가 된다.

지구 주위로 반경 R인 원형궤도를 도는 자이로스코프가 한 바퀴 돈 후 되돌아 왔을 때 그때의 측지 세차는

$$\Delta\phi_{\text{측지}} \approx 6.5 \times 10^{-9} \left(\frac{R_\oplus}{R}\right) \text{rad}, \tag{14.20}$$

여기서 $R_\oplus$는 지구의 반경으로 6378Km이다. 이것은 1년에 $8.4''(R_\oplus/R)^{5/2}$ 세차운동 비율에 해당된다(**문제 5**). 이것은 매우 작은 수이지만 중력 탐사선 GP-B 위성으로 측정하기를 희망한다(**상자 14.1** 참고). 실제로, (10.4)와 (10.6)에 주어진 PPN 계량에서 $1/c$을 주차수로 하여 계산하면, 측지 세차는 (**문제 7**)

$$\Delta\phi_{\text{측지}} \approx \left(\gamma + \frac{1}{2}\right)\frac{2\pi GM}{c^2R}. \qquad (14.21)$$

$\Delta\phi_{\text{측지}}$의 측정치는 이와 같이 PPN 변수 γ를 결정하게 된다. 그리고 일반 상대성 이론은 γ를 $\gamma=1$로 예견하고 있다.

14.4 천천히 회전하는 구형 물체 바깥부분의 시공간

구형의 물체의 한 축을 중심으로 천천히 그리고 등속으로 돌게끔 물체를 세팅하면 그 물체 바깥부분의 계량은 구형적으로 대칭인 슈바르츠쉴드 기하로부터 변화가 일어날 것이다. 이 장의 첫머리에서 언급한 것과 같이 물체의 회전 뒤틀림(distortion)으로 발생한 변화들은 물체의 각속도 Ω에 2차수 이거나 각운동량 J에 2차수이다. 그러나 이 변화에 부가하여 일반 상대성 이론은 또한 J의 1차수에서 계량에서의 변화를 예견한다. 그래서 작은 J에서도 중요해진다. 좌표계의 극축이 회전축과 일치한다고 가정하면, $J=0$일 때 슈바르츠쉴드 좌표로 환원되는 좌표계에서 이 변화의 형태를 인용하자. 그러면

$$ds^2 = ds^2_{\text{Schwarz}} - \frac{4GJ}{c^3r^2}\sin^2\theta(r\,d\phi)(c\,dt) + (J\text{의 제곱 항과 고차 항}). \qquad (14.22)$$

여기서 $ds^2_{Schwarz}$는 슈바르츠쉴드 좌표 (14.7)에서 구형적으로 대칭인 슈바르츠쉴드 기하에 대한 선 요소이다. 그리고 G와 c를 복원시켰다. 23.3절에서 천천히 회전하는 물체에 대한 위의 계량을 아인슈타인 공식으로부터 유도할 것이다.

차원 없는 GJ/c^3r^2의 비는 회전효과를 지배한다. 각속도 Ω로 회전하는 물체에 대하여 뉴턴 이론에 기초한 예견치는 다음과 같다.

$$J \sim I\Omega \sim MR^2\Omega \sim MRV \qquad (14.23)$$

여기서 M은 물체의 질량, R은 물체의 반경, I는 관성 모멘트이고, V는 회전 속도이다.

그러면 차원 없는 다음의 비는

$$\frac{GJ}{c^3R^2} \sim \left(\frac{GM}{c^2R}\right)\left(\frac{V}{c}\right). \qquad (14.24)$$

이와 같이 회전하는 물체의 바깥부위에서의 시공간 휨은 물체의 질량뿐만 아니라 속도에 의존한다. 그리고 중력 적색편이와 같이 $1/c^2$ 효과보다 더 크게 $1/c$의 1차수에 관계한다. 이것들이 **중력자기적 효과**이다.

14.5 천천히 회전하는 물체의 시공간 내에 있는 자이로스코프 Gyroscopes in the Spacetime of a Slowly Rotating Body

시공간 기하에서 회전의 효과가 자이로스코프를 가지고 어떻게 연구될 수 있는지 알아 보기위해 **그림 14.3**에서와 같이 개략적으로 보여주는 사고실험을 고려해보자. 자이로스코프를 휴대하고 있는 한 실험실이 천천히 회전하는 지구의 회전축을 따라 아래로 자유낙하 한다고 하자. 초기에 자이로의 스핀 축은 방위각 방향 ϕ_*을 가리키면서 회전축에 수직으로 향해있다. 만일 지구가 회전하지 않는다면 자이로의 스핀 축은 그것이 자유 낙하할 때 고정되어 있다 - 언제나 동일한 방위각을 가리키게 된다. 이것은 자이로스코프등식 (14.6)을 풀어봄으로써 증명할 수 있다. 그러나 $\phi \to -\phi$하에서 슈바르츠쉴드 계량의 대칭성으로부터 즉각적으로 증명된다. 자이로는 이 대칭성을 깨뜨리지 않고는 세차운동을 할 수 없다. 그러므로 측지 세차운동은 이 궤도에 대해서 제로이다. 그러나 지구의 회전은 이 대칭을 깨뜨린다[(14.22) 참고]. 그리고 자이로스코프는 시간과 함께 세차운동을 한다. 이제 이것을 계산해 보자.

아랫방향으로 떨어지고 있는 자이로의 세차운동은 계량 (14.22)에서 자이로 방정식 (14.6)의 의해 결정된다. 왜냐하면 그것은 측지선을 따르기 때문이다. 우리는 지구에 대하여 세차운동비가 작을 것이라고 [(14.2) 참고] 예상하기 때문에 세차운동비를 $1/c$을 주차수로 하여 풀도록 하자 - (14.22)있는 계량에 회전에 의한 교정의 차수는 $1/c^3$이다. 친숙한 $x = r\sin\theta\cos\phi$의 연결공식에 의해 슈바르츠쉴드 극좌표 $(r,\ \theta,\ \phi)$에 관계되는 직각좌표계$(x,\ y,\ z)$는 계산하는 데 편리하다. 왜냐하면 극좌표는 자이로가 떨어지는 축 따라 하나뿐이기 때문이다. 이 변환을 사용하여 계량 (14.22)는 다음과 같이 된다.

$$\boxed{ds^2 = (ds^2)_{\text{Sch-Cart}} - \frac{4GJ}{c^3r^2}(c\,dt)\left(\frac{x\,dy - y\,dx}{r}\right) + (J\text{의 제곱 항과 고차 항}).} \tag{14.25}$$

여기서 $(ds^2)_{Sch-Cart}$은 직각(Cartesian)좌표 내에서 슈바르츠쉴드 계량이다(우리는 명확한 형태가 필요하지 않다). 주차수 $1/c^3$로 세차운동을 알아내기 위해 자이로 방정식을 푸는 것은 슈바르츠쉴드 기하에서 GM/c^2r 요소들이 기껏해야 차수가 $1/c^5$이 되는 세차운동비에 $(GM/c^2r)\times(GJ/c^3r^2)$과 같은 항을 주기 때문에 그 최종적인 답에는 기여할 수 없다는 것을 인지함으로써 단순해진다. 이것은 주차수 세차운동 비의 계산은 (14.25)에서 $M=0$로 두고 실행할 수 있다는 것이다. 혹은 동등하게 $(ds^2)_{Sch-Cart}$을 카테시안 좌표의 평평 공간 선 요소 $(ds^2)_{flat} = -(c\,dt)^2 + dx^2 + dy^2 + dz^2$으로 대치할 수 있다는 것이다. 이것은 정말로 대수학적으로 도움을 준다.

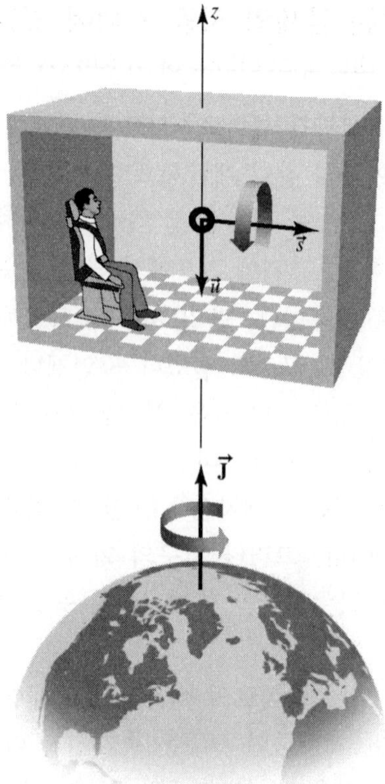

그림 14.3 천천히 회전하는 물체에 의한 관성계의 끌림을 보여주는 사고 실험. 자이로스코프가 각속도 J로 회전하고 있는 지구의 회전축을 따라 자유낙하하고 있다. 자이로의 스핀은 초기에는 그 축과 수직이다. 만일 지구가 회전하지 않는다면($J=0$), 자이로스코프의 스핀은 멀리 있는 별에 대해서 고정된 채로 있을 것이다(상자 3.2 참고). 회전 때문에, 그 스핀은 물체가 회전하는 방향으로 각속도 $2GJ/c^2z^3$ – Lense-Thirring 세차 – 로 회전한다. 이와 같이 축을 따라 국소 관성계는 물체의 회전 방향으로 끌려진다.

자이로가 z축을 따라 움직인다면 x와 y에 대한 미분은 사라지지 않지만 계량에 대한 회전요동은 사라진다는 사실로 해서 자이로 등식을 다시 쓰면 더 간단해진다. 실험실의 4원-속도는 $(t,\ x,\ y,\ z)$좌표에서 t와 z성분을 가진다. 스핀을 xy평면에 놓이도록 두자. 그러면

$$u^{\alpha} = (u^t, 0, 0, u^z), \tag{14.26}$$

$$s^{\alpha} = (0, s^x, s^y, 0). \tag{14.27}$$

만일 스핀이 이 평면 내에서 시작한다면 그것이 그 평면 내에 그대로 유지됨을 보여주는 것은 어렵지 않다(**문제 8**). 조건 $\mathbf{s}\cdot\mathbf{u}=0$이라는 것은 z축 상에서 자동적으로 만족되는 것이다. $(ds^2)_{Sch-Cart}$로 대체된 평평 계량을 가지고 계량 (14.25)를 계산해보면 z축상에서 s^x와 s^y에 대하여 자이로 등식 (14.6)에서 생기는 크리스토펠 기호에서 유일하게 사라지지 않는 기호는 $1/c$의 주차수로 해서

$$\left(\Gamma^x_{ty}\right)_{z\text{-axis}} = \frac{2GJ}{c^2z^3}, \qquad \left(\Gamma^y_{tx}\right)_{z\text{-axis}} = -\frac{2GJ}{c^2z^3}. \tag{14.28}$$

s^x와 s^y에 대한 식으로 다시 쓰면 $1/c$로 주차수로 해서 (τ미분을 t미분으로 바꾸기 위해 $u^t = dt/d\tau$를 이용했다)

$$\frac{ds^x}{dt} = -\frac{2GJ}{c^2z^3}s^y, \tag{14.29a}$$

$$\frac{ds^y}{dt} = +\frac{2GJ}{c^2z^3}s^x. \tag{14.29b}$$

이 등식은 지구가 회전할 때 동일한 방향으로 좌표축(x, y, z) 각각에 대하여 세차운동하는 자이로스코프를 묘사하고 있다. 이것을 **Lense-Thirring 세차운동**이라 부른다. 중심 z에서 어느 거리만큼 떨어져 있는 곳에서의 순간 비(instantaneous rate)는 다음과 같다.

$$\Omega_{LT} = \frac{2GJ}{c^2z^3}. \tag{14.30}$$

이 세차운동은 물체의 중심이 정지해 있고 자이로스코프는 낙하하고 있는 계에서 계산된 것이다. 그러나 정확히 동일한 세차운동이 자유 낙하하는 실험실 내에 있는 관측자에 의해서도 관측될 것이다. 그것은 두 계를 연결해주는 z축 상의 로렌츠부스트는 스핀 s^x와 s^y의 직각성분에는 영향을 주지 못하고 또 1/c의 주차수로서는 시간 확장의 효과는 없기 때문이다. 우리는 지구에 기인하는 Lense-Thirring 세차운동의 크기를 계산할 수 있다.

$$J_\oplus = I_\oplus \Omega_\oplus \equiv M_\oplus \mathfrak{R}^2_\oplus \Omega_\oplus \tag{14.31}$$

여기서 $I_\oplus$는 지구의 관성모멘트이고, 회전(gyration)의 반경 $\mathfrak{R}_\oplus$에 의해 편리하게 요약된다. 지구에 대하여 $\mathfrak{R}_\oplus / R_\oplus \approx 0.576$이다. 그러므로

$$\Omega_{LT} = 2\left(\frac{GM_\oplus}{c^2R_\oplus}\right)\left(\frac{\mathfrak{R}_\oplus}{R_\oplus}\right)^2\left(\frac{R_\oplus}{z}\right)^3\Omega_\oplus. \tag{14.32}$$

이 책 맨 마지막 페이지에 있는 수치들을 대입해보면(여기서 $\Omega_\oplus = 2\pi/24h$ 임이 명백하다)

$$\Omega_{LT} = .22''\left(\frac{6378\ \text{km}}{z}\right)^3 / \text{yr}. \tag{14.33}$$

이것은 정말로 작은 효과이다. 그러니 GP-B위성실험으로 (**상자 14.1**을 보라.) 1%의 정확도로 측정할 수 있을 것으로 기대되는 수치이다. 지구 주위의 실제 궤도상에 있는 GP-B위성의 자이로스코프와 같은 자이로스코프는 측지 세차와 Lense-Thirring 세차 둘 다를 경험하게 된다. Lense-Thirring 세차는 다음과 같이 위도(latitute)에 의존한다.

Lense-Thirring 세차

$$\vec{\Omega}_{LT} = \frac{G}{c^2 r^3}\left[3\left(\vec{J}\cdot\vec{e}_r\right)\vec{e}_r - \vec{J}\right]. \tag{14.34}$$

$\vec{r}$가 $\vec{J}$ 방향으로 가리키게 되면 이 식은 (14.30)식과 일치한다. 전기자기학을 공부한 사람들에게는 위의 식은 쌍극자 모멘트 역할을 하는 $\vec{J}$을 가진 특징적 쌍극자 패턴이다.

예제 14.1 회전하는 물체의 각운동량 측정

9.1절에서 우리는 슈바르츠쉴드 기하의 점근적 특징 때문에 멀리 떨어져 있는 테스트 입자의 궤도의 행동으로부터 어떻게 물체의 질량을 결정할 수 있는지를 보았다. 이와 유사한 방법으로 축에 대칭이며 일정하게 회전하는 물체의 각운동량은 멀리 떨어져 있는 자이로스코프의 행동으로부터 결정할 수 있다. 만일 그 물체가 천천히 회전한다면 적절할 궤도 내에서 3개의 적절히 방향을 잡은 자이로의 스핀에 의한 Lense-Thirring 세차의 측정으로 식 (14.34)로부터 각운동량 $\vec{J}$의 3성분을 알아낼 수 있다. 그러나 빠르게 회전하는 물체의 각운동량 측정에 있어서도 만일 자이로들이 충분히 멀리 떨어져 있는 것이 제공되기만 한다면 그리고 그것이 축대칭이고 일정하게 회전한다면 위와 동일한 측정으로 각운동량을 측정할 수 있다. 그 이유는 $\vec{J}$가 얼마나 크던지 간에 충분히 먼 r에 대하여 평평 공간의 계량에 미치는 회전에 의한 영향이 아주 작기 때문이다. 그러므로 계량 (14.22)가 일정하게 회전하는 축대칭 물체와 멀리 떨어져 있는 점근적 형태에 가장 적절한 근사치이다. (23.3절에서 아인슈타인 공식으로부터 보여질 것이다) 실지로, 질량과 똑같이 각운동량은 시공간 기하의 점근적 특징에 의하여 정의 될 수 있다. 블랙홀의 질량과 각운동량이 전혀 문제없이 아인슈타인 공식의 해가 된다는 것을 이해하는 것이 중요하다.

GP-B 같은 실제실험에 있어서는 자이로스코프의 세차운동은 좌표축(x, y, z)계 각각에 대하여 측정되지 않는다. 오히려 자이로의 스핀과 멀리 떨어져 있는 "안내"별로 나온 빛과의 사이 각이 시간에 대한 함수로 측정되어진다(**상자 14.1**의 그림을 보라).

이 예견되는 시간 의존성 이 각도는 Lense-Thirring 세차 외에 많은 다른 요소들에 영향을 받는다. 가량 **문제 5.16**에 기술되어 있는 "안내"별로부터 나오는 빛의 광행차, 지구에 의한 빛의 굴절, 그리고 심지어 - 원칙적으로 - 지구의 회전에 의한 굴절(**문제 9**) 등 다양하다. 이것들을 여기서는 고려하지 않겠지만 그 마지막 결과는 $(x,\ y,\ z)$축이 Lense-Thirring 비에 그 물질 각각에 대하여 스핀 세차와 우주의 멀리 떨어져 물질과 서로 묶여있는 것으로 생각될 수 있다.

14.6 자이로들과 자유 낙하계들

앞에서 언급한 사고 실험에서 자유 낙하하는 실험실내에 있는 관측자는 8.4절에서 언급한 것 같이 자유 낙하계를 형성하기위해 자이로스코프를 사용한다. 관측자는 실험실에서 3개의 상호 직각인 공간 방향으로 3개의 자이로의 스핀을 향하게 한다. 이 3개의 스핀은 실험실이 자유 낙하함에 따라 서로 직각을 유지할 것이다(**문제 1**). 실험실의 4원 벡터 $\mathbf{u}(\tau) \equiv \mathbf{e}_{\hat{0}}(\tau)$와 함께 스핀의 3방향 단위 벡터 $\mathbf{e}_{\hat{1}}(\tau)$, $\mathbf{e}_{\hat{2}}(\tau)$, $\mathbf{e}_{\hat{3}}(\tau)$는 측지선을 따라 움직이는 각 점들에 대해 직각기저좌표를 형성한다. 이들 벡터들은 크리스토펠 기호가 모든 측지선 각 점들을 따라서 사라지는 좌표 시스템에 좌표 기저 벡터가 된다.

이와 같이 그것들은 자유 낙하계의 좌표 기저 벡터가 된다. 웹사이트 책에 이 장에 대한 보충설명은 여러분들을 이 좌표계의 명확한 건설뿐만 아니라 크리스토펠 기호가 사라지는 예들로 이끌 것이다. 지구의 회전결과로 자이로의 스핀을 따라 있는 3개의 기저 벡터들은 무한 원점의 물질과 연결되어 있는 좌표$(x,\ y,\ z)$ 각각에 대하여 Lense-Thirring 각속도 (14.34)로 세차 운동한다. 바로 이 의미는 관성계가 회전하는 물체에 의해 끌려진다는 것이다.

문 제

1. 자이로스코프 공식 (14.6)은 $\mathbf{s} \cdot \mathbf{s}$와 $\mathbf{s} \cdot \mathbf{u}$는 자이로에 의하여 따라가지는 측지선을 따라서 일정하다는 것을 함축하고 있음을 보여라. 동일한 측지선을 따라 움직이는 어떤 두개의 자이로 A와 B에 대해, $\mathbf{s}_A \cdot \mathbf{s}_B$는 일정함을 보여라.

2. 자이로스코프 공식 (14.6)으로부터 스핀의 공간 부분이 초기에 적도 평면을 가리키면(그래서 $s^{\theta}=0$), 그것은 그 평면에 놓인 원형궤도에 대한 적도 평면을 여전히 가리키는 대로 유지하고 있음을 명확히 검토해보라.

3. [S] (14.16)에 주어져 있는 자이로스코프 공식의 해에 대하여, 스핀의 크기 $(\mathbf{s} \cdot \mathbf{s})^{1/2}$는 시간이 흘러도 일정하게 유지되며 해에 의하여 특성화된 s_*와 동일함을 검토하라.

4. [A] (a) 14.3절에서 논의한 회전하지 않는 물체 주위로 원형궤도를 돌고있는 자이로스코프를 고려하자. 공간성 벡터중에 두 개의 공간성 부분 $\mathbf{e}_{\hat{1}}$와 $\mathbf{e}_{\hat{3}}$은 각각 r과 ϕ를 가리킨다고 가정하고, 스핀과 같이 움직이는 $\phi=0$에 있는 한 관측자의 정규직교 기저 $\mathbf{e}_{\hat{\alpha}}$의 좌표 성분들을 구하라.

   (b) (14.16)의 스핀 벡터를 (a)에서 건설된 정규직교 기저 위로 투사시키면 동조하여 움직이는 계에서 스핀이 어떻게 세차운동을 하는지를 매우 명확하게 보여주는 아래와 같은 식을 얻는다.

$$s^{\hat{1}} = s_* \sin(\Omega' t), \qquad s^{\hat{3}} = s_* \cos(\Omega' t),$$

5. [S] (14.19)에서 실제 수치들을 대입해서 지구 주위로 도는 궤도에서의 자이로스코프의 전체 측지 세차와 그리고 측지 세차의 비를 구하라.

6. [S] Schwarzschid 기하에서 안정적인 원형궤도에 있어서 가장 큰 가능한 측지 세차는 얼마인가?

7. (10.4)와 (10.6)에 주어져 있는 PPN 계량을 사용하여 다시 측지 세차의 미분을 통하여 작업해보라. 그리고 다음을 보여라

$$\Delta\phi_{\text{geodetic}} \approx \left(\gamma + \frac{1}{2}\right) 2\pi \left(\frac{GM}{Rc^2}\right),$$

   그래서 측지 세차의 측정은 PPN 변수 γ를 결정하는 또 다른 방법이다.

8. 천천히 회전하고 있는 물체의 회전축을 따라 자유 낙하하는 한 자이로에 관한 14.5절에 묘사된 사고 실험을 고려하자. 자이로스코프 공식 (14.6)으로부터 스핀의 공간성 부분이 $x-y$ 평면에서 시작하였다면 그것은 $1/c^3$ 차수로 하여 $x-y$ 평면에 그대로 유지됨을 보여라.

9. [C] 태양이 회전하고 있기 때문에 그 가까이 지나가는 광선은 9.4에서 고려된 Schwarzschid 기하에서의 빛의 굴절에 더한 양에 조금 더 굴절될 것이라는 것을 일반 상대성 이론은 예견한다. 궤도가 회전축에 수직인 적도 평면에 놓여 있다고 가정하고서 사라지지 않는 가장 낮은 차수 $1/c$로서 이 굴절의 양과 방향을 계산하라. 태양에 있어서 이 효과의 크기를 평가하라. 그것은 10.3절에서 논의한 관측들의 결과들에 중요한 교정치가 될 수 있는가? (힌트: 어떤 산술을 하기 전에, 계량의 어떤 항이 주 차수 $1/c$로의 마지막 답에 기여할 것 인지를 생각해보라.)

10. [B] 상자14.1에 있는 그림은 측지에 기인하는 자이로의 스핀의 이동과 회전하고 있는 지구주위로 한 궤도를 돈 후 끌려지는 계를 개략적으로 보여주고 있다. 자이로의 이동방향을 설명하고 세차의 Lense–Thirring 부분에 대한 (14.34)를 사용하여 두 효과의 크기를 계산하라.

CHAPTER 15 회전하는 블랙홀 Rotating Black Holes

제12장에서 논의한 슈바르츠쉴드 블랙홀은 일반 상대성 이론에 의해서 예견되는 가장 일반적인 블랙홀 시공간은 아니다. 그것은 단순한 물체이다 – 정확히 구형적으로 대칭이고 단 하나의 변수, 전체질량 M으로 특징지워져 있다. 특히, 진공상태(물질없는 상태)의 아인슈타인 공식의 가장 일반적인 블랙홀의 해는 그렇게 많이 복잡하지 않다. 회전하는 블랙홀은 1963년 Roy Kerr에 의해 발견된 일련의 기하들에 의해 묘사된다. 그리고 Kerr 블랙홀들이라 불린다.

그것들은 단지 2개의 변수 – 전체질량 M과 전체 각운동량 J – 에 의존한다. Kerr 블랙홀들은 슈바르츠쉴드 블랙홀의 회전을 일반화 한 것이다. 이장은 이것의 특징들에 대해 기본적인 것을 소개하고자 한다.

15.1 우주검열 Cosmic Censorship

12장에서 중력붕괴의 해결은 논의를 극히 간단히 하기 위해서 정확히 구형적으로 대칭일 것을 가정하였다. 슈바르츠쉴드 기하는 진공상태의 아인슈타인 공식의 유일한 구형적으로 대칭인 해이다. 그러므로 정확히 구형적 대칭 붕괴는 그 내부구조가 무엇이던지 간에 붕괴 물체 수축 반경으로 슈바르츠쉴드 기하를 조금씩 조금씩 파헤쳐가며 진행되어간다. 슈바르츠쉴드 반경을 가로지르는 바로 그때부터 지평면을 형성하게 되는데 그 지평면은 무한원점에 있는 관측자로부터 필연적인 특이점을 감추어 버린다.

실제적으로는 중력붕괴가 구형적으로 대칭은 아니다. 비구형적 붕괴의 분석은 아인슈타인 공식을 단지 수치 시뮬레이션으로만 처리할 수 있는 전형적으로 복잡한 문제이다. 시간 의존성으로 붕괴하는 질량 분포로부터 나오는 중력 복사는 처리되어야 하는 이슈들 중에 하나밖에 지나지 않는다(23장 참고). 그러나 이론적인 조사와 수치 시뮬레이션에 의한 둘 다의 증거는 훨씬 멀리 진행된 어떤 실제 중력 붕괴의 마지막 단계가 극히 단순하다는 것을 보여준다. 여러 가지 면에서 구형적 붕괴의 특수한 경우와 비슷하다. 물질과 같이 나란히 붕괴되는 관측자의 시각으로는 그 결말이 필연적으로 특이점이다. 멀리 떨어져 있는 관측자의 시각으로는 그 결말이 특이점을 감추어 버리는 지평면을 가진 단지 질량 M과 각 모멘트 J에 의해 특징되어지는 시간 독립의 Kerr 블랙홀과 구별할 수 없다.

이 글을 쓰는 시점에는 많이 진행된 일반적인 중력붕괴가 결국에는 블랙홀을 형성하며 외부의 관측자로부터 특이점을 감추어 버린다는 것을 아인슈타인 공식으로부터 엄밀한 증명은 없었다. 오히려 이것은 12.4절에서 간단히 논의했던 **우주검열추측**(cosmic censorship conjecture)이라 불리는 하나의 추측이었다. 우주검열추측은 이 책에서 상세하게 다루어진 여러 이론적 증거 조각들로 지원되고 있다. 우리는 실제 천문학적 상황에서 발생하는 물질의 붕괴에 대하여 그것이 지켜진다고 가정할 것이다.

우주 검열의 예견적 힘을 올바르게 인식하려면 상호궤도를 공유하며 도는 두 중성자별을 상상해보자. 그 두 별들은 중력 복사[1]로서 에너지를 잃기 때문에 결국에는 나선을 그리면서 점점 가까이 접근하여 결국에는 블랙홀을 형성하는데 돌입하게 된다. 초기 상태는 매우 많은 변수들로 묘사된다. - 별의 질량, 그것들의 궤도크기, 주기와 이심률, 그것들의 회전주기, 내부구성, 대기의 구성, 별 표면위의 작은 산들의 지리적 조건 등등.

일반 물질의 밀도에서부터 핵 물질의 밀도까지의 고전 물리학에서 양자역학까지 전 범위가 24장에서 알게 되겠지만 이 계를 상세히 이해하는데 필요하다. 그러나 이와 대조적으로, 합병에서 형성되는 최종 Kerr 블랙홀은 단지 2개의 변수 - 질량과 각운동량 - 로 특징 지워진다. 그리고 그것의 외부 특징들은 고전 중력학만으로도 이해될 수 있다. 중력붕괴 후에 관한 물리학이 최종결과의 블랙홀 - 예로써 유입원판의 행동양상 - 에 근접하여 새로 생기더라도 그것은 일련의 Kerr 기하학 범주내의 하나 일 것이다. 이와 같이 Kerr 블랙홀은 기본적 중력 물리학과 실제 물리학 사이에 명확한 연결고리를 제공해준다.

15.2 Kerr 기하 The Kerr Geometry

질량 M과 각운동량 J을 가진 회전하는 블랙홀 주위의 시공간은 다음의 선 요소($c = G = 1$단위)로 요약된다.

$$\boxed{\begin{aligned} ds^2 = &-\left(1-\frac{2Mr}{\rho^2}\right)dt^2 - \frac{4Mar\sin^2\theta}{\rho^2}d\phi\,dt + \frac{\rho^2}{\Delta}dr^2 + \rho^2\,d\theta^2 \\ &+\left(r^2+a^2+\frac{2Mra^2\sin^2\theta}{\rho^2}\right)\sin^2\theta\,d\phi^2, \end{aligned}} \tag{15.1}$$

여기서

$$a \equiv J/M, \qquad \rho^2 \equiv r^2 + a^2\cos^2\theta, \qquad \Delta \equiv r^2 - 2Mr + a^2. \tag{15.2}$$

1) 23.7절에 상세하게 묘사되어 있는 것 같이

여기서 사용된 (t, r, θ, ϕ)좌표는 **Boyer-Lindquist 좌표**라 불리우고, 여러 면에서 간단히 명확하게 되는 비회전 블랙홀에 대한 슈바르츠쉴드 좌표와 유사하다. 변수 a는 **Kerr 변수**라고 불리운다. 이것은 질량처럼 기하 단위로 나타내면 길이 단위를 가진다. 계량 (15.1)은 진공 아인슈타인 방정식의 해이다. Kerr 기하의 많은 중요한 특징들은 이 선 요소로부터 나온다. 즉,

- **점근적으로 평평하다.** $r \gg M$이고 $r \gg a$에 대하여 선요소는

$$\begin{aligned} ds^2 \approx -\left(1-\frac{2M}{r}\right)dt^2 + \left(1+\frac{2M}{r}\right)dr^2 \\ + r^2(d\theta^2 + \sin^2\theta\, d\phi^2) - \frac{4Ma}{r^2}\sin^2\theta(r\, d\phi)dt + \cdots, \end{aligned} \tag{15.3}$$

여기서 각 계량계수에서 주된 항인 r이 점점 커진다는 것과 그 양상에서 $1/r$은 유지되어 있다. 이 점근적 형태는 Kerr 기하가 블랙홀로부터 매우 멀리 떨어져 있으면 평평 시공간의 기하에 접근한다. 9.1절에서 논의하였던 같이 시공간의 곡률을 야기하는 전체 질량은 멀리 떨어진 위성의 궤도로부터 추정하여 결정할 수 있었다. 앞장에서 논의한 것과 같이, 이와 유사하게 각운동량은 멀리 떨어져 궤도운동을 하는 자이로스코프의 세차운동으로 결정할 수 있다. 계량 (15.3)과 (14.22)를 비교해봄으로써 전체질량의 M와 전체 각운동량 J를 확증할 수 있다.

- **정지성(Stationary)과 축대칭(Axisymmetric)** 계량(15.1)은 시간에 독립(정지성)이고 ϕ에 독립(축대칭)이다. 이들 대칭에 해당하는 두 킬링 벡터는 $\boldsymbol{\xi}$와 $\boldsymbol{\eta}$이다.

$$\xi^\alpha = (1, 0, 0, 0) \quad (\text{정지성}), \tag{15.4}$$

$$\eta^\alpha = (0, 0, 0, 1) \quad (\text{축대칭}). \tag{15.5}$$

여기서 구성성분은 일반적인 순서 (t, r, θ, ϕ)이다. 부가해서 Kerr 계량은 적도평면 $\theta = \pi/2$에 대해서 반전시켰을 때 (즉 θ를 $\pi - \theta$로 보내는 것을 의미한다.) 변함이 없다. 이것들은 회전하는 물체의 기하로부터 예상되는 모든 대칭들이다. 그러나 또한 예상되는 것처럼 그 기하는 구형적으로 대칭이 아니다. θ의 변화에 대한 g_{tt}와 g_{rr}의 명확한 의존성이 구형적으로 대칭이 아님을 보여주기에 충분하다.

- **회전하지 않을 때는 슈바르츠쉴드 기하.** $a = 0$일 때 계량(15.1)은 슈바르츠쉴드 좌표(9.9)에서의 슈바르츠쉴드 계량으로 환원된다. 이와 같이 Kerr 계량은 제로 각속도의 특별한 경우인 슈바르츠쉴드 블랙홀을 포함하고 있다.

---

2) 역자주: Stationary - 정지는 해 있지만 회전은 한다 - 정지성으로 번역
Static - 정지도 해 있지만 회전도 없다 - 고정성으로 번역
그러므로 슈바르츠쉴드 블랙홀은 고정성(static)이며 Kerr 블랙홀은 정지성(stationary)이다.

• **좌표적 특이성과 실제 특이성 그리고 지평면** Kerr 계량 (15.1)은 ρ가 사라지거나 또는 Δ가 사라질 때 특이성이 발생한다. $r=0$과 $\theta=\pi/2$일 때 발생하는 $\rho=0$일 때의 특이성은 실제 특이성이다 - 무한 시공간 휨의 장소이다. 그것은 슈바르츠쉴드 좌표에서 $r=0$일 때 슈바르츠쉴드 기하에서 실제 휨의 특이성을 일반화한 것이다. Δ의 양이 사라질 때 그 반경은

$$r_{\pm} = M \pm \sqrt{M^2 - a^2}, \tag{15.6}$$

이다. $a \leq M$이라 할 때에는 슈바르츠쉴드 반경에서 슈바르츠쉴드 좌표의 특이성처럼 이 두 반경에서 계량 (15.1)에서의 특이성은 좌표적 특이성임이 판명된다. 실제로, 반경 r_+는 $a=0$일 때 슈바르츠쉴드 계량에서 좌표적 특이성의 $r=2M$에 해당한다. **문제 3**을 풀어봄으로써, 여러분들은 (15.1)의 이 계량들이 이 반경들에서 특이성을 갖지 않도록 하는 새로운 좌표계로 전환시켜볼 수 있다. 반경 r_+는 Kerr 계량을 블랙홀로 만드는 지평면임이 판명되었다. 다음 절에서 지평면의 한 특징을 보여줄 것이다; 즉 $\rho=0$인 특이성은 안전하게 지평면내에 있다는 것이다. Kerr 기하는 $r<r_+$인 (예로써 $r=r_-$)지평면 안에서 풍부하고 흥미로운 구조를 보여주고 있다. 그러나 우리의 전략은 지평면 바깥부위의 특징에 대하여만 집중할 것이다. 왜냐하면 이것이 천문학자들에게 중요한 것이니까.[2)]

모든 M과 a값이 Kerr 블랙홀에 해당되는 것은 아니다. 지평면 반경 r_+는 $a \leq M$일 때만 존재한다 [(15.6) 참조]. 그러므로 블랙홀의 각운동량 J은 질량 제곱에 의해 제한된다. 태양과 같은 평범한 별들은 이 한계에 따르지 않는다(**문제 1**).

한계값 $a=M(J=M^2)$을 가진 블랙홀을 **극치 Kerr 블랙홀**(extreme Kerr black holes)이라 부른다. 그것들은 다음과 같은 이유로 천문학자들에게 중요하다. 블랙홀로 떨어지는 물질은 11.2절에서 논의한 것 같이 유입원반(accretion disk)을 형성한다. 블랙홀로 떨어지는 물질은 나선궤도를 이루면서 떨어지는데 유입원반을 통과하면서 가장 안쪽의 안정적 원형궤도에 도달한다. 그리고 나서 블랙홀로 뛰어 들어가는 데 이때 그 물질이 가지고 있는 각운동량도 같이 전달하게 되므로 블랙홀은 그 최대치 각운동량 $J=M^2$에 점점 더 가까워진다. 뜨겁고 복사하는 유입원반의 물질에 대한 상세한 연구를 통해서 a가 약 $0.998M$의 한계치까지 도달하여 있음을 알았다. 이것은 거의 극한 한계치에 근접해있는 것이다. 이와 같이 거의 극한치로 회전하는 블랙홀은 많은 천문학적 상황에서 자연적으로 발전되어 온 것이다.

거의 최대 Kerr 블랙홀에서 유입물질의 중력적 결합에 의해 방출되는 에너지는 우주에서 X-선의 원천이 되는 물체가 되게 하고 있다. 제13장에서 논의되었던 활동성 은하핵은 가장 에너지 넘치는 원천들이 되게 한다(**상자 13.1**을 보라). 이 방출

2) 내부에 대해서는, 예로써, Hawking and Ellis(1973)의 책을 보라.

되는 에너지를 찾아내는 것이 블랙홀을 확인 할 수 있는 가장 중요한 방법 중에 하나이다. 우리는 이것을 15.4절에서 보게 될 것이다.

15.3 회전하는 블랙홀의 지평면

The Horizon of a Rotating Black Hole

블랙홀의 지평면은 시공간영역의 null 3원-표면 내부 경계로 이 바깥으로부터는 빛이 어느 점에서도 무한 원점으로 탈출할 수 있다. 지평면은 멀리 떨어져 있는 관측자가 원칙적으로 정보를 받을 수 있는 영역을 경계 짓게 만든다. 제12장에서 논의한 슈바르츠쉴드 블랙홀은 가장 간단한 예를 제공한다. 그것의 지평면은 $r=2M$인 null 3원-표면이다. 그 반경 바깥영역 어떤 점으로부터 나오는 빛은 멀리 떨어져 있는 관측자에게 신호로 받을 수 있다. $r=2M$ 내의 어떤 점으로부터 나오는 빛은 절대로 탈출할 수 없다. 이 영역의 경계는 빛이 무한원점으로 탈출할 수도 없고 혹은 안으로도 떨어질 수 없는 빛들에 의해 형성된 3원-표면이다. 그러므로 이 지평면은 null 3원-표면이다 - 거기에는 각 점에서 2개의 독립적 공간성 접선방향과 직각인 한 개의 null 접선 방향이 있다(7.9절 참고).

그러므로 정지해 있고 축대칭인 블랙홀의 지평면은 빛이 안으로 들어가 붕괴하거나, 무한원점으로 탈출하거나 하는 그 사이에 닻을 내리고 있는 빛에 의해 형성된, 정지(stationary)해있고, 축대칭이며, null적인 3원-표면일 것이라 기대되어진다.

$r=r_+$인 3원-표면은 사실상 Kerr 블랙홀 집단의 지평면인데, Kerr 기하의 정지되고, 축대칭이며, null적인 3원-표면이다. $r=r_+$가 null표면인 것을 보여주기 위해, 그것의 접선 벡터 $\mathbf{t}$를 고려해보자. $t-$, $\theta-$, $\phi-$의 방향은 상수 r인 표면에 접한다. 이 접선 벡터는 그 세 방향 중 어느 하나의 성분을 가지지만 $r-$방향으로는 성분을 가지지 않을 것이다.

$$t^\alpha = (t^t, 0, t^\theta, t^\phi). \tag{15.7}$$

만일 각 점에서 한 개의 null 접선 벡터 ℓ이 2개의 직각 공간성 접선 벡터와 함께 발견된다면 그 표면은 null적이다(7.9절 참고). Boyer-Lindquist 좌표 (15.1)에서 Kerr 계량의 형태로부터 형태(15.7)의 벡터를 위한 조건 $\ell\cdot\ell=0$은 다음과 같이 될 것이다.

$$\boldsymbol{\ell}\cdot\boldsymbol{\ell} = g_{tt}(\ell^t)^2 + 2g_{t\phi}\ell^t\ell^\phi + g_{\phi\phi}(\ell^\phi)^2 + g_{\theta\theta}(\ell^\theta)^2 = 0, \tag{15.8}$$

모든 것은 $r=r_+$일 때를 기준으로 하여 평가되었다. 약간의 계산을 거치면 이것은

$$\left(\frac{2Mr_+\sin\theta}{\rho_+}\right)^2\left(\ell^\phi - \frac{a}{2Mr_+}\ell^t\right)^2 + \rho_+^2(\ell^\theta)^2 = 0, \tag{15.9}$$

여기서 ρ_+는 $\rho(r_+, \theta)$로 정의한다. (15.9)의 유일한 해는 $\ell^\theta = 0$이고 동시에 $\ell^\phi = (a/2Mr_+)\ell^t$ 일 때이다. 그러면 다음과 같이 될 것이다.

$$\ell^\alpha = (1, 0, 0, \Omega_H), \tag{15.10}$$

여기서

$$\boxed{\Omega_H = \frac{a}{2Mr_+}.} \tag{15.11}$$

회전하는 블랙홀의 각속도

로 정의된다. ℓ과 직각이며 또한 서로에 대하여 직각인 두 개의 공간성 접선방향성분을 찾아냄으로써 $r = r_+$이 null 표면이라고 증명하여 그 논쟁을 종결하는 것은 그렇게 어려운 것은 아니다. 여러분들은 방향 $(0, 0, 1, 0)$과 $(0, 0, 0, 1)$이 그렇게 되리라는 것을 쉽게 체크할 수 있다(**문제 6**). 이것이 그렇게 쉬운 이유는 회고해 볼 때 명확하다. 만일 $r = r_+$가 null 표면이면 그때는 ℓ은 또한 수직이다 – 즉 자동적으로 모든 다른 접선 벡터와 수직이 된다. 이와 같이 $r = r_+$가 null 표면이라는 결론을 내기기 위하여 ℓ에 독립적인 (15.7)의 형태의 2개의 직교하는 벡터를 찾아내는 것만이 필요해진다.

null 방향인 ℓ은 지평면을 형성하는 광선의 접선 벡터이다. 측지선 공식으로부터 이들 방향으로 출발한 광선은 $r = r_+$인 지평면에 딱 붙어 머물고 있다는 것을 보여주는 것은 그렇게 어려운 것은 아니다(**문제 5**). 이 지평면을 만들어내고 있는 광선은 무한히 돌고 있는 것이다. 이것은 (15.10)에서 보듯이 ℓ^ϕ의 값이 제로가 아님으로써 명확하다.

이것의 각속도는 $d\phi/dt = (d\phi/d\lambda)/(dt/d\lambda) = \ell^\phi/\ell^t$이며 그 값은 (15.11)에 주어져 있듯이 Ω_H이다. 여러분들은 회전하고 있는 블랙홀에서 무엇이 돌고 있는지 의문일지 모른다. 결국 그것은 단지 비어있는 시공간이다.

그것은 **그림 15.1**에서 보여주듯이 각속도 $\Omega_H = a/(2Mr_t)$로 회전하고 있는 지평면을 형성하는 광선이다. 그러므로 각속도 Ω_H는 블랙홀의 각속도라 불리운다. 더구나 14.6절에 논의하였듯이 관성계도 회전과 함께 끌려간다. 실제로 블랙홀의 각운동량은 이 끌림 정도를 측정함으로써 결정할 수 있을 것이다.

Kerr 지평면은 일정한 Boyer – Lindquist 좌표반경 r_+를 가지고 있음에도 불구하고 그것의 내부기하는 구형적으로 대칭이 아니다. Kerr 선 요소 (15.1)에 $r = r_+$을 대입하고 t가 일정한 한 단면을 취하면 다음과 같이 선 요소를 가진 2차원 표면이 산출된다.

그림 15.1 극치($a=M$) 회전 블랙홀의 적도 평면($\theta=\pi/2$)의 시공간 도형. Boyer-Lindquist 좌표 (t, r, ϕ)가 수직축으로는 t로 잡은 원통형 좌표로서 사용되었다. 지평면은 t방향으로 쭉 연장한 반경 $r=r_+=M$인 원통이다. 이 null 표면을 만들어내는 광선(굵은 선들)은 각속도 $\Omega_H=1/(2M)$을 가지고 지평면을 따라 돌고 있다.

$$d\Sigma^2 = \rho_+^2\, d\theta^2 + \left(\frac{2Mr_+}{\rho_+}\right)^2 \sin^2\theta\, d\phi^2. \tag{15.12}$$

이것은 구의 기하가 아니다. 예로써 $\theta=\pi/2$일 때 적도 주위의 원주 길이는 $4\pi M$이다. 그러나 극을 통과하는 원주의 길이는 적도상의 원주보다 길이가 짧다 - 극치 블랙홀의 경우에는 $7.6M$이다(**문제 7**). **그림 15.2**는 지평면처럼 동일한 기하를 가지고 있는 평평 공간에서 2원-표면을 보여주고 있다. 이런 종류의 찌그러진 구의 형태는 정성적으로 회전체에서 예상되어지는 것이다. 지평면의 면적은 (15.12)로부터 쉽게 계산되어질 수 있고 그것은

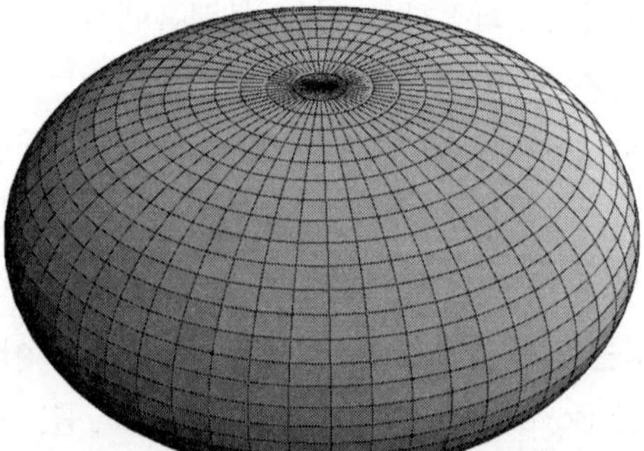

그림 15.2 회전하는 블랙홀의 지평면. 그림은 Kerr 블랙홀에서 $t=$상수인 지평면의 단편[(15.12) 참고]으로서 동일한 내재적 기하를 가지는 3차원 평평 공간에서의 표면을 보여주고 있다. a/M의 값은 0.86인데 이것은 그와 같은 지평면 단편이 평평 공간에 끼워 넣어질 수 있는 거의 최대치이다. 극에서 만나는 일정한 ϕ의 선(경도선)과 일정한 θ선(위도선)이 나타나 있다. 표면은 거칠게 말해서 액체의 구가 회전할 때 찌그러지는 것과 유사한 방식으로 회전축 따라 특징적으로 납작해진다.

$$A = 8\pi M r_+ = 8\pi M\left(M + \sqrt{M^2 - a^2}\right). \qquad (15.13)$$

지평면 면적

이다. $r = r_+$인 Kerr 지평면은 평평 공간에서 forward 빛 원뿔처럼 "일방통행" 표면이며 (7.9절 참고) 슈바르츠쉴드 블랙홀의 지평면이다(12.1절 참고). 어떤 입자가 그 지평면을 한번 통과하면 절대로 되돌아 나올 수 없다. 슈바르츠쉴드 기하에서와 같이 입자나 광선이 외부에서 지평면을 통과하여 들어갈 수 있지만 그 반대로 안에서 바깥으로는 결코 나올 수 없다. 그래서 지평면 내부에서 일어나는 사건들에 대한 어떠한 정보도 바깥으로 빠져나올 수 없다. 그 안에서 만들어진 어떠한 광선도 그 안에 갇혀져 있다. Kerr 기하는 블랙홀이다.

15.4 적도평면상에서의 궤도 Orbits in the Equatorial Plane

Kerr 기하에서 실험입자와 광선의 궤도는 그 양상이 매우 복잡하며 또한 분석적 기법으로서 알아낼 수 있을 정도로 까다롭다. 예로써 일반적인 궤도는 한 "평면"에만 국한되어 있지는 않을 것이다. 슈바르츠쉴드 기하에서의 궤도는 그 기하학적 구형 대칭으로 인한 그 자체로 인하여 나타나는 실험입자의 각운동량 보존 때문에 한 평면 내에 머물게 되어 있다(9.3절의 논의를 회고해 보라). 그러나 Kerr 기하는 구형적으로 대칭이 아니라 단지 축 대칭일 뿐이다. 단지 대칭축에 따른 각운동량의 구성성분만 보존될 뿐이다.

적도 평면 $(\theta = \pi/2)$에 한정된 궤도들이 있을 수 있지만 일반적인 궤도는 한 평면에 국한되어 있지는 않다. 그러나 Kerr 계량에 대하여 다룰 수 있을 만한 설명을 위해서는 이 책에서는 적도 평면내의 궤도와 같은 간단한 경우에만 한정하여 관심을 가질 것이다.[3)] 특히 가장 안쪽의 안정적인 원형궤도의 결합에너지를 계산하는데 논의의 방향을 둘 것이다. 안으로 빨려 들어가는 물질의 정지 에너지의 42%까지가 유입원반(accretion disk)을 이루고 있는 동안에 방사선으로 방출할 수 있는 이유를 이해하는 것이 중점적 문제이다.

적도평면에서의 궤도분석은 9장에서 논의한 슈바르츠쉴드 기하에서의 궤도 분석에서 행하였던 것 같이 거의 똑같은 방식으로 진행될 것이다. 다만 계산이 좀 더 복잡할 뿐이다. 먼저 적도평면에 대한 반대편(reflection)$(\theta \to \pi - \theta)$에 관한 Kerr 기하의 대칭은 4원-속도 $\mathbf{u}$의 θ성분이 제로가 되는 적도평면$(\theta = \pi/2)$에서 궤도가 있다는 것을 주지하라. 이 $\theta = \pi/2$에 국한된 Kerr 계량 (15.1)은 다음과 같이 될 것이다.

$$ds^2 = -\left(1 - \frac{2M}{r}\right)dt^2 - \frac{4aM}{r}dt\,d\phi + \frac{r^2}{\Delta}dr^2 + \left(r^2 + a^2 + \frac{2Ma^2}{r}\right)d\phi^2. \qquad (15.14)$$

3) 좀 더 일반적인 경우에 대해서는, Chandrasekhar(1983)의 책을 보라.

궤도는 Kerr 계량에서 시간 t의 독립성과 ϕ의 독립성으로 인하여 각각에 대하여 단위질량당 보존에너지 e와 대칭축에 따라 단위 질량당 각운동량 ℓ을 변수로 가진다. 이들 대칭과 연관되어 있는 Killing 벡터들 (15.4)와 (15.5)에 의해 보존되는 양은[4)]

$$e \equiv -\boldsymbol{\xi} \cdot \mathbf{u}, \tag{15.15a}$$

$$\ell \equiv \boldsymbol{\eta} \cdot \mathbf{u}. \tag{15.15b}$$

이다. 단위 질량당 에너지와 각운동량과 같은 이들 양들을 해석하는 데는 9.3절의 슈바르츠쉴드 경우에서와 같이 무한원점으로부터 그것들을 평가하는 것이다. 축대칭 따라 보존되는 각운동량은 또한 적도 궤도상의 전체 각운동량이다. 언제나 그렇듯이 4원-속도 정규화를 따르는 측지공식의 일반적 적분식이 하나 부가되어 있다.

$$\mathbf{u} \cdot \mathbf{u} = -1. \tag{15.16}$$

(15.1)의 Kerr 계량을 조사해보면 e와 ℓ은 u^t와 u^ϕ의 선형결합임을 보여준다.

$$-e = g_{tt}u^t + g_{t\phi}u^\phi, \tag{15.17a}$$

$$\ell = g_{\phi t}u^t + g_{\phi\phi}u^\phi. \tag{15.17b}$$

이 식들을 u^t와 u^ϕ에 대하여 풀면

$$\frac{dt}{d\tau} = \frac{1}{\Delta}\left[\left(r^2 + a^2 + \frac{2Ma^2}{r}\right)e - \frac{2Ma}{r}\ell\right], \tag{15.18a}$$

$$\frac{d\phi}{d\tau} = \frac{1}{\Delta}\left[\left(1 - \frac{2M}{r}\right)\ell + \frac{2Ma}{r}e\right]. \tag{15.18b}$$

또한 $u^\theta = 0$라 두고 $\mathbf{u} \cdot \mathbf{u} = -1$에 의해서 $dr/d\tau$를 구할 수 있다.그러면 슈바르츠쉴드 계량에서 (9.26)과 같은 형태로 나타난다.

$$\frac{e^2 - 1}{2} = \frac{1}{2}\left(\frac{dr}{d\tau}\right)^2 + V_{\text{eff}}(r, e, \ell), \tag{15.19}$$

여기서 반경방향 운동을 지배하는 실험입자의 유효 퍼텐셜은

적도 궤도상의 입자의 유효 퍼텐셜

$$V_{\text{eff}}(r, e, \ell) = -\frac{M}{r} + \frac{\ell^2 - a^2(e^2 - 1)}{2r^2} - \frac{M(\ell - ae)^2}{r^3}. \tag{15.20}$$

광선에 대한 반경방향 운동공식의 경우는 (15.18) 공식과 $\mathbf{u} \cdot \mathbf{u} = 0$인 두 개의 공식

4) 보존되는 양 ℓ과 지평면의 눌 제조기(null generator) ℓ과 혼동하지 마라. 불행히도, 이 두 정의는 표준적이다. 또 ℓ이 길이 ℓ을 가진다고 오해하지 마라. 왜냐하면 그 길이는 제로이기 때문이다.

을 이용하여 위와 유사한 방법으로 구할 수 있다. 이것의 운동 형태는 9.4절에서의 광자에 대한 슈바르츠쉴드 궤도에서 논의한 것과 같이 충격변수(impact parameter) $b \equiv |\ell/e|$에 의존한다. 그러나 그 궤도가 블랙홀의 회전방향과 일치하여 돌아가느냐 혹은 반대방향으로 돌아가느냐에 따라서도 영향을 받는다. 그것은 ℓ의 부호에 의해 결정되는데 단지 부호만 의미하는 변수 $\sigma \equiv \mathrm{sign}(\ell)$을 도입하여 편리하게 요약할 수 있다.

광선의 반경방향 운동공식은

$$\frac{1}{\ell^2}\left(\frac{dr}{d\lambda}\right)^2 = \frac{1}{b^2} - W_{\text{eff}}(r, b, \sigma), \tag{15.21}$$

여기서 $W_{eff}(r,b,\sigma)$는 광자의 유효 퍼텐셜이다.

$$W_{\text{eff}}(r, b, \sigma) = \frac{1}{r^2}\left[1 - \left(\frac{a}{b}\right)^2 - \frac{2M}{r}\left(1 - \sigma\frac{a}{b}\right)^2\right]. \tag{15.22}$$

적도 궤도상의 광자의 유효 퍼텐셜

유효 퍼텐셜인 (15.20)과 (15.22)는 슈바르츠쉴드 기하에서의 (9.26)과 (9.65)의 유효 퍼텐셜과 유사하며 r의 역승에 의존하는 3개의 항으로 이루어져 있으며 $a=0$일 때는 (9.26)과 (9.65)로 복귀된다. 중요한 차이점은 퍼텐셜이 에너지와 각운동량에 둘 다에 의존한다는 것이다. 예로써 무한원점에서 블랙홀이 돌아가는 방향으로 (ℓ과 σ는 양수) 떨어지는 입자나 광선은 블랙홀이 돌아가는 반대방향으로 돌아서 떨어지는 입자나 광선에 대하여 다른 유효 퍼텐셜 내에서 움직이게 된다. 부분적으로 이들 차이점들은 회전하는 블랙홀의 회전계의 끌림(rotational frame dragging)을 반영하고 있다. 다음 예에서 보여주듯이 입자는 블랙홀의 회전에 의하여 끌리고 있다는 것이다.

예제 15.1 반경방향으로 떨어지고 있는 입자의 궤도

무한원점에서 초기에 반경방향으로 ($\ell = 0$) 그리고 운동에너지가 제로인 ($e=1$) 입자가 Kerr블랙홀로 떨어지고 있다고 하자. 궤도 $\phi(r)$의 형태는 (15.18b)와 (15.19)에서 $d\phi/dr$을 적분함으로써 계산해낼 수 있다.

$$\frac{d\phi}{dr} = \frac{d\phi/d\tau}{dr/d\tau} = -\frac{2Ma}{r\Delta}\left[\frac{2M}{r}\left(1 - \frac{a^2}{r^2}\right)\right]^{-1/2}. \tag{15.23}$$

($dr/d\tau$이 음수임을 기억하라.)

반경 r까지 떨어지면서 지나간 각도 $\Delta\phi$는 위 식을 ∞에서 r까지 적분함으로써 알아낼 수 있다.

예제 15.2 정신나간 과학자가 블랙홀을 파괴하고 우주검열을 위반하는 법을 찾고 있다.

Kerr 블랙홀은 $a \leq M$인 a의 값에 한정된 범위에 국한되어 있다. Kerr 계량 (15.1)이 $a > M$인 진공 아인슈타인 공식도 되지만 이때는 지평면이 없기 때문에 [(15.6) 참고] 블랙홀을 대표하지 못한다. $a > M$인 경우에는 Kerr 기하의 특이점을 무한원점으로부터 볼 수 있다 - 누드 특이점(naked singularity)의 예. 만일 중력붕괴가 $a > M$인 Kerr 해를 만들어 낸다면 우주 검열(cosmic censorship)은 위반되는 것이다.

한 미친 과학자가 적도 평면으로 돌고 있는, $(a = M)$인 극치 Kerr 블랙홀 속으로 무한원점으로부터 $\ell > 2Me$을 가진 입자를 떨어지게 함으로써 Kerr 블랙홀 파괴하고 우주 검열에 위반하는 방법을 찾고 있다고 하자. 그는 이렇게 이유를 댈 것이다. 정지질량이 m인 입자가 떨어진다면 M의 질량을 가진 블랙홀은 $\delta M = me$만큼 질량이 증가할 것이고 각운동량은 $\delta J = m\ell$만큼 증가할 것이다. 그러면 $a = J/M$의 변화는 $\delta a = (m/M)(\ell - ae)$가 될 것이고 이것은 만일 $\ell > 2Me$이면 질량에 있어서의 변화보다 더 크게 될 것이다.

그러나 만일 (15.20)에서 유효 퍼텐셜의 최대 높이가 $(e^2 - 1)/2$보다 더 크다면 [(15.19) 참고] 입자는 블랙홀 속으로 떨어지지 않을 것이다. 오히려 **그림 9.4**에 보여주듯이 슈바르츠쉴드 기하에서의 분산궤도와 유사한 방법으로 그 입자는 분산궤도를 따라서 무한 원점으로 되돌아 갈 것이다.

유효 퍼텐셜의 최대치를 알아내는 것은 어렵지 않으나 식 (15.20)에 $a = M$라 두고 계산하면 되는 데 좀 너저분한 계산이 된다. 그러나 경계선 경우인 $\ell = 2Me$인 경우에는 단순해진다. 그때 최대치는 $r = M$일 때 나타나는 데 이때 V_{eff}의 최대치는 $(e^2 - 1)/2$가 된다. - 입자가 지평면 안으로 뚫고 들어가 블랙홀을 파괴하는 것은 막아줄 만큼 충분히 크다. 퍼텐셜을 여러 가지 경우로 가정해보더라도 $\ell > 2Me$을 가진 어떤 입자도 결코 블랙홀 속으로 떨어질 수 없음을 여러분에게 확신시켜 줄 것이다. 이와 같은 예는 우주검열추측(cosmic censorship conjecture)의 타당성에 신뢰감을 더해준다.

적도 평면에서 입자와 광선의 궤도에 대한 많은 흥미로운 특징은 (15.19)와 (15.21)의 반경방향 공식과 4원-속도의 다른 성분에 대한 (15.18)을 가지고 탐색해 볼 수 있다. 원형궤도의 반경, 안정되지 못한 원형 광자궤도 반경, 광선의 굴절, 묶인 궤도의 형태 등등을 계산해내 볼 수 있다. 이 모든 것들은 입자나 광선이 블랙홀의 회전 방향과 순방향인지 역방향인지에 따라서 달라진다. 예로써 극한 Kerr 블랙홀 $(a = M)$의 기하의 경우에 순방향 경우에는 $r = M$의 불안정한 원형궤도를 가지고 역방향 경우에는 $r = 4M$인 불안정한 궤도를 가진다(**문제 11** 참고). 그러나 우리가 앞에서 언급한 것처럼 기초적인 논의를 위해서는 이 모든 특징들을 배열하여 나열하기 보다는 오히려 천문학자들에 가장 중요한 한 특징 - 즉 가장 안쪽 안정적 원형 입자 궤도의 결합에너지에 집중하는 게 더 적합할 것이다.

$r=R$인 원형궤도로 묘사되는 입자의 경우에는 초기 반경방향 속도는 없어야 한다. 그러면 이 조건으로부터 (15.19)는

$$\frac{e^2-1}{2}=V_{\mathrm{eff}}(R,e,\ell). \tag{15.24a}$$

그러나 원형궤도에 머물기 위해서는 반경방향의 가속도도 없어야 한다. 그리하려면 (15.19)를 r에 대하여 편미분하여 다음의 조건을 얻는다.

$$\left.\frac{\partial V_{\mathrm{eff}}(r,e,\ell)}{\partial r}\right|_{r=R}=0. \tag{15.24b}$$

안정된 궤도란 반경 R부터 반경방향으로 조금 변위가 있더라도 그 반경으로부터 이탈하여 가속 받아 떨어져 나가는 것이 아니라 그 반경 주위로 진동하게 됨을 의미한다. 뉴턴 역학에서와 같이 그것은 유효 퍼텐셜이 최소가 되어야 하는 조건인 것이다.

$$\left.\frac{\partial^2 V_{\mathrm{eff}}(r,e,\ell)}{\partial r^2}\right|_{r=R}>0. \tag{15.24c}$$

(15.24)식들은 Kerr 기하에서 안정된 원형궤도에 허용되는 e,ℓ과 R의 범위를 결정해준다.

가장 안쪽 안정원형궤도(innermost stable circular orbit) ISCO - 불안정과의 경계선상에 있는 - 에서는 (15.24c)가 σ과 동등해지는 것이다. 그러면 (15.24)의 세 개의 식은 이 궤도를 특징짓는 e, ℓ 그리고 $R=r_{ISCO}$의 값을 풀게 해준다. 이 세 개의 대수학 공식의 해는 분석적으로 수행될 수 있다. 그러나 그래프로 나타내 보는 것이 더 쉽게 알게 해줄 것이다. 즉 a/M반경에 대한 **그림 15.3**과 결합에너지에 대한 **그림 15.4**를 보자.

예로써 경계선상의 안정 순방향 원형궤도의 변수들은

$$e=\frac{1}{\sqrt{3}},\quad \ell=\frac{2M}{\sqrt{3}},\quad r_{\mathrm{ISCO}}=M\quad (a=M\text{일 때 ISCO}). \tag{15.25}$$

이다. **그림 15.3**에 보여주듯이 가장 안쪽의 안정된 역방향 원형궤도는 그래프 밖으로 더 나가버렸다. 어떤 궤도의 결합에너지는 무한원점에서 정지상태의 입자의

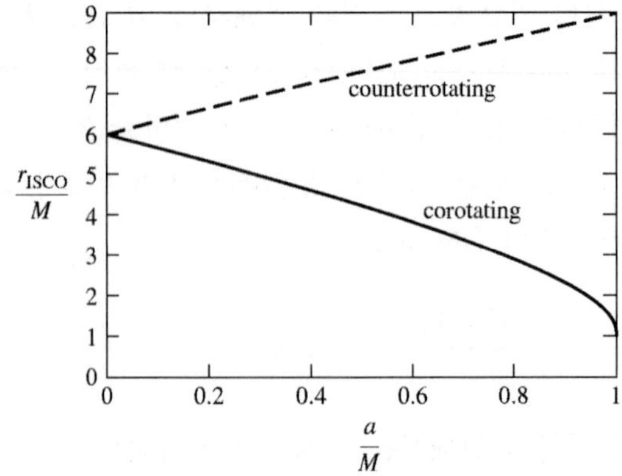

그림 15.3 회전하는 블랙홀의 적도 평면에서의 가장 안쪽 안정된 원형궤도의 Boyer–Lindquist 반경 r_{ISCO}. 굵은 선은 블랙홀 회전방향과 동일한(순방향) 가장 안쪽의 반경을 나타내고, 점선은 블랙홀 회전방향과 반대 방향(역방향)인 가장 안쪽의 반경을 나타낸다. 그것들은 제로 회전 $a/M=0$일 때 슈바르츠쉴드 값 $r_{ISCO}=6M$ [(9.43) 참고]에 일치한다. 최대 한계치 $a/M=1$에서는 순방향일 때 $r_{ISCO}=M$이고, 역방향일 때는 $r_{ISCO}=9M$이다.

에너지(정지에너지 포함하여)와 무한원점에서 측정했을 때의 그 궤도상에서 움직이는 동일한 입자가 가지고 있는 에너지의 차이이다. e는 무한원점에서 단위정지질량당 측정된 에너지이므로 단위정지질량당 결합에너지는 $1-e$이다.

이것이 중력결합과정에 방출될 수 있는 정지에너지와의 비율이다. **그림 15.4**는 식 (15.24c)를 같다고 두었을 때 (15.24)의 3개의 식을 풀면 Kerr 기하에서 가장 안쪽 안정적 순방향궤도에 대한 결합에너지를 보여준다. 가장 큰 결합궤도는 (15.25)에 제시된 e값을 가진 가장 안쪽 안정순방향궤도(ISCO)이다. 극치(extremal) 블랙홀로부터 멀리 떨어져 있어 구속받지 않는 궤도로부터 가장 결합력이 큰 ISCO 궤도로 전이해 갈 때 방출되어질 수 있는 정지에너지의 비율은 $(1-1/\sqrt{3}) \simeq 42\%$

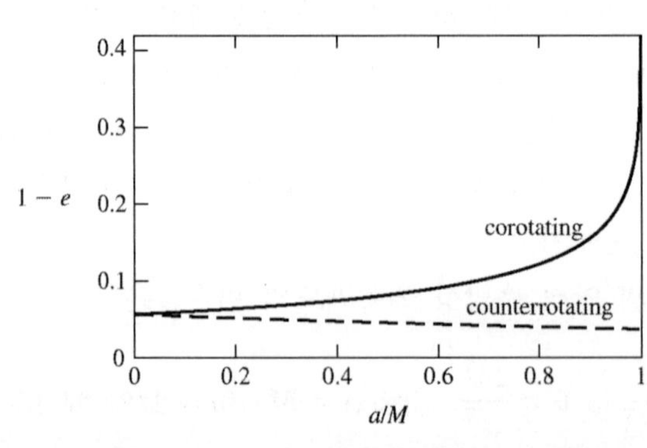

그림 15.4 회전하는 블랙홀의 적도 평면에서 가장 안쪽 안정된 원형궤도의 단위 정지 질량에 대한 결합 에너지 $1-e$. 굵은 선은 순방향 궤도에 해당되고, 점선은 역방향 궤도에 해당된다. 극대치 $a/M=1$ Kerr 블랙홀에서는 최대 결합 에너지 분률은 42%까지 올라간다. 유입(accretion)에 의하여 값이 $a/M=0.998$까지 회전이 올라간 실제적인 블랙홀에서는 최대 결합 에너지 분률은 거의 30%에 이른다. 이것이 에너지를 방출하는 데 있어서 그 어떤 열핵융합 반응 보다도 중력 결합 에너지를 훨씬 더 효과적으로 만든다.

이다. 천문학적으로 실제적인 블랙홀들은 작은 a값들을 가진다. **그림 15.4**에서 보여주듯이 이것은 $1-e$ 대비 a/M에 대한 좌표곡선이 $a=M$에서 급격히 가빠르게 증가하므로 결합에너지를 감소시키게 된다. 그러나 이것은 열핵 융합 반응으로 얻는 아주 작은 퍼센트의 에너지보다도 더욱 더 효과적으로 에너지를 방출한다(**상자 13.1**을 보라).

15.5 회전 작용권 The Ergosphere

정지해 있는 관측자

무한 원점에서 보았을 때 블랙홀로 빨려 들어가지 않고 정지해 있기를 원하는 곤경에 처한 관측자들의 상태보다도 그 어떤 것도 시공간기하에 대한 회전의 효과를 생생하게 설명해 줄 그 어떤 것도 아마 없을 것이다. 이때 정지해 있기를 원하는 이 관측자는 그들의 세계선 r, θ와 ϕ는 시간에 대해 변하지 않는다. 이들 관측자는 정지상태의 세계선상에 머물러 있으려면 로켓 추진력이나 다른 형태 추진력을 사용해야 한다. 그렇지 않으면 블랙홀로 빨려 들어가기 때문이다. 무지무지하게 큰 로켓 엔진을 사용하여 관측자가 슈바르츠쉴드 블랙홀의 경우에는 지평면에 아주 근접하여 움직이지 않고 정박해 있을 수 있다. 그러나 회전하는 블랙홀에 있어서는 관측자가 정지해서 가까이 접근할 수 있는 어떤 한계치가 있다. 이 절에서는 이것에 대해 논의할 것이다. 정지해 있는 관측자의 4원-속도 $\mathbf{u}_{obs}$는 단지 시간성분 $u^t_{obs}=dt/d\tau$를 가질 것이다.

$$u^{\alpha}_{\text{obs}} = (u^t_{\text{obs}}, 0, 0, 0). \tag{15.26}$$

이 4원-속도는 단위 **시간성** 벡터 $\mathbf{u}_{obs}\cdot\mathbf{u}_{obs}=-1$이다. (15.26)과 (15.1)을 사용하여 이 조건을 다시 쓰면

$$\mathbf{u}_{\text{obs}}\cdot\mathbf{u}_{\text{obs}} = g_{tt}(u^t)^2 = -\left(1-\frac{2Mr}{\rho^2}\right)(u^t_{\text{obs}})^2 = -1. \tag{15.27}$$

이 조건을 만족하는 u^t_{obs}를 결정할 수 있다. 그러나 Kerr 블랙홀 지평면에 아주 근접하면, 이것이 전혀 성립하지 못할 수도 있다. 그 이유는 g_{tt}가 아래의 식에 의한 면(surface)에서 제로로 사라지기 때문이고

$$\boxed{r = r_e(\theta) = M + \sqrt{M^2 - a^2\cos^2\theta}.} \tag{15.28}$$ Ergosphere 바깥 경계면

그리고 이 면 내부에서는 양수이기 때문이다. 이 면 내부에서는 (15.26)식의 형태의 시간성 4원-속도를 가진 어떤 정지된 상태의 관측자도 있을 수 없다.

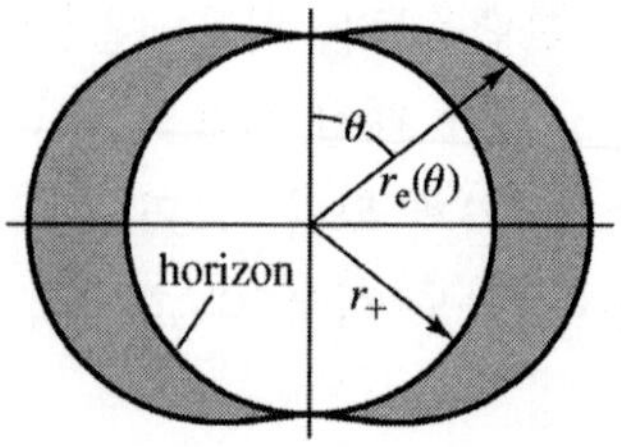

그림 15.5 The ergosphere. 이 그림은 $a/M = 0.95$에 대한 평평 평면상에서 극좌표로서 r과 θ를 사용하여 지평면 $r = r_+$과 ergosphere의 경계 $r = r_e(\theta)$의 위치를 보여주고 있다. 블랙홀의 회전축은 수직선이다. (이것은 끼워넣기 도형이 아니다; 예로서 지평면은 이 그림에서 보여 주는 것과 같이 구형이 아니다[(15.2)]. ergosphere는 이 두 면 사이에 위치한 음영이 칠해진 지역이다. ergosphere 내부에서는 어떤 관측자도 무한원점에서 볼 때 정지 상태로 있을 수 없다.

결국에는 $r_e > r_+$ 이므로 표면 $r_e(\theta)$는 **그림 15.5**에 보여주듯이 지평면 바깥부위에 위치한다. 이 면과 지평면사이의 영역을 블랙홀의 **회전 작용권**(ergosphere) 라고 하는데 그 이유는 뒤에 명확히 밝힐 것이다. $a = 0$일 때 r_e는 r_+와 일치하여 같아진다. 이것은 슈바르츠쉴드 기하에 대하여 올바른 결과로써 정지한 관측자는 $g_{tt} > 0$인 $r = 2M$의 지평면 안에서 있는 것은 불가능하다는 것이다. 회전은 지평면 밖으로 벋어나가려고 하는 정지해 있는 관측자에게 이 지역을 허용하지 않는다.

어떠한 파워의 로켓 추진력도 관측자들을 회전 작용권(ergosphere) 내에서는 정지된 r, θ와 ϕ로 고정시켜놓지 못하지만 그러나 r과 θ는 고정되고 무한원점에 대하여 블랙홀과 같은 방향으로 돌아가도록 하는 것은 가능하다. 그러한 관측자는 다음 형태의 4원-속도를 가질 것이다.

$$u^{\alpha}_{\text{obs}} = u^{t}_{\text{obs}}(1, 0, 0, \Omega_{\text{obs}}), \tag{15.29}$$

즉 $\mathbf{u}_{obs} = u^t_{obs}(\boldsymbol{\xi} + \Omega_{obs}\,\boldsymbol{\eta})$가 된다. 그러나 회전 작용권(ergosphere)의 각각의 r과 θ에 대하여 최소 각속도뿐만 아니라 최대 각속도가 있게 되는데 이것들은 (15.29)의 형태의 $\mathbf{u}$로써 시간성이다(**문제 14**).

회전에너지의 추출 Extracting Rotational Energy

고전적으로 슈바르츠쉴드 블랙홀에서 에너지를 뽑아내는 것은 불가능하다. 그러나 Kerr 블랙홀에서 회전에너지를 추출해 내는 것은 가능하다. 13.2절에 언급하였고 357쪽의 **상자 15.1**에 묘사되어 있는 외부 환경과의 블랙홀의 전자기적 동조는 그렇게 할 수 있는 실제적인 방법이다. 그러나 간단한 사고실험은 원칙적으로 회전 작용권(ergosphere)에서 회전에너지를 다른 방법으로 추출해 내기위해 어떻게 개발되어야 하는지를 보여준다.

펜로즈 과정(Penrose process)이라고 불리우는 **그림 15.6**에서 개략적으로 보여주는 한 가정을 고려해 보자. 무한 원점에서 출발한 입자(in)가 Kerr 블랙홀의 회전 작용권(ergosphere) 속으로 떨어진다고 하자. 거기서 그 입자는 두 개의 입자로 분리되는데 하나는(out)이라 하고, 다른 하나는(bh)라 하자. 입자(bh)는 지평면을 지나 안으로 떨어지지만 입자(out)은 무한원점으로 탈출해 도망가 버린다고 하자. 그러면 무한 원점으로 달아나는 입자(out)가 블랙홀 안으로 들어가는 입자(in)보다 더 높은 에너지를 가지도록 입자의 붕괴를 재배치(arrange)하는 것은 가능하다.

이와 같이 하면 블랙홀로부터 에너지를 추출할 수 있다. 에너지와 운동량 보존 법칙이 이 붕괴에서도 보존되어야 한다. (이것은 국소적 과정으로 분석적으로는 자유 낙하하는 계는 평평 공간과 물리적으로 구분할 수 없다는 것이다.) 그러면 붕괴 지점에서

$$\mathbf{p}_{\text{in}} = \mathbf{p}_{\text{out}} + \mathbf{p}_{\text{bh}} \tag{15.30}$$

무한원점으로 빠져나오는 정지질량이 m_{out}인 입자의 에너지는 $E_{\text{out}} = -\mathbf{p}_{\text{out}} \cdot \boldsymbol{\xi} = m_{\text{out}}e$가 되는데 여기서는 $\boldsymbol{\xi}$는 (15.4)의 킬링 벡터이다 [(7.53) 참고]. (15.30)의 양변에 킬링 벡터 $\boldsymbol{\xi}$를 스칼라곱 하면

$$E_{\text{out}} = E_{\text{in}} - E_{\text{bh}}. \tag{15.31}$$

만일 입자(bh)가 무한원점으로 빠져나간다고 하면 이때의 입자(bh)의 에너지는 양수가 된다. 그러면 (15.31)의 공식은 $E_{\text{out}} < E_{\text{in}}$이어야한다. 그러나 bh 입자는 $\boldsymbol{\xi}$가 공간성 벡터인 회전 작용권(ergosphere) 밖으로는 결코 나올 수 없다.

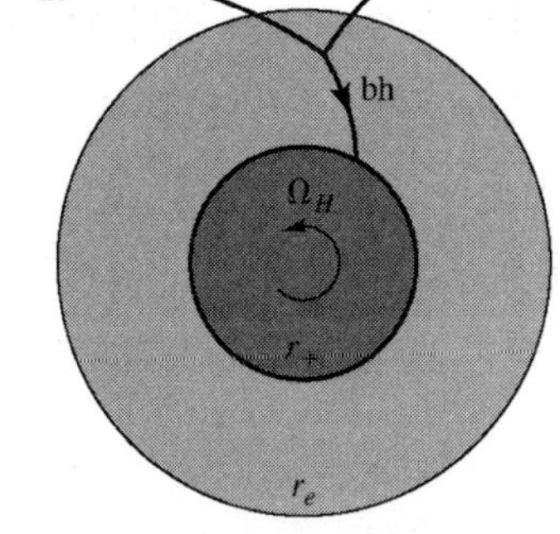

그림 15.6 펜로즈 과정. 이것은 회전하는 블랙홀의 적도 평면에 대한 개략적 그림이다. 안쪽의 원은 $r = r_+$인 사건 지평면이다. 바깥의 원은 $r_e = 2M$인 ergosphere의 경계선인 면이다. 그 두면 사이의 지역이 ergosphere이다. 펜로즈 과정에서, 무한 원점으로부터 입자(in)가 ergosphere 속으로 떨어지다가 두 입자 (out)와 (bh)로 붕괴된다. 입자(out)는 무한 원점으로 탈출하고, 입자(bh)는 지평면을 통과하여 블랙홀 안으로 돌진한다. 붕괴시 에너지-모멘트가 보존 되도록 하며 입자 (out)이 입자 (in) 보다도 더 큰 에너지를 휴대할 수 있도록 3개의 입자의 모멘트를 선택하는 것이 가능하다. 그리하여 블랙홀의 회전에너지는 그만큼 감소하게 된다.

$$\boldsymbol{\xi} \cdot \boldsymbol{\xi} = g_{tt} > 0, \quad (\text{회전 작용권 내부}). \tag{15.32}$$

그러므로 양 $E_{\rm bh}$ 는 국소적으로 에너지가 아니라 오히려 공간성 운동량의 성분이 되는데 그 양이 양수일 수도 있고 음수일 수도 있다. $E_{\rm bh} < 0$ 이고 $E_{\rm out} > E_{\rm in}$ 붕괴에서는 에너지를 블랙홀로부터 추출해 낼 수 있다.[5)]

펜로즈 과정으로 블랙홀부터 에너지를 추출하면 떨어지는 입자의 음에너지 $E_{\rm bh}$ 는 블랙홀의 전체질량을 감소시킨다. 그러나 우리가 간단히 알 수 있는 것 같이 떨어지는 입자는 또한 블랙홀의 각운동량을 감소시킨다. 이것이 펜로즈 과정이 블랙홀의 회전 에너지를 추출해내는 방법이다.

떨어지는 입자가 블랙홀의 각운동량을 감소시키는 것을 알아보기 위해 회전 작용권 내부에서 블랙홀의 회전방향과 같은 방향으로 돌며 다음과 같이 킬링 벡터 $\boldsymbol{\xi}$ 와 $\boldsymbol{\eta}$ 에 연관된 4원-속도 (15.29)를 가진 관측자들을 고려해보자.

$$\mathbf{u}_{\rm obs} = u^t_{\rm obs}(\boldsymbol{\xi} + \Omega_{\rm obs}\boldsymbol{\eta}). \tag{15.33}$$

모든 관측자들처럼, 이들은 블랙홀로 떨어지는 입자의 에너지를 양으로 측정하여야 하므로 [(7.53) 참조]

$$-(\boldsymbol{\xi} + \Omega_{\rm obs}\boldsymbol{\eta}) \cdot \mathbf{p}_{\rm bh} \geq 0 \tag{15.34}$$

$\mathbf{u} \cdot \mathbf{u} = -1$ 의 조건이 허용된 어떤 범위의 값을 갖는 Ω 에 대하여도 성립한다. 이와 같이

$$E_{\rm bh} \geq \Omega_{\rm obs} L_{\rm bh}, \tag{15.35}$$

여기서 $L_{\rm bh} = m_{\rm bh}\ell_{\rm bh}$ 이며 $m_{\rm bh}$ 는 정지질량이며 $L_{\rm bh}$ 는 블랙홀로 떨어지는 입자의 각운동량이다. 허용된 $\Omega_{\rm obs}$ 의 값은 양수이다 - 왜냐하면 돌고 있는 관측자는 블랙홀과 같은 방향으로 돌기 때문이다(**문제 14**). 에너지를 추출하기 위해서는 $E_{\rm bh}$ 가 음수이어야 한다. 이것은 $L_{\rm bh}$ 가 음수임을 의미하고 있다. 이와 같이 떨어지는 입자의 이 음의 $L_{\rm bh}$ 가 블랙홀의 각운동량을 감소시킨다. 블랙홀의 각운동량이 제로로 감소할 때까지 회전 에너지는 이러한 방법으로 추출되어질 수 있다.

---

5) 이 분석에 친숙하나요? 이것은 슈바르츠쉴드 블랙홀로부터 호킹복사를 설명하기 위하여 13.3절에서 사용한 방법과 유사하다. 거기에서는 시간 변이(t-translation) 대칭에 해당하는 컬링 벡터 $\boldsymbol{\xi}$ 는 지평면 외부에서는 시간성이고, 내부에서는 공간성이다. 진공 요동에서 창조된 한 쌍의 입자 중 하나가 지평면 안으로 들어가면 그 입자는 $-\boldsymbol{\xi} \cdot \mathbf{p} < 0$ 이 된다. 왜냐하면 지평면 안에서는 $\boldsymbol{\xi}$ 가 공간성이 되는 것을 허용하기 때문이다. 나머지 남은 입자는 $-\boldsymbol{\xi} \cdot \mathbf{p} > 0$ 를 가지고 무한 원점으로 양의 에너지를 실어나른다. 또한 회전하는 블랙홀에서도 호킹 복사가 일어난다. **문제 15**를 보라.

블랙홀의 질량과 각운동량은 그것으로부터 에너지를 추출해내는 펜로즈 과정으로 감소된다. 그러나 블랙홀의 사상의 지평면의 면적은 언제나 증가하거나 혹은 일정하게 남아있다. 예제 15.3은 이것이 펜로즈 과정에서 어떻게 작동하는지 보여주는데 그 결과는 일반적이다. 일반 상대성의 블랙홀 면적의 증가는 **고전적**으로 블랙홀과 물리적으로 의미있는 물질과의 상호작용만이 그것의 면적을 증가시키거나 혹은 변하지 않게 한다.

예제 15.3 면적이 펜로즈 과정에서 증가한다.

펜로즈 과정은 회전하는 블랙홀의 질량을 감소시킬 수 있다. 그러면 그 면적도 감소시킬까?

블랙홀로 떨어지는 입자(bh)는 블랙홀의 질량을 $\Delta M = E_{\rm bh}$ 만큼 그리고 각운동량을 $\Delta J = L_{\rm bh}$ 만큼 변화시킨다. 결과적으로 (15.6)과 (15.13)으로부터 면적 ΔA의 변화를 유추해보면

$$\Delta A = \frac{8\pi}{\kappa}(\Delta M - \Omega_H \Delta J), \tag{15.36}$$

여기서 Ω_H는 (15.11)에 주어져 있고 κ는 다음과 같다.

$$\kappa \equiv \frac{(M^2 - a^2)^{1/2}}{2Mr_+}. \tag{15.37}$$

(15.35)의 관계로부터 $\Delta M > \Omega_{\rm obs}\Delta J$임이 ergosphere 내의 일정한 거리 r을 유지하고 있는 관측자에게는 언제나 성립한다. 지평면의 제조기(null generator)들과 거의 같이 움직이는, 지평면에 아주 가까이 있는 관측자가 가장 큰 각속도를 가질 것이다(**문제 14**). 그 한계치는 Ω_H이다. 그런데 $\Delta M > \Omega_H \Delta J$이므로 블랙홀의 면적은 펜로즈 과정에서 언제나 **증가한다**.

면적 증가이론은 블랙홀의 회전에너지에 대하여 좀 더 정교한 이해를 얻는데 사용되어 질 수 있다. 지평면 면적에 의하면 회전하는 블랙홀의 **더 이상 줄지 않는 질량** (irreducible mass) $M_{\rm ir}$은 다음과 같다.

$$M_{\rm ir} \equiv \left(\frac{A}{16\pi}\right)^{1/2}. \tag{15.38}$$

고전적으로 블랙홀에 무엇이 일어나던지 간에 이 $M_{\rm ir}$은 증가하거나 일정해야 한다. 식 (15.13)은 $M_{\rm ir}$과 각운동량 J를 가지고 전체질량을 나타내는데 사용할 수 있다.

그러면 그 결과는

$$M^2 = M_{\text{ir}}^2 + \frac{J^2}{4M_{\text{ir}}^2}. \tag{15.39}$$

펜로즈 과정은 J의 값을 제로까지 감소시킬 수 있다. 그러나 전체 질량은 M_{ir}값 이하로는 결코 내려가지 않는다. 현재로서는 펜로즈 과정이 활동적인 은하 핵(13.2 절)의 중요한 에너지 공급원이나 X-ray 공급원(11.2절)이라고는 믿어지지 않는다. 이것이 작동될 조건은 예로써 유입원반(accretion)에서 방출되는 에너지와 경쟁할 만큼 충분히 자주 발생하지는 않는다. 그러나 펜로즈 과정은 원칙적으로 블랙홀의 회전에너지에 대하여 그것의 면적이 언제나 증가한다면 어떻게 접근해야 하는지를 간단히 예시하고 있다.

반면에 **상자 15.1**에 기술되어있는 Blandford-Znajeck 메커니즘에 의한 블랙홀의 회전에너지의 전자기적 추출은 활동 은하핵의 중요한 에너지 공급원이 될 수 있다.

상자 15.1 Tapping the Rotational Energy of a Black Hole

13.2절에 논의한 활동적인 은하핵(active galactic nuclei(AGN))들은 우주에서 방사선이 가장 지속적이며 에너지 넘치는 원천들 중에 하나를 가지고 있다. 아마도 극치(extreme) Kerr 블랙홀이 이 AGN들을 가동하는 엔진일 것이다. 유입원반(accretion)을 동반하고 있는 중력적 결합(gravitational birding)이 에너지의 하나의 원천이고(상자 13.1), 식 (15.39)에 예시된 블랙홀의 회전 에너지는 또 다른 것이다. 이 상자에서는 회전 에너지가 회전하는 블랙홀로부터 전자기적으로 추출될 수 있다고 하는 Blandford-Znajek 메커니즘이 약간의 차원적인 논점에서 정성적으로 논의되어질 것이다.[a] 우리는 전자기적으로 단극 발전기(generator)의 간단한 예를 가지고 시작해보자.

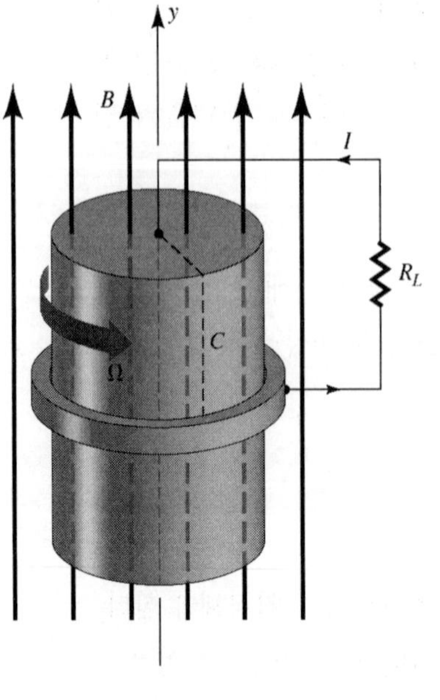

아래 그림에 보여주듯이 원통형의 반경 r_C인 도체가 축을 중심으로 각속도 Ω로 회전하고 있으며 축 방향으로 펼쳐있는 균일한 자기장 $\vec{B}$내에 푹 빠져 있다고 하자. 회전은 다음 식과 같이 축으로부터 ρ의 거리에 위치해 있는 도체내의 전하운반자에게 힘을 부여한다.

$$\vec{F}(\rho) = q(\vec{V} \times \vec{B}) = q(\Omega\rho)B\vec{e}_{\hat{\rho}}, \tag{a}$$

여기서 q는 전하량이고 $\vec{e}_{\hat{\rho}}$는 축으로부터 방사상으로 향하는 단위 벡터이다.

[a] 좀더 상세히 알기 원한다면, 예로서 Thorme(1986)의 책을 보라.

전압 $V=q^{-1}\int_C \vec{F}\cdot d\vec{s}$이 두 정지된 지점에 생기는데 이것은 그림에서 보듯이 도체에서 정지된 두 지점을 연결하는 어떤 경로 C에 대하여 선적분한 것이다.[b] 그림의 경로에 대해서 전압 차에 기여하는 부분은 단지 축에서 반경 r_C까지의 거리뿐이다; 그러면

$$V=\int_0^{r_C} d\rho\rho\Omega B=\frac{1}{2}\Omega Br_C^2=\frac{\Omega F_B}{2\pi}, \qquad \text{(b)}$$

여기서 F_B는 도체를 통과하는 자기 유속(magnetic flux)이다. (도체 내에서 유도된 전류에 의한 자기장은 무시한다). 전압에 대한 마지막 형태의 식은 어떤 축 대칭인 형태에도, 구 같은 것, 성립한다. (문제 17)

접자가(접선이) 전선으로 외부 저항체(the load 부하)에 연결되게 했다고 하자. 그러면 전류가 흐를 것이고 전력은 저항체내에서 방사될 것이다. 이와 같이 회전하는 도체는 전기발전기같이 행동한다. 그 전류는 $I=V/(R_C+R_L)$ 여기서 R_L은 부하(load)의 저항이다. R_C는 도체의 저항이다. 부하(load)에 공급되는 전력 P_L은 $R_L=R_c$일 때 최대가 된다. – impedance matching의 예.

이 조건들 하에서 그 부하에 공급되는 최대 전력은

$$(P_L)_{\max}=I^2R_C=\frac{V^2}{4R_C}=\frac{\Omega^2F_B^2}{16\pi^2R_C}. \qquad \text{(c)}$$

블랙홀은 많은 면에서 일반적인 도체(conductor)와 유사한 전자기적 특징을 갖고 있다.

이것은 블랙홀 시공간에서 맥스웰의 방정식을 따른다. 약간 정성적 논의가 이 같은 주장을 지원해 주고 있다; 즉 한 관측자가 블랙홀 쪽으로 한 전하를 떨어뜨린다면 멀리 떨어진 다른 관측자들은 블랙홀 밖으로까지 뻗어나가는 긴 범위의 전기장에 의해 그 전하를 감지할 수 있다. 매우 큰 범위의 r에서는 쿨롱의 법칙에 의해 그 전기장은 방사상으로 향할 것이고 $1/r^2$의 비율로 전기장의 힘이 감소할 것이다. 아주 멀리 떨어져 있는 관측자의 시점으로부터 보면 그 떨어지는 전하는 결코 지평면을 가로질러 속으로 떨어지지(12.2절 참고) 않는 것 같이 보이며 그 지평면에 머물고 있는 것처럼 보일 것이다. 그리하여 도체(conductor)의 것과 유사하게 표면 전하 분포를 형성할 것이다. 그러므로 <u>블랙홀은 전기적 전하를 휴대(carry)할 수 있다</u>.

만일 양 전하가 한 쪽에서 일정한 비로 블랙홀 속으로 떨어지고 이와 반대편 쪽에서 동일한 비로 음전하가 블랙홀 속으로 떨어진다고 하자. 그러면 블랙홀의 순 전하는 영이지만 그 순 전하(net change)는 한쪽 면에서 다른 쪽으로 운반되었다. 이것을 외부 관측자가 보게 되면 블랙홀이 전류를 운반하였다고 보게 될 것이다. 그러므로 <u>블랙홀은 전류를 운반할 수 있다</u>. 블랙홀은 전자기적 에너지를 방사할 수 있다. 예로써, 전자기파를 흡수함으로써 말이다. 에너지 또한 블랙홀이 전류를 운반할 때에는 방사된다. 왜냐하면 블랙홀이 완전 도체가 아니기 때문이다. 그러므로 <u>블랙홀은 전기저항을 가지고 있다</u>.

우리는 아래에서 그 값을 구해볼 것이다. 앞에서 보여준 것 같이 만일 블랙홀이 자기장 내에 잠겨있거나 단극 발전기와 유사한 방법으로 코일이 감겨 있다면 블랙홀과 도체(conductors)의 유사성은 블랙홀의 회전에너지를 끌어낼 수 있게 할 것이다. 예상되는 전력 생산량은 식 (C)로 그 값을 예상할 수 있다. 그러나 블랙홀의 전기저항 R_H를 측정하기 위해서는 간단한 차원 평가를 해보자. Ohm의 법칙으로부터 전기저항의 차원은 $R=V/I$를 따른다. 이 목적을 위하여 편리한 Gaus단위로 점전하 q로부터 거리 r만큼 떨어져 있는 곳의 전기적 퍼텐셜은 $\phi_{elec}=q/r$이다. 그러니까 전압의 차원은 $[q]/L$이 될 것이다. 여기서 $[q]$는 전하의 차원이다. 전류의 차원은 $[q]/T$이므로 Gaus단위로 저항의 차원은 $[R]=T/L$이 된다. $c=1$인 단위에서는 저항은 차원이 없는 것으로 된다! 그러므로 기하학적 단위로 블랙홀의 저항을 합리적으로 추측하건대 $R\sim 1$이 될 것이다. 이것은 Gaus 단위로 c^{-1}(s/cm)에 해당하거나 SI 단위로 약 30ohm에 해당된다. 이것은 진공 속으로 퍼지는 wave guide의 특징인 "자유공

[b] 이 상자에서 $\vec{v}$는 속도를 의미하고, V는 전압을 의미하며 ρ는 축으로부터 떨어진 거리이며 그리고 R은 저항이다. 이 책의 다른 곳에서 사용된 동일한 기호의 다른 뜻의 사용과 혼동하지 말길 바란다.

간의 임피던스"의 376ohm과 그렇게 많이 차이가 나지 않는다. 그래서 블랙홀은 비어있는 휜 공간이라고 간주할 수 있을 것이다. 전기적으로 말이다. 그러면 전기저항으로는 이 추측을 사용하고, 블랙홀의 크기는 $r_H \sim M$이라 하면 질량 M과 각속도 Ω_H를 가진 블랙홀부터 추출할 수 있는 회전에너지의 비는

$$P_L \sim \frac{\Omega_H^2 (B\pi r_H^2)^2}{16\pi^2 R_H}$$

$$\sim \left(10^{45}\frac{\text{erg}}{\text{s}}\right)(\Omega_H M)^2 \left(\frac{M}{10^9 M_\odot}\right)^2 \left(\frac{B}{10^4\ \text{gauss}}\right)^2. \quad \text{(d)}$$

어떤 은하들 중심에 $10^9 M_\odot$의 블랙홀이 차원이 없는 값 $\Omega_H M$의 별로 크지 않는 값을 가지고 회전하고 있고 수천 gauss의 자기장내에 빠져 있다고 하면 13.2절에서 논의했던 활동 은하핵(AGN)들에 요구되는 파워를 공급하는 데 충분히 클 것이다. 그러나 무엇이 자기장을 공급해주며, 이런 메커니즘을 작동하도록 하는데 필요한 부하(load)에 단극 발전기를 연결해주고 있는 전선과 같은 역할을 해주는 것은 무엇인가?

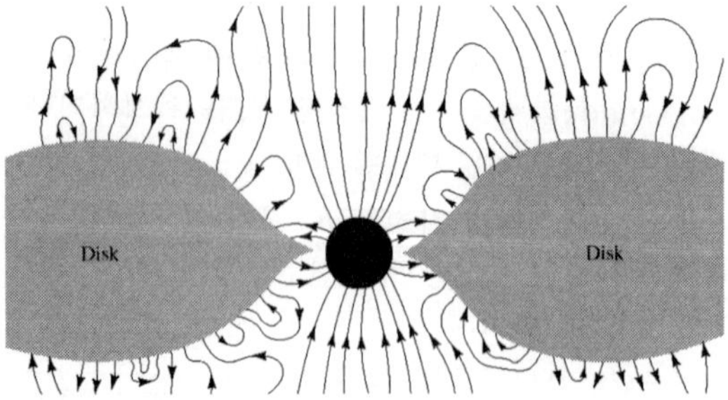

그 답은 유입원반(accretion disk)에 있는 전류가 필요한 자기장의 공급해 주고(아래 그림을 보라), 블랙홀 자신이 전선을 만든다. 유입원반과 블랙홀 사이에 도체 연결선 (conducting connection)이 없지만 식 (b)에 주어진 것 같이 그 둘 사이에는 여전히 전압차가 존재할 것이다.

$$V \sim \Omega_H F_B \sim \Omega_H B\pi r_H^2$$

$$\sim (10^{20}\ \text{volts})(\Omega_H M)\left(\frac{M}{10^9 M_\odot}\right)\left(\frac{B}{10^4\ \text{gauss}}\right). \quad \text{(e)}$$

이 막대한 전압과 그와 동반된 전기장은 아무렇게나 흩어져 있는 전자들을 급속히 상대론적 속도로 가속되도록 할 것이다. 전자는 광자를 방출할 것이고 이것은 전자와 양전자쌍을 생산할 수 있다(**문제 18**). 그러면 또다시 이것들은 가속되고 광자를 내고 또 더 많은 쌍의 전자와 양전자를 내게 된다. 이 연쇄반응의 결과로 전자와 양전자, 전기장과 자기장으로 이루어진 conducting plasma를 가지고 아주 급속하게 이웃해 있는 블랙홀을 채우게 될 것이다.

이것이 단극 발전기에 필요한 블랙홀과 그 외부사이에 전기적으로 연결된 도선 역할을 하는 것이다. 이 모든 파워가 어떻게 방사선 제트기류(radio jets)로 바꾸는가에 대한 의문은 복잡하다. 우리는 여기서는 더 심도 깊은 정성적 분석은 하지 않을 것이다. 다만 회전하는 블랙홀에 인접해 있는 전기장이 충분히 가속을 제공해주고 제트기류의 자연적 회전축이 돈다는 정도만 알아두도록 하자. 이런 방법으로 단극 발전기같이 행동하는 회전하는 블랙홀이 활동 은하핵들(AGN)의 제트기류를 drive할 수 있을 것이다.

문 제

1. [E] 태양과 지구에 대한 Kerr 변수 a를 평가하라. 그것들은 그것들의 정지 질량보다 더 큰가 혹은 더 작은가?

2. [S] 시간의 방향을 역전 시키는 것은 각운동량과 회전체의 회전 방향을 역전시킨다. (15.1)에 $t \to -t$로의 작용은 $J \to -J$로 보내는 것과 동일함을 보여라. $\phi \to -\phi$로 보낼 때는 무엇이 일어나는가?

3. [A] Boyer–Lindquist 좌표에서 Kerr 계량에 적용된 아래의 변환이

$$dt = dv - \frac{r^2 + a^2}{\Delta} dr, \qquad d\phi = d\psi - \frac{a}{\Delta} dr$$

$r = r_{\pm}$에서 특이성이 없는 Kerr 기하를 위한 좌표 시스템으로 이끌게 됨을 보여라.

코멘트; 위의 변환 식과 $a = 0$일 때의 (12.1)과 비교해 봄에 의하여 알 수 있는 것과 같이, 이것들은 12.1절에 논의한 구형의 블랙홀에 대한 Eddington-Finkelstein 좌표들의 일반화이다.

4. $r = r_+$에서 시작하였을 때. Kerr 기하에서 모든 미래로 향하는 광선늘은 r의 더 작은 값으로 향해 움직인다는 것을 보여라. 문제 3에 주어진 것과 같은 특이성이 없는 좌표 시스템을 사용하라.

5. [A] 회전하는 블랙홀의 지평면에 있는 눌(null) 방향은 (15.10)에 정식화 되어 있다. 그러나 이들 방향들 중의 하나에서 밖으로 출발한 광선은 지평면에 그대로 머물겠는가? Kerr 기하에서 광선에 대한 측지 공식을 사용하여 그것이 그러함을 보여라. 또한 광선이 θ의 고정된 값에서 그대로 유지되고 있음을 보여라.

6. 지평면 $r = r_+$에 있는 두 벡터들 $(0, 0, 1, 0)$과 $(0, 0, 0, 1)$은 서로 간에 그리고 눌 발생기(null generator) ℓ (15.10)에 (a) 공간성이며 (b) 직교함을 명확히 보여라.

7. 지평면 기하 (15.12)에서 극과 극의 둘레의 거리가 언제나 적도면의 둘레의 거리보다 작음을 보여라.

8. [N] a/M의 값이 0, 0.5, 그리고 0.86에 해당하는 Kerr 블랙홀의 지평면의 $t =$ 일정인 단편에 대한 삽입 다이어그램을 건설하라. 내부 기하는 (15.12)에 주어져 있다. 그림 15.2는 $a/M = 0.86$일 때의 결과를 보여주고 있다. 당신이 만든 다이어그램이 그런 삽입이 가능한 a/M의 최대값이 왜 있는지를 설명해줍니까?

9. 표면 $r = r_-$이 Kerr 블랙홀 내부에 있는 또 다른 정지한 축대칭 눌 표면임을 보여라.

10. **지평면에 의해 둘러싸인!** 다음의 계량을 고려하자.

$$ds^2 = -\left(1 - \frac{r^2}{R^2}\right)dt^2 + \left(1 - \frac{r^2}{R^2}\right)^{-1} dr^2 + r^2\left(d\theta^2 + \sin^2\theta\, d\phi^2\right).$$

이 계량은 점근적으로 평평하지 않다, 그러나 $r=0$ 가까이에 있는 중심에서 살고 있다고 상상하자. 우리가 반경 $r=R$을 넘어가면 결코 되돌아올 수 없음을 보여라.

11. 질량 M인 극치(extremal) Kerr 블랙홀의 기하에서 블랙홀과 같은 방향으로 도는(순회전) $r=M$과 블랙홀과 반대방향으로 도는(역회전) $r=4M$의 Boyer-Linquest 반경들에서 적도 평면에 원형 빛 궤도가 있음을 보여라.

12. Kerr 기하에서 Boyer-Linquest 반경 r의 원형궤도의 각속도 $\Omega = d\phi/dt$는 다음과 같이 단순한 식으로 주어진다.

$$\Omega = \pm\frac{M^{1/2}}{r^{3/2} \pm aM^{1/2}}.$$

여기서 위의 부호는 순방향 궤도를 아래 부호는 역방향 궤도를 의미한다. 이 식을 유도한 방법을 설명하라, 그리고 이 식이 나오게 되는 대수식들을 열거하라. 그러나 여러분들이 정말로 산술을 좋아하지 않는다면 그 공식을 시도하거나 풀려고 하지 말라.

13. [S] Kerr 기하에서 순방향 가장 안쪽의 안정된 원형궤도의 Boyer-Linquest 반경들이 Schwarzschild 기하에서 그에 해당하는 반경 $r=6M$ 보다 작다는 단지 그 이유 때문에(그림 15.3 참고) 이들 궤도들이 블랙홀에 더 가까울 것임을 의미하지는 않는다. 결국 이것들은 단지 다른 기하에서 좌표 반경일 따름이다. 원주의 길이가 궤도 크기를 재는 하나의 불변치이다. 그림 15.3을 사용하여 a/M의 값들 0, 0.2, 0.4, 0.6, 0.8, 그리고 1인 경우에 대하여 Kerr 기하에서 가장 안쪽의 안정된 순방향 궤도의 원주 길이를 도면으로 나타내어라. Kerr 기하에서 가장 안쪽의 안정된 순방향 원형궤도의 원주의 길이가 Schwarzschild 기하에서 가장 안쪽의 안정된 원형궤도의 것보다 언제나 더 크거나 혹은 작은가? $a/M=1$일 때 무엇이 일어날 것인지 설명할 수 있는가?

14. 고정된 값 r에 그대로 머물고 있는 관측자를 회전 작용권(ergosphere)내에 있도록 허용하는 각속도 Ω_{obs}의 범위를 알아보라. 이 범위는 관측자가 지평면에 점점 더 가까이 위치함에 따라 점차적으로 제한되어가다가 결국에는 한 개의 값 Ω_H으로 제한됨을 보여라.

15. [C] **회전하는 블랙홀의 온도**

(a) 축 대칭인 물체가 축을 따라 각속도 Ω 와 각모멘트 J를 가지고 그것의 대칭축 주위로 돌고 있는 중이다. 뉴턴 역학에서, 각운동량을 작은 양 ΔJ 만큼 증가시키는 데 요구되는 일은 $\Omega \Delta J$ 임을 보여라.

(b) Schwarzschild 경우에서와 같이, 블랙홀의 엔트로피는 $k_B A/4\hbar$이라고 가정하고서, 질량과 각운동량에 있어서 변화가 주어져 있는 회전하는 블랙홀의 면적 A에서의 변화에 대한 식 (15.36)을 열역학 제1법칙과 같은 형태로 다시 재조직화하라. Kerr 블랙홀의 Hawking 온도를 구하라.

(c) 극치($a = M$) 블랙홀의 온도는 0임을 보이고 Kerr 기하의 특징으로부터 이 사실들을 설명하라.

16. [B, E] 10^{46}ergs의 휘도를 기지고 있는 활동적인 은하핵은 상자 15.1에서 묘사된 극치 회전하는 블랙홀의 회전에너지에 의하여 동력을 공급받는다. 활동적인 은하핵은 이런 방식으로 얼마나 오랫동안 복사를 할 수 있는 지 평가하라. 여러분의 답을 우주의 현재 나이, 거의 150억년, 에 비교해보라.

17. [B, P, S] 상자 15.1에 있는 (b)는 대칭축 주위로 회전하고 있는 어떤 축대칭 도체를 가로 질러 발달된 전압을 제시하고 있음을 보여라.

18. [B, E, S] $M \sim 10^9 M_{\odot}$, $\Omega_H M \sim 1$을 가진 회전하는 블랙홀이 상자 15.1에 묘사되어 있는 것 같이 $B \sim 10^4$ 가우스의 자기장내 들어가 잠겨있다. 여분의 전자-양전자 쌍이 붕괴하여 유사한 전자나 양전자를 만들기에 충분한 에너지를 얻기 전에 블랙홀에 바로 인접해 있는 전자는 전기장 내에서 얼마나 멀리 움직여야 하는 지 평가하라.

CHAPTER

16 중력파 Gravitational Waves

질량은 시공간의 곡률을 유발시킨다. 이것은 일반 상대성 이론의 중심된 교훈이다. 태양과 같은 정적이며 구형의 질량체는 그 외부의 세계에 Schwarzshild 기하를 유발시킨다. 그런데 비구형적이며, 불균일한 운동을 하는 질량체는 휜 시공간에 빛의 속도로 전파해가는 잔잔한 물결을 일게 하는 원천이 될 수 있다. 이 휜 시공간에 퍼져가는 잔물결을 **중력파**라고 부른다. 이 중력파의 자유적 퍼짐을 이 장에서 논의할 것이고 21장에서 그 형태를 Einstein 공식으로부터 유도할 것이며, 그것의 산물을 제23장에서 논할 것이다.

우주에는 중요한 많은 중력파의 원천들이 있다. - 이중성계, 초신성폭발, 블랙홀의 붕괴, 빅뱅 등이 모든 것이 예가 된다. 이 중력파들은 정성적으로 전자기적 범주에 속해 있는 파들 - X-선, 가시광선, 자외선 혹은 전파 들 - 로 알 수 있는 현상과 이들 천문학적 현상들을 탐색하는 데 창문역할을 한다.

우주는 중력파의 원천들이 아주 다양하므로 중력파가 희소한 것은 아니다. 그러나 1장에서 논의한 것과 같이 일상의 환경 내에서 중력적 상호작용의 약함은 중력파를 쉽게 검출해 내는 것은 쉽지 않음을 의미한다. 이글을 쓸 당시에는 중력파의 효과가 11.3절과 23.7절에 논의된 이중성 펄스의 궤도에서 관측되었다. 그러나 중력파는 지구상에서는 아직 검출되지 않았다. 그러나 실제적 중력파의 원천에서 방출된 중력파를 기록하기에 충분히 민감한 레이저 간섭 검출기의 전 세계적 네트웍이 건설되고 있는 중이다. 이 작업의 주요 원리들은 16.4절에 논의된다.

중력파를 검출하는 데 어렵게 만드는 물질간의 약한 상호작용은 또한 천문학적으로 그것들을 더 흥미롭게 만드는 것이다. 중력파는 한번 만들어지면 거의 흡수되지 않는다. 원칙적으로 중력파는 다른 어떤 형태의 전자기파보다도 블랙홀의 지평면이나 우주의 초기상태를 더 잘 알 수 있도록 해줄 수 있다.

이 장은 물질이 비어있는 거의 평평한 시공간 속으로 전파해가는 약한 중력파에 초점을 맞출 것이다. 이것이 가장 유용하고 다루기 쉬운 예이다. 실제적인 원천으로부터 멀리 떨어진 중력파는 휜 시공간에 매우 작은 잔물결과 같기 때문에 매우 유용하다. 21장과 23장에서 보게 되겠지만 어려운 비선형 아인슈타인 공식이 다룰 수 있는 선형적 근사치 해석으로 풀 수 있게 해주기 때문에 다루기 쉽게 해준다. 이 근사적 해석에 의한 해를 **선형중력파**라 부른다. 이 장은 21장에 유도되는 선형적 해의 형태를 추측해본다. 다음에 나열된 이 사실들을 분석하는 데 목표를 두자.

선형적 중력파는

- 빛의 속도로 전파된다.
- 횡파이다(transverse)
- 2개 독립적인 극(polarization)을 가지고 있다.
- 실험질량의 상대적 운동에 미치는 효과에 의해 검출될 수 있다.
- 에너지를 운반한다.

16.1 선형 중력파 A Linearized Gravitational Wave

중력파의 가장 간단한 예는 한쪽 방향으로만 전파해가고 다른 두 방향에 대해서는 독립적으로 전파해가는 휜 공간의 작은 잔물결과 같은 것이다. 전파해가는 방향을 종 방향(longitudinal)이라 부르고 2개의 수직방향을 횡 방향(transverse)이라 부른다. 이 파는 횡 방향으로 모든 곳에서 동일하기 때문에 그것은 평면파이다.

관성계의 (t,x,y,z)좌표계에서 평평 시공간의 계량은 $g_{\alpha\beta}(x)=\eta_{\alpha\beta}$이다. 여기서 $\eta_{\alpha\beta}=diag(-1,1,1,1)$이다. 평평 시공간에 거의 가까운 휜 공간 기하의 계량은 다음과 같이 쓸 수 있다.

$$\boxed{g_{\alpha\beta}(x)=\eta_{\alpha\beta}+h_{\alpha\beta}(x),} \tag{16.1}$$

계량 섭동

여기서 $h_{\alpha\beta}(x)$의 크기는 평평 공간계량에 생긴 작은 섭동이다. 이 계량의 섭동이 중력파를 묘사하는 것이다. z방향으로 전파해 나가는 평면 중력파 시공간의 간단한 예는 다음과 같은 계량의 섭동을 제공할 것이다.

$$h_{\alpha\beta}(t,z)=\begin{array}{c} \\ t \\ x \\ y \\ z \end{array}\!\!\begin{array}{c} \begin{array}{cccc} t & x & y & z \end{array} \\ \begin{pmatrix} 0 & 0 & 0 & 0 \\ 0 & 1 & 0 & 0 \\ 0 & 0 & -1 & 0 \\ 0 & 0 & 0 & 0 \end{pmatrix} \end{array} f(t-z). \tag{16.2a}$$

여기서 $f(t-z)$는 $|f(t-z)|\ll 1$인 $t-z$의 함수이다. 이 섭동을 가지고 시공간의 선요소는

$$\boxed{ds^2=-dt^2+[1+f(t-z)]dx^2+[1-f(t-z)]dy^2+dz^2.} \tag{16.2b}$$

평면 중력파 시공간

(16.2)의 기하는 양의 z방향으로 속도 1, 즉 광속도로 전파되는 휜 공간의 파를 나타내고 있는 것이다. 전파해가는 잔물결의 크기(강도)와 형태는 함수 f에 의해 결정된다. $h_{\alpha\beta}$와 $f(t-z)$의 양은 둘 다 차원이 없다. 그래서 중력파의 크기는 차원

이 없는 수이다. 예로써 $f(t-z)=a\exp[-(t-z)^2/\sigma^2]$로 선택하면 이것은 가우스 파군(wave packet)을 나타낸다. 이 파군은 파의 넓이 σ와 최대진폭 a를 가진다. 이 파군은 형태의 변화 없이 빛의 속도로 z축을 따라 전파된다. $f(t-z)=a\sin[\omega(t-z)]$로 선택하면 진폭 a와 진동수 ω인 중력파를 나타낸다. 이때 해당되는 파장 λ는 $2\pi/\omega$이다.

(16.2)에 예시되어 있는 계량(metric)은 아인슈타인 공식을 정확히 풀 수 없다. 21장에서 보게 되겠지만 그것은 파의 진폭(amplitude)대해서 1차식 (혹은 선형적)으로 전개된 식으로 풀린다. 이 선형적 중력파의 식은 그 파의 크기가 크지 않을 때에는 아인슈타인 식의 정확한 해의 거의 근사치에 해당하는 해가 된다. 16.4절에서 논의한 1세대 레이저 간섭계 탐지기로 검출된 중력파의 진폭은 $\sim 10^{-21}$이다. 그러니 선형근사치는 그 해로써 받아들이는 데 크게 지장이 없다고 본다. 선형파의 주된 특징은 동일한 정밀도로 아인슈타인 식에 바탕을 둔 다른 선형파에 더 할 수 있다는 것이다. 이 특징은 비선형인 아인슈타인의 식에서는 성립이 안되는 것이다.

(16.2)에 예시되어있는 중력파계량이 단지 많은 수의 가능한 형태들 중에 하나가 아니다. 21.5절에 보게 되겠지만 적절하게 좌표를 선택하여 z방향으로 전파되는 일반적인 선형평면 중력파는 어느 한 방향의 편극에 해당하는 (16.2)식의 형태와 그와 매우 밀접히 관련된 또 다른 편극에 해당하는 제2의 형태의 합으로 언제나 표기할 수 있다. 이들 둘 다 표기된 것으로 (16.17)에 예시되어 있다.

16.2 중력파의 검출

시공간에서 퍼져가는 잔물결을 어떻게 검출할 것인가? 그 해답은 우리가 공부해왔던 다른 시공간에서와 같이 동일하다; 즉 시공간의 휨은 실험물체의 운동을 통하여 검출할 수 있다 - 실험물체란 그것의 상대적인 질량이 작으므로 자기 자신이 만드는 시공간 휨은 무시할 정도이고 그 물체는 휜 시공간의 측지선을 따라간다.

단 한 개의 실험물체의 움직임으로 중력파를 검출하기에는 충분치 못하다. 자유낙하는 계 내에 있는, 한 실험 물체의 운동을 연구한다고 가정하자. 거기에 그것은 정지 상태에 있는 것이 되고 중력파는 있던지 혹은 없던 지 할 것이다. 이 운동은 등가원리에 입각하여 평평 시공간 내에 있는 실험물체의 운동과 구별되지 않는다. 중력파를, 그리고 실제로는 시공간의 어떤 휨을 검출하기 위해서는 적어도 두 개의 실험입자의 상대적인 운동에 대한 연구가 요구되어진다.

이 생각을 정량화하기 위해서 z방향으로 전파해가는 (16.2)의 형태의 중력파군을 고려해보자. 파가 그들을 지나가기 전에 A와 B라는 2개의 실험 질량체가 (16.2)의 (t,x,y,z)좌표 안에서 정지해 있다고 하자. 간단히 하기 위해서 A를 원점$(0,0,0)$에 두고 B는 공간의 한 위치(x_B, y_B, z_B)에 놓아두도록 했다고 하자. 두 실험물체의 초기 4원-속도는

$$u^{\alpha}_{(A)} = u^{\alpha}_{(B)} = (1, \vec{0}). \tag{16.3}$$

(아래첨자 (A)와 (B)는 벡터표시가 아니라 두 실험물체를 구별하기 위해 라벨을 부친 것뿐이다. 괄호는 어떤 것을 강조하기 위해 그것의 둘레를 치는 것이다.) 파가 지나가기 전에는 시공간은 평평하고 실험물체는 정지 상태에 있다.

$$x^i_{(A)}(\tau) = (0, 0, 0), \qquad x^i_{(B)}(\tau) = (x_B, y_B, z_B). \tag{16.4}$$

실험 물체가 중력파를 맞닥뜨린 후, 그 운동을 예견하기 위해서는 계량(16.2)을 사용하여 각 물체에 대해 측지선 방정식을 풀어야 한다. 파의 진폭(강도)은 작기 때문에 파의 진폭에 대하여 1차수 운동에 대한 교정치 $\delta x^i_{(A)}(\tau)$와 $\delta x^i_{(B)}(\tau)$에 대하여서만 풀 것이다.

어느 실험물체에 대해서도 공간 좌표 $x^i(\tau)$에 대한 측지선 공식은 (8.14)이다.

$$\frac{d^2x^i}{d\tau^2} = -\Gamma^i_{\alpha\beta}\frac{dx^\alpha}{d\tau}\frac{dx^\beta}{d\tau}. \tag{16.5}$$

이들 공식들은 $\delta x^i(\tau)$의 1차수의 변화를 계산하기 위하여 파의 진폭에 대해 1차수로만 평가할 필요가 있다. 섭동이 없는 (평평한)시공간에서는 $\Gamma^i_{\alpha\beta}$ 는 사라지기 때문에

$$\frac{d^2\delta x^i}{d\tau^2} = -\delta\Gamma^i_{\alpha\beta}\,u^\alpha u^\beta = -\delta\Gamma^i_{tt}, \tag{16.6}$$

여기서 $\delta\Gamma^i_{\alpha\beta}$는 Γ들에서 1차수 변화이고 u^α는 (16.3)에 주어진 **섭동이 없는** 4원-속도이다. 크리스토펠 기호 Γ^i_{tt} 는 계량 (16.2)로 쉽게 알아낼 수 있다. 그것은 0으로 소멸한다; 그러므로 $\delta\Gamma^i_{tt}$도 0으로 소멸한다. 그리하면 다음과 같으며, 파의 진폭에 대해 1차수이다.

$$\frac{d^2\delta x^i}{d\tau^2} = 0 \tag{16.7}$$

초기에는 $\delta x^i = 0$이고 실험물체는 정지해 있다. 그래서 $d(\delta x^i)/d\tau = 0$이다. 그러면 식 (16.7)은 이 두 실험 물체에 대하여 모든 τ값에 대해 $\delta x^i(\tau) = 0$임을 의미하고 있다:

$$\delta x^i_{(A)}(\tau) = \delta x^i_{(B)}(\tau) = 0. \tag{16.8}$$

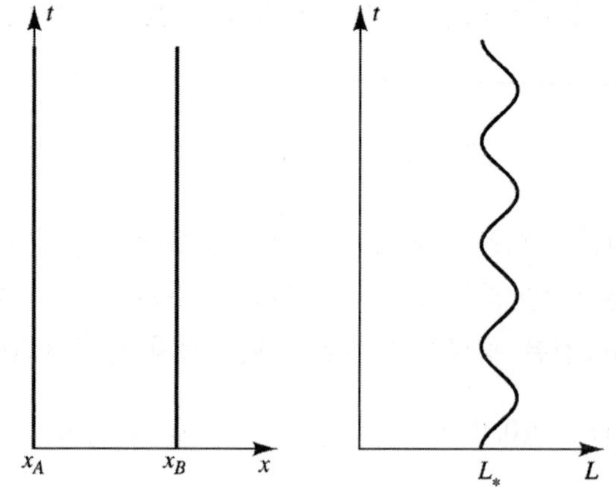

그림 16.1 중력파 시공간에서 실험 입자의 운동. 이 그림은 중력파가 z축 방향으로 나아가고 있을 때 시공간의 $t-x$ 면의 시공간의 도형을 보여 주고 있다. 두 실험입자는 초기에 $x=0$와 $x=L_*$ 위치에 있다. 중력파가 지나갈 때, 두 실험 입자의 좌표 간 분리된 거리는 변하지 않지만, 그들 사이의 거리, $L(t)=L_*+\delta L(t)$,는 중력파의 진동수와 같이 진동한다. 여기에서 보여주는 진동의 진폭은 상대적인 중력파 탐지기에서 예상되는 것(주된 소스가 지구상에서 $\delta L/L_* \sim 10^{-21}$ 정도 진폭의 변화를 주는 것)보다 더 크게 그려져 있다.

그러므로 파가 파의 진폭에 대해 1차수로 해서 지나갈 때에는 물체의 좌표 상의 위치는 변화하지 않는 상태로 남아있다. 그러나 그림 16.1에 예시되어 있듯이 그것들의 좌표 상의 분리는 없음에도 불구하고 두 실험물체 사이의 거리는 시간과 함께 변화한다. 다음 예에서 그 이유를 보여주겠다.

예제 16.1 전파방향에 수직인 평면에서 두 실험 입자사이의 거리의 변화 $\delta L(t)$

z방향으로 나아가는 (16.2)의 형태의 파와 하나는 원점에 위치해 있고 다른 하나는 x축을 따라 거리 L_*만큼 떨어져 있는 두 실험물체를 고려하자. 그들 사이의 거리는 섭동되지 않는 평평 시공간에서는 L_*이다. 그러나 (16.2)의 중력파에 의한 시공간에서 그들 사이의 거리는 x축을 따라 측정했을 때 $L(t)$는

$$L(t)=\int_0^{L_*} dx[1+h_{xx}(t,0)]^{1/2} \approx L_*\left[1+\frac{1}{2}h_{xx}(t,0)\right], \tag{16.9}$$

이므로 이 거리에서 발생하는 변화 $\delta L(t)$는

$$\frac{\delta L(t)}{L_*}=\frac{1}{2}h_{xx}(t,0) \quad (z=0\text{에서 } x\text{축상에 있는 실험 입자}). \tag{16.10}$$

이와 같이 그림 16.1에 보여주듯이 실험입자들 사이의 거리는 파의 시간변수에 따라 시간과 함께 변화한다. 만일 그 파가 명확한 진동수 ω와 진폭 a 그리고 위상 δ를 가지고 있어 $f(t-z)=a\sin[\omega(t-z)+\delta]$ 이라면 우리는 다음과 같은 식을 얻는다.

$$\frac{\delta L(t)}{L_*} = \frac{1}{2} a \sin(\omega t + \delta). \qquad (16.11)$$

그러므로 x축을 따라 그들 사이의 아주 작은 거리 변화는 중력파의 진폭의 반만큼 주기적으로 진동하는 것이다.

이 예는 직관적으로 한 실험물체는 원점에 있고 그리고 다른 물체는 파가 지나가기 전에 진행 방향에 수직인(transverse) 평면상의 임의의 한 위치에 놓여있는 경우로 일반화 시킬 수 있다. 제2의 실험물체가 파의 진행방향에 수직으로 $z=0$인 평면에 단위 벡터 $\vec{n}$의 방향으로 원점으로부터 L_*만큼 거리에 위치해 있다고 하자. 그러면 평평 공간에서 직선인 경로를 따라 쭉 측정한 거리 $L(t)$는 다음과 같이 변할 것이다.

$$\boxed{\frac{\delta L(t)}{L_*} = \frac{1}{2} h_{ij}(t,0) n^i n^j \quad (z=0 \text{ 평면에 있는 실험 입자}).} \qquad (16.12)$$

중력파에 의해 생성된 부분 변형률

탄성역학에서 그 의미를 빌려와서 $\delta L/L_*$의 비를 중력파에 의해 생성된 **부분 변형률**(fractional strain)이라 부른다.

(16.12)에서와 같이 실험물체사이의 공간 거리는 섭동이 없는 평평 시공간에서 직선(측지선)인 경로를 따라 계산되었다. 중력파가 실험물체들의 좌표를 변화시키지 않기 때문에, 그것이 그 경로가 휜 시공간에서 여전히 측지선이라는 것을 의미하지는 않는다. 16.4절에 논의된 레이저 간섭계 탐지기의 견지에서 볼 때의 좀 더 실제적인 선택은 두 실험입자 사이를 빛의 경로를 따라 그 차이를 계산하는 것이다. 평평 시공간에서는 빛이 어떤 공간에서도 그렇게 하는 것처럼 직선의 경로를 따라간다. 그러나 중력파에 의한 휜 시공간에서는 빛의 직선 경로가 평평 공간 직선 경로의 좌표로부터 $\delta x^i_{(\ell)}(\lambda)$의 양 만큼 휘게 된다. 그 변화는 파의 진폭에 대해 1차수 일 것이다(**문제 4**). 그러나 실험입자들 사이의 거리에 있어서 해당되는 1차수 변화는 없다. 직선이란 평평한 공간에서 극치(extremal) 거리를 따라간 경로인데 그것으로부터 어떤 작은 변화(deviation)는 단지 거리상으로 제2차수 변화를 일으킨다. (3.5절의 극치 원리(extremal principles)에 대한 논의를 회상해보라.) 그러므로 식 (16.12)는 또한 광선의 경로를 따라 측정한 거리의 변화에 파의 진폭에 대하여 1차수로 변화를 준다.

식 (16.12)는 중력파가 두 개 이상의 실험물체의 상대적 운동으로 어떻게 검출할 수 있는지를 보여주고 있다. 실제로 21.2절에 보게 되겠지만 실험물체들 사이의 상대적 운동이 일반적으로 시공간의 국소적 곡률을 정의하는 한 방법이다. 16.4절에 논의된 중력파 검출기는 이 원리에 기초를 두고 있다. 물론 실제적 검출기에 있어서는 실험물체들을 다가오는 파의 진행방향에 수직인 평면에 시간에 앞서 배열 할 수는 없다. 그러나 무작위 방향으로 있는 두 실험물체에 대한 (16.12)의 일반화는 직관적이다(**문제 13**).

16.3 중력파 편극 Gravitational Wave Polarization

중력파의 계량 (16.2)는 파가 나아가는 방향 즉 종방향(longitudinal direction)의 z축 방향 따라 놓여있는 2개의 실험물체사이의 떨어져 있는 거리에는 변화를 이끌지 못한다. 계량섭동(metric perturbation) h_{zz}는 (16.9)의 유사한 형태의 식으로 제로로 사라지게 된다. 오직 횡방향(transverse direction) $x-y$의 떨어진 거리에서만 중력파가 지나갈 때 시간에 따라 변화한다. 이와 같이 전자파와 같이 중력파는 **횡방향적**(transverse)이다.

중력파의 명확한 특징적 사인은 단지 2개의 실험물체에 의해서가 아니라 많은 실험에 의해서 고려해 볼 때 얻어질 수 있다. **그림 16.2**에 보듯이 $z=0$인 $x-y$평면에 원을 이루어지면서 배열되어 있는 실험 물체가 있고 그 중심에 또 다른 물체가 놓여있다고 하자.

$f(t-z)=a\sin[\omega(t-z)]$ 가진 (16.2)의 형태의 평면 중력파가 z방향으로 지나간다고 하자. 실험입자의 (x, y, z)의 좌표위치는 변하지 않고 유지된다. [(16.8) 참고]; 특히 실험입자들은 $x-y$평면에 남아있다. 중심에 있는 물체와 원주위에 있는 물체 사이의 $x-y$평면상의 거리 – 그 각자는 자기 자신의 측지선을 따른다 – 는 계량 (16.2)에 의해서 시간에 따라 변화할 것이다. 이 거리의 변화들을 계산하기 위해서 $z=0$인 $x-y$평면에 대해 아래와 같이 정의되는 새 좌표(X, Y)를 도입하는 것이 편리하다.

$$X=(1+\tfrac{1}{2}a\sin\omega t)x, \qquad Y=(1-\tfrac{1}{2}a\sin\omega t)y. \tag{16.13}$$

이들 새 좌표들에서 $x-y$평면상의 선 요소는 평평한 유클리드 평면의 $dS^2=dX^2+dY^2$에 무시할 수 있는 만큼의 차수 a^2의 보정치를 더한 것이 될 것이다. 실험물체의 x와 y좌표는 시간에 따라 변화하지 않는다. 그러나 X와 Y는 (16.13)에 의해 시간 t와 함께 변화한다. $x-y$평면상의 실험물체사이의 거리는 파의 진폭의 1차수로 유클리드 평면 기하를 이용하여 $X(t)$와 $Y(t)$의 좌표로부터 계산되어질 수 있다.

파의 진행방향에 가로로 놓인 평면에 있는 실험 물체가 이루고 있는 원형 고리의 시간에 따른 행동양상은 일반적 형태가 타원이다(**문제 6**). 그것의 축은 주기적으로

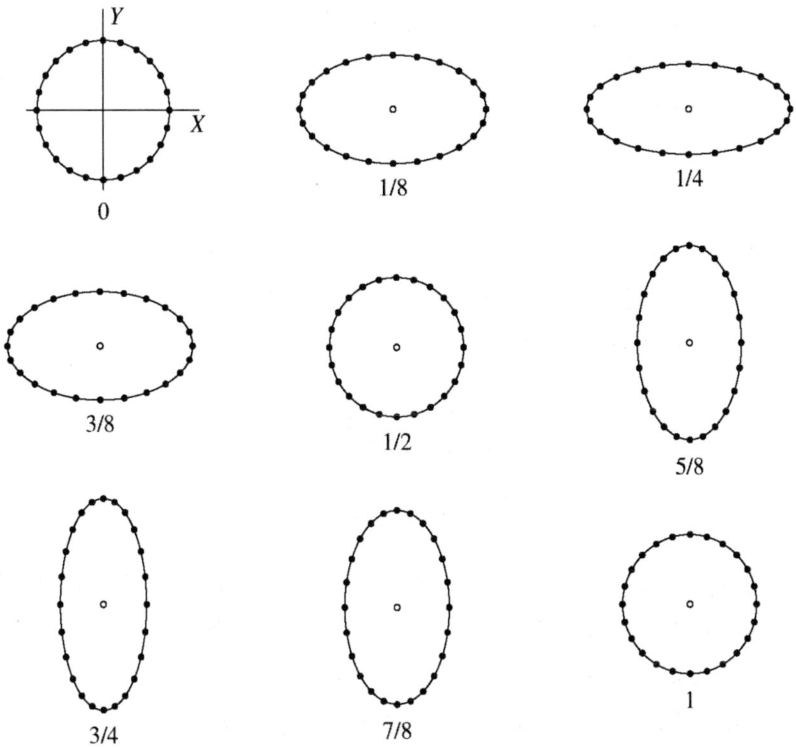

그림 16.2 중력파의 신호. 그림은 명확한 진동수와 진폭 $a=0.8$을 가진 (16.2)의 식을 따르는 중력파의 진행방향에 수직인 평면에 놓여있는 24개의 실험 물체 위치의 시간에 따른 변화를 보여주고 있다. 시간 t=0에서 실험 물체 • 는 중심에 놓여있는 물체 ∘에 대하여 원형으로 정지해있다. (16.03)에 정의된 (X, Y)좌표에서 그것들의 위치들에 대한 시간에 따른 일련의 양상이 지정된 주기의 비율로 나타나있다. 처음에는 원형이 Y축 방향으로 눌러져있고, X축 방향으로는 늘어나서 타원형을 이룬다. 그리고 나서 1/4 주기 후부터는 X축 방향으로 눌러지고, Y축 방향으로 팽창한다, 그리고 이것이 반복된다. 이 패턴이 중력파의 한 분극(polarization)이다. 또 다른 패턴은 동일한 형태의 일련의 변위를 보여주지만, 다만 45°로 회전한 것뿐이다. $a=0.8$의 진폭은 최대한도로 잡은 것이고, 실제 검출기에서 나타난 $a \sim 10^{-21}$은 그림상의 스케일로는 나타낼 수가 없다.

진동하며 서로에 대해서는 위상이 다르다. 진동의 한 위상에서 타원이 X방향으로 수축하고 Y 방향으로는 팽창한다면 1/4주기 후에는 X 방향이 팽창하고 Y 방향이 수축하게 된다. 이 같은 진동의 패턴은 모든 중력파의 특징이며 그것을 확인할 수 있는 방법들 중의 하나가 된다.

(16.2)의 계량이 가장 가능한 일반적 형태는 아니다. 그것은 중력파의 두 독립된 편극 방향 중에 단지 하나일 뿐이다. 또 다른 편극을 알아내기 위해 $x-y$축이 각 θ만큼 회전한 것을 생각해보자. 식 (3.4)는 (x, y)와 회전한(x', y') 좌표사이의 관계식이다. 만일 예로써

$\phi=-45°(=-\pi/4\,\mathrm{rad})$을 선택한다면 그러면

$$x=\frac{1}{\sqrt{2}}(x'+y'), \qquad y=\frac{1}{\sqrt{2}}(x'-y'). \tag{16.14}$$

이 변환을 (16.2b)의 선요소에 대입하면 이 계량의 변환이 어떻게 변화는 지 알아볼 수 있다. 평평 공간에 해당하는 변환 $\eta_{\alpha\beta}$는 회전에 대하여 변화하지 않는다. 그것을 알아보는 것은 어렵지 않다.

$$h_{x'x'} = 0, \qquad h_{x'y'} = h_{y'x'} = h_{xx} = -h_{yy}, \qquad h_{y'y'} = 0. \tag{16.15}$$

그러나 새 좌표를 옛것으로부터 구별할 수 있는 것은 물리학적으로 아무것도 없다. 만일 프라임(′)를 없애버리면 (t, x, y, z)좌표에서 선형 아인슈타인 공식의 또 다른 해를 구하게 된다. 그것은 다음 형태를 가진다.

$$h_{\alpha\beta}(t, z) = \begin{pmatrix} 0 & 0 & 0 & 0 \\ 0 & 0 & 1 & 0 \\ 0 & 1 & 0 & 0 \\ 0 & 0 & 0 & 0 \end{pmatrix} f(t-z). \tag{16.16}$$

이것은 선형적으로 처음과는 독립된 제2의 편극 계량이다. 실험물체 고리의 행동양상은 그림 16.2의 것과 동일하며 다만 45°로 회전한 것뿐이다. (16.2)의 형태의 파는 종종 +(plus)편극이라 부르고 반면에 (16.16)형태의 파는 ×(cross)편극이라 부른다. 양의 z방향으로 전파되는 가장 일반적인 중력파는 다음과 같은 형태이다.

$$\boxed{h_{\alpha\beta}(t, z) = \begin{pmatrix} 0 & 0 & 0 & 0 \\ 0 & f_+(t-z) & f_\times(t-z) & 0 \\ 0 & f_\times(t-z) & -f_+(t-z) & 0 \\ 0 & 0 & 0 & 0 \end{pmatrix}} \tag{16.17}$$

$f_+(t-z)$와 $f_\times(t-z)$는 다른 함수이다. 가장 일반화된 선형 중력파는 각각 방향에 따라 다른 전파방향과 다른 함수 f_+와 $f_\times$를 가진 (16.17)형태의 계량 섭동들의 중첩으로 나타난다.

16.4 중력파 간섭계 Gravitational Wave Interferometers

이 글을 쓸 당시에 많은 수의 중력파 검출기가 그림 16.3에 예시되어 있듯이 Michelson 간섭계의 원리에 기초로 하여 전 세계적으로 건설 중에 있었다.

줄에 매달려 있어 수평적 움직임이 자유로운 3개의 실험물체들이 있다고 상상하자. 그림에서 보여주듯이 2개 실험물체에는 (M)거울이 장착되어있고 3번째 물체(S)는 빛 분산기를 갖추고 있다. 레이저(L)로부터 나온 광선은 둘로 갈라져서 간섭계의 두 수직인 팔을 따라 나아간다. 이것들은 반사되어 다시 재결합되고, 그리고 검출하게 된다. 단순하게 하기 위해 간섭계의 양팔이 그림과 같이 빛 분산기와 같이

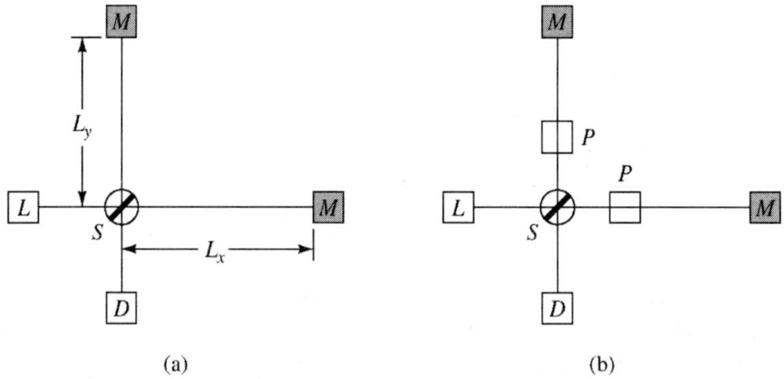

그림 16.3 (a) 왼편에 있는 것은 Michelson 간섭 중력파 검출기의 개략적 설계도이다. 3개의 실험물체는 수직으로 매달려 있어 그것들의 윗 방향평면에 대하여 수평으로 자유로이 움직이게 해 놓았다. 실험물체 (S)는 광선 분리기를 담고 있고, 다른 두 개의 물체 (M)은 거울을 휴대하고 있으며 간섭계의 두 팔의 끝에 놓여있다. 레이저 L에서 나온 광선 빔은 (S)에서 2개의 빔으로 갈라져, 수직을 이루고 있는 팔을 따라 나아간다. 이 빔들은 반사되고, 다시 재결합 되고, 그리고 나서 검출기, D,에서 검출된다. 두 팔의 길이에서의 작은 변화들은, 가령 우연한 중력파에 의하여 야기되는, 간섭의 정도로서 검출된다. (b) 오른편에 있는 그림도 개략적 설계도인데, 좀 더 실제적인 것에 가깝다. 부분적으로 반사하는 거울 (P)를 휴대하고 있는 2개의 추가된 실험 물체가 도입되는데, 이것은 또한 반사 거울을 가지고 있는 2개의 실험 물체와 간섭계의 두 팔을 이루게 된다. 각 팔의 두 거울은 광선 빔이 전, 후 로 수많이 반사되도록 하는 동굴의 길의 역할을 하며, 그리하여 팔의 길이가 더 길어지는 효과가 있게 되어, 간섭계의 민감도를 증가시킨다.

자유 낙하하는 x축과 y축의 방향 따라 놓여있다고 하자. 우리는 재결합한 후 다시 검출기(D)로 들어가는 광선에 관심을 가질 것이다. 광선이 재결합할 때 만일 $L_{(x)}$와 $L_{(y)}$의 두 팔의 길이의 차가 파장의 정수배이면 보강간섭(constructive interference)이 일어날 것이고 길이가 반파장의 홀수배이면 상쇄간섭(destructive interference)이 일어날 것이다.

$$\Delta L \equiv L_{(x)} - L_{(y)} = n\lambda, \qquad n = 0, 1, 2, \ldots \quad \text{보강간섭,} \tag{16.18a}$$

$$\Delta L \equiv L_{(x)} - L_{(y)} = (n + \tfrac{1}{2})\lambda, \qquad n = 0, 1, 2, \ldots \quad \text{상쇄간섭.} \tag{16.18b}$$

팔의 길이의 차$\Delta L = L_{(x)} - L_{(y)}$가 변한다고 가정하자. ΔL이 (16.18)처럼 보강간섭과 상쇄간섭이 되는 조건을 따라 왔다갔다 움직일 때 검출기에서 결합된 광선의 강도는 그림 16.4에 보여주듯이 이상적인 곡선 같은 것을 그릴 것이다.

우연히 입사된 중력파는 팔의 길이를 변화시킬 것이다. 그러므로 두 팔을 지나온 광선이 간섭하는 데 변화를 줄 것이다. 그림 16.2에서의 그림 패턴에서와 같이 광선분리기는 중앙의 물체로 간주하고 거울을 지니고 있는 물체는 주위의 원형 고리 형태에 놓여있는 두 개의 실험물체로 간주할 수 있다. 간단히 하기 위해 파는 명확한 진동수 ω를 가지고 z축 따라 정상적으로 입사한 (16.2)형태의 파라하자. 파가 지나갈 때 $L_{(x)}$는 팽창하고 수축하며, $L_{(y)}$는 위상차가 나게 수축하며 팽창한다. 그림 16.2를 보라. 그리고 정량적으로는 (16.13)에 주어져 있다. 이때 $x-y$축은 간섭계의 팔을 따라 향해있다고 가정한다. 특별히

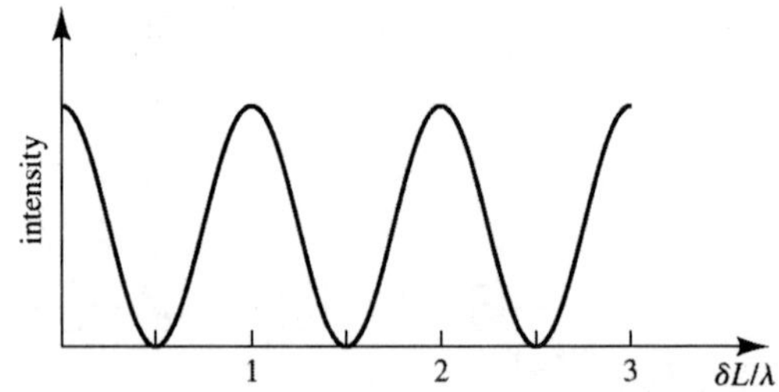

그림 16.4 이상적인 간섭패턴. 이 그림은 그림 16.3에 있는 검출기에서 파의 강도가 (16.18)에 주어져 있는 보강 간섭과 상쇄 간섭의 조건사이에서 변화하는 간섭계의 두 팔 사이에서의 길이 차이 δL로서 어떻게 변하는 지를 보여주고 있다. 이 곡선은 정확히 단색(monochromatic)파, 양 팔에서의 동일한 강도, 그리고 손실등이 없는 이상적인 상황에 적합한 $[1+\cos(2\pi\delta L/\lambda)]$의 패턴이다(문제10). δL에서의 작은 변화는 파들이 만들어내는 강도의 변화로부터 탐지되어질 수 있다. 초기 LIGO 검출기는 가시 광선의 파장의 10억분의 1차수로 δL에서의 변동에 해당되는 강도의 변화와 간섭의 정도가 매우 작은 변화를 탐지해낼 수 있다. 이것은 차수 10^{-21}의 $\delta L/L$에서의 민감도에 해당된다.

$$\frac{\delta L_{(x)}}{L_{(x)}} = +\frac{1}{2}a\sin(\omega t), \qquad \frac{\delta L_{(y)}}{L_{(y)}} = -\frac{1}{2}a\sin(\omega t). \tag{16.19}$$

진폭 a와 진동수 ω는 간섭패턴을 모니터함으로써 측정될 수 있다. 좀 더 일반적으로 입사된 파군의 형태가 발견될 수도 있다. 식 (16.18)과 (16.19)는 간섭계가 더 길면 길수록 주어진 진폭의 파에 대해서 간섭패턴에 더 큰 변화를 줄 수 있음을 보여준다. 그러므로 이 말은 간섭계가 더 길면 길수록 더 민감도도 증가한다는 말과 같은 뜻이다.

Michelson 간섭계에 기초를 두었지만 실제 간섭계는 더욱 더 정교하다. 특히 그림 16.3a에 제시된 단순한 실험물체를 배열하는 것 대신에 그림 16.3b에서와 같이 고반사 거울을 가진 실험물체(M)에 더 붙여서 부분적 반사하는 거울을 가진 실험물체(P)를 팔의 중간에 두는 것으로 이루어진 두 개 이상의 공동(cavities)을 채택하고 있다. 이 공동(cavities)은 공면진동에 동조하도록 광선 빔이 다른 한 팔에서 나와 섞이기 전에 빔이 이 쪽 끝에서 저쪽 끝까지 왔다갔다 여러 번 반사되도록 하는 역할을 한다.

이것은 간섭계의 길이를 크게 증가시켜주는 역할을 하게 되고 그래서 그 민감도가 더 증가하는 것이다. 이 글을 쓸 당시에 가동에 들어가기로 되어있는 LIGO 중력파 검출기는 이러한 간섭계가 3개나 있었다. Washington의 Hanford에 있으며 두 개 중에 하나는 4Km 길이의 팔을 가지고 있다. 또 4Km 길이의 팔을 가진 제3의 간섭계는 Louisiana 주 Livingston에 위치해 있다. 그림 16.5는 Hanford에 있는 것의 전경이다.

서로 다른 지역에 위치하도록 한 간섭계들은 파가 도착할 때 그 방향에 대한 어떤 정보를 줄 뿐 아니라 국소적인 교란으로부터 발생하는 가짜신호를 배제시킬 수 있도록 해주며 중력파가 온 그 중대한 사건을 동시에 검출할 수 있도록 해준다.

그림 16.5 Washington 주, Hanford에 있는 LIGO 중력파 검출기. LIGO는 Laser Interferometer Gravitational(Wave) Observvwtory의 준말이다. 간섭계의 두 팔을 이루고 있는 광선 빔 파이프를 덮고 있는 4km의 콘크리트 덮개가 하나는 수평으로 그리고 또 다른 하나는 이에 대해 수직으로 쭉 뻗어 있는 것이 보인다. 그림 16.3에서 보여주었듯이 간섭계의 두 끝은 이 들 파이프의 끝에 해당된다. 광선분리기는 전경의 마지막 종착지에 있는 건물 안에 있다. Louisiana주, Livingston에 이와 유사한 시설이 또한 있다.

지구의 지진에 의한 교란은 실험에서 다루어야 할 여러 종류의 소음들의 원천과 또 그것들을 극복할 수 있도록 채택된 여러 정교한 방법들은 우리가 여기서 더 추구할 수 없는 주제들이다.[1)]

2002～2004에 나온 초기 데이터에서는 LIGO는 10^{-21}의 strain 민감도를 달성한 것으로 기대된다. 이 업적을 감상하는 데에 이것은 실험 물체의 위치를 원자핵 차원의 비로 측정하는 것을 의미한다는 것을 아는 것만으로도 충분할 것이다. 앞으로 몇 십 년의 진보를 통하여, LIGO는 1년에 아마도 수초의 비율로 서로를 향하여 나선형으로 떨어져 결국에는 합쳐지는, 한 쌍의 중성자별로부터 나온 중력파를 검출 할 수 있을 것이다. 제23장에서 그와 같은 원천에 대해 더 논의할 것이다.

16.5 중력파에서의 에너지 The Energy in Gravitational Waves

일반 상대성에서 비국소성 중력 에너지

뉴턴 중력장에서의 에너지 밀도는 다음과 같이 주어진다.

$$\epsilon_{\text{뉴턴}}(\vec{x}) = -\frac{1}{8\pi G}[\vec{\nabla}\Phi(\vec{x})]^2 = -\frac{1}{8\pi G}[\vec{g}(\vec{x})]^2, \tag{16.20}$$

1) 좀 더 많은 정보를 원한다면, Saulson(1994)의 책을 보라.

여기서 $\Phi(\vec{x})$는 뉴턴 중력 퍼텐셜이고 $\vec{g}(\vec{x})$는 (3.16)의 뉴턴 중력장이다. 만일 여러분들이 전자기학을 공부하였다면 위 표현이 전기장에서 에너지 밀도의 것과 유사하다는 것을 인지하였을 것이다(표 3.1 참고). 뉴턴 중력 에너지 밀도는 중력이 당기는 힘에 대한 표현으로 음의 부호를 사용한 것 외에는 동일한 형태이다. 중력은 끌어당기기 때문에 질량체가 응집되어 있을 때의 에너지가 그것이 흩어져있을 때보다 더 낮다. 에너지 밀도의 정확한 형태가 우리에게 중요하지는 않겠지만 **문제 11**은 여러분들을 (16.20)의 표준적 유도로 이끌 것이다.

일반 상대성에서 (16.20)에 해당되는 에너지 밀도는 무엇일까? 없다. 뉴턴중력과 일반 상대성 사이의 유사성을 추구하려면 계량을 1차 미분한 것으로부터 만들어지는 표현을 찾아야 할지 모른다. 그러나 그 결과는 어떤 좌표 선택을 하여도 독립이어야 하며 계량 1차 미분한 것 모두가 국소 관성계에서는 사라져야 한다. 여기에 후보가 될 만한 표현이 없다. 이것이 없다는 것은 충분히 작은 크기와 충분히 작은 시간 내에 자유 낙하하는 실험실내에서 중력효과가 사라진다는 등가원리의 개념과 일치하는 것이다.

일반 상대성에서 중력 에너지 밀도의 국소적 개념이 왜 없는지에 대한 깊은 이유가 있다. 그것은 보존되는 양과 시공간의 대칭성과 연관이 있다(8.2절). Schwarzschild 기하에서 입자들 궤도의 에너지 보존과 각운동량 보존은 시간 변위와 회전대칭으로부터 나온다. 전자기장의 보존되는 에너지와 운동량은 Maxwell 이론에서 가정된 평평 시공간의 대칭성의 결과로 볼 수 있다. 그것은 시공간의 한 이론이고 모든 시공간을 특징짓는 대칭성은 없다. 일반 상대성에서 국소 중력 에너지가 결여되어 있다는 것은 시공간에서 작동하는 힘의 장으로서의 중력으로부터 휜 시공간으로서의 중력으로 시점을 옮기는 데 심오한 한 부분을 차지한다.

짧은 파장 근사치에서 중력파의 에너지

중력장에서 에너지의 국소적 개념이 없을지라도 시공간의 전체 질량-에너지는 시공간이 점근적으로 평평할 때는 의미를 가지는 것으로 판명되었다. Schwarzschild나 Kerr 기하의 점근적 입장에서 블랙홀의 질량을 정의하는 것이 이것의 특별한 예이다. 이 두 개의 전체 에너지의 극한치와 국소에너지의 비존재 사이에서, 중력파가 전파해가는 배경 시공간의 곡률 $\mathcal{R}$의 스케일보다도 훨씬 짧은 파장 λ을 가진 약한 중력파의 에너지 밀도의 근사치(approximate notion)가 있다. 이 에너지는 정확히 국소적이지는 않다. 그것은 차원이 λ보다는 크고 $\mathcal{R}$보다는 훨씬 작은 시공간 부피상의 평균 에너지 밀도이다.

이 에너지 밀도를 정의하는 데 있어서 연관되어 있는 근사치들은 $\lambda/\mathcal{R}$치가 작아짐에 따라 정확도는 더 증가해진다. 예로써 공간이 거의 평평하고 $\mathcal{R}$이 거의 무한대인 곳에 있는 중력의 원천으로부터 매우 멀리 떨어져 있는 곳에서 단순히 에너지 밀도를 계산함에 의해, 중력파를 방출함으로써 중력 원천으로부터 잃게 되는 에너지를 계산하기 위하여 근사치들을 정확하게 만들 수 있다.

짧은 파장의 중력 복사파에서 에너지 밀도는 제22장에서 web supplement에서 유도되어 있다. 그러나 단지 약간의 단순한 가정과 차원분석은 우리에게 이 장에서 논의하고 있는 단순 평면파에 대한 형태를 추측할 수 있게 해준다. $f(t-z)=a\sin[\omega(t-z)]$와 같이 (16.2)에서의 파가 명확한 진동수를 가지고 있다고 하자. 그러면 줄에 의한 파나 전자기파에서와 같이 우리는 에너지 밀도가 파의 진폭 a의 제곱에 비례할 것이라고 기대한다. 에너지 밀도는 기하학적 단위로 (길이)$^{-2}$의 차원을 가진다($G=c=1$). [그것은 (에너지)/(길이)^{3}이며 이것은 $\mathcal{MLT}$ 단위로는 $\mathcal{M}/(\mathcal{LT}^2)$이 된다. 그러나 기하학적 단위에서는 질량과 시간은 길이의 단위를 가진다.] 명확한 진동수 ω를 가진 평면 중력파 계량 (16.2)에서 길이의 차원을 가진 유일한 양은 파장에 비례하는 그 진동수의 역이다. 그러므로 우리는 에너지 밀도는 w^2a^2에 비례해야 한다고 추측할 수 있다. web supplement에서 짧은 파장근사치에서 중력파의 한 편극에서 우리는 이것이 올바르다는 것을 보여주고 에너지 밀도 ϵ_{GW}가 다음과 같이 유도됨을 보여준다.

$$\epsilon_{GW}=\frac{\omega^2a^2}{32\pi}. \tag{16.21}$$

여러분들은 (16.2)에서 공간과 시간 의존성에 무엇이 일어나는 지 궁금할 것이다. 그러나 (16.21)은 정확히 국소 에너지가 아니고, 공간과 시간에서 여러 파장들의 평균치임을 새겨두어야 한다. (16.2)에서 $f(t-z)$에 대한 $\sin\omega(t-z)$의 의존성은 평균적으로 그것을 제곱한 것의 반이다.

이 파의 또 다른 특징은 이 표현으로부터 즉각 따라 나온다. 예로써 파가 전파해 나가는 방향에 직각인 평면을 통과하는 중력파 에너지 흐름(flux) f_{GW}를 고려해보자. 이것은 단위 평면을 통과하는 단위 시간당 에너지이다. 파는 빛의 속도 1로써 퍼져나가므로 이것은 파면 뒤에 있는 단위 면적과 단위높이로 이루어진 주사위 모양의 부피내의 에너지와 동일하다. 간단히 말해서 $c=1$인 단위에서는 에너지 유속(flux)는 에너지 밀도와 같다는 것이다.

$$\boxed{f_{GW}=\frac{\omega^2a^2}{32\pi}.} \tag{16.22}$$

선형 분극 평면파에서 에너지 유속

다른 편극의 중첩으로 인한 파의 에너지 밀도와 유속은 각각 편극에서 이것들의 합산이다.

여러분이 제22장을 배웠다면 이 책의 website의 보충 설명문에서 Einstein 공식으로부터 이 관계의 유도를 읽을 수 있다.

문 제

1. 중력파 시공간 (16.2)는 3개의 킬링 벡터 (0, 1, 0, 0), (0, 0, 1, 0)과 (1, 0, 0, 1)를 가지고 있음을 보여라.

2. $f(t-z)= a\exp\left[-(t-z)^2/\sigma^2\right]$을 가진 가우스 파군을 고려하자.
   (a) $x=y=0$를 가진 시공간 $z-t$ 단편을 보여주는 시공간 다이어그램을 그려라. 파군이 $a/2$보다 더 큰 크기를 가지는 지역을 어둡게 색칠하라. 원점에 있는 실험 입자의 세계선을 보여라.
   (b) 주어진 계에서 초기에 정지해 있는 하나는 원점에 그리고 또 다른 하나는 x축을 따라 거리 L_* 만큼 떨어져 있는 초기에 정지해 있는 두 개의 실험 입자 사이의 거리의 그래프를 그려라. 그 거리에서 변화의 최대값은 얼마인가?

3. (16.2)에 있는 중력파와 (16.2)에서 사용된 카테시안 좌표에서 하나는 원점에 그리고 다른 하나는 (X, Y, Z)의 위치에 있는 두 실험 질량체를 고려하자. 파에 의해서 만들어진 질량체 사이의 거리에서의 변화가 아래와 같이 주어짐을 보여라.

$$\delta L(t) = \frac{1}{2}\int_0^{L_*} d\lambda h_{ij}\left(t - n^z\lambda\right) n^i n^j ,$$

   여기서 $n^i = \left(X/L_*,\ Y/L_*,\ Z/L_*\right)$는 실험 질량체 사이의 직선 경로에 단위 접선 벡터이고 L_*는 그들 사이의 교란되지 않은 거리이다.

4. [C] 평평 공간 직선의 것으로부터 두 개의 실험 질량체 사이에 광선의 경로에서 변위 $\delta x^i_{(\ell)}(\lambda)$를 계산하라. 형태 (16.2)의 중력파가 확정된 진동수 ω를 가진다고 가정하라.

5. 한 관측자가 가장자리까지 커피를 가득채운 커피 잔을 들고서 16.2절에 논의한 실험 입자들 중 하나에 타고 있다. 커피 잔의 크기는 중력파의 파장의 크기보다 훨씬 작다. 중력파가 지나감 때문에 커피가 쏟아질 위험이 있는가? 만일 있다면, 관측자가 커피를 흘리지 않고 커피를 커피 잔에 최고로 어느 정도 가장자리 가까이까지 채울 수 있는 지를 평가하라.

6. 타원에 대한 공식은 $x^2/a^2 + y^2/b^2 = 1$이다, 여기서 $a > b$이면 a는 장반축이고, b는 단반축이다. 실험 입자들의 초기의 원형은 a에 있어서 가장 낮은 차수로

(16.13)에 의하면 타원으로 변형됨을 보이고 장반축과 단반축을 시간의 함수로서 나타내어라.

7. 16.3절에서 우리는 +분극을 45°로 회전시킴으로 해서 ×분극을 가진 중력파를 만들어 내었다. 임의의 각도 θ만큼의 회전은 다른 독립된 해를 주는 것이 아니라 오히려 +와 ×의 중첩으로서 쓸 수 있는 것임을 보여라. 이것이 중력파에는 단지 두 개의 선형 독립 분극이 있음을 보여주는 한 방법이다.

8. [P] (a) 선형 분극된 전자기파에서, 전기장은 공간에서 한 개의 고정된 방향을 따라 진동한다. 그림 16.2에서와 같이 실험 전하의 링 패턴의 평면에서 x방향과 그와 동시에 이에 수직인 방향으로 분극되어 z방향으로 전파되고 있는 전자기파에 의하여 무슨 운동 패턴이 일어나겠는가?
(b) 동일한 운동을 창출해내는 두 중력파 분극의 결합이 있는가?

9. [C] **원형으로 분극화 된 중력파**
주어진 진동수를 가진 선형적으로 분극화된 전자기파가 동일한 방향으로 전파되고 있는 동일한 진폭과 진동수 이지만 그러나 직각 방향으로 그리고 90°의 위상차로 분극화된 파에 더하여 진다면, 그 결과는 원형으로 분극화 된 파로서 이것에서는 전기장 벡터의 첨단이 공간의 어느 한 위치에서 원형으로 움직인다. 유사하게, + 분극화된 중력 평면파에 동일한 크기, 진동수, 그리고 전파방향이지만, × 분극이고 90°의 위상차가 나는 또 다른 파와의 중첩은 원형으로 분극화 된 중력파라고 불리운다. 타원을 이루고 있는 실험 입자에 수직으로 입사된 진동수 ω를 가진 원형으로 분극화 된 평면 중력파는 각각의 실험 입자를 작은 원안에서 회전을 야기하여 타원 패턴이 일정한 각진동수로 회전한다. 그 각진동수는 얼마인가?

10. **간섭 패턴**
그림 16.3에 있는 감지기에서는 간섭계의 다른 팔들을 따라 여행한 두 개의 광선의 전기장은 각각 $a\sin[\omega(t-L_{(x)})]$와 $a\sin[\omega(t-L_{(y)})]$의 형태를 가진다고 가정하자. 만일 이것들이 결합된다면, 그 결과의 파의 강도(진폭의 제곱에 비례한다.)는 그림 16.4에 논의한 간섭패턴의 형태를 가짐을 보여라.

11. [S] **뉴턴 중력장에서 에너지 밀도**
할당된 위치 $\vec{x}_A$, $A=1,\ldots,N$에 질량 M_A의 N입자들의 시스템을 모은 것을 고려하자. 그 시스템의 뉴턴 퍼텐셜 W는 벌써 모여 있는 입자들의 퍼텐셜에 무한 원점으로부터 하나씩 하나씩 그것들을 가져옴으로서 발견되는 모든 입자들의 전체 퍼텐셜 에너지이다. 이것은 다음과 같고

$$W = -\frac{1}{2}\sum_{A\neq B}\frac{GM_A M_B}{|\vec{x}_A - \vec{x}_B|}$$

그리고 밀도 $\mu(\vec{x})$를 가진 질량의 연속 분포에 해당되는 식은 아래와 같음을 보여라.

$$W = -\frac{1}{2}\int d^3x \int d^3x' \frac{G\mu(\vec{x})\mu(\vec{x}')}{|\vec{x} - \vec{x}'|} = \frac{1}{2}\int d^3x \mu(\vec{x})\Phi(\vec{x}).$$

뉴턴의 장 방정식 (3.18)을 사용하여 이 표현으로부터 $\mu(\vec{x})$를 제거하고 그리고 나서 다이버전스 이론을 적용하고 다시 쓰면

$$W = -\frac{1}{8\pi G}\int d^3x[\vec{\nabla}\Phi(\vec{x})]^2 = -\frac{1}{8\pi G}\int d^3x[\vec{g}(\vec{x})]^2 \equiv \int d^3x \epsilon_{\text{뉴턴}}(\vec{x}),$$

여기서 $\epsilon_{\text{뉴턴}}(\vec{x})$는 뉴턴 중력장에서 에너지 밀도이다.

12. 빛의 속도로 여행하고 있는 파에 대해서 표면을 가로 지르는 에너지의 플락스(flux)는 운동량 밀도에 c의 곱이다. 운동량 밀도의 크기는 에너지 밀도에 c^2으로 나눈 것임을 보여라.

13. LIGO 중력파 탐지기는 $\delta L/L \sim 10^{-21}$의 차원 없는 스트레인(strain)을 야기하는 ~200Hz의 진동수에 있는 중력파를 탐지할 것으로 기대된다. 지구로 입사되는 그런 파들의 에너지 플락스는 얼마인가? 만일 그것들이 20Mpc 떨어진 곳에서 온다면, 그것의 소스는 그것들이 방출되었을 때, 중력파에 얼마나 빨리 에너지를 잃고 있었을까? 태양이 전자기파로 동일한 에너지 흐름(flux)을 생산하도록 한다면 얼마나 멀리 떨어져 있어야 할까?

14. [E] 이중성계(binary star system) ι Boo는 별무리 Bootes의 방향으로 지구로부터 약 11.7parsecs(1parsec=3.09×10^{18}cm) 만큼 떨어져 있다. 두 별은 거의 6.5h의 주기로 서로 궤도 운동을 하고 있다. 지구 부근에 있는 중력파 탐지기는 이 소스로부터 $\delta L/L \sim 10^{-21}$의 스트레인을 가진 중력 복사를 감지하고 있다. 지구에서 이 복사에서의 에너지 플락스를 평가하고 태양이 동일한 거리에 떨어져 있다고 가정할 때에 전자기 복사에 있어서 태양의 중력 복사와 비교해 보라.

코멘트: 지구상에서 계획되어진 중력파 탐지기는 이 탐지를 할 수 없다 왜냐하면 파의 진동수가 너무 낮기 때문이다, 그러나 공간에 있는 탐지기는 그것을 가능하게 해 줄지 모른다.

CHAPTER

17 관측된 우주
The Universe Observed

우주학은 공간과 시간의 거대한 스케일로 우주의 구조와 진화에 대하여 관심 있는 과학의 한 분야이다. 제1장에서 언급한 것 같이, 이 거대한 스케일에서는 중력이 우주의 구조를 지배하고 우주의 진화를 결정한다. 이와 같이 일반 상대성의 가장 중요한 응용 중에 하나가 된다.

공간과 시간의 거대 스케일에서의 우주에 대한 우리의 이해 폭은 최근에 드라마틱하게 증가하였다. – 관측적으로나 이론적으로나 증가하였다. 이 책에서는 유용한 수많은 상세한 관측치들을 탐색할 충분한 공간이 없다. 그리고 우주의 구조와 진화에 중요한 모든 과정들을 분석하는 데 모든 분야의 물리학이 필요하다고는 생각되지 않는다. 그러므로 우리는 우주학에서 상대론적 중력의 역할에 집중하여 단지 가장 기본적 관측사실들을 소개하고, 가장 간단한 이론적 모델을 수행해 볼 것이다. 다음 3절에서는 다음 장에서 우주 모델의 건설에 안내역할을 할 아주 먼 거리의 스케일로 우주에 대한 3개의 기본 관측사실을 열거하겠다.

1. 우주는 은하라 불리우는 물질의 중력적 결합에 의한 별들과 가스, 퍼져있는 복사선, 그 특성이 알려져 있지 않는 암흑물질[1]과 진공에너지로 구성되어 있다.
2. 우주는 팽창하고 있다.
3. 먼 거리의 스케일로 볼 때 평균적으로 우주는 등방적(isotropic)이다 – 어느 방향으로도 동일하다. 그리고 등질적(homogeneous)이다 – 어느 장소도 동일하다. 은하성단, 복사선 그리고 진공에너지의 밀도 등은 균일하다.

17.1 우주의 구성 The Composition of the Universe

우주에서 보이는 물질은 대부분이 은하 안에 포함되어있다 – 별들, 가스와 먼지의 중력으로 결합된 집합체이다(**그림 17.1**). 전형적인 은하는 10^{11}개의 별과 $10^{12}M_{\odot}$의

---

1) 여기 초입부분과 이 단원의 나머지 부분 그리고 다음 두 단원에서, 제로 정지 질량 입자들(광자, 중력자 등등)은 복사선(radiation)이라 하고, 제로가 아닌 정지질량 입자들(양성자, 중성자, 전자 등등)은 물질(master)이라 부르는 통상적인 우주학의 용어를 사용한다. 매우 작은 질량을 가진 뉴트리노는 어떤 환경에서는 복사선으로 행동하고, 다른 환경에서는 물질로 행동한다. 어느 쪽도 아닌 것은 이 책에서는 관심 밖의 일이다. 이 우주론의 단원들 밖에서는 통상적인 일반 상대성의 관례를 따른다. 그것은 이 두 종류의 입자를 물질(matter)이라고 부른다. 이러한 혼동을 주고자 하는 것이 아니라 동시대의 사용경향에 따르고자 한 것이다.

그림 17.1 안드로메다 은하. 이 중력적으로 결합된 별들과 먼지들의 집단은 우리 은하에서 가장 가까운 은하이다. 중심 주위로 궤도 운행하고 있는 보이는 별들과 먼지를 붙잡고 있는 중력 인력은 대부분 보이지 않는 암흑 물질에 기인한다. (그림 17.4 참고)

질량을 가지고 있다. 오늘날 원칙적으로 우리의 관측으로 도달할 수 있는 우주부분에는 개략적으로 10^{11}개의 은하가 있다(**그림 17.2**). 은하 안에 보이는 물질이 거대 스케일로 균일하게 골고루 퍼져 있다고 하면 현 단계에서 그 밀도는 대략

$$\rho_{\text{visible}}(t_0) \sim 10^{-31} \text{ g/cm}^3, \tag{17.1}$$

로서, 입방 미터에 대략 양성자 1개가 있는 꼴이다.

은하 외에도, 우주는 또한 제로 정지 질량의 입자들 - 광자, 아마도 약간의 뉴트리노들, 그리고 중력파 - 도 포함하고 있다. 빛의 속도로 달리는 이들 방사선들은 물질이 은하를 이루기 위해 뭉쳐지는 것과는 달리 중력적으로 뭉치지는 못한다. 이 커다란 에너지 밀도를 가진 탐지된 복사선은 우주 배경복사라는 것으로 뜨거운 빅뱅 후 잔류하여 남아있는 전자기 복사선이다. 충분한 실험적 정확도로 이것은 오늘날 $2.725 \pm 0.001K$온도의 흑체복사 스펙트럼을 가진다(**그림 17.3**). 흑체복사 스펙트럼에 아주 잘 들어맞는다는 것은 빅뱅에 대한 강력한 증거들 중에 하나이다. 이 스펙트럼의 최고점은 마이크로파 영역 내에 있다. 그리고 그 이유로 해서 이 복사선을 **우주 마이크로파 배경복사**(CMB)라 한다. 2.725K의 온도를 가진 모든 흑체복사와 같이[(18.24) 참고] 우주 배경복사의 밀도는

$$\rho_r(t_0) \sim 10^{-34} \text{ g/cm}^3. \tag{17.2}$$

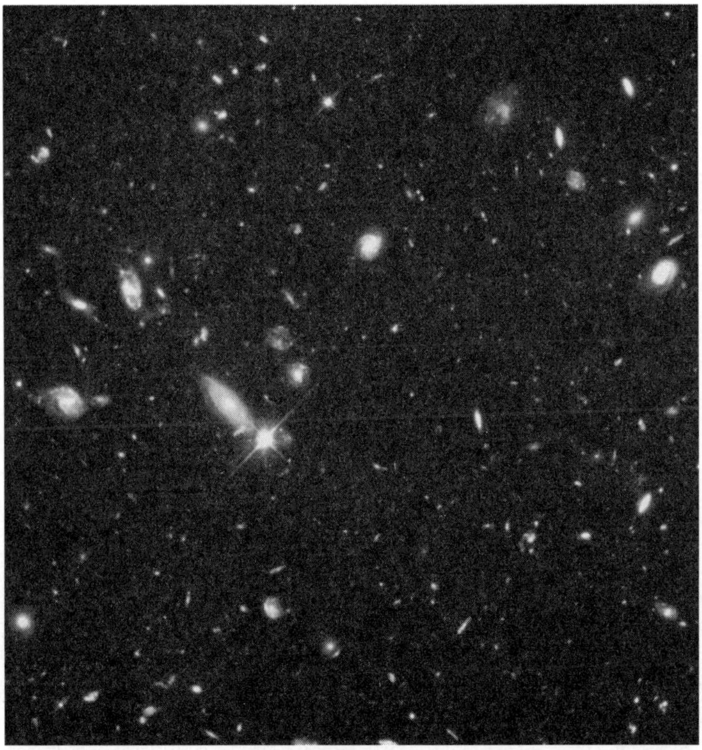

그림 17.2 허블 심우주. 아마도 우리가 허블 우주 망원경에 의한 이 사진보다 더 더욱 많은 은하들 속에서 살고 있을 것이라 확신해주는 사진은 없을 것이다. 이 사진은 보름달일 때 각에 해당하는 각 크기 1/30의 하늘의 좁은 지역을 보여주는 것이다. 이 지역이 너무 좁아 우리 은하의 몇몇 전방에 있는 별들도 보인다. 그러나 이 사진에는 아주 먼 거리에서 오랜 전부터 여행하여 우리에게로 날아온 매우 희미한 빛을 발하는 물체도 보인다. 매우 먼 거리에 있는 은하에서 온 빛은 빅뱅이후 적어도 10억년에 방출되었을 지도 모른다.

이다. 오늘날 이 배경 복사에서 의한 에너지 밀도는 은하내의 물질의 평균 밀도보다 훨씬 적다. 그러나 우리가 다음 장에서 보게 될 것과 같이 우주의 아주 초기는 그 반대이었다. 우주에 있는 대부분의 물질은 은하 내에 있는 빛나는 물질도 아니며 멀리까지 탐지되는 복사선도 아니라는 상당한 증거가 있다. 질량을 직접 볼 수는 없을지라도 그것의 중력의 영향으로 해서 탐지할 수 있다. 보이지 않는 "암흑" 물질에 대한 가장 간단한 증거는 "무게를 잰"(weighing) 나선형 은하로부터 나온다. 나선형 은하 (**그림 17.1**)는 중심핵 주위로 회전하는 별들과 먼지들의 원판으로 이루어져 있다.

중성의 수소의 21-cm 선에서 도플러 편이를 측정해 봄으로써 원판내의 가스구름층의 속도를 은하 중심으로부터 거리 r의 함수로써 나타낼 수 있다(**그림 17.4**). 반경 r내의 질량 $M(r)$에 대하여 속도 $V(r)$은 다음과 같은 관계가 있다.

$$\frac{GM(r)}{r^2} = \frac{V^2(r)}{r}. \tag{17.3}$$

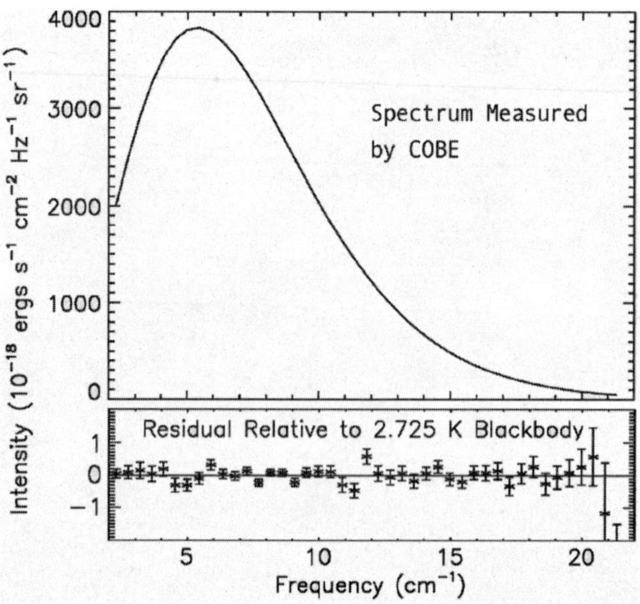

그림 17.3 COBE 위성에 탑재된 FI-RAS 분광 광도계에 의해 관측된 우주 배경 복사의 스펙트럼(1996년 Fixsen의 팀). 수평축은 역cm로 측정된 진동수이다. 수직축은 단위 시간당 단위 입체각당 단위 진동수당 측정된 에너지이다. 아래쪽 도표는 실험 오차 막대와 함께 2.725K 흑체에 대한 플랑크 복사 법칙에서 예견되는 강도(intensity)와 관측된 강도와의 차이를 나타낸 데이터를 보여주고 있다. 위의 도표는 그 데이터에 적합한 플랑크 복사 법칙을 보여준다. 위 도표와 아래 도표 사이에 강도 스케일에 있어서 차이에 주목하라. 오차 막대들은 위 도표에 있는 선의 넓이보다도 더 작을 것이다. 이 스펙트럼은 지구상에서 행하여진 어떤 실험으로부터 나온 것보다도 플랑크 흑체 복사 법칙에 가장 근접한 것이다.

그러므로 질량의 대부분을 포함하고 있는 반경의 바깥부분에서는 $V(r)$이 $r^{-1/2}$에 비례하여 점점 속도가 떨어져야 한다. 그러나 이것은 보여지지 않았다. 오히려, 모든 경우에서 $V(r)$는 측정할 수 있는 한도까지의 먼 바깥부분에서도 거의 일정하였다(**그림 17.4**를 보라). 이것은 은하 바깥부분에서도 $M(r)$이 $\propto r$에 비례하여 증가한다는 것을 함축하고 있다. 거의 모든 은하는 가시광선에서 보이는 물질보다도 아마도 10배나 더 많은, 어둡고 안 보이는 물질의 원반고리(halo)를 가지고 있다고 추론하는 것이 명확한 것 같다.

눈에 보이는 물질과 탐지되는 복사선은 우주에서 질량의 단지 작은 일부분만 차지한다는 것, 아마도 수 퍼센트 밖에 되지 않는다는 많은 증거들이 있다. "잃어버린 질량"의 특성이 우주학의 중심문제가 되었다. 이것들로 추측되는 것은 블랙홀, 희미한 별들 그리고 다른 중력적으로 결합된 덩어리에서부터 새로운 입자족에 이르기까지 광범위하게 추측되고 있다. 심지어 빈 공간도 에너지 밀도를 가지고 있다고 할 수 있다. 뉴턴 역학에서는 운동 방정식은 변하지 않기 때문에 어떤 관측될 만한 효과를 주지 않고 상수를 퍼텐셜에너지에 부가할 수 있다. 그러나 일반 상대성에서는 모든 에너지는 시공간을 휘게 하고 그리고 일정한 진공에너지에 의하여 만들어진

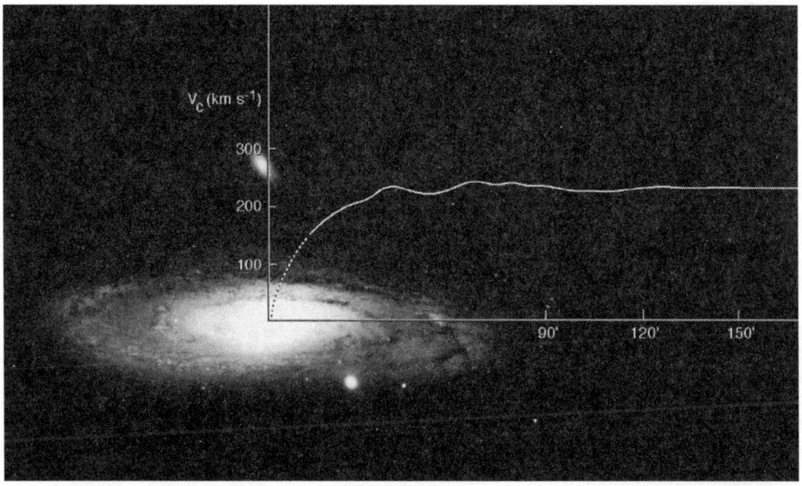

그림 17.4 안드로메다 은하(M31)의 회전 속도 곡선. (Cram외 그 일행 1980) 수소의 21cm 선의 도플러 편이를 측정에 의해서, 그 은하내에 있는 별들의 회전 속도가 여기서는 지구에서 보았을 때 각도로 분을 사용하여, 측정된 중심으로부터 거리 r의 함수로 거의 결정되어 질 수 있다. 이 회전 속도 곡선은, 다른 많은 은하들과 마찬가지로,대부분의 질량이 중심에 집중되어 있다면 예상되는 것처럼, $\propto r^{-1/2}$ 처럼, 매우 먼 r에 대하여 떨어지지 않고 있다. 오히려 그것은 보이는 물체의 회전이 탐색되어질 수 있는 거리보다도 훨씬 멀리까지의 수준에서도 그러하다, 이것은 마치 내부에 있는 물질이 거리 r과 함께 꾸준히 증가하는 것처럼 보인다. 이것은 보이는 질량보다 아마도 10배나 더 무거운 암흑 물체의 원반고리(halo)의 증거가 아닌가 한다.

시공간의 휨은 탐지될 수 있을 것이다. 빈공간이 에너지 밀도를 가지고 있다면 다른 어떤 수단이 아니라 우주자체가 팽창하는 효과에 의하여 탐지될 수 있다. 우리는 암흑 에너지를 탐지하기 위해서는 중력에 의존한다.

17.2 팽창하는 우주

우리의 국소적 집단에서 멀리 바깥에 위치한 은하로부터 나온 별빛의 스펙트럼은 **그림 17.5**에 보여주듯이 적색편이 되어 있다. 평평 시공간에서 도플러 효과를 해석해 볼 때, 이 적색편이는 국소집단 바깥에 있는 은하들이 모두 우리들로부터 속도 V로 멀어져가고 있다는 것을 의미하는 데 이 속도 V는 다음의 도플러 공식에 의하여 파장 $\Delta\lambda/\lambda$의 편이와 관련이 있다.

$$V/c = \Delta\lambda/\lambda \equiv z, \tag{17.4}$$

여기서 우리는 적색편이에 대한 일반적인 천문학적 명칭인 z를 소개하였다. 그리고 $V \ll c$라고 가정하였다. 거리를 측정할 수 있을 정도로 충분히 가까운 은하에 대해서는 후퇴속도 V와 거리 d 사이에 단순하게 선형관계가 있는 것이 관측되었다. 이것을 **허블의 법칙**이라 부른다.

$$V = H_0 d. \tag{17.5}$$

허블 법칙

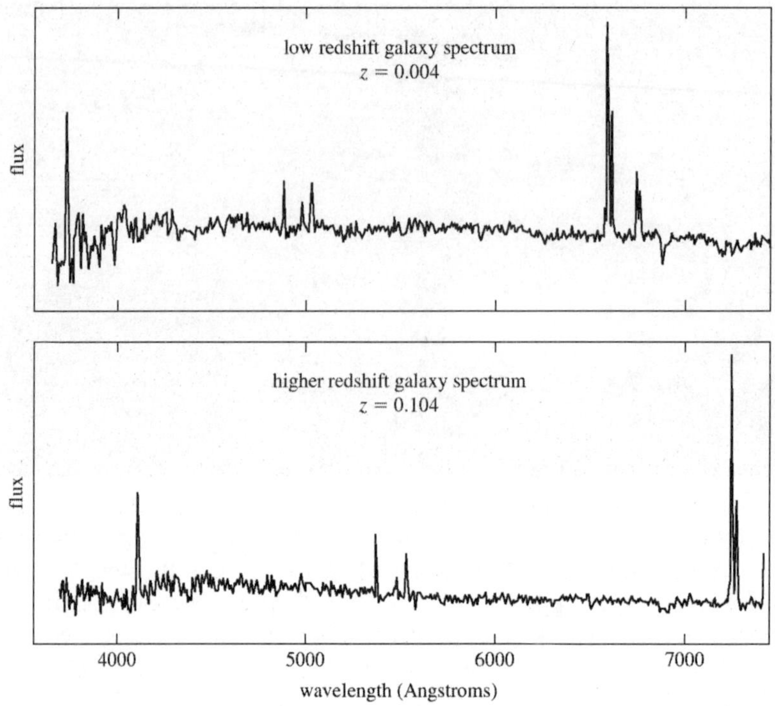

그림 17.5 우주의 적색편이. 두 은하의 스펙트럼이 수신된 강도 대비 Angstrom(1 Angstom$=10^{-8}$ cm)단위로 나타낸 파장으로 나타낸 도표이다. 두 스펙트럼에서 밝은 선들은 $\Delta\lambda/\lambda \equiv z = 0.1$인 편이가 있을 때 해당하는 편이를 보여주고 있다. 이것이 우주의 적색편이이다.

상수 H_0를 허블 상수라 부른다. 간단히 설명될 관측을 통하여 이 허블 상수를 결정하면

허블 상수

$$H_0 = 72 \pm 7(\text{km/s})/\text{Mpc}. \tag{17.6}$$

여기서 사용된 거리 단위 megaparsec(Mpc)는 은하사이들 거리를 나타내는 데 약정된 단위이다. 1 parsec는 3.08×10^{18}cm = 3.26광년이고 megaparsec은 백만 parsec이다. 우주적 거리의 스케일에 대해 피부로 느껴보고 싶으면 **상자 17.1**을 보라.

우리로부터 멀어져가는 은하계의 후퇴로 인해서 우리가 우주의 중심이라고는 할 수 없다. 실제로 허블의 법칙은 팽창 그 자체로부터 추론할 수 있는 중심이라는 것이 없다. 다른 은하계에 있는 관측자에게도 동일한 허블 상수 H_0를 가지고 허블 법칙에 따라 모든 다른 은하계가 멀어져 감을 보게 될 것이다. 이것은 **그림 17.6**에 그림으로부터 정량적으로 보게 된다. 좀 더 정량적으로, 허블의 법칙을 벡터 형태로 나타내면

$$\vec{V} = H_0\vec{d}, \tag{17.7}$$

상자 17.1 우주학에서 거리의 스케일

여기에 지구로부터 거리를 나열한 목록은 여러분들에게 우주학과 관련이 있는 거리의 스케일에 대해 대략적 느낌을 주기 위한 것이다. 그 거리는 parsec로 나타내어져 있다. 이 parsec는 우주학에서 표준 거리로써 1pc = 3.09×10^{18}cm = 3.26광년이다. 그러나 이 스케일 범주는 마이크로pc(μpc) parsec(pc), 킬로pc(kpc), 메가pc(Mpc), 기가pc (Gpc)으로 사용한다. 이 목록에서 나오는 수치는 모두 대략적인 크기순으로 되어있고 몇몇 경우에는 ~가 나타나는데 이것은 그 크기보다 더 클 수 있다는 것이다.

- 태양까지 거리 5μpc
- 가장 가까운 별까지 거리 1pc
- 은하수 중심까지 거리 10kpc
- 약 30개의 은하계의 국소 집단 안에 있는 은하계까지 거리 (예, 안드로메다는 725kpc) 50−1000kpc
- 가장 가까운 큰 집단을 이루고 있는 은하단까지 거리 (예, 수천 개의 은하계가 모인 Virgo 은하단) 20Mpc
- 은하계 분포 상 가장 큰 구조 집단까지의 거리 ~100Mpc
- 보이는 우주의 가장자리까지의 거리 14Gpc

여기서 $\vec{d}$는 우리로부터 은하계까지의 변위벡터이다. 속도 $\vec{V}_{them}$가지고 거리 $\vec{d}_{them}$에 위치한 특별한 은하계를 고려하자. 이 은하계 내에 있는 관측자는, 속도 $\vec{V}$를 가지고 있는 우리가 보는 어떤 은하계에 대해서는 $\vec{V}-\vec{V}_{them}$의 속도로 관측할 것이다. 이때 $|\vec{V}| \ll c$라 가정한다. (17.7)로부터

$$\vec{V} - \vec{V}_{\rm them} = H_0(\vec{d} - \vec{d}_{\rm them}). \tag{17.8}$$

그러나 $\vec{d}-\vec{d}_{them}$는 그들의 우리 은하계로부터의 변위 벡터이다. 그러므로 그 은하계 내에 있는 관측자는 우리와 똑같이 식 (17.5)에 지배를 받는 팽창을 보게 될 것이다. 즉 어느 은하계도 팽창의 중심이 될 수 없다.

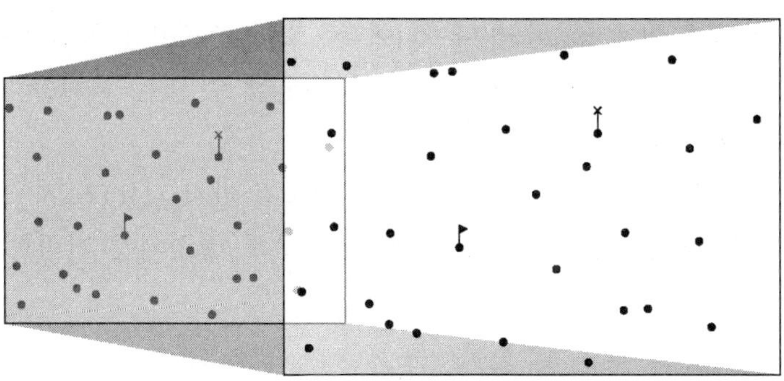

그림 17.6 오른편에 있는 굵은 점들의 패턴은 점들의 크기는 그대로 유지하면서 약 20% 정도로 왼편에 있는 패턴을 팽창시켜 얻은 것이다. 왼편에 있는 어느 한 점(은하)을 선택하자, 예로서 깃발이 꽂혀있는 점, 그리고 그것으로부터 다른 하나의 점들까지의 거리를 측정하자. 이 거리들은 오른편에 있는 상자에서는 20% 증가할 것이다. 또 어떤 다른 은하를 선택하자, 예로서 × 깃발이 꽂혀있는 점, 위와 동일하게 행하면 동일하게 증가한다. 각각의 은하에 있는 관측자는 다른 모든 은하들과의 거리가 증가됨을 볼 것이다; 팽창의 중심에 있는 은하는 없다. 여러분들은 복사기로 스스로 팽창을 만들 수 있다(**문제 6**).

허블의 법칙은 적색편이와 거리사이의 현상적 관계를 나타내는 식이다. 팽창속도가 가까운 은하계사이에서 발생하는 중력에 의한 인력으로부터 얻어지는 속도를 이겨낸다는 것은 충분히 서로 멀리 떨어진 은하계들 사이에 해당된다는 것이다. 그러나 시공간의 휨의 효과가 중요해지거나 그 은하계에서 나온 빛이 우리에게로 여행하여 오는 동안 걸린 시간동안에 우주가 의미심장하게 팽창하였다라는 것이 의미가 있으려면 은하계는 그렇게 멀리 떨어져 있지 않아야 된다. 허블 상수는 이 기준들을 만족하는 은하계의 적색편이와 거리를 측정하여 추론하였다. (이 가정이 유지되지 않을 때의 적색편이는 다음 장에서 논의된다.) 다음에서 관계되는 거리를 어떻게 결정하는지에 대해 좀 더 상세히 설명하겠다.

허블의 법칙을 설립하는 데 필요한 은하계들의 거리를 측정하는 일은 쉽지가 않다. 가까운 별들의 거리는 정확하게 측정할 수 있다. 그러나 우주적 적색편이는 서로 가까이 있는 은하계끼리 당기는 인력으로 인한 국소적 운동을 무시할 수 있을 정도로, 후퇴속도가 지배적인 은하계끼리 충분히 멀리 떨어져 있을 때 측정하여야 한다. 다음의 논의에서는 이 가까운 거리들이 멀리 떨어진 거리들과 어떻게 연결되어 있는지를 아주 간단히 묘사하겠다.

가까운 별들의 거리는 밑변으로 지구의 궤도를 사용한 **삼각구도법**(triangulation)으로 결정할 수 있다(**그림 17.7**). Hipparcos라는 천문길이측정(astrometric) 위성은 대략 120,000개의 별들의 거리를 결정하였는데 이 대부분은 태양계 이웃에 있으며 태양으로부터 거의 100pc에 있는 15,000개의 별들은 10% 이상이 거리가 잘 결정되어 있다. 이 100pc이란 거리는 관측되는 우주의 크기의 백만 분에 10보다도 작다. 그러나 이 거리가 다른 모든 것의 기초가 되는 거리이다.

삼각구도법으로 알아낼 수 없는 별들의 거리를 측정할 수 있는 열쇠는 그것은 바로 **표준 촛불**(standard candle)의 아이디어다. 표준 촛불이란 독립적으로 결정 할 수 있는 물리적 특징으로부터 그것의 광도를 추론할 수 있는 물체를 말한다. 별들을 가능한 예로써 고려하자.

가까운 별들의 광도(luminosity) L은 그것의 겉보기 밝기 f(flux, 지구로 향해오는 에너지 흐름)와 역제곱 법칙을 사용한 삼각공식으로 결정되는 거리로부터 결정할 수 있다.

$$f = \frac{L}{4\pi d^2}. \tag{17.9}$$

여기서 에너지 흐름 f를 측정하고, 거리 d를 알면, 광도 L을 추론할 수 있다.

삼각 공식으로 결정할 수 있을 거리를 가진 어떤 푸르스름한 색깔을 가진 모든 별들이 동일한 광도를 가지고 있음을 판명되었다고 가정하자. 이 푸른 별들은 표준

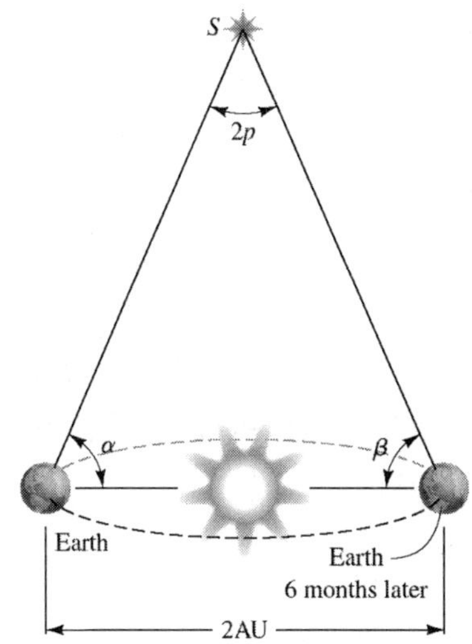

그림 17.7 지구의 궤도를 밑변으로 하는 삼각법은 가까이 있는 별까지의 거리를 측정하는데 사용되어질 수 있다. 별의 각 위치는 지구 궤도상의 두 점에서 관측하여 각도 α와 β를 측정하면 시차(parallax) p는 관계 $2p \equiv \pi-(\alpha+\beta)$에 의해 구할 수 있다. 실제적으로 작은 각도에 대해서는, 거리 $d=(AU)/p$가 된다 여기서 천문 단위 AU는 지구 궤도의 장반경이다. (만일 p가 arc의 초로 측정되어 진다면, parsecs으로 나타낸 거리는 $d=1/p$ pc으로 주어진다. - 이 단위에 대한 원래의 정의에 의해서 말이다. 차수 100 pc의 거리에 멀리 위치한 태양계 이웃을 탐색하고 있는 Hipparcos 천문 위성에 의하여 약 15,000개의 별들 중에 10% 이상이 10milliarcsec 보다 더 큰 시차들로 측정이 잘되었다, 이 그림은 좀 과장되게 그려져 있다. 그림이 스케일대로 그려져야 한다면, 심지어 가장 가까운 별 α-Centauri의 70,000AU 거리에 있는, 점 S는 이 페이지의 맨 꼭대기에 위로 수 km 위에 있어야 할 것이다.

촛불이 될 것이다. 그것들의 색깔에 의하여 한번 확정되기만 하면, 그것들의 광도는 알게 될 것이다 - 가까운 푸른 별들과 삼각공식 측정법으로 계산한다. 너무 멀리 떨어져 있어 직접적으로 측정할 수 없는 푸른 별들의 거리는 반대로 역제곱 법칙을 사용하여 찾아낼 수 있다. f를 측정하고, L을 알아낸 다음에 d를 추론한다. 그러나 불행하게도 푸른 별들은 좋은 표준 촛불이 아니다; 즉 그것들의 광도는 나이와 함께 변하고 다른 것들과의 구성성분 혼합에 의해서도 변한다. 그러나 거리의 사닥다리 단계별 개념은 동일하다. 다음 단계에 있는 별의 거리를 결정하기 위하여 사용할 표준 촛불을 계산하기 위하여 그 한 단계에서 별의 거리를 이용하라. 우주의 거리에 대한 실제적 측정은 많은 여러 종류의 표준 촛불(그리고 실제로는 표준 자도 마찬가지)에 기초로 하여 만들어진 다른 많은 사닥다리 중에 일치하는 것 중에 하나를 선택하는 것이다. 여기서 이 모든 것을 보여주는 것은 불가능하다. 오히려, 측정된 아주 먼 거리로 우리를 데려다 주는 3단계 사닥다리를 설명함으로써 이 아이디어를 보여주고자 한다.

이 논의의 준비과정으로서, 여기가 광도와 겉보기 밝기의 천문학적인 측정을 소개하는 것이 가장 좋은 장소인 것 같다. 천문학자들은 각각 **절대 등급**(absolute magnitude)와 **겉보기 등급**(apparent magnitude)라 불리우는 광도와 에너지 흐름의 로그 측정을 사용한다. 이것들이 어떻게 정확히 정의되는지에 대한 복잡성에 들어가지 않고 이 책의 목적을 위하여 아래의 관계에 의하여 주어진 것을 받아들이기로 하자. **절대 등급** M은 다음 식에 의해 전체 광도 L(luminosty)과 관련이 있다.

$$M = -2.5\log_{10}(L/L_{\odot}) + 4.74, \tag{17.10}$$

여기서 $L_{\odot}$은 태양의 광도 3.85×10^{33}erg/s이다. 관측될 수 있는 여러 파장 대에서 광도를 측정한 여러 다른 종류의 등급들이 있다. **겉보기 등급** m은 다음과 같이 에너지흐름 f(flux)와 관련이 있다.

$$m = -2.5\log_{10}(f/f_{\odot\ \mathrm{at\ 10\ pc}}) + 4.74, \tag{17.11}$$

여기서 $f_{\odot\ at\ 10\ pc}$는 태양이 10pc로 멀리 떨어져 있다면 태양에서 지구로 들어오는 에너지 흐름 3.21×10^{-7}erg/(cm^2 · s)이다. 만일 어떤 물체가 10pc로 멀리 떨어져 있다면 그 물체의 겉보기등급은 절대등급과 동일하다. 차이 $m-M$은 f/L에 대하여 log로 계산한 것으로 표현될 수 있다. 이것을 **거리의 모듈**(distance module)이라고 부르는 데 왜냐하면 평평 공간에서는 $m-M=5\log_{10}(d/10pc)$이기 때문이다. 여기서 d는 별이 떨어진 거리이다. 이것이 천문표기법에서 평평 공간 역제곱 법칙의 내용이다. 이제 멀리 떨어져 있는 은하계들에 대한 한 개의 거리 사닥다리(distance ladder)를 만들고 허블의 법칙을 계산하는 3개의 다른 표준 촛불에 대해 설명하겠다.

- **주된 일반적 계열의 별** 앞에서 언급한 것과 같이 주어진 색깔의 각 별들은 좋은 표준 촛불이 아니다. 그러나 별들의 광도와 색깔에 대한 그 관계의 통계적 특징은 표준 촛불로서 사용되어질 수 있다. **그림 17.8**은 약 14,000개의 별들의 광도와 색깔의 관계를 점으로 표시한 것으로 별들의 거리는 Hipparcos 위성에 의하여 정확히 결정되었고 그것들의 겉보기 밝기로부터 그들의 광도를 추론하는 데 사용된다. 그 주된 열은 수소를 태워서 헬륨을 만드는 별들로 구성된 왼쪽 위에서 오른쪽 아래로 흐르는 넓은 띠이다. 삼각공식으로 거리를 결정하기에는 너무 멀리 떨어진 한 무리의 별들을 대하여 겉보기 밝기와 색깔이 측정되어진다고 가정하자. 그 한 무리의 물리적 연관성은 그 안의 모든 별들이 우리들로부터 거의 같은 거리에 있다는 것을 의미한다. 삼각공식측정법으로 결정된 주된 열에서의 거리는 그에 상응하는 무리들의 거리가 된다. 삼각공식으로 결정된 거리를 가진 별들의 측정은 멀리 떨어진 별무리까지의 거리를 결정하는 데 사용되어질 수 있는 표준 촛불 - 주된 열 - 을 정하게 되었다.

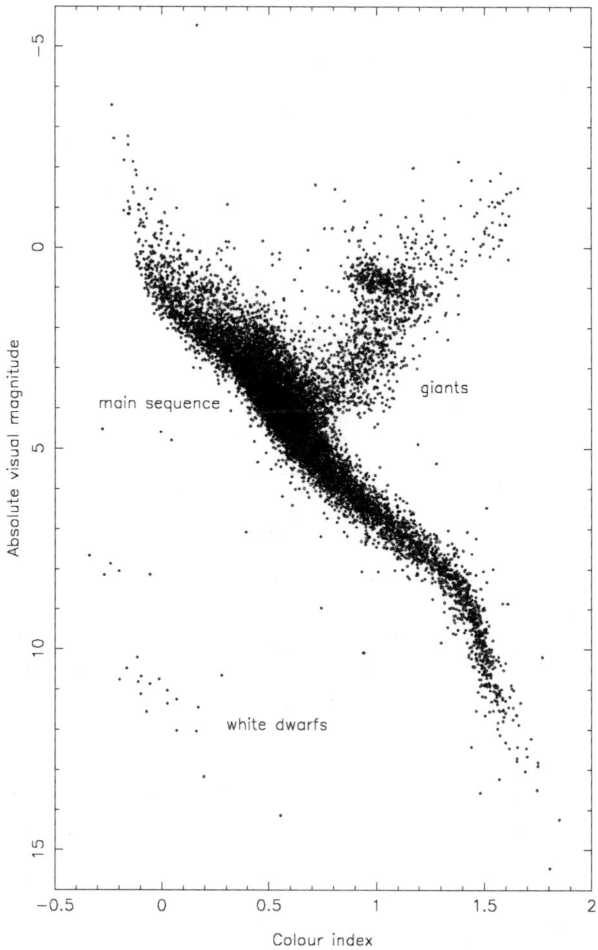

그림 17.8 주 계열(main sequence)을 보여주고 있는 Hertzsptung-Russell 다이어그램. 광도와 색깔사이의 관측된 관계가 그것의 거리들이 Hipparcos 위성에 의하여 측정된 시차들(parallaxes)(그림 17.7)로부터 결정된 태양계 이웃에 있는 거의 14,000개의 별들에 대해서 나타나있다. 별의 광도는 역제곱 법칙 (17.9)를 사용하여 그것의 거리와 겉보기 밝기로 추론된다. 가시광선의 파장 대에 있는 광도는 절대보기등급(absolute visual magnitude)로 수직축에 나타나있다. 이것은 (17.10)에 정의된 크기와 유사하게 광도의 log 측정이다 그러나 관측된 파장의 한계 범위를 언급하고 있다. 더 밝은 별들은 더 작은 크기를 가진다. 수평축은 별의 색깔에 대한 측정이다 그러므로 개략적으로 별의 온도에 대한 측정이라 볼 수 있다. 푸르고, 뜨거운 별들은 왼쪽으로, 붉고, 차가운 별들은 오른쪽에 위치한다. 태양은 사용된 스케일에서 4.82의 절대보기크기와 0.88의 색깔 인덱스를 가진다. 주계열은 수소를 태워 헬륨을 만드는 별들로 구성된 왼쪽 위에서 오른쪽 아래로 흐르는 넓은 띠이다.

- **세페우스형 변광성들**(Cepheid Variable Stars) 세페우스형 변광성들은 표면온도가 태양과 비슷하지만 광도에 있어서는 더 밝은 거대하고, 밝고, 노란색의 별들이다. 충분히 가까운 별무리에 속해있는 세페우스형 변광성들의 광도는 거리 사닥다리에서 전 단계에서 결정된 거리로부터 구할 수 있다. (약간의 세페우스형 변광성들에 대해서는 시차측정이 가능하다.) 이것들은 **그림 17.9**에서 보여주듯이 변광성의 절대 광도와 그것들 변동주기사이에 잘 정의된 실험적 관계가 있다.

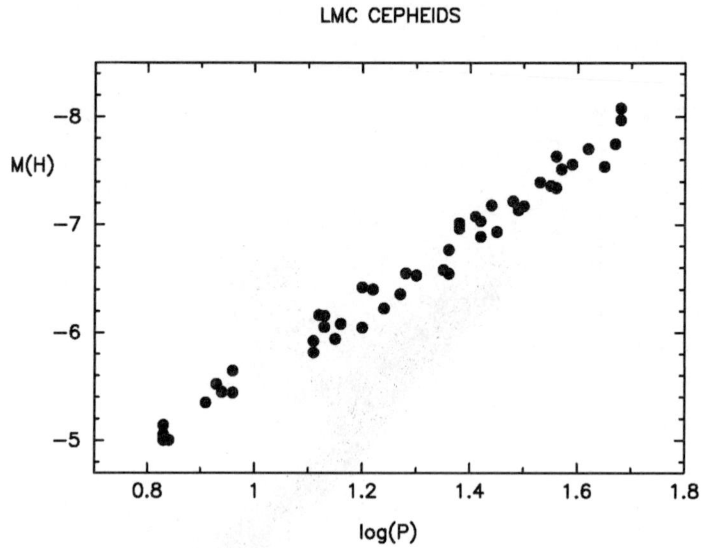

그림 17.9 대 마젤란 성운 - 우리 은하수의 위성 은하 - 에 있는 세페우스형 변광성들에 대한 주기-광도의 관계. (Persson과 그 일행, 2002) 그림은 일로 표시한 주기에 log(밑은 10)를 취한 값 대비 약 1.6μm에 중심을 둔 자외선 H-band에서 별들의 절대 광도에 대한 도표이다. 주기와 광도간의 밀접한 관계는 세페우스형 변광성들을 표준 촛불로 사용할 수 있게 해준다. 세페우스형 변광성들의 광도는 그것의 주기로부터 결정되어질 수 있다, 그리고 그것의 거리는 역제곱법칙을 사용하여 광도와 겉보기 밝기로부터 결정할 수 있다.

이 일차성은 세페우스형 변광성들을 표준 촛불로 만든다. 그것들의 색깔과 변동성이 확인되면, 이들 거리는 겉보기 밝기와 주기의 측정으로부터 추론할 수 있다. 세페우스형 변광성들은 주된 열에 속해있는 별무더기로 측정될 가능성이 없을 정도로 멀리 떨어진 은하계의 거리를 측정하는 데 사용되어질 수 있다. 유사하게 세페우스형 변광성은 거리 사닥다리에서 다음 단계를 위한 그 기초를 형성한다. 그것들은 심지어 더 밝은 물체에 대한 절대광도가 정하여지도록 해주는 거리를 제공한다.

- **Ia형 초신성들** 초신성은 별이 재앙적인 폭발을 하는 것으로 그러므로 그것의 밝기는 그것이 속해있는 은하의 밝기에 견줄만하다(**그림 17.10**). 그러므로 그것들은 매우 먼 거리에 있어도 탐색이 되는 것이다. 전형적으로 그것들은 수 주 동안 최고의 밝기로 빛나다 수개월 동안에 걸쳐서 서서히 죽어간다. 그것들은 폭발할 때 여러 가지 다른 메커니즘으로 다양한 형태로 나타난다.

  Ia형 초신성(SNIa)는 열핵연료를 다 소모한 거대 별 붕괴의 결과로서 나타난 것으로 이것은 최고로 밝은 초신성은 아니다(12.1절 논의 참고). Ia형 초신성은 백색왜성 주위로 상호궤도를 돌고 있는 정상적인 별이 매우 높은 고밀도의 동반성에게로 질량체를 내뿜을 때 나타나는 결과이다. 축퇴전자의 압력으로(**상자 12.1**을 보라.) 지지될 수 있는 최대 질량에 거의 근접한 백색왜성 질량 때문에, 그 별은

그림 17.10 은하 NGC 4526의 바깥 지역에 있는 초신성 1994D. I_a형 초신성의 이 예는 그것이 최대로 밝을 때에는 광도에 있어서 은하의 중심과 견줄 만하다는 것을 보여주고 있다. 이것이 그것들이 아주 먼 거리에 있어도 탐지될 수 있는 이유이다. 거의 20Mpc 정도로 멀리 떨어져 있는 이 은하도 우주의 스케일로 볼 때 "가까운" 것이다. 이 초신성은 얼마나 오래전에 폭발했을까?

별을 완전히 붕괴시킬 폭발을 만들어 낼만한 충분한 에너지를 방출하는 막강한 핵 연소파를 내면서 폭발한다. 백색왜성의 최대 질량은 ($\approx 1.4M_{\odot}$)로 고정되어 있기 때문에 SNIa와 그 다음 것과의 사이에는 기본 메커니즘에 있어서 어떤 유사성이 있다. 그래서 결론적으로 그들의 최대 광도에 있어서도 어떤 유사성이 있다. SNIa의 최대광도는 Cepheid 변광성으로 그 거리가 알려진 은하에서 그것들이 출현하게 된다면 그것들의 실제로 보이는 최대 크기로부터 결정될 수 있다. 최고조의 광도는 하나의 SNIa부터 다른 것까지 비슷하다. 그리고 최고조의 밝기와 그 밝기가 사라지는 데 걸리는 시간 사이에는 아주 꼭 맞게 상당한 상호관계가 있다는 것을 경험적으로 알고 있다. 그러므로 SNIa는 표준 촛불로 사용될 수 있다. Cepheid 변광성을 가지고 계산된 최고조 밝기와 쇠퇴되는 시간사이의 관계는 Cepheid 변광성이 관측되는 범위를 넘어선 더 먼 거리까지 확장하여 관측하는 데 사용되어 질 수 있다.

이 상세한 천문학의 결과와 3단계의 거리 척도가 **그림 17.11**에 예시되어있다. 이것은 SNIa 표준 촛불에 의해 거리가 결정된 은하들의 견본을 후퇴속도와 거리와 관계를 나타낸 도표이다. 이 명백한 직선 관계는 Hubble 상수 H_0가 72 ± 7(km/s)/Mpc임을 확정해준다. 이것이 지금 우리 우주가 얼마나 빠르게 팽창하는 가를 보여주고 있는 것이다.

상수 H_0가 매우 멀리 떨어져 있지 않는 은하로부터 결정되었지만 Hubble의 법칙은

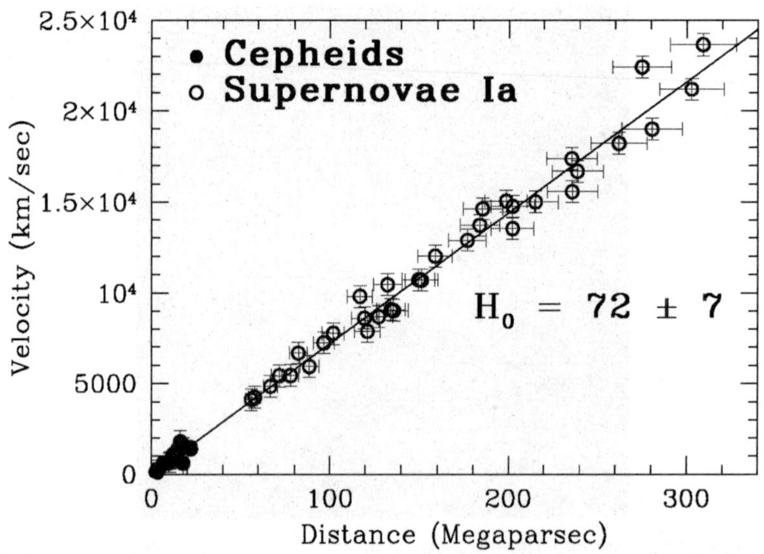

그림 17.11 허블 다이어그램(Freedman의 팀,2001) 이 그림은 I_a형 초신성의 측정으로부터 결정된 것과 같이 적색편이로부터 결정된 은하의 후퇴속도 대비 거리에 대한 도표이다. 아래 왼편 구석에 위치한 까만 원으로 표시된 가까운 은하들은 I_a형 초신성과 세페우스형 변광성들을 가지고 있다. 그러므로 이들 은하의 거리는 세페우스형 변광성들로부터 결정되어질 수 있고 그리고 I_a형 초신성(SNI_a)을 표준 촛불로서 기준 점을 정하기 위해 사용되어질 수 있다. 그러면 이 관계는 하얀 원으로 표시된 더 멀리 떨어져 있는 SNI_a의 거리를 결정할 수 있다. 거기에는 허블 상수 $H_0 = 72 \pm 7\,(\mathrm{km/s})\,\mathrm{Mpc}$를 가진 허블의 법칙으로 알려진, 속도와 거리는 거의 선형 관계가 있다.

아주 멀리 떨어져 있는 물체의 거리를 결정하는 데 사용되어 질 수 있다. 적색편이를 측정한 후 (17.4)로부터 후퇴속도를 결정하고 그리고 나서 (17.5)로부터 거리를 결정할 수 있다. 매우 멀리 멀리 떨어진 거리에 대하여는 적색편이가 여전히 거리 치침으로 사용될 수 있다. 그러나 Hubble의 법칙은 우주의 휨과 19장에서 보게 되겠지만 시간이 흐름에 따라 우주의 진화로 인하여 교정해 주어야한다.

17.3 우주의 지도만들기 Mapping the Universe

아주 먼 거리의 스케일에서는 우주에서 탐지되는 물질과 복사선들이 어떻게 조직화되는가? 이 조직화는 시간에 따라서 어떻게 변화하는가? 이 질문에 대답하기 위해서는 물질과 복사선의 위치와 분포가 지도화 되어야한다. 이것은 쉽지 않다. 거리는 아주 방대하고 시간은 아주 요원하다. 빅뱅 이후 거의 130억년이나 흘렀다. 개략적으로 말해 이것은 빛을 사용하여 원칙적으로 거의 260억 광년($\sim 10^{23}\mathrm{km}$)에 해당하는 우주의 범위를 관측 할 수 있었다는 것을 의미한다. 이 지도들은 아주 거대 스케일에서는 우주는 **등방적**(isotropic) – 어느 방향으로도 같다는 것 – 이고, **등질적**(homogeneous) – 어느 곳에서나 같다는 것 – 이라는 것을 믿게끔 강요하는 증거를 제공해준다.

등방적이라는 증거 The Evidence for isotropy

복사선에 대한 지도 Mapping the Radiation

만들려고 하는 가장 직접적인 지도는 하늘의 각도 위치 당 물질의 특징을 나타내는 것이다. (이것들 중 가장 중요한 것은 우주 배경복사의 온도 지도를 만드는 것이다.)

만일 우리가 단순히 속도상수를 일정하게 유지한 채 Hubble의 팽창을 시간에 따라 뒤로 되돌려보아 추정해본다면 우리는 어느 한 때에(Hubble 시간) 특이상태(점)에 이르게 된다.

$$t_H \equiv 1/H_0 \sim 140\text{억년} \tag{17.12}$$

이때는 은하간의 거리가 제로가 되는 것이다. 물론 은하의 속도들이 중력의 동력학적 법칙에 의하며 시간에 따라 변해야 하기 때문에 이 일정속도에 의한 추정을 믿을 이유는 없다. 또한 그런 우주초기에 은하들이 있었다는 것을 믿을 이유도 없다. 그러나 사실은 다음 장에서 보게 되겠지만 일반 상대성은 위와 같이 필적할 만한 시간에 그런 특이상태가 있음을 예견하고 있다. 이것은 빅뱅이다 - 무한대의 밀도, 무한대의 온도, 무한대의 시공간 곡률이 있는 시간이다. 이 매우 초기시간에는 물질과 복사선이 아직까지 응집되어 은하를 이루지 못하였고 온도에 의해 묘사되는 매끄럽고, 뜨거운 유동체내에서 서로 동등하게 존재하였다.

우주가 팽창함에 따라 물질과 방사선은 식어갔다. 빅뱅 후 수천 년이 수백 개나 지난 후에 온도가 충분히 떨어져 초기 자유 전자가 핵 속으로 결합하여 중성이며 투명한 물질 - 대부분 수소와 헬륨 -을 만들었다. 온도가 거의 3000K였던 그 당시에 방출된 빛이 그때 이후로 우리에게로 여행을 와서 우주 배경복사를 형성한 것이다. 우주가 팽창하는 동안 복사선은 식어서 절대온도보다 약간 높은 2.73K의 온도가 되었다. 하늘에 이 복사선의 온도지도가 빅뱅 때 우리가 가장 근접할 수 있는 우주의 사진이 될 것이다.

그림 17.12는 우주배경복사탐사위성(COBE)에 의하여 측정된 일련의 3가지 지도이다. 우주배경복사의 여러 다른 온도에서, 맨 위 사진은 밀리켈빈(millikelvin) 이상의 해상력으로 온도분포를 보여준다. 그것은 2.73K로 완전히 균일하다. 다음 것은 밀리켈빈의 해상력으로 동일한 지도를 보여주고 있다. 이것은 복사가 거의 정확히 등방적(isotropic)인 계에 대한 상대적인 우리의 운동(지구의 운동)으로 인한 Doppler 편이에 의하여 그것은 완전히 등방적이지 않다. 이 운동의 효과를 빼면 해상력이 마이크로켈빈(microkelvin)인 맨 아래의 사진이 된다. 사진의 중앙을 가로질러는 우리의 은하로부터 나오는 복사선의 기여를 볼 수 있다. 잔존해 있는 불균형의 조각들(patches)은 단지 1켈빈의 수십만 분의 1의 비율의 섭동(요동)해 해당한다.

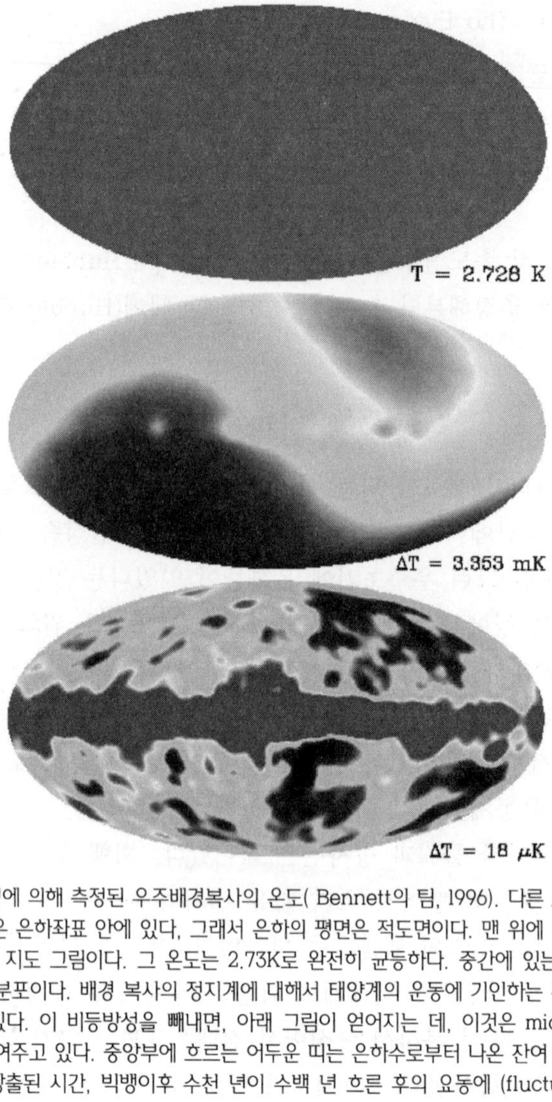

그림 17.12 COBE 위성에 의해 측정된 우주배경복사의 온도(Bennett의 팀, 1996). 다른 스케일의 3개의 온도지도가 나타나 있다. 지도들은 은하좌표 안에 있다, 그래서 은하의 평면은 적도면이다. 맨 위에 것은 millikelvin 이상의 온도 해상력으로 나타낸 지도 그림이다. 그 온도는 2.73K로 완전히 균등하다. 중간에 있는 지도는 millikelvin 의 해상력으로 나타낸 온도분포이다. 배경 복사의 정지계에 대해서 태양계의 운동에 기인하는 두 군데 비등방성(dipole anisotropy)이 나타나있다. 이 비등방성을 빼내면, 아래 그림이 얻어지는 데, 이것은 microkelvin의 해상력으로 남아있는 비등방성을 보여주고 있다. 중앙부에 흐르는 어두운 띠는 은하수로부터 나온 잔여 복사선에 기인한다. 잔존하는 편차는 복사선이 방출된 시간, 빅뱅이후 수천 년이 수백 년 흐른 후의 요동에 (fluctuation)해당한다.

명백히 우주초기 아주 현저히 등방적이었다 – 어느 방향으로나 똑같았다. 그러나 이 정확한 등방성으로부터 약간의 요동은 매우 중요한 데 왜냐하면 그것은 우리가 오늘날 보고 있는 은하가 되기 위해서는 시간이 흘러감에 따라 중력의 인력에 의한 밀도 요동의 징표가 된다.

물질에 대한 지도 Mapping the Matter

하늘에서 은하 각(angular) 위치 지도는 우주배경복사의 온도의 지도가 매우 초기의 우주에 대한 사진을 제공해 준 것과 같이 아주 동일한 방법으로 오늘날 우주의 지도를 제공해준다. **그림 17.13**은 A(utomatic)P(late)M(achine) 탐사에 의하여 얻어진 은하들의 지도를 보여주고 있다. 하늘의 광대한 영역을 작은 영역으로 세분

그림 17.13 APM 조사로부터 나온 은하들의 각도 분포도. (Maddox와 그 일행,1990) 그림은 각각의 사각형내에서 헤아려진 은하들의 숫자에 따라 음영이 치진 작은 사각형들로 나누어진 하늘의 1/4을 개략적으로 보여주고 있다. (은하가 많은 부분은 더 하얗게 표시되어있다.) 이 커다란 각도 스케일에서 보면, 어느 한 방향으로 만큼이나 다른 방향에도 많은 은하들이 있음을 알 수 있다.

하였고 그 각 영역에서 어떤 한계치 이상으로 더 밝은 은하의 수들이 헤아려졌다. 그림 상의 회색 척도(grey scale)는 그 수를 가리킨다. **그림 17.12**에서보다 이 그림에서 훨씬 더 많은 구조들이 보여진다. 이것은 중력의 한데 모으는 작용에 의해 시간이 흘러감에 따라 나타난 구조물이다. 그러나 거대 스케일로 평균해 본다면 이 사진은 어느 방향으로나 거의 같다. 즉 오늘날 우주는 등방적(isotropic)이다.

등질적이라는 증거 The Evidence for Homogeneity

등방적 우주(어느 방향으로도 동일하다)가 등질적(어느 곳에서나 동일하다)일 필요는 없다. 은하의 밀도가 모든 방향으로 우리로부터 급속히 감소해 가는 우주의 중심에 있을지도 모르며 그래서 여전히 그 분포가 등방적일지도 모른다. 그러나 공간에서 분포의 3차원적 지도는 은하의 분포가 수백 메가 파섹(megaparsecs) 이상의 거리의 스케일에서도 거의 등질적이다. 그런 지도를 건설하는 것은 커다란 계획이다.

아주 먼 거리를 탐사하기 위해서는 단지 적색편이만이 Hubble 법칙을 통하여 거리측정의 지시계(indicator)로 유용하다. 수천의 은하에 대한 분포도와 위치도가 필요하다. 탐사가 더 멀어져 갈수록 점점 더 많은 은하가 측정되어져야한다. 왜냐하면 그 수가 우리로부터 거리의 입방부피에서 개략적으로 점점 더 증가할 것이기 때문이다. 이 글을 쓸 당시 진행 중인 2가지 커다란 탐색은 2dF탐색과 Sloan Digital Sky 탐색이 있었다. 2dF탐사의 초기 결과가 **그림 17.14**에 보여준다. 확실히 이 분포는

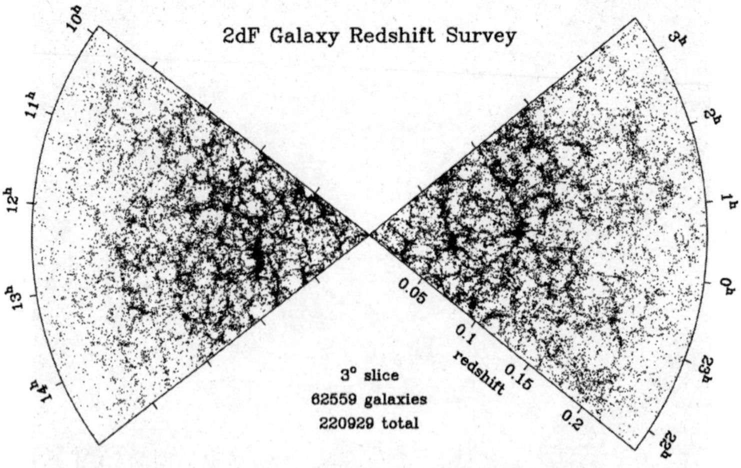

그림 17.14 2df 적색편이 조사. 이것은 그것들의 각도 위치와 적색편이가 2df 은하 적색편이 조사에서 측정된 220,929개의 은하들 중에 62,559개의 위치에 대한 지도를 보여주고 있다. (Colless와 그 일행,2001) 반경방향 위치는 허블의 법칙에 맞춰서 적색편이 단위로 주어져 있다. 은하들이 더 큰 적색편이에서는 밀도가 얇아지는 것 같다, 그러나 그것은 선택의 결과이다(selection effect)이다. 멀리 떨어져 있을 때 오직 가장 밝은 은하들만이 보인다, 그래서 작은 적색편이 때보다 더 큰 적색편이 때 전체 은하수들이 작아 보이는 것이다. 조사가 좀 더 완전한 안쪽지역에서는 voids, knots, filaments 등이 명확히 보인다, 그러나 좀 더 큰 스케일에서는 은하의 분포가 우주의 한 부분이 다른 부분들처럼 비슷해 보인다. 즉 등질적(homogeneity)이다.

어떤 구조를 보여주고 있다. 작은 구역을 한정해서보면 은하가 집중되어 있는 선과 매듭진 곳이 있고 은하가 거의 없는 빈 공간이 있다.

그러나 스케일을 더 멀리해서 보면 – z방향으로 약 0.2의 차이 이상 – 분포의 안쪽부분은 어느 곳에서나 그 분포가 거의 같다. 이것이 우주는 거대 스케일에서 보면 등질적(homogeneous)이라는 피할 수 없는 증거이다. 우리가 우주에서 어떤 특별한 장소에 있는 것 같지는 않다.

문 제

1. 멀리 떨어진 은하가 $z = \Delta\lambda/\lambda$가 0.2인 적색편이를 가지고 있다. 허블 법칙에 의하면, 허블 상수가 72(km/s)/Mpc이라면 그 은하에서 빛이 방출되었을 당시 그 은하는 얼마나 멀리 떨어져 있었는가?

2. [E] 태양계 바로 이웃에 있는 약 120,000개의 별들이 0.05″의 시차(parallax)로 측정되어진다. 태양계 이웃에서 입방 pc 당 들어있는 별들의 수를 계산해 보라.

3. [P] 플랑크 복사 법칙은 미소 시간 dt, 미소 면적 dA, 수직 방향으로 미소 입체각 $d\Omega$, 미소 진동수 변화 $d\omega$로 입사되는 온도 T에서 흑체 가스에서의 에너지 dE는 다음과 같이 특성화 한다.

$$dE = \frac{\hbar\omega^3}{4\pi^3 c^2}\frac{1}{\exp(\hbar\omega/k_B T) - 1} dt\, dA\, d\Omega\, d\omega.$$

그림 17.3의 윗부분에 있는 데이터가 흑체 스펙트럼에 적합하다고 가정할 때, 복사선의 온도를 계산하라. (그림 17.3에 그려져 있는 진동수는 $\omega/2\pi$임에 주의하라.)
(힌트: 이것을 계산하는데 여러 가지 방법이 있다, 어떤 것은 다른 것보다 더 쉽다.)

4. [E] 안드로메다 은하(M31)까지의 거리는 725kpc이다. 그림 17.4에 있는 데이터를 사용하여 안드로메다 중심으로부터 150′까지 뻗어 있는 구 내부에 있는 질량을 $M_\odot$ 단위로 계산해보라.

5. [E, S] 그림 17.14에 있는 2dF 조사로부터 나온 데이터를 사용하여 우주가 거의 등질적으로 되는 거리 스케일을 계산해보라.

6. **복사기를 이용한 팽창의 예.** 우주의 팽창에는 중심이 없다는 좀 더 강력한 예시를 위하여, 그림 17.6과 관련된 다음 실험을 시도해보자. 오브헤드 프로젝트에서 사용되는 그런 투명지를 가지고서 그 위에 그림 17.6에 있는 박스들 중 하나와 같이 은하를 나타내는 점들을 거의 균일하게 점들을 찍어라. 그리고 나서 이것을 다른 투명지에 약 20% 확대해라. (실제 은하들은 크기가 팽창하지 않으므로, 복사기에 의한 점들의 팽창은 무시하라.) 복사기로 확장후의 한 은하의 위치를 확장하기 전의 위치에 겹쳐지도록 두 투명지의 테두리를 가지런하게 놓아라. 그러면 그 나머지 점들이 모든 방향으로 밖으로 움직인 것을 보게 될 것이다. 다른 은하 점들에 대해서도 동일하게 시도해보라. 여러분은 무엇을 알 수 있나요?

7. 3.9의 겉보기 등급을 가진 우리 태양과 거의 같은 별의 인접한 지역으로부터 라디오 신호를 받고 있다. 이 신호는 얼마나 오랜 전부터 우리에게 보내어졌는가?

8. 주계열에 있는 멀리 떨어져 있는 한 무리의 별들이 (겉보기 등급) = 6(색깔 지수)+18의 관계에 들어맞는다. 이 별들이 태양계 이웃에 있는 별들과 같은 종류의 것들이라고 가정하면, 이 별무리는 거의 얼마나 멀리 떨어져 있는가?

9. 세페이드 변광성은 22의 겉보기 등급과 25일의 주기를 가진 것으로 관측된다. 이 별은 얼마나 멀리 떨어져 있는가?

CHAPTER

18 우주 모델들
Cosmological Models

앞장에서 논의한 관측의 결과는 우리 우주가 수백 megaparsecs 이상의 아주 먼 공간적 범위에서 볼 때 거의 등질적(homogeneous)이며 등방적(isotropic)이라는 것을 보여주고 있다. 가장 단순한 우주 모델들은 이들 대칭성을 1차적인 근사치로 하여야 한다는 것을 강요한다. 예로써 은하내의 물질과 복사선들은 공간에서 거의 균일하게 밀도 분포하고 있는 것으로 근사치로 본다. 유사하게 시공간 기하는 공간의 등질성과 등방성에 정확히 일치해야한다. 이들 단순한 가정들은 우주모델 중에 Friedman–Robertson–Walker(FRW)군으로 정의하는 데 이것이 이 장의 주제이다.

18.1 등질적, 등방적 시공간 Homogeneous, Isotropic Spacetimes

등질적이며 등방적인 우주모델의 시공간 기하부터 시작해 보자. 등질적이며 등방적인 시공간은 공간의 어느 한 점에 대하여 구형적으로 대칭이며(등방적), 공간의 어느 한 점에 대하여 어느 곳에서나 똑같다(등질적)는 기하에 대한 것이다. 등질성과 등방성은 **공간**에 대한 대칭성이지 **시공간**에 대한 것은 아니다. 등방적, 등질적 시공간은 일련의 3차원 공간 단편들을 가지게 되는 데 이 단편들에서는 3차원 기하가 등방적이고 등질적이다. (4차원 시공간의 3차원 단편으로서의 공간성 표면은 7.9절에 논의했었다.)

평평 Robertson–Walker 계량

등질적, 등방적인 우주기하의 가장 단순한 예는 다음 선 요소로(line element) 묘사된다.

평평 FRW 모델의 선 요소

$$\boxed{ds^2 = -dt^2 + a^2(t)(dx^2 + dy^2 + dz^2)} \tag{18.1}$$

여기서 $a(t)$는 **척도 인자**(scale factor)라고 불리우는 시간좌표 t의 함수이다. (18.1)의 계량은 등방적, 등질적 우주 모델이다. 왜냐하면 그것의 시공간은 $ds^2 = -dt^2 + dS^2$으로 나눌 수 있는 데 즉 선 요소 dS^2을 가진 등질적이며 등방적인 공간 기하와 시간으로 나뉜다. $t =$ 일정인 공간성 표면의 기하는 다음 선 요소로 묘사된다.

$$dS^2 = a^2(t)(dx^2 + dy^2 + dz^2). \tag{18.2}$$

어떤 순간 t때에 새로운 좌표 $X=a(t)x$, $Y=a(t)y$, $Z=a(t)z$를 도입하면 (18.2)는 $dS^2=dX^2+dY^2+dZ^2$형태가 될 것이다. $t=$일정인 각각의 공간성 단편의 기하는 이와 같이 평평 3차원 공간이다 - 명백히 등질적이며 등방적이다.

(18.1)은 **평평 Robertson-Walker 계량**이라 불리운다. 시공간이 평평해서가 아니라 공간성 단편들의 기하가 평평하기 때문이다. 척도인자(scale factor)가 아인슈타인 방정식을 따를 때 그것은 **Friedman-Robertson-Walker(FRW) 모델**이 된다. FRW 모델에서는 은하와 방사선의 분포가 매끄럽게 퍼져 우주 유동체(cosmological fluid)처럼 퍼져있다. 각각의 은하들은 이 우주 유동체 속에 놓인 하나의 입자로 생각할 수 있고 그 위치는 어떤 시간에 3원 좌표 x^i로 표시할 수 있다.

은하의 속도 dx^i/dt는 FRW 모델에서는 근사적으로 제로로 사라져야 한다. 만일 그렇지 않다면 등방성(isotropy)의 가정에 위배되는, 좀 더 선호하게 되는 방향성이 설정되기 때문이다. 그러므로 좌표 (x, y, z)는 상호같이 움직인다(comoving) - 각자의 은하는 모든 시간에 동일 좌표 x^i를 가진다. 유사한 방법으로 x^i는 복사선의 정지계를 정의한다. - 즉 그 안에서 CMB 온도는 **그림 17.12**에서 보여주었듯이 비등방적인 이중극(dipole)을 보여주지는 않는다.

만일 $a(t)$가 시간에 따라 증가한다면 선 요소 (18.1)은 팽창우주를 나타내는 것이다. 이것을 알아보기 위해 한 쌍의 은하의 세계선이 $\Delta x, \Delta y, \Delta z$의 좌표간격에 의하여 분리되어 있다고 하자. 그들 사이의 좌표 상 거리는 $d_{좌표} \equiv (\Delta x^2+\Delta y^2+\Delta z^2)^{1/2}$로서 시간에 대하여 고정되어있다. 그러나 일정한 시간 표면위에서의 그들 사이의 물리적 거리, $d(t)$는 계량(18.2)에 정의되어 있고 다음과 같이 주어진다.

$$d(t)=a(t)d_{좌표}. \tag{18.3}$$

만일 $a(t)$가 증가하면 이것은 시간에 따라 증가한다. 이것은 (18.1)이 팽창하는 우주를 묘사한다는 의미가 된다. 그러면 아마도 우주는 어디서부터 팽창하는가? 라고 의문을 갖는 것은 자연스러운 것이다. 그런 종류의 질문은 무한한 공간적 - 경계가 없는 - 의미를 가진 우주에서는 그 의미가 없다. - 18.1의 예가 그것을 보여주는데 도움이 될 것이다.

예제 18.1 무엇이 팽창하는가? 무엇으로부터? 무엇 속으로?

건포도가 거의 균일하게 박혀있는 커다란 밀가루 반죽 덩어리가 있어 이것으로 건포도 빵을 만든다고 상상하자. 그것이 구워질수록 그 덩어리의 빵은 팽창할 것이다. 이 가정적(homey)인 예가 우주와 유사점을 가지고 있다. 건포도사이의 상호작용을 중개하는 밀가루 반죽 대신에 은하사이의 상호작용을 중개하는 중력을 생각하자. 우리가 한 은하에서 우주를 보는 것과 같이 하나의 건포도에서 구워지는 밀가루 반죽의 우주를 본다고 상상하자. 팽창되는 것은 건포도사이의 거리이다. 그리고 밀가루 반죽의 밀도는 감소하고 있다.
실제적이며 유한한 건포도 빵 덩어리는 주위 공간 속으로 팽창한다. 왜냐하면 그것은 경계면을 가지고 있다. 즉 큰 거리 스케일에서 보면 그것은 등질적이지 않기 때문이다. 그러나 만일 그 빵 덩어리가 모든 방향으로 경계가 없고 정확히 등질적이며 무한대까지 뻗어있다면 무엇 "속으로" 그것이 팽창한다고 말하는 것은 의미가 없을 것이다. 그것은 단지 팽창한다는 것이다. 이와 마찬가지로 무엇으로"부터" 팽창하는가라고 질문하는 것도 의미가 없을 것이다. 팽창은 어떤 건포도에서 보아도 똑같이 보일 것이다 - 각각의 건포도는 그것으로부터 방사상으로 후퇴해가는 모든 다른 건포도를 보게 될 것이다. [(17.2)절의 Hubble의 법칙의 논의를 회고해보라.]
지금까지 은하로 이루어진 우주가 경계가 있을 수도 있지만 어떤 경계 내에 포함되어 있다는 일련 관측된 증거는 없다. 아직까지 알려져 있지 않는 중심을 가진, 아직까지 보여지지 않는 경계면 안에 우주가 포함되어 있다고 가정하자. 그러나 그 가정이 내부에 있는 우리 관측의 예견에 영향을 끼치지도 않을 것이며 또 그것들의 계산을 더 복잡하게 만들지도 않았을 것이다. 관측되는 등질성과 등방성이 온 우주로 확장하여 그렇다고 가정하는 것이 가장 간단하고 가장 우아하다. 완전히 등질적인 모델에서는 중심도 없고 경계도 없다. 그와 같은 내용에서는 어떤 것 속으로 혹은 어디로부터 팽창하는 우주에 대하여 이야기하는 것은 의미가 없다.

평평 Robertson-Walker 계량이 유일한 등방적, 등질적 시공간 기하는 아니다. 다음과 같은 형태의 선 요소는

$$ds^2 = -dt^2 + a^2(t)\, d\mathcal{L}^2 \tag{18.4}$$

만일 $d\mathcal{L}^2$이 시간적으로 독립이고, 등질적이고, 등방적이고, 3차원 공간의 선요소이면, 등질적이고 등방적인 시공간이 된다.[1)] 이것들은 전부 모아서 **Robertson-Walker 계량들**이라고 알려져 있다. 평평 3차원 공간이 한 예이다. 그러나 또한 2개의 휜 공간일 가능성도 있다.

하나는 4차원 유클리드 공간에 있는 구의 3차원 표면이다. 그러나 2가지 이유로 해서 18.6절까지 이 휜 FRW 모델에 대한 논의를 연기할 것이다;

(1) 평평 FRW 모델들은 단순한 논의의 기초가 된다.
휜 공간의 경우를 포함하는 데에 필요한 것이 거의 변화가 없다.
(2) 평평 RW 계량이 단순히 학문적인 연습은 아니다.
다음 장에서 논의되는 데이터는 그것이 우리 우주를 가장 근접하여 나타내주

---

1) 사실상, 가장 일반적인 등질적, 등방적인 시공간이 (18.4)의 형태를 가지도록 좌표가 언제나 선택되어 질 수 있다. 이 책 website 보충 설명부분에 이것이 나와 있다.

는 평평하며 등질적이며 등방적인 모델임을 제시해주고 있다. 가장 단순한 모델이 또한 가장 실제적이다.

18.2 우주의 적색편이 The Cosmological Redshift

(18.1)의 평평 R-W기하는 시간에 독립적이다. 입자의 에너지는 입자가 시간 의존적인 퍼텐셜 내에서 움직인다면 그것이 그 기하 속에서 움직임에 따라 변화할 것이다. 그 에너지가 진동수에 비례하는, 광자에 대한 에너지의 변화는 우주 적색편이로 나타난다. 이제 그것의 형태를 보여주는 단순한 관계로부터 유도하여보자. 선요소 (18.1)을 극좌표로 다시 쓰는 것부터 시작하자.

$$ds^2 = -dt^2 + a^2(t)\left[dr^2 + r^2(d\theta^2 + \sin^2\theta\, d\phi^2)\right]. \tag{18.5}$$

이 좌표의 원점을 우리의 위치와 일치하도록 두자. **그림 18.1**에 보여주듯이 좌표거리 $r = R$ 만큼 떨어져 있는 은하에 있는 한 관측자를 고려하자. (좌표 r은 연동하여 움직인다는 것을 명심하라. 그래서 $r = R$은 모든 시간에 대해서 동일한 은하를 표시한다.) 멀리 떨어진 은하계 있는 관측자가 우리가 광자를 수신하는 현재 시간 t_0에 시간 t_e에서 진동수 w_e를 가진 광자를 방출한다고 가정하자. 그러면 수신하게 되는 광자의 진동수 w_0는 얼마일까? 먼 은하의 관측자에 의해 방출된 빛의 펄스는 반경방향의 null 곡선을 따라 여행하게 되므로

$$ds^2 = 0 = -dt^2 + a^2(t)\, dr^2. \tag{18.6}$$

가 될 것이다. 송출시간 t_e와 수신시간 t_0사이의 시간에 펄스는 공간좌표거리 R을 여행한다. (18.6)을 적분하면

$$R = \int_{t_e}^{t_0} \frac{dt}{a(t)}. \tag{18.7}$$

이 관계는 여행을 한 좌표거리와 함께 송출 시간과 수신 시간을 연결해준다.

멀리 있는 은하계에 있는 관측자가 일정한 짧은 시간간격 δt_e으로, 즉 (원의) 진동수 $\omega_e = 2\pi/\delta t_e$, 일련의 펄스를 송출한다고 하자. 수신하는 곳에서의 펄스간격 δt_0는 (18.7)로부터 계산해 낼 수 있다. 왜냐하면 모든 펄스는 똑같은 공간상 좌표거리 R을 여행해 왔을 거니까

$$\int_{t_e+\delta t_e}^{t_0+\delta t_0} \frac{dt}{a(t)} = R = \int_{t_e}^{t_0} \frac{dt}{a(t)}. \tag{18.8}$$

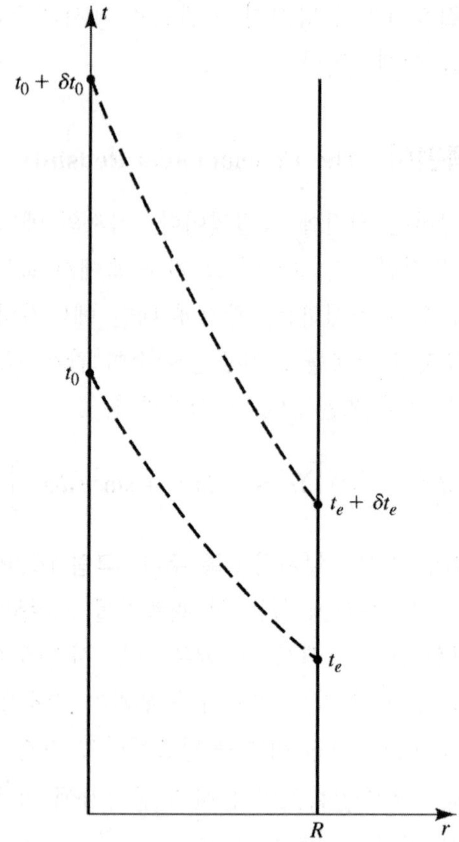

그림 18.1 빛 신호를 서로 교환하면서 팽창하는 우주에 있는 두 관측자. 관측자들은 균질성의 표면에 정지하여 있다; 그들의 세계선은 $t-r$ 시공간 도형에서 수직이다. $r=R$에 있는 관측자는 시간 t_e와 $t_e+\delta t_e$에 두 번 광선을 송출하고 이 두 광선을 $r=0$에 있는 관측자가 시간 t_0과 $t_0+\delta t_0$에서 수신한다. 우주가 팽창하기 때문에, 빛이 따라온 곡선은 (t,r)좌표에서 직선이 되지 않는다. 특히, 두 광자가 $r=0$에서 수신될 때 시간사이의 간격 δt_0는 두 광자가 송출될 때의 시간간격 δt_e보다 더 클 것이다. 이것이 우주 적색편이인 것이다.

δt_e와 δt_0가 아주 작다고 하면 왼쪽의 적분은 오른쪽 적분에 대해서 위쪽 상한의 약간의 확대(extension)과 아래쪽 하한의 약간의 축소(contraction)만큼만 차이가 날 것이다. 다시 말해서 순 변화(net change)는 소멸해야 한다. 그러면

$$\frac{\delta t_0}{a(t_0)} - \frac{\delta t_e}{a(t_e)} = 0, \tag{18.9}$$

진동수 $w = 2\pi/\delta t$로 다시 쓰면

$$\boxed{\frac{\omega_0}{\omega_e} = \frac{a(t_e)}{a(t_0)}.} \tag{18.10}$$

이것은 공간적으로 평평한 FRW 모델에 대해서 유도되었지만 18.6절(**문제 21**)에서 논의될 어떤 다른 등질적이며 등방적인 모델에 대해서도 성립한다. 팽창하는 우주에서는 $a(t)$가 t에 따라 증가함으로 $a(t_e)/a(t_0)$의 비는 1보다 작을 것이고 그리고 수신되는 진동수 w_0는 송출되는 진동수 w_e보다 작을 것이다. 이것이 **우주 적색편이**(cosmological redshift)이다.

우주가 팽창함에 따라 광자의 진동수는 감소하고 그것의 파장은 척도인자(scale factor) $a(t)$와 함께 선형적으로 증가한다.

$$1+z \equiv \frac{\lambda_0}{\lambda_e} = \frac{\omega_e}{\omega_0} = \frac{a(t_0)}{a(t_e)}. \tag{18.11}$$

우주 적색편이

천문학자들은 z를 **적색편이**(the redshift)라 부르고 하나의 글귀로서 "가장 먼 퀘이사의 경우는 z값이 6.6이다"라고 되뇌인다. 적색편이가 전혀 없는 경우는 $z=0$에 해당되며 현시간의 적색편이가 된다.

특별한 경우로서 수신자의 시간으로 그렇게 멀리 떨어져 있지 않는 은하를 고려하자. 그래서 그때의 그 은하수의 좌표거리 R은 작다. 식 (18.3)에서 수신자로부터 거기까지의 거리는

$$d = a(t_0)R, \tag{18.12}$$

그 은하에서 나온 어떤 광선도 null경로($ds^2=0$)를 따라 우리에게까지 여행해온다. 식 (18.6)으로부터 광선이 여행해 오는 좌표시간 Δt는 거의 $(\Delta t)^2 = a^2(t_0)R^2 +$ (차수 R^2으로 나타나는 항)이다. (이 표현에서 $a(t_0)$나 $a(t_e)$중 어느 것을 사용하나 문제가 되지 않는다. - 그 차이는 다만 차수 R^2될 것이다)

그러므로 여행하는 시간도 또한 d이고 $t_e = t_0 - d$ 이다. 둘 다 R^2의 교정치를 무시했다. d가 아주 작은 경우 (18.10)을 재평가하면 파장에서의 분율 변화는

$$z \equiv \frac{\Delta\lambda}{\lambda} = \left[\frac{\dot{a}(t_0)}{a(t_0)}\right]d \quad (d\text{가 작을 경우}), \tag{18.13}$$

여기서 $\dot{a} \equiv da/dt$이다. 이것은 **허블의 법칙**이다. [$c=1$일 때 (17.4)와 (17.5) 참고] 그리고 (18.13)은 허블 상수를 시공간 기하에 연결해 주고 있다.

$$H_0 \equiv H(t_0) \equiv \frac{\dot{a}(t_0)}{a(t_0)}. \tag{18.14}$$

허블 상수

오늘날 우리가 측정하는 허블 상수 H_0는 현재시대 t_0에서의 (18.14)의 값이다.

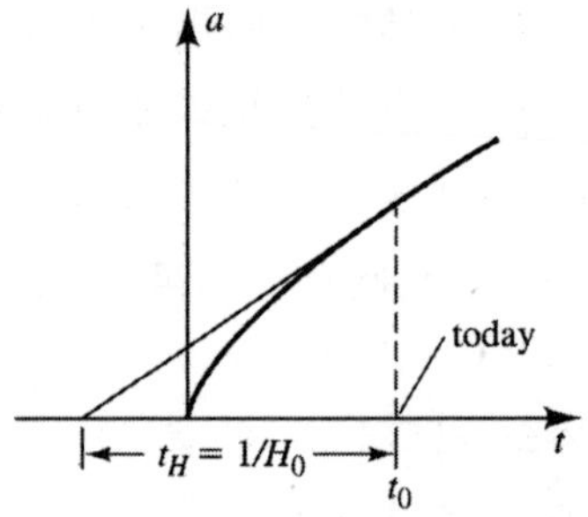

그림 18.2 척도 요소와 연관된 허블 상수. 식 (18.14)는 시간 t_0에서 허블 상수는 시간 t_0에서 $a(t)$에서의 접선과 t축과 교차하는 점과 역의 관계가 있음을 함축하고 있다. 허블 시간 $t_H = 1/H_0$는 $\ddot{a}(t) < 0$인 감속하는 FRW 모델에서의 우주 나이에 대한 개략적 추측이며 상한선이다. 이것은 어떤 조합의 물질과 복사선 우위의 모델에 해당된다 (문제 23).

그림 18.2는 허블 상수를 척도인자로부터 단순히 기하학적으로 나타낸 것이다. 다른 시간 때에 살았던 관측자는 다른 허블 상수의 값을 측정하게 됨에 주목하라. 허블 상수는 시간에 대해 일정한 것이 아니라 우리의 견해에서 우주의 팽창을 묘사할 때 숫자의 의미로써 일정하다는 것이다. (km/s)/Mpc의 단위로 종종 인용됨에도 불구하고 허블 상수는 (18.14)에서 보듯이 시간의 역수의 차원을 가진다. H_0의 역수를 허블 시간 t_H이라 한다. 10억년(1Gyr$=10^9$yr$=$10억년)단위로 허블 시간의 값은

$$t_H \equiv \frac{1}{H_0} = 9.78\, h^{-1}\ \mathrm{Gyr}. \tag{18.15}$$

여기서 h는 100(km/s)/MPC 단위로 측정한 허블 상수이다. 즉

$$h \equiv \frac{H_0}{100\ (\mathrm{km/s})/\mathrm{Mpc}}. \tag{18.16}$$

(우주학자들은 h로써 그들의 방정식을 쓰기 좋아한다. 왜냐하면 허블 상수가 우리 우주를 특징 지워주는 가장 잘 정의된 변수 중에 하나임에도 불구하고 그게 잘 결정된 모든 것이 아니기 때문이다. 이 책에서 사용하는 값은 $h \approx 0.72$이다.)

허블 시간은 우주학에서 편리한 시간의 단위이다. **그림 18.2**가 보여주듯이 그것은 우주 나이에 대하여 개략적으로 평가하고 있다.

18.3 물질, 복사선과 진공 Matter, Radiation and vacuum

FRW 모델은 지난 장에서 언급한 3개의 서로 상호작용이 없는 성분 – 압력이 없는 물질, 방사선과 진공 – 으로 구성되어 있다는 우주 유동체를 가정한 단순한 모델을 채택하였다. 은하의 유동체(fluid)는 압력이 없는 가스 – 상대론자들은 먼지(dust)라 한다. – 가 아주 근사적으로 해당한다. 왜냐하면 10^2km/s속도를 내는

은하의 전형적인 무작위 운동은 정지 에너지보다 훨씬 낮은 열에너지를 내기 때문이다. **복사선**은 우주배경복사의 광자들을 포함하고 또한 예로써 오늘날에도 상대론적으로 운동하는, 질량이 없거나 아주 작은 정지질량을 가진 뉴트리노족들도 포함한다. 마지막으로 **진공에너지**가 있다. 이들 성분들은 매우 초기의 우주에서 서로 상호작용을 하였다. 그러나 그것들이 전 우주의 역사에 걸쳐서 독립적이었다고 가정하는 것은 좋지 못한 근사는 아니다.

FRW 모델에서 열역학 제1법칙

등질적, 등방적 우주의 전체의 진화는 척도인자(scale factor) $a(t)$내에 전부 포함되어있다. 예로써 우주에서 물질, 복사선과 진공밀도의 진화과정은 척도인자로부터 유도할 수 있다. 이 모든 양들은 우주가 등질적이므로 단지 시간 t에 의존한다. 그것들은 열역학 제1법칙 - 국소 에너지 보존 법칙의 표현 - 의하여 $a(t)$에 연결되어 있다. 이것은 다음과 같이 말하고 있는 것이다. 정해진 수의 입자들을 포함하는 어떤 부피$\Delta \mathcal{V}$에서의 약간 변화 $d(\Delta \mathcal{V})$에 대해서, 그 부피 내에서 전체 에너지 변화는 그것에 행하여진 일에서 그것으로부터 빠져나간 열을 뺀 것이다. 어느 방향으로 던지 간에 열의 흐름은 등방적(isotropy)이라는 가정을 위반하게 된다. 달리 말해서, 등질적(homogeneity)이라는 것은 온도 T는 시간에만 의존하는 것이어서 시간의 어떤 순간에는 어느 장소가 다른 장소보다 더 뜨겁거나 차게 되지 않는다는 것을 의미하기 때문에 열의 흐름은 제로이다. 그러면 어떤 부피 $\Delta \mathcal{V}$내에서 우주 유동체에 대한 열역학 제1법칙은 그 부피내의 미소변화 $d(\Delta \mathcal{V})$가 그것의 전체 에너지의 미소변화 $d(\Delta E)$와 연결된다. 즉

$$d(\Delta E) = -pd(\Delta \mathcal{V}). \tag{18.17}$$

여기서 p는 부피 내에 있는 물질에 의해서 나오는 압력이다. 그리고 그 부피 내에 있는 에너지 ΔE는 $\rho \Delta \mathcal{V}$이다. 여기서 ρ는 전체에너지 밀도이다.

고정된 좌표간격 Δx, Δy, Δz는 좌표 (x, y, z)와 연동하기 때문에 그것 내에 있는 입자의 수는 고정되어있는 어떤 한 부피를 정의한다. 이들 좌표간격의 산물 $\Delta \mathcal{V}_{\text{coord}}$은 부피의 물리적 크기가 아니다. 그것은 (7.29)와 (18.2)에 의하여 다음과 같이 주어진다.

$$\Delta \mathcal{V} = a^3(t) \Delta \mathcal{V}_{\text{coord}}. \tag{18.18}$$

(18.17)에 (18.18)을 대치하고 dt로 나누어주면

$$\frac{d}{dt}(\rho a^3 \Delta \mathcal{V}_{\text{coord}}) = -p\frac{d}{dt}(a^3 \Delta \mathcal{V}_{\text{coord}}). \tag{18.19}$$

$\Delta \mathcal{V}_{\text{coord}}$는 시간에 독립이므로 이 식은 다음과 같이 된다.

우주학에서 열역학 제1법칙

$$\boxed{\frac{d}{dt}[\rho(t)a^3(t)] = -p(t)\frac{d}{dt}[a^3(t)]} \tag{18.20}$$

이것이 등질적이며 등방적인 우주에 적합한 열역학 제1법칙의 형태이다. 그러면 이것이 FRW 모델에서 가정한 3종류의 에너지에 어떻게 적용되는지를 보자. 다른 종류의 물질들이 상호작용을 하지 않는 시대에서는 (18.20)은 각각 종류에 따라 분리해서 적용한다.

물질 Matter

벌써 언급하였듯이 은하내의 물질은 근사적으로 압력이 없는 가스에 아주 가깝다. 내부 에너지는 없기 때문에 에너지 밀도 ρ_m은 단지 은하의 정지에너지 밀도이다. 그러면 (18.20)은

$$\frac{d}{dt}(\rho_m a^3) = 0, \tag{18.21}$$

가 된다. 이것은 정지질량 보존 법칙을 표현하고 있다. 동등하게 ρ_m은 다음과 같이 척도인자와 함께 변한다.

$$\rho_m(t) = \rho_m(t_0)\left[\frac{a(t_0)}{a(t)}\right]^3, \tag{18.22}$$

여기서 t_0는 현 순간의 시간이다. 이와 같이 물질 밀도의 전체 시간에 대한 의존성은 척도인자 $a(t)$에 의해 결정된다.

복사선 Radiation

온도 T에서 흑체 복사하는 한 가스에 대해서 에너지 밀도와 압력의 관계는 다음과 같다.

$$p_r = \frac{1}{3}\rho_r, \tag{18.23}$$

그리고 $c \neq 1$단위에서 에너지 밀도인 ρ_r은

$$\rho_r = g\frac{\pi^2}{30}\frac{(k_B T)^4}{(\hbar c)^3}, \tag{18.24}$$

여기서 k_B는 볼츠만 상수로서 온도 단위 켈빈과 에너지 단위 사이를 전환해준다. 즉 $k_B = 1.38 \times 10^{-16}$ erg/K 이다. 그리고 g는 복사선을 만드는 제로 정지 질량입자의 자유도의 수이다. 광자에서는 2개의 가능한 분극이 있으므로 $g=2$이다. 더 실제적으로, 3종류 족의 뉴트리노를 포함하는 것이 (18.24)같은 형태의 식으로 이끌어지는 것으로 판명되었고 이때 효과 있는 g의 값은 3.4이며 $k_B T <\sim 1\text{Mev}$에서 유용하다. 그리고 우리의 목적에 적합하다. (참고 Kolb and Turner, 1990)

(18.20)에 (18.23)을 삽입하고 적분하면 다음을 알 수 있다.

$$\rho_r(t) = \rho_r(t_0)\left[\frac{a(t_0)}{a(t)}\right]^4, \tag{18.25}$$

혹은 동등하게 (18.24)로부터 온도 T의 의미로 나타내면

$$T(t) = T(t_0)\left[\frac{a(t_0)}{a(t)}\right]. \tag{18.26}$$

이 된다. 복사선 에너지 밀도와 그것의 온도의 시간 의존성은 척도인자에 의해 결정되어진다. 온도는 척도인자에 역승으로 변하고 있다. 즉 만일 우주가 $a=0$인 빅뱅에서 시작하였다면 온도는 무한대에서 시작하였고 그리고 우주가 팽창함에 따라 차가워졌다. 원시초기에 물질요소가 풍부한 우주에서 물질의 중요한 많은 거대 스케일의 특징들은 매우 고온의 온도에서 초기 열평형의 냉각으로부터 일어난 것으로 이해할 수 있다. 그에 관한 것이 **상자 18.1**에 간략히 묘사되어 있다.

지금은 물질이 복사선을 지배한다. 그러나 초기 우주에서는 그 역이 사실이었다. 지금의 어떤 밀도에 대해서 $a(t)$가 지금보다 더 작았고 ρ_r이 ρ_m보다 더 큰 초기의 어떤 때가 있었다. 그때는 우주가 복사선이 우위적이었다(radiation-dominated). 이것은 (17.1)과 (17.2)의 숫자와 (18.22)와 (18.25)사이의 관계로부터 고찰해보면 우주가 현재의 크기의 약 10^{-3}일 때 즉 $a(t_0)/a(t) \sim 10^3$일 때 일어나는 현상이다. 이와 같이 전 역사의 시간을 걸쳐서 우주의 물질이 복사선보다 우위였다.

상자 18.1 우주의 열 역사(Thermal History of the Universe)

FRW 모델이 시작되는 빅뱅에서는 온도가 무한하였다. 매우 초창기에는 우주의 물질이 그 모든 구성성분으로 해체될 만큼 충분히 뜨거웠다. 그리고 나서 다양한 종류의 소립자의 풍부함은 아마도 열적 평형 조건에 의해 만들어진 것 같다. 뉴트리노족들이 풍부한 경우를 예로서 고려해보자. 뉴트리노들(ν's)와 반뉴트리노들($\bar{\nu}$'s)는 아래와 같은 반응으로 전자들(e^-'s)와 반전자들(e^+'s)와 상호작용을 한다.

$$\nu + \bar{\nu} \longleftrightarrow e^+ + e^-, \quad \nu + e^- \longleftrightarrow \nu + e^-, \quad \text{etc.} \tag{a}$$

만일 너무 많은 ν와 $\bar{\nu}$ 들이 있었다면, 그것들은 첫번째 반응에 의해 소멸되었을 것이다. 만일 그것들이 너무 적었다면, 그것들은 전자와 양전자의 소멸에 의하여 생성되었을 것이다. 열적 평형에서는 이

들 입자들의 수 밀도가 이들 반응들을 균형 잡히게 해주는 그런 것이다. 이런 상황이 매우 초창기의 고온의 온도 하에서 다른 모든 종류의 입자들에게도 동일하게 적용된다.[a]

우주가 팽창함에 따라, 온도가 (18.26)에 따라 떨어진다. 단위 시간당 반응들의 횟수 Γ는 (a)와 같은 과정에 대해서 온도와 함께 감소한다. 입자들의 밀도는 팽창과 함께 떨어지고, 입자당 에너지들도 감소되며, 그리고 전형적으로 충돌 횡단면적도 에너지와 함께 감소한다. 만일 비율 Γ이 우주의 팽창 비율보다 아래로 떨어진다면,

$$\Gamma(t) < \dot{a}(t)/a(t) \equiv H(t), \qquad \text{(b)}$$

반응은 팽창하는 우주에 직면하여 열적 평형을 유지할 만큼 충분히 빠르지 못할 것이다. (b)가 발생하는 그 때에, 입자들의 풍부함은 그 당시 값으로 얼어붙어 고정될 것이다. 뉴트리노 경우에는 이것은 빅뱅이후 약 1초의 시간 때에 약 1MeV의 온도에서 발생한다(예제 18.2를 보라). 그러면 흑체 스펙트럼의 뉴트리노 우주 배경복사가 현재로서는 그것을 탐지하기가 가능하지 않음에도 불구하고, 빅뱅의 한 예견들 중에 하나가 될 것이다.

빅뱅이후로 쭉 남겨진 입자들과 핵자들의 유품의 풍부함을 상세히 이해하는 것은 우주론과 소립자이론 양쪽에 중요하고 흥미 넘치고 짜릿한 주제가 될 것이다. 그것을 상세히 이해하는데 요구되어지는 입자 이론은 이 책의 범위를 넘어있다. 그러나 여기서 우주의 열 역사에서 3개의 중요한 상전이(transition)를 언급하고자 한다.

바리온 합성 ($T \sim 10^{14}$ GeV, $t \sim 10^{-34}$ s).

바리온의 수는 강력과 전자기약력이 통합되는 특징적 온도 10^{14}GeV의 에너지 스케일 이하에서 소립자 상호작용에 있어서 보존되는 양이다. 각각 바리온 수 +1를 가지는 양성자와 중성자가 바리온의 친숙한 예이다. 반양성자와 반중성자는 바리온 수 −1를 가진다. 바리온과 반바리온의 수가 오늘날 우주에서는 동등하게 나타나지 않는다. 만일 그것들이 대등하게 있다면, 현재 관측되는 것보다도 물질과 반물질의 소멸에 의한 반응이 더 많을 것이다. 만일 바리온 수가 보존된다면, 이 비대칭성은 단지 우주의 초기 조건에 기인한 것일 것이다. 그러나 10^{14} GeV 이상에서는, 그것은 보존되지 않을 지도 모른다. 바리온과 반바리온의 풍부함이 앞에서 논의한 것 같이, 뉴트리노족들의 풍부함이 매우 낮은 온도에서 나타나듯이, 열적 평형 조건에 의하여 만들어질 수도 있다. 온도가 10^{14}GeV 아래로 떨어졌을 때, 바로 그때 바리온과 반바리온의 수의 비대칭이 그 상태로 얼어붙어 고정되어, 오늘날 관측되는 비대칭성으로 나타난 것이다.

핵자합성 ($T \sim .1$ MeV, $t \sim 3$ min).

온도가 수십 분에 일의 MeV 범위로 떨어졌을 때, 자유 양성자들과 중성자들은 결합하여 가벼운 핵들을 만든다. 입자들의 원초적 풍부함은 거기에서 고정된다. − 질량 분율로 거의 75%가 H이고, 24%가 ^{4}He이고 그리고 그 나머지는 아주 작지만 중요한 다른 가벼운 원소가 차지한다. 이들의 풍부함은 바리온의 수 밀도에 민감하여 빅뱅 우주학의 중요한 테스터가 된다(좀 더 상세한 것은 상자 19.1을 보라).

재결합 ($T \sim .3$ eV, $t \sim 4 \times 10^5$ yr).

온도가 수십 분의 일 전자볼트로 떨어졌을 때, 핵과 전자가 결합하여 원자, 특히 원자 수소를 만든다[b]. 그리고 나서 우주는 복사선으로부터 투명해지고 잔존한 광자들은 우주 배경 복사를 형성한다.

바리온 수의 비대칭성, 입자들의 원초적 풍부함 그리고 우주 배경 복사 등은 우주의 열 역사의 유품들이다. 이 유품들이 그것들이 만들어진 초기 시대에 관한 많은 정보를 제공해준다.

[a] 중력자는 열적 평형상태에 있지 않는 것 같다 왜냐하면 그들의 상호작용을 지배하는 동일한 커플링 상수 G가 또한 우주의 팽창 비율도 지배하기 때문이다.

[b] 핵과 전자가 **재**결합한다고 표현하는 것은 오해를 일으킬 수 있다 왜냐하면 그것들은 이 순간 전에는 결코 결합하지 않았기 때문이다. 그러나 이것은 표준 표현법이라 이 사건을 **재**결합이라 부른다.

진공 Vacuum

진공에너지 밀도 ρ_v가 마지막으로 남았다. 이 글을 쓸 당시에는 진공에너지의 값을 결정해줄만한 기초이론이 없었다. 심지어 그 부호조차도 예견되어 있지 않다. 많은 경우의 수를 고려하는 것을 피하기 위하여 이 책에서는 진공에너지를 다음의 경우로 한정할 것이다.

i) 시간과 공간에 대해서 일정하다.
ii) 현재 관측으로 볼 때 양수이다. (19장 참고)
iii) 열역학 제1법칙 (18.20)은 압력이 다음과 같음을 함축하고 있다.

$$p_v = -\rho_v, \tag{18.27}$$

이것은 시간과 공간에 대해서 일정하지만 음수이다. 음의 압력이란 고무 밴드에서 장력과 같은 그런 것이다. 그것은 부피를 압축하는 일보다 부피를 팽창시키는 일에 관여한다. 진공에너지 밀도는 역사적인 이유로 해서 ($c \neq 1, G \neq 1$일 때)종종 다음과 같이 쓰여 진다.

$$\rho_v = \frac{c^4 \Lambda}{8\pi G}, \tag{18.28}$$

여기서 Λ는 역제곱 길이의 차원을 가진 상수로 **우주 상수**(cosmological constant)라 불리운다. 만일 영이 아닌 진공에너지가 있다면 우주가 팽창함에 따라 물질과 방사선의 에너지 밀도가 소멸해가는 동안 일정하게 유지되고 있다. 무한하게 팽창해가는 우주의 장구한 미래는 진공에너지가 우위적이다(지배적이다).

(18.24)와 (18.25)를 제외하고는 물질, 복사선과 진공에 대한 앞의 논의는 단위에 대하여 논하지 않았었다. 친밀한 $\mathcal{MLT}$ 시스템(g–cm–s)에서는 압력은 힘/면적= $(\mathcal{ML}/\mathcal{T}^2)/\mathcal{L}^2$의 단위를 가진다. 이것은 에너지 밀도 단위와 똑같은 데 즉 이것은 에너지/부피= $\mathcal{M}(\mathcal{L}/\mathcal{T})^2/\mathcal{L}^3$이다. 온도는 전통적으로 켈빈단위로 측정되는데 볼츠만 상수 k_B가 온도를 에너지로 전환시켜준다. 초기우주에 관한 우주학에서는 온도를 에너지 단위로서 더 편리하게 나타낸다. 즉, 전자볼트로 말이다. 다음 절에서는 우주학을 위하여 아인슈타인 공식이 소개되는데 거기에서는 ($c = G = 1$)인 기하 단위($\mathcal{L}$)이 편리하다(9.1절 참고). 그러면 압력과 에너지 밀도는 $\mathcal{L}^{-2}$의 단위를 가지고 온도는 $\mathcal{L}$의 단위를 가진다. 기하단위에서 온도 T의 복사선 가스의 에너지 밀도에 대한 관계 (18.24)는 다음과 같이 된다.

$$\rho_r = g\frac{\pi^2}{30\ell_{Pl}^2}\left(\frac{T}{\ell_{Pl}}\right)^4, \tag{18.29}$$

여기서 $\ell_{pl} \equiv (G\hbar/c^3)^{1/2} = 1.62 \times 10^{-33}$cm [(1.6) 참고]이고 T는 cm단위로 측정된다. 중력을 포함하지 않는 식의 형태에서 플랑크 길이를 보면 놀랍다? 그것은 기하단위로 단지 $\hbar = \ell_{pl}^2$이다.

18.4 평평 FRW 모델의 진화 Evolution of the Flat FRW Models

평평 FRW 모델의 우주를 위한 척도 인자 $a(t)$의 시간에 따른 양상을 알아보기 위하여는 (18.20)의 열역학 제1법칙에 더붙여서 아인슈타인 공식의 단 하나의 결과가 필요하다. 이것은 다음의 관계이다. (기하단위로서)

평평 FRW 모델에서의 Friedman 방정식

$$\dot{a}^2 - \frac{8\pi\rho}{3}a^2 = 0, \tag{18.30}$$

여기서 $\dot{a} \equiv da/dt$이고 ρ는 전체 물질 에너지 밀도이다. 이 역동적인 공식은 **프리드만 방정식**(Friedman equation)의 특별한 경우이다. 이것을 우리는 (18.63)에서 보게 될 것이고 22.3절에서 아인슈타인 공식으로 유도할 것이다. 아주 개략적으로 언뜻 보면 (18.30)은 팽창의 운동에너지는 평평 FRW 우주에서 단지 중력자체 인력의 퍼텐셜 에너지와 균형을 이루고 있다는 것을 말해주는 것처럼 생각되어진다. 이것은 18.7절에서 좀 더 상세히 논의된다. 척도 인자(scale factor)가 어떻게 시간에 의존하는지에 대한 (18.30)을 풀기 전에 그것을 현재의 시간 t_0로 단지 재평가하고 $a^2(t_0)$로 나누면 평평 FRW 모델의 현재의 전체 밀도 ρ_0와 (18.14)에 정의되어있는 허블 상수 H_0사이에 중요한 연결점을 산출한다. 즉,

$$H_0^2 - \frac{8\pi\rho_0}{3} = 0. \tag{18.31}$$

평평 FRW 모델의 현재의 밀도는 **임계 밀도**(critical density)라 불리운다. 그리고 다음 값을 가진다.

임계 밀도

$$\rho_{\text{crit}} \equiv \frac{3H_0^2}{8\pi} = 1.88 \times 10^{-29} h^2 \text{ g/cm}^3. \tag{18.32}$$

(조금 후에 "임계(critical)"가 무엇을 의미하는지 알게 될 것이다.) 이 전체 밀도는 물질, 복사선과 진공에너지 밀도로 나뉘어진다. 현재 이것들의 상대적 비율은 다음과 같이 정의된다.[2)]

2) 진공에너지에 대한 표시로 Ω_Λ도 또한 이 글을 쓸 당시에 널리 사용되고 있다.

$$\Omega_m \equiv \frac{\rho_m(t_0)}{\rho_{\text{crit}}}, \qquad \Omega_r \equiv \frac{\rho_r(t_0)}{\rho_{\text{crit}}}, \qquad \Omega_v \equiv \frac{\rho_v(t_0)}{\rho_{\text{crit}}}, \tag{18.33}$$

여기서 평평 모델에 대해서는 $\Omega_m + \Omega_r + \Omega_v = 1$이다.

(18.30)의 역동적 공식에서 주지해야 할 또 다른 점은 $a(t)$는 많은 해가 가능하다는 것이다. 만일 $a(t)$가 해가 되면 그때에 어떤 양의 상수 K에 대하여 $Ka(t)$도 해가된다. 이것은 선요소 (18.1)의 형태가 $a(t)$를 $Ka(t)$로 대치해도 바뀌지 않으며 또한 x^i를 x^i/K로 대치해도 바뀌지 않는다는 사실을 나타내는 것이다. 규격화에 대한 이러한 자의성이 평평 FRW 모델들의 특별한 특징이며, 공간적으로 휘어있어 공간 곡률의 유한 반경이 그런 변환(transformation)에 의해 변화되어지는 모델에서는 적용되지 않는다. 평평 FRW 모델에 대한 척도인자의 자의적인 규격화를 고정(결정)하는 데는 여러 가지 방법이 있다. 논의를 위하여 척도인자를 현재의 시간에서 기본단위로 규격화하자 $a(t_0)=1$. 물리적 결과는 이 선택에 의존하지 않을 것이다.

$a(t_0)=1$로 두는 규격화를 선택함으로써 얻어지는 즉각적인 이점은 전체 밀도를 척도인자의 함수로서 간단히 표현할 수 있다는 것이다.

$$\rho(a) = \rho_{\text{crit}}\left(\Omega_v + \frac{\Omega_m}{a^3} + \frac{\Omega_r}{a^4}\right) \qquad (a(t_0) = 1). \tag{18.34}$$

이것은 (18.33)으로부터 $a=1$인 현재의 순간에는 옳다. 그리고 열역학 제1법칙 [(18.22), (18.25)와 (18.28) 참고]에 의하여 요구되어지는 것처럼 밀도가 a와 함께 변화해야 하는 방식 때문에 a의 다른 값에 대하여도 옳다. 그러면 역동적인 식 (18.30)은 다음과 같이 쓸 수 있다.

$$\frac{1}{2H_0^2}\dot{a}^2 + U_{\text{eff}}(a) = 0, \tag{18.35}$$

여기서

$$U_{\text{eff}}(a) \equiv -\frac{1}{2}\left(\Omega_v a^2 + \frac{\Omega_m}{a} + \frac{\Omega_r}{a^2}\right) \qquad (a(t_0) = 1). \tag{18.36}$$

식 (18.35)는 뉴턴 역학에서의 보존에너지(이 경우는 제로이다)에 대한 표현과 비슷하다. 즉 평평 FRW 모델의 진화과정을 푼다는 것은 뉴턴 역학에서 유효 퍼텐셜 U_{eff}내에서 1차원적으로 운동하고 있는 제로 에너지의 입자의 운동을 푸는 것과 같은 것이 된다는 것이다. $U_{\text{eff}}(a)$의 형태는 **그림 18.3**에 예시되어있다.

식 (18.35)는 척도인자를 현재 기본단위로 규격화하면 물질, 복사선 그리고 진공에 대하여 각각 다음과 같이 곧바로 풀 수 있다. 이것들은 다시 공식에 역으로 대입해보면 증명된다.

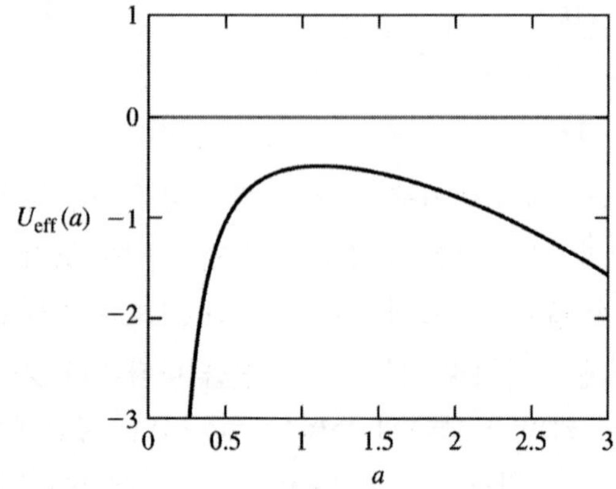

그림 18.3 평평 FRW 모델에서 유효 퍼텐셜. 그림은 오늘날 진공, 복사선, 물질이 동등한 양 $\Omega_v = \Omega_r = \Omega_m = 1/3$을 가진 한 예의 FRW 모델에 대해서 (18.36)에 정의되어 있는 유효 퍼텐셜 $U_{\rm eff}(a)$를 보여주고 있다. (우리의 우주는 훨씬 적은 복사선과 더 많은 진공에너지를 가지고 있다. 이 경우의 유효 퍼텐셜에 대해서는 그림 18.9에 있는 첫 번째 도표를 보라.) 척도 요소 $a(t)$의 진화는 이 유효 퍼텐셜 내에서 제로-에너지 입자의 뉴턴 운동과 동일하다. 우주는 $a=0$의 빅뱅에서 출발하여, $a \approx 1$(오늘날) 때까지 감속되었다가 그리고 나서 그 이후로 영원히 가속된다. 초기에는 복사선 우위이고, 나중에는 여전히 감속되는 동안은 물질우위이다, 그러나 결국에는 가속되는 시기가 되는 진공 우위 시기가 된다.

- **물질 우위일 경우** : $\Omega_m = 1$, $\Omega_r = 0$, $\Omega_v = 0$

$$a(t) = (t/t_0)^{2/3}. \tag{18.37}$$

- **복사선 우위일 경우** : $\Omega_m = 0$, $\Omega_r = 1$, $\Omega_v = 0$

$$a(t) = (t/t_0)^{1/2}. \tag{18.38}$$

- **진공 우위일 경우** : $\Omega_m = 0$, $\Omega_r = 0$, $\Omega_v = 1$

$$a(t) = e^{H(t-t_0)}, \tag{18.39}$$

여기서

$$H^2 \equiv \frac{8\pi\rho_v}{3} = \frac{\Lambda}{3}. \tag{18.40}$$

[만일 여러분들이 이 H의 정의가 허블 상수와 혼동이 될지 모른다는 염려가 있다면 H는 (18.39)의 확장에 대한 허블 상수이며 [(18.14) 참고] 이 경우에는 그것은 시간에 대해 일정하다.]

세 가지 경우 모두에서, 우주는 시간이 증가함에 따라 한없이 팽창한다. 복사선과 물질 우위일 경우에는 우주는 $t=0$일 때 $a=0$인 특이점과 함께 시작된다. 이것은 물리적 특이점이다. 왜냐하면 물리적 양 − 밀도 − 이 그때에는 무한대가 되기

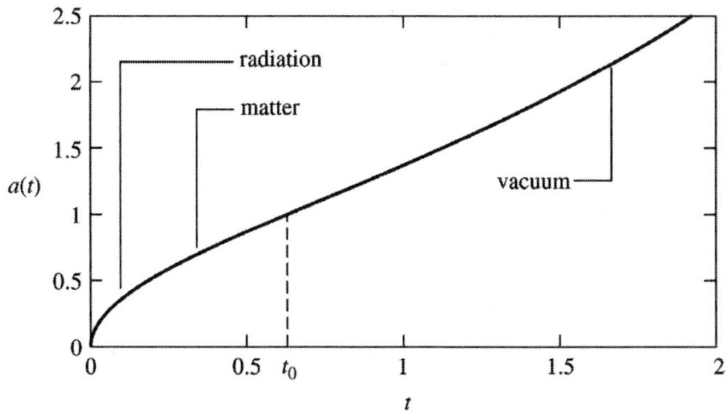

그림 18.4 평평 FRW 모델에서 진화의 단계들. 평평 FRW 모델의 팽창과정에서 여러 단계들이 그것의 유효 퍼텐셜이 그림 18.3에 보여진 $\Omega_v = \Omega_r = \Omega_m = 1/3$의 예시된 모델에 대해서 이 그림에 보여져있다. 초창기에는 팽창이 복사 우위이고 $(a(t) \propto t^{1/2})$, 나중에는 물질 우위이며 $(a(t) \propto t^{2/3})$, 마지막으로는 진공우위이다 $(a(t) \propto \exp(Ht))$. 규격화에 대한 우리의 선택으로 $a(t_0)=1$인 현 시대 t_0는 수직으로 점선이 그어져 있다. 이 곡선은 이 책 웹사이트에서 일반적인 FRW 모델에 대한 Mathematica 프로그램을 가지고 계산된 것이다.

때문이다. $t=0$인 순간은 대폭발(big bang)이다. 진공우위일 경우는 $t=-\infty$일 경우 a가 제로로 간다. 이 경우는 특이점인지 아닌지 명확하지 않다. 왜냐하면 ρ_v는 일정하다. 그러나 어떤 경우이던지 우리 우주는 그 안에 물질과 복사선을 갖고 있어 빅뱅의 특이점을 갖고 있었다[3].

그림 18.4는 우리 우주와 같이 세 종류의 물질이 존재할 때 그 결과로써 나오는 진화과정을 보여준다. 진화는 어떤 각각의 종류의 에너지가 우위적인 각 단계를 거치면서 진행되고 있다. 초기에는 우주가 복사선 우위였다. 그러나 복사선의 밀도는 물질과 진공의 밀도보다 빠르게 소멸되어갔다 [(18.25)와 (18.34) 참고]. 그래서 결과적으로 물질 우위적이 되었다. 물질밀도도 역시 소멸되어가고 있다. [(18.22) 참고] 그래서 결국에는 일정한 진공에너지 ρ_v가 중요한 데, 이는 자연대수적으로 팽창한다.

예제 18.2 초기 몇 분 The First Few Minutes

원시 초기의 입자들의 풍성함은 대폭발 후 온도가(에너지 단위로) ~ 0.1MeV 이하로 떨어지고 그 풍성함을 효과적으로 변경할 수 있는 열핵반응이 중단되었던 그 때에 세팅되었다(상자 18.1과 19.1을 보라). 그러면 '그것이 **언제** 일어났는가?'를 알아보자.

앞에 언급하였던 같이 초기 우주는 복사선 우위였다. 에너지 밀도는 g=3.4인

3) 사실상, $a=0$는 순수한 진공의 경우에서는 특이점이 아니다. 단지 a가 사라진다는 것만이 특이성을 보장하기에는 충분치 않다. 일정한 위도 선을 따라 구를 쓸어나간다고 상상해보자. 그 단편들의 반경은 북극에서 제로로 간다. 그러나 기하는 거기에서 특이적이지 않다.

(18.29)식의 온도의 함수로써 잘 근사가 된다. 그 때의 척도 인자 a(t)는 $t^{1/2}$에 비례한다. 식 (18.30)은 척도인자를 에너지 밀도와 연결시켜주고 식 (18.29)는 에너지 밀도를 온도와 연결해준다. 그러면

$$\frac{1}{4t^2} = \frac{8\pi}{3}\rho(t) = 2.75g\frac{1}{\ell_{Pl}^2}\left(\frac{T}{\ell_{Pl}}\right)^4. \tag{18.41}$$

이것은 기하 단위로써 적합하게 센티미터로서의 시간과 센티미터로서의 온도사이의 연결고리를 만들어준다. 시간을 초단위로 온도를 MeV로 나타냈을 때는 이것은 다음과 같다.

$$t = 1.3\left(\frac{1\,\text{MeV}}{T}\right)^2 \text{s} \quad (\text{복사선 우위시 } g \approx 3.4). \tag{18.42}$$

이와 같이 $T \sim 0.1$MeV는 $t \sim 180$s에 해당하거나 혹은 첫 3분에 해당된다.

18.5 대폭발과 우주 나이와 크기
The Big Bang and Age and Size of the Universe

18.7절과 19장에서 알게 되겠지만, 평평한 경우에서와 같이 우리 우주의 모델이 될 수 있는 휜 FRW우주학은 빅뱅 - 척도 인자 $a(t)$가 사라지고 우주의 기하가 특이점이었던 바로 그 순간 - 과 함께 시작되었다. 빅뱅의 특이적 특성은 (18.22)와 (18.25)에 나타나있다. 물질과 복사선 밀도는 $a=0$일 때 무한대이다. 22.3절에서 시공간의 휨이 어떻게 빅뱅으로 또한 폭발하는지 정량적으로 알게 될 것이다.

빅뱅은 공간의 어느 한 점에서 일어난 폭발이 아니다(예제 18.1 참고). 물질과 복사선의 밀도는 등질성에 일치하도록 t의 어느 한 값에서 (x, y, z)의 모든 값으로 퍼져나갔다. 빅뱅은 시간에 있어서 어느 한 순간에 공간의 모든 점에서 발생하였던 것이다. 아인슈타인 방정식 같은 기하학의 법칙들에 의한 예견 능력에 의하면, 시공간 기하의 정의는 특이점으로 분해된다. 물리학에서 예견하는 것들에 의하면 우주는 빅뱅에서 시작되었다. (이것에 대하여 상세한 것은 상자 18.2를 보라.) 이러한 이유로 해서 빅뱅은 관습적으로 시간 $t=0$로 할당되었다.

우리는 그 후로 t_0라고 정의되는 (첨자 0은 현재를 의미한다는 우주학 통상적인 관습에 따라서) 어떤 시간에 우주의 어느 한 곳에서 살고 있다. 빅뱅 이후로 이 시간이 우주의 나이가 되는 것이다. 앞에서 논의하였던 것과 같이 허블 시간 t_H가 우주 나이에 대한 개략적 추정치이다(최대한계치에 대한 가정과 함께). **우주 나이**를 좀 더 정확히 결정하려고 하면 18.7절에 논의되어 있듯이 어느 FRW 모델이 현재 우리 우주에 가장 적합하는지 결정해야 하는 데 이를 위해서는 좀 더 상세한 관찰 데이터가 입력될 것을 요구하고 있다.

상자 18.2 빅뱅 전에는 무엇이 있었는가?

중력붕괴로 형성된 특이점은 우주검열가설(cosmic censorship conjecture)이 올바르다면 (15.1절 참고) 블랙홀 내부에 감추어져 있다. 그러나 빅뱅특이점은 과거에는 볼 수 있었다;

즉 우리는 우주배경복사에서 늦게나마 단지 짧은 시간으로부터 나온 빛을 보고 있다. 빅뱅은 일반 상대성에서 특이점에 대한 논쟁거리를 만들고 있다. 그리고 특히 이 상자의 제목에 대한 의문은 더 그렇다.

이 질문의 의미와 그에 대한 답은 그것에 질문을 던지는 이론적 내용에 달려있다. 이 장의 FRW 모델의 내용에서는 빅뱅은 22.3절에서 보게 될 것과 같이 무한 밀도와 또한 무한 휨의 특이적 순간이다. 일반 상대성의 특이점 이론들은 이 특이점이 FRW 모델들의 고도의 대칭성으로 인한 단지 인공 부산물이 아니라는 것을 제시해주고 있다. 오히려 좀 더 넓은 범위의 내용에서는 물질, 예로써. 에너지의 양(+)의 상태(문제 28)에 대한 합리적인 가정 하에서 현재의 관측들과 모순이 없는 어떠한 일반 상대성 우주 모델에서도 빅뱅특이점은 있다. 아마도 물질은 초기 우주에서는 이러한 가정에 따르지 않았다. 그리고 빅뱅은 초기의 재수축기로부터(**문제 27**) 매우 작은 크기에서의 "되튐"이라고 할 수 있을 것이다.

그러나 이 글을 쓸 당시에는 이것에 대한 이론적 동기부여가 거의 없었고 그리고 특이점은 피할 수 없는 필연이었다. 시공간에 대한 고전적 생각은 특이점으로 붕괴하는 것이다. 시공간의 고전적 이론은 – 일반 상대성 이론 – 빅뱅 이후의 사건, 특히, 오늘날의 관측으로부터 빅뱅이전에 무엇이 일어나는지를 결정해줄 의미 있는 방법을 가지고 있지 못하다. 일반 상대성 이론의 빅뱅 우주학의 내용에서는 이 상자 제목의 의문을 답할 수 있는 길이 없다. 다만 시간은 빅뱅과 함께 시작되었다 라고만 간단히 말해 줄 뿐이다.

그러나 좀 더 넓은 범위의 내용에서는 고전적 일반 상대성 이론은 단지 중력에 대한 양자이론의 근사치라는 것이다. 그리고 그것의 특이점들은 고전적 이론이 붕괴되고 양자이론의 예견이 중요시되는 체제로 들어간다는 신호를 보내는 것이다.

(1.6)에서 논의 하였던 것과 같이 밀도가 Plank 밀도 $\rho_{pl} \equiv (\hbar c/\ell_{p1})\ell_{p1}^3 \sim 10^{94}\mathrm{g/cm}^3$에 도달하면 시공간 기하에서 의미심장한 양자 요동이 예상되어진다. 그 정도의 밀도나 그 이상에서는 특이점에 도달한다. 양자 중력에서 시공간 기하는 일반적으로 요동하거나 명확한 값이 존재하지 않는 양자 변수로 된다. "전"과 "후"의 의미를 부여할 수 있는 그런 하나의 기하가 존재하지 않는다. 양자 중력학에서 '빅뱅 전에 무엇이 일어났는가?' 라고 질문하는 것은 시간에 대한 고전적 정의가 특이점으로 붕괴하기 때문에 이치에 맞을 것 같지는 않다.

예제 18.3 평평 FRW 모델에서 우주 나이와 허블 상수

물질이 에너지의 지배적 구성성분이었다는 것에 대한 선 요소 (18.1)를 가진 평평 FRW 모델 내에서 우리가 살고 있다는 것을 우리에게 보여주는 관측들이 보고되었다고 가정하자.

(18.37)로부터 척도인자는 $a(t) \propto t^{2/3}$이다. 식 (18.14)는 허블 상수를 우주 나이와 연결시켜준다.

$$t_0 = \frac{2}{3H_0} = \frac{2}{3}t_H. \tag{18.43}$$

현재 관측에 의하여 허블 상수가 72(km/s)/Mpc라고 가정하면 이것은 우주의 나이가 거의 9Gyr이다. 그래서 우리의 우주는 공간적으로 평평하고, 물질 우위의 FRW

모델에 해당한다고 할 수 없다. 물질우위라고 보여주는 관측에 무언가 오류가 있음에 틀림이 없다.

우주는 얼마나 큰가? 만일 기하가 (18.1)과 같이 주어진다면 t=일정 할 때의 평평 공간 단편의 부피는 무한하기 때문에 이에 대한 답은 간단히 "무한하다"이다. 다음 절에서 유한한 공간부피를 가진 몇몇 FRW 모델을 보게 될 것이다. 그러나 더 중요한 질문은 다음과 같다.

"관측할 수 있는 우주 - 우리가 볼 수 있는 부분 - 는 얼마나 큰가?"이다.

원칙적으로는 우주 시공간에서 빅뱅 이후로 신호가 빛의 속도로 혹은 그 이하로 여행하여 우리에게 도달한 단지 그 부분만이 관측되어 질 수 있다. 다시 말해서, 우리는 원칙적으로 빅뱅에 의해서 경계가 지워지는 영역내의 그리고 우리 과거의 빛 원뿔내의 사건에 대해서만 정보를 얻을 수 있다. (실제로 우주의 멀리 떨어져 있는 부분에 대한 대부분의 우리의 정보는 그것이 전자기파의 형태로 우리에게 도달하기 때문에 우리의 과거 빛 원뿔에서의 사건에 관한 것이다). 그것의 정보로부터 얻을 수 있는 지역의 공간 반경의 개략적 측정치는 ct_H로 정의되는 **허블 거리** d_H인데 $2998h^{-1}$Mpc에 해당된다. 조금 더 정확한 측정치를 발견하기 위하여 12장에서 블랙홀에 대하여 우리가 했던 것과 같이 반경방향 광선이 45°선상 위로 움직이는 FRW 모델의 좌표를 도입하는 것이 매우 편리하다. 이러한 특징을 가진 좌표들은 다음과 같은 새로운 시간좌표 η를 정의함으로써 도입할 수 있다.

$$dt = a(t)\,d\eta. \tag{18.44}$$

우주학에서 이것은 때때로 **공형(共形) 시간**(conformal time)이라고 불리운다. 그러면, 예로써, 평평 FRW 모델 (18.5)에 대한 선요소는

$$ds^2 = a^2(\eta)[-d\eta^2 + dr^2 + r^2(d\theta^2 + \sin^2\theta\, d\phi^2)]. \tag{18.45}$$

가 된다. 반경방향 광선은 $ds^2 = a^2(\eta)(-d\eta^2 + dr^2) = 0$인즉, $\eta - r$ 시공간 좌표에서 45°선위의 곡선을 따라 움직인다.

그림 18.5는 $r=0$일 때 원점이 우리의 세계선과 일치하도록 선택한 FRW 모델의 $\eta - r$ 시공간 도표를 보여주고 있다. 두 개의 다른 시간대에 있는 관측자의 과거 빛 원뿔을 보여주고 있다(이들 중 하나가 시간 t_0였던 우리의 과거 빛 원뿔일 수 있다). 빅뱅 이후로 시간이 흘러 광선이 관측자에 도달할 수 있었던 최대 반경 $r_{\rm horiz}$은 $t_e = 0$이라고 둘 때의 식 (18.7)에 주어져 있다. 특별히

$$r_{\rm horiz}(t) = \int_0^t \frac{dt'}{a(t')}. \tag{18.46}$$

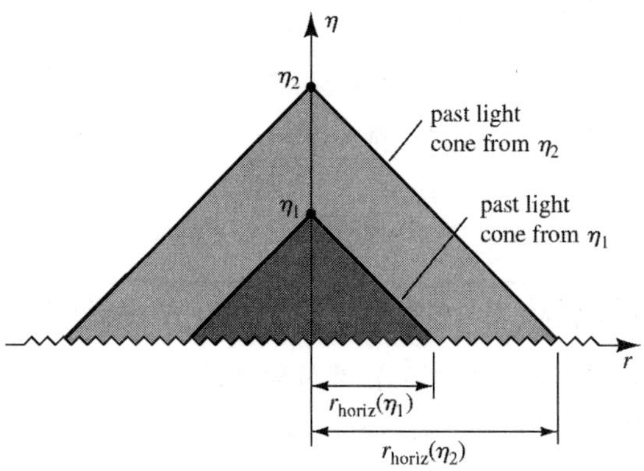

그림 18.5 평평하고 물질우위 FRW 모델에서 빛 원뿔과 지평면. 그림은 (18.44)에 정의되어있는 등각시간 좌표를 사용하여 평평 FRW 모델의 $\eta - r$ 시공간 도형을 보여주고 있다. 빅뱅은 $\eta = 0$의 위치에 물결선으로 나타나있다. 우리의 세계선은 $r = 0$인 η-축이라하자. 두 사건들이 빅뱅에서부터 η의 간격으로 그리고 그 간격이 두 배 차이가 나도록 그 각각의 세계선을 따라 보여져있다. 한 사건 안에 있는 관측자는 과거 빛 원뿔의 외부가 아니라 내부의 모든 점으로부터 신호들을 받을 수 있다. 기원에서부터 점까지의 좌표거리는 등각시간 η로부터 볼 수 있는 최대로 큰 연동반경 $r_{horiz}(\eta)$이다, 그것의 크기는 관측되는 시간에 (18.48)에 의해 주어진다. 시간이 흘러감에 따라 볼 수 있는 지역은 그 크기가 점차 증가한다.

연동하는 반경 $r_{\text{horiz}}(t)$은 관측자 시간 t에서 정보를 받을 수 있었던 우주 유동체내의 입자들과 그 어떤 정보도 받을 수 없었던 입자들로 양분하고 있다.
이 반경을 가진 시공간 3원 표면을 관측자의 **입자 지평면**(particle horizon)[4]이라고 부르거나, 혹은 그 내용이 명확히 우주적인 것일 때는 단순히 **지평면**(horizon)이라 한다.
그 3원표면의 반경은 **그림 18.5**에 보여주듯이 관측자의 주어진 시간에 대해서 일정하다. 그러나 그 값은 관측자의 시간 t에 따라 달라진다. 시간 t가 증가함에 따라 빅뱅이후로 정보가 관측자에게 도달하는 데 걸리는 시간이 더 많이 걸리기 때문에 지평면의 크기는 증가한다. 관측시간에 지평면까지의 물리적 거리는

$$d_{\text{horiz}}(t) = a(t)r_{\text{horiz}}(t) = a(t)\int_0^t \frac{dt'}{a(t')}. \qquad (18.47)$$

지평면까지의 거리

문자 d로 정의되어 있지만 d_{horiz}은 원칙적으로 볼 수 있는 지역의 현 시간에 대한 물리적 반경(radius)이지 지름(diameter)아니다. 이것은 반경에 대한 거리(distance)라는 의미에서 d_{horiz}이라고 정의되어 있다.

우리는 빅뱅 이후로 시간 t_0에 살고 있는 관측자이다. 우리가 정보를 받을 수 있었던 지역의 오늘날의 반경은 $d_{\text{horiz}}(t_0)$이다. 이것은 FRW 모델에서 개략적으로

4) 사건 지평면은 시공간의 인과관계 특성에 의해 사건의 지역들을 분리해준다. 입자 지평면은 시공간에서 주어진 관측자에 의하여 볼 수 있는 어느 입자들에 의하여 시공간 지역을 분리한다. 우리가 지구 표면위에서 지평선 넘어 볼 수 없듯이 우리는 우주에서 입자 지평면 넘어서 볼 수 없다.

14Gpc인데 이것은 현재의 시점에 있는 우리 우주에 가장 적합 한 것임이 판명되어 있다(**문제 33**). 이것은 원칙적으로 정보를 받을 수 있는 지역의 반경이다. 빛으로 볼 수 있는 우주의 반경은 더 작다. 왜냐하면 19.2절에서 보게 되겠지만 초기 우주는 불투명했었다.

예제 18.4 물질우위이면서 복사선우위인 평평한 FRW 모델들에서의 지평면 크기

(18.37)과 (18.38)을 가지고 (18.47)을 계산해보면 물질우위 및 복사선우위인 평평 FRW 모델에서의 지평면 크기를 알 수 있다.

$$d_{\text{horiz}}(t) = 3t \quad (\text{물질우위}), \tag{18.48a}$$

$$d_{\text{horiz}}(t) = 2t \quad (\text{복사선우위}). \tag{18.48b}$$

예로써 물질우위의 우주의 현재 지평면 크기에 대해서는 (18.43)을 (18.48a)와 결합시키면

$$d_{\text{horiz}}(t_0) = 2t_H \approx 8 \text{ Gpc} \quad (\text{물질우위}) \tag{18.49}$$

가 된다. 이때 t_H는 허블 상수 72(km/s)/Mpc에 대해서 길이 단위로 표현한 것이다. 이 숫자와 앞에서 언급한 14Gpc 사이의 불일치는 다음 장에서 보게 되겠지만 물질뿐만 아니라 의미심장한 진공에너지를 가지고 있는 모델이 "가장 잘 팔리는" FRW 모델이 되게 한다.

18.6 공간적으로 휜 Robertson-Walker 계량
Spatially Curved Robertson-Walker Metrics

평평 Robertson-Walker 선 요소(18.1)는 등질적, 등방적 우주 시공간기하의 한 예이다. 그러나 그것이 유일한 것은 아니다. 등질, 등방적 우주에 대한 일반적인 R-W 선 요소는 (18.4)의 형태를 가진다.

$$ds^2 = -dt^2 + a^2(t)\, d\mathcal{L}^2, \tag{18.50}$$

여기서 $d\mathcal{L}^2$은 등질, 등방적 3차원공간의 선 요소이다. 이것에 대하여 단지 3가지 가능성이 있다. $d\mathcal{L}^2 = dx^2 + dy^2 + dz^2$을 가진 평평 공간은 벌써 언급한 하나의 가능성이다. 이제 다른 두 개의 것을 알아보자.

닫힌 FRW 모델

가상의 4차원, 평평 유클리드 공간에서 단위 구의 표면은 **3원-구**(three-sphere)라 불리우는 등질, 등방적 공간기하이다. (모든 범위의 척도는 결국에는 (18.50)에

서 척도요소 $a(t)$로 묘사되는 것이기 때문에 단위 3원–구를 선택한다) 가상공간에 대하여 직각좌표 $X^{\alpha} = (W, X, Y, Z)$ 사용하여 이 3원–구는 표면으로서 다음과 같이 표기된다.

$$\delta_{\alpha\beta} X^{\alpha} X^{\beta} = W^2 + X^2 + Y^2 + Z^2 = 1. \tag{18.51}$$

이 표면상의 한 점은 4차원의 극좌표 각의 일반화로 편리하게 표시할 수 있다.

$$\begin{aligned} X &= \sin\chi \sin\theta \cos\phi, \qquad & Z &= \sin\chi \cos\theta, \\ Y &= \sin\chi \sin\theta \sin\phi, \qquad & W &= \cos\chi, \end{aligned} \tag{18.52}$$

여기서 3개의 극 각(χ, θ, ϕ)의 범위는 $0 \le \chi \le \pi$, $0 \le \theta \le \pi$ 그리고 $0 \le \phi \le 2\pi$ 이다.

(χ, θ, ϕ)가 (18.51)의 3원–표면상의 한 점을 명확히 지정하는지 알아보기 위하여 (18.52)를 이 식에 대입해보라. 그러면 이들 각도 중 어느 것에 대하여도 그것은 만족된다는 것을 알게 될 것이다. 그리고 더 나아가 표면상의 어떤 점도 주어진 범위 내에서 한 세트의 각으로 표현 할 수 있다는 것이다. 3원–표면 위의 선 요소는 (18.52)를 4차원 유클리드 공간에 적합한 다음 식에 대입함으로써 풀 수 있다.

$$ds^2 = \delta_{\alpha\beta} dX^{\alpha} dX^{\beta} = dX^2 + dY^2 + dZ^2 + dW^2 \tag{18.53}$$

그러면 이것은 다음과 같이 주어진다.

$$d\mathcal{L}^2 = d\chi^2 + \sin^2\chi (d\theta^2 + \sin^2\theta \, d\phi^2) \quad (\text{닫힌}). \tag{18.54}$$

이것은 등질, 등방적 3차원 공간 – 3원–구 – 의 계량이다. 이 공간은 유한한 공간을 갖지만 경계면이 없으며 닫혀있다. 이것은 4차원 평평 공간에서 3차원 구로써의 정의로부터 명백하다. 이것은 유한한 면적을 가지고 경계가 없는 3차원 구 표면과 유사하다. 실제로, (18.50)과 (18.54)를 가지고 있는 FRW 모델의 공간 단편의 공간적 부피는 (7.29)를 좌표 전 영역에 걸쳐서 적분함으로써 계산해 낼 수 있다.

$$V(t) = \int_0^{2\pi} d\phi \int_0^{\pi} d\theta \int_0^{\pi} d\chi \, a^3(t) \sin^2\chi \sin\theta = 2\pi^2 a^3(t). \tag{18.55}$$

즉 우주가 팽창함에 따라 부피는 더욱 더 빠르게 커지고 우주가 다시 수축하면 부피는 더욱 더 빠르게 더 작아진다.

열린 FRW 모델

3차원 공간에 대한 남아있는 또 하나의 가능성 있는 등질, 등방적 기하는 예제

7.12에 3원 표면의 예로써 벌써 논의 되었다. 그것은 로렌츠 쌍곡선 기하로써 평평 4차원 유클리드 공간에 있는 구의 3차원 표면과 유사한 평평 4차원 시공간에 있는 3원-표면이다.

직각좌표 $X^\alpha = (T, X, Y, Z)$를 사용하여 다음의 선 요소를 가진 가상의 평평 시공간에 있는 한 점을 표시하면

$$ds^2 = \eta_{\alpha\beta} dX^\alpha dX^\beta = -dT^2 + dX^2 + dY^2 + dZ^2, \tag{18.56}$$

단위 쌍곡선의 식은[$a = 1$인 (7.74)참조] 다음과 같이 표현한다.

$$\eta_{\alpha\beta} X^\alpha X^\beta = -T^2 + X^2 + Y^2 + Z^2 = -1. \tag{18.57}$$

(이 평평 시공간이 3차원 기하를 내재되어 있는 표면으로 나타내어 보일 수 있는 단지 한 편리한 방법일 뿐 우주의 시공간 기하와 아무런 관련성을 가지고 있지 않다는 것을 강조하기 위하여, 식 (18.53)과 유사하게, 좌표를 나타내기 위하여 대문자가 사용되었다.)

이 식들 사이의 유사성이 보여주듯이, 계량 $\eta_{\alpha\beta}$를 가진 평평 시공간에 있는 3원-표면(18.57)은 계량 $\delta_{\alpha\beta}$를 가진 유클리드 공간에 있는 구 (18.51)와 유사하다. 구 위의 어떤 두 점은 구의 공식 (18.51)과 내재되어 있는 기하의 선 요소(18.53)을 변화시키지 않고 남겨 둔 채로 회전과 결합시켜서 서로 간의 위치를 나타낼 수 있다. 쌍곡선상의 어떤 두 점은 쌍곡선의 식 (18.57)과 평평 시공간의 선 요소를 변화시키지 않고 남겨둔 채로 회전과 로렌츠 부스트(boost)와 결합시켜서 서로 간의 위치를 나타낼 수 있다. 그러므로 두 표면의 기하는 등질적이며 등방적이다. 쌍곡선에 대해서 극좌표 (18.52)와 유사한 것은

$$\begin{aligned} X &= \sinh\chi \sin\theta \cos\phi, \qquad & Z &= \sinh\chi \cos\theta, \\ Y &= \sinh\chi \sin\theta \sin\phi, \qquad & W &= \cosh\chi, \end{aligned} \tag{18.58}$$

여기서 범위는 $0 \le \chi \le \infty$, $0 \le \theta \le \pi$ 그리고 $0 \le \phi \le 2\pi$이다. 쌍곡선을 정의하고 있는 (18.57)식은 (18.58)에 의해 만족되어 진다. 그리고 이 관계들을 (18.56)에 대입하면 우리가 (7.76)에서 발견한 쌍곡선상의 선 요소를 제공해준다.

$$d\mathcal{L}^2 = d\chi^2 + \sinh^2\chi\,(d\theta^2 + \sin^2\theta\, d\phi^2) \quad (\text{열린}). \tag{18.59}$$

이 FRW 모델의 공간 단편은 무한한 부피를 가진다. 그래서 이 모델들은 열려있다고(open)한다.

일반적인 FRW 계량

(18.5), (18.54)와 (18.59)의 공간들에 대한 3가지의 가능한 등질적. 등방적 기하를 구별하기 위하여 관습적인 이름인 평평(flat), 닫힌(closed)과 열린(open)이 각각 사용되어져 왔었다. 그것들을 공간의 곡률로 구별하는 것이 더 나을지도 모른다. 제21장은 곡률에 대한 정량적 측정을 소개하고 있다. 등질성은 공간의 곡률이 이들 기하들 상의 어떤 각 점에 대해서도 같아야 하는 것을 요구한다. 평평한 경우에는 모든 곳에서 제로의 공간곡률을 가지며 닫힌 경우에는 일정한 양의 공간 곡률을 가지며, 열린 경우에는 음의 공간 곡률을 가진다. **그림 18.6**은 다른 종류의 공간 곡률을 제시하고 있는 공간의 가능한 등질적. 등방적 기하내들에 내재되어 있는 2원 표면을 포함하고 있다.

등질·등방적 우주 모델들에 대한 3가지의 가능한 선요소는 다음과 같이 요약할 수 있다.

$$ds^2 = -dt^2 + a^2(t)\left[d\chi^2 + \begin{Bmatrix} \sin^2\chi \\ \chi^2 \\ \sinh^2\chi \end{Bmatrix} (d\theta^2 + \sin^2\theta\, d\phi^2)\right] \quad \begin{Bmatrix} \text{closed} \\ \text{flat} \\ \text{open} \end{Bmatrix}. \qquad (18.60)$$

여기서 (18.5)에 있는 반경좌표 r은 다른 여러 경우와 유사성을 강조하기 위하여 χ로 대치되어 있다.

여기서 (18.5)에 있는 반경좌표 r은 다른 여러 경우와 유사성을 강조하기 위하여 χ로 쓰여졌다. 이 3가지 모두를 또 다른 표현으로 나타낼 수 있는 데, 이는 이 3가지 경우 모두에서 좌표 χ를 다음과 같이 새로운 반경 좌표 r로 대치하면 나온다.

$$r = \sin\chi \quad (\text{closed}), \qquad r = \chi \quad (\text{flat}), \qquad r = \sinh\chi \quad (\text{open}). \qquad (18.61)$$

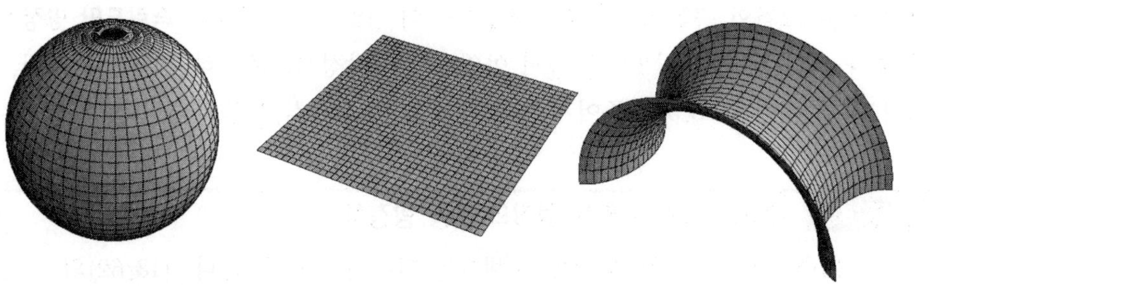

그림 18.6 FRW 우주 모델들에서 공간을 위하여 가능한 등질적, 등방적 기하의 3가지의 내재(embedding) 도형. 처음 두 도형은 (18.54)의 닫힌 FRW 모델과 (7.7)절에서 묘사되어 있듯이 건설된 (18.1)의 평평 FRW 모델에서 $t=$일정, $\theta=\pi/2$인 2차원 평면의 삽입도형들이다. 그것들은 구(닫힌)와 평면(평평)이다. 이것들은 제21장에서 보게 되듯이 각각 일정한 양의 곡률과 제로 곡률의 면을 가진다. 열린 FRW 계량의 $t=$일정, $\theta=\pi/2$의 단편은 3차원 평평 공간에서 축대칭 표면으로 내재(embedded)될 수 없다. (한번 시도해보라!) 그 표면은 일정한 음의 곡률을 가지고 있고, 보여져 있는 내재도형은 그것의 일부분만 그린 것이다. (그것은 기하가 등질적이기 때문에 어떤 일부분이던 문제가 되지 않는다.) 만일 여러분들이 그것이 어떻게 건설되었는가 알고자 원한다면, 문제 30을 풀어보라.

그러면 (18.60)에 있는 3종류의 선요소는 다음과 같이 통일된 형태로 쓰여질 수 있다.

등질적, 등방적 우주모델에 대한 계량

$$ds^2 = -dt^2 + a^2(t)\left[\frac{dr^2}{1-kr^2} + r^2(d\theta^2 + \sin^2\theta\, d\phi^2)\right], \tag{18.62}$$

여기서 닫힌, 평평, 열린 우주 각각에 대하여 k는 1, 0, −1 값을 갖는다.

(18.62)나 (18.60)에 요약되어 있는 각각의 R−W계량은 등질, 등방적 공간이 $a(t)$가 증가함에 따라 시간이 경과함에 의해 증가하고, $a(t)$가 감소함에 따라 감소하는 시간적 진화과정을 나타내어 주고 있다. 우주의 진화에 대한 모든 정보는 다음에 논의할 것과 같이 아인슈타인 방정식에 의하여 결정된 이 하나의 함수 안에 포함되어 있다.

18.7 우주의 동력학 Dynamics of the Universe

프리드만 방정식

평평FRW 모델에 대한 역동적 공식 (18.30)에 단지 조그마한 변화는 공간의 힘을 포함하기 위해서는 그것을 일반화 한 것이 필요하다. 일반화된 관계는

프리드만 방정식

$$\dot{a}^2 - \frac{8\pi\rho}{3}a^2 = -k. \tag{18.63}$$

이다. 여기서 $\dot{a} \equiv da/dt$이고 k는 FRW 모델의 공간기하의 곡률을 특정 짓는 (18.62)에 나타나 있는 상수로써 그 값은 ±1, 0이다. 이와 같이 일반 상대성은 우주의 시간 진화를 그것의 공간기하에 관련짓는다. 이 (18.63)의 관계를 **프리드만 방정식**이라 한다. 우리는 이것을 22.4절에서 아인슈타인 방정식으로부터 유도할 것이다. 그러나 이것은 예제 18.5에 주어져 있듯이 단순한 직관적인 동기를 가지고 있다.

예제 18.5 구형의 압력이 없는 물질의 운동 방정식

식 (18.63)은 압력이 없는 물질에 대해서는 단순한 해석을 준다. (18.62)의 일반적 FRW 시공간에서 질량근원의 주위를 둘러싸고 있는 실험 입자들이 구형의 껍질 형태를 이루고 있다고 상상하자. 연동하는 반경 좌표 $r = r_s$에 의해 그 구 껍질의 위치를 표시하도록 하자. 만일 $r_s \ll 1$이라면 $1 - kr^2$이라는 요소는 좋은 근사치로써 구 껍질 내부에서 1로 대치할 수 있다. 그러면 구 껍질의 고유 반경 $R(t)$와 그 구 껍질에 싸여있는 고유 부피 $V(t)$는 다음과 같이 된다. [(18.62)와 (7.29) 참고]

$$R(t) = a(t)r_s, \qquad V(t) = \frac{4}{3}\pi\,[a(t)r_s]^3 = \frac{4\pi}{3}R^3(t). \tag{18.64}$$

이 등질적 우주에서 에너지 밀도 $\rho(t)$는 공간 전체에 걸쳐서 일정하기 때문에 그 구 껍질 내부에 포함된 물질의 질량은

$$M(t) = \rho(t)V(t) = \frac{4\pi\rho(t)}{3}R^3(t). \tag{18.65}$$

(18.63)의 양변에 $\frac{1}{2}r_s^2$을 곱하고 (18.64)와 (18.65)사용하여 프리드만 공식을 다시 쓰면

$$\frac{1}{2}\dot{R}^2(t) - \frac{M(t)}{R(t)} = -\frac{1}{2}kr_s^2. \tag{18.66}$$

r_s는 시간에 대해 일정하기 때문에 (연동하는 좌표) (18.66)의 오른편은 일정한 상수이다.

(18.66)에 구 껍질의 실험 입자의 정지질량을 양변에 곱해보면 그것은 구 껍질의 보존 에너지에 대한 뉴턴적 표현이 된다. 즉 첫째 항은 뉴턴의 운동에너지가 되고 두 번째 항은 뉴턴의 중력 퍼텐셜이 된다. 즉 프리드만 방정식은 압력이 없는 물질이 구형의 껍질을 이루고 있을 때의 운동 방정식이 뉴턴 이론으로 해석할 수 있는 것과 동일하게 우주의 운동을 해석 할 수 있다고 예견하고 있는 것이다. 이러한 결과를 얻기 위하여서는 물질이 압력이 없어야 한다는 가정이 필요하였다. 그렇지 않으면 프리드만 방정식에 존재하지 않는, 뉴턴 이론에서 질량 $M(t)$에 압력의 기여도가 있어야 할 것이다.

프리드만 공식을 $a^2(t)$로 나누고 현재 순간 t_0로 재평가 해보면 (18.31)의 일반화된 형태인 휜 FRW 모델을 만들어 낸다.

$$H_0^2 - \frac{8\pi\rho_0}{3} = -\frac{k}{a_0^2}. \tag{18.67}$$

만일 현재의 에너지 밀도 ρ_0가 (18.32)에 정의되어 있는 임계 밀도 ρ_{crit} 보다 더 크면 우주는 양으로 휘어져($k=+1$) 있고 닫혀 있다. 그리고 ρ_0가 ρ_{crit}보다 작으면 우주는 음으로 휘어져($k=-1$) 있고 열려있다. 공간적으로 평평하려면($k=0$) 현재 밀도 ρ_0가 임계 밀도 ρ_{crit}과 같아야 한다. 이와 같이 두 개의 변수 H_0와 ρ_0는 우주가 열려있는지 닫혀 있는지, 혹은 평평한지 결정해 준다. 우리는 다음 장에서 그것의 결정에 대하여 논할 것이다.

이것은 (18.33)에서 우주 유동체의 각각의 구성성분에 대하여 우리가 하였던 것과 같이 다음과 같이 차원 없는 변수를 도입하여 임계 밀도에 대한 현재 전체 밀도를 측정하는 것이 우주학에서의 표준으로 사용하고 있다.

$$\Omega \equiv \rho_0/\rho_{\rm crit}, \tag{18.68}$$

양으로 휜 FRW 모델은 $\Omega > 1$를 가지고, 평평 모델은 $\Omega = 1$을 가지고, 음으로 휜 모델은 $\Omega < 1$을 가진다. 이와 같이 평평 모델(제로곡률)은 열린(음의 곡률)모델 과 닫힌 모델(양의 곡률)사이의 경계선이 된다. 이것이 왜 $\rho_{\rm crit}$을 임계 밀도라 부르는지에 대한 이유이다. 만일 우리가 현재의 밀도를 측정하여 Ω를 결정할 수 있다면 우리는 우주의 공간곡률을 알 수 있을 것이다. 그러나 진공에너지의 양은 국소 실험으로 접근할 수가 없고 앞장에서 언급하였듯이 우주에서 알려져 있지 않는 암흑물질의 양이 있어, 보이는 물질의 양의 조사만으로 물질의 밀도를 결정하는 것은 불가능하다는 것을 말해주고 있다. 그 대신에 다음 장에서 우주의 기하를 측정함으로써 어떻게 Ω 결정하는 지를 논의할 것이다.[5)]

(18.63)의 프리드만 방정식의 해는 예제 18.6의 물질의 우위의 우주의 경우에서 보여주듯이 우주 유동체의 3가지 다른 구성성분의 각각에 대한 공간적으로 휜 모델을 위하여 초등 함수로써 전개되어질 수 있다(**문제 18**과 **19**를 보라). 그러나 우리의 우주는 물질, 복사선과 있을 법한 진공에너지 모두를 가지고 있다. 자 이제 좀 더 일반적인 경우로, 정성적으로 그리고 정량적으로, 방향을 틀어보자.

예제 18.6 물질 우위의 FRW 우주 모델들

빅뱅 이후 수백의 수천 년 전부터 거의 현재에 이르기까지의 거의 전 역사에 걸쳐서 물질은 에너지 밀도에 주된 우위적 기여를 하면서 우주의 진화를 이끌어 왔었다. 그러므로 복사선과 진공에너지가 없는 물질우위의 FRW 모델이 예로써 특히 적합하다 이 특별한 경우에 대해서 프리드만 방정식의 해는 아래와 같이 변수 공식으로 전개되고, **그림 18.7**(문제 17)에 보여주듯이 닫힌 형태임이 알게 되었다. 먼저 양의 곡률 모델을 고려해보자.

$$\left.\begin{aligned} a(\eta) &= \frac{\Omega}{2H_0(\Omega-1)^{3/2}}(1-\cos\eta) \\ t(\eta) &= \frac{\Omega}{2H_0(\Omega-1)^{3/2}}(\eta-\sin\eta) \end{aligned}\right\} \quad k=+1, \quad \Omega>1. \tag{18.69}$$

5) 무엇이 오게 될지 언뜻 보기위해, 17쪽의 상자 2.2에 있는 논의를 회고해보라.

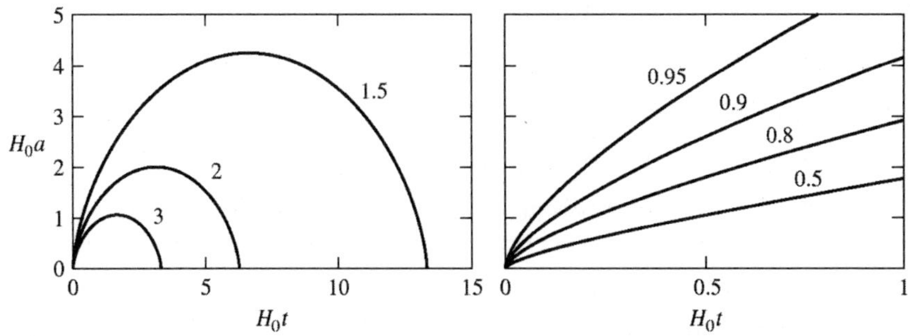

그림 18.7 물질 우위 FRW 모델들. (18.69)와 (18.71)에 주어져 있는 척도 인자의 시간 의존성은 왼편 그림에는 닫힌 모델에 대해서 그리고 오른편 그림은 열린 모델에 대해서 보여주고 있다. 각각의 곡선은 $\Omega = \Omega_m$의 값이 표시되어 있다. 수직축은 구 경우들에 동일한 범위를 가지고 있지만, 수평축은 다른 범위로 나타냈음을 주목하라. 모든 모델들은 $t = 0$인 빅뱅 이후로 팽창하고 있다. 양의 곡률을 가진 모델은 최대 반경에 도달한 후에는 대격돌(big crunch)라는 특이점으로 재붕괴된다. 음의 곡률의 모델은 영원히 팽창한다. $\Omega \to 1$로 접근할수록, 곡선은 각각의 경우에 수직축에 접근한다.

이 닫힌 모델은 $a = 0$, $t = 0$ 그리고 $\rho = \infty$인 $\eta = 0$인 대폭발(big bang) 특이점으로부터 팽창하기 시작한다. 그리하여 $\eta = \pi$에서 최대 부피에 도달한 후 그리고 나서 다시 수축하여 다시 $a = 0$가 되는 $\eta = 2\pi$인 "대격돌(big crunch)" 특이점까지 수축한다. 그러므로 그것들의 전체 지속시간은 $(\pi\Omega/H_0)(\Omega - 1)^{-3/2}$가 된다. 그리고 최대의 공간 부피는 (18.55)부터

$$V_{\max} = \frac{2\pi^2}{H_0^3}\left[\frac{\Omega}{(\Omega - 1)^{1/2}}\right]^3. \tag{18.70}$$

가 된다. 음의 곡률 모델은 유사하게 다음과 같다.

$$\left.\begin{aligned} a(\eta) &= \frac{\Omega}{2H_0(1-\Omega)^{3/2}}(\cosh\eta - 1) \\ t(\eta) &= \frac{\Omega}{2H_0(1-\Omega)^{3/2}}(\sinh\eta - \eta) \end{aligned}\right\} \qquad k = -1, \quad \Omega < 1. \tag{18.71}$$

이 모델도 또한 $t = 0$인 빅뱅 특이점으로부터 팽창한다. 그러나 영원히 팽창을 계속한다. 위 모델들 둘 다는 팽창해감에 따라 감속된다. 그것은 중력에 의한 인력이 팽창을 천천히 감속시키는 것으로써 이해할 수 있다. 음으로 휜 모델은 인력으로부터 "도망하여" 영원히 팽창하고 양으로 휜 모델은 그러하지 못한다.

공간적으로 $\Omega = 1$인 모델, 즉 $\Omega > 1$인 양의 곡률 모델과 $\Omega < 1$인 음의 곡률 모델 사이의 경계선에 있는 평평하고, 제로 곡률인 모델에서는 어떠한가? Ω가 1에 접근해감에 따라 닫힌 모델에서의 지속기간과 최대 공간 부피는 무한대에 접근한다. 그리고 열린 모델과 닫힌 모델 둘 다에 대해서 $\Omega = 1$일 때 척도인자는 발산한다.

이것은 척도인자가 곡률 반경에 비례하는 경우의 한계치에서는 올바른 답이다! 제로 곡률이란 무한 곡률 반경이라는 것이다. 그러나 18.4절에 설명되어있는 것과 같이 정확히 공간적으로 평평한 모델에 대한 척도인자의 절대적 크기는 임의적이며 그리고 물리적 양도 그것에 의존하지 않는다. (18.69)이거나 (18.71)이던지 $\Omega \to 1$ 의 극한값으로 재척도(rescaling)하는 것은 식 (18.37)을 줄 것이다.

프리드만 방정식의 일반 해

FRW 모델의 정성적 이해와 정량적 계산, 둘 다를 위해서는 프리드만 방정식 (18.63)을 재척도화된(rescaled) 차원 없는 변수로 다시 표현해보면 편리하다. 이 재척도들(rescalings)을 정의하기 위해 아래첨자 0으로 구별되어지는 현재의 순간 t_0에 있는 차원이 있는 변수들을 이용한다. 예로써, 현재의 값 $a_0 \equiv a(t_0)$을 사용하여, 척도인자의 차원이 없는 측정은 다음과 같이 정의될 수 있다.

$$\tilde{a}(t) \equiv a(t)/a_0. \tag{18.72}$$

식 (18.11)은 이 재척도화된 변수가 $\tilde{a} = 1/(1+z)$에 의하여 시간 t에 연동하여 움직이는 은하계로부터 나오는 복사선의 적색편이 z와 직접적으로 관계가 있음을 바로 보여주고 있다. 이와 유사하게 현재의 허블 상수 H_0[(8.15) 참고]의 역수로 정의되어 있는 허블 시간 t_H도, 시간의 차원 없는 측정을 정의하기 위해 다음과 같이 사용되어 질 수 있다.

$$\tilde{t} \equiv t/t_H = H_0 t. \tag{18.73}$$

(18.32)에 정의되어 있는 임계 밀도는 밀도에 대하여 편리한 척도를 제공한다. 현재의 밀도는 (18.68)과 (18.33)에서와 같이 여러 가지 Ω들을 정의함으로써 이 임계 밀도에 대하여 상대적으로 측정할 수 있다. 이와 같이, 예로서,

$$\rho_r(t) = \rho_{\text{crit}}\Omega_r/(\tilde{a}(t))^4, \quad \text{등등}. \tag{18.74}$$

그리고 곡률을 위한 다음과 같이 정의되는 Ω_c를 도입하면 더 편리하다.

$$\Omega_c \equiv -k/(H_0 a_0)^2. \tag{18.75}$$

이 정의를 가지고, 현재의 순간 t_0에서 평가된 프리드만 방정식 (18.63)은 다음과 같이 해석된다.

$$\Omega_r + \Omega_m + \Omega_v + \Omega_c = 1. \tag{18.76}$$

이 우아한 관계는 Ω_c가 다른 Ω 들과 달리 닫힌 우주에서는 음 일거라는 오해를 받을 수 있다. 이 모든 재 정의들에 의한 보답으로 재척도된 프리드만 공식 (18.63)은 다음과 같다.

$$\frac{1}{2}\left(\frac{d\tilde{a}}{d\tilde{t}}\right)^2 + U_{\text{eff}}(\tilde{a}) = \frac{\Omega_c}{2}. \tag{18.77}$$

여기서 유효 퍼텐셜 U_{eff}[(18.36)에서와 동일]는 다음과 같이 정의된다.

$$U_{\text{eff}}(\tilde{a}) \equiv -\frac{1}{2}\left(\Omega_v \tilde{a}^2 + \frac{\Omega_m}{\tilde{a}} + \frac{\Omega_r}{\tilde{a}^2}\right), \tag{18.78}$$

그리고 Ω_c는 (18.76)에 의해 다른 Ω 들에 의해 주어진다. 그리고 식 (18.77)과 (18.78)은 재척도식들(18.72)와 (18.73)을 고려할 때 평평 FRW 모델에 대해서 각각 (18.35)와 (18.36)으로 환원된다. 저번 경우에서 이미 논의한 것과 같이 (18.77)은 1차원 내에서 움직이는 뉴턴 입자에 대한 에너지와의 관계와 같다. $\tilde{a}$는 좌표이고, $\Omega_c/2$는 에너지이다.

그러므로 FRW 우주 모델을 건설하려고 하면 다음과 같이 진행해야 한다.

(1) 4개 변수 H_0, Ω_r, Ω_m, Ω_v,를 결정하고

(2) (18.77)을 $\tilde{a}(t)$에 대해 풀기위하여 $d\tilde{a}/[\Omega_c - 2U_{\text{eff}}(a)]^{1/2} = d\tilde{t}$로 두고 위의 마지막 3변수를 사용하여 양변을 적분하고 (수적인 계산을 위해서는 이 책의 웹사이트에 Mathematia 프로그램이 있다)

(3) 식 (18.73)에 의하여 $\tilde{t}$를 t로 전환하기 위해 H_0를 사용하여 재척도(rescaling)를 본래대로 되돌리고 (18.75)로부터 a_0의 값을 찾아낸다.

그러면 $a(t)$에 대한 결과는

$$a(t) = \frac{1}{H_0|\Omega_c|^{1/2}}\tilde{a}(H_0 t). \tag{18.79}$$

재척도된 프리드만 공식 (18.77)에 대한 해는 시간에 대한 함수로써 척도요소 $a(t)$를 결정해 줄 뿐 아니라 현재의 시대 t_0를 확정함에 의해 시간 속의 우리의 위치를 결정해준다. (18.72)에 있는 $\tilde{a}$의 정의는 "현 순간 $\tilde{t}_0$는 $\tilde{a}(\tilde{t}_0)=1$일 때이다."라는 것을 함축하고 있다. 그러면 (18.73)으로부터 현 시대 $t_0 = \tilde{t}_0/H_0$이다.

그러므로 FRW 모델 우주는 다음 4개의 우주적 변수들에 의해 결정된다.

$$\boxed{H_0, \quad \Omega_r, \quad \Omega_m, \quad \Omega_v.} \tag{18.80}$$

이것들이 우주의 현 순간뿐만 아니라 과거의 역사와 미래의 운명을 확정한다. 예 18.7에 예시되어 있듯이, 우주의 다른 특징들은 이 4가지의 변수들의 함수로써 예견된다. 관측 우주학의 목표는 우리의 우주를 확정해주는 이들 4가지의 변수들의 값들을 결정하는 것이다. 이론 우주학의 목표는 왜 그것들이 그러한 값들을 가져야만 하는지 설명하는 것이다. 이 양쪽의 목표를 향한 진보를 다음 장에서 논의하겠다.

예제 18.7 우주 변수의 함수로써 나타낸 우주 나이

t와 $\tilde{t}$ 사이의 관계 (18.73)으로 부터, 우주의 나이는

$$t_0 = \frac{1}{H_0}\tilde{t}_0(\Omega_r, \Omega_m, \Omega_v). \tag{18.81}$$

차원 없는 함수 $\tilde{t}_0(\Omega_r, \Omega_m, \Omega_v)$는 $\tilde{a}(\tilde{t}_0) = 1$일 때 $\tilde{t}_0$의 값이다. 이 함수는 재척도된 프리드만 공식 (18.77)을 적분함으로써 결정할 수 있다.

$$\tilde{t}_0(\Omega_r, \Omega_m, \Omega_v) = \int_0^1 d\tilde{a}\left[\Omega_c(\Omega_r, \Omega_m, \Omega_v) + \Omega_r\tilde{a}^{-2} + \Omega_m\tilde{a}^{-1} + \Omega_v\tilde{a}^2\right]^{-1/2}, \tag{18.82}$$

여기서 Ω_c는 (18.76)에 의해 다른 Ω들에 의해 주어진다. 우리의 우주 경우 $\Omega_r = 8\times10^{-5}$이고 시대의 변천에 따라 그 영향이 미미하다. 그래서 그림 18.8에서 보여주듯이 다른 Ω들의 함수로써 $\tilde{t}_0$의 윤곽선을 나타내었다. 가장 오래된 별들의

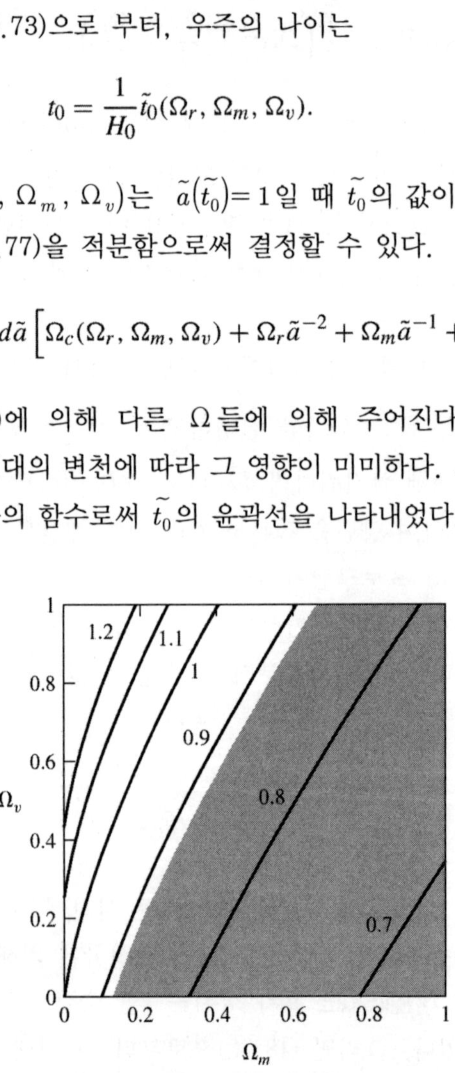

그림 18.8 Ω_v와 Ω_m의 함수로서의 우주의 나이. 그림은 허블 시간 t_H의 곱으로 표현된 일정한 시대 t_0의 윤곽선을 보여주고 있다. 가장 오래된 별들의 나이는 거의 12Gyr 이다; 즉 우주는 더 나이가 많아야 한다. 음영이 처진 지역은 $h=0.72$때 이 한계치와 일치하는 Ω_v와 Ω_m의 범위를 정의한다.

나이는 약 120억년이다. 그러면 우주는 더 오래되었음이 틀림없다. 이 사실은 우주의 변수들의 값들에 대해 하나의 제약을 주게 된다.

FRW 모델의 우주변수의 여러 값들에 대하여 시간에 따라 변하는 척도 인자의 정성적인 행동양상을 유효 퍼텐셜 $U_{eff}(\tilde{a})$와 Ω_c사이의 관계를 보여주는 **그림 18.9**에서와 같은 도표에서 읽을 수 있다. 이것들을 고려하는 데 있어서 U_{eff}와 Ω_c 둘다가 FRW 모델의 변수 Ω_r, Ω_m과 Ω_v에 의존하고 있다는 것을 명심하는 것이 중요하다.

- **열린 그리고 평평한 FRW 모델 경우** $(\Omega \leq 1)$ $\Omega_c \equiv 1-\Omega$가 음이 아니고, 유효 퍼텐셜 U_{eff}는 음이므로 $\dot{a}=0$인 전환점이 존재하지 않는다. 그러므로 모든 음의 곡률이거나 제로곡률의 FRW 모델 $(k=0,-1)$은 $a=0$인 빅뱅특이점에서 시작하여 영원히 팽창한다.
- **닫힌 FRW 모델** $(\Omega > 1)$ $\Omega_c \equiv 1-\Omega$가 음이기 때문에 유효 퍼텐셜의 최대치가 $\Omega_c/2$선 보다 위에 있느냐 그렇지 않느냐에 따라 전환점을 가지거나 가지지 않는다. 만일 가지지 않는다면 FRW 모델들은 $a=0$인 빅뱅특이점에서 시작하여 영원히 팽창한다. 만일 가진다면 2개의 전환점이 있고, FRW 모델은 2형태중 하나이다.

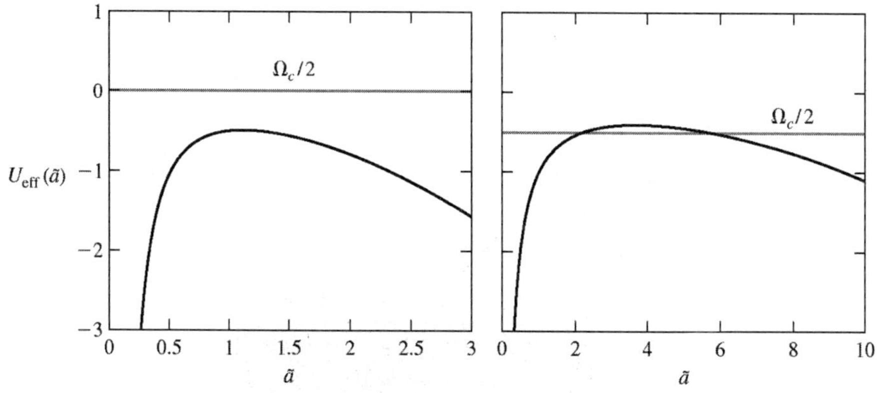

그림 18.9 휜 FRW 모델들의 진화에 대한 유효 퍼텐셜. 이 그림은 유효 퍼텐셜 (18.78)의 두 예와 그리고 $\Omega_c/2$의 값과의 관계를 보여주고 있다. 왼편에 있는 그림은 우리 우주의 우주 변수들 $\Omega_v \approx 0.7$, $\Omega_m \approx 0.3$, $\Omega_r \approx 5\times10^{-5}$ 그래서 $\Omega_c \approx 0$에 대한 퍼텐셜을 보여주고 있다. 거기에는 전환점이 없다 그래서 우주는 빅뱅에서 출발하여 영원히 팽창한다. 오른쪽에 있는 그림은 $\Omega_v \approx 0.02$, $\Omega_m \approx 2.0$, $\Omega_r \approx 0$일 때의 관계를 보여주고 있다. 여기에는 두 개의 전환점이 있다. 우주는 $\tilde{a}=0$와 같은 빅뱅에서 출발하여 $\tilde{a}=1$인 오늘날까지 팽창한다, 첫 전환점에서 전환하여, 그리고 그림 18.7의 왼편 그림에 있는 곡선들과 유사한 궤적을 따라 재붕괴되어 대격돌에 이르게 된다. 유사하게, 퍼텐셜이 $\Omega_c/2$의 선과 교차하는 양의 휜 모델과(그림에 나타나있지 않다), 그리고 $\tilde{a}=1$이 퍼텐셜 장벽의 더 먼 쪽에 놓여있는 경우가 있다. 이런 모델에서는, 우주는 더 큰 반경에서 작은 반경으로 붕괴된 후, 더 큰 전환점으로 되튀어, 그리고 재팽창한다. 이런 모델은 빅뱅 특이점을 갖고 있지 않다. 이런 양상들에 해당되는 우주 변수들의 지역들은 그림 18.10에 보여져 있다.

즉 하나는 $a=0$ 빅뱅특이점에서 팽창하기 시작하여 최대반경인 좀 더 작은 전환점에 도달 후 그리고 나서 $a=0$인 특이점으로 재붕괴 된다(big crunch). 다른 하나의 가능한 모델은 a의 높은 값부터 붕괴한 후 2개의 전환점 중 좀 더 큰 쪽의 전환점으로 되튀어서 결코 특이점을 가지는 것 없이 영원히 팽창하는 것이다.

주어진 세트의 Ω의 값들에 해당하는 우주모델이 어느 것이 될 것인지 하는 가능성은 $a=1$(현재 시대)이 좀 더 작은 전환점 아래 있는지 [재붕괴(recollapse)] 혹은 좀 더 큰 전환점 위에 있는지 [되튐(bounce)]에 따라 결정된다. 관측을 통하여 우리가 가정했던 먼지-복사선-진공모델을 가진 우리 우주에 대해서는 되튐(bounce)은 배제된다(**문제 25**).

그림 18.10은 현시대의 우주학에서 중요한 도표이다. 이것은 적어도 있을 수 있는 우주 변수 Ω_v와 Ω_m의 좌표 평면에서 여기에서 논의한 것들의 행동양상의 도표이다(**문제 26**).

우리 우주에 해당 할 수 있는 모든 FRW 모델 중에 특출한 한 특징은 - 빅뱅이다. 일반 상대성 이론은 우주는 무한밀도의 그리고 22.3절에서 알게 되겠지만 또한 무한곡률의 한 특이점에서 시작하였다는 것을 예견해 주고 있다. 이 빅뱅 특이점은

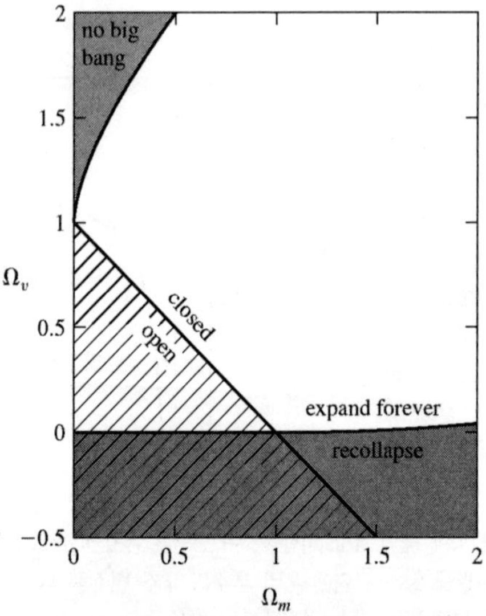

그림 18.10 $\Omega_m-\Omega_v$의 평면에 있는 FRW 모델들. 그림은 우리 우주에서와 같이, Ω_r이 매우 작다고 가정하여, 여러 종류의 FRW 모델들에 해당되는 $\Omega_m-\Omega_v$의 평면의 여러 지역들을 보여주고 있다. 평평 모델들은 $\Omega_v=1-\Omega_m$인 대각선을 따라 놓여져 있다. 열린 모델은 이 선 아래에 놓여있고; 닫힌 모델은 이 선 위에 놓여 있다. 더 아래에 있는 음영이 처진 지역은 우주가 빅뱅으로부터 팽창하여 최대 크기에 도달한 다음 그리고 나서 재붕괴되어 대격돌에 이르게 되는 변수들을 포함하고 있다. 이 지역위에 있는 모델들은 영원히 팽창한다. 위쪽 왼편에 음영이 처진 지역은 최대반경에서 최소 반경으로 붕괴된 후, 그리고 나서 재 팽창하는, 결코 빅뱅을 겪지 않는 변수들의 값을 포함하고 있다.

FRW 우주모델의 높은 대칭성에 의한 인공산물이 아니라 현재의 관측과 물질의 특징에 대한 합리적인 가정에 어긋남이 없는 어떤 일반 상대성 우주모델의 한 특징이다(**상자 18.2**를 보라). 그것이 빅뱅으로부터 팽창함에 따라 휜 FRW 모델은 **그림 18.4**의 왼편에서 보여주는 평평한 모델에서와 같이 진화 과정을 몰고 가는 주요 에너지원의 형태에 의해 결정되는 여러 형태의 단계를 거쳐 지나간다. 초기에는 (18.77)에서 공간 곡률의 항 $\Omega_c/2$의 기여도는 복사선 에너지 밀도에 의해 위축되어 있다. 복사선을 가진 모든 FRW 모델들은 이와 비슷하게 시작한다. 그 후에 복사선 밀도가 거의 소멸하고 물질 밀도가 감소하였을 때 공간곡률의 항 $\Omega_c/2$가 중요하게 되어 **그림 18.7**의 왼편에서 보여주듯이 물질 우위의 모델에서와 같이 재붕괴를 이끌어 대격돌(big crunch)에 이르게 할 수도 있다. 어떤 특정한 모델은 이 책 웹사이트에 있는 Mathematica 프로그램을 사용하여 계산해 볼 수 있다.

문 제

1. [S] 예제 18.1에서 건포도들은 초기에 밀가루 반죽에 의하여 점유되어져 있는 평평 유클리드 공간에서 Cartesian 좌표 (x, y, z)에 의하여 위치가 정해질 수 있다. 동조하여 같이 움직이는, 건포도들이 출발할 때의 동일한 좌표를 가지고 건포도에 의하여 점유된 점들의 위치를 계속해서 표시하라. 그 팽창이 등질적이며 등방적이라고 가정하고서, 이 동조하여 같이 움직이는 좌표들과 척도 인자 $a(t)$의 항으로 평평 유클리드 공간의 선 요소를 표현하라. 빵을 굽기 시작할 때와 완성될 때까지의 사이에 $a(t)$의 정성적 행동양상을 스케치하라. 만일 그 밀가루 반죽이 좀 좋지 않는 구형으로 부풀어 오른다면, $a(t)$는 어떻게 보일 것인가? 만일 밀가루 반죽이 초기에 반경 R의 구형의 경계면에 포함된다면, 경계면의 공식은 시간의 함수로서 무엇이 되겠는가? 빵 굽기가 끝났을 때 경계면의 면적은 얼마일까?

2. 우주의 팽창을 묘사하는 척도 인자(scale factor)는 아래와 같다고 가정하자.

$$a(t) = (t/t_*)^{1/2},$$

여기서 t_*는 상수이고 t는 특이점으로부터 고유시간이다. 우주의 현재 나이는 14Gy이라고 가정하자.

(a) 오늘날 관측된 허블 상수의 값(yr^{-1})은 얼마인가?

(b) 우주 배경 마이크로파의 온도가 3000K 있었을 때가 년 단위로 언제이었을까?

3. 그것의 계량이 (18.1)에 주어져 있는 평평 FRW 모델을 고려하자. 만일 한 입자가 동조하여 같이 움직이는 관측자(상수 x, y, z)에 의하여 측정했을 때 속도 V_*를 가지고 시간 t_* 때에 원점에서 쏘아졌다면, 그러면 그것은 동조하여 움직이는 계에 대하여 점근적으로 정지해 있다. 그것이 정지해 있게 되는, 동조하여 움직이는 좌표 반경을 $a(t)$에 걸쳐한 적분으로 표현하라.

4. [S] 허블 상수의 현재의 값이 72(km/c)/Mpc이고 우주가 임계 밀도에 있다고 가정하자. 광자가 지금 우리 은하로부터 방출된다. 우주가 계속해서 물질 우위라고 가정했을 때, 미래에 100억년 뒤에 다른 은하에서 그것이 수신될 때 이 광자의 적색편이는 얼마가 되는가?

5. [S] 우주 배경 복사는 거의 3000K의 온도에서 우주가 투명해진 이후로 쭉 우리에게로 전파되어 왔었다. 오늘날 그것의 온도는 2.73K이다. 그 복사의 적색편이 z는 얼마인가?

6. [S] Ia 타입의 초신성은 $z = 1.1$의 적색편이를 가지고 있다. 관측된 밝기는 두 달의 시간 스케일로 증가하다가 떨어졌다. (좀 더 정확하게 말해서 초신성이 최대 밝기의 반으로 떨어질 때 그 사이의 시간 차가 두 달 정도 된다고 말한다.) 초신성에 근접해 있고 그것에 대하여 정지해 있는 가상적인 관측자에게는 초신성의 정지계에서 밝기의 증가와 감소에 대한 시간 스케일은 얼마인가?

7. 은하의 빛이 시간 t_e에 방출되었고 오늘날 시간 t_0에서 우리가 보게 되는 은하를 고려하자. 그 은하까지 현재의 고유 거리(상수 t_0의 곡선을 따라)는 다음과 같음을 보여라.

$$d = a(t_0)\int_{t_e}^{t_0} dt/a(t).$$

8. 9.2절에서 Schwarzschild 기하에 있는 광자의 적색편이는 시간-변이(translation) 대칭으로부터 발생하는 보존 법칙을 사용하여 유도되었다. 우주 적색편이 (18.10)이 유사한 방법으로 계량 (18.1)의 공간-변이(translation) 대칭으로부터 유도될 수 있다는 것을 보여라.

9. [E] CMB 복사가 거의 3000 K의 온도에서 마지막으로 물질과 상호 작용을 했던 그때에 오늘날 보이는 우주의 크기를 centimeter 단위로 평가하라.

10. [E, C] 우주가 팽창함에 따라, 지평면도 증가한다. 전 우주의 역사동안 우주가 물질 우위였다고 가정하고, 하나의 새로운 은하가 지평면 내에 도달하도록 그것이 성장해야 할 시간을 평가하라.

11. (a) 식 (18.69)는 닫혀 있고, 물질 우위의 FRW 모델에 대하여 시간의 함수로서 척도 인자를 제시하고 있다. 만일 그 식에 있는 변수 η가 시간 좌표로서 사용된다면, FRW 계량은 다음의 형태를 가짐을 보여라.

$$ds^2 = a^2(\eta)\left[-d\eta^2 + d\chi^2 + \sin^2\chi\,(d\theta^2 + \sin^2\theta\, d\phi^2)\right].$$

(b) 대폭발(big bang), 대격돌(big crunch), 그리고 최대 팽창의 순간에 원점에서 동조하여 움직이는 관측자의 과거 빛 원뿔을 나타내는 $\eta-\chi$ 시공간 다이어그램을 그려라.

(c) 대격돌 전에 관측자가 이 공간적으로 유한한 우주의 모든 부분으로부터 정보를 받을 수 있는 시간이 있는가, 혹은 그가 혹은 그녀가 결코 볼 수 없는 우주의 일부분들이 있는가?

(d) 한 관측자가 대폭발과 대격돌 사이의 시간에 우주의 전 둘레를 횡단할 수 있겠는가?

12. **π의 값을 제정하다.**

π의 값이 3.14159...와 다른 어떤 상수임을 선언하는 법안이 주 의회에 상정되었다는 이야기가 있다. 그 법안의 입안자가 옳았었을까요? 모든 원에서 일정한 값을 가지는 반경 R에 대한 원주 C의 비가 $2\times3.14159...$와 다르다고 하는 다른 3차원 공간이 있는가? (여기에서의 원은 중심이라 불리는 주어진 점으로부터 주어진 거리, 반경, 에 있는 점들의 자취를 의미한다.)

[힌트: 이 문제가 왜 우주론에 대한 장(chapter)에 있는지 생각해보라.]

13. 닫혀있고, 물질 우위의 FRW 모델의 전체 공간 부피가 최대일 때 10^{12}Mpc^3이다. 이 우주가 대폭발에서 대격돌까지 걸리는 시간이 년도로 계산해서 얼마나 걸릴까?

14. [B] 상자 2.2는 주어진 크기의 물체들이 양으로 휜, 평평한, 그리고 음으로 휜 공간 기하들에서 주어진 거리에서 각기 다른 각도로 범위가 정해짐을 묘사하고 있다. 단순화 하기 위하여 척도 인자는 시간에 의존하지 않는다고 가정하고서, 각각의 FRW 시공간에서 거리 d만큼 떨어져서 크기 s인 물체에 대면하는 이들 각도를 계산하라. (다음 장에서 우주 팽창에 대하여 다룰 것이다.) 여러분이 도출한 결과가 상자 2.2에 있는 진술들을 확정하게 해주는가?

15. [S] 다음의 선 요소로 묘사되는 등질적, 등방적인 우주 모델을 고려하자.

$$ds^2 = -dt^2 + \left(\frac{t}{t_*}\right)\left[dx^2 + dy^2 + dz^2\right]$$

여기서 t_*는 상수이다.

(a) 이 모델은 열린 것인가, 닫힌 것인가, 평평한가?

(b) 이 모델은 물질 우위인 우주인가? 설명해보라.

(c) Friedman 공식이 이 우주에도 그대로 유효하다고 가정하고, $\rho(t)$를 구하라.

16. 어떤 FRW 모델의 척도 인자 $a(t)$는 현재의 순간에 대해서 다음의 형태로 확장되어질 수 있다.

$$a(t) = a(t_0)\left[1 + H_0(t - t_0) - (1/2)q_0 H_0^2(t - t_0)^2 + \cdots\right],$$

여기서 q_0는 **감속 변수**라 불린다. 왜 첫 항의 계수가 허블 상수인지 설명하고 q_0를 우주 변수들의 항으로 나타내어라.

17. [S] (18.69)와 (18.71)은 Friedman 공식 (18.63)을 물질 우위인 우주에 대하여 푼 것임을 증명하라.

18. 복사선 우위의 FRW 모델들
Friedman 공식을 풀어서 시작에서부터 끝날 때까지 복사선 우위인 FRW인 모델에 대해서 시간의 함수로서 척도 인자를 나타내어라. 여러분의 답을 H_0와 $\Omega = \Omega_r$의 항으로 표현하라.

19. De Sitter Space
단지 진공에너지 ρ_v만 가지고 있는 닫힌 FRW인 모델에 대해서 시간의 함수로서 척도인자를 나타내도록 Friedman 공식을 풀어라. 이 모델들은 초기 빅뱅 특이점을 가지는가?

20. [C] 복사선은 없지만 $\Omega_r = 0$, 진공에너지와 물질은 존재하는 경우에 평평 FRW 모델에 대한 동적인 공식 (18.35)에 닫힌-형태 해를 구하라. 해를 H_0, Ω_m, $\Omega_v = 1 - \Omega_m$의 항으로 나타내어라. 현재에 가속($\ddot{a} > 0$)을 하고 있는 우주에 대해서 Ω_v는 얼마나 커야 할까? H_0와 Ω_v의 함수로서 우주의 나이를 위한 명확한 표현을 구하라.

21. [S] 우주 적색편이에 대한 식 (18.10)이 비공간적으로(nonspatially) 평평한 FRW 모델에 적용됨을 보여라.

22. [S] 우주 지평면의 현재의 크기에 대한 식 (18.47)은 평평 FRW 모델에 대하여 유도되었다. 동일한 공식이 모든 FRW 모델에 대하여 적용됨을 보여라.

23. (a) 물질과 복사선의 어떤 조합들로 이루지지만 진공에너지는 없는 FRW 모델에 대하여, $a(t)$의 곡선은 아래로 휘었음, 즉 음의 2차 미분을 가짐을 보여라. 이것은 $1/H_0$가 언제나 우주 나이 t_0보다 더 큼을 보여라.

(b) 만일 진공에너지가 0이 아니라면 위의 사실이 언제나 맞는 것이 아님을 보여라.

24. 아인슈타인의 정적인 우주

물질 밀도 ρ_m, 양의 우주 상수 Λ에 해당하는 진공에너지 밀도, 그리고 복사선은 없는 닫힌($k=+1$) FRW 모델을 고려하자.

(a) 주어진 Λ의 값에 대하여, 척도 인자가 시간에 따라 변하지 않는 ρ_m의 임계값이 있음을 보여라. 이 값을 구하라.

(b) 이 우주의 공간적 부피는 항으로 나타내면 얼마나 되는가?

(c) 만일 ρ_m이 이 값에 조금 틀린다면, 척도 인자는 시간에 따라 변할 것이다. 우주 진화는 정적인 우주에 가깝게 머물 것인가 혹은 발산해버릴 것인가?

25. [E] 우주가 작은 반경에서 튀어나와 핵합성이 일어날 수 있는 온도 $T \sim 10^{10}$K에 도달할 수 있는 것을 허용하는 Ω_v의 가장 작은 값을 평가하라. $\Omega_r = 8\times10^{-5}$, $\Omega_m = 0.3$이라고 가정하라.

26. [A] 현재의 우리 우주에 대하여 거의 들어맞는 $\Omega_r = 0$ 라고 가정하고서, FRW 모델의 여러 가지 행동양상들로 나누는 그림 18.10에서 경계를 결정짓는 Ω_v와 Ω_r사이에 대수적 관계를 구하라.

27. [C] **되튀는 우주** Bouncing Universes

(a) (18.77)에 정의되어 있는 유효 퍼텐셜 $U_{eff}(a)$의 어떤 형태에 대해서도, 그것을 생산해 내는 상태 방정식 $p=p(\rho)$이 있다는 것을 보여라. p와 ρ를 $U_{eff}(a)$의 항으로 나타낸 표현을 구해보라.

(b) 닫힌 되튐 우주(closed bouncing universes) – 최대 부피와 최소 부피 사이에서 영원히 진동하는 우주 – 를 발생시키는 퍼텐셜 $U_{eff}(a)$을 스케치하라. 오늘날과 빅뱅에서 핵합성이 일어났으며 복사 온도가 $k_B T \sim 10$MeV이었던 때 사이에서 우주의 과거 진화에 탐지될 만한 효과를 주지 않으려면 당신이 구한 퍼텐셜은 어떤 특성을 가져야 하는가?

(좀 더 정보를 얻고자 한다면 상자 19.1를 보라, 그러나 그 정보는 이 문제를 다루는 데에 반드시 필요한 것은 아니다.)

(c) 이 가정한(hypothetical) 물질에 대하여 일반적으로 조합 $\rho+3p$가 매우 높은 밀도에서는 음이 될 것이라는 것을 보여라.

코멘트: (c)에서의 결과는 만일 $\rho+3p$가 언제나 양수라면, 대폭발 특이점이 – 특이점 이론의 예(문제 28) – 있다고 말할 수 있는 전환점이 된다. 알려진 어떤 형태의 물질도 핵 밀도 이하에서 결코 음의 압력을 가질 수 없다.

28. **FRW 특이점 이론**

FRW 모델의 내용에서 만일 조합 $\rho + 3p$이 언제나 양수라면, 그러면 과거 언젠가 대폭발 특이점이 있었을 것이라는 것을 보여라.

29. [S] 우리는 진공에너지에 대하여 많이 알고 있지 못하다. 그것이 음수라고 가정하자. 그러면 모든 FRW 모델은 끝에는 재붕괴되어 대격돌(big crunch)이 일어날 것임을 보여라.

30. [N] **열린 FRW 모델의 단편을 내재시키기(embedding)**

(a) (18.60)에서 열린 FRW 모델의 계량의 $t =$상수, $\theta = \pi/2$의 전 단편은 평평 3차원 공간에서 축대칭 표면으로서 내재될 수 없음을 보여라.

(b) 다음은 일정한 음의 곡률을 가진 단순한 축대칭 계량이다.

$$d\Sigma^2 = du^2 + \cosh^2 u \, d\phi^2.$$

이것이 평평 3차원 공간에 축대칭 표면으로서 내재되어질 수 있다 그러나 단지 $u = 0$에서 출발한 u의 제한된 범위 안에서 그럴 수 있다는 것을 보여라. 이 범위의 상한을 구하라, 그리고 내재 다이어그램을 그려라.

코멘트: 다른 기하들에서 Minding의 정리는 모든 일정한 곡률 표면은 동일한 국소 기하를 가진다고 말한다. 그러므로 (b)에 있는 표면은 (a)에서 논의한 표면의 한부분의 내재물이다. 기하가 등질적이기 때문에 어느 조각이던지 문제가 되지 않는다. 이것이 그림 18.6에서 보여준 그림이다.

31. (18.82)을 계산하여 출발부터 물질 우위인 FRW 모델의 나이를 구하고 H_0와 $\Omega = \Omega_m$의 함수로서 끝내라. 더 오래된 주어진 H_0에 대해서, 열린 모델인가 혹은 닫힌 모델인가? 여러분의 분석적인 답이 그림 18.8과 합치되는가?

32. 우주 나이동안 (18.82)와 유사한 적분의 식에 의하여 우주 변수들의 항으로 입자 지평선까지의 현재 거리 $d_{horiz}(t_0)$를 표현하라.

33. [N] 문제 32에서 얻은 지평선까지의 현재 거리에 대한 식에서 현재의 우리 우주를 가장 잘 대변해 주고 있는 우주 변수들을 $\Omega_v = 0.7$, $\Omega_r = 8 \times 10^{-5}$, $\Omega_m = 0.3$, $H_0 = 72\,(\mathrm{km/s})\mathrm{Mpc}$ 대입하여 값을 계산하라. 여러분의 답을 Gpc로 표현하라.

CHAPTER

19 어느 우주 그리고 그 이유는?
Which Universe and Why?

FRW 우주 모델들의 4변수들의 조합 중에 어느 것이 가장 우리 우주에 적합한지 그리고 그 이유는 무엇인지? 이것들은 이 장에서 간단히 소개할 우주의 관찰과 이론에 대한 2가지의 중심된 질문들이다. FRW 모델을 정의하는 H_0, Ω_r, Ω_m, Ω_v [(18.80) 참조] 4변수 중에 단지 2개만이 여태까지 언급한 관측을 통하여 결정되어 있다. 그 첫 번째 것은 허블 상수 $H_0 = 72 \pm 7$(Km/s)/Mpc로써 17.2절에 언급했듯이 적색편이에서 발견되었다. 두 번째 것은 복사선의 임계 밀도에 대한 복사선 에너지 밀도의 비 Ω_r이다. 우주 배경 광자들에서 에너지 밀도는 식 (18.24)를 통하여 복사선의 온도로부터 알려져 있다.

$$\Omega_{CMB} = 2.5 \times 10^{-5} h^{-2} \approx 5 \times 10^{-5} \tag{19.1}$$

여기서 $h \equiv H_0/[100(\text{km/s})/\text{MPC}]=0.72$이다.
질량이 없는 뉴트리노를 포함하면 $\Omega_r \approx 8 \times 10^{-5}$이 된다. 중력자는 확실치 않지만 아마도 이것에 기여하는 양이 매우 작을 것으로 생각된다. 바리온(양성자와 중성자 같은 입자들)의 수 밀도는 관측된 원소의 초기 원시시대의 존재도와 그것들이 빅뱅에서 어떻게 합성되었는가에 대한 이론(**상자 19.1**을 보라.)으로부터 정확이 결정되어질 수 있다. 그에 해당하는 Ω는

> **상자 19.1 빅뱅 핵 합성**
>
> 매우 초기의 우주에는 원자나 원자핵이 없었다. 빅뱅 후 1초보다 더 이전에는 복사선 온도가 핵의 MeV 결합 에너지 이상이었고 원자의 KeV 결합 에너지 이상이었다. [(18.42) 참고] 현대의 어떤 원자나 핵도 그들의 구성성분 전자, 양성자, 중성자들로 아주 빠르게 붕괴 되었을 것이다.
>
> 오늘날의 별들과 혹성들은 어떻게, 언제 그리고 어디에서 만들어 졌는가? 주기율표상에서 Li 이상의 거의 모든 원소는 나중에 별에서 열핵 연소과정을 통하여 만들어진 것이다[12.1절 참고]. 그러나 H, He과 Li 의 동위원소들의 의미 있는 양들은 그것들이 살아남을 수 있는 정도로 온도가 떨어졌을 빅뱅 이후 초기 수 분내서 핵반응으로 만들어 졌다. 백뱅 이후 수 분내에서 합성된 상대적인 원소 존재도는 우주의 우주변수들에 달려 있다. 이들 상대적인 원시 우주의 원소 존재도는 그것들이 거의 변화하지 않고 있을 만한 장소들 – 늙은 별 이라던가 작은 질량을 가진 국소적 은하들이거나 매우 멀리 떨어져 있는 퀘이사로부터 나온 빛의 흡수를 통하여 약간의 원소들이 탐지되는 그런 멀리 떨어진 은하의 가장자리들 – 에서 오늘날 측정이 가능할 수 있다. 이 측정치들은 빅뱅과 우리 우주의 우주 변수에 대한 물리학의 가장 중요한 단서들에 해당된다. 빅뱅 핵 합성으로부터 예견되는 상대적 원소 존재도는 과정이 시작될 때 그때의 물질의 구성과 상자 18.1

에 간략히 언급했던 것과 같이 핵반응 비율과 우주 팽창 비율 사이의 상호 경쟁에 달려 있다. 빅뱅 후 1초도 되기 전의 초기에는 강한 상호작용과 전기약한 상호작용에 의하여 평형상태를 유지하고 있는 자유 양성자들, 중성자들, 전자들, 양전자들, 광자들 그리고 뉴트리노들로 이루어진 뜨거운 죽과 같았다. 그 시점에서는 이들 간의 반응들이 우주의 팽창비율보다 전형적으로 훨씬 더 빨랐다. 그리고 심지어 1초보다도 더 짧은 시간도 평형상태가 달성되기에 충분한 것이다.

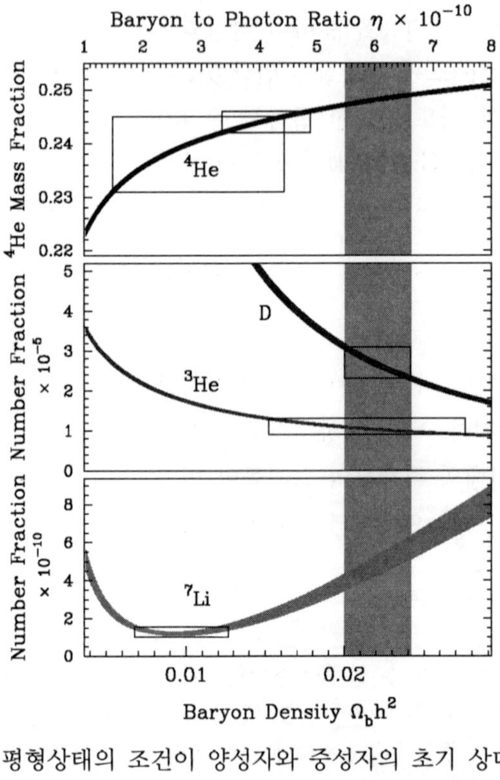

평형상태의 조건이 양성자와 중성자의 초기 상대적 존재도를 확정시켜 준다. 예로써 중성자들은 $n \rightarrow p+e^- + \bar{\nu}$와 같은 반응에 의하여 양성자로 붕괴할 수 있다. 그러나 중성자는 $\bar{\nu}+p \rightarrow n+e^+$와 같은 반응으로 양성자로부터 또한 만들어 질수 있다. 평형상태에 있는 중성자와 양성자의 상대적 수는 만들어지는 중성자의 수와 붕괴되는 수에 의해 균형이 잡혀 있다는 것이다.

평형상태가 중성자와 양성자의 전체 수를 확정하지는 않는다. 양성자들과 중성자들이 대략 유일한 바리온 일 때는 바리온 수는 여기에 관련된 MeV 에너지에서 혹은 그 아래 에너지에서 보존된다. 그러므로 핵 합성의 과정은 초기 우주에서 전체 바리온 수에 의존하고 있다. 바리온 수의 편리한 국소적 측정 방법은 바리온 수 밀도 대 양성자 수 밀도에 대한 비 η이다. 그 비는 핵 합성이 일어난 시대와 현재사이의 시간동안 개략적으로 일정한 것으로 판명되었다. 그러므로 그것은 $\Omega_{바리온}$의 값과 직접적으로 관련이 있다.

η의 값과 평형상태에서 상대적 풍부함을 가진 초기 우주에서 시작하여, 우주가 팽창하고 식어감에 따라 핵 풍부함의 진화는 높은 정확도로 예견될 수 있다. 온도가 약 10씩 전형적인 핵결합에너지 아래에서 떨어질 때 양성자와 중성자는 결합하여 핵을 만들고 그 핵들은 다른 핵들과 융합하여 더 큰 핵을 만든다. 그 과정은 3분 후 끝나는데 그 시기는 온도가 어떤 핵반응을 위한 온도보다도 훨씬 낮아지게 되고, 원소들의 초기 원시의 풍부함이 확정된다. 그 계산은 복잡하다. 그러나 현시대에서의 관측을 통한 정밀한 결과는 약간의 에러는 있지만 단순하게 그림 도표로 나타내어져 있다. (3가지가 매우 다른 척도로 나타내어져 있음을 주목하라!)

^{4}He – 수소 다음으로 가장 가볍고 안정된 핵 – 는 빅뱅 핵 합성에서 승자(winner)이다. 광범위한 바리온 수 위에서 우주는 질량으로 76%의 수소와 24%의 헬륨을 가진 빅뱅으로부터 탄생했다. 중수소인 D, ^{3}He 과 ^{7}Li은 매우 적은 양만 합성되었다. 그러나 ^{4}He와 대조적으로 이들 원소의 존재도는 그림에서 보여주듯이 η 혹은 동등하게 $\Omega_{바리온}$에 민감하다. 중요한 시스템적인 실수가 이들을 측정하는데 있을 수 있다는 것이 알려져 있기 때문에, $\Omega_{바리온}$의 추론된 값과의 사이에서의 개략적 합의가 빅뱅 핵융합 이론에 대한 확인으로써 일반적으로 간주되고, 빅뱅 그 자체에 대한 가장 강력한 증거들 중에 하나이다. 은하의 원반 가장자리에 있는 중수소 D에 의해 퀘이사로부터 온 빛이 흡수되는 정도로부터 측정된 주목받는 중수소 D의 존재도가 아마도 가장 신뢰할 만하며 그 값은 ($h \sim 0.7$)

$$\Omega_{바리온} \approx .04, \quad \text{(a)}$$

이다.

$$\Omega_{\text{바리온}} \approx .04. \tag{19.2}$$

이 값은 Ω_m의 하한가를 제시해주고 있다. 만일 바리온이 아닌 암흑물질이 있다면 그 값은 상당히 더 커질 수 있다. 그러나 이 알려져 있는 구성요소를 넘어서는 암흑물질과 진공에너지는 그곳들에 의한 중력효과를 통해서만 탐지되어 질 수 있다. Ω_m과 Ω_v를 결정하기 위해서는 우주의 시공간 기하가 엄청난 규모의 스케일로 물질이 시공간 기하를 통하여 어떻게 운동하고 있는지에 대한 연구를 통해서 측정되어야 한다. 다음 절에서 그 연구 중 2가지 예에 대해서 언급하겠다.

하나는 아주 멀리 떨어진 초신성의 관측에 기초를 둔 것과 또 다른 하나는 상자 2.2에 간단히 언급했던 우주 배경 복사선에 대한 관측이다. 이 글을 쓸 당시 이 둘의 측정치 뿐만 아니라 다른 연구도 종합해 볼 때 $\Omega_v \approx 0.7$과 $\Omega_m \approx 0.3$에 해당된다. 이 글을 쓸 당시 변수 $H_0 = 72(\text{Km/s})/\text{MPC}$, $\Omega_r \approx 8\times10^{-5}$, $\Omega_m \approx 0.3$, $\Omega_v \approx 0.7$이 가장 "잘 나가는" 우주 변수들이었다. 주목할 것은 이 숫자들은 양과 음의 곡률 공간 사이에 위치한 바로 그 경계선 – 즉 공간적으로 평평한 우주와 잘 일치하고 있다는 것이다.

19.1 우주 탐색

적색편이–등급 관계

먼 거리에 있는 빛 발생원의 적색편이는 그것으로부터 빛이 방출되었을 때의 그것의 값과 오늘날 현재 그 빛을 받았을 때의 그 값의 상대적인 값에 의해 척도요소의 값을 측정하게 해준다[(18.11) 참고]. 빛 발생원의 겉보기 밝기는 역제곱 법칙에 의하여 거리와 연관을 지워준다(혹은 그것의 일반화는 휜 기하와 연관을 지워준다). 그러므로 빛이 방출된 그 시간과 연관된다. 그래서 적색편이와 표준 촛불에 대한 광도의 등급의 측정치는 과거시간에 대한 함수로써 나타나는 척도요소를 알 수 있게 해주고 우주 변수들을 결정하게 해준다.

17.2절에서 평평한 공간의 역제곱 법칙 (17.9)는 표준 촛불로부터 관측된 에너지 흐름(flux)과 그 거리를 연결시켜주는데 사용된다. 허블의 법칙 $z = H_0 d$ (이 장 전체에 걸쳐 $c = 1$단위를 사용한다)와 연관지으면 식 (17.9)는 에너지 흐름 f와 적색편이 z사이를 다음과 같이 예견한다.

$$\frac{f}{L} = \frac{H_0^2}{4\pi z^2}. \tag{19.3}$$

이것은 **적색편이–등급 관계**의 한 예이다. 왜냐하면 천문학에서 에너지 흐름 f는 겉보기 등급으로 측정되기 때문이다 [(17.11) 참고]. 이 관계의 유도 시에는 공간에 대해서는 평평한 기하라고 가정하였고 이 기하가 시간에 따른 어떤 진화도 무시했다. 이것은 빛이 우리에게 도달하는데 우주공간이 휘어져 있을지도 모르는 그런 거리와 비교해서 짧은 거리에 있고, 허블의 법칙이 충분히 성립하는 그런 짧은 거리를 여행하여, 짧은 시간이 걸리는 가까운 빛 발생원에 대해서는 적합한 근사식이다.

그러나 아주 멀리 떨어진 표준 촛불에 대해서는, 우주의 공간적 휨이 발생하기 때문에 식 (19.3)으로부터 편차가 예상된다. 또한 표준 촛불로 부터 출발한 빛이 우주의 팽창이 의미 있는 급격히 팽창한 때에 쭉 걸쳐 우리에게로 여행해 왔다면 그 편차도 예상된다. 이들 편차들에 대한 관측들은 우주 변수들을 측정하는데 사용되어 질수 있다.

그림 19.1은 수정된 적색편이-등급 관계를 유도하는 데에 필요한 기하를 보여준다. 광도 L(에너지/초)을 발산하고 있는 발생원의 세계선은 이 그림의 중앙에 위치해 있다. 시간 t_e에서 시간 간격 δt_e에 쭉 걸쳐서 발생원으로부터 방출된 진동수 ω_e를 가진 광자들을 고려해보자. 어떤 먼 거리에 떨어져서 발생원과 같이 움직이는 (연동하는) 한 관측자가 시간 t_0에 빛의 에너지 흐름 f을 측정을 하고 있다. 관측자 위치에서는 방출된 광자는 시간 간격 δt_0에 걸쳐 퍼지고, 멀리 떨어진 관측자에 의하여 결정되는 구 표면적 전체에 걸쳐 퍼지게 되어 진동수 ω_0로 적색편이 되었다. 구의 면적이 $4\pi d_{\rm eff}^2$인 그런 유효거리 $d_{\rm eff}$를 정의하자. 공간이 평평하진 않으면 이 거리는 발생원과 관측자까지의 거리가 아니다. (18.11)과 (18.9)로부터 다음과 같은 연결고리가 나온다 $\omega_0 = \omega_e/(1+z)$, $\delta t_0 = \delta t_e(1+z)$. 그러므로 에너지 흐름 f은

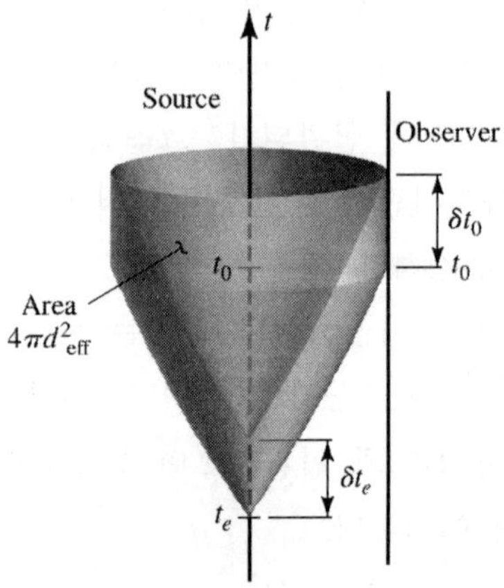

그림 19.1 FRW 모델에서 에너지 흐름 f와 거리와의 관계. 광도에서 빛을 방출하고 발생원의 세계선은 이 그림의 중앙에서 달려가고 있다. 이 발생원으로부터의 에너지 흐름 f을 측정하고 있는 연동하여 움직이는 관측자의 세계선은 오른 쪽에 있다. 둘 다는 등질적 표면에서 정지해 있다. 시간 t_e에서 간격 δt_e로 발생원으로부터 방출된 빛은 구의 면적, $4\pi d_{\rm eff}^2$, 이 유효거리, $d_{\rm eff}^2$, 를 정의해주는 구 전체에 걸쳐 시간 t_0와 간격 δt_0에 걸쳐서 관측자에게 도달한다. 빛을 받을 때에 광자들은 발생원의 진동수로부터 적색편이되며 빛이 방출되었을 때보다 진동수가 떨어져서 도착한다. 이 각각의 효과가 $1+z$의 요소에 의하여 통상적인 우주 역제곱 법칙을 감소시켜 식 (19.4)를 만들어낸다.

광자가 방출된 곳보다 더 낮은 에너지를 가지게 되고, 또 더 낮은 진동수로 도착하게 되기 때문에 평평 공간에서의 값보다 감소한다. 이와 같이

$$f=\frac{L}{4\pi d_{\text{eff}}^2}\frac{1}{(1+z)^2}. \tag{19.4}$$

이다.

한 FRW 모델을 위한 적색편이-등급 관계를 알아내기 위해 우리는 단지 적색편이 z와 우주 변수들[1]을 가지고 d_{eff}를 표현하여야 한다. 평평하고, 물질 우위인 FRW 모델($\Omega_r=0$, $\Omega_m=1$, $\Omega_v=0$)은 간단한 예를 제공해 준다. 기하는 선 요소 (18.5)에 의해 묘사되고, 척도 요소는 $a(t)=(t/t_0)^{2/3}$[규격화 $a(t_0)=1$일 때 (18.37) 참조]이다. 관측자가 빛을 방출하는 은하로부터 좌표거리 $r=R$ 만큼 떨어져 연동하고 있다고 가정하자. 공간기하가 평평하기 때문에 시간 t_0에서 구의 면적은 $4\pi a^2(t_0)R^2$이다. 그래서 $d_{\text{eff}}=a(t_0)R=R$이다. 눌(null)곡선 $-dt^2+a(t)^2dr^2=0$을 따라 시간 t_e에서 t_0에 걸쳐 거리 R을 빛은 달려온다. 이와 같이 (18.6)과 (18.7)에서와 같이 이 관계를 적분하면

$$\begin{aligned} d_{\text{eff}}&=a(t_0)\int_{t_e}^{t_0}\frac{dt}{a(t)}=3t_0\left[1-\left(\frac{t_e}{t_0}\right)^{1/3}\right]=3t_0\left[1-\left(\frac{a(t_e)}{a(t_0)}\right)^{1/2}\right]\\ &=\frac{2}{H_0}\left(1-\frac{1}{\sqrt{1+z}}\right). \end{aligned} \tag{19.5}$$

첫째 줄의 모든 관계는 $a(t)=(t/t_0)^{2/3}$로부터 나온다. 그리고 뒤쪽의 항들은 적색편이(18.11)과 허블 상수 (18.43)의 정의로부터 따라 나온다. 평평한 기하에서는 d_{eff}가 발생원까지의 현재 거리 d_0와 일치한다. 그러므로 아주 작은 z의 값에 대해서 적색편이와 거리사이의 관계는 허블의 법칙 $z=H_0d_0$로 환원된다. 그러나 보다 더 큰 값에 대해서는 시공간 곡률의 효과들이 중요해진다.

d_{eff}에 대한 (19.5)를 역제곱 법칙 (19.4)에 대입해보면 다음과 같이 관측할 수 있는 양들 에너지 흐름 f, 적색편이, 허블 상수 사이의 관계를 얻을 수 있다.

$$\boxed{\frac{f}{L}=\frac{H_0^2}{16\pi}\frac{1}{(1+z)[(1+z)^{1/2}-1]^2}\ \text{(평평하며, 물질우위인 경우).}} \tag{19.6}$$

적색편이-등급 관계

이것은 z가 작을 때는 (19.3)으로 올바르게 환원된다. 그러나 $z\approx1$이거나 더 클 때

1) 광도 거리(luminosity distance)를 $d_L=d_{\text{eff}}(1+z)$로 정의하는 것이 관례인데 그리하면 역제곱 법칙을 평평 공간에서의 형태를 그대로 유지할 수 있다, 그러나 우리는 적색편이와 공간기하 요소들을 분리하여 유지하는 것을 선호한다.

는 (19.3)과 큰 차이가 난다. 크고 더 큰 적색편이로 측정된 표준 촛불의 겉보기 광도가 (19.6)에 의해 잘 맞아 떨어진다면 우리는 이 우주가 공간적으로 평평하면서 물질 우위적이라고 결론내릴 수 있을 것이다.

모든 Ω 값이 제로가 아니며 평평하지 않는 공간곡률을 가진 일반적 FRW 모델을 위한 에너지 흐름 f과 광도사이의 관계를 알아내는 것은 계산적으로는 다소 복잡하지만 원칙적으로는 어렵지 않다. 역제곱 법칙(19.4)는 여전히 지켜져야 한다; 단지 유효거리 $d_{\rm eff}$만 달라진다. 적색편이와 우주변수들을 가지고 $d_{\rm eff}$를 알아내기 위하여 (18.60)의 형태로 기록된 3종류의 공간 곡률에 대한 선 요소를 가지고 시작하자. 유효거리 $d_{\rm eff}$는 빛을 방출한 은하로부터 나온 빛이 우리에게로 여행하여 온 시간에 걸쳐 확산되는 구의 면적 $4\pi d_{\rm eff}^2$로 정의된다. 이와 같이 그것은 좌표상 거리 χ에 의해 빛이 여행한 거리는 다음과 같이 주어진다.

$$d_{\rm eff} = a(t_0)\begin{Bmatrix}\sin\chi\\ \chi\\ \sinh\chi\end{Bmatrix} = \frac{1}{H_0|\Omega_c|^{1/2}}\begin{Bmatrix}\sin\chi\\ \chi\\ \sinh\chi\end{Bmatrix} \qquad \begin{Bmatrix}\text{closed}\\ \text{flat}\\ \text{open}\end{Bmatrix}. \tag{19.7}$$

(χ는 공간적으로 평평한 경우에는 r에 대한 또 다른 정의에 불구하다는 것을 기억하라) 여기서 $a(t_0)$를 우주변수들로써 표현하기 위해 (18.75)가 사용되었다. (18.60)의 모든 3가지 선요소에 있어서 반지름 방향으로 나아가는 광선은 곡선 $ds^2 = -dt^2 + a(t)^2 d\chi^2 = 0$을 따라 나아간다. 이와 같이 광선이 여행한 좌표거리 χ는 (18.7)과 같이 표현되어 있는 빛을 방출한 시간과 받는 시간과 관련이 있다. 이때 R은 χ로 대처된다. 그러면

$$\chi = \int_{t_e}^{t_0}\frac{dt}{a(t)} = \int_{a(t_e)}^{a(t_0)}\frac{da}{a\dot{a}(a)}. \tag{19.8}$$

이 표현을 (18.72)에 도입된 차원 없는 변수 $\tilde{a}$와 $\tilde{t}$를 사용하여 다시 써보라. 그리고 $\dot{a}$를 $\tilde{a}$와 Ω 들로서 표현하도록 재척도된 (rescaled) 프리드만 공식 (18.77)을 사용하라. (18.11)을 사용하여 적색편이 z항으로 $a(t_e)/a(t_0)$를 표현하라. 빛을 방출한 시간과 현재의 시간($\dot{a}>0$) 사이동안 우주가 팽창하였다고 가정하면 그 결과는

$$\chi(\Omega_r, \Omega_m, \Omega_v) = |\Omega_c|^{1/2}\int_{(1+z)^{-1}}^{1}\frac{d\tilde{a}}{\tilde{a}[\Omega_c - 2U_{\rm eff}(\tilde{a})]^{1/2}}, \tag{19.9}$$

여기서 Ω_c와 $U_{eff}(\tilde{a})$는 각각 (18.76)과 (18.78)의해 Ω 의 항들로 주어진다. (19.9)를 (19.7)에 대입하고 이것을 (19.4)에 대입하면 적색편이 z인 발생원에 대한 에너지 흐름 f과 광도사이의 연결을 우주 변수의 함수로써 주어준다. 에너지 흐름 f과 광도를 겉보기 등급과 절대 등급으로 전환시키면 적색편이-등급사이의 관계가 나온다.

표준 촛불로써 Ia형 초신성의 사용은 17.2절에 언급되었다. **그림 19.2**는 여러 가지의 Ω_m과 Ω_v(그림에서는 Ω_Λ로 되어 있다) 값에 대하여 몇 개의 대표적인 (19.4)의 곡선을 Riess팀(1998)과 Perlmntter팀(1999)이 밝혀낸 데이터를 결합하여 나타낸 적색편이와 광도등급사이의 관계이다. 기본단위와 비교된 z의 값에 대해서 평평 공간 역제곱 법칙으로부터의 편차는 중요한 의미를 제공해 준다. 이 그림에 있는 수집된 자료들은 영이 아닌 진공에너지와 그것과 관련된 우주 상수에 대한 증거가 된다.

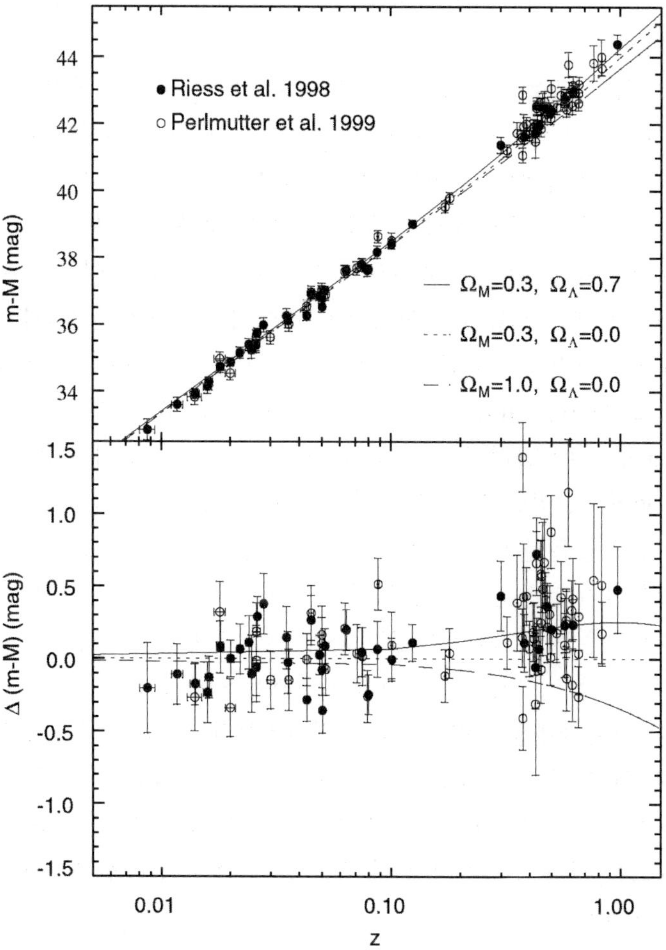

그림 19.2 the High-Z SN 탐색 팀(Riess 팀, 1998)과 Supernova Cosmology Project 팀(Permutter 팀, 1999)에 의하여 측정된 I_a형 초신성에 대한 적색편이-등급 관계. 수평축은 적색편이 z이다. 수직축은 17.2절에 논의된 것 같이 초신성의 최고 겉보기 등급과 관측된 최고 절대등급 사이의 차를 기록한 것이다. 이 거리 계수(distance modulus)는 389쪽에 논의한 f/L에 대한 log 값이다. 3개의 대표되는 이론 치 곡선들이 3개의 Ω_m과 Ω_v(여기서는 Ω_Λ로 정의되어있다.)의 값들에 대하여 그려져 있다. Ω_r[(19.1) 참고]의 작은 값은 이들 곡선에 큰 영향을 주지 못한다.]위 도표와 아래 도표는 같은 데이터를 보여주는 것이다, 그러나 아래 것은 $\Omega_m = 0.3$, $\Omega_v = 0$인 모델의 관측치와 예견치 차이를 나타낸 것을 기준으로 하여 도표를 작성한 것이다. 맨 아래에 있는 곡선은 (19.6)에서 계산된 $\Omega_m = 1$, $\Omega_v = 0$일 때의 FRW 예견치 곡선이다. 데이터들은 물질 우위의 평평 FRW 모델을 선호하는 것보다 오히려 우주 상수가 0이 아닌 모델을 더 선호하는 것 같다.

CMB 이방성으로부터의 우주변수들

그림 17.12에서 보여주는 우주배경복사의 정보에서 미세한 온도 이방성들(anisotropies)은 풍부한 우주에 대한 정보를 간직하고 있다. 만일 매우 정밀하게 측정되어진다면, 그것들은 현재 우리 우주에 가장 적합한 FRW 모델을 특징지을 수 있는 모든 변수들을 결정할 수 있도록 해줄 것이다. 그러나 이것은 너무 상세한 영역이라 여기서는 더 이상 나아가지 않겠다. 그러나 우주가 열려있는지 닫혀 있는지에 대한 의문에 대답해줄 수 있는 CMB 이방성이 어떻게 아이디어를 제시하는지 보여주고자 한다.

CMB의 이방성은 그것이 마지막으로 거의 3000K 온도에서 물질로부터 흩어졌을 때 복사선에서의 온도적 요동으로부터 발생하였다. 이때는 전자들과 핵들이 결합하여 중성의 원자를 만들 때이다(**상자 18.1**을 보라). 그 이후로 우주는 복사선으로부터 투명해졌다. 오늘날 우리에게 도착하는 CMB 광자들은 마지막 분산시기의 구(last-scattering sphere) 전체로부터 우리에게로 날아오는 여정을 시작했던 것이다(**그림 19.3**을 보라). 오늘날 보여지는 CMB에서의 이방성은 (**그림 17.12**) 이 마지막-분산시기의 표면에 나타난 온도의 요동에 대한 영상(image)인 것이다. 이 영상들의 각도 크기들(angular sizes)은 이 마지막 분산시기 때의 그것들의 물리적 크기(physical size)에 달려있다. 그러나 그것들은 또한 그 때 이후로 빛이 13Gyr 동안에 걸쳐 퍼져나갔었던 우주의 기하(the geometry of the universe)에도 달려있다. **그림 17.12** 같은 온도의 요동에 대한 지도는 기하와 FRW 모델의 진화과정을 통하여 처리된 마지막 분산시기의 표면에 대한 그림이다. 그 안에는 이 이방성을 이용하여 우주 변수를 결정할 수 있는 가능성이 내재 되어있다.

CMB 이방성의 각도 크기와 우주기하의 관계는 **상자 2.2**에 정성적으로 언급되어 있다. 이제 이 상관관계를 정량적으로 연결시켜보자. 단순히 하기 위해, 마지막 분산시기에 CMB의 어떤 특징(feature)의 크기 Δs가 그것의 기원에 대한 이론으로부터 알려져 있다고 하자. 일반적인 FRW 모델에서 오늘날 이 특징의 영상에 대한 각도 크기 $\Delta\phi_s$를 작다고 가정하고 이 각도 크기 $\Delta\phi_s$를 계산해보자. FRW의 선요소는 (18.60)에 있다.
우리의 세계선은 $\chi=0$이고 마지막 분산시기(last-scattering)의 구는 $\chi=\chi_{ls}$라고 표기하자. 그 특징들이 그 표면의 적도평면 $\theta=\pi/2$에 놓이도록 좌표의 방향을 설정하였다고 가정하자. 이 특징의 극대치로부터 나온 빛은 일정한 상수 ϕ의 반경방향선을 따라 (방사상으로)서 우리에게로 전파되어왔기 때문에, 각도 $\Delta\phi_s$는 물리적 길이가 Δs인 간격(interval)의 적도평면상의 각도 좌표거리(angular coordinate length) ϕ이다. 특히,

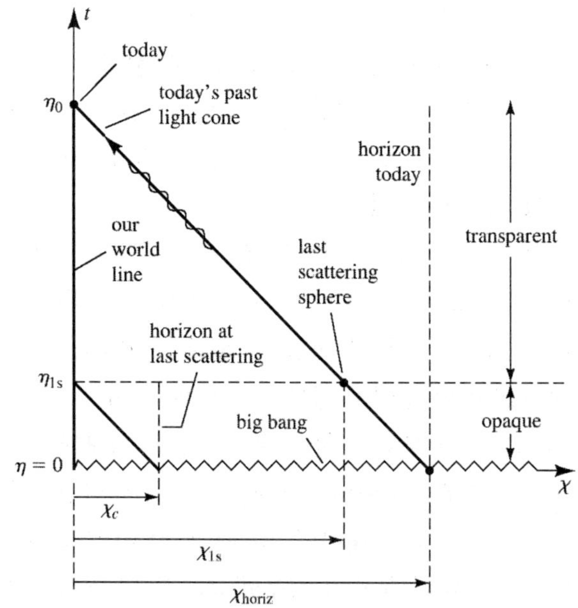

그림 19.3 FRW 모델의 $\eta-\chi$ 시공간 도형. 반경방향으로 나아가는 광선은 (18.44)에 정의된 동등한 시간 η가 t 대신에 사용되었을 때 45°선 따라 움직인다. 3개의 중요한 시간대가 보여져 있다. - 현재의 시간, η_0, CMB 광자들의 마지막 분산 시기, η_{ls}, 그리고 $\eta=0$ 인 빅뱅이다. (수직 축은 스케일에 합당하지 않다; 실제적으로는 η_{ls}는 η_0의 단지 수 퍼센트에 불과하다.) 현 시대의 과거로 향한 빛 원뿔과 빅뱅과의 교차점은 현재 입자의 지평면의 좌표 반경 χ_{horiz}을 정의한다. $\eta=\eta_{ls}$와의 교차점은 마지막 분산 표면의 좌표 반경 χ_{ls}을 정의한다. 이것은 우리 과거의 빛 원뿔을 따라서 여행한 후 오늘날 우리에게 도착한 CMB광자의 기원이 되는 구이다. 정보는 인과관계가 성립되는 $\chi<\chi_{horiz}$인 어떤 지점에서로 부터도 원칙적으로 받을 수 있다. 그러나 우주는 η_{ls} 이전에는 전자기복사파에 의하여 뿌옇게 되어 잘 보이지 않으므로 빛에 의해 보일 수 있는 가장 큰 우주를 정의하고 있다. (뉴트리노나 혹은 중력자가 우리를 좀 더 이른 우주를 보게 해 줄지도 모른다.) 좌표반경 χ_c는 빛이 빅뱅의 시간과 마지막 분산 시기 사이를 여행한 가장 큰 거리를 정의하는 데 이것은 단지 η_{ls}에서의 지평면 반경이다.

$$a(t_{ls})\Delta\phi_s \begin{Bmatrix} \sin\chi_{ls} \\ \chi_{ls} \\ \sinh\chi_{ls} \end{Bmatrix} = \Delta s \qquad \begin{Bmatrix} \text{closed} \\ \text{flat} \\ \text{open} \end{Bmatrix}. \tag{19.10}$$

여기서 t_{ls}는 마지막 분산시기이다. $a(t_{ls})=a(t_0)[a(t_{ls})/a(t_0)]=a(t_0)/(1+z_{ls})$라고 쓰면

$$\Delta\phi_s = (1+z_{ls})\frac{\Delta s}{d_{eff}}, \tag{19.11}$$

임을 알 수 있다. 여기서 $d_{eff}(z_{ls}, H_0, \Omega_r, \Omega_m, \Omega_v)$는 (19.7)에 주어져 있고 z_{ls}는 마지막 분산시기의 표면의 적색편이이다. 이 적색편이는 우주 모델의 변수들에 달려있다. 왜냐하면 재결합 (전자와 핵이 만나 원자를 이루는 것)과 관련이 있는 공정 비율은 우주 팽창과 서로 경쟁적이기 때문이다(**상자 18.1**을 보라). 그러나 상세한

계산에 의하면 마지막 분산시기 표면의 적색편이는 $1+z_{ls} \approx 1100$이고 우주 변수들에 거의 독립적이며 그때의 온도는 약 3000K에 해당한다.
우리는 앞으로 따라올 설명에서 이 값들을 가정할 것이다. 이와 같이 마지막 분산시기 표면위의 길이 Δs의 특징에 의하여 오늘날 범위가 정해진 각 $\Delta\phi$는 d_{eff}를 통하여 우주 변수들의 함수가 되었다.

우주는 CMB 복사가 우리에게로 퍼져오는 전 기간에 걸쳐서 거의 물질-우위적이었다. 순수하게 전적으로 물질 우위의 우주 $(\Omega_v = \Omega_r = 0)$인 경우에는 각도 크기와 공간 곡률사이의 관계를 곧바로 분석할 수 있도록 해준다. (19.11)에 있는 유효거리 d_{eff}는 (19.7)과 (19.9)에 주어져 있다. (19.9)에 기여하는 $\tilde{a}$의 어떤 값에서 물질 우위의 우주에 대하여서는 분모가 열린 우주$(\Omega_m < 1)$보다 닫힌 우주$(\Omega_m > 1)$일 경우에 더 크다. 그러므로 (19.9)에 정의된 각도 χ는 열린 우주에서 보다 닫힌 우주인 경우에 더 작다. 양의 χ에 대하여 $\sin\chi < \sinh\chi$이므로 (19.11)에서 정해진 z에 대하여 열린 우주보다 닫힌 우주의 경우에 d_{eff}가 더 작다. (19.11)에서 이상의 추리로 볼 때

$$\Delta\phi_s^{\text{open}} < \Delta\phi_s^{\text{flat}} < \Delta\phi_s^{\text{closed}}. \tag{19.12}$$

이와 같이 알려져 있는 물리적 크기의 우주 배경 복사 특징들의 각도 크기를 측정해봄으로서 원칙적으로는 우리의 우주가 열린 우주인지, 평형우주인지, 닫힌 우주인지 알아낼 수 있는 가능성은 있다.

실제적으로 CMB의 이방성은 명확한 크기를 갖고 있는 것이 아니라 오히려 퍼져있는 형태이다(**그림 17.2**와 **상자 2.2**를 보자). 우주 변수들에 관한 정보는 이들 관측된 각도 크기들의 통계자료 내에 내제되어있다. 주된 양은 온도 이방성의 **상관 함수**(correlation function) $C(\theta)$로 나타내며 그 정의는 다음과 같다: $\Delta T(\vec{n})/T$를 단위 벡터 $\vec{n}$의 방향으로 CMB 온도 평균값으로부터 벌어진 편차의 백분율이라고 두자. 두 벡터 $\vec{n}$과 $\vec{n}'$가 상호간 고정된 각도 θ를 이루도록 하자. 상관 함수 $C(\theta)$가 전 하늘에 걸쳐서 두 개의 $\Delta T/T$의 곱의 평균으로 정의한다.

$$C(\theta) \equiv \left\langle \frac{\Delta T(\vec{n})}{T} \frac{\Delta T(\vec{n}')}{T} \right\rangle, \tag{19.13}$$

여기서 각도 브라켓들(brackets)은 $\vec{n} \cdot \vec{n}' = \cos\theta$로 유지하면서 $\vec{n}$과 $\vec{n}'$의 전 하늘에 걸쳐서 평균을 의미한다.

상관 함수에서의 정보는 종종 르장드르 다항식(Legendre polynomials)에서 다극 전개식(multipole expansion)을 통하여 매우 효과적으로 추출할 수 있다.

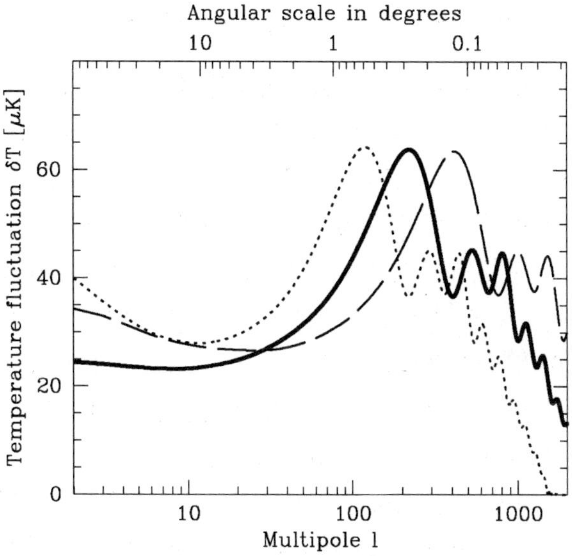

그림 19.4 CMB에 있는 온도 요동의 각도 스펙트럼의 이론적 예견치. 수직축은 $\delta T \equiv T\left[\ell(\ell+1)C_\ell/2\pi\right]^{1/2}$이다. 이것은 주어진 다극 ℓ (아래 스케일) 이거나 혹은 그에 해당하는 각도 스케일(위 스케일)에서 온도 요동의 측정이다. 3개의 곡선들은 모두 $\Omega_{\text{바리온}}=0.04$, $\Omega_m=0.23$, $h=0.72$ 로 하고 뿐만 아니라 마지막 분산시기에 요동의 통상적인 스펙트럼을 가정하고 그려져 있다. 그것들은 단지 Ω_v의 값에서만 다르다. 굵은 곡선은 $\Omega_v=0.7$(거의 평평)에 해당하고, 파선의 곡선은 $\Omega_v=0$(열린)에 해당되고, 점선의 곡선은 $\Omega_v=1$(닫힌)에 해당한다. 열린 모델의 최고 피크치는 거의 평평한 모델에서보다 더 낮은 각도 스케일(더 높은 ℓ)에서 나타난다. 그리고 거의 평평한 모델은 닫힌 모델보다 최고 피크치가 닫힌 모델보다 더 낮은 각도 스케일에서 나타난다. 이 모두는 (19.12)로부터 예견되어 있다. CMB 이방성의 측정들은 이와 같이 우주가 열려 있는 지 닫혀 있는 지 결정할 수 있다 그리고 다른 우주 변수들도 마찬가지로 결정할 수 있게 해준다.

$$C(\theta)=\sum_{\ell=0}^{\infty}\frac{2\ell+1}{4\pi}C_\ell P_\ell(\cos\theta), \tag{19.14}$$

계수 C_ℓ은 $\ell=0,1,2,.....$[2])로 정의된다.

만일 라디안(radian)으로 나타낸 각도 크기 $\Delta\theta$로 나타낸 현저한 특징이 있다면 그 때는 C_ℓ의 값이 $\Delta\theta$와 역 관계로서 ℓ의 값에 따라 증가할 것이다. 예로써 식 (19.12)는 주어진 특징이 열린 우주에서보다 평평 우주의 경우에는 더 낮은 ℓ의 값에서 나타난다는 것이다.

그림 19.4는 단지 이런 효과를 예시해주는 C_ℓ의 이론적 예견치를 보여주고 있다 이러한 방법으로 우주배경복사의 이방성의 측정은 우리가 열린, 닫힌 혹은 평평 우주 중 어디에 살고 있는지 알 수 있게 해준다. 이 글을 쓸 당시에는 **상자 2.2**에 예시된 것 같은 실험으로부터의 증거는 우리 우주의 공간 기하는 평평하다는 것과 일치하고 있다.

---

2) 만일 여러분들이 이 식들을 만났던 적이 없다면, 르장드르 다항식은 전자기학이나 양자역학에 관한 거의 모든 책에서 논의되는 직교 다항식들의 급수이다: $P_0=1$, $P_1=\cos\theta$, $P_2=(3\cos^2\theta-1)/2$, ... 르장드르 다항식들에서 전개식은 선의 간격보다도 구에 더 잘 적용되는 퓨리에 급수와 같은 그런 것이다.

19.2 우주에 대한 설명 Explaining the Universe

관측들의 증거는 우리 우주는 수 백 Mpc 이상의 범위에서 거의 등질적이며 등방적이라는 것이며 열린 FRW 모델과 닫힌 FRW 모델 사이의 경계선인 공간적으로 평평한 모델에 가깝다는 것이다. 더구나 관측들은 초기 우주가 오늘날의 우주보다 심지어 더 등질적이며 등방적 이었다는 것을 보여주고 있다. 이와 같이 현저한 단순성은 시간과 공간의 아주 큰 규모에서 나타난다. 관측 우주학의 이 성공들은 **왜** 우리 우주가 이렇게 특별히 단순성의 특징을 가지는지에 대한 의문을 궁극적으로 일으킨다.

등질적, 등방적이며 공간적으로 평평한 우주가 아인슈타인 방정식에서 허용되는 유일한 우주 모델은 아니다. 예로써 영의 공간 곡률을 가진 FRW 모델들은 높은 음수의 곡률을 가진 모델에서부터 높은 양수의 곡률을 가진 모델에 이르기까지 전 영역에 걸쳐있는 연속적인 모든 가능성 선상의 한 점에 위치하는 것뿐이다. 아인슈타인 방정식은 또한 우리가 살고 있는 우주와 매우 다른 많은 비등질적, 비등방적 우주를 허용한다. 우리의 우주를 묘사하는 어떠한 해도 그것의 초기 조건에 달려있다. 그러므로 궁극적으로 우주학은 이 초기 조건에 대한 이론으로 귀결된다. 양자 중력이 중요시되는 [(1.6) 참고] 빅뱅에서의 초기조건은 우주에 대한 양자파동함수를 의미한다. 그러나 이것과 연관된 **양자 우주학**의 주제는 이 책의 범주 밖의 영역이다.

인과관계와 사건 지평선 Causality and Horizons

우주의 역사의 흐름 동안에 발생한 물리적 과정은 왜 우주가 현재 우리가 보는 대로 보이는 것인지 설명하는데 도움을 줄 수 있다. 예로써 중력의 영원한 인력에 의한 물질의 뭉침은 CMB에서 미세한 온도 분포의 비등방성이 하나의 표식으로 나타나는 초기 우주의 미세한 밀도 요동이 결국에는 점차 증폭되어서 오늘날 우리가 보고 있는 은하들이나 별들이 된 물질의 응집을 어떻게 만들어 내었는지 설명해준다.

그러나 **그림 19.5**에 예시되어 있는 것처럼 우주의 전 역사를 걸쳐 발생한 어떤 역동적 과정에 의하여 우주를 설명하는 것은 근본적인 장애가 있다. 빛은 빅뱅이후로 오직 유한한 거리를 여행할 수 있다. 그리고 어떤 **인과적**(causal) 물리 과정도 단지 이 반경 내의 부피 내에서만 행동하게 되어있다. 어떤 물리적 과정에 의하여 설명되는 우주 배경 복사의 놀랄만한 등방성에 대하여 오늘날 볼 수 있는 마지막 분산시기의 표면 전체가 복사선들이 물질로부터 마지막으로 흩어진 그 때 즉 $t_{ls} \sim 400{,}000\,\mathrm{yr}$(**문제 9**)에 그 원인을 두고 있다.

그림 19.5는 마지막 분산시기에 원인적 접촉이 있었을 두 지역 사이의 관계를 보여주고 있다. 그것이 어느 경우인가는 우주가 그 시대 이전에 어떻게 팽창하였는가에 달려 있다. **그림 19.3**은 오늘날 보이는 우주와 그들의 관계를 보여주고 있다.

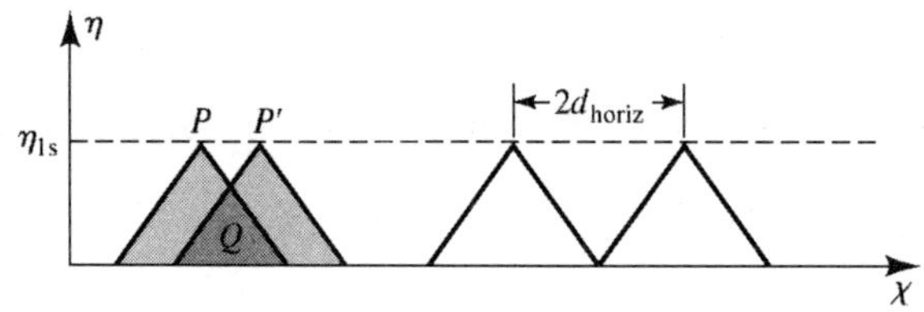

그림 19.5 마지막 분산시기에 인과적 접촉. 시공간 지역 Q에 있는 사건들은 마지막 분산시기 표면위에 있는 점 P와 P'에 있는 것들에 영향을 줄 수 있다 그 이유는 Q가 둘 다에 과거 빛 원뿔 내에 있기 때문이다. 그러나, 만일 마지막 분산 시기 $d_{horiz}(t_{ls})$에 지평면 반경 2배 이상 더 크게 물리적 거리에 의해 분리되어 있었다면, 그때는 과거 빛 원뿔이 중첩되지 않고 그리고 빅뱅이 둘 다에 있는 것들에 영향을 준 이 후로는 어떤 사건도 서로 영향을 주지 못한다.

마지막 분산시기와 원인적 접촉이 있었을 수도 있는 지역의 반경은 거기에서 입자 지평선 반경 $d_{\text{horiz}}(t_{\text{ls}})$[(18.47) 참고] 이 될 것이다.

우주는 마지막 분산시기에 물질 우위적이었기 때문에(**문제 8**) 그리고 공간 곡률은 적색편이가 1100일 때(이 경우 $\tilde{a}=1/(1+z)$는 매우 작다.) 유효 퍼텐셜 (18.78)에 별로 중요하지 않기 때문에, 지평면 크기는 t_{ls}이전의 전 역사에 걸쳐서. 물질 우위였던 공간적으로 평평한 FRW 모델로 가정함으로써 측정되어질 수 있다. 이 경우에는 $d_{\text{horiz}}(t)$는 (18.48a)에 주어져 있고

$$(\text{마지막 분산시기에 인과적 접촉이 있는 지역의 반경}) \approx 3t_{\text{ls}}. \tag{19.15}$$

이다. 오늘날 하늘에서 그 범위가 정해져 있는 그런 지역의 각 크기는 $\Delta s = 6t_{\text{ls}}$라 할 때 (19.11)로부터 구할 수 있고 그 값은 거의 $2°$이다. 이와 같이 우주가 마지막 분산시기 이전에 물질 우위적이었다면 그 이전에 있었던 어떤 물질적 메커니즘도 우주 배경 복사의 놀랄만한 등방성을 설명할 수 없다. 복사선 에너지와 진공에너지를 포함해도 이 결론에 변화를 주지 못한다. 그러나 매우 초기 우주에서 물질은 FRW 모델의 단순한 가정에 의해 반드시 잘 모델화 되는 것은 아니다.

급팽창 Inflation

초기 우주는 고에너지 물리학의 영역이다. 상호작용하지 않는 물질, 복사선, 진공의 단순한 FRW 모델의 추정은 거기에서는 타당한 것 같지가 않다. 어느 일정한 상수 H에 대하여 (18.39)와 같이

$$a(t) \propto e^{Ht}, \tag{19.16}$$

척도 요소가 기하급수적으로 증가하는 기간을 우주가 가졌다고 가정하자. 척도 요소가 기하급수적으로 증가하는 그 시기를 **급팽창**(Inflation) **시기**라 부른다. 이렇게 짧고 초기기간의 급팽창에 의한 확장이 오늘날 우주가 왜 이렇게 되어 있는지를 설

명해주는데 도움을 줄 수 있다. 그것이 이와 같이 되는 데는 3가지 길이 있다.

- **지평선 크기의 증가** 시간 t_s와 t_f 사이의 $\Delta t = t_f - t_s$ 기간 동안에 지속된 팽창시대에 누적된 지평면 크기의 증가 Δd_{horiz}을 고찰해보자. (18.47)과 (19.16)으로부터

$$\Delta d_{\text{horiz}} = e^{Ht_f}\int_{t_s}^{t_f} dt' e^{-Ht'} = \frac{e^{H\Delta t}-1}{H}. \tag{19.17}$$

  이와 같이 지평면은 팽창시대에 기하급수적으로 급격히 확장되었다. 심지어 $H\Delta t \sim 60$의 값이면 마지막 분산시기에 관측되는 우주 전체가 원인적 접촉을 할 수 있을 만큼 충분할 것이다.

- **공간의 평평성** 급팽창은 또한 우주를 $\Omega = 1$로 향하여 몰고 가고 있다. 그리하여 우리 우주가 현재 관측되는 것과 일치 하도록 공간적으로 평평하다고 예견해주고 있다. 이것을 알아보기 위하여 $\Omega(t)$를 시간 t에서 임계 밀도에 대한 전체 에너지 밀도 $\rho(t)$의 비율로 정의하자. (19.16)에 언급한 급팽창 시기동안 임계 밀도는 $\rho_{crit} = 3H^2/(8\pi)$이다. 여기서 $H(t) \equiv \dot{a}(t)/a(t)$이다[(18.14) 참고]. 그러면 급팽창 시기일 때의 $a(t)$를 (19.16)에서 취하여 식 (18.63)의 프리드만 공식을 다시 써 보면

$$\Omega(t) - 1 \propto ke^{-2Ht}. \tag{19.18}$$

  이와 같이 위의 식을 보면 매우 급격한 팽창은 우주를 $\Omega = 1$로 몰고 간다. 이것이 급팽창 이론의 가장 중요한 예견이며 이것이 현재 관측과 일치하고 있는 것이다.

- **등질성과 등방성** 초기에 불규칙적인 풍선의 팽창과 같이 팽창은 초기 비등질성의 공간의 크기를 순식간에 늘어나게 하여 오늘날 우리가 관측할 수 있는 거리의 범위에서 왜 우주가 등질적이며 등방적인지 설명하는데 도움을 준다. 물론 팽창하는 어느 한 고정된 기간 동안에서는 그 기간 안에 완전히 퍼지지 않아 약간 비등질성이 있을 수도 있지만 오늘날 관측되는 등질성과 등방성을 설명하기 위해서는 이 급팽창에 의한 확장이 이것을 설명하는데 제법 커다란 도움이 된다.

(19.16)과 같은 기하급수적 팽창은 진공의 에너지의 경우에 해당되는 특징이다 [(18.39) 참고]. **그림 19.2**에 요약된 그런 관측에서 밝혀 주듯이 오늘날 진공에너지는 최근의 우주 팽창에 중요할지 모른다. 그러나 소립자 물리학 에너지 범위에서는 무시되어질 수 있고(**문제 2**), 매우 초기 우주진화의 경우에는 중요하지 않다. 그러나 소립자들 간의 상호 작용은 **상자 19.2**에 언급된 것과 같은 메커니즘에 의하여 급팽창에 의한 확장을 일으킬 수도 있다.

전형적 모델에서 설명하기로는 이 메커니즘들은 중력과 다른 기본 힘들이 통일되는 특징을 갖고 있는 온도인 10^{14}GeV 이상의 에너지 범위에서 작동한다. 차수 10^{14} GeV의 에너지 범위는 차수 10^{-34}s 의 매우 이른 시간대[(18.42) 참고]에 이루어졌고 그리고 견적할 만한 크기인 H^{-1}의 값에 다다르게 하였다.

이 매우 원시초기 시간에 매우 짧은 기간 동안의 이 정도 크기의 팽창확장은 현재 보이는 우주보다 더 크게 우주 지평면을 탄생시키고, 우주를 $\Omega=1$에 이르도록 하고, 우리가 관측할 수 있는 것보다 더 큰 범위로 중요한 초창기 불규칙성을 온전히 펴는데 필요한 것이다. 이것이 우리의 우주가 양의 곡률과 음의 곡률의 경계선에 있고 거의 등질적이며 등방적인 것을 보여주는 관측들에 대한 하나의 설명이다.

상자 19.2 우주 급팽창의 메커니즘

이 상자안의 내용은 급격한 급팽창에 의한 확장이 매우 원시 우주($t\approx 10^{-34}$s)에서 탄생 시켰을 여러 가지 경우들 중에 한 가지를 매우 개략적으로 설명한다. 이 원시 우주 시기에는, 물질은 입자나 복사선보다 양자장과 그것의 예견치를 가지고 좀 더 정확히 묘사되어 질 수 있다. 예견치가 ϕ라고 정의되는 단 하나의 스칼라장을 고려해보자. 그리고 그것을 우주의 관측된 등질성과 거의 일치하며 단지 시간 t의 함수 $\phi(t)$라고 두자. $\phi(t)$는 그것이 유효 퍼텐셜 $V_\phi(\phi)$에서 입자의 위치처럼 진화한다는 것이 판명되었고, 아래 그림에서 보여주는 것 같이 장이 상호간에 어떻게 상호작용을 하는지 묘사해주고 있다.

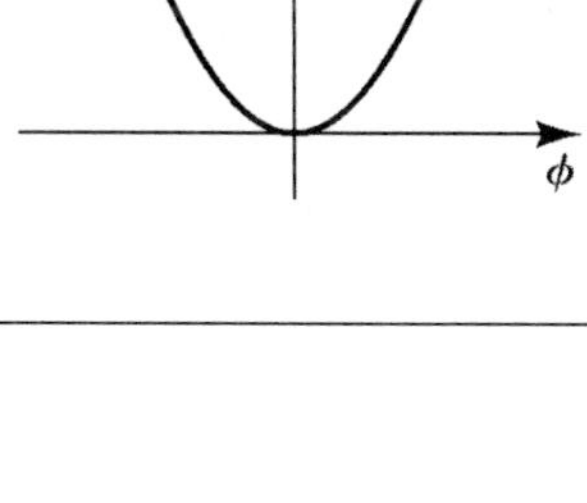

장이 값 ϕ_*인 정지 상태에서 출발하였다고 가정하자. 그것의 퍼텐셜 에너지 $V_\phi(\phi_*)$는 순간적으로 시간에 따라 변하지 않고 진공에너지처럼 행동한다. 평평한 우주는 (18.40)에서와 같이 $H^2=8\pi V_\phi(\phi_*)/3$을 가지고 (18.39)와 같이 팽창한다. 이 책에서 언급한 것같이 H가 강한 핵력과 약전자기 힘의 통합의 에너지 스케일로 재수치화하면 그 팽창은 아주 급격할 것이다. 장(field)이 아래로 굴러감에 따라 퍼텐셜 에너지는 운동에너지로 전환되는데 이것은 다른 여러 메커니즘들 – 그것들 중에 우주 팽창도 그 하나이다 – 에 의하여 흩어지게 된다. 그 장이 거의 영의 에너지에 다다를 때에 우주 팽창 확장은 끝난다. 급팽창 초기 우주로부터 오늘날 우리가 보고 있는 우주로 전환이 이루어졌다.

앞에서 언급하였듯이 급팽창은 우주가 왜 등질성이며 등방성인지를 설명하는데 도움을 준다. 그러나 또한 여기서 언급한 메커니즘은 현재 광범위 분포를 하고 은하들에서 관측되는 비등질적 분포를 설명하는데 도움을 준다. 양자적 요동 때문에 장(field)은 정확히 등질적이 아닐지 모른다. 그리하여 다른 장소, 약간 다른 시간대에 퍼텐셜을 아래로 굴러가게 시작했을지 모른다. 그 결과로 다른 장소들에서의 장(field)의 차이는 오늘날 은하들의 통계적 분포와 마지막 분산시기에 CMB에서 관측되는 것들과 일치하는 밀도의 요동을 이끌어 내었을 것이다.

문 제

1. [B] 상자 4.3에서 논의한 3C345 전파원은 $z=0.595$의 적색편이를 가진다. 밖으로 움직이는 구름 C2의 각속도는 거의 0.47mas/yr이다. 구름이 시선방향과 횡으로 움직인다고(사실과는 반대임) 가정하면, $h=0.72$인 평평하고($k=0$) 물질우위인 FRW 우주모델을 취하였을 때 3C345에 정박해 있는 관측자에 의하면 얼마의 속도로 보여지겠는가?

2. [S] 우주에서 관측되는 진공 질량-에너지 밀도는 양자 중력의 결과일 수 있는가? 그러한 설명의 한 장애물은 진공 질량 밀도 ρ_v와 양자 중력 현상(제1장)을 특징지워주는 차원분석에서 예상되어지는 플랑크 질량 밀도 $\rho_{Pl} \equiv c^5/\hbar G^2$ 사이에서 나타나는 스케일에서 커다란 차이점이다.
   (a) ρ_{Pl}은 차원분석을 해보면 질량 밀도 차원과 일치하는 올바르게 $\hbar, G$ 그리고 c로 결합되어 있음을 보여라.
   (b) ρ_v/ρ_{Pl}의 비를 계산해보라.

3. [S] 평평하고, 물질우위의 FRW 모델에서 유효 거리 $d_{\rm eff}$에 대한 표현 (19.5)는 (19.7)과 (19.9)로부터 따라 나온다는 것을 보이라.

4. 작은 z에 대하여 적색편이-광도등급 관계는 역제곱법칙 (19.3)에 주어져 있다. 이것은 다음의 z에 대한 전개식에서 첫 번째 항에 해당된다.

$$\frac{f}{L} = \frac{H_0^2}{4\pi z^2}(1 + \text{const.}\, z + \cdots).$$

   상수를 찾아내고 그것을 우주 변수의 항으로 표현하라. $\Omega_v = 0$와 $\rho_v = 0.7$인 두 값 각각에 대하여 $\Omega_m = 0.3$과 $\Omega_r = 0$을 가지고 적색편이-광도등급 곡선을 그려보라.

5. [S] 적색편이 z로 공간적으로 평평한 우주에 있는 한 은하의 (19.7)에서 정의되어 있는 유효 거리 $d_{\rm eff}$는 다음과 같이 쓸 수 있다는 것을 보여라.

$$d_{\rm eff} = \int_0^z dz'/H(z')$$

   여기서 $H(z')$는 적색편이 z'를 가진 은하로부터 나온 빛이 방출되었을 때의 허블 상수의 값이다.

6. 표준 자들 Standard Rulers

어떤 종류의 은하는 언제나 고정된 크기를 가지고 있다고 가정하자. 그러면 그것은 표준자 - 그것의 각도 크기로부터, 그것의 거리를 계산할 수 있다 - 로서 사용되어질 수 있다. 평평하고 물질 우위의 FRW 우주에 대한 적색편이–등급 관계와 유사하게 적색편이 –각도 크기 관계를 유도하라. 어느 이상에서는 물체의 각도 크기가 적색편이와 함께 증가해가는 어떤 적색편이 값이 있음을 보이고 그리고 그 값을 구하라. 이것은 그 은하들이 우리로부터 더 멀어지면 질수록 점점 더 밝아짐을 의미하는가?

7. [C] **은하들의 수를 세기 Number Counts of Galaxies**

특별한 값 Z 이하의 적색편이를 가진 은하들의 수 $N_{\text{gal}}(Z)$를 조사한다고 하자. 은하들의 수 밀도 $n_{\text{gal}}(t)$는 공간에서 균일하고 시간에 따라 변하지 않는다고 하자. $N_{\text{gal}}(Z)$가 Z에 어떻게 의존하는가에 대한 평평하고 물질우위의 FRW 모델의 예견은 무엇인가? 여러분들의 답을 Z, 허블 상수, 그리고 은하들의 현재 밀도 $n_{\text{gal}}(t_0)$의 항들로 표현하시오. (코멘트: 은하들의 수를 셈하는 것은 우주 변수들을 결정하는 또 다른 경로이다, 그러나 그것들이 멀어져 가면 갈수록 그것들은 점점 더 희미해지고 수를 셈하기가 어려워진다.

8. 우리의 우주는 $H_0 = 72\,(\text{km/s})/\text{Mpc}$, $\Omega_m = 0.3$, $\Omega_r = 8\times 10^{-5}$, $\Omega_v = 0.7$의 우주 변수들로 특징지워져 있다고 가정하자. 또한 마지막 분산이 1100의 적색편이에서 일어났다고 가정하자.

(a) 마지막 분산 때의 온도와 $k_B T$가 수소 결합에너지와 동등할 때의 온도와 비교하라.

(b) 얼마의 적색편이 z 전에 우주가 방사선 우위였는가?

9. 마지막 분산 시기 때의 우주의 나이를 계산하라.

10. 실험실에서 우주 상수를 측정

지구상에서 설립된 전형적인 실험실에서는 물질의 밀도 ρ_m을 측정하는 것은 불가능하다. 물질이 균일하게 분포해 있다는 FRW 근사는 이들 스케일들을 깨뜨린다. 그러나 기본적 진공에너지는 정확히 균등할 수 있어 그러므로 원리적으로는 실험실 실험에서 탐지되어질 수 있다. 자유 낙하하는 실험실 안에 있는 두 개의 실험 입자들이 $\Omega_v = 1$에 해당하는 진공에너지 존재 하에서 서로 간에 상대적으로 어떻게 움직이는 계산하라. 의미있는 상대적 운동에 대한 시간 스케일과 그것들이 1cm 떨어져서 출발하였다고 가정하였을 때 그것들의 상대 가속도의 크기들의 크기를 평가하라. 실험실에서의 탐지가 실행 가능할까?

PART III

아인슈타인 방정식

The Einstein Equation

일반 상대성의 기본 방정식이며, 휜 시공간의 기하를 지배하는 아인슈타인 방정식이 소개되어 있고, 또한 그 해를 풀어서 앞에서 논의한 기하들을 펼쳐 보여주고, 중력파의 생성을 계산하고, 그리고 상대적인 별의 구조를 분석한다.

CHAPTER

20 좀 더 수학적 고찰

A Little More Math

이 책 마지막 부분은 아인슈타인 방정식 - 맥스웰 방정식이 전자기의 기본 공식이듯이 그와 매우 흡사하게 일반 상대성의 기본 공식이다 - 를 소개하고자 한다. 슈바르츠쉴드 기하나 FRW 우주 모델의 기하 등은 아인슈타인 방정식의 특별한 해(solution)이다. 아인슈타인 방정식을 효과적으로 그리고 표준적으로 논의하기 위하여는 단지 3가지의 새로운 수학적 아이디어가 필요하다. 즉 벡터의 좀 더 정밀한 정의, 듀얼(dual) 벡터의 개념, 그리고 공변 미분(covariant derivative)이다. 이들 수학적 개념들은 이 장에서 소개하겠다.

20.1 벡터 Vectors

7.8절에서 휜 시공간에서 벡터 도입은 물리학적으로 정확할지라도 수학적으로는 부정확하다. 이 절에서는 벡터[1)]에 대한 좀 더 정확한 정의를 주고자 한다. 특히 7.8절에서 국소적으로 정의된 방향으로 우리가 의미했던 것의 방향 도함수(directional derivatives) 항으로서 정의하고자 한다.

평평 시공간 벡터는 5.1절에서 방향성 있는 선분으로 정의되었다. 그러나 평평 시공간에서 그것들을 방향 도함수로 나타냄으로써 그 벡터들을 완전히 동등하게 나타내는 또 다른 방법이 있다. 함수의 방향 도함수의 정의를 회고하면서 함수 $f(x^\alpha)$와 곡선 $x^\alpha(\sigma)$를 고려해보자. σ로 표시되어 있는 점에서 곡선을 따라가는 방향 도함수는 다음과 같이 정의된다.

$$\frac{df}{d\sigma} = \lim_{\epsilon \to 0}\left[\frac{f(x^\alpha(\sigma+\epsilon)) - f(x^\alpha(\sigma))}{\epsilon}\right] = \frac{dx^\alpha}{d\sigma}\frac{\partial f}{\partial x^\alpha}. \tag{20.1}$$

여기서 좌표 기저 구성성분을 가진 벡터 $\mathbf{t}$는

$$t^\alpha = \frac{dx^\alpha}{d\sigma} \tag{20.2}$$

로서 곡선의 접선 벡터이다. (입자에 의해 만들어지는 시간성 곡선에 대하여 만일

1) 특히, 4원 벡터를, 제7장 이후로는 4라는 숫자가 벡터 앞에서 빠져 있음을 기억하라.

σ가 고유시간이면 $\mathbf{t}$는 4원-속도 $\mathbf{u}$가 된다.) 그러므로 σ로 표시되는 점에서의 방향 도함수는 $\mathbf{t}$에 의하여 특성화되고 다음과 같이 쓸 수 있다.

$$\frac{d}{d\sigma}=t^{\alpha}\frac{\partial}{\partial x^{\alpha}}. \tag{20.3}$$

이와 같이 모든 방향 도함수는 거기에 해당하는 한 개의 벡터가 있다. 역으로 모든 벡터 $\mathbf{t}$에서는 곡선 $x^{\alpha}(\sigma)=x^{\alpha}(0)+t^{\alpha}\sigma$을 따라 (20.3)에 주어져 있는 방향 도함수에 해당하는 것이 있다. 이와 같이 **벡터와 방향 도함수는 일대일 대응에 해당된다.** 그리고 우리는 임의의 벡터 $\mathbf{a}$에 해당하는 방향 도함수는

방향 도함수로서 벡터

$$\mathbf{a}\equiv a^{\alpha}\frac{\partial}{\partial x^{\alpha}}. \tag{20.4}$$

로 쓸 수 있을 것이다. 이와 같이 평평 시공간에서 벡터는 방향선분으로 나타내는 것 대신에 방향 도함수로 정의할 수 있다. (20.4)와 같은 방향 도함수가 주어지면 우리는 구성성분을 확인하여 나타낼 수 있고 각각 그것들에 해당하는 방향선분을 만들 수 있다. 그러나 그렇게 할 필요는 없다. 벡터 대수학의 모든 통상적인 법칙은 (20.4)로부터 바로 할 수가 있다. 예로써 두 벡터의 합에 대한 구성성분들은 그것들의 각각 구성성분들의 합이라는 법칙은 구성성분 a^{α}에서 (20.4)의 선형성에 따르는 것이다. 또한 (20.4)로부터 구성성분들 (20.2)가 $\mathbf{t}$의 좌표 기저 구성성분들이기 때문에 편미분들 $\partial/\partial x^{\alpha}$도 좌표 기저 구성성분들이라는 것이다. $\partial/\partial x^{\alpha}$를 좌표 기저 벡터에 대한 단지 또 다른 정의로 생각할 수 있다.

벡터는 7.8절에 제시된 이유 때문에 휜 시공간에서는 방향 직선 선분으로 정의할 수 없다는 것이다. (휜 시공간에서 어떻게 직선 선분들을 합할 수 있겠는가?) 그러나 벡터의 방향 도함수로의 정의는 휜 시공간으로 일반화 할 수 있다. 등식 (20.1)에서부터 (20.4)까지는 휜 시공간에서도 그대로 유지되고 벡터 대수학의 모든 일반적 법칙들도 그것들에 따른다. 지금부터는 계속해서 벡터를 방향 도함수로서 생각할 것이다. 방향 도함수의 선형 공간은 7.8절에서 비공식적으로 언급했던 접선 공간 (tangent space)이다.

어떤 이들은 벡터를 미분 연산자로써 생각하는 것을 썩 내키지 않아하며 7.8에 언급한 것같이 무한소선분에 의하여 정의되는 방향성의 개념으로 생각하기를 더 선호한다. 그것은 물리학에서는 받아들여질 수 있다. 그러나 그것은 무한소 선분의 개념에 정밀한 수학적 의미를 부여하는 편도함수이다. 예제 20.1에 방향 도함수에 의한 정의가 얼마나 유용한지를 보여주고 있다.

예제 20.1 한 좌표 기저에서 다른 좌표 기저로의 전환

한 좌표계에서 벡터 $\mathbf{a}$의 좌표 기저 성분이 다른 좌표계의 좌표 기저 성분과 어떻게 관련지을 수 있는가? 식 (20.4)와 편도함수의 대수학이 직접적인 해답을 제공해준다. x^{α}를 한 좌표의 세트로 가정하고 x'^{α}는 다른 좌표의 것이라 하자. 그들 사이 $x'^{\alpha}(x^{\beta})$의 연결은 알려져 있다. 그러면

$$\mathbf{a} = a^{\alpha}\frac{\partial}{\partial x^{\alpha}} = a^{\alpha}\frac{\partial x'^{\beta}}{\partial x^{\alpha}}\frac{\partial}{\partial x'^{\beta}} \equiv a'^{\beta}\frac{\partial}{\partial x'^{\beta}}. \tag{20.5}$$

좌표 x^{α}에서 좌표기본성분 a^{α}와 좌표 x'^{α}에서 좌표기본성분이 a'^{α}사이의 전환은 (20.5)로부터

$$a'^{\beta} = \frac{\partial x'^{\beta}}{\partial x^{\alpha}}a^{\alpha}. \tag{20.6a}$$

$x^{\alpha}(x'^{\beta})$연결 같은 역 변환은 (20.6a)에서 ′가 있는 것과 ′가 없는 것을 상호 교환하여 바꾸기만 하면 된다.

$$a^{\beta} = \frac{\partial x^{\beta}}{\partial x'^{\alpha}}a'^{\alpha}. \tag{20.6b}$$

20.2 듀얼 벡터 Dual Vectors

벡터에서 실수로의 선형 사상(maps)

듀얼 벡터 $\boldsymbol{\omega}$는 벡터를 실수로 전환해주는 선형 사상(Linear Maps)이다.[2] 듀얼 벡터 $\boldsymbol{\omega}$가 벡터 $\mathbf{a}$를 실수로 전환해주는 사상(mapping)을 $\omega(\mathbf{a})$로 정의하자(사상의 결과가 수가 되기 때문에 볼드체 $\boldsymbol{\omega}$를 사용하지 않는다.) 두 개의 벡터 $\mathbf{a}$와 $\mathbf{b}$와 어떤 두 수 α와 β에 대하여 듀얼 벡터의 정의

$$\omega(\alpha\mathbf{a} + \beta\mathbf{b}) = \alpha\omega(\mathbf{a}) + \beta\omega(\mathbf{b}). \tag{20.7}$$

이면 사상(map)은 선형적(linear)이다.

벡터 $\mathbf{a}$를 실수로 전환시키는 선형 맵은 또한 벡터 성분 a^{α}를 동일한 실수로 전환하는 선형 맵이어야 한다. 영 벡터를 영으로 맵하는 것으로 가정하면 성분들을 실수로 전환시키는 가장 일반적인 선형 맵의 형태는

$$\omega(\mathbf{a}) = \omega_{\alpha}a^{\alpha} \tag{20.8}$$

이다. 여기서 수 ω_{α}는 듀얼 벡터 $\boldsymbol{\omega}$의 **성분들**(components)이라 부른다.

2) 듀얼 벡터의 또다른 이름은 one-forms와 covectors이다.

예제 20.2 Gradient

함수 $f(x^\alpha)$의 그래디언트는 듀얼 벡터의 가장 간단한 예이다. (20.1)에서 우리는 벡터 t방향으로의 함수의 미분은

$$\frac{\partial f}{\partial x^\alpha} t^\alpha. \tag{20.9}$$

임을 보았다. 이와 같이 함수 $f(x^\alpha)$의 도함수는 어떤 벡터 $\mathbf{t}$를 실수로 전환시켜주는 선형 사상으로 특성화된다. 이 사상은 성분이 $\partial f/\partial x^\alpha$인 f의 **그래디언트**라고 부르는 듀얼 벡터이다. 그래디언트 듀얼 벡터는 관습적으로 ∇f로 표시한다. 예로써 평평 시공간에 있는 한 원점으로부터 x^α점까지의 거리인 함수 $g(x) = -t^2 + x^2 + y^2 + z^2$을 고려해보자. g의 그래디언트는 성분 $\partial g/\partial x^\alpha = (-2t, 2x, 2y, 2z)$를 가진다.

4개의 선형적으로 독립인 듀얼 벡터의 한 세트 $\{\mathbf{e}^\alpha\}$ (중괄호는 "세트"를 의미한다.)는 모든 듀얼 벡터에 대하여 기본 단위 벡터를 구성한다. 어떤 듀얼 벡터 $\boldsymbol{\omega}$는 기본 단위 듀얼 벡터의 선형 결합이 된다. 즉

$$\boldsymbol{\omega} = \omega_\alpha \mathbf{e}^\alpha. \tag{20.10}$$

수 ω_α는 기본 벡터 $\{\mathbf{e}^\alpha\}$ 상에 있는 듀얼 벡터의 **성분들**이다. (20.8)에 도입된 성분을 제시해 주는 특별한 듀얼 벡터 기저는 다음의 식에

$$e^\alpha(\mathbf{e}_\beta) \equiv \delta^\alpha_\beta. \tag{20.11}$$

의하여 동일한 표현 방법으로 성분 a^α를 정의하는 벡터들 $\{\mathbf{e}_\alpha\}$의 기저와 연관이 있다. 여기서 δ^α_β는 크로넥커 δ로써 $\alpha = \beta$이면 1이고 $\alpha \neq \beta$이면 0이다.

$$\delta^\alpha_\beta \equiv \begin{cases} 1 & \alpha = \beta, \\ 0 & \alpha \neq \beta. \end{cases} \tag{20.12}$$

(20.11)을 만족하는 $\{\mathbf{e}^\alpha\}$를, 벡터 $\{\mathbf{e}_\alpha\}$의 기저와 듀얼(dual)을 이루는 듀얼 벡터들의 기저라 부른다. (20.11)의 성분들을 재생산해 내는지 알아보기 위하여 (20.11)와 (20.10)을 사용하여 $\omega(\mathbf{a})$를 풀어 써보면

$$\omega(\mathbf{a}) = \omega_\alpha e^\alpha(a^\beta \mathbf{e}_\beta) = \omega_\alpha a^\beta e^\alpha(\mathbf{e}_\beta) = \omega_\alpha a^\beta \delta^\alpha_\beta = \omega_\alpha a^\alpha. \tag{20.13}$$

여러분들은 이 모든 정의를 쭉 따라가는 데에 어려움을 느끼는가? 상황은 점점 더 간단해 질 것이다.

벡터와 듀얼 벡터 간의 대응(correspondence)

어떤 벡터 $\mathbf{a}$는 스칼라 곱을 통하여 다른 벡터 $\mathbf{b}$를 실수로 선형 사상을 시킨다.

$$a(\mathbf{b}) \equiv \mathbf{a} \cdot \mathbf{b}. \tag{20.14}$$

이와 같이 모든 벡터에 하나의 듀얼 벡터가 대응된다. 좌표 기저 벡터에서 (20.14)의 왼편에 대하여 (20.8)을 이용하면

$$a(\mathbf{b}) \equiv a_\alpha b^\alpha = \mathbf{a} \cdot \mathbf{b} = g_{\beta\alpha} a^\beta b^\alpha = g_{\alpha\beta} a^\beta b^\alpha. \tag{20.15}$$

그러나 (20.15)는 어떤 벡터 $\mathbf{b}$에도 적용되기 때문에

$$\boxed{a_\alpha = g_{\alpha\beta} a^\beta.} \tag{20.16}$$ 첨자 낮추기

식 (20.16)은 좌표 기저 성분 a^α를 가진 벡터와 이 좌표 기저와 dual을 이루는 듀얼 벡터의 기저 a_α 성분을 가진 듀얼 벡터 사이에 일대일 대응을 이루게 해준다. 이 연결은 $g_{\alpha\beta}$의 **역계량**(inverse matric)을 도입하여 역변환 할 수 있다. 역계량은 $g^{\alpha\beta}$로 정의되고 한 계량과 그 역계량 사이의 일반적인 연결은 다음과 같이 정의된다.

$$\boxed{g^{\alpha\gamma} g_{\gamma\beta} = \delta^\alpha_\beta.} \tag{20.17}$$ 역계량

(20.16)의 양변을 역계량 $g^{\gamma\alpha}$을 곱하고 (20.12)를 사용하면

$$\boxed{a^\alpha = g^{\alpha\beta} a_\beta.} \tag{20.18}$$ 첨자 올리기

직교 기저에서는 더 간단한 관계가 유지된다. $\eta_{\hat{\alpha}\hat{\beta}}$로 (20.15)에 있는 $g_{\alpha\beta}$를 대치하기만 하면 된다. 그러면

$$a_{\hat{0}} = -a^{\hat{0}}, \qquad a_{\hat{1}} = a^{\hat{1}}, \qquad a_{\hat{2}} = a^{\hat{2}}, \qquad a_{\hat{3}} = a^{\hat{3}}. \tag{20.19}$$

가 된다. 계량(matric)에 의해 제공된 벡터와 그 듀얼 벡터의 일대일 관계는 그 둘 다에 동일한 볼드체 (예, $\mathbf{a}$)를 사용하는 이유이다. 이 대등한 관계가 어떤 물리적 양을 벡터나 혹은 그 듀얼 벡터로써 나타낼 수 있는 이유가 된다. 관측자의 실험실을 통과해 지나가는 입자의 모멘트 $\mathbf{p}$는 (5.6절 참고) 실험실의 직교 기저 각각에 대하여 벡터 성분 $p^{\hat{\alpha}}$로 나타낼 수도 있고 그 듀얼 벡터의 성분 $p_{\hat{\alpha}}$로 나타낼 수도 있다. $g_{\alpha\beta}$를 $\eta_{\hat{\alpha}\hat{\beta}}$로 대체한 (20.16)과 (20.18)를 사용하여 어느 한 성분을 그 다른 성분

으로 나타낼 수 있다. 성분 $p^{\hat{0}}$는 관측자가 측정한 에너지이고 $p_{\hat{0}}$는 그 에너지의 음(minus)이다. 이 표현의 중복성이 앞에서 듀얼 벡터를 소개할 필요가 없었던 이유이다. 그러나 그것들은 곡률을 논하는데 매우 편리함을 준다.

운동량 같은 양을 어느 한 벡터와 그 듀얼 벡터로 표현하는 것에는 물리적 구별이 없고 그리고 수학적으로 그 표현은 일대일 대응 관계에 있기 때문에 듀얼 벡터 성분을 그와 대응하는 벡터의 성분의 단지 다른 종류의 것으로 생각하는 것이 물리학에서는 편리하다. 수학적 의미로는 그것들은 동일 시 된다. 이와 같이 하여 성분 p^α를 가지고 있는 벡터에 대응하는 듀얼 벡터 성분을 p_α라고 언급하는 것 대신에 p^α와 p_α를 벡터 $\mathbf{p}$의 위(upper) 성분과 아래(lower) 성분[3]이라고 언급한다. 지금부터 우리는 단지 벡터들과 그 성분들을 언급할 것이다.

예제 20.3 첨자를 올리고 내리는 연습

여러분들이 첨자들을 올바르게 올리고 내리고 할 수 있는지 테스트하기 위해 다음 연습문제를 풀어보라. 계량이 어떤 상수 F에 대하여

$$g_{AB} = \begin{pmatrix} F & 1 \\ 1 & 0 \end{pmatrix} \tag{20.20}$$

이고 첨자 A, B는 1에서 2까지 범위인 2차원을 생각하자. 다음 벡터를 고려해보자.

$$a_A = (1, 0), \qquad b_A = (0, 1), \qquad c^A = (1, 0), \qquad d^A = (0, 1). \tag{20.21}$$

a^A, b^A, c_A, d_A, $\vec{a} \cdot \vec{b}$, $\vec{a} \cdot \vec{c}$, $\vec{a} \cdot \vec{d}$를 구하라.

답 역계량의 성분들은 $g^{11}=0$, $g^{12}=g^{21}=1$, $g^{22}=-F$ 그러면 $a^A=(0,1)$, $b^A=(1,-F)$, $c_A=(F,1)$, $d_A=(1,0)$, $\vec{a}\cdot\vec{b}=1$, $\vec{a}\cdot\vec{c}=1$, $\vec{a}\cdot\vec{d}=0$

기저 벡터와 듀얼 벡터의 연습

(20.16)과 (20.18)의 관계는 두 벡터 a와 b의 스칼라 곱은 여러 가지 형태로 표현될 수 있다는 것을 보여준다.

$$\mathbf{a} \cdot \mathbf{b} = g_{\alpha\beta} a^\alpha b^\beta = a_\alpha b^\alpha = a^\alpha b_\alpha = g^{\alpha\beta} a_\alpha b_\beta. \tag{20.22}$$

이 절 전체에 걸쳐 위의 관계들과 또 다른 것들은 7.3절의 총합규약의 첫 번째 규칙의 변형이라고 요약할 수 있다.

---

3) 위(upper)와 아래(lower)는 가끔 각각 위층(upstairs)과 아래층(downstairs) 혹은 반변(contravariant)과 공변(covariant)이라고 불리기도 한다. 저자의 학생들 중에 한 학생은 첨자의 이름을 기억하기 좋게 "여러분들이 알고 있어야 하는 것은 단지 co는 low이다."라고 외운다.

벡터들의 첨자는 첨자를 올리거나 낮추는 연산과 관련하여 위 첨자나 아래첨자로 나타날 수 있다. 등식의 양변을 같게 하기 위하여 다음과 같이 첨자를 올리거나 내리거나 할 수 있다.

(1) 양변의 자유 첨자는 그것이 여전히 균형이 맞도록 함께 올리거나 낮추어야 한다.
(2) 한 개의 합 첨자가 올라가면 그와 똑같은 첨자는 내려야 한다. 그 반대도 성립한다. 중복되는 첨자는 항상 위, 아래 쌍으로 나타난다.

주어진 기저 벡터 $\{\mathbf{e}_\alpha\}$의 듀얼인 기저 벡터 $\{\mathbf{e}^\alpha\}$의 요소들은 (2011)과 (20.14) 결과로써 다음의 식을 만족시키는 벡터들이다.

$$\mathbf{e}^\alpha \cdot \mathbf{e}_\beta = \delta^\alpha_\beta \tag{20.23}$$

벡터 $\{\mathbf{e}^\alpha\}$와 벡터 $\{\mathbf{e}_\alpha\}$는 다음과 같이 벡터 $\mathbf{a}$의 여러 성분을 밖으로 뽑아내는데 (project out) 사용할 수 있다.

$$\boxed{a^\alpha = \mathbf{e}^\alpha \cdot \mathbf{a}, \qquad a_\alpha = \mathbf{e}_\alpha \cdot \mathbf{a}.} \tag{20.24}$$

벡터 성분의 뽑아내기(projecting)

(등식의 양변에 있는 첨자를 균형 잡게 해주는 일반적인 법칙이 이 공식을 암기하는데 어떻게 도움을 주는지 주목하라) 위 식 중 첫 번째 것을 검토해보면

$$\mathbf{e}^\alpha \cdot \mathbf{a} = \mathbf{e}^\alpha \cdot (a^\beta \mathbf{e}_\beta) = a^\beta(\mathbf{e}^\alpha \cdot \mathbf{e}_\beta) = \delta^\alpha_\beta a^\beta = a^\alpha. \tag{20.25}$$

두 번째 것도 이와 유사하다.

특히 직교 기저 좌표에서의 벡터 $\mathbf{a}$의 성분들은 직교 기저 벡터들에게 투사함에 의해 알 수 있다. [(5.82)와 (20.25) 참고]

$$a^{\hat\alpha} = \mathbf{e}^{\hat\alpha} \cdot \mathbf{a}, \qquad a_{\hat\alpha} = \mathbf{e}_{\hat\alpha} \cdot \mathbf{a}. \tag{20.26}$$

만일 벡터 $\mathbf{a}$의 성분 a^α가 일반 기저 좌표에서 알려져 있고, 주어진 직교 기저 좌표에서의 벡터 $\mathbf{a}$의 성분을 직교 기저 벡터의 기저성분$(\mathbf{e}_{\hat\alpha})^\alpha$과 그 듀얼 벡터의 기저성분$(\mathbf{e}^{\hat\alpha})_\alpha$을 안다면 (20.26)으로부터 구할 수 있다. 이 때 $\mathbf{a} \cdot \mathbf{b} = a_\alpha b^\alpha$를 이용하여

$$a^{\hat\alpha} = (\mathbf{e}^{\hat\alpha})_\alpha a^\alpha, \qquad a_{\hat\alpha} = (\mathbf{e}_{\hat\alpha})^\alpha a_\alpha. \tag{20.27}$$

(이 명확하지만 좀 현학적인 정의로부터 $(\mathbf{e}_{\hat 2})^1$의 의미는 정규직교 기저 벡터 $\mathbf{e}_{\hat 2}$의 1 좌표 기저 성분을 뜻한다. 그리고 축약 규칙에 관한한 $\hat\alpha$는 α와 구별하여야 한다.) 기저 벡터들과 그 듀얼 기저 벡터들 그리고 그 성분들의 각각의 관계가 20.1의 표에 요약되어 있다.

표 20.1 Bases and Dual Bases

General relations for any basis $\{\mathbf{e}_\alpha\}$, the basis $\{\mathbf{e}^\alpha\}$ dual to it, and a vector $\mathbf{a}$: $$\mathbf{e}^\alpha \cdot \mathbf{e}_\beta = \delta^\alpha_\beta,$$ $$\mathbf{a} = a^\alpha \mathbf{e}_\alpha, \qquad \mathbf{a} = a_\alpha \mathbf{e}^\alpha,$$ $$a^\alpha = \mathbf{e}^\alpha \cdot \mathbf{a}, \qquad a_\alpha = \mathbf{e}_\alpha \cdot \mathbf{a}.$$
The inverse metric $g^{\alpha\beta}$ is the matrix inverse of $g_{\alpha\beta}$: $$g^{\alpha\gamma} g_{\gamma\beta} = \delta^\alpha_\beta$$
Relations for a coordinate basis : $$\mathbf{e}_\alpha \cdot \mathbf{e}_\beta = g_{\alpha\beta}, \qquad \mathbf{e}^\alpha \cdot \mathbf{e}^\beta = g^{\alpha\beta},$$ $$\mathbf{e}_\alpha = g_{\alpha\beta}\mathbf{e}^\beta, \qquad \mathbf{e}^\alpha = g^{\alpha\beta}\mathbf{e}_\beta,$$ $$a_\alpha = g_{\alpha\beta}a^\beta, \qquad a^\alpha = g^{\alpha\beta}a_\beta.$$
Relations for an orthonormal basis : $$\mathbf{e}_{\hat\alpha} \cdot \mathbf{e}_{\hat\beta} = \eta_{\hat\alpha\hat\beta}, \qquad \mathbf{e}^{\hat\alpha} \cdot \mathbf{e}^{\hat\beta} = \eta^{\hat\alpha\hat\beta},$$ $$\mathbf{e}_{\hat\alpha} = \eta_{\hat\alpha\hat\beta}\mathbf{e}^{\hat\beta}, \qquad \mathbf{e}^{\hat\alpha} = \eta^{\hat\alpha\hat\beta}\mathbf{e}_{\hat\beta},$$ $$a_{\hat\alpha} = \eta_{\hat\alpha\hat\beta}a^{\hat\beta}, \qquad a^{\hat\alpha} = \eta^{\hat\alpha\hat\beta}a_{\hat\beta}.$$

예제 20.4 삐딱 직각(skew rectangular) 좌표에서의 기저 벡터와 그 듀얼 벡터

그림 20.1에서 보여주듯이 x축과 y축이 각도 ψ를 이루고 있는 평평 평면에서의 삐딱 직각 좌표를 고려해보자. 이 좌표의 평평 공간의 선 요소는

$$dS^2 = dx^2 + 2\cos\psi\, dx\, dy + dy^2. \tag{20.28}$$

이다. 좌표 기저 벡터 $\mathbf{e}_x$와 $\mathbf{e}_y$는 그림과 같이 좌표축 따라 향해있고 $\mathbf{e}_A \cdot \mathbf{e}_B = g_{AB}$를 만족한다. (첨자 A와 B의 범위는 1과 2까지이다.) [(7.56)의 정의 참고] (20.28)로부터 이것은 $\mathbf{e}_x$와 $\mathbf{e}_y$는 단위 벡터이고 상호간에 각도 ψ를 이루고 있다는 것을 의미한다. 듀얼 기저 벡터 $\mathbf{e}^x$와 $\mathbf{e}^y$는 $\mathbf{e}^A \cdot \mathbf{e}_B = \delta^A_B$를 만족한다. – 그림에서 보듯이 그것들의 크기와 방향을 결정해주는 조건이다. $\mathbf{e}^x$의 크기는 이들 관계들 중 하나인 $\mathbf{e}^x \cdot \mathbf{e}_x = 1$부터 알 수 있고 그것들의 사이 각과 벡터의 크기로부터 친숙한 내적의 표현은 $\mathbf{e}^x \cdot \mathbf{e}_x = |\mathbf{e}^x|\,|\mathbf{e}_x|\cos(\pi/2-\psi) = 1$이다. $|\mathbf{e}_x| = 1$임에 주목하면 $|\mathbf{e}^x| = 1/(\sin\psi)$이고 언제나 1보다 크다. 벡터 $\mathbf{e}^y$도 동일한 크기를 가지고 있다. 벡터 $\mathbf{a}$의 위첨자 성분은 $\mathbf{e}_x$, $\mathbf{e}_y$와 선형 결합하여 $\mathbf{a}$를 구하기 위해 필요한 계수이고 아래 첨자 성분은 $\mathbf{e}^x$, $\mathbf{e}^y$와 선형 결합하여 $\mathbf{a}$를 구하는데 필요한 계수이다. 이에 대한 것이 그림 20.1에 제시되어있다.

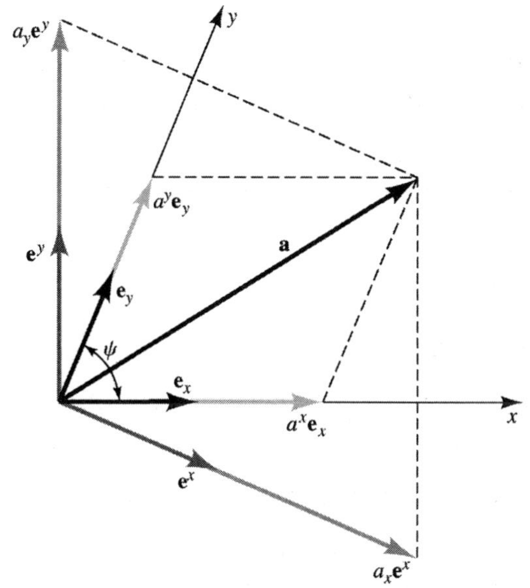

그림 20.1 평면상에서의 skew 직각 좌표. 그림은 서로 각도 ψ를 만드는 x축과 y축을 보여주고 있다. 좌표 축 방향을 가리키는 좌표 기저 벡터 $\mathbf{e}_x$와 $\mathbf{e}_y$가 나타나있다. 또한 $(\mathbf{e}_x, \mathbf{e}_y)$와 식 (20.23)으로 연관되는 듀얼(dual) 벡터 $\mathbf{e}^x$와 $\mathbf{e}^y$도 나타나 있다. 임의의 벡터 $\mathbf{a}$는 두 가지의 구성성분 (a^x, a^y) 와 (a_x, a_y)을 정의해주는 이 두 가지 기저 벡터들 중 어느 것을 사용하여 분해하여 나타낼 수 있다.

예제 20.5 법선 벡터 Normal vectors

3차원 공간에서 2원-표면의 방향은 각 점에서의 법선 벡터로 표현된다. 유사한 방법으로 4차원 공간에서 3원-표면 (three-surface)의 방향은 각 점에서 법선 4원 벡터로 표현된다(7.9절 참고). 3원 표면은 다음 형태의 식으로 정의 된다.

$$f(x^\alpha) = \text{상수} \tag{20.29}$$

f의 그래디언트는 한 개의 법선 벡터 $\mathbf{n}$을 제공하고 그것의 아래 성분은 다음과 같다.

$$n_\alpha = \frac{\partial f}{\partial x^\alpha}. \tag{20.30}$$

이 표면에서 δx^α 성분을 가진 미소 변위 δ_x는 f의 값에 변화를 주지 않는다. 이것은 $\delta f = (\partial f/\partial x^\alpha)\delta x^\alpha = 0$이거나 [(7.68) 참고]

$$n_\alpha \delta x^\alpha = \mathbf{n}\cdot\boldsymbol{\delta}\mathbf{x} = 0. \tag{20.31}$$

임을 의미한다. 즉 $\mathbf{n}$ 벡터는 표면에서의 변위(displacement)와 표면에 접하는 벡터에 수직(orthogonal or normal)이다. 이 관계식이 반드시 단위 법선 벡터를 생산해 내는 것은 아니다. 그러나 어떤 다른 법선 벡터는 이것에 비례관계가 성립한다. 예로써 좌표 x^0의 일정한 값을 가진 표면은 $n_\alpha = (1.0.0.0)$이라는 아래 성분을 가진

한 법선을 가진다.
또 다른 예는 (7.74)에 있는 $-t^2+r^2=-a^2$으로 정의되는 로렌츠 쌍곡선(hyperboloid)이다. (20.30)으로부터 법선은 $n_\alpha=(-2t,\ 2r,\ 0\ ,\ 0)$가 되는데 이것은 벌써 (7.78)에서 발견된 법선에 비례관계가 있다.

20.3 텐서 Tensors

벡터의 선형 맵의 좀 더 고찰

벡터에서 실수로의 선형 맵이 물리학에서 유용하다면 여러 짝을 이루고 있는 벡터들이 왜 선형 맵으로 실수로 변형이 안되겠는가? 이런 생각은 유용한 것으로 증명되었다. 이것들을 우리는 텐서라고 부른다. 그리고 다른 모든 비스칼라양을 볼드체로 나타내듯이 텐서도 볼드체로, 예로써 **t** 나타낸다.

계량(metric)은 텐서 **g**로 나타내며 이것은 두 개의 벡터를 실수로 전환하는 선형 맵이며 두 벡터의 내적으로 정의한다.

$$g(\mathbf{a},\mathbf{b})\equiv\mathbf{a}\cdot\mathbf{b}=g_{\alpha\beta}a^\alpha b^\beta. \tag{20.32}$$

곡률과 물질의 에너지 밀도와 관련이 있는 다른 중요한 예는 다음 장에서 만나게 될 것이다.

좀 더 일반적으로 r계(r rank)의 텐서는 r개의 벡터를 실수로 전환시키는 선형 맵이다.[4] 그러므로 벡터는 1계 텐서이다. 관례적으로 함수 $f(x)$는 벡터와 텐서와 비교해볼 때 스칼라라고 불리운다. 계량(metric)은 2계 텐서이다. 3계 텐서는 어떤 3개의 벡터 **a**, **b**와 **c**를 실수로 전환시키는 선형 맵으로 다음과 같이 표현한다.

$$t(\mathbf{a},\mathbf{b},\mathbf{c})=t_{\alpha\beta}{}^{\gamma}a^\alpha b^\beta c_\gamma. \tag{20.33}$$

$t_{\alpha\beta}{}^{\gamma}$는 텐서의 성분들이다. 여기서 우리는 벡터 **a**, **b**는 위 첨자 성분으로 나타내었고, 벡터 **c**는 아래 첨자 성분으로 나타내었다. 또한 이것은 전부 위 첨자 성분으로 표현될 수도 있다.

$$t(\mathbf{a},\mathbf{b},\mathbf{c})=t_{\alpha\beta\gamma}a^\alpha b^\beta c^\gamma, \tag{20.34}$$

4) 더 일반적인 수학적 정의는 m 벡터들과 n 듀얼 벡터들을 실수로 바꾸어주는 선형사상을 고려하는 것일 것이다. 그러나 여기에서와 같이, 벡터와 듀얼 벡터가 구별되어 확정되어 버리면, 이 구별을 보존하는 데 있어서 더 일반적인 것은 없다.

그리고 그 외 여러 가지 방법으로 나타낼 수도 있다. 성분 $t_{\alpha\beta\gamma}$와 $t_{\alpha\beta}{}^{\gamma}$ 사이의 관계는 (20.16)처럼 $c_\gamma = g_{\gamma\delta}\, c^\delta$를 (20.33)에 대입함으로써 구할 수 있다.

$$t_{\alpha\beta\gamma} = g_{\gamma\delta} t_{\alpha\beta}{}^{\delta}. \tag{20.35}$$

그러므로 텐서의 첨자들도 벡터와 같이 낮출 수 있다 [(20.16) 참고]. 또한 유사한 논법으로 첨자를 올릴 수도 있다 [(20.18) 참고].

예제 20.6 계량 텐서에서의 첨자 올리기

계량텐서 $g_{\alpha\beta}$에서 한 개의 첨자를 올리기 위해서는 $g^{\alpha}{}_{\beta} \equiv g^{\alpha\gamma} g_{\gamma\beta}$ 검토가 필요하다. 그러나 역계량 (20.17)의 정의로부터 이것은 크로넥커 델타(Kronecker delta)이다.

$$g^{\alpha}{}_{\beta} = \delta^{\alpha}_{\beta}. \tag{20.36}$$

두 번째 첨자를 올리기 위해서는 $g^{\beta\gamma} g^{\alpha}{}_{\gamma}$를 만들어야 한다. 그러나 (20.36)을 사용하면 $g^{\beta\gamma} g^{\alpha}{}_{\gamma} = g^{\beta\gamma}\delta^{\alpha}_{\gamma} = g^{\alpha\beta}$ 인데 정의가 일관성이 있으려면 이렇게 되어야 한다.

예제 20.7 첨자를 올리고 내리는 연습

예제 20.3에 있는 동일한 2차원 계량에서 다음의 예를 풀어봄으로써 텐서의 첨자를 올리고 낮추는 것을 연습해 보자. 성분 $t_{11} = G$, $t_{12} = 1$, $t_{21} = -1$, $t_{22} = 0$의 성분을 가진 텐서를 고려해보자. $t^{A}{}_{B}$, $t_{A}{}^{B}$, t^{AB}과 $t^{A}{}_{A}$를 계산해 보라.

답 $t^{A}{}_{B} = \begin{pmatrix} -1 & 0 \\ G+F & 1 \end{pmatrix}$, $t_{A}{}^{B} = \begin{pmatrix} 1 & G-F \\ 0 & -1 \end{pmatrix}$, $t^{AB} = \begin{pmatrix} 0 & -1 \\ 1 & G \end{pmatrix}$, $t^{A}{}_{A} = 0$

식 (20.35)는 7.3절에서 언급되었고 더 확장된 자유 첨자와 dummy 첨자를 균형 맞추기 위한 일반적 규칙에 따르고 있다. 이것들은 텐서가 벡터에서 수(number)로의 맵뿐만 아니라 텐서와 다른 텐서 사이의 맵으로 될 수 있는 법을 또한 제시해주고 있다. 3계(third-rank) 텐서 **t**와 벡터 **a**가 결합하면 2계 텐서가 성분으로 형성된다.

$$t_{\alpha\beta\gamma} a^{\gamma}, \tag{20.37}$$

두 개의 벡터 **a**, **b**와 텐서 **t**와 결합하면 다음 성분을 가진 벡터 **v**를 얻는다.

$$v_{\alpha} = t_{\alpha\beta\gamma} a^{\beta} b^{\gamma}. \tag{20.38}$$

이같은 표현들에서 자유 첨자들의 개수가 마지막 계산된 결과의 텐서의 계급이 된다. 텐서를 만드는 가장 간단한 방법은 여러 벡터를 적(product)하는 것이다. 예로써 3개의 벡터 **u**, **v**, **w**로부터 다음 성분을 가진 3계 텐서를 만들 수 있다.

$$s^{\alpha\beta\gamma} = u^{\alpha}v^{\beta}w^{\gamma}, \tag{20.39}$$

위첨자와 아래첨자를 쌍으로 나타나면 합하는 것으로 이것을 축약(contraction)이라고 부른다. 그때는 텐서가 2계 아래로 내려간다. 예로써 3계 텐서 $t_{\alpha\beta}{}^{\gamma}$의 마지막 두 첨자는 다음 성분을 가진 벡터 **w**를 얻기 위해 축약될 수 있다.

$$w_{\alpha} = t_{\alpha\beta}{}^{\beta}. \tag{20.40}$$

이와 같이 축약은 한 기저 내에서 정의되지만, 그 결과는 **문제 9**에서 보여 주듯이 기저에 독립이다.

한 기저에서 다른 기저로의 전환

우리는 텐서의 성분을 한 기저로 나타내기도 하고 또한 다른 기저로 나타내기도 한다. 그런 변환의 2가지 예를 아래 이하 절에서 논하겠다. 그 2가지란 한 좌표 기저에서 다른 좌표 기저로의 변환이다. 이들 변환은 (20.39)에서와 같이 벡터들을 서로 적(product)하면 텐서를 만드는 한 방법이라는 것을 회상하면 쉽게 기억 할 수 있다. 이 경우에서 각 벡터를 변환하고, 변환된 적(product)을 형성하는 것은 텐서의 변환을 만들어 준다. 일반적인 경우에도 변환 규칙은 동일한 형태를 가진다. 우리는 2계 텐서 **t**를 가지고 이 규칙들을 보여주고자 한다. 고차 텐서에서도 이 규칙의 적용을 확장할 수 있다는 것은 명백하다.

한 좌표 기저에서 직각 좌표 기저로의 전환

한 좌표 기저로 먼저 계산해내고 이것을 직각 좌표 기저로 나타내보라. 이것은 빈번이 사용되어 왔던 경로이다. 2계 텐서 **t**의 좌표 기저 성분 $t_{\alpha\beta}$를 직각 좌표 기저의 성분 $t_{\hat{\alpha}\hat{\beta}}$로의 전환을 위하여 우리는 먼저 직각 기저 벡터의 좌표 기저 성분 $(\mathbf{e}_{\hat{\alpha}})^{\alpha}$를 아는 것이 필요하다. 그리고 나서 (20.27)을 일반화 하여 텐서를 좌표 기저 위로 다음과 전사시키면 된다.

$$t_{\hat{\alpha}\hat{\beta}} = (\mathbf{e}_{\hat{\alpha}})^{\alpha}(\mathbf{e}_{\hat{\beta}})^{\beta}t_{\alpha\beta}. \tag{20.41}$$

좌표 기저의 상호간의 변환

식 (20.6)은 두 다른 좌표계 x^{α}와 x'^{α}에서 한 벡터의 좌표 기저 성분의 상호간의 전환 규칙을 따라야하고 벡터에 대한 텐서의 작용은 불변이다. 예로써 벡터 **a**의 아래 성분에 대하여 변환 규칙을 적용해보자. 벡터 **a**에 대하여 다른 벡터 **b**를 가지고 스칼라 적은 (20.5)로부터 $a_\alpha b^\alpha$로 쓸 수 있다. 그리고 이것은 다른 좌표계의 좌표 기저로써 동등하게 $a'_\alpha b'^\alpha$라고 쓸 수 있다. 이 둘은 똑 같아야 한다. 그러면 이것과 (20.6b)로부터

$$\mathbf{a}\cdot\mathbf{b} = a'_\beta b'^\beta = a_\alpha b^\alpha = a_\alpha \frac{\partial x^\alpha}{\partial x'^\beta} b'^\beta. \tag{20.42}$$

여기서 벡터 **b**는 임의적인 벡터이므로 위 식은 다음의 의미를 내포하고 있다.

$$a'_\beta = \frac{\partial x^\alpha}{\partial x'^\beta} a_\alpha, \tag{20.43}$$

이것이 아래 첨자 성분의 변환 규칙이다. (20.32)와 (20.34)와 같은 일반 텐서에 대한 변환 규칙도 위와 같이 일반화 시킬 수 있다. 그러나 그 규칙은 (20.6)과 (20.43)과 같이 벡터들에 대하여 각 첨자를 분리하여 적용하는 것처럼 매우 쉽게 기억 할 수 있다. 예로써 계량(metric)을 변환시키는 규칙은

$$g'_{\alpha\beta}(x') = \frac{\partial x^\gamma}{\partial x'^\alpha} \frac{\partial x^\delta}{\partial x'^\beta} g_{\gamma\delta}(x). \tag{20.44}$$

또 다른 예는

$$t'^\alpha{}_\beta = \frac{\partial x'^\alpha}{\partial x^\gamma} \frac{\partial x^\delta}{\partial x'^\beta} t^\gamma{}_\delta. \tag{20.45}$$

이다. 이들 연결 관계에서 명확히 나타나는 사실은 텐서의 한 성분이 한 기저에서 소멸하면 모든 다른 기저에서도 소멸한다는 것이다. 이것은 많은 텐서들의 관계를 증명하는데 유용하다. 이는 한 관계가 텐서들 사이의 것이라면 "어느"기저에서 나타낸 성분들 사이의 관계에도 만족 되어야 한다. 이와 같이 어느 한 관계가 텐서들 사이에 알려져 있는 것이고 한 특별한 기저로 만족 한다는 것을 보여 줄 수 있다면 그러면 그 관계는 모든 다른 기저에서도 성립되어야 한다.

첨자를 가진 모든 것이 텐서는 아니다. 좌표 x^α는 텐서의 성분이 아니다. 크리스토펠 기호도 텐서의 성분이 아니다. 이것은 자유 낙하계에서는 사라지지만 다른 좌표 기저에서는 0이 아닐 수도 있기 때문이다. 그것들은 한 좌표 기저에서는 벡터 성분들이 실수로 전환되는 선형 맵을 정의할지 모르지만 그 실수(real number)가 다른 기저에서는 다를 수 있다. 이것은 그것들이 텐서의 정의에서 요구하듯이 벡터들을 단 한 개의 실수로 변환시키는 맵을 정의하지 못한다는 것이다.

20.4 공변 미분 Covariant Derivative

벡터의 미분

함수 f의 편미분은 $\boldsymbol{\nabla} f$로 나타내고 예제 20.2에 보듯이 그 성분은 $(\boldsymbol{\nabla} f)_\alpha = \partial f/\partial x^\alpha$로 나타낸다. 그러나 유체 역학과 전자기학 같은 동적인 방정식에서와 같이 고전 물리학의 많은 벡터 공식들은 벡터와 함수를 같이 미분하는 것이 유용함을 제시해 주고 있다. 벡터 $\mathbf{v}$의 도함수는 2차 텐서 $\boldsymbol{\nabla}\mathbf{v}$가 될 것으로 예상되고 그 성분은 $\nabla_\alpha v^\beta$이다 – 한 첨자는 벡터의 방향을 나타내고 또 다른 첨자는 도함수 방향을 나타낸다. 그러나 이 벡터 도함수를 정의하기 전에 극복해야할 근본적인 문제가 있다. 벡터의 도함수는 원래 가까이 있는 시공간 점들에 위치해 있는 벡터들 간의 차이를 내포하고 있다. 그러나 7.8절에서 강조하였듯이 벡터들의 뺄셈과 덧셈 등등은 오직 한 점에서만 행하여 하는 산법이다. 서로 다른 두 점에 있는 벡터는 서로 다른 두 접선 공간에 있는 것이다. 그러므로 벡터의 도함수를 정의하기 위하여 한 시공간 점에서 다른 시공간 점으로 벡터를 이동시켜 한 점으로 일치시키는 것이 필요하다. 평평 공간의 경우에 그것을 어떻게 하는지 보자.

그림 20.2는 평평 공간에서 벡터 도함수하는 것을 보여주고 있다. 미분 방향을 정의하는 벡터 $\mathbf{t}$ 방향으로 무한소 변위 $dx^\alpha = t^\alpha \epsilon$로 연결되어 있는 매우 가까이 있는 두 점에서의 벡터 $\mathbf{v}(x^\alpha)$와 $\mathbf{v}(x^\alpha + dx^\alpha)$를 고려해 보자. 도함수를 하기 위해서는 벡터 $\mathbf{v}(x^\alpha + dx^\alpha)$를 먼저 점 x^α쪽으로 평행 이동시켜야 한다. 이때의 벡터를 $\mathbf{v}_\parallel(x^\alpha)$라 하자. 그러면 그것은 x^α의 접하는 공간에 있게 된다. 그리고 나서 $\mathbf{v}(x^\alpha)$를 친숙한 평행기법으로 그것으로부터 뺄 수 있다. 이와 같이 평행 이동이 벡터 미분을 정의하는데 중요한 키가 된다.

평행 이동법

평행 이동법은 휜 시공간에 있는 국소 관성계에도 또한 적용할 수 있다. 왜냐하면 국소적으로 국소 관성계는 평평 시공간에서 $\mathbf{t}$방향으로 벡터장 $\mathbf{v}(x^\alpha)$의 공변 미분의 정의를 다음과 같이 할 수 있다.

공변 미분

$$\boldsymbol{\nabla}_{\mathbf{t}}\mathbf{v}(x^\alpha) = \lim_{\epsilon \to 0} \frac{[\mathbf{v}(x^\alpha + t^\alpha \epsilon)]_{\parallel \text{trans to } x^\alpha} - \mathbf{v}(x^\alpha)}{\epsilon}. \tag{20.46}$$

평평 공간이나 휜 시공간에 있는 국소 관성계(local inertial frame(LIF))의 직각 좌표계에서는 (7.4절 참고) 성분 v^α는 그것들이 평행 이동하더라도 변하지 않는다 (**그림 20.2**를 보라). 이런 좌표에서의 (20.46)식의 계산은 (20.1)의 함수의 미분과 같다고 할 수 있다.

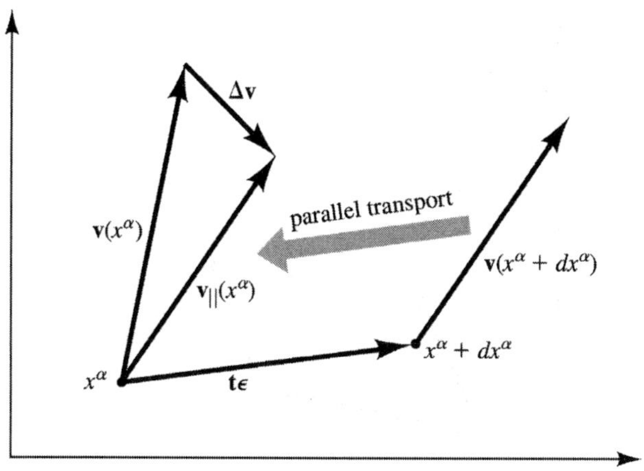

그림 20.2 평평 공간이거나 혹은 휜 공간에서 자유 낙하하는 계에서의 벡터 미분. 벡터 장의 두 벡터 $\mathbf{v}(x^\alpha)$가 가까이 있는 두 점 x^α와 $x^\alpha+dx^\alpha$에 나타나있다. 두 점은 벡터 t^α 방향으로 변위 $dx^\alpha=t^\alpha\epsilon$ 만큼 떨어져있다. x^α와 $x^\alpha+dx^\alpha$에서의 벡터들 간의 차를 알기위해서는 먼저 벡터 $\mathbf{v}(x^\alpha+dx^\alpha)$를 x^α의 위치로 평행 이동시켜 벡터 $\mathbf{v}_\parallel(x^\alpha)=(\mathbf{v}(x^\alpha+dx^\alpha))_{\parallel \text{trans to } x^\alpha}$를 만들어야 한다. 그러면 그 차이 $\Delta\mathbf{v}(x^\alpha)=\mathbf{v}_\parallel(x^\alpha)-\mathbf{v}(x^\alpha)$가 통상적인 평행 법칙에 의하여 만들어질 수 있다. $\epsilon\to0$일 때 극한 $\Delta\mathbf{v}/\epsilon$는 x^α에서 t 방향으로 $\mathbf{v}$의 미분을 정의한다.

$$(\nabla_{\mathbf{t}}\mathbf{v})^\alpha = t^\beta\frac{\partial v^\alpha}{\partial x^\beta} \qquad \text{(LIF)}. \tag{20.47}$$

그러므로 텐서 $\nabla\mathbf{v}$는

$$\nabla_\beta v^\alpha = \frac{\partial v^\alpha}{\partial x^\beta} \qquad \text{(LIF)}. \tag{20.48}$$

을 가진다. (식 옆에 LIF라고 덧붙인 이유는 식이 평가되어지는 x^α의 지점에서의 단지 국소 관성계에서만 식이 성립한다는 것을 상기 시켜주기 위해서이다.)
그러나 평평 공간이라 할지라도 곡선 좌표를 사용하면 식 (20.48)이 맞지 않다. **그림 20.3**에 보여주듯이 극좌표의 경우에서와 같이 벡터의 성분들이 평행 이동에 의해 바뀌게 된다. 이 성분의 변화는 이동하기전의 벡터의 기저 벡터와 이동 후의 벡터의 기저 벡터가 이루는 각도의 변화의 결과이다. 그러나 성분의 변화는 성분 그 자체에서는 선형적일 것이다. 그러므로 일반적으로 변위 $dx^\alpha=t^\alpha\epsilon$의 1차수에 대해서, 성분 $v^\alpha_\parallel(x^\beta)$는 2개의 항의 합으로 나타난다 - 변위된 지점에서의 성분 v^α와 평행 이동 동안 기저 벡터의 변화의 결과로부터 발생한 성분들의 변화이다. 즉

$$v^\alpha_\parallel(x^\delta) = v^\alpha(x^\delta+\epsilon t^\delta) + \widetilde{\Gamma}^\alpha_{\beta\gamma}(x^\delta)v^\gamma(x^\delta)(\epsilon t^\beta) \tag{20.49}$$

이다. 계수 $\widetilde{\Gamma}^\alpha_{\beta\gamma}$는 아직 결정되어 있지 않다. (20.46)의 성분을 취하면 공변 도함수의 성분을 위한 다음과 같은 일반적인 식을 얻을 수 있다.

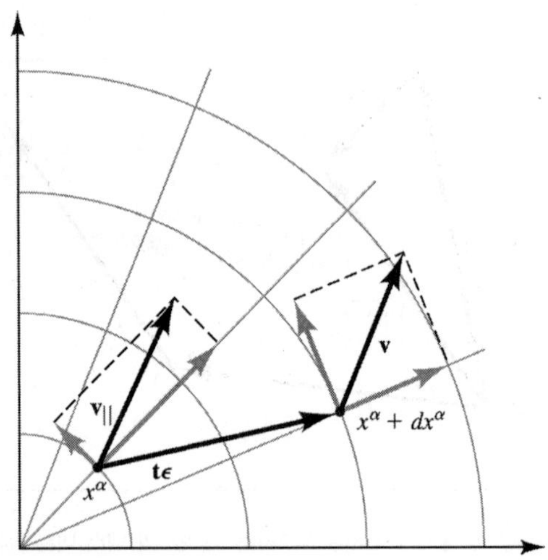

그림 20.3 성분이 평행 이동으로 변한다. 위 그림은 그림 20.2에서 고려해본 평평 평면에서의 평행 이동한 것을 그대로 나타내고 있다, 그러나 이번에는 극좌표를 사용하였다. 벡터 $\mathbf{v}(x^\alpha + dx^\alpha)$와 이것을 변위 $dx^\alpha = \epsilon t^\alpha$ 방향으로 x^α 지점으로 평행 이동시킨 벡터 $\mathbf{v}_{\parallel}(x^\alpha)$ 가 제시되어있다. 각각의 위치에서의 벡터가 각각의 극좌표 성분들로 분해되는 것을 보여주고 있다. 벡터는 변하지 않지만, 극좌표에서는 그 성분의 변화가 일어난다.

$$\nabla_\beta v^\alpha = \frac{\partial v^\alpha}{\partial x^\beta} + \widetilde{\Gamma}^\alpha_{\beta\gamma} v^\gamma. \tag{20.50}$$

위 식 중 우변에서 첫 번째 항은 x^α에서 $x^\alpha + dx^\alpha$로의 벡터장의 변화이고, 두 번째 항은 기저 벡터의 변화로부터 나온 항이라고 말할 수 있다. 두 항들은 둘 다 기저 벡터에 의존하지만 그 둘의 합은 (20.46)에서 보여주듯이 기저 벡터에 독립이다.

이제 적절한 계산이 $\widetilde{\Gamma}^\alpha_{\beta\gamma}$를 결정하기 위한 하나의 식을 요구한다. 우리는 국소 관성계에서 일반 좌표계로 (20.48)을 변환시켜 봄으로써 그러한 한 식을 얻을 수 있다. 그러나 그 결과의 식은 $\widetilde{\Gamma}^\alpha_{\beta\gamma}$가 β와 γ에 대하여 대칭이라는 것을 보여주는 것 외에 별 도움이 안된다(**문제 10**). 그것은 우리에게 통상적으로 국소관성계가 주어지지 않고 오히려 계량(metric)이 주어지고 그것들을 찾아야 하기 때문이다(8.4절 참고).

그러나 계수 $\widetilde{\Gamma}^\alpha_{\beta\gamma}$는 우리가 이미 알고 있는 측지선의 공식으로부터 알아낼 수 있다. 국소관성계에서 측지선은 직선이다. 직선은 가장 짧은 길이의 곡선으로써 혹은 단위 접선 벡터가 같은 방향으로 평행 이동하였을 때의 곡선(**그림 20.4**)으로써 정의될 수 있다. 만일 $\mathbf{u}$가 단위 접선 벡터이면 그것 자신의 방향으로의 공변 미분은 소멸해야한다 [(20.46) 참고]. 그러면

$$(\nabla_{\mathbf{u}} \mathbf{u})^\alpha = u^\beta \left(\frac{\partial u^\alpha}{\partial x^\beta} + \widetilde{\Gamma}^\alpha_{\beta\gamma} u^\gamma \right) = 0, \tag{20.51}$$

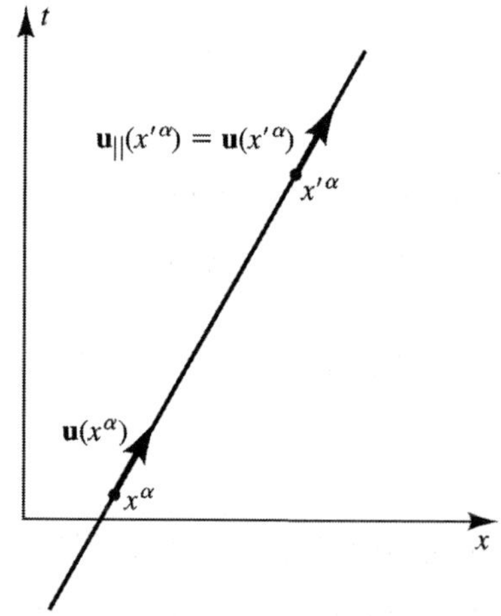

그림 20.4 측지선과 평행 이동. 여기에서 보여주듯이, 평평 시공간에서나 혹은 국소관성계에서 측지선은 x^α에서 접선 벡터 $\mathbf{u}$가 x'^α 위치로 평행 이동하였을 때, 평행 이동한 $\mathbf{u}_{\|}(x'^\alpha)$ 벡터가 거기에서 접선 벡터 $\mathbf{u}(x'^\alpha)$와 일치하는 특성을 가진 직선이다. 더 간단히 말해서, 측지선이란 접선 벡터가 자기 자신의 방향으로 평행 이동하여 이루는 곡선이다. 이와 동일한 특징이 휜 시공간에서의 측지선에서도 유효하다.

여기서 $u^\alpha = dx^\alpha/d\tau$ 이다. 그러나 측지선의 방정식 (8.15)를 우리는 알고 있다. 그것은 좌표 기저로 나타내면

$$u^\beta\left(\frac{\partial u^\alpha}{\partial x^\beta} + \Gamma^\alpha_{\beta\gamma}u^\gamma\right) = 0, \tag{20.52}$$

가 되고 $\Gamma^\alpha_{\beta\gamma}$는 크리스토펠 기호로써 (8.19)와 같이 계량텐서로 표현이 된다. (20.17)의 정의를 이용하여서 역계량 $g^{\epsilon\alpha}$를 (8.19)공식에 곱하고 자유 첨자를 다시 표기하면 다음과 같은 Γ의 명확한 표현이 나온다.

$$\Gamma^\alpha_{\beta\gamma} = \frac{1}{2}g^{\alpha\delta}\left(\frac{\partial g_{\delta\beta}}{\partial x^\gamma} + \frac{\partial g_{\delta\gamma}}{\partial x^\beta} - \frac{\partial g_{\beta\gamma}}{\partial x^\delta}\right). \tag{20.53}$$

이와 같이 한 점에서 임의의 방향으로 가리키는 u^α를 가진 측지선이 있기 때문에 좌표 기저에서 공변 도함수로 정의되는 계수 $\tilde{\Gamma}$는 크리스토펠 기호와 동일한 것이다. ($\tilde{\Gamma}^\alpha_{\beta\gamma}$의 정의가 나온 곳으로 돌아가서 이제는 크리스토펠 기호에 의한 진짜 식을 얻었으므로 전에 표현한 ~기호는 지워버리자) 주의 깊은 독자는 (20.52)는 크리스토펠 기호의 대칭성을 포함하고 있다고 걱정한다. 그러나 앞에서 언급하였듯이 $\tilde{\Gamma}^\alpha_{\beta\gamma}$는 이 대칭성을 갖고 있다고 증명하는 것이 가능하다(**문제 10**). 2계 텐서 $\nabla\mathbf{v}$의 좌표 기저 성분에 대한 다음 식은 그것 모든 것을 합하여 다음과 같다.

공변 미분

$$\nabla_\alpha v^\beta = \frac{\partial v^\beta}{\partial x^\alpha} + \Gamma^\beta_{\alpha\gamma} v^\gamma \quad \text{(미분)}. \tag{20.54}$$

이제 이 논의로부터 측지선을 공변 미분으로 나타낼 수 있다는 우아한 버전을 제시할 수 있다. 측지선이란 접선 벡터 **u**가 다음의 공식을 따르는 곡선이다.

측지선 방정식

$$\nabla_{\mathbf{u}} \mathbf{u} = 0. \tag{20.55}$$

예제 20.8 슈바르츠쉴드 기하 내에 있는 정지하고 있는 관측자의 가속도

특수 상대성의 관성계나 일반 상대성의 국소 관성계에서 입자의 가속도의 4원 벡터는 좌표 기저 성분으로 다음과 같이 정의된다.

$$a^\alpha = \frac{du^\alpha}{d\tau} \qquad \text{(LIF only)}, \tag{20.56}$$

여기서 **u**는 입자의 4원 속도이고 τ는 세계선을 따라가는 고유시간이다. 그러나 심지어 평평 공간에서도 (20.56)은 일반좌표계를 사용하게 되면 맞지 않다.
가속도의 올바르고 일반적인 정의는 벡터의 미분에서 올바르고 일반적인 방볍 – 공변 미분 – 을 채택하여야 한다. 가속도는 다음과 같이 정의된다.

$$\mathbf{a} \equiv \nabla_{\mathbf{u}} \mathbf{u}. \tag{20.57}$$

이것은 국소관성계에서는 $\nabla_{\mathbf{u}} = u^\alpha \nabla_\alpha = u^\alpha (\partial/\partial x^\alpha) = (dx^\alpha/d\tau)(\partial/\partial x^\alpha) = d/d\tau$로 환원된다.
슈바르츠쉴드 블랙홀의 시공간에서 고정된 위치 (r,θ,ϕ)에 머무르고 있는 정지한 관측자는 가속도를 내어야 한다. 로켓 추진력이 공간의 한 점에 고정되어 있으려면 필요하다; 그렇지 않으면 블랙홀 속으로 떨어질 것이다. 공변 미분을 사용하는 방법을 보여주기 위해 (20.57)에 정의되어 있는 것 같이 정지한 관측자의 가속도 성분을 계산해 볼 것이다.
반경 r에 위치해 있는 정지한 관측자의 규격화 조건으로 구한 4원 속도의 슈바르츠쉴드 좌표 성분은 [(9.16) 참고];

$$u^\alpha = (u^t, \vec{0}) = [(1 - 2M/r)^{-1/2}, 0, 0, 0]. \tag{20.58}$$

(20.57)을 계산하기 위해 (20.54)를 사용하여

$$a^\alpha \equiv u^\beta \nabla_\beta u^\alpha = u^t \nabla_t u^\alpha = u^t \left(\frac{\partial u^\alpha}{\partial t} + \Gamma^\alpha_{t\gamma} u^\gamma \right) = u^t \left(\frac{\partial u^\alpha}{\partial t} + \Gamma^\alpha_{tt} u^t \right) \tag{20.59}$$

왜냐하면 **u**는 오직 t성분만 가지고 있기 때문이다. 또 u^α의 성분은 시간에 독립이므로 이것은 다음과 같이 된다.

$$a^\alpha = \Gamma^\alpha_{tt}(u^t)^2. \tag{20.60}$$

부록 B를 보게 되면 (20.60)에 들어가 있는 유일하게 소멸되지 않는 크리스토펠 기호는 $\Gamma^r_{tt} = (1-2M/r)(M/r^2)$임을 보여준다. 그러면

$$a^\alpha = (0, M/r^2, 0, 0). \tag{20.61}$$

이다. 가속도는 반경방향으로 향하고 있다 – 입자가 블랙홀로 떨어지는 것을 막아내는 데 필요한 힘의 방향이다. 가속도 성분은 지평선 $r=2M$에서 확정되지만, 그러나 그것의 확정된 올바른 값은 길이이다.

$$(\mathbf{a}\cdot\mathbf{a})^{1/2} = \left(1-\frac{2M}{r}\right)^{-1/2}\frac{M}{r^2}, \tag{20.62}$$

여기서 $r=2M$일 때 발산한다. 즉 블랙홀 지평선에서 정지한 상태로 유지하려면 무한대의 가속도가 필요하다는 것이다(**상자 12.2**의 논의를 보라).

공변 미분의 간단한 응용은 평평 3차원 공간의 여러 곡선 직교 좌표계에서 그래디언트, 다이버전스, 컬에 대한 기본적 전자기학이나 유체 역학으로부터 나온 친숙한 식들을 유도해 보는 것이다. 그러한 모든 좌표계에 대한 일반적 식들이 **상자 20.1**에 실행되어 있다.

상자 20.1 그래디언트, 다이버전스, 컬 (Gradient, Divergence, and Curl)

전자기학, 유체역학 그리고 고전 물리학의 많은 여러 분야에서 나오는 식들은 함수에 대한 gradient $\vec{\nabla}f$와 Laplaciam $\vec{\nabla}^2 f$, 벡터장의 divergence $\vec{\nabla}\times\vec{V}$을 채택한 3차원 벡터 계산을 사용하고 있다. 이 들 도함수에 대한 명확한 형태는 사용한 좌표계에 대하여 – 예로써 직각, 원통, 극, 포물선 좌표 등등 – 많은 교제들에 나와있다. 공변 도함수는 이 모든 도함수의 통합된 그림과 특별한 좌표계에서 명확한 형태로 가는 직접적인 길을 제공해준다.

직각 좌표 (x^1, x^2, x^3)계에 의해 표시되는 3차원 평평공간에 관심을 가져보자. 이 경우에 계량은 대각선으로 나타난다.

$$dS^2 = g_{11}(dx^1)^2 + g_{22}(dx^2)^2 + g_{33}(dx^3)^2, \tag{a}$$

여기서 g_{11}, g_{22}, g_{33}는 x^1, x^2, x^3의 알려진 함수이다. 좌표 기저 벡터는 통상적으로 $\vec{e}_i$와 듀얼(dual)– 기저벡터 $\vec{e}^{\,i}$로 정의된다. 그러나 고전 물리학에서 많이 사용되는 기저는 이것들이 아니라 오히려 3개의 좌표선의 방향으로 3개 벡터인 직교 기저 백터 $\vec{e}_{\hat{i}}$이다. 이것은 좌표가 직각이기 때문에 가능하다. 그리고 같은 이유로 해서 다른 기저 벡터와의 사이에 간단한 관계가 있다. [156쪽 예제 7.9 참고] 예로써

$$\vec{e}_{\hat{1}} = \vec{e}_1/(g_{11})^{1/2} = \vec{e}^{\,1}(g_{11})^{1/2}, \tag{b}$$

가 성립하며 방향 2와 3의 경우도 위와 같은 방법으로 나타낼 수 있다. 그러면 여러 세트의 기저 벡터에 대한 내적은 표 20.1에 요약되어있는 규칙을 만족시킨다. 백터 $\vec{V}$의 성분들은 유사한 방법으로 나타낼 수 있는 데 그것은 기저 벡터로 확장하여 나

타낼 수 있다.

$$\vec{V} = V^k\vec{e}_k = V_k\vec{e}^k = V^{\hat{k}}\vec{e}_{\hat{k}} = V_{\hat{k}}\vec{e}^{\hat{k}}. \tag{c}$$

예로써 $V^{\hat{1}} = (g_{11})^{1/2}V^1$

(20.9)에서 정의하였던 같이 어떤 함수의 그래디언트는 성분 $(\vec{\nabla}f)_i = \partial f/\partial x^i$을 가진 벡터이다. 즉

$$\vec{\nabla}f = \frac{\partial f}{\partial x^k}\vec{e}^k. \tag{d}$$

이것을 (b)를 사용하여 직각 단위 기저 벡터로 다시 써보면

$$\vec{\nabla}f = \frac{1}{(g_{11})^{1/2}}\frac{\partial f}{\partial x^1}\vec{e}_{\hat{1}} + \frac{1}{(g_{22})^{1/2}}\frac{\partial f}{\partial x^2}\vec{e}_{\hat{2}} + \frac{1}{(g_{33})^{1/2}}\frac{\partial f}{\partial x^3}\vec{e}_{\hat{3}}. \tag{e}$$

이것은 임의의 직각 좌표계에서 그래디언트를 표현한 것이다.

벡터 $\vec{V}$의 다이버전스는 스칼라로써 $\nabla_i V^i \equiv \vec{\nabla}\cdot\vec{V}$ (20.54)로부터

$$\vec{\nabla}\cdot\vec{V} = \frac{\partial V^i}{\partial x^i} + \Gamma^i_{ik}V^k. \tag{f}$$

여기서 (20.53)의 Γ에 대한 식과 (a)로부터 조금 계산해보면

$$\Gamma^i_{ik} = \frac{1}{\sqrt{g}}\frac{\partial\sqrt{g}}{\partial x^k}, \tag{g}$$

가 된다. 여기서 g는

$$g \equiv g_{11}g_{22}g_{33} = \det(g_{ij}). \tag{h}$$

이다. ($g = \det(g_{ij})$라 하였을 때, (g)는 비대각선 계량에서도 또한 성립함이 판명되었다.)

이것을 이용하여 (f)를 직각기저좌표에서의 성분으로 다시 쓰면

$$\vec{\nabla}\cdot\vec{V} = \frac{1}{g^{1/2}}\left[\frac{\partial}{\partial x^1}\left(g_{22}^{1/2}g_{33}^{1/2}V^{\hat{1}}\right) + \frac{\partial}{\partial x^2}\left(g_{33}^{1/2}g_{11}^{1/2}V^{\hat{2}}\right) + \frac{\partial}{\partial x^3}\left(g_{11}^{1/2}g_{22}^{1/2}V^{\hat{3}}\right)\right]. \tag{i}$$

이것이 다이버전스의 일반식이다. 그러면 라플라시안은 (i)와 (e)로부터 바로 나온다.

$$\vec{\nabla}^2 f \equiv \nabla_i\nabla^i f = \frac{1}{\sqrt{g}}\frac{\partial}{\partial x^i}\left(\sqrt{g}\,g^{ij}\frac{\partial f}{\partial x^j}\right). \tag{j}$$

이 형태는 좌표계가 직각이든지 아니든지 상관없이 성립함이 판명되었다.

백터 $\nabla_i V^j$의 일반 도함수는 2계 텐서이다. 그러나 3차원의 특별한 특징으로 비대칭 2계텐서가 다음과 같은 대체(alternating) 텐서를 통한 벡터와 관련이 있다.

$$g^{-1/2}\epsilon^{ijk}. \tag{k}$$

여기서 ϵ^{ijk}는 어떤 두 첨자의 교환에 대해서 비대칭이다.

그리고 (i, j, k)가 (1, 2, 3)의 정방향 순열로 배치되면 +1이고 이웃한 지표의 순열이 바뀌면 −1이다. 특히 두 첨자가 같아지면 ϵ^{ijk}는 소멸한다. 이 정의는 기저에 독립적이라는 것을 검토해볼 수 있다(**문제 22** 참고).

그러면 벡터 $\vec{V}$의 컬은

$$\left(\vec{\nabla}\times\vec{V}\right)^i = g^{-1/2}\epsilon^{ijk}\nabla_j V_k. \tag{l}$$

로 주어진다. 공변 미분은 (20.67)에 주어져 있다. 그러나 Γ 들은 대칭이고 ϵ^{ijk}는 비대칭이므로 이것들은 (l)에 나타나지 않는다. 그러면

$$\left(\vec{\nabla}\times\vec{V}\right)^i = g^{-1/2}\epsilon^{ijk}\left(\frac{\partial V_k}{\partial x^j} - \frac{\partial V_j}{\partial x^k}\right). \tag{m}$$

이것은 직각 좌표 기저로 $\vec{\nabla}$의 성분의 항으로써 컬에 대한 매우 간단한 표현식을 유도한다.

$$\left(\vec{\nabla}\times\vec{V}\right)^{\hat{1}} = \left(\frac{g_{11}}{g}\right)^{1/2}\left[\frac{\partial}{\partial x^2}\left(g_{22}^{1/2}V^{\hat{2}}\right) - \frac{\partial}{\partial x^2}\left(g_{33}^{1/2}V^{\hat{3}}\right)\right]. \tag{n}$$

여러분들은 (e), (i), (j)와 (n)을 극좌표나 원통좌표 등을 사용하여 다음 식을 구해볼 수 있다.

$$dS^2 = dr^2 + r^2\,d\theta^2 + r^2\sin^2\theta\,d\phi^2, \tag{o}$$

$$dS^2 = d\rho^2 + \rho^2\,d\phi^2 + dz^2. \tag{p}$$

공변 미분의 응용과 확장

공변 미분에 대한 아이디어는 그래디언트 정의를 확장함으로 해서 함수를 확장할 수 있다. 예로써

$$\nabla_\alpha f \equiv \frac{\partial f}{\partial x^\alpha}, \qquad \boldsymbol{\nabla}_{\mathbf{u}} f \equiv u^\alpha \frac{\partial f}{\partial x^\alpha}. \tag{20.63}$$

로 쓸 수 있다. 그리고 공변 미분을 Leibniz 규칙을 이용하여 벡터에서 텐서로 확장할 수 있다. 두 벡터 v^α와 w^β를 고려해보자. 이것의 곱 $v^\alpha w^\beta$는 2계 텐서이다. Leibniz 규칙에 의하면

$$\nabla_\gamma (v^\alpha w^\beta) = v^\alpha (\nabla_\gamma w^\beta) + (\nabla_\gamma v^\alpha) w^\beta. \tag{20.64}$$

(20.64)와 (20.54)로부터 2계 텐서의 공변 미분은

$$\nabla_\gamma t^{\alpha\beta} = \frac{\partial t^{\alpha\beta}}{\partial x^\gamma} + \Gamma^\alpha_{\gamma\delta} t^{\delta\beta} + \Gamma^\beta_{\gamma\delta} t^{\alpha\delta}. \tag{20.65}$$

가 된다. 이것은 다음과 같이 요약할 수 있다.

(20.54)의 벡터의 미분과 같이 각각의 첨자에 대해서 하나씩 하나씩 Γ의 항을 첨가한 것이라 생각할 수 있다. (20.54)에 정의된 벡터의 공변 미분은 텐서이기 때문에 $\nabla_\alpha v_\beta$를 얻기 위해서는 첨자 하나를 낮추어야 된다. 그러나 이것은 α와 β의 첨자를 축약하고 Leibniz 규칙을 이용하여 알아낼 수 있다.

$$\nabla_\gamma \left(v_\alpha w^\alpha\right) = \left(\nabla_\gamma v_\alpha\right) w^\alpha + v_\alpha \left(\nabla_\gamma w^\alpha\right). \tag{20.66}$$

내적 $v_\alpha w^\alpha$는 스칼라이다. 그래서 (20.66)의 왼편에 편미분이 적용되는 Leibniz 규칙을 적용하였다. 오른편의 마지막 항은 (20.54)에 주어져 있다. 그러면 그 결과는

$$\boxed{\nabla_\alpha v_\beta = \frac{\partial v_\beta}{\partial x^\alpha} - \Gamma^\gamma_{\alpha\beta} v_\gamma, \quad \text{(미분)}.} \tag{20.67}$$

이것을 다른 텐서로 확장하면 다음과 같다.

$$\nabla_\gamma t^\alpha{}_\beta = \frac{\partial t^\alpha{}_\beta}{\partial x^\gamma} + \Gamma^\alpha_{\gamma\delta} t^\delta{}_\beta - \Gamma^\delta_{\gamma\beta} t^\alpha{}_\delta, \tag{20.68}$$

예제 20.9 공변 미분의 연습

2차원 구의 표면[(2.15) 참고] 위의 기하에서 다음 연습 문제를 풀어봄으로써 공변 미분을 계산하는 능력을 테스트 해보라.

$$dS^2 = a^2(d\theta^2 + \sin^2\theta\, d\phi^2) \tag{20.69}$$

그리고 임의의 벡터 $\vec{v}$는 성분 $v^A = (0\,,1)$을 가진다.
$\nabla_A v^B$의 4개의 성분을 계산하고 $\nabla_\theta \nabla_\phi v^\theta$와 $\nabla_\phi \nabla_\theta v^\theta$를 계산하여 공변 미분의 교환이 성립하는지 검토해보라.

답 먼저 크리스토펠 기호의 값을 구해야 한다. 사라지지 않는 유일한 크리스토펠 기호는 $\Gamma^\theta_{\phi\phi} = -\sin\theta\cos\theta$와 $\Gamma^\phi_{\theta\phi} = \Gamma^\phi_{\phi\theta} = \cot\theta$이다. 그러면 $\vec{v}$의 유일하게 사라지지 않는 1차 미분은 $\nabla_\theta v^\theta = -\sin\theta\cos\theta$와 $\nabla_\theta v^\phi = \cot\theta$이다. 2차 미분은 $\nabla_\phi \nabla_\theta v^\theta = 0$, $\nabla_\theta \nabla_\phi v^\theta = \sin^2\theta$이다. 그러므로 공변 미분은 교환되지 않는다.

계량 텐서의 공변 미분은 소멸한다.

$$\boxed{\nabla_\gamma g_{\alpha\beta} = 0.} \tag{20.70}$$

이것은 국소관성계에서는 계량텐서의 1차미분이 0이므로 위의 중요한 특징이 바로 구해진다. 그러나 크리스토펠 기호로 나타난 공변 미분의 표현으로부터 일반 좌표계에서도 위 식이 성립함을 보일 수 있다(**문제 17**). 공변 미분은 이웃한 점에서 곡선을 따라 평행 이동시켜 한 점에서 두 벡터를 상호 비교하는 것이다 [(20.46) 참고]. 그러므로 곡선을 따라가는 공변 미분이 0이라는 뜻은 벡터가 곡선의 방향을 따라서 평행 이동된다는 뜻이다.

평행 이동

$$\boxed{(\mathbf{v}\text{가 } x^\alpha(\sigma)\text{를 따라 평행 이동한다.}) \Leftrightarrow (\nabla_{\mathbf{t}}\mathbf{v} = 0),} \tag{20.71}$$

여기서 $\mathbf{t}$는 접선 벡터로써 $t^\alpha = dx^\alpha/d\sigma$이다.

예제 20.10 자이로스코프의 공식

우리는 (20.55)에서 측지선 공식이 공변 미분을 사용하여 아주 우아하게 표현되는 것을 보았다.

$$\boldsymbol{\nabla}_{\mathbf{u}}\mathbf{u} = 0. \tag{20.72}$$

(20.71)로부터 이것은 4원-속도가 측지선 따라 평행한 방향으로 놓인다는 것을 의미한다. 외부로 힘을 받지 않는 스핀 $\mathbf{s}$을 갖는 자이로스코프의 운동 방정식 (14.6)은 위와 유사하게 콤펙트하게 표현할 수 있다.

$$\boldsymbol{\nabla}_{\mathbf{u}}\mathbf{s} = 0. \tag{20.73}$$

이 등식이 의미하는 것은 자이로의 스핀이 측지선의 방향 따라 평행 이동한다는 것이다.

상수 벡터는 직각좌표를 제외하고는 상수 성분으로 정의되지 않는다. 오히려 그것들은 임의의 방향으로 평행 이동시킬 때 변하지 않는 벡터장이다.

$$(\text{벡터장이 일정하다.}) \Leftrightarrow (\nabla_\alpha v^\beta = 0). \tag{20.74}$$

이 아이디어를 예시해보이고 또한 좀 어려운 방법인 극좌표 계에서 평면에 놓인 일정한 벡터장을 계산해 봄으로써 공변 미분을 이용하여 계산의 한 예를 보여주겠다.

예제 20.11 2차원 평면에서의 일정한 벡터장

평면에서 일정한 벡터장을 구하기 위해 4개의 식을 풀어야 한다.

$$\nabla_A v^B = 0, \tag{20.75}$$

여기서 $A, B = 1, 2$이다. 이것을 직각좌표에서 행하는 것은 쉽다. 그러나 극좌표에서 해보는 것도 유익하다. 식 (8.2)는 극좌표(r, ϕ)에서의 계량을 보여주고 있고 그 크리스토펠 기호는 (8.17)에 주어져 있다. (20.75)을 풀면 4개의 식이 나온다.

$$\nabla_r v^r = \frac{\partial v^r}{\partial r} = 0, \tag{20.76a}$$

$$\nabla_\phi v^r = \frac{\partial v^r}{\partial \phi} - r v^\phi = 0, \tag{20.76b}$$

$$\nabla_r v^\phi = \frac{\partial v^\phi}{\partial r} + \frac{1}{r} v^\phi = 0, \tag{20.76c}$$

$$\nabla_\phi v^\phi = \frac{\partial v^\phi}{\partial \phi} + \frac{1}{r} v^r = 0. \tag{20.76d}$$

첫 번째 식으로부터 v^r은 단지 ϕ의 함수임을 알 수 있다. 즉 $v^r = g(\phi)$이다. 세 번째 식으로부터 $\partial(rv^\phi)/\partial r = 0$가 유도되며 임의의 함수 $f(\phi)$에 대해 $v^\phi = f(\phi)/r$임을 내포하고 있다. 그리고 나머지 두 식은 $f' = -g$와 $g' = f$를 의미하고 있다. 이것들의 해는 상수 A와 ϕ_*에 대하여 $g = A\cos(\phi - \phi_*)$, $f = -A\sin(\phi - \phi_*)$로 둘 수 있다. 그러면 가능한 일정한 벡터장은 다음의 성분을 가질 것이다.

$$v^r = A\cos(\phi - \phi_*), \qquad v^\phi = -\frac{A}{r}\sin(\phi - \phi_*). \tag{20.77}$$

이것의 의미는 각 성분들을 극좌표의 기저 벡터로 나타내지 말고 직교좌표 기저 단위 벡터 $\vec{e}_{\hat{r}}$, $\vec{e}_{\hat{\phi}}$로 나타내면 더 명확해진다.

$$v^{\hat{r}} = A\cos(\phi - \phi_*) \qquad v^{\hat{\phi}} = A\sin(\phi_* - \phi). \tag{20.78}$$

이것들은 x축과 모든 곳에서 각도 ϕ_* 만드는 길이 A의 벡터장이다. 이것들은 평면에서 모든 가능한 상수 벡터이다.

20.5 자유 낙하계에 대한 재 고찰

3.1절에서 뉴턴 역학의 관성계는 평평 공간에 있는 자유 입자의 직선경로를 따라 3개의 좌표축을 위하여 초기에 선택한 방향으로 평행 이동시켜서 구성할 수 있었다. 4.3절의 특수 상대성의 관성계도 동일한 방법으로 구성 할 수 있었다. 8.4절에서 동일한 구성이 일반 상대성의 자유낙하 계에 적용하였다 – 측지선을 따라 움직이는 모든 국소관성계와 평평 시공간의 전 관성계에도 밀접한 유사점이 있다. 그러나 자유 낙하계의 구성을 언급할 때에 좌표축이 측지선을 따라 움직일 때에 대한 정량적인 설명은 없었다. 이와 같은 설명은 다음 장에서 곡률을 정의하는 데 유용할 것이다. 이제 우리는 공변 미분에 대한 이해를 가지고 정량적 분석을 할 수 있는 위치에 와있다.

자유 낙하계의 원점으로 정의되는 자유 낙하계의 관측자 $x^\alpha(\tau)$의 측지선을 고찰해보자. 한 세트의 직교 기저 벡터 $\{\mathbf{e}_{\hat{\alpha}}(\tau)\}$는 측지선을 따라서 있는 모든 점에서 좌표축을 정의한다. 이 벡터들은 그 계를 위한 좌표 기저 벡터가 될 것이다. 4원 벡터 $\mathbf{u}(\tau)$는 시간성 방향으로 정의되는 $\mathbf{e}_{\hat{0}}$의 기저 벡터이다. 또한 $\mathbf{u}$에 직교하는 3개의 직교 벡터들을 공간 방향의 벡터를 정의하기 위해 측지선의 한 점에서 선택할 수 있다. 다른 한 점에서의 좌표축은 관측자의 측지선을 따라 이들 벡터를 평행 이동시키면 된다. 이와 같이 자유 낙하계의 축을 따라 직교 기저 벡터는 [(20.70) 참고]

$$\nabla_{\mathbf{u}}\mathbf{e}_{\hat{\alpha}} = 0. \tag{20.79}$$

을 만족한다. 이 $\mathbf{e}_{\hat{0}}$에 대한 방정식은 관측자의 세계선은 측지선이므로 자동으로 만족한다. [(20.55) 참고] 남아있는 3개의 식이 공간 벡터 $\{\mathbf{e}_{\hat{i}}\}$가 이 측지선을 따라 어떻게 변하는지 결정한다. 그것들의 방향들은 자이로스코프의 스핀에 의해서도 결정할 수 있다. 왜냐하면 스핀도 측지선을 따라 평행 이동하기 때문이다. [(20.73) 참고]

예제 20.12 슈바르츠쉴드 기하에서의 자유 낙하계

9장에서 계량(9.9)로 묘사되는 슈바르츠쉴드 시공간에서 무한원점으로부터 자유 낙하하는 관측자를 고찰해보자. 관측자는 무한 원점의 정지 상태에서 반경방향으로 안쪽으로 떨어진다고 가정하자. 관측자는 $e=1$, $\ell=0$인 측지선을 따르고 그 4원-속도는 (9.36)에 주어져 있다.

$$u^\alpha = ((1-2M/r)^{-1}, -(2M/r)^{1/2}, 0, 0), \tag{20.80}$$

여기서 통상적으로 $x^\alpha=(t,r,\theta,\phi)$이다. 그러므로 관측자의 계에서 한 성분은 $\mathbf{e}_{\hat{0}} \equiv \mathbf{e}_{\hat{\tau}}=\mathbf{u}(\tau)$이다. 이것과 다른 3개의 벡터 $\mathbf{e}_{\hat{i}}$는 규격화되어야 하고 상호간 직교하여야 하며 (20.79)도 또한 만족하여야 한다. 초기에 관측자가 정지해 있을 때 3개 벡터들을 $r-$, $\theta-$와 $\phi-$방향으로 놓이도록 설정할 수 있다. 그러면 그것들은 $\mathbf{e}_{\hat{1}} \equiv \mathbf{e}_{\hat{r}}$, $\mathbf{e}_{\hat{2}} \equiv \mathbf{e}_{\hat{\theta}}$, $\mathbf{e}_{\hat{3}} \equiv \mathbf{e}_{\hat{\phi}}$라 둘 수 있다. 구형적으로 대칭성은 $\mathbf{e}_{\hat{\theta}}$와 $\mathbf{e}_{\hat{\phi}}$는 관측자가 자유 낙하 하더라도 $\theta-$와 $\phi-$방향을 그대로 유지한다. 그러면 $\mathbf{e}_{\hat{r}}$의 성분은 다른 벡터들과 직교한다는 것과 규격화로부터 결정할 수 있다. 그 결과는

$$u^\alpha = (\mathbf{e}_{\hat{\tau}})^\alpha \equiv (\mathbf{e}_{\hat{0}})^\alpha = ((1-2M/r)^{-1}, -(2M/r)^{1/2}, 0, 0), \tag{20.81a}$$

$$(\mathbf{e}_{\hat{r}})^\alpha \equiv (\mathbf{e}_{\hat{1}})^\alpha = (-(2M/r)^{1/2}(1-2M/r)^{-1}, 1, 0, 0), \tag{20.81b}$$

$$(\mathbf{e}_{\hat{\theta}})^\alpha \equiv (\mathbf{e}_{\hat{2}})^\alpha = (0, 0, 1/r, 0), \tag{20.81c}$$

$$(\mathbf{e}_{\hat{\phi}})^\alpha \equiv (\mathbf{e}_{\hat{3}})^\alpha = (0, 0, 0, 1/(r\sin\theta)). \tag{20.81d}$$

대칭성이 (20.78)를 사용하지 않고도 자유 낙하계의 이들 벡터들을 구할 수 있게 해준다. 그러나 (20.79)사용하여 위 결과와 맞는지 검토해 보는 것도 연습 삼아 괜찮을 것이다(**문제 25**). 예로써 $\nabla_{\mathbf{u}}\mathbf{e}_{\hat{1}}=0$을 검토해 보려면 그것을 $u^\beta\nabla_\beta(\mathbf{e}_{\hat{1}})^\alpha$라고 풀어쓰고 u^β에 대해서는 (20.81a)를 이용하고 $\mathbf{e}_{\hat{1}}$의 성분에 대해서는 (20.81b)를 대입하고 공변 미분에 대해서는 (20.54)를 사용하라.

문 제

1. [S] 변환 규칙 (20.6a)이 (4.33)의 로렌츠 부스트 하에서 (5.9)에 주어진 벡터 성분들의 변환으로 이끈다는 것을 명확히 보여라.

2. [S] (a) 다음을 평가하라.

$$\frac{\partial x^\beta}{\partial x'^\alpha}\frac{\partial x'^\alpha}{\partial x^\gamma}.$$

(b) 이 결과를 이용하여 변환 법칙 (20.6b)이 (20.6a)의 역임을 명확히 보여라.

3. [S] 평평 공간에 대한 직각좌표 (t,x,y,z))를 극 좌표 (t,r,θ,ϕ)로 연결해주는 변환 (7.2)를 사용하여 벡터 $\mathbf{a}$의 성분 (a^t,a^x,a^y,a^z)을 성분 $(a^t,a^r,a^\theta,a^\phi)$의 항

으로 그리고 성분 (a_t, a_x, a_y, a_z)을 성분 $(a_t, a_r, a_\theta, a_\phi)$로 전환시키는 명확한 변환 법칙을 찾아라.

4. Schwarzschild 기하에서 다음의 함수를 고려하자.

$$f(x) = (5t^2 - 2r^2)/(2M)^2,$$

여기서 t와 r은 계량이 형태 (9.9)를 가지는 통상적인 Schwarzschild 좌표이다. f의 그래디언트(gradient)의 좌표 기저 성분 $(\nabla f)^\alpha$을 구하라.

5. 식 (20.81)은 Schwarzschild 기하에서 정규직교 계를 구성하는 한 세트의 4개의 벡터들 $\{\mathbf{e}_{\hat{\alpha}}\}$의 위첨자 좌표 기저 성분들을 제공하고 있다.

(a) 이것이 정규직교하는 한 세트의 벡터들임을 명확히 증명하라.

(b) 이 벡터들의 각각에 대하여 아래 첨자 좌표 기저 성분들을 구하라.

(c) 주어진 한 세트의 기저 벡터들에 듀얼(dual)인 기저 $\mathbf{e}^\alpha$의 위첨자 좌표 기저 성분들을 구하라.

(d) 점 $(0, 3M, 0, 0)$에서 위첨자 좌표 기저 성분을 가지고 있는 벡터 $\mathbf{a}$를 고려하자.

$$a^\alpha = (4, 3, 0, 0)$$

주어진 정규직교 계에서 이 벡터의 성분들 $a^{\hat{\alpha}}$와 $a_{\hat{\alpha}}$를 구하라.

6. 기저 벡터들 $\{\mathbf{e}_\alpha\}$의 듀얼(dual)인 기저 듀얼 벡터 $\{\mathbf{e}^\alpha\}$에 대해서, $e^\alpha(\mathbf{a})$와 $a(\mathbf{e}^\alpha)$를 기저 $\{\mathbf{e}_\alpha\}$에서의 벡터 $\mathbf{a}$의 성분들의 항으로 나타내어라.

7. 한 세트의 좌표 기저 벡터 $\{\mathbf{e}_\alpha\}$와 (20.11)이거나 (20.23)에 의하여 정의된 듀얼 기저 벡터 $\{\mathbf{e}^\alpha\}$를 고려하자.

(a) 기저 벡터 $\{\mathbf{e}_\alpha\}$와 듀얼 기저 벡터 $\{\mathbf{e}^\alpha\}$가 $\mathbf{e}_\alpha = g_{\alpha\beta}\mathbf{e}^\beta$와 $\mathbf{e}^\alpha = g^{\alpha\beta}\mathbf{e}_\beta$ 의하여 서로 관계가 있음을 보여라.

(b) $\mathbf{e}^\alpha \cdot \mathbf{e}^\beta = g^{\alpha\beta}$임을 보여라.

8. [S] 한 점에서, 어떤 한 좌표 x^α 시스템에서 기저 벡터들 $\{\mathbf{e}_\alpha\}$은 다른 한 좌표 x'^α 시스템에서 있는 좌표 기저 벡터들 $\{\mathbf{e}'_\alpha\}$로 선형 결합으로 나타낼 수 있다. 명확한 변환 규칙을 구하라.

9. 다른 좌표 시스템 $x'^\alpha = x'^\alpha(x^\beta)$에서 실행된다면, w^α의 성분들이 텐서에 대한 변환 법칙의 결과와 같이 올바르게 변환된다는 것을 보임에 의하여 (20.40)에 예시되어 있듯이, 축약 연산이 기저에 독립적임을 보여라.

10. [A] 식 (20.48)은 모든 $\widetilde{\Gamma}$가 사라지는 국소관성계(LIF)에서의 공변 미분으로부터 나온 결과인 2계 텐서의 성분들에 대한 표현을 제시하고 있다. 텐서의 변환법칙, (20.45),을 사용하여, 일반 좌표시스템에서의 $\widetilde{\Gamma}$에 대한 표현을 구하라. 이 결과를 이용하여 $\Gamma^{\alpha}_{\beta\gamma}$가 β와 γ에 대해서 대칭임을 보여라.

11. (20.65)와 (20.68)과 유사하게 공변 미분 $\nabla_{\gamma} t_{\alpha\beta}$에 대한 표현을 구하라.

12. [A] 예제 20.9에서처럼 한 것 같이, 벡터 $w^A=(1,0)$에 대하여 $\nabla_A w^B$와 $\nabla_A \nabla_B w^C$의 모든 성분들을 구하라.

13. 예제 20.8에서 Schwarzschild 기하에서 정지상태에 있는 관측자의 가속도 4원-벡터는 (20.67)의 식과 아래의 식을 사용하여서도 계산할 수 있었을 것이다.

$$a_\alpha = u^\beta \nabla_\beta u_\alpha$$

동일한 결과 (20.61)가 이 방법으로 얻어질 수 있었음을 보여라.

14. **임의의 기저에서의 공변 미분**

$x^\alpha(\sigma)$를 곡선으로 $\mathbf{t}(\sigma)$를 σ에서 곡선에 대한 단위 접선 벡터로 두자. $\mathbf{t}$방향으로의 벡터 $\mathbf{v}$의 공변 미분 $\boldsymbol{\nabla}_{\mathbf{t}}\mathbf{v}$의 성분들은 임의의 기저 $\{\mathbf{e}_\alpha\}$에서 다음과 같이 쓸 수 있음을 보여라.

$$(\nabla_{\mathbf{t}}\mathbf{v})^\alpha = \frac{dv^\alpha}{d\sigma} + \widetilde{\Gamma}^{\alpha}_{\beta\gamma} v^\beta t^\gamma .$$

여기서 $\widetilde{\Gamma}^{\alpha}_{\beta\gamma}$는 다음과 같다.

$$\widetilde{\Gamma}^{\alpha}_{\beta\gamma} = \mathbf{e}^\alpha \cdot \boldsymbol{\nabla}_{\mathbf{e}_\gamma} \mathbf{e}_\beta .$$

이것들은 Ricci 회전 계수라 불리운다. $\{\mathbf{e}_\alpha\}$가 좌표 기저일 때 그것들은 Christoffel 기호로 환원됨을 보여라.

15. **비아핀 매개변수화의 눌 측지선** Null Geodesics with Nonaffine Parametrization

8.3절에 보여 주었듯이, 눌 측지선 $\mathbf{u}$에 접선 벡터가 아핀 매개변수 λ로 매개변수화 될 때, 그것은 다음의 측지선 공식을 따른다.

$$\boldsymbol{\nabla}_{\mathbf{u}}\mathbf{u} = 0.$$

비아핀 매개변수가 사용될 지라도, 매개변수 λ의 어떤 함수 κ에 대하여

$$\boldsymbol{\nabla}_{\mathbf{u}}\mathbf{u} = -\kappa\mathbf{u}$$

임을 보여라.

16. 블랙홀의 표면 중력

구형 블랙홀의 기하에서, 시간 변이(translation) 불변에 해당하는 킬링 벡터 $\boldsymbol{\xi}=\partial/\partial t$는 지평면을 만들어 내는 눌 측지선에 접한다. 여러분이 문제 15를 풀어보았다면, 이것은 블랙홀의 **표면 중력**이라 불리는 비례 상수 κ에 대하여 다음을 의미함을 알 것이다.

$$\boldsymbol{\nabla}_{\boldsymbol{\xi}}\boldsymbol{\xi}=-\kappa\boldsymbol{\xi}$$

이 관계를 이용하여 Schwarzschild 블랙홀에 대한 κ의 값을 그것의 질량 M의 항으로 구하라. 12.1절에 논의한 Eddington–Finkelstein 좌표처럼 지평면에서 특이점을 갖지 않는 좌표 시스템을 사용하도록 명심하시오.

17. 표현 (20.65)나 공변 미분의 다른 성분들에 대한 유사한 표현들(문제 11에서 행한 예) 그리고 (20.53)에 있는 Γ에 대한 명확한 표현을 사용하여 계량의 공변 미분이 그것을 조금 손을 보면 명백히 제로로 사라질 수 있음을 보여라.

18. 킬링 공식 Killing equation

8.2절에서 계량의 대칭성에 해당하는 킬링 벡터는 계량이 한 좌표 x^1에 독립이었던 좌표 시스템에서 정의 되었다. 그 해당하는 킬링 벡터 $\boldsymbol{\xi}$의 성분들은 다음과 같다.

$$\xi^{\alpha}=(0,\ 1,\ 0,\ 0).$$

명확한 계산에 의하여 다음을 보여라.

$$\nabla_{\alpha}\xi_{\beta}+\nabla_{\beta}\xi_{\alpha}=0.$$

이것은 Killing 공식이다. 어떤 해가 계량의 대칭에 해당한다는 의미에 있어서 이것은 Killing 벡터들의 일반적 특징이다.

19. 3원-표면 $f(x^{\alpha})=0$의 그것의 법선 $\ell_{\alpha}=\partial f/\partial x^{\alpha}$이 눌 벡터(7.9절 참고)이면 3원 표면은 눌(null)이다. 이 법선 벡터들은 $\boldsymbol{\nabla}_{\ell}\ell=0$을 만족하는 눌 측지선에 접함을 보여라.

20. (a) 예제 8.6에 있는 3개의 킬링 벡터들 $\partial/\partial x$, $\partial/\partial y$, 그리고 $\boldsymbol{\eta}\equiv -y(\partial/\partial x)+x(\partial/\partial y)$은 문제 18에 있는 Killing 공식을 만족함을 보여라.

(b) 평면에서의 극좌표에서, $\boldsymbol{\eta}=\partial/\partial\phi$임을 보여라.

(c) 원점이 아닌 한 점에 대하여 회전 대칭은 $\partial/\partial x$, $\partial/\partial y$, 그리고 $\boldsymbol{\eta}$의 선형 결합인 한 Killing 벡터에 해당함을 보여라.

21. [B] 상자 20.1에서 식 (g)를 유도하라. 간단히 하기위해 그 결과는 일반적이지만 여러분들은 대각 계량의 경우에만 한에서 고려해 보아도 된다.

22. [B] 상자 20.1에서 (k)에 정의되어 있는 대체(alternating) 텐서는 좌표 변환 하에서 3계 텐서로서 올바르게 변환됨을 보여라. 힌트: 행렬식의 정의는 다음과 같이 주어져 있다.

$$\det(A) = \epsilon^{ijk} A_{1i} A_{2j} A_{3k}.$$

23. [B, A] 3차원 평평 공간에서, 포물선 좌표 (μ, ν, ϕ)는 다음과 같이 정의되어 있다.

$$x = \mu\nu\cos\phi,$$
$$y = \mu\nu\sin\phi,$$
$$z = (\mu^2 - \nu^2)/2.$$

(a) $\phi = 0$인 평면에서 상수 μ와 상수 ν의 선들을 스케치하라.
(b) 좌표 (μ, ν, ϕ)에서 평평 공간 선 요소를 구하라.
(c) 이 좌표들에서 grad, div, curl 과 Laplacian에 대한 표현을 구하라.

24. [S] (20.72)와 (20.73)의 식들을 사용하여 자유 자이로(gyro)의 스핀 **s**가 그것의 4원 −속도 **u**에 직각에서부터 시작되었다면, 그 스핀은 계속하여 직각으로 유지함을 보여라.

25. [A] Schwarzschild 기하에서 자유 낙하 계 (20.81)의 기저 벡터들은 그것들 각각이 (20.79)를 만족함을 명확히 보여줌으로 해서 자유 낙하하는 관측자의 측지선을 따라 실제적으로 평행 이동한 것임을 보여라.

26. Schwarzschild 반경 r에서 자유 낙하계 (20.81)의 정규직교 기저가 Lorentz 부스트에 의하여 그 지점에 정지해 있는 관측자의 정규직교 기저에 연결되어있음을 보여라. 그리고 그 부스트의 속도를 찾아라. 코멘트: 어떤 두 개의 정규직교 기저가 Lorentz 변환에 의하여(문제 7.23 참고) 연결되어 있는 일반적 결과들 중에 특별한 경우이다.

CHAPTER

21 곡률과 아인슈타인 공식 Curvature and the Einstein Equation

전 장에서 일반 상대성 안에서 일어나는 특별한 시공간 기하와 그 안에서의 실험 입자와 빛의 운동에 관하여 논하였다. 물질의 존재가 시공간 곡률을 만들어 낸다는 언급이 있음에도 불구하고 이것이 어떻게 일어나는지에 대한 상세한 정량적 분석을 한 방정식은 아직 기재되어 있지 않았다. 일반 상대성의 중심된 내용은 바로 다음 공식이다. 그것을 개략적 형태로 써보면

$$(\text{국소 시공간 곡률의 측정치}) = (\text{물질 에너지 밀도의 측정치}) \tag{21.1}$$

아인슈타인의 방정식이라 불리는 이 식은 맥스웰 방정식이 전자기의 장 방정식 이듯이 일반 상대성의 장 방정식이다. 맥스웰 방정식은 전자기장을 그것의 원천 – 전하와 전류 –과 연결시켜준다. 아인슈타인 방정식은 시공간 곡률을 그것의 원천 –물질의 질량–에너지 –과 연결시켜주고 있다. 유사점을 더 찾아보자. 맥스웰 방정식은 전자기 퍼텐셜에 대한 8개의 2차 편미분 공식들이 있다. 아인슈타인 방정식은 계량 계수 $g_{\alpha\beta}(x)$에 대한 10개의 2차 편미분 공식들로 되어있다. 중요한 차이점은 맥스웰 공식들은 선형적인데 아인슈타인 공식들은 비선형적이라는 것이다.

이 장에서는 아인슈타인 방정식에 대해 매우 간단한 소개를 하고자한다. 이 장에서는 물질의 원천이 없는 상태(진공 아인슈타인 방정식)의 방정식을 먼저 고찰해보고 그 다음에는 물질의 원천이 있는 경우를 고찰해본다. 심지어 진공 아인슈타인 공식은 중요한 의미를 함축하고 있다. 정지해 있는 점 전하에 의한 장과 전자기파가 원천이 없는 맥스웰 방정식의 해 이듯이 슈바르츠쉴드 기하와 중력파가 진공 아인슈타인 방정식의 해가 된다.

21.1 조수 중력 Tidal Gravitational Forces

우리의 첫 번째 과제는 (21.1)에 있는 시공간 곡률의 측정치를 찾는 것이다. 이것을 알아보기 위해서 한 관측자가 곡률을 측정하기 위해 실험입자의 운동을 이용하는 사고 실험에 대하여 고찰해보자.

단 하나의 실험 입자의 운동만으로는 시공간 곡률에 대해 아무런 어떤 것도 밝혀내지 못한다. 입자와 함께 자유 낙하하는 좌표계 안에서의 운동을 연구한다고 상상해보자. 자유 낙하계에서 실험 입자는 정지 상태에 있는 것과 같다. 이것의 운동은

평평 시공간에서의 실험 입자의 운동과 구별할 수가 없다. 한 개의 실험입자로는 곡률의 알아내기에는 충분치 않다는 것이다.

적어도 2개의 실험입자의 운동이 시공간 곡률을 알아내는 데 필요하다. 예제 6.3에서와 같이 2개의 탁구공의 운동을 추적하는 우주선 내에 있는 우주인의 예가 이 일을 할 수 있는 한 방법을 제시해주고 있다. 오랫동안의 시간에 걸쳐 가까이 있는 두 개의 탁구공의 상대적 운동을 연구해 봄으로써 승무원은 지구에 의해 만들어진 시공간 곡률을 알아낼 수 있다. **그림 21.1**과 **그림 21.2**는 좀 더 일반적이고 이상화시킨 예이다.

두 관측자는 자유 낙하하는 실험실에 있다. 한 사람은 허공에 있고, 다른 한 사람은 어느 한 혹성의 표면을 향하여 떨어지고 있는 중이다. 두 관측자는 그들에 대해서 정지한 실험입자들이 원형의 형태로 놓여있게 하여 실험을 시작한다. 좀 시간 흘러간 후 혹성을 향하여 떨어지고 있는 관측자는 실험입자들의 원형 형태가 변하는 것을 알아차리게 된다. 즉 뉴턴의 중력법칙에 의하면 관측자보다 혹성중심으로부터 더 가까이 있는 실험입자는 더 큰 가속을 받을 것이고, 관측자보다 좀 더 멀리 떨어진 실험입자는 좀 더 작은 가속을 받을 것이다. 그리하여 그 최종 결과는 실험입자들의 원형 형태에서 타원 형태로 찌그러질 것이다. 이 찌그러짐의 정도가 국소 시공간의 곡률이 될 것이다. 반면에 빈 우주공간에 있는 관측자의 실험입자의 원형 형태는 변함이 없을 것이다.

가까이 있는 두 물체의 상대적 운동을 지배하는 방정식을 알아 내기위해 우리는 먼저 뉴턴 이론으로부터 이 질문에 도전해보자. 관성계에서 중력 퍼텐셜 $\Phi(x)$내에서 움직이는 첫 번째 물체의 위치 $\vec{x}(t)$에 대한 운동 공식은 다음과 같다.

$$\frac{d^2x^i}{dt^2} = -\delta^{ij}\frac{\partial\Phi(x^k)}{\partial x^j}. \tag{21.2}$$

(δ^{ij}는 첨자의 균형을 맞추기 위해 포함되었다) 그리고 첫 번째 물체와 두 번째 물체 사이에 상대적으로 떨어진 거리를 잰 것을 $\vec{\chi}$라 두고 이것을 **분리 벡터**(separation vector)라 하자. 그러면 두 번째 물체의 위치는 $x^i(t)+\chi^i(t)$가 된다. 두 입자가 매우 가까이 있으면 $\vec{\chi}$의 길이는 아주 작을 것이다. 두 번째 입자의 운동공식은

$$\frac{d^2(x^i+\chi^i)}{dt^2} = -\delta^{ij}\frac{\partial}{\partial x^j}\Phi(x^k+\chi^k). \tag{21.3}$$

(21.3)의 오른 편에 있는 식을 χ^j에 대해서 선형차수로 확장하여보자. ($|\vec{\chi}|$가 아주 작기 때문에 가능한 확장이다.) 확장하기 위하여 $\partial\Phi/\partial x^j$는 x^k의 함수임을 명심하고 이 함수에 Taylor 급수를 사용하면

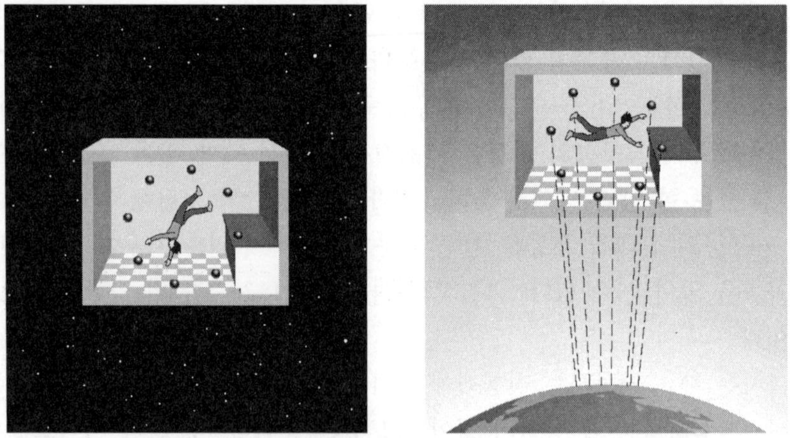

그림 21.1 자유 낙하하는 실험실내에 있는 두 관측자. 왼편에 있는 실험실은 빈 공간에 위치해있다. 오른편에 있는 실험실은 곡률을 만들어내는 어느 혹성의 표면을 향하여 떨어지고 있다. 각각은 실험실내에서 초기에 정지해 있는 원형으로 배치된 일련의 실험입자들로 둘러싸여져 있다. 빈 공간에 위치한 실험실에서는 관측자와 실험입자의 상대 가속도는 0 으로 유지된다. 혹성의 중심부가 정지해 있는 그런 계(frame)에서 물체의 운동에 대한 뉴턴의 묘사를 사용하면, 자유 낙하하는 실험실내에 있는 관측자와 각각의 실험입자들은 혹성의 중심부를 향하여 가속되어지고 있다. 혹성의 중심으로부터 더 멀리 떨어진 실험입자는 가까이 있는 실험입자보다 덜 가속되어 질 것이다. 다음 그림에 실험입자들에 대한 효과가 보여져 있다.

그림 21.2 좀 시간이 흘러간 뒤의 그림 21.1의 두 관측자. 빈 공간에서 가속을 받지 않는 실험 입자는 원형을 그대로 유지한다. 혹성을 향하여 떨어지고 있는 실험입자들은 각기 다른 가속도를 받으므로 초기 원형의 형태에서 타원의 형태로 변형된다. 이와 같은 방법으로 실험실이 실험입자들 사이의 각기 다른 가속도를 측정할 수 있을 만큼 충분히 커다면, 자유 낙하하는 관측자는 조수 중력 가속도를 탐지 할 수 있을 것이다.

$$\frac{\partial\Phi(x^i+\chi^i)}{\partial x^j}=\frac{\partial\Phi(x^i)}{\partial x^j}+\frac{\partial}{\partial x^k}\left(\frac{\partial\Phi(x^i)}{\partial x^j}\right)\chi^k+\cdots. \tag{21.4}$$

이 확장을 사용하여 (21.3)에서 (21.2)를 빼면 분리 벡터 χ^i에 대한 다음 공식이 나온다.

$$\frac{d^2\chi^i}{dt^2} = -\delta^{ij}\left(\frac{\partial^2\Phi}{\partial x^j \partial x^k}\right)_{\vec{x}} \chi^k. \tag{21.5}$$

뉴턴 편차 공식

이것을 **뉴턴의 편차 공식**(deviation equation)이라 부른다.

어느 한 시점에 가까이 있는 두 물체가 떨어져 있고 그 상호간 거리의 변화 비가 주어진다면 (21.5)를 사용하여 $|\vec{\chi}|$가 아무리 작더라도 시간이 좀 흐른 뒤에 그 분리의 정도를 계산해 낼 수 있다. 텐서의 성분 $\partial^2\Phi/\partial x^i \partial x^j$는 미분되어있는 가속도를 측정하고, 가까이 있는 물체를 끌어당겨 그것들을 좀 더 가까이 가게 해주는 힘들을 결정할 수 있게 해준다. 이 힘을 **조수 중력**(tidal gravitational forces)부른다. 그리고 이 텐서를 **조수 가속 텐서**(tidal acceleration tensor)라 부른다(그 이유에 대해서 **상자 21.1**을 보라).

상자 21.1 조수력에 의한 조수간만

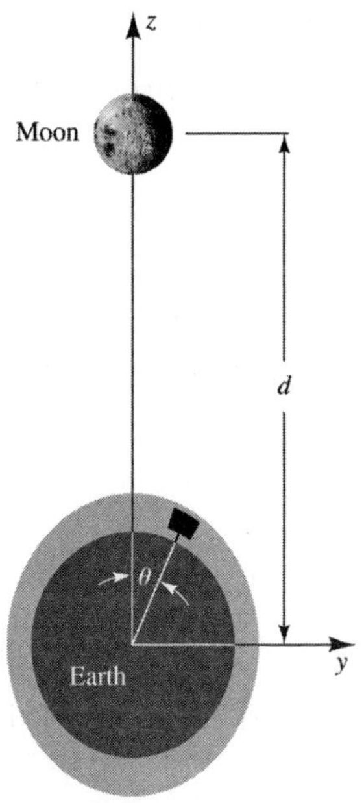

달의 중력에 의한 당김으로 그 결과로 대양의 물 표면의 찌그러짐 속에서 지구가 회전함으로서 매일 조수 간만의 차이가 일어난다. 이 조수는 지구에 대한 달의 조수중력의 결과물로 볼 수 있다. 실제 상황을 좀 단순화 시킨 것이 그림에 제시되어 있다. 관성계 (x, y, z)의 중심에 달 보다 훨씬 무거운 정지 상태로 있는 지구가 있고 그 주위로 달이 돌고 있다고 가정하자. 그림에 보듯이 어느 한 시점에 달이 z축을 따라 d만큼 거리가 떨어져 있다고 하자. 그러면 달의 뉴턴 중력 퍼텐셜은

$$\Phi_{\text{Moon}}(x, y, z) = -\frac{GM_{\text{Moon}}}{[x^2 + y^2 + (z-d)^2]^{1/2}}. \tag{a}$$

(21.5)의 식을 통한 지구에서의 조수 중력을 결정해주는 퍼텐셜의 2차 미분은 지구 중심에 대해서

$$\left(\frac{\partial^2\Phi}{\partial x^i \partial x^j}\right)_0 = \frac{GM_{\text{Moon}}}{d^3}\,\text{diag}(1, 1, -2). \tag{b}$$

이다. 이제 $y-z$평면에 놓여있는 대양의 한 부분을 고려해보자.
이것은 지구 중심으로부터 $\vec{r} = r(0, \sin\theta, \cos\theta)$의 변위를 가진다. 여기서 θ는 z축과 이루는 각도이다. (21.5)의 오른편의 조수중력 가속도를 계산하기 위해 (b)를 사용하면 $(r \ll d)$인 경우이므로

$$F^i_{\text{tidal}} = \frac{GmM_{\text{Moon}}}{d^2}\left(\frac{r}{d}\right)(0, -\sin\theta, +2\cos\theta). \tag{c}$$

양의 z축$(\theta = 0)$을 따라서는 힘이 +z방향으로 나타나고 반면에 음의 z축 $(\theta = \pi)$을 따라서는 같은 크기의 힘이 반대방향으로 나타난다. 이와 같이 조수중력은 지구 중심으로부터 z축 양쪽 방향으로 대양의 물을 밖으로 끌어당기고 있다. 반면에 x−와 y−

축으로는 중심으로부터 대양의 물을 지구 중심 방향으로 밀어내고 있다.
그 결과로 그림에서 보듯이 2개의 불룩 튀어 오른 조수가 생기는 데 이 대양 물 아래에서 지구가 회전하므로 하루에 두 번 만조와 간조가 발생하는 것이다. (실제적으로는 만조가 정확히 달이 있는 방향으로 일어나지 않고 달이 천정에 이르는 시간보다 좀 늦게 일어난다 ; 그 이유를 생각해보세요)

예제 21.1 구형의 물체 밖에서의 조수 가속도

구형의 대칭적인 형태의 질량체 밖의 뉴턴 중력 퍼텐셜은 ($G=1$단위) [(3.13) 참고]

$$\Phi = -M/r, \tag{21.6}$$

이다. 여기서 $r=(x^2+y^2+z^2)^{1/2}$은 대칭 중심으로부터의 거리이다. (21.5)에 있는 조수 중력 가속도를 직각좌표계를 사용하여 나타내보면

$$a_{ij} \equiv -\frac{\partial^2 \Phi}{\partial x^i \partial x^j} = -(\delta_{ij} - 3n_i n_j)\frac{M}{r^3}, \tag{21.7}$$

여기서 $n^i \equiv x^i/r$로서 반경방향에 있는 단위 벡터의 성분들이다. 극좌표 (r,θ,ϕ)의 각각의 좌표방향으로 향하는 정규직교 기저 벡터 $(\vec{e}_{\hat{r}}, \vec{e}_{\hat{\theta}}, \vec{e}_{\hat{\phi}})$에서 조수 가속도 텐서의 성분 중 0이 되지 않는 것은

$$a_{\hat{r}\hat{r}} = \frac{2M}{r^3}, \qquad a_{\hat{\theta}\hat{\theta}} = a_{\hat{\phi}\hat{\phi}} = -\frac{M}{r^3}. \tag{21.8}$$

이다. 반경방향으로 자유 낙하하는 관측자는 (21.5)의 편차공식의 성분으로 다음과 같이 채택할 것이다.

$$\frac{d^2\chi^{\hat{r}}}{dt^2} = +\frac{2M}{r^3}\chi^{\hat{r}}, \qquad \frac{d^2\chi^{\hat{\theta}}}{dt^2} = -\frac{M}{r^3}\chi^{\hat{\theta}}, \qquad \frac{d^2\chi^{\hat{\phi}}}{dt^2} = -\frac{M}{r^3}\chi^{\hat{\phi}}. \tag{21.9}$$

이와 같이 질량의 중심을 향하여 떨어지는 물체는 조수 중력의 힘에 의해 반경방향으로는 늘어나고 그 횡 방향(직각방향들)들로는 수축되고 있다는 것이다.

예제 21.2 우주선 안에서 지구 중력장의 탐지

우주선이 지구 중심을 향하여 반경방향으로 자유 낙하하고 있다고 하자. 내부에 있는 승무원이 예제 6.3과 같이 지구 중력장을 탐지하기 위해 2개의 탁구공의 상대적 운동을 분석하기 위해 뉴턴 역학을 사용한다고 하자. 공은 $t=0$일 때 상대적으로 정지된 상태에서 시작한다. 두 공은 작은 거리 s만큼 떨어져 있고 지구 중심까지의 거리를 R이라 하자.

그러면 초기에 분리 벡터(separation vector)는 $\vec{\chi}= s\vec{e_{\hat{r}}}$이 되고 그것의 시간에 대한 미분은 0이 된다. $\vec{\chi}$의 일련의 진행과정은 편차공식(deviation equation)인 (21.9)에 의해 결정할 수 있다. $t=0$이후 짧은 시간이 경과한 후의 (21.9)의 해는

$$\vec{\chi}(t) = s\cosh\left[(2M/R^3)^{1/2}t\right]\vec{e}_{\hat{r}}. \tag{21.10}$$

이다. 이 식은 $|\vec{\chi}(t)|$가 작고, r의 변화 거의 없을 만큼 충분히 작은 시간 t동안에만 맞다고 볼 수 있다. 그런 시간 동안 두 공 사이에 분리되는 거리의 변화 $\delta s(t)$는

$$\delta s(t)/s \approx (2\pi t/P)^2, \tag{21.11}$$

이다. 여기서 P는 반경 R의 원형궤도의 주기이다. 이 식은 예제 6.3에 (6.15)식에 나와 있다. 지구 중력장은 두 공의 편차(deviation)로 탐지될 수 있다.

흥미롭게도 뉴턴 중력장의 공식 (3.18)은

$$\nabla^2\Phi = 4\pi G\mu, \tag{21.12}$$

인데 (21.5)의 조수 중력 가속도에 정의된 것 같이 Φ의 2차 미분으로 표현되어 있다. 그러므로

$$\nabla^2\Phi = \delta^{ij}\left(\frac{\partial^2\Phi}{\partial x^i\partial x^j}\right) = 4\pi G\mu. \tag{21.13}$$

가 된다. 여기에 일반 상대성 이론과 유사한 연결고리가 있다.

21.2 측지선 편차 공식 Equation of Geodesic Deviation

이 절에서는 뉴턴의 편차 공식 (21.5)를 측지선 편차 공식이라 불리는 4차원 휜 시공간 공식으로 일반화하는 것을 유도해 보겠다. $\partial^2\Phi/\partial x^i\partial x^j$의 유사성은 시공간 곡률을 국소적으로 측정을 할 수 있게 해준다.

연구의 목표는 **그림 21.3**에 보여주듯이 인접한 두 측지선 사이의 무한소 변위를 나타내어 주는 분리(separation) 4원 벡터 $\boldsymbol{\chi}$이다. 그것은 양쪽 측지선에 대하여 동일한 고유시간을 가진 사건들을 연결시키고 있다. 이웃한 측지선의 고유시간의 기원은 무작위적이라 그에 해당하는 분리 벡터(separation vector)를 정의하는 데는 아주 많은 방법이 있다.

예로써 어느 한 초기의 순간에 그것은 $\boldsymbol{\chi}\cdot\mathbf{u}=0$를 만족하도록 요구 할 수 있을지 모른다. 그러나 초기에는 그것이 확정되어 있지만 중요한 질문은 그것이 고유시간 τ와 함께 어떻게 변하는가 이다. 뉴턴 이론에서 나온 (21.5)의 식과 유사하도록

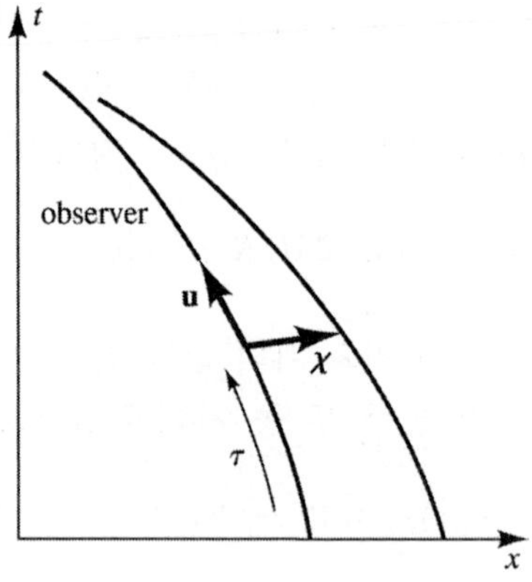

그림 21.3 측지 편차(deviation). 이것은 그림 21.1과 21.2에 묘사되어있는 조수중력가속도 혹은 시공간 곡률 등을 정의하는 측정을 나타내주고 있는 시공간 도형이다. 그림은 관측자의 세계선과 시간이 지나감에 따라 점점 더 관측자에 접근하는 서로 아주 가까이 있는 실험입자의 세계선을 보여주고 있다. 두 실험입자는 자유낙하하기 때문에 측지선을 따라 움직인다. 관측자에서 실험입자 사이의 무한소 변위(displacement)를 나타내는 4원 벡터 $\boldsymbol{\chi}$를 분리 벡터(separation vector)라 부른다. 관측자의 세계선을 따라 분리 벡터의 가속도는 시공간 곡률의 정량적 측정치이다.

일반 상대성으로 분리 벡터 $\boldsymbol{\chi}$의 진행과정에 대한 공식을 알아내기 위하여 관측자의 고유시간 τ의 2차 미분을 구하는 것이 필요할 것 같다. 고유시간 τ에 대하여 관측자의 세계선 $x^\alpha(\tau)$로 평가된 함수 $f(x)$의 τ에 대한 미분은 다음과 같다.

$$\frac{df}{d\tau} = \frac{\partial f}{\partial x^\alpha}\frac{dx^\alpha}{d\tau} = u^\alpha \frac{\partial f}{\partial x^\alpha} \equiv \boldsymbol{\nabla}_{\mathbf{u}} f. \tag{21.14}$$

여기서 $u^\alpha = dx^\alpha/d\tau$는 관측자의 4원 속도이고 $\boldsymbol{\nabla}_{\mathbf{u}} f$는 $\mathbf{u}$벡터의 방향으로의 **공변 미분**(covariant derivative)이다 [(20.63) 참고]. $\boldsymbol{\chi}$와 같은 벡터에 τ에 대한 미분은 $\mathbf{u}$벡터 방향으로 공변 미분으로 주어진다.

$$\mathbf{v} \equiv \boldsymbol{\nabla}_{\mathbf{u}}\boldsymbol{\chi}, \tag{21.15}$$

τ에 대하여 2차 미분 - 분리 벡터의 가속도 - 은 다음과 같다.

$$\mathbf{w} \equiv \boldsymbol{\nabla}_{\mathbf{u}}\boldsymbol{\nabla}_{\mathbf{u}}\boldsymbol{\chi}. \tag{21.16}$$

우리는 뉴턴의 식 (21.5)와 유사하게 $\boldsymbol{\chi}$에 대한 공식을 알아내기 위해 (21.16)을 좀 더 명확히 검토해 볼 필요가 있다. 벡터의 공변 미분 (20.54)에 대한 식은 어떤 좌표 기저로 $\boldsymbol{\nabla}_{\mathbf{u}}\boldsymbol{\chi}$와 $\boldsymbol{\nabla}_{\mathbf{u}}\mathbf{v}$의 벡터 성분들을 명확히 표현하게 해준다.

$$v^\alpha \equiv (\boldsymbol{\nabla}_{\mathbf{u}}\boldsymbol{\chi})^\alpha = u^\beta \nabla_\beta \chi^\alpha = \frac{d\chi^\alpha}{d\tau} + \Gamma^\alpha_{\beta\gamma} u^\beta \chi^\gamma, \tag{21.17}$$

$$w^\alpha \equiv (\boldsymbol{\nabla}_{\mathbf{u}}\mathbf{v})^\alpha = u^\delta \nabla_\delta v^\alpha = \frac{dv^\alpha}{d\tau} + \Gamma^\alpha_{\delta\gamma} u^\delta v^\gamma. \tag{21.18}$$

여기서 $u^\beta(\partial\chi^\alpha/\partial x^\beta)$의 표현이 (21.14)를 사용하여 $d\chi^\alpha/d\tau$로 바뀌었다. 분리 벡터의 가속도 $\boldsymbol{\nabla}_{\mathbf{u}}\boldsymbol{\nabla}_{\mathbf{u}}\boldsymbol{\chi}$의 표현을 유도하기 위해

(1) v^α에 대한 (21.17)식을 (21.18)에 대입하여 필요한 미분을 수행한다.

(2) 뉴턴의 확장식 (21.3)과 유사하게 $x^\alpha(\tau)+\chi^\alpha(\tau)$를 $x^\alpha(\tau)$의 1차수로 측지선 공식 (8.14)를 확장한다.

(3) (1)의 결과로부터 나온 $d^2x^\alpha/d\tau^2$를 제거하기 위하여 (2)에 구한 식에서 $x^\alpha(\tau)$에 대한 측지선 공식을 뺀다.

이 과정은 첨자들을 주의 깊게 따라가야 하는 좋은 연습이 될 것이다. 그러나 이것은 꽤 복잡하여 이 책의 웹사이트에 나와 있다. 그 결과는 (21.17)과 (21.18)의 형태로 보건데 u^α의 두 요소에 비례하여 χ^α에 선형적으로 될 것이고 크리스토펠 기호에 대한 1차미분과 그것들의 곱도 나타날 것이다. 그 결과는 다음의 공식이다.

$$(\boldsymbol{\nabla}_{\mathbf{u}}\boldsymbol{\nabla}_{\mathbf{u}}\boldsymbol{\chi})^\alpha = -R^\alpha{}_{\beta\gamma\delta}u^\beta\chi^\gamma u^\delta, \tag{21.19}$$

측지선 편차 방정식

여기서

$$R^\alpha{}_{\beta\gamma\delta} = \frac{\partial\Gamma^\alpha_{\beta\delta}}{\partial x^\gamma} - \frac{\partial\Gamma^\alpha_{\beta\gamma}}{\partial x^\delta} + \Gamma^\alpha_{\gamma\epsilon}\Gamma^\epsilon_{\beta\delta} - \Gamma^\alpha_{\delta\epsilon}\Gamma^\epsilon_{\beta\gamma}. \tag{21.20}$$

Riemann 곡률

이다. (21.19)의 식을 **측지선 편차방정식**(equation of geodesic deviation)이라 부른다. 그리고 이것은 뉴턴의 식 (21.5)을 일반 상대성으로 일반화시킨 버전이다. **표 21.1**에 요약되어 있다. 그러므로 양 $R^\alpha_{\beta r\delta}$는 찾고자 한 시공간 곡률의 측정치이다. 이것은 4계 텐서로써 **리만 곡률 텐서** 혹은 간단히 말해 **리만 곡률**이라 한다. 이것은 (21.19)로부터 벡터 $\mathbf{u}$와 $\boldsymbol{\chi}$로부터 왼편에 있는 가속도 벡터로의 선형 맵을 제공해 주므로 텐서이다. (21.20)의 식은 그것의 좌표 기저 성분을 제공해주고 있다. 이것들의 상세한 특징들은 다음 장에서 논의하겠다.

측지선 편차 공식은 4원 속도 $\mathbf{u}$를 가지고 측지선을 따라 자유 낙하하는 계에서 써보면 좀 더 간단한 형태를 가지게 된다. $\mathbf{e}_{\hat{\alpha}}$와 $\mathbf{e}^{\hat{\alpha}}$를 자유 낙하계의 기저 벡터와 듀얼(dual) 벡터라 하면 다음을 만족한다.

$$\boldsymbol{\nabla}_{\mathbf{u}}\mathbf{e}_{\hat{\alpha}} = 0, \qquad \boldsymbol{\nabla}_{\mathbf{u}}\mathbf{e}^{\hat{\alpha}} = 0, \quad \text{(자유 낙하계)}. \tag{21.21}$$

슈바르츠쉴드 기하 내에서 자유 낙하하는 좌표계에 대한 기저 벡터는 예제 20.12에 나와 있다. (21.19)를 자유 낙하계로 전환하기 위해 (20.41)을 참고로 하여 양변에 $(e^{\hat{\alpha}})_\alpha$를 곱하면 – 이것은 α에 대하여 합한다는 의미를 함축하고 있다 – 다음과 같다.

TABLE 21.1 Newtonian Gravity and General Relativity

	Newtonian Gravity	General Relativity
Basic field quantity	Gravitational potential $\Phi(x^i, t)$	Metric $g_{\alpha\beta}(x)$
Equation of motion (involving the first derivative of field quantity)	Newton's law $\frac{d^2x^i}{dt^2} = -\delta^{ij}\frac{\partial\Phi}{\partial x^j}$	Geodesic equation $\frac{d^2x^\alpha}{d\tau^2} = -\Gamma^\alpha_{\beta\gamma}\frac{dx^\beta}{d\tau}\frac{dx^\gamma}{d\tau}$
Equation of motion for the deviation between two particles (involving second derivatives)	Newtonian deviation $\frac{d^2\chi^i}{dt^2} = -\delta^{ij}\left(\frac{\partial^2\Phi}{\partial x^j\partial x^k}\right)\chi^k$	Geodesic deviation $\frac{d^2\chi^{\hat\alpha}}{d\tau^2} = -R^{\hat\alpha}{}_{\hat\tau\hat\beta\hat\tau}\chi^{\hat\beta}$
Quantity determining the acceleration of the deviation	Tidal forces $\frac{\partial^2\Phi}{\partial x^i\partial x^j}$	Riemann curvature $R^\alpha{}_{\beta\gamma\delta} = \partial\Gamma^\alpha_{\beta\delta}/\partial x^\gamma - \partial\Gamma^\alpha_{\beta\gamma}/\partial x^\delta + \Gamma^\alpha_{\gamma\epsilon}\Gamma^\epsilon_{\beta\delta} - \Gamma^\alpha_{\delta\epsilon}\Gamma^\epsilon_{\beta\gamma}$
Field equation in a vacuum	Laplace's equation $\nabla^2\Phi = \delta^{ij}\frac{\partial^2\Phi}{\partial x^i\partial x^j} = 0$	Vacuum Einstein equation $R_{\beta\delta} = R^\alpha{}_{\beta\alpha\delta} = 0$

$$(\mathbf{e}^{\hat\alpha})_\alpha(\nabla_\mathbf{u}\boldsymbol{\chi})^\alpha = \mathbf{e}^{\hat\alpha}\cdot\nabla_\mathbf{u}\boldsymbol{\chi} = \nabla_\mathbf{u}(\mathbf{e}^{\hat\alpha}\cdot\boldsymbol{\chi}) = d\chi^{\hat\alpha}/d\tau. \tag{21.22}$$

$e^{\hat\alpha}$는 (21.21)을 만족시키므로 (21.19)의 왼편 식에서 공변 미분 안으로 들어갈 수 있다.

그리고 위 식의 두 번째 등호는 $\nabla_\mathbf{u}e^{\hat\alpha}=0$이기 때문이며 3번째 등호는 $\mathbf{e}^{\hat\alpha}\cdot\boldsymbol{\chi}$가 스칼라 함수이기 때문이다. 그리고 $u^{\hat\alpha}\equiv(e_{\hat\tau})^{\hat\alpha}=(1,\vec{0})$ 임에 주목하면

$$\boxed{\frac{d^2\chi^{\hat\alpha}}{d\tau^2} = -R^{\hat\alpha}{}_{\hat\tau\hat\beta\hat\tau}\chi^{\hat\beta} \quad \text{(자유 낙하계)}.} \tag{21.23}$$

를 얻는다.[1] 여기서 [(20.41) 참고]

1) 있을 법한 혼동을 피하기 위하여, (21.23)과 관련된 약간의 의미 정의의 관례에 대해 리뷰해 보는 것이 필요하다. 중심 측지선을 따라서 가는 고유시간 τ는 또한 자유 낙하계에서 시간 좌표이다. 그것은 방정식은 왼편에 변수로서 나타나있고 그 방향을 가리키는 정규직교 기저 벡터 $\mathbf{e}_{\hat\tau}$의 표시가 붙어 있다[(20.81a) 참고]. $p^{\hat\tau}$가 $\mathbf{e}_{\hat\tau}$ 방향 따라 있는 운동량의 성분을 가리키는 것 같이, (21.23)의 오른편에 있는 $\hat\tau$들은 그 방향으로 가는 리만 텐서의 성분을 가리키는 것이지 반복된다고 해서 합을 의미하는 것은 아니다.

$$R^{\hat{\alpha}}{}_{\hat{\beta}\hat{\gamma}\hat{\delta}} = R^{\alpha}{}_{\beta\gamma\delta}(\mathbf{e}^{\hat{\alpha}})_{\alpha}(\mathbf{e}_{\hat{\beta}})^{\beta}(\mathbf{e}_{\hat{\gamma}})^{\gamma}(\mathbf{e}_{\hat{\delta}})^{\delta} \tag{21.24}$$

으로써 자유 낙하 계에서의 리만텐서의 성분들이다. (21.23)은 측지선 편차방정식 만큼이나 외형적으로 복잡해 보인다. 이것이 근사적으로 뉴턴의 식 (21.5)로 쉽게 환원되는지를 알아보자. (21.23)을 뉴턴 근사한계치에서 작은 뉴턴 퍼텐셜 Φ에 대하여 1차수로 평가하기 위해, 근사적으로 정적이며 약한 장의 계량(metric)인 식 (6.20) 만을 사용하는 것이 필요하다. ($c=1$ 단위)

$$ds^2 = -(1+2\Phi)\,dt^2 + (1-2\Phi)(dx^2+dy^2+dz^2) \tag{21.25}$$

곡률은 Φ의 0차수에서는 소멸하기 때문에 단지 주 차수의 기저 벡터만이 필요하다. 이것들은 자유 낙하계의 중심에 빛보다 훨씬 낮은 속도로 움직이는 물체가 있을 때 (21.25)의 좌표 기저 벡터들과 일치하는 것이다 [(20.81) 참고]. 이와 같이 주 차수에서 (21.23)을

$$\frac{d^2\chi^i}{dt^2} = -R^i{}_{tjt}\chi^j. \tag{21.26}$$

라고 쓸 수 있다. (21.5)와 일치하게 하기 위해서는 (21.24)를 사용하여 계산할 때 R^i_{tjt}는 $\partial^2\phi/\partial x^i\partial x^j$와 동등하여야 한다. (21.20)으로부터 직접적으로 그 답을 얻는 것은 그렇게 어렵지 않고 혹은 부록 B에서 그것이 나와 있다. 그 해답이 Φ에 의해 만들어진 계량의 작은 섭동에서 단지 주 차수만 필요하여진다는 것을 알아야 한다.

주 차수에서, Γ는 Φ에 비례할 것이다. 그러므로 (21.20)에 있는 마지막 두 항은 처음 두항과 비교할 때 무시할 수 있다. 그리고 두 번째 항은 그것이 시간에 대한 미분이고 Φ는 시간에 독립이므로 0으로 소멸된다. 그리하여 남은 것은 ($c=1$)

$$R^i{}_{tjt} = \frac{\partial\Gamma^i_{tt}}{\partial x^j} = \delta^{ik}\frac{\partial^2\Phi}{\partial x^k\partial x^j}. \tag{21.27}$$

이다. (21.27)을 (21.26)에 대입하면 뉴턴의 편차공식 (21.5)가 된다. 리만 곡률의 독립적인 20개 성분을 계산한다는 것은 회전하는 블랙홀의 Kerr 계량과 같이 아주 복잡하므로 수작업으로 그것을 한다는 것은 너무나 노동을 요구한다. 여러분을 대신하여 계산해 줄 많은 컴퓨터 패키지가 있다. 간단한 것으로 curvature and Einstein Equation이라는 것을 Mathematica 노우트북으로서 book website에서 구할 수 있다. 슈바르츠쉴드 계량에 대한 여러 곡률의 계산들이 부록 C에 나와 있다. 부록 B에는 이 책에서 언급한 대부분의 계량을 위한 곡률 수치가 리만곡률도 포함하여 표로써 나와 있다.

21.3 리만 곡률 Riemann Curvature

특징

리만곡률의 형태 (21.20)는 국소관성계(LIF)의 한 점에서는 상당히 간단해진다 (7.4절을 보라). 거기에서는 $g_{\alpha\beta}=\eta_{\alpha\beta}$로 되고 계량의 일차미분이 소멸한다. 예로써 (21.20)에 있는 마지막 두 항은 소멸하고 첫 두 항은 단순화된다(**문제 6**). (20.35)와 같이 $R^{\alpha}_{\beta r\delta}$ 중 첫 첨자를 낮추면 이것은 다음과 같이 된다.

$$R_{\alpha\beta\gamma\delta}=\frac{1}{2}\left(\frac{\partial^2 g_{\alpha\delta}}{\partial x^\beta \partial x^\gamma}-\frac{\partial^2 g_{\alpha\gamma}}{\partial x^\beta \partial x^\delta}-\frac{\partial^2 g_{\beta\delta}}{\partial x^\alpha \partial x^\gamma}+\frac{\partial^2 g_{\beta\gamma}}{\partial x^\alpha \partial x^\delta}\right) \quad \text{(LIF)}. \tag{21.28}$$

리만 곡률은 대칭이 되는 것이 많이 있다. (21.28)로부터 대부분 바로 알 수 있다 (**문제 7**).

$$R_{\alpha\beta\gamma\delta}=-R_{\beta\alpha\gamma\delta}, \tag{21.29a}$$

$$R_{\alpha\beta\gamma\delta}=-R_{\alpha\beta\delta\gamma}, \tag{21.29b}$$

$$R_{\alpha\beta\gamma\delta}=+R_{\gamma\delta\alpha\beta}, \tag{21.29c}$$

$$R_{\alpha\beta\gamma\delta}+R_{\alpha\delta\beta\gamma}+R_{\alpha\gamma\delta\beta}=0. \tag{21.29d}$$

이들 대칭성이 리만 곡률의 4×4×4×4개의 모든 성분이 서로 간에 다 독립임을 보여주지 않는다. 그래서 사실은 20개의 성분만이 독립적이다(**문제 7**). 만일 **문제 7.9**를 풀어보면 1차미분과 달리 좌표변환으로 사라지지 않는 2차 미분 계량이 20개 있음을 알게 될 것이다. 리만 곡률의 성분은 이들 20개의 협동에 의한 것이다.

리만 곡률의 차원은 (길이)$^{-2}$이다. 전형적으로 성분이 $1/L^2$인 길이성분을 **곡률 척도**(curvature scale)이라 부른다. 예로써 반경 a인 2차원 구에 대해서 곡률의 성분들은 $\sim 1/a^2$이라고 기대할 수 있다. 일반 상대성에서 질량은 곡률을 만들어 낸다. 그래서 우리는 곡률이 $\sim$(질량 척도)/(거리척도)^3 이라고 기대할 수 있다. 다음 절에서 보게 되겠지만 슈바르츠쉴드 기하가 간단한 예를 제공할 것이다.

슈바르츠쉴드 기하의 곡률

곡률에 대한 아이디어가 제9장에 언급된 슈바르츠쉴드 기하에 의하여 간단히 예시될 수 있다. 그림 21.1과 같이 실험 물체가 있는 실험실을 가지고 무한 원점으로부터 반경방향으로 자유 낙하하는 관측자를 고려해보자. 문제를 간단히 하기 위해 실험실이 무한원점의 정지 상태에서 출발하여 반경방향으로 떨어진다고 가정하자. 이 자유 낙하하는 계에 대한 기저 벡터가 (20.81)에 나와 있다. 이 자유 낙하계에서 소멸되지 않는 리만곡률의 성분은 다음과 같음이 판명되었다(**문제 8**).

$$R_{\hat{t}\hat{r}\hat{t}\hat{r}} = -2M/r^3, \tag{21.30a}$$

$$R_{\hat{\theta}\hat{\phi}\hat{\theta}\hat{\phi}} = +2M/r^3, \tag{21.30b}$$

$$R_{\hat{t}\hat{\theta}\hat{t}\hat{\theta}} = R_{\hat{t}\hat{\phi}\hat{t}\hat{\phi}} = +M/r^3, \tag{21.30c}$$

$$R_{\hat{r}\hat{\theta}\hat{r}\hat{\theta}} = R_{\hat{r}\hat{\phi}\hat{r}\hat{\phi}} = -M/r^3. \tag{21.30d}$$

그 외에 소멸되지 않는 성분은 (21.29)의 대칭성을 이용하여 이들로부터 찾아낼 수 있다. (이것들에서 나타나는 반복되는 그리스어 첨자는 합한다는 뜻이 아니라 단지 자유 낙하계에서 방향을 나타내는 성분표시이다.) (21.30)에 의하여 (21.23)의 측지선 편차 공식의 성분들은 다음과 같이 간단한 형태를 가진다.

$$\frac{d^2\chi^{\hat{r}}}{d\tau^2} = +\frac{2M}{r^3}\chi^{\hat{r}}, \qquad \frac{d^2\chi^{\hat{\theta}}}{d\tau^2} = -\frac{M}{r^3}\chi^{\hat{\theta}}, \qquad \frac{d^2\chi^{\hat{\phi}}}{d\tau^2} = -\frac{M}{r^3}\chi^{\hat{\phi}}. \tag{21.31}$$

이것들은 뉴턴 편차 공식 (21.9)와 동일한 형태이다. (21.31)은 슈바르츠쉴드 블랙홀로 떨어지는 관측자는 반경방향으로 늘어나고 그 직각 방향으로는 압축이 됨을 보여주고 있다. 슈바르츠쉴드 반경 $r=2M$에서 조수 가속도는 유한하다. 이것도 슈바르츠쉴드 좌표에서 계량에서 나타나는 특이점은 좌표적인 특이점이지 실제적 특이점이 아니라는 또 다른 예가된다.

계산해보면 지평선에서의 조수 중력 가속도는 $\sim 1/M^2$의 차수를 가지게 되는 데 블랙홀이 거대하다면 그 수치가 너무 작다. 반경 $r=0$인 곳은 또 다른 이야기가 된다. 이때에는 조수력이 무한대가 되고 관측자(혹은 어떤것이든지)는 $r=0$으로 접근함에 따라 파괴될 것이다. $r=0$가 실제적 특이점이다!

예제 21.3 우주 해적선 Space Pirates

당신이 우리 은하계 중심에 있는 (**그림 13.4**) $3\times10^6 M_\odot$의 블랙홀 속으로 우주 해적선이 포로들을 우주복을 입힌 채로 우주선 밖으로 내동댕이칠 때 그 희생자들의 한 명이라 하자. 일반 상대성 이론을 이해하고 있는 이 해적들은 그들의 포로들 중 어느 누구도 지평선 밖으로 뒤돌아올 수 없을 것이라고 알고 있다. 블랙홀 속으로 떨어지고 있는 중에 당신은 블랙홀의 지평선을 막 지날 때 적어도 1분정도는 블랙홀의 내부를 볼 수 있을 거라는 생각으로 스스로 위안을 할 것이다.
그러나 당신이 지평선을 막 지날 때 발생하는 조수압력(tidal stresses)으로부터 살아남을 수 있을 것인가? 만일 그렇게 된다면, 당신이 반경방향으로 쭉 늘어나고 그것에 횡방향으로는 압축되기 전에 특이점으로부터 얼마나 더 가까이 접근할 수 있을까?

당신은 약 10^4N (혹은 1톤)의 잡아당기는 힘에 견딜 수 있다고 평가되었다고 하자. 당신의 발끝에서 머리까지 쭉 당겨버리는 힘 벡터인 반경 r에서의 조수력(tidal forces)은 측지편차 방정식 (21.31)으로부터 구할 수 있다. 힘은 (21.31)의 식의 왼편에 있는 분리 벡터(separation vector)인 가속도에 질량 m을 곱하면 된다. 그리고 오른편 식에서 반경 r에서 조수력은 G와 c요소들을 다시 복원시키면 개략적으로 $(GmM/r^2)(h/r)$이 된다. 여기서 M은 블랙홀의 질량이고 h는 당신 키 높이이다. m ~ 80kg, $h \sim 2$m라 가정하면 블랙홀의 지평면 $r = 2GM/c^2$에서 그 조수력은 0.1N밖에 안된다. 그러므로 당신은 아주 쉽게 지평면을 통과할 것이다. 조수력은 $r \sim 2\times10^5$km일 때에 약 10^4N의 힘이 된다. 당신은 파괴되기 전까지 지평면에서부터 특이점에 이르는 상당한 거리를 여행하게 될 것이다. 그렇지만 당신의 생존은 곧 끝날 것이다.

21.4 진공에서의 아인슈타인 공식

중력 곡률의 국소적 측정을 알아내었으므로 이제는 아인슈타인 방정식을 소개할 수 있는 위치에 와있다. (21.13)의 뉴턴 경우에서와 같이 진공에서 중력의 장 방정식은 측지선 편차를 묘사해주는 양들의 합으로 나타내는 것이 포함되어야 할 것이다. 상대적인 경우에서 이 양들의 합이 Ricci 곡률의 10개 성분으로 정의된다.

$$R_{\alpha\beta} \equiv R^{\gamma}{}_{\alpha\gamma\beta} \tag{21.32}$$

(반복되는 첨자는 합을 의미한다) Ricci 곡률은 Christoffel 기호의 항으로 직접 표현할 수 있다.

Ricci 곡률

$$R_{\alpha\beta} = \frac{\partial\Gamma^{\gamma}_{\alpha\beta}}{\partial x^{\gamma}} - \frac{\partial\Gamma^{\gamma}_{\alpha\gamma}}{\partial x^{\beta}} + \Gamma^{\gamma}_{\alpha\beta}\Gamma^{\delta}_{\gamma\delta} - \Gamma^{\gamma}_{\alpha\delta}\Gamma^{\delta}_{\beta\gamma}. \tag{21.33}$$

진공에서의 아인슈타인 방정식은 $\nabla^2\Phi = 0$을 상대적으로 일반화 시킨 것으로

진공 아인슈타인 방정식

$$R_{\alpha\beta} = 0. \tag{21.34}$$

이다. (21.33)으로부터 $R_{\alpha\beta}$는 α와 β에 대해 대칭적이라는 것을 보여주는 것은 어렵지 않다(**문제 14**). 그러므로 $R_{\alpha\beta} = 0$의 방정식은 10개 계량계수 $g_{\alpha\beta}$에 대한 10개의 2차 편미분 방정식이다. 어떤 일련의 장 방정식도 $g_{\alpha\beta}$를 유일하게 결정하지 못한다는 것을 알아차린다면 이것은 이 방정식과 알려지지 않은 식과의 훌륭한 균형

을 이루고 있는 것 같다. 4개의 독립좌표 변환을 하기 위해서는 언제나 자유도가 있어야 한다. 사실상 $R_{\alpha\beta}$와 관련된 4개의 다른 실체들이 있다고 하는 것이 판명되어 그래서 6개의 독립된 자유도를 가진 계량에 해당되는 단지 6개의 독립된 식만이 있다는 것이다. 이 실체들은 Bianchi 텐서를 구성하게 되는 데 다음 장에 나온다. 뉴턴 중력이나 전자기학의 방정식과 달리 일반 상대성의 장 방정식은 비선형적이다. 평평 시공간은 진공 아인슈타인 공식 (21.34) - 통상적인 직각 좌표에서는 모든 Γ 들이 사라진다 - 의 하나의 해이다; 즉 $R_{\alpha\beta}$가 그렇게 된다는 것이다.

그러나 또 다른 해를 찾아보는 것은 분석적이던 수리적이던 일반적으로 매우 어려운 작업이다. 실제적으로 (9.9)에 인용된 슈바르츠쉴드 기하가 아인슈타인 방정식의 해라는 것을 증명하는 데는 상당히 긴 계산이 필요하다. **문제 16**과 **문제 17**에서 이끄는 데로 계산을 수작업으로 해보면 그 안에 무엇이 포함되어 있는지 알아보는 것은 공부가 된다. 그러나 능률을 위해서라고 하여 Mathematica 같은 대수학 컴퓨터 프로그램은 사용하기가 어렵다. 그래서 어떤 계량(metric)에 대해서 크리스토펠 기호들, 리만곡률과 리치텐서를 계산할 수 있도록 해주는 이 책 웹사이트에 유용한 것이 하나 있다. 다음 예에서 이것들의 파워(power)를 보여주겠다.

예제 21.4 슈바르츠쉴드 계량을 알아내기 위하여 진공 아인슈타인 공식의 풀기

당신이 무인도 가운데에 갇혀있고 슈바르츠쉴드 계량(9.9)의 형태 - 정적이며, 구형적으로 대칭인 질량체의 바깥부위에서의 진공 아인슈타인 공식의 가장 일반적인 해 - 를 잊어버렸다고 가정하자. 그것을 다시 알아내기 위해서 당신은 진공 아인슈타인 공식을 어떻게 풀 것인가?[2)]

먼저 할 단계는 계량을 단순화하기 위해 구형적으로 대칭이며 시간적으로 독립인 것을 이용할 것이다. 즉 다음과 같이 당신은 이유를 될 것이다. 정적인 질량체의 계량은 시간 좌표에 독립적이어야 한다. 그래서 더 나아가 $t \to -t$의 변화에서는 dx^i/dt의 부호가 바뀌므로 선요소(ds)에서 dx^i/dt항은 없어야 한다는 것이다. 그리고 구형적으로 대칭이라는 것은 공간은 - $t=$일정인 고차평면(hypersurfoues) - 구의 표면적에서 $r=[\text{면적}/4\pi]^{1/2}$로 정의되는 반경좌표 r에 의해 각각 표기할 수 있는, 포갤 수 있는 두 개의 구로 생각할 수 있다. 그리고 각 구에 친숙한 극 각들 θ와 ϕ를 도입하여 평평 공간에서 나타나는 식처럼 [(2.15) 참고] $d\Sigma^2 = r^2(d\theta^2 + \sin^2\theta\, d\phi^2)$의 선요소에 의하여 구대칭인 것을 나타낸다.

2) 슈바르츠쉴드 해의 발견을 둘러싼 환경은 좀 더 극적이지만 이 상상한 장면과 어느 정도 유사하다. 1915년 봄과 여름에 슈바르츠쉴드는 1차 세계대전 동안 동부전선에서 독일군으로 투입되어 있었다. 거기서 그는 치명적인 질병을 얻어 1916년 5월에 죽었다. 1915년 12월 그가 질병에 걸려 있는 동안에 그는 이 슈바르츠쉴드의 해를 발견하였다. 그것은 아인슈타인이 일반 상대성의 기본 방정식을 발표한지 단지 수개월 후에 출판되었다.

더 나아가 모든 구에 대해 극좌표를 선택함으로써 전 시공간에서의 회전은 모든 구에 동일한 방법으로 좌표 θ와 ϕ로 전환되도록 한다. 이것은 선요소에 $d\theta dr$과 $d\phi dr$ 항은 없다는 것이다. 왜냐하면 이것들은 구형적으로 대칭이 아니기 때문이다. 이 개략적인 이유로 해서 그 결과로 정적이고 구형적으로 대칭인 질량체의 바깥부위에서 만들어지는 곡률의 선요소는 일반적 형태로

$$ds^2 = -e^{\nu(r)}dt^2 + e^{\lambda(r)}dr^2 + r^2(d\theta^2 + \sin^2\theta\, d\phi^2) \tag{21.35}$$

라고 할 수 있다. 여기에는 2개의 알지 못하고 있는 r의 함수가 있다. $g_{tt}(r)$과 $g_{rr}(r)$을 이와 같이 $v(r)$과 $\lambda(r)$로 나타내는 것은 단지 하나의 전통이다.

여기서 중요한 점은 4개 변수의 10개의 알 수 없는 계량 함수들이 하나의 변수에 대한 2개의 모르는 함수로 축소되었다는 것이다. 즉 10개의 비선형 편미분 방정식이 2개의 평범한 비선형 방정식으로 축소되었다는 것이다 – 이 얼마나 단순해 졌는가.

그 다음 단계는 계량(21.35)를 사용하여 아인슈타인 공식 $R_{\alpha\beta}=0$을 계산해 찾아내는 것이다. 다행히도 당신은 랩탑 컴퓨터는 가지고 무인도에 고립되었는데 이 컴퓨터에는 이 책을 위한 웹 사이트에서 제공하는 Mathematica 노우트북인 Curvature and the Einstein Equation의 프로그램이 있어 당신은 당신이 원하는 곡률 양을 계산해 낼 수 있다.[3] 이 프로그램은 Ricci 곡률 $R_{\alpha\beta}$뿐만 아니라 아인슈타인 텐서라 불리우는 $G_{\alpha\beta} \equiv R_{\alpha\beta} - \frac{1}{2}q_{\alpha\beta}R^{\gamma}_{\gamma}$도 출력해준다. (이 아인슈타인 텐서는 다음 장에서 질량의 원천을 갖고 있는 아인슈타인 장 방정식에 왼편에 있는 것이다)

Ricci텐서가 사라지면 아인슈타인 텐서도 사라지고 그 역도 성립한다. 그리고 반드시 필요한 것은 아니지만 부록 B에 나와 있는 결과들이 어떻게 해서 나왔는지 알기 원한다면 (20.41)을 사용하여 $G_{\alpha\beta}$의 성분을 예7.9에서와 같이 직교 기저 좌표 축 따라 투영할 수 있다. (즉 $G_{\alpha\beta} \rightarrow G_{\hat{\alpha}\hat{\beta}}$로 나타내본다는 것이다 ; 역자주)

$\nu(r)$과 $\lambda(r)$를 풀기위해서는 $G_{\hat{\alpha}\hat{\beta}}$중 단지 2개만 필요하다. 아인슈타인 방정식의 성분들 모두가 독립적이지 않기 때문에 (즉 중복되는 것이 있다는 말이다 ; 역자주) 다른 것들은 자동적으로 만족할 것이라는 지식을 가지고 가장 간단하고, 안전한 성분을 선택하면 그 간단한 2개의 식은

$$G_{\hat{t}\hat{t}} = e^{-\lambda}\left(\frac{\lambda'}{r} - \frac{1}{r^2}\right) + \frac{1}{r^2} = 0, \tag{21.36a}$$

$$G_{\hat{r}\hat{r}} = e^{-\lambda}\left(\frac{\nu'}{r} + \frac{1}{r^2}\right) - \frac{1}{r^2} = 0. \tag{21.36b}$$

3) 부록 C에 단지 이 문제에만 적용되는 노트북에서 복사한 것을 여러분들은 볼 수 있을 것이다. 또한 부록 B에서 그 답을 발견할 수 있다.

이다. (부록 B 참고 : 역자주) 여기서 ′는 r에 대한 미분을 의미한다.
(21.36)의 첫 번째 식은 λ에 대한 평범한 편미분 방정식으로써 다음과 같이 쓸 수 있다.

$$\frac{d}{dr}(re^{-\lambda(r)}) = 1, \tag{21.37}$$

이것을 풀면

$$e^{-\lambda(r)} = 1 + A/r \tag{21.38}$$

여기서 A는 상수이다. $G_{\hat{t}\hat{t}}$와 $G_{\hat{r}\hat{r}}$의 합 $G_{\hat{t}\hat{t}} + G_{\hat{r}\hat{r}} = 0$이므로 여기서 $\nu' = -\lambda''$이다. 그러므로 $\nu(r) = -\lambda(r) + B$가 된다. 여기서 B는 또 다른 상수이다. 그 결과 $g_{tt}(r)$은

$$e^{\nu(r)} = e^{B}(1 + A/r). \tag{21.39}$$

가 된다. 이것을 $r \to \infty$일 때 극좌표로 나타낸 표준 평평 계량 (7.4)와 비교해보면 $B = 0$이어야 한다. 그러면 9.1절에서 논의하였던 같이 슈바르츠쉴드 계량과 비교해 보면 A는 $-2M$임을 알 수 있다. 슈바르츠쉴드 기하는 이 슈바르츠쉴드 계량보다 더 일반적이다.
질량 원천이 시간에 따라 변할지라도 이 슈바르츠쉴드 기하는 진공 아인슈타인 공식의 유일한 구형적으로 대칭인 해이다. Birkoff의 정리라 불리우는 이 결과는 12장에서 구형적 붕괴이론을 이해하는 데 중요한 역할을 한다. **문제 18**을 풀어보면 알 수 있다.

21.5 선형 중력 Linearized Gravity

지금까지 우리는 아인슈타인 방정식을 푸는 여러 가지 흥미 있는 계량들(metrics)을 제시하였다. 아인슈타인 식은 10개의 계량계수(metric coefficients) $g_{\alpha\beta}(x)$에 대한 10개의 비선형 편미분 방정식으로 구성되어있다. 현재까지 이런 시스템의 식을 푸는 일반적인 테크닉도 없고 또한 일반적인 해(solution)라는 것도 아직 없다. 다만 어떤 특별한 조건 – 앞에서 언급한 슈바르츠쉴드 기하의 구형적 대칭과 같은 대칭성을 포함하는 것들 – 하에서 그 방정식을 푸는 여러 가지 종류의 테크닉들은 있다.[4] 그런데 일반적으로 비선형적인 경우와 다르게, 평평 시공간으로부터 단지 자그마한 기하학적 차이만 있는 시공간의 경우는 아인슈타인 방정식의 해를 구할 수 있는 방법이 있다. 그 예들은 제6장에서 언급한 정적이며, 약한 장의

4) 그런 테크닉에 대한 책으로는, Kramer et al(1980)의 책을 보라.

계량 (21.25)경우와 제16장에서 논의한 선형 중력파 시공간에 대한 경우가 있다. 이제 진공 아인슈타인 방정식을 선형화해보고 일반적 조건에서 그것을 어떻게 푸는지를 소개하겠다.

선형화된 진공 아인슈타인 공식

Minkowski 좌표 (t,x,y,z)에서 평평 시공간의 계량은 $g_{\alpha\beta}=\eta_{\alpha\beta}$, 여기서 $\eta_{\alpha\beta}=(-1,1,1,1)$이다. 그러므로 평평 시공간에 아주 가까운 기하의 계량은 다음과 같이 쓸 수 있을 것이다. [(16.1) 참고]

계량 섭동

$$g_{\alpha\beta}(x)=\eta_{\alpha\beta}+h_{\alpha\beta}(x), \tag{21.40}$$

여기서 $h_{\alpha\beta}(x)$는 **계량 섭동**(metric perturbation)이라 부르는 작은 양이다. 선형 아인슈타인 식은 (21.40)을 $R_{\alpha\beta}=0$에 대입해봄으로써 얻을 수 있다. 이때 $h_{\alpha\beta}(x)$의 1차수까지만 확장한다. 이 확장식의 첫째 항은 평평 시공의 Ricci 곡률로써 0으로 사라진다. 두 번째 항은 $h_{\alpha\beta}(x)$에 선형인 Ricci 곡률의 1차 섭동 $\delta R_{\alpha\beta}$가 된다. 이리하여 선형화된 진공 아인슈타인 공식은

$$\delta R_{\alpha\beta}=0. \tag{21.41}$$

이 된다. 이것은 $h_{\alpha\beta}(x)$에 대하여 10개의 **선형** 편미분식이다. $\delta R_{\alpha\beta}$가 $h_{\alpha\beta}(x)$에 어떻게 의존하는지에 대한 명확한 식을 찾아내기 위하여, 크리스토펠 기호의 항으로 된 리치 곡률에 대한 표현과 계량의 항으로 된 크리스토펠 기호에 대한 표현을 사용하자. 가장 낮은 차수, 혹은 제로 차수, 에서 섭동 $h_{\alpha\beta}(x)$는 무시되고, 크리스토펠 기호는 사라진다. 그리고 $\eta_{\alpha\beta}$의 모든 성분들은 상수이므로 곡률도 사라진다. 크리스토펠 기호에서 1차수 섭동은 다음과 같다.

$$\delta\Gamma^{\gamma}_{\alpha\beta}=\frac{1}{2}\eta^{\gamma\delta}\left(\frac{\partial h_{\delta\alpha}}{\partial x^{\beta}}+\frac{\partial h_{\delta\beta}}{\partial x^{\alpha}}-\frac{\partial h_{\alpha\beta}}{\partial x^{\delta}}\right). \tag{21.42}$$

리치 곡률에서의 섭동은 (21.33)의 마지막 두 항이 $h_{\alpha\beta}$에서 제곱의 형태이므로 선형근사치에서는 무시할 수 있기 때문에 계산하기가 쉽다. 이와 같으면

$$\delta R_{\alpha\beta}=\frac{\partial\delta\Gamma^{\gamma}_{\alpha\beta}}{\partial x^{\gamma}}-\frac{\partial\delta\Gamma^{\gamma}_{\alpha\gamma}}{\partial x^{\beta}}. \tag{21.43}$$

여기에 (21.42)를 (21.43)에 대입하면 진공에서의 선형 아인슈타인 공식 (21.41)은 다음과 같다.

$$\delta R_{\alpha\beta}=\frac{1}{2}\left[-\Box h_{\alpha\beta}+\partial_{\alpha}V_{\beta}+\partial_{\beta}V_{\alpha}\right]=0. \tag{21.44}$$

여기서 □의 연산자는 **평평 공간 파동 연산자**(간혹 d'Alembertian 이라고도 불린다)로써

$$\square \equiv \eta^{\alpha\beta}\partial_\alpha\partial_\beta = -\frac{\partial^2}{\partial t^2} + \vec{\nabla}^2 \tag{21.45}$$

파동 연산자

이다. ∂_α는 $\partial/\partial x^\alpha$를 줄인 것이다. 벡터 V_α는 섭동의 합으로써

$$V_\alpha \equiv \partial_\gamma h^\gamma_\alpha - \frac{1}{2}\partial_\alpha h^\gamma_\gamma, \tag{21.46}$$

여기서

$$h^\gamma_\alpha = \eta^{\gamma\delta}h_{\delta\alpha}. \tag{21.47}$$

이 식은 선형중력에서 유용한 일반적 관계의 한 예이다. **선형적 정확도만 원한다면 섭동 첨자들은 평평 공간 계량(예 $\eta^{\gamma\delta}$)을 가지고 첨자를 올리고, 내릴 수 있다.**

예제 21.5 뉴턴 근사 The Newtonian Limit

선형 중력 공식의 첫 번째 적용은 정적이며 약한 장 계량 (21.25)의 Φ가 시간에 독립적일 때 선형 진공 아인슈타인 공식을 만족하는지 그리고 진공 뉴턴 중력의 공식

$$\nabla^2\Phi(x^i) = 0. \tag{21.48}$$

을 만족하는지 증명해 보는 것이다. 계량(21.25)와 (21.40)을 비교해보면 계량섭동은 다음과 같다.

$$h_{tt} = -2\Phi, \qquad h_{ti} = h_{it} = 0, \qquad h_{ij} = -2\delta_{ij}\Phi, \tag{21.49a}$$

그리고

$$h^i_j = -2\delta^i_j\Phi, \qquad h^\beta_\beta = -4\Phi. \tag{21.49b}$$

이다. 그러면 $V_\alpha = 0$라는 것을 바로 구할 수 있다. 그리고 나면 (21.44)의 선형 아인슈타인 공식은 뉴턴공식 (21.48)로 환원된다는 것을 알 수 있다.

좌표의 선택 – 게이지

여러 번 강조하였듯이, 좌표는 임의적이다. 좌표를 주의 깊게 잘 선택하면 선형 아인슈타인 공식의 해는 단순화 할 수가 있다. 실제적으로 좌표에 대하여 어떤 조건을 부여하는 것은 필수적이다. $\delta R_{\alpha\beta} = 0$의 10개의 식은 $h_{\alpha\beta}(x)$를 유일하게 결정

할 수가 없다. 왜냐하면 그 값이 기하적으로는 변함이 없는데 좌표를 변화시키면 변하기 때문이다.

(21.40)에서 우리는 한 좌표계를 가정하였는데 그 좌표계 안에서 평평 계량은 다음의 형태 $\eta_{\alpha\beta}=(-1,1,1,1)$를 취하고, $h_{\alpha\beta}$는 그것의 아직 알 수 없는 섭동이다. 그러나 이 가정이 좌표를 유일하게 하나로 고정시키지는 못한다. $\eta_{\alpha\beta}$는 변화시키지 않고 $h_{\alpha\beta}$에 약간의 변화를 줌으로써 좌표상으로 약간의 변화를 줄 수 있다.

이것을 알아보기 위해, 다음과 같이 좌표에서 약간의 변화를 고려하여 보자.

$$x'^{\alpha}=x^{\alpha}+\xi^{\alpha}(x), \tag{21.50}$$

여기서 $\xi^{\alpha}(x)$는 계량섭동 $h_{\alpha\beta}(x)$와 같이 작은 변화의 임의의 4개 함수이다. 좌표가 변하면 계량도 변하는 데 그 변환 식은 (20.44)에 나와 있다. 즉

$$g'_{\alpha\beta}(x')=\frac{\partial x^{\gamma}}{\partial x'^{\alpha}}\frac{\partial x^{\delta}}{\partial x'^{\beta}}g_{\gamma\delta}(x). \tag{21.51}$$

(21.50)으로부터 $x^{\alpha}=x'^{\alpha}-\xi^{\alpha}(x^{\beta})=x'^{\alpha}-\xi^{\alpha}(x'^{\beta})$이다. 여기서 마지막 등호는 ξ^{α}에 있어서 1차수에 대해서만 정확하다. 실제적으로, 일반적으로는 어떤 1차수내의 표현에서는 x'^{α}를 x^{α}에 대치할 수 있고, 혹은 그 반대로 나타낼 수도 있다. 예로서

$$\frac{\partial x^{\alpha}}{\partial x'^{\beta}}=\delta^{\alpha}_{\beta}-\frac{\partial \xi^{\alpha}}{\partial x'^{\beta}}=\delta^{\alpha}_{\beta}-\frac{\partial \xi^{\alpha}}{\partial x^{\beta}}. \tag{21.52}$$

약간의 계산을 통하여 (21.51)의 식으로부터 (21.40)의 계량은 동일한 형태의 계량으로 바뀌는데, 그러나 새로운 섭동이 다음과 같이 주어진다.

게이지 변환

$$\boxed{h'_{\alpha\beta}=h_{\alpha\beta}-\partial_{\alpha}\xi_{\beta}-\partial_{\beta}\xi_{\alpha}.} \tag{21.53}$$

(21.53)의 변환 식을 종종 **게이지 변환**(gauge transformation)이라 부른다. 왜냐하면 이것이 전자기학에서의 게이지 변환과 유사하기 때문이다(**표 21.2**를 보라).

$\xi^{\alpha}(x)$는 비록 작지만 4개의 임의의 함수들이므로, $h_{\alpha\beta}(\lambda)$의 변환된 형태가 간단해지도록 그것들을 선택할 수가 있다. 그래서 4개 조건들이

$$V'_{\alpha}(x)=0 \tag{21.54}$$

을 만족하도록 그것들을 선택하면 (21.44)는 $\delta R'_{\alpha\beta}=-\left(\frac{1}{2}\right)\Box h'_{\alpha\beta}$로 환원된다. 그러나 우리는 아직 $h_{\alpha\beta}$의 섭동을 풀지 못했다. 그래서 우리가 (21.54)가 성립되는 한 좌표계를 미리 선택하였다고 가정하여도 좋을 것이다!

TABLE 21.2 Gauge Transformations in Linearized Gravity and Electromagnetism

	Linearized Gravitation	Electromagnetism
Basic "potentials"	Linearized metric perturbation $h_{\alpha\beta}(x)$	Vector and scalar potentials $(\Phi(t,\vec{x}),\ \vec{A}(t,\vec{x}))$
Field quantities	Linearized Riemann curvature $\delta R_{\alpha\beta\gamma\delta}(x)$	Electric and magnetic fields $\vec{E}(t,\vec{x}),\ \vec{B}(t,\vec{x})$
Gauge transformation leading to new potentials but the same fields	$h_{\alpha\beta} \to h_{\alpha\beta} - \partial_\alpha \xi_\beta - \partial_\beta \xi_\alpha$	$\vec{A} \to \vec{A} + \nabla\Lambda$ $\Phi \to \Phi - \partial\Lambda/\partial t$
Example of a gauge condition	Lorentz gauge $\partial_\beta h^\beta_\alpha - \frac{1}{2}\partial_\alpha h^\beta_\beta = 0$	Lorentz condition $\vec{\nabla}\cdot\vec{A} + \partial\Phi/\partial t = 0$
Field equations simplified by the gauge condition	$\Box h_{\alpha\beta} = 0$	Maxwell's equations $\Box\vec{A} = 0$ $\Box\Phi = 0$

그리하여 프라임 (′)을 제거하면 아인슈타인 공식 $\delta R_{\alpha\beta} = 0$은 파동 방정식이 된다.

$$\boxed{\Box h_{\alpha\beta}(x) = 0,} \tag{21.55}$$

선형 아인슈타인 방정식

이때 게이지 조건은 다음과 같다.

$$\boxed{V_\alpha(x) \equiv \partial_\beta h^\beta_\alpha(x) - \tfrac{1}{2}\partial_\alpha h^\beta_\beta(x) = 0.} \tag{21.56}$$

Lorentz 게이지 조건

만일 여러분들이 전자기학을 공부하였다면 (21.56)과 거기에서 사용되었던 Lorentz 게이지 조건과 유사점을 알아차릴 것이다. 이 유사점을 **표 21.2**에 열거해 놓았다. 이런 이유로 해서 (21.56)에 있는 4개의 조건을 종종 **Lorentz 게이지 조건**이라 부른다. (21.55)와 (21.56)은 선형중력의 2개의 기본공식이다.

예제 21.6 중력파의 계량(metric)은 선형 아인슈타인 공식을 만족한다.

제16장의 주제였던 중력파의 계량인 (16.2a)가 (21.56)의 Lorentz 게이지 조건하에서 선형아인슈타인 공식 (21.55)을 만족함을 증명할 수 있다. $\partial_t f(t-z) = -\partial_z f(t-z)$이거나 혹은 똑같이 소멸하므로 $V_\alpha = 0$라는 것을 쉽게 체크할 수 있다. 이

와 같이 Lorentz 게이지 조건 (21.56)은 만족되어진다. 또한 $f(z-t)$도 파동 방정식의 해이기 때문에 (21.55)식도 만족된다. 이와 같이 (16.2a)의 섭동은 선형 아인슈타인의 식을 만족한다.

예제 21.6은 (16.2a)에 보여주는 중력파 계량은 선형 아인슈타인 공식을 만족한다는 것을 보여준다. 이제 선형중력공식을 직접 풀어봄으로써 바로 그 계량이 어떻게 발견되었는지 보여주겠다.

파동 방정식 풀기

계량 섭동은 2개의 공식; (21.55)의 파동 방정식과 (21.56)의 게이지 조건으로부터 결정된다. 파동 방정식을 푸는 것은 여러 물리학 분야에서 나타나는 문제이다. 여기에서 간략히 그것을 어떻게 전개해나가는지 보여주겠다. 문제를 간단히 하기 위해 먼저 스칼라 $f(x)$대한 평평 공간 파동 방정식을 고려해보자.

$$\Box f(x) \equiv \eta^{\alpha\beta}\frac{\partial^2 f}{\partial x^\alpha \partial x^\beta} = -\frac{\partial^2 f}{\partial t^2} + \vec{\nabla}^2 f = 0. \tag{21.57}$$

우리는 이것을 Fourier 변환에 의해 풀 수 있다. 먼저 다음 형태의 해를 시도해보자.

$$f(x) = ae^{i\mathbf{k}\cdot\mathbf{x}}. \tag{21.58}$$

여기서

$$\mathbf{k}\cdot\mathbf{x} = -k^t t + \vec{k}\cdot\vec{x}. \tag{21.59}$$

$\mathbf{x}$는 $x^\alpha = (t, \vec{x})$의 성분을 가진 평평 공간의 위치 4원-벡터이고 $\mathbf{k}$는 일정한 파(wave) 4원-벡터이다. (21.58)을 (21.57)에 대입해보면

$$\Box f = -\mathbf{k}\cdot\mathbf{k}\, f \tag{21.60}$$

임을 알 수 있다. 여기서 $\mathbf{k}\cdot\mathbf{k}$는 평평-공간 스칼라곱으로 계산된다. 만일 $\mathbf{k}\cdot\mathbf{k} = 0$이면, 즉 $\mathbf{k}$가 null 벡터일 때는 (21.60)의 식은 0으로 사라진다. null 벡터는 다음과 같은 형태로 쓸 수 있다.

$$\mathbf{k} = \left(|\vec{k}|, \vec{k}\right), \tag{21.61}$$

그리고 우리는 진동수 $k^t = |\vec{k}|$를 표준적 표시로 $\omega_{\vec{k}} = |\vec{k}|$를 종종 사용한다. 물리적 해는 (21.58)의 실수부를 취함으로써 얻을 수 있는 데 그 형태는 다음과 같다.

$$|a|\cos(\mathbf{k}\cdot\mathbf{x}+\delta)=|a|\cos\left(-\omega_{\vec{k}}t+\vec{k}\cdot\vec{x}+\delta\right). \tag{21.62}$$

이것은 진동수 $\omega_{\vec{k}}=|\vec{k}|$와 파장 $2\pi/|\vec{k}|$을 가지고 벡터 $\vec{k}$의 방향으로 $\omega_{\vec{k}}/|\vec{k}|=1$의 속력으로 여행하는 파를 나타내고 있다. 이와 같이 파동 방정식의 해는 빛의 속력으로 전파되는 파임을 알았다.

(21.57)의 파동 방정식의 일반적인 해는 명확한 파동벡터를 가지고 있는 (21.58)과 같은 파들을 중첩시킴으로써 나타낼 수 있다.

$$f(x)=\int d^3k\,a(\vec{k})e^{i\mathbf{k}\cdot\mathbf{x}}. \tag{21.63}$$

적분은 $\vec{k}$의 모든 값에 걸쳐서, 즉 k^x가 $-\infty$에 $+\infty$까지 행하며, $a(\vec{k})$는 임의의 복합적으로 합쳐진 진폭의 크기이다. 물리학적으로 양으로 나타나는 실제적 해를 얻기 위해서는 (21.63)에서 실수부만을 채택하여야한다.

게이지에 대해 좀 더 고찰

중력파 섭동의 각각의 성분은 (21.55)에 의하여 평평-공간 파동 방정식을 만족시킨다. 그리하여 명확한 파 벡터 $\vec{k}$를 가진 파에 대하여

$$h_{\alpha\beta}(x)=a_{\alpha\beta}e^{i\mathbf{k}\cdot\mathbf{x}}, \tag{21.64}$$

가 된다. 여기서 $a_{\alpha\beta}$는 파의 여러 성분들의 진폭 크기를 나타내는 상수의 4×4 대칭행렬이다. 이들 크기들은 임의적이지 않다. 파동 방정식에 덧붙여서 계량 섭동들은 (21.56)의 게이지 조건을 만족하여야 한다. 그러나 이들 조건들은 여전히 행렬 $a_{\alpha\beta}$를 좀 더 간단히 하기 위해 사용할 수 있는 좌표변환을 더 많이 취할 수 있도록 허용하고 있다.

$V_\alpha(x)=0$의 조건을 깨뜨리지 않는 범위 내에서 $\xi_\alpha(x)$에 대한 (21.53)의 형태의 변환은 허용된다. 그러므로 (21.53)을 $V_\alpha(x)=0$에 대입하면, $h_{\alpha\beta}(x)$는 이미 이 조건을 만족하므로

$$\Box\xi_\alpha(x)=0 \tag{21.65}$$

임을 알 수 있다. 이것은 Lorentz 게이지 조건을 여전히 만족하도록 해주는 $\xi_\alpha(x)$의 조건이다. 또한 $h_{\alpha\beta}(x)$는 파동 방정식[(21.55) 참고]을 만족하기 때문에 이 변환들은 어떤 4개의 $h_{\alpha\beta}$를 동등하게 0으로 소멸시키기 위해 사용될 수 있다. 그러면

$$h_{ti}=0, \tag{21.66a}$$

$$h^\beta_\beta=0, \tag{21.66b}$$

의 세트를 선택하거나 $a_{ti}=a^\beta_\beta=0$을 선택할 수 있다. (21.66)을 사용하면 (21.56)에 주어져 있는 4개의 조건 $V_\alpha=0$은 다음과 같은 식을 내포하고 있다.

$$V_t = \frac{\partial h_t^t}{\partial t} = +i\omega_k a_{tt} e^{i\mathbf{k}\cdot\mathbf{x}} = 0, \qquad (21.67)$$
$$V_i = \frac{\partial h_i^j}{\partial x^j} = ik^j a_{ji} e^{i\mathbf{k}\cdot\mathbf{x}} = 0.$$

이것으로부터

$$a_{tt} = 0, \qquad (21.68a)$$
$$k^j a_{ij} = 0. \qquad (21.68b)$$

임을 알 수 있다. 위의 마지막 조건은 중력파가 전자기파와 같이 **횡파**(transverse)라는 것을 의미하고 있다.

원래 10개의 $a_{\alpha\beta}$중에서 단지 2개만이 남는다. 4개의 시간 성분은 (21.66a)와 (21.68a)에 의하여 소멸한다. (21.66b)와 (21.68b)의 식은 4개 더 부가된 조건들이다. 이와 같이하여 단지 2개의 독립된 $a_{\alpha\beta}$만이 있다. 좀 더 그것을 명확히 나타내보는 쉬운 방법은 공간 좌표의 한 축 – 예를 들면 z축 – 이 파가 나아가는 방향과 일치하도록 하는 것이다. 그러면 $\vec{k}=(0,0,\omega)$가 된다. 그리고 횡파라는 조건은 a_{zi}의 모든 성분이 0으로 사라진다는 것을 의미한다. 그러므로 이제 남아 있는 것은 $x-y$ 평면공간의 2×2 대칭 행렬만 남게 되는데 그것의 trace는 (역자주: 행렬에서 좌상방에서 우 하방으로의 대각선상에 있는 모든 항들의 합) (21.66b) 때문에 0으로 사라져야 한다. 이와 같이 좌표선택을 주의 깊게 잘함으로 해서 명확한 파의 값을 가진 선형 아인슈타인 공식의 가장 일반적인 해(solution)는

$$h_{\alpha\beta}(x) = \begin{array}{c} \\ t \\ x \\ y \\ z \end{array}\!\!\begin{array}{c} \begin{array}{cccc} t & x & y & z \end{array} \\ \begin{pmatrix} 0 & 0 & 0 & 0 \\ 0 & a & b & 0 \\ 0 & b & -a & 0 \\ 0 & 0 & 0 & 0 \end{pmatrix} \end{array} e^{i\omega(z-t)}. \qquad (21.69)$$

가 된다. 횡파적이며 trace가 0인 조건이 명확히 나타나 있는 이러한 좌표의 선택을 **transverse-traceless gauge** 혹은 짧게 **TT-gauge**라 부른다.

(21.69)의 식은 명확히 제16장에서 논의된 시공간 중력파의 일반적인 형태이다. 이것은 파가 명확한 진동수 ω를 가질 때에 (16.17)의 식이 된다. a와 b에 대응하는 (21.69)의 부분들은 중력파의 2개의 다른 분극 (polarization)을 나타낸다. a와 b는 기저 벡터의 구별이지만 a에 대응하는 부분을 +(plus)분극이라 하고 b에 대응하는 부분을 ×(cross)분극이라고 한다. 선형 아인슈타인 공식의 일반적 해는 다른 값의 ω, 다른 전파방향과 다른 진폭의 크기를 가진 2종류의 다른 분극을 가진 (21.69)의 형태의 파의 중첩으로 나타난다.

Transverse-Traceless 게이지로의 변환

모든 성분이 사라지지 않지만 Lorentz 게이지 조건을 만족하고 TT-게이지로 변환되는 (21.64)식과 같은 평면파를 취하기 위한 간단하고, 유용한 알고리즘이 있다. 그것을 알아보기 위해서, 그리고 좀 단순화하기 위해 파가 z축 방향으로 나아간다고 하자.

이때는 $\vec{k}=(0,0,\omega)$가 된다. (21.66)의 조건을 이루는 게이지 변환은 $\xi^{\alpha}(x)\propto \exp[i\omega(z-t)]$의 형태를 가지고 다만 z와 t에만 의존한다. (21.53)의 변환으로부터 $h_{\alpha\beta}$의 $x-y$ submatrix에 있는 성분들은 변하지 않는다. 그러므로 그러한 게이지 변환의 결과를 얻기 위해서는 먼저 단순하게 $x-y$의 submatrix가 아닌 곳의 모든 성분들은 0으로 두는 것이다. 그리고 나머지 남아있는 행렬은 로렌츠 게이지 조건 때문에 그 trace가 자동으로 0으로 소멸해야 한다. 그러므로 파동 방정식과 Lorentz 조건을 만족하는 일반적인 섭동 $h_{\alpha\beta}$를 TT-게이지로 전환하는 단순한 알고리즘은 계량 중에 모든 비횡파적 부분(nontransverse parts)은 0으로 두고 trace를 없애기 위해서 남아있는 대각선 요소를 합하면 0이 되도록 한다. 예로써 z방향으로 전파되는 파의 경우, 이것은

$$h_{\alpha\beta}^{TT}=\begin{array}{c|cccc} & t & x & y & z \\ \hline t & 0 & 0 & 0 & 0 \\ x & 0 & \frac{1}{2}(h_{xx}-h_{yy}) & h_{xy} & 0 \\ y & 0 & h_{xy} & \frac{1}{2}(h_{yy}-h_{xx}) & 0 \\ z & 0 & 0 & 0 & 0 \end{array}. \tag{21.70}$$

와 같이 된다. 이것은 (21.69)의 형태와 똑같다.

문 제

1. 질량 분포가 있는 바깥부위에서 뉴턴 조수 중력 힘은 왜 언제나 어떤 방향으로는 짓누르고 그리고 다른 방향으로는 팽창시키는가? (힌트; 뉴턴 중력 퍼텐셜은 Laplace 방정식을 만족한다.

2. [B, C] **조수의 형태(the Shape of the Tides)**. 이 문제는 뉴턴 중력에서 달에 의하여 상승한 조수의 형태에 관한 것이다(상자 21.1를 보라). 달과 함께 도는 상호 궤도에서 지구의 질량 중심으로 향하여 떨어지는 자유 낙하계를 고려해보자. (태양 주위로 도는 지구의 느린 운동과 지구의 회전은 무시하라.) 단단한 지구의 표면은 구형이고, 지구 전체가 대양으로 덮여 있다고 가정하라.
   (a) 대양의 표면은 왜 동등한 전체 중력 퍼텐셜에 놓여져 있어야 하는 지 설명하라.

(b) 상자 21.1에서 식 (c)에 주어진 달의 조수 중력 힘과 아래의 식을 따라 대양 물의 한 부분요소의 질량 m에 대한 지구의 중력 힘을 생산해 내는 중력 퍼텐셜 Φ_{tidal}을 찾아라.

$$\vec{F}_{\text{tidal}} = -m\vec{\nabla}\Phi_{\text{tidal}}.$$

(c) 달의 조수 중력 힘에 의하여 야기되는 달이 존재할 때와 존재하지 않을 때의 대양의 깊이사이의 차 $\delta h(\theta, \phi)$를 구하라. 달로 향한 z-축을 가진 통상적 극 각도를 사용하라. 여러분의 답을 지구의 질량, 달의 질량, 그 둘 사이의 거리, 그리고 지구의 중심으로부터 달이 존재하지 않을 때의 대양의 표면까지의 거리 등의 항으로 표현하라.

(d) (c)에서의 결과로부터 대양 조수의 예상되는 높이를 계산하라.

(e) 상자 21.1에 마지막 부분에 있는 질문에 답하라.

3. [E] 한 미터(meter) 막대기가 어느 한 지점에 위치해 있는 하나의 태양 질량에 의하여 만들어진 뉴턴 중력 인력의 중심을 향하여 반경방향으로 떨어지고 있다. 미터 막대기가 깨어지거나 파괴되는 지점으로부터 거리를 구하라.

4. $\boldsymbol{\chi}$가 측지 편차 방정식을 따르는 분리 벡터라면, $\boldsymbol{\chi}+C\mathbf{u}$도 측지 편차 방정식 (21.19)를 따르는 또 다른 분리 벡터임을 보여라. 여기서 C는 어떤 상수이다.

5. 뉴턴 한계(Newtonian Limit)에서 리만 곡률 성분을 위하여 (21.27)의 미분에서 상세하게 채워 넣어라.

6. 그 정의 (21.20)로부터 국소 관성계에서 리만 곡률에 대한 표현 (21.28)을 유도하라.

7. (a) 국소 관성계에서의 리만 곡률의 형태 (21.28)로부터 대칭성들 (21.29)를 유도하라.

(b) 이 대칭성들을 사용하여 리만 곡률은 20개의 독립된 성분을 가짐을 보여라.

8. [A] (20.81)에 묘사되어 있는 자유 낙하하는 관측자의 계에서 슈바르츠쉴드 계량에 대한 $R_{\hat{\tau}\hat{r}\hat{\tau}\hat{r}}$를 계산하라. 이것을 하기 위해서, 먼저 슈바르츠쉴드 좌표 기저에서 $R_{\alpha\beta\gamma\delta}$를 계산하고, 그 다음에 (21.24)를 사용하여 자유 낙하계에서의 성분들을 구하라. 여러분의 답은 (21.30a)와 일치하는가?

9. [C] **우리가 벌써 블랙홀 안에 있는가?**
은하들의 속도들을 측정해보면 우리의 은하는 안드로메다 은하를 향하여 떨어지고 있는 중이고 그리고 이 둘은 다른 국소 은하들과 함께 Hydra-Centaurus의 초은하단의 방향으로 "더 큰 인력체"를 향하여 떨어지고 있다. 우리가 벌써 블랙홀의 인력권 안에 들어와 그 중심으로 떨어지고 있는지 아닌지를 결정하는데 무슨 관측이 필요한가? 이 질문을 논하기 위해서 더 큰 인력체는 구형적으로 대칭이라고 가정하라.

10. **균등한 중력장(Uniform Gravitational field)**
다음 계량에 대한 리만 곡률을 계산하라.

$$ds^2 = -(1+gx)^2dt^2 + dx^2 + dy^2 + dz^2,$$

거기에서 이 시공간이 평평함을 보여라. 이 계량을 통상적인 Minkowski 형태로 전환시키는 좌표변환을 구하라.

11. 문제 8.12는 2차원 쌍곡선 평면을 소개하였고 그것이 일정한 음의 곡률을 가짐을 주장했다. 그것은 그러한가? 이것을 알아보기 위해 이 2차원 기하에 대한 $R \equiv R^{\alpha}_{\alpha}$를 계산하라.

12. [C, A] (a) 웜홀 계량 (7.39)에 대하여, 기저 벡터들이 (t, x, y, z)좌표 축들을 따라 있는 정규직교 좌표 기저에서 리만 곡률의 성분들을 계산하라.
(b) 웜홀 목에 위치한 정지해 있는 관측자는 조수 중력의 힘을 느끼지 못함을 보여라?
(c) 속도 V, 그 궤적상의 어느 한 점에 위치한 정지해 있는 한 관측자가 측정했을 때, 로 목을 통하여 반경방향으로 이동하는 관측자는 V^2에 비례하는 조수 중력의 힘을 경험하게 됨을 보여라.
(d) 이 조수력들은 목의 반경에 어떻게 의존하는가? b와 V의 어떤 결합이 웜홀을 통과하여 살아남는 여행이 되게 해주겠는가?

13. [S] Ricci 곡률은 (21.32)에 있는 Riemann 곡률의 성분들의 특별한 합으로 정의되었다. 만일 $R_{\alpha\beta\gamma\delta}$의 첨자들 중에 어떤 짝들이 역계량(예, $g^{\alpha\delta}R_{\alpha\beta\gamma\delta}$)을 사용하여 합해지면, 그 결과는 영이거나 다수의 Ricci 곡률이 됨을 보여라.

14. [S] Ricci 곡률의 정의 (21.33)부터 시작하거나 혹은 식 (21.32)와 (21.28)로부터 시작하거나 Ricci 곡률 $R_{\alpha\beta}$가 α와 β에 대하여 대칭임을 보여라.

15. 아래의 구의 계량에 대하여 R_{AB}를 구하라.

$$ds^2 = a^2(d\theta^2 + \sin^2\theta\, d\varphi^2)$$

여기서 A, B는 1과 2의 범위이고, $x^1=\theta$, $x^2=\phi$, 그리고 $a=$상수이다. 이 문제는 이 책 웹사이트에 있는 곡률을 계산하기 위한 Mathematica 프로그램을 사용하여 쉽게 풀 수 있다. 그러나 여러분이 손수 직접 이 문제를 풀어봄으로 해서 Mathematica 프로그램이 어떻게 작동하는 지 확실히 이해하도록 하시오.

16. 부록 B에 주어져 있는 Schwarzschid 계량에 대해서 사라지지 않는 Christoffel 기호들 중에 3개를 손수 검토해보라.

17. [A] **Schwarzschid 기하는 아인슈타인 방정식을 만족한다.**
부록 B에 주어져 있는 Schwarzschid 기하에 대한 Christoffel 기호들을 (21.33)에 대입하고 계산해보라. α와 β의 10개의 가능한 조합의 각각에 대해서 $R_{\alpha\beta}=0$임을 알아보아야 한다, 이와 같이 하여 Schwarzschid 기하가 빈 공간 아인슈타인 방정식의 해임을 증명하라. 더 짧은 문제를 위하여는 단지 대각선의 경우만 취급하라.

18. [C] **Birkhoff 정리.**
(a) 예제 21.4에서 $t\rightarrow -t$의 변환에서 불변인 성질이 스트레스-에너지의 정적이며 구형적으로 대칭인 분포의 외부의 기하를 나타내는 선요소에서 $g_{rt}\,dr\,dt$를 배제시키는데 사용되었다. 그러나 구형적으로 대칭 붕괴와 같은 동적인 상황에서는, 위의 논의가 더 이상 맞지가 않다. 그러면 가장 일반적인 구형적으로 대칭인 선요소는 다음과 같은 형태이다.

$$ds^2 = -A(r,t)\,dt^2 + 2B(r,t)\,dr\,dt + C(r,t)\,dr^2 + r^2\left(d\theta^2 + \sin^2\theta\,d\phi^2\right).$$

임의의 $f(r,t)$에 대하여 다음의 형태의 변환은

$$t \rightarrow t + f(r,t),$$

$dr\,dt$항을 제거하는데 사용되어 다음의 가장 일반적인 구형적인 대칭 계량을 남김을 보여라.

$$ds^2 = -e^{\nu(r,t)}\,dt^2 + e^{\lambda(r,t)}\,dr^2 + r^2\left(d\theta^2 + \sin^2\theta\,d\phi^2\right).$$

(b) 부록 B에서 아인슈타인 텐서에 대한 표현을 사용하여 다음의 방정식이

$$G_{\hat{r}\hat{t}} = 0$$

$\lambda(r,t)$는 시간에 독립임을 함축하고 있다. 그리고 아인슈타인 방정식에서 남아 있는 성분들을 이용하여 임의의 $f(r,t)$에 대하여 다음과 같음을 보여라.

$$\nu(r,t) = -\lambda(r) + f(t)$$

(c) 이 결과들을 이용하여 Schwarzschid 기하가 아인슈타인 방정식에서, 그것이 동적이던지 정적이던지 간에 가장 일반적인 점근적으로 평평하며, 구형적으로 대칭인 해임을 결론지을 수 있다. 이것을 Birkhoff 정리라 부른다.

19. [C] **정적이며 약한 장의 유도.**
이번 문제는 정적이며, 약한 장의 계량 (21.25)이 선형적이며, 진공 아인슈타인 방정식의 가장 일반적인 그런 해임을 보여주고 있다.

(a) 시간에 독립인 소스에 대한 계량 섭동 $h_{\alpha\beta}$는 $t \to -t$의 변환에 불변이어야 하고 그리고 이것은 $h = h_{ti} = 0$을 의미함을 논하라.

(b) "More gauge"라는 하위절(subsection)에서 논의한 것과 유사한 잔여 게이지 자유도는 $h_{it} = 0$ 이거나 로렌츠 게이지 조건에 영향을 주지 않고 h_{ij}를 대각적으로 만드는 데 사용되어질 수 있음을 보여라.

(c) 그러면 (21.25)가 선형 중력 방정식의 유일한 점근적으로 평평한 해임을 보여라.

20. [S] 상자 7.3에 있는 5차원 계량 (a)에 대한 Ricci텐서를 계산하라. (힌트; 컴퓨터의 이용은 불필요하다.)

21. 선형 중력에서 Ricci 곡률의 섭동에 대한 표현 (21.44)에 다다르는데 필요한 각 단계들을 실행하라.

22. [S] 식 (21.40)은 선형 중력에 있어서 계량을 제공해 준다. $h_{\alpha\beta}$에 대해서 1차수로 역(inverse) 계량을 가지고 계산해보라.

23. 중력파 계량 (16.2a)에 대한 선형 Riemann 곡률의 모든 성분들을 계산해보라.

24. +분극에서의 선형 중력파는 그림 16.2에서 보여주는 것같이 원형으로 배치된 실험입자들이 포함되어 있는 평면에 수직으로 입사된다. 중력파가 측지선 편차 방정식을 사용하면서 지나칠 때 실험 입자에 무슨 일이 일어나는 지 알아보라.

25. (21.28)과 (21.53)을 이용하여 문제23에서 발견된 선형 Riemann 곡률이 게이지 변환 하에서 불변임을 명확히 보여라.

26. 임의 상수 c와 a에 대해서 다음의 계량 섭동을 고려하자.

$$h_{\alpha\beta}(x) = \begin{pmatrix} c & 0 & 0 & 0 \\ 0 & -c & 0 & 0 \\ 0 & 0 & a & 0 \\ 0 & 0 & 0 & -a \end{pmatrix} \sin k(x-t)$$

(a) 이것이 선형 아인슈타인 방정식 $\delta R_{\alpha\beta} = 0$를 어떻게 푸는지 보여라.

(b) 위 계량이 $c = 0$인 형태로 변환시키는 함수들 $\xi(x)$을 찾아라. a의 새로운 값은 무엇인가?

CHAPTER

22 곡률의 발생원

The Source of Curvature

전 장에서는 물질의 질량-에너지가 어떻게 시공간을 휘게 하는지를 묘사하는 아인슈타인 공식을 소개하는데 방향을 잡았었다.

$$(\text{국소 시공간 곡률 측정치}) = (\text{물질 에너지 밀도 측정치}) \tag{22.1}$$

그 논의는 식 (22.1)의 오른편이 0인 진공 아인슈타인 공식에 초점을 맞추었다. Ricci 곡률 $R_{\alpha\beta}$는 왼편에 물질 소스가 없을 때 왼편에 있는 곡률 측정이었다. 이 장에서는 (22.1)식의 오른편에 있는 에너지 밀도의 올바른 측정을 발견하여서 아인슈타인 공식을 묘사하는 것을 완성시키고 왼편에서 적절한 시공간 곡률의 좀 더 일반적 측정을 완성하려고 한다. 밀도란 단위 공간 부피에 대한 양을 의미한다. 예로서 정지질량 밀도, 전하 밀도, 수 밀도, 에너지 밀도 등등 말이다. 이 장에서 특수 상대성과 일반 상대성에서 밀도가 어떻게 제시되는지를 논의하는 것부터 시작하겠다.

22.1 밀도 Densities

특수 상대성의 평평 시공간이 이 절의 내용이다. 계량이 $g_{\alpha\beta} = \eta_{\alpha\beta} = diag(-1,1,1,1)$인 통상적인 직각 좌표 (t, x, y, z)가 특수 상대성에 사용된다. 논의는 에너지-운동량 4원 벡터의 한 성분의 밀도인 에너지 밀도의 올바른 상대론적 묘사에 목적을 두고 있다. 그러나 좀 더 간단한 경우부터 시작하자. 즉 수 밀도(number density)의 올바른 상대론적 묘사 - 스칼라 밀도 - 부터 해보자.

수 밀도 Number density

그림 22.1에 예시된 상황을 고려해보자. $\mathcal{N}$개의 입자를 포함하고 있는 상자가 속도[1] V로 차원의 한 방향을 따라 움직이고 있다. 그것의 정지상태계에서 그 상자의 볼륨을 $\mathcal{V}_*$라 하면 그 내부의 **정지상태 입자의 수 밀도** n은[2]

$$n = \mathcal{N}/\mathcal{V}_*. \tag{22.2}$$

이다. 그러면 상자가 속도 V로 움직이는 계에 있을 때의 수 밀도 N은 무엇일까?

---

1) 이 단원에서는 속도 V와 3원 부피 $\mathcal{V}$를 다룬다. 그것들을 혼용하지 마라.

2) 정지계에 정의되어있는 n과 같은 양(quantities) 아래에 $*$를 기입하는 것은 전에 사용한 것과 일치한다. 그러나 그것은 여기에서 따르는 일반 상대성에서의 일반적인 사용법과는 일치하지 않는다.

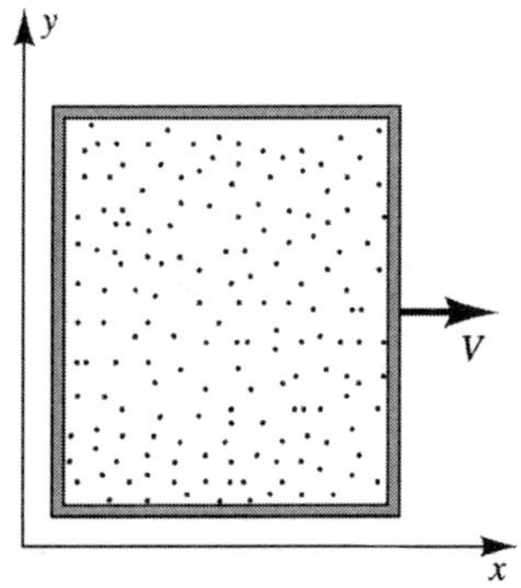

그림 22.1 x축 방향으로 속도 V로 움직이고 있는, $\mathcal{N}$개의 입자를 품고 있는 상자. 수 밀도는 정지해 있는 동일한 상자에 비하여 더 높다 왜냐하면 상자는 Lorentz 수축을 하여 상자의 부피가 더 작아지기 때문이다.

그 계에서 상자의 길이는 그것이 움직이는 방향으로 $(1-V^2)^{1/2}$의 요소만큼 Lorentz 수축을 한다. 그러므로 부피는 이와 동일한 요소만큼 더 작아진다.

$$\mathcal{V} = \mathcal{V}_*(1-V^2)^{1/2}. \tag{22.3}$$

상자 내에 있는 입자의 전체 수 $\mathcal{N}$은 모든 계에서 동일할 것이다. 그래서 상자가 **움직이는 계에서 수 밀도** N은

$$N = \frac{\mathcal{N}}{\mathcal{V}} = \frac{n}{\sqrt{1-V^2}}. \tag{22.4}$$

이 될 것이다. 그러면 움직이는 계에서 수 밀도 N은 nu^t와 같다. 여기서 n은 정지 상태의 수 밀도이고 u^t는 상자의 4원 속도의 시간성 성분이다 [(5.26) 참고]. 이것은 수 밀도 N이 4원 벡터 $n\mathbf{u}$의 시간성분이라는 것을 보여준다. 이 **수 흐름**(number current) **4원 벡터**[3]는

$$\mathbf{N} = n\mathbf{u}. \tag{22.5}$$

라 정의된다.[4] 수 흐름 4원 벡터 $\mathbf{N}$은 $N^\alpha = (N, \vec{N})$의 성분을 가지고 있고 그 공간성 부분은

$$\vec{N} = n\vec{u} = \frac{n\vec{V}}{\sqrt{1-V^2}}. \tag{22.6}$$

---

3) 좀 더 정확하게는 그러나 다소 굼뜬 표현으로 그것은 수-(수-흐름)(number-(number-current)) 4원 벡터라 한다.

4) 문자 "N"의 여러 형태들이 이 단원에서 여러 다른 양들을 표기하기 위해 채택되고 있다: 정지계에서 수밀도에 대해서는 n, 2원 표면에 수직인 벡터에 대해서는 $\vec{n}$, 일반계에서 수밀도는 N, 수흐름은 $\vec{N}$, 3원 표면에 수직인 벡터는 $\mathbf{n}$, 수-흐름 4원 벡터는 $\mathbf{N}$, 그리고 전체 수에 대해서는 $\mathcal{N}$이 사용되고 있다. 이것들을 혼용하지 않는 것이 중요하다.

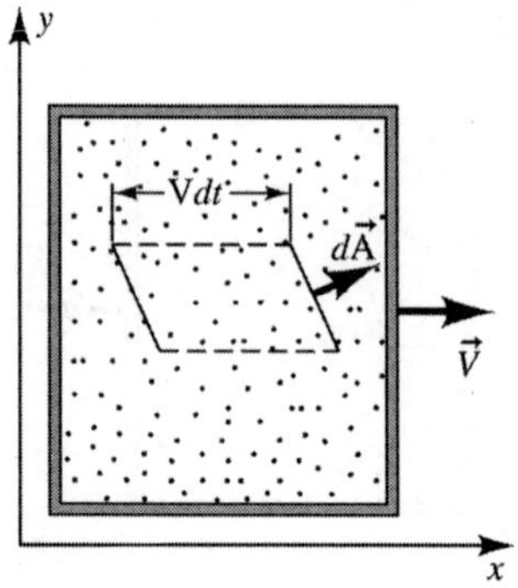

그림 22.2 시간 dt동안 표면 $d\vec{A}$를 통과하는 입자의 수는 길이 Vdt와 횡 단면적 $d\vec{A}\cdot\vec{V}/V$으로 이루어진 예시된 튜브(tube) 안에 들어있는 입자의 수이다.

이 된다. 이것을 **수 흐름 밀도**(number current density)라 한다. 면적 요소 $d\vec{A}$가 주어져 있다면, $\vec{N}\cdot d\vec{A}$는 단위시간에 그 면적을 통하여 흐르는 입자의 수이다. 이것을 알아보기 위해 **그림 22.2**를 보라. 면적 $d\vec{A}$를 통과하는 입자의 수는 횡단면적 $d\vec{A}\cdot\vec{V}/V$과 길이 Vdt가 이루는 부피 내에 있는 입자의 수와 동일하다. 즉 $\vec{N}\cdot d\vec{A}$이다.

$\mathcal{V}_*$를 아주 작게 가져가면, 수 밀도와 수 흐름 밀도는 시공간 한 점에서의 것이 된다. 즉 $N(x)$와 $\vec{N}(x)$가 된다. 일반적으로 이것은 시공간에서 점과 점에 따라 변화할 것이다. 그러나 입자의 수는 보존되게 변화되어야 한다.

$$\frac{\partial N}{\partial t}+\nabla\cdot\vec{N}=0. \tag{22.7}$$

식 (22.7)이 입자의 수의 보존을 제시하고 있음을 알아보기 위해 이것을 공간의 임의의 부피 $\mathcal{V}$에 걸쳐서 적분하고 발산(divergence) 정리를 사용하면

$$\frac{d}{dt}\int_{\mathcal{V}}N\,d^3x+\int_{\partial\mathcal{V}}\vec{N}\cdot d\vec{A}=0. \tag{22.8}$$

이 된다. 첫 번째 적분 항은 부피 $\mathcal{V}$내에 있는 입자의 전체수이다. 두 번째 적분 항은 부피를 경계 짓고 있는 표면적 $\partial\mathcal{V}$에 걸쳐서 적분하는 것으로 그 표면적을 횡단하는 입자의 수의 비로써 - 수 프락스(number flux)가 된다. 식 (22.8)은 내부의 입자 수의 시간에 대한 변화의 비율은 입자가 표면적을 출입하는 순수 비율과 동일하다는 것을 말해주고 있다. 즉 이것은 보존된다는 것이다.

수의 보존 법칙 (22.7)은 수-흐름(number current) 4원 벡터 $N^\alpha=(N,\vec{N})$로 우아하게 다음과 같이 쓸 수 있다.

$$\boxed{\frac{\partial N^\alpha}{\partial x^\alpha} = 0.} \qquad (22.9)$$

수 보존

여기서 반복되는 첨자는 일반적으로 합산하는 것이며 직각좌표에서 가정되었다.

이 논의가 주는 교훈은 수 밀도 같은 스칼라 양의 밀도는 4원 벡터의 시간 성분이라는 것과 그것의 공간 성분은 그에 해당하는 흐름(current) 밀도라는 것이다. 이것이 왜 그렇게 되는지를 보여주는 좀 더 기하학적 방법이 있다. 밀도는 스칼라를 3차원 부피 요소와 연관시켜준다. 3차원 부피는 7.9절에 논의한 것 같이 4차원 공간에 있는 3원-표면이다(**그림 7.8** 참고). 시공간에서 그 표면 방향은 법선 4원 벡터 $\mathbf{n}$으로 특징지워지므로 3차원 부피요소는 $\mathbf{n}\Delta\mathcal{V}$로 나타낼 수 있다. 부피와 연관이 있는 스칼라 양을 얻기 위하여 4원 벡터 흐름(four-vector current)에 법선 벡터를 스칼라 곱하여 얻는다. 예로써 3원 부피 $\mathbf{n}\Delta\mathcal{V}$내에 입자의 수 $\Delta\mathcal{N}$는

$$\Delta\mathcal{N} = \mathbf{N}\cdot(\mathbf{n}\Delta\mathcal{V}) = N^\alpha n_\alpha \Delta\mathcal{V}. \qquad (22.10)$$

이 관계는 4차원적 의미로의 공간밀도를 공간성 3원 표면의 한 부분을 통하여 흐르는 4원 수 흐름(current)의 프락스(flux)라고 생각할 수 있게끔 하고 있다. **밀도** (densities)란 공간성 3원 표면을 통하여 흐르는 시간성 방향의 프락스이고, **흐름** (current)은 시간성 3원 표면 통하여 흐르는 공간성 방향의 프락스이다.

예제 22.1 전하-전류 4원-벡터 The Charge-Current Four-Vector

수 밀도는 스칼라 밀도에 대한 아이디어를 보여주고 있다. 그러나 이 논법을 다른 스칼라 양에도 동등하게 잘 적용할 수 있는 예가 있다. 전기 전하가 유용한 예이다. 전하 밀도 ρ_{elec}와 전류 밀도 $\vec{J}_{elec}$는 함께 4원 전류 밀도 벡터를 형성한다.

$$J^\alpha = \left(\rho, \vec{J}_{\text{elec}}\right). \qquad (22.11)$$

전하 보존 법칙은 다음과 같이 표현된다.

$$\frac{\partial J^\alpha}{\partial x^\alpha} = \frac{\partial \rho_{\text{elec}}}{\partial t} + \vec{\nabla}\cdot\vec{J}_{\text{elec}} = 0 \qquad (22.12)$$

이것은 (22.9)와 유사하다. $\mathbf{n}\Delta\mathcal{V}$ 부피 내에 있는 전하는 (22.10)과 유사하게 주어진다.

에너지와 운동량의 밀도

에너지와 운동량의 밀도는 (22.1)의 아인슈타인 방정식의 오른편에 위치해 있으며 시공간 곡률을 일으키는 원천이 된다. 식 (22.10)은 **밀도-흐름 4원 벡터**가 스칼라 양을 부피 $n_\alpha \Delta \mathcal{V}$와 연관시키는 데 어떻게 필요 하는 지를 보여주고 있다. 그러나 에너지와 운동량은 스칼라가 아니다. 오히려 그것들은 **에너지-운동량 4원-벡터** p^α의 각기 다른 성분들이다. 4원 벡터 Δp^α와 3원 부피 $n_\alpha \Delta \mathcal{V}$와 연관시키기 위하여 2개의 첨자를 가진 $T^{\alpha\beta}$가 필요하고 다음과 같이 쓸 수 있다.

$$\Delta p^\alpha = T^{\alpha\beta} n_\beta \Delta \mathcal{V}. \tag{22.13}$$

양 $T^{\alpha\beta}$는 **에너지-운동량-스트레스 텐서**(정확하지만 너무 긴 이름이다)라고 불리는 2계 텐서이다. 혹은 간혹 **에너지-운동량 텐서**라고 부르기도 하고 (에너지-운동량 4원 벡터와 헷갈릴 수 있다) 혹은 간혹(여기에서와 같이) 단지 **스트레스-에너지 텐서**(가장 많은 성분을 가지고 있다)라 부르기도 한다.

스트레스-에너지 텐서의 성분들이 무엇인지 이해하기 위하여 평평 시공간에서의 특별한 관성계와 이 계 안에 위치한 정지한 3차원 부피 $\Delta \mathcal{V}$를 고려해보자. 이 부피는 $t=$일정인 한 부분이다. 시공간에 있는 3원 표면의 법선 벡터는 $n_\alpha = (1,0,0,0)$ [(20.30) 참고]로 선택할 수 있다. 법선 벡터를 그렇게 선택하면 (22.13)은 다음과 같이 된다.

$$\Delta p^\alpha = T^{\alpha t} \Delta \mathcal{V}. \tag{22.14}$$

그러면 **에너지 밀도**는 $\epsilon \equiv \Delta p^t / \Delta \mathcal{V} = T^{tt}$가 되고, **운동량 밀도**는 $\vec{\pi} \equiv \Delta p^i / \Delta \mathcal{V} = T^{it}$가 된다. 이와 같이 하여 스트레스-에너지 텐서 4개의 성분의 의미를 이해하게 되었다.

$$T^{tt} = (\text{에너지 밀도}) \equiv \epsilon, \tag{22.15a}$$

$$T^{it} = (i\,\text{방향으로의 운동량 밀도}) \equiv \pi^i, \tag{22.15b}$$

각각은 관성계에 정지해 있는 관측자에 의하여 측정된 것이다. 스트레스-에너지 텐서의 간단한 예가 **그림 22.1**에 있는 입자가 들어있는 움직이는 상자이다. 상자 안에 있는 입자는 상자에 대해서 모두 정지해 있고 정지질량 m을 가지고 있다고 하자. 상자가 속도 V로 운동하고 있는 관성계에서는 상자 안에 있는 각각의 입자의 에너지는 $m\gamma$이다. 여기서 $\gamma = (1 - V^2)^{-1/2}$이다. 에너지 밀도란 수 밀도 (22.4)에 이 에너지를 곱한 것이다. 그러므로

$$\epsilon \equiv T^{tt} = mn\gamma^2 = mnu^t u^t, \tag{22.16a}$$

이와 유사하게 운동량 밀도는

$$\pi^i \equiv T^{it} = mn\gamma^2 V^i = mnu^i u^t. \tag{22.16b}$$

(22.16)으로부터 상자 안에 있는 입자의 스트레스-에너지 텐서에 대한 표현은 다음과 같을 것임을 쉽게 추측할 수 있다.

$$T^{\alpha\beta} = mnu^\alpha u^\beta \equiv \mu u^\alpha u^\beta, \tag{22.17}$$

여기서 $u^\alpha = (\gamma, \gamma\vec{V})$는 상자의 4원 속도이다 [(5.26) 참고]. $\mu \equiv mn$으로 정지 질량 밀도이다. 식 (22.17)은 일반적으로 스트레스-에너지 텐서의 중요한 특징을 예시해 주고 있다. 이것은 대칭 텐서이다 ; $T^{\alpha\beta} = T^{\beta\alpha}$

에너지-운동량 텐서의 $T^{\alpha j}$의 성분들의 의미는 무엇일까? 시간이 일정한 공간성 3원 표면을 쳐다보기만 해서는 그 답을 찾을 수 없다. 왜냐하면 이 성분들은 (22.14)에 속하지 않기 때문이다. 그 답은 시간성 3원 표면을 고려해 봄으로써 알 수 있다. 3원 부피가 좌표간격으로 Δy, Δz와 Δt의 길이로 구성되어 있다고 하자. 이 3원 표면이 x방향으로 가리키는 단위 법선 벡터는 $n_\alpha = (0,1,0,0)$ 일 것이다. 그러면 (22.14)와 유사하게

$$\Delta p^\alpha = T^{\alpha x}\Delta y \Delta z \Delta t. \tag{22.18}$$

이 식에서 시간 성분은

$$T^{tx} = \frac{\Delta p^t}{\Delta A \Delta t}, \tag{22.19}$$

여기서 ΔA는 면적 $\Delta y \Delta z$이다. 이와 같이 T^{tx}는 x방향으로의 **에너지 프락스**(flux)가 된다. 에너지 프락스는 운동량 밀도와 같은 것이 된다. 이것을 알아보기 위해 앞에서 논의한 입자가 들어있는 상자를 고려해보자(**그림 22.2**). 시간 dt동안에 y방향과 z방향으로 뻗어있는 면적 dA의 표면을 통과하는 에너지의 양은 (에너지 프락스)$dA\,dt$=(에너지 밀도) $V dA\,dt$= (운동량 밀도)$dA\,dt$ 이다. 왜냐하면 상자 안에 있는 각각의 입자들은 (에너지) $V = m\gamma V$= 운동량이기 때문이다. 이와 같이 일반적으로 $T^{tx} = T^{xt}$ - (22.17)에서 보여지는 관계 - 이다.

(22.18)의 공간성 성분은 명백히

$$T^{ix} = \frac{\Delta p^i / \Delta t}{\Delta A}. \tag{22.20}$$

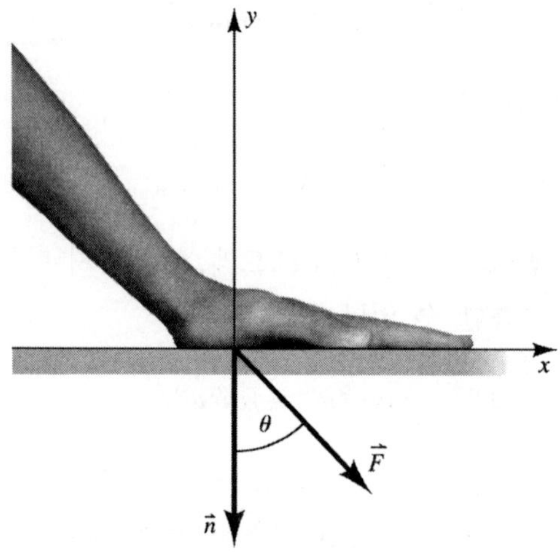

그림 22.3 책상 표면에 수직인 방향과 각도 θ를 이루는 힘 $\vec{F}$을 책상에 밀어라. 여러분은 책상의 표면을 스트레스 텐스 T^{ij}로 묘사되는 스트레스(stress)를 가하고 있다. 예제 22.2에 설명되어 있듯이, 수직 벡터는 $-y$ 방향을 가리키기 때문에, $-T^{xy}A$는 x방향으로 가하는 힘이 되고, $-T^{yy}A$는 y 방향으로 가하는 힘의 성분이 된다. 여기서 A는 여러분의 손바닥의 면적이다.

라고 쓸 수 있을 것이다. 분자 $\Delta p^i/\Delta t$는 – 운동량의 변화율 – 힘이다. 그러니까 (22.20)은 T^{ix}는 법선 벡터가 x방향으로 향하는 표면에 압력을 가하는 단위 면적당 힘의 i성분을 의미하고 있다. 좀 더 일반적으로 법선 벡터 $\vec{n}$을 가진 면적 ΔA에 압력을 가하는 힘 $\vec{F}$의 성분에 대하여 다음과 같이 쓸 수 있다.

$$\Delta F^i = T^{ij} n_j \Delta A. \tag{22.21}$$

이와 같이 하면

스트레스 텐서

$$T^{ij} = (j\text{방향에 수직인 표면에 가해지는 단위 면적당 힘의 } i\text{ 성분이다}). \tag{22.22}$$

라고 정의할 수 있다. 고전역학에서는 단위 면적당의 힘을 스트레스라 부른다. 그러니 T^{ij}를 **스트레스 텐서**라 한다.

예제 22.2 책상밀기 Pushing on Table

여러분이 힘 $\vec{F}$로 책상면의 수직을 이루는 선과 θ각도를 이루면서 민다고 하자. (그림 22.3)
당신의 손바닥의 면적 A라하고 힘이 손바닥 전체에 균일하게 퍼진다고 가정할 때 당신이 책상에 가하는 스트레스의 성분은 무엇이 될까? 식 (22.21)로부터

$$F\sin(\theta) = F^x = T^{xj} n_j A = -T^{xy} A, \tag{22.23a}$$

$$-F\cos(\theta) = F^y = T^{yj} n_j A = -T^{yy} A. \tag{22.23b}$$

그러므로

$$T^{xy} = -(F/A)\sin(\theta), \qquad T^{yy} = +(F/A)\cos(\theta) \tag{22.24}$$

이것이 관련된 유일한 스트레스 성분이다.

예제 22.3 압력

액체 내에 있는 압력은 스트레스 – 단위면적당 힘 – 의 가장 간단한 예이다. 정지 상태에 있는 액체 내에서 어느 한 표면을 가로 질러 가해지는 힘은 언제나 그 표면에 수직방향이고 모든 방향에 대하여 똑같다. 그러므로 스트레스 텐서는 대각선 적이며 모든 대각선 성분의 값은 압력 p로 동일하다.

$$T^{ij} = p\delta^{ij}, \tag{22.25}$$

그러므로 (22.21)에 의해

$$\Delta F^i = pn^i \Delta A. \tag{22.26}$$

식 (22.15), (22.19)와 (22.22)는 에너지-모멘트 텐서의 성분을 이해할 수 있게 해준다. 요약해서 관성계에서는 $T^{\alpha\beta}$의 성분들은 다음과 같다.

$$T^{\alpha\beta} = \left(\begin{array}{c|c} \text{에너지 밀도} & \text{에너지 프락스} \\ \hline \text{운동량 밀도} & \text{스트레스 텐서} \end{array}\right). \tag{22.27}$$

스트레스-에너지 텐서의 성분

스트레스-에너지 텐서는 대칭이다. 즉 $T^{\alpha\beta} = T^{\beta\alpha}$이다.

앞에서 논의한 것같이 에너지 프락스는 운동량 밀도와 같은 것이다. 스트레스-에너지 텐서 대칭성은 가스가 들어있는 상자 같은 특별한 경우에 나타난다. [(22.17) 참고] 그리고 여러 가지 방법으로 더 일반적으로 보여줄 수 있다(**문제 4**와 **문제 5**를 보라). 스트레스-에너지 텐서 $T^{\alpha\beta}$는 (22.1)의 아인슈타인 방정식의 오른편에 계속 있을 만한 에너지 밀도의 올바른 상대론적 묘사이다.

예제 22.4 관측자에 의해 측정되는 에너지 밀도

시공간을 4원 속도 $\mathbf{u}_{obs}$로 움직이는 관측자에 의해 측정되는 에너지 밀도는 어떠할까? 이 질문에 답하기 위해 정지해 있는 작은 부피 $\Delta\mathcal{V}$를 고려하자. 우리가 (22.14)에서와 같이, 방향에 대해서 동일한 규약을 사용한다면 그 부피는 다음 법선 벡터 $-\mathbf{u}_{obs}$를 가진 공간성 3원 표면의 한 요소가 될 것이다(7.9절 참고).

이 부피에 포함되어 있는 물질의 에너지-운동량 4원 벡터는 (22.13)으로부터 (첨자를 올리고, 내리고 했다)

$$\Delta p_\alpha = T_{\alpha\beta}(-u^\beta_{\text{obs}})\Delta \mathcal{V}. \tag{22.28}$$

가 될 것이다. 이 관측자에 의해 측정되는 위의 부피안의 에너지는 [(7.53) 참고]

$$\Delta E = -\Delta \mathbf{p}\cdot \mathbf{u}_{\text{obs}} = -\Delta p_\alpha u^\alpha_{\text{obs}} = T_{\alpha\beta}u^\alpha_{\text{obs}}u^\beta_{\text{obs}}\Delta \mathcal{V}. \tag{22.29}$$

그러므로 관측자에 의해 관측되는 에너지 밀도는

$$(\text{4원 속도 } \mathbf{u}_{obs}\text{를 가진 관측자에 의하여 측정된 에너지 밀도}) = T_{\alpha\beta}u^\alpha_{\text{obs}}u^\beta_{\text{obs}}. \tag{22.30}$$

이것은 일반적인 것에 대한 특별한 경우로서 관측자에 의해 관측된 것들은 관측자의 실험실의 직교 기저 좌표상의 성분들이다(5.6절과 7.8절 참고). 지금의 예에서 측정된 에너지 밀도는 $T_{\hat{0}\hat{0}}$로 나타낼 수 있다. 여기서 $\mathbf{e}_{\hat{0}}=\mathbf{u}_{obs}$이다. 그리고 (22.30)은 (20.41)의 특별한 경우이다.

22.2 에너지-운동량의 보존 Energy-Momentum Conservation

평평 시공간에서의 에너지-운동량의 보존

평평 공간에서 물질의 에너지는 보존된다. 즉 물질의 운동량도 보존된다.

이 보존 법칙들은 수 (22.7)와 전하 (22.12)의 보존 법칙처럼 스트레스-에너지 성분들로 표현할 수 있다. 에너지-운동량 4원 벡터의 각 성분은 보존되기 때문에 에너지와 운동량에 대한 보존은 다음과 같은 형태를 가진다.

평평 시공간에서 에너지와 운동량의 보존

$$\boxed{\frac{\partial T^{\alpha\beta}}{\partial x^\beta} = 0 \quad (\text{평평 시공간에서}).} \tag{22.31}$$

자유 첨자 α는 (22.31)이 4개의 보존 법칙을 나타냄을 의미한다. - 하나는 에너지에 대한 것이고, 다른 3개는 운동량 성분들에 대한 것이다. 이들 4개의 관계들을 각각 분리하여 써보자. (22.31)에서 t성분을 가져오자. (22.27)를 이용하여 이것은 다음과 같다.

$$\frac{\partial \epsilon}{\partial t} + \vec{\nabla}\cdot\vec{\pi} = 0, \tag{22.32}$$

여기서 ϵ는 에너지 밀도이고, $\vec{\pi}$는 에너지 프락스(flux) 혹은 흐름(current) 인데 이것은 앞에서 언급하였듯이 운동량 밀도와 같은 것이다. (22.8)에서와 같이 작은 공간성 부피에 걸쳐 적분하면, (22.32)의 첫 번째 항은 내부에너지의 변화의 비이다. 두 번째 항은 그 부피 밖으로 나오는 에너지의 프락스(flux)이다. 식 (22.32)는 에너지가 보존된다는 것을 의미하고 있다. (22.31)의 3개 공간성 성분은

$$\frac{\partial \pi^i}{\partial t} = -\frac{\partial T^{ij}}{\partial x^j} \equiv \phi^i. \tag{22.33}$$

이다. 운동량의 시간에 대한 변화비율은 힘이다. 그러므로 식 (22.33)은 우리가 ϕ^i 라고 정의한 **힘 밀도의 성분**을 정의한다. 그러므로 식 (22.33)은 액체의 운동 방정식 – 연속적으로 $F = m\vec{a}$라 표현되는 – 이다. 작은 고정된 공간성 부피전체에 걸쳐 ϕ^i를 적분하는 것은 그 부피에 미치는 전체 힘을 알게 해주고 그리고 (22.33)은 그 부피에 작용하는 스트레스와 연관시켜준다. 이 연관은 부피 $\mathcal{V}$에 작용하는 전체 힘 F^i 나타내기 위해 발산 이론을 사용하면 명확히 알 수 있다.

$$F^i = \int_{\mathcal{V}} d^3x\,\phi^i = -\int_{\mathcal{V}} d^3x \frac{\partial T^{ij}}{\partial x^j} = -\int_{\partial\mathcal{V}} dA\, n_j^{(\text{out})} T^{ij} = \int_{\partial\mathcal{V}} dA\, n_j^{(\text{in})} T^{ij}, \tag{22.34}$$

여기서 $\partial\mathcal{V}$는 $\mathcal{V}$의 경계면이고 $\vec{n}^{(out)}$과 $\vec{n}^{(in)}$은 $\partial\mathcal{V}$에 수직으로 각각 밖으로 나가고, 안으로 들어오고 하는 것을 의미한다. 오른편에 있는 항은 경계면을 가로질러서 안에서부터 바깥까지 영향을 미치는 모든 힘들의 합이다. 식에서 보여주듯이 이것은 그 부피에 미치는 모든 힘과 동일하다.

예제 22.5 부피에 미치는 압력의 힘 Pressure Force on a Volume

유동체의 압력의 간단한 예는 (22.33)에 예시되어 있다. 유동체에서 $T^{ij} = \delta^{ij}p$이다. 여기서 p는 압력이다 [(3.25) 참고]. 각 면의 한 변의 길이가 L이고 각면이 $x-, y-, z-$ 방향으로 향하며 한쪽 모서리가 (x, y, z)의 위치로 표현되는 한 입방체의 액체가 있다고 하자.

x 위치에 있는 $y-z$ 평면에 작용하는 압력 힘은 x 방향으로 $p(x, y, z)L^2$일 것이다. 그리고 $x+L$의 위치에는 $y-z$ 평면에 작용하는 힘은 음의 x방향으로 $p(x+L, y, z)L^2$이다.

그러면 전체 순 힘은 아주 작은 L에 대해

$$\begin{aligned} F^x &= L^2[p(x, y, z) - p(x+L, y, z)] \\ &\approx -L^3 \frac{\partial p}{\partial x} \end{aligned} \tag{22.35}$$

그러면 힘의 밀도는 $\phi^x = F^x/L^3$이므로 이것은 $T^{ij} = \delta^{ij}p$일 때 (22.33)과 정확히 일치한다.

이상적인 유동체 Perfect fluids

스트레스-에너지 텐서의 간단한 예는 이상적인 유동체에 관한 것이다. (22.25)에서 보여주듯이 유동체에 대한 스트레스 텐서 T^{ij}는 대각선적으로서 각 대각선 요소는 동일한 압력을 가진다. 열의 대류, 점도, 혹은 다른 운반과정이나 흩어지는 과정을 무시할 때의 유동체를 이상적이라 한다. 유동체가 정지해 있는 관성계에서 이상적 유동체는 에너지 밀도 ρ, 압력 p로 특징지어진다. 그리고 그것의 스트레스-에너지는

$$T^{\alpha\beta} = \text{diag}(\rho, p, p, p). \tag{22.36}$$

이다. (기호 ϵ는 어떤 계에서나 에너지 밀도를 나타낼 때 사용하고 [(22.15a) 참고] 기호 ρ는 정지 계에 있는 액체의 에너지 밀도를 나타낼 때 사용한다)
압력은 단위면적당 힘으로 $(\mathcal{ML}/\mathcal{T}^2)/\mathcal{L}^2$의 단위를 갖는다. 이것은 에너지 밀도의 단위 $(\mathcal{ML}^2/\mathcal{T}^2)/\mathcal{L}^3$와 동일하다. 기하 단위는 종종 편리한 데, 여기서는 질량을 길이의 단위로 측정한다. 에너지 밀도와 압력은 기하 단위로 $1/\mathcal{L}^2$이다. 전형적으로 압력과 밀도는 상태 방정식과 관련이 있다. 예로서, 18.3절에서 은하의 가스는 $p=0$인 유동체로 모델화하였다. 우주 초단파 배경 복사는 $p=\rho/3$을 가진 이상적 유동체로 모델화 하였다 [(18.23) 참고].

전형적으로 유동체는 정지해 있지 않고 한 점에서 다른 점으로 넘어 갈 때마다 달라지는 4원 속도 $\mathbf{u}(x)$를 가지고 흐르고 있다. 그러므로 스트레스-에너지 텐서는 $\rho(x)$와 $p(x)$ 뿐만 아니라 $\mathbf{u}(x)$에도 의존한다. $\mathbf{u}$와 미분이 포함되어 있지 않는 $\eta^{\alpha\beta}$로부터 만들어질 수 있는 가장 일반적으로 가능한 형태는 $T^{\alpha\beta} = Au^\alpha u^\beta + B\eta^{\alpha\beta}$이다. 계수 A와 B는 스트레스-에너지가 $u^\alpha = (1, \vec{0})$인, 유동체에 대해서 정지하고 있는 관측자의 계에서 보았을 때 식 (22.36)으로 환원될 것을 요구하는 조건으로부터 결정할 수 있다. 이것은

$$T^{\alpha\beta} = (\rho + p)u^\alpha u^\beta + \eta^{\alpha\beta} p. \tag{22.37}$$

인 의미를 함축하고 있다. 우리는 이 이상적인 유동체 스트레스-에너지를 다양한 상황 - 중성자별들의 내부, 중력 복사의 발생원, 은하의 가스, 우주배경복사와 진공에너지 - 에 놓여있는 물질을 모델화 하는 데 사용할 것이다. (22.17)의 스트레스-에너지는 압력이 전혀 없는 이상적인 유동체 - 일반 상대성에서는 먼지(dust)라고 부른다 - 의 예이다.

예제 22.6 진공의 스트레스-에너지 The Stress-Energy of the Vacuum

18.3절에서 공간과 시간 양쪽에서 일정한 진공에너지 ρ_{vac}에 대한 아이디어가 논의되었다. 열역학 제1법칙에 일치하기 위해서는 등질적이며 등방적인 우주모델을 고려할 때에는 적어도 음의 진공에너지 $p_{\text{vac}} = -\rho_{\text{vac}}$를 요구하였다. (22.37)로부터 이것은 **진공 스트레스-에너지 텐서**가

$$T^{\alpha\beta}_{\text{vac}} = -\rho_{\text{vac}}\eta^{\alpha\beta} = -\frac{\Lambda}{8\pi G}\eta^{\alpha\beta}, \tag{22.38}$$

진공 스트레스-에너지

임을 함축하고 있다. 여기서 Λ는 우주 상수이다. 실제로 이것이 오직 상수에만 의존하는 스트레스-에너지 텐서의 가능한 유일한 형태이다. 휜 시공간에서는 $T^{\alpha\beta}_{\text{vac}} = -(\Lambda/8\pi G)g^{\alpha\beta}$이다.

휜 시공간에서 에너지-운동량의 국소 보존

앞 절에서 스트레스-에너지에 대한 논의는 특수 상대성의 평평 시공간에서의 내용이었다. 그러나 스트레스-에너지는 아인슈타인 방정식에서 시공간 곡률의 발생원으로서 작용한다. 특별한 스트레스-에너지 텐서를 휜 시공간으로 일반화하는 것은 약간 애매하지만 어려운 것은 없다. 예로써, 이상적인 유동체에 대해서 명확한 일반화는

$$\boxed{T^{\alpha\beta} = (\rho + p)u^{\alpha}u^{\beta} + g^{\alpha\beta}p.} \tag{22.39}$$

이상적 유동체의 스트레스-에너지

이다. 이것은 국소관성계에서는 (22.37)로 환원된다. 그러나 (22.31)의 보존 방정식은 더 이상 만족되지 않고, 아니 만족되어지지 않아야 한다. 만족되어지는 것은 휜 시공간으로 (22.31)을 일반화하는 것으로

$$\boxed{\nabla_{\beta}T^{\alpha\beta} = 0,} \tag{22.40}$$

에너지 운동량의 국소 보존

이다. 여기서 ∇_{β}는 공변 미분이다. 이 관계를 **에너지-운동량의 국소 보존**이라 부른다. 왜냐하면 이 식이 국소 관성계에서는 (22.31)로 환원되기 때문이다. 그러나 이것은 (22.31)과 같은 보존 법칙은 아니다. 혹은 아니어야 한다. 물질의 에너지는 역동적 시공간 곡률의 존재 하에서는 보존되지 않고 그것에 반응하여 변한다. 가장 친숙한 예는 우주 초단파 배경복사이다. 우주가 팽창함에 따라 에너지 밀도와 복사의 온도가 감소한다. 식 (22.40)은 다음 예에서 보여주듯이 그것들이 어떻게 감소하는지 보여주고 있다.

예제 22.7 등질적이며 등방적 우주에서 $\nabla_\alpha T^{\alpha\beta}=0$

등질적(homogeneous), 등방적(isotropic)이며 공간적으로 평평한 우주 모델의 기하는 다음 선 요소로 요약이 된다. [(18.1) 참고]

$$ds^2 = -dt^2 + a(t)^2(dx^2 + dy^2 + dz^2), \tag{22.41}$$

여기서 $a(t)$는 척도 인자(scale factor)라 하며 이것의 시간 의존성은 우주 팽창을 묘사하고 있다. 곡률의 발생원은 물질, 복사, 그리고 진공에너지의 등질적, 등방적, 이상적 유동체이다. 이것의 스트레스-에너지 텐서 $T^{\alpha\beta}$는 (22.39)에 주어져 있다. (이런 종류의 모델은 18장에 상세히 언급되었다. 그러나 이 예에서의 요점은 그러한 논의 없이도 감상할 수 있다.)

등질적이라는 것과 일치하기 위해서는 에너지 밀도 $\rho(t)$와 압력 $p(t)$는 단지 시간만의 함수이어야 한다. 등질적이며 등방적인 것과 일치하기 위해서는 유동체의 4원 속도는 단지 시간성분만 $u^\alpha=(1,\vec{0})$을 가져야 한다. 그러면 $T^{\alpha\beta}$중에 소멸되지 않는 성분은 (22.39)로부터

$$T^{tt} = \rho(t), \quad T^{ij} = g^{ij}p(t) = \delta^{ij}[\,p(t)/a(t)^2]. \tag{22.42}$$

이다. 그리고 (22.40)의 국소 보존 식의 t성분은 (20.65)를 사용하여 다음과 같이 쓸 수 있다.

$$\nabla_\beta T^{t\beta} = \frac{\partial T^{t\beta}}{\partial x^\beta} + \Gamma^t_{\beta\gamma}T^{\gamma\beta} + \Gamma^\beta_{\beta\gamma}T^{t\gamma} = 0. \tag{22.43}$$

이에 관련된 크리스토펠 기호는 (2.41)로부터 직접 계산하거나 부록 B에 나열되어 있다. 이 중에 소멸되지 않는 것은

$$\Gamma^t_{ij} = a\dot{a}\,\delta_{ij}, \qquad \Gamma^i_{jt} = \frac{\dot{a}}{a}\delta^i_j, \tag{22.44}$$

여기서 ·(dot)는 시간에 대한 미분을 의미한다. 그러면 국소 보존 식 (22.43)의 3개의 항은 다음과 같이 된다.

$$\dot{\rho} + 3\frac{\dot{a}}{a}p + 3\frac{\dot{a}}{a}\rho = 0, \tag{22.45}$$

그리고 위와 동등하게

$$\frac{d}{dt}\left(\rho a^3\right) = -p\frac{da^3}{dt}. \tag{22.46}$$

로 나타낼 수 있다. 작은 좌표 부피 $\Delta\mathcal{V}_{\text{coord}} = \Delta x \Delta y \Delta z$ 내에 있는 유동체를 고려해보자. 이 좌표 부피는 $a(t)$에 따라 증가하는 우주의 팽창 때문에 시간에 따라 증가하는 물리적 부피 $\Delta\mathcal{V} = a^3(t)\Delta\mathcal{V}_{\text{coord}}$가 된다. 이 부피 내에 있는 에너지는 $\Delta E(t) = \rho(t)\Delta\mathcal{V}(t)$이다. (22.46)의 양변에 $\Delta\mathcal{V}_{\text{coord}}dt$를 곱하면

$$d(\Delta E(t)) = -p(t)d(\Delta\mathcal{V}(t)). \tag{22.47}$$

이것은 열역학 제1법칙으로 이는 팽창하는 동안에 압력에 대항하여 행해진 일에 의해 유동체의 한 요소의 에너지가 어떻게 감소하는지는 나타내는 것이다(좀 더 구체적인 논의를 위해서는 18.3절을 보라).

22.3 아인슈타인 공식 the Einstein Equation

곡률을 질량-에너지 밀도에 관련시켜주는 아인슈타인 공식은 고전물리학의 기초적 공식이다. 이것은 유도되어질 수 없다. 왜냐하면 그것을 유도할 더 기본적인 고전 이론은 없기 때문이다. 그러나 이것의 형태는 이 절에서 제시되는 약간 논쟁들에 의해 바뀌어 질 수 있다. 아인슈타인 공식의 형태를 만드는 데 필요한 재로는 벌써 손안에 들어 있다. (22.1)의 식 오른편에는 물질 에너지 밀도의 측정치인 스트레스-에너지 텐서 $T_{\alpha\beta}$가 있다.

그리고 그 왼편에는 곡률에 대한 측정이 있다. Ricci 곡률 $R_{\alpha\beta}$이 그 하나의 측정이다. 그러나 그것으로부터 형성될 수 있는 또 다른 2계 대칭 텐서는 $g_{\alpha\beta}R$이다. 여기서

$$R = R^{\gamma}_{\ \gamma} = g^{\gamma\delta}R_{\gamma\delta} \tag{22.48}$$

은 **Ricci 곡률 스칼라**라고 부른다.

그러면 곡률과 스트레스-에너지 사이의 관계를 나타내는 후보자는

$$R_{\alpha\beta} + \lambda\, g_{\alpha\beta}R = \kappa\, T_{\alpha\beta} \tag{22.49}$$

가 될 수 있다. 여기서 κ와 λ는 아직 결정이 안 된 상수이다.

(22.40)의 국소 보존 법칙에 일치하는 특성이 아인슈타인 공식 왼편에 있는 $R_{\alpha\beta}$와 $g_{\alpha\beta}R$의 결합을 결정한다. (22.49)식의 오른편에 ∇^{β}를 적용하면 0이 된다. 그러므로 (22.49)의 왼편에도 이것을 적용하면 또한 0이 되어야 한다. 이것은 $R_{\alpha\beta}$와 $g_{\alpha\beta}R$ 둘의 결합에 대해서만 성립한다. **Bianchi 항등식**으로부터 특별한 결합식이 따라 나오는데 다음과 같다.

$$\nabla_{\beta}\left(R^{\alpha\beta} - \tfrac{1}{2}g^{\alpha\beta}R\right) = 0. \tag{22.50}$$ Bianchi 항등식

이 4개의 관계들은 선택하는 어떤 계량 $g_{\alpha\beta}$에 대하여 만족한다. 이 식의 타당성은 문제 13을 풀어보면 알 수 있거나 미분기하학의 결과로부터 알 수 있다.
아인슈타인 공식의 오른편의 국소 보존 법칙과 일치하는 왼편의 유일한 식은 $R_{\alpha\beta}-(1/2)g_{\alpha\beta}R$이므로 (22.49)로부터 $\lambda=-1/2$이다. 그러나 여전히 κ의 값은 결정되지 않았다. 이것은 중력과 연계된 상수 G에 비례하여야 할 것이다. 다음 절에서 알게 되겠지만 이것의 정확한 값은 뉴턴적 한계값에 의해 $8\pi G$(이 장 전체에서는 $c=1$인 단위가 쓰이고 있다)이다.

그러면 아인슈타인 방정식은

아인슈타인 방정식

$$R_{\alpha\beta}-\frac{1}{2}g_{\alpha\beta}R=8\pi GT_{\alpha\beta}. \tag{22.51}$$

가 된다. $c\neq 1$인 단위에서는 $8\pi G$가 $(8\pi G)/c^4$으로 대치된다. 질량이 길이의 단위로 측정되고 $G=1$인 기하단위에서는 그것은 단지 8π로 바뀐다.

아인슈타인 곡률 텐서 다음과 같이 정의하는 것이 편리하다.

아인슈타인 곡률

$$G_{\alpha\beta}\equiv R_{\alpha\beta}-\frac{1}{2}g_{\alpha\beta}R. \tag{22.52}$$

그러면 아인슈타인 방정식 더 간략히 표시할 수 있다.

$$G_{\alpha\beta}=8\pi GT_{\alpha\beta} \tag{22.53}$$

혹은 더 간단하게

$$\mathbf{G}=8\pi G\mathbf{T}. \tag{22.54}$$

표시할 수 있다. 눈치 빠른 독자는 이 아인슈타인 방정식의 왼편에 $T_{\alpha\beta}$의 국소 보존 법칙과 일치하는 또 다른 항이 있을 수 있다는 것을 알아차렸을 것이다. 그것은 일정한 Λ에 대하여 $\Lambda g_{\alpha\beta}$의 항이다. 이것을 그 식 왼편에 첨가한다고 해서 국소 보존 법칙이 깨지는 것이 아니다. 왜냐하면 계량의 공변 미분이 0으로 가기 때문이다. [(20.70) 참고]

실제로 아인슈타인은 Λ를 우주 상수라 부르면서 이 항을 도입하였을 때 바로 이렇게 하였다. 그러나 현재의 실용적 측면에서는 이 항과 진공상태의 스트레스-에너지 텐서를 동일시하여 예제 22.6에서와 같이 $T^{vac}_{\alpha\beta}=-(\Lambda/8\pi G)g_{\alpha\beta}$의 형태의 스트레스-에너지 텐서로 둔다.

이것이 우주론에 관해 설명한 18장에서 다루어졌던 것이고 [식 (18.28) 참고], 그리고 이것이 여기에서 다루게 될 것이다. 아인슈타인 공식은 $T_{\alpha\beta}=0$일 때 $R_{\alpha\beta}=0$으로 환원된다. 이것을 알아보기 위해 (22.51)에 $T_{\alpha\beta}=0$로 놓고 이 식에 $g^{\alpha\beta}$를 곱하자. 그러면 (22.48)과 역계량 (20.12)의 정의를 사용하면 $R=0$ 이라는 결과를 갖게 된다. 그러면 아인슈타인 방정식은

$$R_{\alpha\beta}=0\text{일 때}\quad T_{\alpha\beta}=0, \tag{22.55}$$

가 된다. 이것은 앞 장에서 사용된 진공 아인슈타인 공식 (21.34)이다.

아인슈타인 방정식은 시공간 Ricci 곡률을 물질의 스트레스-에너지와 연관시킨다. 그것의 성분들은 물질의 소스 $T_{\alpha\beta}(x)$와 주어져 있는 계량 계수 $g_{\alpha\beta}(x)$에 대한 10개의 편미분 공식들이다. 이것들은 전하 및 전류 밀도가 주어져 있는 전자기 퍼텐셜을 결정하는 맥스웰 방정식과 유사하다. 그러나 맥스웰 방정식과 다르게 아인슈타인 방정식의 편미분은 비선형적이다. 이 비선형성이 맥스웰 방정식보다 그것들을 푸는데 더 어렵게 만든다. 10개의 식 전부다가 독립적인 것은 아니다. 그것들은 4개의 Bianchi 항등식 (22.55)과 관련이 있다. 그래서 단지 6개의 독립적인 식이 있다. 이것은 계량이 4좌표의 변환에 의해 변할 수 있기 때문에 올바른 수이다. 오직 6개의 계량함수나 그것의 결합 식은 중력에 대한 기본 장 방정식에 의하여 결정되어야 한다. 그리고 아인슈타인 방정식에서 독립인 미분 관계식의 수는 정확히 6개이다.

예제 22.8 등질적, 등방적 우주 모델에 대한 아인슈타인 방정식

18장에서 논의한 Robertson-Walker의 등질·등방 우주 모델은 아인슈타인 방정식의 성분들을 밖으로 나타내어 볼 수 있는 가장 간단하고 실제적 예를 제공해준다. R-W 모델의 계량은 [(18.62) 참고] 다음과 같다.

$$ds^2=-dt^2+a^2(t)\left[\frac{dr^2}{1-kr^2}+r^2\left(d\theta^2+\sin^2\theta\, d\phi^2\right)\right], \tag{22.56}$$

여기서 $k=\pm 1.0$인 상수로써 시공간의 곡률 규정한다. 물질, 복사와 진공의 우주적 이상적 유동체의 스트레스-에너지는 예제 22.7에 논의되었다. 계량 (22.56)에 대한 아인슈타인 텐서의 성분들은 이 책 웹 사이트에 있는 Mathematica notebook Curvature and the Einstein Equation을 사용하여 밝혀 낼 수 있고, 이것을 부록 B에 나열해 놓았다. 그 결과들은 유동체와 함께 움직이는 관측자는 – 여기서는 $\mathbf{e}_{\hat{0}}=\mathbf{u}$이고 다른 3개의 기저 벡터들은 (r,θ,ϕ)의 좌표선상의 방향으로 향한다 – 직교 기저 $\{\mathbf{e}_{\hat{\alpha}}\}$로 아주 우아하게 표현되어있다. 이 기저 벡터에서 스트레스-에너지 텐서의 성분들은 정의에 의해서 단지 (22.36)에 있는 것들이다 – $T_{\hat{\alpha}\hat{\beta}}=\mathrm{diag}\,(\rho,p,p,p)$

아인슈타인 텐서의 좌표 기저 성분들은 예제 7.9에서와 같이 기저 벡터 성분들로 나타냄으로써 이 직교 기저에 투사할 수 있다. (20.41)에서와 같이 투사를 실행하면 그 결과는

$$G_{\hat{t}\hat{t}} = \frac{3}{a^2}\left(k + \dot{a}^2\right) = 8\pi\rho, \tag{22.57a}$$

$$G_{\hat{r}\hat{r}} = G_{\hat{\theta}\hat{\theta}} = G_{\hat{\phi}\hat{\phi}} = -\left[2\frac{\ddot{a}}{a} + \frac{1}{a^2}\left(k + \dot{a}^2\right)\right] = 8\pi p. \tag{22.57b}$$

여기서 ・는 t에 대한 미분을 의미한다. 그리고 아인슈타인 방정식에서 다른 모든 성분들은 다 사라졌다. 이들 중 첫 번째의 (22.57a)의 식은 (18.63)의 Friedman 방정식이다. 이것으로부터 18장에서 FRW 우주 모델의 특징들을 유도하였다. 그러면 나머지 식은 무엇인가? 그것들은 (22.57a)와 (22.46)의 열역학 제1법칙의 결과물들이다. 이것을 알아보기 위하여 (22.57a)에 a^3을 곱하고 시간 t에 대해 양변을 미분해보라. 그리고 $d(\rho a^3)/dt$를 (22.46)에서와 같이 $-p(da^3/dt)$로 대치하면 (22.57b)가 얻어진다.
바꾸어 말해서 아인슈타인 중력 방정식은 (22.46)의 열역학 제1법칙을 함축하고 있다고 말할 수 있을지 모른다. (22.57a)와 (22.46)이 18장 전체에 걸쳐서 사용된 단 2개의 공식이다. (22.57)의 식으로부터 $a=0$일 때, FRW 모델의 빅뱅은 압력과 밀도뿐만 아니라 또한 시공간 곡률에서도 특이점이 된다.

22.4 뉴턴 한계 the Newtonian Limit

일반 상대성은 빛의 속도와 비교해서 아주 작은 속도로 움직이는 물질 소스에 의해서 만들어지는 작은 시공간 곡률의 범위에서는 뉴턴의 중력의 거리의 역 제곱 법칙을 성립하여야 한다. 달리 말해서, 아인슈타인 장방정식은 이 한계에서는 뉴턴 장방정식 (3.18)으로 환원되어야 한다는 것이다. 예제 21.5의 결론은 정적이며, 약한 장 계량에서는 [(21.25) 참고] 진공 아인슈타인 방정식이 진공 뉴턴 방정식 $\nabla^2\Phi = 0$ [(21.08) 참고]로 환원된다는 것이다.

$$ds^2 = -(1+2\Phi)dt^2 + (1-2\Phi)(dx^2+dy^2+dz^2). \tag{22.58}$$

(여기서 이 장 전체에 걸쳐서 $c=1$ 단위가 사용되었다) (22.53)의 소스를 가진 아인슈타인 방정식이 비상대론적인 물질의 스트레스-에너지 $T_{\alpha\beta}$와 동일 계량과 동일한 선형 근사에서 평가하였을 때 무엇이 일어나는지 알아보자.

물질이 빛의 속도와 비교하여 아주 작은 전형적인 속도, V로 움직일 때는 정지

에너지가 어느 한계이하에서는 비상대적 물질의 스트레스-에너지에 가장 주된 것이 된다. 정지 에너지 밀도 μ가 작다고 가정하면, 그것은 작은 Φ를 가진 (22.58)과 일치하는 아주 작은 시공간 곡률을 만들어 낼 것이다. 그러나 또한 μV^2에 비례하는 운동에너지와 $\mu\Phi$에 비례하는 퍼텐셜 에너지는 너무 작아 비교해 볼 때 무시할 수 있을 정도라는 것으로 가정하자.[5] 그러므로 $u^\alpha \approx (1,\vec{0})$를 가진 (22.17)의 $T^{\alpha\beta}$는 비상대적 물질의 스트레스-에너지 텐서로 가장 좋은 1차적 근사가 될 것이다. $T^{\alpha\beta}$에서 유일하게 의미 있는 성분은

$$T^{tt} = \mu + (\mu\Phi \text{ 와 } \mu V^2 \text{의 차수의 항}). \tag{22.59}$$

$T^{\alpha\beta}$의 나머지 다른 모든 성분들은 최고로 크게 보았을 때 μV^2의 차수로 나타나는 데 무시할 수 있다. 주 차수에서 $g_{tt} =-1$이기 때문에 $T_{\alpha\beta}$의 주된 근사로는 $T_{tt} \approx \mu$가 될 것이고 다른 성분들은 무시된다. 이 스트레스-에너지는 아인슈타인 방정식 (22.53)의 오른편에 있는 것이다.

이 책 웹사이트에 있는 Mathematica 프로그램의 사용하여 아인슈타인 텐서 $G_{\alpha\beta}$는 작은 값 Φ에서 1차수로 뉴턴의 계량 (22.58)로 평가되어 질 수 있다. 부록 B에 보면, 그 결과는

$$G_{tt} = 2\nabla^2\Phi + (\text{차수 } \Phi\text{의 항}), \tag{22.60}$$

다른 모든 $G_{\alpha\beta}$의 성분들은 차수 Φ^2를 가진다.

아인슈타인 방정식 (22.53)에 (22.59) (첨자를 낮추어서)와 (22.60)을 대입하면

$$\nabla^2\Phi = 4\pi G\mu, \tag{22.61}$$

가 된다. 이것은 정지질량밀도를 중력 퍼텐셜 Φ와 연관시켜주는 뉴턴 장 방정식이다. 이것은 (3.18)의 뉴턴 장 방정식이다. 만일 아인슈타인 방정식의 왼편과 오른편 사이의 비례 상수 [(22.49)에서 κ]가 알려지지 않았다면 이 뉴턴 한계에 의해서 그 상수를 결정할 수도 있었을 것이다.

아인슈타인 중력장 방정식으로부터 뉴턴 중력장 방정식 (22.61)로의 복귀는 뉴턴의 중력이 비상대론적 물질 소스와 작은 곡률에 적합한 일반 상대성의 근사에 해당한다는 논증을 완성한 것이다. 논증의 또 다른 부분 - 측지선 방정식이 뉴턴의 운동 방정식을 함축하고 있다는 것 - 은 6.6절에 나와 있다. 특히, 이 근사적 방법으로, 일반 상대성은 중력에 대한 친숙한 역 제곱 법칙을 함축하고 있다. 이와 같이

---

5) 이것을 알아보기 위한 또 다른 방정은 c 요소를 다시 넣어보는 것이다. 즉 V는 V/c로 대치되고 Φ는 Φ/c^2로 대치해 보라.

표 22.1 Newtonian Gravity and General Relativity Compared

	Newtonian Gravity	General Relativity
What mass does	Produces a field Φ causing a force on other masses $\vec{F} = -m\vec{\nabla}\Phi$	Curves spacetime $ds^2 = g_{\alpha\beta}(x)dx^\alpha dx^\beta$
Motion of a paritle	Newton's law of motion $\frac{d^2x^i}{dt^2} = -\delta^{ij}\frac{\partial\Phi}{\partial x^j}$	Geodesic equation $\frac{d^2x^\alpha}{d\tau^2} = -\Gamma^\alpha_{\beta\gamma}\frac{dx^\beta}{d\tau}\frac{dx^\gamma}{d\tau}$
Field equation	Newtonian field equation $\nabla^2\Phi = 4\pi G\mu$	The Einstein equation $R_{\alpha\beta} - \frac{1}{2}g_{\alpha\beta}R = 8\pi GT_{\alpha\beta}$

300년 이상 지속된 태양계의 역학에 뉴턴 중력이론의 성공적인 적용이 일반 상대성 이론이 예견하는 근사치 해당한다는 것이며 수성의 근일점의 세차운동은 일반 상대성으로 예측되었다는 것이다. 뉴턴의 중력이론은 틀린 것은 아니다. 그것은 중력의 상대론적 이론 - 일반 상대성 이론 - 의 비상대론적 근사치에 해당한다.

이제 아인슈타인 방정식의 형태를 완성함으로써 특수 상대성과 일치하는 중력이론을 보여주겠다는 6장에서 한 공약을 이제 충실하게 이행하였다. 표 6.1을 완성시킨 표 22.1을 보면 두 이론 사이에는 유사점들이 있다. 그러나 일반 상대성 이론은 공간과 시간을 보는 견해가 뉴턴 이론과는 질적으로 다르다.

문 제

1. 4차원 다이버전스 정리와 보존 법칙들

관성계의 (t, x, y, z)축 따라 향하여 있는 면을 가지고 있는 평평 시공간에 있는 입방체를 고려해보자. 입방체의 차원들은 각각의 방향으로 Δt, Δx, Δy, Δz 라고 가정하자. 어떤 벡터 $\mathbf{v}(x)$에 대하여, 다음과 같음을 보여라.

$$\int_{\mathcal{V}_4} d^4x \frac{\partial v^\alpha}{\partial x^\alpha} = \int_{\partial\mathcal{V}_4} d^3x (n_\alpha v^\alpha),$$

여기서 $\mathcal{V}_4$는 입방체의 4원-부피이고, $\partial\mathcal{V}_4$는 3원-표면의 경계면이고, $\mathbf{n}$은 적절하게 선택된 수직 벡터이다. 이 관계가 올바르게 되기 위해서는 수직 벡터가 입방체의 공간성 부분과 시간성 부분에 어떻게 선택되어져야 하는 지 논의하라. $\partial v^\alpha/\partial x^\alpha = 0$이고 입방체가 전 공간으로 뻗어 있을 때, 위 식의 오른편은 보존 법칙을 함축하고 있음을 보이고, 그리고 두 경계선상의 공간성 표면에서 동일한 보존되는 양을 발견해보라.

2. 길이 L인 면을 가진 질량 M의 입방체가 수평면과 θ각도를 이루고 있는 경사면에 정지해 있다. 입방체에 의하여 미치는 스트레스 T^{ij}의 성분들은 무엇인가?
(a) 직각 좌표에서 경사면과 그 경사면에 수직인 방향으로 스트레스 T^{ij}의 성분은?
(b) 직각 좌표에서 수평면과 그 수평면에 수직인 방향으로 스트레스 T^{ij}의 성분은?
(c) 여러분들이 (b)에서 계산한 스트레스가 경사면에서 올바른 힘을 나타내는가?

3. **대기의 법칙**.
대기가 질량 m을 가진 분자들의 이상적 유동체(perfect fluid) 가스라고 가정하자, 여기서 압력 p, 수 밀도 n, 그리고 온도 T가 다음의 관계가 있다.

$$p = nk_BT,$$

k_B는 볼츠만 상수이다. 뉴턴 중력을 사용하여, 압력의 힘이 중력의 힘과 평형을 이룰 때 압력이 고도 z와 함께 어떻게 변하는 지 알아보라. 대기는 일정한 온도 T를 가지고, 해수면 레벨에서의 압력은 p_{sea}라고 하고, 관심을 가지는 고도는 지구 반경과 비교해 볼 때 아주 작다고 하고, 지구의 중력은 가스의 입자들 모두에 힘을 미친다고 가정하라.

4. **스트레스 텐스는 대칭이다**.
T^{xy}와 T^{yx}가 스트레스 텐스에서 유일하게 영이 아닌 성분이고 그 스트레스 텐스가 대칭이 아니다 $T^{xy} \neq T^{yx}$ 라는 가정 하에 한 변이 L인 작은 입방체의 중심 주위로 부하가 걸린 토크를 계산하라. 동일 밀도의 물질로 만들어진 점점 더 작은 입방체를 고려하자. 순 토크는 점점 더 작아지는 단편과 함께 어떻게 변화하는가? 여러분들은 이 변화로부터 스트레스 텐스가 대칭이어야 하는 이유를 알겠는가?

5. 한 상자의 가스가 정지해있다. 가스의 분자들은 상자 내에 균등하게 분포되어 있고 운동량 $f(\vec{p})$의 분포를 가지고 움직이고 있어 $f(\vec{p})d^3p$는 $\vec{p}$에 중심을 두고 범위 d^3p에서 운동량을 가지고 있는 단위 부피당 분자의 수이다. $f(\vec{p})$가 등방적(isotropic)이라 가정하면, 그것이 의미하는 것은 단지 $|\vec{p}|$에만 의존한다는 것이다.
(a) 가스의 스트레스 텐서는 다음과 같음을 논하라.

$$T^{\alpha\beta} = \int d^3p \frac{f(\vec{p})}{m} p^\alpha p^\beta,$$

여기서 p^α는 p의 함수로서 간주되는 4원-운동량이고 m은 분자의 정지 질량이다.

(b) T^{ij}를 계산하고 그것이 대각적이며, 모든 대각선 성분이 동일함을 보여라.
(c) 가스에서 압력과 에너지 밀도를 구하라. 그 분포가 초상대론적인 운동량으로 최고조에 달해있다고 가정하고, 가스의 상태 방정식을 구하라.

6. [P] **전자기학에서 스트레스 에너지**
이 문제는 평평 시공간에서 전자기장을 위한 스트레스-에너지 텐서에 관한 것이다. 표준 결과들은 SI단위로 정의된 $\mu_0 \equiv 4\pi \times 10^{-7}$과 $\epsilon_0 \equiv 1/\mu_0$를 채택하고 $c=1$을 인용한다. 또한 여러분들은 $\mu_0 \to 4\pi$와 $\epsilon_0 \to 1/(4\pi)$로 대치하여 간단히 가우스 단위를 사용할 수도 있다. 전기동력학에서 에너지 밀도 ϵ는 진공속에서 다음과 같다.

$$\epsilon = \frac{1}{2}\left(\epsilon_0 \vec{E}^2 + \frac{1}{\mu_0}\vec{B}^2\right),$$

에너지 프락스(flux)는 다음과 같이 포인팅 벡터로 주어진다.

$$\vec{S} = \frac{1}{\mu_0}(\vec{E} \times \vec{B}),$$

그리고 스트레스는 다음과 같이 맥스웰 스트레스-텐서로 주어진다.

$$T^{ij} = \epsilon_0\left(-E^i E^j + \frac{1}{2}\delta^{ij}\vec{E}^2\right) + \frac{1}{\mu_0}\left(-B^i B^j + \frac{1}{2}\delta^{ij}\vec{B}^2\right).$$

(여러분들이 보아왔을 다른 가능한 식들과 비교할 때, $c^2 = 1 = 1/(\epsilon_0\mu_0)$임을 상기하라. 또한 스트레스 텐서의 정의에서 부호의 변화에 주의하라.)
(a) 전자기장을 위한 스트레스 에너지 텐서를 형성하도록 이것들을 함께 묶어 보라.
(b) 맥스웰공식으로부터 이 $T^{\alpha\beta}$가 보존됨을, 즉 4개의 식 (22.31)이 만족됨을 명확히 보여라.

7. [S] 예22.5에서 언급된 입방체를 고려해보자. (22.34)에 있는 표면 적분이 입방체에 작용하는 순 압력 힘을 제공함을 보여라.

8. [S] (22.38)에 정의되어 있는 진공의 스트레스-에너지 국소 보존 법칙 (22.40)을 만족시킴을 보여라.

9. [S] 관측자가 시공간을 통하여 어떻게 운동하던지 그들 모두는 동일한 진공에너지 밀도를 측정함을 보여라.

10. 약한 에너지 조건

국소 관성계에서 $T_{\alpha\beta} = \mathrm{diag}(A, B, C, D)$ 형태를 취하는 스트레스-에너지 텐스를 고려해보자.

(a) 스트레스-에너지 텐스가 주어져 있는 계에 대해서 관측자가 얼마나 빨리 움직이던지 간에 어떤 관측자든지 양의 에너지 밀도를 보게 하기 위해서는 A, B, C, D에 무슨 조건이 만족되어져야 하는가?

(b) 진공 스트레스-에너지 텐스 (22.39)는 음의 B, C 그리고 D의 값을 가진 이 형태이다. 관측자가 음의 에너지 밀도를 보게 되는 어떤 계가 존재하는가?

11. 계량으로부터 건설되어질 수 있는 스트레스-에너지 텐스가 없음과 공간이 평평할 때는 그것의 1차 미분이 영으로 환원됨을 보임에 의하여 국소 중력 에너지가 없음을 논의한 16.5절에서의 논쟁을 더 강화하라.

12. [C] **대칭은 보존을 함축하고 있다.**

다음 문제의 결과는 일반적이다, 그러나 대수(학)를 계속 다룰 수 있도록 하기 위해서는, 다음 형태의 계량에 주의를 한정해야한다.

$$ds^2 = -A^2 dt^2 + B^2 dx^2 + C^2 dy^2 + D^2 dz^2,$$

여기서 A, B, C, D는 (t, x, y, z)의 함수이다.

(a) 다음과 같은 관계가

$$\nabla_\alpha J^\alpha = 0$$

계량에 의하여 특성화된 어떤 함수 f에 대하여

$$\frac{\partial(f J^\alpha)}{\partial x^\alpha} = 0$$

의 형태로 쓰여질 수 있음과 그러므로 흐름 J^α에 대해서 보존 법칙을 함축하고 있음을 보여라.

(b) 시공간이 대칭을 갖고 있을 때 다음을 만족하는 킬링 벡터가 있다.

$$\nabla_\alpha \xi_\beta + \nabla_\beta \xi_\alpha = 0.$$

(논증을 통하여 유도되는 것을 알아보기 위해, 문제 20.18을 보라)

다음의 식이 보존되는 흐름(current)임을 보여라.

$$J^\alpha \equiv \xi_\beta T^{\alpha\beta}$$

13. [A, C] **Bianchi 항등식 증명.**

국소 관성계에서 Bianchi 항등식 (22.50)은 다음과 같다.

$$\partial_\alpha R^\alpha_\beta - \tfrac{1}{2}\partial_\beta R = 0,$$

여기서 $\partial_\alpha = \partial/\partial x^\alpha$ 이다. (21.20)과 (21.28)을 사용하여 이 항등식이 다음을 따름을 보여라.

(a) (21.20)을 사용하여 계량의 3차 미분을 포함하는 항들만이 국소관성계에서 살아남음을 보여라.

(b) (21.28)을 사용하여 Bianchi 항등식을 위한 위의 표현에서 발생하는 계량의 3차 미분들의 결합들을 계산하고 그것들이 서로 간 상쇄됨을 보여라.

14. [C, N] 시공간을 뒤틀리게 구동장치(warp drive)는 음의 에너지 밀도를 요구한다.

이 문제는 7.4절에 논의하였던 Alcuierre 시공간을 뒤틀리게 구동장치(warp drive)에 관한 것으로, 그것의 선요소는 (7.24)에 주어져 있다.

(a) 상수 t인 표면에 수직인 n^α의 성분들을 계산해보라.

(b) 이 책의 웹사이트에서 이용할 수 있는 Mathematica program Curvature and Einstein Equation 을 변형시켜 다음을 보여라.

$$T_{\alpha\beta}n^\alpha n^\beta = -\frac{1}{8\pi}\frac{V_s^2(y^2+z^2)}{(2r_s)^2}\left(\frac{df}{dr_s}\right)^2.$$

이것은 상수 t인 표면에 대해서 정지해 있는 관측자에 의해 측정된 에너지 밀도이다.

그것이 음수라는 사실은 시공간을 뒤틀리게 구동장치는 양의 에너지 밀도를 가진 고전 물질에 의하여 지원 받을 수 없음을 의미한다.

15. **웜홀(wormhole)은 음의 에너지 밀도를 요구한다.**

웜홀 기하 (7.39)를 회상해보자. 그 예에서 사용된 정규직교 기저에서 아인슈타인 방정식의 해가 되도록 이 기하에서 필요하게 되는 스트레스-에너지 $T^{\hat\alpha\hat\beta}$의 성분들을 계산하라. 요구되는 에너지 밀도(정지해 있는 관측자가 측정하였을 때)가 음수임을 보여라. 고전적으로 묘사된 모든 실제적 물질들은 양의 에너지 밀도를 가지고 있기 때문에, 고전적 수단들에 의하여 (7.39)와 같은 웜홀을 건설하는 것은 불가능하다.

16. [A, N] **유클리드 공간에 일정한 음의 곡률을 내재시키기(embedding).**

(a) (18.60)에 제시되어 있는 것 같이, 열린 우주의 공간기하의 $\theta = \pi/2$일 때의 단편인 2원-표면의 스칼라 곡률을 계산하라.

(b) 다음의 2차원 기하도 또한 일정한 음의 곡률을 가짐을 보여라.

$$d\Sigma^2 = du^2 + \cosh^2 u \, d\phi^2$$

미분기하에서 Minding의 정리에 의하여, 이 표면은 (a)에 있는 열린 우주의 단편과 같은 동일한 국소 기하를 가져야 한다.

(c) 3차원 평평 공간에서 (b)에 있는 표면의 내재시키기(embedding)를 찾아라. 그것은 감자 칩처럼 보이는가? (만일 여러분들이 그것들을 푼다면 이 파트(part)는 문제 18.30의 파트 (b)와 동일한 것이다.)

CHAPTER

23 중력파의 방출
Gravitational Wave Emission

제16장에서 언급하였던 같이 중력파는 전자기파 스펙트럼에 나타나는 어떤 현상과 다른 우주의 천문학적 현상을 보여주는 창문의 역할을 한다. 많은 다양한 다른 운동을 하고 있는 질량체들은 시공간 곡률에 퍼져가는 잔물결을 일으키는 원천이 된다. 그러므로 중력파의 원천들은 우주에 산재해 있는 것이다. 빅뱅이나 블랙홀의 중력 붕괴 등에서와 같이 급속히 변화하고, 아주 강력한 시공간 곡률의 지역들은 막대하게 중력파를 생산한다. 그러나 서로에 대하여 궤도상 도는 한 쌍의 별들의 운동에서도 약간의 중력파를 만들어낼 것이다. 실제적으로 23.7절에 언급되어 있듯이 중력파의 효과를 최초로 탐지한 실험은 한 쌍의 중성자별들의 궤도상 파괴를 통하여 행한 것이다.

지구상에서나 우주공간에 띄어놓은 중력파 검출기들은 중력파를 가지고 우주를 탐색하는 데 필요한 도구이다. 그들 중 몇몇의 작업들은 제16장에 개략적으로 언급하였다. 그러나 그것들의 관측결과를 해석하고 그것들이 보여주고 있는 것이 무엇인지 예견하기 위하여는 주어진 원천들에 의하여 발생한 중력파에 대한 아인슈타인 방정식을 푸는 것이 필요하다. 강한 곡률로부터 중력파를 예견해주는 급속히 변화하는 질량 원천은 일반적으로 완전 비선형 아인슈타인 방정식에 대한 많은 시뮬레이션에 의해서만 다룰 수 있는 문제이다. - 이것은 이 책의 범주를 벗어나는 주제이다. 그러나 중력파의 발생에 대한 통찰력은, 약하고 비 상대적인 발생원에 의해서 방출되는 좀 더 다루기 쉬운 시공간의 잔물결에 대한 문제를 풀어보는 것으로부터 얻어질 수 있다. 그러한 문제가 이 장에서 다루어진다.

23.1 발생원들을 가지고 있는 선형 아인슈타인 공식
The Linearized Einstein equation with Sources

(22.51)의 아인슈타인 식

$$R_{\alpha\beta} - \frac{1}{2} g_{\alpha\beta} R = 8\pi T_{\alpha\beta}, \tag{23.1}$$

은 운동 중에 있는 질량체의 스트레스-에너지를 시공간 곡률에서 퍼져가는 잔물결에 연관을 시켜준다. 원천 $T_{\alpha\beta}$에 의하여 생산된 중력파가 매우 약하여 그 계량을 평평 시공간 계량 $\eta_{\alpha\beta}$의 작은 섭동 $h_{\alpha\beta}(x)$로 둘 수 있다는 가정 하에 아인슈타인 방정식을 풀 것이다. 이것은

$$\boxed{g_{\alpha\beta}(x) = \eta_{\alpha\beta} + h_{\alpha\beta}(x),} \tag{23.2}$$

평평 시공간의 작은 섭동

을 의미하며 $\eta_{\alpha\beta} = diag(-1,1,1,1)$인 평평 시공간에 대한 직각 (t, x, y, z)좌표를 가정한다.

약하다는 뜻은 모든 α와 β에 대하여 $|h_{\alpha\beta}| \ll 1$임을 의미한다. 우리는 선형 진공 아인슈타인 식을 얻기 위하여 제21.5절에서 하였던 것과 같이 (23.1)의 왼편의 식을 계량 섭동의 1차수 범위까지만 계산을 할 것이다. 그리고 나서 약한 중력 원천을 가진 선형 중력의 공식을 얻기 위하여 위에서 구한 것을 (23.1)의 오른편 식과 같다고 둘 것이다. 또 발생원에서의 모든 속도들이 빛의 속도에 비해서 작다고 가정할 것이다. 이것은 스트레스-에너지가 정지질량밀도 μ에 주로 지배받을 것이라는 의미이다.

$$T^{\alpha\beta} = \mu u^{\alpha} u^{\beta}. \tag{23.3}$$

그러나 그 발생원이 정지해 있다고는 가정하지 않는다. - 만일 그렇게 가정한다면 중력파가 존재하지 않을지 모른다! 우리는 가능한 한 늦게 특별한 형태인 (23.3)을 도입하는 것을 지연시켜 그래서 많은 중간 결과들은 좀 더 일반적으로 되도록 할 것이다.

21.5절에서 언급하였듯이 좌표상의 작은 변화(게이지 변환)은 계량 섭동 $h_{\alpha\beta}(x)$에 4개의 게이지 조건을 부과하기 위해 사용되어질 수 있다. 우리는 Lorentz 게이지 (21.56)을 계속 사용할 것이다. 4개의 Lorentz 게이지 조건은 “trace-reversed” 진폭(amplitude)을 도입하여 간단한 형태로 쓸 수 있다.

$$\bar{h}_{\alpha\beta} \equiv h_{\alpha\beta} - \tfrac{1}{2}\eta_{\alpha\beta} h, \tag{23.4}$$

여기서[1)] $h \equiv h^{\gamma}_{\gamma}$이다. 그러면 (21.56)의 Lorentz 게이지 조건은

$$\boxed{\frac{\partial \bar{h}^{\alpha\beta}}{\partial x^{\beta}} = 0.} \tag{23.5}$$

Lorentz 게이지

과 같이 된다. 그러면 (21.44)의 식은 계량섭동 $h_{\alpha\beta}(x)$에 대한 1차수에 대하여, 아인슈타인 방정식 (23.1)의 왼편에 있는 Ricci 곡률은 Lorentz 게이지 안에서

1) 선형 중력에서는, 첨자들은 제21장에서 논의한 것 같이 평평 계량 $\eta^{\alpha\beta}$을 가지고 올려진다. [(21.47) 참고]

$\delta R_{\alpha\beta} = \left(-\frac{1}{2}\right)\Box\, h_{\alpha\beta}$의 단순한 형태를 가진다. 여기서 $\Box$는 (21.45)에 정의되어 있는 평평 공간 파동 연산자이며 $\Box = -\frac{\partial^2}{\partial t^2} + \vec{\nabla}^2$이다. 그리고 선형 곡률 스칼라인 δR [(22.48) 참고]는 $\delta R = \left(-\frac{1}{2}\right)\Box\, h$가 된다.

그러면 (23.1)의 아인슈타인 방정식의 선형화는 다음과 같이 된다.

약한 중력원에서 선형 아인슈타인 방정식

$$\boxed{\Box \bar{h}_{\alpha\beta} = -16\pi T_{\alpha\beta}.} \tag{23.6}$$

(23.5)와 (23.2)같이 (23.6)은 평평 공간계량이 $\eta_{\alpha\beta}$인 계량섭동과 스트레스-에너지 텐서의 직각 좌표 성분에 대해서만 성립하는 것이라는 것을 강조하고 싶다. 식 (23.6)은 $\bar{h}_{\alpha\beta}(x)$의 각각의 성분들이 다음 형태의 원천을 가진, 분리된 평평 공간 파동 방정식을 따른다는 것이다.

$$-\frac{\partial^2 f(x)}{\partial t^2} + \vec{\nabla}^2 f(x) = j(x). \tag{23.7}$$

주어진 발생원 $j(x)$와 함께 $f(x)$에 대한 파동 방정식을 푸는 것은 물리학에서는 표준적 문제이다 - 예로써 전자기파 이론으로부터 친숙한 문제이다. 이 해법은 다음 절에서 보여줄 것이다.

23.2 발생원을 가지고 있는 파의 방정식 풀기

Solving the Wave Equation with a Source

먼저 (23.7)에 있는 발생원 $j(x)$가 명확한 시간과 공간적으로 명확한 위치에 있는, 한 사건에 위치한 δ-함수라 하자. 파동 방정식은 선형이기 때문에 더 많은 일반적 발생원들은 그런 δ-함수 발생원으로부터 파들을 더함으로써 차곡차곡 더하면 된다(**그림 23.1**을 보라).

편리하게 이 시공간 사건을 원점에 두고서 시작해보자. 그러면

$$j(x) \equiv \delta(t)\,\delta(x)\,\delta(y)\,\delta(z) = \delta(t)\,\delta^{(3)}(\vec{x}). \tag{23.8}$$

이 발생원의 구형적 대칭성은 그것이 만들어내는 (23.7)의 특별한 해, $g(t, \vec{x})$라 부르는, 가 t 와 $r = |\vec{x}|$에만 의존할 수 있다는 의미를 내포하고 있다. 그러므로 원점으로부터 떨어져 있는 즉 $r \neq 0$이 아닌 $g(t, r)$은

$$-\frac{\partial^2 g}{\partial t^2} + \frac{1}{r^2}\frac{\partial}{\partial r}\left(r^2 \frac{\partial g}{\partial r}\right) = 0. \tag{23.9}$$

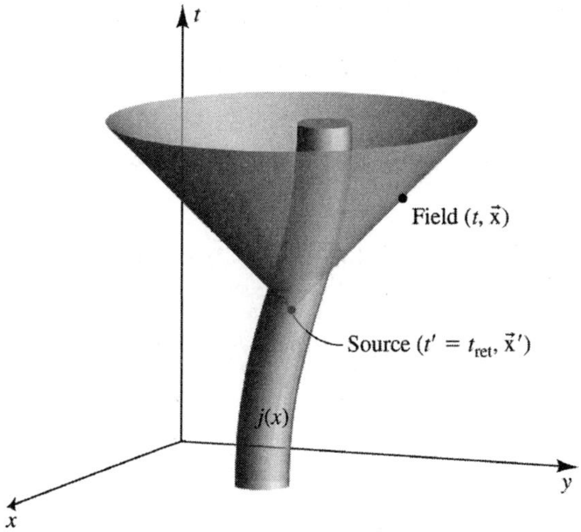

그림 23.1 일반적인 소스 $j(x)$에 대한 파동 방정식 (23.7)의 해는 힘 $j(t',\vec{x}')$에 의해 무게가 지워진 시공간 사건들 $(t',\vec{x}')$에 δ-함수 점 소스를 중첩시킴으로 해서 확립된다. 이 시공간 도형에 있는 원뿔은 $(t',\vec{x}')$에서 빛의 속도로 밖으로 퍼져나가는 파를 보여주고 있다. $(t,\vec{x})$에서의 파의 값은 뒤쳐진 시간 $t'=t_{ret}\equiv t-|\vec{x}-\vec{x}'|$에 있는 소스에 의존한다.

을 만족해야 한다. 이 식의 해가 다음과 같이 된다는 것을 체크해보는 것은 어렵지 않다.

$$g(t,r)=\frac{1}{r}\Big[O(t-r)+I(t+r)\Big] \tag{23.10}$$

여기서 $I(\cdot)$와 $O(\cdot)$는 어떤 함수들이다. $O(t-r)/r$의 해는 빛의 속도로 발생원으로부터 바깥쪽으로 향하는 파를 나타내고, $I(t+r)/r$의 해는 빛 속도로 발생원에 대하여 안으로 들어오는 파를 나타낸다. 이것은 가장 일반적인 가능한 물리적 상황이며 (23.10)은 가장 일반적인 가능한 수학적 해이다. 그러나 우리가 중력파에 초점을 맞추어 어떤 이론적 고안물을 건설하는 방법을 알아낼 때까지는, 밖으로 향하는 파 부분만 물리적으로 관련이 있다. 이것을 **뒤처진**(retarded) 혹은 **인과율**(causal) **해**라고 부른다.

뒤처진 파는 그것의 발생원인 사건 이후로 방출된 것이다. 우리는 (23.10)에서 밖으로 향하는 뒤처진 해 O만을 고려할 것이다. $\delta-$함수의 발생원 (23.8)을 가지고 (23.9)의 해가 되는 함수 $O(t-r)$을 발견하는 것이 이제 남아있다. 홀로 있는 δ 함수는 직접적으로 다루기에는 어렵다. 그래서 발생원 (23.8)을 포함하고 있는 반경 ϵ의 작은 공간적 부피에 걸쳐서 (23.7)의 양변을 적분한다.

$$\int_\epsilon d^3x\left[-\frac{\partial^2 g(x)}{\partial t^2}+\vec{\nabla}^2 g(x)\right]=\int_\epsilon d^3x\,\delta(t)\,\delta^{(3)}(\vec{x})=\delta(t). \tag{23.11}$$

해 g는 식 (23.10)을 보면 매우 작은 r에 대하여 1/r 로서 발산한다, 그러나 (23.11)에서의 부피요소는 $4\pi r^2$로서 감소한다. $\partial^2 g/\partial t^2$의 항의 적분은 $\epsilon \to 0$일 때 0으로 소멸한다. 이와 같이 극한치에서 전적으로 기여하는 부분은 $\vec{\nabla}^2 g$의 부피적분에서 나온다. 그리고 이것은 발산정리에 의해 표면 적분으로 전환될 수 있다.

$$\lim_{\epsilon \to 0} \int_{\epsilon} d^3x \vec{\nabla}^2 g = \lim_{\epsilon \to 0} \int_{\epsilon} d\vec{A} \cdot \vec{\nabla} g = \delta(t). \tag{23.12}$$

첫 번째 적분은 반경 ϵ인 구의 부피에 걸쳐서 하는 것이고, 두 번째 것은 표면에 대해서 하는 것이다. 여기에 $g(t, r) = O(t-r)/r$을 이 적분에 대입하면 다음과 같은 것이 나온다.

$$-4\pi O(t) = \delta(t). \tag{23.13}$$

그러므로 원점에 $\delta-$함수의 발생원을 가지고 밖으로 향하는 파의 (뒤처진)경계 조건들을 가진 파의 방정식에 대한 $g(t, r)$의 해는 다음과 같이 될 것이다.

$$g(t, r) = -\frac{\delta(t-r)}{4\pi r}. \tag{23.14}$$

위의 해는 **그림 23.1**에 보여주듯이 그리고 예상되었듯이 $t = r$인 빛 원뿔 내에 국한되어 있다는 것에 주의하라. 만일 발생원 $j(x')$가 많은 시공간 점 $(t', \vec{x}')$에 걸쳐서 존재한다면 (23.7)의 해를 얻기 위해서는 그것들 각자의 해에 $j(t', \vec{x}')$를 곱한 것들을에 합하는 것이다.

$$f(t, \vec{x}) = \int dt' d^3x' g(t-t', \vec{x}-\vec{x}') j(t', \vec{x}'). \tag{23.15}$$

(23.14)에 있는 δ 함수의 효과는 뒤처진 시간 $t' = t_{ret} \equiv t - |\vec{x} - \vec{x}'|$에서 (23.15)에 있는 시간 적분을 해야 한다. 그러면

파동 방정식에 대한 일반 해

$$\boxed{f(t, \vec{x}) = -\frac{1}{4\pi} \int d^3x' \frac{[j(t', \vec{x}')]_{\rm ret}}{|\vec{x} - \vec{x}'|},} \tag{23.16}$$

여기서 $[\cdot]_{\rm ret}$의 의미는 뒤처진 시간에 대하여 평가되어져야 한다는 것을 의미한다.

식 (23.16)은 발생원을 가지고 밖으로 퍼져나가는 파의 경계조건을 가진 파동 방정식의 일반적인 해이다. 흥미로운 특별한 경우로써 발생원이 진동수 ω를 가지고 시간에 따라 조화적으로 변화한다고 하는 경우에는

$$j(t, \vec{x}) = j_\omega(\vec{x}) \cos(\omega t), \tag{23.17}$$

가 되고 그에 해당하는 파장 $\lambda = 2\pi/\omega$가 발생원의 특징적 차원 R_{source}에 비해서 크다고 하자.

$$\lambda \gg R_{source} \quad (\text{긴 파장의 근사치}) \tag{23.18}$$

긴 파장이란 의미는 낮은 진동수와 그 발생원 속도가 $V_{source} \sim \omega R_{source} \ll 1$임을 의미한다.

간단히 말해서 긴 파장은 낮은 속도를 의미한다. 긴 파장의 경우에는 $r \gg R_{souce}$와 같이 아주 멀리 떨어진 곳에서 파동 방정식의 해에 대해서는 좀 간단한 식이 나온다. (23.17)을 일반적인 해 (23.16)에 대입하면

$$f(t, \vec{x}) = -\frac{1}{4\pi} \int d^3x' \frac{j_\omega(\vec{x}') \cos[\omega(t - |\vec{x} - \vec{x}'|)]}{|\vec{x} - \vec{x}'|}. \tag{23.19}$$

발생원으로부터 아주 멀리 떨어져 있는 거리 r의 지점에서는 분모에 있는 $|\vec{x} - \vec{x}'|$은 r로 대치가능하다. 긴파장이라는 근사의 의미는 (23.18)의 식이 그대로 유지된다면 $(2\pi/\lambda)|\vec{x} - \vec{x}'|$의 값이 $\vec{x}'$가 발생원 전체에 걸쳐서 변하는 값 만큼 그렇게 크지 않을 것이기 때문에 코사인 안에 있는 $|\vec{x} - \vec{x}'|$도 똑같이 근사적으로 r로 대치가능하다. 그러면 파장의 길이보다 크기가 훨씬 작은 발생원으로부터 멀리 떨어진 곳에서의 파동식은 점근적으로

$$f(t, \vec{x}) \xrightarrow[r \to \infty]{} -\frac{1}{4\pi r} \int d^3x' \, j(t - r, \vec{x}') \quad (\text{긴 파장, 큰 } r\text{에 대해서}) \tag{23.20}$$

가 된다. (23.20)식에서 아래첨자 ω를 j로부터 뺏는데 그 이유는 (23.18)의 긴 파장 근사와 충분히 성립하는 낮은 진동수의 파장인 경우에 한해서는 발생원이 거의 정확히 조화운동적으로 변하는지 어떤지에 대해서는 문제가 되지 않기 때문이다. 식 (23.20)은 뒤처진 시간으로 공간에 걸쳐서 발생원을 적분함에 의하여 파의 진폭이 결정되는, 밖으로 퍼져나가는 구면파를 의미한다.

23.3 선형 중력의 일반적인 해
The General Solution of Linearized Gravity

파동 방정식의 해에 대한 앞의 논의의 결과는 선형 중력의 경우에 곧바로 적용할 수 있다.

그 이유는 선형 아인슈타인 공식 (23.6)은 각각의 소스를 가지고 있는 $\bar{h}_{\alpha\beta}$의 각각의 성분들에 대하여 10개의 평평 공간 파동 식으로 구성되는 세트로 되어 있기 때문이다. 동등하게, 모든 첨자를 끌어올림으로써 소스로서 $-16\pi T^{\alpha\beta}$를 가진 $\bar{h}^{\alpha\beta}$에 대한 한 세트의 10개의 파동 공식이 된다.

그러므로 (23.16)으로부터 선형 아인슈타인 공식의 일반해는

선형 아인슈타인 방정식의 해

$$\bar{h}^{\alpha\beta}(t,\vec{x}) = 4\int d^3x' \frac{[T^{\alpha\beta}(t',\vec{x}')]_{\text{ret}}}{|\vec{x}-\vec{x}'|}, \tag{23.21}$$

이다. 여기서 $[\cdot]_{\text{ret}}$는 뒤처진 시간 $t' = t_{ret} \equiv t - |\vec{x} - \vec{x}'|$에서 평가되어진다는 의미이다. 위 식이 나오게 된 식 (23.6)과 같이, 위 식은 관성계의 통상적인 직각 좌표계에서 계량 섭동과 스트레스-에너지의 성분들에만 적용된다는 것이다.

계량 섭동 (23.21)은 (23.6)의 소스를 가진 파동공식을 만족시킨다. 그러나 이것이 선형 아인슈타인 공식을 푼 계량 섭동을 위한 유일한 요구사항만이 아니다. 그것은 또한 (23.5)의 Lorentz 게이지 조건도 만족시켜야 한다. 그러나 (23.5)는 (22.31)의 스트레스-에너지의 평평 공간에서의 보존 법칙의 결과에 의하여 (23.21)의 파동 공식의 해에 의해 자동적으로 만족된다. 아래에 그 계산을 보여주겠다. (23.21)의 해를 Lorentz 게이지 조건 (23.5)에 대입하면

$$\frac{\partial \bar{h}^{\alpha\beta}(t,\vec{x})}{\partial x^\beta} = 4\int d^3x' \left[\frac{\partial T^{\alpha t}(t_{\text{ret}},\vec{x}')}{\partial t}\frac{1}{|\vec{x}-\vec{x}'|} + \frac{\partial}{\partial x^i}\left(T^{\alpha i}(t_{\text{ret}},\vec{x}')\frac{1}{|\vec{x}-\vec{x}'|}\right)\right] \tag{23.22}$$

이것을 계산할 때 $t_{ret} = t - |\vec{x} - \vec{x}'|$는 그 자체가 x^i와 x'^i의 함수라는 것을 명심하라. $\partial|\vec{x}-\vec{x}'|/\partial x^i = -\partial|\vec{x}-\vec{x}'|/\partial x'^i$의 동등성을 사용하여 x^i에 대한 미분을 x'^i에 대한 미분으로 적절히 대치한다. 부분별로 적분하면 (물질의 바깥부위의 표면을 나타내는 항은 0으로 사라진다는 것을 명심할 것) 아래와 같은 표현을 얻는다(**문제 3**).

$$\frac{\partial \bar{h}^{\alpha\beta}(t,\vec{x})}{\partial x^\beta} = 4\int d^3x' \frac{1}{|\vec{x}-\vec{x}'|}\left(\frac{\partial T^{\alpha\beta}(t',\vec{x}')}{\partial x'^\beta}\right)_{t'=t_{\text{ret}}} \tag{23.23}$$

선형중력에서 계량섭동 $h^{\alpha\beta}(x)$과 스트레스-에너지 $T^{\alpha\beta}(x)$는 상당히 작은 크기이어야 한다. (22.40)의 선형 국소 보존 법칙은 이 근사방법으로 (22.31)의 평평-공간 보존 법칙으로 된다는 것이다. 그러므로 (23.23)의 오른편은 0으로 소멸되므로 (23.5)의 Lorentz 게이지 조건은 (23.21)에 의하여 자동으로 만족되어진다.

예제 23.1 작은 회전

(23.21)의 선형 아인슈타인 공식의 일반해는 일반 상대성에서 야기된 제14장에서 언급한 회전에 의한 중력자기 효과를 어떻게 이해할 것인지에 대한 가장 직접적인 경로를 제공해준다. 간단히 하기 위해서 시간에 독립이며, 구형적으로 대칭인 분포를 하며 비상대적인 물질을 고려하자. 그리고 이 물질은 내부 전체에 걸쳐서 일정한 각속도 $\vec{\Omega}$로 균일하게 회전하고 있으며 이 회전에 의해 중대하게 찌그러지거나 하지 않을 정도로 천천히 회전하고 있다고 하자. 다른 비상대적일 경우에서 우리가 행하였던 것처럼 스트레스-에너지는 물질의 정지에너지가 우위적이다. 이것은 $T^{\alpha\beta}=\mu u^{\alpha}u^{\beta}$로 표현되며 $\mu(x)$는 정지에너지 밀도이고, $u^{\alpha}(x)$는 4원 속도이다. 회전 속도가 빛의 속도에 비교하여 작을 때는 Ω의 선형차수의 정확도로 스트레스-텐서의 가장 중요한 성분은 다음과 같다[(5.28) 참고].

$$T^{tt}(\vec{x})=\mu(r), \qquad T^{ti}(\vec{x})=T^{it}(\vec{x})=\mu(r)V^{i}(\vec{x}), \tag{23.24}$$

여기서 $\vec{V}(\vec{x})=\vec{\Omega}\times\vec{x}$는 3원 속도이다. 다른 모든 성분들은 Ω^2의 차수이다. T^{tt}성분은 (21.49)에 있는 예에서 제시된 평평 공간의 뉴턴 섭동의 소스이다(**문제 1**). T^{ti} 성분은 물질의 속도뿐만 아니라 물질의 분포도에 의존하는 중력자기 효과의 소스가 된다. 특히 (23.21)로부터

$$h^{it}=h^{ti}=\bar{h}^{ti}=4\int d^3x'\frac{\mu(r')V^{i}(\vec{x}')}{|\vec{x}-\vec{x}'|}. \tag{23.25}$$

이 적분을 풀기위하여 $\vec{\Omega}$ 방향을 z축으로 한 직각좌표(x, y, z)를 선택하자. 그러면 $\vec{\Omega}=\Omega\vec{e}_z$

$$V^x=-\Omega y, \qquad V^y=\Omega x, \qquad V^z=0. \tag{23.26}$$

이 된다. 그리고 (23.25)를 친숙한 급수 확장을 사용하여 회전체로부터 아주 멀리 떨어진 r위치에서 먼저 평가해 보는 것이 가장 간단하다.

$$\frac{1}{|\vec{x}-\vec{x}'|}=\frac{1}{r}+\frac{\vec{x}\cdot\vec{x}'}{r^3}+\cdots, \tag{23.27}$$

$r\equiv|\vec{x}|\gg|\vec{x}'|$일 때 성립한다. 피적분 함수는 $\vec{x}'\to-\vec{x}'$하에서는 기수이므로 첫 번째 항의 기여는 사라진다. 두 번째 항은 다음 결과(**문제 4**)를 만드는데

$$h^{xt}=h^{tx}=-\frac{2yJ}{r^3}, \qquad h^{yt}=h^{ty}=\frac{2xJ}{r^3}, \qquad h^{zt}=h^{tz}=0, \tag{23.28}$$

여기서 J는 뉴턴의 각운동량의 크기이고

$$\vec{J} = \int d^3x\big[\vec{x} \times (\mu\vec{V})\big] = \vec{e}_z \int d^3x\, \mu\Omega(x^2 + y^2). \qquad (23.29)$$

(23.28)은 정확히 (14.25)에 인용된 회전섭동의 형태이다. 이 결과는 그 유도과정보다 더 일반적이다. 이것은 균일하게 회전하는 물체의 바깥부분에 위치한 어떠한 r에 대해서도 성립한다(**문제 2**). (23.28)의 섭동들은 중력파를 묘사하고 있지는 않다. 그것들은 중력 복사의 특징인 $1/r$에 비례하여 감소하기보다 $1/r^2$에 비례하여 감소하고 있다. 일반적으로 축대칭회전은 중력 복사를 만들어내지 않는 고도로 대칭적 운동의 한 예이다.

23.4 약한 중력파들의 생산 Production of Weak Gravitational Waves

발생원으로부터 멀리 떨어진 곳에서의 중력파

(23.21)의 식은 밖으로 퍼져가는 파를 가정할 때 스트레스-에너지 소스에 대한 선형중력의 일반적 해이다. 식 (23.20)은 긴 파장일 경우 근사적으로 파동 공식의 점근적 해의 형태이다. 이 절에서는 이 결과들을 특히 작은 속도로 움직인다고 가정한 약한 소스로부터 아주 멀리 떨어진 곳에서의 중력파를 계산하는 데 적용할 것이다.

우리는 좀 더 확고하게 $r \gg R_{\mathrm{source}}$이고 $\lambda \gg R_{\mathrm{source}}$라고 가정하자. 여기서 R_{source}는 소스의 크기이고, $\lambda = 2\pi/\omega$는 소스 변화의 진동수 ω와 관련이 있다. (23.20)을 (23.21)에 적용하면 점근적으로 중력파의 크기는

$$\bar{h}^{\alpha\beta}(t,\vec{x}) \xrightarrow[r\to\infty]{} \frac{4}{r}\int d^3x'\, T^{\alpha\beta}(t-r,\vec{x}') \qquad \begin{pmatrix}\text{약한 소스,}\\ \text{긴 파장,}\\ \text{먼 거리 일 때}\end{pmatrix}. \qquad (23.30)$$

어느 한 방향에 대해서 최대한으로 벌린 각도의 전범위에 걸쳐 (23.30)으로부터 나온 파는 먼 거리의 r에서는 **거의 평면파**이다. 이것은 제16장에서 분극(polarization), 에너지 프락스(flax), 평면파에 대한 검출기(detectors)의 반응 등에 관한 분석이 여기에서 적용할 수 있음을 의미한다. 이 분석에 의하면 단지 계량 섭동 $\bar{h}^{ij}(x)$에서 **공간 성분만을 요구**한다. (23.30)에서 이들 공간 성분들의 소스들은 $\int d^3x\, T^{ij}(t-r,x)$의 양들이다. 그것들은 선형차수로써 $T^{\alpha\beta}$에 적용되는 (22.31)의 평평 공간에서의 보존 법칙 사용하여 좀더 유용한 형태로 둘 수 있다. 이것의 한 성분은

$$\frac{\partial T^{tt}}{\partial t} + \frac{\partial T^{kt}}{\partial x^k} = 0. \qquad (23.31)$$

이 식을 $T^{tk} = T^{kt}$의 대칭성을 이용하고 시간에 대하여 미분하고 (22.31)의 보존 법칙을 한번 더 사용하면

$$\frac{\partial^2 T^{tt}}{\partial t^2} = -\frac{\partial}{\partial t}\left(\frac{\partial T^{tk}}{\partial x^k}\right) = -\frac{\partial}{\partial x^k}\left(\frac{\partial T^{tk}}{\partial t}\right) = +\frac{\partial^2 T^{k\ell}}{\partial x^k \partial x^\ell}. \qquad (23.32)$$

위 식의 양변에 $x^i x^j$를 곱하고 공간전체에 걸쳐 적분한다. 오른편에 있는 적분은 부분별로 실행할 수 있다; 소스는 경계가 지어져 있으므로 표면의 항은 사라진다. 그러면 그 결과는

$$\int d^3x\, T^{ij}(x) = \frac{1}{2}\frac{d^2}{dt^2}\int d^3x\, x^i x^j T^{tt}(x). \qquad (23.33)$$

긴 파장은 23.2절에서 언급하였듯이 낮은 속도를 의미한다. 이 극한 근사치에서는 우리는 스트레스-에너지 텐서가 비상대적 속도를 가진 식 (23.3)의 형태를 가질 것으로 예상한다. 그러면 에너지 밀도 $T^{tt}(x)$는 정지질량 밀도 $\mu(x)$에 의해 주로 지배되어질 것이다. 그리고 (23.33)에 있는 적분에서 **2차 질량 모멘트**(second mass moment)[2] $I^{ij}(t)$를 정의하도록 한다.

$$\boxed{I^{ij}(t) \equiv \int d^3x\, \mu(t,\vec{x}) x^i x^j.} \qquad (23.34)$$

2차 질량 모멘트

그러면 약하고, 비상대적인 소스로부터 멀리 떨어져 있는 곳에서의 긴 파장을 가진 중력파 계량 섭동은 근사적으로

$$\boxed{\bar{h}^{ij}(t,\vec{x}) \xrightarrow[r\to\infty]{} \frac{2}{r}\ddot{I}^{ij}(t-r) \qquad \left(\begin{array}{c}\text{약한 소스,}\\ \text{긴 파장,}\\ \text{먼 거리 일 때}\end{array}\right),} \qquad (23.35)$$

먼거리에서 중력파의 진폭

가 될 것이다. 여기서 ·는 시간에 대한 미분을 의미한다.

식 (23.35)는 그것의 원래 유도하게 된 식보다 더 일반적이다. 원래 유도하게 된 식에서의 가정들은 그 궤도가 뉴턴 이론에 의해 얼마나 정확도로 근사화 될지 모르지만, 상호 궤도를 돌고 있는 한 쌍의 별들 같은 자가-중력 시스템(self gravitating

2) 문자 I의 사용에 불구하고, 2차 질량 모멘트는 한 텐서가 다른 텐서로부터 건설되어지지만, 역학에서 딱딱한 물체의 운동에서 중요한 관성 텐서의 모멘트 $\mathcal{I}^{ij} = \int d^3x\, \mu(\vec{x})\left[\delta^{ij}r^2 - x^i x^j\right]$와 정확히 똑같지 않다.

system)을 갖고 있는 경우까지 다 카버하지는 못한다. 그것은 왜냐하면 파동 방정식 (23.6)의 오른편에서 평평 공간의 모든 섭동들이 무시되었기 때문이다. 그러나 평평 공간의 뉴턴 섭동들은 자가-중력 시스템에서 운동의 소스가 되고 무시할 수 없는 것이다. 그러나 (23.35)의 결과는 단지 질량 소스의 운동에만 달려있지 그 운동이 어떻게 생성되었느냐에는 달려있지 않다. 유도하게 된 식[3]에서는 그렇지 못할지라도 뉴턴 중력으로 천천히 움직이는 약한 소스에게는 좋은 근사치로 이 식이 그대로 적용할 수 있다. 이 같은 사실에 의존하여 다음절과 예제 23.2에서 이중성계별에 (23.35)를 적용해 보겠다.

예제 23.2 중력파 크기 측정 ; 이중성계 ιBoo

이중성계 ιBoo는 목동자리 방향에 있는 지구로부터 11.7pc 거리에 있다. 이것은 $1M_\odot$와 $0.5M_\odot$의 별로 이루어져 있고 서로 매우 근접해 있으며 서로에 대하여 $P=6.5\text{hr}$으로 회전하고 있다. 변형 민감율(fractional strain sensitivity) $\delta L/L$ [(16.9) 참고]은 이 소스로부터 중력파를 받아내는 중력파 검출기에서 어느 정도의 크기의 차수가 필요할 것인가?

(23.35)의 결과가 이런 종류의 질문에 대답해주기 위해 필요한 약하고, 비상대적인 소스들로부터 아주 멀리 떨어진 곳에서의 중력파의 진폭을 단순한 크기순으로 평가하는 데 사용되어질 수 있다. 그 계산을 단순히 하기위해, 두 별들은 동일한 질량 M을 가지고 그들의 질량 중심을 회전하고 있고 그 회전반경은 R, 주기는 P라고 하자. (하나의 질량이 대략 다른 하나의 질량의 반이라는 것을 고려해 넣지 않아 생기는 에러는 개략적 크기순 평가로써는 중요하지 않다) 그러면 제2질량 모멘트의 전형적 성분의 개략적 평가는 $I^{ij}\sim MR^2$이 된다. 시간에 대하여 2번 미분하게 되면 주기의 요소가 2번 나타나게 되는데

$$\ddot{I}^{ij}\sim MR^2/P^2. \tag{23.36}$$

궤도 반경 R은 질량과 주기와 다음 관계가 있다.

$$\frac{V^2}{R}=\frac{(2\pi R/P)^2}{R}=\frac{M}{(2R)^2}.$$

이와 같이 하여 (23.35)로부터 이중성계로부터 거리 r 떨어진 곳에서의 중력파의 크기를 평가해보면

---

3) 일반 상대성에서 1차수 비선형성을 그대로 유지하는 데 관련 있는 유도 식은 좀 더 수준 있는 책, 예로서 Misner, Thorne, Wheeler(1970)가 쓴 Gravitation이라는 책, 을 보면 더 잘 알 수 있을 것이다.

$$\bar{h}^{ij} \sim \left(\frac{M}{r}\right)\left(\frac{M}{P}\right)^{2/3}, \tag{23.37}$$

여기에 단위들을 원위치 시키면

$$\bar{h}^{ij} \sim 10^{-21}\left(\frac{M}{M_\odot}\right)^{5/3}\left(\frac{1\text{ h}}{P}\right)^{2/3}\left(\frac{100\text{ pc}}{r}\right). \tag{23.38}$$

그러므로 ιBoo의 변수에 대해서, $\bar{h}^{ij} \sim 10^{-21}$이다.
이것은 이 이중성계로부터 나오는 중력파를 찾아내기 위한 검출기에 필요한 변형민감도 백분율(fractional strain sensitivity)이다 [(16.19) 참고]. 다음절에서 이중성계에 대한 상세한 검토를 할 것이다. 그리고 이 개략적 측정치가 얼마나 잘 맞는지 알아볼 것이다. 그러나 10^{-21}이라는 요소는 ιBoo가 지구상에서는 아주 밝은 이중성계들의 중력파 소스들 중에 하나임에도 불구하고 중력파를 찾아내는 데 아주 어려운 것이다. (16.4)절에 언급한 LIGO검출기는 $\sim 10^{-5}$HZ의 진동수 범위에서는 민감도가 떨어진다. ιBoo계는 우주 공간에서 검출기 의해서 볼 수 있는 한 웅큼의 밝은 이중성계 소스들 중에 하나에 불과하다.

전자기학과의 유사점

약한 중력파 생성이론과 전자기파 생성이론 사이에는 매우 밀접한 유사점이 있다. 만일 여러분들이 전자기학 과정을 배웠다면 그 유사성이 도움을 줄 것이다; **표 23.1**에 그것을 예시하였다(이 표의 마지막 줄은 23.6절에서 언급할 전체 복사 파워에 대한 것이다). 만일 여러분들이 전자기학 과정을 배우지 않았다면 띄어 넘어가도 좋다.

선형 중력과 전자기학 사이의 유사성은 적절한 게이지 조건 하에서 두 이론의 기본 장 방정식이 소스를 가진 파동 방정식으로 환원된다는 사실을 유추하게 한다. 주된 차이점은 중력은 텐서장이라는 것이고 전자기학은 벡터장이라는 것이다. 둘 다의 경우에서, 장파장인 경우의 근사치에서는 소스로부터 멀리 떨어진 곳에서의 장(복사장)은 $(R_{\text{source}}/\lambda)$의 멱급수로써 $1/r$의 비로 확장된다는 것이다. 식 (23.20)과 그 결과물인 (23.35)는 이 확장의 단지 첫 번째 항이다. 그 다음 항은 (23.19)에서 cosine 항의 좀 더 큰 r의 확장으로부터 나온다.

중력과 전자기 양쪽에 대해서 이들 확장의 계수들은 다극자(multipole) 모멘트를 – 소스에 x^i급수를 곱한 후 적분한 것 – 시간에 대하여 미분한 것에 비례한다. 각각의 경우에 두 개의 다극자 모멘트들이 있다; 즉 전자기에는 전기(전하) 모멘트와 자기(전하흐름) 모멘트가 있고, 중력에는 질량 모멘트와 질량흐름 모멘트가 있다.

표 23.1 Production of Linearized Gravitational and Electromagnetic Waves

	Linearized gravitation ($c=G=1$)	Electromagnetism ($c=1$)
Field equation	Einstein equation with $g_{\alpha\beta}=\eta_{\alpha\beta}+h_{\alpha\beta}$	Maxwell's equations
Basic potentials	Linearized metric perturbations $h_{\alpha\beta}(x)$	Vector and scalar potentials $(\Phi(x), \vec{A}(x))$
Sources	Stress-energy $T_{\alpha\beta}$	Charge and current $(\rho_{\text{elec}}, \vec{J})$
Lorentz gauge	$\dfrac{\partial\bar{h}^{\alpha\beta}}{\partial x^{\alpha}}=0$	$\dfrac{\partial\Phi}{\partial t}+\vec{\nabla}\cdot\vec{A}=0$
Wave equation with source	$\Box\bar{h}_{ij}=-16\pi T_{ij}$	$\Box\vec{A}=-\mu_0\vec{J}$
General solution	$\bar{h}^{ij}=4\displaystyle\int d^3x'\,\frac{[T^{ij}]_{\text{ret}}}{\lvert\vec{x}-\vec{x}'\rvert}$	$\vec{A}=\dfrac{\mu_0}{4\pi}\displaystyle\int d^3x'\,\frac{[\vec{J}]_{\text{ret}}}{\lvert\vec{x}-\vec{x}'\rvert}$
Large r, longwavelength approximation	$\bar{h}^{ij}=\dfrac{2[\ddot{I}^{ij}]_{\text{ret}}}{r}$ $I^{ij}=\displaystyle\int d^3x\,\mu x^i x^j$	$\vec{A}=\dfrac{\mu_0}{4\pi}\dfrac{[\dot{\vec{p}}]_{\text{ret}}}{r}$ $\vec{p}=\displaystyle\int d^3x\,\rho_{\text{elec}}\vec{x}$
Time-averaged radiated power	$\dfrac{dE}{dt}=\dfrac{1}{5}\langle\dddot{I\!\!\!-}_{ij}\dddot{I\!\!\!-}^{ij}\rangle$	$\dfrac{dE}{dt}=\dfrac{\mu_0}{6\pi}\langle\ddot{\vec{p}}^{\,2}\rangle$

각진 괄호 ⟨·⟩는 소스의 특징적 기간보다 더 긴 시간에 걸쳐 평균치이다. 선형 중력의 세로 줄에 있는 방정식들은 $c=G=1$의 기하 단위로 되어 있다. 전자기 방정식들은 $c=1$로 하고, SI 단위를 채택하고 있다. SI 단위에서는 $\mu_0\equiv 4\pi\times10^{-7}$이다. 이것들을 가우스 단위로 바꾸려면 $c=1$과 함께 $\mu_0\equiv 4\pi$로 두라.

그리고 전자기나 중력에서 복사장에 기여하는 단극자(monopole)(x^i의 제로요소) 기여는 없다. 달리 말해서 완전한 구형적으로 대칭인 전자기파나 중력파가 없다는 것이다. 그 이유는 전자기에서는 전하는 보존되고 평평 공간 보존 법칙 (22.31)이 지켜지는 중력에서는 물질의 질량이 선형차수로 보존되기 때문이다. (알게 되겠지만 비록 질량이 다음 차수(2차수)로 방사되어 복사될 지라도 말이다.) 그러므로 전자기에서 주된 항은 표 23.1에서 보여주듯이 전기 쌍극자 복사이다. 그러나 질량 분포 $\int d^3x\,\mu x^i$의 쌍극자(dipole) 모멘트는 단순히 전체 질량에 질량 중심위치를 곱한 것이다. 질량 중심위치라는 것은 적절한 좌표선택으로 사라지게 할 수 있는 것이다; 그러므로 **질량 쌍극자 모멘트 중력 복사**란 없다(**문제 6**).

중력에서 자기 모멘트와 유사한 것은 각운동량 – 질량흐름에 x^i을 곱하여 적분한 것 – 이다. 그러나 물질의 각운동량은 선형 근사에서 또한 보존된다. 그래서 이것도 역시 이 다중극으로부터 중력 복사가 없다. 그러므로 주된 중력효과는 23.6에서 더 상세히 알게 되겠지만 4중극자(quadrupole)이라는 것이다.

이 차이점이 전자기파의 진폭은(ωR_{source})에 비례하고 중력파의 진폭은 $(\omega R_{\text{source}})^2$에 비례하게 하는 것을 의미한다. 여기서 ω는 소스의 진동수, R_{source}는 소스의 크기를 의미한다.

23.5 이중성으로부터의 중력 복사
Gravitational Radiation from Binary Stars

우주에는 불균일하게 시간에 따라 변화하는, 2차 질량 모멘트를 가진 질량 분포가 있는, 많은 중력 복사 소스가 있다. 그러나 이 상세한 분석을 위하여 전형적인 소스를 하나 뽑아내라고 하면 상호중력에 의해 서로에 대해서 돌고 있는 두 별이 될 것이다. 모든 별들의 2/3가 거의 이러한 이중성이다. 가까이 있는 몇몇 이중성으로부터 나온 중력 복사는 예제 23.2에 보여준 ιBoo의 경우와 같이 우주공간에 위치한 수신기로 탐지되어야 한다. 이 중력 복사에 기인한 이중성 펄스계의 궤도에 대한 수십 년의 관측들이 중력 복사의 효과를 탐지한 최초의 것이었다(23.7절). 앞에서 논의하였듯이 약하고, 낮은 속도를 가진 소스로부터 가정한 중력 복사가 그것의 유도결과물이 엄밀하게 자가 중력 시스템에 적용할 수는 없지만 이중성의 중력 복사에는 근사적으로 옳은 결과를 준다는 것을 알고 있다. 그러면 이것이 어떻게 되어지는지 알아보기 위하여, **그림 23.2**에 예시되어 있는 가능성 있는 가장 간단한 이중성을 상세히 고찰해보자.

동일한 질량 M을 가진 두 별이 그들의 질량 중심으로부터 거리 R을 회전반경으로 하여 돌고 있다고 하자. 뉴턴적 분석이 충분히 정확하다고 가정하면, 뉴턴 법칙($G=1$ 단위)에 의하여 궤도 반경은 그 주기와 관련이 있다.

$$\frac{V^2}{R}=\frac{1}{R}\left(\frac{2\pi R}{P}\right)^2=\frac{M}{(2R)^2}. \tag{23.39}$$

여기서 궤도 진동수를 $\Omega=2\pi/P$라 정의하면, 다음을 얻는다.

$$R=\left(\frac{M}{4\Omega^2}\right)^{1/3}=\left(\frac{MP^2}{16\pi^2}\right)^{1/3}, \tag{23.40}$$

이것은 이 이중성계의 케플러 법칙이다[4].

4) 이것은 한 질량체가 다른 질량체보다 훨씬 더 무거운 경우에 올바른 식 (3.24)가 아니다. 여러분들은 더 일반적인 형태 $\Omega^2a^3=M_{tot}$, 여기서 a는 타원 궤도에서 장반경이고 M_{tot}는 이중성의 질량의 모든 합이다, 에 더 친숙할 지도 모른다.

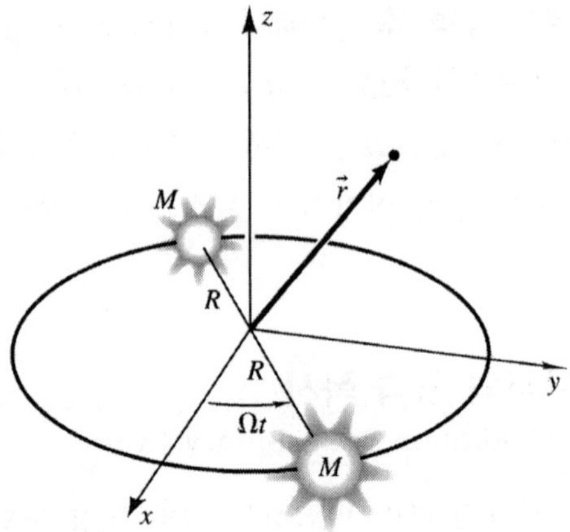

그림 23.2 이중성. 동일한 질량 M을 가진 두 별은 그들 상호간의 중력에 의하여 x-y평면 내에서 서로 궤도운동을 하고 있다. 궤도는 반경 R을 가진 원이고 궤도 진동수는 Ω이다. 우리는 그것들이 임의의 방향 $\vec{r}$으로 멀리 밖으로 방출하는 중력 복사파에 흥미를 갖고 있다.

상세한 계산에 앞서 위 식을 차원에 대하여 약간 검토를 해보면 위 식이 적절하다는 것을 알 수 있다. 먼저 (23.40)으로부터 파장에 대한 소스 크기의 비는

$$R/\lambda \sim (M/P)^{1/3}. \tag{23.41}$$

여기서 주기 P는 궤도반경(R)이 별의 반경(R_*)보다는 클 것이므로 최소한도 값이 이것으로부터 제공된다. 식 (23.40)으로부터 주기 P는

$$P > 4\pi R_*(R_*/M)^{1/2}. \tag{23.42}$$

일 것이다. 그러면 식 (23.41)로부터

$$R/\lambda \lesssim (M/R_*)^{1/2}. \tag{23.43}$$

그러나 R_*는 언제나 슈바르츠쉴드 반경인 2M보다는 클 것이다. 통상적으로 매우 크다. 이와 같이 긴 파장의 근사치 방법은 두 별이 합쳐지는 경우를 제외하고는 어떤 실제적 이중성에도 적용된다. 그러면 이 들 수치들을 배경으로 하여 (23.35)의 파의 진폭에 대하여 상세히 알아보자. **그림 23.2**에 가상적인 기하를 보여준다. 그러면

$$x(t) = R\cos(\Omega t), \qquad y(t) = R\sin(\Omega t), \qquad z(t) = 0 \tag{23.44}$$

이것은 한 물체의 궤적을 나타내고 있다. 그러면 두 물체를 포함하여 2차 질량 모멘트의 성분들은 식 (23.34)로부터 쉽게 계산할 수 있다.

$$I^{xx} = 2MR^2\cos^2(\Omega t) = MR^2[1+\cos(2\Omega t)],$$
$$I^{xy} = 2MR^2\sin(\Omega t)\cos(\Omega t) = MR^2\sin(2\Omega t), \tag{23.45}$$
$$I^{yy} = 2MR^2\sin^2(\Omega t) = MR^2[1-\cos(2\Omega t)].$$

다른 성분들, I^{zz}, I^{zx}, I^{zy} 모두는 0이다.
이것들을 (23.35)에 대입하면

$$\bar{h}^{ij} \xrightarrow[r\to\infty]{} -\frac{8\Omega^2 MR^2}{r}\begin{pmatrix}\cos[2\Omega(t-r)] & \sin[2\Omega(t-r)] & 0\\ \sin[2\Omega(t-r)] & -\cos[2\Omega(t-r)] & 0\\ 0 & 0 & 0\end{pmatrix}. \tag{23.46}$$

이와 같이 방출된 중력파의 진동수는 궤도 진동수의 2배이다.

(23.46)에서 R을 제거하기 위해 (23.40)의 케플러 법칙을 사용하면 ιBoo계에서 고려했던 (23.37)의 개략적 평가와 같은 형태의 최대 중력파 진폭이 된다. 그러나 (23.37)의 값은 이 더 상세한 분석에 의한 값과 거의 1/5의 차이가 난다는 것을 볼 때 개략적 계산에 기초하여 실험을 설계하면 수백만 달러가 더 소요될 수 있으므로 주의하여야 한다.

(23.46)의 점근적 중력파 진폭은 구형적으로 대칭인 것처럼 보인다. 왜냐하면 관련된 어떤 함수에도 각도에 의존하지 않기 때문이다. 사실상, 이것은 파의 분극(polarization)과 에너지 프락스(flux)가 방향에 따라 어떻게 변화하는지에 대한 모든 정보가 포함되어 있다. 이것들은 계산하기 쉬운데 왜냐하면 r값이 커지면 어떤 특정한 방향에 대해서 작은 고정된 각도 내에서 거의 평면파로 근사시킬 수 있기 때문이다.

그러므로 제16장의 평면파에 대한 분극과 에너지 프락스(flux)에 대한 분석들은 그대로 적용될 수 있다. 제16장에서 우리는 평면 중력파들은 transverse traceless (TT) 게이지 [(21.69) 참고] 내에서 명확히 보여주는 2종류의 분극이 있다. TT 게이지를 사용하여서 우리들은 또한 평균 한 주기인 어느 한 분극 시간 내에 있는 에너지 프락스(flux)를 발견하였다 [(16.22) 참고]. (23.46)으로부터 어느 한 방향에 있는 근사적 평면파는 반드시 TT 게이지 내에서 있어야 하는 것은 아니다. 그러나 제21장내에서 논의한 알고리즘(algorithm)을 사용하여 이 게이지 내에 쉽게 있도록 할 수 있다 [(21.70) 참고].

간단히 말해서, nontransverse 성분들은 0으로 두고 trace는 빼셈(subtract out)을 시켜야 한다. 다른 방향에서는 TT 게이지로의 변환이 달라진다. 그리고 이것이 복사의 각도 특징이 나타나는 방법이다. 우리는 단지 두 방향에서만 고려함으로써 이것을 고찰해 보겠다.

예제 23.3 이중성으로부터 두 방향에서 나온 중력파

1) 궤도면에 수직인 방향

그림 23.2에 보듯이 궤도면에 수직인 z방향으로 전파해가는 복사파에 먼저 집중해 보자. 식 (23.46)은 z방향으로 전파해 나가는 파에 대한 transverse-traceless 형태를 띠고 있다. 이 파는 90°의 위상차[5]로 (21.69)에 제시된 2개의 선형 분극의 대등한 중첩으로 나타난다.

평면중력파의 한 선형 분극 방향으로 시간 평균 에너지 프락스, f_{GW},는 16.5절에 $f_{GW}=\omega^2a^2/(32\pi)$[(16.22) 참고]라고 주어져 있다. 여기서 ω는 진동수 이고 a는 진폭이다. 두 선형분극방향 어느 쪽이던지 (23.46)로부터 파의 진동수 ω는 2Ω 이고, 진폭 a는 $-8(\Omega^2MR^2)/r$임을 알 수 있다. z 방향으로 입체 각[6] $d\Omega_{\text{sa}}$으로 복사되는 중력파의 광도(luminosity) L_{GW} (에너지/시간)는 $r^2d\Omega_{\text{sa}}f_{GW}$이다. 두 분극방향 양쪽으로부터 z방향의 시간평균 각도미분 광도 $dL_{GW}/d\Omega_{\text{sa}}$는

$$\begin{aligned}\left(\frac{dL_{GW}}{d\Omega_{\text{sa}}}\right)_{z\text{-direction}} &= 2(r^2)\frac{(2\Omega)^2}{32\pi}\left(\frac{8(\Omega^2MR^2)}{r}\right)^2 \\ &= \frac{16}{\pi}(\Omega^3MR^2)^2 = \frac{16}{\pi}4^{1/3}\left(\frac{\pi M}{P}\right)^{10/3}.\end{aligned} \tag{23.47}$$

여기서 주요소 2는 (23.46)에서 두 개의 선형분극의 동등한 기여에 기인한다. 궤도 반경과 주기 사이의 관계를 나타내는 (23.40)의 케플러 법칙이 미분광도의 위 식에서 마지막 부분에 사용되었다.

2) 궤도면에 평행인 방향

x방향으로 전파되는 복사는 (23.46)으로 표현되어지지만 transverse-traceless 게이지는 아니다. $\bar{h}^{ij}$의 종적(longitudinal)인 xx와 xy성분은 0으로 되게 하고 (21.70)에서 trace를 뺄셈하면

$$\bar{h}^{ij}_{TT} \xrightarrow[r\to\infty]{} \frac{4\Omega^2MR^2}{r}\begin{pmatrix}0 & 0 & 0\\ 0 & \cos[2\Omega(t-r)] & 0\\ 0 & 0 & -\cos[2\Omega(t-r)]\end{pmatrix} \tag{23.48}$$

5) 사실은 이것은 원형 분극이다. 이것에서 그림 16.2에서 보여주듯이 입자들의 횡적인 타원형(transverse ellipse)은 파에 반응하여 각 진동수 2Ω를 가지고 회전한다는 것이다. 그 타원 안에 있는 각자의 입자들은 그것들의 중심주위로 돈다는 것은 아니다. 오히려, 그것들은 전체 패턴이 회전하는 듯한 그런 식으로 중심에서 좀 떨어진 작은 원에서 회전한다.

6) 여기서는 좀 어슬픈 정의 $d\Omega_{sa}$를 사용하였는데, 그래서 여러분들은 궤도 진동수 Ω와 입체각과 혼동하지 말 것을 바란다.

되는데 이것은 x방향으로 적합한 transverse-traceless 형태이다. 그리고 (21.69)에 제시된 둘 중에 하나로써 선형분극이다. x방향으로는 한 개의 선형 분극만이 기여를 하고 앞에서 언급한 z방향으로의 파보다 진폭이 2배만큼 더 작기 때문에 x방향으로의 에너지 flux는 (23.47)의 z방향의 것보다 8배만큼 더 작다 ; 즉

$$\left(\frac{dL_{GW}}{d\Omega_{\rm sa}}\right)_{x\text{-direction}} = \frac{2}{\pi}(\Omega^3 MR^2)^2 = \frac{2}{\pi}4^{1/3}\left(\frac{\pi M}{P}\right)^{10/3}. \tag{23.49}$$

이와 같이 분극과 에너지 프락스는 각도에 따라 변한다. 각도에 따른 복사압의 완전한 분포도는 **문제 9**를 통하여 알 수 있다.

23.6 중력파에서 에너지 손실에 대한 4중극자 식

The Quadrupole Formula for the Energy Loss in Gravitational Waves

중력파는 복사계로부터 멀리 에너지를 운반한다. 예제 23.3에서 2개의 특별한 경우에서 우리가 했던 것과 같이 또 다른 방향으로의 에너지 프락스를 계산하고 입체각 전체에 걸쳐서 적분함에 의해서 약한 장이며, 긴 파장인 근사적 경우에 중력 복사에서의 전체 에너지 손실율에 대한 유용한 표현이 유도될 수 있다. 이것은 간략하고 명확하게 될 이유로 해서 전체 중력파 복사 파워에 대한 **4중극자 식**(quadrupole formula)이라 불리운다. 우리는 그 유도과정을 띄어 넘겠다. 그것이 어려워서가 아니라 너무 길기 때문이다. 이것에 대한 보충설명은 이 책 웹사이트를 보면 유용하다. 사실, 우리가 벌써 알고 있는 단순한 몇몇 사실로부터 4중극 식의 형태를 예견해 볼 수 있다.

식 (23.35)는 2차 질량 모멘트 I^{ij}에 시간에 대한 2차미분에 의해 소스로부터 멀리 떨어져 있는 곳의 중력파 진폭을 나타내준다. 우리는 에너지 프락스에 대한 표현이 파 진폭의 제곱으로 나타날 것을 기대하고 있고 (16.22)의 평면파 에너지 프락스에 대한 표현이 이것을 확신시켜주고 있다. 그러므로 중력 복사에서 광도(luminosity) L_{GW}(전체 복사 파워)는 I^{ij}와 이것의 시간 미분한 것에 제곱이어야 한다. 시간에 대한 미분하는 횟수는 차원 분석에 의해 결정할 수 있다. 기하 단위에서 $L_{GW}=d$(에너지)$/d$(시간)는 무차원이다. I^{ij}의 시간에 대한 3차미분이 무차원이다, 그러므로 L_{GW}는 $\dddot{I}^{ij}$의 스칼라의 결합에 의한 제곱의 형태로 나타낼 수 있을 것이다. 대안으로는 (23.35)의 파의 진폭은 $\ddot{I}^{ij}$에 비례하고 있고 (16.22)의 에너지 프락스에는 ω^2의 부가된 요소가 있어 $\ddot{I}^{ij}$의 두 요소 각각에 대하여 한번 더 미분한다. 또한 L_{GW}는 공간의 회전에 대해서는 스칼라처럼 행동한다. 그래서 $\dddot{I}^{ij}$의 제곱스칼라 결합이어야 한다. 유일하게 두 가지의 가능성은 $\dddot{I}_{ij}\dddot{I}^{ij}$이거나 $(\dddot{I}^k{}_k)^2$이다. 그리고 구

형적으로 대칭인 계로부터 나오는 복사는 없다는 사실에 의해 정교한 결합이 이루어져야 한다. 그리하여 에너지 손실도 없어야 한다. 구형적 대칭 계에는 x, y와 z는 모두 동등하다. 그래서 $I^{ij} \propto \delta^{ij}$이다. 그러면 결합된 식은 다음과 같고

질량 4중극자 모멘트

$$\boxed{Ɨ^{ij} \equiv I^{ij} - \frac{1}{3}\delta^{ij} I^k_k} \tag{23.50}$$

이것을 **4중극자 모멘트 텐서**7)라 부르고, 구형대칭에서는 0으로 사라진다. 그러므로 L_{GW}는 $\dddot{Ɨ}_{ij}\dddot{Ɨ}^{ij}$에 비례하여야 한다. 그리고 그 요소(factor)는 $\frac{1}{5}$임이 판명되었다. 그러면 4중극 식은

중력파에서 복사되는 전체 파워(power)

$$\boxed{L_{GW} = \tfrac{1}{5}\left\langle \dddot{Ɨ}_{ij}\dddot{Ɨ}^{ij} \right\rangle.} \tag{23.51}$$

여기서 ⟨·⟩는 한 주기에 걸쳐서 평균 시간으로 정의된다. 이 식의 표현은 기하단위로 되어있다. $\mathcal{MLT}$ 단위($c \neq 1$, $G \neq 1$)에서는 중력파 광도 L_{GW}(에너지/시간)는 다음과 같다.

$$L_{GW} = \frac{1}{5}\frac{G}{c^5}\left\langle \dddot{Ɨ}_{ij}\dddot{Ɨ}^{ij} \right\rangle. \tag{23.52}$$

여러분이 전자기학을 배웠다면, 전자기 경우에는 주된 항을 지원하는 것이 4중극자 모멘트라기보다 2중극 임에도 불구하고 (23.51)은 복사파워에 대하여(표 23.1에 마지막 줄을 보라) 중력적으로 유사하게 표현한 것이라고 주지하는 것이 도움을 줄 것이다. 4중극 식은 이중성계에서 나오는 중력파의 복사파워를 알아내는 데 곧바로 적용할 수 있다. I^{ij}의 성분은 (23.45)에 주어져 있다. 이 경우에 trace, $I^k{}_k = 2MR^2$, 은 시간에 독립이다; 즉, 그러므로 $Ɨ_{ij}$와 I_{ij}의 시간에 대한 미분은 일치한다.

(23.45)에 있는 I^{ij}의 각각의 성분을 3번 시간에 대해 미분하고 그것들을 제곱한 후 합하라. 한 주기 평균으로 요소(factor) 1/2을 선택한다. 그러면 L_{GW}의 결과는

$$L_{GW} = \frac{128}{5} M^2 R^4 \Omega^6. \tag{23.53}$$

이것을 주기 P의 항으로 표현하기 위해 (23.40)의 케플러 법칙을 사용하여 R을 제거하면

$$L_{GW} = \frac{128}{5} 4^{1/3} \left(\frac{\pi M}{P}\right)^{10/3} = 1.85 \times 10^3 \left(\frac{M}{P}\right)^{10/3}. \tag{23.54}$$

7) 4중극자 모멘트 텐서에 대한 많은 수의 다른 관례가 있다, 그러나 그 모두는 (23.50)에 비례한다.

(1.85×10^3의 요소는 2, π 등등의 요소들을 무시하는 차원평가가 때때로 너무 빗나갈 수 있다는 것을 보여준다.) 이것을 $\mathcal{MLT}$ 단위로 나타내기 위해 G와 c와 관련된 요소를 대입할 수 있다. 부록 A를 보면 $M\to GM/c^2$, $t\to ct$, 그리고 $P\to cP$로 대치할 수 있다.

$$L_{GW}=\frac{128}{5}4^{1/3}\frac{c^5}{G}\left(\frac{\pi GM}{c^3P}\right)^{10/3}, \tag{23.55}$$

이고, 수치를 대입하면

$$L_{GW}=1.9\times10^{33}\left(\frac{M}{M_\odot}\frac{1\,\mathrm{h}}{P}\right)^{10/3}\frac{\mathrm{erg}}{\mathrm{s}}. \tag{23.56}$$

전자기 복사에서 태양의 광도는 3.9×10^{33}erg/s이다.
그러므로 전형적인 별의 무게와 짧은 주기를 가진 이중성계 별들은 중력 복사에 있어서 그렇게 약하지 않다. 다만 물질에 대한 중력의 약한 작용만이 중력 복사를 탐지하는 데 어렵게 한다.

23.7 이중성에서 탐지된 중력 복사의 효과들

Effects of Gravitational Radiation Detected in a Binary Pulsar

중력 복사는 궤도 운동하는 이중성계의 에너지와 각운동량을 감소시킬 것이고, 특히 궤도주기 P(11.3절에서는 P_b라 불린다)에 변화를 줄 것이다. 앞 절에서 고찰하였던 2개의 동일한 질량체의 원형궤도에 대해서 변화의 비를 평가해 볼 수 있다. 이 비상대적인 계에서는 뉴턴 근사법이 적절하므로 이 계의 에너지는

$$E_{뉴턴}=2\left(\frac{1}{2}MV^2\right)-\frac{M^2}{2R}, \tag{23.57}$$

여기서 V는 궤도운동속도이다. R과 V의 관계인 뉴턴 법칙(23.39)와 R과 P의 관계인 케플러법칙 (23.40)을 사용하면

$$E_{뉴턴}=-\frac{M^2}{4R}=-\frac{1}{4}M\left(\frac{4\pi M}{P}\right)^{2/3}. \tag{23.58}$$

뉴턴에너지는 음수이다. 왜냐하면 궤도 운동하는 별들은 서로 속박되어있기 때문이다. 그러므로 에너지 $E_{뉴턴}$가 감소하면 주기 P가 감소한다는 것이다. 더 작은 P는 더 음의(더 낮은) 에너지를 의미한다. (23.58)을 t에 대하여 미분하고 $dE_{뉴턴}/dt$를 (23.54)에 있는 $-L_{GW}$와 같다고 두면 P의 감소율이 아래의 식으로 주어진다.

$$\frac{dP}{dt} = -\frac{96}{5}\pi 4^{1/3}\left(\frac{2\pi M}{P}\right)^{5/3}. \tag{23.59}$$

이것을 숫자로 대치하면

$$\frac{dP}{dt} = -3.4 \times 10^{-12}\left(\frac{M}{M_\odot}\frac{1\,\text{h}}{P}\right)^{5/3}. \tag{23.60}$$

이것은 차원이 없는 양이다.

11.3절에서 논의한 이중성 펄스계 PSR B1913+16의 경우에 펄스성과 보이지 않는 동반성의 질량은 각각 약 $1.4M_\odot$이고 궤도주기는 7.75h이다. 중력 복사에 의하여 궤도주기의 예견되는 감소양은 실제 궤도가 가정하였던 것처럼 완전한 원형은 아니지만 1년당 10μs의 차수로서 (23.60)로부터 계산되어질 수 있다. 이 궤도 주기상 천천히 감소하는 효과가 탐지될 수 있는 펄스성으로부터 나온 신호의 도착시간에 대한 측정은 매우 정확하다.

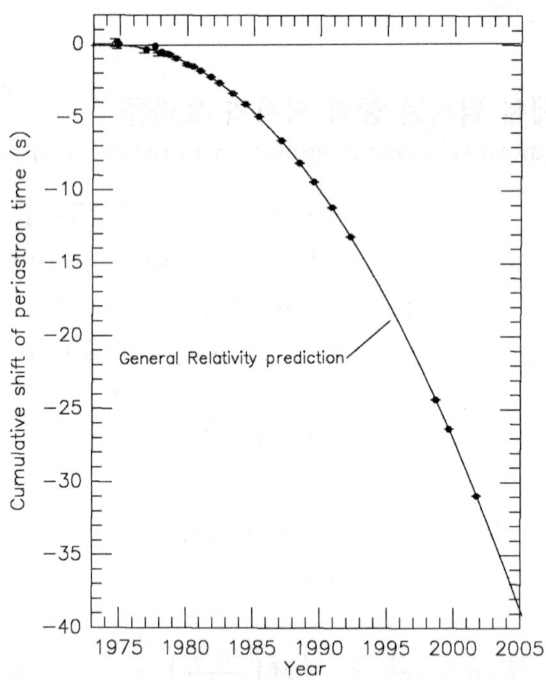

그림 23.3 이중성 펄스성에서 중력 복사파의 효과들에 대한 탐지. 이중성 펄스 PSR B1913+16은 서로 상호간의 궤도를 돌고 있는 한 쌍의 중성자별들이다. 중력 복사파 방출은 궤도주기를 감소시킨다. [(23.59) 참고] 궤도 주기의 감소의 측정중 하나는 근성점(pariastron) – 펄스성이 동반성에 가장 가까이 접근하는 점 – 의 궤도가 시간이 흐름에 따라 꾸준히 변화하는 것을 찾는 것이다. 그림은 수십 년에 걸쳐서 Puerto Rico(그림 11.9)에 있는 Arecibo 전파 망원경으로 J. Taylor와 J. Weisberg에 의하여 측정된 이 변화들의 누적된 값들을 보여주고 있다. 점들은 그들이 데이터를 낸 수치들이다. 굵은 선은 일반 상대성 이론에 의하여 중력파 복사의 결과로서 예견되는 변화의 곡선이다. 그 일치도는 1/3%보다 더 크다. 그러므로 중력파의 효과들은 지구상에서는 아직 탐지되지 않았지만 우주에서는 탐지된 것이다.

수십 년에 걸친 타이밍(timing)의 측정은 dP/dt를 측정하게 되는데 예로써 PSR B1913+16의 1984년 7월7일 GMT로 자정이 지난 6시에 측정한 값은 $(-2.422 \pm 0.006) \times 10^{-12}$이었다.

궤도주기의 변화에 대한 Taylor와 Weisberg의 수십 년에 걸친 주의 깊은 주기 측정의 결과가 **그림 23.3**에 주어져 있다. 궤도주기의 관측된 감소치는 아인슈타인 일반 상대성 원리에 의한 중력 복사에 기인한 이론적 감소 치와 $\frac{1}{3}$%의 정확도로 일치함을 보여준다. 이와 같이하여 중력 복사의 효과는 탐지되었던 것이다.

23.8 강한 발생원의 예견 Strong Source Expectation

중력파의 진폭을 상세히 평가하거나 계산하기 위하여 (23.35)와 같은 관계를 사용하는 법을 이해하는 것만큼이나 중요한 것은 그것을 언제 사용하면 안 되는지 이해하는 것이다.

이 표현은 중요한 2가지 가정 하에서 유도되었다.

(1) 작고 약한 곡률이 시공간의 모든 곳에서 가정되었다.
그리하여 선형 중력의 사용을 허용한다.

(2) 에너지에 있어서는 정지에너지가 우위이고, 그것의 속도는 빛보다 훨씬 작다고 가정한 비상대적인 물체인 경우이다.
이 가정들은 선행아인슈타인 공식 (23.21)의 일반적 해에 장파장의 근사법을 허용해준다.

그러나 우주에서 아주 의미 있는 중력파 소스들은 이 범주 내에 들지 않는다. 곡률이나 속도가 두 개의 충돌하는 블랙홀이나 초신성 붕괴 등의 시공간에서는 그렇게 작지 않다. 강하고 급격히 변하는 시공간 곡률을 발생시키는 사건으로부터 나오는 중력 복사의 정확한 계산은 일반적으로 상세한 수치적 시뮬레이션을 요구한다. 그러나 4중극 식은 예상할 수 있는 복사 양에 대한 차원적 분석과 개략적 크기에 대한 가이드로써 사용할 수 있다. 그 예가 23.4이다.

예제 23.4 합쳐지고 있는 블랙홀로부터의 중력 복사의 평가

대부분의 충분히 거대한 은하는 그 중심에 블랙홀을 가지고 있다는 증거가 있다. 또한 대부분의 은하는 그 일생동안 적어도 한번은 다른 은하와 합쳐져 결국에는 그 중심의 블랙홀이 융합하게 된다는 증거가 있다. 이 사건에서는 중력파의 광도의 최대 피크가 얼마나 될 것이라고 예상되는가?

상당한 질량 M의 두 블랙홀의 충돌은 약한 곡률로 특징 지워지는 것이 아니다. 그러나 4중극 식에 기초를 둔 간단한 차원에 대한 평가는 예상되는 것에 대한 어떤 아이디어를 제공해준다. 이 문제의 모든 스케일은(scales) M의 값 즉 질량 스케일과 블랙홀의 크기 그리고 충돌 [(9.40) 참고]에 대한 시간 스케일 등에 의하여 결정된다.

복사 파워 L_{GW}는 기하단위에서 차원이 없기 때문에 우리는 그것이 크기 단위 차수일 것으로 예상한다. 아마 좀 더 조심스럽게 $L_{GW} \sim \varepsilon$라 두자.

여기서 ε는 능률 요소(efficiency factor)로써 융합되는 물체의 기하에 의존하며 단위 크기보다 그렇게 작지 않는 크기의 차수를 가진다. 4중극 식인 (23.51)에 여러 종류의 기여물(contributor)을 평가해보아도 동일한 결과를 준다. $\mathcal{MLT}$ 단위(부록 A 참고)로 전환시키면

$$L_{GW} \sim \varepsilon(c^5/G) \sim \varepsilon 10^{59} \text{ erg/s}. \tag{23.61}$$

이 된다. 이 글을 쓸 당시에는 예비적인 수치적 시뮬레이션은 ε가 10^{-2}차수임을 제시해주고 있다. (23.61)의 광도가 어느 정도로 큰지 알아보기 위해서 그것을 광학적 광도와 비교해보자. 태양의 광도가 10^{33}erg/s이고 커다란 은하의 전체광도가 $\sim 10^{44}$erg/s이며 거대한 복사선소스의 광도는 10^{48}erg/s에 달하며 가장 밝은 감마선을 방출하는 것의 광도는 약 10^{52}erg/s이다. 실제로 어떤 간단한 상황에서 c^5/G는 개략적인 최대 가능 물리적 광도이다(**문제 18**).

충돌하는 두 개의 은하 중심에 있는 두 개의 $10^9 M_\odot$의 블랙홀의 융합은 수일에 걸쳐서 (23.61)의 최대 피크 광도를 생산할지도 모른다. 그리하여 거기에서는 일시적으로 우주에서 가장 밝은 사건이 될 것이다(**문제 19**). 수치적 시뮬레이션이 이런 개략적 예상치를 좀 더 견고한 기반위에 놓이게 할 수 있을 것이고 공간에 놓인 중력파 검출기는 그것을 관측을 통하여 체크하려고 기다리고 있다.

시간 의존성 4중극자 모멘트에 기여하고 있는 질량을 사용하기 위하여 이들과 같은 평가를 하려고 하면 주의가 요구되어야 한다. 예로써, 태양질량의 수백 만 배의 블랙홀이 구형적으로 대칭적 중력 붕괴를 할 때에는 요소(factor) ε는 정확이 0이다. 평가는 유용하지만 정확한 계산의 대체물은 안되는 것이다.

문 제

1. 예제 21.5에서 진공 선형 중력의 방정식이 Φ가 진공 뉴턴 방정식 $\nabla^2\Phi = 0$을 만족시킬 때 시간에 독립이며, 약한 장의 계량 (21.25)에 만족됨을 보였다. Φ가 소스를 가진 뉴턴 방정식 $\nabla^2\Phi = 4\pi\mu$(기하 단위)를 만족시킬 때 비상대성의 소스를 가진 선형 중력 방정식에 대해서도 동일한 것이 일어남을 보여라.

2. [C] 천천히 그리고 균일하게 회전하는 구형의 물체가 만들어내는 계량 섭동에 대한 식 (23.28)은 소스의 크기와 비교해서 큰 값의 r에 대해서만 유도되었다. 회전하는 물체 밖의 모든 값에 대해서도 이 식이 성립함을 보여라.

3. (23.22)로부터 로렌츠 게이지 조건 (23.23)을 유도하는 것을 상세히 기술하라.

4. (23.25)로부터 천천히 회전하는 물체 바깥부분의 계량 (23.28)을 유도하는 과정을 모두 기술하라.

5. [E] 지구둘레의 반에서의 핵폭발은 LIGO 중력파 검출기에 의해서 탐지될 만큼 충분한 크기의 중력파를 생산해 내겠는가? 이 질문에 대답하기 위하여, 그러한 폭발로부터 예상되는 진폭크기 h를 계산해보고 좀 더 진보된 LIGO 검출기에서 예상되는 개략적 민감도 $h \sim 10^{-22}$와 비교해보라. (강력한 핵폭발은 TNT의 20 메가톤이다. TNT의 1 메가톤은 $4.2\times10^{22}\,\mathrm{erg}$에 해당한다.)

6. [C] **비 쌍극자 중력 복사(No Dipole Gravitational radiation)**
   (a) 23.4절에서 계량 섭동중에 r이 클 때에 $\bar{h}^{t\alpha}$부분의 행동양상에 대하여는 논의하지 않았다. 긴-파장 근사에서 이것들은 다음과 같이 주어짐을 보여라.

$$\bar{h}^{t\alpha} = 4P^{\alpha}/r,$$

   여기서 P^{α}는 물질의 전체 에너지 운동량 4원-벡터이다. 당신의 논의를 간단히 하기 위해, 물질의 스트레스-에너지 텐서가 단위 속도보다 훨씬 작은 속도를 가진 비상대적 형태 $T^{\alpha\beta} = \mu u^{\alpha} u^{\beta}$를 가진다고 가정해도 좋다.
   (b) 다음을 보여라.

$$\bar{h}^{ti} = 4\dot{p}^{i}/r,$$

   여기서 $\vec{p}$는 질량 쌍극자 모멘트로서 다음과 같다.

$$\vec{p} = \int d^3x\, \mu(x)\vec{x}.$$

   질량 쌍극자 모멘트가 뉴턴 역학에서 어떤 다른 중요한 양과 연결되어 있는가?
   (c) 새로운 관성계로의 Lorentz 변환에 의하여, 질량 쌍극자 항은 사라지게 만들 수 있고, 그리하여 중력 복사의 기여가 없도록 하게할 수 있음을 논하라. 그 Lorentz 변환의 속도와 방향을 구하라.

7. (23.30)으로부터 먼-거리의 중력파 진폭 (23.35)을 유도하는 상세한 단계를 기술하라.

8. 두 개의 동등한 질량을 가진 별들의 원형궤도의 평면에 수직인 축에 대하여 45° 각도에서 나타나는 중력 복사는 두 분극 +와 ×의 어떤 조합으로 이루어지는가?

9. [C] **이중성계로부터 복사된 중력파 파워의 각(angular) 분포.**
예제 23.3에서, 중력파에서 복사된 시간-평균 파워가 두 방향에 - 하나는 궤도 평면에 수직으로, 다른 하나는 그 궤도면과 수평으로 - 대해서 이중성계로부터 계산되었다. 이 문제는 완전한 각 분포(안테나 패턴)를 계산하는 데 목적을 두고 있다. 시간-평균 소스가 축대칭이기 때문에 시간-평균 분포가 회전축에 대하여 대칭일 것이다. 그러므로 z-축과 각도 θ를 이루는 방향, 편리를 위해 y-z평면에 놓여 있는, 으로 복사된 파워만 계산하면 된다. 그 과정은 다음과 같다.
   (a) x-축 주위로 공간좌표를 각도 θ만큼 회전시켜 새로운 z-축이 기존 z-축과 각도 θ를 이루도록 하라. 중력파 진폭 (23.46)을 이 좌표계로 변환시켜라.
   (b) 이 새 z-방향으로 나아가는 근사(approximate) 평면파를 TT 게이지로 두어라.
   (c) 새 z-방향으로 복사되는 파워를 계산하라, 거기에서 복사된 파워를 θ의 함수로서 얻어라. 당신의 답이 예제 23.3에 있는 두 개의 특별한 경우들과 일치하는 지 검토하라.
   (d) 전체 복사된 파워를 얻기 위하여 복사된 파워의 각도 분포를 적분하면, (23.53)에 인용되어있는 4중극 식으로부터 답을 여러분들은 얻을 수 있는가?

10. 두 개의 동일한 질량 M이 늘어난 상태가 아닌 길이 L과 스프링 상수 k를 가진 질량이 없는 스프링의 양 끝에 놓여있다. 그 질량들은 진폭 A를 가지고 스프링의 선 따라 진동하기 시작하여 그래서 그들의 질량 중심은 고정된 채로 남아있다. 스프링 중심으로 부터 멀리 떨어진 거리에서의 중력 복사파의 진폭을 A의 없어지지 않는 낮은 차수로 스프링의 축과 각도 θ의 함수로서 계산하라. 복사의 분극을 분석하라. 중력파에서 복사된 파워의 각도 분포를 계산하라.

11. 질량 m의 입자가 시간 $t=-T$와 $t=+T$ 사이를 $z(t)=(1/2)gt^2$에(g는 상수) 의하여 z축을 따라 움직이고 있고 그 외의 시간에서는 균일한 속도로 움직이고 있다. 양의 z축을 따라 먼 거리 L에서의 중력파 계량 섭동을 계산하라.

12. 원형궤도를 돌고 있는 각각 질량이 $1.4M_{\odot}$를 가진 두 개의 중성자별들로 구성된 이중성계가 지금 가질 수 있는 가장 긴 주기는 무엇이고 그리고 그 두 별이 우주의 종말(앞으로 약 150억년이나 뒤에 일어난다고 가정하라) 전에 합쳐질 것인가?

13. **중력 복사를 통한 각운동량의 손실.**
뉴턴 물리학에서 각 속도 Ω를 가지고 주축을 중심으로 견고하게 회전하는 축 대칭 물체는 다음과 같이 주어지는 운동에너지 E와 축 따라 있는 각운동량 J를 가진다.

$$E = \frac{1}{2}I\Omega^2, \qquad J = I\Omega,$$

여기서 I는 축 주위의 관성 모멘트이다. 이것이 선형 중력에도 사실이라고 가정하고, 23.5절에서 논의한 이중성계가 중력 복사에서 각운동량을 잃는 주기의 평균 비율을 계산하라.

14. [C] **중력 복사의 반응**
질량 m의 입자가 적용된 힘 때문에 움직이고 있고 중력파를 복사하고 있다. 입자의 속도가 빛의 속도보다 훨씬 낮아서 비상대론적 운동학이 적용된다고 하자. 입자들이 다음의 중력 복사 반응 힘에 의하여 작동하는 것처럼, 그것들이 중력파에서 에너지를 잃는 비율이 동일함을 -시간-평균의 의미에서- 보여라.

$$F_i^{\text{rad. react.}}(t) = -\frac{2}{5}m\frac{d^5 I\!\!\!-_{ik}(t)}{dt^5}x^k(t),$$

여기서 x^i는 입자의 위치를 주는 통상적인 직각좌표이고 $I\!\!\!-_{ij}$는 (23.50)에 정의된 4중극자 모멘트이다. 만일 당신이 전자기학에 능통하다면, 이 힘을 전자기학에 있는 복사 반응에너지와 비교해보라.

15. [E] 지구에 상대적으로 달의 위치를 측정하는, 달을 향한 레이저 실험은 낮의 길이가 백년에 2밀리초 정도로 길어지고 있다는 추론을 낳게 했다. 지구로부터의 중력파가 지구의 회전비의 이 지연에 중요한 역할을 하는 지 혹은 무시할 만한 역할을 하는 지 평가하라.

16. 질량 m과 폭보다 더 긴 길이 L인 철재 빔이 진동수 Ω를 가지고 그것의 길이에 수직으로 질량 중심을 관통하는 축을 중심으로 회전하고 있다. 전체 파워에 대한 4중극 식이 무슨 조건하에서 적용될 수 있는가? 그것이 적용될 수 있다면, 그것을 사용하여 중력 복사에서 방출되는 파워를 계산하라.

만일 빔이 끄는 힘으로부터 자유로운(drag-free) 위성 안에 놓여있다면, 일 년 동안의 회전 후에 각진동수에서 예견되는 감소치는 얼마가 될 것인가?

17. [E] 질량 m인 작은 물체가 정지 상태에서 질량 M인 거대한 블랙홀로 떨어질 때, 폭발적으로 터지는 중력 복사가 있다. 그 폭발의 기간, 최고치의 중력파의 휘도를 구하고 그리고 복사되는 전체 파워를 작은 물체의 정지 질량의 분율로 나타내어라. 우리 은하 중심에 있는 $\sim 10^6 M_\odot$의 블랙홀 속으로 떨어지고 있는 $10M_\odot$의 블랙홀에 의하여 생산되는 최대 중력파 휘도는 얼마나 되는가 (13.2절 참고)? 이것을 전체 은하의 광학적 휘도와 비교하여 어떻게 되는가?

18. [E] **최대 광도(Maximum Luminosity)**
반경 R인 구형의 별의 중심에 복사의 점 소스를 상상해보자. 소스의 광도(에너지/시간)는 L이고 시간의 흐름에 정상상태(steady)에 있다. 뉴턴 역학을 사용하여 다음에 따라 최대 광도를 평가하라.
(a) 별 내부에서 복사에 있어서 에너지 밀도를 계산하라.
(b) 그 별이 슈바르츠쉴드 반경 내에 있을 때 최대 광도를 구하라.
(c) (23.61)의 합쳐지는 2개의 블랙홀로부터 나오는 광도와 이 최대 광도와 서로 비교해보라.

19. [E, C] **합쳐지고 있는 초거대 질량의 블랙홀로부터 나오는 중력파.**
간단히 하기위해 다음과 같이 가정하자.
(1) 모든 은하들은 $10^9 M_\odot$의 블랙홀을 가지고 있다.
(2) 모든 은하는 그 일생에 있어서 한번 합쳐진다.
(3) 은하들이 합쳐질 때, 그것의 중심에 있는 블랙홀이 완전 합치된다.
이 사건들로부터 나오는 중력파들을 감지하기위해 건설된 감지기가 있다고 하자. 그것들이 실제로 적용되지 않지만, 선형 중력의 결과들을 이용하여 다음 항들을 평가하라.
(a) 감지기가 포착할 수 있는 진동수의 범위를 구하라.
(b) 보이는 우주의 가장자리, 반경 $\sim 1\text{Gpc}$ 정도임, 넘어 발생하는 두 은하의 합침을 보는데 필요한 변형 민감도(strain sensitivity)를 구하라.
(c) 통상적인 시간 단위로 그런 사건들이 일어나는 데 걸리는 시간을 구하라.
(d) 그런 사건들이 탐지되는 비율을 구하라.

CHAPTER

24 상대론적인 별들
Relativistic Stars

대부분의 별들은 뜨거운 가스의 압력으로 중력에 의하여 붕괴하려는 힘에 대항하여 자신을 지탱하고 있다. 정상상태에서는 복사로 잃어버린 에너지는 핵이 서로 결합하여 에너지를 방출하는 열핵융합반응에 의해서 공급받는다. 예로써, 우리의 태양으로부터의 에너지는 4개의 수소 핵(4개의 양성자)이 결합하여 1개 헬륨 핵을 만드는 반응에서 나오는 에너지가 주된 결과로써 얻어진다. 제12장에서 언급한 것 같이 별의 중심부는 결국에는 열핵연료를 다 써버리게 될 것이다. 그리고 나서는 2가지의 종점(endpoint)들 중에 하나로 진화한다.

(1) 중력 붕괴가 계속 진행되어 블랙홀로 가는 것
(2) 열핵반응이 아닌 소스에 의한 반발압력으로 중력붕괴에 대항하여 버티는 별

첫 번째 가능성 - 블랙홀로 붕괴하는 것 - 은 12장에서 언급되었다. 이 장에서는 백색왜성이나 중성자별에서와 같이 자연 속에 실존하는 두 번째 가능성에 대해 논의하겠다. 일반 상대성의 내용으로 완전히 이해될 수 있는 블랙홀과 달리, 별진화의 마지막 단계 있는 별들을 이해하는 데는 어떤 의미에서 물리학의 나머지 거의 전 분야의 이해를 요구한다. 예로서 지구(실제적으로 책상이나 의자 같은 평범한 물체)가 중력에 대항하여 지탱하게 해주는 비 열적 압력의 가장 단순한 예는 고체의 특성에 대한 완전한 이해를 요구한다. 이것이 이 장이 이 책에서 맨 마지막에 놓이게 된 이유이다.

이 점을 좀 더 강조하기 위해, 중성자별의 표면에서부터 중심까지 굴을 뚫는다고 가정하자. 수소와 헬륨의 대양아래에는 원자들 사이의 양자 전기력에 의해 그 특징이 결정되는 딱딱한 외피가 놓여있다. 이 힘은 일반적인 고체의 특징을 결정하는 것과 같은 동일한 힘이다. 그러나 여기서 작동하는 것은 밀도에 있어서 지구의 것과 비교하면 엄청나게 큰 것이다.

좀 더 깊이 파고 들어가면 약한 상호작용에 의하여 양성자와 중성자와 함께 평형을 이루고 있는 상대론적인 전자에 적용되는 파울리의 베타 원리에 의해 물질의 특징이 결정되는 지역으로 들어가게 된다.

좀 더 더 깊이 파고 들어가면 거의 모든 전자들이 사라지는 지역으로 들어가게 된다. 핵은 분해되어 초유동 핵 물질이 되는데 이것의 특징은 강한 상호작용에 의해서

결정된다. 그러나 여기서 작동되는 밀도는 일반적인 핵의 밀도나 지상의 실험실에서 만들어 낼 수 있는 그 어떠한 밀도보다도 엄청나게 큰 밀도이다. 표면에서 중심까지 지나가는 이 경로는 응축물질 물리학, 상대론적 통계 역학, 약한 상호작용 물리학, 핵물리학, 강한 상호작용 물리학 등등이 이해하는 데 중심이 되는 영역들을 지나가게 된다. 양자 역학은 전체에 걸쳐서 중요하고, 중력은 이 모든 것을 함께 묶어준다.

우리는 이 책에서 별들의 진화에서 평형상태인 마지막 단계를 완전히 이해하는 데 필요한 물리학의 전 영역을 리뷰해 볼 수는 없다. 그러나 중력 물리학의 중요한 역할을 때내어서, 하나의 중심된 사실 - 중력은 유일하게 아주 먼 거리까지 작동하는 힘이다 - 때문에 이 별들의 모든 구조를 논의한다. 물질의 특징을 지배하는 힘은 모두 짧은 영역에 있다. 예로써 핵력은 10^{-13}cm의 거리이내에서 작동한다. 전형적인 중성자별의 반경은 대략 10 km이다. 백색왜성은 이보다 조금 더 크다. 전자기력은 순수 전기전하를 가진 물체에서 아주 먼 거리까지 작동한다. 그러나 중성자별과 백색왜성이 만들어지는 물질은 전기적으로 중성이다. 그래서 긴 거리의 전자기 힘은 효과적으로 차단된다. 범위에 있어서의 이런 차이점은 중성자별과 백색왜성의 전체 구조와 관련이 있는 물질의 특성을 이상적인 물질 유동체의 압력 p를 그것의 에너지 밀도 ρ와 연관시켜주는 상태 방정식(equation of state)에 의해 가장 적절한 근사로 요약할 수 있다는 것을 의미한다. 그러므로 별 진화의 평형 마지막 단계를 이해하는 작업은 두 부분으로 나눌 수 있다.

(1) 열핵진화의 마지막 단계에 있는 물질의 상태 방정식을 계산하는 것
(2) 이 물질로 만들어지는 별들이 중력에 의하여 어떻게 뭉쳐질 수 있는지 계산하는 것

다음에서 우리는 (1)의 결과는 단지 보고만 할 것이지만 (2)의 것은 유도할 것이다. 비 열적 압력 소스의 가장 간단한 예를 가지고 시작해보자.

24.1 파울리 원리의 힘 The Power of the Pauli Principle

압력의 비 열적 소스의 단순하지만 가장 중요한 예는 Pauli의 베타(exclusiom) 원리에서 나온 Fermi 압력이다. 파울리 원리는 스핀 1/2인 입자들(전자, 양성자, 중성자 같은)을 통틀어 **페르미온**(fermions)이라 하는데, 이것들에 허용되는 양자 상태에 제약을 둔다. 즉 파울리 원리는 어떠한 두 개의 페르미온은 동일한 양자 상태를 점유할 수 없다는 것이다. 파울리 원리는 원자의 구조와 그것들의 화학적 특성에 중요하다. 파울리 원리는 원자의 가장 낮은 에너지 상태에서도 전자는 원자핵에 가까이 가장 낮은 에너지 수준에 있지 못하고 그 대신에 전자들이 더 높은 에너지

수준의 껍질에 놓이게 된다는 특별한 결과를 주고 있다. 효과 면에서 Pauli 원리는 핵의 당기는 전기적 힘에 대항하여 원자 안에 있는 바깥쪽 원자를 지탱하는 역할을 한다. Pauli 원리가 별들을 어떻게 중력의 당기는 힘에 대항하여 지탱할 수 있는지 알게 해줄 것이다. Pauli 원리의 작동을 이해하기 위해서 한 상자 안에 스핀 1/2인 페르미온의 가스 들어있는 것을 생각해보자.[1]

페르미온들이 제로 온도 상태에 있어 그 가스가 가능한 가장 낮은 에너지 상태에 있다고 하자. 그런 페르미온의 가스는 축퇴(degenerate)되어져 있다고 말해진다. 심지어 제로 온도에서도, 페르미온들 사이에 서로 상호작용하는 퍼텐셜이 없음에도 불구하고, Pauli 원리로부터 나오는 반발압력이 있다. 이 중요한 아이디어는 1차원적으로 이해될 수 있다. 먼저 **그림 24.1**에서 보여주듯이 $x=0$에서 $x=\mathcal{L}$까지의 길이를 가진 1차원 상자 내에서 움직이는 질량 m인 한 개의 페르미온의 상태를 고려해보자. 단순하게 하기 위해, 페르미온이 비상대론적인 상태를 가정하자. 상자 내에서 가능한 에너지 수준은 양자화 되어있다.

$$E_k = \frac{1}{2m}\left(\frac{k\pi\hbar}{\mathcal{L}}\right)^2 \equiv \frac{p_k^2}{2m}, \qquad k = 1, 2, \ldots \tag{24.1}$$

여기서 p_k는 운동량의 크기로

$$p_k \equiv \frac{k\pi\hbar}{\mathcal{L}}, \qquad k = 1, 2, \ldots . \tag{24.2}$$

이 값은 입자가 비상대적이던지 아니던지 간에 운동량에 대해서 허용된 값임이 판명되어있다. 입자 한 개가 들어있는 상자의 가장 낮은 에너지 상태는 가장 낮은 한 개의 입자에 해당하는 에너지 고유치 $k=1$인 상태이다. 그러나 $\mathcal{N}$개의 입자를 가지고 있는 상자의 가장 낮은 에너지 상태는 Pauli 원리를 고려하여야 한다.
간단히 하기위해 $\mathcal{N}$은 짝수라고 가정하고 한 번에 한 개씩 입자를 상자에 넣는다고 상상하자. 그리고 추가되는 입자는 허용되는 가장 낮은 한 입자의 에너지 고유치에 차곡차곡 넣는다고 하자. 스핀 1/2입자는 2개의 가능한 스핀 상태가 있다. 처음 2개의 입자는 가장 낮은 에너지($k=1$)의 입자의 상태에 들어갈 수 있다. 그러나 그 다음 2개의 입자는 그 다음 높은 에너지 상태 ($k=2$)에 들어가야 한다. 이런 식으로 계속 진행한다. 마지막 2개의 입자를 포함하고 꽉 채워진 가장 높은 에너지 상태의 운동량(momentum) 크기를 **Fermi 운동량** p_F라고 부른다. 이와 같이 $\mathcal{N}$개 입자를 가진 상자의 가장 낮은 에너지 상태는 다음과 같은 전체에너지를 가진다.

1) 아래 논의는 매우 기본적인 양자역학을 받아들이고 있다. 만일 이것에 친숙하지 못하다면, 여러분들은 이 책 website에 있는 보충설명을 보라. 거기에는 좀 더 상세하게 논의되어 있다. 또 다른 대안으로는 기본 양자역학 교과서를 다시 보아도 좋다. 아니면 이 결과들을 받아들이고 다음 절로 넘어가도 된다.

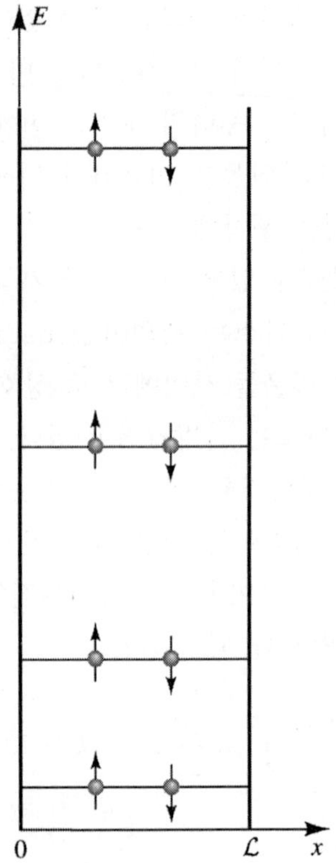

그림 24.1 서로 상호작용을 하지 않는 8개의 페르미온을 포함하고 있는 길이 $\mathcal{L}$의 1차원 상자의 에너지 레벨. 하나의 입자에 허용되는 에너지 레벨은 불연속적이다. 8개의 페르미온 중 가장 낮은 에너지 상태들은 가장 낮은 레벨에서 서로 반대인 스핀을 가진 2개의 페르미온이 차지하고, 그 다음 레벨에 또 2개, 이런 식으로 배치된다. 이것이 파울리 베타원리에서 요구되어지는 것처럼, 2개의 페르미온이 동일한 상태를 동시에 점유하지 못하는 8개의 입자들의 가장 낮은 에너지 상태의 모습이다. 만일 상자안에 있는 입자들이 베타원리를 따르지 않는다면, 가장 낮은 에너지 상태에 8개의 입자가 다 들어갈 것이다.

$$\mathcal{E} = \sum_{k=1}^{\mathcal{N}/2} (2E_k). \tag{24.3}$$

(24.3)에서의 합은 실제적인 가스나 별들로 특징지을 수 있을 매우 많은 수의 $\mathcal{N}$값에 대해서는 적분으로 대치될 수 있다. 운동량 p의 크기를 0에서부터 p_F까지 적분으로 그것들을 기술하면 편리하다. 식 (24.2)는 p에서 $\pi\hbar/\mathcal{L}$이라는 간격으로 된 상태가 하나씩 있다는 것을 제시하고 있다. 이와 같이 하여 어떤 함수 $F(p)$에 대하여

$$2\sum_{k=1}^{\mathcal{N}/2} F(p_k) \approx 2\frac{\mathcal{L}}{\pi\hbar}\int_0^{p_F} dp\, F(p) \tag{24.4}$$

$(\mathcal{L}/\pi\hbar)$의 요소는 운동량 크기에서의 **상태 밀도**이다.

우리는 1차원이 아니라 3차원 속에 살고 있다. 한 변의 길이가 $\mathcal{L}$인 정육면체 상자 속에서 움직이는 자유입자의 에너지 고유치는 (24.2)와 같은 규칙에 따라 각각 양자화 되어있는 3개의 운동량 성분 (p^x, p^y, p^z)의 크기에 의해 특징지워진다. p^x, p^y와 p^z의 양의 값의 크기로 범위가 정해진 3차원 운동량 공간의 상태 밀도는 $(\mathcal{L}/\pi\hbar)^3$이다. $\mathcal{N}$개의 페르미온계의 가장 낮은 에너지 상태에서, 이 모든 상태들은 어떤 운동량 공간 반경 p_F까지 채워진다.

$\mathcal{N}$개의 페르미온의 가스에 대한 Fermi 운동량 p_F 알아냄으로써 이 아이디어를 즉각 보여줄 수 있다. 전체 수 $\mathcal{N}$은 반경 p_F의 구 내부에 양의 값 p^x, p^y, p^z을 가지고 있는 모든 상태의 합의 2배임에 틀림없다.

$$\mathcal{N} = 2\left(\frac{\mathcal{L}}{\pi\hbar}\right)^3 \frac{1}{8}\int_0^{p_F} 4\pi p^2\, dp. \tag{24.5}$$

여기서 양의 p값을 가진 8분의 운동량 공간에 걸친 적분은 전체의 구에 걸쳐서 행한 적분의 8분의 1로써 기술되어있다. 이것은 수 밀도 $n = \mathcal{N}/\mathcal{L}^3$와 p_F 사이에 다음과 같은 관계를 준다.

$$n = \frac{p_F^3}{3\pi^2\hbar^3}. \tag{24.6}$$

만일 **Fermi 파장** $\lambda_F = 2\pi\hbar/p_F$를 도입하면 수 밀도는 $n = 8\pi/3\lambda_F^3$으로 쓸 수 있고, 하나의 페르미온은 특징적 사이즈 λ_F의 부피 내에 갇혀있다는 것을 제시해주고 있다. 이것은 p.281에 있는 **상자 12.1**에서 Fermi 압력에 의해 지탱되는 별들의 최대 질량을 평가하는 데 사용했던 관계이다. 이 최대 질량에 대한 좀 더 정량적인 유도를 간단히 해보겠다.

유사한 방법으로 가스의 **에너지 밀도 ρ**는 운동량의 함수 – $E(p) = (m^2c^4 + p^2c^2)^{1/2}$ – 로서의 에너지에 의해 (24.5)에 적분을 가함으로써 계산되어 질 수 있다. (여러분들이 보아왔던 다른 식들과 비교해 볼 수 있도록 c요소를 다시 넣었다.) 그 결과는 적분의 상한치 p_F에 달려 있을 것이지만 (24.6)을 사용하여 n의 항으로 다시 표현되어질 수 있다. 적분은 어렵지 않다. 그리고 특히 비상대론적 한계치에서는 간단하다. 이때는 $E(p) \approx mc^2 + p^2/2m$으로 한다. 그리고 상대론적 한계치에서는 $E(p) \approx pc$로 한다. 이들 한계치에서

$$\rho = mc^2 n + \frac{3}{10}(3\pi^2)^{2/3}\left(\frac{\hbar^2}{m}\right)n^{5/3} \quad \text{(비상대적일 때)} \tag{24.7a}$$

$$\rho = \frac{3}{4}(3\pi^2)^{1/3}(\hbar c)n^{4/3} \quad \text{(상대적일 때)} \tag{24.7b}$$

압력을 계산하기 위해서는 제로 온도에서 열역학 제1법칙을 사용한다. 이것은 상자 내의 전체에너지의 변화 $\Delta\mathcal{E}$를 페르미온의 수 $\mathcal{N}$을 고정되게 유지하면서 상자의 부피의 작은 변화 $\Delta\mathcal{V}$와 관련 지워준다.

$$\Delta\mathcal{E} = -p\Delta\mathcal{V}, \tag{24.8}$$

여기서 p는 압력이다(운동량을 나타내는 p와 혼동하지 말 것, 둘 다 그 표현법은 표준이다). $\mathcal{E}=\rho\mathcal{V}$와 $\mathcal{V}=\mathcal{N}/n$임에 주목하면 이것은 $p=n(d\rho/dn)-\rho$이 되고 (24.7)을 여기에 대입하여 계산하면

축퇴 페르미온의 상태 방정식

$$p = \frac{1}{5}(3\pi^2)^{2/3}\left(\frac{\hbar^2}{m}\right)n^{5/3} \quad \text{(비상대적일 때)} \tag{24.9a}$$

$$p = \frac{1}{4}(3\pi^2)^{1/3}(\hbar c)n^{4/3} \quad \text{(상대적일 때)} \tag{24.9b}$$

가 유도된다.

에너지 밀도 ρ에 대한 표현 (24.7)과 압력에 대한 표현 (24.9)에서 수 밀도 n을 제거하여 제로 온도에서 서로 상호작용을 하지 않는 페르미온의 상태 방정식 $p=p(\rho)$를 구할 수 있다. 그 결과가 **그림 24.2**에 그래프로 제시되어 있다. (평형상태에 있는 여러 종류의 별들에서) 비열적 압력 소스가 상대론적 중력의 당기는 인력과 어떻게 균형을 이루는지 보여주기 위해 이 간단한 상태 방정식을 사용할 것이다.

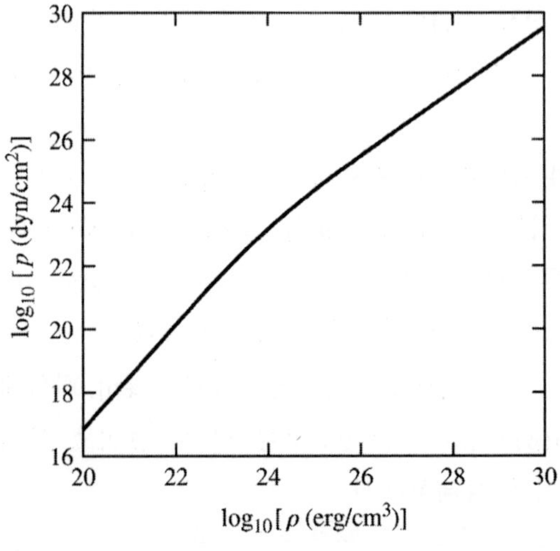

그림 24.2 제로 온도에서 서로 상호작용 하지 않는 전자 가스의 상태 방정식. dyn/cm^{3}의 단위인 압력은 수직선으로, erg/cm^{3}의 단위인 에너지 밀도는 수평선으로 log-log좌표로 나타내었다. (이것들은 동일한 단위이며, 단지 다르게 표현하였을 뿐이다) 이것은 파울리 베타원리로부터 반발압력이 어떻게 발생하는 지를 보여주고 있다. 압력은 비상대론적인 전자 가스 상태 방정식에서 점차적으로 상대론적 전자 가스 상태로 변화한다.

24.2 상대론적 유체정역학 평형 Relativistic Hydrostatic Equilibrium

이 절에서는 중력의 압축력과 이에 저항하는 압력 사이에 평형상태에 있는 상대론적 별들의 특성을 결정하는 구조 방정식(equation of structure)을 보여주겠다. 앞 절에서 논의한 것과 같은 상태 방정식 $p=p(\rho)$가 주어져 있다고 가정하자. 단순하게 하기위해, 회전하지 않고 구형적으로 대칭인 별들만 연구 할 것이다. 그러면 별의 바깥부분의 기하는 친숙한 Schwarzschild 계량(9.9)에 의해 묘사된다.

$$ds^2 = -\left(1-\frac{2M}{r}\right)dt^2 + \left(1-\frac{2M}{r}\right)^{-1}dr^2 + r^2\left(d\theta^2+\sin^2\theta\, d\phi^2\right), \qquad (24.10)$$

여기서 M은 별의 전체 질량이다. 그러나 별의 구조를 결정하기 위해서는 별 내부의 계량도 또한 필요하다. 예제 21.4는 좌표 (t,r,θ,ϕ)를 선택하여서 어떤 구형적으로 대칭이며, 시간 독립인 계량이 단 r에만 의존하는 어떤 함수 $\nu(r)$와 $\lambda(r)$에 대하여 다음과 같은 형태를 취할 수 있다는 것을 보여주었다.

$$ds^2 = -e^{\nu(r)}dt^2 + e^{\lambda(r)}dr^2 + r^2\left(d\theta^2+\sin^2\theta\, d\phi^2\right) \qquad (24.11)$$

Schwarzschild 계량은 이 형태를 취하고 있다. 이 형태의 계량이 별의 외부뿐만 아니라 내부에도 그대로 적용될 것이다.

별을 구성하는 물질이 22.2절에서 언급한 스트레스-에너지 텐서의 형태를 가진 이상적인 유동체라 하자. (22.39)에 주어져 있는 스트레스-에너지 텐서는 에너지 밀도 ρ, 유동체의 압력 p, 그리고 유동체의 4원 속도 $\mathbf{u}$에 의존한다. 별의 물질은 정적일 것이기 때문에 $\mathbf{u}$의 공간성 성분은 사라진다. 그러면 규격화된 $\mathbf{u}$는 $u^\alpha = \left(e^{-\nu/2}, \vec{0}\right)$의 형태를 가지게 된다. 압력은 상태 방정식 $p=p(\rho)$에 의해 밀도와 연결되어있다. 이 장(chapter)의 거의 모두에서 사용된 기하단위에서는 압력과 에너지 밀도는 길이의 역 제곱 단위를 가지고 있다(p.526 논의 참고).

계량과 물질사이에는 이와 같이 아인슈타인 방정식으로 풀어야 하는 3개의 모르는 함수 - $\nu(r)$, $\lambda(r)$과 $\rho(r)$ - 이 있다. 아인슈타인 공식 $G_{\alpha\beta}=8\pi T_{\alpha\beta}$의 성분들을 전부 쓰지는 않을 것이다. 오히려, 이 식들을 여러 가지 방법으로 결합시켜 나오는 3개 독립된 식만 보여줄 것이다(**문제 4**를 보라). 다음의 유용한 정의를 가지고 시작해보자.

$$e^{-\lambda(r)} \equiv 1-\frac{2m(r)}{r}. \qquad (24.12)$$

이것은 단지 아직 모르는 함수 $\lambda(r)$을 다른 함수 $m(r)$로 대치한 것뿐이다. 이 새로운 함수 $m(r)$은 별의 바깥에서는 일정상수 즉 전체질량 M을 가진다. $m(r)$, $\rho(r)$, $\nu(r)$에 대한 3개의 공식은 다음과 같다.

$$\frac{dm(r)}{dr} = 4\pi r^2 \rho(r), \tag{24.13a}$$

$$-\frac{dp(r)}{dr} = [\rho(r) + p(r)] \left(\frac{m(r) + 4\pi r^3 p(r)}{r^2(1 - 2m(r)/r)} \right), \tag{24.13b}$$

$$\frac{1}{2}\frac{d\nu(r)}{dr} = -\frac{1}{\rho(r) + p(r)}\frac{dp(r)}{dr} = \frac{m(r) + 4\pi r^3 p(r)}{r^2(1 - 2m(r)/r)}. \tag{24.13c}$$

여기서 p는 언제나 상태 방정식에 의하여 ρ와 관련이 있다고 이해되어진다. 이 3개의 공식들을 통틀어서 구형의 상대론적 별들에 대한 **구조 방정식**(equations of structure)이라고 한다. 다음 절에서 이것들이 압력의 분포, 밀도, 그리고 별 내부의 기하 등을 어떻게 결정하는지 보게 될 것이다. 이 식들을 좀 더 잘 이해하기 위하여, 그것들의 비상대적 한계치에서 다시 보는 것도 학습에 도움이 된다. 부록 A에서 G와 c의 요소들을 다시 복원시키자.

$$m \to \frac{Gm}{c^2}, \qquad \rho \to \frac{G\rho}{c^4}, \qquad p \to \frac{Gp}{c^4}. \tag{24.14}$$

정지질량 밀도 μc^2가 비상대론적 한계치에서 에너지 밀도 ρ를 거의 차지할 것이다. (24.11)과 정적이며 약한 장 계량 (6.20)과 비교해보면 그 한계치에서는 $\nu(r)$이 $2\Phi(r)/c^2$이 될 것임을 보여주고 있다. 여기서 $\Phi(r)$는 별 내부에서의 뉴턴 중력 퍼텐셜이다. 이 결과들을 (24.13)의 구조 방정식에 삽입하고, 주차수를 $1/c$로 가져오면 비상대론적 한계에서는 다음과 같이 된다.

$$\frac{dm(r)}{dr} = 4\pi r^2 \mu(r), \tag{24.15a}$$

$$-\frac{dp(r)}{dr} = \mu(r)\frac{Gm(r)}{r^2}, \tag{24.15b}$$

$$\frac{d\Phi(r)}{dr} = -\frac{1}{\mu(r)}\frac{dp(r)}{dr} = \frac{Gm(r)}{r^2}. \tag{24.15c}$$

첫 번째 식 (24.15a)은 반경 r내부에 있는 정지질량 $m(r)$을 정지 질량 밀도 $\mu(r)$에 의해 결정한다.

두 번째 식 (24.15b)은 평형상태에 있는 별에서 압력이 반발력과 중력의 힘 사이의 균형을 나타내고 있다. 이것을 알아보기 위해 반경 r위치에 작은 입방체의 부피 $\Delta\mathcal{V}$를 고려하자(**그림 24.3**을 보라). 이 입방체의 부피는 반경을 따라 길이 Δr인 한 변을 가지고 있다. 반경방향에 수직으로 있는 양 변은 면적 ΔA를 갖는다고 하자. 그 부피 밖으로 향하는 순 압력의 힘은 두 단면에서 압력의 차이이다. 즉

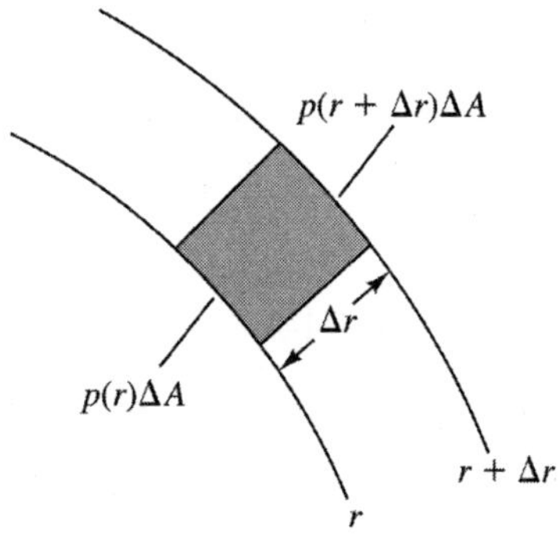

그림 24.3 구형의 별 내부에 있는 작은 유체 요소에 미치는 압력. 유체요소는 반경방향으로 차원 Δr을 가지며 r에 가로 방향으로 면적 ΔA을 가진다. 바깥 면에 미치는 반경방향 압력은 $-p(r+\Delta r)\Delta A$이다. 안쪽 면에 미치는 반경방향 압력은 $+p(r)\Delta A$이다. 그러면 반경방향으로 향하는 순수 압력은 $-p(r+\Delta r)\Delta A+p(r)\Delta A=-(dp/dr)\Delta\mathcal{V}$이다. 여기서 $\Delta\mathcal{V}=\Delta A\,\Delta r$로서 유체요소의 체적이다. 유체정역학적 상태에서 이 순수 압력은 중심으로 향하는 중력의 인력에 맞서서 균형을 이루고 있다.

$$-p(r+\Delta r)\Delta A+p(r)\Delta A \approx -\frac{dp}{dr}\Delta\mathcal{V}. \tag{24.16}$$

이것은 이 부피 내에 있는 물질에 의한 안으로 향하는 중력을 나타내는 아래의 식과 균형을 이루어야 한다.

$$(\mu\Delta\mathcal{V})\frac{Gm(r)}{r^2}. \tag{24.17}$$

이 균형은 (24.15b)에 있는 내용이다.
세 번째 식 (24.15c)은 중력 퍼텐셜로부터 유도한 중력의 힘과 구형 물질에 대한 뉴턴 이론으로부터 유도된 것(예제 3.1을 보라.) 이 동등함을 보여주고 있다. 뉴턴 이론을 받아들인다면, 이것을 중력 퍼텐셜의 정의로써 간주할 수 있을 것이다.

일반 상대론적 공식들 (24.13)도 개략적으로 동일한 해석을 지니고 있다.
첫 번째 식 (24.13a)은 평형상태를 결정함에 있어서 반경 r의 내부에 있는 질량처럼 행동하는 양 $m(r)$을 정의하고 있다. 그러나 물질의 에너지 밀도가 있음에도 불구하고, 16.5절에서 논의한 것 같이 중력을 만들어내는 에너지를 포함하고 있는 국소에너지 밀도가 일반 상대성 이론에서는 정의되지 않기 때문에 그것은 정확히 질량이라 할 수 없다. 그럼에도 불구하고, 표면반경 R에서 $m(r)$의 값은 외부 슈바르츠쉴드 기하에서는 질량 M이 되고 무원원점으로부터 측정한 것 같이 별의 전체질량이 된다.
세 번째 식 (24.13c)은 $\nu(r)$를 결정한다. 그러므로 계량 성분 $g_{tt}(r)$도 결정된다.
두 번째 식 (24.13b)은 별 내부에 있는 각각의 작은 부피에 중력의 힘과 압력 사이에 균형을 표현하는 유체정역학적 평형의 상대론적 표현이다. (24.13b)의 오른편식과 뉴턴적 근사치인 (24.15b)를 비교해보면 대략적으로 말해서 일반 상대성에서의 중력의 당기는 힘이 뉴턴적 $m(r)/r^2$보다 더 강하다는 것 알 수 있다. 예로써, 압력의 기여가 $m(r)$과 $\rho(r)$에 더해져 있고 분모는 $2m(r)/r$의 요소에 의해 r^2보다 더 작아져 있다. 이런 차이점들이 상대적 별들에서 중요한 결과를 가지고 있다.

24.3 별의 모델들 Stellar Models

(24.13)의 상대론적 유체정역학적 평형의 식은 주어진 상태 방정식에 대하여 표준 수치 연산법에 의해 적분되어질 수 있는 평범한 1차 미분 식으로 되어있다. 이제 이 적분을 수행하는 방법을 상세히 논하겠다. 먼저 자기 자신에 대하여 닫힌 계를 형성하는 $m(r)$과 $\rho(r)$에 대한 (24.13a)와 (24.13b)의 두 식을 고려해보자.

1. 중앙의 밀도에 대해서 ρ_c의 값을 가진 $r=0$인 별의 중심부부터 시작하자. 중심부의 압력 p_c는 상태 방정식 $p_c = p(\rho_c)$에 의해 결정된다. $m(r)$의 중심 값은 제로이어야 한다 ; 그렇지 않으면 중심에서 이웃해 있는 곳에서 $dS^2 = dr^2 + r^2(d\theta^2 + \sin^2\theta d\phi^2)$의 형태를 갖는 공간 계량의 시공간이 국소적으로 평평해지지 않을 것이다(**문제 5** 참고).
2. 짝을 이루고 있는 구조 방정식 (24.13a)와 (24.13b)를 경계면 조건과 함께 밖으로 향하는 적분을 한다. 식 (24.13b)는 $dp/dr<0$임을 말해주고 있다. 그래서 압력은 **그림 24.4**에 보여주듯이 지속적으로 하락하고 있다. $dp/d\rho>0$일 때 (**그림 24.2**에서와 같이) 밀도도 지속적으로 하락한다. (사실상, 이것은 24.6절에 설명되어있듯이 어떤 상태 방정식의 특징이다.) 질량 $m(r)$은 지속적으로 증가한다.

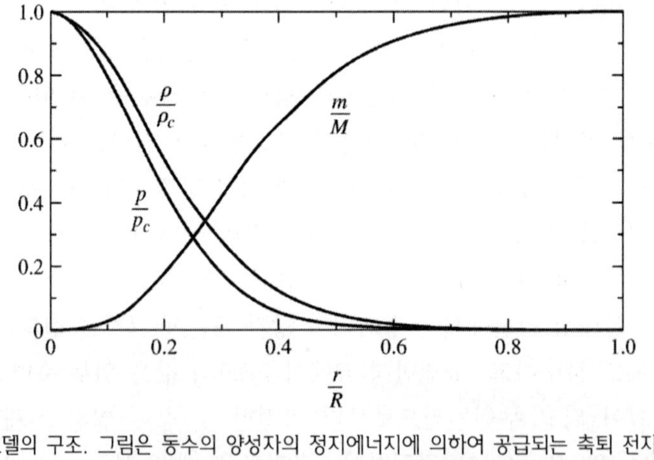

그림 24.4 별 모델의 구조. 그림은 동수의 양성자의 정지에너지에 의하여 공급되는 축퇴 전자의 상태 방정식을 사용하여 상대론적 구조 방정식을 적분하여 얻은 $\rho(r)$, $p(r)$, $m(r)$을 보여준다. 특별한 모델은 중심 밀도 $\rho_c = 1\times10^{10}\,\text{g/cm}^3$과 그에 해당되는 중심 압력 $p_c = 1.06\times10^{28}\,\text{dyn/cm}^2$을 가지고 시작한다. 적분이 밖으로 움직임에 따라 압력 $p(r)$과 밀도 $\rho(r)$는 떨어지고 질량함수 $m(r)$는 증가한다. 압력은 별의 표면 반경인 $R=1314\,\text{km}$에서 소멸한다. 질량 $M=m(R)$은 $1.42M_\odot$이다. 이것은 그림 24.5에서 보여주는 일련의 모델 중에 최 정점에 가까운 모델이다.

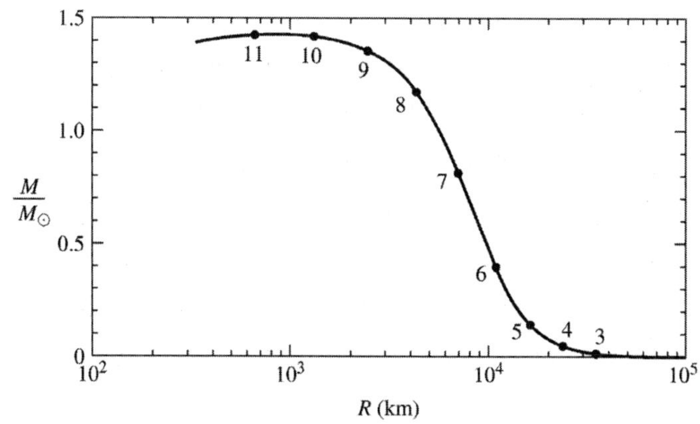

그림 24.5 파울리 베타 원리로 생기는 제로 온도 때의 전자의 페르미 압력에 의하여 지탱되는 회전하지 않는 별의 질량과 반경. 24.1절에서 논의한 상태 방정식은 동수의 동반된 양성자의 정지 에너지에 의하여 보충되는 전자를 위하여 사용된다. 이것은 백색왜성내의 물질에 근접한다. 곡선은 중앙밀도 ρ_c에 의하여 변수화 된 가능한 일련의 별들을 나타내고 있다. $\log_{10}[\rho_c(\mathrm{g/cm^3})]$의 값은 곡선을 따라 표시되어 있다. 중력 붕괴에 대항하여 페르미 압력에 의하여 지탱되는 찬드라세카르의 질량이라 부르는 물질의 양 $1.4M_\odot$이 상한치이다. 이 일련의 별 모델들은 실제 백색왜성들에 근접한다.

최종적으로는 압력이 사라지는 곳 $p(r)=0$인 반경 R에 도달하게 된다. 그것은 별의 표면이 되며 거기에서는 외부물질의 무게가 그 장소에 있는 유동체의 마지막 작은 부피를 붙들어 두기 위해 필요치 않다.
표면에서의 $m(R)$의 값은 별의 전체 질량 M이다.

3. 주어진 상태 방정식을 가진 물질로 만들어지는 일련의 구형의 별들을 찾기 위해서 이 과정을 ρ_c의 모든 값, 영에서부터 무한대까지 반복하여야 한다. 이것들은 변수로써 ρ_c를 가진 한 변수의 군(family)을 형성한다. 이 별들의 질량들 $M(\rho_c)$와 반경들 $R(\rho_c)$은 ρ_c의 함수들이다.
4. 별 내부에서 시공간 기하의 계산을 완성하기 위하여는 (24.13c) 식이 표면의 값 $\log(1-2M/R)$에서부터 안쪽으로[2] 적분하여 내부에서의 $\nu(r)$을 발견할 수 있다. 별 내부의 계량은 (24.11)에 의해 주어지는 데 $\nu(r)$은 이 계산에 의해 결정되고 $\lambda(r)$은 (24.12)에 의해 결정된다.

이 계산의 결과들이 동일한 수의 양성자와 전자들로 구성된 물질의 상태 방정식에 대하여 **그림 24.5**에 예시되어있다. 압력은 (24.9)식을 따르는 전자 축퇴에 의해 공급되는 것으로 가정하고 있다. 대부분의 에너지 밀도는 양성자의 정지질량으로부터 나온다. 이것은 실재 백색왜성 내부의 물리학에 근접하는 것이다. 그것들의 중앙밀도 ρ_c에 의해 표시되는 한 변수의 별 군들이 있다. **그림 24.5**는 각 별에 대한 전

2) 실제적으로는 우리는 (24.13c)를 다른 공식들과 함께 안에서 밖으로 향하며 적분한다. 예로서, $\nu(0)=0$에서 시작하여 그것이 별표면에서 슈바르츠쉴드 기하와 일치하도록 상수를 더해 간다.

체질량 M과 Schwarzchid 좌표 반경 R에 대하여 연속적으로 보여주고 있다. 이 계산에서 중요한 결과로는 전자의 축퇴에 의한 Fermi 압력에 의해 지탱되어질 수 있는 전체 질량의 상한치가 있는 데 약 $1.4M_\odot$에 해당된다. 이것을 **Chandrasekar 질량**이라 하며 **상자 12.1**에 개략적으로 계산되어있다.

그림 24.5에 보여지는 일련의 별들은 실제 백색왜성에 거의 적절한 근사치이다. 이 별들은 아주 상대론적이지는 않다. 특징적 비 GM/c^2R은 대부분 천분의 몇밖에 안 된다. 그러나 축퇴전자의 압력은 약 $10^{11}\,\mathrm{g/cm^3}$아래의 밀도를 가진 별들의 진화의 최종단계에 있는 별들의 내부 물질에 의한 압력의 소스로서 좋은 근사 모형이 된다.

24.4 바닥상태에 있는 물질 Matter in it's Ground State

그림 24.5에 예시되어 있는 일련의 별들을 만들기 위해 사용된 자유 축퇴 페르미온에 대한 상태 방정식은 다음 질문에 대답이 된다; 상자 내에서 서로 상호작용을 하지 않는 N개의 페르미온의 가장 낮은 에너지 상태(바닥상태)는 무엇일까? 좀 더 일반적으로, 상당히 고밀도에서는 중요하게 되는 강한 상호작용과 약한 상호작용 같은 실재적 힘이 내포되어 있는 물질의 바닥상태의 상태 방정식은 무엇인가? 이것은 이론적으로 답하기는 꽤 어려운 질문이지만 그와 관련된 몇몇의 물리학이 **상자 24.1**에 정성적으로 언급되어있다.

이 실제적 바닥상태 물질로부터 건설된 구형의 별의 집단은 $10^4\,\mathrm{g/cm^3}$이상의 중심 밀도로 별의 진화의 마지막 상태에 도달할 것이라는 좋은 근사치 이론이다. 별들의 질량과 반경과 같이 별들의 전체 특징들은 이 밀도 이상의 밀도로 있는 물질의 특징에 거의 전적으로 의존한다. 이 밀도에서는 압력과 밀도와 관련이 있는 상태 방정식과 함께 이상적인 유동체가 좋은 근사가 된다. 다음의 양으로 상태 방정식을 요약하는 것은 종종 편리하다. (그리고 관습적이다.)

상자 24.1 물질의 바닥상태(the Ground State of Matter)

한 변이 1m인 상자 안에 있는 10^{27}개의 양성자와 동일한 숫자의 전자가 있을 때, 이때의 가장 낮은 에너지 상태는 얼마일까? 이 가장 낮은 상태란 이 조건 하에서 물질의 바닥상태라 일컬어진다. 바닥상태에서는 제로의 온도를 가질 것이고, 그래서 열적 운동에 의한 에너지는 없다. 전자는 핵에 붙잡혀 원자를 만들 것이고, 원자들은 서로 결합하여 고체를 형성할 것이다. 그러나 바닥상태는 10^{27}개의 수소원자로 구성되지 않는다. 양성자는 전자와 결합하여 중성자를 만들 것이고, 양성자와 중성자는 결합하여 핵을 만들 것이다. 이 핵은 그것의 각기 성분들이 분리되어 있을 때보다 더 잘 결합되어 (더 낮은 에너지 상태로)있을 것이다. 이런 전이에 필요한 핵반응은 어떻게 일어나는지에 대한 것은 신경쓸 것 없다; 우리는 원리에 대한 의문에만 조사하고 있는 중이니까. 핵 당 가장 낮은 질량을 가진 원자는 $^{56}\mathrm{Fe}$핵이다. 왜냐하면 $^{56}\mathrm{Fe}$가 가장 큰 결합력을 가진 핵에 가깝기 때문이다(그림 12.1에 있는 결합에너지와 핵의 수에 대한 곡선을 보라). 그러므로 10^{27}개의 양성자와 동수의 전자로 이루어진 최초의 분자배열의 바닥상태는 제로 온도의 ^{56}Fe의 고체 덩어리일 것이다. 낮은 압력에서 철의 밀도는 $\sim 7.9\,g/cm^3$이기 때문에 그 고체 덩어리는 한 변이 약 20cm 정도 되고 제로 압력에서는 대략 1m 상자만 하다. 이제 상자를 점점 더 작게(결국 철을 압축하는 것이다) 만들어 고밀도의 바닥상태를 알려고 한다고 상상하자. 제로 온도까지 계속하여 내려가면서 일어날 수 있는 핵들 사이의 어떠한 반응도 일어나도록 천천히 상자를 쪼그라지게 하자. 에너지 밀도 ρ가 증가함에 따라 압력 p도 증가한다. 이런 방법으로 모든 밀도에서 바닥상태에 있는 물질에 대한 상태 방정식 $p=p(\rho)$를 결정할 수 있을 것으로 상상할 수 있다. 이 상태 방정식의 원리적 특징이 아래의 논의에서 정성적으로 언급되어있다. 정량적 계산 결과는 (24.18)에 정의되어있는 경직성 변수(Shiffness parameter) γ에 대하여 그림 24.6에 요약되어있다.

바닥상태가 고체 속에서 결합되어 있는 원자로 구성되어 있는 낮은 밀도는 2가지 이유로 해서 실제 별들의 총체적 구조에 대해서는 별로 중요하지 않다.; 첫째, 각자의 원자들에 의한 물질의 묘사는 그런 별들의 표면 가까이 있는 자그마한 지역에만 합당하다는 것이다. 둘째, 바닥상태의 물질은 백색왜성이나 중성자별들의 실재 표면과 실질적 근사가 되지 못한다는 것이다. 그러므로 우리는 이제 물리학이 좀 더 단순해지는 고밀도 속에서 논의를 안전하게 시작할 수 있겠다. 상자 내에 있는 물질이 더 작은 부피로 압축되어감에 따라 그 안에 있는 전자들의 에너지는 증가해간다 – 그것들의 운동량 p들은 매우 개략적으로 $p \sim h/\lambda$가 될 것이다. 여기서 λ는 전자가 갇혀있는 부피의 한 변의 크기이다 [(24.2) 참고]. 밀도 $\rho \sim 10^4\,g/cm^3$에서는 전자들은 원자 안에 더 이상 속박되어 있지 않다. 24.1절에서 언급했듯이 압력의 주된 소스는 Pauli 원리로부터 나온 거의 자유전자 가스의 Fermi 압력이다. 이때 에너지 밀도는 좋은 근사치로 핵의 정지에너지이다. 경직성 변수 γ는 비상대성 전자가스에 대하여 5/3부터 시작하여(밀도가 약 $10^6\,g/cm^3$에서) 전자가 상대론적으로 되었을 때 4/3로 떨어진다(에너지는 $\sim m_e c^2 \sim 0.5$MeV). $\rho \sim 10^8\,g/cm^3$을 넘어서자마자 전형적인 전자의 에너지는 중성자-양성자 질량차이 $(m_m c^2 - m_p c^2 = 1.3\text{MeV})$에 도달한다. 대략적으로 그 에너지에서는 핵 속에 속박되어 있는 양성자가 전자를 흡수하여 약 상호작용을 통하여 중성자가 되는 $e^- + p \rightarrow n + \nu$반응이 일어나기에 에너지적으로 아주 적합상태에 있다. 전자가 사라짐에 따라 상태 방정식은 부드러워지고 핵 속은 점차 중성자는 풍부해지고 양성자는 결핍되어지는 상태가 된다. 밀도가 약 $4 \times 10^{11}\,g/cm^3$에 다다르면 물질은 중성자가 더욱 더 많이 차지하게 되어 대부분의 에너지원인 중성자는 핵으로부터 속박되지 않게 된다. 이 현상은 중성자 드립(neutron drip)이라 불리우며 압축에너지가 압력에 에너지를 공급하는 것보다 중성자를 분리시키는 데 소모함에 따라 γ는 급격하게 떨어진다. 압력이 점점 더 증가함에 따라 핵들 사이에 있는 중성자의 밀도는 증가하게 되어 결국에는 핵 안에 있는 중성자 밀도와 동일하게 된다. 그리고 나면 핵들은 서서히 균일한 유동체를 형성하게 되는 데 이에는 주로 중성자로 이루어져 있고 극소수의 양성자와 전기적 중성을 이루기 위하여 그 때 대응하는 전자가 존재하게 된다. 이것이 중성자 물질(neutron matter)로써 이것으로부터 중성자별이 만들어진다.

이 영역에서 중성자는 분리되어 있는 상태에서 서로 뭉쳐져 핵력(강한상호작용)이 작동하는 10^{-13}cm 범위까지 압축되어간다. 이제는 이 중성자가 거의 없어진 전자보다 더 압력의 주된 소스의 공급원이 된다. 이 영역에서 상태 방정식을 계산하는 것은 쉬운 문제가 아니다.

핵자(양성자와 중성자)들의 시스템은 서로 강하게 짝을 이루고 있다.; 결국 초고밀도에서는 그것은 완전히 상대론적이며 다른 소립자, π, Λ, Δ, k 등과 같은 것과도 결합하여 짝을 이룬다. 그림 24.6은 계산의 결과를 보여준다. 중요한 정성적 특징은 핵력의 반발하는 부분의 결과로써 에너지 밀도와 함께 γ도 꾸준히 증가하는 것으로 그리하여 상태 방정식은 그것이 핵 밀도 이상이 될 때까지 점차적으로 경직(stiff)되어져 간다.

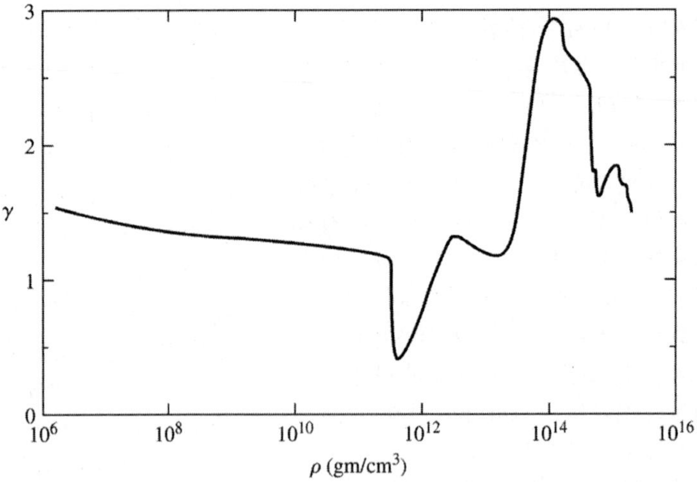

그림 24.6 바닥상태에 있는 물질의 상태 방정식. 이 그림은 두 계산의 결합의 결과로부터 나온 (24.18)에 정의되어 있는 γ를 보여주고 있다: 즉 핵 밀도 이하에서의 Harrison and Wheeler(1965)의 계산과 핵 밀도 이상에서의 Glendenning(1985)의 계산이다. 그래프는 대부분의 압력을 공급하는 제로 온도의 전자가 상대론적인 길로 들어서는 $10^6\,\mathrm{g/cm^3}$에서 출발한다. 점점 더 많은 전자가 양성자에 흡수되어 중성자를 만듬에 따라 γ는 천천히 떨어져 4/3까지 떨어진다. 거의 $4\times10^{11}\,\mathrm{g/cm^3}$에 다다를 때 상태 공식은 갑자기 핵자들이 중성자가 풍부한 핵들로 되어 뚝 떨어진다. 이 밀도이상에서는 핵력과 중성자가 압력의 원천으로서 점차 중요해져간다. 상태 공식은 핵 밀도 이상으로 될 때까지 점점 더 경직되어져 간다.

$$\gamma \equiv \frac{\rho + p}{p}\frac{dp}{d\rho}. \tag{24.18}$$

그 이유는 어떤 간단하고 유용한 모델들은 이 γ을 상수로써 하는 **상태 방정식**을 만들어내기 때문이다. 예로서, 24.1절에서 논의한 축퇴 페르미온의 상태 방정식은 페르미온이 비상대론적 일 때 $\gamma=\frac{5}{3}$이고, 페르미온이 상대론적이면(**문제 13**) 부드럽게 변하는데 그 값은 $\gamma=\frac{4}{3}$이다. 차원 없는 양 γ는 상태 방정식의 경직성(stiffness)의 측정이다. γ가 커지면 커질수록 주어진 밀도의 증가분보다 압력의 증가분이 더 커진다. 그리고 상태 방정식은 더 경직되어진다.

바닥상태 물질에 대한 밀도의 함수로써 γ의 한 계산이 **그림 24.6**에 보여져 있다. 앞 절에서 논의한 것 같이 상대론적 구조 방정식을 적분하기 위하여 이 상태 방정식을 사용한 결과로부터 나온 구형의 별들 집단들은 **그림 24.7**에 보여져 있다.[3)] $10^{14}\,\mathrm{g/cm^3}$의 밀도 이상에서는 거의 모든 전자들은 양성자와 결합하여 중성자를 이룬다. 이 이유로 해서 이 이상의 중앙 밀도를 가진 별들은 **중성자별**이라 불리운다.

---

3) $10^{11}\mathrm{g/cm^3}$의 밀도 아래에서 그림 24.7과 그림 24.5는 상세한 면에서 다르다. 이 이유는 축퇴전자가 양쪽 다 압력을 공급하지만, 바닥 상태로 에너지를 낮추기 위하여 발생하였을 것이라고 추정되는 핵 반응이 실제 백색왜성에서는 발생되지 않았기 때문이다. 핵의 정지에너지에 대한 다른 가정이 그림 24.4와 그림 24.7로 만들어져 있다.

여기서는 강한 상호작용이 그것들의 특성을 위하여 중요해진다. 그림에서 보여주듯이 매우 초고밀도에서의 계산의 결과는 어느 정도 확실치 않다. 그럼에도 불구하고 여러 가지 중요한 특징들이 명백히 나타난다.

첫째, 이들 별들은 태양 질량의 차수로 한 질량과 10km 차수로 한 반경으로 볼 때 매우 치밀한 구조이다. 압력을 공급해주는 중성자는 백색왜성에서 압력을 공급해주는 전자보다도 거의 1000배 이상으로 무게가 나간다. 중성자별의 반경은 대략 1000배 이상으로 더 작다(**문제 14**).

둘째, $GM/Rc^2 \sim 0.1$인 상대론적 중력이 중성자별의 구조에 있어서 중요하다.

셋째, 심지어 반발하는 강한 상호작용도 중력에 대항하여 바닥상태에 있는 임의의 양의 물질을 지탱하기에 충분하지 못하다 ; 즉 태양질량의 서너 배 정도가 되는 최대 중성자 질량이 있다는 것이다. 이 최대 질량이 13.1절에서 논의한 블랙홀과 중성자별을 구별해주는 데 사용된다.

그러나 **그림 24.7**에 보여주듯이 모든 별들이 자연에 다 존재하는 것은 아니다. 왜냐하면 모든 종류의 별들이 안정적이지는 않기 때문이다. 그러므로 이제 우리는 별의 안정성에 대해서 시선을 돌려보자.

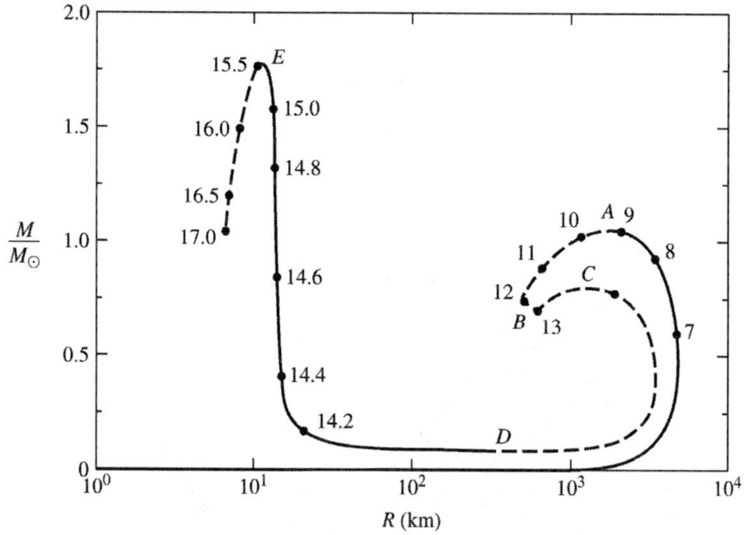

그림 24.7 상자 24.1에 언급되어 있고 그림 24.6에 요약되어 있는 바닥상태에 있는 물질의 상태 방정식으로부터 계산된 별 진화의 비회전 평형 마지막상태에 대한 질량 대비 반경. 이 곡선은 중심 밀도 ρ_c에 의하여 변수화 된 별 진화의 일련의 마지막 평형상태를 보여주고 있다. $\log_{10}[\rho_c(\text{g/cm}^3)]$의 값들이 곡선을 따라 제시되어있다. 극점들은 $A, B, C....$ 로 나타나있다. 곡선은 $M \propto R^3$을 가진 원점부터 시작한다, 곡선의 가장 낮은 부분은 위 그림의 스케일로서는 수평 축으로부터 구분이 안 된다. 실선으로 표시된 두 개의 안정된 평형상태의 지역이 있다. 질량의 첫 최대치인 A 지점 아래의 밀도를 가진 별들은 파울리 베타 원리에 의하여 발생하는 전자 페르미 압력에 의하여 지탱한다. 또 다른 한 군의 안정된 평형상태는 2번째 질량 최소치인 D지점부터 3번째 최대치인 E지점까지이다. 이 지역에 있는 별들은 대부분 중성자의 핵물질로 이루어져 있어 중성자별이라고 부른다. 핵자사이의 반발력이 주된 반발압력의 원천이다. 곡선 중에 점선 부분은 불안정한 부분에 해당하여, 자연에는 존재하지 않는다.

24.5 안정성 Stability

자연에 존재하기 위하여 별이 평형상태에만 있으면 된다는 것만으로는 충분하지 않다. 그것은 안정적인 평형상태(stable equilibrium)이어야 한다.

그림 24.8은 퍼텐셜 $V(x)$에서 1차원에서 운동하고 있는 질량 m의 입자에 대해 고전역학적으로 안정과 불안정 평형에 대한 아이디어를 회상케 해준다. 퍼텐셜의 최대점과 최저점은 입자에 미치는 힘이 사라지는 평형상태의 위치이다. **그림 24.8**에서 A점 같이 퍼텐셜 최저점은 안정적 평형점이다. 거기에 정지해 있는 입자에 약간의 에너지를 주자 그러면 그것은 평형점 주위로 진동할 것이며 부가되는 에너지가 크지 않다면 결코 입자가 멀리 도망가지 않을 것이다. 평형점으로부터 약간 떨어진 변위 $\xi(t)$는 운동 방정식을 따를 것이고 그 운동 방정식은 ξ 내에서 $m\ddot{x}=-dV/dx$일 것이다. 즉

$$m\frac{d^2\xi}{dt^2}=-\left(\frac{\partial^2 V}{\partial x^2}\right)_{x_A}\xi. \tag{24.19}$$

이 방정식의 해는 조화운동적일 것이고 $\xi(t)\propto \exp(\pm i w_A t)$일 것이다. (물론 실수 부분만이 변위에 해당한다) 여기서

$$\omega_A^2\equiv\frac{1}{m}\left(\frac{\partial^2 V}{\partial x^2}\right)_{x_A}. \tag{24.20}$$

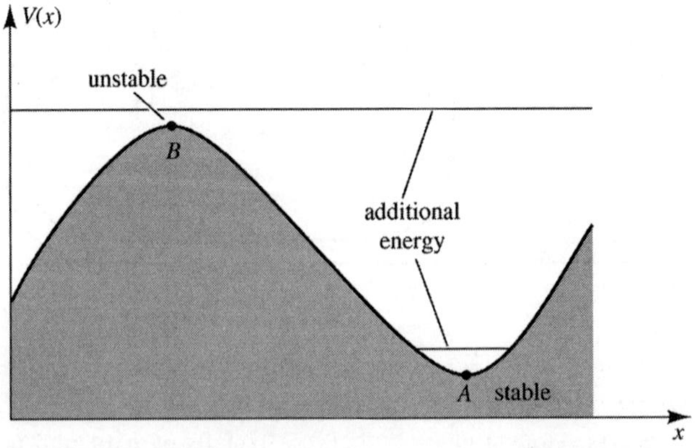

그림 24.8 뉴턴적인 안정상태와 불안정상태. 그림은 1차원에서 한 입자의 운동을 지배하는 퍼텐셜을 보여주고 있다. 점 A와 점 B의 두 개의 평형상태가 있다, 그 지점에서는 입자에 미치는 힘 $-dV/dx$이 사라진다. 입자가 이 두 점들 중 한 위치에 있다면 그것은 거기에 머물러 있을 것이다. 그러나 입자에 작은 부가적인 운동에너지(수평선)가 부가되면, 이 두 경우의 행동 양상은 판이하게 다를 것이다. A지점에 있는 입자는 평형상태 주위에서 작게 조화진동할 것이다. 그러나 B지점에 있는 입자는 평형상태의 위치에서 이쪽 방향이던 혹은 다른 방향이던지 아주 멀리 지수함수적으로 재빨리 멀어져갈 것이다. A지점같이 최저점은 안정적이고, B지점같이 최대점은 불안정적이다.

라 두자. A가 최소일 때 ω_A^2은 양수이고 ω_A는 실제적이다. 그 해는 경계 지워진 진폭의 크기로 조화 진동할 것이다. 즉 안정적이다.

반면에 **그림 24.8**의 B점에서와 같이 퍼텐셜이 최대인 곳은 불안정한 평형상태(unstable equilibrium)이다. B점에 머물고 있는 입자에 작은 에너지를 부과하면 그것은 평형점으로 부터 아주 멀리 멀리 떨어져 나갈 것이다. 좀 더 명확하게 말해서 ω_B^2은 (24.20)의 식과 유사하게 정의되며 음의 부호일 것이고 ω_B는 허수가 될 것이다.

그러므로 (24.19)에서의 해는 $\xi \propto \exp(\pm|\omega_B|t)$같이 행동할 것이다 - 하나는 시간에 따라 성장하고(growing) 다른 하나는 쇠퇴한다(decaying). 연필심 끝으로 세워져 있는 연필이 불안정 평형상태가 이런 종류의 운동의 간단한 예가된다. 연필이 수직으로 쭉 내려와 정지하여 평형상태로 남아있는 그러한 쇠퇴하는(decaying)운동이 있다. 그러나 실제 연필은 성장하거나 쇠퇴하는 운동 양쪽을 다 만들어내는, 예로써, 공기의 흐름으로부터 통제할 수 없는 섭동(교란)에 영향을 받기 쉽다. 초기에는 작지만 어떤 점차 성장하는 섭동은 결국에는 쇠퇴하는 섭동의 우위에 서게 될 것이고 그러면 연필은 쓰러지게 된다. 단 하나의 성장하는 섭동은 그 역학계의 불안정성을 보여주기에 충분하다.

별의 안정성에 대한 분석도 정성적으로 유사하다. 단지 유일한 차이는 별들이 더 많은 다양한 조화진동 모델을 가지고 있다는 것이다. 이것들은 명확한 진동수를 가진 정상 모드(mode)들로 분해되어질 수 있다. 이들 제곱된 진동수 중 하나라도 음수이면 그 별은 불안정하게 되어 자연계에서 살아남지 못할 것이다.[4)]

아인슈타인 방정식은 평형점 부근에서 약간의 진동에 대하여 풀어져야 하고 별의 정상 모드(mode)들을 계산하고 그것들의 진동수를 보여주어야 한다. 계산은 그렇게 어려운 것은 아니지만 그것은 별이 안정적이냐 불안정이냐에 대한 의문에 단지 대답하는 데 필요한 정보보다 더 많은 정보를 제공한다. 그것을 위하여 모드(mode)에 관한 단지 서 너 개의 일반적 사실들만 필요하다 - 실지로 줄이나 드럼(drum) 같은 유사한 많은 진동계와 공통인 사실.

예제 24.1에서 진동하는 줄의 간단한 예로 시작하여, 이런 사실들을 논의하겠다.

예제 24.1 진동하는 줄(The Vibrating String)

진동하는 줄의 단순한 예가 상대론적 별의 작은 조화진동과 어떤 도움을 주는 유사점을 제공해준다. 그림 24.9와 같이 거리 L만큼 떨어져 있는 두 고정 점 사이에 있는

4) 어떤 경우에는 불안정성의 시간 규모가 너무나도 길어 별이 천문학적으로 의미있는 시간 이상으로 생존하는 수가 있다. 그러나 그런 불사조 같은 불안정성(secular instabilities)은 우리가 분석하고자 하는 구형적 모델에는 없다.

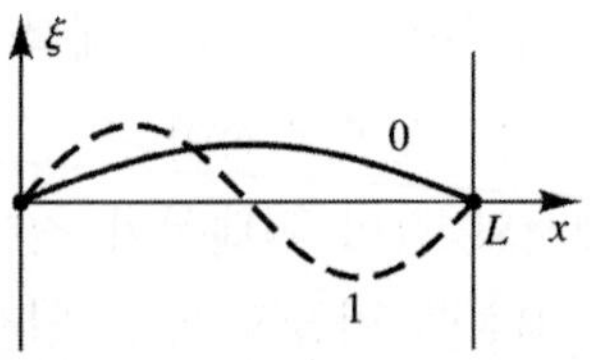

그림 24.9 양 끝 점에서 고정되어 진동하는 줄의 2개의 정상모드. (24.24)에 명확히 제시되어 있는 길이 L의 진동하는 줄의 가장 낮은 두 개의 모드의 진폭 $\xi_n(x)$이 그려져 있다.

줄을 잡아 당겼다고 상상하자. 그 줄의 장력(tension)은 T이고 그것의 단위 길이 당 질량을 σ라 하자.

똑바로 잡아당겨진 줄은 평행상태 – 시간에 따라 변하지 않는 – 에 있고 상대론적 별의 평형상태와 유사하다. 만일 줄을 옆으로 잡아당기면 줄은 진폭 $\xi(t,x)$과 함께 진동할 것이고 다음 파동 방정식을 따를 것이다.[5)]

$$\sigma \frac{\partial^2 \xi}{\partial t^2} = T \frac{\partial^2 \xi}{\partial x^2}. \tag{24.21}$$

상대론적 별의 반경방향의 진동에 관한 공식은 특징상 유사할 것이다. 다만 좀 더 복합적일 뿐이다. 줄의 진동의 정상 모드들은 조화 운동적, 시간 의존적인 $\xi(t) \propto \exp(\pm i\omega t)$를 가지는 (24.21)의 식의 해가된다. 고정된 끝점의 경계 조건으로 해서 단지 불연속적 진동수 스펙트럼만 만족하게 된다.

$$\omega_n^2 = (n+1)^2 \left(\frac{T}{\sigma}\right) \left(\frac{\pi}{L}\right)^2, \qquad n = 0, 1, 2 \ldots, \tag{24.22}$$

여기서 반파장의 정수배만이 양 끝점 사이에서 적합하다. 이에 해당하는 정상모드는

$$\xi(t,x) = e^{\pm i\omega_n t} \xi_n(x), \tag{24.23}$$

여기서

$$\xi_n(x) = A_n \sin[(n+1)\pi x/L] \tag{24.24}$$

여기서 A_n는 어떤 일정한 복합진폭이다. 그리고 진동수는 모드 n은 n개 마디(끝점은 제외)를 가지고 있는 것으로 하여 표시를 하였다. T가 양수인 경우에 한해서는 똑바른 평형상태로부터 어떤 변위에 대한 복원력이 있게 되고 모든 모드들의 제곱 진동수는 양수이다. 그리하여 평형상태는 안정적이다. 그러나 T가 음수가 되면 무엇이 일어날 것인지 상상해보라. 그러면 압축하는 장력은 팽창하는 힘이 될 것이다.

5) 아래에 나오는 표준적 논의에 포함되는 이 식이나 다른 것들이 친밀하게 느껴지지 않는다면 기초 역학책을 리뷰해보거나 문제 15를 풀어보라.

마치 양 끝점에 압축된 스프링이 있는 것처럼 말이다. 직선의 형태는 여전히 평형 상태이지만 이제 아주 작은 교란이 점차 증가할 것이다. (24.22)의 식으로부터 제곱 진동수는 이제 모두 음수가 되고 모든 모드는 불안정하게 된다. T가 양수에서 음수로 변함에 따라 직선의 형태는 안정적 평형상태에서 불안정 평형상태로 넘어간다.

유동체의 변위가 순수하게 반경방향으로만 있는 모드는 구형 별들의 안정성을 통제하는 것으로 판명되어있다. 그러므로 유동체의 운동이 반경방향으로 안으로 혹은 밖으로만 있는 이 반경방향 모드들에 초점을 맞출 것이다. 진동하는 줄과 다르지 않게 구형의 진동은 섭동이 없는 별에서 반경 r에 위치한 유동체의 한 요소의 반경방향의 변위 $\xi(r,t)$를 시간의 함수로써 주어줌으로써 묘사된다. 가능한 변위는 명확한 진동수 ω_n, $n=0,1,2,3,\ldots$를 가진 정상모드의 불연속 스펙트럼으로 분석되어질 수 있다. 각각의 모드에서 변위는

$$\xi_n(r)e^{\pm i\omega_n t}. \tag{24.25}$$

이다. 안정적 모드들은 $\omega_n^2>0$을 가지고, 실수 진동수를 가지며, 조화 진동한다. 불안정적 모드들은 $\omega_n^2<0$을 가지고, 허수 진동수를 가지며 시간에 따라 지수 함수적으로 급격하게 증가한다. 그러나 이들 모드들은 에너지를 보존한다. 가장 낮은 모드 함수 $\xi_n(r)$의 몇 개가 그림 24.10에 개략적으로 예시되어 있다. 모드는 중심에서 사라져야 하는 데 왜냐하면 그것은 진동하는 동안 고정된 채로 있기 때문이다. 또한 표면에서는 압력이 제로로 사라지는 조건을 만족해야 한다.

가장 낮은 진동 모드는 중심부 외에는 마디를 가지지 않는다. 모드 n은 n개의 마디가 있다. **그림 24.7**에 예시되어 있는 한 변수를 가진 일련의 별들에서 각각의 별의 정상모드의 진동수를 계산한다고 상상하자. 그 결과는 별들의 집단을 변수화하는

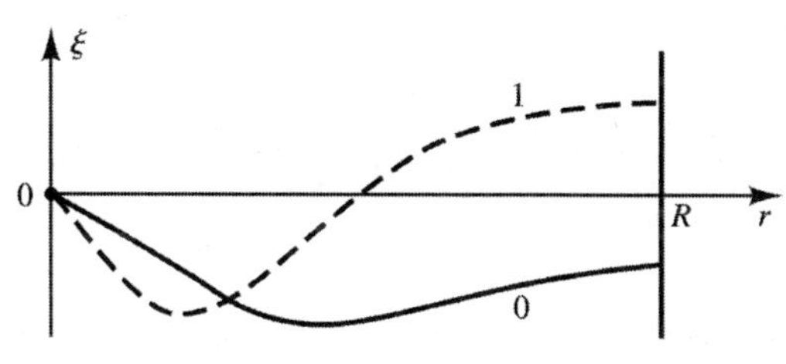

그림 24.10 구형의 별에서 두 개의 가장 낮은 반경방향 모드의 개략적 도형. 수평 축은 별의 중심에서는 0인 중심에서부터 별의 반경 R 까지의 반경을 나타낸다. 수직 축은 반경 r에서 유동체 요소의 최대 변위를 보여주고 있다. 주어진 모드는 어떤 작은 진폭을 가질 지 모르기 때문에 규격화는 임의적이다. 명확하게 나타내기 위해 도형은 과장되게 크게 그려져 있다. 모든 모드는 중심에서 사라진다, 즉 거기에서 조화진동 하는 동안 고정된 채로 있다. 실선은 가장 낮은 모드(0)를 나타내고 있다. 중심부가 계속 압축을 받는 다면 ($r=0$에서 ξ가 음수), 표면은 안으로 변위된다. 점 선은 다음 번 모드(1)를 보여주고 있는 데, 그것은 한 개의 마디(node)를 가진다. 중심부가 계속 압축을 받으면 표면은 밖으로 변위된다.

중심부의 밀도 ρ_c의 함수로써 각각의 정상모드의 제곱 진동수가 $\omega_n^2(\rho_c)$, $n=0$, 1, 2, … 될 것이다. **그림 24.11**은 $\omega_n^2(\rho_c)$ 대비 ρ_c의 곡선이 어떻게 보여질 것인지 개략적으로 예시하고 있다.

ρ_c가 여러 가지로 변함에 따라 모드의 제곱진동수도 변한다. 그리고 모드는 안정적인 것에서부터 불안정인 것으로 변할 수 있고 그 역도 가능하다. 모드 n은 ω_n^2이 양수에서 음수로 변하는 곳에서 중심 밀도에서 안정적인 것으로부터 불안정적인 것으로 변화하고 변화가 반복적인 상태에 있을 때는 불안정에서 안정적으로 변화한다. 어느 경우에 던지 그것이 안정적으로 변하는 제로 진동수를 가지고 있다. 그러나 제로 진동수 모드는 특별한 경우로써 그것은 시간에 독립인 변위이다. 그것은 한 평형형태에서 다른 평형형태 – **그림 24.7**에 보여주는 M(R)곡선 따라 있는 변위 – 까지의 변위이다.

제로 진동수 모드에 해당하는 변위는 일련의 평형형태에 따라 단지 어느 곳에서나 발생할 수 없다. 제로 진동수 모드는 제로 에너지를 가진다. 그래서 그 변위는 전체 질량–에너지를 보존하여야 한다. 제로 진동수 모드들은 – 그러므로 안정적으로 변하는 – M 대비 R곡선의 극점들(extrema)에서만 나타날 수 있다. 이곳에서는 질량은 R을 변화시키는 작은 변위에서 1차수에 대해서 변하지 않는다. 역으로 어떤 극점(extremum)에서 에너지를 보존하는 평형 점 사이에 시간에 독립인 변위가 있다. 그러므로 제로 진동 모드와 극점은 일치하는 것이다. 그러므로 별 진화의 일련의 평형 마지막 상태들의 안정성은 지금 보여주듯이 그림 24.7에서 M 대비 R의 곡선으로부터 전적으로 분석되어질 수 있다.

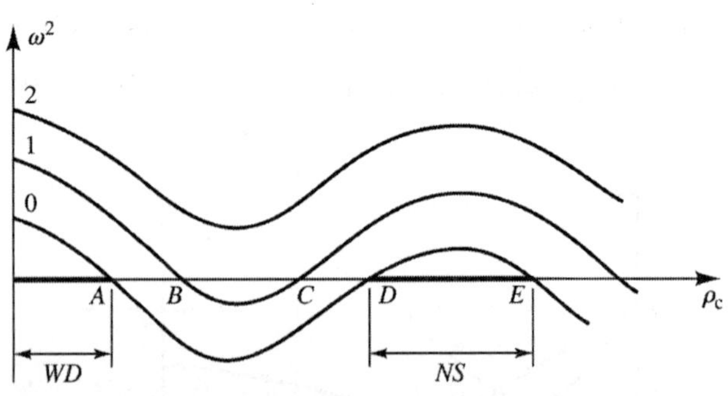

그림 24.11 표시되어 있는 것 같이 0, 1, 2 마디를 가진 중앙 밀도 ρ_c의 함수로서 그림 24.7에서 보여진 일군의 비회전 별들의 가장 낮은 3개의 반경방향 모드의 제곱 진동수의 개략적 그림. 낮은 밀도에서는 모든 모드가 양의 제곱 진동수를 가지고 있어 안정적이다. 밀도 A에서 가장 낮은 모드의 제곱 진동수는 음수로 변하고 이 때 이 모드는 불안정해진다. B지점에서 두 번째 모드도 또한 불안정해진다. 이 두 모드들은 따라오는 C와 D에서 안정적으로 변한다. 가장 낮은 모드는 E에서 다시 불안정하게 변한다. 안정성에서 변화를 특징지워주는 제로 진동수 모드는 이 들 중심부 밀도에서 발생한다. 이것들은 그림 24.7의 M 대비 R 곡선에서 A, B,등등의 극점에서만 일어날 수 있는 평형상태 사이의 변위들이다. 별은 모든 모드가 안정적일 때 만에 안정적이다. 이것은 백색왜성에 해당하는 0에서부터 A까지 범위의 밀도에서 그리고 중성자별에 해당하는 C에서 D까지의 범위에서 발생된다.

낮은 중심 밀도 ρ_c, 여기서는 평형상태의 형태가 안정적이라고 추정되는 (모든 모드에 대해서 양의 제곱 진동수), 에서 시작하여 **그림 24.11**에서 보여주듯이 ρ_c가 증가함에 따라 모드의 안정성이 어떻게 변화시키는지 따라가 보자. 안정성에 변화가 일어나는 첫 번째의 극점(extremum)은 **그림 24.7**에서 A라고 표시되어 있는 M(R)의 최정상부이다. 거기에서는 가장 낮은 모드가 불안정하게 된다. A이하에 있는 중심 밀도를 가진 별들은 대부분 이 범위에 걸쳐서 축퇴된 전자의 Fermi 압력에 의하여 지탱되는 안정적인 집단이고 정성적으로는 **그림 24.5**에 있는 별들과 유사하다.

A이상의 중심 밀도를 가지지만 극점 아래에 있는 (B에서 최소) 별들은 불안정하여 자연에 존재하지 않는다. B점에서 제로 모드에 대하여 두 가지 가능성이 있다;

(1) 가장 낮은 모드가 안정적으로 되돌아 오는 것
(2) **그림 24.11**에 보여주듯이, 두 번째 모드가 첫 번째 모드처럼 불안정하게 될 수 있다.

두 개의 다른 모드들이 별의 반경을 변화시키는 방법에 의해 어느 것이 일어날 것인지 말할 수 있다. 일련의 평형상태에서의 변위가 중심 밀도를 증가시키는 제로 진동수를 고려하자. 그러므로 모드 함수 $\xi(r)$는 $r=0$(압축) 가까이에서 음수이어야 한다. 이와 같이 $r=0$ 외에는 마디를 갖고 있지 않는 가장 낮은 모드는 별의 반경의 감소에 해당되는 표면에서 음수이어야 한다(**그림 24.10**을 보라). 이와 대조적으로 한 개의 마디를 가지고 있는 두 번째 모드는 R을 증가시킨다. 그림 24.7로부터 B에서 반경 R은 증가하는 중심 밀도와 함께 증가한다. 그러므로 **그림 24.11**에 보여주듯이 불안정하게 되어가는 것은 안정성을 변하게 하고 있는 가장 낮은 모드가 아니라 1개의 마디를 가지고 있는 다음 번의 것이 가장 낮은 것이다. 이런 종류의 분석(**문제 16**)을 따라가다 보면 D점의 최소에서부터 E점의 최대까지 또 다른 안정된 영역을 발견할 수 있다. 이것들은 대략 $1.2\times10^{14}\,\mathrm{g/cm^3}$에서부터 $3\times10^{15}\,\mathrm{g/cm^3}$까지의 중심 밀도를 가진 별들이다. **상자 24.1**에서 언급된 중성자 물질로부터 대부분 만들어진 이들 별들은 중성자별이라고 불리운다.

중성자별들은 $GM/c^2R\sim0.1$을 가진 일반 상대론적 물체이다(**그림 24.7**을 보라). $3\times10^{15}\,\mathrm{g/cm^3}$을 넘어서는 상태 방정식의 이론적 추정치(extrapolation)은 더 이상 안정적인 별들의 집단이 있다는 증거를 내어놓지 못하고 있다. 그러므로 중성자별과 백색왜성이 별 진화의 두 개의 가능한 안정된 평형상태라는 것이다. 백색왜성은 그것의 광학적 특징으로부터 탐색되어질 수 있고 중성자별은 다른 수단으로 펄스(pulsar) 현상으로부터 탐색되어질 수 있다(**상자 24.2**를 보라).

상자 24.2 펄스성들 Pulsars

펄스성의 관측된 신호는 전형적으로 초단위로 정교한 주기를 가지고 평균적으로 공간을 퍼져나가는 단파인 연속된 전자기파로 나타난다. 이 전파신호는 회전하면서 자기장화 되어있는 중성자별로부터 나온다. 중성자별은 초신성의 붕괴에서 형성될 때 초당 한 바퀴로 자전하기에 충분한 각 모멘트를 쉽게 전수 받을 수 있었을 것이다. 심지어 이런 회전 속도에도 원심력이 중력에 의한 힘보다 훨씬 작다는 의미에서 볼 때는 그것이 그렇게 빠르게 자전하는 것은 아니다(**문제 18**).

밀도가 높고 자전하는 태양크기의 질량체의 관성은 그것을 매우 정확한 시계로 만든다. 중성자별과 함께 자전하는 좁게 빛을 발하는 횃불같은 것이 그 광선 빔이 지구를 획 스치고 지나갈 때 관측할 수 있는 펄스를 생산해낼 수 있을 것이다. 그러면 그러한 광선 빔을 만들어 내는 메커니즘은 무엇일까? 중성자별은 형성과정에서 각 모멘트 뿐만 아니라 자기장도 전수를 받는다. 중성자별의 물질은 아주 잘 전도하기 때문에 그 물질에서 나온 어떤 자기장은 펄스성의 나이보다 훨씬 더 오랫동안 딱 고정되어 있을 것이다.

붕괴 과정에서 자기 플락스(flux)는 전도 물질 속에서 거의 보존된다. 수 가우스 밖에 안되는 평범한 별의 자기장이 압축에 의해서 10^{12}가우스의 장으로 증폭되어질 수 있다. 별로부터 아주 멀리 떨어져있는 관측자에게는 그러므로 회전하는 중성자별은 고도로 자기화 되어질 수 있다. 그것은 마치 회전하는 자기 모멘트처럼 관측될 것이다.

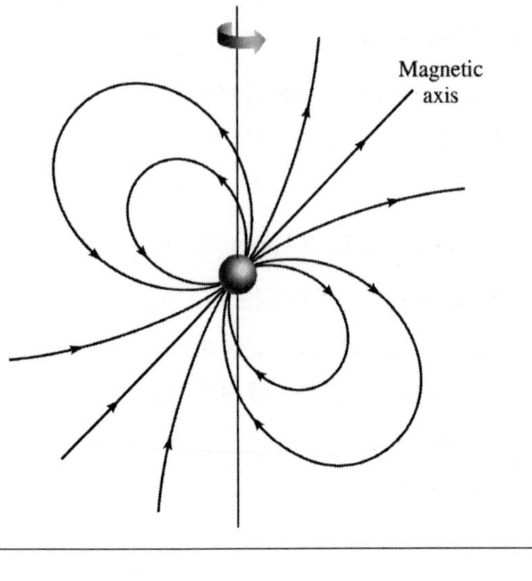

만일 그 모멘트가 그림에서 보여주듯이 회전축과 일치하지 않으면 그것은 회전에 의하여 시간에 따라 변할 것이고 전자기파가 방출될 것이다. 이 파의 방출에 필요한 에너지 때문에 별의 회전은 점차 감소할 것이다. 펄스성은 그런 정확한 시계와 같기 때문에 그것의 회전주기에서 그 결과로 감소한 시간이 측정되어질 수 있었고 아주 높은 값을 가진 자기장과 일치하는 것이었다.

이 동일한 자기장이 중성자별 주위를 감싸고 있는 플라즈마의 기원이 된다. 고 전도성의 내부 안쪽에서는 회전하는 자기장이 전기장을 일으킨다. 일정한 상태(steady state)에서서는 전자에 미치는 힘은 거의 사라져서 로렌츠 힘 법칙에 있는 두 항은 사라져야 한다, $\vec{E}=-\vec{V}/c\times\vec{B}$ 여기서 $\vec{V}=\vec{\Omega}\times\vec{r}$이고 $\vec{\Omega}$는 별의 각속도이다. 전기장의 접선 성분들은 별 표면을 가로지르고 연속적이어야 한다. 이것은 별의 바깥부분에 전기장이 있을 것이라는 것을 의미한다. 그리고 이 전기장은 일반적으로 또한 별 표면에 수직인 성분도 가질 것이다. 이 장은 너무 강하여 원자 밖으로 전자를 끄집어내어 별과 함께 회전하는 플라즈마를 만들어 낼 것이다. 플라즈마의 전기를 띤 입자들은 그림에 보여주듯이 열린 장(field)선을 따라서는 바깥으로 흘러나갈 것이고 닫힌 장선을 따라서는 갇혀있게 될 것이다.

갇혀있는 입자들은 입자들의 속도가 거의 광속에 가까운 곳인 회전축에서부터 떨어진 바깥부분까지 중성자별과 함께 회전한다. 라디오 펄스파를 방출하는 메커니즘은 여전히 완전하지 못하게 이해되고 있지만 이 플라즈마에서 불안정성이 전하들의 집중을 만들어내어 그것들의 회전 때문에 그것들은 응집되어 파를 발사할 것이다. 5.5절에서 논의한 상대론적 광선빔의 효과는 자연적으로 좁은 광선 빔을 만들어내고, 그래서 횃불처럼 관측될 수 있을 것이다. 이런 식으로, 다른 많은 방법과 같이, 중성자별들은 극한 조건에 있는 물리학을 위한 자연의 실험실과 같다.

24.6 중성자별들의 최대 질량의 한계 값
Bounds on the Maximum Mass of Neutron Stars

그림 24.7은 바닥상태에 있는 물질의 압력의 힘에 의하여 중력붕괴에 대항하여 지탱되어질 수 회전하지 않는 최대 질량은 약 $2M_{\odot}$ 임을 보여주고 있다. 이 중성자별의 최대 질량은 천문학에서 중요한 수이다. 왜냐하면 13.1절에서 언급한 것과 같이 중성자별과 블랙홀을 구별하는 데 관측적으로 사용될 수 있다는 것이다.

그러나 벌써 언급한 것 같이, **그림 24.7**에 보여주는 것과 같은 결과들은 평범한 핵의 밀도를 초월하고, 그러므로 지구상의 실험에 의한 검증을 초월하는 밀도의 영역에 있는 상태 방정식에 대한 도전적인 이론적 계산에 의존하고 있다는 것이다. 이와 같이 평범한 핵의 밀도까지 상태 방정식의 상세한 이해와 그러나 이 초월하는 특징에 대하여는 단지 일반적인 가정을 세웠다고 가정하고 일반 상대성 이론 혼자만이 중성자별의 최대 질량의 한계치에 대한 정보를 제공해준다. 이 한계 값이 이 절의 주제이다.

가능한 최고의 한계 값을 유도하려고 하지 않고 오히려 그것을 위한 기본적 이유만을 제시할 것이다. 최대 질량에 대한 한계 값은 (24.13)의 상대론적 유체정역학 평형상태의 공식으로부터 따라 나오고 상태 방정식에 대한 몇 개의 일반적 가정을 나열해 보겠다.

- 물질은 (1) $\rho > 0$, (2) $p > 0$, (3) $dp/d\rho > 0$을 가진 $p = p(\rho)$인 상태 방정식에 의하여 묘사 된다고 가정하자. 양의 에너지 (1)은 물질의 매우 일반적인 특징이다. 특징(2)과 (3)은 물질이 미시 세계적으로 안정적이기 위해 필요하다. 만일 압력이 양이 아니고 혹은 압력이 압축력과 함께 증가하지 않는다면 어떤 작은 부피를 더욱 더 작은 부피를 만들 수 있을 것이고 종국에는 가장 작은 스케일로 붕괴(collapse)에 이를 수 있다는 것이 에너지적으로 합당할 지도 모른다.
- 상태 방정식이 어떤 기준(fiducial) 밀도 ρ_o까지 알려져 있다고 가정하자.
  헬륨에서 우라늄까지의 핵들은 핵심에서는 거의 동일한 밀도를 가지고 있다. 이 밀도를 **핵 밀도**(nuclear density)라고 부르고 그 값은 $2.9 \times 10^{14}\,\mathrm{g/cm^3}$이다. 이 밀도까지, 이론적 계산에 의한 것과 실제 핵의 것들과 비교하여 밀도 ρ_o에 대한 합리적 선택을 할 수 있다. 이 ρ_o이하에서는 어떤 확신을 가지고 바닥 상태에 있는 물질의 상태 방정식을 알고 있다고 말할 수 있다.

이들 가정하에서, 다음과 같이 최대 질량의 한계 값을 유도할 수 있다. (24.13b)의 유체정역학 평형상태 방정식의 오른 편은 언제나 양수이다. 각 항은 양수이고, $1-2m(r)/r$은 결코 음수가 될 수 없거나 혹은 r 내부의 지역은 블랙홀 내부의 영역일 것이다.

그곳에서는 압력이 반경과 함께 감소하고, 가정에 의해 $dp/d\rho > 0$이므로 밀도도 또한 감소한다. 그러므로 별은 상태 방정식이 상세하게 알려있지 않는 $\rho \geq \rho_0$인 심(core) 부분과 상태 방정식이 알려져 있는 $\rho < \rho_0$인 가피(envelope) 부분으로 나뉘어질 수 있다. 심의 반경을 r_0로하고 이 반경에서 $m(r)$의 값을 M_0로 정의하자. 우리는 비공식적으로 M_0를 심(core)의 질량으로 칭한다. (24.13a)로부터

$$M_0 = \int_0^{r_0} dr\, 4\pi r^2 \rho(r) \geq \int_0^{r_0} dr\, 4\pi r^2 \rho_0, \tag{24.26}$$

왜냐하면 심 내부에 있는 어느 점에서의 밀도는 그것의 표면에 있는 밀도보다 더 크기 때문이다. 이와 같이

$$M_0 \geq \tfrac{4}{3}\pi r_0^3 \rho_0. \tag{24.27}$$

반면에, 심은 그 자신의 Schwarzshild 반경 내에 있을 수 없거나 혹은 그것은 블랙홀 일 것이다. 이와 같이

$$\frac{2M_0}{r_0} < 1. \tag{24.28}$$

(24.27)과 (24.28)의 두 제약조건이 **그림 24.12**에 예시되어있다. 그러면 심의 최대 질량은

$$M_0 \leq \frac{1}{2}\left(\frac{3}{8\pi\rho_0}\right)^{1/2} = 8.0M_\odot \left(\frac{2.9\times 10^{14}\ \mathrm{g/cm^3}}{\rho_0}\right)^{1/2}. \tag{24.29}$$

그러나 (24.29)에 있는 한계 값은 최상의 것은 아니다. 여러분들이 **문제 19**를 풀어보면 일정한 밀도의 심(core)에 대해서 $2M_0/r_0$의 가장 큰 값이 1이 아니라 $\frac{8}{9}$임을 알게 될 것이다. 단지 이 하나의 사실만으로도 (24.29)에 있는 심의 질량의 한계 값 $8M_\odot$를 $6.7M_\odot$로 축소시켜야 하기에 충분하다. 그러나 이것도 여전히 최적이라 할 수 없다. 전체 한계지워진 질량의 값은 심(core)의 질량과 외피(envelope)의 질량의 합이다.

외피의 질량은 24.3절에 언급되었듯이 구조(structure)방정식을 적분하여 얻을 수 있는 데 이때의 적분의 시작점은 심(core)중앙 대신에 r_0와 M_0이다.

심의 가장 최적의 한계 값은 약 $6.5M_\odot$ 임이 판명된다. 거기에 더하여 외피는 그것의 질량은 작지만 핵(nuclear)의 밀도 주위로 ρ_0의 값에 무시할 수 없는 값을 더해준다.

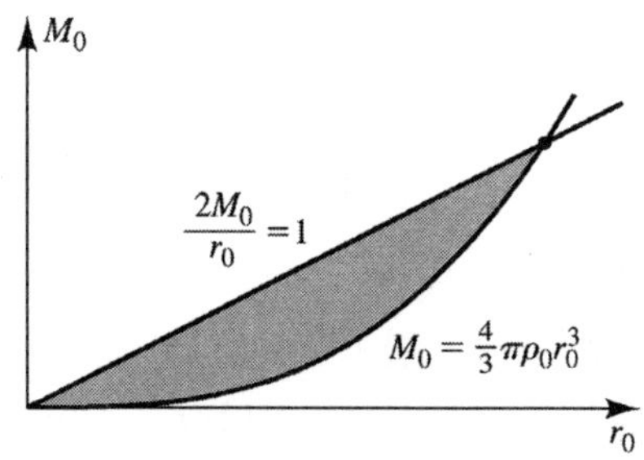

그림 24.12 별 진화에서 비회전하는 평형상태에 있는 질량의 한계 값. 어두운 부분의 영역은 그 이하에서는 상태 방정식이 정확히 알려져 있는 기준 밀도 ρ_0 이상인 중성자별의 심에서 허용되는 질량 M_0과 반경 r_0을 보여준다. 가능할 수 있는 가장 낮은 밀도 ρ_0를 가진 균일한 밀도의 심에 대한 질량-반경과의 관계를 나타내는 아래에 있는 곡선보다 질량은 더 커야 한다. 그리고 블랙홀을 만들지도 모르는 위의 곡선보다 아래에 질량이 있어야 한다. 최대 심 질량은 곡선이 마주치는 굵은 점에서 발생한다. 핵밀도 가까이에 있는 ρ_0에 대하여, 이것은 좋은 근사치로서 가능한 최대 중성자별의 질량이다.

상세한 계산에 의하면(Hartle 1978), 앞에 열거한 가정 하에서 중성자별의 최대 질량의 가장 적절한 일반 상대론적 한계 값은 $\rho_o = 2.9 \times 10^{14}\,\text{g/cm}^3$까지 **그림 24.6**에 요약되어있는 상태 방정식을 가정하여서 $\mathbf{6.7}M_\odot$ 이다. 빛의 속도보다 훨씬 작은 소리의 속도와 같이 상태 방정식에 좀 더 제약(restriction)을 가하면 그 한계 값은 $\mathbf{4}M_\odot$로 떨어진다.

핵 밀도(nuclear densities) 이상의 물질들의 특징에 의존하지 않는 구형의 중성자별들의 질량의 상한 값은 13.1절에서 논의한 X-ray 발생원인 이중성(binary)에 있는 태양 질량 크기의 블랙홀의 존재를 확신시켜 주는 것이다. 반경방향 속도와 한 별의 스펙트럼으로부터 이중성의 궤도의 분석이 앞에서 언급한 상한 값보다 더 큰 질량을 가진 치밀한 X-ray 발생원이라는 것을 밝혀낸다면 그것은 중성자별 일리가 없다. 그것은 블랙홀임에 틀림없다.

문 제

1. [S] 백색왜성은 10^4K의 표면온도를 가질 수 있다. 이 온도가 제로 온도에 있는 전자들의 축퇴 가스의 근사가 분쇄될 만큼 충분히 큰가?

2. **축퇴된 페르미온들의 1차원 가스.**
   우리가 3차원이 아니라 1차원에 살고 있다고 하자. 길이 $\mathcal{L}$인 상자 안에 $\mathcal{N}$개의 축퇴된 페르미온들의 가스는 단위 길이당 에너지, ρ, 상자 벽에 미는 힘, p, 그리고 단위 길이당 수 n로 특징지워진다. (이 정의는 3차원과 유사성을 강조하고 있다.)

(a) (24.3)에 있는 합을 계산하여 큰 값의 $\mathcal{N}$에 대해서 상자 안에 있는 전체 에너지를 구하라.

(b) 상자 벽에 미치는 힘 p를 n의 함수로서 나타내어라.

3. **보존들에 대한 상태 방정식은 없다.**
앞문제의 1차원 예를 계속하여, 길이 $\mathcal{L}$인 상자 안에 있는 $\mathcal{N}$개의 보존(파울리 원리에 제한을 받지 않는 입자들)들의 바닥상태 에너지 얼마나 될까? $\mathcal{N}$이 매우 클 때, $\mathcal{N}$에 독립적인 p와 n의 관계가 있을 것인가?

4. [A] **아인슈타인 방정식으로부터 구조 방정식의 유도.**
계량 (24.11)과 이상적 유동체의 스트레스-에너지 텐서 (22.37)을 사용하여 아인슈타인 방정식 $G_{\alpha\beta}=8\pi T_{\alpha\beta}$와 이것으로부터 따라 나오는 국소 스트레스-에너지 보존 법칙 $\nabla_\beta T^{\alpha\beta}=0$으로부터 3개의 유체정역학 방정식 (24.13)을 유도하라. (힌트: 여러분이 선택한 방정식들의 어떤 조합도 이용할 수 있다 그러나 좌표축을 가리키는 정규직교 기저에서 방정식들 $\nabla_\beta T_r^\beta=0$, $G_{\hat{t}\hat{t}}=8\pi T_{\hat{t}\hat{t}}$ 그리고 $G_{\hat{r}\hat{r}}=8\pi T_{\hat{r}\hat{r}}$은 최소의 대수식을 포함한다. 아인슈타인 텐서의 이들 성분들은 계량 (24.11)에 대해서 부록 B에 주어져 있다.)

5. 원뿔의 2차원 표면에 대한 기하를 나타내는 다음의 계량에 대하여 논하라.

$$d\Sigma^2=\alpha^2 dr^2+r^2 d\phi^2,$$

여기서 α는 1보다 큰 상수이다. 원뿔의 열린 각은 얼마인가? (코멘트: 이것은 $r=0$에서 국소적으로 평평이 아닌 기하의 예이다.)

6. [C] 일정하게 고정된 밀도 ρ를 가진 더 이상 압축할 수 없는 물질은 특수 상대성 이론에 따르지 않는다, 왜냐하면 그것은 빛의 속도보다 더 빠르게 신호를 보내는 데 사용할 수 있을 수도 있기 때문이다. (어떻게?) 그러나 그것은 상대적 유체정역학 평형의 간단한 예를 제공해준다. 구조 방정식 (24.13a)와 (24.13b)를 적분하여 ρ가 주어진 상수인 물질로 만들어진 전체 질량 M인 별에 대해서 반경의 함수로서 나타낸 압력을 구하라.

7. [A] (a) 그것의 구조가 문제 6에서 풀은 구형이며, 일정한 밀도의 일련의 별들의 내부에서의 계량을 구하라. 별의 내부와 외부 사이의 접합부의 조건을 주의 깊게 논하라.

(b) 일정한 밀도의 별 내부에서 $t=$일정한 표면의 기하가 18장에서 논의한 닫힌 FRW 우주의 균질한 공간 표면의 기하와 국소적으로 동일함을 보여라.

(c) 별 내부의 부피가 그것이 평평한 공간에 있을 때보다 주어진 표면에 대해서 더 큰가 혹은 더 작은가?

8. 문제 7의 결과들을 이용하여, 일정한 밀도의 별의 시공간 기하의 $t=$일정, $\theta=$ 일정인 2차원 단면에 대한 내재된(embedding) 도형(diagram)을 찾아내고 도형을 그려보라.

9. [C] (a) 예로서 그림 24.7에서와 같이 일련의 회전하지 않는 별들을 변수화하기 위해 책에서는 중앙 밀도 ρ_c를 가져왔었다. 그러나 그것들은 중앙 압력 p_c에 의해서도 동등하게 잘 변수화될 수 있었다. 문제 6에서 논의된 가상적인 일정한 밀도의 물질로 만들어진 별들은 모두 동일한 주어진 밀도를 가지고 있다.
   (b) 이 일정한 밀도의 별들에 있어서 중앙 압력 p_c의 각각의 값에 대해서 단 하나의 질량 M과 반경 R이 있음을 보여라.
   (c) 일정한 밀도 ρ를 가진 이 일련의 구형 별들에서 나타나는 표면에서부터 가장 큰 적색편이 [(9.20) 참고]는 얼마인가? 그것은 얼마의 중앙 압력 p_c에 해당하는가?

10. $p=\rho$인 상태 방정식을 가진, 구형으로 분포한 물질이 면적 $4\pi R^2$과 무시할 수 있는 질량을 가진 구형의 외피 속에 포함되어 있다. (그 외피는 실제 물질로 구성되어있지 않다.)
   (a) 압력과 밀도의 분포가 반경의 역 급수로 나타나는 유체정역학의 방정식 (24.13)의 단순한 해를 구하라.
   (b) 이 분포의 전체 질량은 얼마인가?
   (c) 그 외피는 얼마의 압력을 가하게 되는가?

11. [E, B] 바닥 상태의 물질에 대해서, 전형적인 전자의 에너지가 (1) 전형적인 전자 결합에너지 ~ 10KeV를 초과하고, (2) 전자 정지 질량 ~ 0.5MeV를 초과하고, (3) 중성자와 양성자의 질량 차이 ~ 1.3MeV를 초과하게 되는 밀도를 g/cm^{3}로 구하라.

12. [B] 고도로 상대적인 자유 전자들, 양성자들, 그리고 중성자들로 이루진 전기적으로 중성인 가스는 다음의 관계에 의하여 평형을 유지하고 있다.

$$e^- + p \leftrightarrow n + \nu,$$

그래서 평균해서 흡수되는 전자도 없고 붕괴되는 중성자도 없다. 전자들, 양성자들, 그리고 중성자들의 수 밀도는 서로에게 어떻게 관련되어 있는가?

13. [S] 비상대적인 한계와 상대적인 한계 양자에 대해서 (24.7)과 (24.9)에 주어져 있는 축퇴된 페르미온들의 상태 방정식에 대하여 (24.18)에 정의된 γ를 구하라.

14. [E] **중성자별들의 반경을 구하기.**
자유 중성자의 축퇴 압력이 중성자별을 지탱하는 압력을 공급하다는 가정 하에 중성자별의 반경을 구하고 그리고 나서 문제 12.2를 풀어보라.

15. [S] 파의 공식 (24.21)로부터 시작하여, (24.22)와 (24.24)에 주어져 있는 진동하는 끈의 정상 모드의 진동수와 형태를 각각 유도하라.

16. [S] 그림 24.7에 있는 일련의 별들에 대한 질량 대 반경과의 관계의 최대치에서 일어나는 모드들의 안정성에서의 변화에 대해서 논하라. 제곱 진동수 대 중앙 밀도의 곡선은 결코 교차하지 않는다고 가정하라. 안정성에서의 변화들은 그림 24.11에서 예시된 것과 같으며 그리고 그림에서 보여주듯이 별에서 오직 두 범위의 안정된 평형상태가 있음을 보여라.

17. **중성자별들을 넘어선 안정적 평형상태들.**
한 이론 물리학자가 핵 밀도를 초과하는 물질에 대한 새로운 상태 방정식을 제시하면서 이 식이 별의 진화 과정에서 중성자별이나 백색왜성을 넘어서는 초고밀도의 새로운 종류의 마지막 단계로 이끌지도 모른다고 의문을 가지고 있다. 여러분들은 상태 방정식과 이 장에 있는 방정식들을 이용하여 여기에서 보여준 핵 밀도보다 더 큰 중앙 밀도를 가진 별들의 질량-반경의 관계를 계산하라. 아래 그림의 곡선은 가장 낮은 밀도에 있는 안정적인 중성자별들(NS)을 나타내고 있다 그러나 그것은 고밀도에서는 나선형으로 감겨있다. 보여주듯이 가장 낮은 밀도, 가장 큰 반경의 별들이 안정하다고 가정하면, 새로운 일련의 안정된 평형상태가 있을 것인가?

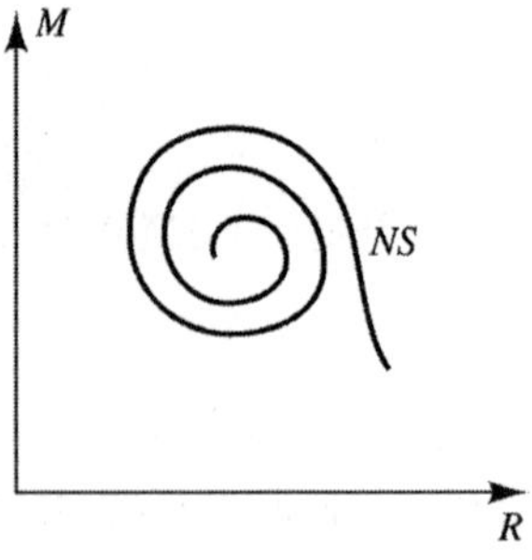

18. [E] 뉴턴 역학을 사용하여, 1초의 주기로 회전하는 중성자별의 표면에서 중력의 힘 대비 원심력의 힘의 비를 구하라.

19. **중성자별들의 최대 질량의 상한 경계치를 상세히 설명.**
문제 9의 결과를 이용하여 24.6절의 정의에서 심(core)의 질량과 반경은 $M_0/r_0 < \frac{4}{9}$를 만족하여야 한다. ρ_0가 핵의 밀도라고 가정하면, 이 값보다 위에 있는 중앙 밀도를 가진 별의 심의 질량의 경계치를 구하라.

APPENDIX

A 단 위 Units

A.1 일반적인 단위 Units in General

단위 대한 어떤 것을 이해하기 위하여 멀리 떨어진 별 가까이에 살고 있는 지적인 외계인에게 우리의 물리 이론들의 예견치들을 서로 대화하는 문제를 상상해보자. 여러분은 양성자의 질량이 전자의 질량의 대략 1835배라고 하는 메시지를 보낼 수 있다; 질량의 비는 차원이 없는 수로 비트(bit)로 전달되어질 수 있다. 그러나 양성자의 질량이 1.672×10^{27}kg이라고 말해주는 메시지는 그 의미가 통하지 않을 것이다. 외계인은 kg이 무엇인지 모른다. 우리는 그것을 그들에게 정확히 설명할 수 없다. 왜냐하면 kg은 파리 근교의 Sevres에 있는 국제도량형 기관에서 간직하고 있는 블록형태의 금속의 질량으로써 정의되어 있기 때문이다. 여러분은 표준 kg이 대략 양성자의 질량의 5.980×10^{26}이라고 하는 메시지를 보낼 수 있을지도 모른다. 왜냐하면 국제도량 단위인 kg의 질량과 양성자 질량의비는 차원이 없는 비 이기 때문이다. 그러나 이것은 별도 흥미를 끄는 메시지가 되지 못할 것이다. 왜냐하면 물리학적 법칙의 예견에 관한 것이 아니라 오히려 인간들이 이런 예견들을 어떻게 조직화 하였는가에 관한 것이기 때문이다.

<u>기초적인 물리 이론의 예견이 차원이 없는 수로 환원되어질 수 있다</u>. 단위란 편리를 위하여 도입되었다. 그리고 단위들의 수와 시스템은 편리함의 개념과 함께 상당히 변화 한다.

예로써, 오늘날 초는 세슘 원자의 두개의 가장 낮은 에너지 상태의 전이(transition)에서 정확히 9,192,631,770 사이클에 요구되어지는 시간으로 정의하고, 미터는 이들 초중에 한 개에 대해서 1/(299,792,458)로 정의되어 있다 - 두 정의는 차원이 없는 수로 정의하였다. 우리는 시간, 분과 초를 전통 때문에 부분적으로 쓰고 있다. 그리고 또한 강의가 세슘 전이의 28조 사이클 정도로 걸린다고 말하는 것은 불편하기 때문일 것이다. 만일 그것이 편리하다면, 우리는 사각형의 면적을 측정하기 위하여 사용한 단위와 다른 원의 면적을 측정할 단위를 도입할 수 있을 것이다. 반경 1cm의 원이 1 아르키메데스(Archimedes) 면적을 가진다고 가정하자. 그러면 1 아르키메데스 3.14159265...cm^2과 동등하게 전환된 것이다. 이것은 단위 한 개를 더 추가한 것으로 그렇게 많이 편리하지 않다. 그래서 아르키메데스란 단위에 대해서 별로 동기부여가 되지 않는다. 그러나 특수상대성 이론의 관점에서 볼 때 공간성

거리와 시간성 거리를 측정하기 위하여 분리된 단위를 사용하는 것은 뭐 그렇게 색다른 것이 아니다(4.6절 참고). 차원이 없는 비(ratio)가 측정된 양과 표준의 양 사이에 있을 때, 국제 단위 kg의 경우에서와 같이 표준을 위한 단위를 도입하는 것은 편리하다.

받아들여진 물리 이론은 단위의 선택에 있어서 중요한 역할을 한다. 만일 모든 세슘원자가 똑같이 동일하다는 원자이론의 많은 성공으로부터 우리가 확신을 가지지 못한다면 초(second)는 위와 같이 정의되지 못할 것이다. 특수상대성 이론에 대한 확신은 미터를 시간의 단위의 의미로 재 정의하는 배경이 된다. 왜냐하면 그 이론은 빛의 속도가 모든 관성계에서 동일하다고 강력히 주장하고 있기 때문이다.

실험에서의 과정도 또한 무슨 단위를 사용할 것인가 결정하는 데 중요한 역할을 한다. 우리가 질량, 길이와 시간에 대하여 제 각각 분리된 단위를 가지고 있는, 한 이유는 한 때 이 들 양들에 대한 분리된 표준이 있었기 때문이다. 초(second)는 한 때 평균 태양일을 세분하는 것으로부터 정의되었다. 그리고 거리는 특별한 막대의 두 지점 사이의 거리로서 정의되었다. 원자의 전이의 진동수를 태양일보다 더 정확히 측정할 수 있게 되었을 때 오늘날 우리가 사용하고 있는 단위로 시간 단위의 정의를 바꾸는 것이 의미가 있게끔 만들었다. 미래의 어떤 실험과정이 현재의 상황을 바꾸게 될 수도 있을 것이다.

예로써, 중력질량과 관성질량의 등가성에 대한 확신, 일반상대성, 그리고 충분히 정교한 측정등과 함께 kg이 실험질량이 어떤 정의된 날(days)의 수(number)로 1개의 원형궤도를 한 바퀴 돌게 되는 그런 구의 질량으로 정의 할 수도 있을지도 모른다. (현재의 정확도로는 그것은 Kepler 법칙(3.24)으로부터 거의 8.9일 정도 된다). 뉴턴의 중력 상수는 오늘날 빛의 속도가 그런 것같이 측정된 양 이라기보다 정의된 양 일지도 모른다. 실제로 질량을 그러한 궤도의 역제곱주기의 적절한 배수로써 정의함으로써 G가 1이 되도록 만들 수 있다.

A.2 이 책에서 채택한 단위들 Units Employed in This Book

이 책에서는 역학과 특수 및 일반상대성이론을 위하여 다른 환경에서 편리하게 사용할 수 있는 3가지 단위 시스템을 채택하고 있다. 전통적인 질량－길이－시간($\mathcal{MLT}$) 시스템에 의하여 g, cm와 s의 (cgs)단위를 사용한다. 이것들은 천문학에서 우리가 고려하고 있는 대부분의 응용에 대하여 표준이 된다. 특수상대성을 위하여 편리한 단위는 질량－길이($\mathcal{ML}$) 시스템으로 여기서는 빛의 속도가 1이다($c=1$). g과 cm가 이 단위를 위하여 사용된다. 일반상대성이론을 위하여 편리한 단위는 **기하단위**(geometrized units)라고 불리는 길이($\mathcal{L}$) 시스템이다. 여기서는 $G=1$, $c=1$을 채택하여 질량, 길이, 시간 모두가 길이 단위를 가진다.

표 A.1 Mass-Length and Mass-Length-Time Units

Quantity	Typical symbol	$\mathcal{ML}$ unit	$\mathcal{MLT}$ unit	Conversion $\mathcal{MLT} \to \mathcal{ML}$
Mass	m	$\mathcal{M}$	$\mathcal{M}$	m
Length	L	$\mathcal{L}$	$\mathcal{L}$	L
Time	t	$\mathcal{L}$	$\mathcal{T}$	ct
Spacetime distance	s	$\mathcal{L}$	$\mathcal{L}$	s
Proper time	τ	$\mathcal{L}$	$\mathcal{T}$	$c\tau$
Energy	E	$\mathcal{M}$	$\mathcal{M}(\mathcal{L}/\mathcal{T})^2$	E/c^2
Momentum	p	$\mathcal{M}$	$\mathcal{M}(\mathcal{L}/\mathcal{T})$	p/c
Velocity	V	dimensionless	$\mathcal{L}/\mathcal{T}$	V/c

표 A.2 Geometrized and Mass-Length-Time Units

Quantity	Typical symbol	Geometrized unit	$\mathcal{MLT}$ unit	Conversion $\mathcal{MLT} \to$ geom.
Mass	M	$\mathcal{L}$	$\mathcal{M}$	GM/c^2
Length	L	$\mathcal{L}$	$\mathcal{L}$	L
Time	t	$\mathcal{L}$	$\mathcal{T}$	ct
Spacetime distance	s	$\mathcal{L}$	$\mathcal{L}$	s
Proper time	τ	$\mathcal{L}$	$\mathcal{T}$	$c\tau$
Energy	E	$\mathcal{L}$	$\mathcal{M}(\mathcal{L}/\mathcal{T})^2$	GE/c^4
Momentum	p	$\mathcal{L}$	$\mathcal{M}(\mathcal{L}/\mathcal{T})$	Gp/c^3
Angular momentum	J	$\mathcal{L}^2$	$\mathcal{M}(\mathcal{L}^2/\mathcal{T})$	GJ/c^3
Power (luminosity)	L	dimensionless	$\mathcal{ML}^2/\mathcal{T}^3$	GL/c^5
Energy density	ϵ	$\mathcal{L}^{-2}$	$\mathcal{M}/(\mathcal{LT}^2)$	$G\epsilon/c^4$
Momentum density (energy flux)	$\vec{\pi}$	$\mathcal{L}^{-2}$	$\mathcal{M}/(\mathcal{L}^2\mathcal{T})$	$G\vec{\pi}/c^3$
Pressure (stress)	p	$\mathcal{L}^{-2}$	$\mathcal{M}/(\mathcal{LT}^2)$	Gp/c^4
Energy of an orbit per unit mass	e	dimensionless	$(\mathcal{L}/\mathcal{T})^2$	e/c^2
Angular momentum of an orbit per unit mass	ℓ	$\mathcal{L}$	$\mathcal{L}^2/\mathcal{T}$	ℓ/c
Planck's constant	$\hbar$	$\mathcal{L}^2$	$\mathcal{M}(\mathcal{L}^2/\mathcal{T})$	$G\hbar/c^3$

표 A.1과 A.2는 $\mathcal{MLT}$ 단위, $\mathcal{ML}(c=1)$ 단위 그리고 $\mathcal{L}(G=c=1)$단위 사이에 여러 가지 양이 바뀌는 방법을 보여주고 있다. 이 표들은 두 가지 방법으로 사용되어질 수 있다; $\mathcal{MLT}$ 단위계에서 두 다른 단위계로 전환하기 위하여 표의 맨 오른쪽 열에 있는 지시된 요소를 곱해주면 된다. 예로써, 그램 단위의 질량을 센티미터 단위의 질량으로 전환시키기 위해서는 표 A.2의 첫 번째 줄을 사용하면

$$M(\text{in cm}) = (G/c^2)M(\text{in g}) = .742 \times 10^{-28} M(\text{in g}). \tag{A.1}$$

이 된다. 이들 다른 두 단위 시스템에서 $\mathcal{MLT}$ 단위로 되돌아오게 하려면, c와 G가 복원되어 있는 마지막 열에 있는 표현으로 양들을 대치하면 된다. 예로써, 질량 M인 구형의 블랙홀 외부에 위치한 Schwarzschild 좌표 반경 R으로부터 어느 한 입자의 탈출속도의 공식은 기하 단위로 $V_{\text{escape}} = (2M/R)^{1/2}$ [(9.42) 참고]이다. 이 식을 $\mathcal{MLT}$ 단위계로 나타내기 위해서는 표 A.1로부터 V_{escape}를 V_{escape}/c로 바꾸어야 하고 표 A.2로부터 M은 GM/c^2으로 대치되어야 한다. 그러면

$$\frac{V_{\text{escape}}}{c} = \left(\frac{2GM}{c^2R}\right)^{1/2}, \text{ 혹은 } V_{\text{escape}} = \left(\frac{2GM}{R}\right)^{1/2}. \tag{A.2}$$

이 된다.

APPENDIX

B 곡률 양

Curvature Quantities

아래에 나오는 표들은 이 책에서 고려되고 있는 기하들의 가장 간단한 것에 대하여 유용한 양들을 보여주고 있다. 특히 그것들은 Christoffel기호, Riemann 곡률과 Einstein 곡률을 보여주고 있다. 이것들은 측지선 공식과 아인슈타인 공식을 형성하는 데 충분하다.

이 표들에는 영이 되지 않는 성분들만 제시되어 있고, 대칭성에 의하여 그 나머지들을 완성하기에 충분한 영이 아닌 성분들만 제시되어 있다. 예로써, Γ^t_{tr} 과 Γ^t_{rt} 둘 다를 제시하지는 않는다. 왜냐하면 $\Gamma^\alpha_{\beta\gamma}$ 는 β와 γ에 대하여 대칭이기 때문이다. 이와 유사하게 Riemann 곡률의 영이 되지 않는 다른 성분들도 (21.29)에 있는 대칭성에 의하여 제시되어 있는 것들로부터 찾아낼 수 있다.

각각의 경우에 있어서 한 좌표 시스템이 사용되어있고 Christoffel 기호는 그 좌표 기저(basis)로 주어져 있다. Christoffel 기호들과 곡률 양들의 좌표 기저 성분들은 이 책 웹 사이트에 있는 Mathematica 프로그램인 *Curvature and the Einstein Equation*을 사용하여 계산해 볼 수 있다. 그러나 곡률의 양들은 직교 기저로 인용되어 있다. 이것은 고도로 대칭되어 있는 계량(metrics)들을 위한 좀 더 간단한 표현들을 제시하고 있다. 그리고 이 표현들은 좌표 특이성에서 특이(singular)하지 않다.

고려되어지고 있는 모든 계량들은 대각선적(diagonal)이기 때문에 기저 벡터들이 좌표축 방향으로 향하게 하는 정규직교(orthonormal)기저를 사용한다. 이 기저 벡터들의 좌표성분들은 예제 7.9에 있는 규정(prescription)에 따라 계량으로부터 쉽게 계산되어질 수 있다. 특히

$$(\mathbf{e}_{\hat{0}})^\alpha = [(-g_{00})^{-1/2}, 0, 0, 0],$$
$$(\mathbf{e}_{\hat{1}})^\alpha = [0, (g_{11})^{-1/2}, 0, 0], \text{ 등등} \qquad \begin{pmatrix}\text{대각선적}\\ \text{계량}\end{pmatrix}$$

이 좌표 기저와 직교 기저의 성분들은 (20.41)에 의하여 연결된다. Einstein 곡률의 경우에는

$$G_{\hat{\alpha}\hat{\beta}} = (e_{\hat{\alpha}})^\alpha (e_{\hat{\beta}})^\beta G_{\alpha\beta}$$

이 단순한 대각 계량에 대해서는 단순한 규정(prescription)으로 환원된다. 즉

$$G_{\hat{0}\hat{1}} = (-g_{00})^{-1/2} G_{01} (g_{11})^{-1/2}\,, \text{ 등등} \quad \text{(대각선적 계량)}$$

Riemann 곡률에 대한 유사한 관계가 (21.25)에 주어져 있다. 이 관계들을 역으로 취하면 주어진 직교 기저 성분들로부터 좌표 기저 성분으로 계산할 수 있게끔 해준다.

Ricci 곡률 성분들과 Ricci 곡률 스칼라는 다음과 같이 직교 기저에서 Riemann 곡률 성분으로부터 구할 수 있다.

$$R_{\hat{\alpha}\hat{\beta}} = \eta^{\hat{\gamma}\hat{\delta}} R_{\hat{\alpha}\hat{\gamma}\hat{\beta}\hat{\delta}}, \quad R = \eta^{\hat{\alpha}\hat{\beta}} R_{\hat{\alpha}\hat{\beta}}.$$

Schwarzschild Geometry

- **Metric (Schwarzschild coordinates):**

$$ds^2 = -\left(1 - \frac{2M}{r}\right) dt^2 + \left(1 - \frac{2M}{r}\right)^{-1} dr^2 + r^2 (d\theta^2 + \sin^2\theta\, d\phi^2)$$

- **Christoffel Symbols:**

$\Gamma^t_{tr} = (M/r^2)(1 - 2M/r)^{-1}$ $\quad \Gamma^\theta_{r\theta} = 1/r$

$\Gamma^r_{tt} = (M/r^2)(1 - 2M/r)$ $\quad \Gamma^\theta_{\phi\phi} = -\cos\theta\,\sin\theta$

$\Gamma^r_{rr} = -(M/r^2)(1 - 2M/r)^{-1}$ $\quad \Gamma^\phi_{r\phi} = 1/r$

$\Gamma^r_{\theta\theta} = -(r - 2M)$ $\quad \Gamma^\phi_{\theta\phi} = \cot\theta$

$\Gamma^r_{\phi\phi} = -(r - 2M)\sin^2\theta$

- **An Orthonormal Basis:**

$(e_{\hat{t}})^\alpha = \left[(1 - 2M/r)^{-1/2}, 0, 0, 0\right]$

$(e_{\hat{r}})^\alpha = \left[0, (1 - 2M/r)^{1/2}, 0, 0, 0\right]$

$(e_{\hat{\theta}})^\alpha = [0, 0, 1/r, 0]$

$(e_{\hat{\phi}})^\alpha = [0, 0, 0, 1/(r\sin\theta)]$

- **Riemann Curvature:**

$R_{\hat{t}\hat{r}\hat{t}\hat{r}} = -2M/r^3$

$R_{\hat{\theta}\hat{\phi}\hat{\theta}\hat{\phi}} = +2M/r^3$

$R_{\hat{t}\hat{\theta}\hat{t}\hat{\theta}} = R_{\hat{t}\hat{\phi}\hat{t}\hat{\phi}} = +M/r^3$

$R_{\hat{r}\hat{\theta}\hat{r}\hat{\theta}} = R_{\hat{r}\hat{\phi}\hat{r}\hat{\phi}} = -M/r^3$

- **Einstein Curvature**

$G_{\hat{\alpha}\hat{\beta}} = 0$

Spherically Symmetric Geometries

- **Metric:**

$$ds^2 = -e^{\nu(r,t)} dt^2 + e^{\lambda(r,t)} dr^2 + r^2 (d\theta^2 + \sin^2\theta d\phi^2)$$

- **Christoffel Symbols:** (a prime denotes a partial derivative with respect to r; a dot denotes a partial derivative with respect to t)

$\Gamma^t_{tt} = \dot{\nu}/2$ | $\Gamma^r_{\theta\theta} = -e^{-\lambda} r$
$\Gamma^t_{tr} = \nu'/2$ | $\Gamma^r_{\phi\phi} = -e^{-\lambda} r \sin^2\theta$
$\Gamma^t_{rr} = e^{\lambda-\nu}\dot{\lambda}/2$ | $\Gamma^\theta_{r\theta} = 1/r$
$\Gamma^r_{tt} = e^{\nu-\lambda}\nu'/2$ | $\Gamma^\theta_{\phi\phi} = -\cos\theta\,\sin\theta$
$\Gamma^r_{tr} = \dot{\lambda}/2$ | $\Gamma^\phi_{r\phi} = 1/r$
$\Gamma^r_{rr} = \lambda'/2$ | $\Gamma^\phi_{\theta\phi} = \cot\theta$

- **An Orthonormal Basis:**

$(e_{\hat{t}})^\alpha = \left[e^{-\nu/2}, 0, 0, 0\right]$
$(e_{\hat{r}})^\alpha = \left[0, e^{-\lambda/2}, 0, 0\right]$
$(e_{\hat{\theta}})^\alpha = [0, 0, 1/r, 0]$
$(e_{\hat{\phi}})^\alpha = [0, 0, 0, 1/(r\sin\theta)]$

- **Riemann Curvature:**

$R_{\hat{r}\hat{t}\hat{r}\hat{t}} = e^{-\lambda}\left[2\nu'' + (\nu')^2 - \lambda'\nu'\right]/4 - e^{-\nu}(2\ddot{\lambda} + \dot{\lambda}^2 - \dot{\nu}\dot{\lambda})/4$
$R_{\hat{t}\hat{\theta}\hat{t}\hat{\theta}} = R_{\hat{t}\hat{\phi}\hat{t}\hat{\phi}} = e^{-\lambda}\nu'/(2r)$
$R_{\hat{t}\hat{\theta}\hat{r}\hat{\theta}} = R_{\hat{t}\hat{\phi}\hat{r}\hat{\phi}} = e^{-(\nu+\lambda)/2}\dot{\lambda}/(2r)$
$R_{\hat{r}\hat{\theta}\hat{r}\hat{\theta}} = R_{\hat{r}\hat{\phi}\hat{r}\hat{\phi}} = e^{-\lambda}\lambda'/(2r)$
$R_{\hat{\theta}\hat{\phi}\hat{\theta}\hat{\phi}} = (e^{-\lambda} - 1)/r^2$

- **Einstein Curvature:**

$G_{\hat{t}\hat{t}} = e^{-\lambda}(-1 + e^{\lambda} + r\lambda')/r^2$
$G_{\hat{t}\hat{r}} = e^{-(\nu+\lambda)/2}\dot{\lambda}/r$
$G_{\hat{r}\hat{r}} = e^{-\lambda}(1 - e^{\lambda} + r\nu')/r^2$
$G_{\hat{\theta}\hat{\theta}} = G_{\hat{\phi}\hat{\phi}} = e^{-\lambda}\left[2\nu'' + (\nu')^2 + 2(\nu' - \lambda')/r - \nu'\lambda'\right]/4 - e^{-\nu}\left[2\ddot{\lambda} + \dot{\lambda}^2 - \dot{\lambda}\dot{\nu}\right]/4$

Friedman-Robertson-Walker (FRW) Geometries

- **Metric:**

$$ds^2 = -dt^2 + a^2(t)\left[\frac{dr^2}{1 - kr^2} + r^2\left(d\theta^2 + \sin^2\theta\, d\phi^2\right)\right]$$

- **Christoffel Symbols:**

$\Gamma^t_{rr} = a\dot{a}/(1 - kr^2)$ | $\Gamma^\theta_{r\theta} = 1/r$
$\Gamma^t_{\theta\theta} = r^2 a\dot{a}$ | $\Gamma^\theta_{\phi\phi} = -\cos\theta\,\sin\theta$
$\Gamma^t_{\phi\phi} = r^2\sin^2\theta\, a\dot{a}$ | $\Gamma^\theta_{t\theta} = \dot{a}/a$
$\Gamma^r_{rr} = kr/(1 - kr^2)$ | $\Gamma^\phi_{r\phi} = 1/r$
$\Gamma^r_{\theta\theta} = -r(1 - kr^2)$ | $\Gamma^\phi_{\theta\phi} = \cot\theta$
$\Gamma^r_{\phi\phi} = -r(1 - kr^2)\,\sin^2\theta$ | $\Gamma^\phi_{t\phi} = \dot{a}/a$
$\Gamma^r_{tr} = \dot{a}/a$

- **Christoffel Symbols:**

$\Gamma^t_{rr} = a\dot{a}/(1-kr^2)$

$\Gamma^t_{\theta\theta} = r^2 a\dot{a}$

$\Gamma^t_{\phi\phi} = r^2 \sin^2\theta\, a\dot{a}$

$\Gamma^r_{rr} = kr/(1-kr^2)$

$\Gamma^r_{\theta\theta} = -r(1-kr^2)$

$\Gamma^r_{\phi\phi} = -r(1-kr^2)\sin^2\theta$

$\Gamma^r_{tr} = \dot{a}/a$

$\Gamma^\theta_{r\theta} = 1/r$

$\Gamma^\theta_{\phi\phi} = -\cos\theta\,\sin\theta$

$\Gamma^\theta_{t\theta} = \dot{a}/a$

$\Gamma^\phi_{r\phi} = 1/r$

$\Gamma^\phi_{\theta\phi} = \cot\theta$

$\Gamma^\phi_{t\phi} = \dot{a}/a$

- **An Orthonormal Basis:**

$(e_{\hat{t}})^\alpha = [1, 0, 0, 0]$

$(e_{\hat{r}})^\alpha = [0, \sqrt{1-kr^2}, 0, 0]/a$

$(e_{\hat{\theta}})^\alpha = [0, 0, 1/r, 0]/a$

$(e_{\hat{\phi}})^\alpha = [0, 0, 0, 1/(r\sin\theta)]/a$

- **Riemann Curvature:**

$R_{\hat{t}\hat{r}\hat{t}\hat{r}} = R_{\hat{t}\hat{\theta}\hat{t}\hat{\theta}} = R_{\hat{t}\hat{\phi}\hat{t}\hat{\phi}} = -\ddot{a}/a$

$R_{\hat{r}\hat{\theta}\hat{r}\hat{\theta}} = R_{\hat{r}\hat{\phi}\hat{r}\hat{\phi}} = R_{\hat{\theta}\hat{\phi}\hat{\theta}\hat{\phi}} = (k+\dot{a}^2)/a^2$

- **Einstein Curvature:**

$G_{\hat{t}\hat{t}} = 3\left(k+\dot{a}^2\right)/a^2$

$G_{\hat{r}\hat{r}} = G_{\hat{\theta}\hat{\theta}} = G_{\hat{\phi}\hat{\phi}} = -\left(k+\dot{a}^2+2a\ddot{a}\right)/a^2$

Static, Weak Field Geometry

- **Metric:** $\Phi = \Phi(\vec{x}) = \Phi(x, y, z)$

$$ds^2 = -\left(1+\frac{2\Phi}{c^2}\right)(cdt)^2 + \left(1-\frac{2\Phi}{c^2}\right)\left(dx^2+dy^2+dz^2\right).$$

- **Christoffel Symbols:** (to linear order in Φ/c^2):

$$\Gamma^t_{tx} = \frac{1}{c^2}\frac{\partial\Phi}{\partial x}, \qquad \Gamma^x_{tt} = \frac{\partial\Phi}{\partial x},$$

$$\Gamma^x_{xx} = -\frac{1}{c^2}\frac{\partial\Phi}{\partial x}, \quad \Gamma^x_{xy} = -\frac{1}{c^2}\frac{\partial\Phi}{\partial y}, \quad \Gamma^x_{yy} = \frac{1}{c^2}\frac{\partial\Phi}{\partial x}$$

plus cyclic permutations of (x, y, z).

- **An Orthonormal Basis:** (to leading order in $1/c$):

$$(e_{\hat{0}})^\alpha = (1/c, 0, 0, 0), \quad (e_{\hat{1}})^\alpha = (0, 1, 0, 0),$$

$$(e_{\hat{2}})^\alpha = (0, 0, 1, 0), \quad (e_{\hat{3}})^\alpha = (0, 0, 0, 1)$$

- **Riemann Curvature:** (to linear order in Φ/c^2):

$$R_{\hat{t}\hat{x}\hat{t}\hat{x}} = \frac{1}{c^2}\frac{\partial^2 \Phi}{\partial x^2}, \qquad R_{\hat{t}\hat{x}\hat{t}\hat{y}} = \frac{1}{c^2}\frac{\partial^2 \Phi}{\partial x\,\partial y},$$

$$R_{\hat{x}\hat{y}\hat{x}\hat{y}} = \frac{1}{c^2}\left(\frac{\partial^2 \Phi}{\partial x^2} + \frac{\partial^2 \Phi}{\partial y^2}\right), \quad R_{\hat{x}\hat{y}\hat{x}\hat{z}} = \frac{1}{c^2}\frac{\partial^2 \Phi}{\partial y\,\partial z}$$

plus cyclic permutations of (x, y, z).

- **Einstein Tensor:** (to linear order in Φ/c^2):

$$G_{\hat{t}\hat{t}} = \frac{2}{c^2}\nabla^2\Phi\,.$$

Linearized Gravity

- **Metric:**

$$g_{\alpha\beta}(x) = \eta_{\alpha\beta} + h_{\alpha\beta}(x)$$

- **Christoffel Symbols:**

$$\Gamma^{\alpha}_{\beta\gamma} = \frac{1}{2}\,\eta^{\alpha\delta}\left(\frac{\partial h_{\delta\beta}}{\partial x^\gamma} + \frac{\partial h_{\delta\gamma}}{\partial x^\beta} - \frac{\partial h_{\beta\gamma}}{\partial x^\delta}\right)$$

- **An Orthonormal Basis:** (same as the coordinate basis to zeroth order)
- **Riemann Curvature:**

$$R_{\alpha\beta\gamma\delta} = \frac{1}{2}\left(\frac{\partial^2 h_{\alpha\delta}}{\partial x^\beta \partial x^\gamma} + \frac{\partial^2 h_{\beta\gamma}}{\partial x^\alpha \partial x^\delta} - \frac{\partial^2 h_{\alpha\gamma}}{\partial x^\beta \partial x^\delta} - \frac{\partial^2 h_{\beta\delta}}{\partial x^\alpha \partial x^\gamma}\right)$$

- **Einstein Curvature:**

$$G_{\alpha\beta} = \frac{1}{2}\left(-\Box\,\bar{h}_{\alpha\beta} + \frac{\partial V_\alpha}{\partial x^\beta} + \frac{\partial V_\beta}{\partial x^\alpha} - \eta_{\alpha\beta}\,\frac{\partial V^\gamma}{\partial x^\gamma}\right)$$

where $V_\alpha \equiv \partial\bar{h}_\alpha^\beta/\partial x^\beta$ with $\bar{h}_\alpha^\beta \equiv h_\alpha^\beta - (1/2)\delta_\alpha^\beta h_\gamma^\gamma$ and

$$\Box \equiv \eta^{\alpha\beta}\frac{\partial^2}{\partial x^\alpha \partial x^\beta} = -\frac{\partial^2}{\partial t^2} + \vec{\nabla}^2.$$

APPENDIX

C 곡률과 아인슈타인 방정식

Curvature and the Einstein Equation

This is the *Mathematica* notebook *Curvature and the Einstein Equation* available from the book website. From a given metric $g_{\alpha\beta}$, it computes the components of the following: the inverse metric, $g^{\lambda\sigma}$, the Christoffel symbols or affine connection,

$$\Gamma^{\lambda}{}_{\mu\nu} = \frac{1}{2}\, g^{\lambda\sigma}(\partial_{\mu}\, g_{\sigma\nu} + \partial_{\nu}\, g_{\sigma\mu} - \partial_{\sigma}\, g_{\mu\nu}),$$

(∂_{α} stands for the partial derivative $\partial\,/\,\partial x^{\alpha}$), the Riemann tensor,

$$R^{\lambda}{}_{\mu\nu\sigma} = \partial_{\nu}\, \Gamma^{\lambda}{}_{\mu\sigma} - \partial_{\sigma}\, \Gamma^{\lambda}{}_{\mu\nu} + \Gamma^{\eta}{}_{\mu\sigma}\, \Gamma^{\lambda}{}_{\eta\nu} - \Gamma^{\eta}{}_{\mu\nu}\, \Gamma^{\lambda}{}_{\eta\sigma},$$

the Ricci tensor

$$R_{\mu\nu} = R^{\lambda}{}_{\mu\lambda\nu},$$

the scalar curvature,

$$R = g^{\mu\nu}\, R_{\mu\nu},$$

and the Einstein tensor,

$$G_{\mu\nu} = R_{\mu\nu} - \frac{1}{2}\, g_{\mu\nu}\, R.$$

You must input the covariant components of the metric tensor $g_{\mu\nu}$ by editing the relevant input line in this *Mathematica* notebook. You may also wish to change the names of the coordinates. Only the nonzero components of the above quantities are displayed as the output. All the components computed are in the *coordinate basis* in which the metric was specified.

■ Clearing the values of symbols:

First clear any values that may already have been assigned to the names of the various objects to be calculated. The names of the coordinates that you will use are also cleared.

```
In[1]:= Clear[coord, metric, inversemetric,
          affine, riemann, ricci, scalar, einstein, r, θ, ϕ, t]
```

■ Setting the dimension:

The dimension **n** of the spacetime (or space) must be set:

```
In[2]:= n = 4

Out[2]= 4
```

■ Defining a list of coordinates:

The example given here is the Schwarzschild metric. The coordinate choice of Schwarzschild is appropriate for this spherically symmetric spacetime.

```
In[3]:= coord = {r, θ, ϕ, t}

Out[3]= {r, θ, ϕ, t}
```

You can change the names of the coordinates by simply editing the definition of **coord**, for example, to **coord = {x, y, z, t}**, when another set of coordinate names is more appropriate. In this program indices range over **1** to **n.** Thus for spacetime they range from 1 to 4 and x^4 is the same as x^0 used in the text.

■ Defining the metric:

Input the metric as a list of lists, i.e., as a matrix. You can input the components of any metric here, but you must specify them as explicit functions of the coordinates.

```
In[4]:= metric = {{(1 - 2 m / r) ^ (-1), 0, 0, 0},
          {0, r^2, 0, 0}, {0, 0, r^2 Sin[θ]^2, 0}, {0, 0, 0, -(1 - 2 m / r)}}
```

Out[4]= $\left\{\left\{\frac{1}{1-\frac{2\,m}{r}}, 0, 0, 0\right\}, \{0, r^2, 0, 0\}, \{0, 0, r^2\,\mathrm{Sin}[\theta]^2, 0\}, \left\{0, 0, 0, -1+\frac{2\,m}{r}\right\}\right\}$

You can also display this in matrix form.

```
In[5]:= metric // MatrixForm
```

Out[5]//MatrixForm=

$$\begin{pmatrix} \frac{1}{1-\frac{2\,m}{r}} & 0 & 0 & 0 \\ 0 & r^2 & 0 & 0 \\ 0 & 0 & r^2\,\mathrm{Sin}[\theta]^2 & 0 \\ 0 & 0 & 0 & -1+\frac{2\,m}{r} \end{pmatrix}$$

■ Note:

It is important not to use the symbols, **i, j, k, l, s,** or **n** as constants or coordinates in the metric that you specify above. The reason is that the first five of those symbols are used as summation or table indices in the calculations done below, and **n** is the dimension of the space. For example, if **m** were used as a summation or table index below, then you would get the wrong answer for the present metric because the **m** in the metric would be treated as an index, rather than as the mass.

■ Calculating the inverse metric:

The inverse metric is obtained through matrix inversion.

```
In[6]:= inversemetric = Simplify[Inverse[metric]]
```

Out[6]= $\left\{\left\{1-\frac{2\,m}{r}, 0, 0, 0\right\}, \left\{0, \frac{1}{r^2}, 0, 0\right\}, \left\{0, 0, \frac{\mathrm{Csc}[\theta]^2}{r^2}, 0\right\}, \left\{0, 0, 0, \frac{r}{2\,m-r}\right\}\right\}$

This can also be displayed in matrix form:

```
In[7]:= inversemetric // MatrixForm
```

Out[7]//MatrixForm=

$$\begin{pmatrix} 1-\frac{2m}{r} & 0 & 0 & 0 \\ 0 & \frac{1}{r^2} & 0 & 0 \\ 0 & 0 & \frac{\text{Csc}[\theta]^2}{r^2} & 0 \\ 0 & 0 & 0 & \frac{r}{2m-r} \end{pmatrix}$$

- **Calculating the Christoffel symbols:**

The calculation of the components of the Christoffel symbols is done by transcribing the definition given earlier into the notation of *Mathematica* and using the *Mathematica* functions **D** for taking partial derivatives, **Sum** for summing over repeated indices, **Table** for forming a list of components, and **Simplify** for simplifying the result.

```
In[8]:= affine := affine = Simplify[Table[(1 / 2) * Sum[(inversemetric[[i, s]]) *
            (D[metric[[s, j]], coord[[k]] ] +
              D[metric[[s, k]], coord[[j]] ] - D[metric[[j, k]], coord[[s]] ]), {s, 1, n}],
         {i, 1, n}, {j, 1, n}, {k, 1, n}] ]
```

- **Displaying the Christoffel symbols:**

The nonzero Christoffel symbols are displayed below. You need not follow the details of constructing the functions that we use for that purpose. In the output the symbol Γ[1,2,3] stands for $\Gamma^1{}_{23}$. Because the Christoffel symbols are symmetric under interchange of the last two indices, only the independent components are displayed.

```
In[9]:= listaffine := Table[If[UnsameQ[affine[[i, j, k]], 0],
         {ToString[Γ[i, j, k]], affine[[i, j, k]]}] , {i, 1, n}, {j, 1, n}, {k, 1, j}]
```

```
In[10]:= TableForm[Partition[DeleteCases[Flatten[listaffine], Null], 2], TableSpacing → {2, 2}]
```

Out[10]//TableForm=

Γ[1, 1, 1]	$\frac{m}{2mr-r^2}$
Γ[1, 2, 2]	2 m - r
Γ[1, 3, 3]	(2 m - r) Sin[θ]^2
Γ[1, 4, 4]	$\frac{m(-2m+r)}{r^3}$
Γ[2, 2, 1]	$\frac{1}{r}$
Γ[2, 3, 3]	-Cos[θ] Sin[θ]
Γ[3, 3, 1]	$\frac{1}{r}$
Γ[3, 3, 2]	Cot[θ]
Γ[4, 4, 1]	$\frac{m}{-2mr+r^2}$

■ Calculating and displaying the Riemann tensor:

The components of the Riemann tensor, $R^{\lambda}{}_{\mu\nu\sigma}$, are calculated using the definition given above.

```
In[11]:= riemann := riemann = Simplify[Table[
           D[affine[[i, j, l]], coord[[k]] ] - D[affine[[i, j, k]], coord[[l]] ] +
            Sum[affine[[s, j, l]] affine[[i, k, s]] - affine[[s, j, k]] affine[[i, l, s]],
             {s, 1, n}],
           {i, 1, n}, {j, 1, n}, {k, 1, n}, {l, 1, n}] ]
```

The nonzero components are displayed by the following functions. In the output, the symbol R[1, 2, 1, 3] stands for $R^{1}{}_{213}$, and similarly for the other components. You can obtain R[1, 2, 3, 1] from R[1, 2, 1, 3] using the antisymmetry of the Riemann tensor under exchange of the last two indices. The antisymmetry under exchange of the first two indices of $R_{\lambda\mu\nu\sigma}$ is not evident in the output because the components of $R^{\lambda}{}_{\mu\nu\sigma}$ are displayed.

```
In[12]:= listriemann := Table[If[UnsameQ[riemann[[i, j, k, l]], 0],
            {ToString[R[i, j, k, l]], riemann[[i, j, k, l]]}] ,
          {i, 1, n}, {j, 1, n}, {k, 1, n}, {l, 1, k - 1}]
```

```
In[13]:= TableForm[Partition[DeleteCases[Flatten[listriemann], Null], 2],
          TableSpacing → {2, 2}]
```

Out[13]//TableForm=

R[1, 2, 2, 1]	$\frac{m}{r}$
R[1, 3, 3, 1]	$\frac{m \operatorname{Sin}[\theta]^2}{r}$
R[1, 4, 4, 1]	$\frac{2 m (-2 m+r)}{r^4}$
R[2, 1, 2, 1]	$\frac{m}{(2 m-r) r^2}$
R[2, 3, 3, 2]	$-\frac{2 m \operatorname{Sin}[\theta]^2}{r}$
R[2, 4, 4, 2]	$\frac{m (2 m-r)}{r^4}$
R[3, 1, 3, 1]	$\frac{m}{(2 m-r) r^2}$
R[3, 2, 3, 2]	$\frac{2 m}{r}$
R[3, 4, 4, 3]	$\frac{m (2 m-r)}{r^4}$
R[4, 1, 4, 1]	$\frac{2 m}{r^2 (-2 m+r)}$
R[4, 2, 4, 2]	$-\frac{m}{r}$
R[4, 3, 4, 3]	$-\frac{m \operatorname{Sin}[\theta]^2}{r}$

■ Calculating and displaying the Ricci tensor:

The Ricci tensor $R_{\mu\nu}$ was defined by summing the first and third indices of the Riemann tensor (which has the first index already raised).

```
In[14]:= ricci :=
          ricci = Simplify[Table[Sum[riemann[[i, j, i, l]], {i, 1, n}], {j, 1, n}, {l, 1, n}] ]
```

Next we display the nonzero components. In the output, R[1, 2] denotes R_{12}, and similarly for the other components.

```
In[15]:= listricci := Table[If[UnsameQ[ricci[[j, l]], 0],
            {ToString[R[j, l]], ricci[[j, l]]}] , {j, 1, n}, {l, 1, j}]

In[16]:= TableForm[Partition[DeleteCases[Flatten[listricci], Null], 2], TableSpacing → {2, 2}]

Out[16]//TableForm=
```

A vanishing table (as with the Schwarzschild metric example) means that the vacuum Einstein equation is satisfied.

■ Calculating the scalar curvature:

The scalar curvature R is calculated using the inverse metric and the Ricci tensor. The result is displayed in the output line.

```
In[17]:= scalar = Simplify[Sum[inversemetric[[i, j]] ricci[[i, j]], {i, 1, n}, {j, 1, n}] ]

Out[17]= 0
```

■ Calculating the Einstein tensor:

The Einstein tensor, $G_{\mu\nu} = R_{\mu\nu} - \frac{1}{2} g_{\mu\nu} R$, is found from the tensors already calculated.

```
In[18]:= einstein := einstein = Simplify[ricci - (1 / 2) scalar * metric]
```

The results are displayed in the same way as for the Ricci tensor earlier.

```
In[19]:= listeinstein := Table[If[UnsameQ[einstein[[j, l]], 0],
            {ToString[G[j, l]], einstein[[j, l]]}] , {j, 1, n}, {l, 1, j}]

In[20]:= TableForm[Partition[DeleteCases[Flatten[listeinstein], Null], 2],
          TableSpacing → {2, 2}]

Out[20]//TableForm=
```

A vanishing table means that the vacuum Einstein equation is satisfied!

■ Acknowledgment

This program was kindly written by *Leonard Parker, University of Wisconsin, Milwaukee* especially for this text.

APPENDIX

D 교수 전략

Pedagogical Strategy

일반 상대성을 가르치는 곧바른 접근법은

1. 필요한 수학적 개념들과 도구들을 개발하고
2. 아인슈타인 방정식과 필수적인 물리적 개념들에 동기부여를 하고
3. 실제 물리적 상황들의 모델들에 대해서 방정식을 풀고
4. 이 이론의 예견치들과 실험과 관측과 비교해 보는 것이다.

이런 순서대로 책을 집필하는 논리성은 깨뜨릴 수 없는 보편적 방법이었다. 그리고 전반적으로, 이것이 참고 문헌에 언급된 고전적 출판물들이나 많은 탁월한 입문서들에서 이 이론이 제시되던 그런 방법이었다. 그러나 기본 입문 과정에서 적당하고, 전형적으로 허용된 제한된 시간 내에서 이런 순서를 따라하는 것은 어렵다. 아름답고, 강력하며 곧바른 방대한 양의 수학이 필요하다. 그러나 그것들을 다 섭렵하는 데는 상당한 시간이 걸린다. 이와 유사하게 이런 현실 상황에서 비선형 아인슈타인 방정식을 푼다는 것은 아주 길고도 먼 문제 풀이일수 있다. 입문과정에서 허용된 시간은 위와 같은 논리적 방법으로 주제들을 제시하고 또한 그것의 중요한 적용사례들을 다 논의하는 것에는 종종 충분하지 못하다. 이 책에서는 좀 다른 순서대로 일반 상대성을 소개하고 있다. 이 부록에서 현재 이 책이 집필된 약간의 교수 원칙들을 제시하고자 한다.

D.1 교수 원칙들 Pedagogical Principles

제시는 먼저, 유도는 나중(Explore First, Derive late)

물리적으로 관련이 있는 아인슈타인 방적식의 가장 간단한 해가 유도과정 없이 먼저 제시되어 있다. 그것은 시공간으로서 관측된 결과들이 그 시공간 내에서 실험입자나 광선의 운동에 대한 연구에 의해 탐색되어진다. 이것은 학생들에게 가능한 한 빨리 물리적 현상들을 제시해 주게 된다. 그것은 고전역학에 가장 직접적으로 연결된 주제들의 일부분이고, 새로운 수학적 아이디어를 최소한으로 요구한다. 나중에 이 기하들이 발원한 곳을 보여주기 위해 아인슈타인 방정식이 소개되고 해를 구할 것이다. 책 전체를 두루 섭렵할 수 있는 시간을 가진 독자는 중요한 해들과 그것들의 기원들, 둘 다를 이해하여야 한다. 그러나 좀 더 일찍 중단한 독자는 적어도 휜 시공간이 중요해지는 몇몇의 기본현상들은 이해하여야 한다.

단지 가장 단순한 예들만 논한다.

아인슈타인 방정식의 가장 간단한 해들은 가장 물리적으로 관련이 있다. 태양은 거의 구형이고, 우주는 거의 등질적이고 등방적이며, 그리고 탐지될 수 있는 중력파는 약하고 거의 평면파이다. 일반상대성의 가장 단순하게 물리적으로 관련이 있는 시공간이 제시된다. 이와 같이 우리는 질량과 각운동량을 가지지만 전하(change)가 없는 블랙홀을 논의하고, 구형적 중력붕괴를 정량적으로 다루지만 비구형적 중력붕괴는 단지 정성걱으로만 다루고, 등질적이며 등방적인 우주는 다루지만 비등방적인 우주는 다루지 않으며, 평평 시공간에서의 약한 중력파는 다루지만 비선형파들이나 휜 시공간에 있는 파들은 다루지 않으며, 구형의 별들은 논하지만 회전 하는 별들은 논하지 않는다.

단지 필요한 만큼만 새로운 수학을 소개한다.

앞선 계산 도구들에서 이 범주를 벗어나는 수학적 아이디어들은 단지 필요한 것만 소개된다. 단지 소수의 부가된 도구들이 실험 입자들과 광선들의 운동을 통하여 시공간 기하를 탐색하고 이해하는데 필요하다. 계량, 4원 벡터, 그리고 측지선에 대한 기본 개념들은 대개 필요에 충족시킨다. 이것들은 Part 1과 Part 2의 도입부에 여러 단원에서 모든 발전된 이론들을 위해 소개된다. 예로서, Part 1과 Part 2에서 텐서의 일반 이론을 발전시키는 것은 필요하지 않다. 왜냐하면 단지 한 개의 텐서 - 계량 - 만 사용되기 때문이다. 텐서들과 공변 미분들은 20장에서 소개된다. 곡률의 정성적인 측정은 아인슈타인 방적식을 이해하는 데 전 단계 요구로서 21장에 소개된다.

물리적 현상들과 실험과 관측에 대한 그것들의 연관성을 강조한다.

GPS, 태양계에서 혹성들과 광선의 궤도들, X-선 이중성들, 활동 은하핵들, 중성자별들, 중력렌즈, 중력파들, 우주의 거대 스케일의 곡률 그리고 빅뱅들은 단지 우주에서 일어나는 몇 개의 현상들인데 이것들은 이해하는 데에는 상대론적 중력이 중요하다. 이 책은 일반 상대성과 실험과 관측사이에 점차 증가하는 연관성을 강조하고 있다 천문학과 우주학은 이 많은 적응사례의 본고향이다. 그러나 이것은 천문학과 우주학의 교과서는 아니다. 이론과 관측과의 연결은 단지 가장 단순한 형태의 모델에 의하여 만들어지고, 그리고 종종 정성적만으로도 만들어진다.

고전적 실험을 제시, 그러나 실험의 개요는 아니다.

일반상대성의 현시대의 표출(exposition)은 그것의 실험적 확증과 천문학에서의 적용이 없이는 완전하지 못할 것이다. 그러나 실험과 관측에 대한 어떤 논의에서 어쩔 수 없는 부족한 면은 빠른 시일 내에 업데이트 될 것이다. 그것은 특히 중력 물리학에서 더 그러하다. 거기에서는 그 이론의 주된 적용이 이 글을 쓸 당시에 급속히 증가하고 있고, 지금 건설 중인 중력파 검출기들이 작동하게 되는 그때에는 더 빠르게 증가할 것이다. 이러한 이유로 해서 저자는 실험 상황의 개요만 쓸려고도 하지 않고, 그리고 가장 최근의 데이터도 반드시 포함하지 않았다. 그러나 오히려 기본 방법을 예시해주고 있는 고전적인 예를 사용하였다.

D.2 조직 Organization

전 단계 요구들 Prerequisites

주된 전 단계 요구는 물리학 학무과정의 필수과목의 표준적 파트(part)인 입문 역학 과정이다. 특히 역학, 보존 법칙들, 중심력 문제에서 궤도들, 그리고 라그랑지안 역학 등의 일반 원리에서 기초다짐이 중요하다. 역학에서 변분원리에 대한 소개는 3장에서 간추린 형태로 되어있지만 도움을 주게 될 것이다. 유사하게 특수 상대성에 대한 소개는 4-5장에 논의가 한정되어 있지만 도움을 줄 것이다. 맥스웰 방정식에 대해서는 잠시 지나가는 언급이 있고, 그리고 상자 안에 전자기의 기본적 적용 사례가 있다. 그러나 이 주제에 대한 상세한 과정은 전 단계 요구사항이 아니고 주된 참고 서적을 열람하기 바란다.

3개 부분 Parts

이 책은 3부분으로 나누어져 있다. Part 1은 중력은 기하라는 아이디어를 소개하고 있고, 일반상대성과 관련이 있는 뉴턴 역학과 특수 상대성 역학 중에 기본적인 부분들을 리뷰(review)하고 있다. Part 2는 일반 상대성의 기본 아이디어를 소개하고 가장 간단한 블랙홀, 우주 시공간, 그리고 중력파 시공간을 그것들 안에서 움직이는 실험입자나 광선의 운동에 대한 연구를 통하여 이해하는데 초점이 맞추어져 있다. 이 기하들은 제시되고 분석은 되지만 유도되지는 않는다. 그것들은 곡률과 아인슈타인 방정식에 대한 수학을 소개한 후 Part 3에서 유도될 것이다. Part 3에서는 아인슈타인 방정식이 필수적인 것이 되는 중력파들과 상대론적 별들 생성에 대한 기본적 논의를 계속해 나갈 것이다. 각 Part 내에서 주제의 순서는 점차적으로 정교하게 되어갈 것이다- 수학적 상세나 물리적 개념 혹은 둘 다에 대해서.

상자들 boxes

상자들안에 있는 논의는 주된 책 내용 안에 있는 기본 아이디어들을 확장하고 예시해 줄 목적으로 제시되어있다. 간혹 상자에는 관련된 아이디어에 관한 것(Penrose 도형 같은 것), 간혹은 관련 실험(최신 Michelson-Morley 실험 같은 것), 그리고 간혹은 일반 상대성이 중요한 역할을 하는 복잡한 현상의 소개(회전하는 블랙홀로부터 에너지의 전자기적 추출 같은 것)가 제시되어있다. 이들 지식 확장의 몇몇은 대부분의 주요 교과서에 나와 있는 기본 역학의 범주를 넘어서는 물리학 중에서 modest한 부분을 요구하고 있다. 그러한 경우들에서 논의들은 주요 교과서에 나오는 전형적인 표준적 설명 보다는 다소 더 정성적이며 좀 설명이 축약되어있다. 상자의 목적은 다루고자하는 주제에 대한 깊은 이해를 달성하고자 하는 것이 아니라, 주된 발전의 몇몇이 물리학에 미친 영향을 간략하게 그리고 정성적으로 예시한 것이다. 학생들은 사전에 준비된 지식에 따라, 어떤 학생들은 다른 학생들보다 어떤 상자의 내용을 이해하는데 어렵다는 것을 알게 될 것이다. 그러나 주된 책의 내용을 이해하기 위하여 상자내의 내용을 전부 이해할 필요는 없다.

Mathematica notebooks

일반 상대성에서 심지어 가장 간단한 물리적 상황을 분석하는 것도 때때로 길고 잡다한 계산이 되거나 혹은 기본적인 닫힌-형태(closed-torm)의 해가 결여된 미분 방정식으로 이끈다. 이것을 도와주기 위해, 다음의 Mathematica notebooks는 표준적 대수학적 계산을 처리해주고 가장 중요한 미분 방정식을 풀어주고 있는 이 책 website에 제공되어 있다.

- 크리스토텔 기호들과 축지선 방정식
- 슈바르츠쉴드 기하에서 궤도들의 형태
- 프리드만-로버트선-월커(FRW)우주 모델들
- 곡률과 아인슈타인 공식

웹 보충

개념적으로 단순한 어떤 결과들은 주된 진도를 저해 할 정도의 긴 유도 과정을 요구한다. 관례적으로 이것들은 부록으로 넘겨진다. 그러나 우리는 책을 다룰 수 있는 부피로 유지하기 위하여 이것들을 웹사이트에 두었다.

D.3 강의과정의 건설

이 책은 30시간 강의(one-quarter)나 혹은 45시간 강의(one-semester)의 과정(course)으로 합리적으로 감당하기에는 다소 많은 내용이 포함되어있다. 그러므로 다양한 강의코스 계획이 여러 방법으로 어떤 단원(chapter)들을 선택하거나 혹은 그것들 일부분을 선택하여 만들어질 수 있다. 다음의 챠트는 여러 다양한 단원들이 서로 어떻게 의존하고 있는지를 보여주고 있다. 예비 학생은 첫 번째 Part(1장～5장)에서 어디서 시작할 것인지 혹은 얼마나 빠르게 그것들을 섭렵할 지 결정할 수 있다. 6～9장(chapter)은 일반상대성의 기본 아이디어들과 테크닉들을 소개하고 있다. 의존하게 되는 앞 단원을 포함하는 후 단원들의 어떤 선택도 원칙적으로 한 과정(course)의 기반을 형성할 수 있다. 예로써 블랙홀에 초점을 맞추면 12～15장을 포함할 수 있고 중력파에 초점을 맞추면 16장, 그리고 20～23장을 포함해도 좋다. 저자 자신의 한 코트 코스(one-quarter course)는 1～10장, 12～13장, 그리고 그 교실의 흥미도에 따라 우주론에 대한 것은 12～19장을 넣거나 아인슈타인 방정식을 소개하고 있는 20～21장을 넣기도 한다. 저자는 대학원 입문 코스를 위하여 이 책을 기본으로써 채택하였다. 그것은 일반상대성을 최초로 접하는 학생이나, 일반상대성의 전체구조보다 그 응용에 더 흥미가 있거나, 아니면 제한된 시간밖에 없는 학생들에게 잘 먹혀들어왔다.

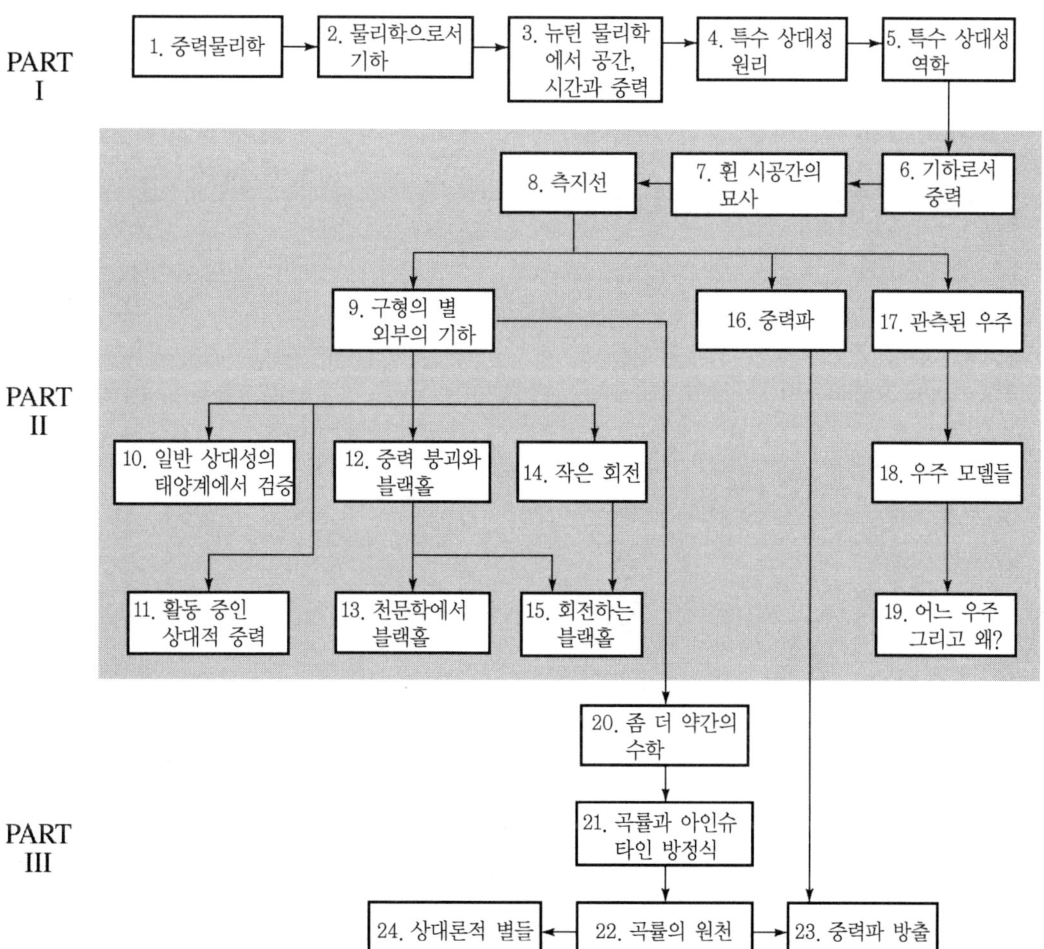

Bibliography

This bibliography contains references to classic expositions of general relativity, works of a more specialized character, and to the papers cited in the text-chiefly the sources of the experimental or observational data described. No attempt has been made to be comprehensive or to cite the original sources of the ideas discussed. Readers interested in pursuing any subject mentioned in this book, including its history, are probably best advised to first consult one of the expositions below.

Classic General Expositions

Landau, L. and Lifshitz, E.M. (1962). *The Classical Theory of Fields*, Pergamon Press, London.

The 150 pages of this text devoted to general relativity give a concise introduction to the basics of the subject in the clear and straightforward Landau and Lifshitz style, although few applications are covered in any depth.

Misner, C.W., Thorne, K.S., and Wheeler, J.A. (1970). *Gravitation*, W.H. Freeman, San Francisco.

Over thirty years after its publication, *Gravitation* is still the most comprehensive treatise on general relativity. An authoritative and complete discussion of almost any topic in the subject can be found within its 1300 pages. It also contains an extensive bibliography with references to original sources. Written by three twentieth-century masters of the subject, it set the style for many later texts on the subject, including this one.

Taylor, E.F. and Wheeler, J.A. (1963). *Spacetime Physics*, W.H. Freeman, San Francisco.

A lively and insightful presentation of special relativity at an entry level stressing the spacetime point of view.

Wald, R. (1984). *General Relativity*, University of Chicago Press, Chicago.

General Relativity is a popular graduate textbook. The differential geometry necessary for general relativity is developed thoroughly, rigorously, and in a contemporary mathematical style. The book is notable for the care and clarity of its basic arguments as well as its treatment of a number of advanced topics including causal structure, asymptotic flatness, spinors, and quantum field theory in curved spacctime.

Weinberg, S. (1972). *Gravitation and Cosmology*, JohnWiley & Sons, New York.

This book treats general relativity from the perspective of field theory and elementary particle physics stressing its applications to cosmology. The viewpoint is mainly nongeometrical, which contrasts with that of this text. However, this different viewpoint often contributes to understanding. *Gravitation and Cosmology* remains a valuable resource for gravitation theory in cosmology despite the great changes in observation that have taken place in thirty years since its publication.

More Specialized Texts

Hawking, S.W. and Ellis, G.F.R. (1973). *The Large Scale Structure of Space-Time*, Cambridge University Press, Cambridge.

Kolb, E.W. and Turner, M.S. (1990). *The Early Universe*, Addison-Wesley, Redwood City, CA.

Krolik, J.H. (1999). *Active Galactic Nuclei*, Princeton University Press, Princeton.

Shapiro, S.L. and Teukolsky, S.A. (1983). *Black Holes, White Dwarfs, and Neutron Stars*, Wiley-Interscience, New York.

Thorne, K.S., Price, R.H., and MacDonald, D.A. (1986). *Black Holes: The Membrane Paradigm*, Yale University Press, New Haven.

Will, C.A. (1993). *Theory and Experiment in Gravitational Physics*, Cambridge University Press, Cambridge, UK (revised edition).

History

Miller, A. I. (1981). *Albert Einstein's Special Theory of Relativity*, Addison-Wesley, Reading, MA.

Pais, A. (1982). *Subtle is the Lord ...*, Oxford University Press, New York.

Further References Cited in the Text

Alcock, C. et al. (1997). "The MACHO Project Large Magellanic Cloud Microlensing Results from the First Two Years and the Nature of the Galactic Dark Halo," *Ap. J.*, **486**, 697.

Alcubierre, M. (1994), "The Warp Drive: Hyper-fast Travel within General Relativity," *Class. Quant. Grav.*, **11**, L73.

Anderson, J.D. and Williams, J.G. (2001). "Long Range Tests of the Equivalence Principle," *Class. Quant. Grav.*, **18**, 2447.

Bailey, J. et al. (1977). "Measurements of Relativistic Time Dilation for Positive and Negative Muons in Circular Orbit," *Nature*, **268**, 301.

Bennett, C.L., Banday, A.J, Gorski, K.M., Hinshaw, G., Jackson, P., Keegstra, P., Kogut, A., Smoot, G.F., Wilkinson, D.T., and Wright, E.L. (1996). "4-Yr COBE Cosmic Microwave Background Observations: Maps and Basic Results," *Ap.J.*, **464**, L1.

Biretta, J.A., Moore, R.L., and Cohen, M.H. (1986). "The Evolution of the Compact Radio Source in 3C 345. I. VLBI Observations," *Ap. J.*, **308**, 93.

Braginsky, V.B., and Panov, V.I. (1971). "Verification of the Equivalence of Inertial and Gravitational Mass," *Zh. Eksp. Theor. Fiz.*, **61**, 873 [*Sov. Phys. JETP*, **34**, 463 (1972).]

Brillet, A. and Hall, J.L. (1979). "Improved Laser Test of the Isotropy of Space," *Phys. Rev. Letters*, **42**, 549.

Brown, T.M. et al. (1989). "Inferring the Sun's Internal Angular Velocity from Observed *p*-Mode Frequency Splittings," *Ap. J.*, **343**, 526.

Campbell,W.W. and Trumpler, R. (1923). "Observation on theDeflection of Light in Passing Through the Sun's Gravitational Field Made During the Total Solar Eclipse of Sept. 21 1922," *Lick Observatory Bulletin*, No. 346, **11**, 41.

Chandrasekhar, S. (1983). *The Mathematical Theory of Black Holes*, Oxford University Press, Oxford.

Colless, M., Dalton, G., Maddox, S., Sutherland, W., et al. (2001). "The 2dF Galaxy Redshift Survey: Spectra and Redshifts," *MNRAS*, **328**, 1039-1063.

Colley, W.N., Tyson, J.A., and Turner, E.L. (1996). "Unlensing Multiple Arcs in 0024+1654: Reconstruction of the Source Image," *Ap. J.*, **461**, L83.

Cram, T.R., Roberts, M.S., and Whitehurst, R.N. (1980). "A Complete, High-Sensitivity 21-cm Hydrogen Line Survey of M31," *Astron. and Astrophys. Suppl.*, **40**, 215.

de Bernardis, P. et al. (2000). "A Flat Universe from High-Resolution Maps of the Cosmic Microwave Background Radiation," *Nature*, **404**, 955.

Dickey, J.O. et al. (1994). "Lunar Laser Ranging: A Continuing Legacy of the Apollo Program," *Science*, **265**, 482.

Feynman, R. (1965). *The Character of Physical Law*, MIT Press, Cambridge, MA.

Fixsen, D.J., Cheng, E.S., Gales, J.M., Mather, J.C., Shafer, R., andWright. E. (1996). "The Cosmic Microwave Background Spectrum from the Full COBE FIRAS Data Set," *Ap.J.* **473**, 576.

Fomalont, E.B. and Sramek, R.A. (1975). "A Confirmation of Einstein's General Theory of Relativity by Measuring the Bending of Microwave Radiation in the Gravitational Field of the Sun," *Ap. J.*, **199**, 749.

Fomalont, E.B. and Sramek, R.A. (1977). "The Deflection of Radio Waves by the Sun," *Comm. Astrophys.*, **7**, 19.

Freedman,W. L.,Madore, B.F., and Kennicutt, R.C. (2001). "The Hubble Space Telescope Key Project to Measure the Hubble Constant," *Ap. J.*, **553**, 47.

Ghez, A.M., Hornstein, S., Tanner, A., Morris, M., and Becklin, E.E. (2002). "Full 3-D Orbital Solutions for Stars Making a Close Approach to the Supermassive Black Hole at the Center of the Galaxy," in M.J. Rees Symposium "Making Light of Gravity," July 8, 2002 (unpublished).

Glendenning, P. (1985). "Neutron Stars Are Giant Hypernuclei?," *Ap. J.*, **293**, 470.

Gustavson, T.L., Bouyer, P., and Kasevich, M.A. (1997). "Precision Rotation Measurements with an Atom Interferometer Gyroscope," *Phys. Rev. Lett.*, **78**, 2046.

Hafele, J.C. and Keating R.E. (1972). "Around-the-World Atomic Clocks: Observed Relativistic Time Gains," *Science*, **177**, 168.

Harrison, B.K., Thorne, K.S., Wakano, M., and Wheeler, J.A. (1965). *Gravitation Theory and Gravitational Collapse*, University of Chicago Press, Chicago.

Hartle, J.B. (1978). "Bounds on the Mass and Moment of Inertia of Non-Rotating Neutron Stars," *Phys. Reports*, **46**, 201.

Hartle, J.B. et al. (1999). *Gravitational Physics: Exploring the Structure of Space and Time*, National Academies Press, Washington, DC.

Herrnstein, J.R., Moran, J.M., Greenhill, L.J., Diamond, P.J., Inoue, M., Nakai, N., Miyoshi, M., Henkel, C., and Riess, A. (1999). "A Geometric Distance to the Galaxy NGC 4258 from Orbital Motions in a Nuclear Gas Disk," *Nature*, **400**, 539.

Kramer, D., Stephani, H., MacCallum M., and Herlt, E. (1980). *Exact Solutions of Einstein's Field Equations*, Schmutzer, E., ed. Cambridge University Press, Cambridge.

Lebach, D., Corey, B., Shapiro, I., Ratner, M., Webber, J., Rogers, A., Davis, J., and Herring, T. (1995). "Measurement of the Solar Gravitational Deflection of Radio Waves Using Very-Long-Baseline Interferometry," *Phys. Rev. Letters*, **75**, 1439.

Maddox, S., Efstathiou, G., Sutherland, W., and Loveday, J. (1990). "The APM Galaxy Survey I," *MNRAS*, **243**, 692.

Marey, Étienne-Jules (1885). *La méthode graphique dans les sciences experimentales et principalement en physiologie et en medecine*, G. Masson, Paris.

Mather, J., Fixsen, D., Shafer, R., Mosier, C., andWilkinson, D. (1999). "Calibrator Design for the COBE Far Infrared Absolute Spectrophotometer (FIRAS)," *Ap. J.*, **512**, 511.

Miyoshi, M., Moran, J.M., Herrnstein, J.R., Greenhill, L.J., Nakai, N., Diamond, P.J., and Inoue, M. (1995). "Evidence for a Massive Black Hole from High Rotation Velocities in a Sub-Parsec Region of NGC 4258," *Nature*, **373**, 127.

Orosz, J.A., Bailyn, C.D., McClintock, J.E., and Remillard, R.A. (1996). "Improved Parameters for the Black Hole Binary System X-ray Nova Muscae 1991," *Ap. J.*, **468**, 380.

Parkinson, B.W., and Spilker, J.J. eds. (1996). *Global Positioning System: Theory and Applications*, vols I and II, American Institute of Aeronautics and Astronautics,Washington, D.C.

Perlmutter, S. et al. (1999). "Measurements of Omega and Lambda from 42 High-Redshift Supernovae," *Ap.J.* **517**, 565-586.

Persson, S.E, Madore, B.F., Freedman, W.L., Krzeminski, W., Roth M., and Murphy, D.C. (2002). (to be published in Ap. J.).

Pound, R.V. and Rebka, G.A. (1960). "Apparent Weight of Photons," *Phys. Rev. Lett.* **4**, 337.

Pound, R.V. and Snider, J.L. (1964). "Effect of Gravity on Nuclear Resonance," *Phys. Rev. Lett.* **13**, 539.

Riess, A.G. et al. (1998). "Observational Evidence from Supernovae for an Accelerating Universe and a Cosmological Constant," *Astron.J.* **116**, 1009-1038.

Roberts, M. (1988). "How Much of the Universe Do We See?" In *Proceedings of the Bicentennial Commemoration of R.G. Boscovich*, Bossi, M. and Tucci, P., eds. Edizioni Unicopli, Milan.

Roll, P.G., Krotkov, R., and Dicke, R.H. (1964). "The Equivalence of Inertial and Passive Gravitational Mass," *Ann. Phys. (N.Y.)*, **26**, 442.

Saulson, P. (1994). *Fundamentals of Interferometric Gravitational Wave Detectors*, World Scientific, Singapore.

Shapiro, I.I., Reasenberg, R.D., MacNeil, P.E., Goldstein, R.B., Brenkle, J.P., Cain, D.L., Komarek, T., Zygielbaum, A.I., Cuddihy, W.F., and Michael, W.H., Jr. (1977). "The Viking Relativity Experiment," *J. Geophy. Res.* **82**, 4329.

Shapiro, I. (1990). "Solar System Tests of General Relativity," in *General Relativity and Gravitation 1989*, Ashby, N., Bartlett, D.F., and Wyss, W., eds. Cambridge University Press, Cambridge.

Su, Y., Heckel, B.R., Adelberger, E.G., Gundlach, J.H., Harris, M., Smith, G.L., and Swanson, H.E. (1994). "New Tests of the Universality of Free Fall," *Phys. Rev. D*, **50**, 3614.

Tanaka, Y., et al. (1995). "Gravitationally Redshifted Emission Implying an Accretion Disk and Massive Black-Hole in the Active Galaxy MCG:-6-30-15," *Nature*, **375**, 659.

Taylor, J.H. (1994). "Binary Pulsars and Relativistic Gravity," *Rev. Mod. Phys.*, **66**, 711.

Taylor, J.H. andWeisberg, J.M. (1989). "Further Experimental Tests of Relativistic Gravity Using the Binary Pulsar PSR 1913+16," *Ap. J.* **345**, 434.

Thorne, K.S. (1994). *Black Holes and Time Warps: Einstein's Outrageous Legacy*, W.W. Norton, New York.

Vessot, R.F.C. and Levine, M.W. (1979). "A Test of the Equivalence Principle Using a Space-Borne Clock," *Gen. Rel. and Grav.*, **10**, 181.

Wang, X., Tegmark, M., Zaldarriaga, M. (2002). "Is Cosmology Consistent?," *Phys. Rev. D*, **65**, 123001.

Williams, J.G., Newhall, X.X., and Dickey, J.O. (1996). "Relativity Parameters Determined from Lunar Laser Ranging," *Phys. Rev.* D, **53**, 6730.

Index

ㅂ

ㅅ

ㅇ

ㅈ

ㅊ

ㅎ

중 력 (아인슈타인 일반 상대론 입문서)

2011년 4월 11일 1판 1쇄 인쇄
2011년 4월 21일 1판 1쇄 발행

저자명 James B. Hartle
역 자 민 건
발행인 연규산
발행처 청범출판사
등 록 1991년 8월 13일 No. 5-282
주 소 서울시 노원구 공릉 1동 598-7
TEL : 971-5385 FAX : 977-8967
ISBN 978-89-88247-71-6 93420

COORDINATE AND ORTHONORMAL BASES

- A set $\{\mathbf{e}_{\hat{\alpha}}\}$ of four *orthonormal* basis vectors satisfies

$$\mathbf{e}_{\hat{\alpha}}(x) \cdot \mathbf{e}_{\hat{\beta}}(x) = \eta_{\hat{\alpha}\hat{\beta}}.$$

- A set $\{\mathbf{e}_{\alpha}\}$ of four *coordinate* basis vectors associated with a set of coordinates x^{α} satisfies

$$\mathbf{e}_{\alpha}(x) \cdot \mathbf{e}_{\beta}(x) = g_{\alpha\beta}(x)$$

where the line element has the form $ds^2 = g_{\alpha\beta}(x)dx^{\alpha}dx^{\beta}$.

- If the coordinate system is *orthogonal* ($g_{\alpha\beta}(x) = 0$ for $\alpha \neq \beta$), the coordinate basis components of an orthonormal basis pointing along the coordinate directions have the form

$$(\mathbf{e}_{\hat{0}})^{\alpha} = [(-g_{00})^{-1/2}, 0, 0, 0], \quad (\mathbf{e}_{\hat{1}})^{\alpha} = [0, (g_{11})^{-1/2}, 0, 0], \quad \text{etc.}$$

USEFUL NUMBERS

Conversion Factors

Velocity of light	$c \equiv 299792458$ m/s $\approx 3 \times 10^{10}$ cm/s
Boltzmann's constant	$k_B = 1.38 \times 10^{-16}$ erg/K $= 8.59 \times 10^{-5}$ eV/K
Second of arc	1 arcsec = $1''$ $=4.85 \times 10^{-6}$ rad
Light year	1 ly $= 9.46 \times 10^{17}$ cm
Parsec	1 pc $= 3.09 \times 10^{18}$ cm $= 3.26$ ly
Electron volt	1 eV $= 1.60 \times 10^{-12}$ erg $= 1.16 \times 10^{4}$ K
Erg (cgs unit of energy)	1 erg $= 10^{-7}$ J
Dyne (cgs unit of force)	1 dyne $= 10^{-5}$ N

Physical Constants

Gravitational constant	$G = 6.67 \times 10^{-8}$ dyn $\cdot$ cm^2/g^2
Stefan–Boltzmann constant	$\sigma = 5.67 \times 10^{-5}$ erg/(cm$^2 \cdot$ s $\cdot$ K^4)
Radiation constant	$a = 7.56 \times 10^{-15}$ erg/(cm$^3 \cdot$ K^4)
Mass of an electron	$m_e = 9.11 \times 10^{-28}$ g
Mass of a proton	$m_p = 1.67 \times 10^{-24}$ g
Planck's constant	$\hbar = 1.05 \times 10^{-27}$ erg $\cdot$ s

ASTRONOMICAL CONSTANTS

Earth

Astronomical unit	$AU = 1.50 \times 10^8$ km
(semimajor axis of Earth's orbit)	$= 1.50 \times 10^{13}$ cm
Mass of the Earth	$M_\oplus = 5.97 \times 10^{27}$ g
	$GM_\oplus/c^2 = 0.443$ cm
Equatorial radius of the Earth	$R_\oplus = 6.38 \times 10^8$ cm $= 6378$ km
Moment of inertia about rotation axis	8.04×10^{44} g $\cdot$ cm$^2 = .331\ M_\oplus R_\oplus^2$
Rotation period	8.62×10^4 s
Angular velocity	$\Omega_\oplus = 7.29 \times 10^{-5}$ rad/s

Sun

Mass of the Sun	$M_\odot = 1.99 \times 10^{33}$ g
	$GM_\odot/c^2 = 1.48$ km
Radius of the Sun	$R_\odot = 6.96 \times 10^{10}$ cm $= 6.96 \times 10^5$ km
Moment of inertia about rotation axis	5.7×10^{53} g $\cdot$ cm^2
Rotation period at Equator	25.5 days
Angular velocity at Equator	2.85×10^{-6} rad/s
Luminosity of the Sun	$L_\odot = 3.85 \times 10^{33}$ erg/s

Moon

Radius of the Moon's orbit (mean)	3.84×10^5 km
Mass of the Moon	$M_{\rm Moon} = 7.35 \times 10^{25}$ g $= M_\oplus/81.3$
Radius of the Moon	$R_{\rm Moon} = 1.74 \times 10^3$ km

Our Galaxy (The Milky Way)

Mass of the Milky Way in visible matter	$\approx 10^{11} M_\odot$
Radius of the luminous Milky Way disk	$\approx 20 - 25$ kpc
Luminosity of the Milky Way	$\approx 4 \times 10^{10}\ L_\odot$

Universe

Hubble Constant	$H_0 \approx (72 \pm 7)[(\text{km/s})/\text{Mpc}]$
	$h \equiv H_0/(100\ [(\text{km/s})/\text{Mpc}]) \approx .7 \pm .1$
Hubble Time	$t_H \equiv H_0^{-1} = 9.78 \times 10^9\ h^{-1}$ yr
Hubble Distance	$d_H \equiv cH_0^{-1} = 2998\ h^{-1}$ Mpc
Critical density	$\rho_c \equiv 3H_0^2/8\pi G = 1.88 \times 10^{-29}\ h^2$ g/cm^3
Temperature of CMB today	$= 2.73$K